普通高等教育“十一五”国家级规划教材
北 京 高 等 教 育 精 品 教 材

环保设备原理与设计

（第三版）

陈家庆　编著

中国石化出版社

内 容 提 要

本书为普通高等教育"十一五"国家级规划教材，同时也是北京高等教育精品教材，具有较强的系统性、较高的理论性和较新的技术性。

主要内容有：不溶态污染物的分离技术与设备、典型的化学/物化法水处理技术与设备、生化法水处理工艺与设备、污泥集运/处理技术与设备、尘粒污染物控制技术与设备、气态污染物净化技术与设备、环保过程钢制容器与塔设备设计、环境污染控制工程系统配套设备。文字通俗易懂、图文并茂，在兼顾实用性的同时尽可能准确地体现了国内外的先进技术和发展趋势。

本书可供高等院校环保类专业师生阅读，对投身环保产业的管理人员和技术人员也具有很高的参考价值。

图书在版编目(CIP)数据

环保设备原理与设计 / 陈家庆编著．—3版．
—北京：中国石化出版社，2019.3(2020.7重印)
普通高等教育"十一五"国家级规划教材
北京高等教育精品教材
ISBN 978-7-5114-5246-7

Ⅰ.环… Ⅱ.陈… Ⅲ.①环境保护设施-高等学校-教材 Ⅳ.X505

中国版本图书馆CIP数据核字(2019)第040965号

中国石化出版社出版发行

地址：北京市东城区安定门外大街58号
邮编：100011　电话：(010)57512500
发行部电话：(010)57512575
http://www.sinopec-press.com
E-mail：press@sinopec.com
北京富泰印刷有限责任公司印刷
全国各地新华书店经销

*

787×1092毫米 16开本 51印张 1282千字
2019年3月第3版　2020年7月第2次印刷
定价：88.00元

第三版前言

随着“改善环境质量、推动绿色发展”逐步成为中国国内广泛的社会共识，以环保科技创新为引领，大力发展绿色环保产业的重要性显得愈加突出；大气、水和土壤三大污染防治行动计划的全面实施，必将助推环保产业成为我国国民经济新的支柱产业和新的增长点。由于环保设备为改善环境质量和推动绿色发展提供了重要的物质基础和技术保障，发达国家大多对其格外重视，相应的综合技术水平较高、创新发展速度较快。但总体而言，我国的环保设备在设计方法、材料选用、安装调试、运行维护、自动控制、安全可靠性等方面与发达国家相比尚存在较大差距。

从国内外环保产业发展对从业人员的要求来看，即便是环保工程项目的招标投标和运营管理等，也都需要用到环保设备等方面的知识与技能，而目前多数高校环境工程及相关专业本科毕业生在这方面的知识储备都略显欠缺。为此，国内高校近十多年来大体上采用三种方式来尝试培养环保设备类高级专业技术人才：一是在环境工程及相关专业中设置环保设备类课程，二是从环境工程及相关专业中分流出环保设备专业方向，三是开办“环保设备工程”(082505T)本科专业。无论相关高校采用哪一种方式，都需要配套使用环保设备方面的专业教材；同时鉴于高校教材自身的内涵要求，专业教材应该体现出较好的系统性、较高的理论性和较强的技术性。

时光荏苒，出于贯彻落实北京石油化工学院环境工程专业“兼顾常规环境工程专业共性培养，突出环保设备特色”办学定位的需要，作者于2004年开始了“环保设备原理与设计”本科教材的编写工作，中国石化出版社于2005年9月出版了本书的第一版。2006年年底，本书被评为北京高等教育精品教材；2007年6月，作者基于本书开设的环境工程专业主干课《环保设备原理与设计》被评为北京市高等学校精品课程。借入选普通高等教育“十一五”国家级规划教材选题之东风，作者对本书的内容体系进行了较为彻底的修订，并于2008年9月出版了第二版。作者负责具体申办建设的北京石油化工学院环境工程本科专业在此前后也取得了一系列标志性成果：2008年9月，环境工程专业成为北京市级特色专业建设点；2009年5月，“一般本科院校环境工程专业应用型人才培养体系的研究与实践”荣获北京市高等教育教学成果一等奖；2009年8月，环境工程教学与实验中心入选北京市级实验教学示范中心；2010年4月，“环境治理与调控技术教学团队”被评为北京市优秀教学团队；2010年7月，环境工程专业入选教育部第六批高等学校特色专业建设点；2013年6月，环境工程专业入选教育部地方高校本科专业综合改革试点；2017年6月通过国家工程教育专业认证，同年首批入选北京市属高校一流专业。

十多年来，承蒙兄弟院校同行的抬爱和认可，本书被选作环境工程及相关本科专业的课程配套教材；不少环保产业从业人员也对本书给予了极大关注。这一切虽使作者产生了些许欣慰和自信，但更多感觉到的是压力——因为随着自身在环境工程领域学习认识和科研实践活动的不断增加，越发意识到本书的瑕疵颇多，每每想象直面读者便有一种“诚惶诚恐、如履薄冰”的感觉。但因自感准备不够充分和慎之又慎等缘故，将“十二五”期间本应完成的修订出版任务不知不觉拖延到了“十三五”中期。

纵向溯源，本书第一版的内容编排涉及水、大气、噪声三大污染控制的主要设备，仅固体废弃物处理与处置设备限于篇幅未作专门阐述；当时聘请清华大学环境科学与工程系的卜城教授负责组织审阅，该系的徐康富研究员、傅立新教授、袁光钰教授对本书提出了许多宝贵意见和建议。本书修订第二版时，本着“纳新弃错，突出重点和特色，不求面面俱到”的原则，在内容编排上进行了较大幅度的调整，不仅涉及水、大气两大污染控制的主要设备，而且在整合化学法、物化法水处理技术与设备的基础上，增加了“环保过程钢制容器与塔设备的设计”以及“环境污染控制工程系统配套设备”等章节；当时聘请四川大学环境科学与工程系的杨平教授、湖南大学环境科学与工程学院环境工程系的杨春平教授同时独立组织审阅，西南科技大学环境与资源学院的薛勇教授等也对本书提出了许多宝贵意见和建议。基于作者本人十多年来主讲《环保设备原理与设计》本科必修课程使用本书的切身体会以及与各届学子的持续交流反馈，同时听取兄弟院校中使用过本书同行以及环境工程领域诸多专家学者的意见和建议，决定第三版修订时全面继承沿用第二版的框架体系，但下大力气重点关注教材的内涵质量、强调与时俱进、树立工程观念、突出设计思维，努力使之成为名副其实的精品教材。

本着“尊重原有贡献、顺应传承发展”的思想，此次修订工作并未兴师动众，詹敏述博士参加了第五章的修订工作，朱玲教授参加了第六章的修订工作，全部章节均由陈家庆教授负责审校修订。作者在修订工作过程中力求文字通俗易懂、表达准确到位、内容图文并茂，在兼顾内容实用性的同时尽可能体现国内外环保设备的最新技术水平和发展趋势动向。跨度数年的修订工作先后得到了北京市属高等学校环境治理与调控技术优秀教学团队项目、北京市高层次创新创业人才支持计划——教学名师项目、北京市高水平创新团队建设计划项目(No. IDHT20170507)等的支持；在本书面世至今十多年的时间里，作者所在学校的各级领导以多种方式和途径给予了关心和支持，所在基层学术组织——环境工程系暨环境工程北京市级实验教学示范中心的新老同事也对新版修订工作提出了许多宝贵意见和建议，教育部环境科学与工程教学指导委员会部分委员、中国石化出版社装备综合编辑室等对本书的修订多次给予鼓励和鞭策，在此表示诚挚感谢。在资料收集、整理分析、内容更新的过程中，作者直接参考引用了一些国内外知名环保设备生产厂商的网站资料，同时也引用了一些教学科研、工程设计等领域专家学者所撰写的论文、论著和手册，无论是否在参考文献目录中得以一一罗列，在此均深表谢意。

本书的学习最好以工程力学、环境工程原理、机械设计基础或环保设备设计基础等类似课程的部分知识作为基础和铺垫，各高校可根据相关专业培养目标和培养方案的实际情况选择性讲授。当然，作者不仅希望本书能够作为高等院校环境工程及相关专业师生的教学用书，而且更希望本书能够为从事环保设备设计制造、环保项目规划评价、环保工程建设管理等环保产业相关工作的人员提供有益参考，以共同促进环保设备设计研发和运行管理水平的提高，进而提升我国环保产业的整体发展水平。作者还欣喜地看到，近几年的出版市场上已经出现了数本以环保设备为内容题材的教科书，这表明各高校对环保设备在环境工程及相关专业人才培养中重要性的认识已经上升到了一个新阶段。本着共同提升该类课程教育教学质量、推动“新工科”建设步伐的目的，特将与本书内容配套的部分多媒体课件、讲课视频以及相关学习素材上传到《环保设备原理与设计》北京市精品课程独立网站供在线浏览，读者也可以通过申请加入该课程雨课堂的方式浏览最新的配套PPT课件。

虽然作者力求在第三版的修订工作中做得更好，但限于学术水平和行业底蕴，书中的疏漏和不足之处难免尚存，敬请各位读者海涵并批评指正，作者冀盼凭藉日后的字斟句酌和持续改进以略表其诚。

或许能斗胆借用科学巨人伊萨克·牛顿爵士的名言来描述作者近几年看待本书的心境并作为序尾：

我不知道世人怎样看我，但我自己以为我不过像一个在海边玩耍的孩子，不时为发现比寻常更为美丽的一块卵石或一片贝壳而沾沾自喜，至于展现在我面前的浩翰的真理海洋，却全然没有发现。

陈家庆

2018年12月于北京大兴

目　录

第二篇　大气污染控制技术与设备

第三篇　环境污染控制工程通用及配套设备

绪　　论

0.1　环保产业与环保设备

1. 环保产业的内涵与现状

随着科技的发展、生产力的提高以及人口的增加，人类社会对环境的压力不断增大，环境保护问题越来越引起世界各国的普遍关注。虽然环保产业基本上与人类的环保意识同步形成和发展，但不同国家对其内涵的理解各不相同。美国的环保产业起始于19世纪的城市供排水系统管理、卫生工程和废物收集，目前分为环保服务、环保设备和环境资源三大类。国际经济合作发展组织(OECD)认为，环保产业是指在防治水、空气、土壤污染及噪声，缩减和处理废物及保护生态系统方面提供产品和服务的部门。按日本环境省的产业划分，环保产业可以分为污染防治、碳减排、资源循环、自然环境保护四大领域；而根据日本机械工业联合会的《环境产业调查报告书》，日本环保产业可分为公害防止和水利用、废弃物处理和回收利用、环境修复和环境创造、环境调和型能源、其他环保产品共五大类。随着科学技术与经济社会的发展，环保产业的内涵越来越丰富，更为广义的理解甚至还包括生产中的清洁技术、节能技术，以及产品的回收、安全处置与再利用等，是对产品从“生”到“死”的全生命周期绿色呵护。

环保产业作为范围广泛、门类众多的巨大产业体系，曾被誉为“朝阳产业”。据统计，全球环保产业的市场规模1992年为2500亿美元、2008年为6000亿美元，年均增长率8%，远远超过当时的全球经济增长率。自2008年暴发全球经济危机以来，在联合国的倡导下，以环保产业为核心的绿色经济成为各国刺激经济发展、摆脱经济危机的着眼点。进入21世纪以来，全球环保产业逐渐成为支撑产业经济效益增长的重要力量，并正在成为许多国家革新和调整产业结构的重要目标，美国、欧盟和日本的环保产业成为全球环保市场的主要力量。

1973年全国第一次环境保护工作会议开创了中国的环境保护事业，环保产业也应运而生。按照国家经贸委1999年的定义，我国的环保产业是以防治污染、改善环境为目的所进行的各种生产经营活动，主要包括三个方面：一是环保设备(产品)生产与经营，主要指水污染治理设备、大气污染治理设备、固体废弃物处理处置设备、噪声控制设备、放射性与电磁波污染防护设备、环保监测分析仪器、环保药剂等的生产经营；二是资源综合利用，指利用废弃资源回收的各种产品，废渣综合利用、废液(水)综合利用、废气综合利用、废旧物资回收利用；三是环境服务，指为环境保护提供技术、管理与工程设计和施工等各种服务。2010年国家将节能环保列为七大战略新兴产业的首要领域；“十二五”期间我国节能环保产业以15%~20%的速度增长，环保投资3.4万亿元，比“十一五”期间增长了62%，占到GDP的3.5%。但产业规模相对较小，与发达国家之间的差距较大，仍然可以用“盘子小、市场散、实力弱”来概括。随着新《环境保护法》2015年1月1日起施行、《大气污染防治行动计划》(国发〔2013〕37号)、《水污染防治行动计划》(国发〔2015〕17号)、《土壤污染防治行动计划》(国发〔2016〕31号)的相继发布实施，环保产业面临着难得的发展机遇。

2. 环保设备的分类

搞好环境保护，除了制定法规、强化管理外，最终要靠先进的技术和优良的设备，亦即环保产业的发展离不开环保设备。一般而言，环保设备是指为防治环境污染、改善环境质量而由工业生产部门或建筑安装部门制造或建造出来的机械产品、构筑物或系统，当然也可以是用于资源与能源循环利用、用于控制污染的清洁生产工艺过程和改善环境质量的机械产品、构筑物或系统。

（1）按照设备的功能分类

1996 年颁布实施的中华人民共和国环境保护行业标准《环境保护设备分类与命名》（HJ/T 11—1996）中规定，环保设备是水污染治理设备、空气污染治理设备、固体废物处理处置设备、噪声与振动控制设备、放射性与电磁波污染防护设备的总称，可以按照类别、亚类别、组别和型别四个层次分类表示。实际上，在以上四个层次分类的基础上，环保设备的每一种型别，还可以分为许多具体的型号和规格，这些型号和规格有的由国家或行业管理部门统一规定，有的则由设计单位或生产企业自行确定。

当然，随着人们对环境保护需求的不断提高和技术水平的不断进步，环保设备的内涵也在不断丰富。根据《工业和信息化部关于加快推进环保装备制造业发展的指导意见》（工信部〔2017〕250 号），环保装备主要包括大气污染防治装备、水污染防治装备、土壤污染修复装备、固体废物处理处置装备、噪声与振动控制设备、资源综合利用装备、环境污染应急处理装备、环境监测专用仪器仪表、环境污染防治专用材料与药剂等 9 大类。

（2）按照设备的性质分类

① 机械类设备

主要指包含运动构件的动设备，可以分为通用机械设备和专用机械设备，目前在环保设备中种类最广、型号最多、应用最普遍。通用机械设备是指在若干行业可以使用的机械类设备，也称为标准设备或定型设备，是按照国家标准或行业标准规定大批量、系列化生产的，有较为定型的规格牌号，可以在市场上较为方便地购置，如减速器、泵、阀门启闭机、风机、板框式压滤机、离心机等。专用机械设备则主要在环境保护行业使用，也是环保产业界自身研制开发的重点，如除尘器、格栅除污机、刮泥机、表面曝气机等。

② 容器类设备

一般指没有运动构件的静设备，设备的外部壳体多采用金属材料制作，呈立式或卧式的圆筒状或箱体状，并与化工单元过程操作中的容器、塔器类设备具有较大的关联性，如沼气储罐、吸收塔、吸附塔等。按照其承压情况可分为常压容器、中低压容器和高压容器。

③ 仪器仪表类设备

指各种用于环境监测及环境工程实验的仪器仪表，如各种电化学分析、光学分析、色谱分析仪器、各种采样器、各种自动监测仪器、在线监测系统等。据统计，每个城市污水处理厂大约需要使用 40 多种在线控制仪器仪表，如在线超声波明渠流量计、超声波管道流量计、电磁流量计、在线溶解氧（DO）测定仪、在线 COD 测定仪、在线 pH 测定计等。

④ 构筑物

构筑物一般是指钢筋混凝土结构件，但也有用玻璃钢、钢板、不锈钢板、工程塑料或者其他材料建造。与压力容器不同，构筑物一般仅承受其内介质的静压力，或介质的工作压力≤0.1MPa。一般不设上盖，主要用来储存物料或充作常压反应容器的壳体，有时也为其上附带的机械类设备提供支撑和固定作用。常被冠以槽、罐、箱、池、器等名称，如各种沉砂池、沉淀池、隔油池、气浮池、曝气池、贮泥池等。

构筑物类设备大多是非标设备，应该根据处理工艺、处理量以及具体施工场合的实际要求逐一进行设计，然后在施工现场建造。

(3) 按照设备构成的复杂程度分类

① 单体设备

单体设备指独立设置且具有一种或多种功能的环保设备，是环保设备的主体，如各种除尘器、单体水处理设备等。单体设备可以是单个机械类设备，如各种格栅除污机、破碎机、筛分机等；也可以是单个容器类设备，甚至可以是单体构筑物，如沉砂池、沉淀池、曝气池、吸声器等。可以采用金属材料加工制造，也可以采用非金属材料(如玻璃钢)或混凝土等建造。

② 成套设备

成套设备指以单体设备为主，同时包含各种附属设备(如风机、电机等)组成的整体，有时也被称为工业联合装置。每一种成套设备中都包含若干种(台)单体设备，这些单体设备的属性可能各不相同，有的为机械类设备，有的为容器类设备。

③ 生产线

生产线指由一台或多台单体设备、各种附属设备、管线和控制系统(手动控制、自动控制)所组成的联合体。待处理物料从进入处理现场开始，经过多级处理、运送、化验分析、分质外排等一系列工序，如固体废物处理处置生产线、纯净水处理生产线等。

3. 环保设备的特点

(1) 产品体系庞大

由于环境污染物质种类和形态的多样性，为适应治理各种污水、废气、固体废物、噪声、有害振动和辐射污染的需要，环保设备已经形成了庞大的产品体系，拥有数千个品种和数几万种型号规格。大多数产品之间的结构差异大，专用性强，标准化难度大，较难形成批量化生产。

(2) 设备与工艺之间的配套性强

由于污染源不同，污染物质的成分、状态以及排放量等都存在着较大的差异，因此必须结合现场数据进行专门的工艺设计，相应采用最经济合理的工艺方法和设备，因此设备与工艺之间的配套要求较高。

(3) 设备工作条件差异大

由于各种污染源的具体情况不同，环保设备在污染源中的工作条件有较大差异，相当多的设备在室外、潮湿环境甚至污水里连续运行，要求设备具有良好的工作稳定性和可靠的控制系统。有些设备在高温度、强腐蚀、重磨损、大载荷的条件下运行，要求设备应具备耐高温、耐腐蚀、抗磨损、高强度等技术性能。某些大型成套设备如大型垃圾焚烧炉、大型除尘设备、大型脱硫脱硝装置等，系统庞大、结构复杂，任何一个环节出了问题都会影响整个系统的正常运行，因此对系统的综合技术水平要求较高。

(4) 部分设备具有兼用性

部分环保设备与其他行业的机械设备结构相似，可以相互兼用，即环保设备可以应用于其他行业，其他行业的有关机械设备也可以应用于环境污染治理。也有人称其为通用设备，如石油、化工、矿山、轻工等行业的蒸发器、塔器、搅拌机、分离机、萃取机、破碎机、筛分机、分选机等机械设备都可以与环保设备中的同类设备兼用。

0.2 我国环保设备行业的发展现状与趋势

1. 我国环保设备行业的发展现状

随着我国环境治理要求的日益严格，环保装备制造业规模迅速扩大，发展模式不断创新，服务领域不断拓宽，技术水平大幅提升。2014年全国环保装备制造业实现产值5111亿元，提前一年完成《环保装备“十二五”发展规划》提出的目标。根据中国环保机械行业协会对2014年纳入统计口径的1320家环保设备制造企业统计，环保设备行业的发展呈现如下几个特点。

(1)规模逐步扩大，结构逐步优化

截至2010年年底，全国从事环保设备制造的企业有5000家左右，工业总产值近2000亿元，是2005年的3.5倍，从业人数50万以上。2014年实现工业生产总值3067.04亿元，同比增长14%左右。由单一污染物治理转向针对系统整体污染防治集成开发的产业技术创新战略联盟成为趋势。行业骨干企业逐步转型为提供装备制造、工程总承包、运营服务等一体化综合服务。

(2) 形成了门类相对齐全的产品体系，技术水平显著提高

目前我国已经有了比较齐全的环保设备设计制造体系，已经拥有一批较为成熟的常规环保技术和设备，产品种类达到10000种以上，形成了门类相对齐全的产品体系，基本满足国内市场对常规环保设备的需求。一批拥有自主知识产权的成套环保技术装备取得突破，炉排炉垃圾焚烧发电、污泥干化发电、城市污水处理厂成套设备等部分关键共性技术已经实现产业化，工业废水治理和消烟除尘技术已达到国际先进水平，脱硫技术装备逐步占据国内脱硫市场的主体地位，电除尘及袋式除尘的技术水平位居世界前列，在满足国内需求的同时还出口到30多个国家和地区。

(3) 国家政策层面持续予以高度关注，发展后劲足

为加快提升我国环保技术装备发展，国家发展改革委、工业和信息化部、科学技术部、财政部、环境保护部等五部委联合于2014年9月9日发布的《重大环保技术装备与产品产业化工程实施方案》中要求：环保装备制造业年均增速保持在20%以上，到2016年实现环保装备工业生产总值7000亿元，基本满足国内市场需求。随着“水十条”“大气十条”“土壤十条”等政策陆续出台，环保设备行业必将迎来良好的发展机遇。《国民经济和社会发展第十三个五年规划纲要》提出实施工业污染源全面达标排放、大气环境治理、水环境治理、土壤环境治理等六大环境治理保护重点工程；《中国制造2025》要求加大先进节能环保技术、工艺和装备的研发力度，加快制造业绿色改造升级，推进资源高效循环利用；《工业绿色发展规划(2016-2020年)》提出实施能效提升工程、绿色清洁生产推进工程、资源高效循环利用工程、工业低碳发展工程、绿色制造体系创建工程等五大工程；《“十三五”节能环保产业发展规划》将着力提高节能环保产业供给水平，全面提升装备产品的绿色竞争力，在环保技术装备方面关注大气污染防治、水污染防治、土壤污染防治、城镇生活垃圾和危险废物处理处置、噪声和振动控制、环境大数据。

2. 我国环保设备行业存在的问题

总的来看，我国的环保设备行业起步较晚，发展现状基本上反映了国内工业的平均发展水平。与国外相比的差距主要表现在以下几个方面。

(1) 企业规模较小，集中度偏低

总的来看，工业发达国家环保设备生产企业可分为以下几种类型：①大型跨国环保产业公司，历史悠久、实力雄厚，具备工艺研究、设备开发、系统集成和工程承包的综合能力，能够投入大量研发力量，保持环保业务在世界上的领先地位，如法国威立雅(Veolia)集团下属的法国苏伊士(Suez)环境集团、北美GLV集团下属的美国沃威沃(Ovivo)公司等；②国际

知名环保设备专业厂家，往往一个产品要持续研发完善几十年，不断赋予传统产品以新的技术生命，使之成为世界范围内工程建设的首选产品，占据了较大的市场份额，如美国Wallace & Tiernan(即W&T)公司的加药加氯设备、德国福乐伟(Flottweg GmbH)的污泥离心脱水机、德国Huber公司的ROTAMAT系列不锈钢固液分离设备、德国西派克(Seepex)公司的单螺杆泵等；③大型国际垄断企业的环保设备子公司或部门，这些企业涉及面广、技术全面、适应性强，在承包各类工程中直接配套环保工程，同时也能单项提供环保服务，如美国Babcock & Wilcox(即B&W)公司、美国懿华水技术公司(Evoqua Water Technologies LLC)、德国鲁奇公司(Lurgi GmbH)、奥地利安德里茨集团(Andritz Group)、瑞典阿法拉伐(Alfa Laval)、日本三菱重工(MHI)、日本石川岛播磨重工业公司(IHI)、瑞士苏尔寿(Sulzer)集团等。目前，大型跨国环保公司已经成为新型环保设备工程化、市场化的主体，设备分包商将承担系统的二次设计(包括工艺概念设计)、设备集成、安装调试、操作培训等多方面义务。除法国Veolia集团、法国Suez环境集团之外，荷兰德和威(DHV)集团、瑞典洛克比水务(Läckeby Water)集团、奥地利瓦巴格(WABAG)集团等在中国都有成功的工程案例，具有很强的国际竞争力。

相比之下，当前国内环保设备企业普遍规模较小，布局不太合理，发展比较分散，集聚发展不够，缺乏一批拥有自主知识产权和核心竞争力、市场份额大、具有系统集成和工程承包能力的大企业集团。目前产值20亿元以上的环保设备专营企业屈指可数，众多中小企业专业化特色发展不突出，企业分布比较分散，技术落后，生产社会化协作尚未形成规模。

(2) 企业技术创新能力不强，技术创新机制尚不健全

目前，我国环保设备生产企业的原始创新能力匮乏，技术集成和再创新能力较弱，推广应用自主研发技术或产品的力量也不足，产品总体水平低。产品水平低首先反映在技术性能指标较国外同类产品要低，如外观、效率、可靠性、精度、能耗、使用寿命、泄漏、噪声、可维修性、耐蚀、耐磨、耐高温等，有些指标与国外相比要差很多；其次体现在产品系列的技术含量上，目前初级产品仍占较大比例，一些常用、技术含量较低的设备发展较快，如旋风除尘器、刮吸泥机、格栅、曝气器、砂水分离器、阀门、闸门等。

技术创新机制尚不健全，“产学研用”有机结合的技术创新体系建设进展迟缓。高校和研究院所是目前的技术研发主体，企业创新能力不足，更是缺乏国际竞争力。技术研发与应用转化脱节问题突出，自主研发技术多处于小试或中试阶段，较少进入产业化阶段。

(3) 品种不够丰富，关键成套设备依赖进口

目前技术含量及附加值低的单项、常规设备相对过剩，而部分市场急需、高效节能的成套设备和核心关键部件的自主化率不高，尤其缺乏大型成套环保设备以及一些特殊品种的环保设备。前者如火电厂脱硝关键设备、电厂超临界机组电除尘器、大型垃圾焚烧炉、居民小区粪便污水处理系统等；后者如废旧橡胶回收再生设备、污泥处理处置设备、新能源汽车动力蓄电池环保处置设备，一些在线环境监测专用仪器仪表及监测系统等。这些环保设备的潜在市场很大，但无法形成自主的产品系列。

环保设备品种不丰富还表现在整个环保产业界存在“重污水轻大气”“重污水轻污泥”“重规模增长轻提质增效”“重污水处理轻再生利用”等问题。不少高校在制订环境工程及相关专业的本科培养方案时，在水污染控制工程领域设置的学时和学分较多，而在大气污染治理、固体废弃物处理与处置、物理性污染控制工程领域设置的学时和学分相对较少，致使这些领

域的高级工程技术人员相对匮乏；在水污染控制工程领域则更为关注市政水处理，工业水处理关注得相对较少，实际上工业用水占全球总用水量的15%～20%、城镇居民用水仅占5%～8%。此外，水污染控制工程项目的投资和建设重点主要集中在污水处理厂的建设上，对污泥处理与处置关注不够。国外大型污水处理厂在采用消化、机械脱水的情况下，污水处理与污泥处理的投资比约1∶1.7，远高于我国。

（4）标准体系不完善，缺乏产品质量认证

虽然已经初步构建了环保产品（设备）标准体系框架，但标准数量较少，分布不均衡，标准对行业发展的规范和引领作用发挥不够。环保设备运行效果评价指标体系尚未建立，缺乏质量监督和认证机制，产品质量低下的问题较为突出，运行效果难以保证。截至2018年底，国家环境保护部仅批准并发布了100多项《环境保护产品技术要求》，环保产品标准体系尚不完善，部分产品标准处于空白状态。此外，不同行业所颁布的标准中重复现象严重，使得同样的产品在规格、型号、名称上不统一，给用户选择及工程项目招投标带来了困难。

3. 我国环保设备行业的发展趋势

发展环保设备是实现我国环境保护目标的必然要求，是加快培育发展节能环保产业的重要内容，是提高产业竞争力的重要举措。随着一批实力较强的大中型企业受政策的鼓励逐步进入环保设备行业，可以预测环保设备行业的发展趋势如下。

（1）环保设备的新品种迅速增加

在末端污染治理设备方面，通过产品先进制造技术、产品可靠性技术、轻量化设计和模块化技术，新型水污染治理设备、空气污染治理设备、固体废物处理设备、资源综合利用设备、环境应急设备、土壤污染治理与修复设备等将会得到迅速发展，新品种不断增加。

进入21世纪以来，随着公众对环境质量要求日趋严格，复合型污染、人群健康风险、生态安全等成为环境领域的研究重点。在源头污染预防设备方面，通过开发新的清洁生产工艺和新设备来减少污染排放。

（2）推进环保设备的“标准化、系列化、成套化”

发展产品成套技术、工程成套技术以及系统集成技术，实施零部件标准化、同类产品系列化、环境工程项目成套化，进一步提高产品的技术和质量水平，增加品种，降低生产成本，以增强对环境工程项目所需设备的成套供应能力。

为落实《中国制造2025》的部署和要求，切实发挥标准化和质量工作对装备制造业的引领和支撑作用，国家质检总局、国家标准委、工信部共同于2016年8月发布了《装备制造业标准化和质量提升规划》，其中“实施绿色制造标准化和质量提升工程”与环保装备制造业密切相关。

（3）与相关行业领域的交叉融合逐步加深

科学与技术之间、不同学科之间的交叉、渗透、融合如今已成为必然趋势，多学科联合攻关、跨学科融合创新已经成为解决重大科技问题的方法和途径。环保产业作为多学科交叉领域，其发展离不开其他基础产业的进步。与此相对应，环保设备行业的发展离不开机械制造、能源化工、材料冶金、土木建筑、分析检测、自动控制等行业的发展，必须及时吸收和应用这些行业领域的新技术，开发新型环保设备，提高已有环保设备的技术水平和科技含量。尤其是随着分子技术、生物技术、新材料、信息技术、云计算和大数据等在环境领域应用的不断拓展和深入，必将推动突破一批改善生态环境的关键技术，带动环保产业大发展。

(4) 计算机在环保设备行业中的应用不断扩大

扩大应用 CAD/CAE、计算机辅助制造(Computer Aided Manufacturing，CAM)、计算机辅助工艺过程设计(Computer Aided Process Planning，CAPP)、计算流体动力学(Computational Fluid Dynamics，CFD)、产品生命周期管理(Product Lifecycle Management，PLM)、增材制造(3D 打印)等技术，并将计算机应用于环保设备自动化和环保工程项目的自动化控制和运行状态检测，推广普及 PLC、DCS 等控制系统以及物联网、大数据等技术，使环保设备及仪表控制达到转换程序控制、联锁保护、信息传输、遥测遥控、数据处理、计算机控制以及自寻优故障诊断的水平，实现智能工厂、数字化工厂、智能制造甚至“智慧环保”。

0.3 本课程的任务及学习方法

目前我国高等环境教育已形成学科门类较为齐全、办学层次多样化的专门教育体系，但从环境工程及相关专业现行的人才培养方案来看，对环保设备类专门人才的培养相对较为滞后。尽管所有的设备都由相应的工艺要求所决定并为其服务，但各种工程项目投产运行后工艺基本不变而直接受设备运行状况影响却是一个不争的事实，有时甚至决定了污染治理工艺的先进性和可靠性。

本课程站在工科高级应用型人才培养的角度，系统讲述目前国内外各种主要环境污染末端治理设备的原理与设计问题，尤其是各种单体设备的原理与设计问题。以此加深学生对各种环境污染治理问题的认识与理解，使之具备设计一些主要单体环保设备的能力，进而满足目前环境污染治理工程实际对高层次从业人员的需要。为了学好本课程，建议注意以下几个方面的问题。

1. 处理好学习工艺与设备之间的辩证关系

工艺与设备历来就应该相辅相成，工艺对设备提出要求，工艺的技术性能指标由设备来实现，因此建议读者要主动将二者有机结合。一方面，只有清楚所依托环境工程项目的工艺参数和工况条件，并熟练了解特定污染治理工艺需要使用具备哪些性能和特点的处理设备，才能正确进行项目工艺所需配套设备的设计或选型，才能把握设备的发展方向，洞悉相关设备的安装调试和运行管理问题。另一方面，提供技术可行、性能先进和操作简便的环保设备，并保证其低碳节能和高可靠性运行，也是环保设备从业人员的职责和任务。建设“新工科”专业、培养复合型人才，注重学科专业的实用性、交叉性与综合性，应该成为新形势、新业态下全社会的共识。

2. 注意理论与实践相结合，在反复参与实践中学好理论

参与实践，一是到已建成的环境污染治理工程参观实习时，用心观察所采用的配套设备；二是到专业环保设备生产制造厂家去参观学习或实习时，潜心观察体会设备的加工制造工艺；三是开展相关的课程设计等实践训练环节时，在搞好设备选型设计和商务调研的基础上进行成本核算；四是创造条件参与环保设备的拆装测绘、安装调试、运行管理等工作，取得切身实践经验，同时要在实践中弄懂、弄通、用活有关理论。

3. 注意向国内外的先进技术学习

由于全球范围内环境科技的发展呈现出从单要素研究向多要素综合研究转变、从局部地区污染防治向区域尺度和全球尺度生态环境问题研究转变，因此要借助便捷、发达的网络信息资源，密切关注世界范围内环保设备行业的最新发展动态，获得国外环保设备企业的第一手产品资料或专利文献资料，以尽可能提高我国自主研发环保设备的起点和层次。

4. 注意培养工程观念和创新意识

环境工程专业是一个实用性较强的工科专业，因此满足工程实际需要、服务工程实际是构建该专业知识体系时一个不可忽略的重要因素，只有在平时的理论学习、实习实训中刻意培养并不断强化工程意识和工程观念，才能在踏上工作岗位后满足环保产业发展的需要。与此同时，勇于创新、勇于探索是尽快提高我国工程技术发展水平的必然要求。要大胆借鉴机械工程、化学工程与技术、动力工程及工程热物理、材料科学与工程、控制科学与工程、生物工程、土木工程等相关学科的技术，将其创造性地应用于环境污染治理，研发具有自主知识产权的高端智能化环保设备。

第一篇　水处理设备原理与设计

水处理的目的就是将原水中所含的污染物分离出来或将其转化为无害的物质，从而使水质得以净化。从作用原理来看，可分为不溶态污染物的分离技术(简称物理法)、污染物的化学转化技术(简称化学法)、溶解态污染物的物理化学转换技术(简称物化法)、污染物的生物化学转换技术(简称生化法)等4大类；按照水质净化要求，污水处理技术可分为一级处理、二级处理、深度处理。一级处理常用筛滤法、重力沉降法、浮力上浮法、预曝气法等，能去除悬浮固体(SS)约50%~60%、BOD_5约20%~30%，但一般不能去除污水中呈溶解态和呈胶体态的大量有机污染物以及氯化物、硫化物等有毒物质。二级处理用于在一级处理的基础上继续去除污水中的大量有机污染物，生化法是污水二级处理常用的主体工艺，也有将化学法或物化法作为二级处理的主体工艺；处理效果介于一级和二级处理之间的一般称为强化一级处理、一级半处理或不完全二级处理，主要有高负荷生物处理法和化学法两大类，BOD_5去除率45%~75%。这里需要指出的是，到了20世纪60~70年代，人们发现仅仅去除污水中的BOD_5和SS还不够，氨氮的存在依然导致水体黑臭或溶解氧浓度过低，这一问题的出现使二级生化处理技术从单纯的有机污染物去除发展到有机污染物和氨氮的联合去除，即污水的硝化处理；到了20世纪70~80年代，由于水质富营养化问题的日益严重，对污水中氮磷去除的需要使二级生化处理技术进入到具有除磷脱氮功能的新阶段(二级强化处理)。深度处理是为了进一步去除二级处理残留的污染物，如细小固体悬浮物、病毒和病原菌类微生物、难降解有机物、氮/磷等可溶性无机物以及重金属等，工艺流程和组成单元可以根据处理出水具体去向的不同(如回用)而采用三级处理或多级处理工艺。常用的深度处理方法包括：活性炭吸附、臭氧氧化、膜分离、离子交换、湿式氧化、催化氧化、蒸发浓缩等物化法以及生物脱氮、除磷等，处理每吨水的费用约为一级处理费用的4~5倍以上。

从处理排放标准的角度来看，目前我国县级以上的城市污水处理厂一般都按《城镇污水处理厂污染物排放标准》(GB 18918—2002)中的一级B标准作为设计要求。但在我国的三河三湖(如太湖、巢湖、滇池)、松花江水系的辽河流域、南水北调的重点区域以及北方缺水地区(如河北省、山西省、内蒙古自治区)等地，应执行一级A标准；其他地区若将城镇污水处理厂出水作为回用水或“将出水引入稀释能力较小的河湖作为城市景观用水”也应执行一级A标准。为解决这些重点地区污水综合治理、污水回用或城市景观用水的需求，新建污水处理厂必须在二级处理(脱氮除磷)的基础上增加三级处理或深度处理，一次建成达到一级A标准；已建二级处理的城镇市政污水处理厂要求升级改造，在解决脱氮除磷基础上增加三级处理或深度处理，由一级B标准升级改造达到一级A标准。

水处理设备主要分为通用设备和专用设备两大类，前者如泵类、阀类、风机类等；后者如拦污机械设备、除砂及刮泥设备、曝气及搅拌设备、加药及消毒设备、污泥浓缩及脱水设备、氧化脱盐设备等，且新的类型规格还在不断增加。专用设备投资一般占设备总投资的60%~65%，因此是水处理行业的重点配套产品。一般而言，专用设备又可分为单元处理设备、组合处理设备两大类，是本篇介绍的重点。

（1）单元处理设备

① 不溶态污染物的分离设备　如拦污机械(格栅、筛滤)、沉砂池、沉淀池、澄清池、过滤池、离心分离机等。

② 污染物的生化法处理设备　如活性污泥法使用的曝气设备、污泥浓缩脱水设备，生物膜法使用的生物滤池、生物转盘及生物接触氧化池等，厌氧消化法使用的沼气利用设备等。

③ 污染物的化学法处理设备　如化学沉淀槽、中和设备、搅拌设备、加药设备、消毒设备、软化脱盐设备、电解槽等。

④ 溶解态污染物的物化法处理设备　如吸附罐、吸附塔、离子交换器、萃取塔、蒸发器及各种膜分离装置等。

按照业内人士的划分方式，城镇污水处理厂的重点配套设备可分为拦污设备、沉砂设备、沉淀池排泥机械、充氧曝气设备、水处理曝气专用风机、污泥处理设备、污水/污泥泵、污水处理专用设备等8类。分别占设备总价值的比重情况大致为：格栅等预处理设备4%、闸阀7%、各类泵8%、曝气设备5%、鼓风机15%、刮(吸)泥机11%、浓缩脱水机8%、电气设备5%、自控设备11%。

（2）组合处理设备

由两种或两种以上单元处理设备组合在一起构成，用于处理某种特定场合下的污(废)水，具有设备紧凑、功能齐全的特点。例如小型生活污水处理设备、医院污水处理设备、洗车污水处理设备、电镀污水处理设备等。

纵观世界范围内水处理设备的发展历程，表现出三个较为明显的特点：一是工艺开发引导设备开发，如传统活性污泥法、氧化沟、SBR、A/A/O等工艺都有各自对应的配套专用设备；二是设备开发引导工艺变化，如潜水泵、膜组件、臭氧发生器和紫外消毒等的出现；三是环境变化和行业发展引出的新需求，如给排水管网养护设备、除臭设备、污泥干化设备、细颗粒物净化设备、组合式污水处理设备、黑臭水体整治设备、再生水设备和河湖修复设备(微滤机、除藻船)等。

总体而言，我国水处理设备与国外的水平差距大于水处理工艺与国外的水平差距，水处理专用设备与国外的水平差距又大于通用设备与国外的水平差距。现阶段至少应该关注基于低耗与高值利用的工业废水处理技术与设备、污水资源能源回收利用技术与设备、高效地下水污染综合防控修复技术与设备、基于标准与效应协同控制的饮用水净化技术与设备等，同时关注“分散式、源分离”处理技术。

第一章　不溶态污染物的分离技术与设备

水处理行业不溶态污染物的分离是指通过物理作用去除原水中不溶解的悬浮固体(也包括油膜、油颗粒)，要求相应的设备尽可能结构简单、操作方便、分离效果良好。按具体分离过程所涉及的原理可以分为两大类：一类是液相主体受到一定的限制约束，而固体颗粒能够在液相中自由运动，可以将其归类于重力沉降、离心分离或气浮等；另一类是利用固体介质层或介质床层，使固体颗粒受到限制约束而允许主体液相穿过，可以将其归类于筛滤、过滤等。本章涉及的水处理设备主要包括预处理设备、重力沉降设备、气浮设备、过滤设备、离心分离设备等。

§1.1　预处理设备(拦污)

预处理设备主要包括拦污设备、沉砂设备以及起调节、均衡作用的集水池和调节池等构筑物。大型取水构筑物进水口、污水及雨水提升泵站、污水处理厂进水渠道等处均应设拦污设备，以清除粗大的漂浮物如草木、垃圾、纤维状物质以及较大的固体悬浮物等，以达到保护水泵及减轻后续工序处理负荷的目的。沉砂池用来去除污水中密度较大的无机颗粒，以保护后续处理设施的正常运行，是任何城市污水处理工程中必不可少的处理设施。

拦污设备主要包括格栅、格栅除污机、旋转滤网、除毛机、水力筛网等筛滤设备，本节主要介绍格栅、格栅除污机以及旋转滤网，在此基础上介绍栅渣处理与输送机械。

一、格栅

格栅(Grid)按形状可分为平面格栅、曲面格栅(多为弧形)、阶梯形格栅、转鼓形格栅等；按栅条间距或网孔净尺寸可分为粗格栅、中格栅、细格栅、超细格栅等四种，根据《给排水用格栅除污机通用技术条件》(CJ/T 443—2014)的相关规定，栅条间距及网孔净尺寸系列如表1-1-1所示。如果不特别指明，通常所说的格栅大多指粗(中)格栅。可以由一组或多组平行金属栅条制成，也可以由网孔状框架结构制成。当不分设粗(中)、细格栅时，可选用较小的栅条间距。

表1-1-1　栅条间距及网孔净尺寸系列表

序号	项目	粗格栅	中格栅	细格栅	超细格栅
1	栅条间距系列/mm	$50<d\leq100$	$10<d\leq50$	$2<d\leq10$	$0.2\leq d\leq2$
		60，70，80，90，100	12，14，……，48，50(以2递增)	3，4，……，9，10(以1递增)	0.2，0.3，……，1.9，2(以0.1递增)
2	网孔净尺寸系列/mm	—	$10\times10<a\times a\leq50\times50$	$2\times2<a\times a\leq10\times10$	$0.5\times0.5<a\times a\leq2\times2$
		—	12×12，14×14，……，48×48，50×50(以2递增)	3×3，4×4，……，9×9，10×10(以1递增)	0.5×0.5，0.6×0.6，……，1.9×1.9，2×2(以0.1递增)

1. 常规粗(中)格栅设计参数的确定

如图 1-1-1 所示，常规粗(中)格栅通常以倾斜甚至竖直状态静止放置在污水流经的渠道中。对于大中型泵站或当污水管道埋深较大时，格栅可以设在泵房的集水池内；采用机械除污时，一般采用单独的格栅井。

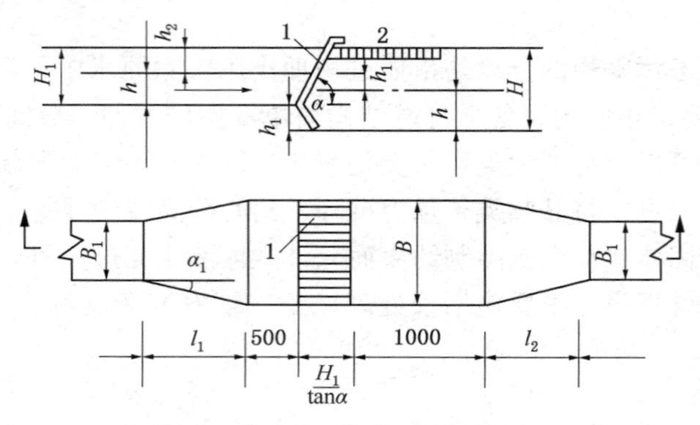

图 1-1-1　格栅水力计算示意图

1—栅条；2—工作平台

(1) 格栅栅条断面形状

栅条断面形状可按表 1-1-2 选用。圆形断面栅条水力条件好、水流阻力小，但刚度差，一般多采用矩形断面栅条。平面格栅栅条一般使用材质为 Q235A 的矩形截面扁钢制作，目前市场上还出现了截面为梯形的不锈钢丝(Wedge wire，或 Vee wire)栅条，以及在(光滑或曲折)金属薄板上穿孔等形式。

表 1-1-2　格栅断面形状与尺寸

栅条断面	正方形	圆　形	锐边矩形	带半圆的矩形	两头半圆的矩形
尺寸/mm	20 20 20 20	20 20 20	10 10 10 50	10 10 10 50	10 10 10 50

(2) 格栅的安装倾角

格栅倾斜安放可以增加有效拦污面积 40%~80%，而且便于清洗和防止因堵塞而造成过高的水头损失。安装倾角 45°~75°，人工清除栅渣时取 45°~60°；若采用机械清除栅渣时一般采用 60°~75°，特殊类型可达 90°。格栅高度一般应使其顶部高出栅前最高水位 0.3m 以上；当格栅井较深时，格栅的上部可采用混凝土胸墙或钢挡板满封，以减小格栅的高度。

格栅设有栅顶工作台，台面应高出栅前最高设计水位 0.5m，工作台应安装安全设施和冲洗设施、工作台两侧过道宽度不小于 0.7m；工作台正面过道宽度按清渣方式确定：人工清渣时不应小于 1.2m，机械清栅时不应小于 1.5m。

(3) 过栅流速

污水通过格栅的流速可取 0.8~1.0m/s，过栅流速太大和太小都会直接影响截污效果和栅前泥砂的沉积，可以据此来计算格栅的有效进水面积。格栅的总宽度不应小于进水渠有效断面宽度的 1.2 倍；如与滤网串联使用，则可按 1.8 倍左右考虑。

（4）格栅拦截的栅渣量 W_1

栅渣量与栅条间隙、当地污水特征、污水流量以及下水道系统类型等因素有关。当缺乏当地运行资料时，可采用下列数据：

格栅间隙 16~25mm 时，栅渣量为 0.10~0.05m^3 栅渣/$10^3 m^3$ 污水；

格栅间隙 30~50mm 时，栅渣量为 0.03~0.01m^3 栅渣/$10^3 m^3$ 污水。

栅渣的含水率一般为 80%，表观密度约为 960kg/m^3；有机质高达 85%，极易腐烂、污染环境。栅渣的收集、装卸设备，应以其体积为考虑依据。污水处理厂内贮存栅渣的容器，不应小于 1 天截留的栅渣体积量。

（5）清渣方式

栅渣的清除方法有人工除污和机械除污两种，当栅渣量较少时一般选用人工除污，当栅渣量大于 0.2m^3/d 时应采用机械除污，一些小型污水处理厂为了改善劳动条件也采用机械除污。机械除污时往往将栅渣的拦截与清除过程一体化，即采用格栅除污机。格栅除污机的台数不宜少于 2 台，如为 1 台时则应设人工除污格栅以备用。

2. 常规粗（中）格栅的设计计算

（1）格栅槽的宽度（或称为格栅的建筑宽度）B

$$B=s(n-1)+bn\text{(m)} \tag{1-1-1}$$

$$n=\frac{Q_{max}\sqrt{\sin\alpha}}{bhv} \tag{1-1-2}$$

式中 s——栅条宽度，m；

n——栅条间隙数目（当栅条间隙数目为 n 时，栅条的数目应为 $n-1$）；

b——栅条间隙，m；

Q_{max}——最大设计流量，m^3/s；

α——格栅安置的倾斜角，（°）；

h——栅前水深，m；

$\sqrt{\sin\alpha}$——考虑格栅倾角的经验系数；

v——过栅流速，m/s。

平面格栅宽度 B 的取值（m）系列为 0.6、0.8、1.0、1.2、1.4、1.6、1.8、2.0、2.2、2.4、2.6、2.8、3.0、3.2、3.4、3.6、3.8、4.0，使用机械除污时 B 大于 4000mm；平面格栅的长度取值（m）系列为 0.6、0.8、1.0、1.2……（以 0.2m 为一级增大），其上限由水深确定。

（2）格栅前后渠底高差（亦即通过格栅的水头损失）h_1

$$h_1=K\,h_0\text{(m)} \tag{1-1-3}$$

$$h_0=\xi\frac{v^2}{2g}\sin\alpha \tag{1-1-4}$$

式中 h_0——计算水头损失，m；

g——重力加速度，m/s^2；

K——考虑截留污物引起格栅过流阻力增大的系数，一般取 $K=2\sim3$，或按经验公式 $K=3.36v-1.32$ 求得；

ξ——阻力系数，其值与栅条的断面形状有关，可按表 1-1-3 选取。

工程中为了简化计算，h_1 值可按经验定为 0.10~0.30m，最大不超过 0.50m。

(3) 栅后槽总高度 H

$$H=h+h_1+h_2(\mathrm{m}) \tag{1-1-5}$$

式中 h——栅前渠道水深，m；

h_1——栅前渠道超高，m，一般为 0.3m。

表 1-1-3 阻力系数 ξ 计算公式

栅条断面形状	公 式	说 明
锐边矩形	$\zeta=\beta\left(\frac{s}{b}\right)^{4/3}$（$\beta$ 为栅条断面形状系数）	$\beta=2.42$
迎水面为半圆形的矩形		$\beta=1.83$
圆形		$\beta=1.79$
迎、背水面均为半圆形的矩形		$\beta=1.67$
正方形	$\zeta=\left(\frac{b+s}{\varepsilon b}-1\right)^2$	ε 为收缩系数，一般取 0.64

(4)格栅的总建筑长度 L

$$L=l_1+l_2+1.0+0.5+\frac{H_1}{\tan\alpha}(\mathrm{m}) \tag{1-1-6}$$

式中 l_1——进水渠道渐宽部分的长度，$l_1=\frac{B-B_1}{2\tan\alpha_1}$，m；

B_1——进水渠道宽度，m；

α_1——进水渠道渐宽部位的展开角度，一般为 20°；

l_2——格栅槽与出水渠道连接处渐窄部分的长度，一般取 $l_2=0.5\,l_1$，m；

H_1——格栅前的渠道深度，$H_1=h+h_2$，m。

(5) 每日栅渣量 W

$$W=\frac{3600\times24\,Q_{\max}W_1}{1000K_2}(\mathrm{m^3/d}) \tag{1-1-7}$$

式中 W_1——栅渣量，取 0.01~0.10$\mathrm{m^3}$ 栅渣/$10^3\mathrm{m^3}$ 污水，粗格栅用小值，细格栅用大值；

$Q_{\max}$——最大设计流量，$\mathrm{m^3/s}$；

K_2——生活污水流量总变化系数，见表 1-1-4。

表 1-1-4 生活污水流量总变化系数

平均日流量/(L/s)	4	6	10	15	25	40	70	120	200	400	750	1600
K_2	2.3	2.2	2.1	2.0	1.89	1.80	1.69	1.59	1.51	1.40	1.30	1.20

注：表中的平均日流量是指一天当中的平流流量。

二、粗(中)格栅除污机(Grid spotter)

粗(中)格栅除污机的类型很多，具体形式和分类如表 1-1-5 所示。总体上可分为前清式(或前置式)、后清式(或后置式)、自清式(或栅片移行式)3 大类，目前市场上第一种形式居多。前清式(或后置式)格栅除污机的除污齿耙设在格栅前(迎水面)清除栅渣，如三索式、高链式等；后清式(或后置式)格栅除污机的除污齿耙设在格栅后面，耙齿向格栅前伸出清除栅渣，如背耙式、阶梯式等；自清式(或栅片移行式)格栅除污机虽然没有除污齿耙，但格栅栅面携带截留的栅渣一起上行，至卸料段时，栅片之间相互错动和变位，自行将污物卸除，同时辅以橡胶刷或压力清水冲洗，干净的栅面回转至底部，自下不断上升，替换已拦截栅渣的栅面，如此周而复始，如网箅式清污机、犁形耙齿回转式固液分离机等。《给水排水用格栅除污机通用技术条件》(CJ/T 443—2014)将格栅除污机按结构形式分为钢丝绳牵引式格栅除污机、回转式链条传动格栅除污机、回转式齿耙链条格栅除污机、高链式格栅除污机、阶梯式格栅除污机、弧形格栅除污机、转鼓式格栅除污机、移动式格栅除污机、回转滤网式除污机等9种。

表1-1-5 粗(中)格栅除污机的形式和分类

<table>
<tr><th>分 类</th><th>传动方式</th><th>牵引部件工况</th><th>格栅形状</th><th colspan="2">除污机安装方式</th><th>代表性格栅除污机</th></tr>
<tr><td rowspan="11">前清式(前置式)</td><td>液 压</td><td>旋臂式</td><td rowspan="3">弧 形</td><td rowspan="3" colspan="2">固定式</td><td>液压传动旋臂式弧形格栅除污机</td></tr>
<tr><td rowspan="3">臂 式</td><td>摆臂式</td><td>摆臂式弧形格栅除污机</td></tr>
<tr><td>回转臂式</td><td>回转臂式弧形格栅除污机</td></tr>
<tr><td>伸缩臂式</td><td rowspan="10">平面格栅</td><td rowspan="3">移动式</td><td rowspan="2">台车式</td><td>移动式伸缩臂格栅除污机</td></tr>
<tr><td rowspan="4">钢丝绳</td><td rowspan="2">三索式</td><td>钢丝绳牵引式格栅除污机</td></tr>
<tr><td>悬挂式</td><td>葫芦抓斗式格栅除污机</td></tr>
<tr><td rowspan="2">二索式</td><td rowspan="8" colspan="2">固定式</td><td>三索式格栅除污机</td></tr>
<tr><td>滑块式格栅除污机</td></tr>
<tr><td rowspan="5">链式</td><td>干 式</td><td>高链式格栅除污机</td></tr>
<tr><td rowspan="5">湿 式</td><td>爬式格栅除污机</td></tr>
<tr><td>链条回转式多耙格栅除污机</td></tr>
<tr><td>后清式(后置式)</td><td>背耙式格栅除污机</td></tr>
<tr><td rowspan="2">自清式
(栅片移行式)</td><td>回转式固液分离机</td></tr>
<tr><td>曲柄式</td><td>阶梯形</td><td>阶梯式格栅除污机</td></tr>
</table>

1. 链条回转式多耙格栅除污机

链条回转式多耙格栅除污机也称回转式齿耙链条格栅除污机。如图1-1-2所示，主要由机架、驱动机构、主传动链轮轴、从动链轮轴、主/从动链轮、环形牵引链、静止格栅、除污齿耙、过力矩保护装置等组成。在环形牵引链上均布6~8块除污齿耙，除污齿耙上的耙齿与静止格栅配合并可插入栅条间隙一定深度，耙齿间距与格栅栅距配合；环形牵引链常用节距为35~50mm的套筒滚子链，可采用不锈钢材质以延长使用寿命。除污齿耙与链条牵引机构组成一个回转体，在上部驱动机构的带动下，环形牵引链由下往上作回转运动。除污齿耙受链条铰节点和导轨的约束作回转运动。当除污齿耙运转到静止格栅的底部迎水面时，耙齿即插入栅条的缝隙中作清捞动作，将栅条上所截留的杂物刮落到齿耙的工作面上。当除污齿耙上行运转到机体上部时，齿耙翻转，一部分栅渣靠自重自行脱落到平台上端的卸料处；剩余黏附在齿耙上的污物通过缓冲自净卸污器(或清扫器)刮除，整个工作状态连续循环进行。

该格栅除污机结构紧凑、运转平稳、工作可靠，不易出现耙齿插入不准的情况。使用中应注意由于温差变化、荷载不匀、磨损等导致链条伸长或收缩，需随时对链条与链轮进行调整与保养，及时清理缠挂在链条、齿耙上的污物，以免卡入链条与链轮间影响运行。也可以将齿耙设计成双齿齿耙，双齿间呈一夹角，这样当一齿插入栅条缝隙中清

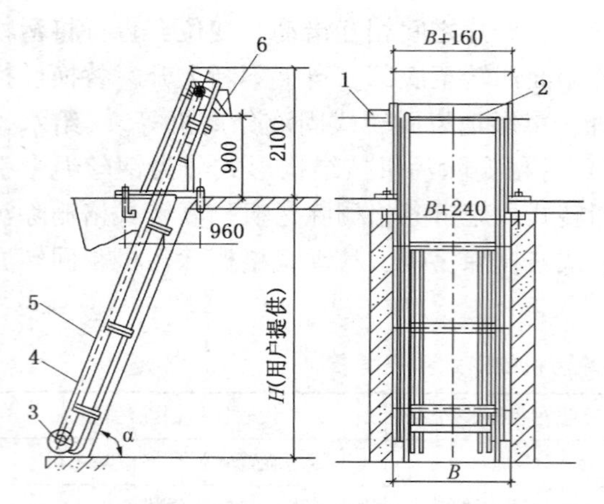

图 1-1-2　链条回转式多耙格栅除污机的结构示意图
1—电动机+减速器；2—主传动链轮轴；3—从动链轮轴；
4—链条；5—机架；6—卸料溜板

捞时，另一齿则与其形成包围之势，将固体杂物包围住而不让其脱漏，提高清污效率。该格栅除污机的不足之处包括：①为保证环形牵引链和除污齿耙能够“回转”，在静止格栅下端需要留出足够的安全距离，在该位置处水流直接穿透，不能得到格栅的过滤处理；②链条运行一段时间后链节伸长，间隙增大，需要及时进行维护、调节，否则链条可能会与传动轮脱开，发生掉链故障。

国家环境保护行业标准《环境保护产品技术要求—格栅除污机》(HJ/T 262—2006)中，规定链条回转式多耙格栅除污机的代号为 GL，其基本参数如表 1-1-6 所示。

表 1-1-6　链条回转式多耙格栅除污机的基本参数

	基本参数							
机宽系列/mm	800、1000		1200、1400、1600、1800、2000		2200、2600、2800、3000		3200、3400、3600、3800、4000	
栅隙系列/mm	10、20、30、40、50、60、70、80、90、100							
栅条间距/mm	≤50	>50	≤50	>50	≤50	>50	≤50	>50
耙齿与两侧栅条的间隙/mm	≤4	≤5	≤5	≤6	≤6	≤7	≤7	≤8
齿耙顶与托渣板的间隙/mm	≤4		≤5		≤7		≤8	
安装倾角/(°)	60~85							
齿耙运行速度/(m/min)	2~5							

2. 回转自清式格栅除污机

回转自清式格栅除污机也称回转式固液分离机或回转式链条传动格栅除污机，没有静止的格栅栅条。如图 1-1-3 所示，由电动机、减速器、机架、犁形耙齿、牵引链、链轮、清洗刷和喷嘴冲洗系统等组成。犁形耙齿是用工程塑料(通常为 ABS、尼龙 1010)或不锈钢制成的特殊元件，按一定次序相互叠合和串接后装配在耙齿轴(或串接轴)上，形成覆盖整个迎水面的环形格栅帘，相邻两根平行串接轴之间的轴距就是链轮的节距 P。

在传动系统的带动下，链轮牵引整个环形格栅帘以 2m/min 左右的速度自下而上回转。如图 1-1-4 所示，环形格栅帘的下部浸没在进水渠中，栅渣被拦截在迎水工作面上并被带出水面。当栅渣到达顶部时，因弯轨和链轮的导向作用，使得前后相邻两排耙齿之间产生互相错位推移，把附着在栅面上的大部分栅渣外推，栅渣依靠重力脱落卸入污物盛器内；另一部分粘挂在栅面耙齿上的栅渣，在回转至链轮下部时，受到喷嘴压力冲洗水自内向外的喷淋冲刷；同时，喷嘴相对应的栅面外侧又有橡胶刷作反向旋转刷洗，基本上把栅面上的栅渣清除干净。

该设备的主要优点如下：①有一定的自净能力，运行平稳、无噪声；②格栅栅面与栅渣一起上行，洗刷清洁后的栅面连续进入拦截状态，故无堵塞现象，不仅栅片间距 10~25mm

的中粗格栅除污机效果令人满意，而且也适合制作栅片间距1~10mm的细格栅除污机；③由于耙齿弯钩的承托，截留的污物不会下坠，到顶部翻转时又易于把污物卸除；④设置机械和电气双重过载保护后，可全自动无人操作。该设备的不足之处是：除污齿耙由链条串起，环环相扣，移动部件非常多，更换时需要逐级打开链条，维修工作量很大。

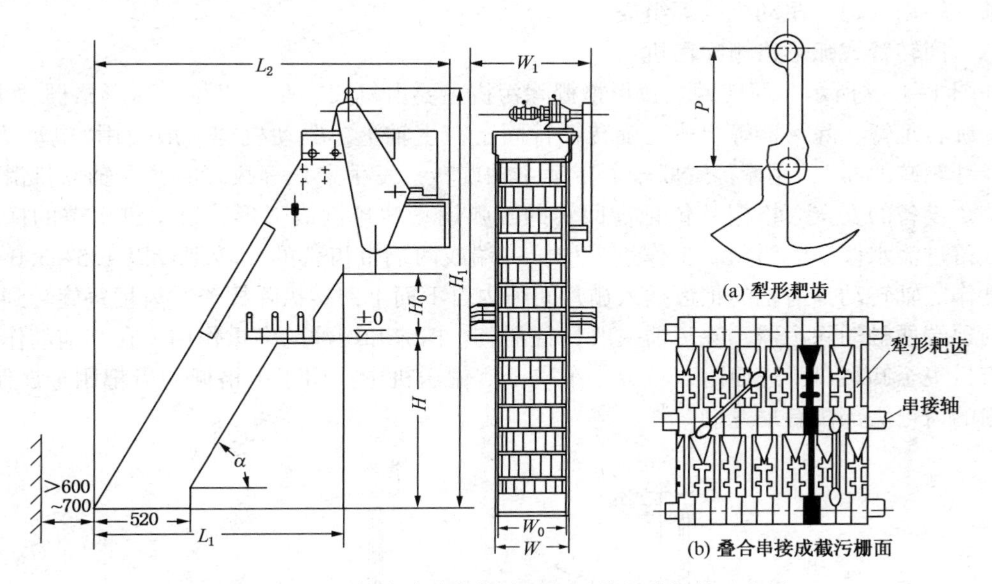

图1-1-3　回转自清式格栅除污机及其相关部件示意图

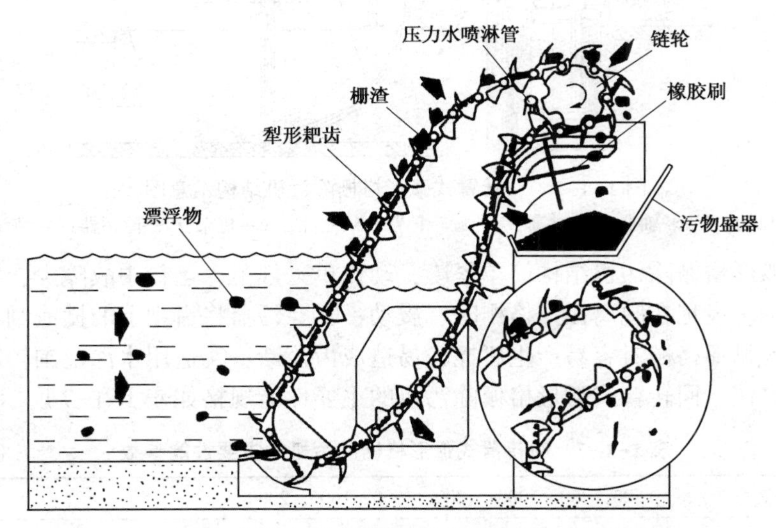

图1-1-4　回转自清式格栅除污机的运行过程示意图

国家环境保护行业标准《环境保护产品技术要求—格栅除污机》(HJ/T 262—2006)中，规定回转自清式格栅除污机的代号为HF，机宽系列为300、400、500、600、700、800、900、1000、1200、1500mm，耙齿栅隙系列为1、3、5、10、20、30、40、50mm(对应的齿耙额定载荷分别为360、510、700、900、1000、1100、1200、1300N)；安装倾角为60°~80°，齿耙运行速度为1.5~3.5m/min。当机宽超过1800mm时，还设计成两台单机并联的方式，采用一套驱动装置；可根据过水量、提升高度、固液分离总量和所分离物质的形状、颗粒大小来选择耙齿栅隙，同时选配不同的材质。

3. 弧形格栅除污机

弧形格栅除污机适用于中小型污水处理厂或泵站水位较浅的渠道中，自动拦截和清除污水中垃圾及各种漂浮物，主要有回转臂式、摆臂式和伸缩臂式3种结构形式，基本上都由弧形栅条、转动齿耙、驱动机构等组成。

（1）回转臂式弧形格栅除污机

如图1-1-5所示，回转臂式弧形格栅除污机主要由机架、驱动机构、弧形格栅、主轴、齿耙、旋转耙臂、除污器等组成，旋转耙臂固定在主轴上。驱动机构一般使用“电动机+行星摆线针轮减速器”，用摩擦式联轴器带动主轴旋转，发生卡死等故障时，联轴器打滑，可保护整个设备的安全。格栅片依耙齿回转的圆弧运动轨迹制成弧形，设于过水渠的横截面上，截留过流水体中的污物。工作过程中，一端或两端带齿耙的旋转耙臂以1.5~3.0r/min的速度作定轴转动，齿耙的耙齿插入栅片间隙内自下而上回转扒除栅渣。齿耙每旋转到弧形格栅的顶端便触动除污器，除污器一般具备刮渣、挡渣和缓冲的多重作用，在其辅助作用下将栅渣扒集至卸料口，进而落入垃圾小车或栅渣输送机中。用于中格栅的齿耙用金属制造，细格栅的齿耙头部镶有尼龙刷。

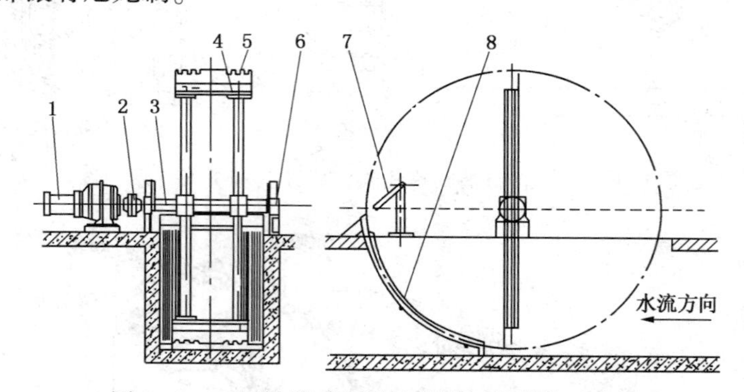

图1-1-5　回转臂式弧形格栅除污机结构示意图

1—驱动机构；2—联轴器；3—主轴；4—旋转耙臂；5—齿耙；6—机架；7—除污器；8—弧形格栅

回转臂式弧形格栅除污机结构简单紧凑，动作单一规范，运行中故障少，维护简易。但存在如下问题：①齿耙在脱离弧形格栅时有震动；②除污器将齿耙上的栅渣刮不干净；③齿耙的耙齿在进入弧形格栅时容易产生碰撞，易造成齿撞断；④适用水深范围较浅，且运行过程中的安全感欠佳。回转臂式弧形格栅除污机的主要性能规格如表1-1-7所示。

表1-1-7　回转臂式弧形格栅除污机的主要性能参数

回转半径/mm	500，800，1000，1200，1500，1600，2000
名义宽度/mm	300，400，500，600，800，1000，1200，1400，1600，1800，2000，2200，2500，3000
栅条净间距/mm	5，8，15，20，25，30，40，50，60，80
最大水深/mm	400，600，800，1000，1200，1400，1500，2000
齿耙额定承载能力/（N/m）	>1500
噪声/dB	80~84
运行线速度/（m/min）	<5~6

(2)摆臂式弧形格栅除污机

如图 1-1-6 所示，摆臂式弧形格栅除污机主要由机架、栅条、除污齿耙、清扫装置、偏心摇臂、驱动机构等组成。双输出轴减速器的曲柄通过摆臂与机座上的摇杆组成四杆机构，使摆臂下端的齿耙运行呈曲线轨迹。

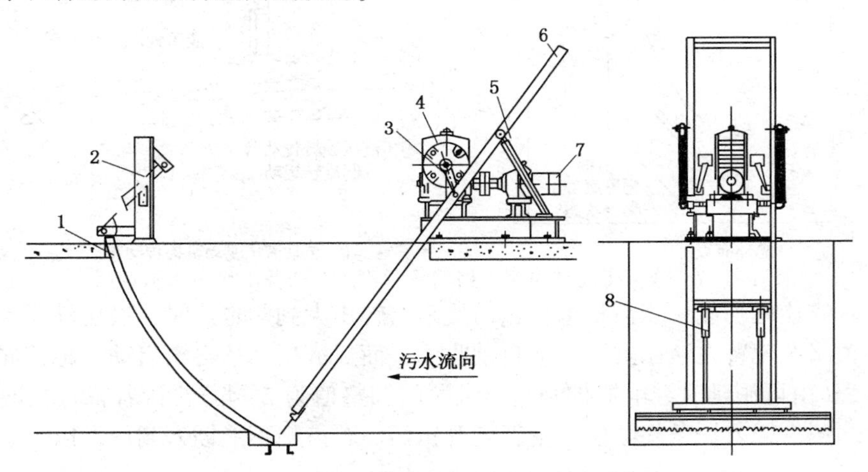

图 1-1-6　摆臂式弧形格栅除污机

1—弧形格栅；2—刮渣板架；3—曲柄；4—双出轴减速箱；5—摇杆；6—摆臂及齿耙；7—电动机+减速器；8—齿耙缓冲器

主要性能规格如表 1-1-8 所示，代表性产品如德国 Huber SE 公司的 Curved Bar Screen CurveMax®弧形格栅除污机。

表 1-1-8　摆臂式弧形格栅除污机的主要性能规格

渠道深/mm	600	800	1000	1500	2000	2500
渠道宽/mm	600~2000					
栅片间距/mm	10~40					
电动机功率/kW	0.55~1.5					

工作过程中，除污耙在电动机+减速器的作用下，经偏心摇臂驱动，使除污耙上行插入栅条间隙，此时偏心摇臂继续转动，使除污耙退出栅条，并使除污耙处于上行初始位置，从而进入下一个清捞循环。卸污时，曲柄转入内半径运转，摆臂将耙齿推出栅片，随即下行复位。曲柄每回转一周除污一次，摆臂式弧形格栅除污机占用空间少。

(3) 液压传动伸缩臂式格栅除污机

如图 1-1-7(a)所示，液压传动伸缩臂式格栅除污机由液压驱动机构、除污耙臂、弧形格栅、齿耙、除污器等组成；液压驱动机构的传动布置如图 1-1-7(b)所示，包括液压动力源、液压马达、双作用液压缸 3 个主要元件。

耙臂在工作循环开始或完成时，都处于水平位置，除污耙臂，耙齿与栅条脱开。按动开机按钮启动时，液压驱动机构运作，液压马达内的压力下降，除污耙臂在重力作用下沿旋转轴缓慢下降，直至垂直(如图中虚线位置)。联动元件使耙臂内的双作用液压缸动作，将齿耙外伸，耙齿插入栅条间隙内，到位后液压马达启动，耙臂自下而上徐徐旋升除污；将要到达最高点时，耙齿与除污器刮渣板相交，随耙齿上升，刮渣板将栅渣外推，卸入污物盛器内，此时耙齿到达最高点，液压缸驱动耙臂收缩复位，完成一个工作循环。

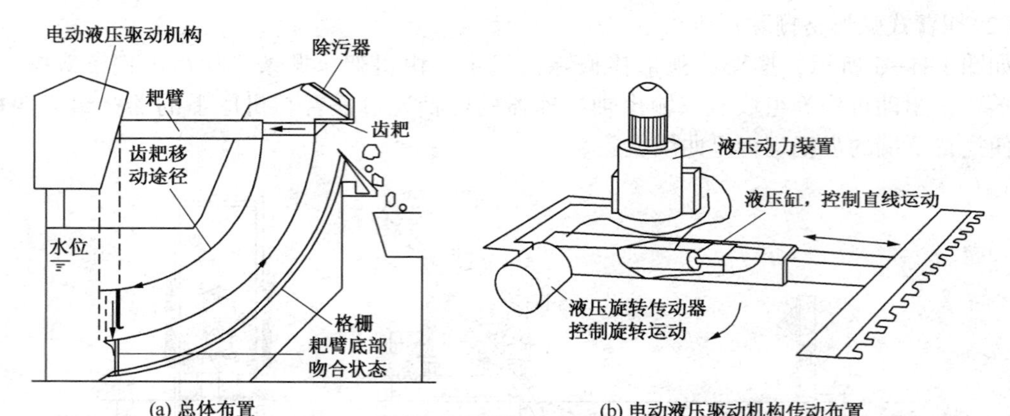

图 1-1-7　液压传动伸缩臂式格栅除污机的结构及工作原理示意图

该设备具有让耙功能，当齿耙上行扒污受阻，转矩大到一定值时，液压马达因内部压力升高而自行关闭，耙臂在液压缸作用下自动收缩；而后液压马达再次启动，耙臂向上旋转运动约数秒行程(由可调延时继电器控制，通常时间调整值为 2~4s)，接着耙臂在液压缸作用下再度伸出，耙齿插入栅条间隙内，重新旋升扒污。若齿耙不能插入到位，以上动作程序会重复执行，确保安全运行。

4. 阶梯式格栅除污机

阶梯式格栅除污机(Stair screen 或 Step screen)适用于渠深较浅、宽度不大于 2m 的场合，水下无传动件，清污方式新颖独特，能够解决常规格栅除污机存在的污物卡阻、缠绕等难题。如图 1-1-8 所示，阶梯式格栅除污机主要由机架、驱动装置、曲柄连杆机构、动栅片、静栅片、控制箱等组成。工作面由两套倾斜面的阶梯式栅片组成——一套阶梯式动栅片和一套阶梯式静栅片。阶梯式动栅片和阶梯式静栅片的厚度一般为 2mm，可以采用不锈钢板用激光一次性切割而成。阶梯式静栅片的背部设有挂钩，静栅片通过挂钩插挂在静栅片安装架上；驱动机构的动力输出端连接有一开有若干条形槽孔的动栅片安装架，阶梯式动栅片的背部设有挂钩，动栅片通过该挂钩插挂在动栅片安装架上。阶梯式动栅片与阶梯式静栅片互相交替排列(若静栅片个数为奇数，则动栅片个数为偶数)，并借助隔离块使格栅间隙在整个

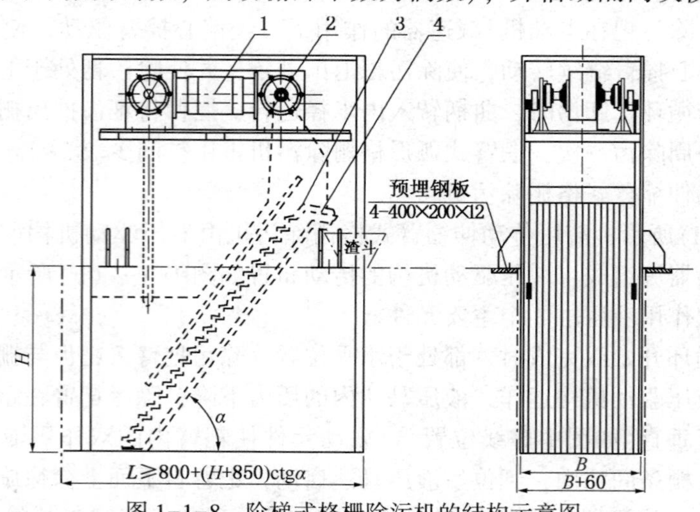

图 1-1-8　阶梯式格栅除污机的结构示意图

1—驱动机构；2—机架；3—静栅片；4—动栅片

运动过程中保持不变。动栅片安装架扮演着曲柄连杆机构中连杆的角色，两组曲柄连杆机构分布于机架两内侧。曲柄连杆机构的曲柄采用偏心轮式结构，偏心距一般为100mm左右，具体数值可以通过模拟动栅片的运动轨迹来确定。

工作过程中，设置于格栅除污机上部的驱动机构带动两组偏心轮式曲柄连杆机构，使全部阶梯式动栅片相对于全部阶梯式静栅片作交错平面运动，动作幅度略大于一个静栅片台阶的高度。被拦截的栅渣交替由动、静栅片承接，每回转一次提高一个台阶，逐级向上提升，如图1-1-9所示。当栅渣到达最上一个台阶时，顶部安装的清污转刷将栅渣卸入污物盛器内。简而言之，栅条布置成阶梯形，动栅条交叉插入定栅条并由下至上、由后至前周期运动，从而将水中漂浮物逐阶上推到污物出口。

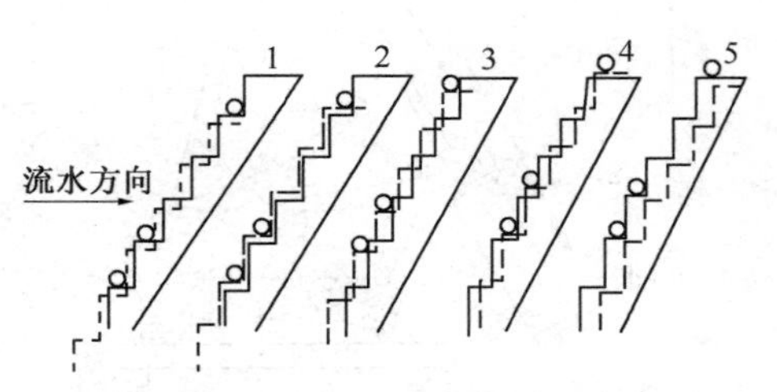

图1-1-9 阶梯式格栅除污机基于动栅片组与静栅片组的除污过程示意图

注：将杂物逐级上移的动作说明（其中虚线为动栅片组，实线为静栅片组）

研发阶梯式格栅除污机的技术关键包括：阶梯式动栅片的运动轨迹、阶梯式栅片的几何尺寸及其与栅片装配角度之间的匹配、动栅片组传动形式以及隔离块在栅片上装配位置的确定等。JT型阶梯式格栅除污机规格性能如表1-1-9所示。

表1-1-9 JT型阶梯式格栅除污机的规格性能

型号 参数	JT500	JT600	JT800	JT900	JT1200	JT1400	JT1600	JT1800	JT2000
设备宽度 B/mm	500	600	800	1000	1200	1400	1600	1800	2000
电机功率/kW	0.75					1.5			
栅条间距/mm	3、5、10、15、20								
安装角度 α/(°)	45、50、55、60								
井宽/mm	560	660	860	1060	1260	1460	1660	1860	2060
井深/mm	≤3000								
导流槽长 L/mm	$L \geqslant 800+(H+850)\mathrm{ctg}\alpha$								

阶梯式格栅除污机的主要不足在于，阶梯式动栅片和静栅片容易因卡阻而变形，不适合有效水深较深的格栅渠道。

5. 移动式格栅除污机

移动式格栅除污机适用于多台平面格栅或超宽平面格栅拦截栅渣的场合，布置在同一直线或移动的工作轨道上，以一机替代多机，依次有序地逐一除污，使用效率高、投资省。主要形式有移动式钢丝绳牵引伸缩臂格栅除污机、移动式钢丝绳牵引耙斗格栅除污机、移动式钢丝绳牵引抓斗格栅除污机、移动式钢丝绳牵引铲抓式格栅除污机、上悬移动式自动格栅除污机等。移动方式使用地面路轨安装、进行横向水平行走的形式为台车式，移动方式采用架空轨道安装、进行横向水平行走的形式为上悬式；根据（耙斗）齿耙耙除被截留栅渣的结构形式分为格栅式、网筛式、铲斗式、耙斗式、抓斗式等。

图1-1-10为移动式钢丝绳牵引伸缩臂格栅除污机，主要由卷扬提升机构、臂角调整机构和行走机构等组成。卷扬提升机构由电动机、蜗轮-蜗杆减速器、开式齿轮减速驱动卷筒

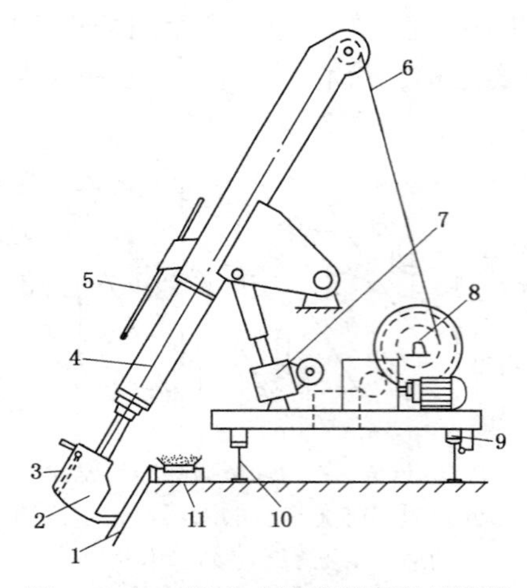

图 1-1-10　移动式钢丝绳牵引伸缩臂格栅除污机的结构示意图

1—格栅；2—耙斗；3—卸污板；4—伸缩臂；5—卸污调整杆；6—钢丝绳；7—臂角调整机构；8—卷扬机构；9—行走轮；10—轨道；11—皮带运输机

以及钢丝绳牵引四节矩形伸缩套管式耙臂组成，耙斗固定在末级耙臂的端部。耙齿由钢板制成并焊接在耙斗上，耙斗内有一块借助杠杆作用动作的刮污板，刮除耙斗内的污物。耙臂和耙斗的下降靠其自重，上升则靠钢丝绳的牵引力，在卷筒的另一端还有一对开式齿轮，带动螺杆螺母，由螺母控制钢丝绳在卷筒上的排列，避免由于钢丝绳叠绕而导致动作不准确。在耙臂下伸前应使耙斗脱开格栅，在耙斗刮污前应使耙斗接触格栅，这两个动作通过改变臂角的大小来实现。臂角调整机构由电动机经皮带传动和蜗轮-蜗杆减速器带动螺杆螺母，螺母和耙臂铰接在一起。行走机构由电动机经蜗轮-蜗杆减速器和开式齿轮减速，带动槽轮在轨道上行走，轨道一般采用 20 号工字钢。在耙臂另一侧的车架下部装有两个锥形滚轮，可沿工字钢轨道上翼缘的下表面滚动，当耙臂伸开而整机偏重时，可防止机体倾覆。该机的供电方式是悬挂式移动电缆，设备各种动作的启停通过控制箱上的按钮来实现，各种动作幅度的大小或定位由行程开关控制。污物被耙上来后，可由皮带运输机运至料斗，待积累到一定数量时装车运走。

在设计制造这种格栅除污机时，应注意使伸缩臂内摩擦表面平直光滑，避免卡住；还应注意耙斗齿间距与格栅间距相适应，以及行走时的准确定位。移动式钢丝绳牵引伸缩臂格栅除污机的规格性能如表 1-1-10 所示。

表 1-1-10　移动式钢丝绳牵引伸缩臂格栅除污机的规格性能

型号	齿耙宽度/mm	齿距/mm	臂长/m	提升高度/m	提升速度/(m/min)	行车速度/(m/min)	安装角度/(°)	电动机功率/kW	除污质量/kg	设备质量/kg
GC-01	800 1000 1200	50 80 100	14	10	7	14	60±10	1.5×3	40	4000

移动式钢丝绳牵引抓斗格栅除污机一般由悬挂单轨系统、载重小车、抓爪装置和格栅栅条 4 部分组成。运行时通过设置于载重小车上方的驱动机构带动小车沿轨道作平面移动，当到达预定格栅除渣位置后，抓爪(弧形除渣齿耙)在钢丝绳牵引下下行运动，当除渣齿耙抵达格栅底部时，控制系统关闭弧形齿耙，同时提升除渣齿耙开始捞渣，齿耙到达预定提升高度后指令载重小车移动至指定点卸污。主要问题是：①重力靠耙结构清污效果不佳，强制靠耙结构易发生卡耙故障；②在钢丝绳作用下，翻耙导轨控制机耙强制翻耙，容易出现翻耙死点；③尽管配有防乱扣机构，但钢丝绳卷筒仍容易出现乱扣现象；④由于钢丝绳的柔性，如果格栅发生污物卡住现象，钢丝绳易偏载，造成机耙歪斜卡死；⑤对于雨污合流制排水体制的污水，在暴雨水量激增时，栅渣量突增，但格栅抓爪清污是按照渠道顺序进行，导致发生抓爪清污不及时、格栅被堵塞的状况；如果暴雨导致水位增加过大，抓爪下降时可能会因为水流冲击而无法就位。

6. 粗(中)格栅除污机设计中的共性问题

(1) 基本要求

《给水排水用格栅除污机通用技术条件》(CJ/T 443—2014)标准规定了格栅除污机的术语和定义、分类与型号、性能参数、材料、要求、试验方法、标志、包装、运输和贮存等。标准对格栅除污机的基本要求包括：①平均无故障工作时间应不小于8000h，正常工作寿命应不少于15年；②计算有效过水面积时，流速宜按0.8~1.0m/s选取，单台工作宽度不宜超过4m，超过时宜采用多台或移动式格栅除污机；③结构部件的设计应满足强度和刚度的要求，其安全系数不应低于2倍；④零部件、紧固件、结构件应具有良好的互换性，宜采用标准件，并符合国家现行相关标准；⑤应具有可靠的除渣效果和齿耙清除功能，栅渣应排卸到贮存或存放栅渣的收集容器中，并注意卸污动作与后续工序之间的衔接；⑥污渣清除机构应摆动灵活，位置可调，缓冲后能自动复位，刮渣干净；⑦应设置机械过载保护装置，并设自动报警装置等。

(2) 材料选择

不锈钢材料应采用奥氏体不锈钢，其牌号和机械性能等应符合GB/T 1220—2007、GB/T 3280—2015、GB/T 4237—2015和GB/T 12770—2012等规定。钢丝绳牵引式格栅除污机所使用的钢丝绳应采用奥氏体不锈钢，直径应不小于8mm。机械加工件的质量及相关技术要求应符合JB/T 5936的规定，钢构件的金属焊接技术要求应符合JB/T 5943的规定。当采用涂装进行防腐处理时，按不同的技术要求分别涂底漆和面漆，涂漆符合JB/T 4297的规定。

(3) 电气控制

应同时具有手动和自动两种控制方式，其中自动控制分定时和液位差两种方式，应设置机械过载保护装置和自动报警装置。电气控制设备应符合GB/T 3797的规定；电气控制系统应设置过流、过电压、欠电压和过热保护功能，并符合GB/T 9089.2的规定；电控箱采用户外式时防护等级不应低于IP 55，并应符合GB 4208的规定；带电部件与壳体之间的绝缘电阻不应小于2MΩ，壳体金属部分应接地，其接地电阻不应大于4Ω；耐压性能试验时，电气设备的所有电路导线和保护接地电路之间施加50Hz、1000V的交流电压，经受至少1s的耐电压试验，应无击穿现象发生。

(4) 安装调试

格栅除污机安装时应保证各部分严格按照设计要求执行，确保整体运转过程中平稳、灵活，不得出现卡阻、倾斜现象，确保运行可靠；运行时产生的噪声声压级不应大于70dB(A)；固定栅条的顶部应该高出栅前最高水位0.2m以上。

现将常用不同类型粗(中)格栅除污机的优缺点对比总结于表1-1-11，进行工程项目设计时应该根据具体工况条件合理选型。

表1-1-11　常用不同类型格栅除污机的比较

类　型	适用范围	优　点	缺　点
链条回转式多耙格栅除污机	深度不大的中小型格栅，主要清除长纤维、带状物等生活污水中的杂物	(1)构造简单，制造方便；(2)占地面积小	(1)杂物易于进入链条和链轮之间而卡住；(2)套筒滚子链造价较高
高链式格栅除污机	深度较浅的中小型格栅，主要清除生活污水中的杂物、纤维、塑料制品废弃物	(1)链条链轮均在水面上工作，易维修保养；(2)使用寿命长	(1)只适应浅水渠道，不适应超越耙臂长度的水位；(2)耙臂超长啮合能力差，结构复杂

续表

类型	适用范围	优点	缺点
背耙式格栅除污机	深度较浅的渠道，主要清除生活污水中的杂物	耙齿从格栅后面插入，除污干净	链条在整个高度之间不能有固定的连接，由耙齿夹持力维持栅距，刚性较差，适用于浅水渠道
三索式格栅除污机	固定式用于各种宽度、深度的格栅；移动式适用于宽大的格栅，逐格清除	(1)无水下运动部件，维护检修方便；(2)可用于各种宽度、深度的渠道，范围广泛	(1)钢丝绳在干湿交替处易腐蚀，需采用不锈钢丝绳；(2)钢丝绳易延伸，温差变化时敏感性强，需经常调整
回转式固液分离机	适用于后道格栅，扒除纤维和生活或工业污水中细小的杂物，栅距1~25mm，适用于深度较浅的小型格栅	(1)有自清能力；(2)动作可靠；(3)污水中杂物去除率高	(1)ABS犁形齿耙老化快；(2)当绕缠上丝棉时易损坏；(3)个别清理不当的杂物会返入栅内；(4)格栅宽度较小，池深较浅
移动式伸缩臂格栅除污机	中等深度的宽大格栅，主要清除生活污水中的杂物	(1)不清污时，设备全部在水面上，维护检修方便；(2)可不停水养护设备；(3)寿命较长	(1)需三套电机和减速器，构造较复杂；(2)移动时耙齿与栅条间隙的对位较困难
弧形格栅除污机	适用于水浅的渠道，主要清除头道格栅清除不了的污水中杂物	(1)构造简单，制作方便；(2)动作可靠，容易检修、保养	(1)除回转式之外，动作较复杂；(2)弧栅制作较困难
阶梯式格栅除污机	适用中等深度的大、中型污水厂的细格栅	(1)格栅的自由过滤面积大，排渣高度高；(2)全自动操作，维修保养方便；(3)栅网清洗简单	(1)进口设备价格较贵；(2)对于合流制下水道，泥砂容易产生堵塞

三、细格栅除污机

目前城镇污水处理厂通常设置两道格栅，进厂污水首先经过粗(中)格栅(设计栅距一般为10~100mm)，然后经潜污泵提升进入细格栅(设计栅距一般为2~10mm)。常用的细格栅除污机主要包括转鼓式格栅除污机、旋转滤网等，后者按结构形式又可分为圆筒型、板框型和连续传送带型等，德国Bilfinger(贝尔芬格)公司还推出了多盘式滤网(MultiDisc® Screen)。下面予以代表性介绍，并将转鼓膜格栅也归入此列。

1. 转鼓式格栅除污机

转鼓式格栅除污机又称鼓形栅框格栅除污机、转鼓式细格栅(Rotary Drum Fine Screen)或螺旋格栅除污机，代表性生产厂家为德国琥珀公司(Huber SE)，目前其ROTAMAT® Ro 1细格栅(ROTAMAT® Fine Screen Ro 1)和ROTAMAT® Ro 2转鼓细格栅(ROTAMAT® Rotary Drum Fine Screen Ro 2)/RPPS穿孔板格栅(Perforated Plate Screen RPPS)都属于此类产品，这里主要结合ROTAMAT® Ro 1细格栅进行介绍。

(1) 结构组成

如图1-1-11所示，ROTAMAT® Ro 1细格栅是一种集栅渣拦截、栅渣螺旋提升和栅渣螺旋压榨于一体的设备，主要由鼓形栅筐、回转清渣耙、中央接料斗、传输压榨螺杆、传输导料筒、支撑轴承、驱动机构等组成，传输压榨螺杆、传输导料筒、支撑轴承和驱动机构组成了传输压榨机构。

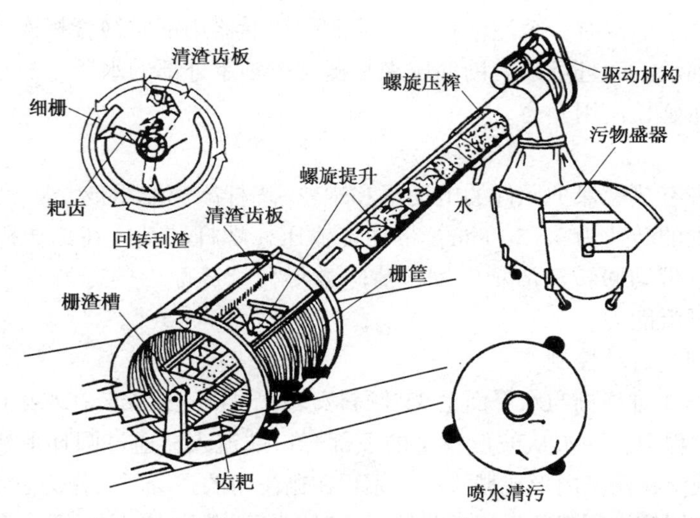

图 1-1-11　德国琥珀公司(Huber SE)ROTAMAT® Ro 1 细格栅的结构示意图

① 鼓形栅筐

鼓形栅筐的作用是将固体悬浮物与液体进行选择性分离，主要由前筐法兰、后筐法兰、栅片支撑条和上百片圆环形栅片等组成，一端开口而另一端封闭，下部开口端为进水区域，处理量最大可达 237600m^3/h。前筐法兰和后筐法兰之间用栅片支撑条连接，栅片支撑条在两个法兰相对端面的特定圆周上均匀分布，栅片支撑条圆周内侧以 6~10mm 的轴向间距均匀固定安装圆环形栅片，圆环形栅片的方位与鼓形栅筐的轴心线垂直。圆环形栅片一般由厚度为 5mm 的不锈钢板制成，径向实体尺寸一般为 40mm 左右，内径为 ϕ600~3000mm。在后筐法兰的外端面上有时还带有加强支撑板筋，与传输导料筒固定连接。在鼓形栅筐内部顶端的轴线方向，铰接安装有梳状清渣齿板，梳状清渣齿板由一块不锈钢板与上百个的不锈钢片以均匀间距焊接而成，也可由一块不锈钢板铣削加工而成。为了保证鼓形栅筐内截留的栅渣能够被清理出去，设置了由牛角形清渣耙齿和清渣耙转拐组成的回转清渣耙，与传输压榨螺杆同步运动。

② 传输压榨螺杆

传输压榨螺杆由中心轴与螺旋叶片组成，为了在减轻重量的同时保证强度和刚度，中心轴采用不锈钢管，两端镶嵌固定与支撑轴承配合的实心转轴。依据对栅渣的作用力，螺旋叶片的厚度最好沿物料自低向高的输送方向逐渐增大。例如，初始接受栅渣的前 4 圈叶片的厚度为 6mm、高度为 190mm，第 5~8 圈叶片的厚度为 8mm，第 9~10 圈叶片的厚度为 10mm。与此同时，螺旋叶片的螺距以从大到小的形式逐级变化，使栅渣在传输运移过程中受到越来越强的压榨作用，从而尽可能彻底地将其中的水分挤压出去。

③ 传输导料筒

传输导料筒由厚度 5mm 左右的不锈钢板卷制而成，导料筒内壁靠下半侧有四条均匀分布的厚度为 8mm、宽度为 15mm 的料导。料导的作用一是支撑传输压榨螺杆的运转，二是引导螺旋叶片空间内的栅渣向上运动。

④ 支撑轴承

支撑轴承由不锈钢轴套支撑、锡磷青铜轴承套、耐酸橡胶密封环(2 件)、PVC 密封环护圈(2 件)、不锈钢端盖(2 件)等组成，其作用是支撑传输压榨螺杆，增加其转动的稳定性和刚性。在支撑轴承上设有一个注油孔，与地面的注油器用钢质细管相连。注油的目的不仅是为了润滑支撑轴承，而且可以借助油压来平衡支撑轴承外部的水压，防止细砂进入轴承内部造成损伤，从而延长使用寿命。

⑤ 驱动机构

驱动机构由带有热敏保护元件的电动机和蜗轮-蜗杆减速器组成，减速比为 136∶1，从而使减速器输出轴的转速为 4~5r/min，带动传输压榨螺杆转动，在输送栅渣的同时将其压榨脱水；同时通过带动回转清渣耙转动，清除鼓形栅筐缝隙中的栅渣，使鼓形栅筐保持清洁，保证污水的过流能力。

（2）工作原理与自动控制

ROTAMAT®Ro 1 细格栅与水平面呈 35°倾斜安装，可以直接安装在水渠内，也可以安装在容器箱中。工作过程中，污水从鼓形栅筐的下部开口端流入，通过圆环形栅片之间的缝隙流出，固体污物被截留在栅筐内形成栅渣层。累积在栅筐内的栅渣层又作为过滤介质层进一步起到过滤作用，致使栅筐内所截留污物的尺寸远小于圆环形栅片之间的间距。例如，间距为 9mm 圆环形栅片在实际流通能力为设计流通能力的 50%时，水流中最小特征尺寸小于 9mm、大于 0.2mm 的固体污物将有 20%以上被截留在栅筐内。当开始需要刮渣时，回转清渣耙在“驱动机构+传输压榨螺杆”的带动下逆时针转动 3 周，耙齿尖楔入圆环形栅片之间的缝隙取出栅渣，然后在栅筐顶点(时钟 12 点)位置停止 1s，大部分栅渣在自重作用下落入中央接料斗；随后，回转清渣耙由 12 点位置顺时针转至 14 点位置(亦即倒转 15°)，栅筐顶端的梳状清渣齿把黏附在回转清渣耙齿上的栅渣自动剔除干净，最后再逆时针返回 12 点位置，1 次运行结束。有时还可以根据需要，在梳状清渣齿附近增设喷射淋洗栅渣的功能。传输压榨螺杆把栅渣自中央接料斗沿传输导料筒向上提升，栅渣在传输导料筒内受到压榨脱水，栅渣含固量可达 35%~45%，体积和重量都大幅度减少，随后卸入污物盛器内等候外运。

ROTAMAT® Ro 1 细格栅的运行控制方式有时间控制、液位控制及手动控制 3 种，通过可编程控制器(PLC)和控制箱触摸屏来选择。时间控制是细格栅每隔设定好的时间运行一次，即完成一次上述“逆时针转动 3 周→时钟 12 点位置停止 1s→倒转 15°→逆时针返回时钟 12 点位置”的动作序列。液位控制根据细格栅前后的水位差决定，当水位差超过设定值(10cm)时开始运行上述动作序列一次；每次运行结束停止 1s 后再次按上述动作序列运行，直至水位差小于设定值。手动控制通过控制箱上的启动和停止按钮来操作细格栅的运行，该控制方式通常在维修保养时使用。

此外，ROTAMAT®Ro 1 细格栅可根据需要在传输导料筒的底部直接安装一体化栅渣清洗系统(Integrated Screenings Washing System IRGA)，同时选配安装防冻保护设施以满足室外工作的需要。ROTAMAT®Ro 1 细格栅全部采用不锈钢制造，并经过酸洗钝化处理。ROTAMAT® Ro 1 细格栅的主要性能参数见表 1-1-12，选用时可参照图 1-1-12、图 1-1-13，根据处理水量直接查到栅筐直径。

表 1-1-12 ROTAMAT®Ro 1 细格栅的主要性能参数

型号：Ro 1 系列	D600	D780	D1000	D1200	D1400	D1600	D1800	D2000	D2200	D2400	D2600	D3000
e=6；Q_{max}/(L/s)	83	130	200	300	419	630	850	—	—	—	—	—
e=10；Q_{max}/(L/s)	91	151	241	346	482	638	878	1061	1315	2150	2150	2750
计算 L 用的参数 α/mm	335	414	525	622	725	850	1000	1205	1355	2603	2603	2929

续表

型号：Ro 1 系列	D600	D780	D1000	D1200	D1400	D1600	D1800	D2000	D2200	D2400	D2600	D3000
计算 A 用的参数 β/mm	153	218	308	387	451	553	677	795	870	1924	1924	2120
电动机功率/kW	1.1			1.5				2.2				3.0

注：e 为栅片间距；H、L、A 的计算参见图 1-1-12。

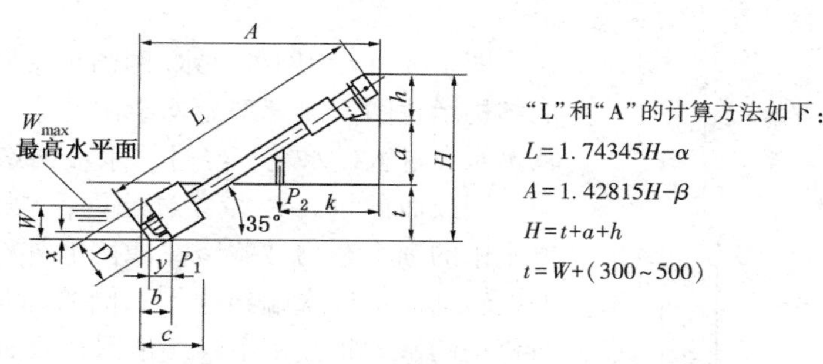

图 1-1-12　转鼓式格栅除污机的安装方式示意图

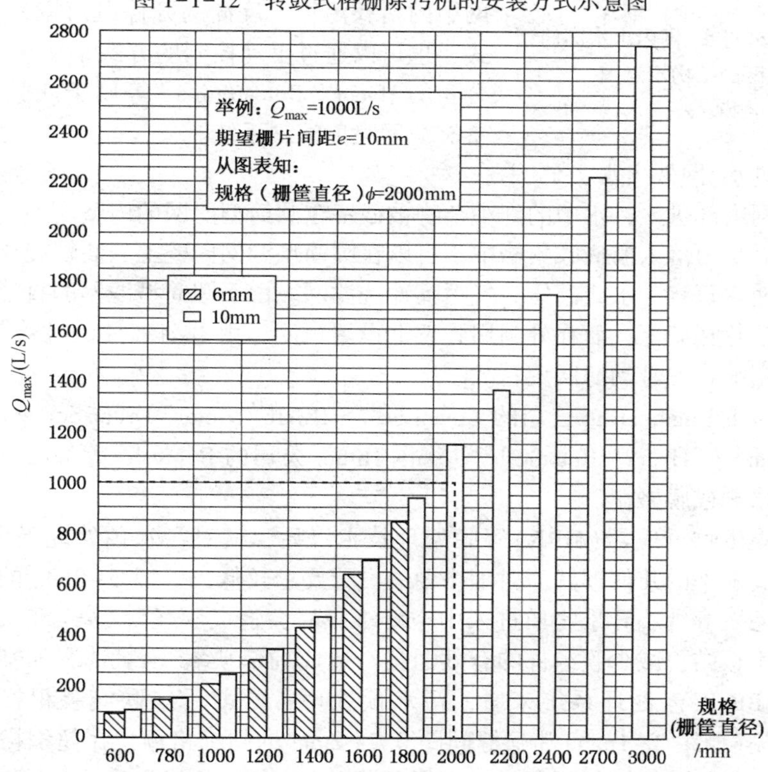

图 1-1-13　转鼓式格栅除污机处理流量与栅筐直径之间的对应关系

转鼓式格栅除污机一般运用于较浅沟渠的除污场所(沟渠深度一般小于 2 倍栅筐直径)，不适用于深沟渠的除污场所，因为这样将使传输螺杆显得很长，既不经济，又使设备产生较大的挠度，对设备的使用寿命不利。

2. 圆筒型旋转滤网

圆筒型旋转滤网(Rotating Drum Screen)一般主要由驱动机构、鼓型滤网和卸料机构等组成，按进出水方式分为网外进水/网内出水、网内进水/网外出水两种。从滤网材料来看，可以采用不锈钢丝、尼龙丝、铜丝或镀锌钢丝；从滤网的筛缝形状来看，可以是窄条缝隙状、圆孔状、方格状。从拦截固体悬浮物效率的角度来看，在相同的通道面积下，圆孔网和方格网(属于二维筛网)的过滤效率比窄条缝隙状网(一维)要高得多。滤网的特征筛缝间距一般为0.1~10mm；当该尺寸较小时相应的设备也被称为微滤机(Microscreen)或转鼓式过滤器，将在§1.5中进行介绍。

(1) 网外进水/网内出水

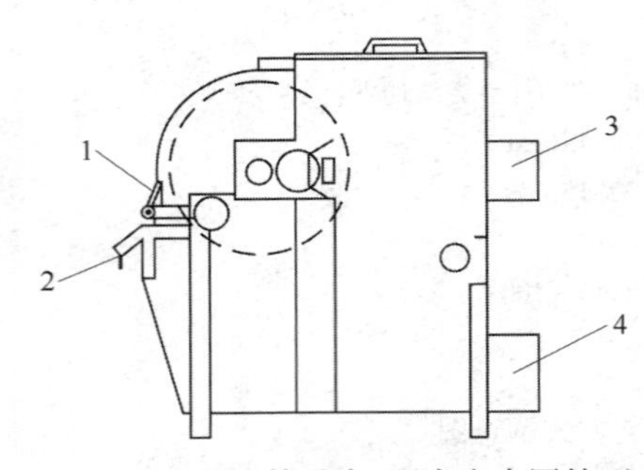

图1-1-14 网外进水/网内出水圆筒型旋转滤网的结构示意图
1—刮刀；2—卸渣槽；3—进水；4—出水

图1-1-14为网外进水/网内出水圆筒型旋转滤网的结构示意图。圆筒型滤网绕中心水平轴旋转，原水从进水管进入进水箱，经过挡水板(或布水管)均匀流向滤网鼓面的前部，并穿过滤网，然后从下部流出。原水中的细小杂物被截留在滤网的外壁面上，并随着滤网转动而从进水端到达另一侧的卸料端，然后由卸料机构的刮刀将其刮下。一般采用反冲喷嘴来清洗滤网中的堵塞污物，反冲的开停既可以采用自动控制方式，也可以通过手动控制的方式来实现。美国Parkson公司的Hycor® Rotostrainer®等属于此类，部分设备还带有滤网喷射清洗系统。

(2) 网内进水/网外出水

原水由滤网内部进入，水中的细小杂物被截留在圆筒型滤网的内壁面上。栅渣被带到旋转滤网顶部，靠重力落入栅渣收集槽中，可以在圆筒型滤网内壁上安装螺旋导槽来促进栅渣排除；并定期使用蒸汽、水或高压空气喷嘴冲洗滤网。由于圆筒型滤网的直径较大，一般将其放置在转动滚轮托架上，而在外圆周骨架上设置齿圈，由电动机+减速器带动传动轴上的小齿轮，与齿圈啮合，带动滤网旋转。

美国WesTech Engineering公司的CleanFlo™ SHEAR™ Rotary Drum Screen、美国Parkson公司的Rotoshear®和Hycor® Rotomesh®、德国Huber公司的RoMesh®等都属于此类。

(3) 超细格栅或膜格栅

自从引进膜生物反应器(MBR)等膜处理技术以后，就对污水预处理提出了更高要求。平板膜组件因其扁平的几何形状而对细格栅的设置要求较低，一般2~3mm的筛缝间距即可满足要求；但毛发等细小纤维物质进入中空纤维膜后会造成膜丝"成辫"现象，从而导致膜组件内局部发生板结，减少膜组件的有效通量，造成局部缺氧/厌氧情况加剧。从国内外运行的大规模MBR工艺处理系统来看，污水预处理常常前后串联安装粗格栅(栅距10~50mm)、细格栅(栅距2~1mm)和筛缝间距0.2~2mm的超细格栅，在超细格栅之后一般不再建造初沉池。具体选择筛缝间距时，必须根据污水中细小纤维物质的含量以及膜组件结构对相关干扰物质的敏感程度来确定，有时甚至要求采用筛缝间距≤1mm的超细格栅，业界目前也将这类超细格栅称为圆筒型膜格栅，代表性产品有美国Parkson公司的Hycor® Rotomesh®(现改称Rotoshear PF™)以及德国琥珀公司(Huber SE)的ROTAMAT® Membrane Screen RoMem等。圆筒型膜格栅一般由不锈钢丝网制造，过滤精度有0.5、0.75、1.0mm三种，转鼓直径ϕ780~2600mm。根据安装角度可分为倾斜式和水平式，倾斜式圆筒型膜格栅的安装角度为35°左右；水平式圆筒型膜格栅也并非完全水平，而是约呈5°左右的倾斜角，以便于排出栅渣。

倾斜式圆筒型膜格栅的结构和工作原理与前面介绍的转鼓式格栅除污机比较类似，这里不再赘述。水平式圆筒型膜格栅的工作原理是：污水由圆筒型滤网前端流入内部，通过滤网表面的网孔流进滤网箱体下方的水槽内，滤网内表面被截留的栅渣随滤网转动时落入中心料斗内，并被螺旋输送机输送至排渣口排出；圆筒型滤网外侧上方沿轴线方向上设有冲洗水喷头及尼龙刷，对滤网进行清洗处理。圆筒型膜格栅除了中压冲洗水系统外，还需配置一套高压冲洗水系统，高压冲洗水的冲洗压力为 $12\times10^6\sim15\times10^6$ Pa。圆筒型膜格栅的主要问题是：①进水固体悬浮物对其过滤能力影响较大，这就要求前端细格栅尽可能多地予以去除；②高压冲洗系统因水压太高，容易使冲洗水雾化，导致格栅车间的环境变差；③单台设备的最大处理能力有限，致使大型污水处理厂所需设备数量较多、占地面积较大；④栅渣含水率较高，需要单独配备高水力负荷的压榨机。

此外，在核电站和大型火力发电厂机组循环冷却水系统中，滤水设备一般使用大直径圆筒型旋转滤网，代表性的生产厂家有美国沃威沃(Ovivo)公司、法国 Beaudrey 公司等。整套设备主要由滤网骨架、网板、中心主轴组件、驱动机构、冲洗、润滑、密封、操作平台、电气控制、阴极保护防腐等组成，过水流量通常可达 $35m^3/s$。由于旋转滤网的尺寸较大(最大直径可达 ϕ24m，最大宽度可达 8m)，因此一般由电动机+减速器带动传动轴上的小齿轮，与圆筒型滤网外圆周骨架上的齿圈啮合，带动圆筒型滤网旋转。中心主轴组件用调心滚子轴承支撑，并由设在平台上的储油箱注油润滑。圆筒型滤网的孔径为 2~10mm，网板与网板之间没有相对运动，也不留间隙；滤网两端侧面与两道水室墙壁之间用橡胶密封板弹性接触密封，不留间隙。无论是网外进水/网内出水，还是网内进水/网外出水，均可设计成单侧或双侧进出水。

3. 板框型旋转滤网

板框型旋转滤网(Travelling Band Screen)也被称为旋转网板阶梯式格栅除污机或阶梯式网板格栅除污机、网板阶梯式格栅除污机等，最早主要应用于火力发电厂机组循环冷却水系统，以清除水源中水草、树枝、塑料、薄膜等体积较小的污物，保证凝汽器安全、经济运行，近些年来逐渐拓展应用于冶金、化工、市政给排水等行业。

(1) 总体构成

板框型旋转滤网的布置形式应根据工艺要求和工作现场的具体情况而定，可分为正面进水、网内侧向进水和网外侧向进水三种形式，最大使用深度为 30m。按结构形式可分为有框架、无框架两类；按清除污物的形式分为垂直式和倾角式两类；按照工作负荷大小分为重型、中型和轻型三类。大型火力发电厂大容量机组工程中采用侧面进水(外进水，内出水)板框型旋转滤网较多，但受名义宽度的制约，最大过水量通常限制在 $15m^3/s$ 左右。

无框架式旋转滤网的缺点是：对预埋件轨道的安装调整要求较高，特别是下部弧形轨道安装调整较困难，导轨维修困难；其优点是：节省框架钢材，水流阻力较小。有框架式旋转滤网的框架按一定高度分段组装，插入预埋定位槽中，其优点是：框架和导轨可以分段吊出泵坑进行维修，预埋Ⅱ型框架定位槽，安装要求较无框架预埋件轨道为低，侧向密封问题较易解决；其缺点是：框架耗用钢材较多，增加水流阻力。

XWZ(N)型系列无框架正面进水板框型旋转滤网的结构如图 1-1-15 所示，主要由上部机架、带电动机的行星摆线针轮减速器、张紧机构、安全保护机构、链轮传动系统、冲洗水管系统、滚轮导轨、工作链条、过滤网板、底弧坎等组成。过滤网板由孔径 2~5mm 的不锈

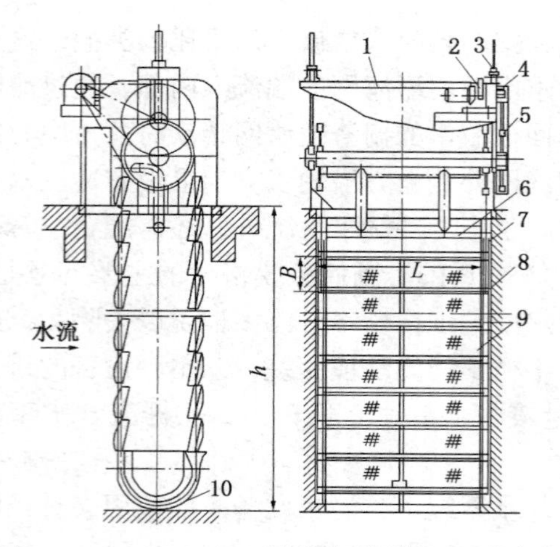

图 1-1-15　XWZ(N)型系列无框架正面进水板框型旋转滤网的结构及安装尺寸示意图

1—上部机架；2—带电动机的行星摆线针轮减速器；3—张紧机构；4—安全保护机构；5—链轮传动系统；6—冲洗水管系统；7—滚轮导轨；8—工作链条；9—网；10—底弧坎(注：h、B 根据现场情况而定)

钢板加工而成，通过工作链条组成一台阶式回转过滤网。国内过去大都采用普通电动机通过减速器和大、小齿轮传动副驱动牵引链轮，目前已改为采用行星摆线针轮减速器通过-级链传动来驱动牵引链轮。驱动机构位于机架上部(应设置在最高水位以上)，在严寒地区要采取防冻措施。主传动轴的设计应具有足够的强度和刚度，以承受弯矩和扭矩同时作用的载荷；在机架二侧设置螺旋式张紧机构，以调整传动链条张紧用。

(2) 设计计算

设计计算包括水力计算、传动及受力计算、结构图绘制等内容，这里主要介绍水力计算，传动及受力计算可参考相关设计手册。

① 旋转滤网需要的过水面积 A

$$A=\frac{Q}{v\varepsilon k_1 k_2 k_3}(\mathrm{m}^2) \tag{1-1-8}$$

式中　Q——设计流量，m^3/s；

v——流速，一般采用 0.5~1.0m/s；

k_1——滤网阻塞系数，一般采用 0.75~0.90；

k_2——网格引起的面积减小系数，采用$k_2\approx\frac{b^2}{(b+d)^2}$，其中 b 为网丝间距(mm)，d 为网丝直径(mm)；

k_3——由于框架等引起的面积减小系数，采用 0.75~0.90；

ε——由于名义尺寸和实际过水断面的不同而产生的骨架面积系数，常取 0.70~0.85。

② 滤网的过水深度

$$H_1=\frac{A}{2B} \tag{1-1-9}$$

$$H_2=\frac{A}{B} \tag{1-1-10}$$

式中　H_1——双面进水时的滤网过水深度，m；

H_2——单面进水时的滤网过水深度，m；

A——滤网过水面积，m^2；

B——滤网宽度，m。

③ 通过滤网的水头损失 h

当水流通过滤网网眼时，截留在网上的污物会堵塞网眼，同时水流转弯时均能引起水头损失。通过滤网的水头损失 h 按下式计算

$$h=C_{\mathrm{D}}\frac{v_{\mathrm{n}}^2}{2g} \tag{1-1-11}$$

$$v_n=\frac{100Q}{A_1H(100-n_1)} \tag{1-1-12}$$

式中　C_D——滤网的阻力系数，通常取0.4；

v_n——堵塞率$n\%$时的平均流速，m/s；

g——重力加速度，9.8m^2/s；

H——水深，m；

A_1——每单位宽度的滤网有效面积，m^2/m；

Q——通过滤网的流量，m^3/s；

n_1——堵塞系数，常取2~5。

在板框型旋转滤网的结构设计方面要关注以下几个问题：①网板与网板之间的密封问题，采用圆弧啮合式机械自动密封结构或橡胶板弹性密封结构，提高循环水过滤精度；②网板左右两侧端面与框架导轨之间的密封问题(即侧封)，增设不锈钢弹性密封装置，确保无大的污物进入导轨内，卡滞链条的升降运行，甚至漏入净水侧；③底封设置于网板和槽底之间，横跨整个栅宽，可以采用致密的尼龙刷状物以彻底阻断污物从底部穿过格栅体，同时由于尼龙的柔软性而不影响网板链的运动；④保证网面清污干净的问题，可以通过优化网板结构设计、在卸料处设置高效尼龙转刷助卸和压力水反冲系统等措施；⑤确保工作可靠性的问题，采取过载安全保护和链条延伸报警保护措施；⑥系统的自动化运行问题，采用可编程控制器(PLC)作为主控机，实现自动程序反冲洗运行控制。

主轴是板框型旋转滤网的主要承载零件，既承受弯矩又承受扭矩。但由于滤网的转速很低(不超过0.5r/min)，因此主轴主要承受弯矩作用，即主要承受轮毂、鼓骨架和鼓骨架上所有零件的全部重量以及由鼓网内外水位差产生的水压力。轮毂是主轴装配系统的主要零件，主轴所受的外力主要通过轮毂传递，轮毂的结构形式直接影响到主轴的受力是否合理，因此轮毂的设计是主轴装配系统设计的关键。

四、栅渣处理与输送机械

一般而言，栅渣处理与输送机械主要包括螺旋输送机、螺旋输送压榨机以及皮带运输机等，这里主要对前两种进行简单介绍。

1. 螺旋输送机

细格栅产生的栅渣含水率一般在80%左右，基本“成型”，可以直接采用输送机输送至渣斗中。螺旋输送机一般分为有轴、无轴两种，两者分别称为螺杆传输机、无轴螺旋输送机。

(1) 螺杆传输机

螺杆传输机由螺旋体、U形槽盖板、进、出料口和驱动机构组成，全部采用不锈钢材料(如1Cr18Ni9Ti)制成，且经过酸洗钝化处理。SMB3型螺杆传输机的技术参数如表1-1-13所示。

表1-1-13　SMB3型螺杆传输机的技术参数列表

项目	SMB3-Ⅰ	SMB3-Ⅱ	SMB3-Ⅲ
最大处理量/(m^3/h)	1	2	4
螺杆直径/mm	219	273	355
电机功率/kW	1.1	1.1	1.1
基本长度/mm	3000	3000	3000

根据制造工艺的不同，螺旋叶片可以有两种加工方法：①按设计的直径、螺距和厚度，用带钢连续冷轧制成整体螺旋叶片，然后焊接安装在给定尺寸的中心管轴上组成螺旋体；②分段式螺旋叶片是将叶片制成等螺距的单片，然后对焊在一起。螺旋体在转动过程中应具有一定的刚度，与机壳保持一定的间隙。为了便于制造和装配，螺旋体一般每节制成2~4m，采用圆弧键和螺栓等方式连接，其中圆弧键连接因其装配维修方便等优点而被广泛应用。螺旋输送机中物料的运移方向取决于螺旋叶片的左右旋向和转向，布置时最好使螺旋轴处于受拉状态。为使物料在输送槽体中不产生堵塞，填充系数不能超过50%，即在输送槽体横截面上物料的面积不超过螺旋叶片横断面的50%。

（2）无轴螺旋输送机

无轴螺旋输送机除用于输送栅渣之外，还可用于输送脱水泥饼等物料，主要由驱动机构、无轴螺旋叶片、U形槽、耐磨衬板、盖板、机架等组成。与螺杆传输机相比，在U形槽内有快装式耐磨衬板，结构简单。驱动机构一般采用摆线针轮减速器或轴装式硬齿面齿轮减速器，并尽可能装设在出料口一端，使螺旋体在运转时处于受拉状态；采用推力轴承支撑，以承受输送物料时产生的轴向力。整个传输过程可以在密闭槽中进行，在降低噪声的同时，减少异味排出。

螺旋叶片的节距、直径由所输送的物料决定，无轴螺旋输送机因无中心轴，故可使输送空间更大，并可避免一些因丝状物缠绕在中心轴上造成的故障。WLS型无轴螺旋输送机的结构和主要技术参数分别如图1-1-16和表1-1-14所示。无轴螺旋输送机既可水平安装，也可倾斜安装，但倾斜安装角度一般≤30°。30°倾斜安装时的输送能力仅为水平安装的50%~60%，而且输送能力也会随着螺旋的磨损而相应降低。根据运行经验，对于螺旋直径为ϕ285mm、螺旋节距为60m的无轴螺旋输送机，当螺旋外径磨损量达到25mm时，输送量将下降为额定值的60%左右。

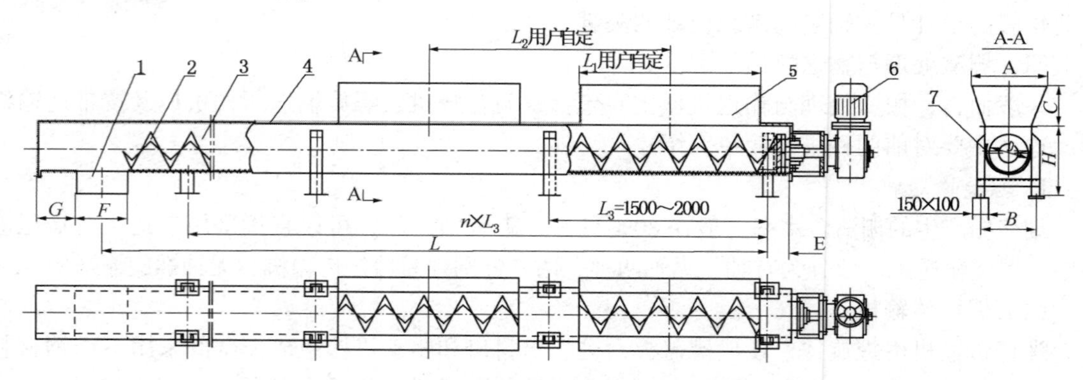

图1-1-16　WLS型无轴螺旋输送机的结构示意图

1—出料口；2—无轴螺旋；3—U形槽；4—盖板；5—进料口；6—驱动机构；7—耐磨衬条

表1-1-14　WLS型无轴螺旋输送机的主要技术参数

型　号	叶片直径/mm	输送量/(m^3/min)	节距/mm	转速/(r/min)	功率/kW	备　注
WLS200	200	4	200	21	1.1~1.5	图中L、L_1、L_2根据具体要求确定
WLS260	260	6	240	18	1.5~2.2	
WLS300	300	10	280	15	2.2~3.0	
WLS400	400	15	380	12	3.0~5.5	

2. 螺旋输送压榨机

对于精细格栅产生的栅渣，由于格栅孔径较小而冲洗水量较大，因此栅渣含水率较高(一般在90%左右)，应该首先采用螺旋输送压榨机进行预脱水，然后再输送至渣斗中。栅渣经过压榨后的含水率为50%~65%，体积可缩小1/3以上。螺旋输送压榨机也被称为有轴螺旋输送压榨一体机、有轴螺旋输送压实机，其外形如图1-1-17所示，主要由进料区、螺旋输送区、压榨区、排水区、出料区组成，具体包括驱动机构、有轴螺旋、U型槽、支架、衬板、挤压段和排水管等零部件，主要性能参数如表1-1-15所示。压榨区设置有由尼龙材质制成的耐磨衬板，耐磨防腐，采用快装式，安装方便。

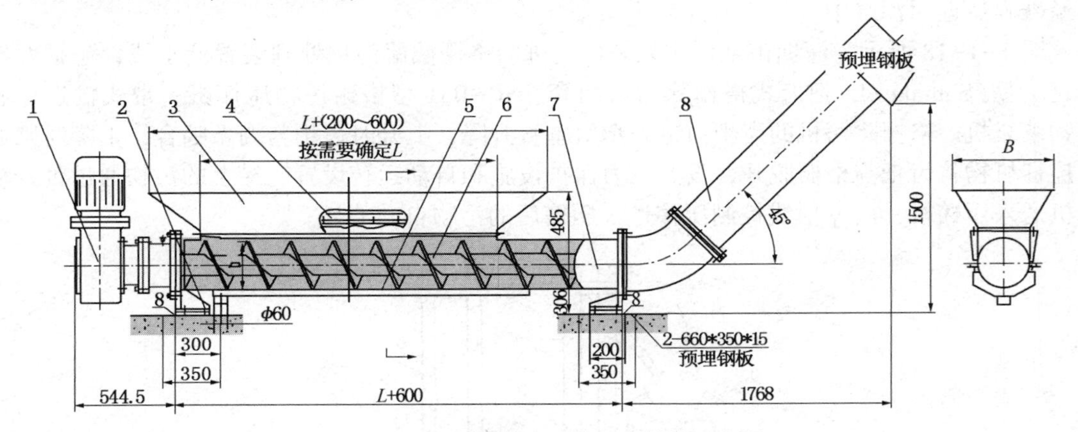

图1-1-17　螺旋输送压榨机的结构示意图

1—驱动机构；2—底部支架；3—料斗；4—网格；5—出水斗；6—螺旋杆；7—料筒；8—输渣管

表1-1-15　螺旋输送压榨机的主要性能参数

型　号	螺旋直径/mm	处理能力/(m^3/min)	螺旋转速/(r/min)	整机功率/kW	备　注
YSJ-150	150	1.0	5.8	0.75	图中*A*、*B*、*C*尺寸根据具体情况确定
YSJ-200	200	1.2	5.8	0.75	
YSJ-250	250	1.5	5.8	1.10	
YSJ-300	300	2.5	5.8	1.50	
YSJ-400	400	3.0	5.8	2.20	

栅渣通过传输设备(传输螺杆、皮带输送机等)进入料斗，由驱动机构带动放置在U形槽中的有轴螺旋旋转，在螺旋的推动下栅渣前移，到达挤压段脱水后从出口排出，最后卸入收集容器中，挤压出的水流经排水管并引入格栅渠。

鉴于脱氮除磷系统中反硝化菌脱氮、聚磷菌释磷和异氧菌的正常代谢等都需要碳源，有研究认为当BOD/TKN≥4~6时表明碳源充足。若碳源不足额外投加碳源无疑会增加污水处理成本，因此在预处理过程中就应该尽量使污水中的碳源有机物不发生流失，此时可以考虑对栅渣进行冲洗后再进行压榨脱水，美国Vulcan Industries公司的EWP型栅渣冲洗压榨机(Washing Press)是其中的典型代表，有批处理和连续运行两种运行模式。

3. 带式输送机

带式输送机主要用来输送颗粒或粉末状固体，在环保领域主要用于输送栅渣、脱水后的泥饼、泥砂等，可与格栅除污机、带式压滤机等配套使用。一般由输送带、驱动滚筒、张紧机构、槽型托辊、回程托辊、刮板、机架等组成，油浸滚筒(+电动机)带动皮带在承托辊上运动，落到带上的固体物料在摩擦力作用下随带一起运动，一直输送至带的另一端。带式输送机既可水平安装，也可倾斜安装。

4. 栅渣破碎压榨设备

栅渣破碎压榨设备有柱塞式压榨机、辊式压榨机、锤式破碎机三种基本类型，处理量一般为 0.7~6.5m^3/h。柱塞式压榨机采用液压驱动，靠柱塞的压力挤压污物脱水，处理量 2.5m^3/h 左右；辊式压榨机通过两个相对转动的辊筒完成对污物的挤压脱水，处理量 3.0m^3/h 左右；锤式破碎机基于锤击和剪切原理设计，与矿山机械锤式破碎机的不同之处在于，锤头呈扁平状，工作面做成刀刃，锤头在回转运动中完成对污物的锤击和剪切作用，污物经破碎后返回污水中。

图 1-1-18 所示为深圳市某污水处理厂引进的格栅截留污物处理装置流水线，包括西姆拉克 L 型(Simrake-L)耙齿式格栅除污机两套、SP-031 型格栅污物压榨机、带式输送机和污物装袋机。格栅除污机的齿耙由链条牵引垂直升降，上升时齿耙与栅条啮合，下降时则通过连杆机构将齿耙与格栅脱开，设有拉力保护设施和自动运转设置。捞上的污物通过带式输送机送入压榨机，用 γ 射线控制压榨量，压榨后的污物自动装袋。

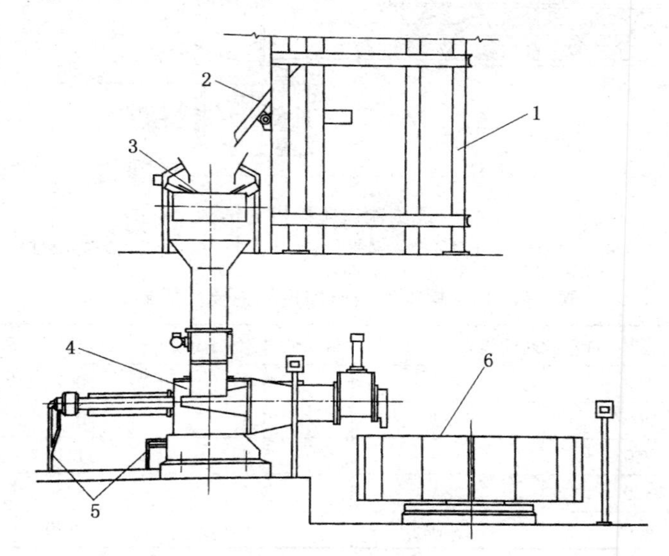

图 1-1-18　格栅截留污物处理装置流水线示意图

1—格栅除污机机架；2—摆动斜槽；3—带式输送机；4—污物压榨机；5—输水管；6—污物装袋机

§1.2　预处理设备(沉砂)

因排水检查井井盖密封不严而致使部分地表雨水进入污水管等缘故，一般情况下市政污水中都会含有相当数量的砂粒等杂质，部分工业废水往往也存在类似情况。沉砂池(Grit chamber)作为预处理设施，通常设置在细格栅后，去除的所谓“砂粒”主要包括杂粒、石子、煤渣或其他一些重固体构成的渣滓，其密度和沉降速度远大于污水中易腐烂的有机物；其中杂粒还包括蛋壳、骨屑、种子以及废弃食品之类的有机物。从希望其发挥的作用来看，一方面应该能够有效去除上述“砂粒”，避免导致后续设备磨损、降低反应构筑物效率、增加工艺处理负荷、影响在线监测设备的准确运行等；另一方面应该能够使有机悬浮物随水流带走，尽量提高污水中有机组分的含量。因此，沉砂池的运行效率应包括除砂效率和有机物分离效率两个方面。

一、沉砂池的类型与设计

沉砂池可分为平流式沉砂池、曝气沉砂池、多尔沉砂池、旋流沉砂池等几种类型，池型选择应该根据具体工程特点来考虑。不同地区、不同时段进水中的砂粒粒径差别很大，特定地区和特定时段下进水中砂粒粒径的大小也并非完全均一。严格而言，在设计沉砂池时应考虑不同地区砂粒中的粒径级配，但客观上这一点却不太可能实现，因此工程实际中设计沉砂池时一般都遵循如下规定：①按去除相对密度约 2.65、粒径大于 0.2mm 的砂粒进行；②沉砂池的座数或分格数≥2 个，并宜按并联系列设计；当水量较少时，可考虑单格工作，一格备用；当水量较大时，则两格同时工作；③生活污水的沉砂量按 0.01～0.02L/(人·d)、城镇污水按 $1\times10^6m^3$ 污水产生沉砂 $30m^3$ 计；沉砂含水率约为 60%，密度约 $1500kg/m^3$。虽然通常以对粒径大于 0.2mm 砂粒的去除效率来衡量沉砂池的效率，但由于不同沉砂池对这一类砂粒的去除效率并不相同，因此有必要对不同类型沉砂池的实际除砂效率进行测定。

传统工艺流程中沉砂池之后一般设置初沉池，初沉池较长的停留时间(1～2h)能够弥补按现行规范所设计沉砂池池内水平流速过快、停留时间过短的不足。大量来不及在沉砂池内沉淀的小颗粒杂质在初沉池内仍然可以得到有效沉淀，从而保证了生化曝气池、二沉池等构筑物的正常运行。但是，目前我国很多中小型污水处理厂所采用的工艺都取消了初沉池，从而对沉砂池的选型和设计提出了新要求。

1. *平流式沉砂池*(Horizontal flow grit chamber)

平流式沉砂池的作用机理是基于自由沉淀或离散颗粒沉淀理论，即以 Stokes 自由沉淀速度公式为基础。如图 1-2-1 所示，平流式沉砂池由入流渠、出流渠、闸板、水流部分及集砂斗组成，池上部为一个加宽明渠，两端设有闸门以控制水流；池底部设置 1～2 个集砂斗，下接排砂管。污水在平流式沉砂池内沿水平方向流动，具有无机颗粒截留效果好、工作稳定、构造简单、排砂方便等优点。

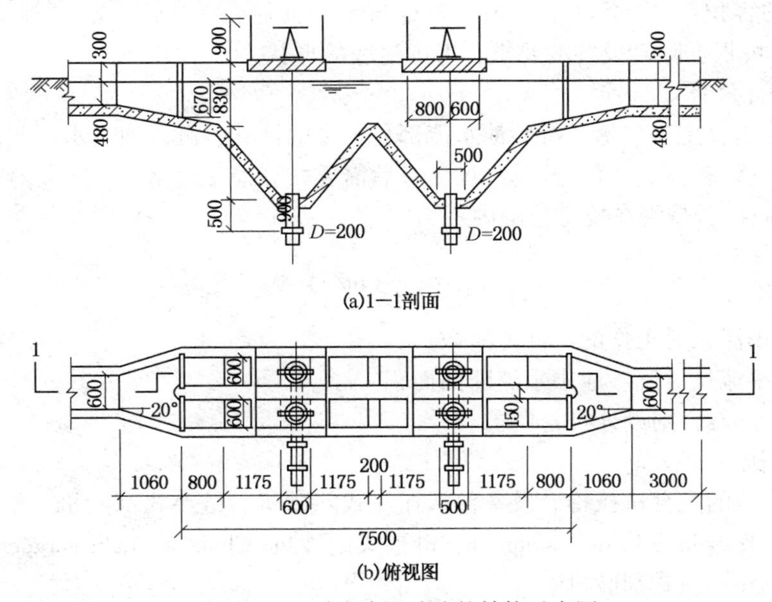

图 1-2-1　平流式沉砂池的结构示意图

(1)设计要求及控制参数

①当污水以自流方式流入沉砂池时，应按最大设计流量计算；当污水用水泵抽送进入沉砂池内时，应按水泵的最大可能组合流量计算；当用于合流制污水处理系统时，应按降雨时的设计流量计算。

②水平流速 v 是影响砂粒截留效率的关键因素，一般取 0.15~0.30m/s。平流式沉砂池必须保持一定的水平流速 v，水平流速过快会导致小粒径砂粒的带出，而流速过慢又可能会导致水中有机物的沉降。特定粒径和密度的砂粒对应着特定的沉淀速度u_0 和水平流速 v；反之，给定沉淀速度u_0 和水平流速 v，也就相应确定了所截留砂粒的粒径和密度，而与水力停留时间(HRT)t 无关。

若进水水量变化幅度很大，必须要有恒定沉砂池水平流速的设施，在沉砂池出口端设置比例流量堰就是控制水平流速的一个有效方法。运行中当流量变化时，应首先调节水深，如不满足要求，再考虑改变池数。昆明市第二污水处理厂(A^2/O 工艺)的平流式沉砂池就采用了一种咽喉式节流设施，t 不变(1.56 min)，通过改变水深，控制池内水平流速始终保持在 0.30m/s 左右。

③水力停留时间(HRT)t 也是沉砂池的重要设计参数，最大设计流量时取 30~60s。虽然在给定沉淀速度u_0 和水平流速 v 时，水力停留时间(HRT)t 的长短对所截留砂粒的粒径和密度没有影响，但沉砂池的有效水深 H 和池长 L 则与 t 直接相关：$H=u_0 \cdot t$，$L=v \cdot t$。由于 H 和 L 是沉砂池的基本尺寸，决定着沉砂池的水流流态和流速分布，因而也决定了沉砂池对砂粒的截留效率。

在采用氧化沟工艺、A^2/O 工艺等不需要设置初沉池的污水处理厂，如果按现行规范设计平流式沉砂池，大量细砂会随污水流出沉砂池，进入后续构筑物，究其原因主要是水力停留时间 t 选择过短，池长不够。

④有效水深h_2 应不大于 1.2m，一般采用 0.25~1.0m，每格池宽不宜小于 0.6m，超高不宜小于 0.3m。

⑤集砂斗的容积按 2d 沉砂量考虑，斗壁与水平面倾角为 55°~60°；池底坡度一般为 0.01~0.02，并可根据除砂设备的要求，考虑池底的形状。

(2)具体设计计算

具体的计算内容主要包括：沉砂池水流部分长度的计算、沉砂池过水断面面积、沉砂池总宽度、集砂斗所需容积、沉砂池总高度，最后需要核算最小流量 Q_{min}(m^3/s)时，污水流经沉砂池的最小流速v_{min}是否在规定范围内。

$$v_{min}=\frac{Q_{min}}{nA}(\text{m/s}) \tag{1-2-1}$$

式中 n——最小流量时工作的沉砂池座数；

A——最小流量时沉砂池中水流断面面积，m^2。

若$v_{min} \geq 0.15$m/s，则设计符合要求。

(3)配套机械排砂设备

平流式沉砂池的配套机械排砂设备包括抓斗式除砂机、链斗式刮砂机、桥式刮砂机(或行车式刮砂机，Travelling bridge scraper)、链板式刮砂机(Chain & flight scraper)等，目前常用行车式刮砂机和链板式刮砂机。

抓斗式除砂机包括门形抓斗式除砂机与单臂回转式抓斗除砂机，主要由行走桁架、刚性支架、挠性支架、鞍梁、抓斗启闭机构、小车行走机构、抓斗等组成。当沉砂池底的集砂槽中积累部分砂子后，操作人员将小车开到某一位置，用抓斗深入到池底集砂槽中抓取沉砂，提出水面并将抓斗升到储砂池或砂斗上方卸掉砂子。

链斗式刮砂机适用于平流式沉沙池的排砂和提升，主要由机架、传动机构(电动机+减速器)、主动链轮、从动链轮、主动链轮轴、从动链轮轴、环形牵引链、V形砂斗、集砂斗等组成。在传动链驱动下，V形砂斗在沉砂池底移动，将沉砂刮入斗中，并改变方向，逐渐将沉砂送出水面。V形砂斗下有无数小孔可将水滤出。到达最上部时，砂斗翻转，将砂倒入下部的集砂斗中。同时，其上部的数个喷嘴向V形砂斗内喷出压力水，将斗内的余砂冲入集砂斗，砂积累至一定数量后，集砂斗可翻转，将砂卸到运输车上。

如图1-2-2所示，行车式刮砂机可适用于平流式沉砂池和曝气沉砂池，主要由行车、导轨、传动机构(电动机+减速器)、卷扬提板机构、刮臂、刮砂板、控制系统等组成，若需具备撇渣功能则还带有撇渣板及相应的卷扬提板机构。行车运动速度不大于0.02m/s，一般采用0.01~0.015m/s；行车跨度宜采用2.6、2.8、3.0、……、30m(以0.2m为级数)；行车轮距为跨度的1/4~1/8，跨度小的取前者，大的取后者。刮砂行程时，放下刮砂板进行刮砂，撇渣板高位静止不动；回程时，抬起刮砂板至高位静止不动，放下撇渣板进行撇渣。

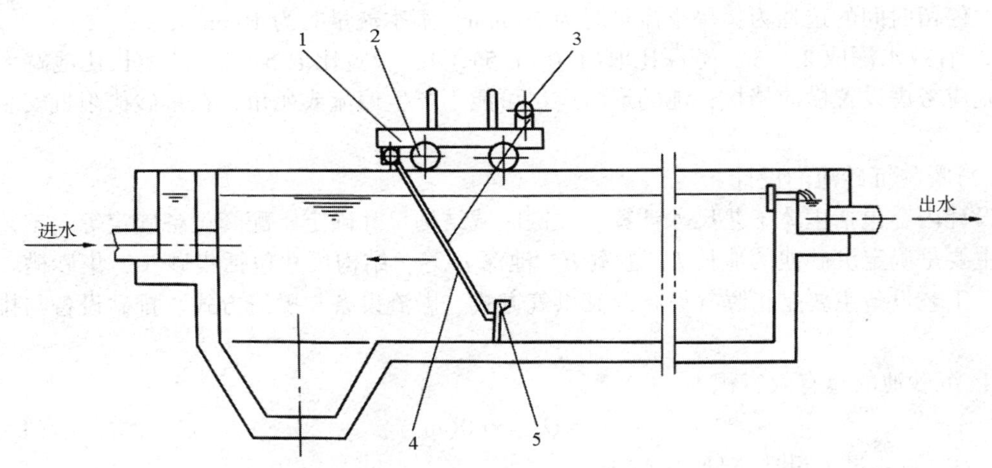

图1-2-2　行车式刮砂机的总体示意图

1—行车；2—传动机构；3—卷扬提板机构；4—刮臂；5—刮板

链板式刮砂机可适用于平流式沉砂池和曝气沉砂池，主要由传动机构(电动机+减速器)、主动链轮(轴)、从动链轮(轴)、张紧链轮(轴)、传动链、刮砂板、托架、电控箱等组成。传动机构安装在池顶平台上，在减速器输出轴上的主动链轮轮毂中设置有安全剪切销，从而实现机械过载保护，减速器输出转矩的安全系数不低于1.25；传动链采用套筒滚子链，安全系数不低于2.5。

2. 曝气沉砂池(Aerated grit chamber)

普通平流式沉砂池因池内水流分布不均，流速多变，致使对无机颗粒的选择性截留效率不高，有机物分离效率也较低，沉砂容易厌氧分解而腐败发臭，增加了后续处理的难度。曝气沉砂池自20世纪50年代开始出现，目前已得到广泛应用。

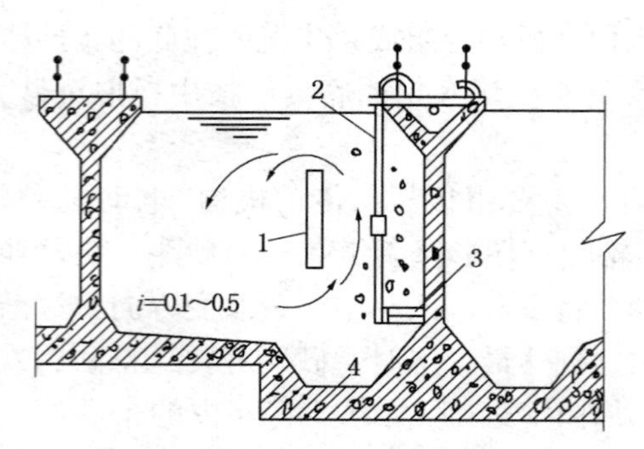

图 1-2-3　曝气沉砂池的断面示意图
1—挡板；2—空气管；3—曝气器；4—集砂槽

图 1-2-3 为曝气沉砂池的断面图，其水流部分是一个矩形渠道，沿一侧池壁的整个长度上设置曝气器，池底沿渠长方向设有集砂槽。每组曝气沉砂池一般分为两格，一格为曝气区，另一格为浮渣区或澄清区，二者通过竖向布置的整流栅条或隔板分开。在曝气区内纵向水流呈螺旋流流态，密度较大的砂石沉至池底的集砂槽，脂肪、油、浮渣等由于螺旋水流作用而浮至水面并进入浮渣区，最后汇集至浮渣槽。在曝气区呈螺旋流流态水流的作用下，粘附在无机颗粒表面的有机物因相互摩擦、碰撞而被洗刷下来，最终所沉淀无机颗粒中的有机物含量低于 5%。

（1）曝气沉砂池的主要控制参数

① 池内的水平流速为 0. 06~0. 12m/s，过水断面周边的最大旋流速度为 0. 25~0. 30m/s；如考虑预曝气作用，过水断面增大为原来的 3~4 倍。

② 池内的水力停留时间（HRT）为 4 ~ 6min，最大设计流量时 1 ~ 3min。如作为预曝气，则池的结构形式勿需改变，只要增加池的长度，使水力停留时间为 10 ~ 30min。德国对曝气沉砂池停留时间的选择为：旱季流量时为 20 min，雨季流量时为 10min。

③ 有效水深取 2~3m，宽深比取（1. 0~1. 5）：1，长宽比取 5：1。若池长比池宽大很多时，则应考虑设置横向挡板，池的形状应尽可能不产生偏流或死角，在集砂槽附近安装纵向挡板。

（2）曝气沉砂池的设计

设计内容包括主体工艺尺寸计算、关键区域结构尺寸确定、配套设备确定等。工艺尺寸计算主要是确定沉砂池的池长 L、池宽 B、池深 H 等，结构尺寸包括集砂斗、集砂槽、集油区等，工艺设备主要是指曝气设备及其供气方式、撇渣设备与撇渣方式、排砂设备与排砂方式等。

① 沉砂池的总有效容积 V

$$V=Q_{\max}t\times60(\mathrm{m}^3) \tag{1-2-2}$$

式中　$Q_{\max}$——最大设计流量，m^3/s；

t——最大设计流量时的停留时间，min。

② 沉砂池的水流断面面积 A

$$A=\frac{Q_{\max}}{v_1}(\mathrm{m}^2) \tag{1-2-3}$$

式中　v_1——最大设计流量时的水平流速，m/s。

③ 沉砂池的总宽度 B

$$B=\frac{A}{h_2}(\mathrm{m}) \tag{1-2-4}$$

式中　h_2——设计有效水深，m。

④ 沉砂池的长度 L

$$L=\frac{V}{A}=V_1t\times60(\mathrm{m}) \tag{1-2-5}$$

⑤ 每小时所需的曝气量 q

$$q = d\,Q_{max} \times 3600 (m^3/h) \tag{1-2-6}$$

式中　d——每 m^3 污水每小时所需的曝气量，$m^3/(m^3 \cdot h)$，可按表 1-2-1 确定。

表 1-2-1　每 m^3 污水每小时所需的曝气量

曝气管水下浸深度/m	最小曝气量/[$m^3/(m^3 \cdot h)$]	达到良好除砂效果时的最大曝气量/[$m^3/(m^3 \cdot h)$]
1. 5	12. 5	30
2. 0	11. 0～14. 5	29
2. 5	10. 5～14. 0	28
3. 0	10. 5～14. 0	28
4. 0	10. 0～13. 5	25

曝气沉砂池的关键区域一般包括进/配水区、出水区、曝气区、浮渣区、集砂槽、集砂斗等。进水一般采用管道或明渠将污水直接引入配水区；由于曝气沉砂池内水流的旋流特性，一般认为对配水要求不十分严格，通常采用配水渠淹没配水；出水一般采用出水堰出水，出水堰的宽度一般与沉砂池宽度相同，依此根据堰流计算公式可确定相应的堰上水头。曝气区的池底以坡度 $i=0.1～0.5$ 向集砂槽倾斜，以保证砂粒滑入；浮渣区的长度与曝气区相同，宽度一般为曝气区宽度的 1/2～2/3，底部以 60°～75°的倾角坡向集砂槽，以保证进入该区域的砂滑入集砂槽。集砂槽的设计与明渠设计相同，但设计流速应不小于 0. 8m/s；集砂斗的倾角不小于 50°。

(3)配套设备确定

曝气沉砂池的曝气设备多采用穿孔管曝气器，穿孔管孔径 ϕ2. 5～6. 0mm，安装在池的一侧，距池底约 0. 6～0. 9m，空气管上设置调节空气的阀门；曝气头的方式也得到了较多应用。曝气沉砂池的供气可与曝气池供气联合进行或独立进行，应该能够对曝气量进行有效调节。

适用于曝气沉砂池的机械排砂设备有桥式吸砂机(Traveling bridge Suction Scraper)、行车式刮砂机、链板式刮砂机等，吸砂机的吸口或刮砂机的刮板安置在集砂槽内，还可采用螺旋输送器排砂，行车式刮砂机和链板式刮砂机这里不再赘述。桥式吸砂机主要由导轨、行走机构、提耙机构、主梁、吸砂系统等组成。吸砂机在沉砂池面的导轨上来回行走，吸砂系统通过潜污泵将沉降在池底的砂水混合物吸出，排入砂水分离器。另外，吸砂机还可以根据用户要求设置撇渣板，将水面上的浮渣刮至池末端的渣槽中，适用于平流式沉砂池、曝气沉砂池中沉砂的排除。当顺水行驶时，撇渣耙下降刮集浮渣并送至池末端的渣槽；反向行驶时，撇渣耙提升，离开液面以防浮渣逆行。也可根据工艺要求，反向撇渣。SXS 系列行车双沟泵吸式吸砂机的结构和主要性能参数分别如图 1-2-4、表 1-2-2 所示。

(4)曝气沉砂池的运行效果

表 1-2-3 给出了平流式沉砂池和曝气沉砂池的除砂效果对比，从表中可以看出，当处理粒径小于 0. 6mm 的砂粒时，曝气沉砂池有着明显的优越性；对于粒径 0. 2～0. 4mm 的砂粒，平流式沉砂池仅能截留 33. 52%，而曝气沉砂池的截留效率为 65. 88%，两者相差将近 1 倍。但对于粒径大于 0. 6mm 的砂粒情况则恰恰相反，平流式沉砂池的截留效率要远大于曝气沉砂池。

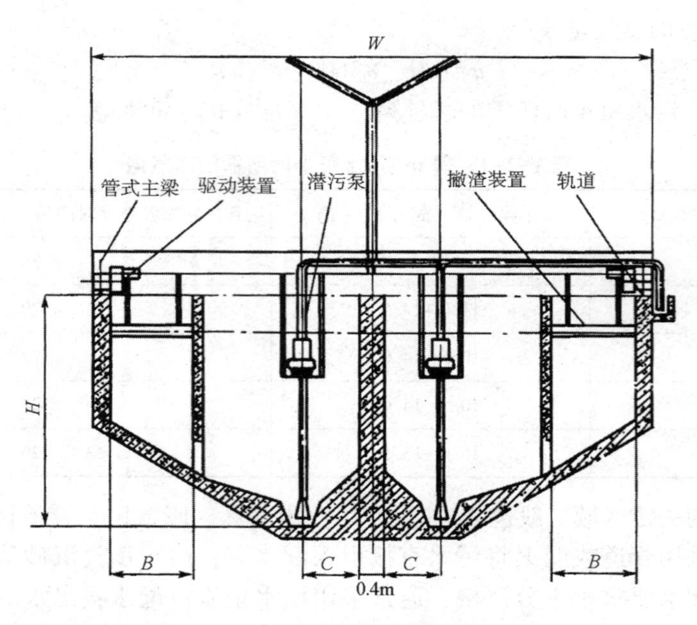

图 1-2-4 SXS 型行车双沟泵吸式吸砂机的结构示意图

表 1-2-2 SXS 型双槽桥式吸砂机的主要性能参数

型 号	SXS-4×2. 0	SXS-6×2. 4	SXS-8×2. 8	SXS-10×3. 2
W/m	6. 8	8. 4	10. 2	11. 8
B/m	1. 1	1. 5	2. 0	2. 4
C/m	0. 7	0. 9	1. 0	1. 15
H/m	3. 25	3. 9	4. 4	4. 8
潜水泵型号	AV14-4(潜水无堵塞泵)			
潜水泵特性	扬程 2m，流量 $54m^3/h$，功率 1. 4kW			
潜水泵台数	2			
提耙机构功率/kW	0. 37			
行走机构功率/kW	2×0. 25			
行驶速度/(m/min)	2. 5			
钢轨型号	15kg/m（GB11264-2012）			
钢轨预埋件断面尺寸/mm	（b_1-20）×60×10（b_1：沉砂池墙的厚度）			
轨道预埋间距/mm	1000			

表 1-2-3 平流式沉砂池和曝气沉砂池的除砂效果对比列表

筛孔直径/mm	筛余量/g		筛落量/%		砂样质量/g		有机物含量/%	
	平流式	曝气	平流式	曝气	平流式	曝气	平流式	曝气
>5. 0	0	0	100	100	—	—	—	—
5. 0	37. 7	32. 6	93. 72	95. 97	15. 1	1. 6	40. 1	5. 0
3. 0	16. 6	9. 3	90. 96	94. 82	6. 0	1. 6	36. 2	17. 2
2. 0	19. 6	9. 7	87. 70	93. 62	4. 2	1. 3	21. 4	13. 4
1. 0	87. 7	40. 3	73. 07	88. 64	10. 2	6. 6	11. 65	16. 4
0. 6	230. 0	103. 8	34. 72	75. 84	15. 1	12. 8	6. 56	12. 3

续表

筛孔直径/mm	筛余量/g		筛落量/%		砂样质量/g		有机物含量/%	
	平流式	曝气	平流式	曝气	平流式	曝气	平流式	曝气
0.4	148.4	177.1	9.97	53.96	9.7	18.3	6.54	10.3
0.2	52.6	356.0	1.20	9.96	3.3	13.3	6.28	3.7
0.12	3.6	69.3	0.60	1.40	0.6	5.0	16.70	7.2
0.09	1.0	7.0	0.43	0.54	0.4	0.8	40.0	11.4
0.06	1.7	2.6	0.15	0.28	0.6	0.4	35.3	15.4
<0.06	0.9	14.8	0	0	0.4	0.3	44.5	16.7
共计	599.8	809.5	—	—	65.1	62.0	11	7.67

注：此系德国汉斯、哈尔曼等人在海尔布隆(Heilbronn)污水处理厂的测试数据。

曝气沉砂池在实际运行中也存在着一定的问题，由于旋流速度在实际操作中难以测定，只能通过调节曝气量来控制。曝气量过大虽能将砂粒冲洗干净，却会降低对细小砂粒的去除率；曝气量过小又无法保证足够的旋流速度，起不到曝气沉砂的作用。实际运行中水量常常不断变化，但却很难将曝气量及时调节控制在合适的数值上，因此往往会存在过度曝气的问题；从操作环境来看，曝气沉砂池的操作环境较差，尤其夏季时对大气环境的污染较大。另外，如果不设消泡设施，会有相当多的悬浮物随泡沫带出池体而污染环境。若城镇污水处理厂实际进水水质偏低、又要进行脱氮除磷，或采用机械曝气的氧化沟工艺时，就不太适宜采用曝气沉砂池。

3. 多尔沉砂池

多尔沉砂池(Dorr-Oliver Grit Chamber，Dorr-Oliver Detritor®)由原美国 Dorr-Oliver 公司研制，标准系列共分 12 种规格，池体尺寸为 3m×3m～12m×12m，流量范围为 225～3700L/s。Ovivo 公司的 Jones+Attwood Crossflow™ Detritor™等也属于此类产品。如图 1-2-5 所示，多尔

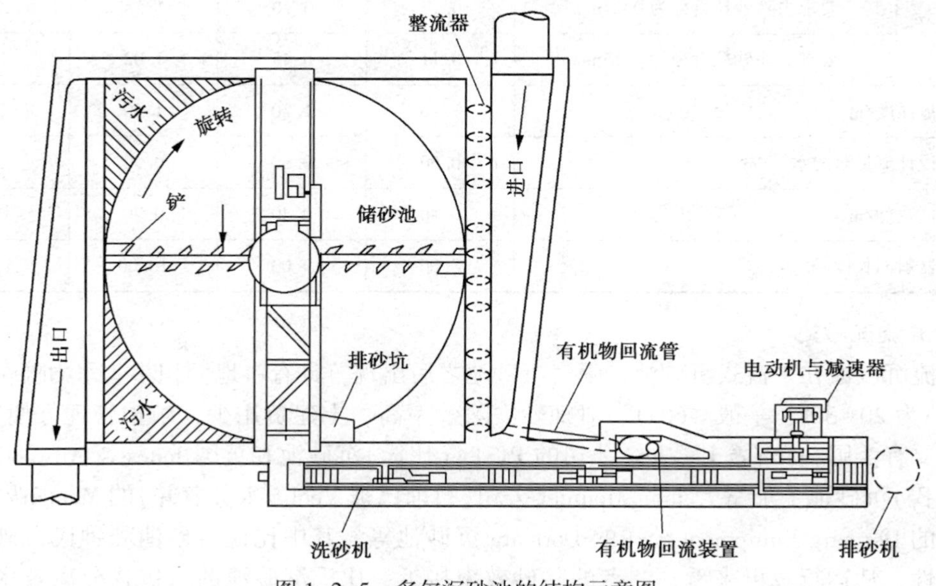

图 1-2-5　多尔沉砂池的结构示意图

沉砂池主要由污水入口、整流器、沉砂池、出水溢流堰、旋转刮砂机、排砂坑、洗砂机、有机物回流机、有机物回流管以及排砂机等组成，旋转刮砂机和洗砂机是其中最重要的两个设备。池体为一个浅的矩形或方形水池，在池的一边设有与池壁平行的进水槽，并在整个池壁上设有整流器，以调节和保持水流的均匀分布。污水以平流方式进入池内，砂粒在重力作用下沉于池底，预处理后的污水从另一侧的出水堰溢流排出。

（1）旋转刮砂机

旋转刮砂机主要由钢制工作桥、主梁、电动机+减速器、传动立轴、刮臂、刮板及水下轴承等组成，刮板在池底的分布呈对数螺旋线状。工作时电动机+减速器驱动传动立轴，带动刮臂和弧形刮板外缘以3m/min左右的速度旋转，将沉积于池底的砂粒由池中心刮向池周的排砂斗（排砂坑）内，导入池壁外侧的输砂槽内。

（2）洗砂机

洗砂机主要由驱动机构、连杆、往复齿耙等组成，用往复齿耙把砂粒沿斜面耙上，在此过程中，砂粒因滚动作用而将其上附着的有机物搓洗剥离，脱落的有机物经有机物回流机、回流管随污水一起回流至沉砂池。沉砂中的有机物含量低于10%，达到清洁沉砂标准；淘净的砂粒及其他无机杂粒由排砂机排出。

虽然多尔沉砂池也是基于重力沉砂，但池形呈方形结构，不像平流式沉砂池那样通过水平流速来控制砂粒沉降，而是用单位流量的表面负荷作为主要控制参数，实际流速较平流式沉砂池低，因此流速更加均匀。一般来说，多尔沉砂池的水深不大于0.9m，表面负荷大约取$18m^3/(m^2 \cdot h)$时可去除粒径0.1mm以上的砂粒。多尔沉砂池的沉淀面积根据要求去除的砂粒直径和水温确定，最大设计流速为0.3m/s，具体设计参数见表1-2-4。DRC型多尔沉砂池除砂机的技术性能参数及外形尺寸如表1-2-5所示。

表1-2-4　多尔沉砂池的设计参数列表

沉砂池尺寸/m		3m×3m	6m×6m	9m×9m	12m×12m
最大流量/(m^3/s)	要求去除砂粒直径为0.21mm	0.17	0.70	1.58	2.80
	要求去除砂粒直径为0.15mm	0.11	0.45	1.02	1.81
沉砂池深度/m		1.10	1.20	1.40	1.50
最大设计流量时的水深/m		0.50	0.60	0.90	1.10
洗砂器宽度/m		0.40	0.40	0.70	0.70
洗砂器斜面长度/m		8.00	9.00	10.00	12.00

4. 旋流沉砂池

旋流沉砂池在平流式沉砂池、曝气沉砂池之后出现，具有占地面积小、水力停留时间较短（峰值为20~30s，一般≤60s）、对细砂去除效率高、土建费用少、维护管理方便等优点，目前主要有美国Smith & Loveless公司的PISTA（比氏）沉砂池和英国Jones & Attwood公司的Jeta（钟氏）沉砂池、加拿大John Meunier公司（目前已被Veolia水务兼并）的Mectan®沉砂池、新西兰的Dormarg Equipment公司的Dormarg沉砂池等，其中比氏沉砂池和钟氏沉砂池最具有代表性。从运行效果来看，二者的除砂效率接近；比氏沉砂池的有机物分离效率不少于95%，而钟氏沉砂池约为50%~70%。

表 1-2-5　DRC 型多尔沉砂池除砂机的技术性能参数及外形尺寸列表

<table>
<tr><th rowspan="2">峰值设计流量/(10⁴m³/d)</th><th>65 目，90%去除率</th><th>100 目，90%去除率</th><th colspan="2">功率/kW</th><th rowspan="2">峰值设计流量/(10⁴m³/d)</th><th>65 目，90%去除率</th><th>100 目，90%去除率</th><th colspan="2">功率/kW</th></tr>
<tr><th>方形池尺寸/m</th><th>方形池尺寸/m</th><th>刮砂机</th><th>输砂机</th><th>方形池尺寸/m</th><th>方形池尺寸/m</th><th>刮砂机</th><th>输砂机</th></tr>
<tr><td>0. 38</td><td>2. 4×2. 4</td><td>2. 4×2. 4</td><td rowspan="9">0. 75</td><td rowspan="9">1. 1</td><td>5. 18</td><td>6. 1×6. 1</td><td>7. 9×7. 9</td><td rowspan="3">1. 1</td><td rowspan="3">2. 2</td></tr>
<tr><td>0. 76</td><td>2. 4×2. 4</td><td>3. 0×3. 0</td><td>5. 50</td><td>6. 1×6. 1</td><td>7. 9×7. 9</td></tr>
<tr><td>1. 14</td><td>3. 0×3. 0</td><td>3. 7×3. 7</td><td>6. 15</td><td>6. 1×6. 1</td><td>8. 8×8. 5</td></tr>
<tr><td>1. 51</td><td>3. 0×3. 0</td><td>4. 3×4. 3</td><td>6. 47</td><td>6. 7×6. 7</td><td>8. 8×8. 5</td><td rowspan="10">1. 5</td><td rowspan="10">3. 0</td></tr>
<tr><td>1. 89</td><td>3. 7×3. 7</td><td>4. 9×4. 9</td><td>6. 79</td><td>6. 7×6. 7</td><td>8. 8×8. 5</td></tr>
<tr><td>2. 27</td><td>4. 3×4. 3</td><td>5. 5×5. 5</td><td>7. 12</td><td>6. 7×6. 7</td><td>9. 1×9. 1</td></tr>
<tr><td>2. 65</td><td>4. 3×4. 3</td><td>5. 5×5. 5</td><td>7. 44</td><td>7. 3×7. 3</td><td>9. 1×9. 1</td></tr>
<tr><td>3. 03</td><td>4. 3×4. 3</td><td>6. 1×6. 1</td><td>7. 76</td><td>7. 3×7. 3</td><td>9. 1×9. 1</td></tr>
<tr><td>3. 41</td><td>4. 9×4. 9</td><td>6. 1×6. 1</td><td>8. 41</td><td>7. 3×7. 3</td><td>10. 7×10. 7</td></tr>
<tr><td>3. 79</td><td>4. 9×4. 9</td><td>6. 7×6. 7</td><td rowspan="4">1. 1</td><td rowspan="4">1. 5</td><td>8. 73</td><td>7. 9×7. 9</td><td>10. 7×10. 7</td></tr>
<tr><td>4. 16</td><td>5. 5×5. 5</td><td>6. 7×6. 7</td><td>9. 05</td><td>7. 9×7. 9</td><td>10. 7×10. 7</td></tr>
<tr><td>4. 53</td><td>5. 5×5. 5</td><td>7. 3×7. 3</td><td>9. 38</td><td>7. 9×7. 9</td><td>10. 7×10. 7</td></tr>
<tr><td>4. 85</td><td>5. 5×5. 5</td><td>7. 3×7. 3</td><td></td><td></td><td></td></tr>
</table>

（1）比氏沉砂池

比氏沉砂池的原型于 20 世纪 60 年代开发成功。经过多年的运行、测试及改进，1973 年推出了进出、水流道中心线呈 270°的第二代池形结构(如图 1-2-6 所示)，1988 年推出了进、出水流道中心线呈 360°的第三代池形结构，2004 年又推出了流动控制板(Flow Control Baffle)技术。无论第二代或第三代池型结构，都可将比氏沉砂池主要分为进水渠道、出水渠道、分选区、集砂区等几大部分，配套设备包括轴流式螺旋叶片及驱动机构、PISTA® Turbo 砂泵、出水气囊止回阀(Pinch valve)、真空启动装置、砂粒浓缩器、螺旋砂水分离输送机、就地控制器等。分选区底部采用平底和轴流式螺旋叶片设计，分选区底部还有集砂区盖板，盖板的孔口开在池心。

① 工作原理和效率分析

对于 270°比氏沉砂池而言，工作过程中，污水首先经过平直的进水渠道使紊流程度降到最低，然后切向进入沉砂池。水流靠自身的动能作用而在池内形成旋流，同时在轴流式螺旋叶片的定速旋转搅动下，于中部形成一个向上的推动力，使水流在垂直面上形成环流。在垂直面环流和水平面旋流的共同作用下，水流在分选区中形成螺旋流态或涡流状态。砂粒在离心力作用下撞向池壁，沿水流滑入分选区底部。积于分选区池底的砂粒因垂直面环流的水平推动作用而向池中心汇集，在靠近池中心的盖板孔口处落入集砂区。部分较轻的有机物则在中部上升水流的作用下重新进入主体水流中，污水在分选区内回转 270°后，进入位于分选区上部的出水渠道。

由于分选区底部没有斜坡，砂粒要落入集砂区无法借助重力作用，而必须依靠轴流式螺旋叶片的作用；再加上集砂区盖板的孔口开在池心，因此砂粒在落入集砂区之前有相当长的

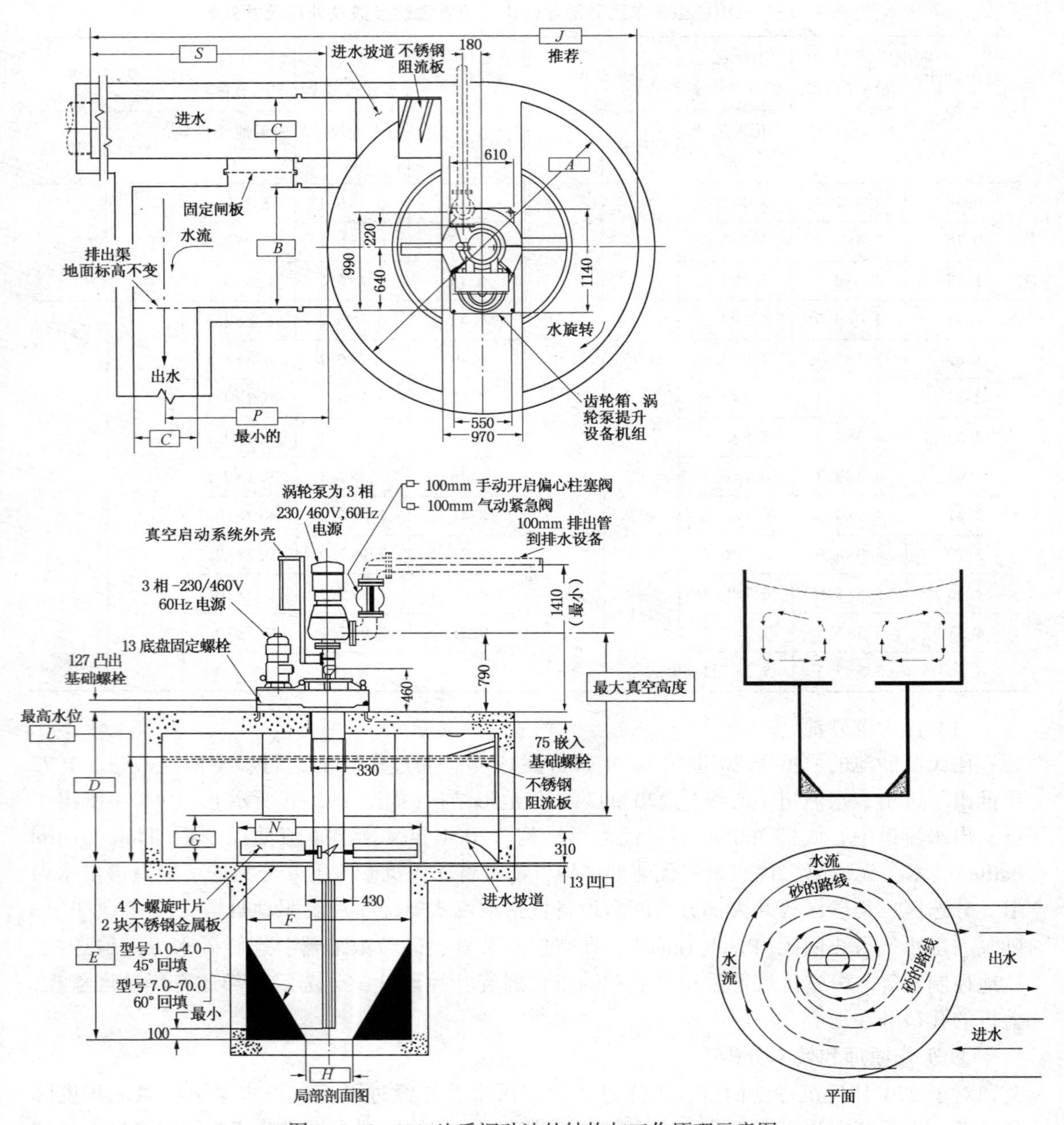

图 1-2-6　270°比氏沉砂池的结构与工作原理示意图

时间处于轴流式螺旋叶片的影响之下，对有机物分离更为有利。为防止砂粒板结，将轴流式螺旋叶片驱动轴的下端延伸至集砂区底部，并在其上设置叶片式搅拌器——砂粒流化器（Grit fluidizer）。砂粒流化器随驱动轴的转动而持续搅拌，从而保证集砂区内的砂粒始终处于流化状态。

由于比氏沉砂池中分选区底部水流速度与砂粒运移方向一致（向池心），轴流式螺旋叶片转速的大小不太重要，因此一般固定不变，但可上下升降以调节螺旋叶片与集砂区盖板之间的间距。这种调节方式可以保证有机物的分离效果，但对进水流量变化的适应性较差，因此比氏沉砂池对进水流速的限制较为严格，适宜的进水流速为 0.5~1.1m/s。由于城镇污水日变化系数较大，一般要求最小进水流速不小于 0.15m/s，最大进水流速不宜小于 0.6m/s，使小流量下沉积于平直渠道中的砂粒重新被带入沉砂池中。比氏沉砂池的除砂效率 η 可用下式表示

$$\eta=\frac{r_{\varphi}-r_{i}}{r_{a}-r_{i}},\ r_{\varphi}=r_{i}+\frac{1}{18\mu}(\rho_{p}-\rho_{w})d_{p}^{2}V\phi \tag{1-2-7}$$

式中 r_a——沉砂池分选区的半径，m；

r_i——沉砂池集砂区的半径，m；

r_{φ}——含砂水流与不含砂水流交界处的半径，m；

μ——水的运动黏滞系数，20℃时取 0.01010cm^2/s；

ρ_p——砂粒的密度，取 $2.65\times10^3kg/m^3$；

ρ_w——水的密度，取 $1.00\times10^3kg/m^3$；

d_p——砂粒直径，mm；

V——池中轴流式螺旋叶片的转速，即池中螺旋状环流速度，m/s；

ϕ——砂粒从沉砂池入口沉向集砂区的沉降弧度，一般取 $5\pi/3$。

② 排砂方式

比氏沉砂池有气提或砂泵两种从集砂区的排砂方式可供选择：当处理量较小或有现成的高压气体时可以采用气提排砂，需要配备相应的鼓风系统；而当处理量较大时则推荐采用顶置的 PISTA® Turbo 砂泵（PISTA® Turbo Grit Pump）排砂。

气提排砂是在提砂管靠近沉砂池底位置密封贯穿焊接一个不锈钢提砂气包，提砂管在提砂气包内的部分开有一圈气孔。从气源风管上接出一根不锈钢空气管，管内空气压力保证在 0.05MPa 以上，并在旋流沉砂池上分开为两根空气管。其中一根为与提砂气包密封焊接的鼓气管，在提砂管气孔内自下而上地鼓入空气，使污水、砂粒、空气形成气液混合体，同时降低了密度，从而实现砂水混合液的提升。另一根为插入旋流沉砂池底的冲洗管，当提砂不畅时用来吹散淤积在池底的砂粒。鼓气管和冲洗管的管路上都安装有手动球阀和电磁阀。

PISTA® Turbo 砂泵的叶轮和流道都采用镍基硬质合金，具有较高的耐磨性；同时采用砂泵也较灵活，基本不受提升高度及距离限制。由于砂泵采用真空启动方式，系统真空度的保证就成了关键因素。早期的比氏沉砂池在砂泵出口采用蝶阀，由于磨损严重，易造成蝶阀密封不严，影响真空形成。目前改用一种由橡胶制成的气囊阀，通过空压机加压进行闭合。具体排砂过程如下：首先关闭气囊阀，当气囊阀内的压力达到预设值后，打开真空泵进气管上的电磁阀并启动真空泵，随着提砂管内真空度的增加，砂水混合液在其内的液位逐渐上升。当砂水混合液由提砂管被吸入到砂泵涡壳内的电极式开关处时，电极式开关动作，真空泵进气管上的电磁阀关闭，真空泵随即停止运行而砂泵开始启动，气囊阀同时打开，砂水混合液进入砂水分离器进行固液分离，吸砂泵运行到设定时间后自动停止。当气囊阀受砂水混合液中砂粒的逐渐磨损而无法关闭严实时，就会造成泄漏，导致提砂管内抽真空的难度增大，砂水混合液较难被吸入砂泵内，砂泵也就无法顺利启动运行。

③ 结构设计与改进

270°比氏沉砂池进水渠道直段长度至少为渠宽的 7 倍或不小于 4.5m，出水渠道宽度为进水渠道宽度的 2 倍，表面负荷约 $200m^3/(m^2\cdot h)$、水力停留时间为 20~30s。270°比氏沉砂池的参考尺寸和驱动功率如表 1-2-6 所示。

表 1-2-6　270°比氏沉砂池的参考尺寸和驱动功率(混凝土材质)

型　　号	0.5	1.0	2.5	4.0	7.0	12.0	20.0	30.0	50.0	70.0
最大处理流量/(m^3/h)	79	158	395	633	1104	1896	3158	4750	7875	11042
沉砂池直径 *A*/m	1.83		2.13	2.44	3.05	3.66	4.88	5.49	6.10	7.32
B/m	0.61		0.76	0.91	1.22	1.52	2.13	2.44	2.74	3.35
C/m	0.31		0.38	0.46	0.61	0.76	1.06	1.22	1.37	1.67
沉砂池深度 *D*/m	1.12		1.12	1.22	1.45	1.52	1.68	1.98	2.13	2.13
E/m	1.52		1.52	1.52	1.68	2.03	2.08	2.13	2.44	2.44
砂斗直径 *F*/m	0.91		0.91	0.91	1.52	1.52	1.52	1.52	1.52	1.83
H/m	0.31		0.31	0.46	0.46	0.46	0.46	0.46	0.46	0.46
J/m	6.40		6.71	7.01	7.62	8.99	12.34	14.02	15.69	19.60
N/m	1.06		1.06	1.67	1.67	1.67	1.67	1.67	1.67	1.98
P/m	0.61		0.76	0.91	1.22	1.52	1.83	2.13	2.74	3.05
S/m	4.57		4.57	4.57	4.57	5.33	7.47	8.53	9.60	11.73
驱动机构功率/kW	0.56		0.86	0.86	0.75	0.75	1.50	1.50	1.50	1.50
输出转速/(r/min)	54		54	54	37	37	36	36	36	36
轴流式螺旋叶片的转速/(r/min)	20		20	20	14	14	13	13	13	13

360°比氏沉砂池区别于其他池型的最明显之处在于：①进水渠道末端为一条具有 15°倾角的封闭进水涵或能产生附壁效应的斜坡(Coanda ramp)，进水以充满流进入，可使部分已经沉降于渠道内的砂粒顺斜坡进入沉砂池。②在分选区入口处进水渠道的顶板与出水渠道的底板相平齐，进、出水渠道之间以一道弓型的水平隔板(Control baffle)分隔，以防止短流；水平隔板的存在大大减小了出水对分选区池底积砂的影响，有效防止已沉下的砂粒又被带入出水之中。③进水渠道、出水渠道沿 360°流线型布置，使得水流在分选区内部回转 360°，比早期池型延长了 90°的流程，这样不仅提高了除砂效果，同时也使多个沉砂池的总体布置更加顺畅、简洁，进、出水的水力条件更好。根据美国 Smith & Loveless 公司提供的资料，360°比氏沉砂池目前有 0.5、1.0、2.5、4.0、7.0、12.0、20.0、30.0、50.0、70.0、100.0 等共计 11 种规格型号，处理量位于 1892～378500m^3/d 之间。对于 270°比氏沉砂池而言，0.297mm(50 目)以上砂粒的去除率均大于 95%(其中绝大多数大于 97%)，0.105mm(140 目)以上砂粒的去除率可达 70%；对于 360°比氏沉砂池而言，0.105mm(140 目)以上砂粒的去除率则可达 95%。

(2) 钟氏沉砂池

钟氏沉砂池为 1984 年的专利产品，在众多的仿比氏沉砂池中具有特殊意义：一是已有较多的工程应用，二是资料比较充足，三是结构及工作特性具有代表性，因此将其与比氏沉砂池进行对比较为合适。如图 1-2-7 所示，钟氏沉砂池由电动机、减速器、叶片驱动杆、转盘与叶片(或带径向叶轮的转盘)、空气提升和空气冲洗系统、吸砂管及平台钢梁组成，转盘与叶片的转速和高度均可调，分选区底部为斜底，没有盖板。水流流经进水渠(较比氏为短)从切线方向进入沉砂池，由电动机+减速器带动转盘与叶片以非常低的转速旋转，叶轮旋向与污水切向进入产生的旋流一致。分选区的水流分为两个环流：内环在转盘与叶片的推动下向上轻微流动，外环在垂直方向则基本保持静止(当然仍存在一定水平方向的旋流运动)。砂粒在轻微离心力和重力的双重作用下，沉降到外环的斜坡上，然后依靠重力自然滑入集砂区。在滑入集砂区之前，在转盘与叶片产生的斜向水流作用下，剥离附着在砂粒上的有机物而返回到主体水流中。

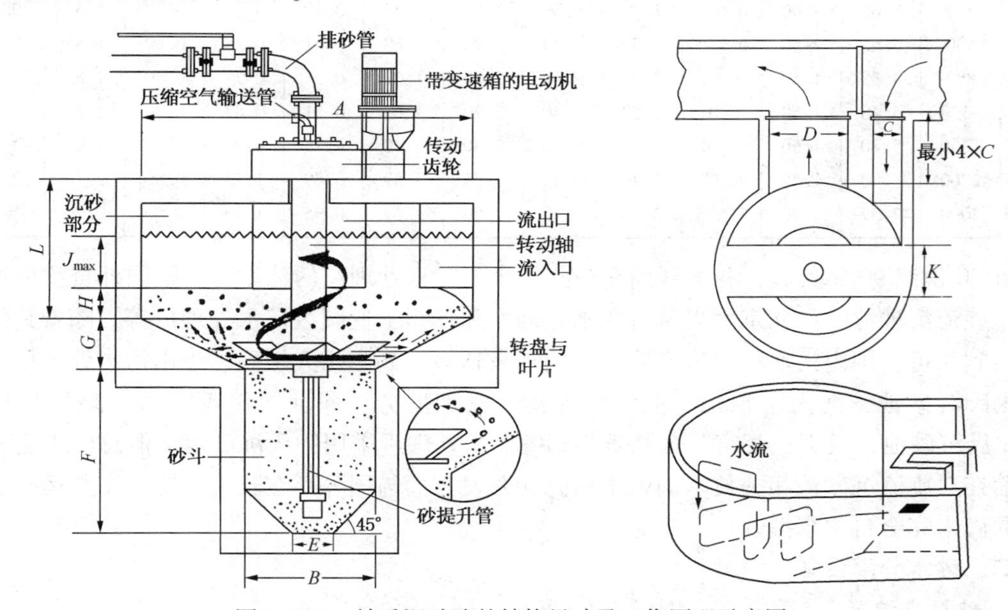

图 1-2-7　钟氏沉砂池的结构尺寸及工作原理示意图

转盘与叶片边缘外侧与池壁之间存在径向缝隙，以利用压力差将已进入集砂区的有机物带回分选区。转盘与叶片的旋转从一定程度上减少了因进水量变化而导致的流态变化，由于分选区底部水流速度与砂粒运移方向相反，控制转盘与叶片的转速就成了关键问题：转速太小，有机物随同砂粒一起滑入集砂区；转速太大，砂粒随着有机物一起返回水流中。实际上，小型钟氏沉砂池的转速范围为 10~15r/min、中型以上的转速范围为 10~12r/min，这样慢的转速难以形成有效的压力差，因此即便转盘中心处开孔，其作用也不会太大。

钟式沉砂池通过间断向集砂区供气搅拌，以防止集砂区的砂粒板结。虽然原则上也有砂泵或气提两种排砂方式以供选择，但推荐选用气提排砂。第一个原因可能与其砂泵很难做到质量过硬有关，砂泵寿命远不能与气动装置相比；第二个原因可能是气提能方便地兼用于“砂清洗”过程，即气提前先用空气将砂冲散，“流态化”有助于使有机物分离。由于气提依靠的是气水混合液与水之间的密度差，其提砂高度较低(出砂口高出沉砂池水位的高度 H_2：吸砂管淹没水深 $H_1 \leqslant 40:60$)，使工程实际中的管道布置受到极大限制。此外，钟氏沉砂池进出水口及池中水位也不固定，视需去除砂粒的粒径而定，这一系列变化因素增加了运行管理的难度。钟氏沉砂池的结构尺寸如表 1-2-7 所示。

表 1-2-7　钟氏沉砂池的结构参考尺寸

Jeta 型号	流量/(L/s)	A/m	B/m	C/m	D/m	E/m	F/m	G/m	H/m	J/m	K/m	L/m	电机功率/kW
50	50	1.83	1.00	0.305	0.61	0.30	1.40	0.30	0.30	0.30	0.80	1.10	0.55
100	110	2.13	1.00	0.380	0.76	0.30	1.40	0.30	0.30	0.35	0.80	1.10	0.55
200	180	2.43	1.00	0.450	0.90	0.30	1.35	0.40	0.30	0.40	0.80	1.15	0.55
300	310	3.05	1.00	0.610	1.20	0.30	1.55	0.45	0.30	0.48	0.80	1.35	0.75
550	530	3.65	1.50	0.750	1.50	0.40	1.70	0.60	0.51	0.58	0.80	1.45	0.75
900	880	4.87	1.50	1.00	2.00	0.40	2.20	1.00	0.51	0.77	0.80	1.85	1.10
1300	1320	5.48	1.50	1.10	2.20	0.40	2.20	1.00	0.61	0.87	0.80	1.85	1.10
1750	1750	5.80	1.50	1.20	2.40	0.40	2.50	1.30	0.75	0.90	0.80	1.95	1.50
2000	2200	7.00	1.50	1.35	2.70	0.40	2.05	1.59	0.89	1.13	0.80	2.10	2.20
3000	3000	7.31	1.50	1.675	3.35	0.40	2.09	1.67	0.95	1.13	0.80	2.70	—

自20世纪90年代起，我国开始在一些中小型污水处理厂的建设中，随国外贷款项目引进使用旋流沉砂池，如北京大兴黄村污水处理厂和苏州工业园区污水处理厂等。随着其优点逐步得到认可，国内污水厂引进安装的案例越来越多，如广州大坦砂、中山污水处理厂采用270°比氏沉砂池，河南平顶山、上海白龙港、深圳罗芳、深圳盐田等污水处理厂采用了360°比氏沉砂池，成都三瓦窑、合肥王小郢等污水处理厂采用钟氏沉砂池。但总的来看，国内目前在对旋流沉砂池相关技术的自主研究和开发方面与国外存在较大差距，工艺运行与技术参数尚未完全自主掌握。

二、砂水分离设备

1. *砂粒浓缩器*

砂粒浓缩器(Grit concentrator)用于对砂水混合物进行初步分离，结构中没有运动部件，外廓呈圆柱状或更常用的圆柱-圆锥组合状。从工作原理来上讲，旋流浓缩器属于§1.6中所述的压力式水力旋流器。早在1891年，美国学者E. Bretney就申请了第一个水力旋流器的专利；20世纪30年代，荷兰Dutch State Mines(DSM)公司开始使用水力旋流器进行洗煤和砂水分离；20世纪60年代，水力旋流器已发展成为一种标准的固-液分离设备。

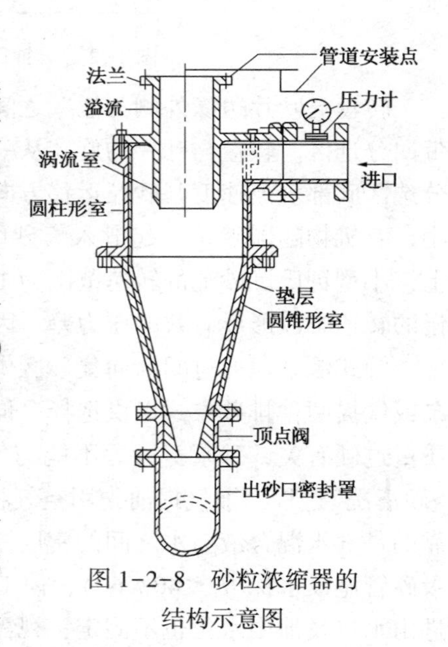

图 1-2-8　砂粒浓缩器的结构示意图

如图1-2-8所示，目前常用的砂粒浓缩器主要由一个空心圆柱体和圆锥连接而成。在圆柱体中心插入一个溢流管，沿圆柱体切线方向接有进料管，在圆锥体下部留有出砂口。砂水混合物在压力作用下，沿进料管给入旋流器内，随即在圆筒形器壁限制下作回转运动。重相砂粒因惯性离心力大而被抛向器壁，并逐渐向下流动，最终由下部出砂口排出。较轻的水和有机物朝向中心流动，最终从上部溢流口排出，回流至沉砂池或格栅井。详细工作机理请参见§1.6。

2. 螺旋式砂水分离器

螺旋式砂水分离器或分级器（Grit classifier）主要由无轴螺旋、尼龙衬、U 形槽、水箱、导流板和驱动机构等组成。工作时，砂水混合液从分离器一端顶部输入水箱，混合液中重量较大的砂粒等将沉积于水箱底部靠近 U 形槽处。在螺旋叶片的推动下，砂粒沿斜置的 U 形槽底提升，离开液面后继续推移一段距离，砂粒充分脱水后经排砂口排出；而与砂分离后的水则回流到沉砂池的入口处。

LSSF 型螺旋式砂水分离器的结构如图 1-2-9 所示，性能参数如表 1-2-8 所示。可以采用不锈钢材质的水箱，也可以采用混凝土结构的水箱。

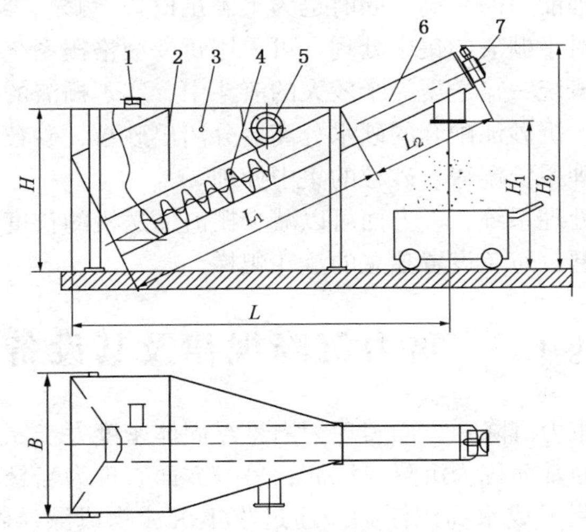

图 1-2-9　LSSF 型螺旋式砂水分离器的结构示意图

1—进水管；2—导流板；3—水箱；4—无轴螺旋；5—排水管；6—U 形槽；7—驱动机构

表 1-2-8　LSSF 型螺旋式砂水分离器的主要性能参数

型　号	LSSF-260	LSSF-320	LSSF-355	LSSF-420
处理水量/(L/s)	12	20	27	35
电动机功率/kW	0. 25	0. 37	0. 75	
L/mm	3840	4380	5980	6290
机体最大宽度 B/mm	1170	1420		1720
H/mm	1500	1700	2150	
H_1/mm	1550	1750	2400	2550
H_2/mm	2100	2350	3050	3250
L_1/mm	3000		4000	
L_2/mm	1000	1500	2000	2500

工程实际中，可以将砂粒浓缩器与螺旋式砂水分离器联用，此时砂粒浓缩器直接安装在螺旋式砂水分离器上，下部出砂口直接与螺旋式砂水分离器的入口相通。

3. 洗砂器

国外目前还出现了基于螺旋式砂水分离器的洗砂器（Grit washer），通过在水箱中底部通入空气，使其中的砂水混合物处于流态化，加剧砂粒之间的摩擦剪切，从而进一步提高表面所附着有机物的去除效果。美国 Smith&Loveless 公司的 PISTA® TURBO™洗砂器、瑞典 Conpura 公司的 ConWash、美国 Vulcan Industries 公司的 ESW-S 型洗砂器、德国 Huber 公司的 COANDA RoSF 3 砂水分离器和 Coanda Grit Washing Plant RoSF4/RoSF4 T/RoSF G4E 等都属于此类产品。

三、拦污与沉砂一体化设备

在预处理系统设计中，为节约用地，可以将细格栅、精细格栅与沉砂池合建，形成一个综合型的格栅间、沉砂池，满足全部预处理要求。例如，德国 Huber 公司的 ROTAMAT® Complete Plant Ro 5、美国 WesTech Engineering 公司的 CleanFlo™ All-In-One Headworks System 等。

受单台格栅设备处理能力的限制，同时也为了满足设备检修、维护的需要，每一级格栅的数量一般不止一台；对于栅渣的集中处理，可采用每一级格栅系统的多台格栅共用一台输送机，多台输送机将栅渣统一输送至一个较大的渣斗中，实现栅渣的汇集，然后再进行集中处理、外运。与此同时，沉砂池配套的砂水分离器分离出砂粒，砂粒也可以通过输送机输送至渣斗，实现全部预处理系统栅渣、砂粒的集中处理。

渣斗一般应靠近预处理系统，一方面可以减少栅渣输送机的长度，另一方面可以直接在池顶巡视、检修渣斗顶部，避免设置独立的渣斗爬梯。

§1.3 重力沉降规律及其设备

在水质工程领域，重力沉降一方面表现为当悬浮固体密度大于原水密度时，悬浮固体将下沉形成底部沉淀物，通常简称为沉降或沉淀；另一方面表现为当悬浮固体密度小于原水密度时，悬浮固体将上浮到形成水面漂浮物。通过收集沉淀物或漂浮物，可以使水质得到净化。国内外的给水处理工艺大多采用“沉淀(澄清)+过滤+消毒”的处理工艺，其中沉淀对原水中固体悬浮物的去除显得尤为重要。在排水工程领域，除了§1.2所介绍的沉砂之外，重力沉降还应用于生化处理前后的初沉池和二沉池，前者主要去除进水中的悬浮固体，后者将生化反应中的微生物从水中分离出来。此外，污泥处理用重力浓缩方法也属于重力沉降。

一、重力沉降的基础理论

1. 单个颗粒的重力沉降

假设单个颗粒在静止流体(水或气体)中的沉降不受周围颗粒的影响，其沉降速度仅仅是流体性质及颗粒自身特性的函数。任何一个在静止流体中的固体颗粒，都受到重力 F_g 和浮力 F_f 这两种基本力的作用，即颗粒在静止流体中的净重 F_p 为两种力之差，即

$$F_p = F_g - F_f = V_p g(\rho_p - \rho) \tag{1-3-1}$$

式中 V_p——颗粒的体积；

ρ_p、ρ——分别为颗粒和周围流体的密度；

g——重力加速度。

当 $\rho_p - \rho > \rho$ 时，$F_g > F_f$，颗粒便在净重 $F_p(=F_g - F_f)$ 的作用下加速下沉，此时颗粒还会受到周围流体的阻力作用。根据因次分析和实验验证，阻力 F_d 可按下式计算

$$F_d = \xi A_p \frac{\rho v_c^2}{2} \tag{1-3-2}$$

式中 ξ——牛顿无因次阻力系数；

A_p——颗粒在垂直于运动方向上的投影面积；

v_c——颗粒的沉降速度。

颗粒在下沉过程中，净重 $F_p(=F_g-F_f)$ 不变，而阻力 F_d 则随沉速 v_c 的平方增大。因此，经过某一短暂时刻后，F_d 便增大到与 (F_g-F_f) 相平衡，即 $F_d=F_g-F_f$。此时颗粒的加速度为零，沉速 v_c 保持恒定。由此可得颗粒自由沉降的沉降速度表达式为

$$v_c=\sqrt{\frac{2g(\rho_p-\rho)}{\rho\xi}\cdot\frac{V_p}{A_p}} \tag{1-3-3}$$

假设颗粒是直径为 d_p 的球形颗粒，则有 $\frac{V_p}{A_p}=\frac{2\,d_p}{3}$，代入式(1-3-3)可得

$$v_c=\sqrt{g\cdot\frac{4d_p(\rho_p-\rho)}{3\rho\xi}} \tag{1-3-4}$$

用上式计算颗粒的沉降速度时，首先应确定阻力系数 ξ。依据量纲分析，阻力系数 ξ 是颗粒与流体相对运动时雷诺数 Re 和颗粒形状系数 φ_s 的函数。根据经验，可以得出球形颗粒沉降的阻力系数 ξ 与 Re 数之间的关系曲线，从该曲线可以发现，球形颗粒在流体介质中的沉降阻力可按层流、过渡流、湍流等不同的区间来表示，其阻力系数和沉降速度 v_c 的计算公式如表 1-3-1 所示。

表 1-3-1　球形颗粒阻力系数与沉降速度的计算式

	$Re=\frac{d_p v_c \rho}{\mu}$	阻力系数 ζ	沉降速度 v_c
层流区或斯托克斯区(Stokes)	$10^{-4}<Re<1$	$\zeta=24/Re$	$v_c=\frac{d_p^2(\rho_p-\rho)g}{18\mu}$
过渡区或艾仑区(Allen)	$1<Re<10^3$	$\zeta=18.5/Re^{0.6}$	$v_c=0.27\left[\frac{(\rho_p-\rho)}{\rho Re^{0.6}}\right]^{1/2}d_p^{1/2}$
湍流区或牛顿区(Newton)	$10^3<Re<2\times10^5$	$\zeta=0.44$	$v_c=1.74\left[\frac{(\rho_p-\rho)g}{\rho}\right]^{1/2}d_p^{1/2}$

显然，由于沉降速度 v_c 在不同区域的计算公式不同，因此首先应判断沉降所属的区域，而判断区域所用的 Re 数又包含沉降速度 v_c，故需用试差法计算。同时，由于颗粒的形状各种各样，以球形颗粒得出的阻力系数 ξ 值应乘以形状修正系数 λ。非球形颗粒的阻力系数为 $\xi'=\lambda\xi$，根据实验，表面粗糙圆形颗粒、椭圆形颗粒、片状颗粒、不规则形颗粒的值分别为 2.42、3.03、4.97、2.75~3.50。

虽然上述公式推导中的假设条件与实际有较大差异，不能直接用于固体颗粒沉降速度的计算，但这些公式却揭示了各有关因素对沉降速度影响的一般规律，从而为强化沉降过程提供了理论依据。这些规律主要有：

(1) 在三种流态区域内，颗粒沉降速度与颗粒直径 d_p 和固流密度差 $(\rho_p-\rho)$ 的不同次方成正比，与流体黏度 μ 和密度 ρ 的不同次方成反比。因此，增大颗粒粒径和密度，都有助于增大颗粒沉降速度。

(2) 当 $\rho_p<\rho$ 时，v_c 为负值，颗粒上浮，v_c 的绝对值代表上浮速度，因此重力沉降理论也适用于上浮过程。当 $\rho_p=\rho$ 时，$v_c=0$，颗粒既不下沉，也不上浮。

2. *群体颗粒的沉降规律*

群体颗粒是指某一体积悬浮液中具有某一粒径的单个颗粒的集合。设群体颗粒中单个颗

粒的直径为d_p、密度为ρ_p、周围液体的密度为ρ、颗粒群体的空隙率为ε，则根据群体颗粒达到稳定沉降速度v_c时所受净重力与所受阻力相平衡的原理，可得阻力系数ξ为

$$\xi=\frac{4}{3}\times\frac{(\rho_p-\rho)g}{\rho v_c^2}d_p\varepsilon^3 f(\varepsilon) \tag{1-3-5}$$

式中 $f(\varepsilon)$——考虑周围颗粒对群体颗粒所受阻力影响而增加的修正系数。

斯坦诺(Harold H. Steinour)1944年根据实验，得出$f(\varepsilon)$与S_p之间的经验关系式为$f(\varepsilon)=10^{-1.82(1-S_p)}$。将$f(\varepsilon)$和$S_p$的关系式及层流、过渡流和紊流流态下的阻力系数表达式$\xi=24/Re$、$\xi=10/Re^{0.5}$和$\xi=0.44$分别代入式(1-3-5)，即可得群体颗粒在三种流态区域下沉降速度的表达式为

$$v_c=\frac{(\rho_p-\rho)}{18\mu}d_p^2\varepsilon^2\,10^{1.82(S_p-1)}\text{（层流区）} \tag{1-3-6}$$

$$v_c=0.26\left[\frac{(\rho_p-\rho)^2g^2}{\mu\rho}\right]^{1/3}d_p\varepsilon^{5/3}10^{1.21(S_p-1)}\text{（过渡流区）} \tag{1-3-7}$$

$$v_c=1.82\left[\frac{(\rho_p-\rho)g}{\rho}\right]^{1/2}d_p^{1/2}\varepsilon^{3/2}10^{0.91(S_p-1)}\text{（紊流区）} \tag{1-3-8}$$

比较单个颗粒和群体颗粒的沉降速度表达式可见，二者在相同流态下表达式的形式、因次和系数都基本相同，只不过在群体颗粒沉降公式推导中，由于考虑了空隙率和周围颗粒对其所受净重力和阻力的影响，因而依不同的流态出现了ε的不同方次。

二、颗粒在污水中的重力沉降

根据污水中固体悬浮颗粒的密度、浓度及凝聚性，沉降可分为自由沉降、絮凝沉降(干涉沉降)、成层沉降、压缩沉降四种类型。

1. 固体悬浮物在静水中的沉降曲线

污水中固体悬浮物的组成十分复杂，颗粒粒径不均匀，形状多种多样，密度也有差异，在沉降过程中一般不完全是自由沉降，往往会相互絮凝而成为较大的颗粒。另外，当污水中固体悬浮物的含量很高时，则在沉降过程中又会出现一个清水和浑水的交界面，此时不是单个颗粒在水中沉降，而是整个交界面的下沉。沉降时间越长，交界面越往下移，直到沉降物被压实为止。因此，在实际应用中通常需要通过静置沉淀试验来判定其沉降性能，并按试验数据绘制静置沉降曲线。

静置沉降曲线是在直角坐标系上表示沉降效率与沉降时间之间($E-t$)或沉降效率与沉降速度之间($E-u$)关系的曲线。在进行沉淀池的设计计算时，需要根据要求达到的沉降效率，在静置沉降曲线上查得相应的沉降时间和沉降速度这两个基本设计参数，因此静置沉降曲线是沉淀池设计的基本依据。

2. 理想沉淀池

虽然静置沉降曲线比较真实地反映了污水中固体悬浮颗粒的沉降规律，但不能反映实际沉淀池中水流运动对固体悬浮颗粒沉降的种种复杂影响。为了分析固体悬浮颗粒在沉淀池内的运动规律及其分离效果，哈增(A. Hazen，1904年)和坎普(T. Camp，1946年)提出了理想沉淀池的概念，并假设：①进出水均匀分布到整个横断面；②固体悬浮物在沉淀区等速下沉；③固体悬浮物在沉淀过程中的水平分速等于水流速度，水流稳定；④固体悬浮物落到池

底污泥区，即认为已被除去。符合上述假设的沉淀池称为理想沉淀池。

图 1-3-1(a)为有效长、宽、深分别为 L、B 和 H 的矩形平流式沉淀池示意图。在沉淀区中，每个固体悬浮颗粒一方面随水流以水平分速度 v 往水平方向流动，另一方面以垂直分速度 u 下沉。根据速度合成规律，颗粒运动的轨迹是一系列向右下方倾斜的直线，其坡度为 u/v。设u_0 为能够被沉淀下来的固体悬浮颗粒的最小沉降速度(也称其为截留速度)，当固体悬浮颗粒的沉降速度 $u \geqslant u_0$ 时，下沉的颗粒将沉于池底而被除去；当沉降速度 $u<u_0$ 时，下沉的颗粒就不能沉于池底，而有可能被水带走。污水中固体悬浮颗粒在沉淀池中沉降所需要的最小停留时间 t 为

$$t=\frac{L}{v}=\frac{H}{u_0} \tag{1-3-9}$$

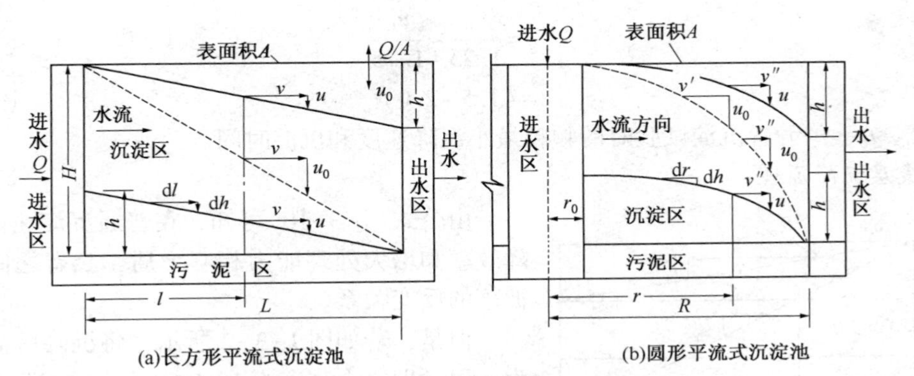

图 1-3-1　理想沉淀池的示意图

利用沉淀池沉降区的表面积 A、处理水量 Q，对上式进行整理可得

$$u_0=\frac{Hv}{L}=\frac{HBv}{LB}=\frac{Q}{A}=q_0 \tag{1-3-10}$$

上式中的 Q/A 是沉淀池设计中的一个重要参数，称为表面水力负荷、表面过流率或溢流率，以 q_0表示，其单位是 $m^3/(m^2 \cdot h)$ 或 $m^3/(m^2 \cdot s)$。可见，沉淀池的截留速度u_0 等于其表面负荷，亦即沉淀效率取决于颗粒沉速或表面负荷，与池深和停留时间无关。通过静置沉淀试验，根据要求达到的沉淀总效率求出颗粒沉速后，也就确定了沉淀池的表面过流率。

图 1-3-1(b)为一中心进水周边出水的圆形平流式沉淀池。沿径向的水平流速是变数，在半径为 r 处的 $v=Q/(2\pi rH)$，颗粒运动轨迹是一曲线，其迹线方程为

$$\frac{dh}{dr}=\frac{u}{v}=u\frac{2\pi rH}{Q} \tag{1-3-11}$$

对沉速为u_0 的固体悬浮颗粒，积分上式得

$$h=\frac{\pi H u_0}{Q}(r^2-r_0^2)=\frac{AH u_0}{Q} \tag{1-3-12}$$

当 $h=H$ 时，$r=R$，即有

$$u_0=\frac{Q}{A} \tag{1-3-13}$$

在水流作竖向运动的竖流式沉淀池中，如果某一种颗粒的沉淀速度 u 小于水流上升速度

v，这种颗粒将以 $v-u$ 的速度上升，最终随水流带走。只有 $u>v$ 时，颗粒才以 $u-v$ 的速度下沉。所以，在竖流式沉淀池中的截留速度u_0 实际上等于 v。由于 $Q=vA$，故截留速度$u_0=v=Q/A$，也与平流式沉淀池相同。

实际运行的沉淀池与理想沉淀池存在一定差别。例如，由于沉淀池进出口结构的局限，水流在整个横断面上的分布并不均匀，横向速度分布不均匀比竖向速度分布不均匀更能降低沉淀效率；一些沉淀池还存在死水区；由于水温变化及悬浮物浓度的变化，进水可能在池内形成潜流或浮流；此外，池内水流往往达不到层流状态，由于紊流扩散与脉动，使颗粒的沉淀受到干扰。由于实际沉淀池受到上述各种因素的影响，故在将静置沉降曲线用于实际沉淀池的设计时，应考虑相应的放大系数。常按以下经验公式确定设计表面负荷 q 和沉降时间 t

$$q=\frac{u_0}{1.25}\sim\frac{u_0}{1.75} \tag{1-3-14}$$

$$t=(1.5\sim2.0)t_0 \tag{1-3-15}$$

式中　u_0、t_0——静置沉淀试验时的颗粒最小沉降速度和沉淀时间。

3. 浅层沉降原理

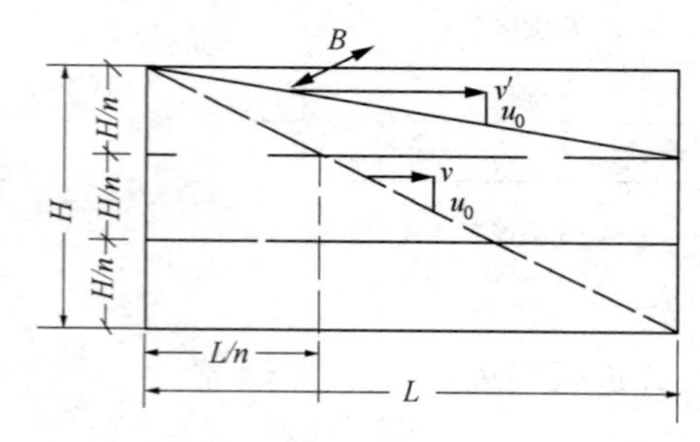

图 1-3-2　浅层沉降的原理示意图

由公式(1-3-10)可知，在普通沉淀池中提高沉降效率和增大处理能力相互矛盾，二者之间呈此长彼落的反变关系。

但是，若如图 1-3-2 所示，将沉降区高度分隔为 n 层，即 n 个高度为 $h=H/n$ 的浅层沉降单元，那么在 Q 不变的条件下，颗粒的沉降深度由 H 减小到 H/n，可被完全除去的颗粒沉速范围由原来的 $u\geqslant u_0$ 扩大到 $u\geqslant u_0/n$，从而使沉降效率大幅度提高；反之，若在沉降效率不变的条件下，沉速为 u_0的颗粒在下沉了距离 h 后恰好运动到浅层的右下端点，那么由$u_0/v'=h/L$ 和 $h=H/n$ 可得 $v'=nv$，即 n 个浅层的处理水量 $Q'=HBnv=nQ$。分隔的浅层数愈多，沉降效率提高愈多或处理能力增加愈多。

工程实际中，为了解决各层的排泥问题，一般将水平隔层改为与水平面倾斜成一定角度(倾斜角为 50°~60°)的斜面，构成斜板或斜管。在沉淀过程中，要求水流雷诺数 Re

$$Re=\frac{v\,A_i}{\nu P}<500 \tag{1-3-16}$$

式中　v——水流的水平流速，m/s；

A_i——过水面积，m^2；

ν——运动黏度，m^2/s；

P——过水断面湿周，m。

在沉淀池中增加了斜板(管)以后，与原池相比由于湿周增大，水力半径减小，所以 Re 值可以降低到 100 以下，属于比较理想的层流状态。从而为沉淀创造了有利条件。此外，由于湿周增大，水力半径减小，表征水流稳定性的弗劳德数(Fr)可增大至 $10^{-3}\sim10^{-4}$以上，也增大了水流的稳定性。

水质工程领域采用的斜板(管)沉淀池，按照水在斜板(管)中的流动方向可分为斜向流和横向流，前者又分为上向流和下向流，目前主要采用上向流斜板沉淀池。我国从 1966 年开始应用斜板沉淀池处理污水，初期用于选矿水尾浆的浓缩，效果良好。

三、沉淀池的设计

根据结构及运行方式的不同，沉淀池可分为普通沉淀池和浅层沉淀池（斜板与斜管沉淀池）两大类；按照水在池内的总体流向，普通沉淀池可分平流式、辐流式和竖流式3种。各种沉淀池的特点及适用条件归纳列于表1-3-2中。

表1-3-2　各种沉淀池的特点及适用条件

	普通型			增强型
	平流式（矩形）	辐流式（圆形或方形）	竖流式	斜板（管）式
运行描述	池表面呈长方形，污水从池的一端流入，按水平方向在池内流动，澄清的污水从另一端溢出，在进口处的底部设有贮泥斗	池表面呈圆形或方形，分为中心进水/周边出水和周边进水/周边出水两种，虽然池内污水也呈水平方向流动，但流速是变动的	池表面多为圆形（也呈方形或多角形），污水从中心管上部进入并在管内向下流动，通过反射板的拦阻向四周分布于整个水平断面上，缓缓向上流动。澄清后的清水从顶部溢流而出	—
优点	（1）污水在池内流态特性比较稳定，沉淀效果好 （2）对冲击负荷和温度变化的适应能力较强 （3）施工简单，设备造价低	（1）多为机械排泥，运行较好，管理较简单 （2）排泥设备已定型，运行效果好	（1）排泥方便，管理简单 （2）占地面积较小，直径在10m以内（或10m×10m以内的方形）	（1）沉淀效果好，生产能力大 （2）占地面积小
缺点	（1）占地面积大 （2）配水不易均匀 （3）采用多斗排泥时每个泥斗需单独设排泥管，操作工作量大、管理复杂	（1）水流不易均匀，沉淀效果较差 （2）机械排泥设备复杂，对施工质量要求较高	（1）池子深度较大，施工困难 （2）造价较高 （3）对冲击负荷和温度变化的适应能力较差 （4）池径不宜过大，否则布水不均	构造复杂，斜板、斜管造价高，需定期更换，易堵塞
适用条件	（1）地下水位高及地质条件差的地区 （2）大、中、小型水处理厂	（1）地下水位较高地区 （2）大、中、小型水处理厂	中小型水处理厂，给水厂多不用	（1）地下水位高及地质条件差的地区 （2）选矿污水浓缩等

1. *沉淀池设计的一般原则及参数选取*

沉淀池的设计包括功能设计和结构设计两部分，设计良好的沉淀池应满足以下三个基本要求：有足够的沉降分离面积；有结构合理的入流和出流元件，能均匀布水和集水；有尺寸合适、性能良好的污泥和浮渣的收集和排放设备。相关参数的选取原则如下：

（1）设计流量

当污水自流进入沉淀池时，应以最大流量作为设计流量；当污水通过泵提升进入沉淀池时，则应按水泵工作期间最大组合流量作为设计流量。

（2）经验设计参数

沉淀池设计的主要依据是经过处理后所应达到的水质要求，据此应确定的设计参数有：污水应达到的沉淀效率、固体悬浮颗粒的最小沉速、表面负荷、沉淀时间以及水在池内的平均流速等。这些参数一般通过沉淀实验取得，如无实测资料时可参照一些经验值选取。

（3）沉淀池数目

沉淀池的数目应不少于两座，并应考虑其中一座发生故障时，全部流量能通过另一座沉淀池的可能性。

2. 辐流式沉淀池设计

（1）辐流式沉淀池的构造设计

辐流式沉淀池的池表面呈圆形或方形，池内污水呈水平方向流动，但流速是变化的。按水流方向及进出水方式的不同，辐流式沉淀池可分为普通辐流式沉淀池和向心辐流式沉淀池两种。

普通辐流式沉淀池的直径(或边长)一般为16~60m，通常为20~30m，最大可达100m；中心深度为2.5~5.0m，周边深度为1.5~3.0m。如图1-3-3所示，这种沉淀池又称为中心进水周边出水辐流式沉淀池，在池中心处设中心竖管。原水由进水管进入沉淀池后，从中心立式柱管流出，为了避免中心配水时的径向流速过高造成短路而影响沉淀效果，一般在中心进水配水管外设置扩散筒或导流筒以改变出水流向，使污水能均匀地沿半径方向向池周流动，其水力特征是污水的流速由大向小变化。流出区设于池周，由于平口堰不易做到严格水平，所以常用三角堰或淹没式溢流孔。为了拦截水面上的漂浮物质，在出水堰前设挡板和浮渣的收集、排出设备。普通辐流式沉淀池中心导流筒内的进水流速达100mm/s，作为二沉池使用时，活性污泥在其间难以絮凝，这股水流向下流动的动能较大，易冲击底部沉泥，池子的容积利用系数较小(约48%)。

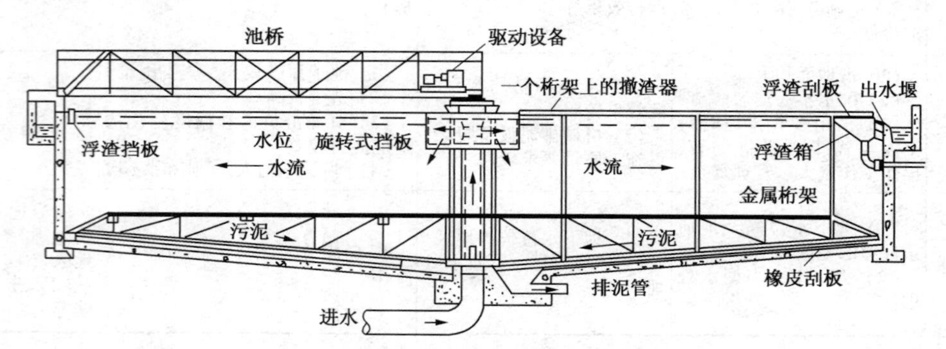

图1-3-3 中心进水周边出水普通辐流式沉淀池的结构示意图

向心辐流式沉淀池呈圆形，周边为流入区，而流出区既可设在池周边[如图1-3-4(a)]，也可设在池中心[如图1-3-4(b)]，因而也称为周边进水中心出水(或周边进水周边出水)辐流式沉淀池，可以分为配水槽、导流絮凝区、沉淀区、出水区以及污泥区等5个功能区。配水槽设于周边，槽底均匀开设布水孔及短管；作为二沉池使用时，由于导流絮凝区设有布水孔及短管，使水流在区内形成回流，促进絮凝作用，从而提高去除率；且该区的容

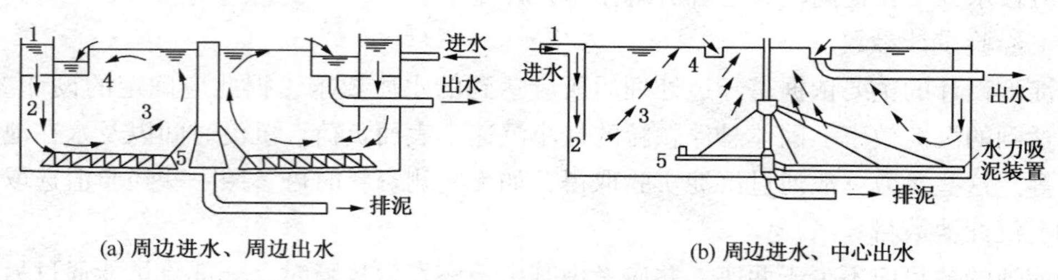

图1-3-4 向心辐流式沉淀池的流动情况示意图

1—配水槽；2—导流絮凝区；3—沉淀区；4—出水区；5—污泥区

积较大，向下的流速较小，对底部沉泥无冲击现象。底部水流的向心流动可将污泥推入池中心的排泥管。原水流入位于池周的进水槽中，在进水槽底部设有进水孔，原水再通过进水孔均匀进入池内，在进水孔下侧设有进水挡板，深入水面下约2/3处，这样有助于均匀配水，而且污水进入沉淀区的流速要小得多，能避免通常高速进水时伴有的短流现象，提高了沉淀池的容积利用系数。据国外资料，这种沉淀池的处理能力比一般辐流式沉淀池高出约一倍。出水槽的位置可设在R处、$R/2$处、$R/3$处或$R/4$处，如表1-3-3所示，出水槽设在不同位置的容积利用系数不同。

表1-3-3　出水槽不同位置的容积利用系数

出水槽位置	容积利用系数/%	出水槽位置	容积利用系数/%
R	93.6	$R/3$	87.5
$R/2$	79.7	$R/4$	85.7

（2）向心辐流式沉淀池的功能设计

① 配水槽

采用环形平底槽等距离设置布水孔，孔径一般取50~100mm，并加50~100mm长度的短管。管内水流平均流速为v_n

$$v_n = \sqrt{2t\mu}\, G_m \tag{1-3-17}$$

$$G_m^2 = \left(\frac{v_1^2 - v_2^2}{2t\mu}\right)^2 \tag{1-3-18}$$

式中　v_n——配水管内水流平均流速，一般为0.3~0.8m/s；

t——导流絮凝区平均停留时间，s，池周有效水深为2~4m时取360~720s；

μ——污水的运动黏度，与水温有关，可查阅有关手册；

G_m——导流絮凝区的平均速度梯度，一般可取10~30s^{-1}；

v_1——配水孔水流收缩断面的流速，m/s，$v_1 = \frac{v_n}{\varepsilon}$；

v_2——导流絮凝区平均向下流速，m/s，$v_2 = Q_1/f$；

ε——收缩系数，因设有短管，取$\varepsilon = 1$；

Q_1——每池的最大设计流量，m^3/s；

f——导流絮凝区的环形面积，m^2。

② 导流絮凝区

为了施工安装方便，导流絮凝区的宽度B大于0.4m，与配水槽等宽，并用式(1-3-18)验算值G_m，若G_m值在10~30s^{-1}之间为合格；否则需调整B值重新计算。

③ 沉淀池的表面积A和池径D

$$A = \frac{Q_{max}}{n\, q_0}(m^2) \tag{1-3-19}$$

$$D = \sqrt{\frac{4A}{\pi}}(m) \tag{1-3-20}$$

式中　Q_{max}——最大设计流量，m^3/h；

n——沉淀池的设计个数；

q_0——沉淀池的表面负荷，一般应通过沉淀实验确定，此处可取 3.0~4.0m³/(m²·h)。

对于辐流式沉淀池，直径 D(或正方形的边长)不宜小于 16m。

④ 沉淀池的有效水深 h_2

$$h_2=\frac{Q_{\max}\cdot t}{nA}(\mathrm{m}) \tag{1-3-21}$$

式中 t——沉淀时间，初沉池一般取 1.0~2.0h，二沉池一般取 1.5~2.5h。

沉淀池的平均有效水深 h_2 一般不大于 4m，直径与水深之比一般介于 6~12 之间。

⑤ 沉淀池的总高度 H

$$H=h_1+h_2+h_3+h_4+h_5(\mathrm{m}) \tag{1-3-22}$$

式中 h_1——超高或保护高，一般取 0.3m；

h_2——有效水深，m；

h_3——缓冲层高度，m；

h_4——污泥斗以上部分的高度，与刮泥机械高度有关，m；

h_5——污泥斗高度，m。

⑥ 污泥区计算

污泥量与贮泥斗尺寸的计算方法与平流式沉淀池相同，污泥在贮泥斗中的停留时间取 4h。辐流式沉淀池的排泥方法也分静压排泥和机械排泥两大类，普通辐流式沉淀池大多采用机械排泥(尤其是直径大于 20m 时，几乎都用机械排泥)，池底坡度多为 0.05，坡向贮泥斗；中央贮泥斗斜面与水平线的倾角可采用 60°。采用机械排泥时，沉淀池的缓冲层上缘应高出刮泥板 0.3m。常用的机械排泥设备为吸泥机和刮泥机，将在本书 §4.1 中系统讲述。除了机械排泥的辐流式沉淀池外，常将池径(或边长)小于 20m 的辐流式沉淀池建成方形，污水沿中心管流入，池底设多个贮泥斗(一般 4 个)，使污泥自动滑入贮泥斗，形成静压排泥，每个贮泥斗应设独立的排泥管。由于施工复杂、排泥管多、维护不便，因此这种沉淀池只适合处理悬浮颗粒呈絮状的污水，如城镇污水及某些食品工业污水。

3. 竖流式沉淀池的设计

(1) 竖流式沉淀池的构造设计

如图 1-3-5 所示，竖流式沉淀池多设计成圆形，也可做成方形或多边形，相邻池壁可

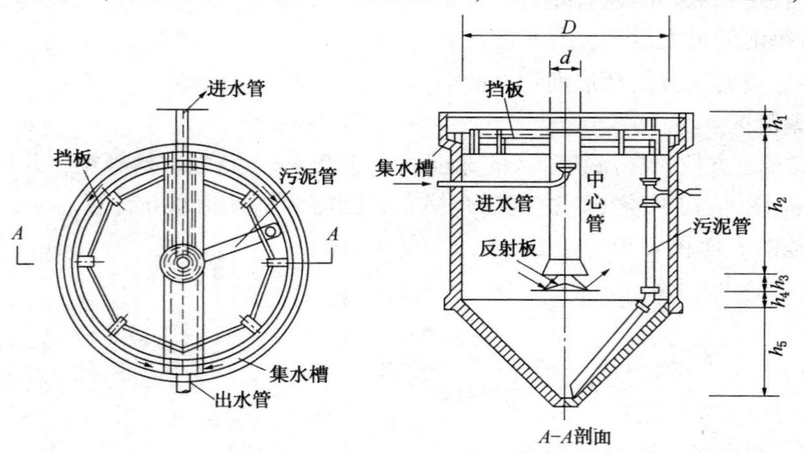

图 1-3-5 圆形竖流式沉淀池的结构示意图(重力排泥)

以合用，布置较紧凑。沉淀池上部呈圆柱状的部分为沉淀区，下部呈倒台形的部分为污泥区，在两区之间留有缓冲层(0.3m)。污水从中心管上部进入并在管内向下流动，流出时通过反射板的阻拦向四周均匀分布，然后沿沉淀区的整个断面上升。与辐流式沉淀池不同的是，污水在池内作恒速上向流运动，澄清后的出水采用自由堰或三角堰从池面四周溢出。流出区设于池周，为了防止漂浮物外溢，在水面距池壁0.4~0.5m处安设挡流板，挡流板伸入水中部分的深度为0.25~0.30m，伸出水面高度为0.1~0.2m。

竖流式沉淀池的直径或边长常控制在4~7m之间，一般不超过10m。为了保证水流自下而上垂直流动，要求池径D与沉淀区有效水深h的比值不大于3，否则池内水流就有可能变成辐射流。絮凝作用减少，发挥不了竖流式沉淀池的优点。如果池直径大于7m，应考虑设置辐射式汇水槽。

竖流式沉淀池中的水流方向与悬浮颗粒沉降方向相反。当悬浮颗粒发生自由沉降时，其沉淀效果比平流式沉淀池低得多。当颗粒具有絮凝性时，则上升的小颗粒和下沉的大颗粒之间相互接触、碰撞而絮凝，使粒径增大，沉速加快。另一方面，沉速等于水流上升速度的颗粒将在池中形成一悬浮层，对上升的小颗粒起拦截和过滤作用，沉淀效率将比平流式沉淀池更高，因而竖流式沉淀池尤其适用于污泥需浓缩和分离絮凝性颗粒等场合，如作为二沉池使用等。

污水在中心管内的流速对悬浮颗粒的去除有一定影响，一般中心管下口应设有喇叭口与反射板，其构造及尺寸如图1-3-6所示。当在中心管下部设反射板时，其流速可取100mm/s；当中心管下部不设反射板时，污水在中心管内的流速不应大于30mm/s。

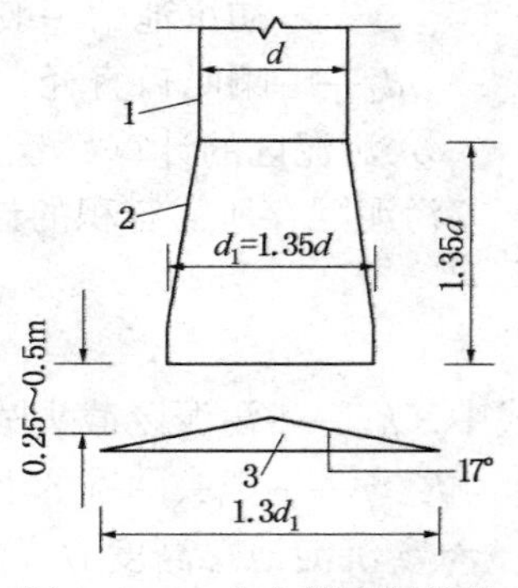

图1-3-6　中心管反射板的结构示意图

1—中心管；2—喇叭口；3—反射板

竖流式沉淀池下部呈截头圆锥状的部分为污泥区，贮泥斗倾角采用45°~60°，采用静水压力排泥，排泥管直径不得小于ϕ200mm，静水压力为1.5~2.0m。

(2) 竖流式沉淀池的功能设计

竖流式沉淀池功能设计所用的公式与平流式沉淀池相似，污水上升速度v应小于等于颗粒的最小沉降速度u_0。沉淀池的过水断面等于水的表面积与中心管的面积之差，沉淀区的工作高度按中心管喇叭口到水面的距离考虑。

首先根据污水中固体悬浮物浓度C_1及排放水中允许含有的固体悬浮物浓度C_2，计算应当达到的去除率。然后根据静置沉降曲线确定与去除率相对应的最小沉降速度u_0，以及所需要的沉淀时间t。如果没有进行静置沉淀实验，缺乏相应的设计参数，则可以采用设计规范规定的数据。

① 中心管有效断面积A_1与直径d_0

$$A_1=\frac{q_{max}}{v_0}(\mathrm{m}^2) \tag{1-3-23}$$

式中　q_{max}——单池设计最大秒流量，m^3/s。

v_0——污水在中心管内的流速，m/s，一般取0.03m/s。

根据中心管的有效断面积即可计算出中心管的有效直径d_0。

② 沉淀池工作部分的有效断面积A_2

$$A_2=\frac{q_{max}}{v}(m^2) \tag{1-3-24}$$

式中　v——污水在沉淀区的上升速度，m/s。

如有试验资料，v 等于拟去除最小固体悬浮颗粒的沉速；如无沉淀实验资料，则取0.0005~0.001m/s。

③ 沉淀池总面积 A 及池径 D

$$A=A_1+A_2(m^2) \tag{1-3-25}$$

$$D=\sqrt{\frac{4A}{\pi}}(m) \tag{1-3-26}$$

④ 沉淀池的有效水深 h_2(或沉淀池的工作高度，亦即中心管的高度)

$$h_2=v\cdot t\cdot 3600(m) \tag{1-3-27}$$

式中　t——沉淀时间，一般取1.0~2.0h。h_2 值一般不得小于2.75m。

⑤ 中心管喇叭口与反射板之间的间隙高度 h_3

$$h_3=\frac{q_{max}}{v_1\pi d_1}(m) \tag{1-3-28}$$

式中　v_1——污水由中心管与反射板之间间隙的出流速度，m/s(当 $h_3=0.25\sim0.5$m 时，在初沉池中一般不大于0.02m/s)；

d_1——喇叭口直径，m，$d_1=1.35\ d_0$。

⑥ 污泥区的计算

污泥贮存所需容积的计算与平流式沉淀池相同，而截头圆锥部分的容积 V 按下式计算

$$V=\frac{\pi h_5}{3}(R^2+Rr+r^2)(m^3) \tag{1-3-29}$$

式中　h_5——污泥区截头圆锥部分的高度，m；

R、r——截头圆锥的上、下部半径，m。

⑦ 沉淀池总高度 H

$$H=h_1+h_2+h_3+h_4+h_5(m) \tag{1-3-30}$$

式中　h_1——沉淀池的超高或保护高度，一般取0.3~0.5m；

h_4——反射板底部距污泥表面的高度(即缓冲层高度)，一般取0.3m。

§1.4　浮力浮上法分离原理与设备

对于液态非均相物系而言，若仅仅要求悬浮固体(SS)达到一定程度的增浓，则可采用重力分离和离心分离操作；若要使固液两相较为彻底地分离，则可采用过滤操作。在水污染控制工程领域，重力沉降一方面表现为当悬浮固体的密度大于污水的密度时，悬浮固体下沉形成沉淀物；另一方面还表现在当悬浮固体的密度小于污水的密度时，悬浮固体将上浮到水面。通过收集沉淀物或上浮物，使污水得到净化。

借助浮力，使水中的不溶态污染物浮出水面，然后加以去除的处理方法统称为浮力浮上法。根据不溶态污染物的密度大小和亲水性强弱，以及由此而产生的不同处理机理，人们在早些时候往往将浮力浮上法大体上分为自然浮上法、气泡浮升法和药剂浮选法三类。如果不溶态污染物是比重小于1.0的疏水性物质，则可以依靠浮力自发地浮升到水面，这就是自然

浮上法，其基本原理与前述重力沉降一致。由于自然浮上法主要用于分离粒径大于 50 ~ 60μm 的分散油，因而常称为隔油，相应的处理构筑物称为隔油池。如果不溶态污染物是脱稳胶体颗粒或弱亲水性固体悬浮物，就需要在水中产生气泡，使其黏附于气泡上一起浮升到水面，这就是气泡浮升法(简称气浮)。当然，对于油水乳化液之类的稳定胶体分散体系，或者不溶态污染物为强亲水性固体悬浮物，就必须首先往水中投加药剂，然后再用气泡浮升法加以除去，这就是药剂浮选法(简称浮选)。

虽然古希腊人早在 2000 多年前就利用自然浮上法从脉石中分离矿物，但应用于采矿和化学工业却是 100 多年前的事情。William Haynes 于 1860 年进行了多金属矿石的自然浮上法浓缩实验，发现当粉状矿石与油、水混合时，分选作用主要发生在油-水界面，疏水颗粒进入油相、亲水颗粒进入水相，从而有助于分离，并申请了“全油浮选(Bulk oil flotation)”的专利。1898 年，英国人 Emore Francis 和 Elmore Alexander 两兄弟进一步发展了早期的全油浮选工艺；1904 年，Emore Francis 和英国矿业分离公司(Minerals Separation Incorporated)申请了在全油浮选中引入气泡的专利，1905 年在澳大利亚 Broken Hill 建设了第一个商业化的全油浮选矿场，并迅速在世界各地得到推广应用。Emore Francis 和 Elmore Alexander 两兄弟还于 1904 年提出了电解气浮(Electrolytic flotation)新工艺，但当时未能得到商业化应用。1905 年，矿物分离工程师 E. L. Sulman、H. F. K. Picard 和 John Ballot 开发了一种从水中分离硫酸盐颗粒的工艺，通过加入空气气泡和少量油来强化分离过程，该工艺被称为泡沫浮选(Froth flotation)。1910 年，T. Hoover 研发了第一台浮选机(Flotation machine)，其结构形式沿用至今。1914 年，G. M. Callow 引入通过浸没式多孔介质产生气泡的泡沫浮选法(Foam flotation)新工艺；Town 和 Flynn 于 1919 年设计测试了第一台逆流式浮选柱。C. L. Peck 曾在 1920 年考虑用气浮法处理污水，来自斯堪的纳维亚的 Niels Peterson 和 Carl Sveen 于 1924 年申请了空气溶气气浮的专利，1930 年尝试用气浮法回收造纸白水中的纤维；1943 年，C. A. Mansan 和 H. B. Coraas 公开发表了气浮法处理污水的学术论文。芬兰于 1965 年建造了第一个饮用水澄清用 DAF 车间，南非也于 1960 年代早期在水回用中应用了气浮；英国则直到 1976 年才在苏格兰的 Glendye 处理站使用 DAF 工艺；1979 年，法国得利满(Degrémont)公司建成了当时世界最大规模的气浮法净水厂(处理量 $5m^3/d$)。时至今日，虽然人们仍习惯性地将浮选这一称谓用在矿物分离、浮游选煤等场合，但气浮法的内涵和外延却得到了极大拓展，尤其是与相关药剂的联合应用也日趋紧密。本节重点介绍气浮法，给水领域适用于处理高藻、低温低浊、有天然色度、腐殖质含量较高的水，工业污水领域处理含油污水具有一定优势。

一、气浮和浮选技术基础

实施气浮分离和浮选必须具备以下三个基本条件：①必须在水中产生足够数量的气泡；②待分离的污染物必须是不溶性的固体悬浮物或液体分散颗粒；③必须使气泡能够与颗粒相黏附，形成整体密度小于水的“气泡-颗粒”复合体。需要特别强调的是，实施气浮分离和浮选的气源可以是空气、氮气、天然气等，但由于空气的廉价性和易获取性而往往被优先考虑。

1. 气泡的性质

显然，只有在气泡粒径适当、数量充足、均匀性好、足够稳定的情况下，才能得到良好的气浮分离和浮选效果，因而了解气泡的性质至关重要。

(1) 气泡粒径

同体积的大气泡分散成小气泡后，其表面积远大于大气泡的表面积，因而能够增加气泡与颗粒的碰撞黏附机会；另外，由于大气泡承受剪切力的能力比小气泡弱，且大气泡上升会产生剧烈搅动，不利于黏附，因此过大粒径的气泡不利于气浮。当然，气浮用气泡粒径也并非越小越好，从目前的研究结果来看，气泡粒径宜在 30～200 μm 之间酌情选取。根据国际标准化组织(ISO)的最新定义，把粒径小于 100μm 的气泡叫做微细气泡(Fine bubble)，把粒径小于 1μm 的气泡叫做超微气泡(Ultra-fine bubble)。鉴于 ISO 对纳米技术的定义是特征尺寸小于等于 100nm，而超微气泡并不满足这一定义，同时兼顾其他一些因素，因此 ISO 决定不采用“纳米气泡(Nano-bubble)”这一术语。目前测量微细气泡粒径大小的方法可选用图像分析法、动态光散射法、激光衍射法、示踪法等。

(2) 气泡密度

是指单位体积水中所含气泡的个数，它决定气泡与颗粒碰撞的机率。由于气泡密度与气泡直径的 3 次方成反比，因此增大气泡密度的主要途径是缩小气泡粒径。

(3) 气泡的均匀性

气泡均匀性一是指最大气泡与最小气泡的直径差，二是指小直径气泡占气泡总量的比例。

(4) 气泡的稳定性

气泡本身有相互黏附而使界面能降低的趋势(即气泡聚并作用)，使黏附机会减小。另外，携带着颗粒的气泡上升到水面后，如果很快破灭，会使已黏附的颗粒未被刮除而再次落入水中。研究发现，当水中含有一定量的表面活性物质时，可以有效地增强泡沫的稳定性，防止气泡聚并和泡沫很快破灭。

2. 颗粒与气泡的黏附

(1) 颗粒与气泡的黏附条件

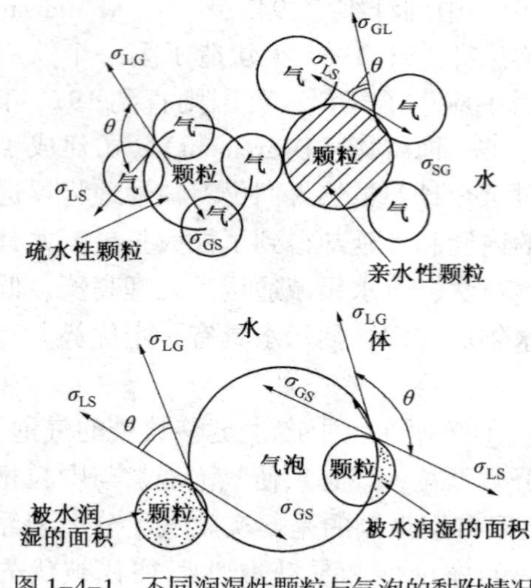

图 1-4-1 不同润湿性颗粒与气泡的黏附情况

如图 1-4-1 所示，当气泡与颗粒共存于水中时，存在着液(以 L 表示)、气(以 G 表示)、粒(以 S 表示)三相介质，在不同介质的相表面上都因受力不均衡而存在界面张力(σ)，一般为 10^{-5}N 量级。气泡与颗粒一旦接触，界面张力的存在就会产生表面吸附作用，三相间吸附界面构成的交界线称为润湿周边(即相吸附界面交界线)。

通过润湿周边分别作液-气界面张力(σ_{LG})、液-粒界面张力(σ_{LS})和气-粒界面张力(σ_{GS})作用线。液-粒界面张力(σ_{LS})作用线与液-气界面张力(σ_{LG})作用线之间的夹角，为润湿接触角(θ)。若 $\theta<90°$ 为亲水性颗粒，不易与气泡黏附；若 $\theta>90°$ 为疏水性颗粒，易于与气泡黏附。

根据热力学理论可知，由水、气泡和颗粒构成的三相混合体系中，两相之间的界面上都存在界面自由能，简称界面能(W)。界面能等于界面张力与界面面积 S 的乘积，一般为 10^{-7}J 量级，即

$$W=\sigma\times S \tag{1-4-1}$$

颗粒与气泡黏附前，颗粒和气泡单位面积($S=1$)上的界面能分别为液-粒界面能($\sigma_{LS}\times1$)与液-气界面能($\sigma_{LG}\times1$)，这时单位面积上的界面能之和 W_1 为

$$W_1=\sigma_{LS}\times1+\sigma_{LG}\times1 \tag{1-4-2}$$

由于界面能本能地存在着力图减至最小的趋势，因而导致多相混合物系中的分散相之间蕴藏着自然并合的能量。颗粒与气泡黏附后，界面能减小，此时黏附面上单位面积的界面能为

$$W_2=\sigma_{GS}\times1 \tag{1-4-3}$$

因此，界面能的减少值 ΔW 为

$$\Delta W=W_1-W_2=\sigma_{LS}+\sigma_{LG}-\sigma_{GS} \tag{1-4-4}$$

此能量差即为气泡与颗粒黏附过程中挤开气泡和颗粒之间水膜所做的功，因此 ΔW 值越大，推动力越大，气泡与颗粒黏附得越牢固。

(2) 气泡-颗粒的亲水黏附和疏水黏附

平衡状态时，"水-颗粒-气泡"三相界面张力间的关系为

$$\sigma_{LS}=\sigma_{LG}\cos(180-\theta)+\sigma_{GS} \tag{1-4-5}$$

代入式(1-4-4)可得

$$\Delta W=W_1-W_2=\sigma_{LG}\cos(180-\theta)+\sigma_{GS}+\sigma_{LG}-\sigma_{GS}=\sigma_{LG}(1-\cos\theta) \tag{1-4-6}$$

由上式可见，并不是水中的所有颗粒都能与气泡黏附，能否黏附与该类物质的润湿接触角有关。当颗粒的润湿性很好(亲水性物质)时，润湿接触角 $\theta\to0°$，$\cos\theta\to1$，$\Delta W=0$，即界面自由能并未减小，说明颗粒不能与气泡黏附，不宜于用气浮分离和浮选法去除；反之，当颗粒润湿性很差(疏水性物质)时，润湿接触角 $\theta\to180°$，$\cos\theta\to-1$，$\Delta W\to2\sigma_{LG}$，说明颗粒能与气泡紧密黏附，宜于用气浮分离和浮选法去除。

在接触角 $\theta<90°$ 的条件下有

$$\sigma_{LG}\cos(180°-\theta)=\sigma_{LS}-\sigma_{GS} \tag{1-4-7}$$

上式表明，水中颗粒的润湿接触角 θ 随液-气界面张力 σ_{LG} 的不同而变化。增大液-气界面张力 σ_{LG}，可以使润湿接触角增加，有利于气泡-颗粒黏附；反之则有碍于气泡-颗粒黏附，不能形成牢固结合的气泡-颗粒组合体，水中颗粒在气泡周围的富集浓度降低，处理效果变差。

按气泡与颗粒(或絮体结构)之间碰撞动能的大小和颗粒疏水性部位的不同，气泡可以黏附于颗粒外围，形成外围黏附；也可以挤开絮体孔隙内的自由水而黏附于絮体内部，形成粒间裹夹。如果气泡加在投有混凝剂并处于胶体脱稳凝聚阶段的初级反应水中，那么气泡就先与微絮粒黏附，然后在上浮过程中再共同长大，相互聚集为带气絮凝体，形成粒间裹夹和中间气泡架桥黏附兼而有之的"共聚黏附"。共聚黏附具有药剂省、设备少、处理时间短和浮渣稳定性好等优点，但必须有相当密集的气泡与之配合。

3. 投加化学药剂的促进作用

按照所起作用的不同，与气浮和浮选技术相关的化学药剂大体上可分为起泡剂、混凝剂和浮选剂3类。

(1) 起泡剂

当水中缺少表面活性物质时，须向水中投加起泡剂。起泡剂大多数为链状有机表面活性剂，其主要特征是分子结构的不对称性，属于极性-非极性分子。分子的一端含有极性基，显示出亲水性，称为亲水基；另一端为非极性基，显示出疏水性，称为疏水基。由于水分子是强极性分子，所以极性基伸入水中；非极性基为疏水基，伸向气泡内部。由于同号电荷的相斥作用，可有效防止气泡的聚并与破灭，增强泡沫稳定性。此外，这类表面活性剂还能显著降低水的表面张力，提高气泡膜的弹性和强度。

（2）混凝剂

如果水中表面活性物质过多，会使气泡因带同号电荷而过于稳定，难于形成泡沫。另一方面，如果水中表面活性物质过多或所受机械剪切作用过强，颗粒与水之间可能呈较为稳定的乳化状态。此时应投加混凝剂以压缩双电层，消除电荷的相斥作用或破坏颗粒与水之间的乳化状态，使颗粒能够与气泡黏附。混凝–气浮工艺目前在高乳化度含油污水、低温低浊地表水、富营养化含藻地表水处理中得到了应用，当然此时并不意味着使用絮凝剂来替代使用破乳剂，而是可以配合使用。

（3）浮选剂

对含有细小分散强亲水性颗粒的原水，就必须首先投加浮选剂，按分子结构可分为极性浮选剂、非极性浮选剂、复极性浮选剂（又称杂极性浮选剂）三大类。极性浮选剂的分子整体而言为电中性，但具有两个极性基，具有亲水性。将极性浮选剂投加到水中后，亲水性颗粒强烈吸附浮选剂的亲水基，而迫使疏水基伸向水，结果在颗粒周围形成亲水基向颗粒而疏水基向水的定向排列，从而使亲水性颗粒的表面性质转变为疏水性，以利于与气泡发生黏附。非极性浮选剂分子正电荷与负电荷的电重心重合在一起，在水中不解离，基本不能吸引极性水分子，水化作用很小，具有疏水性。复极性浮选剂（又称杂极性浮选剂）分子由极性部分（常称极性基）和非极性部分（常称非极性基）两部分组成，极性基具有亲水性，非极性基具有疏水性。

按气泡与颗粒（或絮体结构）之间碰撞动能的大小和颗粒疏水性部位的不同，气泡可以黏附于颗粒外围，形成外围黏附；也可以挤开絮体孔隙内的自由水而黏附于絮体内部，形成粒间裹夹。如果气泡加在投有混凝剂并处于胶体脱稳凝聚阶段的初级反应水中，那么气泡就先与微絮粒黏附，然后在上浮过程中再共同长大，相互聚集为带气絮凝体，形成粒间裹夹和中间气泡架桥黏附兼而有之的“共聚黏附”。共聚黏附具有药剂省、设备少、处理时间短和浮渣稳定性好等优点，但必须有相当密集的气泡与之配合。。

4. 气浮理论体系的发展概况

涉及包含热力学、动力学、水力学（或流体力学）的气浮理论体系，近些年来仍在不断丰富发展。热力学从润湿接触角和表面自由能的角度入手，研究气泡与颗粒（或絮体颗粒）的黏附机理。动力学从黏附行为的微观过程入手，研究气泡与颗粒（或絮体颗粒）的黏附速度问题，主要借助群体平衡模型（Population Balance Model，PBM）和轨迹理论模型，揭示混凝预处理及气浮相关参数如何影响气浮运行的效果。流体力学主要从气浮池的水力学特征入手，研究如何创造气泡与颗粒（或絮体颗粒）黏附、分离的水力条件，具体涉及到气浮池的形状、表面水力负荷等方面的问题。近些年来，人们借助计算流体动力学（CFD）等先进的计算分析手段和粒子动态分析仪（PDA）等先进的测试分析手段，逐步深化了水力条件对净水效果影响的认识，大幅度提高了处理效率。

二、气浮工艺系统的类型

一般而言，可以将气泡的产生方式分为溶气释放、引气分散、微孔散气、旋流剪切和电解氧化等几大类，从而相应地将气浮工艺系统分为溶气气浮（Dissolved Gas Flotation，DGF）、引气气浮（Induced Gas Flotation，IGF）、微孔散气气浮和电解气浮（Electrolytic Flotation）等。

1. 溶气气浮

溶气气浮是使气体在一定压力环境下溶解于水中，并达到过饱和状态；然后设法使溶解在水中的气体以微细气泡（气泡直径为 20～100μm）的形式从水中析出，并带着黏附在一起的颗粒杂质上浮。根据气泡从水中析出时所处压力的不同，溶气气浮又可分为加压溶气气浮(Pressurized Dissolved Air Flotation，DAF)和溶气真空气浮两种类型。

(1) 加压溶气气浮

加压溶气气浮法于20世纪20年代才被用于水处理领域，目前在气浮工艺中占主体地位。该法是将原水加压至0.30~0.40MPa，同时加入气体，使气体溶解于水并达到指定压力状态下的饱和值，然后骤然减至常压，使溶解于水的气体以微小气泡形式从水中释放出来。目前的基本流程有全部进水加压溶气气浮、部分进水加压溶气气浮、部分处理水回流加压溶气气浮等3种，都由压力溶气罐、加压水泵、气体供给设备、溶气水释放器和气浮池等组成。

如图1-4-2所示，全部进水加压溶气气浮是将全部污水用水泵加压，在泵前或泵后注入气体。气体在溶气罐内溶解于水中，然后通过减压阀将溶气水送入气浮池。浮渣由刮渣机定期刮入气浮池尾(首)的浮渣槽排出，处理水则由设于池尾的溢流堰和集水槽或靠近池底的穿孔集水管排出池外。其优点在于：①溶气量大，增加了颗粒与气泡的接触机会；②在处理水量相同的条件下，较部分处理水回流溶气气浮所需的气浮池小，从而减少了基建投资。但由于全部进水经过压力泵，所需的压力泵和溶气罐均较其他两种流程大，因此投资和运转动力消耗较大，絮凝体容易在加压和溶气过程中破碎，水中的颗粒容易在压力溶气罐内沉积和堵塞释放器，因此目前已较少采用。

如图1-4-3所示，部分进水加压溶气气浮是取部分污水(占总量的10%~30%)加压和溶气，其余污水直接进入气浮池并在气浮池中与溶气水混合。其特点为：①较全部进水加压溶气气浮所需的压力泵小，故动力消耗低；②气浮池的大小与全部进水加压溶气气浮相同，但较部分处理水回流加压溶气气浮小。这种流程的气浮池常与隔板混凝反应池合建。它虽然避免了絮凝体容易破碎的缺点，但颗粒容易在压力溶气罐内沉积和堵塞释放器，因而也较少采用。

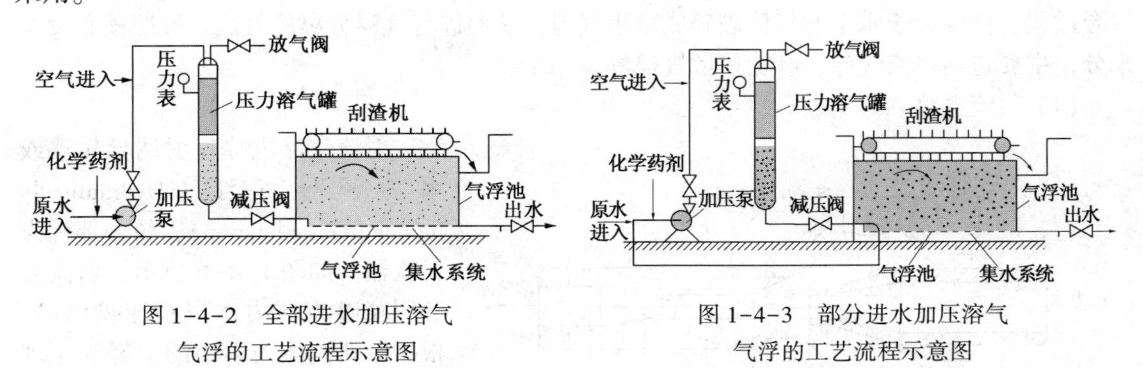

图1-4-2 全部进水加压溶气气浮的工艺流程示意图

图1-4-3 部分进水加压溶气气浮的工艺流程示意图

部分处理水回流加压溶气气浮目前应用最为广泛，其工艺流程如图1-4-4所示。该法将部分处理出水(25%~50%)回流，送往压力溶气罐，使气体充分溶于水中，再经过溶气释放器后与投加了絮凝剂的污水混合，一起进入气浮池完成分离过程。该法处理效果稳定，并可节约运行能耗。

(2) 溶气真空气浮

该法的主要特点是气体在水中的溶解可在常压下进行，也可在加压下进行；气浮池则在负压(真空)状态下运行，溶解在水中的气体也在此状态下析出。析出的气体量取决于水中的溶气量和真空度。

溶气真空气浮池是一个密闭的池子，平面多为圆形，池面压力为 0.03~0.04MPa(真空度)，污水在池内停留时间为 5~20min。图 1-4-5 为溶气真空气浮设备的组成示意图。工作过程中，污水经入流调节器后进入机械曝气设备，预曝气一段时间后使污水中的溶气量接近于常压下的饱和值；然后进入消气井，脱除混杂在溶气水中的小气泡，溶气污水则在真空作用下被提升到气浮池的分离区。从气浮池中抽气，使其呈真空状态，溶气水中的气体就以微细气泡析出，污水中的杂质颗粒与微细气泡黏附后浮升至浮渣层。旋转的刮渣板把浮渣刮至集渣槽，最后进入出渣室；处理净化水经环形出水槽收集后排出。

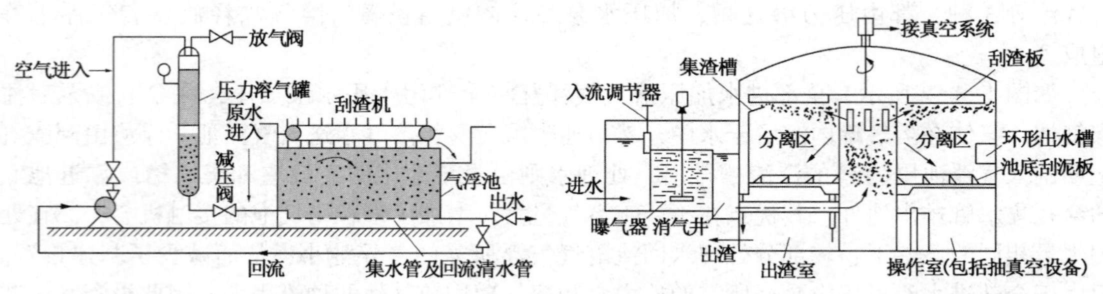

图 1-4-4　部分处理水回流加压溶气气浮的工艺流程示意图

图 1-4-5　溶气真空气浮设备的组成示意图

在溶气真空气浮设备中，气体溶解所需压力比加压溶气气浮低，动力设备和电能消耗较少。但气浮分离过程在负压下进行，除渣设备、刮泥设备等都要密封在气浮池内，因此气浮池构造复杂，运行与维护困难。此外，受所能达到真空度的限制，析出微细气泡的数量有限，只适用于处理污染物浓度不高的污水，目前已逐渐被加压溶气气浮所替代。

2. 引气气浮

引气气浮是设法创造真空负压环境，使得气体自外界常压环境被吸入，然后借助于气液混合过程，把混合于水中的气体破碎成微小气泡，从而进行气浮分离的方法。按照核心设备来分，主要包括射流气浮、叶轮扩散气浮等。

(1) 射流气浮

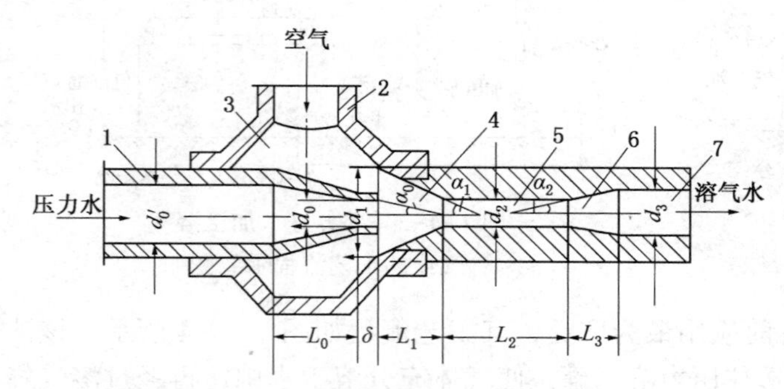

图 1-4-6　射流器的结构尺寸示意图

1—喷嘴；2—吸气管；3—吸气室；4—收缩管；5—混合管(喉管)；6—扩散管；7—尾管

射流气浮也称喷射诱导气浮或水力诱导气浮（Hydraulically Induced Gas Flotation），核心部件为射流器。如图 1-4-6 所示，射流器利用喷嘴将压力水以高速喷出时，根据经典流体力学中的伯努利原理（Bernoulli′s principle），会在吸气室形成负压，通过吸气管自外界环境吸入气体；当气水混合流体进入喉管段后，进行激烈的能量交换，气体被破碎成微小气泡；然后进入扩散段，将动能转化成势能，进一步压缩气泡，同时增大了气体在水中的溶解度。喷射气浮法的优点是设备比较简单、投资少，缺点是动力损耗大、效率低、形成的气泡粒径较大。射流器各部位的结构尺寸参数一般需要通过性能试验来最终确定，初步设计计算步骤如下：

① 喷嘴

喷嘴入口处直管段直径 d_0'(m)按管内水速为 2.5~3.5m/s 计算，长度以满足安装要求为限，喷嘴出口截面积 W_0(m^2)可按下式计算

$$Q_a = \mu W_0 \sqrt{2gh} \quad (1-4-8)$$

式中 μ——流量系数，取 0.95；

h——管嘴阻力降(10kPa)，如取水压为 400~450kPa(表压)，吸气室压力为 50kPa(绝压)，则 h 为 450~500kPa(绝压)。

由 W_0可以计算出喷嘴出口处的直径 d_0，该处直管段的长度 $\delta = d_0/2$，作为喷嘴与收缩管之间的间隙。如喷嘴锥角α_0 取 75°，则喷嘴锥管段长度 L_0为

$$L_0 = \frac{d_0' - d_0}{2\text{ctg}\,\alpha_0}(\text{m}) \quad (1-4-9)$$

② 混合管(喉管)

喉管截面积 W_2 与 W_0之比一般满足 $W_2 : W_0 = 2 : 1$，则喉管直径$d_2 = \sqrt{2}\,d_0$；其长度 L_2(m)按$L_2 = K\,d_2$ 计算，系数 K 取 10~20。

③ 收缩管

喷嘴锥管端至喉管口的距离应等于喷嘴的喷射长度，此长度$=\delta + L_1 = 0.5d_0\text{ctg}\alpha_0$，故收缩长度 $L_1 = 0.5d_0(\text{ctg}\alpha_0 - 1)$。设收缩管锥角为 α_1(取 30°)，则收缩口直径 $d_1 = d_2 + 2L_1\text{tg}\alpha_1$。

④扩散管

设扩散管锥角为α_3，其截面积 W_3 与 W_2 之比为 2 : 1，则其直径 $d_3 = \sqrt{2}\,d_3$，其长 $L_3 = \frac{d_3 - d_2}{2\text{ctg}\alpha_3}$，$\alpha_3$ 取 15°。

⑤ 射流器吸引室截面积

吸引室应有足够的容积，使气体畅通无阻，其截面积可按弓形面积计算(图 1-4-7，图中 r'为喷嘴的平均外半径)。

$$F = \left(\frac{2\pi}{180} - \sin\alpha\right)\frac{1}{2}r^2(\text{m}^2) \quad (1-4-10)$$

式中 r——吸引室半径，m。

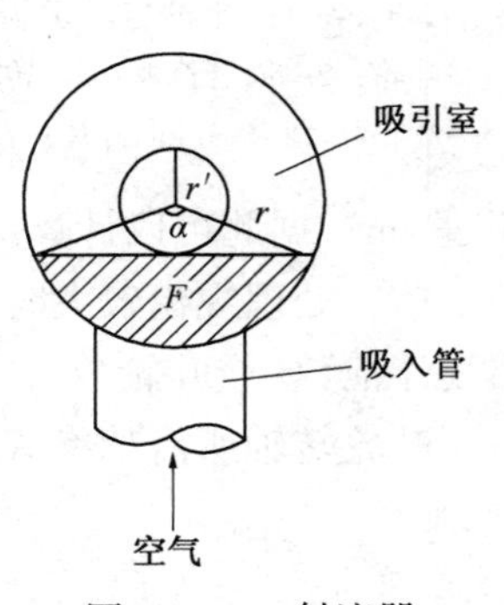

图 1-4-7 射流器吸引室截面积

(2) 叶轮旋切气浮

叶轮旋切气浮也称机械引气气浮(Mechanically Induced Gas Flotation)。如图 1-4-8 所示，气浮池采用正方形，污水从配水槽进入气浮池，通过固定盖板上的循环进水孔给到叶轮上，由于叶轮在上部电机的驱动下高速旋转，产生的离心力将污水甩出，于是固定盖板下形成负压，从进气管吸入气体。气体被高速旋转的叶轮击碎成微小气泡，并与污水充分混合成为气水混合流体，甩出导向叶片之外，导向叶片可减小流动阻力；混合流体经整流板消能稳定后，在池内均匀分布。原水中的杂质颗粒与气泡黏附在一起上浮至水面，最终被去除。

图 1-4-9 为叶轮与固定盖板的结构示意图，叶轮是带有 6 个放射型叶片的圆盘，直径一般为 ϕ200~400mm，最大直径不宜超过 ϕ600mm；转速多采用 900~1500r/min，圆周线速度为 10~15m/s。在固定盖板上约叶轮叶片中间部位开设有 12~18 个直径为 ϕ20~30mm 的循环

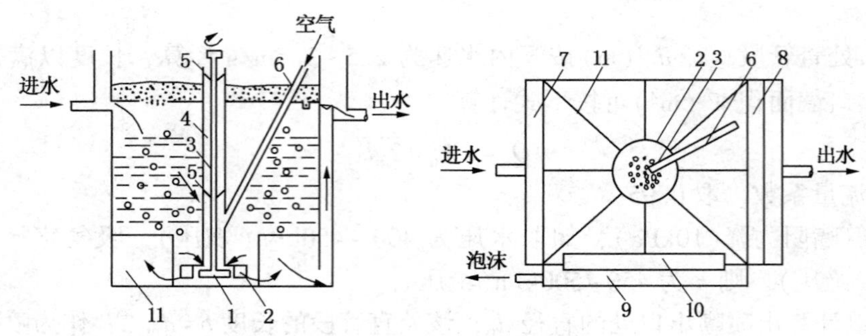

图 1-4-8　叶轮气浮的结构示意图

1—旋转叶轮；2—固定盖板；3—转轴；4—轴套；5—轴承；6—进气管；
7—进水槽；8—出水槽；9—泡沫槽；10—刮沫板；11—整流板

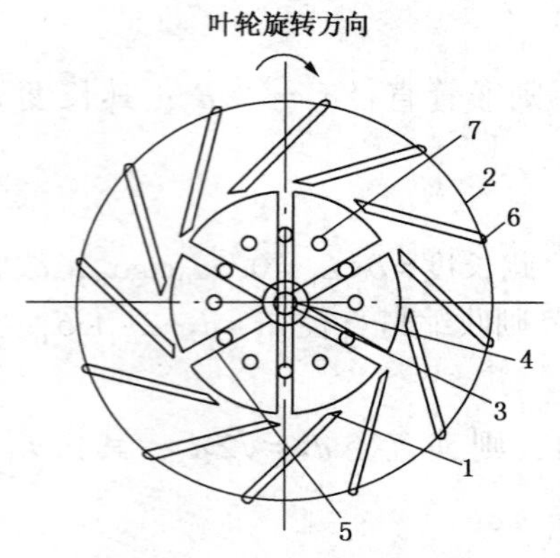

图 1-4-9　叶轮与固定盖板顶视图

1—叶轮；2—固定盖板；3—转轴；4—轴套；
5—叶轮叶片；6—导向叶片；7—循环进水孔

进水孔；固定盖板轴向下端面上固定安装有12~18片与直径成60°角的导向叶片，以减小水流阻力，叶轮与导向叶片的间距应调整在小于7~8mm。固定盖板下端面与叶轮上端面之间的轴向间距为10mm左右；叶轮叶片与导向叶片之间的径向间距也能影响吸气量的大小，一般应调整至小于7~8mm，否则将使进气量大大降低。

在进行工艺设计时，气浮池总容积 W 按下式计算

$$W=\alpha Qt(\mathrm{m}^3) \tag{1-4-11}$$

式中　α——系数，一般取1.1~1.2；

Q——处理水量，$\mathrm{m^3/min}$；

t——气浮分离时间，一般为20~25min。

叶轮旋切气浮池的水深 h 一般为2.0~2.5m，不宜超过3m；据此可以计算出气浮池的总面积。气浮池一般采用正方形，边长不大于叶轮直径的6倍，处理规模较大时可在一个气浮池中设多个叶轮。根据单台气浮池的面积，可以计算出气浮池数(或叶轮数)。

叶轮转轴所需功率 N 可按下式计算

$$N=\frac{\rho qH}{102\eta}(\mathrm{kW}) \tag{1-4-12}$$

式中　ρ——气水混合流体的密度，一般为670kg/m³；

η——叶轮效率，可取0.2~0.3；

q——一个叶轮能吸入的气水混合流体量，可按下式计算

$$q=\frac{Q}{60n(1-\beta)}(\mathrm{m^3/s}) \tag{1-4-13}$$

式中　n——叶轮个数；

β——曝气系数，根据试验确定，一般可取0.30；

H——气浮池中的静水压力，以及叶轮旋转产生的扬程，可用下式计算

$$H=\varphi\frac{u^2}{2g}(\mathrm{kPa}) \tag{1-4-14}$$

式中　φ——压力系数，其值等于 0.2~0.3；

g——重力加速度，取 9.81m/s^2；

u——叶轮的圆周线速度，m/s，可用下式计算

$$u=\frac{\omega\pi D}{60}(\mathrm{m/s}) \tag{1-4-15}$$

式中　ω——叶轮转速，r/min；

D——叶轮直径，m。

叶轮旋切气浮适用于处理水量小而污染物浓度高的场合，目前市场上代表性的产品包括：石油石化行业含油污水处理用 Tridair™ Mechanical IGF 系统、Wemco® Depurator®气浮系统、Quadricell® IGF 系统等，其他行业污水处理用旋切式浮选机、涡凹气浮(Cavitation Air Flotation，CAF)系统等。虽然工作原理基本类似，但不同应用领域的设备有其自身特点，这里主要介绍 CAF 系统。

如图 1-4-10 所示，CAF 系统主要由气浮池(或气浮槽)、涡凹曝气机、链条牵引式撇渣机和排渣用螺旋推进器等组成。经过预处理的污水流入气浮池曝气段，涡凹曝气机底部散气叶轮的高速转动在水中形成一个真空区，从而将液面上的空气通过抽气管道输入水中，由叶轮高速转动而产生的剪切作用把空气破碎成微小气泡。开放式的回流管从曝气段沿气浮槽的底部伸展，散气叶轮在产生微气泡的同时，也会在有回流管的气浮槽底形成一个负压区，这种负压作用会使污水从气浮槽底回流至曝气段，然后又从曝气段上部返回气浮槽。污水回流比为 30%~50%左右，整套系统在没有进水的情况下仍可工作。固体悬浮物与微气泡黏附后上浮到水面，并通过呈辐射状的气流推动力将其驱赶到撇渣机附近。链条牵引式撇渣机沿着整个气浮槽的液面长度方向移动，将浮渣刮到倾斜的金属板上，再将其推到出口端的浮渣排放槽中。浮渣排放槽内水平安装有螺旋输送器，将所收集的浮渣送入集泥池中；螺旋输送器通常也由撇渣机的电机一同驱动。净化后的污水经由金属板下方的出口进入溢流槽，溢流堰用来控制整个气浮槽的水位，以确保槽中的液体不会流入浮渣排放槽内。

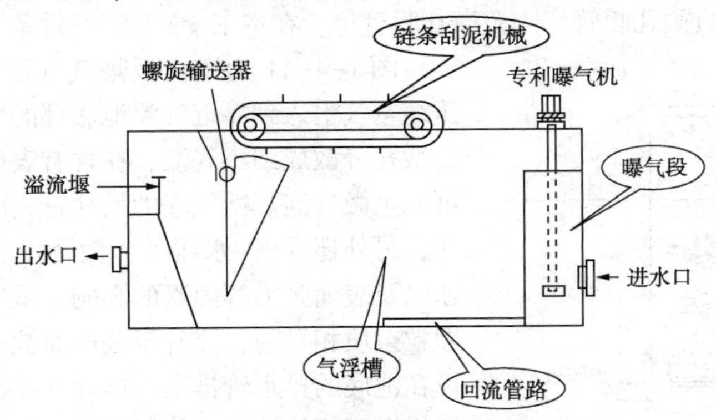

图 1-4-10　涡凹气浮系统的结构示意图

典型 CAF 系统的规格参数如表 1-4-1 所示。与 DAF 系统相比，CAF 系统通过专利性质的涡凹曝气机来产生微小气泡，不需要压力溶气罐、空压机、循环泵等设备，因而设备投资少、占地面积小、运行能耗低、自动化程度高、人工操作及维修工作量少。处理量 200m^3/h 的 CAF 系统占地面积仅为 36.15m^2、功率 5.435kW，而 DAF 系统功率高达 65kW。CAF 系统的耗电量仅相当于 DAF 系统的 1/8~1/10，节约运行成本约 40%~90%。

表 1-4-1　典型涡凹气浮(CAF)系统的规格参数列表

型　号	流量/(m^3/h)	池长/m	池宽/m	池深/m	曝气机数量	总功率/kW
CAF-10	10	3.0	1.2	1.2	1	1.87
CAF-15	15	4.0	1.2	1.2	1	1.87
CAF-20	20	4.5	1.2	1.2	1	1.87
CAF-30	30	4.3	1.5	1.8	1	2.99
CAF-50	50	5.3	1.8	1.8	1	2.99
CAF-60	60	6.5	1.8	1.8	1	2.99
CAF-75	75	6.5	2.4	1.8	1	2.99
CAF-100	100	7.7	2.4	1.8	1	2.99
CAF-125	125	9.1	2.4	1.8	1	2.99
CAF-150	150	11.1	2.4	1.8	1	2.99
CAF-200	200	15.1	2.4	1.8	2	5.42
CAF-250	250	16.7	2.4	1.8	2	5.42
CAF-320	320	15.1	3.1	1.8	3	7.86
CAF-400	400	16.7	3.6	1.8	4	10.31
CAF-500	500	20.9	4.3	1.8	4	10.31
CAF-600	600	22.7	4.8	1.8	5	12.56
CAF-700	700	26.5	4.8	1.8	5	12.56
CAF-800	800	28.0	5.0	1.8	6	15

注：根据水质水量的不同，外形尺寸、内部结构和配置有所变化。

3. 微孔散气气浮

当带压气体通过微孔介质层时，会被其上的微孔切割成细小气流，进而在液体的流动剪切作用下形成微小气泡。微孔介质层的材料包括刚玉、橡胶、高密度聚乙烯(HDPE)、金属粉末烧结、陶瓷等，微孔介质层的形状有圆管状、平板状、覆盘状、钟罩状、圆拱状、球头状等。典型的微孔介质气泡发生器有刚玉微孔曝气器、高密度聚乙烯覆盘形微孔曝气器、橡胶膜微孔曝气器、聚乙烯(PE)微孔膜管、陶瓷微孔膜管等，在本书§3.2曝气设备中将专门介绍。

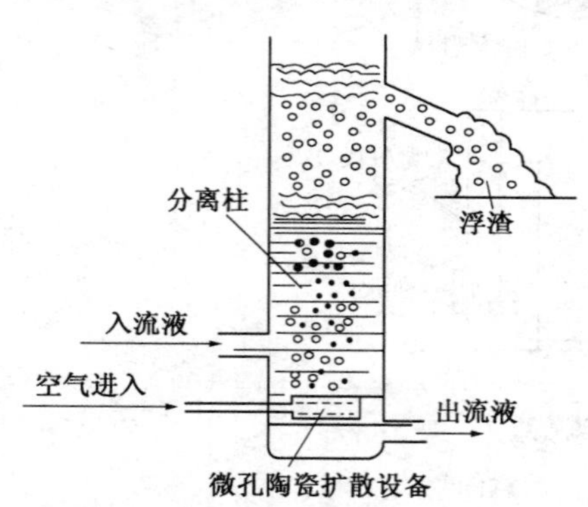

图 1-4-11　微孔板曝气气浮设备示意图

图 1-4-11 为微孔板曝气气浮设备的结构示意图，压缩空气引入到靠近气浮池底部的微孔板，并被微孔板的微孔分散成细小气流，在含有表面活性剂的污水中就可产生微气泡。微气泡的尺寸首先决定于微孔的孔口尺寸，另外还受气-水压差、微孔板表面湿润性、污水流速以及表面张力等因素的影响。微气泡在上升过程中与颗粒杂质相黏附，浮升至液面而被去除，处理后的水由设在池底的排水管排出。这种气浮设备的优点是结构和工作原理比较简单，能耗较低；缺点是产生的气泡粒径较大，处理效率不如加压溶气气浮装置，且微孔板易堵塞。

充气水力旋流器(Air Sparged Hydrocyclone，ASH)是美国犹他大学 Jan D. Miller 教授于20世纪80年代发明的一种新型离心浮选设备，其实质就是通过在静态水力旋流器侧壁环空夹套进气、微孔管散气发泡的方式，实现离心分离和加气浮选的有机结合。鉴于 ASH 技术的诸多不足，Miller 教授等于 1997 年左右对其进行改进，提出了以立式微气泡发生器为核心关键的气泡加速气浮(Bubble Accelerated Flotation，BAF)技术。立式微气泡发生器同样应用微孔管散气发泡技术，当全部原水自上涡旋而下从底部出口离开时，已经形成了气泡-颗粒黏附体，凝聚和絮凝已经完全结束；原水混合流最后进入气浮池完成分离过程。1998 年，Miller 教授等又基于立式微气泡发生器进一步修正了离心气浮的概念，推出了液体旋流-颗粒定位器(LCPP)和液-固-气混合器(LSGM)，能够改变混合能、实现最优絮凝所必须的调节能量，从而在不破坏絮凝体的情况下添加化学药剂和优化液-固分离。2003 年，美国 Clean Water Technolgy 公司基于 LCPP 和 LSGM 技术推出了复合离心气浮-溶气气浮系统，并冠名为气体能量混合(GEM)系统。该系统综合了离心气浮和 DAF 的全部优点，而且在相同条件下占地面积仅为常规 DAF 系统的 1/10。

4. 电解气浮

电解气浮是将正负相间的多组电极安装在原水中，施加直流或脉冲直流电场，产生电解、颗粒极化、电泳、氧化还原以及电解产物与原水之间的相互作用。主要用于小水量工业废水处理，对含盐量大、电导率高、含有毒有害污染物污水的处理具有优势。可以采用惰性电极或可溶性电极，相应的电化学反应机理和产物都有所不同。惰性电极一般由钛、石墨等材料制成，甚至采用钛镀钌、钛镀铂、钛镀钌铱等；当采用铁、铝等可溶性材料作为电极时，也称为电絮凝(Electrocoagulation)，本书 § 2.6 中略有提及。

电解气浮池的具体结构包括整流栅、电极组、分离室、刮渣机、集水孔、水位调节器等，池体可分为竖流式和平流式两种，分别如图 1-4-12、图 1-4-13 所示，竖流式主要应用于较小水量的处理。电解气浮的主要设计参数包括：①极板厚度 6~10mm(可溶性阳极根据需要可加厚)，极板净间距 15~20mm；②电极电流密度 i 一般应小于 150~300A/m^2；③澄清区高度 1~1.2m，分离区水力停留时间(HRT)20~30min；④渣层厚度 10~20cm；⑤单池宽度不应大于 3m。在此基础上计算确定电极作用表面积 S、电极板块数 n、单块极板面积 A、极板长度 L_1、电极室总高度 H、电极室容积 V_1、分离室容积 V_2 等，其中电极作用表面积 S 与比电流 E、电极电流密度 i 有关，电解气浮池容积 $V=V_1+V_2$；此外，应设整流设备、电源，并考虑电容量需满足最大电功消耗要求。具体设计过程可参见《污水气浮处理工程技术规范》(HJ 2007—2010)。

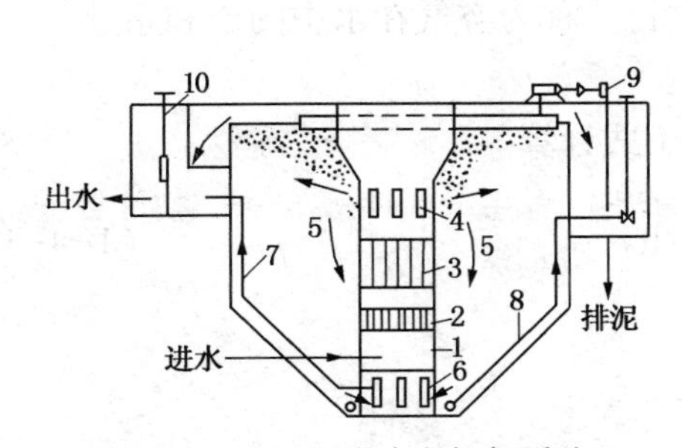

图 1-4-12　竖流式电解气浮池

1—入流室；2—整流栅；3—电极组；4—出流孔；5—分离室；6—集水孔；7—出水管；8—排沉泥管；9—刮泥机；10—水位调节器

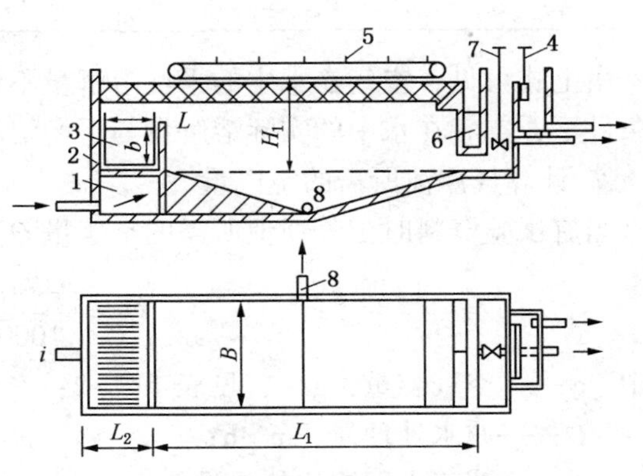

图 1-4-13　双室平流式电解气浮池

1—入流室；2—整流栅；3—电极组；4—出口水位调节器；5—刮渣机；6—浮渣室；7—排渣室；8—污泥出口

三、加压溶气气浮系统的设计

完整的加压溶气气浮系统一般主要包括压力溶气、溶气释放、气浮池和浮渣排除 4 部分，具体可参考《污水气浮处理工程技术规范》(HJ 2007—2010)。

1. 压力溶气系统的设计

压力溶气系统包括饱和容器(压力溶气罐，Saturator)、加压水泵、气体供给设备、液位自动控制设备等，其中压力溶气罐是影响溶气效果的关键设备，而溶气系统一般占整个气浮过程能量消耗的 50%。

(1) 加压溶气水流量的计算

① 物理吸收的气液相平衡

在一定的温度和压力下，气体传质于液体的过程实质上是一个气体吸收的过程，包括物理吸收和化学吸收，加压溶气过程以物理吸收为主，具体理论可以参见本书 §6.1。气(空气、天然气等)、水两相发生接触后，气体便向水中转移，随着水中气体浓度的逐渐增高，吸收速率逐渐减小，解吸速率逐渐增大。经过相当长时间的接触后，吸收速率与解吸速率相等，此时达到气水两相平衡状态。在水温一定而溶气压力不很高的条件下，空气在水中的溶解平衡可用亨利定律表示为

$$S_a = K_T \cdot p \tag{1-4-16}$$

式中 S_a——一定温度、一个大气压时空气在水中的溶解度或平衡溶解量，$L_{(气)}/m^3_{(水)}$；

K_T——溶解度系数或溶解常数，$L/(m^3 \cdot atm)$，其值与温度的关系见表 1-4-2；

p——压力溶气罐液面上方的空气平衡分压，atm(绝对压力)。

表 1-4-2 不同温度下空气在水中的溶解度系数(1 个大气压下)

温度/℃	空气容重 γ/(g/L)	溶解度系数 K_T/[L/(m³·atm)]	空气溶解度 C_S/[L/(m³·atm)]
0	1.252	0.038	29.2
10	1.206	0.029	22.8
20	1.164	0.024	28.7
30	1.127	0.021	15.7
40	1.092	0.018	14.2
50	—	0.016	—

由上式可见，空气在水中的平衡溶解量不仅与溶气压力成正比，而且与温度有关。在一定条件下，空气在水中的实际溶解量与平衡溶解量之比，称为空气在水中的饱和系数。

② 计算气浮池所需的空气量

当有试验资料时，气浮池所需的空气量 Q_g 可按下式计算

$$Q_g = \frac{\gamma Q R a_e \psi}{1000} (kg/h) \tag{1-4-17}$$

式中 γ——空气容重，g/L，见表 1-4-2；

Q——原水处理量，m^3/h；

R——溶气水回流比的初设值，%；

a_e——试验条件下的释气量，L/m^3；

ψ——水温校正系数，取 1.1~1.3。

当无试验资料时，由下式计算

$$Q_g = \frac{\gamma QRK_T(fP-1)}{1000}(\text{kg/h}) \tag{1-4-18}$$

式中 f——加压溶气系统的溶气效率，一般取 0.8~0.9；

P——选定的溶气压力，绝对压力，atm。

③ 通过气固比校验气浮池所需的空气量 Q_g

气固比(Gas/Solids Ratio)α 是设计气浮处理系统最基本也是最重要的参数，其物理意义为气浮池所需气体量与原水中固体悬浮物量之比。当系统为含油污水时"固体悬浮物"可以用"油脂"或"固体悬浮物+油脂"替代，准确而言此时应被称为气(固+油)比(Gas/Solids-plus-Oil Ratio)。显然，如果实际供给气浮池的气体量小于所需的最优值，固体悬浮物(或油脂)的去除效率将会降低；如果供给气浮池的气体过多，不仅会增加运行能耗，还会对气浮池造成不必要的水力扰动。

气固比的确定有试验法和经验选取法两种。试验法是根据所需处理的水质和水量，参照相应的水质进行可行性试验，从节省能耗、实现理想气浮分离效果的角度测算出气固比；至于经验选取法，一般认为气固比的典型经验选取范围在 0.005~0.060 之间。

通过确定的气固比，能够最终计算出气浮池所需的合适空气量 Q_g 为

$$Q_g = Q\alpha C_s \tag{1-4-19}$$

式中 C_s——原水中固体悬浮物的质量浓度，kg/m^3。

④ 复算回流比 R，从而得到加压溶气水流量 Q_r 的最终值

$$R = \frac{1}{Q} \cdot Q_r = \frac{1}{Q} \cdot \frac{1000Q_g}{\gamma K_T(fp-1)} \tag{1-4-20}$$

(2) 压力溶气罐(饱和容器)

压力溶气罐的作用是在一定压力下，保证气体充分溶解于水中，并使水、气两相充分接触。评价溶气系统的技术性能指标主要有两个，即溶气效率和单位能耗。溶解于水中的气体量与通入气体量的百分比，称为溶气效率。溶气效率与温度、溶气压力及气液两相的动态接触面积有关。为了在较低的溶气压力下获得较高的溶气效率、强化溶气过程，就必须增大气液传质面积，同时通过增大液相流速和紊动程度来减薄液膜厚度和增大液相总传质系数。

如图 1-4-14 所示，压力溶气罐多呈立式圆筒形，可分为静态型和动态型两大类。静态型压力溶气罐包括纵隔板式、花板式、横隔板式等，气水混合时间较短，多用于加压水泵前进气；动态型压力溶气罐分为填料式、涡轮式等，气水混合时间较长，多用于加压水泵后进气。国内多采用花板式和填料式压力溶气罐。

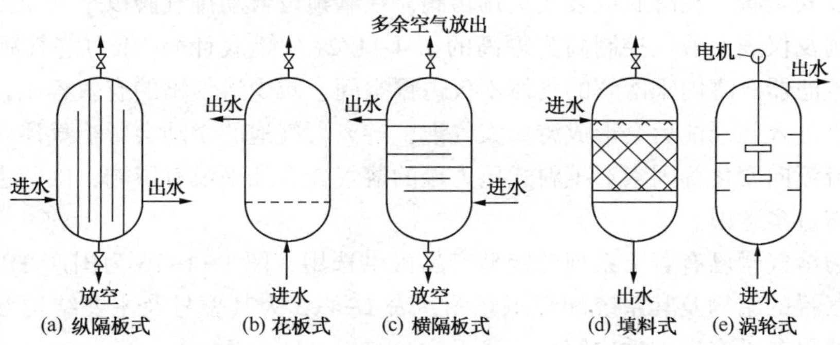

图 1-4-14　压力溶气罐的结构型式示意图

① 确定压力溶气罐的内径 D

$$D=\sqrt{\frac{4\times Q_{\mathrm{r}}}{\pi I}}(\mathrm{m}) \tag{1-4-21}$$

式中　I——压力溶气罐单位截面积的水力负荷，也称过流密度，一般取 80～150m³/(m²·h)，对填料式压力溶气罐一般选用 100～200m³/(m²·h)。

② 计算压力溶气罐高度 Z

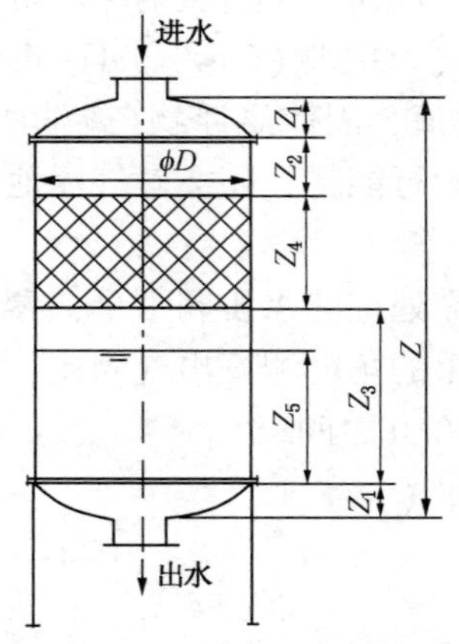

图 1-4-15　填料式压力溶气罐内部高度示意图

研究表明，在 20℃ 和 0.29～0.49MPa（表压）的溶气压力下，填料式压力溶气罐的平均溶气效率为 70%～80%，而未加填料的空罐为 50%～60%。影响填料式压力溶气罐溶气效率的主要因素为：填料特性、填料层高度、罐内液位高、布水方式和温度等。填料可采用瓷质拉西环、塑料斜交错淋水板、不锈钢圈填料、塑料阶梯环等，因塑料阶梯环溶气效率较高可优先考虑。结合图 1-4-15，填料式压力溶气罐的总高度 Z 可按下式计算

$$Z=2Z_1+Z_2+Z_3+Z_4(\mathrm{m}) \tag{1-4-22}$$

式中　Z_1——罐顶、底封头高度（根据溶气罐直径而定），m；

Z_2——布水区高度，一般取 0.2～0.3m；

Z_3——贮水区高度，一般取 1.0m；

Z_4——填料层高度，不少于 0.8m，当采用阶梯环时可取 1.0～1.3m。

③ 复核压力溶气罐容积 V

$$V=\frac{Q_{\mathrm{r}}T}{60}(\mathrm{m}^3) \tag{1-4-23}$$

式中　T——水在压力溶气罐内的停留（溶气）时间，当无填料时为 3～3.5min，有填料时为 2min。

④ 复核压力溶气罐的高径比

压力溶气罐的高径比（Z/D）宜为 2.5～4。一般而言，高径比越大，溶气效率高，有条件时取高值。

从压力容器结构设计的角度来看，压力溶气罐的设计工作压力一般为 0.3～0.5MPa。压力溶气罐应设安全阀，在罐底应装快速排污阀，在罐顶设自动排气阀以平衡压力；同时应设水位自动控制及仪表，液位控制高为罐高的 1/4～1/2（从罐底计）；压力溶气罐的进水管线上应设除污过滤器。罐内未溶解的气体不仅占据空间、减少溶气罐的有效容积，而且多余的气体随溶气水进入气浮池后会形成游离大气泡，游离大气泡的搅动会影响气浮效果。由于布气方式、气流流向变化等因素对填料式压力罐的溶气效率几乎没有影响，因此进气的位置及形式一般无需过多考虑。

目前压力溶气罐已有若干系列的定型产品可供选用，图 1-4-16 为国产 TR 系列喷淋填料式压力溶气罐的结构及其系统配套示意图，表 1-4-3 为其型号及主要结构参数。具体的结构设计方法可参见本书相关内容。

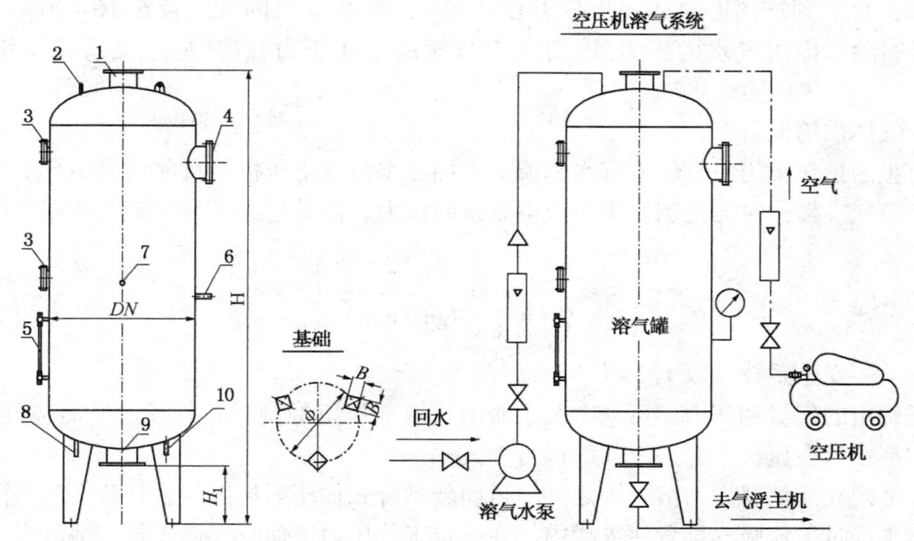

图 1-4-16　国产 TR 系列喷淋填料式压力溶气罐的结构及其系统配套示意图

1—进水管；2—进气管；3—视镜；4—人孔/手孔；5—液位计；
6—放气管；7—压力表；8—取样口；9—出水管；10—放空管

表 1-4-3　国产 TR 系列喷淋填料式压力溶气罐的主要技术参数与安装尺寸

		TR-3	TR-4	TR-5	TR-6	TR-8	TR-10	TR-12	TR-14	TR-16
直径/mm		ϕ300	ϕ400	ϕ500	ϕ600	ϕ800	ϕ1000	ϕ1200	ϕ1400	ϕ1600
总高/mm		3180	3315	3440	3525	3765	4130	4277	4300	4530
出水口距支座底高度/mm		340	400	500	500	600	600	668	564	660
地脚螺栓孔数-孔径		3-ϕ26	3-ϕ26	3-ϕ26	3-ϕ26	4-ϕ26	4-ϕ26	4-ϕ30	4-ϕ30	4-ϕ30
地脚螺栓间距/mm		ϕ305	ϕ405	ϕ508	ϕ612	ϕ620	ϕ700	ϕ840	ϕ1050	ϕ1200
接管直径/mm	进水口	70	80	100	125	150	200	200	200	250
	出水口	80	100	125	150	200	250	250	250	300
	进气口	15	15	15	15	15	15	15	15	15
	放气口	15	15	15	15	20	25	25	25	25
	取样口	15	15	15	20	20	20	20	20	20
	放净口	20	25	25	32	40	50	50	50	50
	水位计	20	20	20	20	20	20	20	20	20
	视镜	125	125	125	125	125	125	125	125	125
	压力表	15	15	15	15	15	15	15	15	15
	液位控制器	80	80	80	80	80	80	80	80	80
安全阀		20	20	20	20	20	20	20	20	20
工作压力/MPa		0. 196~0. 490								
过水流量/(m^3/d)		212~318	318~565	565~883	848~1273	1273~2261	2261~3533	3256~5087	4431~6924	5788~9043

（3）加压水泵

加压水泵的作用，一是提升污水；二是给系统加压，提高空气在水中的溶解度。一般采用离心泵，目前国产离心泵的输出压力在0.25~0.50MPa之间，流量在10~200m^3/h范围内。选择时除考虑溶气水的压力外（等于溶气罐的工作压力），还应包括管道系统的水力损失。

（4）气体供给设备

为防止因操作不当，致使溶气水倒流进入加压水泵或空压机，目前均采用自上而下的同向流饱和溶气。操作时需控制好水泵与空压机的压力，使其达到平衡状态。所需空压机额定气量Q'_g

$$Q_g' = \frac{\psi' Q_g}{60\gamma} (m^3/min) \tag{1-4-24}$$

式中　ψ'——安全系数，取1.2~1.5。

根据确定的气量和压力，可从有关手册中选取空压机的型号。气浮法所需空气量较小，可选用功率小的空压机，并采取间歇运行方式。

除了常规立式填料压力溶气罐之外，目前新型卧式加压射流溶气罐日益引起关注。该设备是将清水经过射流吸气装置注入罐内，在一定工作压力下使空气最大限度地溶入水中，溶气效率高可达80%以上。罐内气水分离彻底、压力自动平衡，溶气性能完全可控，因无填料而不会出现堵塞现象。

2. 溶气释放系统的设计

溶气水减压释放是产生微细气泡的重要环节，相应的硬件一般由溶气释放器及溶气水管路所组成。溶气释放器的功能是将压力溶气水通过消能、减压，使溶入水中的气体以微气泡的形式释放出来。空气从水中析出的过程大致分为两个步骤，即气泡核的形成过程与气泡的增长过程，其中第一个步骤起决定性作用。由于气泡的形成意味着增大了水气界面面积，因此能否形成稳定分散的气泡取决于原水的表面张力，表面张力愈小，愈容易形成稳定的气泡，气泡直径也愈小。溶气释放气泡的大小可由下式计算

$$r = \frac{2\sigma_{LG}}{p_1 - p_2} \tag{1-4-25}$$

式中　r——析出气泡的最小半径，cm；

p_1、p_2——溶气水释放前后的压力，10^{-5} N/cm^2；σ_{LG}的意义同前。

溶气释放器的个数可按下式计算

$$n = \frac{Q_r}{q} \tag{1-4-26}$$

式中　q——选定溶气压力下单个释放器的出流量，m^3/h。

溶气释放器的性能往往因结构不同而有很大差异，目前国内所使用的溶气释放器可分为常规型和高效型两种，前者使用的是以截止阀为主的阀门类释放器，后者使用的是TS、TJ、TV、物理激发器等新型释放器。溶气水由压力溶气罐至释放器的管道上应设快开阀，同时应该考虑快速拆卸装置。任何溶气释放器都不可能只产生微细气泡，产生一些大气泡不可避免。为使溶气水中的微细气泡及时均匀地弥散在原水中，可采用管式静态混合器或简单的一段管道。

3. 气浮池

气浮池是气浮处理系统的核心构筑物或设备，其功能是确保一定的容积与池表面积，使微气泡与水中絮凝体充分混合、接触、黏附，以保证带气絮凝体上浮至水面，因此从功能上

一般可划分为反应室或反应区、接触室或接触区(亦称捕捉区)、分离室或分离区。若不投加药剂与原水反应，则可取消反应室或反应区。气浮池有多种型式，按分离区的流态可分为平流式(图 1-4-17)和竖流式(图 1-4-18)，按平面形状可分为矩形和圆形；与圆形竖流式气浮池相比，矩形平流式气浮池目前在水质工程领域应用得相对更多。平流式气浮池的优点是池身浅、构造简单、造价低、管理方便，缺点是与后续处理构筑物在高程上配合较困难、分离部分的容积利用率不高。竖流式气浮池一般多采用圆柱形池体，池高可取 4~5m，直径一般为 ϕ9~10m，其他工艺参数与平流式气浮池基本相同。竖流式气浮池的优点是接触区在池中央，水流向四周扩散，水力条件比平流式单侧出流要好，便于与后续构筑物配合；缺点是与反应池较难衔接，容积利用率低。

此外，目前还出现了气浮池-沉淀池、气浮池-过滤池(或称气浮滤池、气浮过滤器，Flotation Filter)等一体化的工艺组合型式。

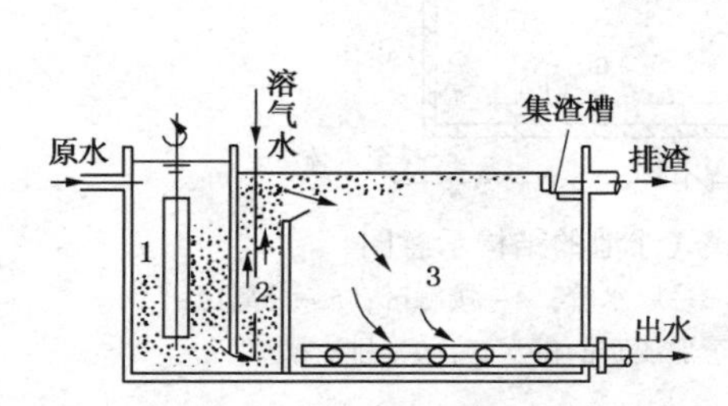

图 1-4-17　平流式气浮池的结构示意图

1—反应池；2—接触区；3—分离区

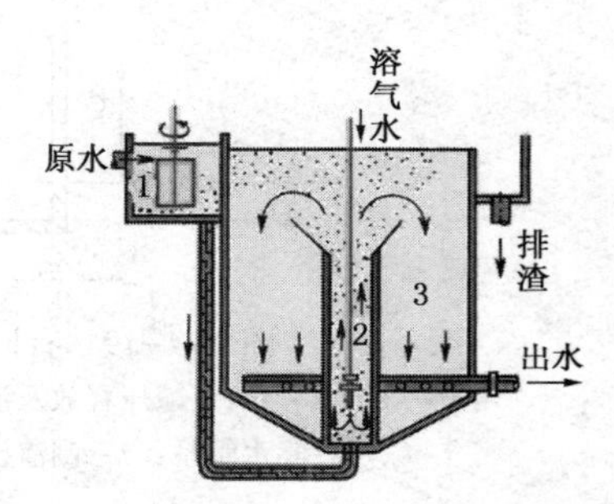

图 1-4-18　竖流式气浮池的结构示意图

1—反应池；2—接触区；3—分离区

确定气浮池的池型时，应根据对处理水质的要求、净水工艺与前后处理构筑物的衔接、周围地形和构筑物的协调、施工难易程度以及造价等因素综合考虑。鉴于目前仍以平流式气浮池的应用最为普遍，下面仅介绍其设计过程。

(1) 平流式气浮池的演变与设计参数确定

平流式气浮池的发展迄今大致经历了三个阶段，主要表现为表面水力负荷逐渐增大、池形从狭长矩形浅池发展到圆形深池、分离区的流态由层流发展到紊流。

第一代平流式气浮池的池体浅且狭长，表面水力负荷一般为 2~3$m^3/(m^2 \cdot h)$。池中水流以层流形式水平流动，流速较小。ADKA 型和 Sveen-Pedersen 型最具代表性，20 世纪60~70年代在斯堪的纳维亚国家得到广泛应用后，表面水力负荷提高到 5~7$m^3/(m^2 \cdot h)$，最高可达 10$m^3/(m^2 \cdot h)$。第二代平流式气浮池更宽更深，而长度显著减小，表面水力负荷为 5~15$m^3/(m^2 \cdot h)$，池中水流方向斜向下方，与水平成 30°~50°，流态为层流；气浮滤池是第二代中很重要的一个池型。第三代平流式气浮池出现于 20 世纪 90 年代末，其结构类似于气浮滤池，但水流流态为紊流，而且池底的滤床被布满圆孔的薄硬板所代替，表面水力负荷一般为 25~40$m^3/(m^2 \cdot h)$，最高时可以达到 60$m^3/(m^2 \cdot h)$。随着水流速度的增大，微气泡会被水流带到比较深的地方，白水层变厚，因此应该有足够的水深使气泡上浮到表面，分离区深度一般为 2.5~3.5m，池子总深为 3.0~4.0m；同时还要求气泡具有更小的直径，一般为 40~70μm。

目前国内外水质工程领域使用较多的仍是第二代平流式气浮池。如图 1-4-19 所示，为了防止进入气浮池的水流干扰颗粒的分离，在气浮池的前段均设置隔板，隔板上游侧区域为接触区，隔板下游侧区域为分离区。根据原水中待分离物质的性质，有时还需在气浮池前端设混凝(破乳)反应区(器)。反应搅拌方式以机械搅拌为主，水力条件控制在速度梯度 $G=80\sim20s^{-1}$、$GT=10^4\sim10^5$范围内；反应时间 T 与原水性质、混凝剂种类、投加量、反应形式等因素有关，一般为 15～30min。为避免打碎絮体，原水经挡板底部进入气浮接触区时的流速应小于 0.1m/s。反应后的絮凝水进入接触区，与来自溶气释放器的释气水相混合。此时水中的絮粒与微细气泡相碰撞、黏附形成带气絮粒而上浮，并在分离区中进行固、液分离，浮至水面的浮渣由刮渣机刮至排渣槽排出；处理后出水则由穿孔集水管汇集到集水槽后出流，部分处理后出水由加压水泵增压后回流进入溶气罐，在罐内与气体接触溶解，饱和溶气水从罐底通过管道输向溶气释放器。

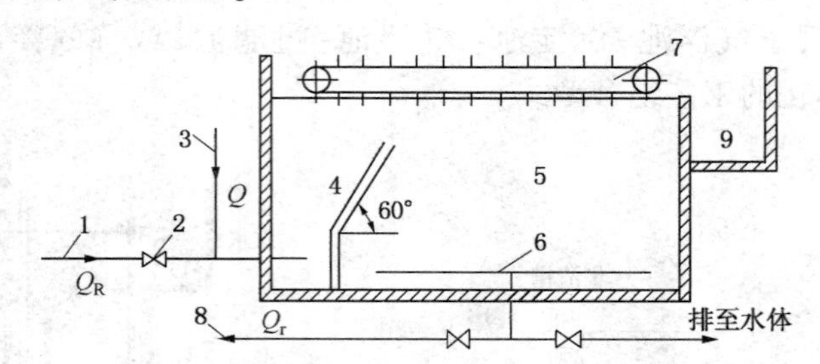

图 1-4-19　有回流平流式气浮池的结构示意图

1—溶气水管；2—减压释放及混合设备；3—原水管；4—接触区；5—分离区；6—集水管系；7—刮渣设备；8—至加压泵的供水管；9—排渣槽

(2) 平流式气浮池接触区的设计

接触区设计得好坏对净水效果影响甚大，因为气浮过程主要依赖于气泡对絮体的接触和捕捉，接触区必须提供良好的水力接触条件，其宽度还应易于安装和检修。接触区水流上升速度下端取 20mm/s 左右、上端取 5～10mm/s，水力停留时间大于 1min。接触区末端隔板的倾斜角度一般为 60°，隔板下端可设一直段，高度一般取 800～1000mm。隔板顶部与气浮池水面之间的高度应计算确定，该高度扣除最大泥渣层高度(10～20cm)后为堰上水深，净过水断面应满足 5～10mm/s 的流速要求。

① 气浮池接触区表面积 A_c

$$A_c=\frac{Q+Q_r}{3600v_c}(m^2) \tag{1-4-27}$$

式中　v_c——接触区水流上升平均流速，通常取 10～20mm/s。

② 接触区长度 L_c

$$L_c=\frac{A_c}{B_c}(m) \tag{1-4-28}$$

式中　B_c——接触区宽度，m。

③ 接触区堰上水深 H_2

$$H_2=B_c(m) \tag{1-4-29}$$

④ 接触区气水接触时间 t_c(一般要求 t_c>60s)

$$t_c=\frac{H_1-H_2}{v_c}(s) \tag{1-4-30}$$

式中　H_1——气浮池分离区水深，通常为 1.8～2.2m；

(3) 平流式气浮池分离区的设计

① 气浮池分离区表面积 A_s

$$A_s=\frac{Q+Q_r}{3600v_s}(\mathrm{m}^2) \tag{1-4-31}$$

式中　v_s——主体水流向下的平均速度(即气浮池的表面水力负荷)，mm/s。

v_s 是气浮池设计的重要参数，需根据带气絮体上浮分离的难易程度合理选择，一般取 1.0~1.5mm/s，亦即表面水力负荷约为 3.6~5.4$\mathrm{m}^3/(\mathrm{m}^2\cdot \mathrm{h})$，最大不超过 15$\mathrm{m}^3/(\mathrm{m}^2\cdot \mathrm{h})$。

② 分离区长度 L_s

$$L_s=\frac{A_s}{B_s}(\mathrm{m}) \tag{1-4-32}$$

式中　B_s——分离区宽度，m。

对矩形池而言，分离区的长宽比一般取 2∶1~3∶1。

(4) 平流式气浮池有效水深 h 的计算

$$h=v_s\cdot t_s(\mathrm{m}) \tag{1-4-33}$$

式中　t_s——气浮池分离区的水力停留时间，一般取 10~20min；

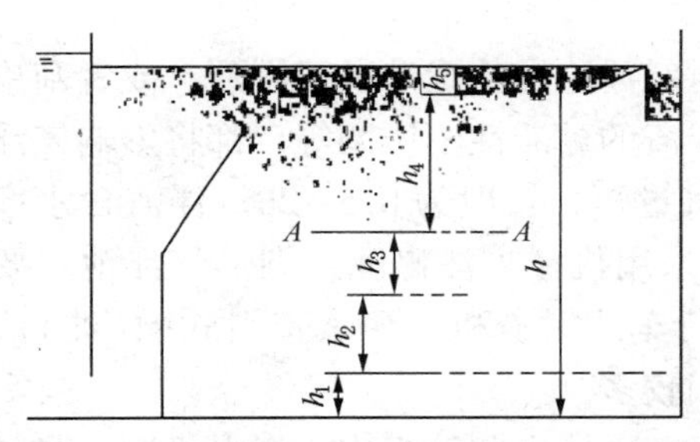

图 1-4-20　分离区的不同功能划分示意图

也可按分离区池深的不同功能段来分析确定池体的水深 h，如图 1-4-20 所示，可按照絮粒在分离区的实际运行情况，把水深 h 分成 5 段。

h_1段：穿孔集水管悬高段，一般取 200~400mm。主要是考虑到气浮池在长期运行过程中，难免有泥砂或絮粒沉积于池底，为避免将其带出而特意预置此高度。穿孔集水管管内流速为 0.5~0.7m/s，孔眼以向下与垂线成 45°交错排列，孔距为 20~30cm，孔眼直径为 ϕ10~20mm。

h_2段：速度过渡段，一般取 200mm，这是因为穿孔集水管上的进水孔眼会在其附近引起涡流效应，而分离区内水流向下平均速度 v_s=1.0~1.5mm/s，所以在这个区间段的流速极不均匀，应尽量避免悬浮絮粒进入此区。

h_3段：安全段，一般取 600mm，主要是适应因水量、流速、絮粒大小、微细气泡质量的变化而引起 h_4增大所带来的冲击。A-A 界面为微细气泡-絮粒黏附体与清水的分界面。

h_4段：悬浮物低密区，一般取 600mm 左右，也就是说此区的微细气泡-絮粒黏附体还没有停止上升的运动。

h_5段：浮渣高密区，一般为 100mm 左右，此时浮渣已停止了上升运动，渣层也有了一定的强度。

因此，

$$h=h_1+h_2+h_3+h_4+h_5=1.7\sim1.9(\mathrm{m}) \tag{1-4-34}$$

以上高度为平流式气浮池的最小水深，实际工作中的有效水深一般在 1.8~2.2m 左右。气浮池总高 H 可按下式计算

$$H=h+h_6(\mathrm{m}) \tag{1-4-35}$$

式中　h_6——气浮池保护高度或超高，取 0.4~0.5m；

(5) 气浮池的有效容积 V

$$V=(A_c+A_s)h(\mathrm{m}^3) \tag{1-4-36}$$

气浮池个数以 2~4 座为宜，以并联方式运行。当采用机械撇渣时，池宽应与撇渣机的跨度相匹配，在 1~5.5m 的范围内按 0.5m 的整数倍选取。

（6）气浮池的总停留时间 T

$$T=\frac{60V}{Q+Q_r}(\mathrm{min}) \tag{1-4-37}$$

（7）水位控制室与集渣槽

水位控制室宽度 B 不小于 900mm，以便安装水位调节器，并利于检修。水位控制室可设于分离区一端，其长度等于分离区宽度；也可设于气浮分离区侧面，其长度等于分离区长度。水位控制室深度不小于 1.0m。

集渣槽断面设计无特殊要求，可按单位时间的排渣量(包括抬高水位所带出的水量)进行选择。一般集渣槽断面尺寸不小于 200mm，当浮渣浓度较高时，集渣槽需有足够的坡度倾向排泥口，一般采用 0.03~0.05。当集渣槽长度超过 5m 时，最好从两端向中间排泥，必要时可辅以冲洗水管。

4. 浮渣排除设备

如果气浮池中大量的浮渣得不到及时清除，撇渣时对浮渣层的扰动过于剧烈，或者刮渣时液位及刮渣程序控制不当，或者刮渣机运行速度与浮渣的黏滞性不协调等，都将影响气浮净化后的出水效果。排渣周期视浮渣量而定，周期不宜过短，一般为 0.5~2h。浮渣含水率在 95%~97%，浮渣层厚度控制在 10cm 左右。浮渣宜采用机械方法撇除，圆形气浮池主要采用旋转撇渣机；矩形气浮池配套用撇渣机主要采用行车式撇渣机、绳索牵引式撇(油)渣机和链条牵引式撇渣机等，目前链条牵引式撇渣机应用较多。

链条牵引式撇渣机是一种带多块刮板的双链撇渣机，主要由驱动机构、牵引机构、张紧机构、刮板、上下轨道和挡渣板等部分组成。主要特点：①刮板块数较行车式、绳索式撇渣机多，可适当降低撇渣机的行走速度，减轻链条、链轮的磨损，并能使产生的浮渣被及时撇除；②撇渣机在池上作单向直线运动，不必换向，因而不需要行程开关，电源连接和控制都较简单，减少了电气设备的故障。

（1）设计依据

根据气浮池液面浮渣的特性和处理水质要求，计算确定理论撇渣量 Q_d

$$Q_d=SSQ\xi(\mathrm{kg/h}) \tag{1-4-38}$$

式中 SS——进入气浮池原水中的固体悬浮物含量，$\mathrm{kg/m^3}$；

Q——单位时间流入水量，$\mathrm{m^3/h}$；

ξ——浮渣的去除率，一般为 40%~60%。

含水率为 98%时的浮渣量 Q_{98}

$$Q_{98}=\frac{100}{100-98}Q_d(\mathrm{kg/h}) \tag{1-4-39}$$

撇渣机运行时的撇渣能力 Q_1

$$Q_1=60h_1bv\gamma(\mathrm{kg/h}) \tag{1-4-40}$$

式中 h_1——浮渣层的平均厚度，m；

b——刮板长度，m；

v——刮板移动速度，m/min；

γ——浮渣密度，kg/m^3。

每天运行时间 t

$$t=\frac{Q_{98}\times 24}{Q_1}<12(\mathrm{h}) \tag{1-4-41}$$

根据液面浮渣的密度、稳定性、流动性以及液体流速来确定刮板移动速度 ν，单一用作撇除浮渣(油)时，一般为 3~6m/min，而同时兼作撇除浮渣(油)和刮泥时，为防止池底污泥搅动，一般要求在 1m/min 左右。液面浮渣较少时，可每班开车 1~2 次，多时可增加开车次数，必要时可连续作业。

(2) 驱动功率的计算

首先需要分析撇渣机在运行中所受的水平牵引合力 $\sum P$，具体包括摩擦阻力 $P_{摩}$、撇渣阻力 $P_{渣}$、链条弛垂引起的张力 $P_{张}$、链轮的转动阻力 $P_{转}$。由于链条牵引式撇渣机的撇渣速度缓慢(一般在 1m/min 以内)，撇渣阻力 $P_{渣}$ 很小，一般可以忽略不计。

摩擦阻力 $P_{摩}$需要考虑链条与导轨之间的摩擦阻力、刮板与排渣堰之间的摩擦阻力，可按下式计算

$$P_{摩}=2L\left(G_{\mathrm{c}}+\frac{G_{\mathrm{f}}}{2e}\right)\mu_1+\mu_2 P_1(\mathrm{N}) \tag{1-4-42}$$

式中 L——撇渣长度，即主动链轮轴与从动链轮轴之间的中心距，m；

G_{c}——每米链条的重力，N/m；

G_{f}——刮板(包括附件)的重力，N；

e——刮板间距，m；

μ_1——链条滑块与导轨之间的摩擦系数，一般取 0.33；

μ_2——刮板与排渣堰之间的摩擦系数；

P_1——刮板与排渣堰板之间的压力，N。

链条弛垂引起的张力 $P_{张}$可按下式计算

$$P_{张}=\frac{50}{8}eG_{\mathrm{c}}(\mathrm{N}) \tag{1-4-43}$$

链轮的转动阻力 $P_{转}$可按下式计算

$$P_{转}=R_{\mathrm{A}}\frac{d_{\mathrm{A}}}{D_{\mathrm{A}}}\mu+R_{\mathrm{B}}\frac{d_{\mathrm{B}}}{D_{\mathrm{B}}}\mu(\mathrm{N}) \tag{1-4-44}$$

式中 R_{A}——A 链轮合拉力，N；

R_{B}——B 链轮合拉力，N；

d_{A}——A 链轮的芯轴直径，mm；

d_{B}——B 链轮的芯轴直径，mm；

D_{A}——A 链轮的直径，mm；

D_{B}——B 链轮的直径，mm；

μ——轴与轴承之间的摩擦系数，一般取 0.20。

每条主链水平总牵引力 $P_{主}$为

$$P_{主}=k\sum P=k\left(\frac{1}{2}P_{渣}+P_{摩}+2P_{张}+P_{转}\right)(\mathrm{N}) \tag{1-4-45}$$

式中 k——工作环境系数，一般取 1.4。

传动链的牵引力 $P_{传}$ 为

$$P_{传}=2P_{主}\frac{D}{d_1}(\mathrm{N}) \tag{1-4-46}$$

链条牵引式撇渣机驱动功率的计算公式

$$N=\frac{P_{传}\,v_{传}}{1000\eta\times60}=\frac{P_{主}\,v_{主}}{1000\eta\times60}(\mathrm{kW}) \tag{1-4-47}$$

式中 $v_{传}$——传动链的线速度，m/min；

$v_{主}$——撇渣机行走线速度（主链线速度），m/min；

η——传动机构总效率，取0.65~0.80，由减速器的传动效率、链传动效率、轴承传动效率三者连乘而得。

（3）驱动机构和牵引机构的设计

链条牵引式撇渣机一般选用行星摆线针轮减速器，条件许可时也可选用其他形式的减速器。减速器输出轴的转速应尽可能接近计算转速，即变更传动链上大、小链轮的节径，使计算转速与减速器输出轴转速一致；同时减速器输出轴的扭矩应大于计算扭矩，减速器的输入功率应大于计算功率。为了防止撇渣机超负荷运行，还应在减速器的输出轴设置安全剪切销。

牵引链条是链条牵引式撇渣机的主要部件，由于撇渣机的工作环境较差，经常出没于污水中容易生锈，要求链条具有耐磨性、耐腐蚀性、抗拉强度大、结构简单和安装方便等特点，目前使用的牵引链条主要有片式牵引链和销合式牵引链两种。片式牵引链主要由链板、销轴和套筒组成；销合式牵引链主要由链条本体、销钉和开尾销3部分组成，链条本体采用可锻铸铁、球墨铸铁等材料整体铸造而成，由套筒、链板和止转部分组成，套筒一般要进行热处理以提高表面硬度，增强耐磨性。

链轮包括牵引链条用的主动链轮和导向链轮（从动链轮），结构可以相同，一般采用铸钢或高强度铸铁铸造，齿面要进行热处理，使其硬度与链条套筒的硬度相近。传动轴分为主动轴和从动轴，为了方便设计、制造和安装，条件允许时二者的结构也可以相同。为了减轻轴重，传动轴可采用无缝钢管加轴头的结构形式，如图1-4-21所示。

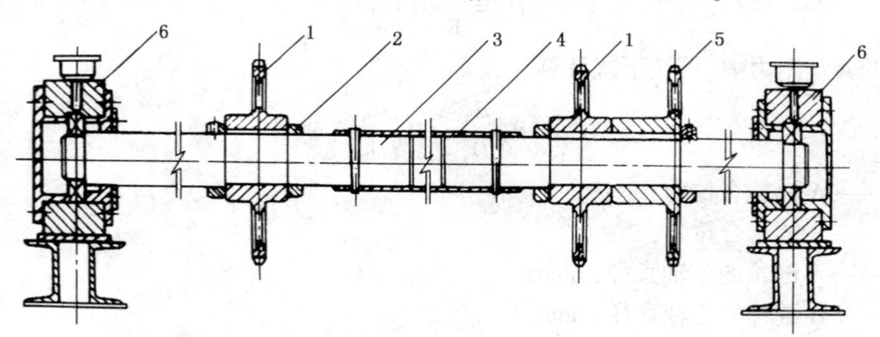

图1-4-21 主动轴和支撑轴承的结构示意图

1—牵引链轮；2—锁紧挡圈；3—主动轴；4—联轴器；5—单列大链轮；6—支承轴承

牵引链条的张紧机构一般为螺旋滑块式结构，在从动轴的两端各安装一套，可以直接调整主动轴和从动轴之间的中心距。调整范围应该大于两个链节的节距，调整时应使两条主链的张度基本相等，并保证撇渣板与主链条垂直。

(4) 刮板和刮板链节

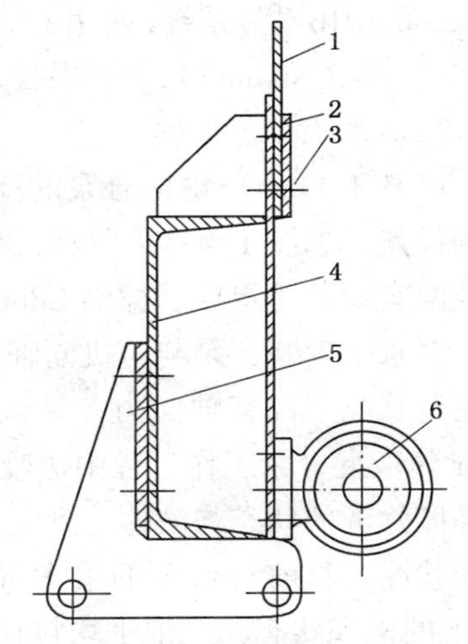

图 1-4-22　刮板组件的结构示意图

1—橡胶板；2—压板；3—螺栓螺母；4—刮架；5—刮板链节；6—托轮

刮板一般用槽钢、钢板、耐油橡胶板和螺栓等组成，其结构如图 1-4-22 所示。刮板固定在刮板链节上，也可以固定在定距轴上。耐油橡胶板一般深入浮渣层以下撇渣，为了调节所撇浮渣层的厚度，刮板一般设计成可调式，以便在安装时能够调整橡胶板的位置和高度。一般要求沿主链周长均布 3~5 组刮板即可，也可每间隔 2~4m 装一组刮板。为了保证主链沿着轨道行走和减小弧垂，一般每间隔 2m 左右加装一组托轮。托轮可以安装在刮板或定距轴上，同一刮板上左右两组托轮的中心线应该重合。

片式牵引链的刮板链节一般为外链节，上部为与刮板连接的支承板。销合式牵引链的刮板链节为铸造件，其材料与主链的要求一样，可以与主链一起委托链条厂家加工制造。

(5) 挡渣板和出渣堰

在有外伸梁的气浮池中，为了消除撇渣时存在的死区和浮渣倒流现象，可在气浮池两边设置挡渣板。挡渣板表面应光滑平直，两块板互相平行，其间距与刮板尺寸相吻合，挡渣板与池壁应密封固定，以防浮渣进入挡渣板内。

为了使浮渣顺利地被刮进集渣槽，可在集渣槽的浮渣进口处设置出渣堰，一般按照刮板行走的圆弧轨迹设计圆弧形出渣堰板。

(6) 气浮池的排污

气浮池的排污方式可分为槽式排污、管式排污和升降式排污 3 种。

槽式排污是使集渣槽的槽底平面带有 2°~5°的坡度，以利于浮渣(油)自动顺槽流出。

管式排污装置简称排污管，常常采用直径为 ϕ300mm 的钢管，管顶沿轴向开有缝宽呈 60°圆心角的槽缝。排污管的一端加装旋转机构以便操作。撇渣时旋转手轮，带动排污管转动一定角度，使槽口单侧没入液面以下，浮渣(油)自动流入管内并排出气浮池外。撇完浮渣(油)后，反向旋转手轮，使槽口向上，槽口下沿高出液面停止排出浮渣(油)。排污管必须安装在撇渣机刮板翻板的适当位置，要有 2°~5°的坡度，以利于浮渣(油)自动顺管流出。

升降式排污是通过升降机构调整集渣槽或排污管的高低位置。在不撇渣时将排污管升到水面以上，撇渣时下降到水中适当位置。优点是增大了气浮池的浮选面积，缺点是增加了一套升降机构，结构略显复杂。

四、新型气浮技术简介

1. 溶气泵气浮法

溶气泵气浮法是采用涡流泵或气液多相泵，气体在泵的入口处与水一起进入泵壳内，高速旋转的叶轮将吸入的气体多次切割成小气泡，小气泡在泵内的高压环境下迅速溶解于水中形成溶气水，然后进入气浮池进行气浮分离。典型的溶气泵气浮系统有原德国 Siemens Water Technologies 公司(2014 年被美国 Evoqua Water Technologies 公司兼并)的 Veirsep™水平气浮系统(使用专利技术的 DGF 泵)、加拿大 GLR Solutions Ltd. 的微气泡气浮(Micro-bubble

Flotation，MBF™）系统（使用ONYX™型微细气泡泵）、基于德国埃杜尔（Edur）气液混合泵或日本尼可尼（Nikuni）泵业有限公司气液混合泵的高效气浮装置等。

（1）系统工艺流程

以基于Edur气液混合泵的高效气浮系统为例，系统吸收了CAF切割气泡和DAF稳定溶气的优点。如图1-4-23所示，系统主要由Edur气液混合泵、气浮池、撇渣机、控制部分以及配套设备等组成，德国Edur泵业有限公司的气液混合泵是其中的核心设备。Edur气液混合泵水平安装，泵与电机同轴，采用机械密封；开式叶轮结构使得在长时间停机或处于临界运行状况下没有轴向力，导流器的使用保证了运行条件下的良好动力学性能和高效率。Edur气液混合泵工作过程中边吸水边吸气、泵内加压混合、气液溶解效率高，在泵内气体以高度弥散的状态与液体达到完全混合；且气水比可自动调节，通过平衡气水比使溶气达到最佳状况。目前每台泵的最大气液比为30%，最大流量为65m³/h，气体的溶解度可达到100%的饱和状态，气泡平均粒径小于25μm。

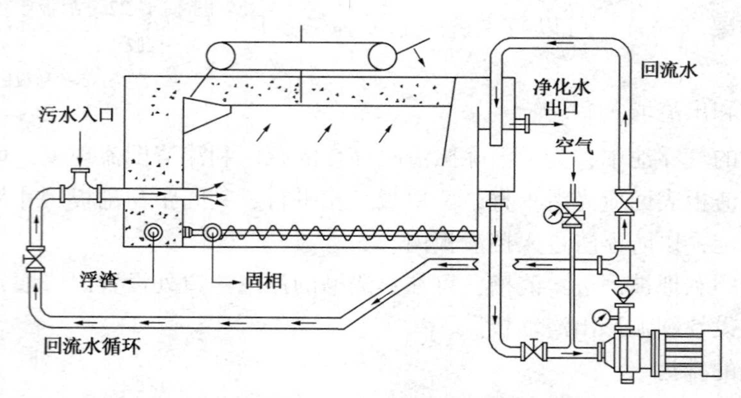

图1-4-23　基于Edur气液混合泵的气浮系统组成示意图

（2）系统特点及处理效果

系统特点：①使用气液混合泵取代常规加压水泵、射流器、压力溶气罐、空压机及溶气释放器等，简化了系统结构组成；②低压运行，溶气效率高达99%，释气率高达99%；③微细气泡与颗粒的碰撞黏附效率较高，对SS的去除效果比传统加压溶气气浮高3倍；④运行稳定性几乎不受液体流量和气液比波动的影响，为气浮工艺的控制提供了良好条件；⑤系统安装、操作控制、运行维护简便、噪音低。Edur型高效气浮系统对各种工业废水的处理效果如表1-4-4所示，表1-4-5为德国某屠宰厂污水处理采用Edur气液混合泵改造原有气浮系统的效果对比。

表1-4-4　Edur型高效气浮系统的处理效果列表

项　　目	SS或油去除率	COD_{Cr}	色度	备　　注
造纸废水	99%	85%		
印染废水	99%	85%	95%	
电镀废水	98%			重金属离子去除率
含油污水	95%			出水含油10mg/L
制革废水	98%	80%		

续表

项　目	SS或油去除率	COD_{Cr}	色度	备　注
化工废水	95%	80%	98%	
食品废水	95%	75%		
含藻水	95%			藻类去除率95%

注：鉴于废水性质的多变及处理条件的不一，上述数据仅供参考。

表1-4-5　德国某屠宰厂污水处理采用Edur气液混合泵改造原有气浮系统的效果对比

	原有气浮系统	Edur型高效气浮系统
设备配置	空压机 3个水泵(2开1备) $N=2\times7.5\text{kW}$，$Q=2\times9\text{m}^3/\text{h}$，$p=6.7\text{bar}$ 气液比：8.3% 1个压力溶气罐	一套溶气系统 $N=5.5\text{kW}$ $Q=17.5\text{m}^3/\text{h}$ $p=5\text{bar}$ 气液比：15%
气浮效果	用户不满意，排放不达标	分离率提高，达标排放
经济效益和设备可靠性	泵功率2×7.5kW，按年工作日220d、每天运行16h计算，多支出电费6000余马克，且易损件多，投药量大	溶气系统单项节电超过33400kW·h，药剂需量明显减少，设备维护费用降低

2. 超效浅层气浮(Krofta气浮)

超效浅层气浮由Milos Krofta博士(1912~2002)于20世纪70年代发明，随后被广泛应用于水处理行业，简称为Krofta工艺。Milos Krofta博士一生致力于水处理技术的研究开发，发表了400多篇技术报告和60多项专利，并成立了非营利性教育和研究机构——Lenox Institute for Water Technology(LIWT)。Krofta气浮系统目前受多项专利技术的保护，溶气管(Air Dissolving Tube，ADT)是其中最为核心的专利技术，目前Krofta Engineering Limited、Krofta Waters International(KWI)等公司都致力于该技术的推广应用。

(1) 工艺流程与主体结构

如图1-4-24所示，典型的Krofta气浮系统由圆形浅池静止部分、中央旋转部分及加压溶气水制备等组成。

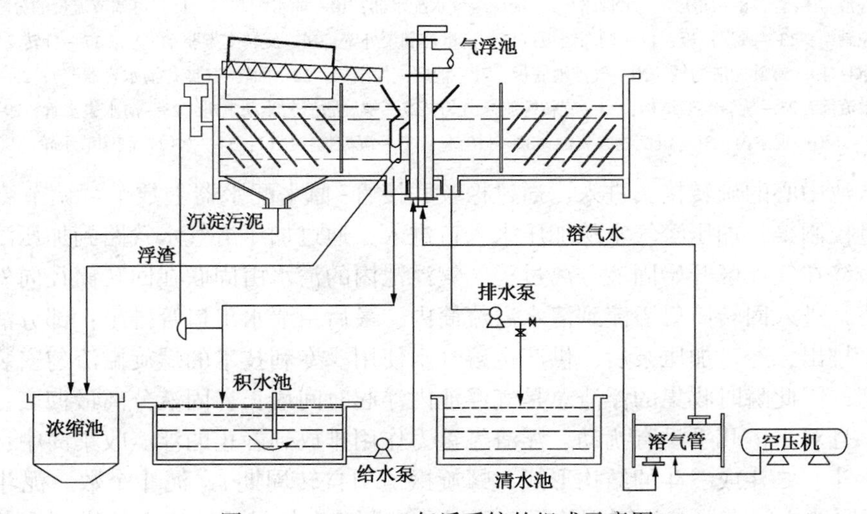

图1-4-24　Krofta气浮系统的组成示意图

图 1-4-25 所示为 Krofta 气浮系统的气浮池池体结构示意图。气浮池池体为圆形，一般采用钢材制作，直径超过 ϕ10m 时也可采用钢筋混凝土结构。整个池体由内向外依次同心设置有浮渣收集筒、清水溢流筒、回转筒(或称清水容器壁)和气浮池外筒，对应着浮渣区、清水区和分离区三大区域。外圈所对应的分离区中设有分流槽和折流栅，起到稳定水流的作用。分离区与清水区之间的回转筒与旋转支架一起旋转，下设橡胶垫以便与气浮池底板紧密贴合，形成动密封，使之在转动过程中仍能有效隔离处理水与澄清水，避免澄清水二次污染；浮渣收集筒与气浮池底板形成固定连接，筒底下方设有排渣管；清水溢流筒的筒底下方设有清水出口管和清水回流出口管，筒壁底端面采用一个截面为"L"形的密封环与气浮池底板形成静密封。圆形浅池的旋转支架用型钢制作，可绕中心沿池体外缘的圆形轨道以与进水流速一致的速度逆时针转动。原水配水器、可调节流量的分配管、流量控制渠、加压溶气水配水器、减涡挡板、调高挡板、清水集水管、回转筒和旋转的螺旋撇渣勺(Spiral scoop)随旋转支架一起转动，转速可由无级调速电机调节，一般为 1/3～1/5r/min。旋转支架和螺旋撇渣勺的转动各自由调速电机驱动，中心滑环供电。当浮渣达到一定厚度时，可开启电机进行旋转撇渣，撇渣周期根据不同的处理水质、加药量以及污泥量的多少而定。

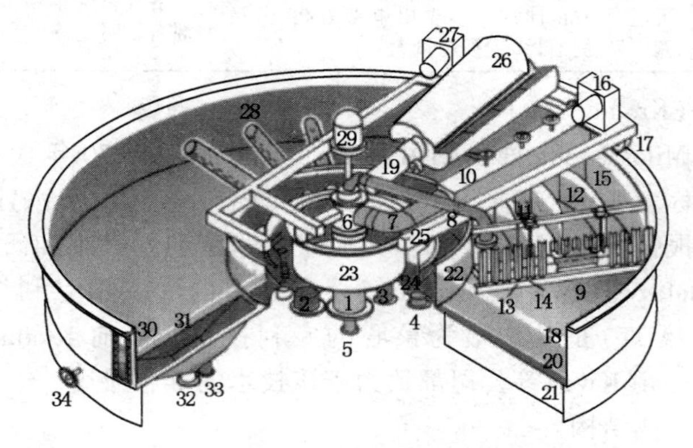

图 1-4-25　Krofta 气浮池的池体结构示意图

1—原水入口；2—清水出口；3—浮渣出口；4—清水回流出口；5—加压溶气水入口；6—旋转接头；7—橡胶联接管；8—加压溶气水管路；9—加压溶气水配水器；10—原水配水器；11—可调节流量的分配管；12—流量控制渠；13—减涡挡板；14—调高挡板；15—流量控制渠外壁；16—旋转支架驱动电机；17—旋转支架驱动轮；18—滚轮支承圈；19—螺旋撇渣勺轴；20—气浮池底板；21—池底支撑结构；22—回转筒(或称清水容器壁)；23—浮渣收集筒；24—清水溢流筒；25—旋转支架结构；26—旋转螺旋撇渣勺；27—螺旋撇渣勺驱动电机；28—清水集水管；29—电滑环；30—观察窗；31—沉淀物收集池；32—排空口；33—沉淀物排出口；34—水位控制调节手轮

原水从池中心的旋转接头进入，通过橡胶联接管-原水配水器上数个可调节流量的分配管进入流量控制渠；加压溶气水从加压水入口进入，通过加压溶气水管路到加压溶气水配水器布水，最终在气浮区开始固液分离过程。气浮池内的清水由固联在回转筒径向外侧的清水集水管收集，进入回转筒后溢流到清水溢流筒内，最后由清水出口管排出；部分清水由清水回流出口管排出，经过加压泵后，供产生溶气水使用。专利技术的螺旋撇渣勺安装在原水配水器的前部，因此瞬时收集的浮渣总是气浮池内浮起时间最长、固液分离最彻底、含水率最小的浮渣，且对水体几乎没有扰动，浮渣靠重力作用排放到静止的浮渣收集筒中；螺旋撇渣勺可选用一斗、二斗或三斗的结构形式。螺旋撇渣勺自转周期 t、泥斗个数、泥斗公转周期 T 与浮渣层厚薄之间有严格的匹配关系，可以通过调速电机灵活、机动地进行调节。沉淀到池底的污泥由刮泥板刮集至沉淀物收集池中，通过沉淀物排出口定期排放至污泥池中，对出水不会产生任何影响。

(2)在气浮技术上的三大突破

①“零速原理”

在 Krofta 气浮系统中，除浮渣收集筒、清水溢流筒和气浮池外筒体保持静止不动外，其他各部分都以与原水配水器相同的角速度沿池体旋转。如图 1-4-26 所示，原水配水器绕中心轴逆时针旋转是牵连运动，其速度为 v_e，原水从配水器背水面出水管中顺时针流出为相对运动，其速度为 v_r。分别调整原水配水器背水面出水管上各个流量控制阀的开度，可以使原水的绝对速度 $\vec{v}_a=\vec{v}_e+\vec{v}_r=0$，即进入池体的原水基本处于静止状态。同时，清水集水管也与原水配水器同步旋转。当旋转速度与进出水速度严格匹配时，原水配水器在池体中腾出的空间由原水进水来补充；同时，清水集水管侧应挤走的水体空间由清水集水管同步排出。通过实现“动态进水、静态出水”而不对池中水体产生扰动，使得固体悬浮物的升降在一种静态下进行，这就是所谓的“零速原理”，该理论的应用是 Krofta 气浮系统的关键。相比之下，常规加压溶气气浮系统属于“静态进水、动态出水”。

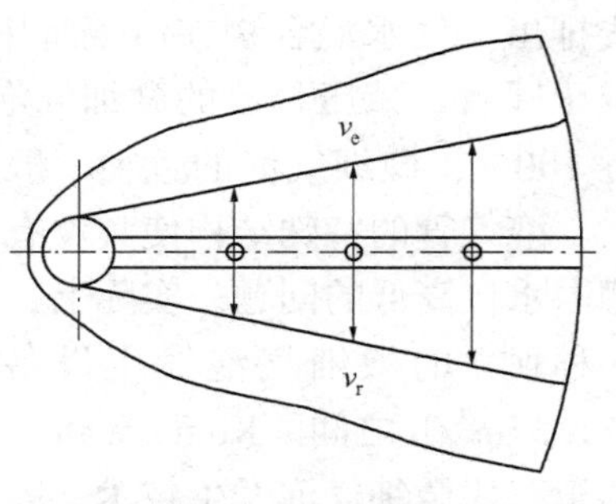

图 1-4-26 “零速原理”示意图

②“浅池理论”

固体悬浮物和气泡黏附体在相对静止的环境中垂直上浮，能使其沿垂直路径的上浮速度达到或接近理论最大值(100mm/min)。随着加压溶气水配水器的旋转，气泡能均匀充满整个气浮池，没有“气浮死区”，这意味着气浮效率可以接近理论上的极限。此外，由于进、出水彻底分开，在固体悬浮物和气泡黏附体上浮过程中，其下部的清水仍停留在原处，当清水集水管开始出水时固液分离过程结束，气浮分离时间就是原水配水器和清水集水管等旋转部分的回转周期。

常规平流式气浮池分离区的实际有效水深通常为 1.8~2.2m，对应其高度分布图来看，Krofta 气浮池的安全段 h_3 和悬浮物低密区 h_4 不需要设置。因此 Krofta 气浮池的有效深度只需 420mm 就能达到很好的净化效果，相对而言称其为“浅池”。“浅池”结构大幅度降低了建造加工费用，减少了占地面积。以同样处理 7000m^3/d 的造纸废水为例，传统气浮池的占地面积约为 155m^2，Krofta 气浮池的占地面积约为 51m^2。

假设固体悬浮物絮粒的上升速度为 6mm/s，0.42m 有效水深所需的上升时间仅为 70s。Krofta 气浮池的分离时间定为 3~5min，已考虑了很大的工作裕量。

③ 独特的微细气泡产生方式

在 Krofta 气浮系统中，通过溶气管来产生所需的微细气泡。如图 1-4-27 所示，装有入口喷嘴的进水管设计成弯曲的牛角道式，插进溶气管内，回流水经过加压后在溶气管内呈旋转状态。溶气管内对称安装有两块矩形微孔板，压缩空气进入矩形微孔板与溶气

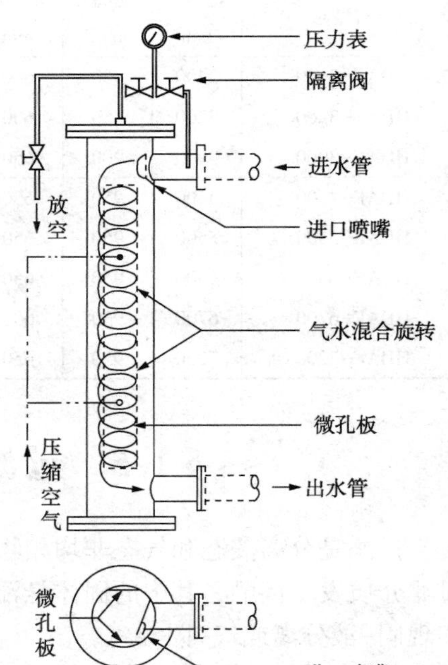

图 1-4-27 溶气管的结构示意图

管内壁之间的弧形空间，通过微孔板被切割成细小气流，然后在扰动非常剧烈的情况下与加压水混合、溶解。此时空气在溶气管内以两种形式存在，一种是溶解在水中，另一种形式是以游离状微细气泡夹裹、混合在水中；大粒径气泡在涡流中收集后通过放空管线排出。气水混合物在溶气管中的停留时间约8~12s，然后从另一端的出水管排出。经过减压阀后，减压释放的微细气泡也加入到后续的气浮过程中去。溶气管的容积利用率接近100%，微细气泡的直径一般为20~50μm。

溶气管的特殊结构使其没有常规压力溶气罐的填料堵塞问题，也没有控制常规压力溶气罐内水位高低的问题。实际上，有国外公司近些年来将溶气管(或称为Air Mixing Tube)作为一种独立的微细气泡发生设备进行销售，能够提供11种不同规格，处理量在0.23~681.37m^3/h之间。Krofta Waters International(KWI)公司新近推出了名为溶气反应器(ADR)的第三代微细气泡发生技术。

(3) 基本设计参数及应用

Krofta气浮池的基本设计参数如下：表面水力负荷9.6~12$m^3/(m^2 \cdot h)$，回流比20%~40%，水力停留时间3~5min，溶气压力0.6~0.75MPa(表压)，气浮池深650mm，气浮池有效水深550mm。

自20世纪90年代末期以来，Krofta气浮系统作为造纸生产线的附属设备一起被引进，或者只作为造纸行业的专业设备被引进，应用于中国造纸行业的白水处理中，其处理效果令用户非常满意。近年来，随着Krofta公司与国内合资、合作，设备价格大幅度降低，在几乎没有竞争对手的情况下该技术逐渐走俏。目前国内已有多家环保设备企业进行了消化吸收，所生产超效浅层气浮设备的SS去除率及回收水质量可与国外同类设备相媲美，并开始出口。HDAF型浅层零速气浮系统的技术参数如表1-4-6所示。

表1-4-6 HDAF型浅层零速气浮系统技术参数列表

规格型号	池径/mm	池高/mm	池深/mm	处理量/(m^3/h)	规格型号	池径/mm	池高/mm	池深/mm	处理量/(m^3/h)
HDAF-2400	2400	850	600	25	HDAF-8100	8100	950	650	300
HDAF-3200	3200	850	600	45	HDAF-9000	9000	950	650	360
HDAF-3900	3900	900	650	60	HDAF-10200	10200	950	650	480
HDAF-4500	4500	950	650	95	HDAF-11000	11000	950	650	550
HDAF-5500	5500	950	650	135	HDAF-11000	11000	950	650	670
HDAF-6300	6300	950	650	180	HDAF-13400	13400	950	650	800
HDAF-6700	6700	950	650	200	HDAF-14800	14800	950	650	1000
HDAF-7200	7200	950	650	230	HDAF-16800	16800	950	650	1280

§1.5 过滤分离机理及其设备设计

过滤是分离液态和气态非均相物系常用的方法，其基本过程是混合物在推动力作用下与过滤介质发生接触，其中的固体悬浮物(SS)或杂质颗粒被截留而流体通过过滤介质，从而实现固-液分离或气-固分离。

一、过滤的分类及相关理论基础

1. 过滤的分类

(1) 按照过滤机理分类

过滤的分类方法有多种，按照过滤机理的不同可分为表面过滤和深层过滤。

表面过滤所用过滤介质(如织物、滤布、滤网等)的孔径通常要比待过滤物料中杂质颗粒的平均粒径小，过滤时多数杂质颗粒能够被过滤介质直接截留在滤层表面。虽然在刚开始过滤时，特别小的杂质颗粒可能会通过过滤介质，但随着过滤过程的进行，大于或相近于过滤介质孔隙的杂质颗粒会在过滤介质表面形成“架桥”现象，形成初始滤饼层，如图 1-5-1 所示。初始滤饼层的孔隙往往小于过滤介质的孔隙，从而成为主要的“过滤介质”，从而能够起到进一步的过滤截留作用，因此表面过滤又称为表层过滤、滤饼过滤或载体过滤。

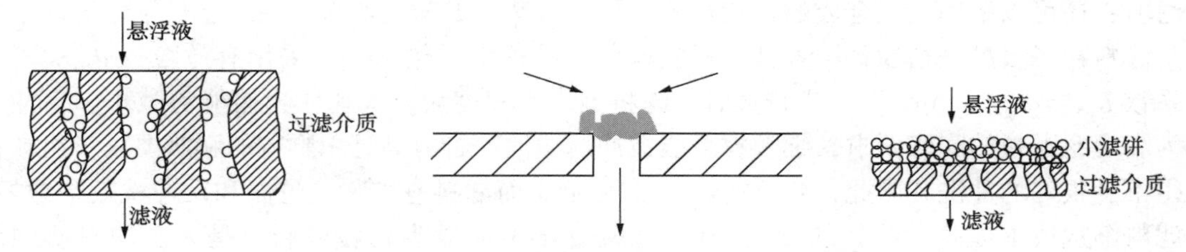

图 1-5-1　表面过滤及其中的架桥现象示意图

表面过滤通常用于待过滤物料中杂质颗粒浓度较高或过滤速度较慢、容易形成滤饼层的场合。在工程实际中，往往按待分离杂质颗粒的粒径大小，将表面过滤分为格筛过滤(粗滤)、微孔过滤、膜滤等几种。格筛过滤的过滤介质为栅条或滤网，用以去除粗大的杂质颗粒，被截留杂质颗粒的粒径在 100μm 以上，前面已经介绍；微孔过滤是以更小的筛网、多孔材料(如金属或非金属滤芯)或在支撑结构上形成的滤饼，以截留粒径 0.1~100μm 左右的杂质颗粒，如污水处理用微滤机/滤布滤池、污泥脱水用真空过滤机和各类压滤机、烟气除尘用袋式过滤器、天然气净化用玻璃纤维滤芯过滤器等；膜滤是用具有不同孔径的人工合成滤膜来进行过滤，以截留物料中的细小杂质(也包括细菌、病毒、溶解盐等)，被截留的杂质颗粒粒径因滤膜孔径不同而异，如常用的微滤、超滤、纳滤等膜分离设备。

深层过滤也被称为滤床过滤或体积过滤。由颗粒滤料堆积而成的过滤介质层通常都比较厚，过滤通道长而曲折，过滤介质层的空隙大于待过滤物料中杂质颗粒的粒径。过滤过程中，杂质颗粒可以进入过滤介质层的空隙中，并附着在介质表面上而与流体分开。深层过滤无滤饼形成，一般适用于待过滤物料中杂质颗粒含量较少的场合，如水处理中快滤池对水的净化、烟气除尘等。

(2) 按照促使物料流动的推动力分类

按照促使待过滤物料流动的推动力可分为重力过滤、压差过滤和离心过滤。

重力过滤是指待过滤物料在重力作用下通过过滤介质，如水处理中的快滤池等。压差过滤包括真空过滤和加压过滤，前者利用外界常压环境与过滤设备内部真空环境之间的压力差作为过滤推动力，如污泥脱水用转鼓真空过滤机等；加压过滤是指过滤设备内部压力大于外界环境常压，如颗粒层过滤器不仅可以用于水处理，也可以用于烟气除尘。离心过滤是使待分离的物料旋转，在所产生惯性离心力的作用下，流体通过滤饼层或过滤介质层而杂质颗粒被截留，如过滤式离心机等。

2. 深层过滤的理论基础

如图 1-5-1 所示，深层过滤的特点是杂质颗粒的沉积发生在较厚的固体颗粒状过滤介质床层内部，过滤介质表面上很少形成杂质颗粒层。

(1) 滤料组成与级配

作为过滤介质的固体颗粒也被称为滤料，滤料的种类、性质、形状和粒径级配等是决定滤料层截留杂质颗粒能力的重要因素。除了要求便宜价廉、货源充足之外，滤料的选择还应满足机械强度、化学稳定性、无毒无害、截污能力强等要求。机械强度主要是防止冲洗时产生磨损和破碎现象，化学稳定性主要是避免滤料与水产生化学反应而恶化水质。经常使用的滤料除了长期使用的天然石英砂(quartz sand)以外，还开发了柘榴石、铁矿砂、金刚砂、无烟煤等颗粒滤料；一些无机材料经破碎、烧结后也可以做滤料，如多孔陶粒滤料、铝矾土陶瓷滤料；还可以采用人工合成的粒状材料，如塑料珠、聚苯乙烯泡沫滤珠、纤维球等。

滤料粒径级配是指滤料中各种粒径颗粒所占的重量比例，一般采用有效粒径 d_{10} 和不均匀系数 K_{80}($=d_{80}/d_{10}$)表示。K_{80}较大时，滤料不均匀程度大，滤料层含污能力减小，反冲洗时为满足粗颗粒的膨胀要求，细颗粒可能被冲出滤池；若为满足细颗粒的膨胀要求，粗颗粒将得不到很好的冲洗。因此，K_{80}愈小，即愈接近 1 而滤料愈均匀，过滤和反冲洗效果愈好，但滤料筛选成本提高。滤料的发展是使 K_{80} 接近于 1 而成为均粒滤料，是人工滤料研制的目标。

(2) 深层过滤的机理

在水质工程领域，过滤除去杂质颗粒的过程既有物理过程，也有化学过程。由于去除的杂质颗粒很多都比固体颗粒滤料之间的空隙小，这说明杂质颗粒并非按流线运动，其作用机理一般有迁移、附着、脱落等 3 种。

① 迁移机理

杂质颗粒脱离流线而与滤料表面接近或接触的过程就是迁移过程，引起迁移的原因主要有拦截、沉降、惯性碰撞、扩散、水动力效应等。当杂质颗粒很接近滤料颗粒表面(20μm以内)时，由于水流速度小，重力沉降作用足以影响杂质颗粒的运动方向，最后完成迁移过程；当杂质颗粒由于自身速度所具有的惯性力作用足够大时，就会将其抛到滤料颗粒表面上，从而完成迁移过程。阻截作用就是当杂质颗粒一直沿着一条流线运动，以致最后与滤料颗粒表面相碰撞接触，从而完成迁移过程。当滤料层孔隙内存在杂质颗粒的浓度梯度，并使其扩散到滤料颗粒表面上时，迁移的机理就属于扩散。动力效应是指，滤层中的水流通道由无数多形状不规则的孔隙串联而成，这就使得每个孔隙中的水流形成一个随时间而变化的非均匀流场；处于这个流场中的杂质颗粒在产生旋转运动的同时，还会跨越流线作横向运动，形状不对称杂质颗粒的这种运动还会得到加强；孔隙中杂质颗粒的横向运动使之到达滤料表面，完成迁移过程。

在实际过滤中，杂质颗粒的迁移过程可能会受到上述各种机理的综合作用，其相对重要性取决于水流状况、滤层孔隙形状及杂质颗粒自身的性质(粒度、形状、密度等)。不可否认的是，原水自上而下流过颗粒状滤料层时，粒径较大的杂质颗粒首先被拦截在表层滤料之间的空隙中，使得滤料之间的空隙越来越小，截污能力越来越强，形成一层由被截留物构成的滤膜，并由它起主要过滤作用，这也是有人认为拦截应该成为粒状介质过滤主要作用机理的原因。

② 附着机理

由迁移过程而与滤料接触的杂质颗粒，附着在滤料表面上不再脱离，就是附着过程。附着过程是一个物理化学过程。引起杂质颗粒附着的因素主要有：接触凝聚、静电引力、吸附、分子引力等，附着过程在过滤中是主要的。

③ 脱落机理

通过外加气体或液体的作用，使固体颗粒状滤料层膨胀一定高度，滤料处于流化状态，截留和附着于滤料上的杂质颗粒受流体的冲刷而脱落。当然，颗粒状滤料在流体中旋转、碰撞和摩擦，也使杂质颗粒脱落。

直到20世纪70年代末期，人们才开始深入理解固体颗粒状滤料水力反冲洗再生的机理，依靠流化后所形成颗粒间的碰撞力和摩擦力来清洗滤料表面。由于流化颗粒状滤料的碰撞和摩擦作用有限，因此单独水力反冲洗是一个弱洗过程。为提高滤料的反冲洗效果，20世纪80年代由美国学者 Appiah Amirtharajah 提出了气-水联合反冲洗的理论，其作用机制是上升气泡的振动作用和气泡破碎对外作功，有效地将附着于颗粒状滤料表面的污染物剥离脱落。

（3）过滤效率的影响因素

过滤是杂质颗粒与过滤介质之间相互作用的结果，杂质颗粒的分离效率受这两方面因素以及滤速的影响。对于深层过滤而言，滤料的粒径、形状、空隙率、厚度、表面性质，杂质颗粒的粒径、形状、密度、浓度、温度、表面性质等都会影响到过滤效率。

单位时间、单位过滤面积上的过滤水量称为滤速，以 m/h 或 $m^3/(m^2 \cdot h)$表示。对于深层过滤而言，通过颗粒状滤料层的滤速与过滤驱动力成正比，与颗粒状滤料层的阻力成反比。当其他条件相同时，滤速越低，过滤效率越高。实际运行中可以采用等速过滤或变速过滤。

对于深层过滤而言，在过滤开始阶段，大部分杂质颗粒被第一层滤料层表面所截留。随着过滤时间延长，滤料层中的杂质颗粒逐渐增多，空隙率逐渐减小，水流剪切增大以至最后粘附上的杂质颗粒将首先脱落下来，或者被水流夹带的后续杂质颗粒不再有粘附现象，于是杂质颗粒便向下层推移，下层滤料的截留作用渐次得到发挥。

过滤到一定时间后，表面滤料间的空隙率逐渐被杂质颗粒堵塞而形成滤膜，使过滤阻力剧增。其结果是，在一定过滤水头下，滤速将急剧减小，或滤膜产生主裂缝时，大量水流将自裂缝中流出，造成局部流速过大而使杂质颗粒穿透整个滤料层，致使出水水质恶化。滤料层的含污能力是指工作周期结束时，整个滤料层单位体积滤料中所截留的杂质颗粒量，以 kg/m^3 或 g/cm^3 计。显然，含污能力越大，表明整个滤料层所能够发挥的作用越大。在过滤过程中，当滤料层截留了大量杂质导致滤料层某一深度的水头损失超过了该处的水深时，便会出现负水头现象。

3. 污染物与污染负荷

过滤工艺长期以来一直是给水处理中为获得优质水而常用的关键净化工序；在排水工程领域的应用相对较晚，20世纪60年代开始污水过滤技术的研究开发，目前已经得到了广泛应用。具体而言包括：①提高原水中固体悬浮物（SS）、浊度、BOD、COD、磷、重金属、细菌和病毒等的去除率；②去除污水二级生物处理二沉池未去除的细小生物絮体或混凝沉淀池未去除的细小化学絮体；③作为预处理，为深度处理及回用工艺（如活性炭吸附、膜分离、离子交换等）创造良好的水质条件，此时要求进水 SS<10mg/L。

当需要向原水中加入混凝药剂发生反应以去除微小悬浮颗粒或胶体颗粒时，一般将混凝反应体系首先经过沉淀池沉淀，然后再进行过滤，以降低过滤设备的污染负荷，此时过滤进水 SS 一般<20mg/L。当滤前不设沉淀(或澄清)设备时，原水不经过沉淀而直接进行过滤称为"直接过滤"，具体又可分为"接触过滤"和"微絮凝过滤"两种方式。原水加药混合后直接进行过滤，称为"接触过滤"或"直流过滤"，此时胶体的絮凝作用系在滤料层空隙中进行，并被滤料颗粒所吸附，一次完成杂质颗粒的分离。原水加药混合并经过微絮凝池后再进行过滤，称为"微絮凝过滤"。"微絮凝过滤"除了采用常规的深层滤料滤池之外，目前也可采用表面过滤。直接过滤要求原水浊度和色度较低且水质变化小，常年原水浊度低于 50NTU。浊度偏高时应采用较低滤速，当原水浊度在 50NTU 以上时滤速一般在 5m/h 左右。

过滤技术和滤池池型的研究重点是增加滤池含污能力，提高滤速，改善出水水质；其次是简化操作，提高自动化和连续操作的水平。

二、表面过滤设备

典型的表面过滤设备包括袋式过滤器(Bag filter)、转鼓式微滤机或转鼓式过滤器(Rotary Drum Microscreen Filter 或 Drum Filter)、滤布滤池(Cloth Media Filter)、滤芯过滤器(Cartridge Filter)、预涂层过滤器(Precoat Filter)等几大类，自清洗过滤器本质上也属于表面过滤设备，因篇幅所限这里不做介绍。

1. 袋式过滤器

世界上最古老、最原始的水处理用表面过滤设备是滤水布袋，早在公元前 460~354 年间由希波克拉底(Hippocrates)推荐，叫"希波克拉底布袋"。如今工业领域使用较多的袋式过滤器类似一立式压力容器，容器中装有钢丝筛筒类支撑结构，支撑结构内装有标准规格的滤袋，可以采用单袋或多袋。滤袋可以采用毛毡等非耐用材料，过滤功能下降后废弃；也可以采用聚丙烯(PP)无纺布纤维或聚酯(PE)无纺布纤维等耐用材料，过滤功能下降后反冲洗再生。

2. 转鼓式微滤机

转鼓式微滤机也被称为转鼓式精密过滤器，主要由驱动机构、中心支撑管、水平转鼓型滤网、反冲洗、机体、自动控制等部分组成。滤网一般用聚酯纤维丝或含钼不锈钢丝制成，孔径有 10μm、23μm、35μm、50μm、60μm、100μm 等几种；也可根据水质情况选用其它材料和孔径的滤网，但孔径远低于预处理拦污用转鼓型旋转滤网。

图 1-5-2 所示为常规转鼓式微滤机的结构示意图，由主体框架模块、核心过滤模块、驱动模块、反冲洗模块和控制模块等组成。主体框架结构材质采用 304L 不锈钢，核心过滤模块由滚筒和滤网组成，滤水流程路线要从内到外。滤网由 316L 不锈钢通过纤维化技术编织而成，再以先进的点焊技术无缝焊接固定在不锈钢细筋上。全部滤网由多块独立的弧形分片组成，用螺丝固定在滚筒上，每一个分片都可以很方便拆卸和装配，只要将需更换的滤网转至液面之上，停机就可以进行滤网的更换。驱动模块由驱动电机、驱动齿轮、支撑辅轮组成，驱动电机的设计寿命不小于 10 年，电源采用 380V/50Hz/3 相交流电。反冲洗模块包括反冲洗泵、管道、喷头、反冲洗水收集槽及阀门。每套精密过滤器侧面都安装有反冲洗水收集槽，包括带末端法兰的 304L 不锈钢管道。反冲洗模块的功能是使用泵抽取滤后水，通过高压伞状喷射体系统对滤网进行自外对内的冲洗，从而将过滤过程中堆积在滤网内表面的悬浮物清除。控制模块分为手动/自动两种控制方式，自动控制采用可编程序控制器(PLC)，主要是集中控制各设备的反洗水泵及减速驱动电机。本地 PLC 还预留了与上位机通讯接口，通讯方式为以太网通讯协议，将各台设备的运行状况上传至中控以便对其进行远程监控。

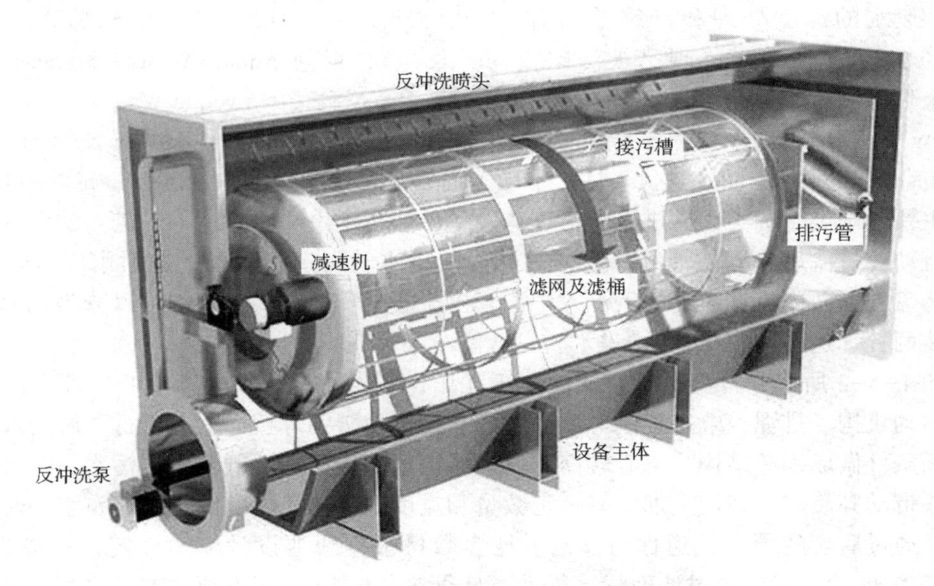

图 1-5-2　转鼓式微滤机的结构示意图

工作过程中，污水从中心支撑管一端进入转鼓型滤网内，自内向外流动；滤网内表面的截留物在进一步起到过滤作用的同时，也会致使流动水头损失相应增大。当水头损失达到预先设定值时，转鼓型滤网开始以 30m/min 左右的速度缓慢旋转；同时启动反冲洗水泵，向滤网外侧上部的喷嘴输送清洁反冲洗水。随滤网转动到上部的截留物被反冲洗水冲下(水压 0.2~0.6MPa)，收集在滤网内的集渣斗槽中，随同反冲洗水一起排出。过滤过程连续进行，正常的反冲洗和淤泥清除过程，都不影响过滤流程。滤网被清洁干净后水位恢复到正常值，在滤网停止转动的同时关闭反冲洗水泵。滤网的转动可以通过在液面上的转鼓内圆柱面端部附近设置齿轮内啮合机构等来实现，同时基于可编程控制器(PLC)将过滤及反冲洗过程设置为自动进行。瑞典 Hydrotech 公司的 HDF Drumfilter、瑞典 Nordic Water 公司的 DynaDrum、美国 WesTech Engineering 公司的 SuperDrum™ Drum Filter 等都属于此类设备，目前已有采用转鼓式微滤机代替初沉池的工程案例。转鼓式微滤机的优点是设备结构紧凑，处理污水量大，操作方便，占地较小；缺点是滤网的编织比较困难。当然，也可以采取污水自转鼓型滤网外向内流动的过滤工作模式，此时喷射清洗则应采取自内向外的工作模式。

3. 滤布滤池

滤布滤池是近些年发展起来的一种新型表面过滤技术，一般设置在常规二级生化处理后，可提高 SS 的去除率，结合投加药剂还可以起到除磷的效果；结构紧凑、占地面积小，甚至可用于对常规深层过滤用普通快滤池进行改造升级。根据过滤器的主体外形来看，滤布滤池可分为转盘式、长条式、竖片式等几大类。竖片式滤布滤池与长条式滤布滤池相近，支撑骨架横截面为矩形，过滤、反洗、排泥方式也与长条式滤布滤池相同。

(1) 转盘式滤布滤池

转盘式滤布滤池也被称为滤布转盘过滤器、转盘式微滤机(Rotary disc microscreen filter)。最早由瑞典 Hydrotech 公司研制，1992 年开始在工程中应用，具有处理效果好、出水稳定、承受高水力及固体悬浮物负荷能力强、全自动运行、操作及保养简便、土建和运行费用低、占地面积极小等优点，可以替代传统的深层过滤设备。目前已大量应用于市政污水、工业废水的深度处理和升级改造方案，以去除 SS、COD_{Cr}、BOD_5 和总磷。原瑞典 Hydrotech 公司的 Discfilter（现已被法国 Veolia 兼并）、美国 Aqua-Aerobic Systems 公司的 AquaDisk®、美国 WesTech Engineering 公司的 SuperDisc™、美国 Evoqua Water Technologies 公司的 Forty-X™ Disc Filter、瑞典 Nordic Water 公司的 DynaDisc、德国 Huber 公司的 RoDisc® Rotary Mesh Screen 等产品较具代表性，单项工程的最大处理量已达 $36000m^3/h$。从滤液的流向来看主要分两类，一类为内进水转盘过滤设备，即污水由中心管流入，进入滤盘内部后自内向外流动，过滤后流入滤池箱体；另一类为外进水转盘过滤设备，即污水先流入滤池箱体，自滤盘外部向内流动，过滤后汇入中心管出流。从安装方式来看，可以分为地面安装和地下安装两种。这里主要结合"内进水转盘式滤布滤池"进行介绍。

如图 1-5-3 所示，转盘式滤布滤池属于无压设备，主要由箱体、空心转筒、滤盘、反冲洗、驱动机构、排泥、电气控制等部分组成。箱体由碳钢焊接而成并进行防腐处理，也可根据现场条件做成钢砼结构。空心转筒采用优质钢管焊接而成，既可输送污水，又可支撑固定滤盘并带动其旋转，转筒上加工有一定数量和宽度的周向孔道。滤盘固定在空心转筒外圆周上，并通过后者的周向孔道保持连通。滤盘数量根据滤池设计流量而定，一般为 1～15 片，最多为 24 片。为保证过滤面积，每个滤盘通常由 6 块（最多不超过 12 块）相互独立的平板扇形格框组成，并覆盖以滤布及衬底，水浸泡体积最大可达 65%～70%；扇形格框的独特结构设计可以使其较为容易地从空心转筒上移开，同时允许在微滤机顶端拆除和更换扇形格框。滤布一般采用丝状金属或非金属材料编织而成，网格空隙一般为 10～20μm，绷紧在扇形格框后其抗拉强度可达 267N/cm，能够承受较高的反冲洗压力。反冲洗部分由管道、径向支架、反冲洗喷嘴、反冲洗水收集槽等组成，用于滤布的清洗；驱动机构由电动机、减速器、链轮、链条等组成，带动空心转筒和滤盘转动，可以通过变频器改变转速；排泥部分由排泥吸口、管道、排泥吸口支架等组成，用于排出滤池底部的污泥；电气控制部分由电控箱、PLC、触摸屏、液位监测等元件组成，用于控制反冲洗、排泥过程，使其运行自动化，并可调整反冲洗间隔时间、排泥间隔时间。滤布滤池的运行包括过滤和反冲洗两个交替进行的过程，一般在 PLC 的控制下自动完成。

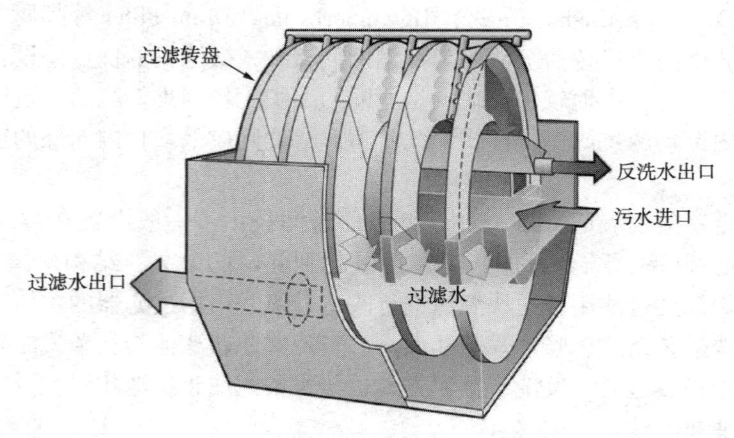

图 1-5-3　转盘式滤布滤池的结构示意图

① 过滤过程

污水经进水堰板进入滤池内，经挡板消能后，在重力作用下通过空心转筒上的周向孔道进入各个滤盘的内腔。污水在自滤盘内腔向外流动的过程中，固体悬浮物被截留在滤布内侧。整个过滤进程中，滤盘处于静态。随着过滤过程的进行，滤布内侧截留积聚的杂质不断增加，过滤阻力不断增大，滤盘内的液位不断上升，当滤盘内的液位达到设定值时需要进行反冲洗。

② 反冲洗过程

反冲洗时，控制系统启动驱动机构，使转筒和滤盘以 0.5～1r/min 的速度旋转；转盘式微滤器端头附设的立式反冲洗水泵抽取过滤后的清水，通过安装在径向支架上的喷嘴高压喷射到滤盘外侧，黏附在滤布内侧上的杂质落入固定在转筒内部靠上的污物收集槽内，反冲洗水的耗水量为总出水量的 1%～2%。随着滤盘的缓慢旋转，反冲洗水喷射不同周向角度的滤布外侧，最终使其全部经过高压喷射冲洗。随着反冲洗过程的不断进行，滤盘内的液位不断下降，达到设定液位值时反冲洗过程自动停止，转筒和滤盘也停止转动，系统重新进入过滤过程。

在正常运行条件下，转盘式滤布滤池进水的 SS 宜小于 30mg/L，瞬时 SS 不大于 80mg/L，出水 SS 小于 5mg/L；平均滤速宜选用 7～10m/h，短期可达 12m/h；峰值流量系数 1.1～1.4；水流通过滤布的水头损失一般为 0.25～0.3m；反冲洗强度 300～350L/(m^2·s)，反冲洗时间一般为 1～2min。

值得一提的是，目前美国 Auqa-Aerobic Systems 公司、韩国裕泉环保公司(YUCHEON ENVIRO)等还推出了纤维盘式过滤器(Fiber Discfilter)、Wasaftech(沃安特)SCDF 系列滤布滤池等，大多属于外进水转盘过滤设备。以美国 Auqa-Aerobic Systems 公司的 AquaDisk®滤布滤池为例，一般每组有 12 个滤盘，每个滤盘过滤面积约 $5m^2$。专用 OptiFiber®滤布为尼龙针状结构，聚酯支撑，布料绒毛在自然状态下长 13mm，有效过滤深度为 3～5mm。过滤时在水压作用下，滤布外表面具有的纤维编织毛绒形成有序的倒伏层，能够截留住固体悬浮物，过滤液通过空心转筒收集后再通过溢流槽排出。反冲洗时，滤盘在电机+减速器驱动下以 0.5～1r/min 的速度旋转，吸盘紧贴滤盘表面且保持静止，在反抽吸泵的作用下形成负压。由于负压的作用，滤布上原本倒伏的毛绒纤维竖起张开，截留在毛线纤维间的固体悬浮物被释放，同时滤盘中的水由内向外吸出，连同固体悬浮物一起带出，达到反冲洗的目的。

(2) 长条式滤布滤池

长条式滤布滤池的代表性产品为美国 Aqua-Aerobic Systems 公司的钻石型(AquaDiamond®)滤布滤池，其在过滤区安装有多个长条式过滤器。过滤器由滤布套在菱柱型支撑框架上构成；过滤器靠近进水渠一端密闭，靠近出水渠的一端设置钢制出水墙。过滤器出水经菱柱型支撑框架中心收集后从出水墙底部流出，再经过出水堰板流入出水渠中，最终通过出水渠的管道排出。在过滤区布置有行车驱动平台，平台上安装有废水泵及电动阀门等，平台下部安装有紧贴在滤布表面上的反冲洗吸头。需要进行反冲洗时，安装在驱动平台上的行车移动，带动反冲洗吸头对滤布进行移动线状扫描式反冲洗。

长条式滤布滤池的运行主要包括过滤、反冲洗和排泥 3 个过程，过滤期间过滤器完全淹没在水中。过滤时污水从滤布外侧流入内侧时，其中的固体悬浮物被截留在滤布外表面而形成污泥层；驱动平台停留在滤池的一端，各部件处于静止状态。当截留在滤布表面的污泥量逐渐增加时，污水通过滤布的水头损失也逐步增加，池内的水位不断上升，一旦达到某预设水位时开始反冲洗过程(反冲洗过程也可以根据指定的时间间隔或由手动操作控制)。在反冲洗期间，驱动平台沿滤池池长方向移动，反冲洗吸头紧靠在滤布表面，废水泵(变频自吸式离心泵)将滤后水自内向外抽出，高速逆向的滤后水流把滤布表面堆积的污泥冲掉，使滤布恢复纳污容量，滤池内的水位逐渐下降，同时也降低了池里水位和滤布内外的压力差；废水泵把反冲洗废水排放到废水渠。钻石型滤布滤池的反冲洗无阀门控制，清洗过程和过滤过程同时进行，实现连续过滤。由于滤池为外进内出形式，污水中较重的污泥颗粒难免会沉降到滤池底部，滤池内沉积污泥的排除主要采用间歇模式。相邻两个滤布支架间设有1个悬吊式排泥管，排泥管的开口都对着池底，随着驱动平台沿池长方向做往复运动，沉降在滤池底部的污泥可通过排泥泵、排泥阀和排泥管道自动排除。排泥周期可采用自动或手动控制。

钻石型滤布滤池在国内应用较少，青岛娄山河污水处理厂(处理规模100000m^3/d)升级改造工程为典型案例。工程案例对比表明，转盘式滤布滤池在占地面积、装机功率、反洗及耐冲击负荷等方面优势较为明显。

4. 滤芯过滤器

滤芯过滤器主要由滤筒和滤芯两部分组成，一般将过滤介质材料做成管状，每根管为一个过滤单元，称其为滤元或滤芯。滤芯在滤筒内通常有蜡烛式和悬挂式两种安装方式，安装数量可以为1、3、5、7、9、11、13、15等。滤芯的种类有很多，如不锈钢烧结滤芯、不锈钢折叠滤芯、不锈钢烧结网滤芯、不锈钢烧结毡滤芯、钛粉末烧结滤芯、聚乙烯(PE)/聚四氟乙烯(PTFE)烧结滤芯、聚丙烯(PP)/聚四氟乙烯(PTFE)/聚醚砜(PES)/尼龙(Nylon)/聚偏氟乙烯(PVDF)/活性炭纤维(ACF)折叠滤芯、纺织纤维纱线缠绕滤芯、聚丙烯(PP)熔喷滤芯、活性炭滤芯等。纺织纤维纱线缠绕滤芯的纱线材料有丙纶纤维、腈纶纤维、脱脂棉纤维等，缠绕时通过控制纱线的缠绕松紧度和稀密度而制成不同精度的滤芯；聚丙烯(PP)熔喷滤芯由聚丙烯超细纤维热熔缠结制成，纤维在空间随机形成三维微孔结构，纤维孔孔径沿滤液流向呈梯度分布，集表面、深层、精细过滤于一体，可截留不同粒径的杂质。活性炭滤芯有压缩型活性炭滤芯、散装型活性炭滤芯两大类。压缩型活性炭滤芯采用高吸附值的煤质活性炭和椰壳活性炭作为滤料，加以食品级的黏合剂烧结压缩成形；内外均分别包裹着一层有过滤作用的无纺布，确保炭芯本身不会掉落炭粉，炭芯两端装有柔软的丁腈橡胶密封垫，使炭芯装入滤筒具有良好的密封性。散装型活性炭滤芯将所需要的活性炭颗粒装入特制的塑料壳体中，用焊接设备将端盖焊接在壳体的两端面，壳体的两端分别放入起过滤作用的无纺布滤片，确保炭芯在使用时不会掉落炭粉和黑水。

图1-5-4为滤芯过滤器的基本结构与工作原理示意图。工作过程中，由过滤器入口进入的物料首先与滤芯外圆柱面接触，粒径小于微孔的杂质颗粒穿越滤芯管壁后，进入滤芯的

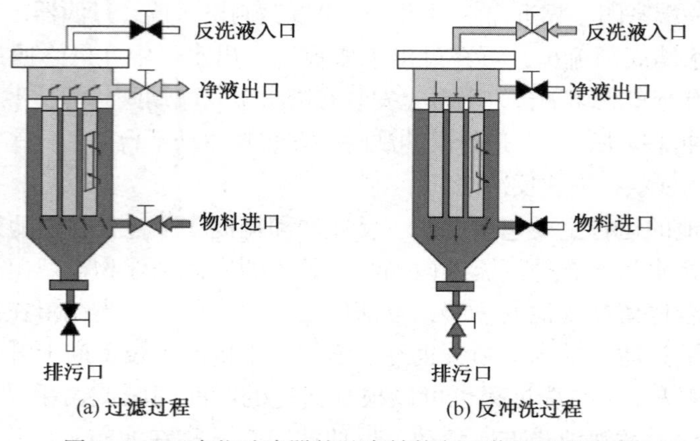

图1-5-4　滤芯过滤器的基本结构与工作原理示意图

中空管内，汇集到出料口流出；大于微孔的杂质颗粒被阻挡在滤芯管壁外形成滤渣，从而实现过滤分离。滤芯工作一段时间后，其滤芯管壁上附着的滤渣导致阻力增大、过滤效率降低，此时必须再生处理，即从反向冲洗口或正向冲洗口通入清洗物，将滤芯反向或正向冲洗(反向冲洗为主)，使其再生后重新投入运行。

值得一提的是，我国自主设计的刚性高分子精密微孔过滤技术既可用于含固量多、能形成较厚滤饼的液体“滤饼过滤”，也可用于含固量非常小、要求滤液非常澄清的液体“澄清过滤”。可用简便的压缩气体(0.6MPa 左右)反吹法卸除滤芯上所形成的较黏干滤饼，操作方便快速；可用简易的气液混合流进行高效再生，使用寿命一般都在1~2年。

5. 预涂层过滤器

从结构来看，预涂层过滤器可以视为一种特殊的滤芯过滤器，也被称为滤饼层过滤器或烛式过滤器；从工作原理来看，预涂层过滤器属于动态膜(Dynamic Formed Membrane)技术，是利用预涂剂或活性污泥在基膜(微滤膜、超滤膜)或大孔径支撑体表面形成的滤饼层来进行分离。常用的预涂剂有硅藻土、高岭土、碳酸钙、粉末活性炭、MnO_2 和 ZrO_2 等，常用大孔径支撑体主要有工业滤布、筛绢、不锈钢丝网、陶瓷管、烧结聚氯乙烯管等。按照形成方式的不同，动态膜可分为自生动态膜(Self-forming dynamic membrane)和预涂动态膜(Precoated dynamic membrane)两种。自生动态膜利用待处理混合液中的悬浮颗粒、胶体或大分子有机物在支撑体上形成滤饼层来进行固液分离；预涂动态膜先用支撑体过滤含有成膜组分的混合液，待动态膜在其表面形成后，再用已形成的动态膜去过滤待处理溶液。

预涂层过滤器是预涂动态膜分离技术的代表性设备，可以采用若干个细长滤芯或滤元并联的静态运行模式，也可以采用一个较大直径转鼓的动态运行模式，两者分别被称为滤芯式静态预涂层过滤器、转鼓式预涂层过滤器(Rotary drum precoat filter)。

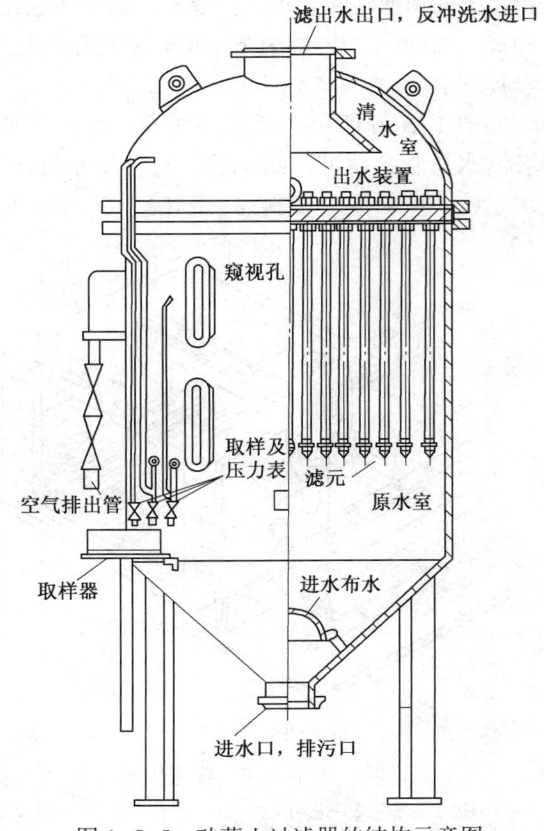

图 1-5-5　硅藻土过滤器的结构示意图

如图 1-5-5 所示的硅藻土过滤器是一种典型的滤芯式静态预涂层过滤器。过滤器上部有一个隔板，其上安装多根滤芯或滤元；隔板下部为原水室，上部为清水室。运行过程分为预涂膜(Precoating)、过滤及反冲洗 3 个阶段。预涂膜是指在滤元表面预先形成厚约 2~3mm 的滤层，每平方米滤元需 0.5~1.0kg 硅藻土，用涂膜泵将涂膜箱中糊状硅藻土液送入过滤器下部的原水室里，由滤元自外向内过滤流入清水室，再回到涂膜箱中。上述循环进行约 20min 后，滤元表面就会形成过滤层，并开始发挥过滤作用，使循环水变得清澈。此时可以切断涂膜进水，立即接入浑水进行过滤。浑水中可投入约 10~100mg/L 的硅藻土，称为助滤剂。滤元外面由助滤剂和浑水中的固体悬浮物掺杂形成滤渣层。过滤中，由于滤渣层逐渐加厚，水头损失不断增加，当水头损失达到预定值后，须停止过滤，进行反冲洗。反冲洗也可以采用类似普通滤池的反冲洗方法。

转鼓式预涂层过滤器在过滤开始前首先形成一个厚约 50~70mm 的基本介质过滤层，过滤工作一段时间后，外部刮刀以极慢的速度逐步径向向内进给(进给速度约为 1~10mm/h)，将过滤污染物层连同薄层滤料一起刮下，以保持过滤层表面的更新。

三、深层过滤用普通快滤池

1826 年，英国伦敦首先出现了慢滤池，因滤料采用石英砂而被称为慢砂滤(Slow sand filtration)，滤料层厚度 800~1200mm，滤料层表面以上水深宜为 1.2~1.5m。慢滤池在滤料表面几厘米砂层中形成发黏的滤膜，这些滤膜是一些藻类和原生动植物繁殖的结果，形成滤膜大概需要 1~2 周。通过滤膜截留固体悬浮物，同时发挥微生物对水质的净化作用，出水浊度可接近 0NTU，能够很好地去除细菌、臭味、色度，出水可以直接饮用。但这种滤池生产水量少、滤速慢[0.06~0.6$m^3/(m^2 \cdot h)$]、占地大，进水浊度宜小于 20NTU；淤泥黏而易碎，很快就会在滤料表面出现泥封堵塞；而当加大过滤水头时，则容易发生污染物穿透现象。因此，慢滤池工作 1~6 个月后，就需人工将表面 1~2cm 的砂刮出来清洗，然后再重新铺装。目前慢滤池在水处理，特别是污水处理中应用较少。1884 年在美国研究发明了快滤池(Rapid filter)，并逐步取代了慢滤池。目前通常所说的深层过滤用滤池就是指快滤池，滤速为 8~16$m^3/(m^2 \cdot h)$。由于滤料表面通常带负电荷，要使同样带负电荷的固体悬浮物附着在滤料表面，就必须对滤前水进行预处理，通常采用化学混凝来改变固体悬浮物所带电荷的性质。目前所谓的普通快滤池是指传统的快滤池布置形式，滤料一般为单层细砂级配滤料或煤、砂双层滤料，反冲洗采用单水冲洗，反冲洗水由水塔(箱)或水泵供给；当然后来气水反冲洗也得到推广应用。

1. 基本结构与工作原理

如图 1-5-6 所示，普通快滤池一般用钢筋混凝土建造，滤池外部由滤池池体、进水总管、清水总管、反冲洗水总管、反冲洗水排出管等管道及其附件组成；滤池内部由进水渠、配水系统、滤料层、垫料层(承托层)、排水系统和排水槽等部分组成。快滤池管廊内有原

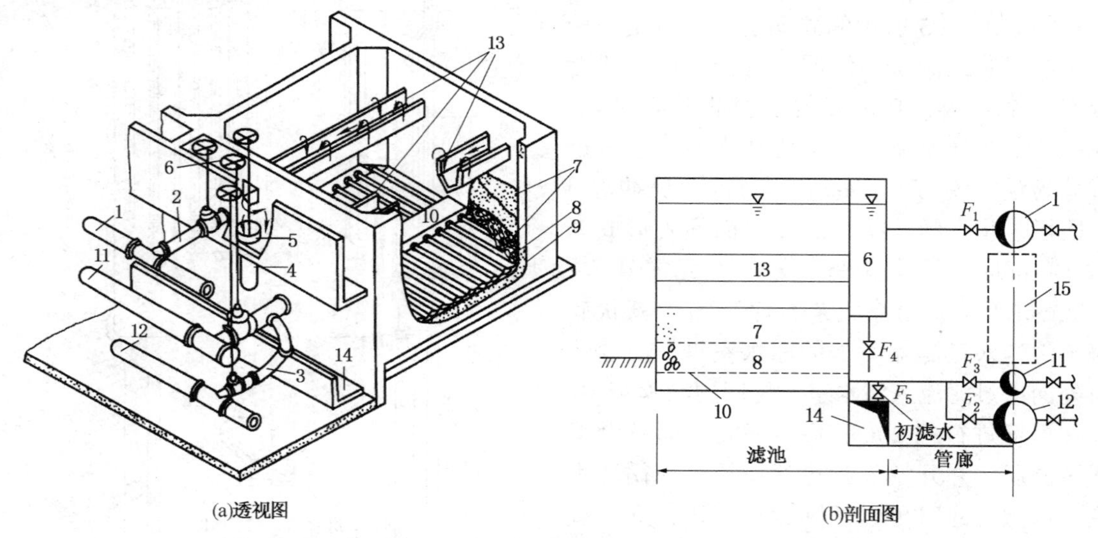

图 1-5-6　普通快滤池结构示意图(箭头表示冲洗时水流方向)

1—进水总管；2—进水支管；3—清水支管；4—排水管；5—排水阀；6—集水渠；7—滤料层；8—承托层；9—配水支管；10—配水干管；11—反冲洗水总管；12—清水总管；13—排水槽；14—废水渠；15—走道空间

水进水、清水出水、冲洗排水等主要管道和与其相配的闸阀；排水系统用以收集滤后水，更重要的是用于均匀分配反冲洗水，故亦称配水系统。反冲洗水排水槽即洗水槽，用以均匀地收集反冲洗污水和分配进水。

普通快滤池的运行是“过滤-反冲洗”两个过程交替进行。一般而言，快滤池运行的基本控制指标有两个：一是出水浊度，二是总水头损失。过滤是生产清水的过程，原水自进水总管经进水支管和排水槽流入滤池，在池内自上而下穿过滤层，清水则经配水系统收集，并经清水支管、清水总管流出滤池。工作期间，快滤池处于全浸没状态。经过一段时间过滤后，滤料层被固体悬浮物阻塞，水流阻力不断增大，当过滤层的压头损失增大到最大允许值或者当过滤出水水质接近超标时，滤池应停止运行，进行反冲洗。以采用单水反冲洗为例，反冲洗水一般由反冲洗水箱或反冲洗水泵供给，关闭进水支管及清水总管，开启排水阀及反冲洗水总管；反冲洗水自下而上通过配水系统、垫料层、滤料层，并由排水槽收集，经排水管进入废水渠后排走。滤池经反冲洗后，恢复过滤及截污能力，即可重新投入工作。两次反冲洗之间的时间间隔称为过滤周期，从反冲洗开始到反冲洗结束的时间间隔称为反冲洗历时。一般普通快滤池的一个工作周期应大于 8~12h。

控制重力过滤滤速的方式有恒速过滤和变速过滤，恒速过滤可用调控出水控制闸阀的方式来进行。在过滤运行之初，大部分的驱动力消耗在闸阀上，因为此时闸阀的开启很小；在运行期间，当滤层中的阻力损失逐渐增大时，闸阀可开启较大，以减小其自身引起的阻力损失，因此可不减小滤速。当闸阀已开启最大而滤速仍然降低，说明已不能维持恒速过滤，此时滤池可能需要反冲洗。变速过滤中，滤速在整个过滤期间逐渐减小而滤池中的水位逐渐升高，当滤层的水头损失达到极限值时将进行反冲洗。由于水位的升高也可在一定程度上防止滤速的减小，因此在开始一段时间内可接近恒速过滤。以下向流过滤为例，在过滤过程中，随着沉积物在滤料中的积聚，滤料上层必被堵塞，若上层滤料孔隙中的流速加快，附着在滤料表面的颗粒受水流的剪切力增大，附着和脱落过程重新调整，有一部分附着颗粒会向下层迁移。因此上层滤料的过滤任务不得不由下层来承担，并依此传递，越来越向深层扩展，结果使得滤层中再无足够厚度的洁净层可以保证出水水质，从而结束过滤周期。对于已经积有相当数量沉积物的滤池，如果突然增加滤速，则滤层内部的水流剪切力必然随之突然增大，这就破坏了原有的平衡，一些颗粒脱落并随水流走，故设计中应消除任何造成滤速突变的起因。

2. 承托层和滤料层

承托层也称为垫料层，一般配合大阻力配水系统使用，一是防止过滤时滤料从配水系统上的孔眼随水流走，二是在反冲洗时起一定的均匀布水作用。要求承托层不被反冲洗水冲动，形成的孔隙均匀，布水均匀，化学稳定性好，机械强度高。一般采用天然卵石或砾石，按颗粒大小分层铺设，如表 1-5-1 所示，垫料层的粒径一般不小于 2mm。如果采用小阻力配水系统，承托层可不设，或者适当铺些粗砂或细砾石，视配水系统具体情况而定。

表 1-5-1　大阻力配水系统的承托层

层次(自上而下)	粒径/mm	厚度/mm
1	2~4	100
2	4~8	100
3	8~16	100
4	16~32	本层顶面应高出配水系统孔眼 100

滤料层是滤池的核心部分，普通下向流滤池在反冲洗过程中，出现的水力筛分现象使小粒径滤料在滤池上层，滤料颗粒间的空隙自上到下逐渐增大。在下次过滤过程中会产生这样的现象：上层滤料已经堵塞，而下层滤料尚未发挥作用，在滤层中产生负压，影响滤池正常工作。理想的滤料层应该是，沿着过滤的水流方向，滤料层中的滤料粒径从大到小排列(滤料颗粒间的空隙逐渐减小)。此时，先接触到污水的滤料层能够比后接触到污水的滤料层多容纳固体悬浮物，而且在容纳了较多固体悬浮物后仍然能保留一定的空隙大小，继续允许水中的固体悬浮物进入滤料层内部。从而当过滤水头损失达到最大允许值时，整个滤料层的截留能力得到充分发挥。当然，滤料层层数决非越多越好，虽然可能接近理想滤料层，但容易出现混层，而且水头损失也会变大。一般而言，污水过滤的滤速可比给水过滤适当提高，而滤料的粒径亦应相应加大。工程上应根据进水水质、滤后水水质要求、滤池构造等因素，通过试验或参照相似条件下已有滤池的运行经验确定，宜按表1-5-2取用。滤池应按正常情况下的滤速设计，并以检修情况下的强制滤速校核。

表1-5-2 滤池滤速及滤料组成

滤料种类	滤料组成			正常滤速/(m/h)	强制滤速/(m/h)
	粒径/nm	不均匀系数 K_{80}	厚度/mm		
单层粗砂滤料	石英砂 $d_{10}=0.8$	<2.0	700	8~10	10~12
双层滤料	无烟煤 $d_{10}=1.0$	<2.0	300~400	9~12	12~16
	石英砂 $d_{10}=0.8$	<2.0	400		
均匀级配粗砂滤料	石英砂 $d_{10}=1.0\sim1.3$	<1.4	1200~1500	8~10	10~12

应该指出，上述三种类型都是针对普通滤池的下向流过滤而言。实际上，按照原水的流动方向可将深层过滤分为上向流、下向流和双向流3种，如图1-5-7所示。在上向流过滤中，水流向上通过滤料；反冲洗后，滤料将会分层，形成滤池底部滤料粒度较大而上部较小，因此上向流过滤是一种“反粒度”过滤，它可以截留较多的固体悬浮物(含污量大)，延长工作周期。当滤速较高时，为防止滤料层膨胀，表层应设置格网或格栅。这种过滤的缺点是反冲洗时滤料层膨胀受格网限制，且反冲洗水与过滤水流方向一致，影响反冲洗效果。双

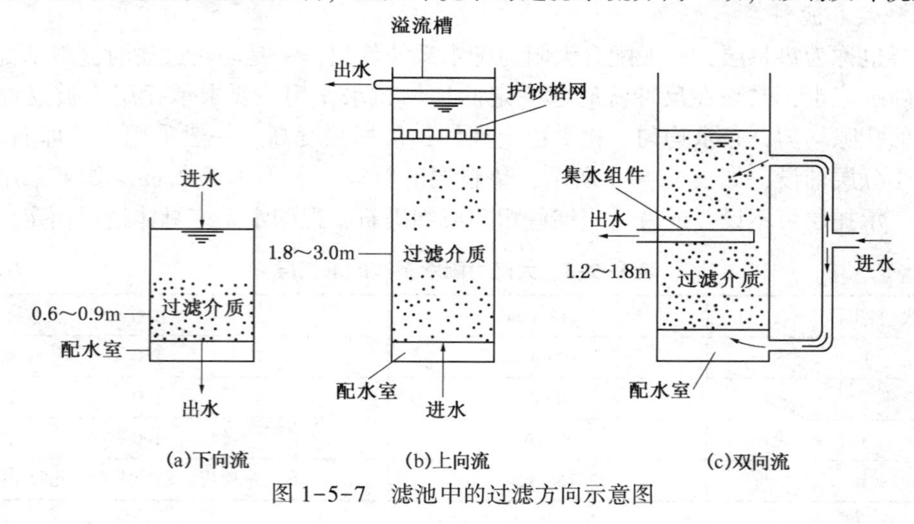

图1-5-7 滤池中的过滤方向示意图

向流过滤可将下向流过滤与上向流过滤的优点结合起来，滤出水可通过设在池中部的集水组件而引出池外，反冲洗时仅需增加池底部的进水速度。

当滤料层全部采用粒状活性炭等吸附材料时，即可作为固定床吸附设备；也可以采用活性炭和石英砂叠加式一体化净水处理工艺，吸附和过滤水中的有机物和难以沉淀的杂质，去除水中的色、嗅、味。

3. 滤池配水系统

要求配水系统能均匀收集滤后水和分配反冲洗水，并要求安装维修方便，不易堵塞，经久耐用。配水系统有大阻力配水系统和小阻力配水系统两种基本形式，此外还有中阻力配水系统。

（1）大阻力配水系统

大阻力配水系统的原理是基于对沿途泄流穿孔管和整个滤池反冲洗过程中压力变化的分析，通过减小滤层中配水支管的孔口面积以增大孔口阻力系数，从而削弱了滤池承托层阻力系数以及配水系统压力不均匀的影响。配水系统同时也是过滤时的集水系统，由于反冲洗流速远大于过滤流速，当反冲洗水布水均匀时，过滤集水的均匀性也得到了保证。

20 世纪 80 年代以前建造的快滤池大多采用穿孔管大阻力配水系统，如图 1-5-8 所示，由一条干管和多条带孔支管构成，外形呈“丰”字状。干管设于池底中心，支管埋于承托层中间，距池底有一定高度，支管下开两排小孔，与中心线呈 45°交错排列。孔的口径小，出流阻力大，使管内沿程水头损失的差别与孔口局部水头损失相比非常小，从而使全部孔口流出流体的水头损失趋于一致，以达到均匀布水的目的。穿孔管大阻力配水系统孔眼总面积与滤池面积之比（开孔比）宜为 0.20%~0.25%，配水干管（渠）进口处的流速为 1.0~1.5m/s，配水支管进口处的流速为 1.5~2.0m/s，配水支管孔眼出口流速为 5~6m/s。

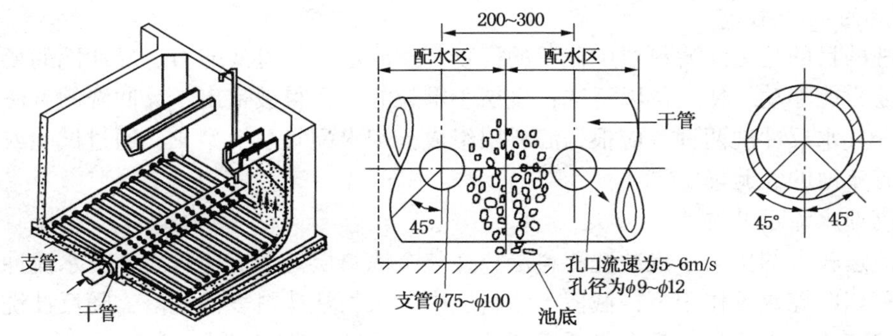

图 1-5-8　管式大阻力配水系统示意图

（2）小阻力配水系统

采用滤板和滤头（Filter nozzle）配水的系统为小阻力配水系统。相对于大阻力而言，小阻力配水系统的开孔比较大，因而流动阻力小，有利于减小反冲洗水头，降低滤池高度。为保证配水均匀，应注意以下两点：①反冲洗水到达各孔口处的流速应尽量低；②各孔口（或滤头）的阻力应力求相等，加工精度要求高。

滤板按滤格大小，分块预制后固定在滤池底部的分格梁上，起安装滤头、支承滤料层、反冲洗配水（气）等作用，滤板与滤池底部有一个适当的高度空间。目前高精度滤板一般不采用 PVC 塑料和玻璃钢，而是大多采用立体钢模浇制。首先按设计要求计算开孔比，预埋 ABS 工程塑料套管、配双层双向优质螺纹钢筋；然后采用高标号水泥、标准细石和石英砂，经机械搅拌、捣实浇制而成。安装每块滤板需要≥4 个固定点，采用螺栓固定，滤池四周的滤板还需用三角铁固定，滤板之间采用密封胶密封。

滤头一般分为短柄滤头和长柄滤头两种，前者用于滤池单水反冲洗、压力式滤罐及离子交换滤床等均合；后者用于滤池气水反冲洗的配水配气系统。滤头的具体构造因型号而异，但主要都由滤帽、滤帽座、滤杆、预埋管套、密封圈等组成，一般采用 ABS 工程塑料制造，承压强度高。滤头的滤帽弧面上均匀开有精心加工的长条细缝，缝隙宽度 0.25～0.40mm，既能防止滤料漏出，又能确保配水(气)均匀。滤柄顶部与滤帽连成一体，中、上部有 1～3 个小孔，靠近底部设有 2～3 个狭缝，末端孔口可进水。典型的结构尺寸参数如表 1-5-3 所示，小阻力滤头配水系统缝隙总面积与滤池面积之比宜为 1.0%～1.5%，在有条件时应取下限。

表 1-5-3　典型长柄滤头和短柄滤头的结构尺寸参数

型　号	长柄滤头	短柄滤头
规格	长柄 ϕ25 mm	短柄 ϕ25 mm
材质	ABS	ABS
形式	伞形	伞形
滤头总长	292 mm	146 mm
滤杆长	245 mm	100 mm
滤帽缝隙条数	40 条	40 条
滤帽缝隙宽度	0.25 mm	0.25 mm
缝隙面积	2.5 cm^2	2.5 cm^2
预埋套管	上端外径 ϕ40mm、内径 ϕ30mm、下端外径 ϕ46mm、内径 ϕ40mm、L=100mm	

4. 滤池的反冲洗

反冲洗的目的是去除滤料层中截留的污物，使滤池恢复过滤能力。反冲洗的要求是使底层大颗粒滤料能浮动，使之得以清洗；表层小颗粒滤料不得被带出。反冲洗的方法有高速水流反冲洗、气水反冲洗两种，应根据滤料层组成、配水配气系统型式，通过试验或参照相似条件下已有滤池的经验确定。

(1) 高速水流反冲洗

利用流速较大的反向水流冲洗滤料层，使整个滤料层处于流化状态。在水流冲刷和滤料颗粒碰撞剪切摩擦双重作用下，截留于滤料层中的污物从滤料表面脱落，随反冲洗水排出滤池。反冲洗流速过大或过小都会降低反冲洗效果。反冲洗流速过小，滤料层孔隙中水流剪力小；反冲洗流速过大，滤料层膨胀度过大，滤料颗粒过于离散，碰撞几率减小，水流剪力也减小，且小颗粒滤料会被带出滤池。一般而言，影响反冲洗效果的因素主要有反冲洗强度、滤料层膨胀度和反冲洗时间。反冲洗强度是指单位面积滤料层所通过的反冲洗流量，以 L/(m^2·s)计；反冲洗时，滤料层膨胀后所增加的厚度与膨胀前厚度之比也被称为滤料层膨胀度。当反冲洗强度和滤料层膨胀度符合要求但反冲洗时间不足时，既不能充分清除掉滤料上的污物，同时反冲洗废水也会排除不尽而导致污泥重返滤料层。

对于单层粗砂级配滤料而言，反冲洗强度、膨胀率、反冲洗时间分别为 12～15L/(m^2·s)、45%、5～7min；对于双层煤、砂级配滤料而言，反冲洗强度、膨胀率、反冲洗时间分别为 13～16L/(m^2·s)、50%、6～8min。当采用表面冲洗设备时，冲洗强度可取低值。

(2) 气水反冲洗

气水反冲洗是利用上升空气的震动将附着在滤料上的污物擦洗下来，使之悬浮于水中；

然后再用水反洗将污物排出池外。气水反冲洗的典型方法是：气冲→气水联合冲→水冲，有的还带有表面横向扫洗。采用气水反冲洗既可提高反冲洗效果，又节约反冲洗水量；同时滤料层不会有明显的分层现象，形成滤料均匀级配，从而提高了滤料层的含污能力。但气水反冲洗需增加气体供应设备和输送管路，滤池结构和反冲洗操作也较为复杂。

气水反冲洗过去通过在滤池下部配水系统上面另外安设穿孔管布气系统来实施，压缩空气经专用管道送入池内布气系统，通过管上的小孔流出，均匀分布在滤池平面上，由下向上穿过滤料层。目前，穿孔管布气系统已较少采用，而是多采用长柄滤头布水布气的方法。如图 1-5-9 所示，长柄滤头安装在滤池下部的滤板上。当同时向滤板下部的空间送入空气和水时，在底部空间里上部为气，下部为水，形成气垫层。气垫层的厚度与空气流量有关，当空气流量较小时，全部空气可经滤杆上部的小孔流入滤杆，气垫层较薄，仅进行气体反冲洗；当空气流量较大、全部空气已经不能由滤杆上部的小孔流入滤帽时，气垫层便会增厚，直至水面降低到滤杆下部的狭缝处，这时剩余的空气就经过狭缝流入滤杆。由于狭缝为长条形，其进气面积随水位下降而增大，且总面积比进气小孔又大许多，因此不仅足以排走小孔中未能及时排走的空气量，而且可以起到控制气垫层厚度的作用，使气垫层不能到达滤杆底端。流入滤杆的空气和水在杆内混合，再向上经滤帽上的狭缝喷射到滤料层中去，自下而上地对滤料进行气水同时反冲洗。由于多个滤头的交叉喷射均匀分布，因此能够取得良好的反冲洗效果。最后再单独用水进行反冲洗，以便将污泥杂质反冲进集污槽。当集污槽中的水变清时，即可停止反冲洗。

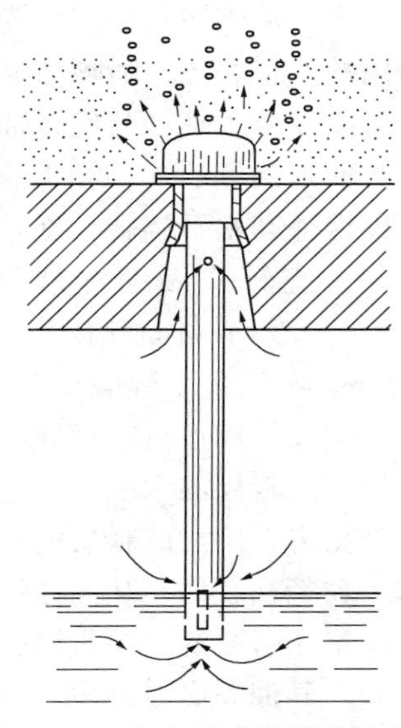

图 1-5-9　气水反冲洗用长柄滤头

气水反冲洗滤池的反冲洗强度和冲洗时间宜按表 1-5-4 选取，宜采用鼓风机直接供气，中小型滤池亦可采用空气压缩机-贮气罐组合的供气方式。

表 1-5-4　气水反冲洗强度和冲洗时间

滤料种类	先气冲洗		气水同时冲洗			后水冲洗		表面扫洗	
	气强度/[L/(m² · s)]	时间/min	气强度/[L/(m² · s)]	水强度/[L/(m² · s)]	时间/min	水强度/[L/(m² · s)]	时间/min	水强度/[L/(m² · s)]	时间/min
单层细砂级配滤料	15~20	2~3	—	—	—	8~10	4~5	—	—
双层煤、砂级配滤料	15~20	2~3	—	—	—	6.5~10	4~5	—	—
单层粗砂均匀级配滤料*	13~17	1~2	13~17	3~4	4~3	4~8	2~3	—	—
	13~17	1~2	13~17	2.5~3	5~4	4~6	2~3	1.4~2.3	全程

* 粗砂均匀级配滤料采用气水冲洗时冲洗周期宜采用 24~36h。

5. *滤池表面冲洗设备*

在对滤池进行反冲洗前，先由表面冲洗设备的高速压力水喷射在滤层表面，高速水流的剪切力破碎泥状层，同时增大了表层滤料之间的相互碰撞和摩擦，加速了滤料与所截留污物的剥离、脱落，接着在滤层处于流动状态前进行反冲洗，将已分离的滤料层截留污物随水冲走。

滤池表面冲洗设备分固定式和旋转式两大类。旋转式表面冲洗设备由旋转布水管、喷嘴和轴承等组成。旋转布水管设于滤料表层上约50mm处，以0.4~0.45MPa的压力通过喷嘴出流，强烈冲刷滤料表层，旋转布水管借助冲射水的反作用力旋转，喷射范围为布水管旋转半径内的滤料表层。喷嘴与滤料表层交错角约25°，喷嘴与滤料表层间距10~15mm；旋转冲洗管应保持水平，与旋转轴承座互相垂直；旋转轴承悬吊在固定管支架上，轴瓦采用低摩擦系数的聚四氟乙烯，轴承座顶部设有翼耳，用不锈钢索或圆钢将旋转布水管校调至水平状，以保证其水平旋转；旋转轴两边的喷嘴位置和方向应相对错开，使冲洗管既能旋转又喷水均匀。旋转式表面冲洗设备的其他设计控制参数如下：①表面冲洗强度为0.5~0.75L/(m^2·s)，冲洗历时4~6min；②旋转布水管管内流速为2.5~3m/s，喷嘴出口流速为25~35m/s，流速系数取0.92，流量系数取0.82。

滤池设计和运行中存在的问题包括负水头及气阻现象、积污、跑料、漏料等。当过滤阻力增加到滤料层的水头损失超过该处的过滤水头时，就会出现负水头现象。负水头会导致空气释放出来，增加滤料层的局部阻力。在反冲洗时，空气把部分滤料随水带走，造成滤料层局部大粒径柱状体，从而使过滤发生短路现象。气阻是由于滤料层内局部积聚了空气，减少过滤水量，形成滤料层裂缝，过滤水质恶化。

四、其他深层过滤设备

为了克服普通快滤池构造上的固有缺点，提高运行的自动化水平和减少阀门数量，相继出现了许多形式新颖的深层过滤设备，如翻板滤池、V形滤池、虹吸滤池、无阀滤池、移动冲洗罩滤池、压力滤池、连续式砂滤器等。这些深层过滤设备与普通快滤池的差异主要体现在下列几个方面：①滤料的选择和使用；②阀门的设置或进出水的控制方法；③过滤和反冲洗的工作方式。

1. 虹吸滤池

虹吸滤池(Siphon filter)的过滤原理与普通快滤池相同，但采用虹吸管来完成过滤和反冲洗过程中的进排水，亦即一个滤池用2个虹吸管替代普通快滤池的4个大型阀门，有时也被称为虹吸管式双阀滤池。施工时把若干个滤池成组修建，某个滤池的反冲洗用水来自与滤池底部出水相通的、组内其他滤池的出水。因此，为保证正常反冲洗用水，滤池组内滤池个数n应满足：$n-1$倍的单池出水量大于单池的反冲洗用水量。

虹吸滤池一般由6~8个滤池组成，形状主要为矩形和圆形，其结构和工作原理如图1-5-10所示，图为其中的两池，右半部表示过滤时的情况，左半部表示反冲洗时的情况。过滤过程中，来水由进水槽1供向配水槽2，左右滤池组设一个共用的配水槽。配水槽与单池水封槽4之间用小虹吸管3连接。当用真空系统14抽吸而使虹吸管3内形成真空时，水便由3进入4，并由进水渠5和布水管6流入单个滤池上方，继而自上而下经滤料层7、配水系统8流入集水槽9。集水槽为数个滤池共用，汇集的清水经出水管10流入出水井11，再从出水控制堰12溢流至清水总管13。随着滤料层阻力的逐渐增大，池内水位不断抬高，至水头损失达15~20kPa时，便进行反冲洗。反冲洗时，先破坏虹吸管3中的真空，中断进水。池内水位开始下降，至降速显著变慢时，即开始反冲洗。此时，用真空系统14使反冲洗虹吸管15内形成真空，池内存水便迅速沿反冲洗虹吸管15排向两池间的水渠，并从排水管16排走。当滤池内的水位下降至低于集水槽9的水位时，集水槽9内的清水便开始反向流入滤池内，对滤料进行反冲洗，反冲洗水经排水槽排至反冲洗虹吸管 15 进口处抽走。反冲洗结束时，破坏反冲洗虹吸管 15 的真空，再使进水虹吸管 3 形成真空，即可重新开始过滤过程。

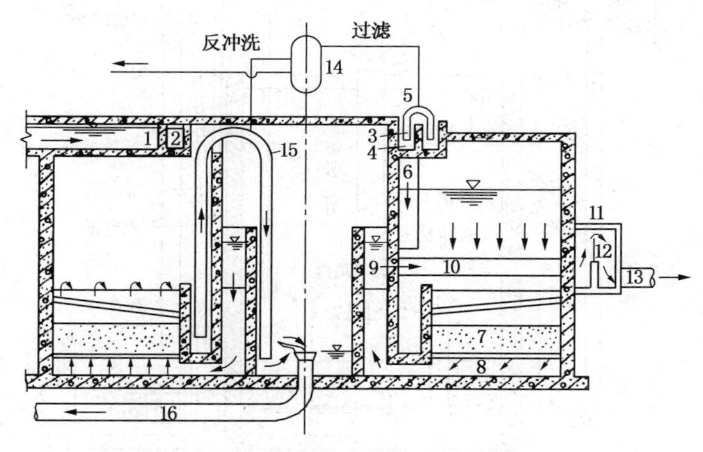

图 1-5-10　虹吸滤池的结构和工作原理示意图

1—进水槽；2—配水槽；3—进水虹吸管；4—单池水封槽；5—进水渠；6—布水管；7—滤料层；8—小阻力配水系统；9—集水槽；10—出水管；11—出水井；12—出水控制堰；13—清水总管；14—真空系统；15—反冲洗虹吸管；16—反冲洗排水管

该滤池的主要特点是采用虹吸管代替进、排水阀门，节省了大型阀门。反冲洗又利用了本组滤池内其他滤池的产出水及水头，采用小阻力配水系统，从而节省了反冲洗高位水箱或水泵系统。滤池进水量恒定，可达到等速过滤。除采用真空系统外，虹吸管的控制也可采用水力自动控制系统。但由于滤池结构复杂，反冲洗强度受限，当用于污水处理时应充分考虑解决好滤料的反冲洗效果问题，必要时辅以表面冲洗或气水反冲洗。

2. 重力式无阀滤池

无阀滤池分为重力式无阀滤池(Valveless gravity filter)和压力式无阀滤池，前者目前应用广泛。重力式无阀滤池是把反冲洗水箱、滤池建造在一起，反冲洗水储存在滤池上方，用一个伞形顶盖使滤池与其隔开。

如图 1-5-11 所示，过滤时来水经进水配水槽通过进水管和配水挡板分布在滤料层上方，再通过滤料层和小阻力配水系统(由滤头、垫板及底部空间组成)，由连通管上升至冲洗水箱，并由滤池溢流口进入出水管。随着滤料层水头损失的不断增大，虹吸上升管中的水位不断上升，当达到虹吸辅助管的管口时，水便由该管泄下，抽气管同时抽吸虹吸下降管中的空气，使之形成真空，导致主虹吸管(由虹吸上升管和虹吸下降管组成)接通，将滤池上方的水大量抽出至排水井。与此同时，冲洗水箱中的存水便对滤层进行反冲洗。当冲洗水箱中的水位下降到虹吸破坏管的管口处时，空气便进入该管，使主虹吸管的虹吸破坏。此后又开始下一周期的过滤。

无阀滤池的主要优点在于节省大型阀门，造价低，完全自动，操作简便。其缺点在于滤料完全封闭，装卸及检修不方便，滤后出水水位高，给总体高程布置带来困难等。重力式无阀滤池一般适用于小水量污水的深度处理及回用；由于池深较大，常与池身较高的机械搅拌澄清池、斜管沉淀池配套使用。

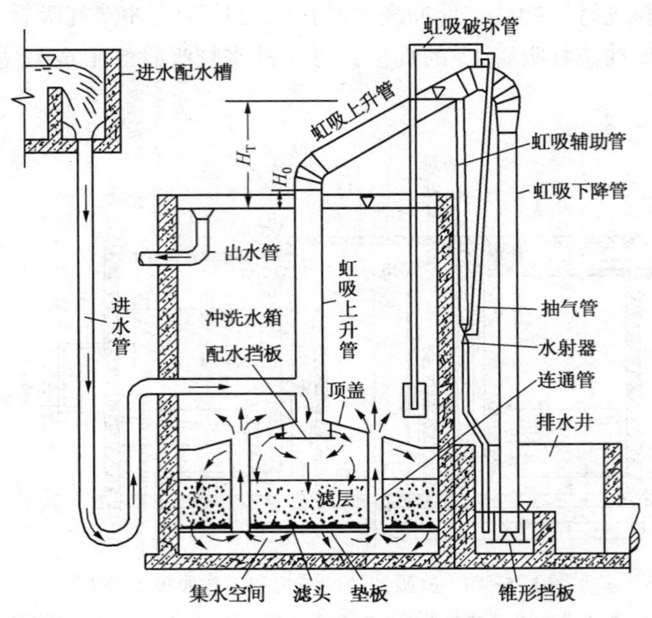

图 1-5-11 重力式无阀滤池的结构示意图

3. 压力滤池

压力滤池也称压力过滤器(Pressure filter)。普通快滤池靠水层自身的重力克服滤料层阻力进行过滤，作用水头为 0.04～0.05MPa；而压力滤池则是将滤料装填于密闭的压力容器内，利用外加压力克服滤料层阻力进行过滤，作用水头达 0.15～0.25MPa。由于可以在较高的水头损失下工作，因此过滤速度较高，反冲洗次数少，运行管理都比较方便，特别适用于水量较小而固体悬浮物浓度又相对较高的场合。压力过滤器的缺点是耗用钢材较多，投资较大，而且滤料进出不方便。

根据所采用滤料层的不同，压力过滤器可分为普通滤料滤罐、核桃壳过滤器(Walnut shell filter)、纤维球过滤器、纤维束过滤器等，其中核桃壳过滤器在含油污水处理领域应用较多。

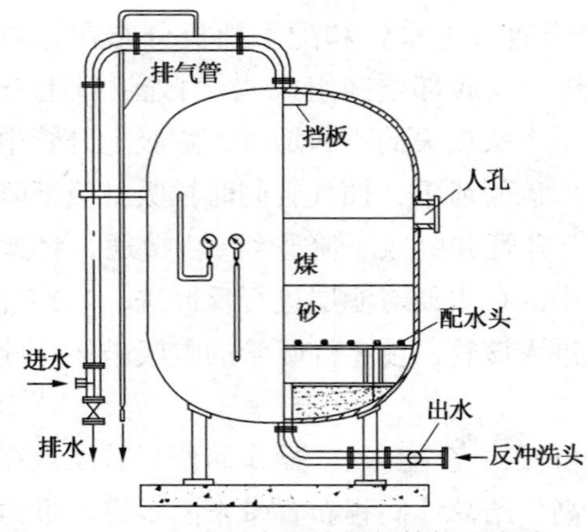

图 1-5-12 立式压力过滤器的结构示意图

(1) 普通滤料滤罐

普通滤料滤罐有立式和卧式两种，立式滤罐的直径一般都不超过 ϕ3m；卧式滤罐的直径不超过 ϕ3m，但长度可达 10m。

如图 1-5-12 所示，立式普通滤料滤罐主要由罐体、滤料层、进水管、出水管、配套仪表等组成；外部还安装有压力表和取样管，能及时监测滤罐的压力和水质变化；滤罐顶部设有排气阀，用来排出滤罐内和水中析出的气体。滤罐内部主要由滤料层、垫层以及小阻力配水系统组成，滤料层以下的垫层多为厚度 100mm 的卵石垫层。

普通滤料滤罐中滤料的粒径和滤料层厚度都比普通快滤池的大，分别为0.6~1.0mm和1.1~1.2m；滤速常在8~10m/h以上。过滤时，原水由进水管进入，均匀分布在整个滤罐断面上。水通过滤料层后，滤过水由集水系统收集，经清水管排出。反冲洗常用气水联合反冲洗的方式，以节省用水量，提高反冲洗效果。反冲洗流程为：一般先用水和气联合冲洗10~15min，再用水反冲洗5min。水压70~200kPa，反冲洗强度10~20L/(m^2·s)；气压60~100kPa，反冲洗强度为20~30L/(m^2·s)。反冲洗水由集水系统进入，向上穿过滤料层，通过顶部的漏斗或设有挡板的进水管收集并排除。

压力滤池的配水系统一般采用大阻力系统。从实际运行的效果来看，普通滤料滤罐中采用"喇叭口+挡板"布水系统的效果不理想，降低了滤罐的有效利用容积；而采用穿孔管大阻力配水系统，反冲洗效果不理想，且易造成滤料流失，每运行2~3个月就需补充滤料。将布水系统由原来的"喇叭口+挡板"式改进为莲蓬头或筛管式，配水系统由穿孔管大阻力式改进为大阻力筛管式。新型缠绕丝不锈钢筛管不仅提高了滤床的有效穿透深度、提高了集配水的均匀性和耐腐蚀性能，而且减少了滤料流失。

（2）纤维球过滤器

1982年，日本尤尼奇卡公司将人工合成纤维丝制成绒球作为滤料，用聚脂纤维做成球或扁平椭圆体，用于污水的净化处理，取得了很好的效果。1983年，清华大学环境工程系在国内首次研制出新型纤维球滤料。从机械结构上来看，纤维球过滤器有非压紧式和机械压紧式两种。

① 非压紧式纤维球过滤器

该过滤器滤料较散乱，紧密度不高，抗污能力不强，过滤精度不高，其结构如图1-5-13所示。纤维球装入滤床后，上层比较松散，基本上呈球状，球与球之间的空隙比较大；越接近床层下部，由于自重和水力作用，纤维球堆积得越密实，纤维球之间的纤维丝相互穿插，此时纤维球的个体特征已不重要，床体形成一个整体。整个床层上部孔隙率较高，下部孔隙率较低，近似理想孔隙分布。纤维球直径ϕ10~30mm，滤层滤速30~70m/h，用气水反冲洗。

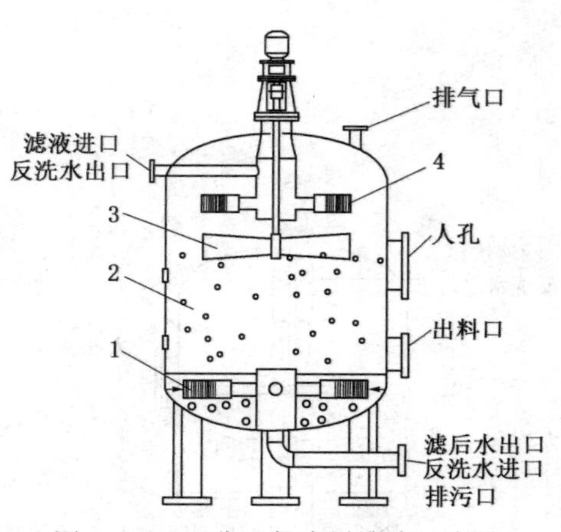

图1-5-13　非压紧式纤维球过滤器

1，4—配水管系；2—纤维球滤料；3—搅拌机构

工作时滤液高进低出，反冲洗时反冲洗水低进高出，反冲洗水不间断，清水消耗量大；搅拌桨叶采用标准直叶片或斜叶片，对滤料伤害大，桨叶一般不反转，使纤维球和水流同向旋转运动，导致反洗水对滤料冲洗力不大，滤料不易洗净。处理污水时，滤过水的悬浮物浓度一般在10mg/L以下。ZXJ型纤维球过滤器的性能参数如表1-5-5所示。

表 1-5-5　ZXJ 型纤维球过滤器性能参数列表

项目		参数	项目		参数
滤速/(m/h)		$v=20\sim50$	反冲洗	气体强度/[$m^3/(m^2\cdot min)$]	3
进水	粗滤/(mg/L)	$SS\leqslant100$		水冲强度/[$m^3/(m^2\cdot min)$]	0.6
	精滤/(mg/L)	$SS\leqslant20$		冲洗时间/min	15
水头损失/m		<10		水量比/%	<3
出水	粗滤/(mg/L)	$SS\leqslant10$	过滤面积/m^2		$S=\pi D^2/4$
	精滤/(mg/L)	$SS\leqslant2$	最大进水压力/MPa		0.4
处理量/(m/h)		$Q=v\cdot S$	反洗周期/h		10~20

② 压紧式纤维球过滤器

压紧机构可以上置，也可以下置。上部压紧式纤维球过滤器结构如图 1-5-14 所示，该过滤器上部采用液缸或螺旋带动压盘上下运动，过滤时下行压紧纤维球，反洗时上行松开滤料。搅拌机构放到下部，依靠搅拌叶片旋转搅拌。压盘采用筛板，取代了原非压紧式的配水筛管，下部仍采用筛管或筛板集水。同非压紧式一样，过滤时滤液高进低出，反冲洗时反冲洗水低进高出，反冲洗水不间断，清水消耗量大。搅拌桨叶的设计也采用标准直叶片或斜叶片，不反转。此结构在反冲洗开始时搅拌叶片对纤维球伤害更大，可能造成大量纤维球破坏形成散纤维，滤料易流失，纤维易堵塞机构间隙；反洗水对滤料冲刷力不大，滤料同样不易洗净，使过滤精度下降，使用效果不理想。

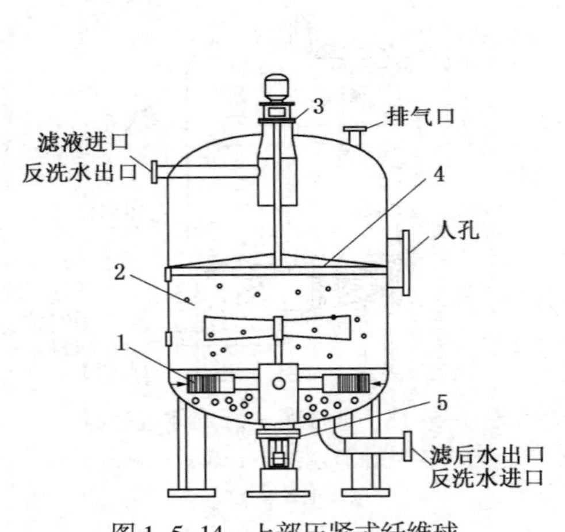

图 1-5-14　上部压紧式纤维球过滤器的结构示意图

1—配水管系；2—纤维球滤料；3—升降机构；4—压盘；5—搅拌机构

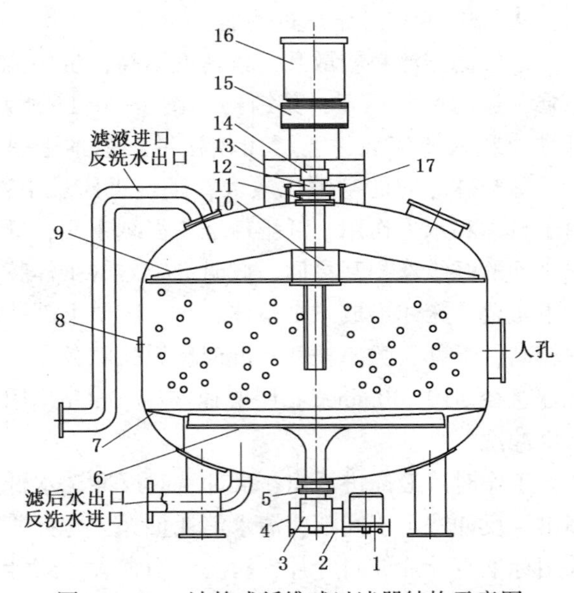

图 1-5-15　波轮式纤维球过滤器结构示意图

1—电动机减速器；2—胶带轮；3—轴承盒；4—机架；5—密封盒；6—波轮；7—布水板；8—视镜；9—压盘；10—圆螺母；11—密封盒；12—轴；13—机架；14—支点轴承盒；15—减速器；16—升降电动机；17—旋转式编码器

如图 1-5-15 所示，新型波轮式纤维球过滤器在设计上使得纤维球被限制在压盘和波轮之间。上部采用电动机通过螺旋传动带动压盘作往复运动，下部波轮承托。压盘和波轮盘上均匀布满布水孔，起布水作用。反冲洗时，反冲洗水从下部进入罐内，从上部流出，罐内充满清水后进出口阀门关闭；同时压盘上行松开滤料，下部电动机旋转，带动大波轮交替正反转，从而带动罐内静止清水迅速正反转，使滤料受到较大的水力振荡冲刷。此过程重复数次，直至滤料洗净。过滤时滤液高进低出，波轮停止旋转，压盘下行压紧纤维球，其压紧程度由编码器预先控制。

在罐壁上也可设计捕集管，以收集散落纤维。根据纤维散落量决定滤料的添加和更换。该过滤器实现了过滤、反洗及压紧的完全自动化控制和调节，通过编码器及控制系统控制上部旋转轴的旋转圈数和角度，从而控制压盘的行程，所有控制均在一个控制面板上实现。

(3)纤维束过滤器

纤维束过滤器采用束状纤维软填料作为滤料，单根纤维的直径可达几十微米甚至几微米，并具有比表面积大、过滤阻力小等优点，解决了粒状滤料过滤精度受滤料粒径限制等问题。

如图 1-5-16 所示，纤维束过滤器由固定孔板、活动孔板、纤维束滤料、布气装置等组成。为充分发挥纤维束滤料的特长，在过滤器的滤层上端设有可改变纤维密度的活动孔板。过滤时，待过滤水从上至下通过滤层，活动孔板在水力作用下向下运动，滤料顺水流方向的空隙由大逐渐变小，单位体积内的纤维密度变大，实现了深层过滤，其过滤过程既有纵向深层过滤，又有横向深层过滤，有效地提高了过滤精度和过滤速度。当滤层被污染需要反冲洗再生时，反冲洗水从下到上通过滤层，活动孔板在水力作用下向上运动，拉开纤维并使之处于疏松状态；同时采用气水联合反冲洗的方法，在气泡聚散和水力冲洗过程中，纤维束始终处于抖动状态，在水力和上升气泡的作用下再生。

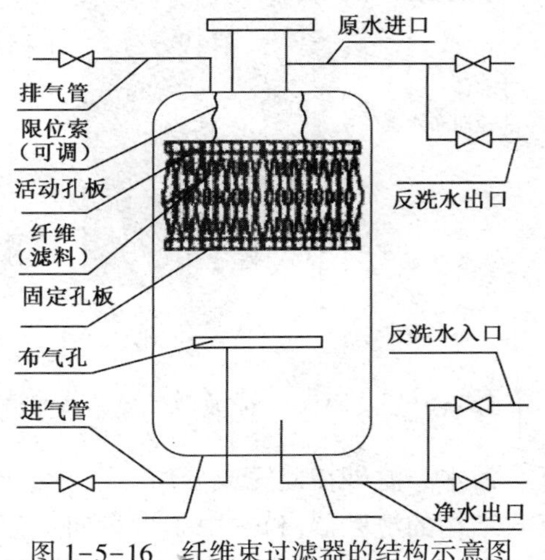

图 1-5-16　纤维束过滤器的结构示意图

纤维束过滤器能有效去除水中的固体悬浮物，同时对水中的细菌、病毒、大分子有机物、胶体、铁、锰等有明显去除作用，具有过滤速度快、精度高、截污容量大、操作方便等优点。

4. 连续式砂滤器

连续式砂滤器也被称为活性砂过滤器。1974 年，瑞典家族企业 Axel Johnson 公司的 Hans F. Larsson 和 Ulf Hjelmner 开始研究连续式砂滤器，提出单独对吸附饱和滤料进行清洗的想法，并解决了对滤料有效清洗、防止滤后水与反冲洗水相混这两个关键问题，设备在 1976 年研制成功并申请专利。除了在瑞典由 Nordic Water 公司以“DynaSand®”的商标进行生产销售之外，美国 Parkson 公司于 1977 年 9 月被授权在北美地区生产销售连续式砂滤器。美国 Parkson 公司通过对布水方式、洗砂方式、滤料提升手段等进行改进，在 1981~1997 年间申请了多项专利，并在 DynaSand® 产品的基础上研制开发了 DynaSand® EcoWash™、DynaSand D2®等多种不同类型的连续式砂滤器。由于连续式砂滤器具有经济高效、适用水质范围广等优点，引起了法国、荷兰、土耳其、丹麦、芬兰、加拿大、日本等国研究者的极大兴趣，应用范围也从最初的饮用水处理拓展到食品、纺织、冶金、造纸、金属加工、玻璃抛光、化工等行业固体悬浮物含量大的污水处理，以及市政污水二级出水的深度处理等方面。

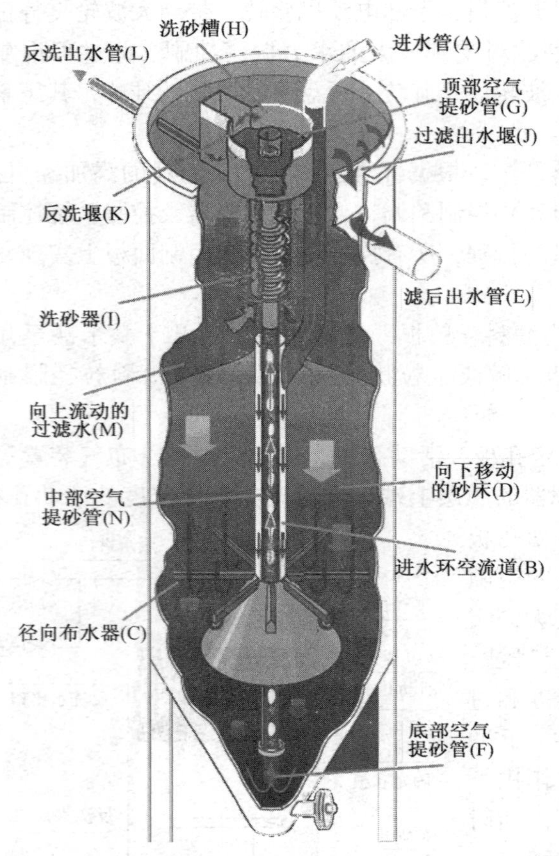

图 1-5-17　DynaSand®连续式砂滤器的结构示意图

图 1-5-17 为美国 Parkson 公司 DynaSand 连续式砂滤器的结构示意图，虽然也包括过滤和反冲洗两个过程，但二者同时且连续进行。过滤过程如下：经投加混凝剂的原水经过进水管(A)向下流动，通过进水环空流道(B)进入径向布水器(C)。水流从布水支管的孔口流出后经过砂滤层，自下而上地流经滤床，滤砂在滤床中自上而下地进行循环运移，水与滤砂在过滤器中呈逆向流动状态，增强了滤砂的截留效果。原水中的固体悬浮物在由下而上通过砂滤层的过程中，被滤砂截流下来；过滤水上升漫过过滤出水堰(J)后，经出水管(E)进入贮水池。反冲洗过程是：在空气提砂管(F)的底部通入少量的压缩空气，通过气提作用带动过滤器底部的脏砂一同上升，空气提砂管内的滤砂、泥、水流、空气在向上流动过程中，利用水流及空气流的剪力以及颗粒间的摩擦力作用，发生短期但强烈的反冲洗过程，从而完成一次清洗。被提升的混合物从顶部空气提砂管(G)落入洗砂槽(H)，气、污水、滤砂在此完成分离，洗砂水经反冲洗出水管(L)排出；滤砂向下进入呈错环、迷宫式结构的洗砂器(I)。由于少量向上流动的滤后水进入洗砂器(I)后流速加快，使其内向下运动的滤料呈旋转、翻腾状态，做到了对滤料的彻底反冲洗。在过滤出水与反冲洗出水水位差的作用下，提砂管(G)内的气提水与洗砂器(I)内的反冲洗水一同排出滤池。洗净后的滤砂在重力作用下缓缓向下移动，从而开始新一轮的过滤过程。洗砂器(I)及其上部洗砂槽(H)的局部放大结构如图 1-5-18 所示。

为解决多个钢制砂滤器联用带来基建投资增加的问题，还研制开发了如图 1-5-19 所示的混凝土池体连续式砂滤组合系统，将多个提砂、洗砂组件放在同一个过滤器中，不仅解决了适用大型水厂的水量限制问题，而且节约了钢材，同时也使设备简单、易操作控制。

20 世纪 90 年代中期，瑞典、法国等还研究了连续式砂滤器的脱氮除磷性能，通过对砂滤器的改进而取得了较好效果。试验时砂滤器增高到 6m，滤料层厚度达到 4.5m，在滤料层中形成厌氧区、缺氧区和局部好氧区，从而能够完成硝化、反硝化及除磷过程。因此，目前市场上的活性砂过滤器按其结构型式和功能的不同，可分为普通型活性砂过滤器、生物活性砂过滤器和反硝化型活性砂过滤器三种类型。普通型活性砂过滤器主要去除污水中的固体悬浮物(SS)和磷；生物活性砂过滤器既可去除污水中的固体悬浮物(SS)，又能有效去除污水中的 COD、BOD 等有机污染物；反硝化型活性砂过滤器用于去除污水中的 NH_4^+-N。此外，美国 Parkson 公司研制的 DynaSand® EcoWash™砂滤器改变了滤砂连续循环运移与连续气水反冲洗始终同步进行的传统模式，变为保持滤砂连续循环运移而间歇进行气水反冲洗，在保证滤后水水质的同时降低了反冲洗水量。

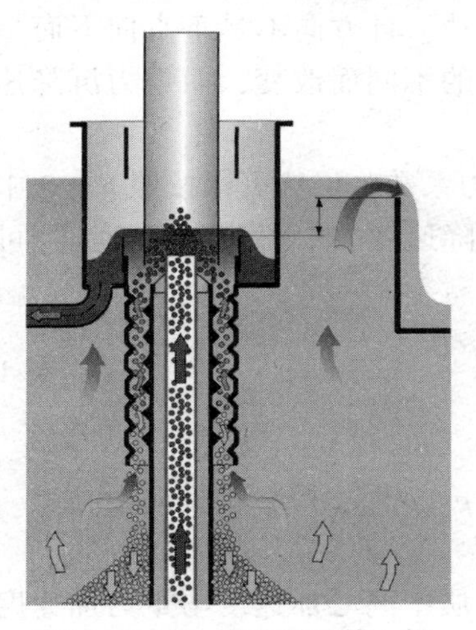

图 1-5-18　洗砂器及其上部洗砂槽的局部放大结构

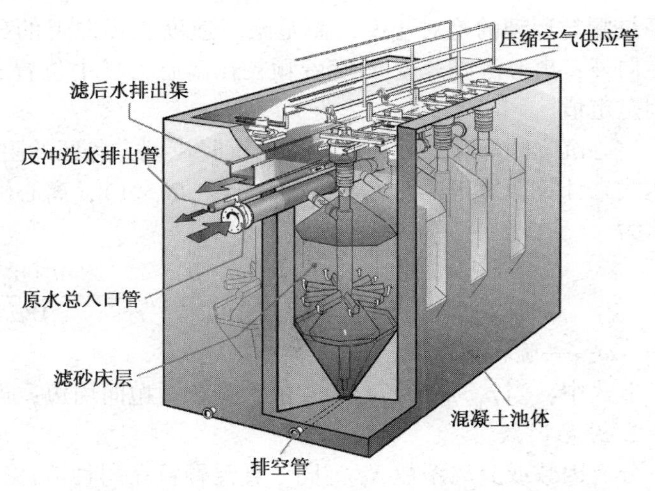

图 1-5-19　混凝土池体连续式砂滤组合系统的结构示意图

§1.6　离心分离规律及其设备

物体高速旋转能够产生离心力场，在离心力场内的各质点都将承受较其本身重力大出若干倍的离心力，大小则取决于该质点的质量和向心加速度。按照产生离心力方式的不同，离心分离设备可分为流旋和器旋两类。前者如水力旋流器、旋流沉淀池、旋风分离器等，其特点是设备固定不动，悬浮物系作旋转运动产生离心力；后者指各种离心机，其特点是由高速旋转部件(如转鼓)带动悬浮物系产生离心力。

除了用于大气污染控制工程领域的旋风除尘之外，离心分离更多地用于去除污水中的悬浮颗粒(固体颗粒和油滴等)，也可用于污泥脱水。

一、离心分离的理论基础

1. 离心沉降速度

当流体环绕某一中心轴作圆周运动时，在与中心轴距离为 r、切向速度为u_t 的位置上，离心加速度为$\frac{u_t^2}{r}$。当颗粒随着流体旋转时，如果颗粒密度大于流体的密度，则惯性离心力将会使颗粒在径向上与流体发生相对运动而远离中心。如果球形颗粒的直径为 d_p、密度为 ρ_p、流体密度为 ρ，则与颗粒在重力场中受力情况相似，在离心惯性力场中颗粒在径向上也受到三个力作用，即离心惯性力、向心力及阻力。向心力和阻力均沿着半径方向指向旋转中心，与颗粒径向运动的方向相反。

当三个力达到平衡时，可得到颗粒在径向上相对于流体的运动速度u_r(即颗粒在此位置上的离心沉降速度)的计算通式

$$u_r=\sqrt{\frac{u_t^2}{r}\cdot\frac{4d_p(\rho_p-\rho)}{3\rho\xi}} \tag{1-6-1a}$$

由上式可见，颗粒的离心沉降速度 u_r 与 §1.3 中的重力沉降速度 v_c 具有相似的关系式，若将重力加速度 g 改为离心加速度 $\frac{u_t^2}{r}$，则二者相同。但是两者又有明显区别：离心沉降速度 u_r 不是颗粒运动的绝对速度，而是绝对速度在径向上的分量，且方向不是垂直向下而是沿半径向外；离心沉降速度 u_r 随着颗粒在离心力场中位置 r 的不同而改变，而重力沉降速度 v_c 则是定值。

离心沉降同样存在三种区域内的沉降流型，各区的阻力系数 ξ 仍然可以按照 §1.3 中的表达式来计算。对于斯托克斯(Stokes)区($Re_p<1$)，离心沉降速度(或称稳定分离速度)可以表示为

$$u_r=\frac{d_p^2(\rho_p-\rho)}{18\mu}\times\frac{u_t^2}{r}=\frac{\omega^2 r d_p^2(\rho_p-\rho)}{18\mu} \tag{1-6-1b}$$

式中　ω——旋转角速度，rad/s。

上式中，当 $\rho_p>\rho$ 时，u_r 为正值，颗粒被抛向周边；当 $\rho_p<\rho$ 时，颗粒被推向中心。

2. 分离因数

分离因数或分离系数 K_c 为同一悬浮颗粒在同种流体介质中离心加速度与重力加速度的比值，在 Stokes 区内的表达式为

$$K_c=\frac{u_t^2}{rg}=\frac{\omega^2 r}{g} \tag{1-6-2}$$

也可以将 K_c 理解为同一悬浮颗粒在离心力场中所受到的离心力与其在重力场中受到的重力之比，或同一悬浮颗粒所在位置上的离心惯性力场强度与重力场强度之比。若以 n 表示转速(r/min)，并将 $\omega=2\pi n/60$ 代入上式，则有

$$K_c=\frac{\omega^2 r}{g}=\frac{r}{g}\left(\frac{n\pi}{30}\right)^2\approx\frac{rn^2}{900} \tag{1-6-3}$$

分离因数 K_c 是衡量离心分离设备分离性能的重要指标，在旋转半径 r 一定时，K_c 值随转速 n 的平方急剧增大。例如，当 $r=0.2$m、$n=500$r/min 时，$K_c\approx56$；而当 $n=3000$r/min 时，则 $K_c\approx2000$。由此可见，离心力对悬浮颗粒的作用远远超过重力，从而强化了分离过程。由上式还可知，旋转半径越大，则分离因数大，但旋转半径增大对旋转部件(如转鼓)的强度有负面影响。

3. 物料在转鼓离心力场中分离的相关理论基础

在离心机转鼓所产生的离心力场中，悬浮液中的固体和液相组分(或乳状液中互不相溶的液体轻重相组分)，由于本身质量不同而产生各不相同的离心力，因而得以分离。

(1) 转鼓内液体的自由表面

离心机开始运转后，因转鼓的带动而使其内液体在受重力作用的同时，还受到离心力的作用，形成一个旋转的自由表面，如图 1-6-1 所示。

在自由液面上任取一单元体，其质量为 dm，回转半径为 r_0，离转鼓底面的高度为 l，设转鼓的旋转角速度为 ω，则此单元体所受的离心力 C 和重力 G 分别为

$$C=\mathrm{d}m\cdot r_0\cdot\omega^2$$

$$G=\mathrm{d}m\cdot g$$

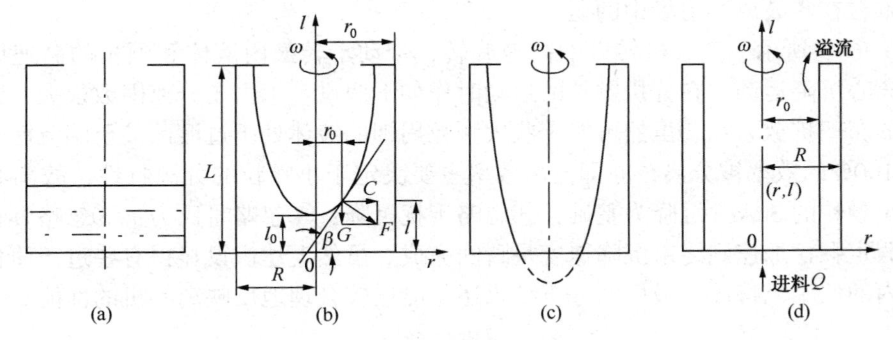

图 1-6-1　离心机转鼓内的自由液面

这两个力的合力 F 的方向应垂直于该点自由液面的切线，故

$$\mathrm{tg}\beta=\frac{\mathrm{d}l}{\mathrm{d}r_0}=\frac{C}{G}=\frac{\mathrm{d}m\cdot r_0\cdot\omega^2}{\mathrm{d}m\cdot g}=\frac{\omega^2}{g}r_0 \tag{1-6-4}$$

积分可得

$$l=\frac{\omega^2}{2g}r_0^2+l_0 \tag{1-6-5}$$

由上式可见，转鼓内液体的自由表面为一旋转抛物面。当转速增大时，抛物面逐渐下凹，甚至可能$l_0<0$[图 1-6-1(c)]；同时周围液体上升。因此工程实际中为防止液体溢出，转鼓顶部应设一定高度的溢流堰，只让一定量的液体(澄清液)溢出。当转速极大，以致于重力相对于离心力可以忽略不计时，则自由液面趋近于圆柱面，即$r_0=D_0/2$[图 1-6-1(d)]。

(2) 转鼓内液体的压力

在转鼓内物料中任取一单元体或微元体(图 1-6-2) $\mathrm{d}V=\left(r+\frac{\mathrm{d}r}{2}\right)\mathrm{d}\varphi\mathrm{d}r\mathrm{d}l$，因其以角速度 ω 作旋转运动，故旋转产生的离心力为

$$\rho\mathrm{d}V\left(r+\frac{\mathrm{d}r}{2}\right)\omega^2=\rho\left(r+\frac{\mathrm{d}r}{2}\right)^2\omega^2\cdot\mathrm{d}\varphi\cdot\mathrm{d}r\cdot\mathrm{d}l$$

微分体积上压力的径向平衡条件为

$$\left(p+\frac{\mathrm{d}p}{\mathrm{d}r}\mathrm{d}r\right)(r+\mathrm{d}r)\mathrm{d}\varphi\mathrm{d}l-pr\mathrm{d}\varphi\mathrm{d}l=\rho\left(r+\frac{\mathrm{d}r}{2}\right)^2\omega^2\mathrm{d}\varphi\mathrm{d}r\mathrm{d}l$$

忽略二次项后化简得

$$\frac{\mathrm{d}p}{\mathrm{d}r}=\rho\omega^2 r \tag{1-6-6}$$

沿径向对上式积分可得

$$p=\int_{r_0}^{r}\rho\omega^2 r\mathrm{d}r=\frac{1}{2}\rho\omega^2(r^2-r_0^2) \tag{1-6-7}$$

这就是物料中某一径向位置由离心作用产生的离心压力，式中 r_0 为自由液面的径向位置。由此可见，在水平面内离心压力是径向位置的函数，在半径为 R 的鼓壁处达到最大值。

$$p=\frac{1}{2}\rho\omega^2(R^2-r_0^2) \tag{1-6-8}$$

计算离心压力的意义在于确定转鼓的离心应力，同时由于离心压力是离心过滤操作的驱动力，故离心压力也是离心过滤操作的设计基础。

（3）颗粒在转鼓离心力场中的运动

如图1-6-3所示，离心机转鼓的高速旋转，带动了转鼓内液体和颗粒的高速旋转，致使颗粒做离心沉降运动。在分析颗粒的运动时作如下假设：①由于分离因数很大，因而足以克服颗粒的布朗扩散力；②虽然可能有些大颗粒周围的液体处于过渡区甚至湍流区，但它们往往总以100%的效率被分离，亦即分离效率主要决定于小颗粒的分离特性，故离心机的性能分析以小颗粒的Stokes沉降为基础；③忽略干扰沉降；④忽略哥氏力；⑤忽略颗粒的加速时间，即假定颗粒加速到终末沉降速度是瞬间完成。虽然上述假设显得有些过于简化，但由于离心机内的低湍流特性，最后的分析结果还是能比较合理地反映离心机的性能。

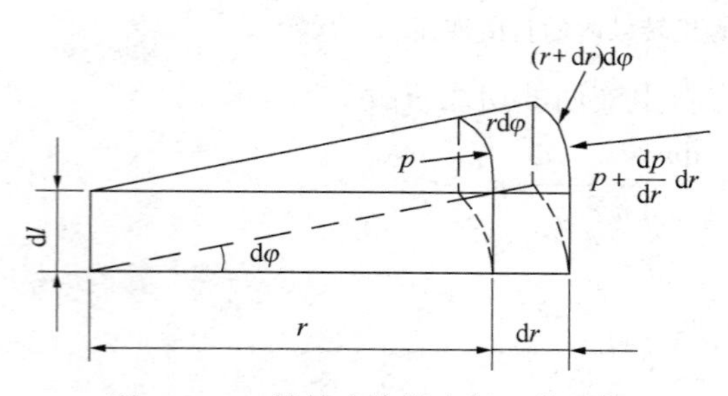

图1-6-2　转鼓内物料中任一微元体

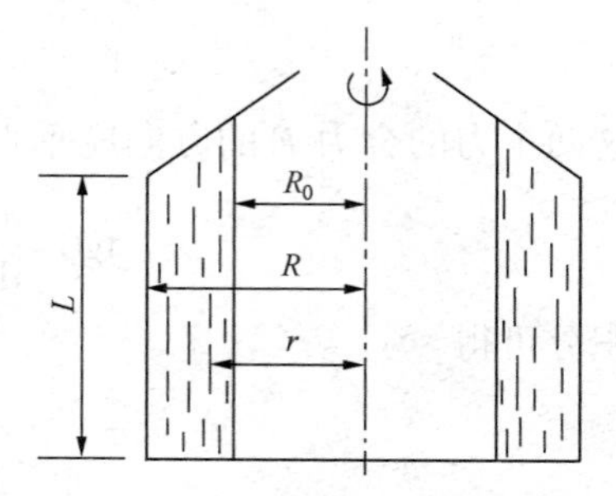

图1-6-3　转鼓内颗粒的沉降示意图

当小颗粒以Stokes沉降模式在离心力场中运动时，颗粒的径向沉降速度 u_r 为

$$u_r=\frac{dr}{dt}=\frac{\omega^2 r d_p^2(\rho_p-\rho)}{18\mu}=\tau\omega^2 r \tag{1-6-9}$$

式中　$\tau=\frac{(\rho_p-\rho)d_p^2}{18\mu}$，也称为时间常数；$\omega^2 r$ 为离心加速度；r 为颗粒所在的径向位置。

由式(1-6-9)可得

$$dt=\frac{1}{\tau\omega^2}\frac{dr}{r}$$

假定颗粒从某一径向位置 r 开始沉降，一直到壁面(即径向位置 R)，则颗粒完成沉降所需的时间为，

$$t=\int_r^R\frac{1}{\tau\omega^2}\frac{dr}{r}=\frac{1}{\tau\omega^2}\ln\frac{R}{r} \tag{1-6-10}$$

由上式可知，颗粒完成沉降所需的时间是其径向位置 r 的函数。颗粒是否能完成沉降(即达到径向位置 R)，一方面取决于颗粒所处的起始径向位置，另一方面还决定于颗粒在转鼓内的允许停留时间或平均停留时间 $\bar{t}$。为了计算 $\bar{t}$ 可作如下假设：

① 液体的轴向运动为柱塞流，即沿转鼓横截面的液流速度均匀分布，并忽略端泄效应的影响；

② 颗粒与流体具有相同的轴向速度。

由图1-6-3可知，流体的流通面积为 $\pi(R^2-R_0^2)$。若通过离心机的流量为 Q，则流体的平均轴向速度为

$$w=\frac{dl}{dt}=\frac{Q}{\pi(R^2-R_0^2)} \tag{1-6-11}$$

颗粒在转鼓内的停留时间为

$$\bar{t}=\int_{0}^{L}\frac{1}{w}\mathrm{d}l=\int_{0}^{L}\frac{\pi(R^{2}-R_{0}^{2})}{Q}\mathrm{d}l=\frac{\pi(R^{2}-R_{0}^{2})L}{Q} \tag{1-6-12}$$

式中，$\pi(R^2-R_0^2)L$ 为流体的体积，也称为转鼓的有效容积；若将其用 V 表示，则有

$$\bar{t}=\frac{V}{Q} \tag{1-6-13}$$

由上述可知，处理量 Q 越大，允许停留时间 $\bar{t}$ 越短。对重分散相而言，颗粒从起始径向位置 r 走完分离区全长(轴向)，刚好能沉降(径向)到达鼓壁的临界条件为 $t=\bar{t}$，即

$$\frac{1}{\tau\omega^{2}}\ln\frac{R}{r}=\frac{V}{Q}=\bar{t}$$

或

$$r=R\cdot\mathrm{e}^{-\tau\omega^{2}\bar{t}} \tag{1-6-14}$$

上式的物理意义为：时间常数为 τ 的颗粒在允许停留时间 $\bar{t}$ 内能完成沉降的最小起始径向位置。起始径向位置大于此值，则此颗粒不能完成沉降。因此，时间常数为 τ 的颗粒的粒级效率值 $G(d_p)$ 可定义为半径 r 与 R 之间的环状液层体积占鼓内液体总体积的比值

$$G(d_{p})=\frac{R^{2}-r^{2}}{R^{2}-R_{0}^{2}} \tag{1-6-15}$$

将式(1-6-14)代入式(1-6-15)，得

$$G(\tau)=\frac{R^{2}}{R^{2}-R_{0}^{2}}(1-\mathrm{e}^{-2\tau\omega^{2}\bar{t}}) \tag{1-6-16}$$

令 $G(d_p)=0.5$，从上式可导出分割粒度 d_{p50} 或分割常数 τ_{50}，得

$$\tau_{50}=\frac{1}{2\omega^{2}\bar{t}}\ln\frac{2R^{2}}{R^{2}+R_{0}^{2}} \tag{1-6-17}$$

由上式代入式(1-6-13)，可导出离心机的生产能力，即

$$Q=\frac{V}{\bar{t}}=\frac{2\omega^{2}V\tau_{50}}{\ln\frac{2R^{2}}{R^{2}+R_{0}^{2}}}=2\tau_{50}g\sum=2u_{tg}\sum \tag{1-6-18}$$

式中　$u_{tg}=\tau_{50}g$，即重力场下的终了沉降速度；同时有 $\sum$ 的表达式

$$\sum=\frac{\omega^{2}}{g}\frac{V}{\ln\frac{2R^{2}}{R^{2}+R_{0}^{2}}}=\frac{\omega^{2}}{g}\pi L\frac{R^{2}-R_{0}^{2}}{\ln\frac{2R^{2}}{R^{2}+R_{0}^{2}}} \tag{1-6-19}$$

由于上式中的 $\dfrac{R^{2}-R_{0}^{2}}{\ln\frac{2R^{2}}{R^{2}+R_{0}^{2}}}$ 计算不太方便，人们根据对数函数的近似值公式 $\ln y\approx2\frac{y-1}{y+1}$，可得 $\ln\dfrac{2R^{2}}{R^{2}+R_{0}^{2}}\approx\dfrac{R^{2}-R_{0}^{2}}{\frac{3}{2}R^{2}+\frac{1}{2}R_{0}^{2}}$。同时定义 $\lambda=\dfrac{R_0}{R}$，则

$$\sum\approx\frac{\omega^{2}}{g}\frac{\pi R^{2}L}{2}(3+\lambda^{2}) \tag{1-6-20}$$

这就是管式离心机的 Σ 常数，它决定于离心机的操作参数和结构参数，其量纲为面积

(m^2)。对于圆锥形转鼓的螺旋卸料离心机有

$$\sum \approx \frac{\omega^2}{g}\frac{\pi R^2 L}{4}(1+3\lambda+4\lambda^2) \tag{1-6-21}$$

对于柱-锥形转鼓的螺旋卸料离心机有

$$\sum \approx \frac{\omega^2}{g}\frac{\pi R^2 L_2}{2}\left[\frac{L_1}{L_2}(3+\lambda^2)+\frac{1}{2}(1+3\lambda+\lambda^2)\right] \tag{1-6-22}$$

式中 L_1，L_2——分别为锥、柱段的长度。

对于碟式离心机有

$$\sum \approx \frac{\omega^2}{g}\frac{2N\pi R_2^3}{3}\left[1-\left(\frac{R_1}{R_2}\right)^3\right]\mathrm{ctg}\,\frac{\theta}{2} \tag{1-6-23}$$

式中 N——碟片数；

R_1——碟片内侧回转半径，m；

R_2——碟片外侧回转半径，m；

θ——锥形碟片的全锥角，(°)。

式(1-6-18)为Σ理论的基本表达式，可用来预测离心机的性能，即处理量或分割粒径。预测的处理量即为对应于分割粒径d_{p50}的生产能力。小于此流量，分割常数为τ_{50}的颗粒大部分能完成沉降而被分离出来；否则，分割常数为τ_{50}的颗粒大部分不能完成沉降。利用Σ常数，可对几何和动力相似的离心机(如同一类型的离心机)进行操作性能比较，或对同一类型的离心机作比例放大。设d_{p50}或τ_{50}保持不变，则由式(1-6-18)可得

$$\frac{Q_1}{\sum_1}=\frac{Q_2}{\sum_2} \tag{1-6-24}$$

(4) 离心沉降分离的极限

上述对离心机分离性能的描述忽略了颗粒的布朗运动，当颗粒比较小(如几个 μm 以下)时，布朗运动不能忽略。如果还用Σ理论，就可能高估离心机的分离性能。甚至当颗粒小到一定程度，在一定的离心力场作用下，用Σ理论预测可以被分离，但因颗粒布朗运动引起的扩散作用，颗粒将可能长期保持悬浮状态而不能被分离。这种现象称为离心沉降分离的极限，对应的颗粒直径称为极限颗粒直径，用d_{pmin}表示

$$d_{pmin}=1.732\left[\left(\frac{T}{(\rho_p-\rho)r\omega^2}\right)^{\frac{1}{4}}\right](\mu m) \tag{1-6-25}$$

式中 T——热力学温度，K；其余符号同前。

根据此式，可由要求的最小分离颗粒粒径确定所需的最小分离因数K_{cmin}，进而选定机型。由式(1-6-23)得

$$K_{cmin}=\frac{9T}{g(\rho_p-\rho)d_{pmin}} \tag{1-6-26}$$

例如，$T=300K$，$\rho_p-\rho=100kg/m^3$，要求 $d_{pmin}=0.5\mu m$，按上式计算得到所需的最小分离因数 $K_{cmin}=4405$。

二、水力旋流器

旋流分离技术根据流体介质的不同分为干法与湿法两大类，前者为旋风分离，后者为旋液分离，相应的设备为旋风分离器(cyclone)和旋液分离器(hydrocyclone)。旋液分离器通常

也被称为水力旋流器，自从美国学者 E. Bretney 于 1891 年注册旋液分离器的第一个专利至今，旋液分离器已经有了一个多世纪的发展历史，应用领域不断扩大。相比之下，水力旋流器在液-液分离方面的应用要比固-液分离晚得多，应用于油水混合物类小密度差的液-液分离更是起步较晚，直到 20 世纪 80 年代初期才开始工业应用试验。第一台商用 Vortoil 型油水分离用水力旋流器 1983 年问世，1985 年在澳大利亚的 Bass Strail 油田成功进行测试，出口含油量平均 30mg/L 左右，除油率达 90%以上，从此进入工业化应用推广阶段。通常所说的水力旋流器是指压力式水力旋流器(Pressure hydrocyclone)，主要借助进液的压力和速度产生旋转运动，具有结构紧凑、无运动部件、便于安装检修等优点，比较适用于各类小流量工业废水和高浊度污水中比重较大无机杂质的分离。

1. 结构与工作机理

如图 1-6-4 所示，压水式水力旋流器大多采用合金钢或其他耐磨材料制成，上部为直径为 D 的圆柱筒，下部为锥角为 θ 的截头圆锥体，进水管以渐缩方式与上部圆柱筒切向连接。

如图 1-6-5 所示，当物料借水泵提供的能量(压力≤0. 40MPa)以 6~10m/s 的流速切向进入圆柱筒后，沿器壁形成向下作螺旋运动的一次涡流，其中直径和密度较大的悬浮颗粒被甩向器壁，并在下旋水流推动和重力作用下沿器壁下滑，在锥底形成浓缩液连续排除(称为底流，underflow)。其余液流则向下旋流至一定程度后，便在愈来愈窄的锥壁反向压力作用下改变方向，由锥底向上作螺旋形运动，形成二次涡流，经溢流管进入溢流筒后，从出液管排出(overflow)。另外，在水力旋流器中心还形成一束绕轴线分布的自下而上的负压空气涡流柱。

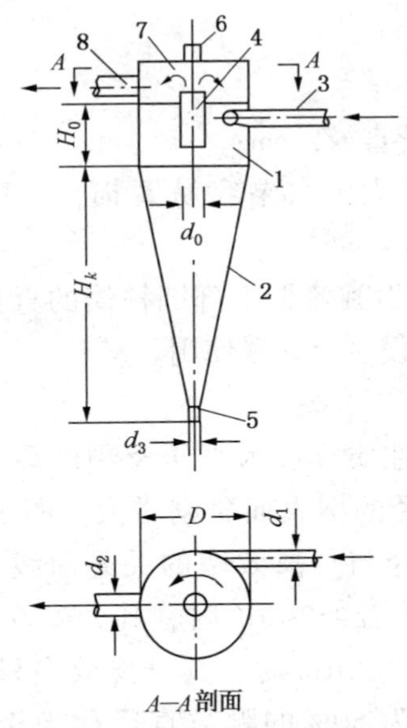

图 1-6-4 水力旋流器的结构示意图

1—圆筒；2—圆锥体；3—进液管；4—溢流管；5—排渣口；6—通气管；7—溢流筒；8—出液管

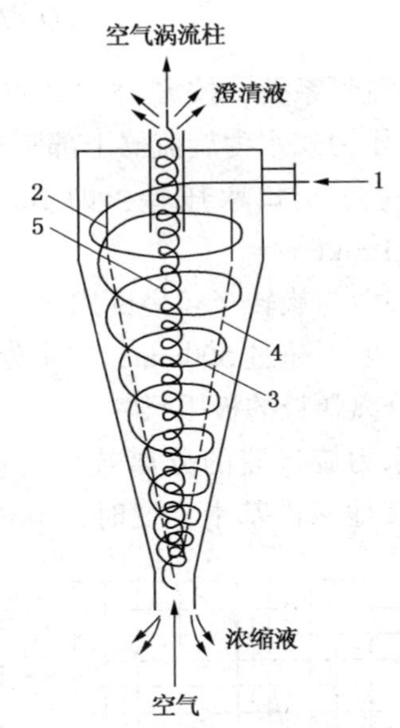

图 1-6-5 物料在水力旋流器内的流动情况

1—入流；2—一次涡流；3—二次涡流；4—零锥面；5—空气涡流柱

压力式水旋流器与旋风分离器的不同之处在于，前者内层旋流中心有一个处于负压的气柱，同时前者的上部圆柱筒较短，下部截头圆锥体较长。这样可以比较充分地发挥圆锥部分的作用，由于旋转半径较小，故离心作用较强。

2. 设计计算

压力式水力旋流器设计计算的一般步骤是：首先确定各部分的结构尺寸，然后求出处理水量和极限粒径，最后根据处理水量确定设备台数。

（1）确定各部分的结构尺寸

压力式水力旋流器各部分尺寸的相对关系对分离效果有决定性影响，一般以上部圆柱筒的直径 D 和下部截头圆锥体的锥角 θ 作为基本尺寸，再按以下关系确定其他尺寸：

上部圆柱筒高度 $H_0=1.70D$；下部截头圆锥体的锥角 θ 取 10°～15°；中心溢流管直径 $d_0=(0.25\sim0.35)D$；进水管直径 $d_1=(0.25\sim0.40)D$，一般管中流速取 1～2m/s；出水管直径 $d_2=(0.25\sim0.50)D$；锥底直径 $d_3=(0.5\sim0.8)d_0$；锥体高度 $H_k=\dfrac{D-d_3}{2\mathrm{tg}\theta}$；进水口应紧贴器壁相切，并制作为高宽比为 1.5～2.5 的矩形，进水管轴线应下倾 3°～5°，出口流速一般在 6～10m/s 之间，以加强水流的下旋运动；溢流管下缘与进水管轴线的距离以等于 $H_0/2$ 为佳；为保持空气柱内稳定的真空度，出水管不能满流工作，因此应使 $d_2>d_0$，并在水力旋流器的顶部设置通气管，以平衡内部压力和破坏可能发生满流时的虹吸作用；排渣口直径宜取小值，以提高浓缩液浓度；进口易被磨损，应用耐磨材料制作，且能快速更换，以便调节口径和检修。

（2）处理水量计算

压力式水力旋流器的处理水量 Q 按下式计算

$$Q=KDd_0\sqrt{\frac{\Delta p}{10}}\,(\mathrm{L/min}) \qquad (1-6-27)$$

式中 K——流量系数，按 $K=5.5\,d_1/D$ 计算；

D 和 d_0——压力式水力旋流器上部圆柱筒和中心溢流管直径，cm；

Δp——进、出口水压差，即 $\Delta p=p_1-p_2$，压力过大，水泵容易磨损，一般取 98～196kPa。

由于离心力与旋转半径呈反比例关系，故压力式水力旋流器上部圆柱筒的直径 D 受到一定限制，一般不超过 500mm；如果处理水量较大，应设多台并联使用。

（3）被分离颗粒的极限尺寸

压力式水力旋流器的分离效率与设备结构、颗粒性质、进水水压及黏度等一系列因素有关。在其他条件基本不变时，分离效率随颗粒直径的增大而急剧增大。图 1-6-6 为某种污水颗粒直径与分离效率的关系曲线，由图中可以看出，颗粒直径≥20μm 时，其分离效率可接近 100%；颗粒直径为 8μm 时，其分离效率只有 50%。一般将分离效率为 50%的颗粒直径称为极限直径，它是判断压力式水力旋流器分离程度的主要参数之一。极限粒径愈小，说明分离效果愈好，达到一定分离效率时的处理水量也愈大。

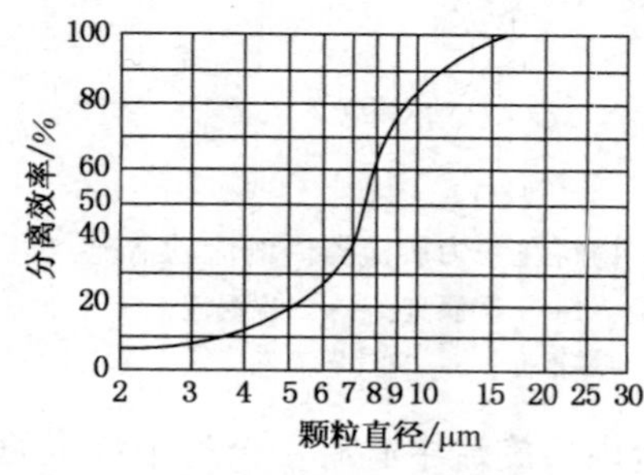

图 1-6-6 颗粒直径与分离效率的关系曲线

由于悬浮颗粒直径的性质千差万别，计算极限粒径的经验公式很多，计算结果相差亦较大，因此为了准确计算与评价，应对污水进行分离可行性试验。

当悬浮固体颗粒以较小的速度($Re_p<1$)作径向运动时，被分离颗粒的极限直径d_c(cm)可由下式计算

$$d_c=0.75\frac{d_1^2}{\varphi}\sqrt{\frac{0.1\pi\mu}{Qh(\rho_p-\rho)}} \tag{1-6-28}$$

式中 μ——水的动力黏度，Pa·s；

φ——水流切向速度变化系数，与水力旋流器的结构有关，可以按$0.1D/d_1$近似计算；

h——中心流束的高度，其值约为水力旋流器总高减去圆锥部分高度的1/3，即$h=\frac{D-d_3}{3\mathrm{tg}\theta}$，cm；

Q——水力旋流器进水流量，cm^3/s；

ρ_p、ρ——固相颗粒和污水的密度，g/cm^3。

当固体颗粒以较大的速度($Re_p=1\sim30$)运动且空气柱直径为d(cm)时，d_c值可按下式计算

$$d_c=\frac{0.83}{h}\sqrt{\frac{0.1d^8\mu\rho}{\varphi^4Q(\rho_p-\rho)}}\times\frac{d_0^{5/3}-d^{5/3}}{d_0-d} \tag{1-6-29}$$

压力式水力旋流器50多年来的一个显著进展是，突破固-液两相分离的限制，用于含油污水等液-液两相不互溶介质的分离。

三、离心机

如表1-6-1所示，离心机可按分离因数、转鼓形状、转鼓数目、操作原理、卸料(渣)方式、操作方式等加以分类。例如，按分离因数大小可分为低速离心机($K_c=1000\sim1500$)、中速离心机($K_c=1500\sim3500$)、高速离心机($3500<K_c\leqslant50000$)和超高速离心机($K_c>50000$)。最新式离心机的分离因数可高达500000以上，常用来分离胶体颗粒和乳状液等，分离因数K_c的极限值取决于运动部件的材料强度。按照分离过程的实现机理来看，离心机一般可分为过滤离心机(Filtration centrifuge)、沉降离心机(Sedimentation centrifuge)两大类。当分离固相浓度小于1%、固体颗粒粒径小于5μm、固液两相密度差较小的悬浮液，或轻重两相密度差很小、分散性很高的乳状液时，分离因数小于3500的中速离心机(如卧螺沉降离心机等)往往难以满足分离要求。提高分离因数可以通过提高离心机的转速和转鼓直径来实现，但二者的提高均受转鼓材料强度的限制，尤其是当转鼓直径提高时，带来的分离因数增长大大落后于鼓壁应力的增长，于是限制转鼓直径被优先考虑，因此分离因数大于3500的离心机一般均具有高转速和小转鼓直径的特点。当然，转鼓直径小会影响生产能力以及物料在转鼓中的停留时间，为此将离心机的结构设计为管式、室式、碟式三种类型，相应地称为管式分离机(或管式离心机)、室式分离机(或室式离心机)、碟式分离机(或碟式离心机)等。

表 1-6-1　离心机分类列表

<table>
<tr><th></th><th>按操作方式分类</th><th colspan="3">其他分类方式</th></tr>
<tr><td rowspan="13">过滤式</td><td rowspan="3">间歇式</td><td colspan="2" rowspan="2">三足式</td><td>上卸料</td></tr>
<tr><td>下卸料</td></tr>
<tr><td colspan="2" rowspan="2">上悬式</td><td>重力卸料</td></tr>
<tr><td rowspan="10">连续式</td><td>机械卸料</td></tr>
<tr><td colspan="3">卧式刮刀卸料</td></tr>
<tr><td rowspan="4">卧式活塞推料</td><td rowspan="2">单鼓</td><td>单级</td></tr>
<tr><td>多级</td></tr>
<tr><td rowspan="2">多鼓(轴向排列)</td><td>单级</td></tr>
<tr><td>多级</td></tr>
<tr><td colspan="3">离心卸料</td></tr>
<tr><td colspan="3">振动卸料</td></tr>
<tr><td colspan="3">进动卸料</td></tr>
<tr><td colspan="3">螺旋卸料</td></tr>
<tr><td rowspan="11">沉降式</td><td rowspan="5">间歇式</td><td colspan="3">撇液式</td></tr>
<tr><td rowspan="2">多鼓(径向排列)</td><td colspan="2">并联式</td></tr>
<tr><td colspan="2">串联式</td></tr>
<tr><td rowspan="2">管式</td><td colspan="2">澄清型</td></tr>
<tr><td colspan="2">分离型</td></tr>
<tr><td rowspan="6">连续式</td><td rowspan="3">碟式</td><td colspan="2">人工排渣</td></tr>
<tr><td colspan="2">活塞排渣</td></tr>
<tr><td colspan="2">喷嘴排渣</td></tr>
<tr><td rowspan="3">螺旋卸料</td><td colspan="2">圆柱形</td></tr>
<tr><td colspan="2">柱-锥形</td></tr>
<tr><td colspan="2">圆锥形</td></tr>
<tr><td>组合式</td><td colspan="4">螺旋卸料沉降-过滤一体式</td></tr>
</table>

1. 过滤离心机

过滤离心机的转鼓上开有孔，转鼓内覆盖以滤布或其他过滤介质(滤网等)，当转鼓高速旋转时(>1000r/min)，鼓内料液在离心力作用下透过过滤介质成为滤液，而固体颗粒则被截留在过滤介质上，不断堆积成为滤饼。过滤离心机对待分离物料的固-液两相密度差没有要求，但不适宜于小颗粒、纤维状或胶体可压缩固体的分离(例如污泥脱水)，因为这些物质会堵塞过滤介质；只适用于悬浮液浓度较高(可达 50%~60%)、粒度适中以及母液较黏的场合。属于间歇操作的有三足式、上悬式和卧式刮刀卸料过滤离心机，而连续操作的有卧式活塞推料、离心力卸料、螺旋卸料过滤离心机。

(1) 三足式过滤离心机

三足式过滤离心机(Tripod pendulum-type centrifuge)是世界上出现最早的过滤离心机，其旋转部件及机壳垂直悬挂支撑在三根摆杆或多块弹性元件上。图 1-6-7 为人工上部卸料三足式过滤离心机的结构示意图，可高速回转的转鼓悬挂支撑在机座的三根支柱上，工作循环开始时打开进料阀，液-固两相悬浮液从进料管到达高速运转的布料盘，均匀分布于高速回转的开孔转鼓内。固体颗粒在离心力作用下向鼓壁运动，受过滤介质的拦截，在转鼓内壁堆积形成滤饼；液相在离心力作用下通过滤饼、过滤介质，穿过滤网及转鼓壁上的小孔被甩出转鼓外，由机壳内壁和底盘承集，经排液管导出。当滤饼达到一定厚度时可停止加料并将滤饼甩干，也可加入洗涤液对滤饼进行洗涤并甩干，滤饼含水率达到分离要求后停机，人工从上部将滤饼卸出。

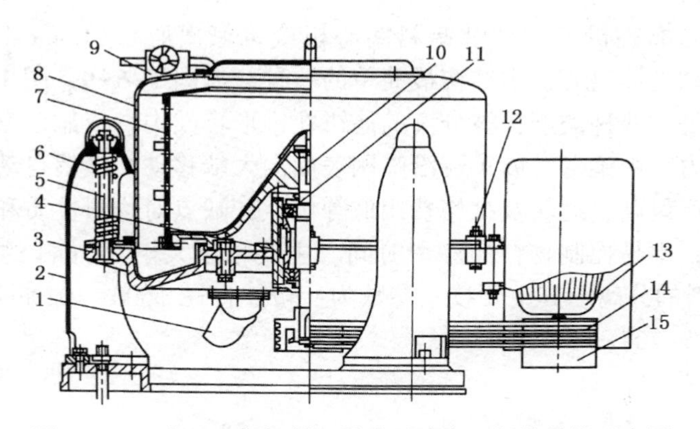

图 1-6-7　人工上部卸料三足式过滤离心机的结构示意图

1—出液管；2—支柱；3—底盘；4—轴承座；5—摆杆；6—缓冲弹簧；7—转鼓；8—外壳；9—撇液机构；10—主轴；11—轴承；12—压紧螺栓；13—电动机；14—三角皮带轮；15—离心离合器

如图 1-6-8 所示，三足式过滤离心机的主轴及其支承、驱动机构都被安装在机器的外壳上，整个主机处于挠性支承。主轴被设计成短而粗的刚性轴，有利于降低设备的高度，便于操作和维修。主轴和转鼓的配合面为圆锥面，靠锥面摩擦传递扭矩，在轴端使用大压紧螺母将转鼓压紧固定在主轴上。

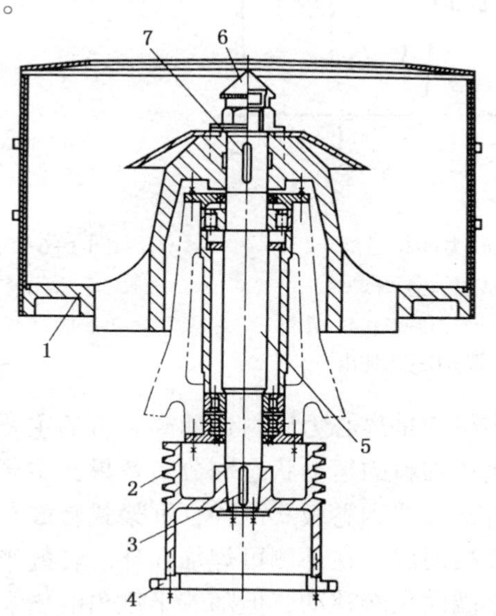

图 1-6-8　三足式过滤离心机主轴与转鼓的连接结构示意图

1—转鼓；2—从动皮带轮；3，7—键；4—正齿轮；5—主轴；6—盖帽螺母

三足式过滤离心机适用于分离固相颗粒大于 0. 01mm 的悬浮液，圆筒形鼓壁多用钢板卷焊而成，直径 ϕ255～2000mm；转鼓开孔率一般为 5%左右，具体大小应根据转鼓转速和待

处理物料的性质而定，常见孔径为 $\phi6 \sim 10$mm。一般在 200～800r/min 的转速下加料，在 1000～1600r/min 的转速下分离，因此要求驱动机构能够实现宽范围变速。三足式过滤离心机的优点是：对物料适应性强，结构简单，机器运转平稳，易于实现密封防爆；缺点是：间歇或周期循环操作，生产能力低，人工上部卸料时的劳动强度大，操作条件差，只适用于中小规模的生产过程。

（2）离心力卸料过滤离心机

离心力卸料过滤离心机又叫惯性卸料离心机或锥篮离心机（Conical basket centrifuge），是可移动过滤床自动连续离心机中结构最简单的一种。如图 1-6-9、图 1-6-10 所示，锥篮离心机分为立式和卧式两种类型，被分离的滤饼在锥形转鼓中，依靠自身所受的离心力克服与筛网之间的摩擦力，由锥形转鼓小端沿筛网表面向大端移动，最后自动排出。该机具有结构简单、效率高、产量高、运转及维修费用低等优点，缺点对物料性质和溶液浓度的变化非常敏感，适应性差，不易控制物料的停留时间。主要用于大于 0.1mm 的结晶颗粒或无定形物料以及纤维状物料的分离。其主要技术参数为：转鼓直径 $\phi500 \sim 1020$mm，分离因数 1600～2100，转鼓锥角 50°～70°。

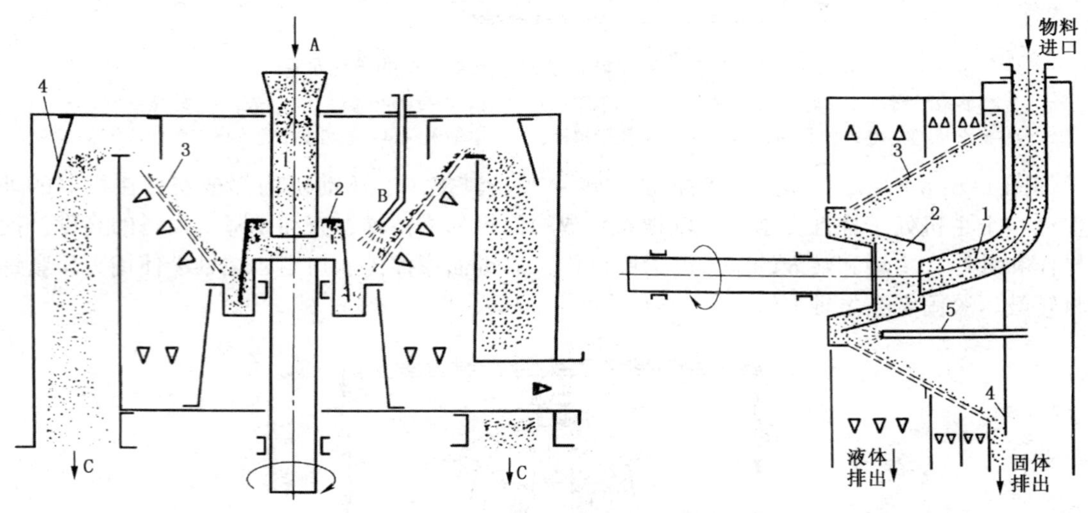

图 1-6-9　立式离心力卸料过滤离心机的工作原理示意图

1—进料管；2—分配器；3—锥形转鼓；4—外壳
A—物料进口；B—洗涤管；C—固体出口

图 1-6-10　卧式离心力卸料过滤离心机的工作原理示意图

1—进料管；2—布料斗；3—锥形转鼓；
4—集料槽；5—洗涤管

转鼓、筛网和滤饼排出机构是离心力卸料过滤离心机的主要零部件。转鼓的结构形状和尺寸参数在很大程度上决定了物料的运动状态和分离效果，主要结构参数包括半锥角、最大内径和高度。常见的转鼓有框架式和卷板式两种，框架式转鼓在焊接的框架内铺设衬网和筛网；卷板式转鼓由薄钢板焊接而成，在外侧可焊加强环。转鼓半锥角的大小必须保证物料在离心力作用下能在鼓内由小端向大端移动，但随着半锥角的增大，滤饼的移动速度增加，物料在设备内的停留时间将缩短，导致产品的含湿率增高，物料颗粒的破碎程度增加。因此，为保证物料的停留时间而转鼓高度又不致太高时，半锥角不能取得太大。

（3）螺旋卸料过滤离心机

螺旋卸料过滤离心机（Worm screen centrifuge）有立式和卧式两种布局，主体结构与螺旋卸料沉降离心机基本相同，不同之处是转鼓轴向长度短一些，转鼓壁上开有小孔，内衬筛网。悬浮液从进料管进入转鼓小端，在离心力作用下，滤液穿过滤网和转鼓壁上的过滤孔被甩入机壳外，汇集后排出机外，滤渣则被滤网截留，通过输料螺旋与转鼓的差速运动，逐步将滤渣推向转鼓大端后排出。

2. 沉降离心机

利用离心沉降原理，分离固-液悬浮液或液-液-固三相混合物的过程称为离心沉降分离过程，相应的设备被称为沉降离心机，其最显著的特点是转鼓壁上无孔，不使用过滤介质。沉降离心机可分为连续式和间歇式两大类，间歇式有三足式沉降离心机、刮刀卸料沉降离心机等，连续式主要有螺旋卸料沉降离心机(Solid bowl centrifuge)、碟式沉降离心机(简称碟式离心机，Disc centrifuge)、管式离心机(Tubular centrifuge)等。

(1) 螺旋卸料沉降离心机

螺旋卸料沉降离心机按安装形式可分为卧式和立式两种，按用途可分为脱水型、澄清型、分级型和三相分离型等几种，这里重点介绍卧式螺旋卸料沉降离心机(简称卧螺沉降离心机)。

如图 1-6-11 所示，卧螺沉降离心机主要由圆柱-圆锥组合形转鼓、输料螺旋、溢流板、差速驱动单元、转鼓传动和过载保护单元等组成，转鼓通过左右空心轴的轴颈支撑在轴承座内。输料螺旋由螺旋叶片、内筒和进料室等组成，用轴支撑在转鼓内，转鼓内壁和螺旋叶片之间留有微量间隙。转鼓与输料螺旋同向旋转，但两者之间有一定的转速差。工作过程中，悬浮液经进料管连续输入机内，从输料螺旋内筒的进料孔进入转鼓内，并与转鼓一起旋转。旋转的悬浮液在离心力作用下，其中密度大的固相颗粒沉降在转鼓内壁上形成固相层(因呈环状而称为固环层)，密度小的水分则只能在固环层内圈形成液体层(称为液环层)，分层的速度受悬浮液中轻重相密度差和离心力大小的影响。由于输料螺旋和转鼓的转速不同，二者之间的物料同时还形成相对运动，固环层在输料螺旋的推移下，被输送到转鼓锥端(小端)的干燥区进一步脱水，然后经排渣口连续排出；液环层沿螺旋叶片通道经转鼓圆柱端(大端)端盖上的溢流口排出。

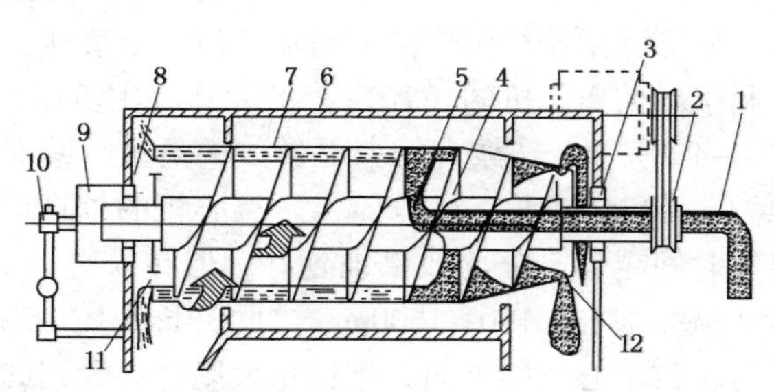

图 1-6-11　逆流式卧螺沉降离心机的结构示意图

1—悬浮液入口；2—三角皮带轮；3—右轴承；4—输料螺旋；5—进料孔；6—机壳；7—转鼓；8—左轴承；9—行星差速器；10—过载保护单元；11—溢流孔；12—排渣孔

如图 1-6-12 所示，按照物料在转鼓分离区内的流动方式来看，一般将卧螺沉降离心机分为逆流式和顺流式两类。逆流式是待分离的物料从转鼓中部的适当部位给入，转鼓内的沉渣和液体呈逆向运动。逆流式是卧螺沉降离心机中最基本的形式，优点是结构比较简单，工作可靠，制造成本低，适应性强，能用于固相脱水、液相澄清、粒度分级等分离过程；缺点是沉渣沿转鼓向小端输送时必须经过物料加入口，在该处物料以很大的速度冲入液池，对沉渣有搅动和冲刷作用，使已沉降在转鼓壁上的较细固体颗粒重新悬浮，降低了分离效果。顺流式(又称并流式)是物料从转鼓的大端附近给入，分离后的沉渣和液体最初一同向转鼓的小端运动，但液体最终被设法转向流动并从转鼓大端排出；由于沉渣在向小端推送途中不经过物料加入口，因此不存在沉渣受到搅动冲刷而重新悬浮的问题，澄清效果好，适用于较难分离的物料。顺流式卧螺沉降离心机一般用于液相澄清，其生产能力是尺寸相近逆流式的两倍，同时因转速相对较低，当物料经絮凝处理后絮团在其中不易破碎，运动部件不易磨损；缺点是：输料螺旋负荷较大，分离有磨蚀性物料时容易磨损，与逆流式相比结构较为复杂。液体最终被从转鼓大端排出的方式有向心泵排液、返流管排液、螺旋流道排液等几种，其中向心泵排液结构较复杂，因径向尺寸大而增大了对液池的搅动作用，并减少了液池容积。返流管排液的优点是物料与液体间的密封长度短，密封可靠，液池有效容积的利用率较高；缺点是液体中所含固体颗粒在返流管中沉降将导致其堵塞，溢流半径的调节受到一定限制。螺旋流道排液的优点是液体在螺旋流道中流向大端时进一步得到澄清，螺旋流道不会被堵塞，结构简单；缺点是液体与物料间的密封长度较长，液池有效容积利用率较低。

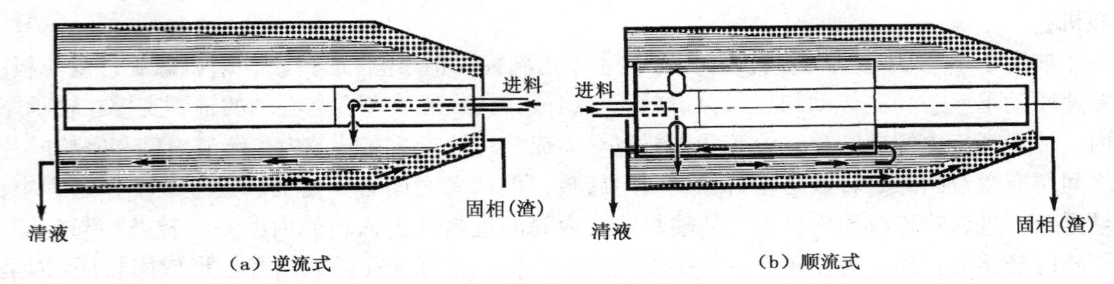

图 1-6-12　物料在卧螺沉降离心机转鼓分离区内的流动方向示意图

卧螺沉降离心机的主要零部件包括转鼓、输料螺旋、差速驱动单元、转鼓传动和过载保护单元等，直接影响到分离性能。

① 转鼓直径和有效长度

转鼓的结构形式和几何参数决定了卧螺沉降离心机的特点及分离效果。转鼓的结构形式有全锥形、柱锥形和双锥形等，由于柱锥形能够增加转鼓内的液池容量，提高离心机的处理能力和分离效果，也有利于增大离心机的长径比，扩大其应用范围，因此目前被普遍采用，其结构几何参数如图 1-6-13 所示。转鼓直径 D 是转鼓的最大内壁直径，转鼓长度 L 是沉降区长度 L_1 和脱水区长度 L_2 之和。转鼓直径 D 越大，离心机的处理能力也越大；转鼓长度 L 越长，物料在机内的停留时间越长，分离效果也越好。但转鼓直径 D 和长度 L 的取值往往受到结构强度的限制，D 值一般在 $\phi 160 \sim 1600$mm 之间，长径比(L/D)一般在 1~4.2 之间。半锥角是转鼓锥体母线与转鼓轴心线的夹角，半锥角大则物料受到的离心挤压力大，有利于分离。通常半锥角 $\alpha = 5° \sim 15°$，对于浓缩、分级 $\alpha = 6° \sim 10°$，对易分离的物料取 $\alpha = 10° \sim 12°$，对难分离的物料取 $\alpha = 6° \sim 8°$。当然，转鼓的半锥角大，输料螺旋的推料扭矩也需增大，叶片的磨损也会加大，若磨损严重会降低分离效果。

在转鼓大端轴颈的凸缘上对称布置有溢流口，分离液经此溢流出转鼓。各溢流口节圆直径的大小决定了沉降区长度和脱水区长度，即决定了液池深度。沉降区长度和液池深度直接影响卧螺沉降离心机的生产能力和分离性能。为提高卧螺沉降离心机对物料的适应性，溢流口直径应可调节。对于大直径转鼓，可调节的溢流口常用径向移动螺钉定位溢流挡板、带有偏心孔的溢流挡板；对于小直径转鼓，可以选用旋转调节溢流挡板。上述三种可调的溢流挡

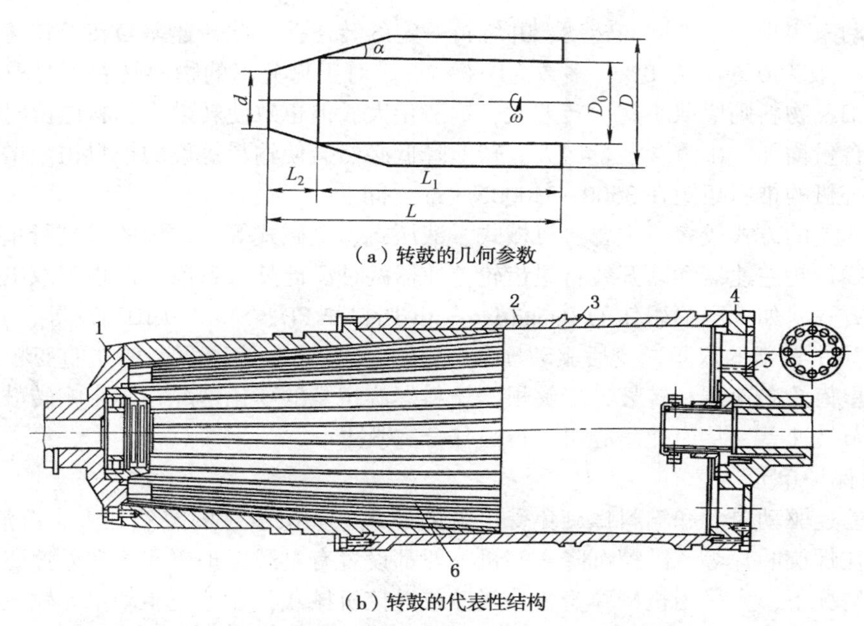

（a）转鼓的几何参数

（b）转鼓的代表性结构

图 1-6-13　卧螺沉降离心机转鼓的几何参数和代表性结构示意图

1—小端盖；2—转鼓筒体；3—环状凸缘；4—大端盖；5—液位调节组件；6—筋条

板简单实用，但调节要在离心机停车后才能进行。德国福乐伟（Flottweg GmbH）研制开发的无级可调偏心排液盘技术能够在不停车情况下调节转鼓液池深度，带压排出转鼓内的液体。

卧螺沉降离心机的出渣口大多设在转鼓锥段，为加工方便起见而采用径向出渣。出渣孔的形状有椭圆形和圆形，出渣孔的个数一般为 6～12 个，大小主要与转鼓锥段的强度有关，为避免固渣卡死在转鼓内，出渣孔断面面积在强度允许的条件下一般都开得比较大。由于转鼓出渣孔直接受到排出物料的高速磨损，通常在孔内装有由耐磨材料制成的、便于更换的耐磨衬套。

转鼓筒体材料根据待分离物料的物性和转速高低综合考虑，可以选用碳钢、不锈钢，也可以选用玻璃钢。如果分离因数高又要求耐腐蚀，一般不锈钢满足不了强度要求时，应该选用高强度不锈钢或钛合金材料制造。为了有效保护转鼓，除了在出渣孔设耐磨衬套外，在转鼓内表面设置筋条或在内表面开槽，以防止沉降在转鼓内壁的物料与转鼓相对运动而产生磨损，宽度一般为 15～20mm，数量为 12～24 个。

② 输料螺旋

输料螺旋是直接与沉渣接触并推送沉渣的部件，但在沉降区和干燥区对其的要求又有所不同。在沉降区物料中的固体颗粒逐渐向转鼓内壁沉降，输料螺旋应有利于移动沉渣而又不致将其剧烈地搅起，造成已分离的沉渣和液体再度混合；输料螺旋在干燥区不仅继续移动沉渣，而且应为沉渣和水分的充分分离创造有利条件。输料螺旋筒体的结构形式有柱锥式、直筒式、阶梯直筒式，叶片螺旋叶片的布置可垂直于转鼓母线，也可以垂直于回转轴线。为提高输料螺旋的耐磨性，往往在螺旋叶片表面喷涂或堆焊耐磨材料或镶嵌耐磨元件，前者一般为硬质合金，后者可选用铬、锰等硬质合金片或陶瓷熔合片，耐磨片用螺钉固定在螺旋叶片上。输料螺旋同样属于高速回转件，应有很好的刚度，在组装完毕后应按规定进行动平衡。

③ 差速驱动单元

卧螺沉降离心机内沉渣沿转鼓内壁的移动及其在转鼓内的停留时间，全靠输料螺旋与转鼓的相对运动来实现。二者同向转动，并维持一定的转速差，此转速差与转鼓转速之比称为“转差率”，一般为0.6%~4.0%，多数为1%~2%。对于易分离的物料转差率可取大些，对于难分离的细黏物料则应取小些。转差大，输渣量大，但也致使转鼓内物料停留时间短，分离液中固相含量增加，出渣含湿量增大。转差降低必然会使输料螺旋的推料扭矩增大，通常卧螺沉降离心机的推料扭矩在3500~34000N·m之间。

实现转速差的方式较多，主要有机械式、液压式、电磁式等，常用的机械行星齿轮差速器又分为摆线针轮差速器和渐开线行星齿轮差速器两种。此外，目前还出现了双电机同步变频驱动差速方式，如德国福乐伟的Backdrive with Dual-VFD、SIMP-DRIVE®等，其中SIMP-DRIVE®采用了最新的双频逆变后驱动理念。SIMP-DRIVE®使用两个独立的变频电机分别驱动多级行星齿轮差速器和转鼓，能够根据输料螺旋扭矩的变化情况在不影响转鼓转速的情况下独立调节转速差，从而使离心机获得最佳分离效果。

④ 过载保护单元

为保护差速驱动单元和输料螺旋免受可能的超载，如沉渣量的突然加大、沉渣的堵塞、硬质杂物卡住螺旋叶片等，卧螺沉降离心机一般都设置有过载保护单元。在差速驱动单元输入轴固定的情况下，多采用机械弹簧式、气控或电控机械式；在差速驱动单元输入轴旋转的情况下，多采用电气保护式。

卧螺沉降离心机的主要优点有：能分离的固相粒度范围较广(5μm~2mm)，并且在颗粒大小不均匀时也能正常分离；能适应各种浓度悬浮液的分离(悬浮物容积浓度1%~5%)，且浓度的波动不影响分离效果；能够自动长期连续运行，常年运行费较低；单机生产能力大，结构紧凑，占地面积小，维修方便；可封闭操作，环境条件好。主要缺点有：出渣含湿量一般比过滤式离心机稍高，同时设备的加工制造精度要求较高。当然，目前还出现了卧式螺旋卸料沉降过滤一体化机，同时将沉降、过滤、洗涤等功能融为一体，不仅具有连续运行、自动卸料、澄清度好、固相脱水率高的特点，而且可以简化甚至省却干燥程序，结构紧凑、占地面积小，便于操作维修。

(2) 碟式离心机

碟式离心机主要由机座、机壳、转鼓组件、传动系统、反馈控制系统等组成，显著特点是转鼓中安装有一组碟片，代表性生产厂家有瑞典Alfa Laval、德国GEA Westfalia Separator AG、德国福乐伟等。碟式离心机的传动系统包括电动机、增速传动、立式挠性支承组件、离心式摩擦离合器或液力联轴器、刹车制动部件等，由于转鼓的工作转速高达数千转，必须采用可靠的增速传动和立式挠性支承，以保证超临界高速转子系统的旋转稳定性，目前常用的增速传动方式有皮带传动和圆柱螺旋齿轮传动两种。

转鼓组件是碟式离心机的最重要组成部分，通常包括转鼓、碟片束或碟片堆(disc stack)、碟片架、进出液系统、排渣系统等。转鼓是一个高速回转容器，主要由上转鼓、下转鼓、活塞盆、锁紧大螺母(或锁环)等组成。碟片束由一组半锥角30°~50°、厚度0.4mm、数量40~160个、互相套叠在一起的碟形零件——碟片组成，各碟片之间的间距一般为0.4~1.5mm。碟片束的作用在于将待分离物料分成许多薄层，缩短沉降距离，分离发生在每两块碟片之间，加上分离因数一般为5000~15000，从而大大增加了每两块碟片之间区域的沉降效果。碟片几何表面和离心力的作用产生了一个新的参数——“当量澄清面积”，该参数的大小表示了碟式离心机的分离效率和生产能力。碟片通过键槽定位组叠在碟片架上，并通过碟片架上的键和碟片间隔片上的摩擦力带动碟片组旋转，碟片上的键槽可以是1个、2个或

3 个。为了保证流体在各碟片之间均匀分布，碟片之间的间隙必须均匀，因此在加工过程中必须保证碟片有足够的刚度、强度和壁厚均匀性，上转鼓与下转鼓靠锁环锁紧产生摩擦力使碟片压紧。进出液系统有多种结构形式，进液结构有开式和密闭式两种，出液结构有开式、向心泵和密闭式三种。向心泵固定在机壳上静止不动，其泵体和叶轮结构简单，无机械摩擦面和密封要求，叶轮外缘浸没在与转鼓同步旋转的分离液层内，分离液由叶轮外缘进入弧形流道，流至叶轮中心排液管排出，在此过程中将液体的旋转动能转变为压力能，以便将分离液直接输送至一定高度。所有的碟式离心机都存在转鼓内沉渣的排除问题，且排渣方式直接影响离心机的结构，一般有人工排渣、喷嘴排渣、环阀排渣三种。人工排渣的转鼓为圆筒形，上部有圆锥形的转鼓盖；喷嘴排渣和环阀排渣的转鼓一般为两个大端连在一起的截头圆锥体，多将沉渣从最大直径处排出。人工排渣需要将离心机停车并借助专用工具卸下锁紧螺母，取出碟片和其他零部件逐件清洗，并清除转鼓内的沉渣；转鼓清洗后组装复原，然后离心机投用。喷嘴排渣是沉渣通过位于转鼓壁上的喷嘴连续排出转鼓，喷嘴数目一般为 8~24 个，孔径 0.75~2mm，喷嘴总截面积取决于悬浮液中的固相含量；相应的离心机结构较为简单、生产连续、处理能力大，缺点是只能对固体起到浓缩作用，沉渣要从喷嘴排出必须保持流动状态，否则喷嘴容易磨损和堵塞，进而造成沉渣在转鼓内分布不均匀，使离心机产生振动。环阀排渣的排渣口平时由液压控制的环形滑阀的活塞所关闭，当转鼓内的沉渣积聚到将要影响分离操作时，通过液压系统使环形滑阀的活塞下降，打开排渣口，在离心力作用下沉渣经排渣口甩出转鼓；排渣完毕，液压系统使环形滑阀的活塞重新上升，关闭排渣口，离心机又可进行分离操作。通过人工、时间程序或光电系统等控制方式使排渣周期性间歇进行，离心机仍以工作转速运行而不必停机。

按照操作原理，碟式离心机可分为离心澄清型(Clarifier version)和离心浓缩型(Concentrator version)两种，前者用于固相颗粒粒度为 0.5~500μm 悬浮液的固-液两相分离，后者用于乳状液的分离(即液-液分离)，但由于乳状液中往往含有少量的固相，即形成液-液-固三相分离。如图 1-6-14 所示，离心澄清型和离心浓缩型的主要区别在于碟片和出液口的结构不同，前者的碟片上不带中性孔而后者都带有中性孔，中性孔的数目一般取 6~12 个，孔径与碟片大小和流量有关。固-液分离用澄清型喷嘴排渣碟式离心机的结构如图 1-6-15 所示。

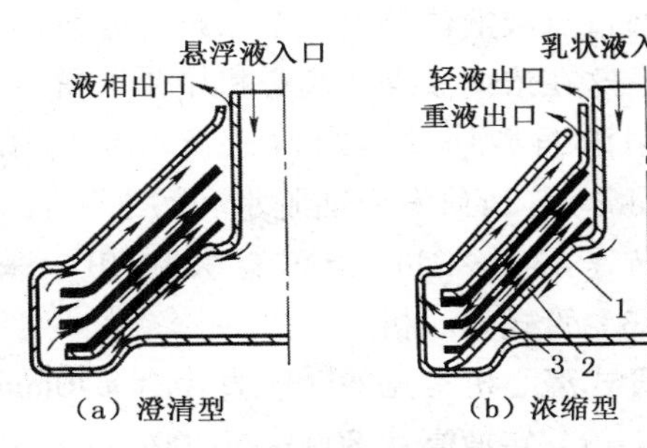

图 1-6-14　碟式离心机转鼓的结构示意图

1—碟片底架；2—碟片；3—中性孔

在浓缩型碟式离心机中，待分离的液体混合物由顶部空心转轴进入，然后通过碟片束半腰的中性孔进入各碟片之间，并同碟片一起转动。在离心力作用下，密度大的液体趋向外周，到达机壳外壁后上升到上方的重相液体出口流出，轻液则趋向中心而向上方较靠近中央的轻液出口流出。排液主要在撇液室内完成，撇液室内配有轻液液位环、轻液向心泵、重液液位环和重液向心泵。一般情况下，轻液液位环固定，而数个重液液位环的内径大小不同，通过调换不同内径的重液液位环可改变重液向心泵的输出流量。当三股流体达到平衡状态(亦即 $Q_{F进料}=Q_{L轻液}+Q_{h重液}$)时，转鼓内轻重两相形成的界面层(中性层)也应稳定在一定位置上，轻重两相在碟片间隙中的流动行程也基本确定。如果把重液液位环的内径调大，重液向心泵的输出流量也会因此加大，在供料流量不变的情况下，轻液向心泵的输出流量必然会减

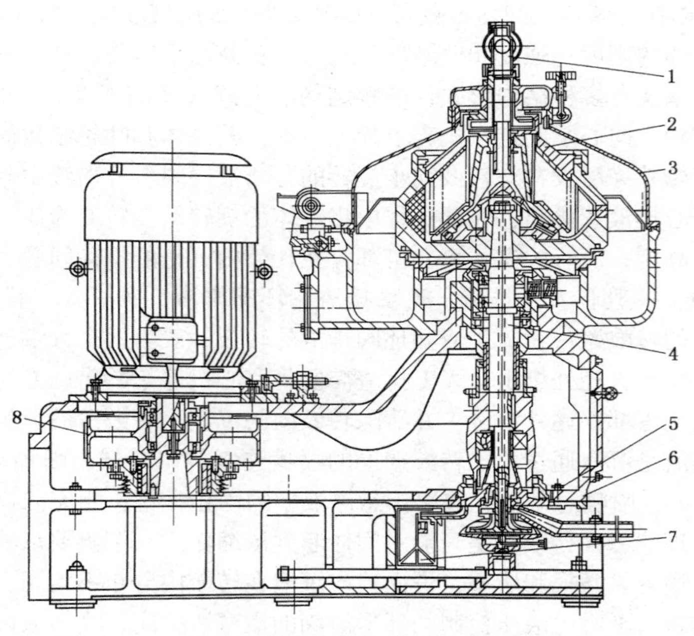

图 1-6-15　澄清型外喷嘴排渣碟式离心机的结构示意图

1—进料管；2—转鼓；3—机壳；4—主轴；5—水泵部分；6—机座；7—油路；8—离合器

小，原来平衡的界面会向重液方向移动，当三股流达到新的平衡状态时，界面会重新稳定在新的位置上；反之，若把重相输出流量减小，界面会向轻液方向移动，轻液的输出流量会加大。通过重液液位环的调节来改变轻重两相液体的输出流量和界面位置，以达到两相分离的要求，这在浓缩型碟式离心机中是非常重要的操作方法。柴油、重油、润滑油中水分和杂质去除用浓缩型环阀排渣碟式离心机的结构如图 1-6-16 所示，目前德国 GEA Westfalia Separator AG 所研发原油脱水和污水除油用浓缩型碟式离心机的生产能力最高可达 $100m^3/h$，转鼓转速 4300r/min，转鼓容积为 70L，采用 110kW 的电动机并配以变频器驱动。

(3) 管式离心机

管式离心机常见的转鼓直径有 ϕ40mm、75mm、105mm、150mm 等几种，长度与直径之比为 4~8，转速高达 8000~50000r/min，分离因数可高达 13000~65000，具有转速高、直径小、转鼓长等特点。适用于固体颗粒粒度为 0.1~100μm、固相浓度小于 1%、两相密度差大于 $10kg/m^3$ 的难分离乳状液或悬浮液，也可分为澄清型和浓缩型两种。管式离心机的结构简单、运转可靠，能够获得极纯的液相和密实的固相，但固相的排出需停机拆开转鼓后进行，单机生产能力也较低。

如图 1-6-17 所示，管式离心机主要由挠性主轴、管状转鼓、上下轴承室、机座外壳及制动机构等零部件组成。经过精密加工的管状转鼓由主轴上悬支承，其下部支承在可沿径向作微量滑移的滑动轴承上，转鼓内装有互成 120°夹角的三片桨叶，以便使物料及时地达到与转鼓转速同步。转鼓正常运转后，被分离物料在 20~30kPa 的压力下由进料管进入转鼓下部，在离心力作用下轻、重两种液体分离，并分别从转鼓上部的轻、重液收集器排出。如果分离悬浮液，应将重液出口堵塞，固相颗粒沉积在转鼓内壁上，达一定量后停车卸下转鼓进行清除，液体则由轻液收集器排出。为缩短停机时间，有的管式离心机在转鼓中部或下部的外壁上对称装有两个制动闸块。管式离心机的转速很高，为了实现稳定、安全运转，克服转鼓不平衡产生的振动，必须选用挠性轴承或静压轴承。

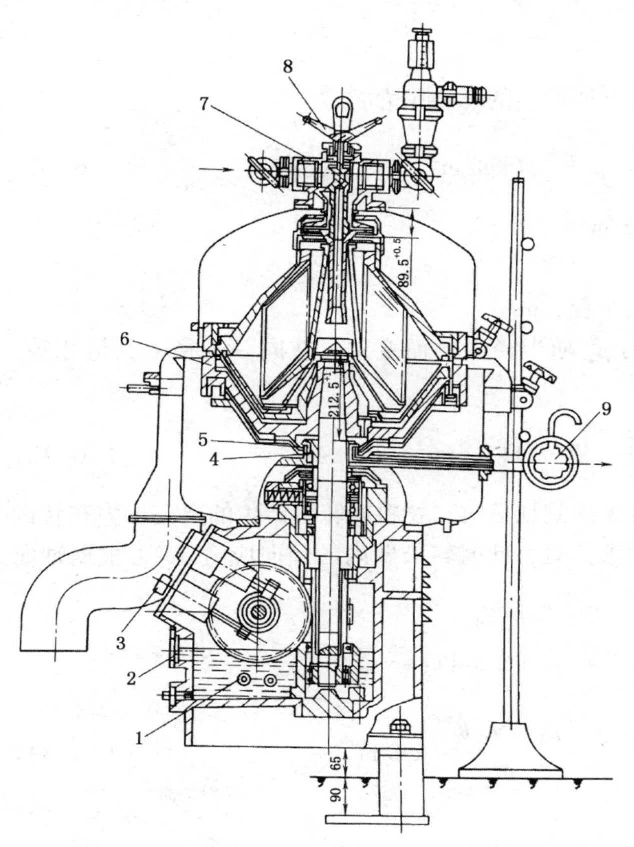

图 1-6-16　浓缩型环阀排渣碟式离心机的结构示意图

1—冷却水管；2—视镜；3—计数器；4—面盘；5—分布盘；6—转鼓；7—进出料管；8—Y 形手柄；9—控制阀

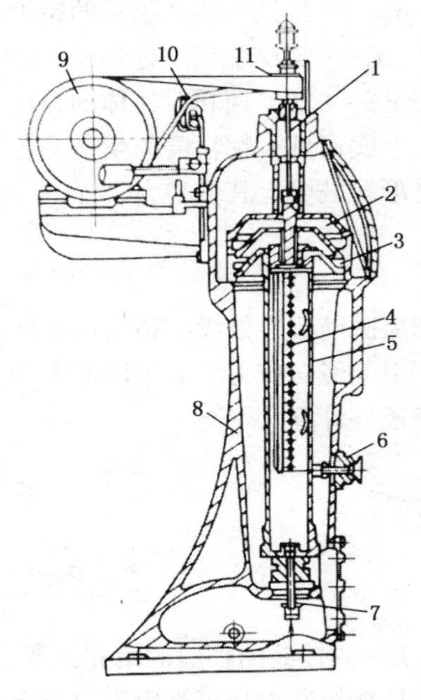

图 1-6-17　管式离心机的结构示意图

1—主轴；2，3—轻、重液收集器；4—桨叶；5—管状转鼓；6—制动机构；7—进料管；8—机座；9，11—皮带轮；10—张紧机构

3. 离心机转鼓的强度计算理论

转鼓是一个每分钟转动数百至数千转以上的回转壳体，是离心机的关键部件。高速回转时，鼓壁金属因其自身质量而产生离心力，同时被分离物料的离心力也会使转鼓壁内产生相应的应力。

(1) 鼓壁金属质量的离心力引起的应力

鼓壁金属自身质量产生离心力对圆筒形鼓壁的作用，就像薄壁圆筒承受内压一样。但离心力的方向沿回转半径方向向外，因此它在轴线方向没有分量，故鼓壁金属自身质量产生的离心力不可能在转鼓壁面内产生经向应力 σ_1'，而只产生周向应力 σ_2'，可用拉普拉斯方程进行计算。

$$\sigma_2' = \frac{p_1 R}{\delta} = \rho_0 R^2 \omega^2 (\text{kgf/m}^2) \tag{1-6-30}$$

式中　ρ_0——转鼓金属材料的密度，kg/m^3；

ω——转鼓的回转角速度，rad/s；

R——转鼓的内半径，m；

p_1——离心力在转鼓面壁法线方向的分量，$p_1=\rho_0\delta R\omega^2$；

δ——转鼓的壁厚，m。

（2）物料离心压力引起的转鼓壁应力

圆筒形转鼓中的流体物料在高速回转下所产生的离心压力 p_2 为

$$p_2=\frac{\rho_W\omega^2}{2}(\rho^2-r_2^2)(\text{kgf/m}^2) \tag{1-6-31}$$

式中　ρ_W——转鼓中流体物料的密度，kg/m^3；

ρ——流层中任一处半径，m；

r_2——转鼓回转时流体的自由表面半径，m。

由上式可见，物料层产生的离心压力 p_2 随半径变化而变化，在同一半径上其值相等，在圆筒形转鼓壁上其值最大，即

$$p_{2\max}=\frac{\rho_W\omega^2}{2}(R^2-r^2)(\text{kgf/m}^2) \tag{1-6-32}$$

如果圆筒形转鼓没有顶盖或液面上升未达到顶盖时，物料回转时产生的离心压力在转鼓壁内不引起经向应力。如果液面上升达到顶盖时，此时转鼓壁内的经向应力 σ_1''可根据轴向力平衡条件计算

$$2\pi R\delta\sigma_1''=\int_{r_2}^{R}p_2\cdot 2\pi\rho\mathrm{d}\rho$$

$$\sigma_1''=\frac{\rho_W\omega^2(R^2-r_2^2)^2}{4R\delta}=\frac{\rho_W\omega^2R^3K^2}{4\delta}(\text{kgf/m}^2) \tag{1-6-33}$$

式中　K——转鼓中物料的填充系数。

由拉普拉斯方程可算出周向应力 σ_2''

$$\sigma_2''=\frac{p_{2\max}R}{\delta}=\frac{\rho_W\omega^2(R^2-r_2^2)R}{2\delta}=\frac{\rho_W\omega^2R^3K}{2\delta}(\text{kgf/m}^2) \tag{1-6-34}$$

（3）圆筒形转鼓强度计算

圆筒形转鼓壁的应力由圆筒形转鼓壁金属的自身质量、转鼓内物料的质量在高速回转时产生的离心力所引起，因此转鼓壁内的应力为这两部分应力之和。

当$\frac{\delta}{R}\leqslant 0.1$时，转鼓壁的经向总应力和周向总应力分别为

$$\sigma_1=\sigma_1'+\sigma_1''=\frac{\rho_W\omega^2R^3K^2}{4\delta}(\text{kgf/m}^2) \tag{1-6-35}$$

$$\sigma_2=\sigma_2'+\sigma_2''=\rho_0R^2\omega^2+\frac{\rho_W\omega^2R^3K}{2\delta}=\rho_0R^2\omega^2(1+\frac{\rho_WRK}{2\rho_0\delta})(\text{kgf/m}^2) \tag{1-6-36}$$

令$\frac{\rho_W}{\rho_0}=\lambda_1$、$\rho_0R^2\omega^2=\sigma_0$，则上式为

$$\sigma_2=\sigma_0\left(1+\frac{\lambda_1RK}{2\delta}\right)(\text{kgf/m}^2) \tag{1-6-37}$$

按第三强度理论：转鼓中周向总应力 σ_2 为最大，其次是经向总应力 σ_1，最小者切向应力 σ_3 其值为零。因此，圆筒形转鼓壁的强度条件为

$$\sigma_0\left(1+\frac{\lambda_1 RK}{2\delta}\right)\leqslant[\sigma]\varphi_1 \tag{1-6-38}$$

转鼓壁的强度计算式为

$$\delta\geqslant\frac{\sigma_0\lambda_1 RK}{2([\sigma]\varphi_1-\sigma_0)}(\mathrm{m}) \tag{1-6-39}$$

式中 K——转鼓中物料的填充系数；

φ_1——焊接接头系数；

$[\sigma]$——转鼓金属材料的许用应力，$\mathrm{kgf/m^2}$。

许用应力选取下列两值中的较小者

$$[\sigma]=\frac{\sigma_s}{n_s};\ [\sigma]=\frac{\sigma_b}{n_b} \tag{1-6-40}$$

式中 σ_s——设计温度下材料的屈服极限，$\mathrm{kgf/m^2}$；

σ_b——设计温度下材料的强度极限，$\mathrm{kgf/m^2}$；

n_s——屈服极限的安全系数，一般为2~2.5；

n_b——强度极限的安全系数，一般为3.5~4。

第二章　典型的化学/物化法水处理技术与设备

化学法是利用化学反应作用去除水中污染物的一种处理方法，主要用于处理水中的无机物和难生物降解的有机物或胶体物质，具体包括中和、混凝、氧化还原等方法。物化法是利用物理化学原理和化工单元操作来去除水中杂质的方法，常用的有吸附、萃取、汽提、电渗析、反渗透、离子交换、冷冻、结晶等方法。

§2.1　加药混凝与反应澄清设备

当原水中固体悬浮颗粒的粒径小到一定程度时，布朗运动的能量足以阻止重力作用，使颗粒不发生沉降而长时间保持稳定悬浮状态；而且悬浮颗粒表面往往带负电荷，颗粒间同种电荷的斥力使颗粒不易聚并变大，从而增大了悬浮液的稳定性。混凝法主要用于去除水中的悬浮物体和胶体，对于地表水源水厂而言几乎是不可缺少的处理方法，在很多城镇污水深度处理和工业污水处理、污泥脱水等场合也都得到采用。与其他处理方法相比，混凝法的优点是设备简单、维护操作易于掌握、处理效果好、间歇或连续运行均可；缺点是需要不断地向水中加药，经常性运行费用较高，泥渣量大，且泥渣脱水较难。

虽然整个混凝过程具有作用时间迅速、多种机理协同作用的特点，但为了研究方便起见，人们常常将混凝过程分为凝聚(Aggregation 或 Agglomeration，水处理中 Coagulation)与絮凝(Flocculation)两个阶段。凝聚是指加药后使水中的胶体失去稳定性(简称"脱稳")，并通过胶体颗粒本身的布朗运动碰撞聚集而形成尺寸较小"微絮凝体"(Microfloc)或"小矾花"的过程。目前公认的凝聚机理有压缩双电层、吸附电中和、吸附架桥、沉淀物网捕-卷扫等四种，压缩双电层是其中重要的作用机理。凝聚对应的药剂被称为凝聚剂(Coagulant)，有些凝聚剂也可被用作破乳剂(Demulsifier)。絮凝是指加药后使脱稳颗粒直接或间接地相互聚结、架桥而生成"絮凝体"(Floc)大颗粒或矾花，对应的药剂被称为絮凝剂(Flocculant)。脱稳胶体颗粒之间发生碰撞的动力来自两个方面，一是由布朗运动引起的胶体颗粒碰撞聚集现象，称之为异向絮凝；一是颗粒在水力或机械搅拌等外力推动下产生的运动，称之为同向絮凝。必须指出的是，凝聚过程并不是絮凝过程的先决条件，絮凝本身可以独立存在而成为一个单独的过程。虽然人们往往把与混凝过程相关的药剂统称为混凝剂，但根据所加药剂所起的前述不同作用，混凝剂严格意义上讲可分为凝聚剂和絮凝剂两大类。

常用的凝聚剂多为阳离子带有高电荷密度、分子量低且多为溶液型的金属盐或有机物，如硫酸铝、聚合氯化铝(PAC)、聚合氯化铝铁(PAFC)、三氯化铁、硫酸亚铁、聚合硫酸铁(PFS)、聚合硫酸铝(PRS)、聚合硫酸铝铁(PAFS)等；常用的絮凝剂按照化学成分可分为无机絮凝剂、有机絮凝剂以及微生物絮凝剂三大类，无机絮凝剂包括铝盐、铁盐及其聚合物。有机絮凝剂可分为阴离子型、阳离子型、非离子型、两性型等，按其来源又可分为人工合成高分子和天然高分子絮凝剂两大类，典型代表为阴离子型/阳离子型/非离子型聚丙烯酰胺(PAM)、聚胺、双氰胺树脂等。凝聚剂和絮凝剂既可以联合使用，也可以单独使用。如果加入某些凝聚剂后，往往自动出现尺寸足够大、容易沉淀的絮体，此时就不需另加絮凝剂；当然也可以如前所述，仅仅加入絮凝剂单独发挥作用。絮凝剂的“复配使用”或“复合使用”则是指两种或两种以上的絮凝剂商品在实际应用过程中，按照一定的投加顺序和方法混合(或联合)使用。当用混凝剂不能取得良好效果时，还可投加辅助药剂以提高混凝效果，相应的辅助药剂称为助凝剂(Flocculation aid)。助凝剂一般不具有凝聚作用，因其不能降低胶粒的Zeta电位或起到吸附架桥作用。助凝剂主要有两大类，一类用于改善混凝条件，如调节pH值、预氯化、破坏干扰物质等；一类用于改善絮体结构，例如聚丙稀酰胺、黏土、微细砂粒等，这类物质参与絮凝过程，起到提高“絮凝体”的强度、增强比重、促进沉降以及优化污泥脱水性能等作用。

迄今为止的水质净化实验研究和工程实践表明，混凝法能够与气浮、沉淀、过滤等直接组合，形成“混凝-气浮”、“混凝-沉淀”、“混凝-直接过滤”等处理工艺。尽管已有一定的理论和经验可循，但在具体应用之前的实验测试对有效混凝而言仍必不可少。为了完成混凝法水质净化过程，必须设置：①配制和投加药剂的设备；②使凝聚剂与原水迅速混合凝聚的设备；③加入絮凝剂使细小矾花不断增大的絮凝反应设备；④使混凝产物得以分离的设备。

一、药剂的配制与投加设备

药剂的投配方法有干加法和湿加法两大类，酸碱中和处理时石灰等中和剂的投配也是如此。干加法是将固态药剂直接投入到待处理的水中，优点是占地面积小；缺点是对药剂的粒度要求较高，投药量较难准确控制，加药设备易被阻塞，同时劳动条件也较差。目前使用较多的是湿加法，即先把固态药剂或液态药剂加水溶解，配制成一定浓度的稀溶液后，再投加到被处理的水中。整个加药系统包括溶解池或溶解罐、溶液池、计量设备、投药设备等，具体应根据处理厂平面布置、构筑物高程布置、药剂品种、投药方式等因素确定。

1. 配制设备

药剂的配制一般包括药剂溶解和溶液稀释两个步骤。当使用固态药剂时，应设溶解池或溶解罐使其溶解成浓药液，同时高度重视干粉供料系统的干粉下料器、润湿系统的水粉混合器等关键设备以降低建设投资；当使用液态药剂时，可不设溶解池，但需设置储液池。然后将浓药液泵送至溶液池，同时用水稀释到一定浓度后以备投加。固体药剂在溶解池的溶液浓度一般为10%~20%，有机高分子混凝剂的溶液浓度一般为0.5%~1.0%。溶解池体积一般为溶液池体积的0.2~0.3倍，设备及管道应考虑防腐。

无论是固态药剂的溶解，还是浓药液的稀释，一般都需要设置搅拌设备，搅拌可采用水力、机械或压缩空气等方式。水力搅拌可分为两种情况，一种是利用水厂的压力水直接对药剂进行冲溶和淋溶，优点是节省机电设备，缺点是效率低、溶药不充分，仅适合小型水厂和极易溶解的药剂；另一种水力搅拌溶解设备是专设水泵自溶液池抽水，再从底部送回溶药池，形成循环水力搅拌，如图2-1-1所示。机械溶药搅拌设备一般在常压下工作，搅拌器型式有桨式、涡轮式、推进式，在溶药池上的设置有旁入式和中心式两种，尺寸较小时可以选用旁入式，大尺寸时则通常选用中心式，如图2-1-2所示。如图2-1-3所示，压缩空气搅拌一般是在溶药池底部设置环形穿孔布气管，由空压机供给压缩空气通过布气管通入对溶液进行搅拌。其优点是没有与溶液直接接触的机械设备，便于维修，但与机械搅拌相比，动力消耗较大，溶解速度较慢；适用于各种规模的水厂和各种药剂的溶解，若附近有现成气源则更好，否则需要专设空压机或鼓风机。

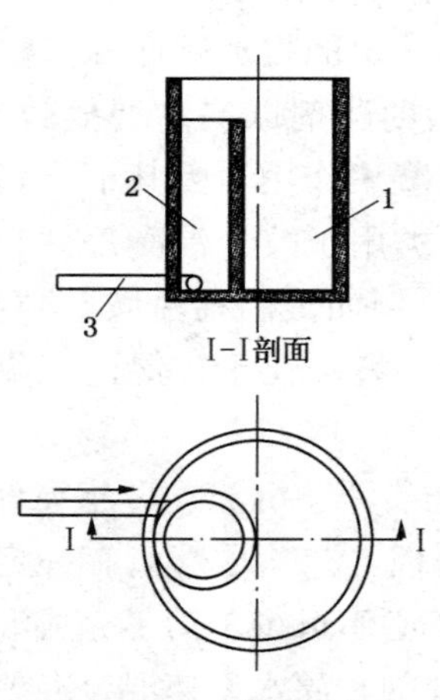

图 2-1-1　药剂的水力调制设备

1—溶液池；2—溶药池；3—压力水管

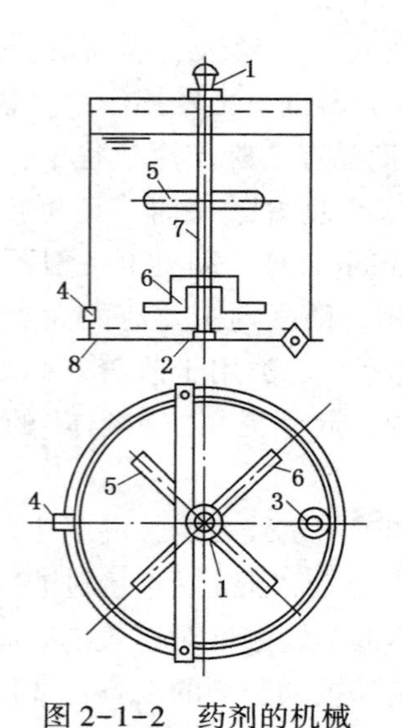

图 2-1-2　药剂的机械调制设备

1，2—轴承；3—异径管箍；4—出管；5—桨叶；6—锯齿角钢桨叶；7—立轴；8—底板

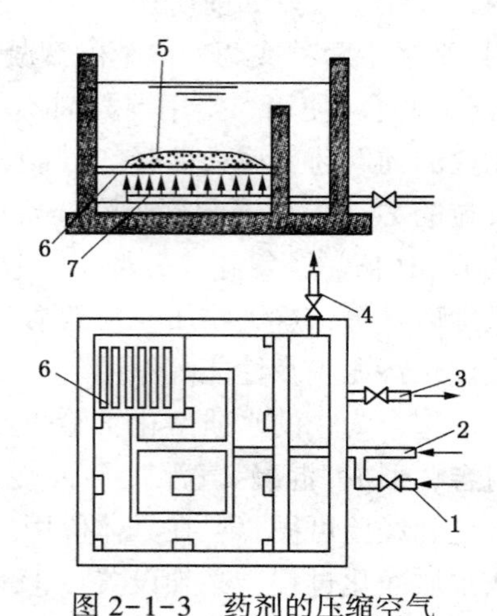

图 2-1-3　药剂的压缩空气调制设备

1—进水管；2—进气管；3—出液管；4—排渣管；5—药剂；6—格栅；7—空气管

溶液池应采用两个交替使用，其单个体积 W 可以按下式计算

$$W=\frac{24\times100AQ}{1000\times1000cn}=\frac{AQ}{417cn}(\mathrm{m}^3) \tag{2-1-1}$$

式中 A——药剂的最大投加量，按无水产品计，mg/L；

Q——处理水量，m^3/h；

c——溶液浓度，%，以药剂固体质量分数计算，一般取 10%～20%；

n——每昼夜配制溶液的次数，应根据药剂投加量和配制条件等因素确定，一般不宜超过 3 次。

应该注意，对于某些特殊性质的药剂，可能需要特殊的溶解装置。如三氯化铁腐蚀性强，且溶解过程中大量放热；骨胶在溶解过程中需先以水热蒸溶再搅拌溶解。

2. 投药设备

投药设备包括投加和计量两部分，要求计量准确、调节灵活、设备简单。常用投加方式包括重力投加、虹吸定量投加、水射器投加和计量泵投加等，这里主要介绍后两种投加方式。

(1) 水射器投加

水射器投加主要利用高压水通过喷嘴和喉管之间的真空抽吸作用将药液吸入，同时随水的余压注入原水管中，如图 2-1-4 所示。在给水系统中，水射器常用于向压力管内投加药液和药液的提升，具有设备简单、使用方便、工作可靠等优点，但因其满足不了所需的抽提输液量要求，有效动压头和射流的排出压力受到限制。

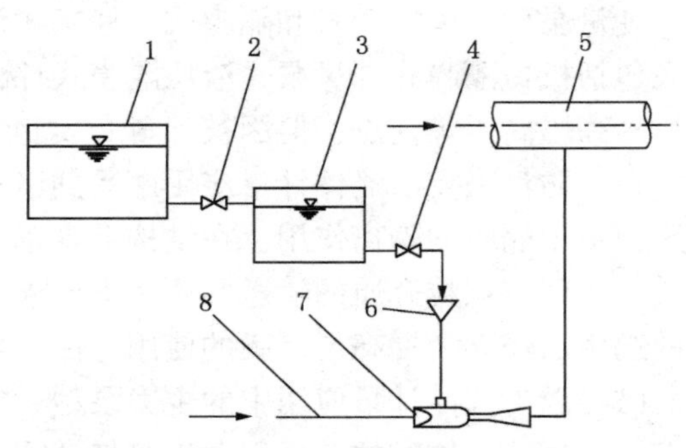

图 2-1-4　水射器投加系统的工艺流程示意图

1—溶液池；2，4—阀门；3—定量投药箱；5—压力水管；6—漏斗；7—水射器；8—高压水管

水射器的结构如图 2-1-5 所示，由压力水入口、吸入室、吸入口、喷嘴、喉管、扩散管、排放口等部分组成。水射器的设计要求为：①喷嘴和喉管进口的间距以 $l=0.5d_2$（d_2 为喉管直径）时，效率最高；②喉管长度 l_2 等于 6 倍喉管直径为宜，即 $l_2=6d_2$，如制作困难可减至不小于 4 倍喉管直径；③喉管进口角度 α 以 120°为好，喉管与外壳连接线应平滑；④扩散管角度 θ 以 5°为好；⑤吸入液体的进水方向角 β 以 45°~60°为好，夹角线与喷嘴管轴线交点宜在喷嘴之前；⑥喷嘴收缩角 γ 可用 10°~30°。具体计算方法有两种，可以参考相关设计手册。

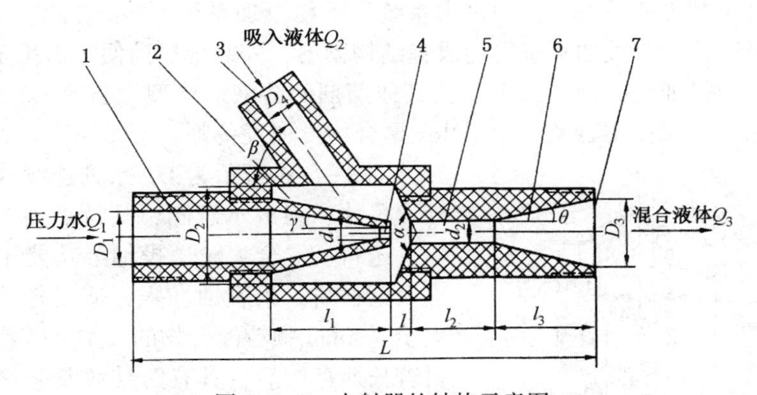

图 2-1-5　水射器的结构示意图

1—压力水入口；2—吸入室；3—吸入口；4—喷嘴；5—喉管；6—扩散管；7—排放口

水射器的加工安装要求如下：①喷嘴、喉管进口及内径、扩散管内径加工表面粗糙度应达 $Ra3.2$；②喷嘴和喉管安装时须同心，同轴度应达精度等级的 9~10 级；③水射器安装时要严防漏气，并应水平安装，不可将喷口向下。

（2）计量泵投加

随着仪表控制与自动化水平的不断提高，电磁流量计、计量泵（Metering pump）等高精度计量设备的应用日益广泛。

按照驱动形式，计量泵可分为电动机驱动和电磁驱动，此外还有液压、气动等驱动形式。电动机驱动计量泵是计量泵的主要泵型，其驱动部分是电动机+减速器，再由曲柄连杆机构带动柱塞或隔膜（活塞）实现往复运动，从而实现被输送流体吸入与排出。电磁驱动式计量泵以电磁铁产生脉动驱动力，省去电动机+减速器，使得系统小巧紧凑，是小流量低压计量泵的重要分支。

按照液力端结构形式，计量泵可分为柱塞式和隔膜式。柱塞式计量泵包括普通有阀泵和无阀泵两种，隔膜式计量泵包括机械隔膜式计量泵、液压隔膜式计量泵和波纹管计量泵。柱塞式计量泵具有结构简单、耐高温高压等优点，但因被计量介质和泵内润滑剂之间无法实现完全隔离这一结构性缺点，在高防污染要求流体计量应用中受到诸多限制。隔膜式计量泵在柱塞的前端加上了柔性隔膜，由于隔膜的隔离作用，在结构上真正实现了被输送介质的无泄漏。非常适用于腐蚀性介质、含固体颗粒介质的输送和防污染要求高的场合，并且随着高科技的结构设计和新型材料的选用已经大大提高了隔膜的使用寿命，加上复合材料优异的耐腐蚀特性，隔膜式计量泵目前已经成为流体计量应用中的主力泵型。机械隔膜式计量泵的隔膜与柱塞端部直接连接，无液压油系统，柱塞的前后移动直接带动隔膜前后挠曲变形；液压隔膜式计量泵通过液压油均匀驱动隔膜，克服了机械直接驱动方式下泵隔膜受力过分集中的缺点，提升了隔膜寿命和工作压力上限。为了克服单隔膜式计量泵可能出现的因隔膜破损而造成工作故障，有的计量泵配备了隔膜破损传感器，实现隔膜破裂时的自动联锁保护；具有双隔膜结构泵头的计量泵进一步提高了其安全性，适合对安全保护特别敏感的应用场合。波纹管计量泵与机械隔膜式计量泵相似，只是以波纹管取代隔膜，柱塞端部与波纹管连接在一起，当柱塞往复运动时，使波纹管被拉伸和压缩，从而改变液缸腔内容积，以达到输液与计量的目的。

3. 一体化自动控制加药设备

一体化自动控制加药设备主要由供水系统、干粉投加系统、溶解熟化系统、控制系统、液体投加系统及二次稀释投加系统等构成，结构紧凑，安装维护简便。适用于中小型自来水厂、污水处理设施投加混凝剂、漂白粉及其他药剂的溶液。典型设备有 DT 系列、RYZ 型、SAM 型、LMI 型、JY 型、GTF 型、PolyRex 聚合物投加设备等。

图 2-1-6 所示为 DT 系列连续式干粉投加机的外形尺寸和组成示意图，其特点为：①集上料、收尘、送料、混合、输送投加等功能于一体；②采用不锈钢材料，耐腐蚀性强，适于各种粉料及粒径不大于 3.5mm 颗粒混合物的投加；③粉料仓内剩余物料若长期存放后，具有防结块及防堵塞的自动处理系统；④干粉投加量可任意调节，并可配制全自动控制功能系统；⑤采用全封闭式闭路收尘系统，无粉尘漂移。

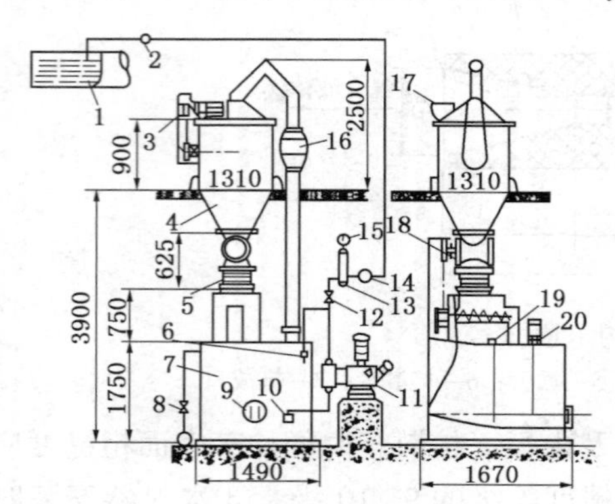

图 2-1-6　DT 系列连续式干粉投加机的外形尺寸和组成示意图

1—原水总管；2—止回阀；3—粉碎机构；4—粉料仓；5—伸缩节；6—安全阀；7—混合池；8—配水总阀；9—清渣人孔；10—过滤器；11—加药泵；12—出药阀；13—均流器；14—流量计；15—压力表；16—吸尘风管；17—进料口；18—送粉机构；19—液位计；20—搅拌机

瑞典 TOMAL 公司生产的 PolyRex 聚合物投加设备是一个分批制备和投加聚合物溶液的交钥匙自动化机器，可以使用粉末状药剂以真空或大袋方式投加，也可以使用液态化学药剂。聚合物首先被浸湿溶解，溶液及水通过水射器注入溶解罐，在溶解罐内通过低速搅拌，配制成浓度为 0.5%或 0.25%的溶液；在线稀释至 0.1%后开始投加，投加点可有多个。双螺杆给料机能够高精度自由输送、无脉动，从而保证了每批次溶液浓度的稳定性；不锈钢材质的静态混合器，确保溶液均质化。

药剂投加量与处理后的水质密切相关，同时也与处理成本紧密相连，通常需要使药剂投加量处于合理经济的状态，即处于最佳投加量。为了提高混凝效果，保障处理后的水质，节省药剂消耗，药剂投加量自动控制技术逐渐得到发展，主要方法有数学模型法、现场模拟试验法、流动电流检测(SCD)法、透光率脉动检测法、絮凝颗粒影像检测控制法等。

二、混合凝聚和絮凝反应设备

1. 水力条件

当药剂投入原水后，需要与原水进行有效混合，混合时间长短和混合强度大小是决定混凝效果的关键。由于混合凝聚、絮凝反应两个阶段的作用不同，对水力条件的要求也不相同。

在混合凝聚和絮凝反应过程中，控制水力条件的重要参数是速度梯度。速度梯度是指在垂直水流方向上的速度差 du 与垂直水流距离 dy 之间的比值，可以根据流体力学的原理用下式表示

$$G=\frac{\mathrm{d}u}{\mathrm{d}y}=\sqrt{\frac{P_0}{\mu}}(\mathrm{s}^{-1}) \tag{2-1-2}$$

式中 P_0——施加于单位体积液体的外加功率，$\mathrm{N \cdot m/(m^3 \cdot s)}$；

μ——液体的动力黏度，$\mathrm{N \cdot s/m^2}$。

在混合凝聚阶段要进行快速而剧烈的搅拌，通常时间为10~30s，至多不超过2min；适宜的速度梯度 G 值在600~1000 $\mathrm{s^{-1}}$之间。在絮凝反应阶段，增大速度梯度 G 值固然有利于颗粒碰撞，但水流剪切力也相应增大。致使已形成的絮凝体有被剪碎的可能，絮凝体越大，承受剪切应力的能力越弱，因此在絮凝反应池中的水力条件相对柔和，要求 G 值随着絮凝体尺寸的增大而逐渐减小，絮凝反应时间 t 在10~30min之间。

直接以速度梯度 G 值来控制水力条件工程上并不方便，考虑到速度梯度与池中水流速度有关，因此通常以池中水流速度的增减加以控制。此外，池中水流的平均速度梯度 $\overline{G}$ 也是一个重要参数。若絮凝反应池的有效容积(亦即池中被搅动的水流体积)为 V，则上式可写成

$$\overline{G}=\sqrt{\frac{P}{\mu V}}(\mathrm{s}^{-1}) \tag{2-1-3}$$

式中 P——絮凝反应设备中水流所耗的功率，N·m/s。当采用机械搅拌设备时，式中的 P 为机械搅拌所提供；当用水力混合或水力反应设备时，P 依靠消耗本身势能(水头损失)所提供。根据经验，絮凝反应池中的平均速度梯度 $\overline{G}$ 在20~70$\mathrm{s^{-1}}$为宜。

鉴于絮凝反应效果与颗粒的碰撞次数有关，通常以平均速度梯度 $\overline{G}$ 与絮凝反应时间 t 的乘积 $\overline{G}t$ 来间接表示整个絮凝反应时间内颗粒碰撞的总次数，一般 $\overline{G}t$ 值应控制在 1×10^4~1×10^5 之间(按 $\overline{G}$=20~70 $\mathrm{s^{-1}}$，絮凝反应时间 t 约10~30min得出)。当原水浓度低、平均速度梯度 $\overline{G}$ 值较小或处理要求较高时，可适当延长絮凝反应时间，以提高 $\overline{G}t$ 值，改善絮凝反应效果。近年来，有人提出应以 $\overline{G}tc$(c 为胶体浓度)值作为絮凝反应设备的控制参数，并建议 $\overline{G}tc$ 值控制在100左右较好。理由是絮凝反应效果与水中颗粒浓度有关，例如当低浓度时絮

凝反应设备的效率就会降低，但如果人工投加黏土或微细砂粒等助凝剂，效果就能提高。

2. 混合凝聚设备

混合凝聚的动力来源有水力混合和机械混合两类，前者有隔板式、管道式、穿孔板式、文丘里管等，后者有水泵混合、搅拌机混合等。混合时间应参考所投加混凝剂的水解时间和混合均匀度(与混合时间成正比)要求，由工艺确定，一般为10~30s。混合设备与后续处理构筑物之间的距离越近越好，尽可能采用直接连接方式，连接管道的流速可取0.8~1.0m/s。

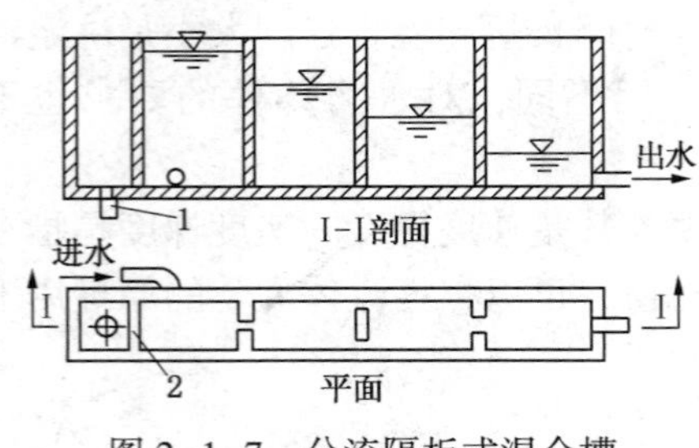

图2-1-7　分流隔板式混合槽
1—溢流管；2—溢流堰

(1) 隔板混合

隔板混合可分为分流隔板式混合、多孔隔板混合、平流式隔板混合、回转式隔板混合等。图2-1-7为分流隔板式混合槽，槽内设隔板数块，药剂于隔板前投入，水在隔板孔道间流动时产生急剧收缩与扩散，使药剂与原水获得充分混合。隔板间距为池宽的2倍，也可取60~100cm；隔板孔道交错设置，孔道中流速取值在1.5m/s以上，池内平均流速不低于0.6m/s；混合时间一般取10~30s。为防止空气带入水中，各过水孔道均应设于下游水面以下100~150mm。水流在隔板孔道中的水头损失按下式计算

$$h=\xi\frac{v^2}{2g} \tag{2-1-4}$$

式中　v——隔板孔道中的水流速度，m/s；

ξ——隔板孔道的局部水头损失系数，一般取2.5；

g——重力加速度，取值9.8m/s²。

根据各隔板孔道的水头损失之和，即可求得混合池中的平均速度梯度$\overline{G}$。在流量稳定的情况下，隔板混合的效果比较好；但当流量变化较大时，混合效果不稳定，故目前使用较少。

(2) 管道混合

管道混合的主要原理是在管道中加入一些能够改变水流水力条件的附件，从而产生不同的混合效果。某些情况下应用锯齿曲折形挡板或空间扭曲双对称挡板，借助管内水流紊动，使混凝剂与原水充分混合；也可以采用管式静态混合器、管式机械混合器。

管式静态混合器由投药管、混合元件和筒体组成，其基本结构是在管道内设置多节固定螺旋叶片状的混合元件，相邻两节螺旋叶片的旋向相反，并交叉一定角度(通常为90°)；也有国外公司采用在管道内布置两个或三个片状凸起，甚至采用其他内部更为复杂的结构模式。工作过程中主要通过流动分割、径向混合、反向旋转，使异种介质不断激烈掺混扩散，达到混合目的。管式静态混合器结构简单，无活动部件，安装方便。一般管内流速为1.0~1.5m/s左右，分节数2~3段，也可根据工艺需要变更混合元件的数量。重力投加时，管式静态混合器投加点应设在文丘里管或孔板的负压点处，投药点后的管内水头损失不小于0.3~0.4m，投药点至管道末端絮凝池的距离应小于60m。

由于管式静态混合器的混合效果受管内流速影响较大，在此基础上又发展出外加动力的管式机械混合器、水泵提升扩散管式混合器等。

(3) 水泵混合

当泵站与絮凝反应设备距离较近时，将药液加于水泵的吸水管或吸水喇叭口处，利用水泵叶轮的高速转动达到快速剧烈混合的目的，不需另配混合设备。其优点是混凝效果好、设备简单、节省投资、动力消耗少；缺点是管道安装复杂，需在水泵内侧、吸入管和排出管内壁衬以耐酸、耐腐材料，同时应防止大量的气体进入水泵。当泵房远离处理构筑物时不宜采用，因已形成的絮体在管道出口一经破碎难于重新聚结，不利于以后的絮凝。

(4) 搅拌机混合

混合搅拌机可以在要求的混合时间内达到一定的搅拌强度，满足混合快速、均匀、充分等要求，而且水头损失小，并可适应水量的变化。混合槽可采用圆形钢制结构或方形钢筋混凝土水池，为了加强混合效果，可在混合槽的壁面上设置竖直固定挡板。搅拌机一般采用中央置入(或顶部插入)立式布置，应避免水流直接侧面冲击，搅拌器距液面的距离通常不小于其直径的 1.5 倍。为在搅拌器周围均匀加药和便于药液分散，通常在搅拌器排液方向相反的一侧设置环形多孔加药管。当进水孔位于混合池底中心时，搅拌器宜设置为向上排液，其他情况排液方向不变。

按照搅拌器的形式可分为平桨式、折桨式、涡轮推进式、框架式、双曲面式等；按照搅拌器的安装方式分为移动式和固定式两种。搅拌器的选型原则是，要在特定的容积里发挥充分的搅拌功能。双曲面搅拌机是一种能够创造大容积流量的新型搅拌设备，叶轮的主体轮廓是方程为 $xy=b$ 的曲线沿 y 轴旋转而构成的双曲面；在双曲面的下部沿圆周方向均匀分布有多个小凸起，该凸起可为小叶片(直线型或渐开线型)或异型凸台状，其主要作用是搅动水体，使水流沿底面由中心向四周甩出。一般将双曲面搅拌机的叶轮靠近池底安装，工作过程中，水体从下部被离心式甩出后，上部水体的补充沿双曲面方向流进，形成上下翻滚；上下翻滚加上水体绕搅拌轴心流动，形成螺旋立体状搅拌，搅拌均匀、无死角。GSJ/QSJ 型双曲面搅拌机的相关参数如表 2-1-1 所示，叶轮的材质可以为不锈钢或玻璃钢。

表 2-1-1　GSJ/QSJ 型双曲面搅拌机的相关参数

叶轮直径/mm	叶轮转速/(r/min)	电机功率/kW	服务范围/m	质量/kg
500	60~200	0.75~1.5	1~3	320/300
750	40~110	1.1~2.2	2~4	360/420
1000	30~70	1.1~2.2	3~6	480/550
1500	30~60	1.5~3.0	4~7	510/760
2000	20~42	2.2~4.0	7~14	560/890
2300	18~39	2.2~5.5	8~16	700/1050
2500	16~37	3.0~7.5	10~20	750/1150
2800	16~32	4.0~7.5	12~22	860/1280

搅拌器所需配套电动机的功率按容积大小、搅拌液体密度、搅拌深度等来确定，并按混合阶段对速度梯度的要求选配。一般而言，混合时间宜在 10~30s 之间，最长不超过 2min；搅拌器外缘旋转线速度宜取 2m/s 左右。

3. 絮凝反应设备

混合凝聚完成后，水中便已产生细小絮体，但尚未达到自然沉降的粒度。絮凝反应设备的任务就是通过加入絮凝剂(可以在絮凝反应池中单独投加，也可以在上游混合池中一并投加)，促使水中的细小絮体和胶体颗粒逐渐絮凝成大的密实絮体而便于沉淀。此时也需要改变水流速度，使投加的药剂与水流充分混合，增加颗粒接触碰撞和吸附的机会。改变速度的方法有两种：一是改变水流平均速度大小，二是改变水流方向。絮凝反应池的池型有多种，根据搅拌方式可分为水力搅拌和机械搅拌两大类，前者又有隔板反应池、折板反应池、栅条(网格)反应池、穿孔旋流反应池、涡流式反应池等形式，利用水流断面上流速分布不均所造成的速度梯度，促进颗粒相互碰撞进行絮凝。絮凝反应池应尽量与沉淀池或气浮池等固液分离设备合并建造，避免用管渠连接。如确需用管渠连接时，管渠中的流速应小于0.15m/s，并避免流速突然升高或水头跌落。为避免已形成絮体的破碎，絮凝反应池出水穿孔墙的过孔流速宜小于0.10m/s。

(1) 折板絮凝反应池

通过将平直隔板改变成间距较小的、具有一定角度的折板(或其他扰流单元)，就可将隔板絮凝反应池改造成折板絮凝反应池。

根据水量的大小可设计成单通道或多通道，可布置成竖流式或平流式两种。整个絮凝反应池设计一般分为前段、中段、末段3段，每段的絮凝容积可大致相等。其中，第一段布置异波折板，第二段布置同波折板，第三段布置平行直板。水流流经絮凝池时，在第一段产生缩放流动，第二段产生曲折流动，第三段产生直线流动。水流产生的紊流程度由大到小，以满足絮凝体增大结大的要求。折板絮凝反应池提高了常规絮凝反应池的容积利用率和能量利用率，有效地改善了水流中速度梯度的分布情况，使其更趋于合理。优点是絮凝效果好、絮凝时间短、水头损失小，缺点是安装维修比较困难，目前一般用于中小规模水处理厂。折板絮凝反应池的设计参数如下：第一段 $G=80\sim100s^{-1}$，$v=0.25\sim0.35m/s$；第二段 $G=50\sim60s^{-1}$，$v=0.15\sim0.25m/s$；第三段 $G=20\sim25s^{-1}$，$v=0.10\sim0.15m/s$，折板夹角采用90°~120°，絮凝时间10~15min。

此外，还出现了网格絮凝反应池、带有若干翼片的折板反应池等。网格絮凝反应池的优点是絮凝效果好，絮凝时间短，水头损失小；缺点是安装维修比较麻烦，絮凝池末端的竖井底部容易产生积泥现象。

(2) 涡流式絮凝反应池

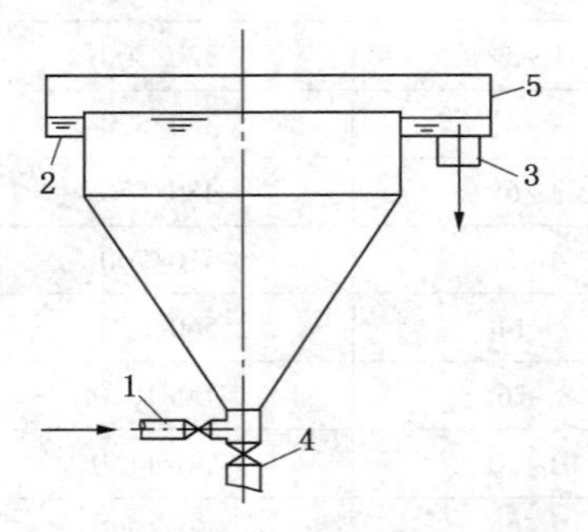

图2-1-8　涡流式絮凝反应池

1—进水管；2—圆周集水槽；3—出水管；4—放水阀；5—格栅

如图2-1-8所示，涡流式絮凝反应池的下半部为圆锥形，水从圆锥底部流入，形成涡流，边扩散边上升；随着锥体面积逐渐扩大，上升速度逐渐由大变小，有利于絮凝体的形成。在池子上部的圆柱体部分，虽然水流的搅拌作用已经不变，但矾花可以继续增长，特别是从反应池下面升上来的细小颗粒通过这些较大颗粒的矾花时，由于接触凝聚的作用，就易被吸附。由于这些优点，涡流式絮凝反应池的效果最好，停留时间最短，比其他形式的反应器约短2~3倍。涡流式反应池主要靠进水流的扩散产生搅拌作用，底部入口处的水流速度、上部圆柱中的水流上升流速及锥角为搅拌强度的控制因素。

涡流式絮凝反应池的设计参数及要点如下：①池数不少于2座，底部锥角呈30°~45°，超高取0.3m，时间6~10min；②入口处流速取0.7m/s，上侧圆柱部分上升流速取4~6cm/s；③可在周边设集水槽收集处理水，也可采用淹没式穿孔管收集处理水；④每米工作高度的水头损失控制在 0.02~0.05m。当采用水力搅拌时，速度梯度计算公式中的 P_0 可按水头损失计算。设计完毕后应校核 $\overline{G}t$ 值，如不符合要求，则应重新设计。

（3）机械搅拌絮凝反应池

机械搅拌絮凝反应池工艺一般将多个单独的机械搅拌絮凝反应池串联，或者在一个池内沿水流方向设有多个搅拌机。为满足絮凝体形成的要求，搅拌强度沿水流方向渐次降低，从而使得絮凝 $\overline{G}$ 值由大变小。优点是可以根据水量、水质的变化随时调节各池的搅拌强度，以达到最佳的絮凝 $\overline{G}$ 值，取得最佳絮凝效果，因此可适用于各种规模的水处理厂。缺点是絮凝时间稍长，特别是使用搅拌机而增加了工程造价，同时增加了设备的管理维修工作量。絮凝时间 15~20min；池内设 3~4 挡的搅拌机，线速度自一挡的 0.5m/s 逐渐减少至末挡的 0.2m/s。

絮凝搅拌机根据搅拌轴的安装方式分为卧轴式和立轴式两种，卧轴式絮凝搅拌机的桨板接近池底旋转，一般絮凝池不存在积泥问题，但应该关注水平贯穿池壁部位的设计。立轴桨板式絮凝搅拌机的设计要点如下：①絮凝反应池的数量一般不少于 2 座；②一般絮凝反应池内设 3~6 挡不同搅拌强度的絮凝搅拌机，各搅拌器之间用隔墙分开以防水流短路，因此絮凝池分为 3~6 格，搅拌机轴设于每格中间；③搅拌桨叶中心处的线速度自第一挡的 0.5~0.6m/s 逐渐减小至末挡的 0.1~0.2m/s，末挡最大不超过 0.3m/s；④各挡搅拌速度的梯度值 G 一般取 20~70s^{-1}；⑤搅拌器上层桨叶顶端应设于反应池水面下 0.3m 处，搅拌器下层桨叶底端应设于距池底 0.5m 处，桨叶外缘与池侧壁间距不大于 0.25m；⑥每片桨叶的宽度一般采用 100~300mm，每台搅拌器上桨叶总面积不应超过反应池水流截面的 10%~20%，当超过 25%时整个池水将与桨板同步旋转而减弱絮凝效果，设计中必须考虑避免这种现象；⑥所有搅拌轴及桨叶等部件都应进行必要的防腐处理。

三、反应澄清工艺的基本原理和反应澄清池

在往原水中投加药剂并经历混合凝聚、絮凝反应过程后，需要及时分离所形成的絮体而使水质得到净化。除了“微絮凝+过滤”工艺之外，使混凝产物得以与水分离的工艺主要有混凝+沉淀、混凝+气浮工艺、反应澄清等，其中混凝+沉淀工艺具有应对水量水质变化能力较弱、处理低浊度地表水/高含藻水能力不足等缺点；混凝+气浮工艺使微气泡黏附于已经形成的固体颗粒矾花上，并快速浮升至水面形成稳定的悬浮污泥，当泥位到一定高度后开启气动快开阀，将浮渣排出。这里主要介绍反应澄清工艺的基本原理和相应的构筑物。

1. 基本原理

反应澄清池（Reactor Clarifier）能够同时实现药剂与原水的混合凝聚、絮凝反应和絮体沉淀分离三种功能，严格意义上可分为絮凝澄清池（Flocculating Clarifier）和固体接触澄清池（Solids-Contact Clarifier）两大类。絮凝澄清池与常规沉淀池较为类似，但一般在池体中央上部设置机械搅拌絮凝池（或井），池体径向外侧和下部区域实现沉淀分离。絮凝澄清池的结构相对较为简单，用于不需要固体接触过程以增强沉淀分离的场合。

固体接触澄清池的处理性能相对更强，其所依据的基本原理是，如果能在池内形成一个絮体体积浓度足够高的区域，使投加了药剂的原水进入该区域，与具有很高体积浓度的粗粒径絮体接触，就能大大提高原水中细粒径悬浮物的絮凝速率，并最终强化截留分离原水中固体杂质颗粒的效果。固体接触澄清池中絮体体积浓度足够高的区域是悬浮泥渣层，通过在澄清池中加入较多的絮凝剂，适当降低水力负荷，经过一定时间运行后逐步形成，稳定悬浮泥

渣层的泥渣浓度约为3~10g/L。为使得悬浮泥渣始终保持絮凝活性，必须使其处于新陈代谢状态：即一方面形成新的活性泥渣，另一方面及时排除老化泥渣。当原水通过活性悬浮泥渣层时，利用接触絮凝的原理，原水中的固体悬浮物被迅速吸附截留下来，使水获得澄清；清水在澄清池上部被收集、排出。

2. 固体接触澄清池类型

固体接触澄清池的构造形式有很多，根据悬浮泥渣的宏观流动状态及其与原水接触方式的不同，可以分为两大类：一类是泥渣过滤型(Sludge blanket)，其泥渣的悬浮状态通过上升水流的能量在池内形成，当水流从下往上通过泥渣层时，截留水中夹带的小絮体；另一类是泥渣循环型(Sludge recirculation)，即让泥渣在竖直方向上不断循环，通过该循环运动捕集水中的微小絮粒，并在分离区加以分离。

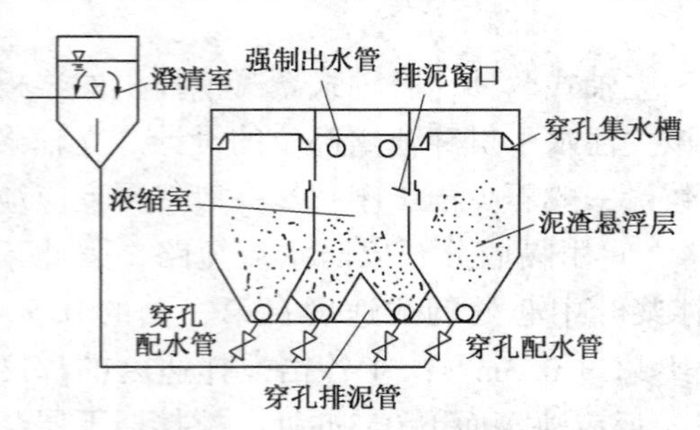

图2-1-9　泥渣过滤型澄清池的结构示意图

(1) 泥渣过滤型澄清池

泥渣过滤型澄清池目前有上流式泥渣过滤型澄清池(Upflow sludge blanket clarifier)和脉冲澄清池(Pulsating sludge blanket clarifier)两种类型。

图2-1-9为上流式泥渣过滤型澄清池的结构示意图，原水由池底进入，靠向上的流速使矾花絮体悬浮。因絮凝拦截作用，悬浮层逐渐膨胀，但超过一定高度时则通过排泥窗口自动排入泥渣浓缩室，压实后排出室外。当进水量或水温发生变化时会使悬浮层工作不稳，现已很少使用。

脉冲澄清池在上流式泥渣过滤型澄清池的基础上发展起来。图2-1-10为脉冲澄清池的典型结构示意图，加药后的原水经脉冲发生器作用首先进入真空进水室(也称配水竖井)，真空进水室充满后，真空破坏，由于大气压的作用，原水从池底穿孔配水管的孔口以高速喷出进入池体，向池内形成脉冲式间歇进水。在脉冲作用下，池内泥渣悬浮层一直周期性地处于膨胀和压缩状态，进行一上一下的运动。这种脉冲作用使泥渣悬浮层断面上的浓度分布均匀，增强颗粒之间的接触碰撞，改善了接触絮凝的条件，从而提高净水效果。池体上部设有穿孔集水槽，用来均匀收集澄清水并防止池内不同部位产生不均匀出流；脉冲发生器多选择虹吸钟罩式。

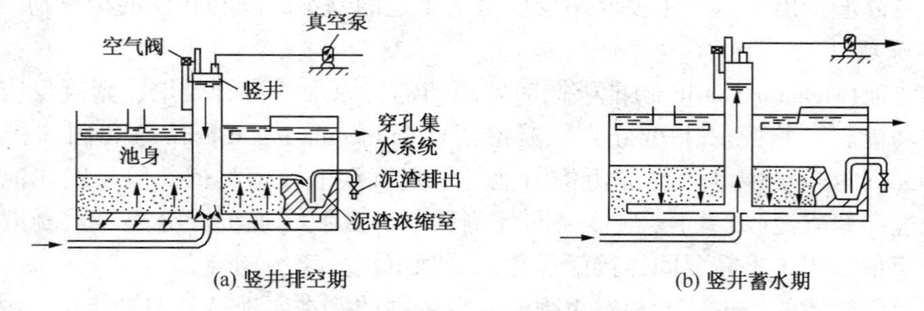

图2-1-10　脉冲澄清池的结构示意图

由于脉冲澄清池对水质、水量的变化比较敏感，操作管理要求比较高，在运行管理中及时排泥是主要环节之一。依靠手动操作排泥不仅增加了工作人员的劳动强度，而且还会由于人为原因造成排泥滞后，影响出水水质，因此近些年来开始采用自动控制排泥技术；也可采用接触絮凝斜管沉淀技术对脉冲澄清池的泥水分离区进行改造。

法国 Degrémont 公司于 20 世纪 50 年代早期推出了 Pulsator®脉冲澄清池，并相继推出了 Pulsatube®、Superpulsator®、Superpulsator® Type U 等类型，最新技术为 Pulsazur®上流式炭接触脉冲澄清池，是一种粉末活性炭和泥渣过滤型澄清池。加入絮凝剂($FeCl_3$)和粉末活性炭的原水经机械混合后，进入真空室，从配水干渠经配水支管的孔口以全断面均匀通过泥渣悬浮层高速喷出，在稳流板下以极短的时间进行充分混合和初步反应。然后通过稳流板整流，以缓慢速度垂直上升，在“脉冲”水流作用下悬浮层有规律地上下运动，时而膨胀，时而压缩沉淀，促进絮凝体颗粒进一步碰撞、接触和凝聚，同时通过粉末活性炭和泥渣悬浮层的碰撞和吸附，使原水中的有机物颗粒被吸附，再经斜管组件进一步实现固液分离，从而使原水得到澄清。澄清水由集水槽引出，过剩泥渣则流入浓缩室、经穿孔排泥管定时排出。

(2) 泥渣循环型澄清池

根据使活性泥渣絮凝形成和发生循环流动所需能量的提供方式来看，泥渣循环型澄清池可以为机械搅拌澄清池(又名机械加速澄清池)和水力循环加速澄清池两大类。

机械搅拌澄清池是泥渣循环型澄清池的典型代表，多为圆形钢筋混凝土结构，池子较小时也可全部采用钢材制作。借助叶轮旋转产生机械搅拌和水力循环提升作用，并将混合、反应、提升和沉淀分离集成在一个构筑物内。具体结构如图 2-1-11 所示，主要组成部分包括一次混合及反应区(简称一絮凝室)、二次混合及反应区(简称二絮凝室)、导流室、分离室、伞形罩、搅拌器、驱动机构等。混合室周围被伞形罩包围，在混合室上部设有涡轮搅拌桨，由变速电机带动涡轮搅拌桨转动。工作过程为：原水从进水管进入截面积为三角形的环形进水槽，混凝剂通过投药管加在配水三角槽中，再通过槽下面的出水孔或缝隙均匀流入混合室。环形进水槽上部设有排气管，以排除随水带入的空气。搅拌器的转动可以使池内液体形成两种循环流动，其一是由叶轮的旋转搅拌作用而在一絮凝室内形成周向旋转流动，使加药混凝产生的微絮粒与回流泥渣碰撞接触，提高絮凝效果。其二是将水流提升到二絮凝室内，并在这里进行絮凝长大过程；水流经设在二絮凝室上部四周的导流室，消除波动后进入分离室进行泥水分离。经过分离的清水上升，经集水槽流出；沉淀分离泥渣的一部分通过回流缝进入一絮凝室，回流量为进水量的 3~5 倍，可通过调节叶轮出水口宽度来控制。较重的回流泥渣沉降到池底，其余随叶轮提升后继续进行循环。为了保持池内泥渣浓度稳定，需要定期排出多余的泥渣，所以在分离室内设置 1~3 个泥渣浓缩斗，使多余泥渣溢入其中，进行浓缩脱水后经排泥管排出池外。当池径较大或进水固体悬浮物含量较高时，需装设机械刮泥

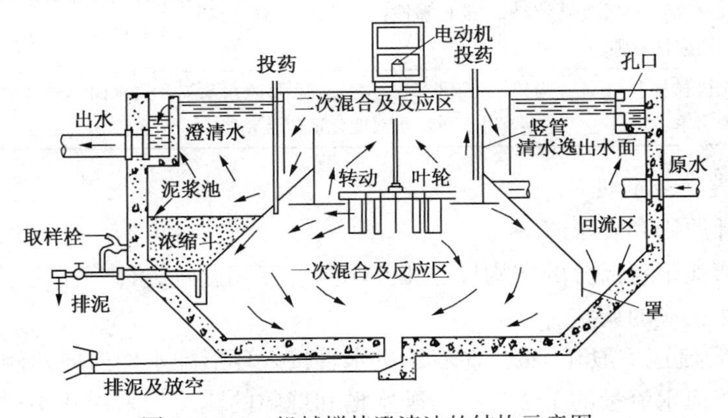

图 2-1-11　机械搅拌澄清池的结构示意图

机。机械搅拌澄清池的优点是对原水水质(如浊度、温度、离子浓度)和处理水量的变化适应性较强，处理效果稳定、处理效率高，操作运行比较方便，管理维护简单。

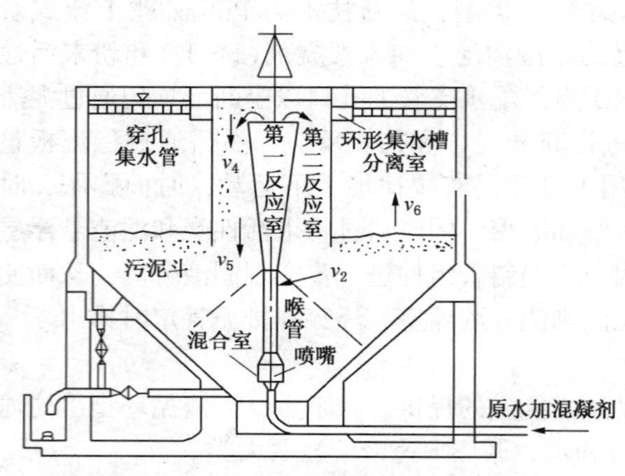

图 2-1-12　水力循环加速澄清池的结构示意图

图 2-1-12 为水力循环加速澄清池的结构示意图，主要由喷嘴、混合室、喉管、第一反应室、第二反应室等组成，喷嘴、混合室和喉管组成一个射流器。原水由底部进入池内，经喷嘴喷出，喷嘴出口的高速水流把澄清池锥形底部含有大量絮凝体的水吸进混合室内，与原水掺混后经第一反应室的喇叭口溢流出来，进入第二反应室中。吸进混合室的流量称为回流，一般为进水流量的 2~4 倍。第一反应室和第二反应室构成了一个泥渣悬浮层区，第二反应室出水进入分离室。相当于进水量的清水向上流向出口，剩余流量则向下流动至混合室，经喷嘴吸入与进水混合，再重复上述过程。该池的优点是无需机械搅拌设备，运行管理较方便；锥底角度大，排泥效果好。缺点是反应时间较短，造成运行上不够稳定，不能适用于大处理水量场合。

各种澄清池的优缺点及适用条件归纳如表 2-1-2 所示。

表 2-1-2　各种澄清池的优缺点及适用条件

类　型	优　点	缺　点	适用条件
上流式泥渣过滤型澄清池	构造较简单；能处理高浊度水(双层式加悬浮层底部开孔)	需设气水分离器；对水量、水温变化较敏感，处理效果不够稳定	进水固体悬浮物含量<3g/L 时宜用单池；进水固体悬浮物含量 3~10g/L 时宜用双池；流量变化一般每小时≯10%，水温变化每小时≯1℃
脉冲澄清池	混合充分，布水较均匀	需要一套真空设备；虹吸式水头损失较大，脉冲周期较难控制；对水质、水量变化适应性较差；操作管理要求较高	适用于大、中、小型水厂
机械搅拌澄清池	单位面积产水量大，处理效率高；处理效果较稳定，适应性较强	需机械搅拌设备；维修较麻烦	进水固体悬浮物含量<5.0g/L，短时间允许 5~10g/L；适用于大、中型水厂
水力循环加速澄清池	无机械搅拌设备；构筑物较简单	投药量较大；消耗大的水头；对水质、水温变化适应性差	进水固体悬浮物含量<2.0g/L，短时间允许 5g/L；适用于中、小型水厂

3. 机械搅拌澄清池的设计

(1) 基本设计原则和要求

机械搅拌澄清池中各部分的结构尺寸相互牵制、互相影响，计算往往不能一次完成，需要在设计过程中作相应的调整。

① 原水进水管流速一般在 1m/s 左右，进水管接入环形配水槽后向两侧环流配水，配水槽断面设计流量按原水流量的 1/2 计算。配水槽和缝隙的流速均采用 0.4m/s 左右。

② 水在池中的总停留时间一般为 1.2~1.5h，一絮凝室、二絮凝室的水力停留时间一般

控制在20~30min，二絮凝室的计算流量为出水量的3~5倍(考虑回流)。一絮凝室、二絮凝室(包括导流室)和分离室的容积比一般控制在2∶1∶7，二絮凝室和导流室的流速一般为40~60mm/s。

③ 分离室内清水上升流速一般采用0.8~1.1mm/s，当处理低温、低浊度水时可采用0.7~0.9mm/s；清水区高度1.5~2.0m。

④ 集水方式可选用淹没孔集水槽或三角堰集水槽，孔径为20~30mm，过孔流速为0.6m/s，集水槽中流速为0.4~0.6m/s，出水管流速为1.0m/s左右；穿孔集水槽设计流量应考虑超载系数β=1.2~1.5。

⑤ 搅拌一般采用叶轮搅拌，叶轮提升流量为进水流量的3~5倍；叶轮直径一般为二絮凝室内径的0.7~0.8倍，叶轮外缘线速度为0.5~1.0m/s。

⑥ 根据澄清池的大小，可设泥渣浓缩斗1~3个，泥渣浓缩斗容积约为澄清池容积的1%~4%，小型池可只用底部排泥。

⑦ 在对进水固体悬浮物含量要求方面，不设机械刮泥时一般不超过1000mg/L，短时间内不超过3000mg/L；进水固体悬浮物含量大于1000mg/L或池径≥24m时必须设机械刮泥；有机械刮泥时一般不超过5000mg/L，短时间内不超过10000mg/L；当进水固体悬浮物含量经常超过5000mg/L时，澄清池前应加预沉池。

⑧ 进水温度变化每小时不大于2℃；出水浊度一般不大于10mg/L，短时间不大于50mg/L。

(2) 机械搅拌澄清池的布置与进水方式

工程实际中一般将多个机械搅拌澄清池成组布置，以共用配水和排泥井。以北方地区某常规50万m^3/d的自来水厂为例，采用机械搅拌澄清池的布置方式为每4座为1组，共3组12座池，每组中间设配水及排泥井1座。这种布置方式占地较大，且难以形成完全平行独立的两个系列。北京市自来水集团郭公庄水厂选用12座直径ϕ29m的机械搅拌澄清池，单池处理能力达到1800m^3/h，总处理能力达51.85万m^3/d。分成完整的两个系列对称布置，每系列6座澄清池，每3座澄清池中间设管廊，管廊内直埋敷设进水管、出水管、排泥管及放空管。

机械搅拌澄清池的进水方式可以采用渠道进水和管道进水。渠道进水方式的理念来源于滤池的进水方式，采用可调节配水堰实现均匀配水，优点是配水简易、沿程损失小；缺点是板闸的严密性差，因形成密闭空间而给人员进出检修造成困难。管道进水方式为“总管→支管进水”，并于支管上配置可调节蝶阀进行配水，优点是配水精准，蝶阀严密性好，管廊空间利用合理；缺点是沿程损失较大，浪费水头。郭公庄水厂前期设计时就这两种方式进行了比选，鉴于更侧重人员检修的舒适性及可实现自动控制等因素，最终选择了管道进水方式。在确定总管管径过程中分别选取不同口径管道进行了水力模拟计算，本着“技术可行、经济合理、具有一定挖潜性”的原则，确定每系列机械搅拌澄清池进水总管的管径为*DN*2200。

(3) 澄清池搅拌机

搅拌机总体上由电动机、减速器、主轴、调流机构、叶轮、桨板等构成，JJ系列机械搅拌澄清池搅拌机的规格和性能参数如表2-1-3所示。

表 2-1-3　JJ 系列机械搅拌澄清池搅拌机的规格和性能参数

		JJ-200	JJ-320	JJ-430	JJ-600	JJ-800	JJ-1000	JJ-1330	JJ-1800
水量/(m^3/h)		200	320	430	600	800	1000	1330	1800
池径/m		9.8	12.4	14.3	16.9	19.5	21.8	25	29
池深/m		5.3	5.5	6.0	6.35	6.85	7.2	7.5	8.0
总容量/m^3		315	504	677	945	1260	1575	2095	2835
叶轮	直径/m	2		2.5		3.5		4.5	
	转速/(r/min)	4.8~14.5		3.8 ~11.4		2.86 ~8.57		2.07 ~6.22	
	外缘线速度/(m/s)	0.5 ~1.5		0.5 ~1.5		0.5 ~1.5		0.5 ~1.5	
	开度/mm	0~110	0~170	0~245	0~175	0~290	0~230	0~300	0~410
搅拌桨外缘线速度/(m/s)		0.33~1.0							
电动机	型　号	JZT32-4		JZT41-4		JZT42-4		JZT51-4	
	功率/kW	3		4		5.5		7.5	
	转速/(r/min)	120~1200							
速比	皮带传动速比	1.2		1.57		2		2.68	
	蜗轮减速器速比	69		67		70		72	
	总速比	82.9		105.2		140		192.96	
	质量/kg	1900		2260	2255	3825	3817	6750	6780

电动机、电控设备及减速器宜安装在室内，环境条件分别符合 GB/T 755、GB/T 14048 和 GB/T 3797。操作间顶板应设有吊装搅拌及刮泥设备的吊钩，工作平台应设有吊装池内设备的吊装孔。搅拌机可采用无级变速电动机驱动，以便随进水水质和水量变动而及时调整回流量和搅拌强度。一般采用变频调速电机或 YCT 系列滑差式电磁调速异步电动机；也可采用普通恒速电动机，经三角皮带轮和蜗轮-蜗杆两级减速，蜗轮轴与搅拌轴采用刚性连接，一般选用夹壳联轴器，也有采用锥齿轮与正齿轮两级减速。蜗轮材料的机械性能应不低于 ZQAL 9-4；蜗杆材料的机械性能应不低于 45 号钢，经调质热处理后硬度应为 HB241~286。

搅拌机变速驱动部分应设置推力轴承，以承担转动部分的自重及作用在叶轮上水压差而产生的轴向载荷。应适当加大主轴轴承间距，并适当提高轴的刚度，以避免设置水下轴承。轴承应有可靠的密封，严防机油渗漏到池中污染水质。

为满足不同运行条件对提升和搅拌强度间的比例要求，并使提升流量满足沉降分离的要求，搅拌机均应设有调流机构。调流机构一般有升降叶轮式、调流环式以及浮筒式 3 种(如图 2-1-13 所示)，均应设有开度指示。升降叶轮式用叶轮升降来调节叶轮出水口宽度，此时主轴上端应设有限位机构；调流环式以调整调流环的位置上下来改变叶轮出水口有效宽度，以调节提升能力；浮筒式在叶轮进水口处设一浮筒，通过调整浮筒位置来改变叶轮进口有效面积，进而调节提升能力。

提升叶轮主要由叶片、叶轮顶板和桨叶 3 部分组成，叶片可以采用辐射式直叶片、向后倾斜式直叶片、向后弯曲式直叶片等 3 种形式。辐射式直叶片形状简单，易于加工制造，可满足低扬程、大流量的要求，可双向旋转，具体加工过程中可以采取整体式结构和对接式结构；向后倾斜式直叶片只能单向旋转，其余介于辐射式直叶片与向后弯曲式直叶片之间；向后弯曲式直叶片提水效率高，叶轮刚度较大，但加工复杂、成本高，只能单向旋转。桨叶形式为竖直桨叶，桨叶部分的外径 d 一般为叶轮直径的 0.8~0.9 倍，高度 h 为一次混合及反应区(或称一絮凝室)高度的 1/3~1/2，宽度 b 为 $h/3$，桨叶数量与叶片数相同，桨叶转速也与叶轮转速相同。

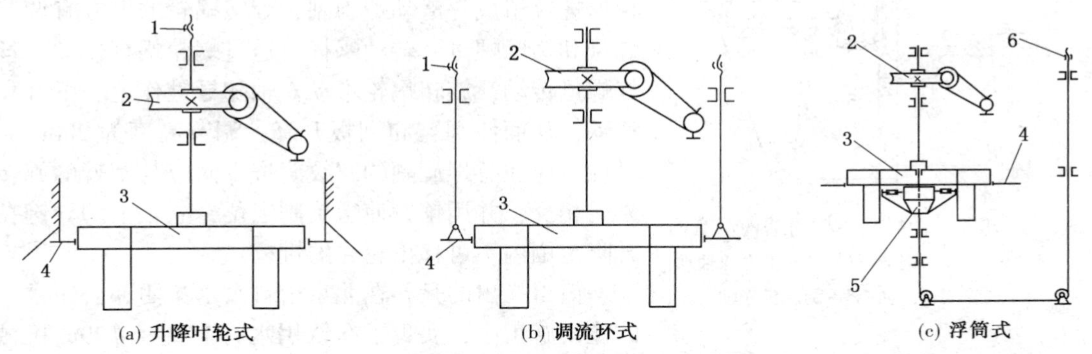

图 2-1-13 搅拌机调流机构的工作原理示意图

1—手动调流装置；2—减速器；3—叶轮；4—调流环；5—浮筒；6—牵引装置

(4) 澄清池刮泥机

由于机械搅拌澄清池的池底为圆形，所以配套刮泥机的设计计算方法与普通圆池刮泥机基本类似。但因机械搅拌澄清池在一絮凝室和二絮凝室中间设置了一个悬挂的大型提升叶轮，因此给刮泥机的设置增加了困难。按传动方式的不同，刮泥机可分为套轴式中心传动和销齿传动两种，这里重点介绍套轴式中心传动刮泥机。

当机械搅拌澄清池的池径较小时(一般小于 ϕ16.9m)，为使结构紧凑，通常将刮泥机的变速驱动机构叠架在叶轮搅拌机变速驱动机构的上面，搅拌机主轴设计成空心轴，刮泥机的立轴从搅拌机的空心轴中穿过，这种结构形式习惯上称为套轴式中心传动刮泥机(如图 2-1-14所示)。由于刮泥机的立轴轴径受到搅拌机空心轴内径的限制，一般仅用于水量小于 600m^3/h 的池子，刮臂旋转直径不大于 ϕ12m。整套刮泥机主要由电动机、减速器、主轴、手动提耙机构、过扭矩保护机构、水下轴承、刮臂、刮板组成，减速方式一般采用与电动机输出轴直联的卧式摆线针轮减速器、链传动和蜗轮蜗杆减速器三级减速，总减速比

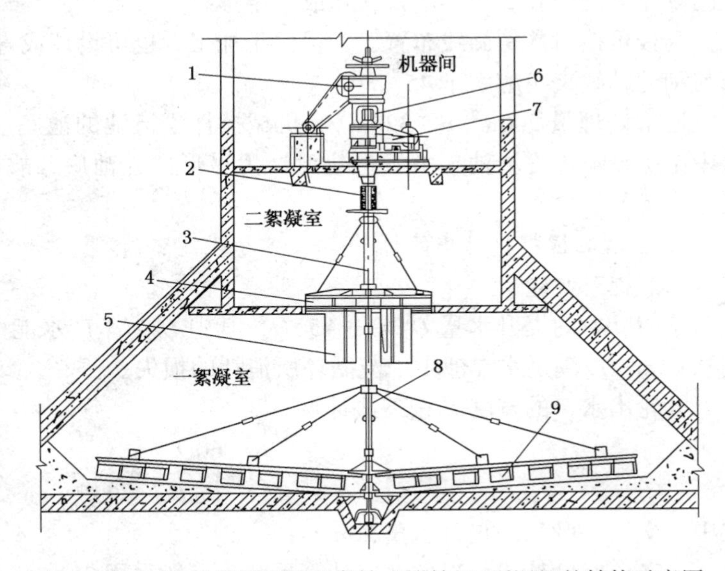

图 2-1-14 机械搅拌澄清池套轴式搅拌机/刮泥机的结构示意图

1—刮泥机变速驱动机构；2—夹壳联轴器；3—搅拌机空心主轴；4—提升叶轮；5—桨叶；6—调流机构；7—搅拌机变速驱动机构；8—刮泥机主轴；9—刮臂和刮板

高达 10000~30000 左右。

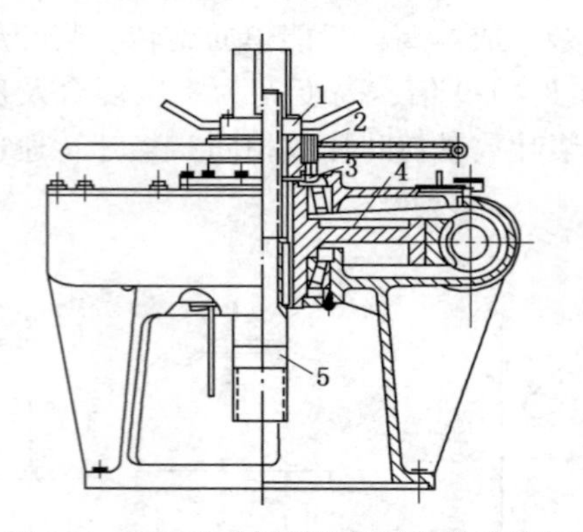

图 2-1-15　手动提耙机构的结构示意图

1—锁紧螺母；2—调节螺母；3—推力球轴承；4—蜗轮蜗杆传动；5—刮泥机立轴

手动提耙机构主要是为了防止池底积泥过多，当超过了刮泥机的能力时，提起刮臂和刮板作为安全保护措施。如图 2-1-15 所示，在减速器中设置带有推力滚子轴承底座的旋转蜗轮，旋转蜗轮与立轴上端的梯形螺纹组成一滑动螺旋副，旋转蜗轮的上方有调节螺母和锁紧螺母。转动蜗杆时通过蜗轮蜗杆传动、丝杠螺母传动，旋转蜗轮带动立轴随导键作上、下升降移动，从而使刮臂和刮板升降，调节高度为 200mm。设计时应注意螺旋副的螺纹旋进方向应与刮臂的旋转方向相反，并用销钉使螺旋副定位，立轴上的导键在升降范围内不可移出轮壳的键槽。

值得指出的是，在北京市自来水集团郭公庄水厂的建设施工中，实现了在饮用水行业直径 ϕ29m 机械搅拌澄清池中采用套轴式中心传动刮泥机。水量提升采用调速方式，也实现了自动控制和带水调节的功能。此外，由于销齿传动刮泥机的结构较为复杂，发展趋势是采用中心竖架旋转进而带动刮臂旋转的结构设计方案。此时搅拌机和刮泥机的驱动机构既可以采用同心双轴驱动布置模式，也可以采用平行轴双驱动布置模式。

③ 刮臂和刮板

刮臂承受刮泥阻力及自重，在机械搅拌澄清池中通常采用管式悬臂结构，并设置拉杆作辅助支撑。800m^3/h 以上的水池采用 120°等分的 3 个刮臂，600m^3/h 以下的池子采用对称设置的 2 个大刮臂和 2 个小刮臂，互成十字形。

刮板可按对数螺旋线布置，为了便于加工，也可设计成直线形多块平行排列的刮板。刮板与刮臂轴线夹角应大于 45°。

通常处理量 200m^2/h、320m^3/h 机械搅拌澄清池的池底坡度为 1 : 12；430m^3/h 以上的大中型机械搅拌澄清池，由于土建设计为弓形薄壳池底，故刮臂与刮板的设计也应与此相适应。

4. 澄清池搅拌机功率的计算

(1) 提升叶轮

希望叶轮的提升水量 $Q_1=(3\sim5)Q$，其中 Q 为净产水能力；叶轮的提升水头 h_1 一般采用 0.05m，以满足水在池中回流循环所消耗的损失。

叶轮出水口的宽度 B 按下式计算

$$B=\frac{60Q_1}{Cnd^2}(\mathrm{m}) \tag{2-1-5}$$

式中　Q_1——叶轮的提升水量，m^3/s；

C——叶轮出水口的宽度计算系数，一般采用 3；

n——叶轮转速，r/min；

d——叶轮外径，一般为$(0.15\sim0.20)D$ 或$\leqslant(0.7\sim0.8)D_f$，其中 D 为机械搅拌澄清池的内径，D_f 为机械搅拌澄清池二絮凝室的内径，单位都为 m；

叶轮的转速为

$$n=\frac{60v}{\pi d}(\text{r/min}) \tag{2-1-6}$$

式中 v——叶轮外缘的线速度，一般为0.4~1.2m/s。

叶轮提升消耗的功率为

$$N_1=\frac{\rho HQ_1}{102\eta}(\text{kW}) \tag{2-1-7}$$

式中 ρ——泥渣水密度，一般采用1010kg/m^3；

η——叶轮提升的水力功率，一般采用0.6。

(2) 桨叶功耗

桨叶消耗功率的计算公式如下

$$N_2=C\frac{\rho h\omega^3}{400g}(R_1^4-R_2^4)Z(\text{kW}) \tag{2-1-8}$$

式中 C——阻力系数，一般采用0.3；

ω——叶轮旋转的角速度，由于桨叶转速与叶轮转速相同，故可用$2v/d$来计算，rad/s；

h——桨叶高度，一般取一次混合及反应区(或称一絮凝室)高度的1/3~1/2，m；

R_1——桨叶外缘半径，一般为$(0.8\sim0.9)d/2$，m；

R_2——桨叶内半径，$R_2=R_1-b$，b为桨叶宽度，取$h/3$，m；

Z——桨叶数，桨叶数多于6片时要适当折减。

(3) 驱动功率

提升和搅拌功率综合计算如下

$$N=N_1+N_2(\text{kW}) \tag{2-1-9}$$

首先确定驱动方式，假设选择电磁调速电机，采用三角带和蜗轮-蜗杆减速器两级减速，因叶轮需要调整出水口宽度，故需设计专用立式蜗轮-蜗杆减速器。当选定电磁调速电机的具体型号后，其输出轴的转速n_A已相应确定，在已知叶轮转速n的情况下可计算出总减速比i，进而可以相应确定三角带和蜗轮-蜗杆减速器两级减速之间的具体减速比分配。相应的电动机功率计算如下

$$N_A=\frac{N}{\eta_1\eta_2\eta_3\eta_4}(\text{kW}) \tag{2-1-10}$$

式中 η_1——电磁调速电动机的效率，一般采用0.8~0.833；

η_2——三角皮带传动效率，一般采用0.96；

η_3——蜗轮-蜗杆减速器的效率，按照单头蜗杆考虑时取0.70；

η_4——轴承效率，取0.90。

搅拌机轴扭矩的计算

$$M_n=9550\frac{N}{n}(\text{N}\cdot\text{m}) \tag{2-1-11}$$

搅拌机轴向水力负荷的计算

$$p_d=\rho gH\frac{\pi d^2}{4}=1010\times9.81\times0.05\times\frac{\pi d^2}{4}=389d^2(\text{N}) \tag{2-1-12}$$

5. 套轴式中心传动刮泥机功率的计算

刮臂的工作扭矩M_p可根据刮泥所需的功率N_p按下式计算

$$M_p = 9550\frac{N_p}{n}(\mathrm{N \cdot m}) \tag{2-1-13}$$

$$N_p = \frac{P_1S_1+P_2S_2}{60000t} = \frac{P_1S_1+P_1\mu_1(R-R_1)}{60000t} \tag{2-1-14}$$

式中 P_1——泥砂在池底上移动时的摩擦力，N，与刮臂旋转一周所刮送的干泥量、泥砂对池底的摩擦系数、泥砂密度等有关；

S_1——污泥沿着池底行走的路程，m，与刮臂板的池半径、泥砂运动的角度等有关；

P_2——泥砂与刮板之间的摩擦力，N，与刮臂旋转一周所刮送的干泥量、泥砂对池底的摩擦系数、泥砂密度、泥砂对刮板的摩擦系数、刮板与刮臂轴线之间的水平夹角等有关；

S_2——污泥沿着刮板移动的距离，m，与刮板的实际工作半径、集泥斗半径等有关。

功率 N 按下式计算

$$N = \frac{1.3M_pn}{9550\times\eta_1\eta_2\eta_3\eta_4}(\mathrm{kW}) \tag{2-1-15}$$

式中 n——刮臂的转速，r/min；

η_1——单级摆线针轮减速机的效率，一般取 0.90；

η_2——链传动的机械效率，一般取 0.96；

η_3——蜗轮-蜗杆减速器的效率，按照单头蜗杆考虑时取 0.70；

η_4——水下轴承的效率，取 0.93；

1.3——附加系数，主要考虑由机械自重在旋转时所产生的阻力等因素。

四、化学强化一级处理和新型高效澄清技术

1. 化学强化一级处理

《城镇污水处理厂污染物排放标准》(GB 18918—2002)规定新设计的污水处理厂必须拥有除磷除氮设施。脱氮除磷的方法主要分生化法和化学法两大类，化学除磷通过投加化学药剂形成不溶性磷酸盐沉淀物，然后通过固液分离将污水中的磷去除，一般在初沉池或二沉池中同步投加化学药剂。生物除磷出水浓度可达 1mg/L，化学除磷出水浓度可达 0.5mg/L。对于满足生活污水二级排放标准可以采用生物除磷，必要时采用化学除磷；满足生活污水一级排放标准可以采用生物除磷与化学除磷相结合的方式，以降低化学药剂的消耗量。

强化一级处理(Enhanced Primary Treatment)是在常规一级处理(重力沉降)的基础上，增加化学混凝处理、机械过滤或不完全生化处理等，以提高常规一级处理效果。当采用化学混凝技术时，也称为化学强化一级处理工艺(Chemically-Enhanced Primary Treatment process, CEPT)。如图 2-1-16 所示，通过向初沉池中投加化学药剂，可对固体悬浮物、胶体物质和磷产生明显的去除效果，一般可去除固体悬浮物达 80%~90%(常规一级处理为 50%~60%)，BOD_5 达 50%~60%(常规一级处理为 25%~30%)，总磷去除 80%~90%，出水可达 0.5mg/L。目前主要的问题是如何降低药剂费用，并妥善解决好污泥处理。表 2-1-4 是一些国家和地区采用化学强化一级处理的效果。

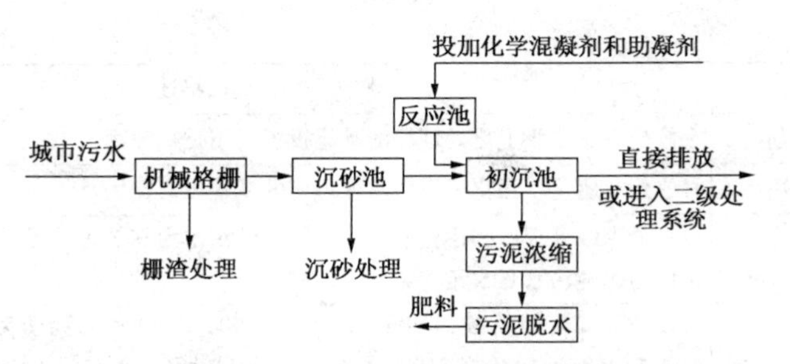

图 2-1-16 城市污水化学强化一级处理的工艺流程示意图

表 2-1-4 城市污水化学强化一级处理的效果

<table>
<tr><th rowspan="2">国家或地区</th><th colspan="2">混凝剂</th><th colspan="3">COD_{Cr}/(mg/L)</th><th colspan="3">BOD_5/(mg/L)</th><th colspan="3">SS/(mg/L)</th></tr>
<tr><th>种类</th><th>投加量/(mg/L)</th><th>进水</th><th>出水</th><th>去除率/%</th><th>进水</th><th>出水</th><th>去除率/%</th><th>进水</th><th>出水</th><th>去除率/%</th></tr>
<tr><td rowspan="2">以色列</td><td>$FeCl_3$</td><td>260</td><td rowspan="2">1300</td><td rowspan="2">420</td><td rowspan="2">68</td><td>—</td><td>—</td><td>—</td><td>750</td><td rowspan="2">5(浊度)</td><td rowspan="2">99</td></tr>
<tr><td>石灰</td><td>910</td><td>—</td><td>—</td><td>—</td><td>750(浊度)</td></tr>
<tr><td>英　国</td><td>石灰</td><td>720</td><td>371</td><td>43</td><td>89</td><td>—</td><td>—</td><td>—</td><td>231</td><td>21</td><td>91</td></tr>
<tr><td rowspan="2">美　国</td><td>$FeCl_3$</td><td>10</td><td>—</td><td>—</td><td>—</td><td rowspan="2">331</td><td rowspan="2">161</td><td rowspan="2">51</td><td rowspan="2">296</td><td rowspan="2">50</td><td rowspan="2">83</td></tr>
<tr><td>高聚物</td><td>0.15</td><td>—</td><td>—</td><td>—</td></tr>
<tr><td>中国台湾</td><td>PAC</td><td>30</td><td>—</td><td>—</td><td>—</td><td>130</td><td>50</td><td>61</td><td>97</td><td>29</td><td>70</td></tr>
</table>

城市污水化学强化一级处理工艺在中国也得到了应用。例如：①香港船洲污水厂的设计流量为 170 万 m^3/d，采用化学法辅助初级污水处理，在初沉池前加入铁盐及聚合物，沉淀时间 1.5h，去除固体悬浮物 70%~80%和 BOD_5 约 50%。最佳投药量：氯化铁为 10mg/L(以铁离子计)，投注在快速混合池入口处；聚合物为 0.1mg/L，投注在絮凝池末端。②厦门市污水处理二厂的设计水量 10 万 m^3/d，为了节省近期投资，采用一级处理、深海排放的工艺。但由于一级处理去除率低，环境效益差，所以利用现有工艺，将其改造为化学强化一级处理，通过生产性试验，效果较好，比较如表 2-1-5 所示。③广东东莞市樟村水质净化厂一期工程设计处理量为 260 万 m^3/d，将运河水引入净化厂进行化学强化一级处理，主要去除 COD、BOD、色度和 SS，同时对出水完成复氧。主要处理工艺流程为“进水网格→粗格栅→细格栅→沉砂池→混合池→絮凝池→平流沉淀池→出水入运河”，目前在混合池中投加的药剂主要有漂白粉、PAC、PAM，絮凝池为网格絮凝池。工程设计进水水质：COD≤110mg/L、BOD≤30mg/L、DO≤0.5mg/L、SS≤130mg/L、色度≤250 倍、浊度≤200NTU。工程设计出水水质：COD、BOD、SS 执行广东省地方标准《水污染物排放限值》(DB44/26—2001)的二级标准，COD≤50mg/L、BOB_5≤20mg/L、SS≤20mg/L；DO、色度、浊度指标执行《城市污水再生利用景观环境用水水质》(GB/T 18921—2002)河道类排放标准，DO>2.0mg/L、色度≤30 倍、浊度≤20NTU。

表 2-1-5 厦门市污水处理二厂改造前后对比

<table>
<tr><th colspan="2"></th><th>具体描述</th></tr>
<tr><td rowspan="2">工艺流程</td><td>改造前</td><td>格栅→曝气沉淀池→平流式沉淀池→深海排放</td></tr>
<tr><td>改造后</td><td>格栅→加凝聚剂→曝气混合反应池→加絮凝剂→平流式沉淀池→深海排放</td></tr>
</table>

续表

		具体描述
基建投资	改造前	修建一座二级生化处理厂的基建投资费用是每吨污水 1000~1200 元
	改造后	修建一座化学强化一级污水处理厂的基建投资费用是每吨污水 600~700 元
运行费用	改造前	一个一级处理厂的运行费用，一般每吨污水为 0.2 元；同样的二级生化处理厂其运行费用为每吨污水 0.5 元
	改造后	按增加凝聚剂硫酸铝 50mg/L(价格 1000 元/t)和阴离子型有机絮凝剂聚丙烯酰胺(PAM)0.5mg/L(价格 21000 元/t)的投药量计算，每吨污水增加 0.06 元药剂费，即可使出水混浊度和CODcr 的去除率从原来的 69.5%和 42.8%提高到 97.18%和 81.7%，BOD_5 去除率为 74.3%，TP 去除率为 84.1%，出水总磷低于 1.0mg/L。化学强化一级处理厂节约运行费用50%左右
污泥量测算	改造前	一级处理方案 SS 去除率为 68%，平均每天产生污泥 $14m^3$(含水量为 68.2%左右)
	改造后	改造后由于 SS 去除率提高(按 90%考虑)，污泥量比原处理方案增加 $4.5m^3$

2. 新型高效澄清技术

随着对化学混凝机理认识上的不断深化，例如从单纯投加药剂→投加药剂和载体→投加药剂和污泥回流，出现了一些新型高效澄清技术，其中载体絮凝(Ballasted Flocculation)技术最具代表性。载体絮凝技术的特点是在絮凝阶段投加高密度的不溶介质颗粒，利用介质的重力沉降及载体的吸附作用，加快絮体的生长及沉淀。与传统混凝工艺相比，新型高效澄清技术具有占地面积小、工程造价低、耐冲击负荷等优点。自 20 世纪 90 年代以来，西方国家已开发了多种成熟的载体絮凝应用技术。如法国 Veolia 集团下属丹麦 Krüger 公司的 ACTIFLO® 高密度沉淀池、法国 Suez 集团下属 Degrémont 公司的 DensaDeg® 高密度沉淀池、美国 WesTech Engineering 公司的 RapiSand™ 和 CONTRAFAST® 高速污泥浓缩澄清池等，非常适用于水厂提标改造。

(1) ACTIFLO®系列工艺

如图 2-1-17 所示，ACTIFLO®高密度沉淀池又被称为微砂循环沉淀池，是基于 1969 年所研发 Multiflo™工艺不断改进的结果，可以有效去除浊度、色度、TOC、藻类、隐孢子虫、铁和锰等。该工艺结合了微砂“积极”絮凝和斜管沉淀工艺，利用微砂作为絮凝体形成的核心，提高沉淀速度，增强沉淀性能；微砂还可以增加接触反应表面积，克服由于低温、低浊

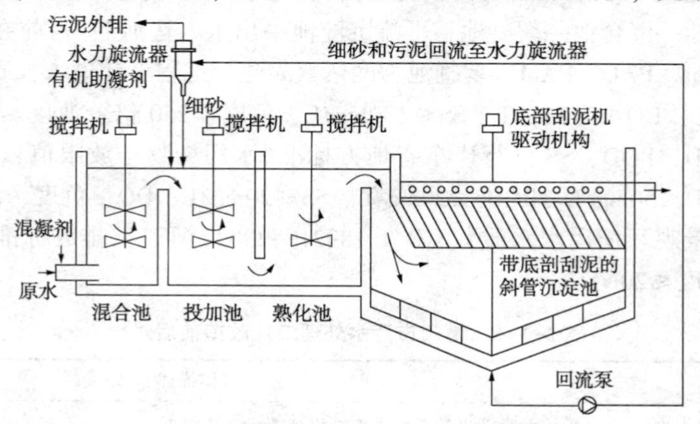

图 2-1-17 ACTIFLO®高密度沉淀池的组成示意图

引起的絮凝困难。整个工艺分为混凝、熟化、高速沉淀等3个阶段。首先，加入凝聚剂(铁盐或铝盐)的原水进入混合池，经快速搅拌后流入絮凝池；在絮凝池中加入絮凝剂和细砂载体促进絮体的“生长”，经水力停留1~2min后流入熟化池；在慢速搅拌下，以细砂为核心的絮体进一步凝聚生成粗大密实的絮状物，最后水体进入斜管沉淀池，在细砂絮体的重力沉淀作用下配合斜管的快速沉淀效应，达到絮体颗粒迅速沉降的目的。含有细砂的污泥回流至装置上方的水力旋流器，通过离心力使泥浆与细砂分离，细砂重新进入絮凝池循环使用。

丹麦Krüger公司在ACTIFLO®工艺的基础上，又相继推出了ACTIFLO®Carb、ACTIFLO® Softening、ACTIFLO® Disc、ACTIFLO® Pack、BioACTIFLO®、ACTIFLO® HCS、ACTIFLO® Duo、ACTIFLO®Rad等工艺。ACTIFLO® Carb工艺是一种粉状活性炭投加与ACTIFLO®高密度沉淀池相结合的工艺，由混凝、熟化、斜板沉淀以及微砂循环系统组成，也被称为高效加炭沉淀法。粉状活性炭的投加量与其种类有关，还与去除有机物的种类和数量相关。该工艺高效且布置紧凑，适用于饮用水处理，尤其是地表水。试验证明，ACTIFLO® CARB工艺能够去除水中50%~60%的溶解性有机碳，是一种优于臭氧活性炭滤池的饮用水深度处理工艺。

（2）DensaDeg®系列工艺

如图2-1-18所示，DensaDeg®高密度沉淀池是一个高负荷的固体接触澄清池，主要由混合区、絮凝反应区、推流区、沉淀区、后絮凝区、泥渣浓缩区、泥渣回流系统、剩余泥渣排放系统等组成，可用于饮用水澄清、三次除磷、强化初沉处理以及合流制污水溢流(CSO)和生活污水溢流(SSO)处理。工作过程中，原水进入混合区并加注凝聚剂，经快速搅拌混合后进入絮凝反应区，并与泥渣浓缩区的部分回流泥渣混合，在絮凝反应区加入絮凝剂PAM并利用螺旋桨搅拌器促进絮凝反应。完成絮凝反应后的水以推流方式进入沉淀区，在沉淀区中泥渣下沉，澄清水通过斜管区分离后并通过后絮凝区，最终由集水槽收集出水外排。沉降的泥渣在沉淀区底部稠化、浓缩，浓缩泥渣一部分通过螺杆泵回流与原水混合，剩余泥渣由螺杆泵排出。DensaDeg®高密度沉淀池的最大工艺特点可以概括为集成式絮凝反应，在一体化紧凑型构筑物中实现了混凝、絮凝、机械提升搅拌、泥渣回流。优点包括：表面负荷高、占地面积小(最高可达80~100m/h)，排泥浓度高(可以达到20~100g/L)，对原水水质波动不敏感、出水水质优异。迄今为止，已经在上海杨树浦饮用水厂、青岛仙家寨饮用水厂、天津津滨自来水厂等国内多家水厂得到了应用。

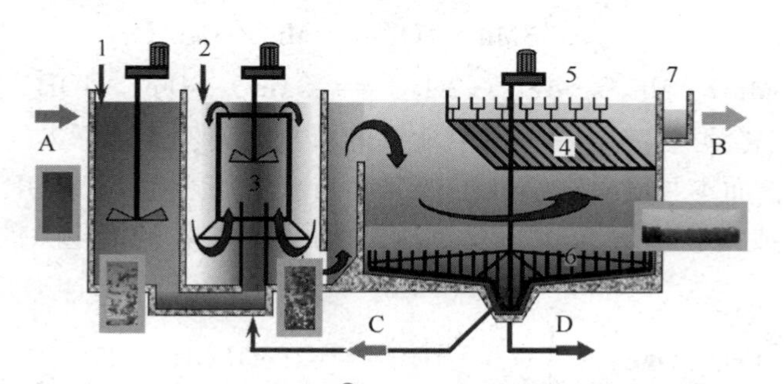

图2-1-18　DensaDeg®高密度沉淀池的组成示意图

1—凝聚剂投加；2—絮凝剂投加；3—絮凝反应区；4—斜管沉淀区；5—澄清水槽；6—刮泥机；7—集水槽；
A—原水入口；B—澄清水出口；C—泥渣回流；D—剩余泥渣排出

法国Degrémont公司还开发了一种专门用于处理各种污水溢流的DensaDeg® 4D澄清池，

基本原理与DensaDeg®高密度沉淀池类似，主要是通过以下功能达到净化水体的目的：去除砂砾、去除油脂、整体化的凝聚絮凝单元加斜管沉淀、泥渣稠化及浓缩。其工作流程为已投加凝聚剂的原水首先进入预混凝池，通过空气搅拌使无机电解质与水中颗粒充分接触反应，使水中的粗大砂砾直接沉降在池底排出；预混凝后的出水进入絮凝池后与回流污泥以及投加的高聚物絮凝剂在机械搅拌下充分混合，形成密实的矾花；充分混凝后的水体最后进入斜管澄清池，在预沉区大部分絮体与水分离，剩余部分通过斜管沉淀池被除去。漂浮在水体表层的油脂通过刮油器收集而达到除油的目的；沉积在澄清池底的泥渣部分回流，剩余泥渣则稠化浓缩。

§2.2 氧化还原和消毒设备

氧化还原反应在很多环境污染治理问题中都会遇到，包括处理汽车尾气的催化转化器、有害废物的焚烧，以及用活性污泥法来减少污水中污染物的浓度(如污水中有机物的有氧呼吸、硝化/反硝化作用)，等等。应用于水质工程的目的则是使有害或有毒物质经过氧化还原后，转化为无害或无毒的存在形态，或使杂质转化为容易从水中分离去除的形态。

一、典型的氧化还原工艺

1. *药剂氧化还原*

根据使用药剂所起作用的不同，可分为氧化法和还原法。

(1) 氧化法

氧化剂在水处理过程中可以与水中的有机或无机污染物发生化学反应，使之分解破坏或转化成其他形态，降低其危害性或使其更易于去除；也可以与水中的微生物如原生动物、浮游生物、藻类、细菌、病毒等作用，使之灭活或强化去除，该过程又被称为消毒过程。常用的氧化剂有氧气、氯、二氧化氯、次氯酸盐、臭氧、过氧化氢及高锰酸钾等。

① 氧

氧气或是空气中的氧是最方便廉价的氧化剂，常用实例是地下水除铁、除锰。在碱性介质中

$$4Fe^{2+}+O_2+2H_2O+8HCO_3^- \longrightarrow 4Fe(OH)_3\downarrow+8CO_2 \quad (2-2-1)$$

这种反应通常要在天然锰砂的催化下进行，天然锰砂是含有高价锰的氧化物(锰的形态以氧化锰为主)，能对水中Fe^{2+}的氧化反应起催化作用，大大加快其反应速度。

$$3MnO_2+O_2 \longrightarrow MnO\cdot Mn_2O_7 \quad (2-2-2)$$

$$MnO\cdot Mn_2O_7+4Fe^{2+}+2H_2O \longrightarrow 3MnO_2+4Fe^{3+}+4OH^- \quad (2-2-3)$$

铁在天然锰砂中会形成一层r-羧基氧化铁的黄色薄膜，在地下水的正常pH值下与Fe^{2+}作用置换出氢离子，而本身附着在锰砂中，继续与氧作用产生$FeO(OH)$，使催化物质得到再生。新生成的r-羧基氧化铁作为“活性滤膜”物质又参与新的催化除铁。

$$Fe^{2+}+FeO(OH) \longrightarrow FeO(OFe)^++H^+ \quad (2-2-4)$$

$$FeO(OFe)^++\frac{1}{4}O_2+\frac{3}{2}H_2O \longrightarrow 2FeO(OH)+H^+ \quad (2-2-5)$$

一般含铁的地下水曝气后，只需经天然锰砂一次过滤，就能完成全部除铁过程。图2-2-1为天然锰砂接触催化除铁的工艺流程。含锰量(以MnO_2计，下同)不小于35%的天然锰砂滤料，既可用于地下水除铁，又可用于地下水除锰；含锰量为20%~30%的天然锰砂滤料，只宜用于地下水除铁；含锰量小于20%的锰砂则不宜作为滤料。

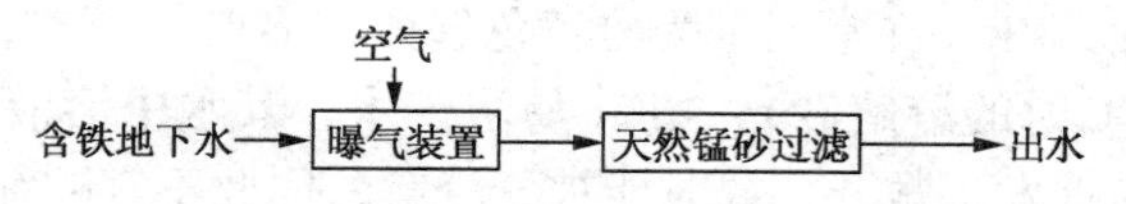

图 2-2-1　天然锰砂接触催化除铁的工艺流程

目前，该法能有效去除含多种金属离子（如 Cr^{6+}、Zn^{2+}、Ni^{2+}、Cd^{2+}、Pb^{2+}、As 等）的地下水，所用的设备一般称为除铁除锰过滤器。含铁（锰）的地下水经曝气或加入氧化剂后，水中铁（锰）离子开始氧化，水中 Fe^{2+} 和 Mn^{2+} 氧化成不溶于水的 $Fe(OH)_3$ 和 MnO_2；当水流经锰砂滤层时，在滤层中发生接触氧化反应及滤料表面生物化学作用和物理截留吸附作用，使水中铁（锰）离子沉淀去除。尤其是在处理微污染含锰地下水的过程中，铁细菌不仅能有效地去除铁锰，同时还能以水中氨为营养源，进行新陈代谢，在其他细菌参与下，同时达到去氨氮的效果。

② 氯

氯气是一种具有刺激性气味的黄绿色有毒气体，极易被压缩成琥珀色的液氯。气态或液态的氯作为氧化剂可氧化污水中的氰、硫、酚、氨氮及去除某些染料而脱色等，也可用来进行消毒。一般认为，氯消毒过程主要通过次氯酸 HOCl 发生作用，当 HOCl 分子到达细菌内部时，与有机体发生氧化作用而使细菌死亡。OCl^- 虽然也具有氧化性，但由于静电斥力难于接近带负电的细菌，因而在消毒过程中的作用有限。

水中的加氯量可分为需氯量和余氯两部分。需氯量是指用于灭活水中微生物、氧化有机物和无机还原性物质等所消耗的氯。当水中余氯为游离性余氯时，消毒过程迅速，并能同时除臭味和脱色；当余氯为化合性氯时，消毒作用缓慢但持久，氯味较轻。

折点加氯法是城镇污水深度处理中一种重要的化学脱氮方法，氯胺（化合余氯）、次氯酸（自由余氯）均有杀菌作用。图 2-2-2 为典型含氨氮污水的加氯曲线，图中余氯曲线出现了 *A*、*B* 两个转折点，*A* 点时水中余氯达到一个极限值；*B* 点称为折点，其前水中余氯主要为化合态余氯，而其后的余氯基本上为游离态余氯。加氯脱氮时采用的加氯量应以折点相应的加氯量为准。该法最大的优点就是通过适当控制加氯量，可完全去除污水中的氨氮。在我国的加氯量设计中，一般饮用水水源滤前为 1.0～2.0mg/L，滤后或地下水为 0.5～1.0mg/L；城镇污水一级处理后为 20～30mg/L，二级处理后为 5～15mg/L；医院污水一级处理后为 30～50mg/L，二级处理后为 15～25mg/L。

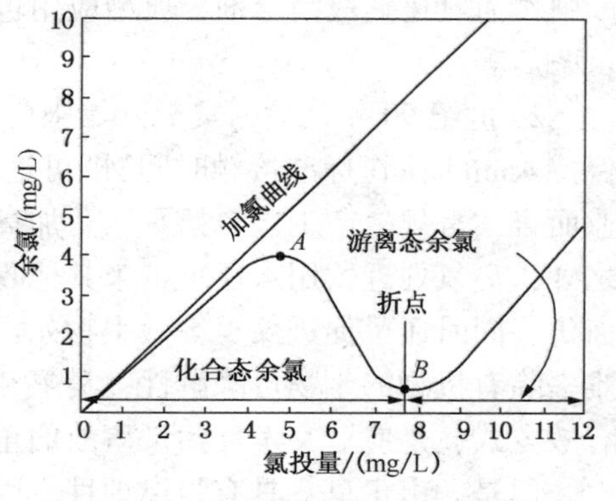

图 2-2-2　典型含氨氮污水的加氯曲线

但由于氯气在运输、管理、贮存等环节的不安全因素较多，而且投加过程中氯气在水体中的溶解性较差，加上氯气瓶的气压不断变化，因此存在投加计量不够准确的问题；此外，氯气的极强扩散性对环境存在毒害作用，游离氯的高活性致使其与许多有机物容易形成诸如三卤甲烷（俗名氯仿或哥罗芳，THMs）、四氯化碳、二噁英等一类致癌的氯代有机化合物，造成环境的二次污染。因此，诸如美国、德国、日本等发达国家就相当限制氯气的使用，寻找新消毒剂的工作一直没有间断。

其他的氯消毒剂有漂白粉、漂粉精、二氧化氯（ClO_2）和次氯酸钠（NaClO）等。漂粉精可加工成片剂，称为氯片。ClO_2 在常温下为橙黄色气体，溶点-59.5℃，沸点 11℃，在冷水中溶解度为 2.9g/L(即 4℃时的溶解度)；ClO_2 易溶于水，其水中溶液呈黄绿色，但不和水起化学反应，在水中极易挥发，敞开存放时能被光分解，因此不宜贮存，必须在现场边生产边使用。ClO_2 很容易爆炸，当空气中浓度大于 10%或水中浓度大于 30%时，都具有爆炸性，因此在生产时常使用空气进行稀释冲淡，使其浓度低于 8%~10%。ClO_2 是一种很强的氧化剂，还可用于控制味与臭、漂白脱色，目前已将其用于去除氧化铁、锰及某些形式的有机杂质，而不产生三卤甲烷(THMs)。由于三卤甲烷(THMs)的危害被日益重视，ClO_2 的使用前景可能会更好。早在 1977 年，欧洲就有数千个水厂使用 ClO_2 消毒，美国有 103 个水厂使用 ClO_2 消毒。

次氯酸钠液清澈透明，易溶于水，彻底解决了像 Cl_2、O_3 等因难溶于水而不易实现准确投加的技术困难，消除了液氯、ClO_2、O_3 等药剂常具有的跑、泄、漏、毒等安全隐患，消毒中不产生对健康和环境有害的副反应物，也没有漂白粉使用中带来的许多沉淀物。但是，由于次氯酸钠液不易久存(有效时间大约为 1 年)，加之从工厂采购需大量容器，运输繁琐不便，而且工业品存在一些杂质，溶液浓度高更容易挥发，因此多以发生器现场制备的方式来生产。

③ 臭氧

臭氧是一种强氧化性气体，其氧化性仅次于氟，作为氧化剂其氧化能力比氯高 50%。

臭氧最初用于市政领域以改善水质感观指标和杀菌处理，在污水处理上的应用包括破坏或去除复合有机物分子、氰化物和酚类物质等。除此之外，在污水处理工艺流程中增加臭氧处理环节可实现污水回用作为清洗水、灌溉用水或消防系统用水等。臭氧还广泛用于工业生产中作为氧化剂或消毒剂，典型应用包括在化工行业用于冷却塔/冷却系统中取代其他化学杀菌剂等。

20 世纪 90 年代后，臭氧开始被应用于地表水处理，浓度为 0.4mg/L 的臭氧在饮用水中保持 4min 时间(标准接触时间)即可达到消毒之目的。对于瓶装水和桶装水等饮用水生产企业而言，常规生产工艺包括泵压、加臭氧杀菌、贮运、二次加臭氧和最后装瓶等步骤。除此之外，臭氧处理饮用水还可带来其他收效：预臭氧处理可增强澄清效果，避免有机物转化为卤仿，同时还可促进藻类等微生物死亡；臭氧化处理对于消除微污染物特别有效，可提高较难去除有机物的生物可降解性；臭氧和活性炭或与过氧化氢组合工艺是目前去除水污染物的有效方式，是应对突发性污染事故的重要手段。

但是，由于臭氧具有强腐蚀性，因此相应的设备及管路应采用耐腐蚀材料或进行防腐处理，且多以发生器现场制备的方式来生产。

④ 高锰酸盐

高锰酸盐主要用于水质控制，如杀藻以及去除有机物质、Fe^{2+}、Mn^{2+}；工业废水的脱酚、脱硫化氢、脱氰和去除放射性污染物等；饮用水处理，如控制水的臭和味，除酚，除铁、锰等。

(2) 还原法

在水质工程领域，目前采用化学还原法进行处理的主要污染物有铬、汞等重金属离子。

① 废水中剧毒的六价铬可用还原剂还原成毒性极微的三价铬。化学还原法是最早广泛应用的电镀废水治理技术之一，根据投加还原剂的不同，可分为硫酸亚铁($FeSO_4$)法、亚硫酸氢钠($NaHSO_3$)法、铁屑法、SO_2 法等。还原反应在酸性溶液中进行($pH<4$ 为宜)，还原

剂的耗用量与 pH 值有关。例如，若用亚硫酸钠作还原剂，pH=3~4 时，氧化还原反应进行得最完全，投药量也最省；pH=6 时，反应不完全，投药量较大；pH=7 时，反应难以进行。

$$H_2Cr_2O_7+6FeSO_4+6H_2SO_4 \longrightarrow 3Fe_2(SO_4)_3+Cr_2(SO_4)_3+7H_2O \quad (2-2-6)$$

$$2H_2Cr_2O_7+6NaHSO_3+3H_2SO_4 \longrightarrow 3Cr_2(SO_4)_3+3NaSO_4+8H_2O \quad (2-2-7)$$

通过将 Cr^{6+} 还原成 Cr^{3+}，再加碱至 pH=7.5~9 使之生成 $Cr(OH)_3$ 沉淀，而从溶液中分离除去。

② 常用的除汞还原剂为比汞活泼的金属(铁屑、锌粒、铝粉、铜屑等)、硼氢化钠($NaBH_4$)、醛类、联胺等。废水中的有机汞通常先用氧化剂(如氯)将其破坏，使之转化为无机汞；再将含汞废水通过金属屑滤床，或与金属粉混合反应，置换出金属汞，置换反应速度与接触面积、温度、pH 值等因素有关。反应温度提高，能加速反应的进行；但温度太高，会有汞蒸气逸出，故反应温度一般为 20~80℃。采用铁屑还原时，pH 值在 6~9 之间较好，耗铁量最省；pH 值低于 6 时，则铁因溶解而耗量增大。采用锌粒还原时，pH 值最好在 9~11 之间。采用铜屑还原时，pH 值在 1~10 之间均可。

$$Hg^{2+}+Fe \longrightarrow Fe^{2+}+Hg\downarrow \quad (2-2-8)$$

$$3Hg^{2+}+2Fe \longrightarrow 2Fe^{3+}+3Hg\downarrow \quad (2-2-9)$$

据某厂试验，用工业铁粉去除酸性废水中的汞，在 50~60℃、混合反应 1~1.5h 时，经过滤分离，废水中所含汞量可去除 90%以上。某水银电解法氯碱车间的含汞淡盐水，用钢屑填充的过滤床处理，在温度 20~80℃、pH 值 6~9、接触时间 2min 时，汞去除率达 90%。

2. 湿式氧化

湿式氧化(Wet Oxidation，WO)是在高温(125~320℃)、高压(0.5~20MPa)下，用氧气或空气作为氧化剂，氧化水中呈溶解态或悬浮态的有机物或还原态的无机物，最终产物是 CO_2 和 H_2O。湿式氧化过程比较复杂，一般认为有两个主要步骤：①空气中的氧从气相向液相的传质过程；②溶解氧与基质之间的化学反应。湿式氧化的主要影响因素有温度、压力、反应时间以及废水的性质。

湿式氧化工艺于 20 世纪 30 年代出现在美国，F. J. Zimmermann 于 1958 年完善了湿式氧化的工艺流程，研发出世界上第一套工业装置以处理造纸黑液，并成立了 Zimpro 公司。被称为“Zimmermann 工艺”或冠以 Zimpro®商标的湿式氧化系统的反应条件是：温度 150~320℃，压力 1.0~22MPa。工艺流程如图 2-2-3 所示，废水由高压泵打入热交换器，与反应后的高温氧化液体换热，使温度上升到接近反应温度后进入反应器。反应所需的氧由空压机将空气送入反应器内，废水中的有机物在反应器内与氧发生放热反应，在较高温度下将废水中的有机物氧化成 CO_2 和 H_2O，或低级有机酸等中间产物。反应后的气液混合物经分离器分离，液相经热交换器预热进料，回收热能。高温高压的尾气首先通过再沸器(如废热锅炉)产生蒸汽或经热交换器-预热锅炉进水，其冷凝水由第二分离器分离后通过循环泵再打入反应器，分离后的高压尾气送入透平机产生机械能或电能。因此，这

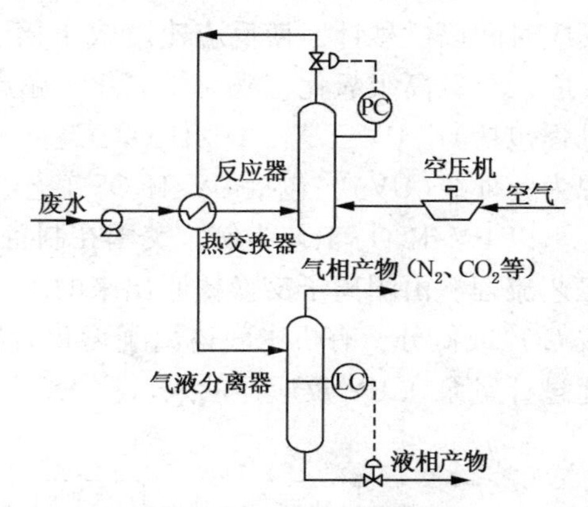

图 2-2-3 Zimpro®湿式氧化系统工艺流程示意图

一典型的工业化湿式氧化系统不但处理了废水，而且对能量进行逐级利用，减少了有效能量的损失，维持并补充湿式氧化系统本身所需的能量。

20世纪70年代以前，湿式氧化工艺主要用于城市污泥处理、造纸黑液中碱液回收、粉末活性炭(PAC)再生等。进入70年代后，湿式氧化工艺的应用范围进一步扩展到有毒有害废弃物的处理，如处理含酚、磷、氰等有毒有害物质；研究内容也从初始的适用性和摸索最佳工艺条件深入到反应机理及动力学研究，而且装置数目和规模也有所增大。除Zimpro过程之外，典型的非催化过程还包括Vertech过程、Wetox过程、Kenox过程、Oxyjet反应系统等。现有反应器的设计及放大大都依靠经验方法，包括鼓泡塔、环流反应器、滴流床反应器、机械搅拌反应器等，以鼓泡塔最为广泛。鼓泡塔中又以垂直并流鼓泡塔的设计最为简单，其高径比一般为5~20。

研究人员在传统湿式氧化的基础上采取了一系列改进措施。例如，为在降低反应温度和压力的同时提高处理效果，出现了使用高效、稳定催化剂的催化湿式空气氧化法(Catalytic Wet Air Oxidation，CWAO)。根据催化剂的特点可分成均相催化和非均相催化系统，过渡金属及其氧化物或盐均可作为湿式氧化反应用的催化剂，部分贵重金属也可用作助催化剂。典型的均相催化系统包括Ciba-Geigy过程、Bayer Loprox过程、WPO(Wet Peroxide Oxidation)过程、ORCAN过程、IT Enviroscience催化过程等，典型的非均相催化系统包括Nippon Shokubai Kagaku过程、Kurita过程、Osaka Gas过程、ATHOS过程等。国内从20世纪80年代开始进行湿式空气氧化(WAO)工艺的研究，成功的典范当推中国石化抚顺石油化工研究院的专利技术“石油炼制工业油品精制废碱液的处理方法”，已广泛应用于液态烃废碱渣、催化汽油废碱渣、丙烷脱氢废碱渣等石油化工废水的处理。

3. 高级氧化

近些年来，具有更强氧化能力的高级氧化工艺(Advanced Oxidation Process，AOP)逐渐得到了人们的重视，以期高效、彻底地氧化水中的微污染物质。按照Glaze于1987年所提出的定义，高级氧化泛指任何以产生羟基自由基 -OH· 为目的的过程。-OH· 是目前已知可在水处理领域应用的、最强的氧化剂，可以与绝大多数有机物和无机物在水中迅速反应，反应时间以微秒计，使反应速度成十倍、百倍地增加。常见的高级氧化过程有Fenton试剂反应、臭氧高级氧化、光化学氧化、超声波高级氧化、高能电子辐射等，其中臭氧高级氧化过程包括O_3/UV工艺、O_3/H_2O_2工艺、O_3/金属离子或氧化物工艺；光化学氧化中常用的光源为紫外线(UV)，包括UV/H_2O_2工艺、UV/TiO_2催化氧化等。

以UV/H_2O_2工艺为例，美国在制备高纯度高压锅炉用水时，采用了如图2-2-4所示的工艺流程。由阴离子交换树脂出来的水用附加UV反应器处理，使水中的一部分有机物转变成CO_2或低分子有机中间体离子型化合物，从而可被后续的混合离子交换树脂除去。H_2O_2通过计量泵在UV反应器的入口注入，浓度为0.5~10mg/kg(按100% H_2O_2计)。

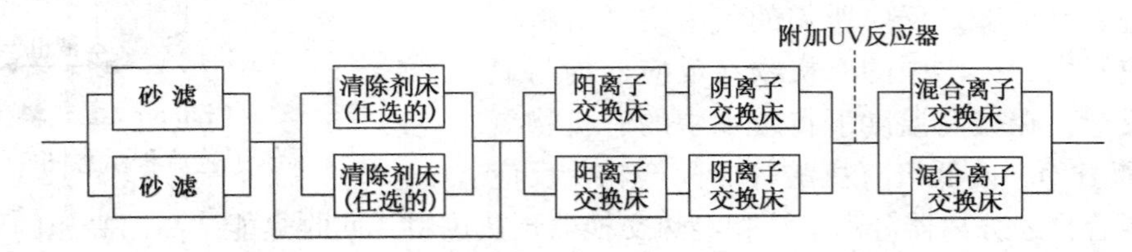

图2-2-4　光化学氧化水处理工程装置的典型工艺流程示意图

二、几种典型的消毒设备

消毒的主要目的是杀灭水中的病原微生物，以防止其对人类和禽畜的健康产生危害以及对生态环境造成污染。对于医院、屠宰工业及生物制药等行业所排放的废水，国家及各地方环保部门制定的废水排放标准中都规定了必须达到的细菌学标准。世界许多国家和地区早已要求对城镇污水在排放前进行消毒处理，我国《城镇污水处理厂污染物排放标准》(GB 18918—2002)中也首次将微生物指标列为基本控制指标，要求必须对城镇污水进行消毒处理，从而使污水处理标准的病理指标与国际接轨。规定执行二级标准和一级B类标准的污水处理厂，粪大肠菌群数不超过10000个/L(即1000个/100mL)；执行一级A类标准的不超过1000个/L(即100个/100mL)。

水质工程领域的消毒方法大体上可分为物理法和化学法两类。物理法主要有加热、冷冻、紫外线等；化学法是利用各种化学药剂进行消毒，常用的化学消毒剂有氯及其化合物、各种卤素、臭氧等。用化学药剂消毒时，一般都会产生消毒副产物，常常采用化学剂浓度和接触时间的乘积来表示化学药剂的剂量。

1. 氯氧化消毒设备

氯氧化消毒工艺的主要设备有反应池和投药设备。反应池可按待处理水量和所需水力停留时间设计；投药设备包括调节pH值的药剂(如碱液和酸液)投加设备、氯投加设备、氯气吸收装置等。

(1) 加氯消毒系统

与其他方法相比，氯气货源充足、价格低廉，是目前最常用的消毒方法。但氯气有巨毒，所以加氯系统能否安全、可靠运行，将直接影响安全稳定供水工作。目前国内的大中型水厂一般均采用液氯消毒。液氯和干燥的氯气对铜、铁和钢等金属没有腐蚀性，但遇水或受潮后的化学活性增强，对金属的腐蚀性很大，因此为了避免氯瓶进水，不能用管道与氯瓶连接后直接投加入水中，而必须经过专用加氯设备(Gas chlorinator)间接投加。

传统的加氯设备采用正压加氯，转子加氯机为代表性产品，由旋风分离器、弹簧膜阀、控制阀、转子流量计、中转玻璃罩和平衡水箱、水射器等主要部件构成。旋风分离器用于分离、沉降氯气中的杂质，定时打开分离器下部的旋塞排除杂质；弹簧膜阀用于保证氯瓶内始终保持一定的剩余压力，当氯瓶中压力小于0.1MPa时自动关闭；控制阀和流量计用于控制和测定加氯量；中转玻璃罩除起观察加氯机工作情况的作用之外，还起稳定加氯量、防止压力水倒流等作用；平衡水箱可补充和稳定中转玻璃罩内的水量，当水源中断时破坏罩内真空。水射器除从中转玻璃罩内抽吸所需的氯，并使之与水混合、溶解于水(进行投加)外，还起使玻璃罩内保持负压状态的作用。由于正压加氯设备对氯气泄漏缺乏有效的处理措施，易造成人身伤亡事故，且设备精度低，不易连续供氯，维护量大，难以实现自动控制，不能满足现代化水厂管理的要求，因此目前一般都采用真空加氯。

目前市场上较知名的真空加氯设备生产厂商有美国Regal Systems International(瑞高)、Wallace & Tiernan(W&T)、Capital(首都)、Hydro Instruments，英国波特塞尔(Portacel)，德国Alldos、Lutz-Jesco(杰斯克) GmbH等。按结构可以分为一体式(柜式)和分体式，按控制方式可以分为手动和自动，按安装方式可以分为角阀和墙式。尽管这些厂商所生产的设备不尽相同，但基本上都由液氯的汽化、调压、计量和投加4个部分组成，具体包括加氯歧管、自动切换器、液氯蒸发器(加氯量小时可以不用)、减压过滤装置、真空调节器、流量计、流量调节阀和水射器等主要部件。真空加氯改变了传统的正压加氯工艺，安全可靠、计量准确、出氯稳定，并便于实现全过程自动控制。

① 自动切换器

污水处理厂氯库内一般为两组气源互为备用，在需要24h不间断供气时应设置自动切换器。自动切换器包括两个电动阀、两个手动阀、一个压力开关和一台控制器。控制器随时接受压力开关发出的电信号，当一组氯瓶压力降至预定值时，控制器向两个电动阀发出信号，关闭在线的一组，开启备用的一组，并可防止气体回吸到气瓶内，同时向值班人员报警以及时换瓶。系统在通电或断电下，可通过转换开关，方便实现电动阀的手动操作。

切换压力可以现场设定，可以是气相压力状态，也可是液相压力状态。系统中设减压阀是为防止液氯进入加氯系统。

② 液氯蒸发器

蒸发器的作用是从氯瓶中取出液氯，加速液氯的蒸发气化和提高液氯使用效率。加氯系统中用到的PVC管虽然对氯气有较好的抵抗性，但液氯却可使其变形、破裂，因此要尽量避免氯气因故(环境温度、过量蒸发、管路走向)再次液化后进入PVC管件中。蒸发器主要通过电阻供给热量，当蒸发器内进、出氯量平衡时，蒸发器外圆筒内的液位恒定。蒸发器内的适宜温度为60~82℃，适宜电流为170~210mA。

为了避免杂质进入加氯系统，有时可在氯联络管出口处安装一个过滤器。过滤器的另一作用是将液氯滴分离出来，使其在过滤器内自然蒸发。

③ 水射器

水射器是加氯机气体流量调节及测量控制系统的动力部件，被喻为加氯机的发动机。水射器大多采用文丘里喷嘴结构，根据伯努利原理(Bernoulli's principle)，在喉管处流速增大而压力下降。当压力下降到低于大气压时，不仅可以为加氯系统提供真空，还可以将氯气抽入与水混合，形成氯溶液输入到待处理的水中。

鉴于某些情况下，水可能会从水射器氯气入口进到氯气管道而对加氯设备产生腐蚀，因此要在氯气入口安一个止逆阀。对水射器进行选型设计时，必须在正常工作条件下对水射器运行系统进行水力学分析，计算其工作水压 p_s 和工作背压 p_b。二者的计算表达式分别如下

$$p_s = p - F_s \pm H_s \tag{2-2-10}$$

$$p_b = F_b + p_d + F_d + H_b \tag{2-2-11}$$

式中 p——接至水射器供水管线处的管网水压；

F_s——流至水射器的供水管、阀门、过滤器、接头等摩擦损失；

H_s——水厂管网和水射器入口处之间的高程差；

F_b——流过溶液投加管线、阀门、接头等摩擦损失；

p_d——投加点处扩散器上受到的压力；

F_d——流过扩散器的摩擦损失(水头损失)；

H_b——水射器出口和溶液投加点之间的高程差。

④ 真空调节器

真空调节器(Vacuum regulator)或真空调节阀是真空加氯系统的关键部件，是正压区和负压区(亦即危险区和安全区)的分界点，通过一个起调节作用的进气阀将气体从有压力状态调节成恒定的真空状态。从氯瓶至真空调节器之间的管道为压力管道，管材选用无缝钢管及防腐耐压的管件、阀门，管路上设有缓冲罐、减压阀等安全装置。从真空调节器至水射器之间的管道为真空管道，采用坚韧耐用的ABS工程塑料管。

图 2-2-5 为真空调节器的结构示意图，主要由进气阀腔、推杆、弹簧、锥形阀芯、隔膜组件、阀座、气体出入口等组成。真空调节器在没有负压时，进气阀始终处于闭合状态。当水射器产生真空后，真空通过真空管路到真空调节器，所形成的压差使正压氯气由管路进入真空调节器的进气阀腔内，推杆推动锥形阀芯向下运动打开进气阀，气体开始流动，真空调节器中的弹簧膜片调节真空度。当水射器停止给水或真空条件破坏，弹簧负压载的进气阀立刻关闭，隔断气源；如果氯瓶内的液氯耗尽，或者当水射器仍在正常运行时氯瓶阀门意外关闭，便会产生过高的真空度，多数结构采用真空密封 O 形圈封闭气体流动通道，以防湿气被吸回气源。真空调节器内部配有放泄阀，当进气阀的阀球关闭不严而使正压氯气进入阀腔内时，放泄阀自动打开，使正压氯气从排泄口排出，从而保护真空调节器不受损。

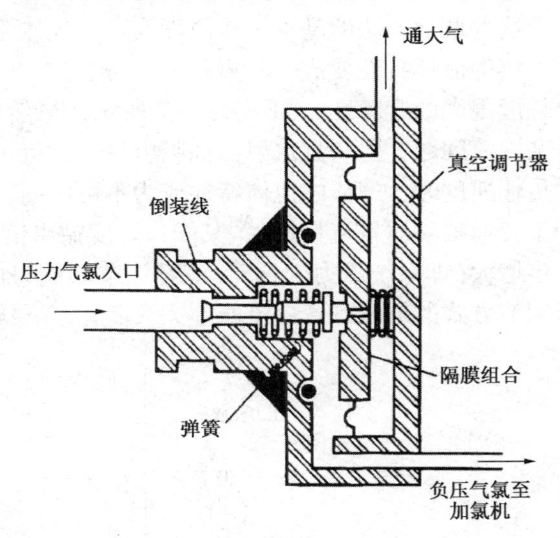

图 2-2-5　真空调节器的结构示意图

⑤ 流量调节器

对于气体而言，假设系统压力(或负压)稳定，只需将流量调节阀(位于流量计出口侧)阀口上下游侧的差压(Δp)调节稳定，则气体流量与阀口的开度成比例。但实际上，水射器工作水压波动造成的抽吸力变化会影响系统压力变化，导致流量调节阀阀口上下游侧的差压(Δp)发生变化，进而使得流量计量不稳定。为了克服上述问题，目前有传统的差压调节器、音速流原理调节两种方法。

a) 传统的差压调节器法

无论真空加氯还是正压加氯，迄今最为常用的流量调节控制方式是通过在流量调节阀与水射器入口之间增设一个差压调节器或背压调节阀以起到稳压作用。如图 2-2-6 所示，差压调节器控制调节阀阀口上下游侧的差压(Δp)，使之在一定范围内保持稳定。但由于气体的可压缩性，即使差压(Δp)保持稳定，流过调节阀阀口的实际气体流量(质量流量)仍会发生变化。这是差压调节方式存在的固有缺陷，调节阀阀口的开度并不一定与气体流量成比例，阀口开度输出信号也不能准确代表气体流量。

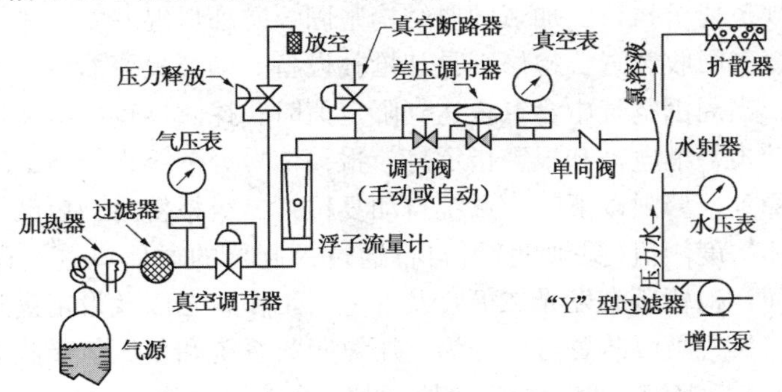

图 2-2-6　基于差压器调节器的真空加氯系统流程示意图

b）音速流原理调节法

这种调节方法的基本工作原理为：当气体流速达到声音在该气体中的传输速度时，可压缩气体的流体特性变成了不可压缩流体；同时，要使其流速超过音速(即超音速)，存在一个耗能很大的音障区。如图 2-2-7 所示，虽然调节阀内部的不稳定流动属于典型的非定常复杂内流问题，但一旦水射器抽吸力使气体流过流量调节阀阀口的速度达到声音在该气体中的传输速度时，气体的流体特性成为不可压缩，气体流量仅同调节阀阀口的开度成比例(等同于音速喷嘴质量流量计)，其阀口开度输出信号准确代表气体流量。即使水射器抽吸力进一步增大(即系统压力变化)，流经调节阀阀口的气体流量也不会变化，从而克服了传统差压调节方式的缺陷。音速流原理大大简化了系统结构，极大地提高了系统可靠性。

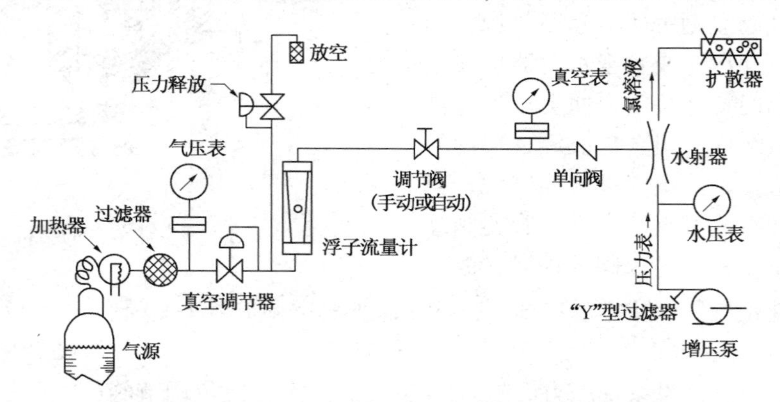

图 2-2-7　基于音速流原理调节的真空加氯系统流程示意图

⑥ 自动加氯机控制方案的选择

加氯工艺分为原水投加和清水投加两种。原水(滤前)加氯是指在混凝沉淀前加氯，其主要目的在于改良混凝沉淀和防止藻类生长，但易生成大量氯化副产物；清水(滤后)加氯是指在滤后水中加氯，其目的是杀灭水中病原微生物，是最常用的消毒方法；也可以采用滤前、滤后二次投加工艺。

一般滤前加氯采用手动或流量比例控制(即按水流量成正比例投加)，滤后加氯可采用手动或余氯反馈信号同时输入加氯机，由自动控制器组成新的控制信号控制。

(2）氯气吸收装置

为了严格贯彻实施安全生产条例和措施，必须对污水处理厂加氯消毒的通风和安全生产设施严格控制，必须有完善的氯泄漏收集措施和风险管理计划。液氯瓶的运输贮存和加氯间的设计必须按标准规范要求执行，加氯间要结构坚固、防冻保温并安装排风装置，同时还要配备漏氯报警器、氯气吸收装置、检修工具和抢救设备。漏氯报警器包括远程探测器和装有电子电路的检测仪，当周围空气中含氯量达到限定值时，探测器输出电流增大，控制器迅速测出电流变化并启动报警继电器和报警指示灯，报警信号分一级报警与二级报警，一级报警可启动风机，浓度降到报警限以下时，系统自动复位；二级报警时，启动风机和漏氯吸收装置。检测仪报警气体浓度阈值(灵敏度)可自行通过控制器的通信口进行设定，借助通信口还可以调节延迟时间，检验所有发光二极管及继电器工作状态以及设定进入密码。

根据操作压力，氯气吸收装置可以分为正压氯吸收系统和负压氯吸收系统，吸收剂可以采用 NaOH 碱液和 $FeCl_2$ 溶液，相关的反应原理如下

$$Cl_2+2NaOH \longrightarrow NaClO+NaCl+H_2O \qquad (2-2-12)$$

$$Fe+2HCl = FeCl_2+H_2 \quad (2-2-13)$$

$$2FeCl_2+Cl_2 = 2FeCl_3 \quad (2-2-14)$$

$$2FeCl_3+Fe = 3FeCl_2 \quad (2-2-15)$$

碱液正压氯气吸收和负压氯气吸收的具体工艺流程如图 2-2-8、图 2-2-9 所示，碱液泵将碱液增压泵送到吸收塔顶，由喷嘴产生雾化碱液，吸收外泄的氯气。

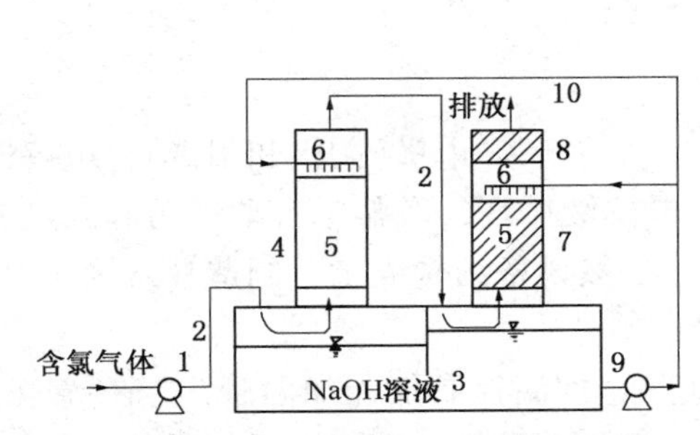

图 2-2-8　正压氯气吸收装置的结构示意图

1—离心空气泵；2—气体管道；3—碱液槽；4—一级吸收塔；5—填料；6—喷淋装置；7—二级吸收塔；8—除雾器；9—碱液泵；10—碱液管道

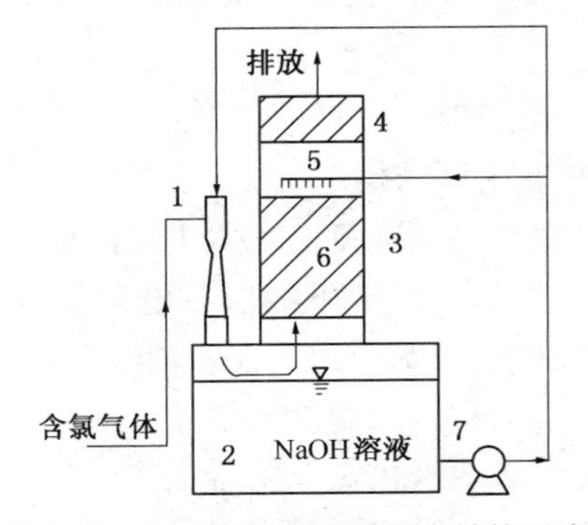

图 2-2-9　负压氯气吸收装置的结构示意图

1—文丘里管；2—碱液槽；3—吸收塔；4—除雾器；5—喷淋装置；6—填料；7—碱液泵

除了使用氯气吸收装置之外，还可以使用氯气捕消器。该产品是一种干法消除泄氯的设备，外观及使用方法类似消防部门的干粉灭火器，内装粒度 8μm 左右的微粉。泄漏氯高效捕消器的清除效率：浓度 110g/m^3 时为 99.6%，浓度 275g/m^3 时为 80%，捕消器内压 1.5MPa。

(3) 二氧化氯发生器

① 工作原理

二氧化氯发生器的工作原理主要有电解法和化学法。电解法二氧化氯发生器以氯化钠(食盐)为原料，电解饱和氯化钠水溶液产生 ClO_2、O_3、Cl_2、H_2O_2 等多种强氧化混合物。由于各种消毒剂协同作用，具有强氧化性和广谱的杀菌能力。化学法二氧化氯发生器以氯酸盐(氯酸钠或亚氯酸钠)和酸(盐酸或硫酸)为原料，经化学反应产生含有 ClO_2 与 Cl_2 的混合气体。以氯酸钠($NaClO_3$)为原料的反应原理如下

$$NaClO_3+NaCl+H_2SO_4 \longrightarrow ClO_2+\frac{1}{2}Cl_2+Na_2SO_4+H_2O \quad (2-2-16)$$

$$2NaClO_3+2NaCl+2H_2O \longrightarrow 2ClO_2+Cl_2+2NaOH+H_2\uparrow \text{电解} \quad (2-2-17)$$

虽然同时使用 ClO_2 和 Cl_2 具有协同增效消毒杀菌作用(综合消毒效果比电解法发生器产生的多种复合消毒剂效果差)，但也可以对混合气体进行纯化处理，得到高纯度的 ClO_2 气体。在水处理中，ClO_2 纯化处理采用亚氯酸钠($NaClO_2$)来进行。

$$2NaClO_2+Cl_2 \longrightarrow 2ClO_2+2NaCl \quad (2-2-18)$$

该反应是二级反应，实质上是 $NaClO_2$ 与次氯酸(HOCl)的作用。即先将 ClO_2 与 Cl_2 的混合气体通入水中，使 Cl_2 与水反应生成 HOCl；然后 $NaClO_2$ 与 HOCl 发生反应。

$$Cl_2+H_2O \longrightarrow HOCl+HCl \quad (2-2-19)$$

$$2NaClO_2+HOCl+HCl \longrightarrow 2ClO_2+2NaCl+H_2O \quad (2-2-20)$$

以氯酸钠($NaClO_3$)为原料的化学法二氧化氯发生器，其工艺流程如图 2-2-10 所示。

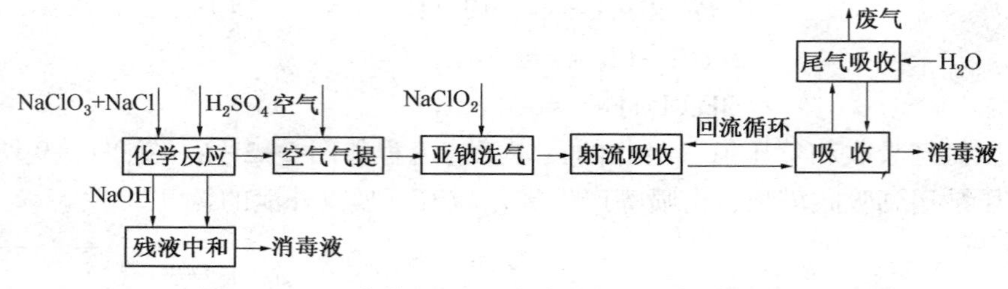

图 2-2-10 化学法 ClO_2 发生器的工艺流程示意图

② 发生器结构

电解法二氧化氯发生器主要由电解电源(含自动控制)、电极(阴极和阳极)、电解槽(阳极室、阴极室)、电解隔膜、电解槽冷却系统、电解液循环、融盐、自动排污和自动补水、电解槽温度/进水压力测控、消毒剂投加等构成,虽然设备结构复杂,制造技术要求高,但能够自动运行,无需专人职守。

化学法二氧化氯发生器主要由计量泵、反应釜、加温控制仪和加温管(盐酸-氯酸钠法不用加温)、原料罐(氯酸盐原料罐和酸原料罐)、防爆炸装置、消毒剂投加系统、氯酸盐化料器、卸酸泵等构成。虽然设备结构简单,制造技术要求低,但对运行条件要求苛刻,反应釜易发生爆炸,对操作人员要求较高。原料在运输、贮存及使用过程中均需采取安全措施,否则极易发生安全事故。

由于电解法二氧化氯发生器和化学法二氧化氯发生器的工作原理和设备结构完全不同,因此设备制造成本大致存在以下差异:消毒剂产量相同且超过 300g/h 时,电解法的制造成本高于化学法;消毒剂产量相同且在 100~300g/h 时,电解法的制造成本与化学法相当;消毒剂产量相同且小于 50g/h 时,电解法的制造成本低于化学法。

(4)次氯酸钠发生器

我国早就发布了针对次氯酸钠发生器的国家标准(GB 12176—1990),产品技术目前已经较为成熟。根据用途可分为卫生消毒用和环境保护用两大类,卫生消毒类一般可以用于环境保护,而环境保护类不得用于卫生消毒;按设备的有效氯产率可分为 5、10、25、50、75、100、150、200、250、300、400、500、750、1000、1500、2000、3000、5000g/h,超过 5000g/h 的规格根据实际需要确定;按质量等级分为优质品(A)、一级品(B)、合格品(C);按运转方式分为连续式和间歇式两类。

① 工作原理

次氯酸钠发生器是通过电解低浓度食盐水制取次氯酸钠的专用设备,在电解过程中阳极得到氯气,阴极产生氢气。

阳极:
$$2Cl^- \longrightarrow Cl_2\uparrow +2e \tag{2-2-21}$$

阴极:
$$2Na^+ +2H_2O+2e \longrightarrow 2NaOH+H_2\uparrow \tag{2-2-22}$$

制取次氯酸钠的专用设备中采用无隔膜电解槽,在阳极上生成的 Cl_2 溶解于水,并与溶液中的 NaOH 中和而得到次氯酸钠。

$$Cl_2+H_2O \longrightarrow HClO+HCl \tag{2-2-23}$$

$$HClO+NaOH \longrightarrow NaClO+H_2O \tag{2-2-24}$$

② 发生器结构

次氯酸钠发生器一般由化盐系统、电源系统、电解槽、配兑水系统、自动控制和储液箱等几大部分组成。电源系统具有降压、整流及调节控制功能，一般有两种形式：一种由具有调压功能的降压变压器及硅整流电路组成；另一种由降压变压器和晶闸管整流器组成。

电解槽是发生器的心脏，按所使用的电极形状分为管状电极电解槽和板状电极电解槽。按工作方式又分为连续工作方式及间歇工作方式。管状电极电解槽体积小，电解时间短，适于连续电解，可以串联、并联运行；但结构较复杂，加工工艺要求高，需采用强制水冷。板状电极电解槽的电极形状简单，表面积利用率高、加工简便、成本较低、容易维护保养；虽然体积大于管状电极电解槽，但仍不失小型轻便的优点，适用于小型给排水工程及餐具和食品的消毒。管状电解槽根据不同使用要求而有多种结构形式，概括起来可分为阴极内冷式和阳极内冷式两大类。图 2-2-11、图 2-2-12 为两种常见电解槽的结构示意图。储液箱是储存电解液及次氯酸钠的容器，考虑到腐蚀性的影响，均采用塑料制造；或采用不锈钢外壳，内衬高级复合材料。

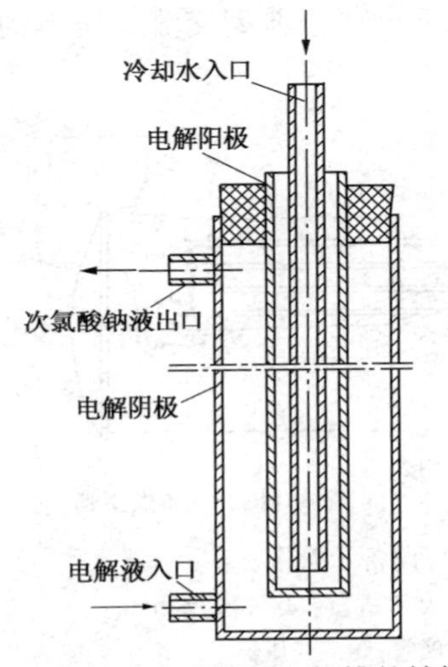

图 2-2-11　阳极内冷式管状电解槽的结构示意图

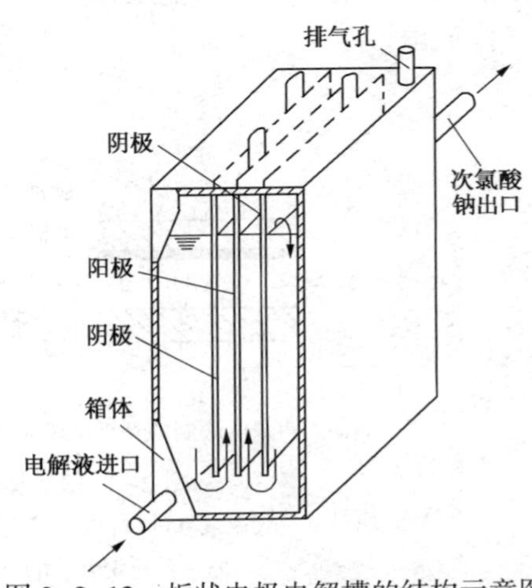

图 2-2-12　板状电极电解槽的结构示意图

目前国内不少地区的自来水厂都采用次氯酸钠消毒，仅北京地区就有第三水厂改扩建工程、第九水厂、郭公庄水厂等。郭公庄水厂采用次氯酸钠+紫外线联合消毒方式，投加点为预加氯(格栅间、集水池)、主加氯(清水池进水堰)和补氯(配水泵房、吸水井)，将预加氯间与格栅间、进水泵房合建，主加氯、补氯间与膜车间加氯加酸加碱间合建，次氯酸钠采用储药池存储。

应该指出的是，虽然加氯消毒是城市污水消毒处理中使用最为普遍的方法，但随着氯消毒的大规模使用，人们对该方法的认识和了解也不断加深，对其使用中产生的问题也越来越关注。在氯消毒已知的 500 多种消毒副产物中，只有为数很少的被研究并证实对人类健康有影响，尚有 500 多种消毒副产物有待查明身份，而且更令人担心的是使用中缺乏对这些副产物的风险分析和管理计划。正是由于对这些问题的担心，世界各国和地区制定了各种法律规定以限制或控制使用氯消毒。例如：荷兰、德国、加拿大魁北克等地已禁止使用氯消毒；美国加利福尼亚、佛罗里达等州根据污水处理厂的具体情况要求零余氯排放。另外，氯作为危险化学药品，有关部门对其运输和储存的安全问题和审批控制非常严格，我国的一些污水处理厂在建成加氯接触池后常常因此而无法正常运行使用。

2. 臭氧氧化消毒设备

臭氧氧化消毒工艺系统主要包括臭氧发生设备、臭氧接触反应设备、尾气处理设备(尾气破坏器，Vent Ozone Destruction，VOD）等，后者显然是因为并非所有产生的臭氧都能被水体吸收利用。

（1）臭氧发生设备

臭氧的制备方法有化学法、电解法、紫外线法、无声放电法（Silent Discharge）等。水处理中制备低浓度的臭氧时常用图 2-2-13 所示的无声放电法，该法又被称为介质阻挡放电（Dielectric Barrier Discharge，DBD）法。其基本原理是，在两个高压电极之间覆以厚度均匀的介电体，当两极接通高压交流电（一般为 10~20kV）时，电极间发生辉光放电（Glow Discharge）——即当电场强度超过某值时，以发光表现出来的气体中电传导现象。此时辉光扩展到两电极之间的整个放电空间，没有大的嘶声或噪声，也没有显著的发热或电极的蒸发。空气（也可采用氧气）通过无声放电间隙时，其中的氧分子即受激活而分解成氧原子，然后三个氧原子或一个氧原子与一个氧分子碰撞时均可产生臭氧分子。由于介电体的存在，直流电场不能维持放电，所以只能工作在交变电场的情况下，属于典型交流高压下的非平衡态等离子气体放电。

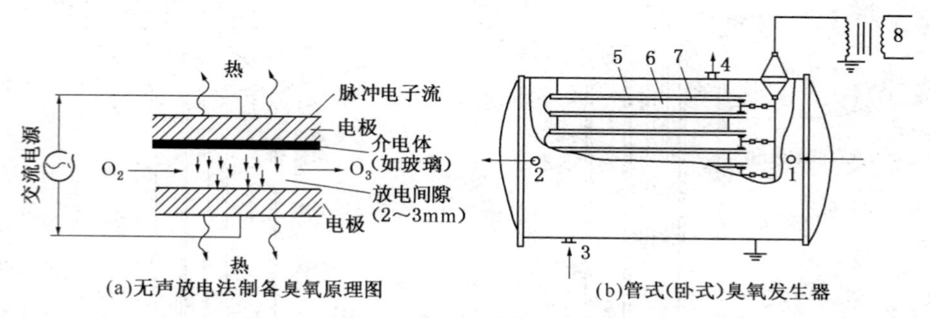

图 2-2-13　臭氧的制备原理与设备示意图

1—空气或氧气进口；2—臭氧化气出口；3—冷却水进口；4—冷却水出口；
5—不锈钢管；6—放电间隙；7—玻璃管；8—变压器

一般而言，完整的无声放电法臭氧发生设备包括供电单元（PSU）、臭氧发生器（Ozonator）、冷却剂循环单元、供气单元、控制单元等，臭氧发生器是整套臭氧发生设备的核心。

① 供电单元

供电单元将数千伏的电压施加到高压电极上，将通入放电间隙的空气或氧气电离，从而产生臭氧。臭氧发生器的电源按运行频率可分为工频（工作频率 50~60Hz）、中频（工作频率 600~800Hz）和高频（工作频率 1~20kHz）三种，高频电源的运行效率高、节约电能，电极区域之间的能量密度目前可达 1~10kW/m^2，现已陆续取代工频和中频电源。

② 臭氧发生器

臭氧发生器包括若干个由高压电极、接地电极、位于两个电极之间的介电体及放电间隙组成的放电单元，介电体为玻璃、陶瓷、搪瓷等介电常数较高、化学性能稳定的绝缘材料。从电极的形状来看，放电单元一般分为板式（立板式、卧板式）和管式（立管式、卧管式）两种，板式放电单元由平板介电体和金属电极组成，管式放电单元由两个同心圆电极和一个介质管组成。目前大多使用管式放电单元，但不同厂家放电单元的结构略有不同。常规放电管的内电极作为高压电极，其外圆柱面上覆盖有一层复合介电体，在复合介电体与接地外电极之间形成放电空间；当两电极间施加一定强度的交变高压时，气隙中将产生电晕放电。影响臭氧产生的因素很多，如气源品质、电源特性、放电管结构与冷却条件等。瑞士 Ozonia（奥佐尼亚)公司的 AT 放电管、德国 ITT Wedeco(威德高)公司的 Effizon HP®玻璃管双间隙放电管、日本富士公司的放电单元等较具有代表性。Ozonia 公司自 20 世纪 90 年代开发的陶瓷管技术，利用喷涂烧结方法与薄壁金属管组合成高压介电体组件，4 只串联成一个放电单元。Wedeco Effizon HP®的结构特点为玻璃介质管分隔出 2 个气隙，形成双间隙放电。内气隙用 Effizon HP®不锈钢丝网置于高压电极与玻璃管之间，接近沿面放电(SD)，降低了放电电压；外气隙为体积电晕放电(VD)，主放电间隙获得良好的冷却，提高了臭氧浓度。

为了满足臭氧大产量、运行高效率的要求，对于以管式放电单元为基础的大功率臭氧发生器而言，通常采取类似于管壳式换热器的多个放电单元并联结构布局，具体包括放电室罐体(水套)、放电体、高压熔断器等部件。放电室罐体由筒体、封头、法兰、端板、外电极管、视镜、接管等组成，根据设计及工程需要选用 304 或 316L 等材质；外电极管按照极精密的标准制成，在内部呈蜂窝状排布。整个罐体焊接而成，通过法兰连接完成装配。在每一组放电单元上还安装有高压熔断器，以便在放电单元出现故障时快速熔断而使该组放电单元停止工作，保证臭氧发生器整体稳定、可靠工作；高压熔断器必须具有耐高压、抗一定过载能力和快速熔断等特点，满足臭氧发生器的负载特性和电源特性。

③ 冷却剂循环单元

利用无声放电法制备臭氧时，只有百分之几的电能用来产生臭氧，而 90%以上的电能转化为热量，结果使电极温度逐渐升高，必须配套冷却剂循环系统以保证正常工作。一般以水作为冷却剂，冷却水温度以 15~20℃ 为宜，一般要求不高于 28℃。虽然冷却水温度≤32℃时臭氧发生器仍能连续工作运行，但 30℃冷却水的臭氧产量比 15℃下的额定产量要低 10%~20%。冷却水须保证较高的水质，一般要求浑浊度不超过 10 度(NTU)、硬度不大于 450mg/L、氯化物不大于 150mg/L、COD 不大于 100mg/L、固体悬浮物不大于 10mg/L，并根据水质特点采取适当的防结垢、防有机物沉积等措施，以免在容器内造成沉积，这对臭氧发生器长期连续运行有好处。根据现场条件，臭氧发生器的冷却水可以采用开路或闭路循环，或回流到水处理系统中。

④ 供气单元

用于产生臭氧的气体必须是氧气或含有氧气的气体，其中应该尽可能不含水分、灰尘、油、碳氢化合物(烃)和氢之类的杂质。所有这些杂质都会对臭氧的形成过程产生不良影响，并可能对设备产生严重损坏。供给臭氧发生器的原料气体品质指标(含水量、含油量、杂质颗粒度、温度、压力等)要达到如下要求：气源露点低于-45℃，最好能低于-55℃；含油量低于 0.01mg/m^3(21℃)，最好能低于 0.003mg/m^3(21℃)；杂质颗粒小于 1μm，最好能小于 0.01μm；一般要求温度不高于 25℃、压力在 0.1MPa 以上，以保证臭氧发生器稳定工作并满足后级臭氧气体输送及投加的需要。

臭氧发生器的工作能力指标为每小时产生的额定臭氧发生量，即在冷却水温 15℃条件下以额定功率运行、产生额定臭氧浓度时的臭氧产量(g/h 或 kg/h)，此时的电耗为额定电耗(kW·h/kg O_3)。即便是同一台臭氧发生器，仅改变气源，其臭氧额定发生浓度和发生量也都要改变。一般空气源的臭氧浓度为氧气源的 1/3，臭氧产量为氧气源的 1/2。臭氧浓度可用国标碘量化学法测定，也可使用紫外吸收仪器法测定。臭氧浓度与发生量、电耗之间呈反向相关关系，同一台臭氧发生器在额定功率下运行，臭氧浓度越高，臭氧产量越小，电耗越大。

我国臭氧发生技术起步较晚，20 世纪 70 年代中期才开始进行研究及开发应用，并在 80 年代能生产出单机产量为 1kg O_3/h 的工频臭氧发生器。随着我国在瓶装水及桶装水生产中强制使用臭氧消毒政策的出台，以及一些家用臭氧空气消毒产品的推广应用，对整个臭氧行业的发展起到了巨大的推动作用，中小型臭氧发生器及空气消毒产品在技术和性能上也日趋完善。虽然目前国内已经在单机产量上获得了突破，能够生产 130kg O_3/h 的高频逆变电源臭氧发生器，但与国外先进水平相比仍然存在不小差距。瑞士 Ozonia(已经被法国得利满公司兼并)、德国 ITT Wedeco(威德高)、法国 Trailigaz、日本富士电机公司等国外知名厂家的设备在性能和节能方面具有非常突出的优势，例如 Ozonia 公司 XF 系列臭氧发生器在使用氧气源时的产量可达 250kg O_3/h，采用内置式 IGBT 中压高频供电单元 MODIPAC™和智能间隙系统(IGS™)专利放电管技术。

(2) 臭氧接触反应设备

臭氧接触反应设备(Ozone contactor)是臭氧与水中还原性污染物质进行接触反应的场所，应根据臭氧分子在水中的扩散速度以及与污染物的反应速度来选择相应的型式。按照臭氧化空气与水的接触方式，臭氧接触反应设备主要分为气泡式、水膜式和水滴式 3 类，此外还有机械搅拌式、射流器喷射式等多种。

气泡式臭氧接触反应器是我国目前应用最多的一种，根据产生气泡方式的不同，可分为多孔扩散式、表面曝气式和塔板式 3 种；根据气泡和水的流动方向不同，又可分为同向流和异向流两种。在多孔扩散式反应器中，臭氧化空气通过设在反应器底部的多孔扩散设备分散成微细气泡后进入水中，多孔扩散设备有穿孔管、穿孔板和微孔滤板等，可以采用孔径小且耐腐蚀的专用曝气盘(曝气头)和钛曝气棒。气泡粒径大小及其分布直接影响着接触反应设备的工作性能，多孔扩散设备的微孔孔径越小，形成的气泡粒径也越小，气液间的接触面积也越大，传质系数值相应提高。当臭氧用于消毒时，宜采用同向流反应器，这样可使大量臭氧早与细菌接触，以免大部分臭氧消耗在氧化其他杂质而影响消毒效果。异向流反应器中臭氧的利用率可达 80%，我国目前多采用这种反应器。表面曝气式反应器中安装有曝气叶轮，臭氧化空气沿液面流动，高速旋转的叶轮使水剧烈搅动而卷入臭氧化空气，气-液界面不断更新，使臭氧溶于水中。这种反应器适用于加注臭氧量较低的场合，缺点是能耗较大。化学工程领域常用的筛板塔和泡罩塔等板式塔可被用作气泡式臭氧接触反应器，填料塔可被用作水膜式臭氧接触反应器，喷淋塔可被用作水滴式臭氧接触反应器，其相关结构和工作原理将在本书第六章进行介绍。

(3) 尾气处理设备

臭氧在接触反应设备中经过一系列反应，大部分又被分解为氧气，最终在出气口汇集成尾气排出。尾气包含有氧气、臭氧及小部分的水蒸气、氮气等，直接排放将对周围环境造成污染，所以要通过尾气破坏系统对残余臭氧进行分解，形成不含臭氧或臭氧浓度低于标准值的氧气流。处理方法有热分解法、活性炭吸附法、化学吸收法、催化分解法和燃烧法，目前多采用热分解法(Thermal Ozone Destructor，TOD)和催化分解法(Catalytic Ozone Destructor，COD)。

尾气破坏系统排出的氧气流可以通过管路直接排放至大气中，也可以经回收、提纯、干燥、增压等工艺处理后，再回送至臭氧发生器的进气口作为原料气体使用，从而实现氧气的回收及循环重复利用。

3. 紫外线消毒设备

紫外线(Ultraviolet ray，简称 UV)由德国物理学家里特发现，是一种肉眼看不见的光波，因其存在于光谱紫外线端的外侧而被称之为紫外线。按照 ISO-DIS-21348，紫外线的波长范围为 10~400nm，可分为 UV-A(315~400nm)、UV-B(280~315nm)、UV-C(200~280nm，又称为消毒紫外线）、UV-V（100～200nm，又称为真空紫外线）等多个波段。

（1）紫外线消毒原理

早在1878年，人类就发现了太阳光中的紫外线具有杀菌消毒（UV Disinfection）作用。波长在240～270nm之间的紫外线能穿透微生物病原体（细菌、病毒）的细胞膜和细胞核，直接破坏核酸（DNA或RNA），使其发生断裂或发生光化学聚合反应，丧失生产蛋白质的能力和复制繁殖能力或失去活性，达到灭菌消毒的效果。波长为185nm的紫外线能产生臭氧，能把微生物的细胞壁以氧化作用破坏，使微生物立刻死亡。应该指出，一般资料介绍253.7nm为消毒的最佳波段具有片面性，研究结果表明DNA的紫外线吸收最佳波段在260～269nm。

1901年和1906年先后发明了水银光弧这一人造紫外光源和传递紫外光性能较好的石英材质灯管，法国马赛一家自来水厂在1910年首次使用紫外线消毒工艺。紫外线消毒技术在城市污水处理中的应用始于20世纪60年代中叶；70～80年代初，人们已经认识到加氯消毒工艺中的余氯对受纳水体中的鱼类等生物有毒，确认了氯消毒会产生如三卤甲烷（THMs）等致癌、致基因畸变的副产物，因此在这一阶段围绕紫外线消毒技术进行了大量应用研究。20世纪80年代初，紫外线污水消毒技术在美国国家环境保护局（EPA）创新和取代技术资金项目支持下，在美国的城市污水处理厂中开始得到应用；1986年，EPA将紫外线消毒列入污水消毒设计手册，推动了紫外线消毒代替化学消毒的进程。

据试验，高强度的紫外线彻底灭菌只需要几秒钟，而氯与臭氧消毒则需10～20min。一般大肠杆菌的平均去除率可达98%，细菌总数的平均去除率为96.6%，一般可以达到99.99%。紫外线消毒不会造成任何二次污染，不残留任何有毒物质，不影响水的物理性质和化学成分。但其缺点包括：一是要求水体具备一定的透明度，水中的固体悬浮物、有机物和氨氮都会干扰紫外线的传播，进而影响消毒效果，当然这一点可通过水的预处理来解决；二是不能解决消毒后水在管网中再次污染的问题。尽管如此，紫外线消毒在经济发达国家已被广泛使用，目前在我国也越来越被重视。2005年7月，我国颁布了《城市给排水紫外线消毒设备》（GB/T 19837—2005），随后《室外排水设计规范》（GB 50014—2006）也首次加入了紫外线消毒技术。目前在世界各地已经有数千家城市污水处理厂安装使用了紫外线污水消毒系统，处理规模从几千m^3/d到上百万m^3/d。

（2）紫外灯与镇流器

① 紫外灯

目前所用的紫外线光源绝大多为汞弧灯（Mercury arc lamp，即通称的紫外灯或汞灯）。汞弧灯的灯管是一根长度不等（最长可达120m）、内部注有汞和少量惰性气体的密封透明石英管，也可采用透明高硼玻璃管，灯管内部为真空；电极一般由钨制成，位于两端。当两个电极间通过电流时，阴极发射出电子，与惰性气体碰撞电离而产生电弧；随着电极间电压的增加，气体温度升高而使得汞蒸发。当电子与汞原子碰撞时，电子会损失一定能量（弗兰克-赫兹实验的精确测定表明，汞原子只接收4.9eV的能量），当损失能量的电子从激发态回到基态或较低能态时，就还会以一定波长光谱线的形式释放出多余的能量。对于汞弧灯而言，则意味着产生汞蒸气弧光并发射具有特征波长的紫外光；当全功率工作时，灯具还会发射可见光以及部分红外光（IR）。根据国际通用标准划分，汞弧灯可以分为低压汞灯（10-100Pa）、中压汞灯（10-100Pa）和高压汞灯（-100000Pa）三种。根据点亮后灯管内汞蒸气压力和紫外线输出强度的不同，紫外灯有低压低强度汞灯、低压高强度汞灯和中压高强度汞灯等类型，所发射的紫外线也具有不同的光谱。具体如表2-2-1所示。

表 2-2-1　各种紫外灯的类型列表

项目	低压低强度紫外灯	低压高强度紫外灯	中压高强度紫外灯
灯管内压/torr	10^{-3} ~ 10^{-2}	10^{-3} ~ 10^{-2}	10^{2} ~ 10^{3}
运行温度/℃	40 左右	90~250	600~850
光谱特性	90%以上的紫外线输出在 253.7nm 波段，可视为单色光（Monochromatic）		能在 200~300nm 的消毒波段实现多频谱输出，可视为多色光（Polychromatic），这意味着中压紫外线消毒系统杀灭微生物的有效发射光的百分比较小
参考尺寸	直径 φ15~20mm，长度 1.5m		直径 φ15~20mm，长度为 0.5m 左右
灯管老化系数/%	50~80		
最大输出功率/W	30~60	90~100	420~25000
光电转换效率/%	30~40	30~40	15
输出功率调节范围	—	可以根据水流和水质变化，在 60%~100%之间进行调节，从而优化电耗和延长紫外灯寿命	可以根据水流和水质变化，在 30%~100%之间自动调节，手动调节可以更细
工作寿命/h	10000~15000	10000~15000	5000
套管清洗	人工化学清洗	自动	自动
适用范围	小型污水处理厂常规处理污水和再生水消毒，处理流量一般在 $5\times10^{4}m^{3}/d$ 以下	中型污水处理厂常规处理污水和再生水消毒	大型污水处理厂常规处理污水、再生水消毒或低质污水消毒

汞弧灯往往需要几分钟的预热时间（从 2~10min 不等），才能达到完整的光谱输出，这是因为汞在石英管内必须完全被蒸发汽化。在开始的预热期，输入的功率较多地消耗于预热灯的电极部件，然后使管内存在的汞全部被蒸发汽化，因此诱导期长是这种灯的缺点之一。此外，如果工作期间电源突然中断，汞会迅速凝结，难以立刻立即启动，而较大的热载荷也要求有冷却时间，因此关机后通常需要冷却一段时间（15~20min）才能再次启动。紫外线消毒系统的运行维护费用主要是电费和灯管更换费用，一般处理同样水量达到相同指标时：低压低强度紫外灯的数量大约 10 倍于中压高强度紫外灯，低压高强度紫外灯的数量大约 3~4 倍于中压高强度紫外灯。中压高强度紫外灯在所有单根紫外灯管中的紫外能输出最高，可以用很少的灯管数量达到消毒效果，大大减少设备与征地、土建等投资，灯管及其相关部件的更换费用也较低，比较适合于大型水厂特别是用地紧张的水厂。此外，由于中压高强度紫外灯光强最高、穿透力强，所以比较适合低质污水的消毒处理。当然，中压高强度紫外灯的光电转换效率较低，电耗较高。为了尽量延长紫外灯管的使用寿命，一般将其装在套管内并与水体隔开。套管通常采用壁厚 1.5~2.0mm 的石英材料制作，并采用直管、单端开口结构，套管与灯管之间的密封设计为双重密封，以减少透水几率，提高系统的安全性。此外，石英套管不仅可以解决紫外灯管的绝缘问题，而且易于清洁；洁净石英套管在波长为 253.7nm 时的透光率不应小于 90%，能够保证紫外灯的最大杀菌效果。穿透率通常是指波长为 253.7nm 的紫外线在通过 1cm 比色皿水样后，未被吸收的紫外线与输出总紫外线之比，每

次测试时，将4个样品的平均紫外线穿透率作为系统的紫外线穿透率。

紫外灯的寿命一般是指当期紫外线强度衰减到起初的70%以下时，认为该紫外灯到达其使用寿命。

② 镇流器(Electronic ballasts)

镇流器是气体放电灯用于启动和限流的控制器件。由于气体放电灯具有负伏安特性，要配以镇流器来启动灯的放电和限定灯内惰性气体电离升温并使汞蒸气压上升，当电子轰击汞蒸气放电后生成紫外线；启动完成后镇流器起限流器的作用，使灯开始正常工作。早期的紫外线消毒系统使用电磁式镇流器。20世纪90年代初，电子镇流器首先应用于低压灯紫外消毒系统；90年代中叶又解决了用电子镇流器控制中压灯管的难题，目前各类污水紫外线消毒系统基本上都使用电子镇流器。紫外灯管只有与镇流器完美匹配，整个紫外线消毒系统才能发挥最佳的杀菌作用，并且有助于延长灯管寿命。

镇流器的工作寿命与运行温度有关，目前一般为10年。由于在较高温度下运行时，会增加老化速度和故障发生率，因此对镇流器进行有效冷却非常重要。镇流器的布置方式一般分为两大类，一类是将镇流器密封后与紫外灯模块一体化，装在紫外灯模块的灯架上随灯管一同浸入水下，用水冷却，此时要求水下镇流器的防护等级为IP68。另一类是镇流器与紫外灯模块分离，专门放入地面控制柜中，以降低防护等级(为IP65或更低)，冷却方式可以采用对流冷却、空调或风机冷却。当然，地面控制柜仍应有一定的防护等级，以避免空气中灰尘、水汽和污染物的侵蚀，降低镇流器等敏感电控元件的寿命，带来额外的系统维护费用。此外，镇流器与紫外灯的距离不能过大(尽量不超过15m)，以免增加镇流器到灯管之间的电压损耗，降低灯管的输入功率和灯管的紫外能输出，从而降低紫外线消毒系统效率并影响消毒效果。

(3) 紫外线消毒系统的设计

紫外线消毒系统一般安装在水厂的管道或渠道之中，对流过其中的水进行消毒。按水流边界的不同可分为压力管道式和明渠式(Unclosed Vessel Ultraviolet Reactor)，前者也被称为密闭式。适用于给水处理的消毒系统多数为密闭式，适用于排水处理的消毒系统主要是明渠式。紫外消毒器中灯管的排布可分为顺流式和横流式，前者是指灯管彼此平行且与水流方向平行，后者是指灯管彼此平行但与水流方向垂直。

① 压力管道式紫外消毒系统

压力管道式紫外消毒系统包括紫外线消毒器、配电单元、控制单元及紫外线剂量在线监测单元等。紫外线消毒器由金属筒体、端盖、进出水法兰接口、紫外灯、石英套管、镇流器、紫外线强度传感器、清洗机构等组成。

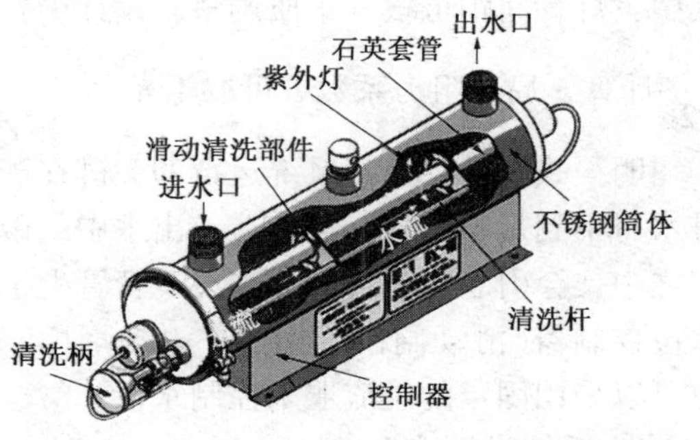

图2-2-14　压力管道式紫外消毒器的结构示意图

如图2-2-14所示，紫外线消毒器一般采用不锈钢或铝合金作筒体材料，筒体内壁多作抛光处理，以提高对紫外线的反射能力和增强辐射强度。灯管一般采用顺流布置，系统水力损失小、水流形式均匀。进出水法兰接口分别布置在轴向两端，并且垂直于消毒器的腔体。具有一定压力和流速的水流流过石英套管外围，流速最好不小于0.3m/s，以减小石英套管的结垢。如果想通过延长时间来提高消毒效果，那么一般选用较长的灯，消毒器的腔体也相应较长。有的消毒器在筒体内壁加装了螺旋形叶片以改变水流的运动状态而避免出现死水和管道堵塞，所产生的紊流以及叶片锋利的边缘还能够破碎悬浮固体，使附着的微生物完全暴露于紫外线的辐射中，提高了消毒效率。处理流量较大的密闭消毒器，进出水法兰接口顺着水流方向位于腔体两端，紫外灯管则垂直于水流布置(即横流式)，这样可以使水流紊动，提高消毒效率，但消毒器体积也较大，不适应在较高的流体压力下工作。

压力管道式紫外消毒器的缺点是：污水容易污染设备，灯管清洗时需要停机，故需要备用设备，还需要泵、管道、阀门等配套设备，成本很高，不适合大规模应用，使得紫外线消毒技术在城市污水处理厂中难以有效推广。

② 明渠式紫外消毒系统

可按照紫外灯是否接触水分为明渠水面式(Non-contact Type)和明渠浸没式(Contact Type)两种。明渠水面式又称为水面照射法，是将紫外灯置于水面之上，由产生的紫外光对水体进行消毒。该方式能量浪费较大、灭菌效果差，水质杀菌消毒工程中很少应用。一般所谓的明渠式紫外线消毒系统多指明渠浸没式，又称为水下照射式，将紫外灯管平行或垂直于水流方向置入水中，水从灯管周围流过。1982 年，加拿大特洁安技术(Trojan Technologies)公司开发了世界上第一套明渠浸没式紫外线消毒系统 UV2000，并引进了模块化设计的理念，即系统可由若干独立的紫外灯模块组成，且水流靠重力流动，不需要泵、管道以及阀门等配套设备，可以直接插入或取出紫外灯模块进行维护检修。

目前的明渠浸没式紫外线消毒系统一般应包括紫外灯模块组、模块支架、配电单元、水位探测及控制单元、设备维修起吊单元、系统控制单元等，紫外灯模块组由紫外灯、石英套管、镇流器、紫外线强度传感器、清洗机构等组成。由于横流式不利于流体形成理想的均匀流动，在灯管与渠壁或水面之间容易形成消毒短流区，使通过的微生物得不到足够的紫外照射剂量而影响消毒效果，紫外能量浪费较大，因此目前 90%的城市污水紫外线消毒系统采用顺流式。

通常一组紫外灯管作为一个模块，每个紫外模块的灯管数可布置为 2、4、6、8、10、16 等。相关结构尺寸关系如下

$$\text{渠道水深 } H=(\text{每模块灯管数}+1)\times\text{灯管间距} \tag{2-2-25}$$

$$\text{渠道宽度 } B=\text{总模块数}\times\text{灯管间距} \tag{2-2-26}$$

其中，灯管间距可根据水质调整，设计中一般取 60~80mm。系统水头损失可按局部损失 $h=\xi\frac{v^2}{2g}$计算，局部阻力系数 ξ 可取 1.8。

明渠式紫外线消毒系统运行的关键在于维持恒定的水位，若水位太高则灯管顶部的部分进水得不到足够辐射，可能造成出水中的微生物指标过高；若水位太低则上排灯管暴露于大气之中，会引起灯管过热并在石英套管上生成污垢膜而抑制紫外线输出强度。可以采用自动水位控制器(滑动闸门、拍门、电动堰门)来控制水位，在自动化程度要求不高的系统中，也可以采用固定的溢流堰来控制水位。

③ 系统设计选型

紫外线消毒系统的代表性生产厂家有加拿大特洁安技术公司、英国海诺威(Hanovia)公司、荷兰博生紫外线消毒技术有限公司(Berson UV-techniek)、德国 ITT Wedeco(威德高)等，系统成功运行的关键是消毒设备的正确设计选型及采用生物剂量法的小试。选型主要根

据消毒所需剂量、待消毒水的水质、消毒目的和要求、设备运行维护以及消毒场所的环境条件等来进行，需要提前掌握原水的水质情况，以便根据经验或借鉴相似水质条件下的工程来设计来确定所需紫外线消毒设备的消毒能力，最后采用理论计算或生物验定试验来验定其消毒能力，生物验定试验应保证在运行不利的条件下仍满足消毒要求。

紫外线消毒设备的消毒能力可用紫外线辐照剂量(UV Dose)来表示，是指单位面积上接收到的紫外线能量，常用单位为 mJ/cm^2 或 J/m^2，表达式如下

$$Dose = \int_0^T I \cdot dt \quad (mJ/cm^2) \tag{2-2-27}$$

式中 I——微生物在其运行轨迹上某一点接收到的紫外线强度(单位时间与紫外线传播方向垂直的单位面积上接受到的紫外线能，UV Intensity)，mW/cm^2；

T——微生物在紫外消毒器内的曝光时间或滞留时间，s。

将紫外灯简化为点光源，用点光源累加法计算消毒器内的平均紫外光强，再乘以平均曝光时间得到的剂量可称为设备紫外线平均剂量(Average Dose，AD)。平均剂量为紫外线消毒设备的理论剂量，由于这一剂量常用 UVDis 计算软件计算得到，因此有时也称 UVDis 剂量。紫外线消毒设备所能实现的微生物灭活紫外线剂量，或称之为紫外线消毒设备的生物验定剂量，统称为设备紫外线有效剂量(Effective Dose，ED)。

一般而言，每种细菌在特定的水体中都有其相应的灭活紫外线剂量(以灭菌率达到99.9%计)，实际平均辐照剂量低于此值时，就有可能在接受可见光照射后重新复活，从而降低杀菌效果。杀菌效率要求越高，所需的辐照剂量越大。受紫外消毒设备的尺寸限制，一般照射时间只有几秒，因此灯管的 UV 输出强度就成了衡量紫外线消毒设备性能的最主要参数。当然，UV 输出强度与紫外灯的类型、光强和使用时间有关，随着紫外灯的老化，将会丧失 30%~50%的强度。此外，紫外灯装在石英套管内并与水体隔开，虽然洁净石英套管在波长为 253.7nm 的 UVT 不应小于 90%，但当污水流经紫外线消毒器时，其中有许多无机杂质会沉淀、黏附在紫外灯石英套管外壁上，尤其当污水中有机物含量较高时更容易形成污垢膜，而且微生物容易生长形成生物膜，这些都会抑制紫外线的透射，因此在紫外线有效剂量计算中须考虑紫外灯套管结垢系数。紫外灯套管结垢系数通过有资质的第三方验证后，可使用验证通过的结垢系数计算设备紫外线有效剂量。EPA UV 设计手册(EPA/625/1-86/021)中指出，手动清洗的结垢系数为 0.6，机械清洗的结垢系数为 0.7；如无测定数据，结垢系数的默认值是 0.8。《城市给排水紫外线消毒设备》(GB/T 19837—2005)中对污水消毒、生活饮用水或饮用净水消毒、城市污水再生利用消毒等场合，紫外线消毒设备在峰值流量和紫外灯运行寿命终点时，考虑紫外灯结垢影响后所能达到的紫外线有效剂量指标有明确规定。

(4) 紫外消毒设备的清洗

为了减少石英套管结垢对消毒效果的影响，必须定期对其进行清洗，以确保紫外线消毒系统的性能稳定。清洗方式可分为人工清洗和自动清洗两大类。人工清洗就是将紫外灯管组件从明渠中取出，用清洗液喷淋到石英套管上，然后用棉布擦拭清洁；或将几个紫外灯模块放到移动式清洗罐或固定式清洗池中用清洗液同时搅拌清洗，清洗罐中带有曝气搅拌装置。从劳动强度和经济性上分析，人工清洗适用于小型或中型污水处理厂。

自动清洗按有无清洗剂分为纯机械式自动清洗、机械加化学式自动清洗，驱动方式可以是液压或气动。纯机械式自动清洗系统实际上是用特氟龙(PTFE)环频繁(10~30min/次)地来回刮擦石英套管表面，以减缓石英套管表面污垢的积累；缺点是清洗头磨损快，寿命短，

一般半年到一年就需要更换，维护要求劳动强度和清洗成本较高。机械加化学式自动清洗装置发明于20世纪90年代中叶，并应用到污水紫外线消毒中，清洗效果好。该法是在清洗头内装有清洗液，在清洗头机械刮擦石英套管表面的同时，借助清洗液的作用去掉难以通过机械刮擦有效去除的污垢；一般一天清洗一次，清洗头寿命在5年左右，清洗效果较好。常用的清洗液为磷酸，虽然会进入后续污水处理系统，但由于其用量极少，在排放标准严格的北美地区污水再生利用消毒处理中广泛使用，未产生不良影响；当然，也可使用食品等级的清洗剂以适应更高需求。

加拿大Trojan技术公司的Trojan AccUVSensor™紫外光强传感器用于测量紫外反应器室内的紫外线强度，将探测到的紫外强度转换为4~20mA信号，然后以mW/cm^2为单位转换呈现在触摸屏上。Trojan AccUVSensor™配有石英套管，可以水平方式与水流方向垂直安装在紫外消毒设备内。该公司的ActiClean™在线自动清洗系统为机械加化学式自动清洗系统，化学清洁剂为食品级专利清洗药剂ActiClean™凝胶，机械清洗系统由一个外置液压泵、一个内置驱动缸、清洗支架和清洗器组成。工作时液压泵启动，推动内置液压驱动缸，带动清洁支架，利用清洁支架上面的清洗器在石英套管上来回移动，同时加入ActiClean™凝胶，进而达到清洁的目的。ActiClean™清洗系统对所有紫外灯管套管和TrojanAccUVSensor™套管定时进行清洗，清洗频率可根据实际情况由操作员通过触摸屏进行调整。可编程控制器通过Trojan AccUVSensor™调整紫外灯管的输出量，以补偿水质或流速变化，确保达到目标剂量。水位传感器和温度传感器实时监测水体的水位和温度，从而对这个系统起到保护作用。

EPA的资料表明，以建造处理量为$37800m^3/d$的污水处理厂为例，加氯消毒成本为0.18 $\$/m^3$($NTD/m^3$，下同)，臭氧消毒为0.45 $\$/m^3$，紫外线消毒为0.35 $\$/m^3$。最近的研究文献表明，紫外线消毒成本可降至0.23 $\$/m^3$，与传统加氯消毒工艺之间的成本差距将会逐渐缩小。

三、其他新型化学处理技术

1. 超临界水氧化技术

(1) 流体的临界、超临界特征

稳定的纯物质及由其组成的(定组成)混合物具有固定的临界状态点，临界状态在相图上是气体和液体共存曲线的终点，混合物既有气体的性质，又有液体的性质。此状态点的温度t_c、压力p_c、密度ρ_c称为临界参数。在纯气体物质中，当操作温度超过其临界温度时，无论施加多大的压力，也不可能使其液化。所以t_c是气体可以液化的最高温度，临界温度下气体液化所需要的最小压力p_c就是临界压力。当物质的温度较其临界值高出10~100℃、压力为5~30MPa时便进入超临界状态，此时压力稍有变化，就会引起密度的很大变化，且超临界流体的密度接近于液体的密度。显然，超临界流体对液体、固体的溶解度应与液体溶剂的溶解度接近；而黏度却接近于普通气体，自扩散能力比液体大100倍，渗透性更好。

水的临界点是一个特定压力(22.05MPa)和温度(374.2℃)的点，超临界水与常态水相比具有许多独特的性质，如黏度接近水蒸气，为水的1/100；密度接近于液态水，可达到水蒸气的100倍；介电常数只有2.0左右，约为水的1/40.0；溶解能力极强，可与氧气、有机物互溶，可使有机物的分子链断裂，因此可应用于废弃物及有害物质的处理。

(2) 超临界水氧化技术

超临界水氧化(Supercritical Water Oxidation，SCWO)就是利用超临界水的特异性质，使有机污染物在超临界水中进行氧化分解。当有机物和氧溶解于超临界水中时会形成单一相而密切接触，不存在内部相转移限制，在有效的高温下氧化反应快速完成，99%以上的难降解和毒性有机污染物(如多氯联苯)可在同一个流程中，在很短时间内(通常只需数秒或数十秒)被氧化成 H_2O、CO_2、N_2 及其他无害的无机盐，且不会产生 SO_x、NO_x 等有害气体，是一种环境友好的污染防治技术。针对 SCWO 过程反应机理和动力学进行的系统研究表明，在超临界水中，有机物可发生氧化反应、水解反应、热解反应、脱水反应，还存在不完全反应等。

Michael Modell 博士 20 世纪 70 年代在美国麻省理工学院(MIT)的实验研究工作奠定了 SCWO 技术基础，随后于 1980 年成立了 MODAR Inc.。此后该领域的研究一直很活跃，并相继出现了一些致力于 SCWO 技术商业化推广应用的公司，如 MODEC(Modell Environmental Corp.)(1986 年)、EcoWaste Technologies(1990 年)、SRI International(1993 年)、SuperWater Solutions(2006)、SuperCritical Fluids International(SCFI)(2007 年)、Innoveox(2008 年)等。1985 年，MODAR 公司建成了第一个超临界水氧化中试装置，处理能力为每天 950L 含 10%有机物的废水和含多氯联苯的废变压器油，各种有害物质的去除率均大于 99.99%。2001 年，美国得克萨斯州的哈灵根水厂启动了采用 SCWO 技术处理污泥的首条作业线，当其第 2 条作业线投入使用时(2001 年 8 月底)，可处理含固体质量分数 7%~8%的污泥 132.5m^3/d，这是哈灵根水厂两个污水处理场所产生的日污泥总量。在德国，MODEC 公司为包括拜耳公司在内的德国医药联合体设计的 SCWO 工厂于 1994 年开始运行，有机物处理能力为 5~30t/d。截至 2012 年，仍有 General Atomics (1996 年兼并了 MODAR Inc.)、SRI International、Hanwha Chemical、SuperWater Solutions、SuperCritical Fluids International (SCFI)和 Innoveox 等六家公司活跃在 SCWO 技术的商业化推广应用领域。

间歇式超临界水氧化的典型工艺流程如图 2-2-15 所示。工作过程中一般可分为 7 个步骤：进料制备及加压→预热→反应→盐的形成和分离→冷却和能量/热量循环→减压和相分离→对出水进行清洁处理(若有必要)；反应器基本上有 3 类：管式反应器、罐式反应器和蒸发壁反应器。

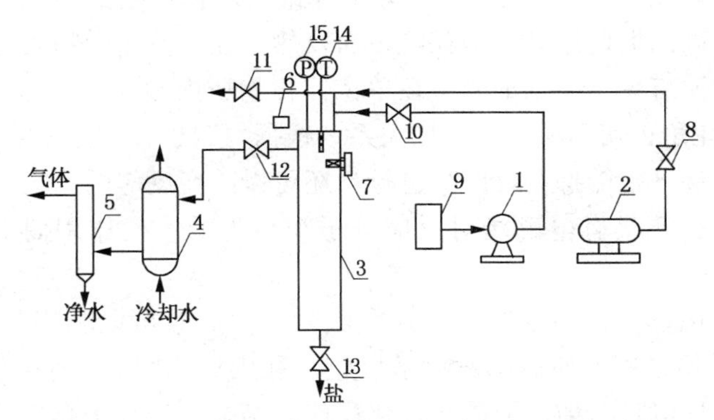

图 2-2-15 间歇式超临界水氧化的工艺流程示意图

1—高压柱塞水泵；2—空气压缩机；3—高压反应釜；4—冷却器；5—气液分离器；
6—高压安全阀；7—催化剂进口；8—进气控制阀；9—进水罐；10—进水控制阀；
11—放空阀；12—排水控制阀；13—排盐阀；14—温度表；15—压力表

(3) 存在的问题

目前，影响 SCWO 技术商业化推广应用的主要原因有设备腐蚀问题、反应中的盐沉积问题、反应动力学问题、中间反应的控制问题等。

以设备腐蚀为例，在超临界条件下，由于高温、高压、高浓度的溶解氧、反应中产生的活性自由基、强酸或某些盐类物质，都加快了反应设备的腐蚀。对世界上已有主要耐腐蚀合金的试验表明，不锈钢镍基合金钛等高级耐腐蚀材料在超临界水氧化中也都会受到不同的腐蚀。目前主要通过研制新型的耐压耐腐蚀材料、优化反应器结构或运行参数等措施，同时通过加入催化剂或更强的氧化剂，来降低超临界反应的压力和温度，从而减轻反应设备的腐蚀。

至于盐沉积问题，无机盐在超临界条件下的溶解度很小，反应过程中产生的盐沉积下来可能会引起反应设备或管道的堵塞，解决这些问题可以采取优化反应器结构或运行参数和对高含盐量体系进行预处理等措施。

2. 微波化学水处理技术

（1）基本原理

微波是指波长为1mm~1m，频率为300MHz~300000MHz的电磁波，由于微波的频率很高，所以亦称为超高频电磁波。微波频段的具体划分如表2-2-2所示，目前只有915MHz和2450MHz被广泛应用，在较高的两个频段还没有合适的大功率工业设备。

表2-2-2　微波频段范围列表

频率范围/MHz	波段	中心波长/m	常用主频率/MHz	波长/m
890~940	L	0.330	915	0.328
2400~2500	S	0.122	2450	0.122
5725~5875	C	0.052	5800	0.052
22000~22250	K	0.014	22125	0.014

微波化学污水处理不同于传统的污水处理方法，主要通过微波场对吸波物质的选择性加热、低温催化、快速穿透等功能，达到去污除浊杀菌的效果。

微波化学污水处理技术的基础是“极性分子理论”。外加微波场可使这些极性分子因趋向作用而发生频率极高的振荡运动，消耗能量而发热。在微波场中物质的吸波与否和吸波强弱，与该物质的电性质有关。实验证明，在单位体积物质内被吸收的微波功率，与电场(磁场)强度、物质的损耗角正切和频率成正比关系。根据“极性分子理论”，微波不仅可以加快化学反应，在一定条件下也能抑制反应的进行，还可以改变反应的途径。除了对反应加热引起反应速率改变以外，还具有电磁场对反应分子间行为的直接作用而引起的所谓“非热效应”。

考虑到许多有机化合物都不直接明显地吸收微波，此时可以利用某种强烈吸收微波的“敏化剂”把微波能传给这些物质而诱发化学反应。利用这些“敏化剂”就可以在微波辐射下实现某些催化反应，这就是所谓微波诱导催化反应。高强度连续波微波辐射聚焦到某种“敏化剂”的表面，由于“敏化剂”表面点位与微波能的强烈相互作用，微波能将被转变成热能，从而使某些表面点位选择性的被很快加热至很高温度(例如很容易超过1400℃)。

总之，微波化学污水处理技术就是利用微波对化学反应的这些作用，对水中的污染物通过物理及化学作用进行降解、转化，从而实现污水净化的目的。反应机理包括以下反应过程：

$$P \xrightarrow{\text{microwave}} (P)^{+} \qquad \text{P：水分子、污染物种分子}$$

$$(P)^{+}+H_2O \xrightarrow{microwave} P+H_2O^{+}$$

$$H_2O^{+}+H_2O \xrightarrow{microwave} H_3O^{+}+OH$$

$$M \xrightarrow{Microwave} M^{*} \qquad M\text{：敏化剂}$$

$$n \cdot M^{*}+m \cdot SS \xrightarrow{microwave} (M^{*})_n (SS)_m \downarrow \qquad SS\text{：悬浮物}$$

$$OH+R \xrightarrow{microwave} HO-R \qquad R\text{：有机物种等}$$

$$n \cdot M^{*}+m \cdot HO-R \xrightarrow{microwave} (M^{*})_n (HO-R)_m \downarrow$$

微波在处理水中污染物的同时，也能杀灭水中的细菌、藻类等微生物。其作用原理是由于微波辐射的热效应，引起生物体组织器官的加热作用而产生生理影响和抑制、伤害作用。

(2) 主要工艺流程

微波化学污水处理技术的优点是工艺流程简单，且能够减少大量的管网工程，对进水的pH值、浓度、温度等无特殊要求。一般可以采用“预处理→调节池→混合器→微波反应器→沉降过滤设备”的组成模式。混合器的作用是将污水与添加剂(敏化剂)进行充分混合与振荡，提高微波在水中的有效穿透能力，敏化剂与污水的混合反应程度直接关系到微波的作用效果。

微波反应器是整个处理工艺的核心，包括微波源、谐振腔、微波源操作台等。微波源为微波发生系统，其功率和频率根据水量和水质的不同来选定。产生的微波通过波导管进入谐振腔，谐振腔的大小根据微波功率、频率的不同来选定。由于微波对人体健康有无影响的问题亟待明确，因此在设计微波设备反应部分时应注意防止微波泄漏。

向污水中加入敏化剂和其他药剂，通过微波反应器处理后会形成大颗粒的矾花，在自然状态下3~5s迅速沉淀下来，再经沉降过滤设备实现固液分离后达到排放或回用目的，污泥则脱水外运或用作其他用途。工程实践表明，微波化学处理出水中色度、硫化物、悬浮物、COD_{Cr}、BOD_5、挥发酚和总磷等的去除率在90%以上；出水中氨氮和阴离子洗涤剂的去除率在75%和80%左右；沉降污泥中含有大量的磷(富集倍数为300倍左右)，出泥量少，占处理水量的3%左右。

微波技术近年来在环保领域的应用十分活跃，除用于污水处理之外，还可用于市政污泥脱水、烟气脱硫脱硝、吸附剂再生、废弃电板路中贵金属回收、原油乳状液破乳、污水除油回收等。

§2.3 吸附理论与水处理用吸附设备

吸附过程是气体或液体与固体颗粒表面之间的相际传质过程，包括气体吸附和液体吸附两种。在水质工程领域，吸附法主要用于脱出水中的微量污染物，应用范围包括脱色、除臭味、脱除重金属/各种溶解性有机物/放射性元素等。在处理工艺流程中，吸附法可以作为离子交换、膜分离等方法的预处理，以去除有机物、胶体物以及余氯等；也可以作为二级处理后的深度处理手段。利用吸附法进行水处理具有适应范围广、处理效果好、可回收有用物料、吸附剂可重复使用等优点，但对进水预处理要求较高，运转费用较贵，系统庞大，操作较为麻烦。

一、吸附的基本理论

1. 吸附过程

吸附是一种界面现象，其作用发生在两个相的界面上。具有吸附能力的多孔性固体物质称为吸附剂，而被吸附的物质称为吸附质。吸附剂与吸附质之间的作用力除了分子之间的引力以外，还有化学键力和静电引力。根据两相界面上吸附力的不同，吸附可分为物理吸附、化学吸附、离子交换吸附等三种类型。

（1）物理吸附

吸附剂和吸附质之间通过分子间力(范德华力)产生的吸附称为物理吸附。物理吸附是一种常见的吸附现象，吸附热较小，一般在41.84kJ/mol以内，在低温下就能发生。被吸附的分子由于热运动还会离开吸附剂表面，这种现象称为解吸，是吸附的逆过程。物理吸附的吸附速度和解吸速度都较快，易达到平衡状态。一般在低温下进行的吸附主要是物理吸附，可以形成单分子吸附层或多分子吸附层。由于分子间力普遍存在，所以一种吸附剂可以有选择地吸附多种吸附质。由于吸附剂和吸附质的极性强弱不同，同一种吸附剂对各种吸附质的吸附量是不同的。一般共存多种吸附质时，吸附剂对某种吸附质的吸附能力比只含该种吸附质时的吸附能力差。

（2）化学吸附

吸附剂和吸附质之间发生由化学键力引起的吸附称为化学吸附。一般在较高温度下进行，吸附热较大，相当于化学反应热，一般为30~418.4kJ/mol。一般一种吸附剂只能对某种或几种吸附质发生化学吸附，因此化学吸附具有选择性。由于化学吸附靠吸附剂和吸附质之间的化学键力来进行，因此只能形成单分子吸附层。当化学键力大时，化学吸附不可逆，不易吸附与解吸，达到平衡较慢。化学吸附放出的热很大，与化学反应相近。化学吸附速率随温度的升高而增加，故化学吸附常在较高温度下进行。

（3）离子交换吸附

一种吸附质的离子因静电引力而被吸附在吸附剂表面的带电点上，由此产生的吸附称为离子交换吸附。由于这种吸附兼有吸收现象，故又可总称为吸着。在这种吸附过程中，伴随着等当量的离子交换。如果吸附质的浓度相同，离子带的电荷越多，吸附就越强。对电荷数相同的离子，水化半径越小，越能紧密地接近于吸附点，越有利于吸附。

物理吸附、化学吸附和离子交换吸附往往相伴发生，大部分吸附往往是几种吸附综合作用的结果。由于吸附质、吸附剂及其他因素的影响，可能某种吸附是主要的，例如有的吸附在低温时主要是物理吸附，在高温时则是化学吸附。

2. 吸附平衡

在一定条件下，当流体与吸附剂充分接触后，一方面流体中的吸附质将被吸附剂吸附，称该过程为吸附过程。随着吸附过程的进行，吸附质在吸附剂表面上的数量逐渐增加，一部分已被吸附的吸附质，由于热运动的结果会脱离吸附剂表面，回到流体主相中去，称该过程为解吸过程。在一定温度下，当吸附速度和解吸速度相等(即达到吸附平衡)时，流体中吸附质的浓度(或分压)称为平衡浓度(或平衡分压)，而吸附剂对吸附质的吸附量为平衡吸附量。

（1）吸附等温线

在温度一定的条件下，吸附量随吸附质平衡浓度(或平衡分压)的提高而增加。平衡吸附量随平衡浓度(或平衡分压)之间的关系即为吸附平衡关系，通常用吸附等温线表示。

图 2-3-1 所示为吸附过程中出现的 5 种吸附等温线类型，其形状的差异是由于吸附剂和吸附质分子之间的作用力不同而造成的。Ⅰ型表示吸附剂毛细孔的孔径比吸附质分子尺寸略大时的单分子层吸附；Ⅱ型表示完成单层吸附后再形成多分子层吸附；Ⅲ型表示吸附量不断随组分分压增加而增加直至相对饱和值趋于 1 为止；类型Ⅳ为类型Ⅱ的变形，能形成有限的多层吸附；类型Ⅴ偶然见于分子互相吸引效应很大的情况。

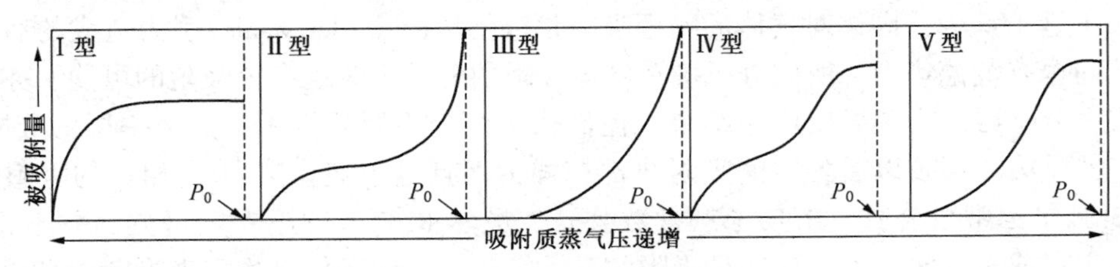

图 2-3-1　吸附等温线类型

实际上在水处理过程中，当吸附剂与混合溶液接触时，溶质与溶剂都将被吸附。由于总吸附量无法测定，故通常以溶质的表观吸附量来表示。单位质量吸附剂(kg)所吸附的吸附质质量(kg)简称为吸附量 q，用来表示吸附剂吸附能力的大小。取一定容积 $V(m^3)$、含吸附质浓度为 $c_0(kg/m^3)$的原水水样，向其中投入吸附剂的质量为 m(kg)。当达到吸附平衡时，污水中剩余的吸附质浓度为 $c_B(kg/m^3)$，则吸附量 q 可用下式表示

$$q=\frac{V(c_0-c_B)}{m}\quad (kg/kg) \tag{2-3-1}$$

（2）等温吸附方程式

由于不同学者对吸附平衡现象的描述采用不同的假定和模型，因而推导出了等温条件下吸附平衡的多种经验方程式，即为等温吸附方程式。常用的有弗罗德里希等温吸附方程式（Herbert Freundlich，1909 年）、朗格缪尔等温吸附方程式（Irving Langmuir，1916 年）、B. E. T 等温吸附方程式。

① 弗罗德里希等温吸附方程式

$$q=\frac{x}{m}=kp^{\frac{1}{n}} \tag{2-3-2}$$

式中　q——单位吸附剂在吸附平衡时的饱和吸附量，kg 吸附质/kg 吸附剂；

p——吸附质的平衡分压，kPa；

k、n——经验常数，随着温度的变化而变化，在一定温度下对一定体系而言是常数；

m——吸附剂的量，kg；

x——所吸附之吸附质的量，kg。

该方程描述了在等温条件下，吸附量与压力的指数分数成正比。压力增大，吸附量也随之增大，但当压力增大到一定程度后，吸附量不再变化。一般认为在中压范围内能很好地符合实验数据。

② 朗格缪尔等温吸附方程式

$$q=\frac{Kq_mp}{1+Kp} \tag{2-3-3}$$

式中　q_m——吸附剂表面单分子层盖满时的最大吸附量，kg 吸附质/kg 吸附剂；

K——吸附平衡常数，L/g。

朗格缪尔等温吸附方程式符合Ⅰ型等温线和Ⅱ型等温线的低压部分。

③ B. E. T 等温吸附方程式

又被称为多分子层吸附理论，该理论由勃劳纳尔(Stephen Brunauer)、埃米特(Paul Hugh Emmett)、泰勒(Edward Teller)3人在1938年将Langmuir单分子层吸附理论加以发展而建立起来，迄今仍是影响最深、应用最广(特别是在固体比表面的测定上)的一个吸附理论。

B. E. T理论认为，固体对气体的物理吸附是范德华(Van der waals)引力造成的后果。因为分子之间也有范德华力，所以分子撞在已被吸附的分子上时也有被吸附的可能，亦即吸附可以形成多分子层。为了导出应用结果，他们作了两个重要假设：一是第一层的吸附热 Q_1 是常数；二是第二层及以后各层的吸附热都一样，而且等于液化热 Q_L。相关的吸附等温方程式有B. E. T二常数公式、B. E. T三常数公式。虽然B. E. T理论在定量方面并不很成功，但却能半定量或至少定性地描述物理吸附的五类等温线，使我们对物理吸附图像有了一个初步的正确认识。

3. 吸附速率

吸附剂对吸附质的吸附效果，除了用吸附容量表示之外，还必须以吸附速率来衡量。所谓吸附速率，是指单位质量的吸附剂(或单位体积的吸附剂)在单位时间内所吸附之吸附质的量。吸附速率决定了需要净化的流体混合物与吸附剂的接触时间，吸附速率越快，所需要的接触时间就短，需要的吸附设备容积就小。

吸附速率决定于吸附剂对吸附质的吸附过程，通常吸附质被吸附剂吸附的过程分为3步(如图2-3-2所示)：①吸附质从流动相主体穿过颗粒层周围的液膜(或气膜)扩散至吸附剂颗粒的外表面，称为颗粒外扩散(或膜扩散)过程；②吸附质从吸附剂颗粒的外表面通过颗粒上的微孔扩散进入颗粒内部，达到颗粒的内表面，称为内扩散(或孔隙扩散)过程；③在吸附剂颗粒内表面上的吸附质被吸附剂吸附，称为表面吸附(或吸附反应)过程。解吸时则逆向进行，首先进行被吸附质的解吸，经内扩散传递至外表面，再从外表面扩散至流动相主体，完成解吸。

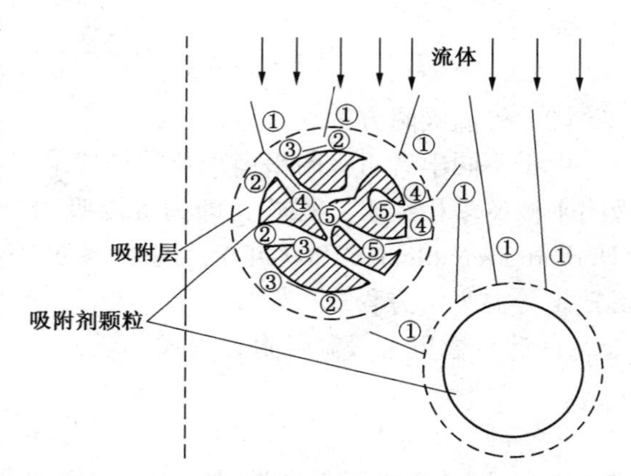

图2-3-2 吸附质在吸附剂上的扩散示意图

对于物理吸附而言，通常由于表面吸附(或吸附反应)速率非常快，所以决定吸附过程总速率的是颗粒外扩散(膜扩散)速度和内扩散(或孔隙扩散)速度。根据上述机理，对于某一瞬间，按拟稳态处理，吸附速率可分别用外扩散、内扩散或总传质速率方程来表示。由于吸附剂外表面处的浓度 c_i 和 q_i 无法测定，因此通常按照拟稳态处理，将吸附速率用总传质速率方程表示为

$$\frac{\partial q}{\partial t}=K_F\alpha_p(c-c^*)=K_S\alpha_p(q^*-q) \tag{2-3-4}$$

式中 c^*——与吸附质含量为 q 的吸附剂呈平衡状态的流体中吸附质的质量浓度，kg/m³；

q^*——与吸附质浓度为 c 的流体呈平衡的吸附剂上吸附质的含量，kg/kg；

t——吸附时间，s；

K_F——以 $\Delta c = c - c^*$ 为推动力的总传质系数，m/s；

K_S——以 $\Delta q = q^* - q$ 为推动力的总传质系数，kg/(m^2·s)；

α_p——单位体积吸附剂的吸附表面积，m^2/m^3。

对于稳态传质过程，存在，

$$\frac{\partial q}{\partial t} = K_F \alpha_p (c - c_i) = K_S \alpha_p (q_i - q) \tag{2-3-5}$$

如果在操作的浓度范围内吸附平衡为直线，即 $q_i = mc_i$，则根据上式整理可得

$$\frac{1}{K_F} = \frac{1}{k_F} + \frac{1}{mk_S} \tag{2-3-6a}$$

$$\frac{1}{K_S} = \frac{1}{k_S} + \frac{m}{k_F} \tag{2-3-6b}$$

式中　k_F——流体相侧的传质系数，m/s；

k_S——吸附剂固相侧的传质系数，kg/(m^2·s)。

k_F 与流体物性、颗粒几何形状、两相接触的流动状况以及温度、压力等操作条件有关。有些关联式可供使用，具体可参考有关专著。k_S 与吸附剂的微孔结构性质、吸附质的物性以及吸附过程持续时间等多种因素有关，一般由实验测定。式(2-3-6a)、式(2-3-6b)表示吸附过程的总传质阻力为外扩散阻力与内扩散阻力之和。

大多数情况下，内扩散的速率较外扩散慢，吸附速率由内扩散速率决定，吸附过程称为内扩散控制过程，此时 $K_S = k_S$；但有的情况下，外扩散速率比内扩散慢，吸附速率由外扩散速率决定，称为外扩散控制过程，此时 $K_F = k_F$。

必须指出的是，在水质工程领域，溶质从水中移向固体颗粒表面发生吸附，是水、溶质和固体颗粒三者相互作用的结果，引起吸附的主要原因在于溶质对水的疏水特性和溶质对固体颗粒的高度亲和力。溶质的溶解程度是确定第一种原因的重要因素，溶质的溶解度越大，则向吸附界面移动的可能性越小；相反，溶质的憎水性越强，向吸附界面移动的可能性越大。吸附作用的第二种原因主要由溶质与固体颗粒之间的静电引力、范德华力或化学键力所引起，这也就是前述的三种基本吸附类型。

二、吸附剂及其解吸再生

1. 吸附剂

虽然所有的固体表面对气体或液体都或多或少地具有物理吸附作用，但合乎工业需要的吸附剂必须具备一些条件。环保行业常用的吸附剂包括活性炭、活性氧化铝、硅胶、沸石、硅藻土、粉煤灰和沸石分子筛，此外还有吸附树脂、活性黏土及碳分子筛等。

(1) 活性炭与活性炭纤维

活性炭作为最常用的吸附剂，是以含炭为主的物质作原料，经高温炭化和活化制得的疏水性吸附剂。主要成分除碳以外，还含有少量的氧、氢、硫等元素以及水分、灰分，具有良好的吸附性能和稳定的化学性质。

活性炭外观为暗黑色，有粉状和粒状(颗粒状/柱状)和两种，目前工业上大量采用的是粒状活性炭。粉状活性炭(PAC)的粒度为 10~50μm，一次性使用而不可再生；粒状活性炭的表面积大、吸附快、使用寿命长、可反复再生，在水质工程领域使用相对较多。基于 PAC 的水质净化过程多为间歇操作，可通过单独投加或与其他方法联用来提高出水水质，如投加高锰酸钾、投加硅藻土、膜处理、预氯化、预臭氧等。

与其他吸附剂相比，活性炭具有比表面积巨大和微孔特别发达等特点，比表面积通常可达500~1700m^2/g，因而形成了强大的吸附能力和吸附容量。但是，比表面积相同的活性炭，对同一物质的吸附容量也并不一定相同，这与活性炭的内孔结构和分布以及表面化学性质有关。粒状活性炭的孔径(半径)大致分为以下三种：大孔(10^{-5}~10^{-7}m)、过渡孔(2×10^{-9}~10^{-7}m)、微孔(0~2×10^{-7}m)，由不同原料制成的活性炭具有不同大小的孔径。微孔的容积约为0.15~0.9mL/g，表面积占总面积的95%以上；过渡孔的容积约为0.02~0.1mL/g，除特殊活化方法外，表面积不超过总表面积的5%；大孔容积约为0.2~0.5mL/g，而表面积仅为0.2~0.5m^2/g。在气相吸附中，吸附容量在很大程度上取决于微孔；而在液相吸附中，吸附质分子直径较大，如着色成分的分子直径多在3×10^{-9}m以上，这时微孔几乎不起作用，吸附容量主要取决于过渡孔。部分粒状活性炭产品的性能参数如表2-3-1所示。

表2-3-1　部分粒状活性炭产品的性能参数

型号	原料及活化方法	主要性能							
		粒度/mm	堆积密度/(g/L)	强度/%	水分/%	吸苯率/%	碘值/(mg/g)	比表面积/(m^2/g)	孔体积/(m^3/g)
太原5#炭	煤粉+煤焦油：水蒸气活化	ϕ3~5，长3~8	< 600	>85	< 10	—	642.1	713	—
太原8#炭	煤粉+煤焦油：水蒸气活化	ϕ1.5，长2~4	495	>75	8~10	> 35	859.8	926	0.81
上海14#炭	木炭粉+煤粉+煤焦油：水蒸气活化	ϕ3~4，长8~15	< 600	>95	< 5	—	> 22%	—	—
上海15#炭	木炭粉+煤粉+煤焦油：水蒸气活	ϕ3~4，长5~10	—	>95	< 5	> 25	—	—	—
新化x-16炭	果壳+煤焦油：水蒸气活化	ϕ3~3.5，长3~8	< 500	>90	< 10	>300mg/g	—	979	0.63

因为活性炭液相吸附时，外部扩散(液膜扩散)速度对吸附有影响，所以吸附设备的型式、接触时间(通水速度)等对吸附效果都有影响。

活性炭纤维(Activated Carbon Fiber，ACF)是一种较新型的高效吸附剂。将聚丙烯腈、酚醛黏胶丝、沥青、聚乙酸乙烯等原料先经过处理使之纤维化，随后在700~1000℃的温度下，在水蒸气或二氧化碳的环境中进行活化，从而得到具有吸附性的活性炭纤维。活性炭纤维含碳量高，孔径分布窄、微孔发达，其吸附动力学过程几乎不包括粒状活性炭吸附过程中通常为速度控制步骤的孔内扩散过程，吸附质几乎可以只通过微孔到达吸附位置，所以吸附速度比较快。研究表明，活性炭纤维对一些芳香族化合物的吸附系数较粒状活性炭高5~10倍，特别是对一些恶臭物质的吸附量比粒状活性炭要高出40倍左右。活性炭纤维再生比较容易，重复使用性好。尽管活性炭纤维具有许多优点，但目前其产品价格还比较高。近年来还出现了活性炭纤维织物(Activated Carbon Fiber Fabric，ACFF)类材料，如活性炭纤维网(Activated Carbon Fiber Mesh，ACFM)和活性炭纤维布(Activated Carbon Fiber Cloth，ACFC)等。

(2) 硅胶

硅胶是一种坚硬的、由无定形SiO_2构成的具有多孔结构的固体颗粒，其分子式为$SiO_2\cdot nH_2O$。用硫酸处理硅酸盐水溶液生成凝胶，所得凝胶再经老化、水洗去盐后，干燥即得。根据加工制造过程的不同，可以控制微孔尺寸、孔隙率和比表面积的大小。

硅胶主要用于气体干燥、烃类气体回收、废气净化（含有 SO_2、NO_x 等）、液体脱水等，是一种较理想的干燥吸附剂，在 20℃和相对湿度 60%的空气流中，微孔硅胶吸附水的吸湿量为硅胶质量的 24%。硅胶吸附水分时，会放出大量的吸附热。硅胶难于吸附非极性物质的蒸气，易于吸附极性物质，其再生温度为 150℃左右，也常用作特殊吸附剂或催化剂载体。

（3）活性氧化铝

活性氧化铝又称活性矾土，为一种无定形的多孔结构物质，通常由含水氧化铝加热、脱水和活化而得。活性氧化铝对水有很强的吸附能力，主要用于液体与气体的干燥，而其再生温度又比分子筛低得多。可用于活性氧化铝干燥的部分工业气体包括：Ar、He、H_2、氟利昂、氟氯烷等。它对某些无机物具有较好的吸附作用，故常用于碳氢化合物的脱硫以及含氟废气的净化。此外，活性氧化铝还可用作催化剂载体。

（4）沸石分子筛

大多数沸石分子筛都是 Na、K、Mg、Ca、Sr、Ba 等阳离子的结晶水合铝硅酸盐，这种结构的铝硅酸盐部分是三维开放骨架。分子筛为结晶型且具有多孔结构，其晶格中有许多大小相同的空穴，可包藏被吸附的分子。空穴之间又有许多直径相同的孔道相连。因此，分子筛能使比其孔道直径小的分子通过孔道，吸到空穴内部，而孔径大的物质分子则被排斥在外面，从而使分子大小不同的混合物分离，起了筛分分子的作用。几种常用分子筛的孔径及组成如表 2-3-2 所示。

表 2-3-2　常用分子筛的孔径及其组成

沸石类型	主要阳离子	孔径/nm	SiO_2/Al_2O_3（摩尔比）	典型化学组成
3A	K^+	0.3～0.33	2	$K_2O \cdot Na_2O_3 \cdot Al_2O_3 \cdot 2SiO_2 \cdot 4.5H_2O$
4A	Na^+	0.42～0.47	2	$Na_2O \cdot Al_2O_3 \cdot 2SiO_2 \cdot 4.5H_2O$
5A	Ca^{2+}	0.49～0.56	2	$0.7CaO \cdot 0.3Na_2O \cdot Al_2O_3 \cdot 2SiO_2 \cdot 4.5H_2O$
10X	Ca^{2+}	0.8～0.99	2.3～3.3	$0.8CaO \cdot 0.2Na_2O \cdot Al_2O_3 \cdot 2.5SiO_2 \cdot 6H_2O$
13X	Na^+	0.9～1	3.3～5	$Na_2O \cdot Al_2O_3 \cdot 5SiO_2 \cdot 6H_2O$

（5）粉煤灰

粉煤灰是火力发电厂等燃煤锅炉排放出的废渣，若不加有效利用则会对环境产生严重污染，目前在利用粉煤灰开发研制各种新型水处理剂方面已经取得了较大进展。由于粉煤灰中含有大量以活性氧化物 SiO_2、Al_2O_3 为主的不规则玻璃状颗粒，这些颗粒中含有不同数量的微小气泡和微小活性通道，因此粉煤灰表面呈多孔结构，其孔隙率一般为 60%～70%，比表面积大，且其表面上的原子力都呈未饱和状态，使得粉煤灰具有较高的比表面能和较好的表面活性。此外，粉煤灰中含有少量沸石、活性炭等具有交换特性的微粒，又富含铝、硅等元素，这样就使得粉煤灰具有很强的物理吸附和化学吸附性能，对于阳离子尤其是重金属离子具有很好的吸附效果。粉煤灰对阴离子的吸附以化学吸附为主，是一个放热过程；此外，粉煤灰还具有显著的去除 COD 效果和脱色效果。

2. 吸附剂的解吸再生

吸附剂在达到饱和吸附后，必须进行解吸再生，才能重复使用。解吸再生就是在吸附剂结构不发生或者稍微发生变化的情况下，将被吸附的物质从吸附剂表面去除，以恢复其吸附性能，因此解吸再生是吸附的逆过程。目前，吸附剂的解吸再生方法有加热解吸再生、降压或真空解吸再生、置换再生、溶剂萃取再生、化学药剂再生、化学氧化再生、生物再生、超声波再生等。

(1) 加热解吸再生

这是比较常用的再生方法，几乎各种吸附剂都可以用加热解吸再生法恢复吸附能力。根据吸附剂的吸附容量在等压下随温度升高而降低的特点，用升高吸附剂温度的方法，使吸附质脱附再生。活性炭再生过程中活化时间与活化温度之间存在着一个近似平衡的关系，即活化温度越高，所需的活化时间越短。一般认为活化时间在20~40min之间为最佳，实际控制范围则可在5~125min之间。

加热解吸再生是目前工业上最成熟的粒状活性炭再生方法，20世纪50年代再生炉技术已基本成熟。该方法通用性很强，许多污染物都能通过加热得到去除。用于加热解吸再生的设备有立式多段炉、转炉、立式移动床炉、流化床炉以及电加热炉等，电加热再生包括直接电流加热再生、微波再生和高频脉冲放电再生。再生过程中要注意尾气的控制，一般采用除尘器和在尾部添加燃烧器以减少尾气的排放。

一般而言，对于特定的活性炭都存在最佳的再生温度。用于污水处理用的活性炭，所吸附的有机物量可达炭重的40%，常用的再生温度为960℃；用于给水处理用的活性炭，所吸附的有机物量只有炭重的7.6%~8.2%，采用850℃的再生温度可能是一个较好的折中再生温度。

(2) 降压或真空解吸

气体吸附过程与压力有关，压力升高时有利于吸附，压力降低时解吸占优。因此，通过降低操作压力可使吸附剂得到再生，若吸附在较高压力下进行，则降低压力可使被吸附的物质脱离吸附剂进行解吸；若吸附在常压下进行，可以采用抽真空的方法进行解吸。工业上利用这一特点，采用变压吸附(PSA)工艺，达到分离混合物及吸附剂再生的目的。

(3) 置换再生

在气体吸附过程中，某些热敏性物质在较高温度下易聚合或分解，可以用一种吸附能力较强的气体(称为解吸剂)将吸附质从吸附剂中置换与吹脱出来。再生时解吸剂流动方向与吸附时流体流动方向相反，即采用逆流吹脱的方式。这种再生方法需加一道工序，即解吸剂的再解吸，一般可采用加热解吸再生的方法，使解吸剂恢复吸附能力。

(4) 溶剂萃取

选择合适的有机溶剂，使吸附质在该溶剂中的溶解性能远大于吸附剂对吸附质的吸附作用，从而将吸附质溶解下来。常用的有机溶剂包括甲醇、乙醇、苯、丙酮、醚类等。

(5) 化学氧化再生

化学氧化再生的方法很多，可分为湿式氧化法、电解氧化法及臭氧氧化法等几种，其中湿式氧化法已经在本章前面进行了简介，一般用于粉状活性炭(PAC)的再生。与热再生法相比，湿式氧化法在适宜条件下能获得较高的PAC再生率和较小的损失率，避免了硫化物、氮氧化物等大气污染物的产生，适于再生吸附质为难降解有机物的PAC，环境和经济效益好。在此基础上引入催化剂可降低湿式氧化的再生温度和压力，从而发展为催化湿式氧化再生法，其催化剂主要为贵金属、过渡金属及其氧化物和复合氧化物，添加催化剂能降低基建费用和一半左右的运营费用，但炭沉积和金属浸出会造成催化剂失活，且处理不当可能引起二次污染。至于工业上到底采用哪种操作方法，应视具体情况而定，生产实际中常常是几种方法结合使用。

吸附剂经反复吸附和再生后，会发生劣化现象，吸附容量下降。吸附剂劣化的主要原因有：吸附剂表面有物质沉积；反复加热和冷却，会使吸附剂的微孔结构破坏；由于化学反应，破坏了吸附剂的晶体结构。由于吸附剂存在劣化现象，因此设计时留有10%～30%的余量很有必要。

三、典型吸附设备及其工艺设计

1. 典型吸附设备简介

粒状活性炭等吸附剂配套的典型吸附设备可采用罐、塔或池形结构，操作方式有间歇式和连续式。间歇式是先将原水和吸附剂放在吸附池内搅拌30min左右，然后静置沉淀，排除澄清液，主要用于小量污水的处理和实验研究。由于间歇式在生产上一般要用两个吸附池交换工作，因此实际中常用连续式。根据活性炭在吸附设备中的状态，可将连续式吸附设备分为固定床、移动床、模拟移动床及流化床等；按照原水在吸附设备中的流向，可分为上向流和下向流。

(1) 固定床

固定床是将吸附剂固定装填在罐或塔中形成深层滤床，在水处理中最为常用。将粒状活性炭用于固定吸附床时通常采取如下两种方式：

① 用粒状活性炭替换部分砂粒，成为降流式双层滤料滤池。其底部装填0.2～0.3m厚碎石、石英砂，支持层粒径20～400mm，在石英砂层上部装1～1.5m厚的粒状活性炭等作过滤吸附层。采用这种滤池时净化效果比单层好，可减少反冲洗次数，降低反冲洗强度，由于仅替换部分砂层，故可迅速投产使用，但更换活性炭困难，只可作为应急的有效措施。

② 用粒状活性炭替换全部砂粒，即粒状活性炭在吸附有机物的同时兼顾过滤除去固体悬浮物，吸附效率不受沉淀池带来固体悬浮物的影响和预先未经砂滤的影响。此时的相应设备通常也被称为活性炭过滤器，其结构形式与常规压力过滤器类似，这里不再赘述。

根据处理水量、原水水质及处理要求，固定床可以分为单床和多床系统，多床又有串联和并联两种。

应该指出，固定吸附床长期运行时，滤床中的粒状活性炭表面往往吸附有大量有机物，这成为微生物繁殖的基质。随着时间的增加，处理出水中的细菌数增加，同时细菌在繁殖过程中形成的代谢产物常常使滤床堵塞。为了解决这些问题，人们早期常常通过增加反冲洗次数，预投加臭氧的方法控制微生物繁殖。后来研究发现，在臭氧和粒状活性炭组合的情况下，粒状活性炭变成生物活性炭，对有机物产生吸附和生物降解的双重作用，从而使得活性炭对水中溶解性有机物的吸附大大超过根据吸附等温线所预期的吸附负荷；此外，在粒状活性炭滤床中进行的生物氧化也可有效去除某些无机物。

以北京市自来水集团郭公庄水厂为例，该厂设计初期考虑采用活性炭吸附工艺。传统活性炭吸附池的设计滤速为9～20m/h，过滤水头常规控制1.5m，以水冲洗为常规反冲洗方式；郭公庄水厂活性炭吸附池的粒状活性炭层厚度为1.8m，设计滤速为8.45m/h，过滤水头为2m，具备水反冲洗、气水顺序反冲洗、气水联合反冲洗三种方式。设计中后期通过分析大量的文献资料并进行中试后，确定将厚1.8m的粒状活性炭层更换为粒状活性炭和石英砂双层滤料，进而将活性炭吸附池改为炭砂双层滤料滤池，上层的粒状活性炭主要起到对有机物、色、嗅、味的有效去除作用，下层的石英砂滤料对浊度进行有效去除，用1座炭砂双层滤料滤池替代砂滤池及活性炭吸附池可以实现过滤及深度处理的双重作用。研究表明，北方地区臭氧-粒状活性炭主要以炭柱的孔隙吸附为主，粒状活性炭表面难以形成生物膜，几乎没有生物降解作用，因此南水北调北方受水区域的给水厂在沉淀池(机械加速澄清池)后设置炭砂双滤料滤池不会出现由于频繁冲洗而导致生物膜脱落的情况，可以使粒状活性炭层及石英砂层充分发挥作用。从2013年3月开始，在北京市第九水厂超滤膜中试基地内开始进行炭砂双滤料滤池的中试，通过为期约1年的中试，基本确定了郭公庄水厂炭砂双滤料滤池的一些设计及运行参数：上层粒状活性炭厚度为0.6m，下层石英砂厚度为1.2m；石英砂滤料有效粒径为$d_{10}=0.95\sim1.05$mm，滤料不均匀系数为$K_{80}<1.4$；煤质柱状活性炭直径为ϕ1.5mm，柱长度为1.25~2.5mm；反冲洗方式为气水顺序反冲洗，气体反冲洗强度为14L/($m^2\cdot s$)，水反冲洗强度为12L/($m^2\cdot s$)。

（2）移动床

移动床是指在操作过程中定期将接近饱和的一部分吸附剂从吸附柱排出，并同时将等量的新鲜吸附剂加入柱中。图2-3-3所示为移动床吸附塔的结构示意图。原水自下而上地流过吸附层，吸附剂由上而下间歇或连续移动。间歇移动床处理规模大时，每天从塔底定时卸炭1~2次，每次卸炭量为塔内总炭量的5%~10%。连续移动床，即饱和吸附剂连续卸出，同时新吸附剂连续从顶部补入。理论上连续移动床层厚度只需一个吸附区的厚度，直径较大吸附塔的进出水口采用井筒式滤网。

与固定吸附床相比，移动床能充分利用床层吸附容量，出水水质良好，且水头损失较小。由于原水从塔底进入，水中夹带的固体悬浮物随饱和炭排出，因而不需要反冲洗设备，对原水预处理要求较低，操作管理方便。目前较大规模污水处理时多采用这种操作方式。

（3）模拟移动床

模拟移动床的基本原理与移动床相似，目前在液体吸附分离中应用广泛。如图2-3-4所示，设料液只含A、B两个组分，用固体吸附剂和液体解吸剂D来分离料液。固体吸附剂在塔内自上而下移动，至塔底出去后，经塔外提升器提升至塔顶循环入塔。液体用循环泵压送，自下而上流动，与固体吸附剂逆流接触。整个吸附塔按不同物料的进出口位置，分成四个作用不同的区域：*ab*段——A吸附区，*bc*段——B解吸区，*cd*段——A解吸区，*da*段——D部分解吸区。被吸附剂所吸附的物料称为吸附相，塔内未被吸附的液体物料称为吸余相。

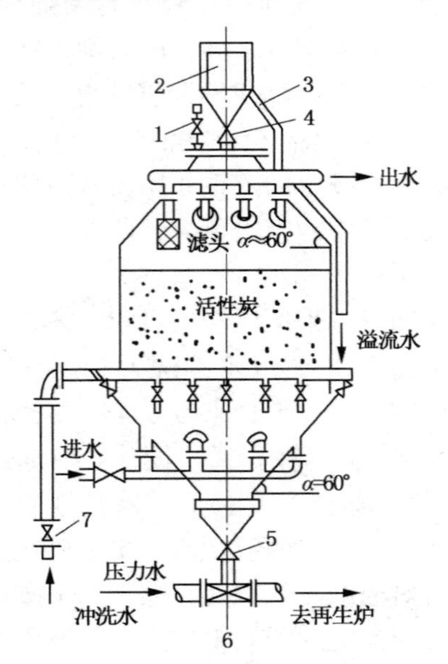

图2-3-3　移动床吸附塔的结构示意图

1—通气阀；2—进料斗；3—溢流管；
4，5—直流式衬胶阀；6—水射器；7—截止阀

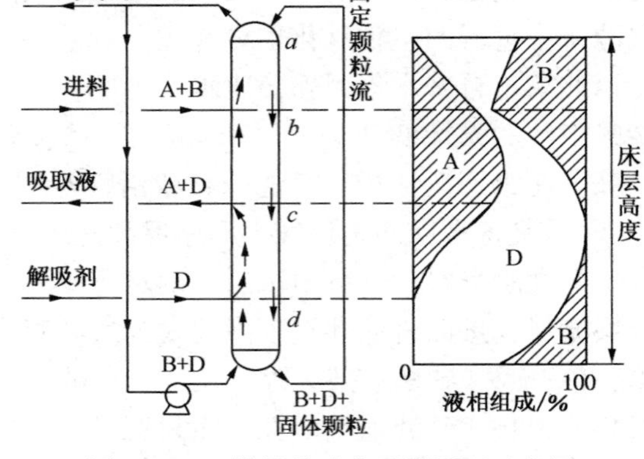

图2-3-4　模拟移动床吸附原理示意图

在 A 吸附区，吸附剂把进料 A+B 液体中的 A 吸附，同时把吸附剂内已吸附的部分解吸剂 D 置换出来，在该区顶部将进料中的组分 B 和解吸剂 D 构成的吸余液 B+D 部分循环，部分排出。

在 B 解吸区，从此区顶部下降的含 A+B+D 的吸附剂，与从此区底部上升的含有 A+D 的液体物料接触，因 A 比 B 有更强的吸附力，故 B 被解吸出来，下降的吸附剂中只含有 A+D。

A 解吸区的作用是将 A 全部从吸附剂表面解吸出来。解吸剂 D 自此区底部进入，与本区顶部下降的含 A+D 的吸附剂逆流接触，解吸剂 D 把 A 组分完全解吸出来，从该区顶部放出吸余液 A+D。

D 部分解吸区用于回收部分解吸剂 D，从而减少解吸剂的循环量。从本区顶部下降的只含有 D 的吸附剂与从塔顶循环返回塔底的液体物料 B+D 逆流接触，按吸附平衡关系，B 组分被吸附剂吸附，而使吸附相中的 D 被部分置换出来。此时吸附相只有 B+D，而从此区顶部出去的吸余相基本上是 D。

（4）流化床

如图 2-3-5 所示，在流化床吸附设备中，原水由底部向上流动通过床层，吸附剂由上部向下移动。由于吸附剂保持膨胀流化状态，与原水的接触面积增大，因此设备体积小而处理能力大，基建费用相对较低。与固定吸附床相比，流化床可使用粒度均匀的小颗粒吸附剂，对原水的预处理要求低，但对操作控制要求高。为了防止吸附剂全塔混层，以充分利用其吸附容量并保证处理效果，塔内吸附剂采用分层流化。所需层数根据吸附剂的静活性、原水水质水量、出水要求等来决定。分隔每层的多孔板的孔径、孔分布形式、孔数及下降管的大小等，都是影响多层流化床运转的因素。活性炭吸附法在进行石油化工污水的深度处理时应用较多，日本富士石油(Fuji Oil)的袖浦炼油厂使用 11 段 ϕ5.1m×13.5m 的活性炭流化床吸附塔(2 塔并联使用)，处理能力为 400m^3/h。

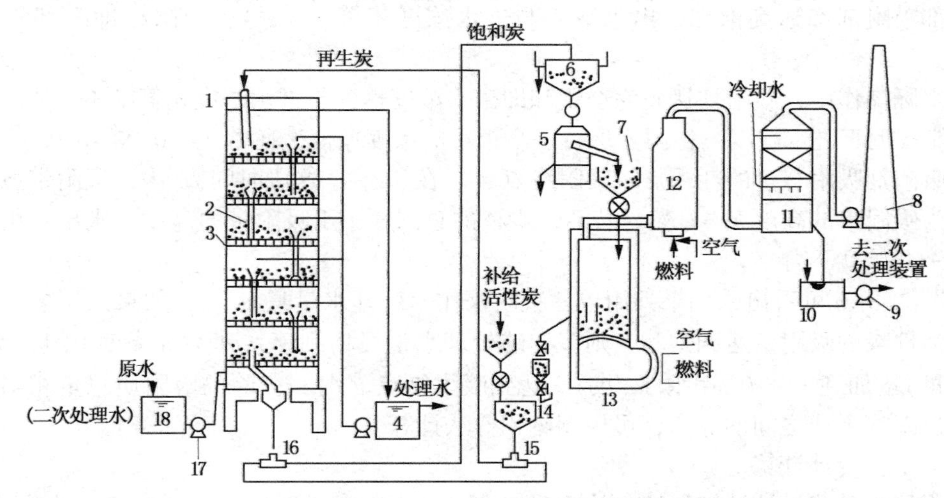

图 2-3-5　活性炭流化床及再生系统

1—吸附塔；2—溢流管；3—穿孔板；4—处理水槽；5—脱水机；6—饱和炭贮槽；7—饱和碳供给槽；8—烟囱；9—排水泵；10—废水槽；11—气体冷却塔；12—脱臭炉；13—再生炉；14—再生炭冷却塔；15，16—水射器；17—原水泵；18—原水槽

2. 固定床吸附设备的工艺设计

(1) 固定床吸附的工作规律——穿透曲线

首先通过静态吸附试验测出不同种类吸附剂的吸附等温线，从而选择吸附剂种类并可估算出处理每立方米水所需要的吸附剂量。在此基础上进行动态吸附柱试验，确定各设计参数，如吸附柱形式、吸附柱串联级数、通水倍数(m^3 水/kg 吸附剂)、最佳空塔速度、接触时间、吸附柱设计容量、吸附剂用量及再生设备容量、每米填料层水头损失、反冲洗频率及强度、设备投资及处理费用等。

固定床吸附的整个工作过程如图 2-3-6 所示。当吸附质浓度为 c_0 的废水自上方进入吸附柱后，首先与第一层吸附剂接触；降低了浓度的废水接着进入第二层吸附剂，又使其浓度进一步降低。废水依次流下，当流到某一深度时，其中的吸附质全部被吸附，该层出水中吸附质的浓度 $c=0$，在此深度以下的吸附剂暂未发挥作用。由于废水连续不断地流过吸附剂层，随着运行时间的增加，上部吸附剂层中的吸附质浓度将逐渐增高，到某一时刻就达到饱和，从而失去继续吸附的能力。实际发挥吸附作用的吸附剂层高度 h 称为吸附带，随着运行时间的推移，吸附带逐步下移。当运行到某一时刻，吸附带 h 的前沿达到柱内整个吸附剂层的下端，此时出水浓度不再保持 $c=0$，开始出现污染物质，这一时刻就称为吸附柱工作的穿透点 c_B。此后，如果废水仍继续通过，吸附带仍将往下移动，直到吸附带上端达到吸附剂层的下端。这时全部吸附剂都达到饱和，出水浓度与进水浓度相等($c=c_0$)，吸附柱即全部丧失工作能力。

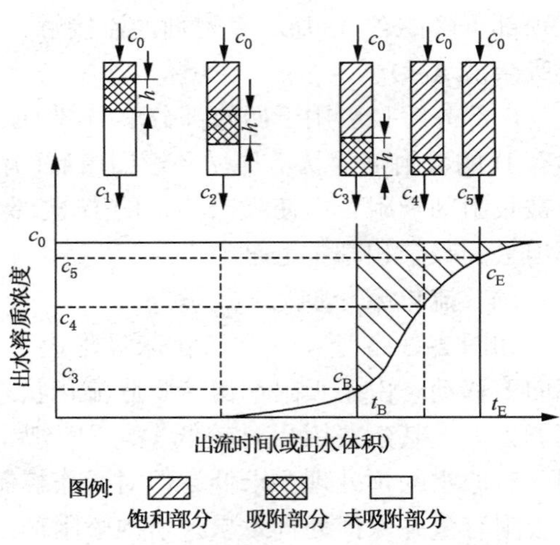

图 2-3-6　吸附柱的工作过程示意图

在实际操作中，吸附柱达到完全饱和即出水浓度达到与进水浓度相等都不可能。出水浓度 c 只能接近于进水浓度 c_0，两者保持一个很小的浓度差值，通常 $c=(0.90\sim0.95)c_0$，这一点称为吸附剂吸附容量的耗竭点或吸附终点 c_E。在从t_E-t_B 这段时间 Δt 内，吸附带所移动的距离即为吸附带的高度 h。显然，若活性炭柱的总深度小于吸附带的高度，则出水中的溶质浓度从一开始就不合格。

由图 2-3-6 可看出，如果只用单柱吸附操作，处理水量只有 V_B；如果采用多柱串联操作，使活性炭的吸附量达到饱和，则多柱的处理水量可增到 V_E，通水倍数就由 V_B/M(M 为炭的重量)增加到 V_E/M(m^3 水/kg 炭)。达到吸附终点 E 时，去除的吸附质总量相当于穿透曲线与过c_0 水平线之间的面积，可用图解积分法计算。

(2) 工艺设计计算

吸附柱的工艺设计计算方法有许多种，例如韦伯(Weber)的穿透曲线法、弗华特-哈金斯(Fornwalt-Hut chins)的数学图解法以及经验法等。下面介绍可以用于工业规模设计计算的博哈特-亚当斯(Bohart-Adams)法。

① Bohart-Adams 方程

Bohart-Adams 方法的基本原理，是基于假设吸附速率取决于吸附质和吸附剂剩余吸附

容量之间的表面二级反应理论，推导出如下的动态吸附剂层性能数学表达式

$$\ln\left[\frac{c_0}{c_B}-1\right]=\ln\left[\exp\left(\frac{K\,q_0H}{v}\right)-1\right]-K\,c_0t \tag{2-3-7}$$

式中 c_0——进水吸附质浓度，kg/m³；

c_B——出水吸附质允许浓度，kg/m³，即达到穿透点的限度；

K——吸附速率常数，m³/(kg·h)；

q_0——吸附剂饱和吸附容量，kg/m³；

H——吸附剂层高度，m；

v——进水线速度(空柱流速)，m/h；

t——一个周期的工作时间(即吸附达到穿透点的运行时间)，h。

上式中，数字项 1 与 $\exp\left(\frac{K\,q_0H}{v}\right)$ 相比可以忽略不计，于是可得出吸附工作时间 t 的计算式

$$t=\frac{q_0}{vc_0}H-\frac{1}{K\,c_0}\ln\left(\frac{c_0}{c_B}-1\right) \tag{2-3-8}$$

② 确定吸附剂床层临界高度

在运行刚开始之前，即吸附剂床层即将出水的时候，足以防止出水污染物的浓度超过 c_B 值的吸附床层理论高度，称为吸附剂床层临界高度 H_0。

为了确定上式中的 q_0、K，根据式(2-3-8)中 t 与 H 为直线关系，先通过模型试验(一般采用 3 根柱串联，取 4 个速度，每个速度下取 4 个层高)，把实验数据以 t 对 H 作图(见图 2-3-7)。由直线的斜率 k 和截距 b，便可按以下公式分别计算参数 q_0 和 K 及 H_0

$$q_0=kc_0v \tag{2-3-9}$$

$$K=\frac{1}{bc_0}\ln\left(\frac{c_0}{c_B}-1\right) \tag{2-3-10}$$

$$H_0=\frac{v}{Kq_0}\ln\left(\frac{c_0}{c_B}-1\right) \tag{2-3-11}$$

然后，以 K、q_0、H_0 等参数对速度 v 作图，于是就可得到可供实际吸附柱设计计算用的图解图，如图 2-3-8 所示。

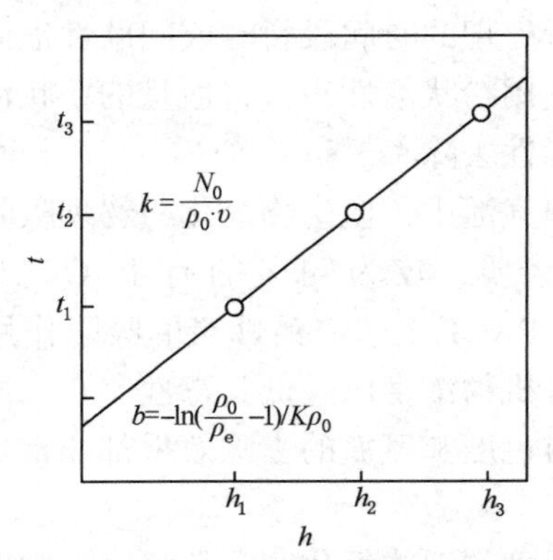

图 2-3-7　穿透时间和层高的关系曲线

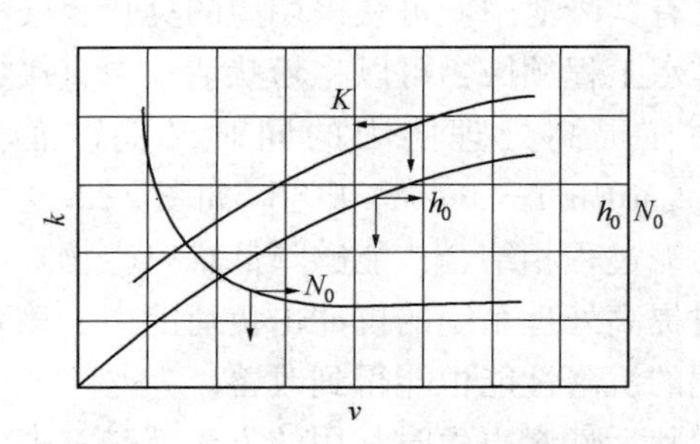

图 2-3-8　K、q_0、H_0 对 v 的关系曲线

③ 吸附柱的设计

根据模型试验得到的上述参数，进行工业生产规模吸附柱的设计计算。已知条件为：吸附柱的直径 D、吸附柱的有效高度 H、原水浓度 c_0、要求出水浓度 c_B、污水处理量 Q。

a) 工作时间 t 的计算

空塔流速

$$v = \frac{Q}{A}, \quad A = \frac{1}{4}\pi D^2 \tag{2-3-12}$$

按计算出的或由图 2-3-8 查出的 K、q_0、H_0，通过式(2-3-8)可计算出工作时间 t。

b) 计算一年吸附剂需更换的次数

$$n = \frac{365 \times 24}{t} \quad (\text{次/a}) \tag{2-3-13}$$

c) 计算一年吸附剂需用量 V

$$V = \frac{n\pi D^2 H}{4} \quad (\text{m}^3) \tag{2-3-14}$$

d) 污染物(吸附质)的年去除量 G

由于每一运行周期出水浓度是从 0 增加到 c_B，因此出水浓度应该按平均浓度计算，但为了简便起见，

$$G = \frac{nQt(c_0 - c_B)}{1000} \quad (\text{kg/a}) \tag{2-3-15}$$

e) 计算吸附效率 E(即去除率,%)

$$E = \frac{H - H_0}{H} \times 100\% \tag{2-3-16}$$

四、粉状活性炭应用及其投加设备

1. 粉状活性炭在水质工程领域的应用

粉状活性炭(PAC)可以直接干投或湿投于水中，也可以与其他一些技术联用。在给水工程领域，粉状活性炭适用于处理污染组分浓度变化较大或因季节性变化致使污染物突然增加的源水，处理后水体中污染物含量一般可满足规范的要求。例如，某些地区并不需要一年到头对饮用水源水进行处理，臭味、气味和毒性的出现主要取决于湖泊或水库水源区的生物活性，因此最为节省成本的有效做法就是在需要进行处理的时间段暂时或间歇性地向水中加入活性炭，此时因不需要固定床过滤设备而倾向于使用粉状活性炭，将适量的粉状活性炭直接加入已有絮凝池中便可获得期望的臭味、气味和毒性去除率。

在排水工程领域，可以将粉状活性炭直接加入曝气池中，使生物氧化与物理吸附同时进行，以便在提高处理能力的同时又能改善处理水质，较为知名的有 PACT(Powdered Activated Carbon Treatment)工艺。如图 2-3-9 所示，PACT 工艺将活性炭的吸附作用与现有的活性污泥过程相结合，能够降低难以生物降解的有机物浓度以降低其毒性，在水质水量发生变化时提高处理系统的抗冲击负荷能力。该系统对色度和氨氮的去除效果都非常好，后续活性污泥的沉降性能也能得到改善。

对粉状活性炭再生时常用的方法就是本书前面提到的湿式氧化法，从曝气池中取出的饱和粉状活性炭用高压泵经换热器和水蒸气加热后送入氧化反应器，在压力 53MPa、温度 211℃下，反应器内被活性炭吸附的有机物与空气中的氧反应，进行氧化分解，使活性炭得

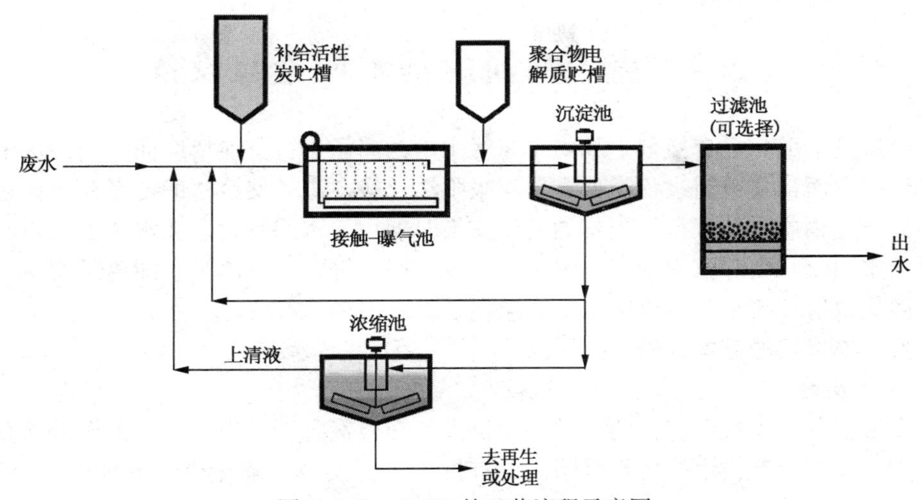

图 2-3-9　PACT 的工艺流程示意图

到再生，在反应器底部积聚的灰分定期排出。再生后的活性炭经热交换器冷却后通过压力控制阀，送入再生活性炭贮槽。目前，还有公司提出了将粉状活性炭与膜生物反应器(MBR)相结合的工艺(MBRPAC)，用以处理制革废水。

2. *粉状活性炭投加设备*

使用粉状活性炭时为避免炭粉飞扬，大多采用负压投料、湿式投加，需要配套排尘式风机、炭浆拌制、浆液投加和输送等设备。某水厂粉状活性炭投加系统的工艺流程如图 2-3-10 所示，其拌制投加过程大致为：①先向封闭炭浆池中注入清水，当水位达 1/3~1/2 时停止，启动中央置入的搅拌机开始搅拌，同时启动排尘式风机，使炭浆池内的气相空间区域产生负压；②将定量粉状活性炭逐袋(25kg/袋)人工或吊运至炭浆池投料口，投料口内装有割袋刀排，粉袋以重力投入时即自行割袋卸粉入池，扬起的炭尘被风机吸入，送至粉尘吸收装置内，含尘空气经阶梯环填料层并被喷淋吸收成炭浆液，返回搅拌池；③每个炭浆池中定量炭粉被拌制成含水率 50%时，边搅拌边注水直至有效水深，此时炭浆液含水率约为 90%，风机停运，为避免炭浆液沉淀的速度过快，搅拌机需要不停顿地运行；④炭浆液由螺杆泵输送，用调节回流阀门或调速的方法，控制电磁流量计显示投加量，多余炭浆液返回炭浆池；⑤为防止编织袋碎片堵塞管道和仪表，在管道上设置过滤器(滤网为 10 目不锈钢丝网)，当流动不畅时可用压力冲洗水清洗。

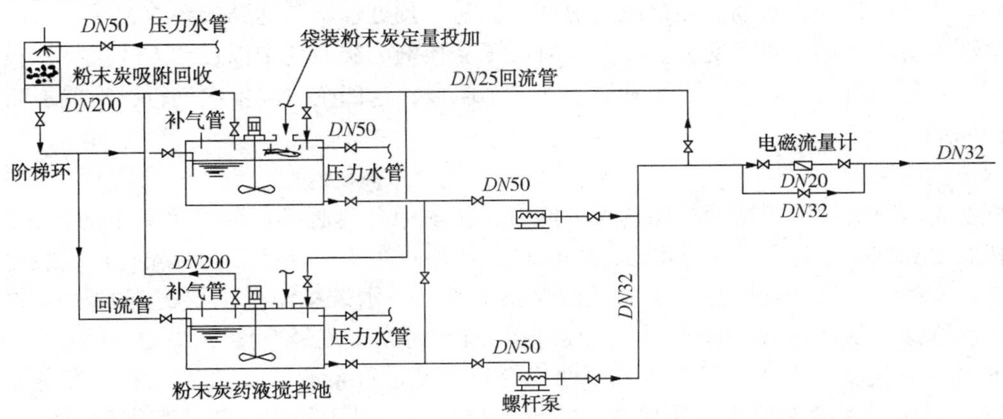

图 2-3-10　某水厂粉状活性炭投加系统的工艺流程示意图

§2.4　离子交换的基本理论与设备

离子交换法借助离子交换剂上的离子与污水中的离子进行交换反应而除去污水中的有害离子，在许多方面都与吸附过程类似。但与吸附法比较，离子交换法的特点在于：它主要吸附水中的离子化物质，并进行等当量的离子交换，即用于水的软化。在水质工程领域，离子交换主要用于回收和去除水中的金、银、铜、镉、铬、锌等金属离子，即离子交换除盐；此外，对于净化放射性废水及有机废水也有应用。

一、离子交换法的基本理论

1. 离子交换剂

离子交换剂分为无机和有机两大类。无机离子交换剂有天然沸石和人工合成沸石，沸石既可用作阳离子交换剂，也能用作吸附剂。有机离子交换剂有磺化煤和各种离子交换树脂，目前前者已经逐渐被后者取代。

离子交换树脂是一类具有离子交换特性的有机高分子聚合电解质，为疏松、具有多孔结构的固体球形颗粒，粒径一般为0.6~1.2mm（大粒径树脂）、0.3~0.6mm（中粒径树脂）、0.02~0.1mm（小粒径树脂）。离子交换树脂不溶于水也不溶于电解质溶液，其结构可分为不溶性的树脂本体和具有活性的交换基团（也叫活性基团）两部分。树脂本体为有机化合物和交联剂组成的高分子共聚物，交联剂的作用是使树脂本体形成立体的网状结构；交换基团由起交换作用的离子和与树脂本体联结的离子组成。

离子交换树脂按离子交换的选择性分为阳离子交换树脂和阴离子交换树脂两大类。阳离子交换树脂内的活性基团为酸性，能够与溶液中的阳离子进行交换；阴离子交换树脂内的活性基团为碱性，能够与溶液中的阴离子进行交换，如 $R-NH_2$ 活性基团水合后形成含有可离解的 OH^- 离子。按活性基团中酸碱的强弱，分为强酸性阳离子交换树脂、弱酸性阳离子交换树脂、强碱性阴离子交换树脂、弱碱性阴离子交换树脂等4种。

阳离子交换树脂中的氢离子可用钠离子代替，故有氢型、钠型之分；阴离子交换树脂中的氢氧根离子可以用氯离子代替，故有氢氧型和氯型之分。根据离子交换树脂颗粒内部的结构特点，又分为凝胶型、大孔型等，目前使用的离子交换树脂多数为凝胶型。

2. 离子交换工艺

为保证离子交换设备的正常工作，原水在进入前必须先经过适当的预处理，预处理应包括去除固体悬浮物、有机物、残余氯、氯胺、铁等，预处理所需达到的要求视采用的离子交换剂类型而有所不同。离子交换操作在装有离子交换剂的交换柱中以过滤方式进行，整个工艺过程一般包括过滤、反洗、再生和清洗等4个阶段，这四个阶段依次进行，形成不断循环的工作周期。

（1）交换阶段

交换阶段是利用离子交换树脂的交换能力，从水中分离脱除需要去除离子的操作过程。如以树脂RA处理含离子B的原水（图2-4-1），当原水进入交换柱后，首先与顶层的树脂接触并进行交换，B离子被吸着而A离子被交换下来。原水继续流过下层树脂时，水中B离子的浓度逐渐降低，而A离子的浓度却逐渐升高。当原水流经厚度为 Z 的一段滤层之后，全部B离子都被交换成A离子，再往下便无变化地流过剩余滤层，此时出水中B离子的浓度 $c_B=0$。通常把厚度 Z 称为工作层或交换层。交换柱中树脂的实际装填高度远远大于工作

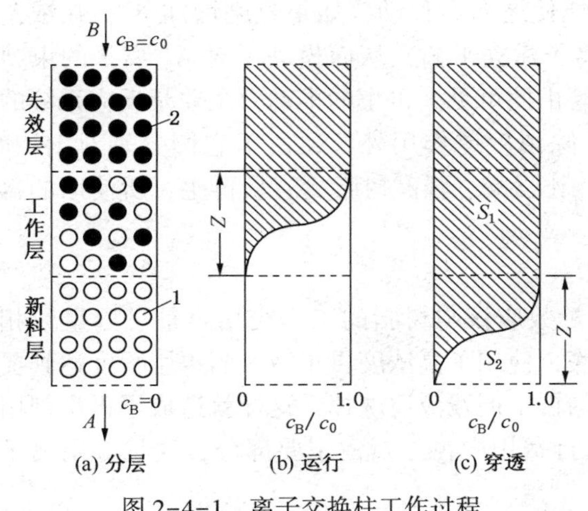

图 2-4-1　离子交换柱工作过程

1—新鲜树脂；2—失效树脂

层厚度 Z，因此当原水不断地流过树脂层时，工作层便不断地下移。这样，交换柱在工作过程中，整个树脂层就形成了上部饱和层（失效层）、中部工作层、下部新料层三个部分。远行到某一时刻，工作层的前沿达到交换柱树脂底层的下端，于是出水中开始出现 B 离子，这个临界点称为“穿透点”。达到“穿透点”时，最后一个工作层的树脂尚有一定的交换能力，若继续通入原水，仍能除去一定量的 B 离子，不过出水中的 B 离子浓度会越来越高，直到出水和进水中的 B 离子浓度相等，这时整个柱的交换能力就会耗尽，也就是说达到了饱和点。

一般在水处理中，交换柱到“穿透点”时就停止工作，要进行树脂再生。但为了充分利用树脂的交换能力，可采用所谓“串联柱全饱和工艺”。这种操作制度是当交换柱达到穿透点时仍继续工作，只是把该柱的出水引入另一个已再生后投入工作的交换柱，以便保证出水水质符合要求，该交换柱则工作到全部树脂都达到饱和后再进行再生。

在图 2-4-1(c)中，阴影面积 S_1 代表工作交换容量，S_2 代表到穿透点时尚未利用的交换容量，则树脂的利用率 η 为

$$\eta = \frac{S_1}{S_1 + S_2} \times 100\% \tag{2-4-1}$$

一个交换柱中的树脂利用率主要决定于工作层的厚度和整个树脂层的高径比。显然，当交换柱尺寸一定时，工作层厚度 Z 越小，树脂利用率越高。工作层的厚度随工作条件而变化，主要取决于离子供应速度和离子交换速度的相互关系。所谓离子供应速度，就是单位时间内通过某一树脂层的离子数量，它又决定于过滤速度。过滤速度大，离子供应速度也大。所谓离子交换速度，就是单位时间内能完成交换历程的离子数量。对于给定的树脂和原水，交换柱的离子交换速度基本上为一个定值。显然，离子供应速度小于或等于离子交换速度时，工作层厚度就小，树脂的利用率就高。

从上面讨论可知，离子交换的过滤速度是一个重要的工艺参数。过滤速度与进水水质、出水水质及阻力损失等因素有关，对一定的进、出水水质而言，往往有一个较优的滤速值。根据原水性质和处理条件的不同，滤速一般为 10~30m/h，最好是通过实验加以确定。

(2) 反冲洗阶段

反冲洗的目的有两个：一是松动树脂层，使再生液能均匀渗入层中，与交换剂颗粒充分接触；二是把过滤过程中产生的破碎粒子和截留的污物冲走。为了达到这两个目的，树脂层在反冲洗时要膨胀 30%~40%。冲洗水可用自来水或废再生液。

(3) 再生阶段

① 再生的推动力

离子交换树脂的再生是离子交换的逆过程，其反应式为

$$R_n^- A_n^+ + nB^+ \Leftrightarrow nR^- B^+ + A_n^+ \tag{2-4-2}$$

该反应可逆，只要正确掌握平衡条件，就能使之向右移动。如果急剧增加 B^+，在浓差的作用下，大量的B^+离子进入树脂层与固定离子建立平衡，从而松动了对 A_n^+ 离子的束缚力，使之脱离固定离子，并扩散进入外溶液相。由此可见，再生的推动力主要是反应系统的离子浓度差。此外，对弱酸、弱碱树脂而言，除浓度差作用外，还由于它们分别对 H^+ 和 OH^-离子的亲和力较强，所以用酸和碱再生时，比强酸、强碱树脂更容易再生，所使用的再生剂浓度也较低。

② 再生剂用量与再生程度

从理论上讲，再生剂的有效用量，其总当量数应该与树脂的工作交换容量总当量数相等。但实际上，为了使再生进行得更快、更彻底，使用了高浓度再生液。当再生程度达到要求后又需将其排出，并用净水将黏附在树脂上的再生剂残液清洗掉，这样就造成了再生剂用量2~3 倍增加。由此可见，离子交换系统的运行费用中再生费占主要部分，这是应用离子交换技术需考虑的主要经济因素。

另外，交换树脂的再生程度(再生率)与再生剂的用量并非成直线关系。当再生程度达到一定数值后，即使再增加再生剂用量，也不能显著提高再生程度。因此，为使离子交换技术在经济上合理，一般把再生程度控制在 60%~80%以下。

水质工程领域常用离子交换树脂所用的再生剂及其用量列于表 2-4-1。氢型阳离子树脂可用 HCl 或 H_2SO_4 再生；但用 H_2SO_4 再生时，会产生溶解度小的 $CaSO_4$ 玷污树脂、堵塞滤层。故当原水含 Ca^{2+}高时，最好采用 HCl 作再生剂。即使含 Ca^{2+}低时，所使用的 H_2SO_4 浓度也不宜高，一般采用 1%~2%。

再生液的流速一般为：顺流再生 2~5m/h；逆流再生不大于 1.5m/h。再生的方法有一次再生法和二次再生法两种，强酸、强碱树脂大都是一次再生；弱酸、弱碱树脂则大多是两次再生：一次洗脱再生，一次转型再生。由于弱酸、弱碱树脂的交换容量大，再生容易，再生剂用量少，所以含金属离子的原水常用弱性树脂来处理。由交换顺序可知，弱酸树脂对H^+离子的结合力最强，对 Na^+离子最弱；弱碱树脂对 OH^-离子的结合力最强，对 Cl^-离子最弱。因此，这两种树脂在使用前应分别转换为 Na 型和 Cl 型。而在过滤阶段吸着了金属离子后，又要分别用强酸和强碱进行洗脱再生，回收这些金属。在洗脱过程中，树脂已经分别再生为 H 型和 OH 型状态。为了使树脂转换成正常工作的离子型式，在洗脱再生之后还得进行一次转型再生。

表 2-4-1　常用树脂的再生剂用量

离子交换树脂		再生剂		
种类	离子形式	名称	浓度/%	理论用量倍数
强酸性	H 型	HCl	3~9	3~5
	Na 型	NaCl	8~10	3~5
弱酸性	H 型	HCl	4~10	1.5~2
	Na 型	NaOH	4~6	1.5~2
强碱性	OH 型	NaOH	4~6	4~5
	Cl 型	HCl	8~12	4~5
弱碱性	OH 型	NaOH，NH_4OH	3~5	1.5~2
	Cl 型	HCl	8~12	1.5~2

(4) 清洗阶段

清洗的目的是洗涤残留的再生液和再生时可能出现的反应产物。通常清洗的水流方向和过滤时一样，所以又称为正洗。清洗的水流速度应先小后大。清洗过程后期应特别注意掌握清洗终点的 pH 值(尤其是弱碱树脂转型之后的清洗)，避免重新消耗树脂的交换容量。一般而言，淋洗用水为树脂体积的 4~13 倍，淋洗水流速为 2~4m/h。

二、离子交换设备

工程实际中，水的离子交换处理在离子交换器(或称离子交换床)中进行。离子交换器的种类很多，最常用的有固定床、移动床和流动床 3 种。

1. 固定床离子交换设备(fixed-bed ion exchanger)

固定床离子交换设备是将离子交换树脂装在一个立式容器内，按批量运行。其特点是每台离子交换器都有一个"固定→膨胀→再生→冲洗"顺次运行的周期，之后才能再次恢复到原来状态，准备开始一个新的周期，因而此类设备为间歇式运行。按照水和再生液的流动方向分为顺流再生式、逆流再生式(包括逆流再生离子交换器和浮床式离子交换器)和分流再生式；按交换器内树脂的状态分为单层床、双层床、双室双层床、双室双层浮动床以及混合床；按设备的功能分为阳离子交换器(包括钠离子交换器和氢离子交换器)、阴离子交换器和混合离子交换器。

(1) 顺流再生离子交换器

顺流再生离子交换器在工作时，水流自上而下流过离子交换树脂层；再生时，工作水流和再生溶液呈同向流动(并流)，其工艺特点如图 2-4-2 所示。若从交换器失效后算起，其运行周期通常分为反洗、进再生液、置换、正洗和制水 5 个步骤。

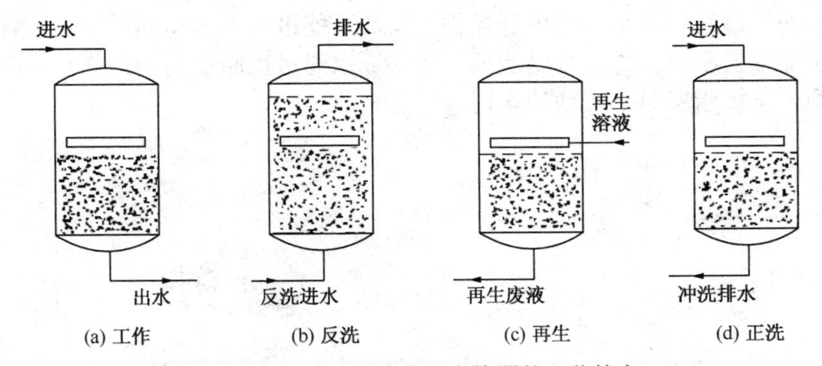

图 2-4-2 顺流再生离子交换器的工艺特点

图 2-4-3 为顺流再生离子交换器的内部结构示意图，交换器的主体为一个密闭圆柱状压力容器，壳体上开设有树脂装卸口和用以观察树脂状态的观察孔，同时设有进水口、排水口和再生液分配器。离子交换器中装有一定高度的树脂层，树脂层上面留有一定的反洗空间。图 2-4-4 为顺流再生离子交换器的外部管路系统示意图。

顺流再生离子交换器的结构简单，运行操作方便，工艺控制容易，对进水固体悬浮物含量要求不很严格(浊度≤5NTU)。通常适用于下述情况：①对经济性要求不高的小容量除盐；②原水水质较好以及 Na^+ 值较低的水质；③采用弱酸树脂或弱碱树脂。

(2) 逆流再生离子交换器

为了克服顺流再生工艺中出水端树脂再生度较低的缺点，目前逆流再生工艺使用较多，即运行时水流方向与再生时再生液的流动方向相反。由于逆流再生工艺中再生液及置换水都是从下而上流动，流速稍大时，就会发生与反洗那样使树脂层扰动的现象，因此在采用逆流再生工艺时，必须从设备结构和运行操作上采取相应措施。

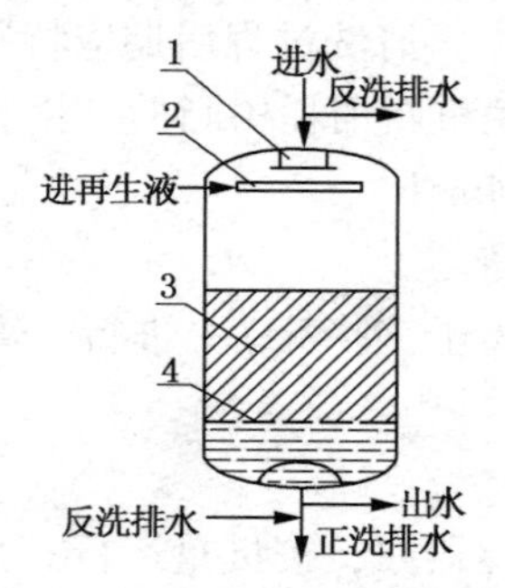

图 2-4-3　顺流再生离子交换器的内部结构示意图

1—进水组件；2—再生液分配组件；3—树脂层；4—排水组件

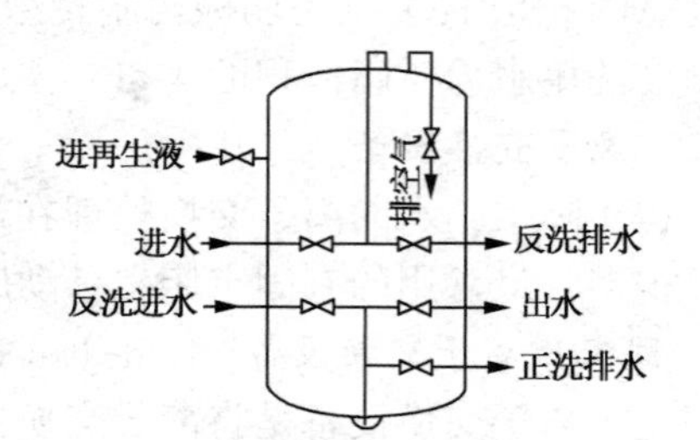

图 2-4-4　顺流再生离子交换器的管路系统示意图

如图 2-4-5、图 2-4-6 所示，逆流再生离子交换器的结构和管路系统与顺流再生离子交换器基本类似，不同之处是在树脂层上表面设有中间排液系统，以及在树脂层上面加设压脂层。中间排液系统的主要作用是使向上流动的再生液和清洗水能均匀排走，不会因为有水流流向树脂层上面的空间而扰动树脂层，其次还兼作对压脂层进行小反洗的进水组件和小正洗的排水组件。在中间排液系统上常有一厚约 150~200mm 的惰性树脂(如聚苯乙烯白球)作压脂层，压脂层材料的密度小于树脂而略大于水。设置压脂层的目的是为了在溶液向上流动时树脂不乱层，但实际上压脂层所产生的压力很小，并不能靠其起到压脂作用。压脂层的真正作用在于，一是过滤掉水中的固体悬浮物，使其不能进入下部树脂层中，这样便于将其洗去而又不影响下部树脂层；二是可以使顶压空气或水通过压脂层均匀地作用于整个树脂层表面，从而起到防止树脂层向上窜动的作用。

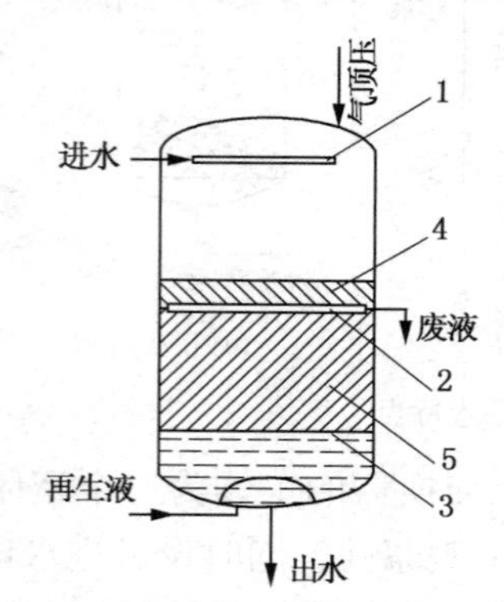

图 2-4-5　逆流再生离子交换器的结构示意图

1—进水组件；2—中间排液组件；3—排水组件；4—压脂层；5—树脂层

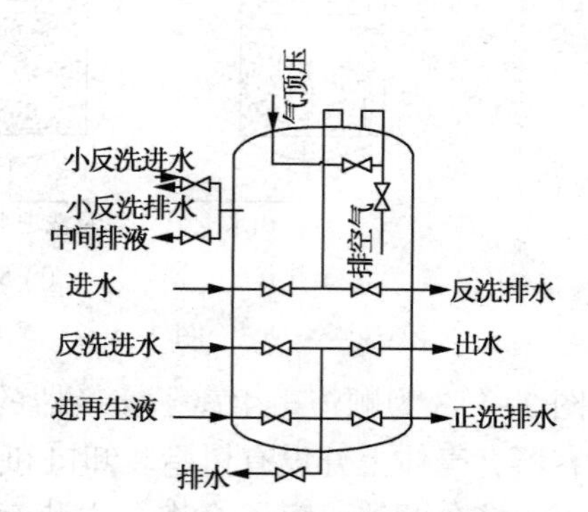

图 2-4-6　气顶压逆流再生离子交换器的管路系统示意图

在逆流再生离子交换器的运行操作中，制水过程与顺流式没有区别，再生操作随防止乱层措施的不同而异，一般采用压缩空气顶压或水顶压。图 2-4-7 为采用压缩空气顶压防止乱层时的操作过程示意图，整个运行周期包括小反洗、放水、顶压、进再生液、逆流清洗、小正洗、正洗 7 个步骤。

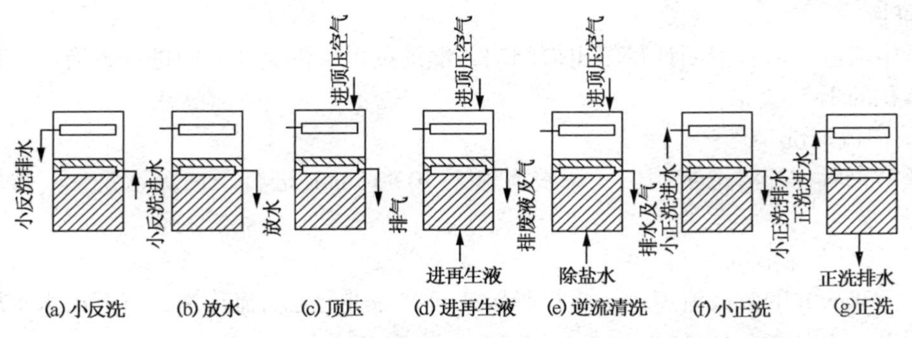

图 2-4-7　逆流再生离子交换器的操作过程示意图(压缩空气顶压)

采用压缩空气顶压或水顶压防止乱层时，不仅增加了一套顶压设备和系统，而且操作也比较麻烦。研究表明，如果将中间排液系统上的孔开得足够大，使这些孔的水流阻力较小，并且在中间排液系统以上仍装有一定厚度的压脂层，那么在无顶压情况下逆流再生操作时就不会出现水面超过压脂层的现象，树脂层就不会发生扰动，这就是无顶压逆流再生。

与顺流再生离子交换器相比，逆流再生离子交换器具有对水质适应性强、出水水质好、再生剂比耗低、自用水率低等优点。但该工艺要求再生时及运行过程中树脂床层不乱，因此每次再生前不能从底部进行大反洗，而只能从再生排废液管处进水，对排废液管上部的压脂层进行小反洗，使得反洗往往不太彻底。

(3) 浮动床离子交换器

浮动床离子交换器是目前较新的水处理离子交换技术，可在水质软化、水质除盐、高纯水制取等场合得到广泛应用。该产品的运行流速高(35~45m/h)、每米树脂层的阻力降较低(0.04~0.06MPa)，相同运行工况的出水水质、再生比耗等均优于逆流再生固定床。

浮动床在整个树脂层被托起的状态下(称成床)运行，离子交换反应是在水向上流动的过程中完成。树脂失效后，停止进水，使得整个树脂层下落(称落床)，于是可进行自上而下的再生。一个完整的运行过程包括：上流制水→落床→进再生液→置换→下向流清洗→成床→上向流清洗→制水。

① 上流制水

原水自下而上穿过树脂层，树脂层可按一定配比在设备下部形成沸腾层，在设备上部形成浮动层(压紧层)；沸腾层和浮动层之间形成水垫层将两者严格分开。被处理水中各种离子首先与沸腾状态的树脂交换，增大了交换接触面积，充分发挥了树脂交换能力，大部分离子可被沸腾状态的树脂交换除去，剩余的离子再经浮动层(压紧层)，相当于起精制作用，从而达到最佳的交换效果和最好的出水水质。另一方面，原水经过沸腾层时，由于树脂自由浮动，穿透阻力小，相应降低了整个床层的运行阻力。

② 落床

当运行至出水水质达到失效标准时，停止制水，靠树脂自身重力从上部逐层下落，同时起到疏松树脂层、排除气泡的作用。

③ 下流进再生液

再生液自上而下流经树脂层，过量的新鲜再生液首先与上部压紧层、强性树脂层接触，使保证出水水质的树脂层得到充分再生；再生废液再流经弱性树脂层，使其得到充分利用。另一方面，再生生成物及杂物由上而下易排除，可节约清洗水量。

④ 置换

待再生液进完后，关闭计量箱出口阀门，继续按再生流速和流向进行置换，置换水量约为树脂体积的1.5~2倍。

⑤ 下向流清洗

置换结束后，开清洗水阀门，调整流速至10~15m/h进行下向流清洗，一般需要15~30min。

⑥ 成床、上流清洗

用20~30m/h的较高流速进水将树脂层托起，并进行上向流清洗，直至出水水质达到标准时，即可转入制水。

⑦ 体外反洗

随着运行周期的增加，形成的细小树脂和从原水中洗出的污物逐渐增多，当阻力降超过正常运行阻力降0.04~0.06MPa时，需要进行清洗。由于浮动床内基本上装满了树脂，没有反洗空间，因此无法进行体内反洗，需要将部分或全部树脂转移到专用树脂清洗器(反洗塔)内进行清洗，然后送回到交换器进行下一个周期的运行。清洗的方法有水力清洗法和气-水清洗法。

2. 移动床和流动床离子交换设备

如前所述，固定床离子交换器是间歇式运行的水处理设备。树脂工作层一般只有数cm至十几cm，但是容器内须装填1.5~2.5m甚至更高的树脂层，因此有树脂用量多、设备投资高、运行阻力大、运行流速低和间歇供水等缺点。为了克服这些缺点，人们发展和完善了连续或半连续式运行的离子交换器，移动床和流动床是其中主要的两种类型。

(1) 移动床

移动床离子交换器是指交换器中的离子交换树脂在运行中周期性移动，即定期排出一部分已经失效的树脂和补充等量再生好的树脂，被排出的失效树脂在另一设备中进行再生。

据不完全统计，国内使用过的移动床工艺有数十种，归纳起来有单塔单周期再生、两塔单周期再生、两塔连续再生、两塔多周期再生、三塔多周期再生等移动床工艺系统。如图2-4-8所示，开始运行时，原水从塔下部进入交换塔，将配水系统以上的树脂托起，即为成床。成床后进行离子交换，处理后的水从出水管排出，并自动关闭浮球阀。运行一段时间后停止进水，并进行排水，使塔中的压力下降，此时水向塔底方向流动，使塔内树脂分层下落，即落床。与此同时，交换塔浮球阀自动打开，上部漏斗中的新鲜树脂落入交换塔树脂层上面，同时排水过程将失效树脂排出塔底部。即落床过程中同时完成新树脂补充和失效树脂排出。两次落床之间交换塔的运行时间即为移动床的一个大周期。

再生时，再生液在再生塔内由下而上流动进行再生，排出的再生废液经连通管进入上部漏斗，对漏斗中失效树脂进行预再生，这样充分利用再生液，而后将再生液排出塔外。当再生进行一段时间后，停止进水和停止进再生液并进行排水泄压，使再生塔内的树脂层下落；与此同时，再生塔内的浮球阀打开，使漏斗中的失效树脂进入再生塔。再生好的下部树脂落入再生塔的输送段，并依靠进水水流不断地将其输送到清洗塔中。两次排放再生好树脂的间隔时间即为一个小周期。交换塔一个大周期中排放过来的失效树脂分成几次再生的方式，称为多周期再生。若对一次输入的失效树脂进行一次再生，则称为单周期再生。

清洗过程在清洗塔内进行，清洗水由下而上流经树脂层，清洗好的树脂送至交换塔中。

移动床的运行流速较高，树脂用量少且利用率高，而且还具有占地面积小、能连续供水

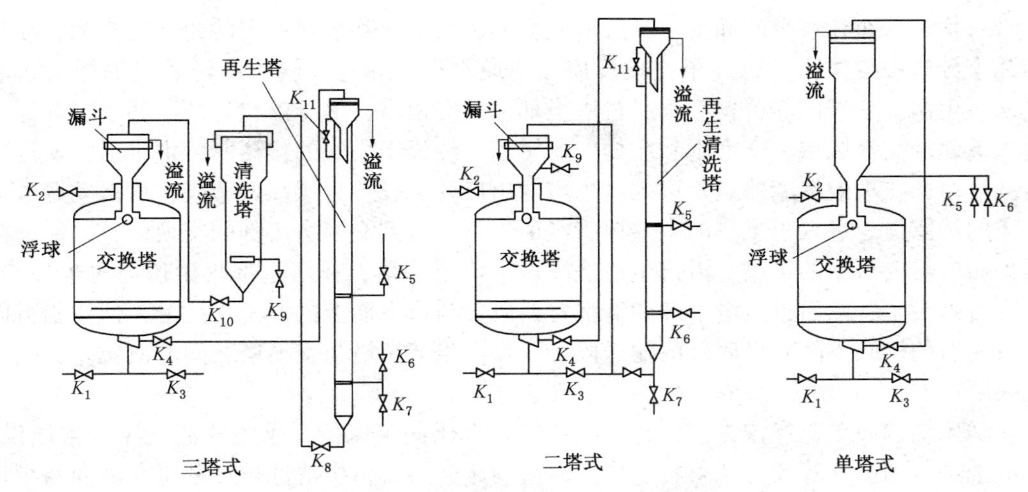

图 2-4-8　三种移动塔的结构和管系示意图

K_1—进水阀；K_2—出水阀；K_3—排水阀；K_4—失效树脂输出阀；K_5—进再生液阀；K_6—进置换水或清洗水阀；K_7—排水阀；K_8—再生后树脂输出阀；K_9—进清水阀；K_{10}—清洗好树脂输出阀；K_{11}—连通阀

以及减少了设备用量等优点。但是，其自动化程度要求高，故障较多，维护工作量大。实践证明，移动床再生液的比耗低于顺流再生固定床，但比逆流再生固定床高。

（2）流动床

流动床离子交换设备有压力式和重力式两种，目前所用的大多为重力式流动床，重力式流动床按结构又可分为双塔式（交换器和再生清洗塔）和三塔式（交换塔、再生塔、清洗塔）两类。

以重力式双塔流动床为例，其工艺流程如图 2-4-9 所示。原水从交换塔底部进入，经

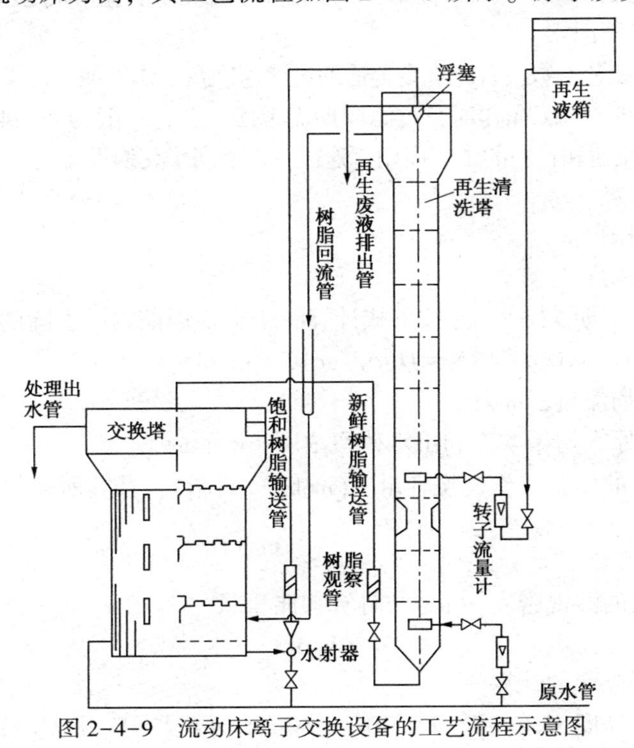

图 2-4-9　流动床离子交换设备的工艺流程示意图

过布水管均匀分布在整个断面上，穿过塔板上的过水单元和悬浮状态的树脂层接触，在交换塔的几个分区中与树脂进行离子交换反应，使原水得到净化，软化水经塔上部的溢水堰输走；从再生清洗塔来的新鲜树脂则通过塔上部进入交换塔，呈悬浮状态向下移动，并经浮球阀进入下面的交换区域，交换饱和后的失效树脂，经设于塔底的排树脂管由水射器输送到再生清洗塔中。在失效树脂输送管进入再生塔的出口处，设置有漂浮调节阀，可自动调节进入再生塔的树脂量。进入再生塔的多余树脂经回流管回流到交换塔底部的交换区，以保证树脂量的平衡。需要再生的树脂，沿再生清洗塔自上而下降落，在塔上部再生段与再生液接触，使树脂得到再生；然后进入塔下部的清洗置换段，与自下而上的清洗水接触，使树脂得以清洗；清洗后的树脂下降到塔底部的输送段，依靠再生清洗塔与交换塔之间的液位差，被输送至交换塔。

流动床结构简单，操作方便，对原水浊度要求比固定床低；重力式流动床为常压设备，再生清洗塔可用塑料等非金属材料制作。但流动床交换、再生清洗过程都是在液固两相相对流动状态下进行，稳定运行较难控制，而且要求树脂颗粒均匀，水流速度也不能过大。另外，树脂磨损较为严重，对其机械强度的要求相对较高。

目前，国内流动床只用于软化水处理，出水可满足低压锅炉给水要求，但与固定床、移动床相比，残余硬度较高。

三、离子交换系统的设计

1. 离子交换系统的设计步骤

（1）根据排放标准或出水的去向和用途，确定处理后的水质要求。

（2）根据原水水量、水质及处理的要求，选择交换器的类型，设计系统布置方案，确定合理的处理流程。

（3）选用离子交换树脂、再生剂种类，确定树脂的交换容量和再生剂用量。在选择中必须综合考虑技术与经济因素。

（4）确定合理的工艺参数，首先选定合适的过滤速度及工作周期，污染物浓度较高时滤速应小一些，反之则大一些。人工操作时，过滤周期需考虑长些，一般为 8~24h 或更长。自动操作时，可以采用较高的流速和较短的工作周期，这样可缩小离子交换设备的尺寸，节省投资。

（5）进行有关计算。

2. 固定床的设计计算

（1）树脂用量的初步计算

首先，选定交换周期 T(h)，并按下式计算一个交换周期内应去除的污染物总量 N

$$N = Q(c_0 - c)T \quad (\text{mol}) \tag{2-4-3}$$

式中 Q——原水平均流量，m^3/h；

c_0、c——分别为原水初始浓度和出水残留浓度，mol/m^3。

其次，根据选定的树脂工作交换容量 N(mol/m^3 树脂)，计算所需的树脂体积 V_R

$$V_R = \frac{N}{E} \quad (m^3) \tag{2-4-4}$$

最后，根据树脂的湿视密度 ρ(t/m^3)计算树脂重量

$$M = V_R\rho \ (\text{t}) \tag{2-4-5}$$

（2）交换柱主要尺寸的计算

先选定树脂层的高度 H_R(一般为 0.70~1.50m)，再根据 V_R 和 H_R 计算交换柱的直径 D

(m)。交换柱的总高度 H 按下式计算

$$H = (1.8 - 2.0)H_R \quad (m) \tag{2-4-6}$$

(3) 核算过滤速度

$$v = \frac{Q}{F} = \frac{4Q}{\pi D^2} \quad (m/s) \tag{2-4-7}$$

如果计算出的滤速 v 与一般经验值相差太大，就得重新计算。此外，也可先选定滤速，按上式计算交换柱的直径。

3. 流动床的设计计算

计算方法的要点是先利用实验资料绘制出交换反应的平衡曲线和运行曲线，由曲线查得有关的数据后，根据交换动力学方程式计算树脂用量，然后选定一个合适的上升流速来计算交换塔的主要尺寸。流动床交换动力学方程式为

$$Q\frac{dc}{dM} = \frac{K_0 a(c - c_e)}{\rho_p \rho_1} \tag{2-4-8}$$

式中 Q——原水流量；

c、c_e——分别为交换带中任一截面处的溶液浓度和平衡浓度；

M——柱中的树脂量；

K_0——总传质系数；

a——单位体积树脂层的表面积；

ρ_p、ρ_1——树脂装填密度和原水密度。

将上式改写并以进水浓度 c_1 和出水浓度 c_2 为积分边界值，即可得出柱中的稳定树脂需要量

$$M = \frac{Q\rho_p\rho_1}{aK_0}\int_{c_1}^{c_2}(c - c_e)^{-1}dc \tag{2-4-9}$$

§2.5 膜分离技术与设备

以生化法为核心的传统水处理工艺，对可生化性差的高浓度废水或含重金属工业废水的处理效果一般不太理想，有些场合则难以达到排放标准或满足特定处理要求。膜分离技术不仅能够对这些废水进行有效净化，而且能够回收一些有用物质，具备工艺流程短、抗负荷冲击能力强、出水水质稳定、占地面积小、易实现自动控制等特点，能够弥补传统水处理工艺的不足。膜分离(或称膜滤)是以渗透选择性膜为分离介质，在其两侧施加某种推动力，使原料侧组分选择性透过膜，从而达到分离或提纯的目的，推动力可以是压力差、温度差、电位差或浓度差。水质工程领域的压力驱动型膜分离技术有微滤(Microfiltration，MF)、超滤(Ultrafiltration，UF)、纳滤(Nanofiltration，NF)、反渗透(Reverse Osmosis，RO)等，电位差驱动型膜分离技术主要有电渗析(Electrodialysis，ED)，浓度差驱动型膜分离技术主要包括扩散渗析(Diffusion Dialysis)、正渗透(Forward Osmosis，FO)等。

一、压力驱动型膜分离的作用机理

膜本身是均匀的一相或是由两相以上凝聚物质所构成的复合体，其厚度在 0.5mm 以下。不管膜本身薄到何等程度，至少要具有两个界面，通过它们分别与两侧的流体发生接触。膜可以是全透性，也可以是半透性，此外还必须具有高度的渗透选择性。微滤、超滤、纳滤、

反渗透等压力驱动型膜分离技术是指在介质压力作用下，小于孔径的小分子溶质随溶剂分子(水)一起透过膜上的微孔，大于孔径的大分子溶质则被截留。

1. 微滤

微滤使过滤从一般比较粗糙的相对性质，过渡到精密的绝对性质，其基本原理属于§1.5中的微孔过滤。微滤膜的孔径分布范围一般为0.025~14μm，微滤膜的各种截留作用如图2-5-1所示。

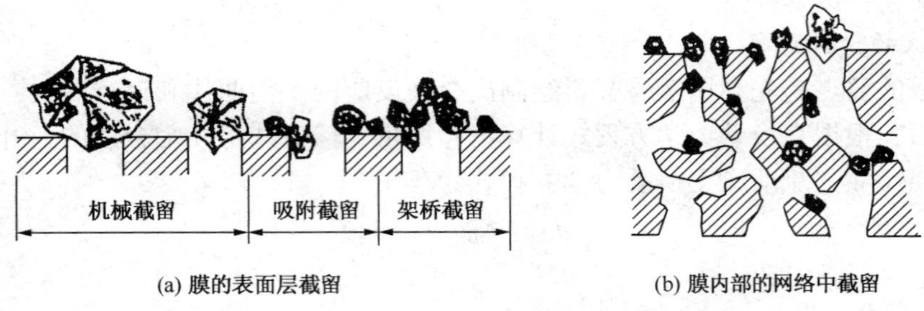

图2-5-1 微滤膜各种截留作用的示意图

2. 超滤

超滤膜的孔径分布范围一般为0.001~0.02μm，其具有选择性的主要原因是形成了具有一定大小和形状的孔，而膜表面的化学性质对分离特性影响不大，因此可用细孔模型表示超滤的传递过程。但也有人认为，除了膜孔结构外，膜表面的化学性质也是影响分离特性的重要因素，并认为反渗透理论可以作为研究超滤的基础。

3. 纳滤与反渗透

(1) 渗透与反渗透

如图2-5-2所示，一个容器中间用一张可透过溶剂(水)但不能透过溶质的膜(也称半透膜)隔开，两侧分别加入含溶质的稀溶液(或纯溶剂)和浓溶液。渗透是指在压力相同($p_1=p_2$)的条件下，溶剂(水)通过膜从稀溶液(或纯溶剂)进入浓溶液的扩散现象。溶剂(水)的扩散是从高自由能处向低自由能处移动，即从溶质浓度低处向溶质浓度高处移动。当两侧的化学位相等达到平衡状态时，溶液两侧液面的静水压差称为渗透压。如果在浓溶液液面上施加大于渗透压的压力，浓溶液中的水就会流向稀溶液侧，这种现象称为反渗透。在反渗透过程中，稀溶液的浓度逐渐增高，故反渗透设备的工作压力必须超过与浓溶液出口处浓度相应的渗透压，而不能自发进行；同时由于温度升高，渗透压增高，所以溶液温度的任何增高都必须通过增加工作压力予以补偿。一般反渗透的操作压力常达到几十个大气压。

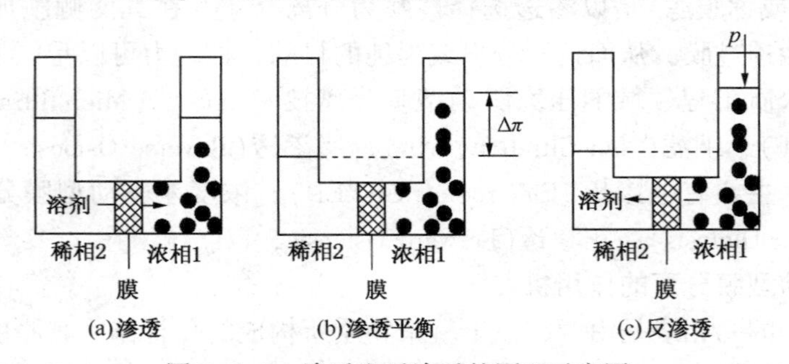

图2-5-2 渗透和反渗透的原理示意图

自20世纪50年代末以来，先后提出了多种不对称反渗透膜的透过机理和模型，如氢键理论、优先吸附-毛细孔流理论、溶液扩散理论等。优先吸附-毛细孔流理论认为反渗透膜是一种多孔膜，当溶液与这种膜接触时，由于界面现象和吸附作用，对溶剂(水)优先吸附或对溶质优先排斥，在膜面上形成一纯水层，然后以水流形式通过膜的毛细管并被连续排出，因此反渗透过程是界面现象和在压力作用下流体通过毛细管的综合结果。

(2) 纳滤

纳滤是一种介于反渗透和超滤之间的压力驱动膜分离过程，纳滤膜大多从反渗透膜衍化而来，孔径分布平均为2nm(反渗透膜的孔径范围为0.0001~0.001μm)。关于纳滤膜的分离机理，有空间位阻-孔道模型、溶解扩散模型、空间电荷模型、固定电荷模型、静电排斥和立体位阻模型、Donnan平衡模型等，通常用筛分作用和荷电效应来解释。筛分作用是指纳滤膜能截留易透过超滤膜的那部分溶质，同时又可使被反渗透膜所截留的盐透过；荷电效应是由于纳滤膜上或膜中常带有荷电基团，通过静电相互作用可实现不同价态离子的分离，故有时也称“选择性”反渗透(Selective RO)。

由于纳滤膜工作过程中所施加的跨膜压差比用反渗透膜达到同样渗透能量所须施加的跨膜压差低，有时也将纳滤称为“低压反渗透”。

根据《膜分离法污水处理工程技术规范》(HJ 579—2010)，压力驱动型膜分离技术的功能适宜性如表2-5-1所示。

表2-5-1 压力驱动型膜分离技术的功能适宜性

膜单元种类	过滤精度/μm	截留相对分子质量	功能	主要用途
微滤(MF)	0.1~10	>100000	去除悬浮颗粒、细菌、部分病毒及大尺度胶体	饮用水去浊，中水回用，纳滤或反渗透系统预处理
超滤(UF)	0.002~0.1	10000~100000	去除胶体，蛋白质、微生物和大分子有机物	饮用水净化，中水回用，纳滤或反渗透系统预处理
纳滤(NF)	0.001~0.003	200~1000	去除多价离子、部分一价离子和相对分子质量200~1000的有机物	脱除井水的硬度、色度及放射性镭，部分去除溶解性盐。工艺物料浓缩等
反渗透(RO)	0.0004~0.0006	>100	去除溶解性盐及相对分子质量大于100的有机物	海水及苦咸水淡水，锅炉给水、工业纯水制备，废水处理及特种分离等

二、压力驱动型膜材料与膜组件

由膜、固定膜的支撑体、间隔物(Spacer)以及装填这些部件的容器所构成的一个单元称为膜组件，是膜分离系统的核心部分，膜组件的结构根据膜的种类和形式而异。目前市售压力驱动型膜组件主要有板框式、圆管式、螺旋卷式和中空纤维(毛细管)式4种，代表性生产厂家有美国颇尔(Pall)公司、美国GE Water & Process Technologies公司(2006年兼并了加拿大ZENON Environmental公司，前者2017年4月被法国SUEZ环境兼并)、日本东丽集团(Toray Industries)、日本东洋纺(TOYOBO)公司、美国陶氏化学(The DOW Chemical Company)、美国空气化工产品公司(Air Products & Chemicals Inc.)等。

1. 膜材料概述

总体而言，膜可以分为天然膜(生命膜)和人工膜两大类，天然膜由天然物质改性或再生而成；人工膜可以由天然高分子材料、合成高分子材料和无机材料加工制造而成，又可分为无机膜和有机膜(高聚物膜)两大类。

天然高分子材料主要是纤维素的衍生物，如有醋酸纤维、硝酸纤维和再生纤维素等，其中醋酸纤维膜的截盐能力强，常用作反渗透膜，也可用作微滤膜和超滤膜，但其最高使用温度和pH值范围有限(温度低于45~50℃、pH值为3~8)；再生纤维素可制造透析膜和微滤膜。

合成高分子材料主要有聚酰胺类、聚酰亚胺类、聚砜类、聚乙烯酸类、丙烯类衍生物聚合物及纤维素类等，其中聚砜是最常用的膜材料之一，主要用于制造超滤膜。聚砜膜的特点是耐高温(一般为70~80℃，有些可高达125℃)，适用pH范围广(1~13)，耐氯能力强，可调节孔径范围宽(1~20nm)；但聚砜膜耐压能力较低，一般平板膜的操作力极限为0.5~1.0MPa。聚酰胺膜的耐压能力较高，对温度和pH都有很好的稳定性，使用寿命较长，常用于反渗透。

无机膜材料的优点是机械强度高、耐高温、耐化学试剂和耐有机溶剂，缺点是不易加工、造价较高，因此应用大都局限于微滤和超滤领域。无机膜材料主要有无机致密膜和微孔膜两大类，无机致密膜主要有致密金属材料和致密固体氧化物电解质材料。致密金属材料的分离作用是通过溶解-扩散或者离子传递机理进行，所以致密膜金属材料具有较好的选择性，主要用于气体分离；致密固体氧化物电解质材料对氧具有很高的选择性，但因其通量较低而使应用受到限制，最近发展的钙钛型超导材料对氧有较高的渗透通量，在无机膜反应器中有很好的应用前景。此外，以钢为支撑体、分子筛为表皮的组合膜已经实现了商业化。分子筛具有与分子大小相当且均匀一致的孔径，是理想的无机致密分离膜和无机催化膜材料。微孔膜材料主要有多孔金属、多孔陶瓷、多孔玻璃和活性炭等，与致密无机膜相比，多孔无机膜的应用范围更大。目前采用Al_2O_3为支撑体，Al_2O_3、ZrO_2、TiO_2为表皮材料的组合无机膜已经实现了商业化；沸石膜具有非常小的孔，可用于气体分离与渗透汽化。

2. 板框式膜组件

板框式膜组件(Plate-and-frame Membrane Module)是膜分离技术发展历史上最早问世的一种膜组件，采用比表面积比圆管式膜组件大得多的板式膜，仿板框式压滤机间隔重叠加工组装而成，结构上具体包括拉杆、端部法兰、间隔盘、支撑盘和膜片等。支撑盘的两侧表面有孔隙，其内腔有供透过液流动的通道，表面与膜片经粘结密封构成板式膜；两个相邻的板式膜之间衬设间隔盘。图2-5-3为板框式膜组件的结构示意图，图2-5-4为系紧螺栓板框式反渗透膜组件的结构示意图。

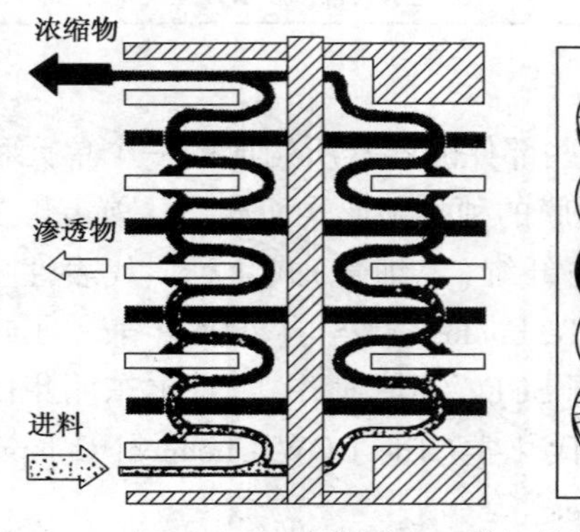

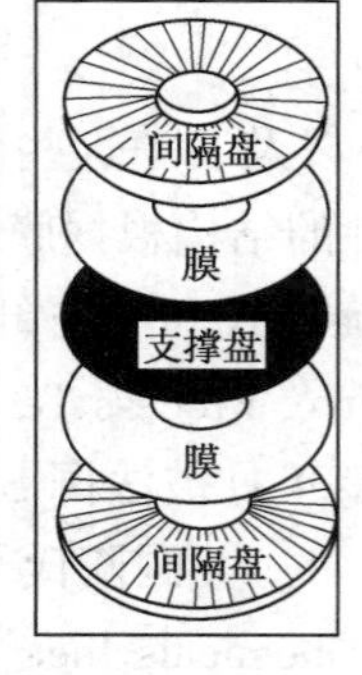

图2-5-3 板框式RO膜组件的结构示意图(DDS公司)

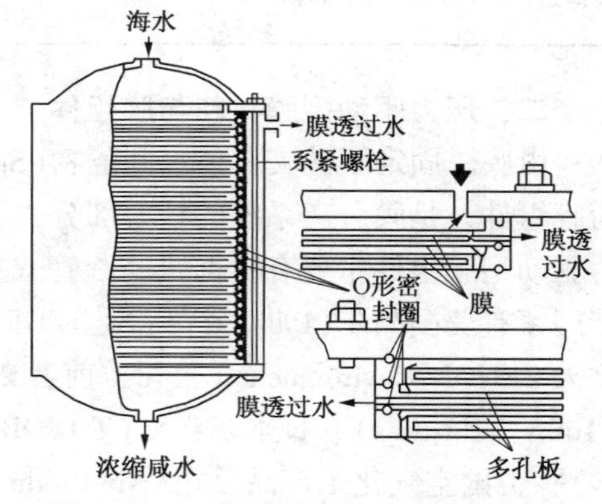

图2-5-4 系紧螺栓板框式RO膜组件的结构示意图

国内外近些年较为热门的碟管式反渗透(DTRO)膜组件主要由 RO 膜片、导流盘、中心拉杆、外壳、两端法兰、各种密封件及联接螺栓等部件组成。把过滤膜片和导流盘叠放在一起，用中心拉杆和端盖法兰进行固定，然后置入耐压外壳中，就形成一个碟管式膜组件。美国 PALL 公司 DTRO 膜组件的结构组成和工作原理如图 2-5-5 所示，工作时料液通过膜堆与外壳之间的间隙，经导流通道进入底部导流盘中，被处理的液体以最短距离快速流经滤膜，然后 180°逆转到另一膜面，再流入到下一个过滤膜片，从而在膜表面形成由“导流盘圆周到圆中心→再到圆周→再到圆中心”的切向流过滤，浓缩液最后从进料端法兰处流出。料液流经过滤膜的同时，透过液通过中心收集管不断排出，浓缩液与透过液通过安装于导流盘上的 O 形密封圈隔离。

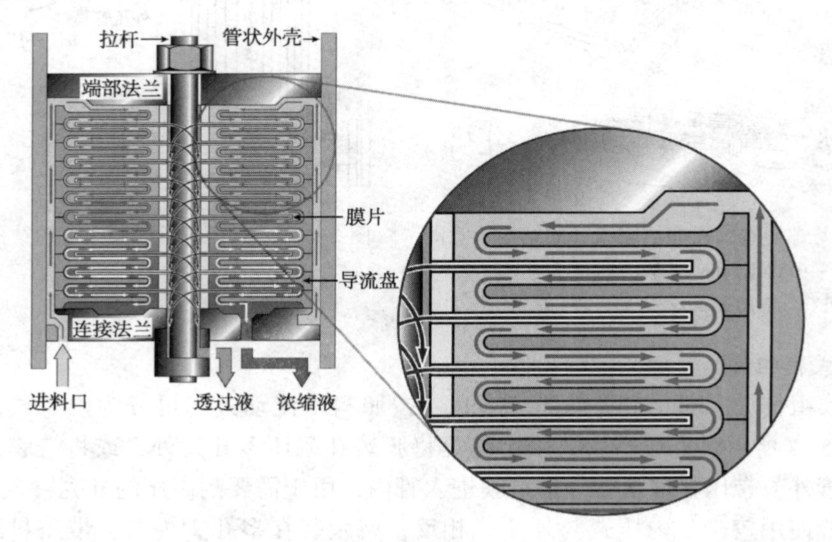

图 2-5-5　美国 PALL 公司 DTRO 膜组件的结构组成和工作原理示意图

DTRO 膜组件采用开放式流道设计，料液有效流道宽，避免了物理堵塞；采用带凸点支撑的导流盘，料液在过滤过程中形成湍流状态，最大程度上减少了膜表面结垢、污染及浓差极化现象的产生；碟管的特殊结构和水力学设计使膜组件易于清洗，清洗后通量恢复性较好，从而延长了膜片寿命。膜组件采用标准化设计，易于拆卸维护，可以检查维护甚至单独更换任一膜片及其他部件，维修简单；当零部件数量不够时，甚至允许少装一些膜片及导流盘而不影响整个膜组件的使用。

3. 螺旋卷式膜组件

螺旋卷式(简称卷式)膜组件(Spiral Wound Membrane Module)在结构上与螺旋板换热器类似，如图 2-5-6 所示。螺旋卷式膜组件在两片膜中夹入一层多孔支撑材料，将两片膜的三个边密封而黏结成膜袋，另一个开放的边沿与一根多孔的透过液收集管连接。在膜袋外部的原料液侧再垫一层网眼型间隔材料(隔网)，即“膜-多孔支撑体-原料液侧隔网”依次叠合，绕中心管紧密地卷在一起，形成一个膜卷，再装进圆柱形压力容器内，构成一个螺旋卷式膜组件。使用时，原料液沿着与中心管平行的方向在隔网中流动，与膜接触，透过膜的透过液则沿着螺旋方向在膜袋内的多孔支撑体中流动，最后汇集到中心管中而被导出，浓缩液由压力容器的另一端引出。

螺旋卷式膜组件的优点是结构紧凑、单位体积内的有效膜面积大，透液量大，设备费用低。

缺点是易堵塞，不易清洗，换膜困难，膜组件的制造工艺和技术复杂，不宜在高压下操作。

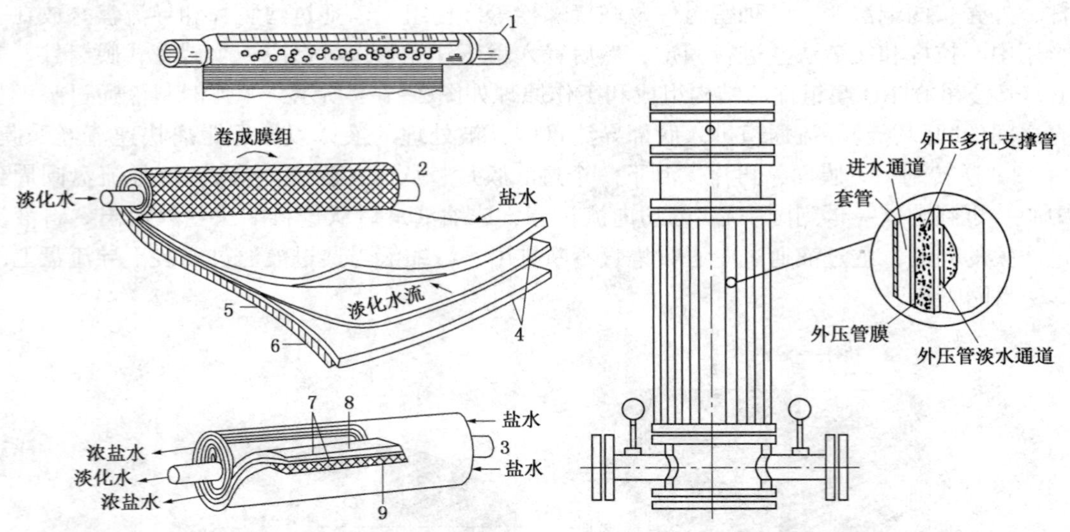

图 2-5-6　螺旋卷式反渗透膜组件的结构示意图

1，2，3—中心管；4，7—膜；5—多孔支撑材料；
6—进料液隔网；8—多孔支撑层；9—隔网

图 2-5-7　外压圆管式膜组件的结构示意图

4. 圆管式膜组件

圆管式膜组件(Tubular Membrane Module)按照料液流动方向可分为内压式、外压式两种。如图 2-5-7 所示，外压圆管式膜组件是将膜装在耐压多孔管外，或将铸膜液涂刮在耐压微孔塑料管外，带压料液从管外透过膜进入管内；由于需要耐高压的外壳，且进水流动状况又差，一般使用较少。内压式与外压式相反，将膜装在多孔管内壁，带压料液从管内流过，在管外侧收集透过液。按照工作过程中多个膜管的串并联方式可分为单管式和管束式两种，图 2-5-8(a)、(b)分别为内压单管式、内压管束式圆管膜组件的结构示意图。圆管式膜组件的优点是内径较大，结构简单，适合于处理固体悬浮物含量较高的料液，分离操作完成后的清洗比较容易；缺点是单位体积的过滤表面积(即比表面积)在各种膜组件中最小。

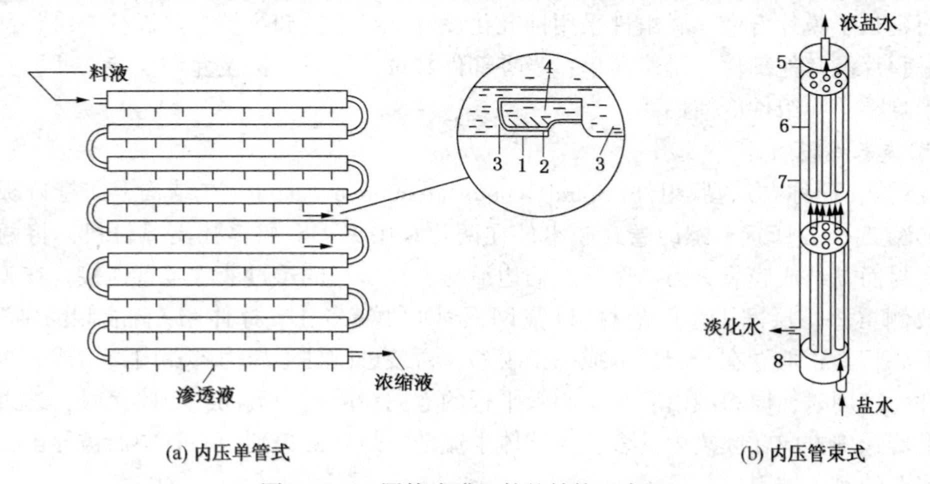

(a) 内压单管式

(b) 内压管束式

图 2-5-8　圆管式膜组件的结构示意图

1—孔外衬管；2—膜管；3—渗透液；4—料液；5—耐压端套；6—玻璃钢管；7—淡化水收集外壳；8—耐压端套

5. 中空纤维式膜组件

20 世纪 60 年代末，美国杜邦公司、美国陶氏化学、日本东洋纺公司相继制成了中空纤维式反渗透膜及相应的膜组件(Hollow Fiber Membrane Module)，这种膜组件的结构类似于一端封死的热交换器。中空纤维膜的外形呈纤维状，具有自支撑作用，属于非对称膜的一种；内径一般为 25~350μm，外径一般为 80~1000μm，其致密层可位于纤维外表面(如反渗透膜)，也可位于纤维内表面(如微滤膜、纳滤膜和超滤膜)。如图 2-5-9 所示，中空纤维式膜组件是把大量(有时是几十万或更多)的中空纤维膜装入圆筒状耐压容器内，通常将纤维束的一端封住，另一端固定在用环氧树脂浇铸成的管板上，操作压力一般为 0.7~7kPa。

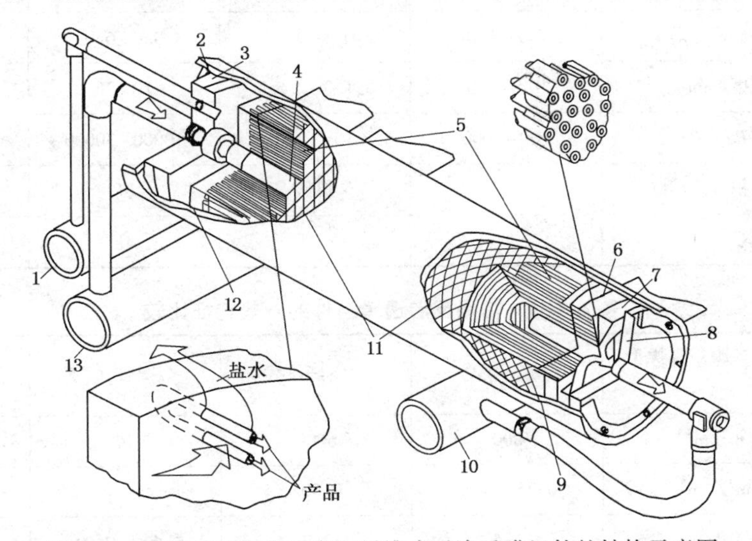

图 2-5-9　美国杜邦公司中空纤维式反渗透膜组件的结构示意图

1—盐水收集管；2，6—O 形圈；3—盖板(料液端)；4—进料管；5—中空纤维；7—多孔支撑板；8—盖板(产品端)；9—环氧树脂管板；10—产品收集器；11—网筛；12—环氧树脂封管；13—料液总管

中空纤维式膜组件的优点是单位体积内的膜面积大，不需要支撑材料。中空纤维式膜组件采用外压操作(料液走壳方)时，流动容易形成沟流效应，凝胶吸附层的控制比较困难；采用内压操作(料液走腔内)时，为防止堵塞，需对料液进行预处理，除去其中的微粒。

现将几种压力驱动型膜组件的主要特点、适用范围对比列于表 2-5-2 中。

表 2-5-2　各种压力驱动型膜组件的特点

膜组件类型	主要优点	主要缺点	适用范围
板框式	结构紧凑，密封牢固，能承受高压，成膜工艺简单，膜更换方便，较易清洗，有一张膜损坏不影响整个组件	装置成本高，水流状态不好，易堵塞，支撑体结构复杂	适用于中小处理规模，要求进水水质较好
管式	膜的更换方便，进水预处理要求低，适用于固体悬浮物和黏度较高的溶液。内压管式水力条件好，很容易清洗	膜装填密度小，设备成本高，占地面积大，外压管式不易清洗	适用于中小规模的水处理，尤其适用于废水处理
螺旋卷式	膜的装填密度大，单位体积产水量高，结构紧凑，运行稳定，价格低廉	制造膜组件的工艺较复杂，组件易堵塞且不易清洗，预处理要求高	适用于大规模的水处理，进水水质较高
中空纤维式	膜的装填密度最大，单位体积产水量高，不要支撑体，浓差极化可以忽略，价格低廉	成膜工艺复杂，预处理要求最高，很易堵塞，且很难清洗	适用于大规模水处理，且进水水质需很好

常用超滤膜组件、反渗透膜组件的一般特征比较分别如表2-5-3、表2-5-4所示，膜组件的选用应对膜装填密度、流层高度、流道长度、膜支撑体结构、操作压力以及膜的抗污染能力、膜成本进行综合考虑，当然还需满足国家相关的产品技术要求。

表2-5-3　常用超滤膜组件的一般特征比较

特征＼膜组件类型	螺旋卷式	中空纤维式	圆管式	板框式
膜装填密度/(m^2/m^3)	600	1200	60	300
原料流速/[$m^3/(m^2 \cdot s)$]	0.2~1.0	0.5~3.5	3.0~6.0	0.7~2.0
原料流道高度/mm	0.5~1.0	1.0~2.5	10~25	0.3~1.0
雷诺数 *Re*	100~1000	10~1000	10000~30000	100~6000
容纳体积	低	很低	高	一般
膜成本	低	一般	高	低

表2-5-4　常用反渗透膜组件的一般特征比较

特征＼膜组件类型	螺旋卷式	中空纤维式	圆管式	板框式
膜装填密度/(m^2/m^3)	800	6000	70	500
需要的原料流速/[$m^3/(m^2 \cdot s)$]	0.25~0.50	0.005	1~5	0.25~0.50
操作压力/MPa	5.6	2.7	5.6① 7.0②	5.6
原料侧压降/MPa	0.3~0.6	0.01~0.03	0.2~0.3	0.3~0.6
单位体积透水量/[$m^3/(m^2 \cdot d)$]	670	670	335① 220	502
透水率/[$m^3/(m^2 \cdot d)$]③	1	0.073	100① 0.61②	1
膜沾污性能	高	高	低	一般
容易清洗	差到好	差	很好	好
对原液过滤的要求/μm	10~20	5~10	不需要	10~25
相对费用	低	低	高	高

注：①内压管式；②外压管式；③指原液(5000×10^{-6} NaCl)脱盐率达92%~96%时的透水率。

三、压力驱动型膜分离污水处理系统的设计

应根据原水水量、原水水质及产水水质要求、回收率等资料，经技术经济比较后选用合适的膜分离工艺，并综合考虑预处理、自动控制、在线检测、浓水(或称浓排尾水)处理、膜污染与清洗等问题。

1. 预处理

为防止膜降解和膜堵塞，须对进水中的固体悬浮物、尖锐颗粒、微溶盐、微生物、氧化剂、有机物、油脂等污染物进行预处理，预处理的深度应根据膜材料、膜组件结构、原水水质、产水质量要求及回收率确定。

（1）微滤/超滤的预处理

中空纤维微滤、超滤膜系统的进水水质应符合表2-5-5的要求。去除进水中悬浮颗粒物和胶体物，可采取“混凝-沉淀-过滤”工艺，加入有利于提高膜通量、并与膜材料有兼容性的絮凝剂。微滤、超滤系统之前宜安装细格栅及滤布转盘过滤器。在内压式膜分离系统之前，滤布转盘过滤器的过滤精度应小于100μm；在外压式膜分离系统之前，滤布转盘过滤器的过滤精度应小于300μm。当进水的矿物油含量超过表中数值或动植物油的含量超过50mg/L时，应增加除油工艺。

表2-5-5　中空纤维微滤/超滤膜系统的进水参考值

	膜材质	参考值		
		浊度/NTU	SS/(mg/L)	矿物油含量/(mg/L)
内压式	聚偏氟乙烯(PVDF)	≤20	≤30	≤3
	聚乙烯(PE)	<30	≤50	≤3
	聚丙烯(PP)	≤20	≤50	≤5
	聚丙烯腈(PAN)	≤30	(颗粒物粒径<5μm)	不允许
	聚氯乙烯(PVC)	<200	≤30	≤8
	聚醚砜(PES)	<200	<150	≤30
外压式	聚偏氟乙烯(PVDF)	≤50	≤300	≤3
	聚丙烯(PP)	≤30	≤100	≤5

（2）纳滤/反渗透的预处理

纳滤/反渗透系统进水水质应符合表2-5-6的规定，预处理包括防止膜化学损伤、预防胶体和颗粒污堵、预防微生物污染、控制结垢等。在防止膜化学损伤方面，采用活性炭吸附或在进水中添加还原剂（如亚硫酸氢钠 $NaHSO_3$），去除余氯或其他氧化剂，控制余氯含量≤0.1mg/L。预防铁、铝腐蚀物形成的胶体、黏泥和颗粒污堵，可采用以无烟煤和石英砂为过滤介质的双介质过滤器去除。在预防微生物污染方面，可对进水进行物理法或化学法杀菌消毒处理。照射波长254nm左右的紫外光有物理杀菌作用，化学杀菌一般在介质过滤器之前投加次氯酸钠（NaClO）。在控制结垢方面，加酸可有效控制碳酸盐结垢；投加阻垢剂或强酸阳离子树脂软化，可有效控制硫酸盐结垢。

表2-5-6　纳滤/反渗透膜系统的进水限值

膜材质	限值		
	浊度/NTU	SDI	余氯/(mg/L)
聚酰胺复合膜(PA)	≤1	≤5	≤0.1
醋酸纤维膜(CA/CTA)	≤1	≤5	≤0.5

应该指出的是，微滤或超滤能除去所有的固体悬浮物、胶体粒子及部分有机物，出水达到淤泥密度指数（SDI）≤3、浊度≤1 NTU，可有效预防胶体和颗粒物污染和堵塞膜组件。

2. 微滤/超滤膜分离系统设计

设计参数包括料液流速、操作压力、反洗周期和时间、进料浓度、膜通量。在湍流体系中一般流速为1~3m/s，在层流体系中通常流速小于1m/s；实际中超滤操作应在临界透过量附近进行，此时操作压力约为0.5~0.6MPa；操作时间依据不同的膜组件而定；超滤在操作压力 0.1～0.7MPa、温度 60℃以下时，膜通量应在 100～500L/(m^2·h)为宜，实际应用中一般为 1～100L/(m^2·h)。由于不同超滤应用中允许达到的最高进料浓度不同，因此必须进行控制。

微滤/超滤膜分离系统的运行方式可分为间歇式和连续式；组件排列形式宜为一级一段，并联安装。推荐的基本工艺流程如图 2-5-10 所示。

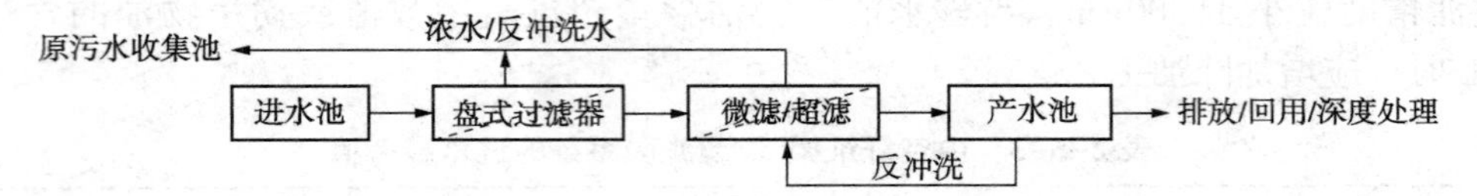

图 2-5-10　微滤/超滤膜分离系统的基本工艺流程示意图

一般情况下，超滤膜分离系统的透水量随着运行时间延长而逐渐减少，当下降到一定程度后会有一个相对稳定期，在此期间虽然透水量仍有下降的趋势，但经过清洗后基本上可以恢复到一个稳定值，此值为稳定透水量 Q_s。稳定透水量占初始透水量之比率，称作稳定系数 S_m。每个组件的实际透水量占标称透水量之比率，称作组装系数 C_m。

3. 纳滤/反渗透膜分离系统设计

工艺流程可分为一级流程和多级流程，前者又可分为一级一段流程和一级多段流程。在反渗透膜分离过程中，溶剂(水)在压力驱动下透过膜，而溶质被膜截留，其浓度在膜表面处升高，同时发生从膜表面边界层向主体流的回扩散，当这两种传质过程达到动态平衡时，膜表面处的溶质浓度高于主体流溶质浓度，这种现象称为浓差极化。浓差极化的危害包括：①膜表面溶质浓度增高，渗透压增大，从而减小传质驱动力；②膜表面沉积层或凝胶层的形成会改变膜的分离特性；③局部浓度的增高通常会促使溶液中部分溶质饱和结晶析出，将膜孔堵死，从而减少膜的有效面积；④当溶质在膜表面达到一定浓度后，有可能使膜发生溶胀或溶解恶化膜的性能。

(1) 一级一段和一级多段流程

一级一段流程是指在有效横截面积保持不变的情况下，原水一次通过纳滤/反渗透膜分离系统便能达到产水要求，具体有一级一段批处理式、一级一段连续式，工艺流程如图 2-5-11 所示。

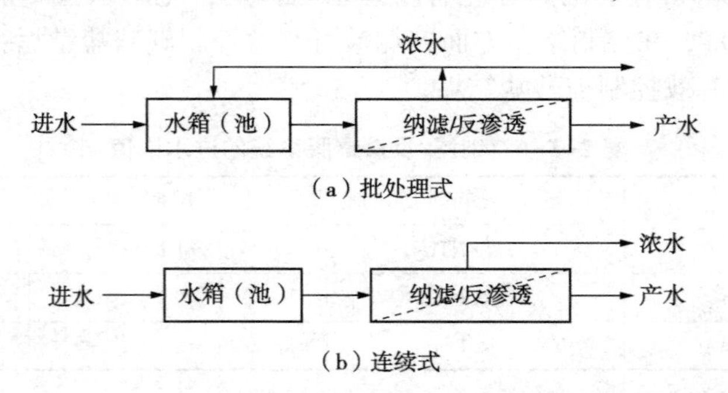

图 2-5-11　一级一段纳滤/反渗透膜分离系统的工艺流程示意图

如果一次分离产水量达不到回收率要求，可采用多段串联工艺，每段的有效横截面积递减，推荐的基本工艺流程有一级多段循环式、一级多段连续式和一级多段塔形排列，工艺流程如图 2-5-12 所示。

(2)多级流程

当一级流程不能达到出水水质要求，将一级系统的产水再送入另一个反渗透系统，继续

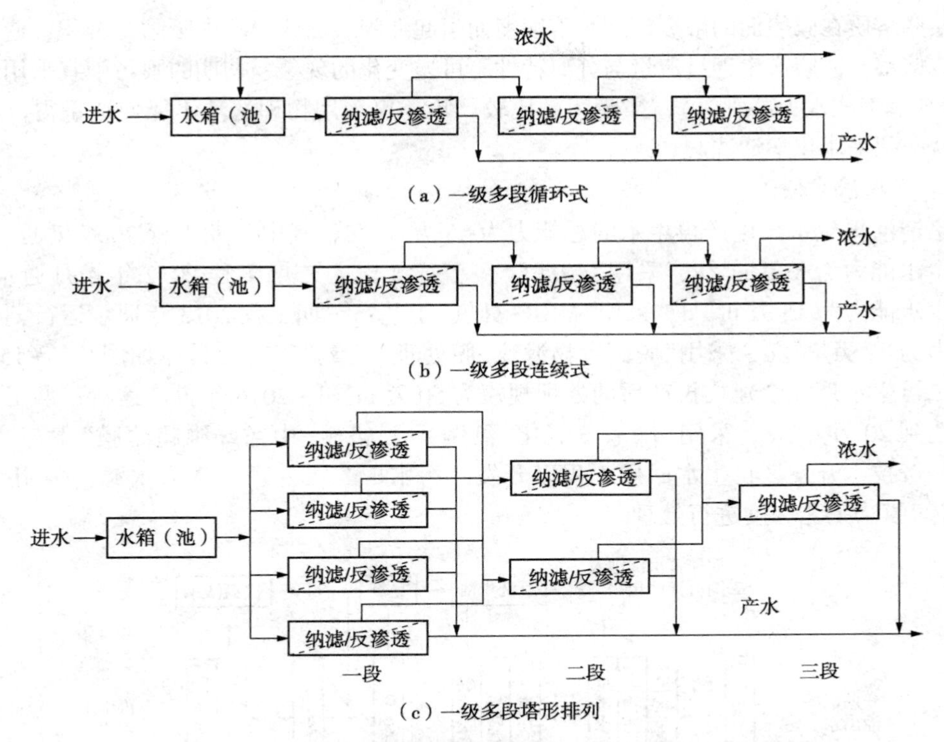

图 2-5-12　一级多段纳滤/反渗透膜分离系统的工艺流程示意图

分离直至得到合格产水，推荐的基本工艺流程如图 2-5-13 所示。膜组件的排列形式可分为串联式和并联式。

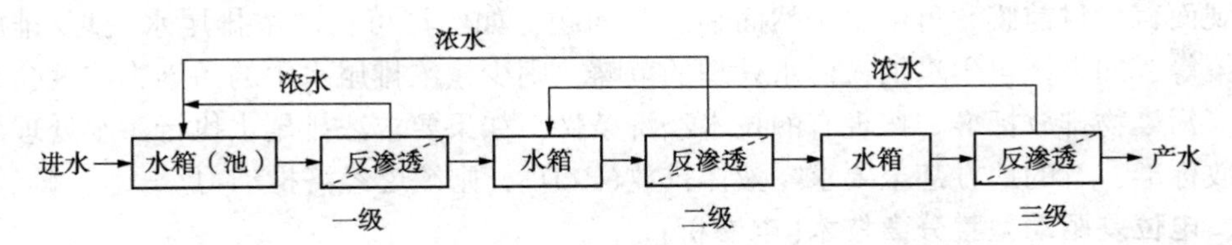

图 2-5-13　多级纳滤/反渗透膜分离系统的工艺流程示意图

4. 浓水的处理

膜分离过程产生的浓水可并入污水生化处理系统，也可与化学清洗废水、深层介质过滤器的反冲洗废水一并进行收集处理。浓水处理排放应符合国家或地方污水排放标准的规定，推荐的处理工艺流程如图 2-5-14 所示。

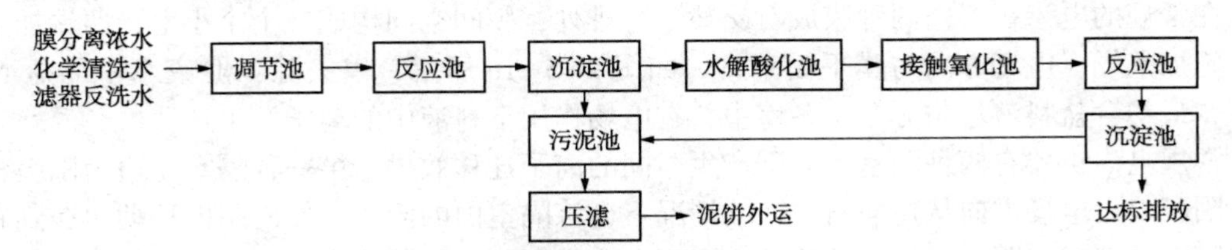

图 2-5-14　膜分离浓水处理的代表性工艺流程图

5. 膜污染与清洗

膜污染是指污水中的微粒、胶体粒子或溶质分子与膜发生物理化学相互作用或因浓差极化，使某些溶质在膜表面的浓度超过其溶解度而引起在膜表面或膜孔内吸附、沉积，造成膜孔径变小或堵塞，使膜产生透过流量与分离特性不可逆变化的现象。初期的膜污染宜采用物理清洗（如脉冲曝气式水力冲刷等），当膜污染比较严重、仅采用物理清洗不能使通量得以有效恢复时，就必须采用化学清洗。

6. 工程应用案例

北京清河再生水厂生产再生水的总能力为55万m^3/d，其中一期工程2006年通水运行，生产再生水能力为8万m^3/d，采用“超滤膜+臭氧”工艺；二期工程2012年4月通水运行，生产再生水能力为15万m^3/d，采用“MBR+臭氧”工艺；三期工程2013年通水运行，生产再生水能力为32万m^3/d，采用“脱硝生物滤池+膜处理+臭氧”工艺，具体如图2-5-15所示。清河第二再生水厂完全建成投产后的处理规模为50万m^3/d，2016年投产运行一期工程的处理能力达到20万m^3/d，采用“厌氧氨氧化（红菌）+膜格栅+中空纤维超滤膜”工艺。此外，北京市经济技术开发区再生水回用工程以开发区污水厂二级处理出水为水源，采用“微滤+反渗透”双膜法工艺深度进行处理。

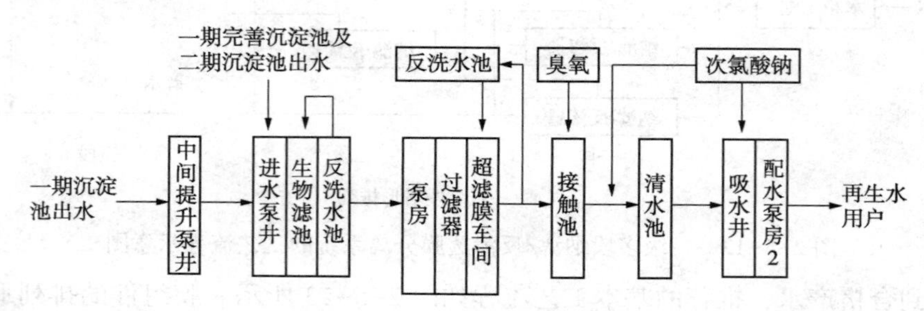

图2-5-15　北京清河再生水厂三期工程的工艺流程示意图

客观而言，目前膜滤再生水仍然面临一些问题，如经济可行的浓排尾水处理/排放、再生水政策等。如果把再生水纳入污水处理的范畴，则少量浓排尾水中的污染物浓度会超过污水处理厂污染物排放标准。按现有的技术经济条件，如果要求浓排尾水执行污水处理厂的污染物排放标准，有的地方甚至要求零液体排放（ZLD），则缺乏经济推动力。

四、电位差驱动型膜分离技术（电渗析）

1. 电渗析原理

电渗析是在直流电场作用下，以电位差为推动力，利用离子交换膜的选择渗透性，与膜电荷相反的离子透过膜，与膜电荷相同的离子则被膜截留，从而使料液中的离子发生定向移动，以达到脱除或富集电解质的目的。由于电荷有正、负两种，离子交换膜也有两种，只允许阳离子通过的膜称为阳膜，只允许阴离子通过的膜称为阴膜。

在常规的电渗析器内两种膜成对交替平行排列，膜间空间构成一个个小室，两端加上电极，施加电场，电场方向与膜平面垂直。如图2-5-16所示，以去除工业废水中的盐NaCl为例，最初含盐料液均匀分布于各室中，在电场作用下料液中的离子发生迁移。

常规电渗析器有两种隔室，分别产生不同的离子迁移效果。第一种隔室左边为阳膜，右边为阴膜。设电场方向从左向右，在此情况下，该隔室内的阳离子便向阴极移动，遇到右边的阴膜而被截留；阴离子往阳极移动，遇到左边的阳膜也被截留。而对于其相邻的两侧隔室而言，左侧隔室内的阳离子可以通过阳膜进入中间隔室，右侧隔室内的阴离子也可以通过阴膜进入中间隔室，这样中间隔室内的离子浓度增加，故称为浓缩室。第二种隔室左边为阴膜，右边为阳膜，在此室外的阴、阳离子都可以分别通过阴、阳膜进入相邻隔室，而其相邻

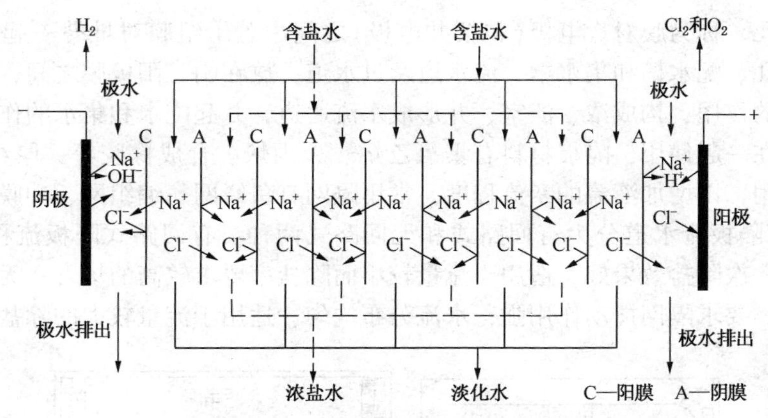

图 2-5-16　电渗析脱盐原理示意图

隔室内的离子则不能进入此室。这样室内离子浓度降低，故称为淡化室。由于两种膜交替排列，浓缩室和淡化室交替存在。若将两股物流分别引出，故为电渗析的两种产品。

2. 电渗析器的组成

电渗析器是利用电渗析原理进行脱盐或处理废水的设备。如图 2-5-17 所示，主要由膜堆、极区和夹紧机构三大部分构成。一对阴、阳极膜和一对浓、淡水隔板交替排列，组成最

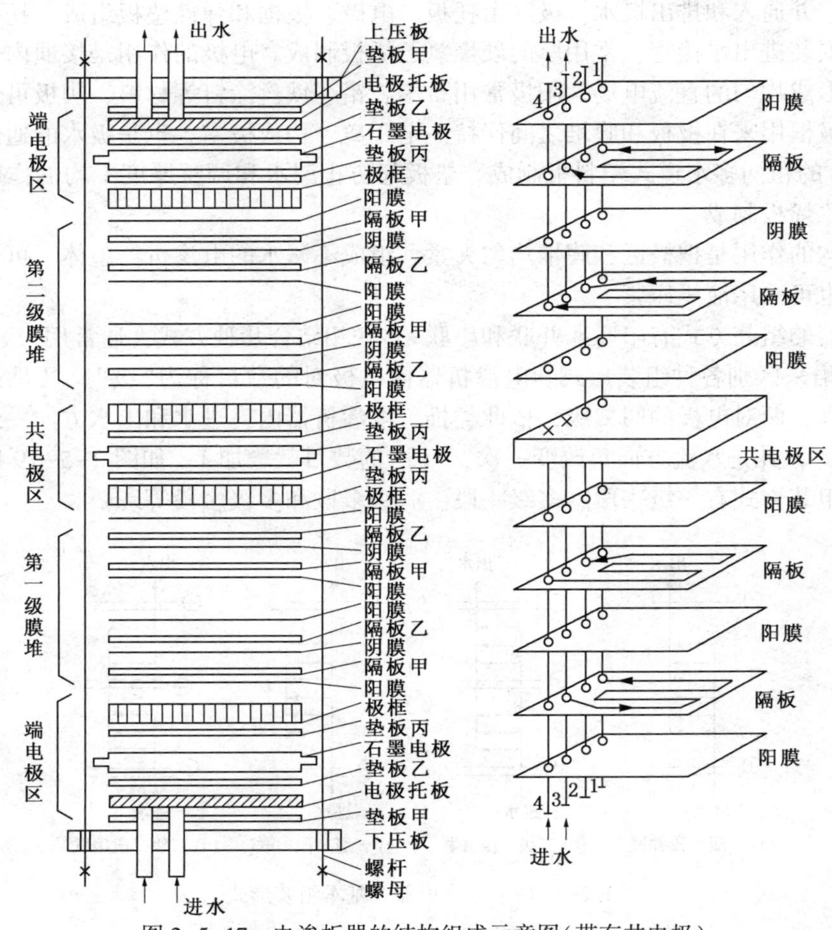

图 2-5-17　电渗析器的结构组成示意图(带有共电极)

基本的脱盐单元，称为膜对。电极(包括共电极)之间由若干组膜对堆叠一起即为膜堆。隔板上有进出水孔、配水槽和集水槽、流水道及过水道，放在阴、阳极膜之间，起着分隔和支撑阴、阳极膜的作用，构成浓、淡室，并形成水流通道，并起配水和集水的作用。隔板常和隔网配合黏结在一起使用，隔板材料有聚氯乙烯、聚丙烯、合成橡胶等，厚约1~2mm。隔网起着搅拌作用，以增加液流的紊流程度，常用隔网有鱼鳞网、编织网、冲膜式网等。如图2-5-18所示，隔板流水道分为有回路式和无回路式两种。有回路式隔板流程长、流速高、电流效率高、一次除盐效果好，适用于流量较小而除盐率要求较高的场合；无回路式隔板流程短、流速低，要求隔网搅动作用强，水流分布均匀，适用于流量较大的除盐系统。

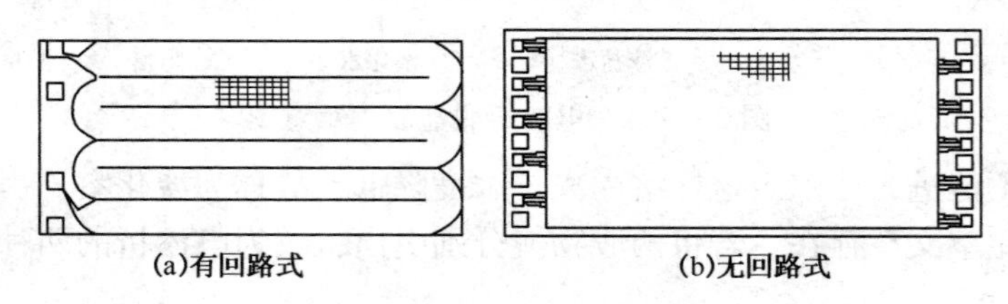

图2-5-18 隔板的结构示意图

极区的主要作用是为电渗析器供给直流电，将原水导入膜堆的配水孔，将淡水和浓水排出电渗析器，并通入和排出极水。极区由托板、电极、极框和弹性垫板组成。托板的作用是加固极板和安装进出水接管，常用厚的硬聚氯乙烯板制成。电极的作用是接通内外电路，在电渗析器内形成均匀的直流电场。阳极常用石墨、铅、铁丝涂钌等材料，阴极可用不锈钢等材料制成。极框用来在极板和膜堆之间保持一定距离，构成极室，也是极水的通道。极框常用厚5~7mm的粗网多水道式塑料板制成。垫板起防止漏水和调整厚度不均的作用，常用橡胶或软聚氯乙烯板制成。

夹紧机构的作用是把极区和膜堆均匀夹紧，组成不漏水的电渗析器整体。可采用压板和螺栓拉紧，也可采用液压压紧。

电渗析器的组装方式有串联、并联和串联-并联相结合几种方式，通常用“级”、“段”和“系列”等术语来区别各种组装形式。电渗析器内电极对的数目称为“级”，凡是设置一对电极的叫做一级，两对电极的叫二级，依此类推。电渗析器内，进水和出水方向一致的膜堆部分称为“一段”，凡是水流方向每改变一次，“段”的数目就增加1。如图2-5-19所示，一台电渗析器的组装方式有一级一段、多级一段、一级多段和多级多段等。

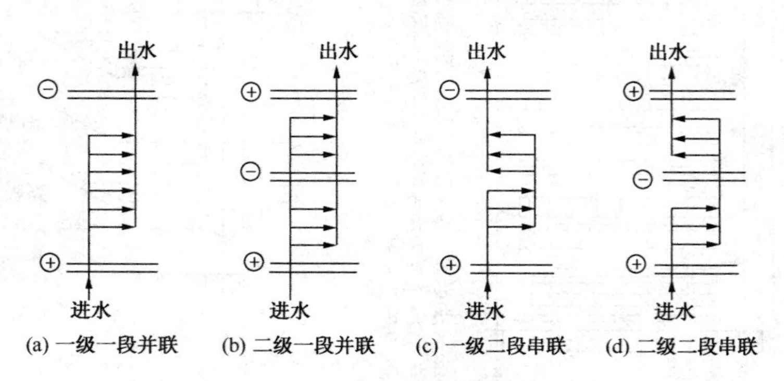

图2-5-19 电渗析器的基本组装形式

3. 电渗析技术的应用

电渗析法最先用于海水淡化制取饮用水和工业用水、海水浓缩制取食盐，以及与其他单元技术组合制取高纯水，后来在工业废水处理方面也得到较广泛的应用。目前，电渗析法在工业废水处理实践中应用最普遍的有：①处理碱法造纸废液，从浓液中回收碱，从淡液中回收木质素；②从含金属离子的废水中分离和浓缩重金属离子，然后对浓缩液进一步处理或回收利用；③从放射性废水中分离放射性元素；④从酸洗废液中制取硫酸及沉积重金属离子；⑤处理电镀废水和废液等，含 Cu^{2+}、Zn^{2+}、Ni^{2+} 等金属离子的废水都适宜用电渗析法处理，共中应用较广泛的是从镀镍废液中回收镍，许多工厂实践表明，用这种方法可以实现闭路循环。

五、浓度差驱动型膜分离技术

1. 扩散渗析

扩散渗析是使高浓度溶液中的溶质透过薄膜向低浓度溶液中迁移的过程，其推动力是薄膜两侧的浓度差。起渗析作用的薄膜，因其对溶质的渗透性有选择作用，故叫做半透膜。半透膜的渗析作用有三种类型：一是依靠薄膜中"孔道"的大小分离大小不同的分子或粒子；二是依靠薄膜的离子结构分离性质不同的离子，如阳离子交换膜、阴离子交换膜等；三是依靠薄膜的选择性分离某些溶解性物质。目前水处理中最常用的半透膜是离子交换膜，离子交换膜扩散渗析器除了没有电极以外，其他构造与电渗析器基本相同。

图 2-5-20 为回收酸洗钢铁废水中硫酸的扩散渗析器，在渗析槽中装设一系列间隔很近的耐酸阴离子交换膜，把整个槽子分隔成两组相互为邻的小室；阴膜之间放置隔板，根据流量确定并联的隔板数目。一组小室流入废水，一组小室流入清水，流向相反。由于扩散作用，废水中的氢离子、铁离子和硫酸根离子向清水中扩散，但由于阴离子交换膜的选择透过性，只有硫酸根离子较多地透过阴膜，进入清水。虽然当硫酸根离子透过薄膜时也挟带一些铁离子过去，但这是少量的，因此废水中的硫酸亚铁在一定程度上得到分离。

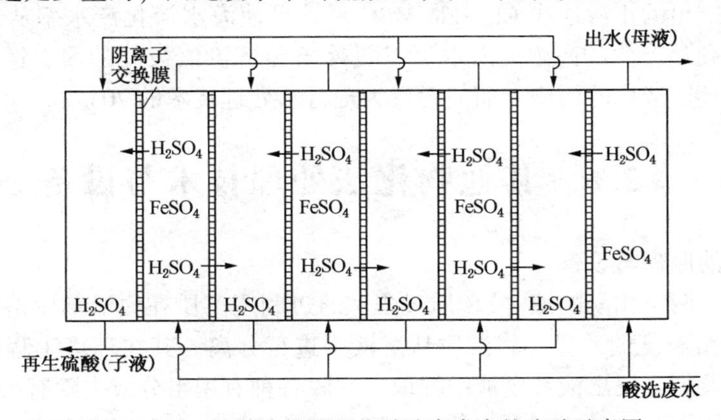

图 2-5-20 扩散渗析法回收酸洗废水中的硫酸示意图

扩散渗析的渗析速度与膜两侧溶液的浓度差成正比。只有当原液中硫酸的浓度不小于10%时，扩散渗析的回收效果才显著，才有实用价值。为了提高膜两侧的浓度差，水与原液在阴膜的两侧相向而流。为了便于操作、安全、节能，一般均采用高位液槽重力流。扩散渗析的特点是：渗析过程不耗电，运转费用省，但是分离效率低，设备投资较大。

2. 正渗透

正渗透是近年来发展起来的一种浓度驱动的新型膜分离技术，依靠选择性渗透膜两侧的渗透压差为驱动力自发实现水传递的膜分离过程，是目前膜分离领域的研究热点之一。相对于压力驱动型膜分离技术而言，该技术从本质上讲具有许多独特的优点，如低压甚至无压操作，因而能耗较低；对许多污染物几乎完全截留，分离效果好；低膜污染特征；膜过程和设备简单等。在许多领域，特别是在海水淡化、饮用水处理和废水处理中表现出很好的应用前景。

反渗透(RO)、正渗透(FO)和减压渗透(Pressure Retarded Osmosis，PRO)过程的工作原理如图 2-5-21 所示。在 RO 过程中，水在外加压力作用下从低化学势侧通过渗透膜扩散至高化学势侧溶液中($\Delta\pi<\Delta p$)，达到脱盐目的；正渗透过程刚好相反，水在渗透压作用下从化学势高的一侧自发扩散到化学势低的一侧溶液；减压渗透可认为是反渗透和正渗透的中间过程，水压作用于渗透压梯度的反方向，水的净通量仍然是向浓缩液方向。

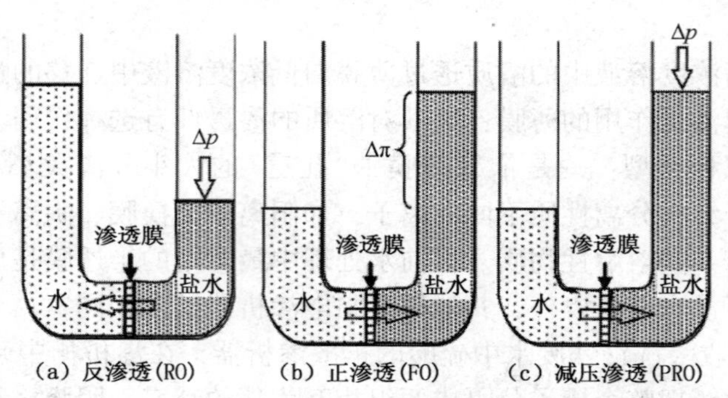

图 2-5-21　反渗透、正渗透和减压渗透的工作原理示意图

早期关于正渗透过程的研究均采用反渗透复合膜，膜通量普遍较低，主要原因是复合膜材料的多孔支撑层产生了内浓差极化现象，大大降低了渗透过程的效率。美国 Oasys Water 公司拥有的正渗透膜技术，可以实现低成本浓盐海水淡化处理和工业废水零排放。以海水淡化为例，该公司推出的正渗透膜 ClearFlo MBC 系统可使海水淡化产水率从现行技术的 40% 提升至 85%，淡化后产生的高浓度海水可以提炼出经济价值极高的溴、镁、钾等元素，减少高盐度海水对环境造成的污染，而能耗仅为现行水处理技术的 70%。

§2.6　其他物化法处理技术与设备

一、萃取法的原理与设备

萃取操作属于两液相间的液-液传质过程，通过利用溶质在原溶剂中溶解度与在新加入溶剂(萃取剂)中溶解度的差异，将溶质从溶液中进行分离。其在环境工程领域的应用主要是从废渣、污泥及烟尘浸出液和废液中提取、回收各种有用组分或去除有害组分，以达到消除污染、综合利用资源的目的。在多数情况下，若被提取组分在废渣和废液中是低浓度或微量的，此时萃取技术的优越性更加突出。

1. 萃取原理

如图 2-6-1 所示，原料液中含有溶质 A 和溶剂 B，为使 A 与 B 尽可能地分离完全，需合理选择一种溶剂即萃取剂 S。萃取过程的基本条件是萃取剂 S 应对料液中的溶质 A 有尽可能大的溶解度，而与料液中的溶剂 B 互不相溶或仅少量互溶。因此，当萃取剂 S 与料液充分混合并静置分离后就成为两个液相，其中一个以萃取剂 S 和溶质 A 为主的相称为萃取相

E，而另一以溶剂 B 为主的相为萃余相 R。当萃取相 E 和萃余相 R 达到相平衡时，则为一个理论级。经一个或多个理论级处理，就可以使 A 和 B 得到较好的分离。再经蒸馏、蒸发等办法处理萃取相 E，就可以得到产品 A 并回收萃取剂 S。当被萃物为溶液时称为液液萃取，当被萃物为固体时称为固体萃取(浸取)。

工业废水处理中的萃取工艺过程如图 2-6-2 所示，整个过程包括三个工序：①混合——把萃取剂 S 与废水进行充分接触，使溶质 A 从废水中转移到萃取剂中去；②分离——使萃取相 E 与萃余相 R 分别分离；③回收——从萃取相 E 中回收萃取剂 S 和溶质 A。

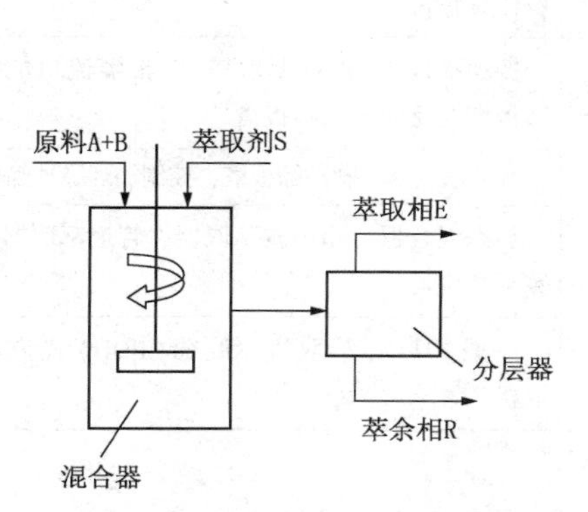

图 2-6-1　萃取过程原理示意图

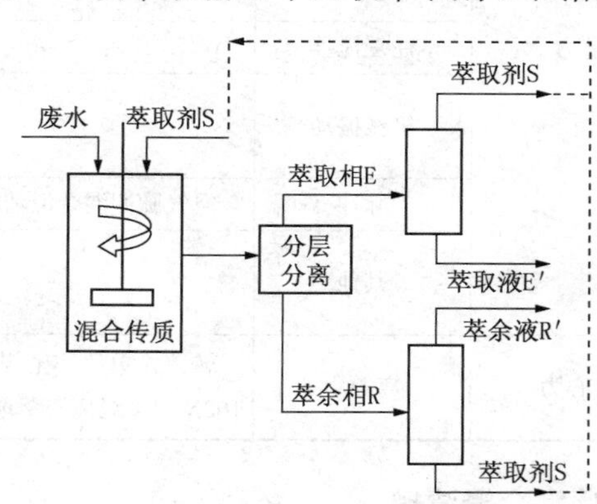

图 2-6-2　萃取工艺过程示意图

根据萃取机理的不同，萃取过程大致分为简单分子萃取、中性溶剂络合萃取、离子缔合萃取(或螯合萃取)和协同萃取等类型；根据萃取剂 S 与废水接触方式的不同，萃取作业可分为间歇式和连续式两种；根据两相接触次数的不同，萃取流程可分为单级萃取和多级萃取两种，后者又分为“错流”与“逆流”两种方式。

最常用的是多级逆流萃取流程，该过程将多次萃取操作串联起来，实现废水与萃取剂 S 的逆流操作。在萃取过程中，废水和萃取剂 S 分别由第一级和最后一级加入，萃取相 E 和萃余相 R 逆向流动，逐级接触传质，最终萃取相 E 由进水端排出，萃余相 R 从萃取剂 S 加入端排出。多级逆流萃取只在最后一级使用新鲜的萃取剂 S，其余各级都是与后一级使用过的萃取剂 S 接触，因此能够充分利用萃取剂 S 的萃取能力，充分体现了逆流萃取传质推动力大、分离程度高、萃取剂用量少的特点，因此也称为多级多效萃取或简称多效萃取。

2. 常规萃取设备及其选择

液液萃取设备的基本条件是：必须使两相间具有很大的接触面积；分散两相必须进行相对流动以实现两相逆流和液滴聚合与两相分层。常规萃取设备的类型很多，其分类如表 2-6-1所示，最典型的分类方式是按两液相的接触方式分为逐级接触式和连续接触式(或微分接触)两大类，按照构造特点和形状分为组件式和塔式，按照是否输入机械能分为重力流动设备、输入机械能量萃取设备。

(1) 逐级接触式萃取设备(Stepwise contact extractor)

逐级接触式萃取设备既可用于间歇操作，又可用于连续操作。在操作过程中要求每一级为两相提供良好的接触，然后使两相分层而得到相当完全的机械分离。混合澄清槽和筛板萃取塔是两种常用的逐级接触式萃取设备。

表 2-6-1　常规萃取设备的分类

产生逆流的方式	相分散的方法	逐级接触设备	连续接触设备
重力	重力	筛板塔	喷淋塔、填料塔、挡板塔
	旋转搅拌	逐级混合澄清槽、立式混合澄清槽、偏心转盘塔(ARDC)	转盘塔(RDC)、带搅拌的填料萃取塔(Scheibel 萃取塔)、带搅拌的挡板萃取塔(Oldshue-Rushton 萃取塔)、带搅拌的多孔板萃取塔(Kuhni 萃取塔)、淋雨桶式萃取器
	往复搅拌	—	往复筛板塔
	机械振动	—	振动筛板塔(Karr 萃取塔)、带溢流口的振动筛板塔、反向振动筛板塔
	脉冲	空气脉冲混合澄清槽	脉冲填料塔、脉冲筛板塔、控制循环脉冲筛板塔
	其他	—	静态混合器、超声波萃取器、管道萃取器、参数泵萃取器
离心力	离心力	转筒式单级离心萃取机、LX-168N 型多级离心萃取机	卢威式离心萃取机、波德(POD)式离心萃取机

① 混合澄清槽

混合澄清槽包括混合器和澄清器两部分，混合器内设有搅拌装置，使其中一相破碎成液滴而分散于另一相中，以加大相际接触面积并提高传质速率。搅拌类型可以是机械搅拌，也可以采用气流搅动或借助于物料本身流动的动能进行搅动。两相在混合器内停留一段时间后流入澄清器，在澄清器中轻、重两相依靠密度差分离成萃取相和萃余相。在生产实践中，混合澄清槽可以单级使用，也可以多级组合使用。图 2-6-3 是混合澄清槽的某一级流程示意图。

混合澄清槽操作可靠，两相流量比可在大范围内改变；两相能充分混合和分离，每级效率很高，一般单级效率在 80%以上，近乎一个平衡级，可从小试简便地放大。但由于每一级内部都设有搅拌装置，流体在级间的流动需用泵输送，因而设备费用和操作费用均较高。另外，对于水平排列的多级混合槽装置，还有占地面积较大的缺点。图 2-6-4 是一种称为 Denver 混合澄清槽的单元装置。

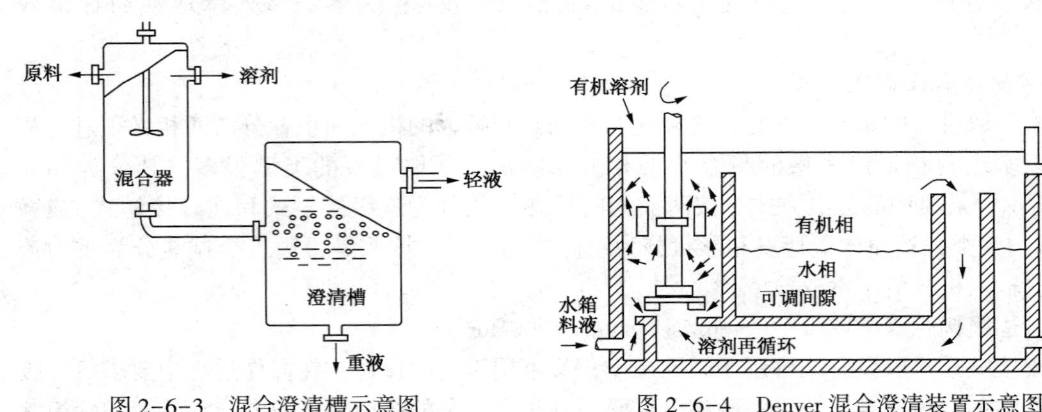

图 2-6-3　混合澄清槽示意图　　图 2-6-4　Denver 混合澄清装置示意图

② 筛板萃取塔

筛板萃取塔的结构如图 2-6-5 所示，其结构类似于气-液传质设备中的筛板塔，塔内设有一系列筛板。轻、重两相依靠密度差，在重力作用下进行分散和逆向流动。若以轻相为分散相，则其通过塔板上的筛孔而被分散成细小的液滴，与塔板上的连续相(重相)充分接触进行传质。穿过连续相的轻相液滴逐渐凝聚，并聚集于上层筛板的下侧。由于重度差，轻相经筛孔重新分散，液滴表面得到更新，上升再集聚，如此重复流至塔顶分层后引出。重相则横向流过塔板，在筛板上与分散相液滴接触传质后，由降液管流至下一层塔板，如图 2-6-5(a)所示。若以重相为分散相，则重相穿过塔板上的筛孔，分散成液滴落入连续的轻相中进行传质，穿过轻液层的重相液滴逐渐凝聚，并聚集于下层筛板的上侧，轻相则连续地从筛板下侧横向流过，从升液管进入上层塔板，如图 2-6-5(b)所示。可见，每一块筛板及板上空间的作用相当于一级混合澄清器。

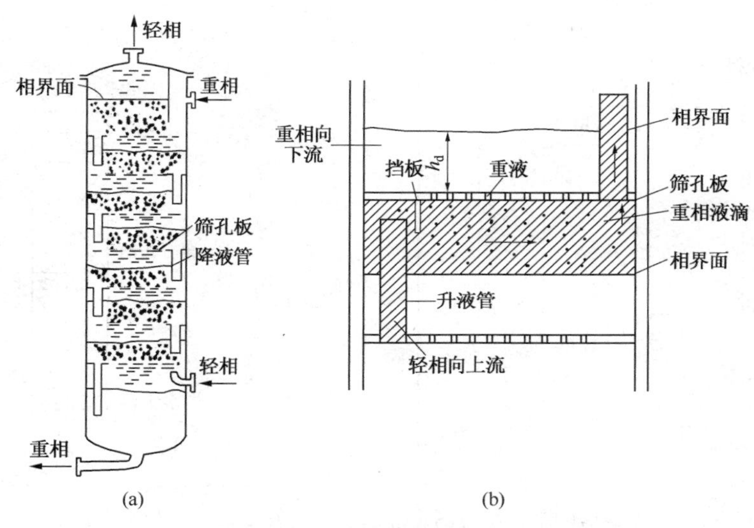

图 2-6-5　筛板萃取塔的结构示意图

筛板的孔径较小，一般为 ϕ3～8mm，对于界面张力稍高的物系，宜取较小孔径以生成较小的液滴。筛孔大都按正三角形排列，间距常取为 3～4 倍孔径，板间距在 150～600mm 之间，工业规模的筛板萃取塔其间距取 300mm 左右为宜。

由于塔板的存在，筛板萃取塔减小了轴向返混；同时由于分散相的多次分散和聚集，使液滴表面不断更新，传质效率比填料塔有所提高；而且具有结构简单、生产能力大、对界面张力较低的物系效率较高等优点。但对界面张力高的料液难以实现有效分离，效率很低。

(2) 连续接触式萃取设备(Differential contact extractor)

连续接触式萃取设备要求分散相在连续相中通过时有良好的两相接触，但一直到接触的最后才进行分层，因而在接触区减少返混成为重要的考虑因素。连续接触式萃取设备有喷淋塔、填料萃取塔、脉冲填料柱、脉冲筛板塔、振动筛板塔(Karr 萃取塔)、转盘塔、离心萃取器等多种类型。

① 喷淋塔

喷淋塔又称喷洒塔，是最简单的萃取塔，轻、重两相分别从塔的底部和顶部进入。图 2-6-6(a)是以重相为分散相，则重相经塔顶的分布装置分散为液滴进入连续相，在下流过程中与轻相接触进行传质，降至塔底分离段处凝聚形成重液层排出装置。连续相即轻相，由下部进入，上升到塔顶，与重相分离后由塔顶排出。图 2-6-6(b)是以轻相为分散相，则轻相经塔底的分布装置分散为液滴进入连续相，在上升中与重相接触进行传质，轻相升至塔顶分离段处凝聚形成轻液层排出装置。连续相即重相，由上部进入，沿轴向下流与轻相液滴接触，至塔底与轻相分离后排出。

喷淋塔结构简单，塔体内除液体分布组件外，无其他内部构件。缺点是轴向返混严重，传质效率极低，因而仅仅适用于仅需一、二个理论级，容易萃取的物系和分离要求不高的场合。

② 填料萃取塔

填料萃取塔的结构与气-液传质所用的填料塔基本相同。如图 2-6-7 所示，塔内装有适宜的填料，轻相由底部进入，顶部排出；重相由顶部进入，底部排出。萃取操作时，连续相充满整个塔中，分散相由分布器分散成液滴进入填料层，在与连续相逆流接触中进行传质。

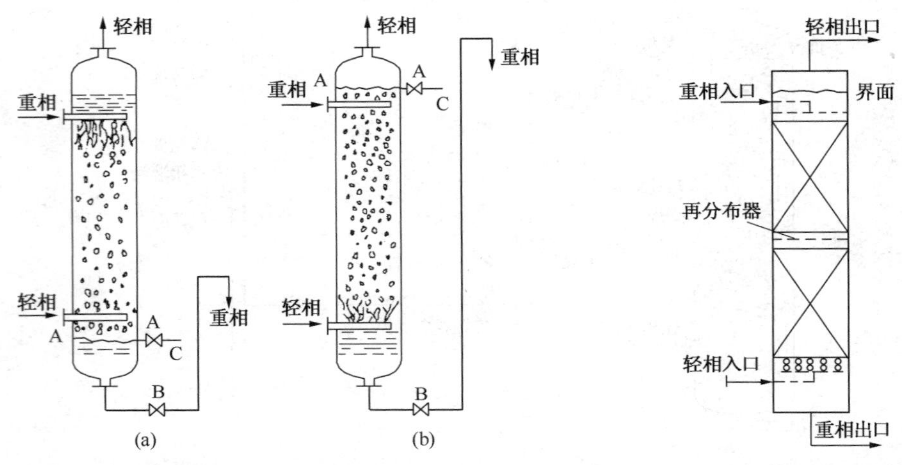

图 2-6-6　喷淋塔的结构示意图　　图 2-6-7　填料萃取塔的结构示意图

填料层的作用除可以使液滴不断发生凝聚与再分散，以促进液滴的表面更新之外，还可以减少轴向返混。常用的填料有拉西环和弧鞍填料。

填料萃取塔结构简单，操作方便，适合于处理腐蚀性料液，缺点是传质效率低，不适合处理有固体悬浮物的料液。一般用于所需理论级数较少(如 3 个萃取理论级)的场合。

③ 脉冲筛板塔

脉冲筛板塔也称液体脉动筛板塔，借助外力作用使液体在塔内产生脉动运动，其结构与气-液传质过程中无降液管的筛板塔类似。如图 2-6-8 所示，其结构分成三部分：塔两端直径较大部分分别为上澄清段和下澄清段，是轻、重液相分层的地方，从上部排出轻液，从下部排出重液；中间部分为两相传质段，其内上下排列着若干块穿孔筛板。

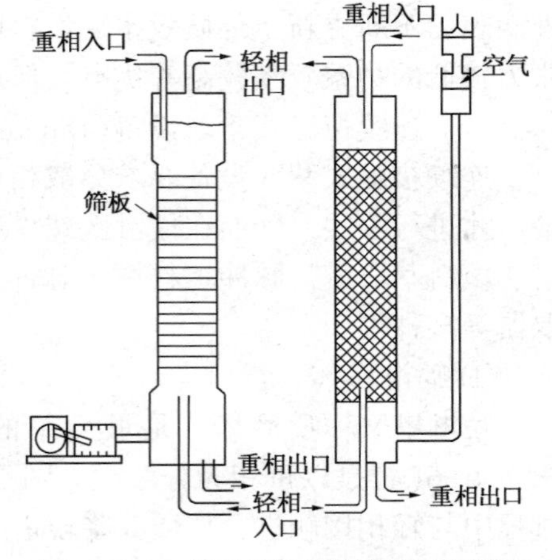

图 2-6-8　脉冲筛板塔的结构示意图

在塔的下澄清段装有脉冲管，萃取操作时，通过脉冲发生器(可以是往复活塞型、膜片型、风箱型、空气脉冲波型等)，使塔中物料产生频率较高(30~250 min^{-1})、冲程较小(6~25mm)的上下往复脉动。凭借此脉动，迫使液体经过筛板上的小孔，使分散相破碎成较小的液滴分散在连续相中，并形成强烈的湍动，使两相充分接触、混合，增大了传质界面和传质系数，因此分离效率较高。筛板的脉动频率和脉动振幅的大小一般由试验确定，如果频率过高、振幅过大，搅拌过于剧烈，则萃取剂被打得过碎，不能很好地与萃取相分离，也会影响萃取的正常操作。反之，如果脉动频率过低、脉动振幅过小，则萃取剂与料液混合不够充分，也会影响传质效率。无溢流脉冲筛板塔的板间距一般较小（50~70mm 左右），孔径只有 ϕ1.2~3mm，开孔率为 20%~25%左右；一般脉冲振幅的范围为 9~50mm，频率为 30~200min^{-1}。

脉冲筛板塔的突出优点在于塔内无需专门设置机械搅动或往复运动的构件，而脉冲的发生可以离开塔身，这样就易于解决防腐和放射问题，因此在原子能工业中应用较多。脉冲方式引入的外能可以促进两相接触传质，但使生产能力变低，消耗功率也较大，轴向混合也比无脉冲时有所加剧。

④ 往复筛板塔

如图 2-6-9 所示，往复筛板塔是将多层筛板按一定间距固定在中心轴上，筛板上不设溢流管，不与塔体相连。中心轴由塔顶的传动机构作往复运动，产生机械搅拌作用。筛板的孔径比筛板萃取塔的孔径略大，一般为 ϕ7~16mm。当筛板向上运动时，筛板上侧的液体经筛孔向下喷射；反之，当筛板向下运动时，筛板下侧的液体向上喷射。为防止液体沿筛板与塔壁之间的环形缝隙走短路，应每隔若干块筛板在塔内壁设置一块环形挡板。

往复筛板塔可较大幅度地增加相际接触面积和提高液体的湍动程度，传质效率高，流体阻力小，操作方便，生产能力大，是一种性能较好的萃取设备。在生产中应用日益广泛，但由于机械方面的原因，塔的直径受到一定限制，目前还不适应大型工业生产的需要。

⑤ 转盘萃取塔

转盘萃取塔也是一种具有外加能量的萃取塔，其基本结构如图 2-6-10 所示，在塔体内壁安装有许多间距相等、固定在塔体上的环形挡板，称为固定环。固定环将塔内分隔成若干个小空间。在每一对固定环形挡板的中间位置，均有一块固定在中央旋转轴上的圆盘，称为转盘。转盘直径一般均比固定环的开孔直径稍小，以便于拆卸。

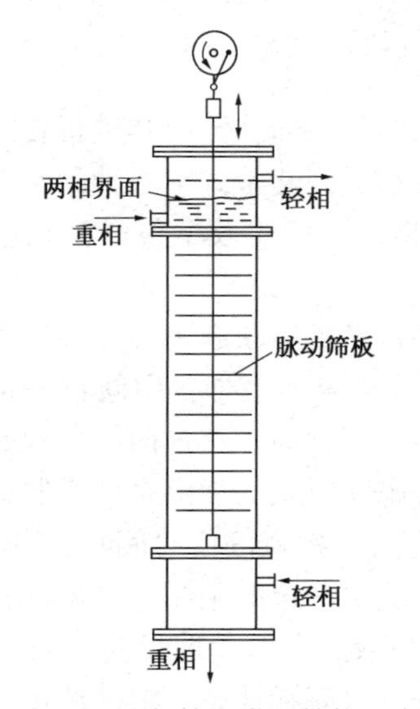

图 2-6-9　往复筛板塔的结构示意图

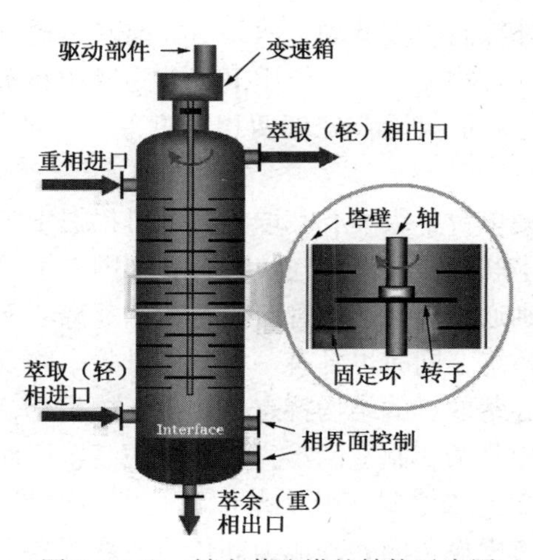

图 2-6-10　转盘萃取塔的结构示意图

萃取操作时，转盘随中心轴高速旋转，带动连续相和分散相一起转动，液流中产生高的速度梯度和剪应力。剪应力一方面使连续相产生强烈漩涡，另一方面使分散相破裂成许多小液滴。这样就增加了分散相的截流量和相际接触面积。同时，由于转盘和固定环薄而光滑，所以在液体中没有局部的高剪应力点，液滴的大小比较均匀，有利于两相的分离。由于塔内被固定环分为各个区间，转盘带动引起的漩涡大体上被限于此区间，从而减小了轴向返混，因此转盘具有较高的分离效率。

转盘塔有许多结构和操作参数影响塔的分离效率和生产能力，对于具体生产条件必须进行合理调整。这些参数中最重要的是转盘转速，它直接涉及输入的能量，应该进行细心调节，一些结构参数通常在下列范围：塔径/转盘直径为 1.5~2.5，塔径/固定环开孔直径为 1.3~1.6，固定环开孔直径/转盘直径为 1.15~1.5，塔径/盘间距为 2~8。一般认为，凡是溶质不难于萃取、在萃取要求不太高而处理量又较大的情况下，采用转盘塔较为有利。

⑥ 离心萃取机

离心萃取机借助高速旋转所产生的离心力，使密度差很小的轻重两相快速分离。离心萃取机的类型较多，按两相接触方式可分为逐级接触式和连续接触式两类。逐级接触式离心萃取机相当于在离心分离器内加上搅拌机构，形成单级或多级的离心萃取系统，两相作用过程与混合澄清槽相似；而在连续接触式离心萃取机中，两相接触方式则与连续逆流萃取塔类似。

波德式离心萃取机又称为离心薄膜萃取器，简称 POD 离心萃取器，是一种连续接触式萃取设备。如图 2-6-11 所示，主要由一水平空心转轴和随其高速旋转的圆柱形转鼓以及固定外壳组成，转鼓由一多孔的长带卷绕而成，转速一般为 2000~5000 r/min，产生的离心力为重力的几百至几千倍。操作时，在带有机械密封组件的套管式空心转轴两端分别引入重液和轻液，重液引入转鼓的中心，轻液引到转鼓的外缘，在离心力的作用下，重相从中心向外流动，轻相则从外缘向中心流动，两相沿径向逆流通过螺旋带上的各层筛孔分散并进行相际传质。传质后的混合物在离心力作用下又分为轻相和重相，并分别引到套管式空心轴的两端流出。波德式离心萃取机适合处理两相密度差很小或易乳化的物系，传质效率很高，理论级数可达 3~12。

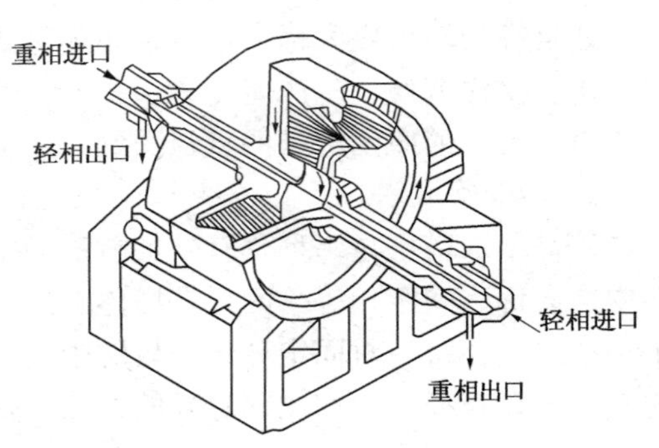

图 2-6-11　波德式离心萃取机的结构示意图

使用单台单级离心萃取机时，可根据工艺要求把多台设备串联起来形成多级萃取。经常使用的串联方式是级间连接管式，如图 2-6-12 所示，除首末两级外，中间每一级的轻重相出口分别通过级间连接管流进与其相邻离心萃取机的轻重相入口。首末两级各有一相液体离开串联系统，同时也各有一相液体进入串联系统，这种串联方式的优点是外壳制造简单。

离心萃取机的结构特点是：设备体积小，生产强度高，物料停留时间短，分离效果好。但其结构复杂，制造困难，操作费用高，因而在应用上受到一定的限制。

表 2-6-2 总结了几类萃取设备的主要优点和应用领域。在对萃取设备进行比较时，应该全面考虑设备的处理能力和传质效率等各个方面，并且只有在体系、溶液浓度、分散相的选择和相比等条件相同时，这种比较才有意义。

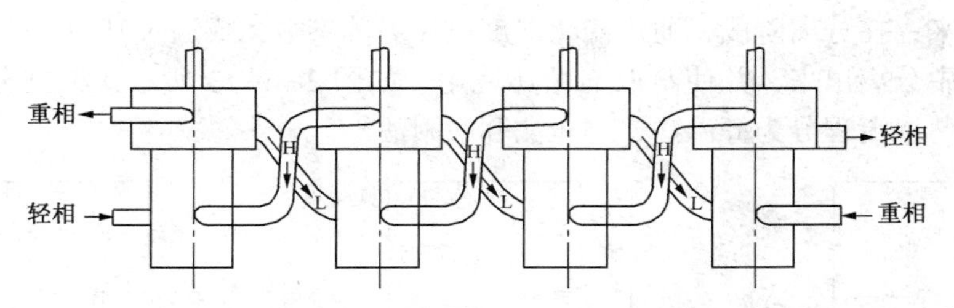

图 2-6-12　离心萃取机的串联方式(级间连接管式)示意图

表 2-6-2　几类萃取设备的优缺点和应用领域

设备分类		优点	缺点	应用领域
混合澄清槽		两相接触好，级效率高，处理能力大，操作弹性好；在很宽的范围内均可稳定操作；放大设计方法比较可靠	滞留量大，需要的厂房面积大；投资较大；级间可能需要用泵输送流体	核化工，湿法冶金，化肥工业
无机械搅拌的萃取塔		结构最简单，设备费用低；操作和维护费用低；容易处理腐蚀性物料	传质效率低，需要高的厂房；对密度差小的体系处理能力低；不能处理流比很高的情况	石油化工，化学工业
机械搅拌萃取塔	脉冲萃取塔	理论级当量高度(HETS)低，处理能力大，柱内无运动部件，工作可靠	对密度差小的体系处理能力较低；不能处理流动比很高的情况，处理易乳化的体系有困难，放大设计方法比较复杂	核化工，湿法冶金，石油化工
	转盘塔	处理量大，效率较高，结构较简单，操作和维修费用较低		石油化工，湿法冶金，制药工业
	振动筛板塔	HETS 低，处理能力大，结构简单，操作弹性好		制药工业，石油化工，湿法冶金，化学工业
离心萃取机		能处理两相密度差小的体系，接触时间短，传质效率高；滞留量小，溶剂积压量小	设备费用大，操作费用高，维修费用大	制药工业，核化工，石油化工

3. 超临界萃取技术与设备

超临界流体萃取(Supercritical Fluid Extraction，SFE)简称超临界萃取，利用超临界流体作为萃取剂，是近些年来迅速发展起来的一种新型萃取分离技术。

(1) 超临界流体萃取过程的特征

超临界流体具有良好的溶解能力和选择性，且溶解能力随压力的增加而增大，例如 CO_2 在 45℃、7.6MPa 时不能溶解萘，而当压力达到 15.2MPa 时，每升可溶解萘 50g。因此利用超临界流体作为萃取剂，在高密度(低温、高压)条件下萃取分离物质，然后稍微提高温度或降低压力，即可将萃取剂与待分离的物质分离出来。

所选用超临界流体与被萃取流体的化学性质越相似，对其溶解能力就越大。一般选用化学性质稳定、无腐蚀性、其临界温度不过高或过低的物质作为超临界流体，常见的超临界流体有 CO_2、NH_3、C_2H_4、C_3H_3、H_2O 等。由于 CO_2 的临界温度为 31℃、临界压力为 7.4MPa，萃取条件较为温和，萃取后可以回收，不会造成溶剂残留，被称为“绿色溶剂”，因而目前使用最广。

(2) 超临界流体萃取的典型流程

超临界流体萃取过程包括萃取阶段和分离阶段。在萃取阶段，超临界流体将所需组分从原料中提取出来；在分离阶段，通过变化温度或压力等参数，或通过其他方法，使萃取组分从超临界流体中分离出来，并使萃取剂循环使用。如图 2-6-13 所示，根据分离方法不同，可以把超临界萃取流程分为等温法、等压法和吸附法。

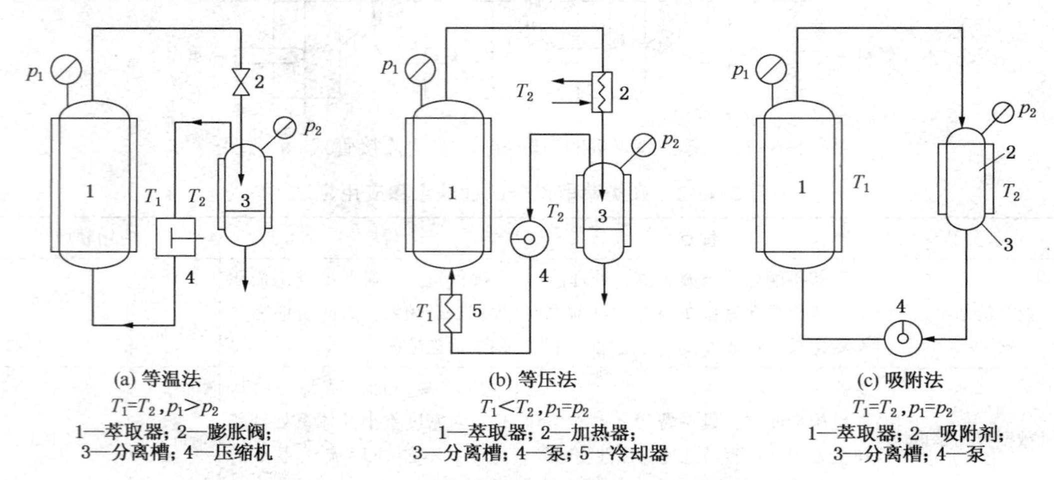

图 2-6-13　超临界流体萃取的典型流程示意图

等温法是通过变化压力使萃取组分从超临界流体中分离出来，含有溶质的超临界流体经过膨胀阀后压力下降，其溶质的溶解度下降，溶质析出，由分离槽底部取出，充当萃取剂的气体则经压缩机送回萃取器循环使用。等压法是利用温度的变化来实现溶质与萃取剂的分离，含溶质的超临界流体经加热升温使萃取剂与溶质分离，由分离槽下放取出溶质。作为萃取剂的气体经降温后送回萃取器使用。吸附法是采用可吸附溶质而不吸附超临界流体的吸附剂使萃取物分离。

（3）超临界流体萃取技术的应用

从 20 世纪 50 年代初起，SFE 先后在石油化工、煤化工、精细化工等领域得到应用。在石油化工领域主要用于渣油脱沥青、重烃油加氢转化、废油回收利用等；SFE 在食品工业中的应用发展迅速，如啤酒花有效成分萃取、从天然香料植物或果蔬中提取天然香精和色素及风味物质、从动植物中提取动植物油脂、从咖啡豆或茶叶中脱除咖啡因、烟草脱尼古丁、奶脂脱胆固醇、食品脱臭等。

将 SFE 技术用于环境保护特别是在“三废”处理及环境监测上有很大潜力，针对污染物处理过程的不同，有直接采用 SFE 萃取污染物的一步法；有先用活性炭或离子交换树脂等吸附剂吸附污染物，再用超临界流体再生吸附剂的二步法；也有通过超临界化学反应直接将污染物分解成小分子无毒组分的反应分离法。一步法萃取的物质已有高级脂肪醇、芳香族化合物、有机氯化物甚至重金属物质等，处理的物料不仅有气体、液体，也有固体物料。

二、吹脱法和汽提法的原理与设备

1. 基本原理

吹脱法和汽提法都用于脱除水中的溶解气体和某些挥发性物质，即将气体（载气）通入水中，使之相互充分接触，使水中的溶解气体和挥发性物质穿过气液界面，向气相转移。常用空气作载气，简称为吹脱或气提（Air stripping）；当用水蒸气作载气时，简称为汽提（Stream stripping）。

吹脱和汽提过程的理论依据是气-液相平衡和传质速度理论。根据相平衡原理，一定温度下溶解有某气体组分的液体混合物中，每一组分都有一个平衡分压；当与液相接触的气相中该气体组分的平衡分压趋于零时，由于气相平衡分压远远小于液相平衡分压，则原本溶解的气体组分将由液相转入气相。另一方面，吹脱和汽提过程属于气-液界面传质过程，其推动力为污水中某溶解气体的实际浓度与平衡状态下该组分气体气相分压对应的液相浓度（溶解度）之差，可通过提高水温、使用新鲜载气或负压操作、增大气-液接触面积和延长接触时间等手段来增大传质速度。

2. 吹脱设备及其工程应用

污水中常常含有大量有毒有害的溶解气体，如 CO_2、H_2S、HCN、CS_2 等，有的损害人体健康，有的腐蚀管道、设备，为了脱除上述气体而常使用吹脱法。吹脱法既可以脱除原存于污水中的溶解气体，也可以脱除化学转化而形成的溶解气体，此时称为转化吹脱法。如废水中的硫化钠和氰化钠是固态盐在水中的溶解物，首先将其在酸性条件下转化为 H_2S 和 HCN，然后经过曝气吹脱将其以气体形式脱除。在用吹脱法处理污水过程中，污染物不断地由液相转入气相，易引起二次污染，为此可用以下三类方法进行防止：①将中等浓度的有害气体导入炉内燃烧；②高浓度的有害气体回收利用；③符合排放标准时，可以向大气排放。

吹脱法处理工业废水的实例较多，例如：石灰石中和硫酸废水时出水中的 CO_2、炼油厂从冷凝器排出废水中的 H_2S、金属选矿厂废水中的 HCN 等，都可用吹脱法去除。在城市污水的深度处理方面，则主要用于二级处理出水中氨氮的去除。当然，可以设法将载气细化成微小气泡，然后在高效混合反应器中与待处理的污水混合，从而大幅度提高溶解气体的脱除速率。目前的初步成功案例是油田高含 CO_2 酸性采出水的空气预氧化处理，CO_2 脱除率大于65%，还可同时解决污水水质改性、预氧化脱硫脱铁等问题。吹脱设备类型很多，经常使用吹脱池、吹脱塔。

（1）吹脱池

吹脱池可分为自然吹脱池、强化吹脱池，后者较为常用。自然吹脱池是指依靠池面液体与新鲜空气自然接触而脱除污水中的溶解气体，当水温较高、所含溶解气体极易挥发，且在风速较大、有开阔地段和不产生二次污染的场合下可以使用。强化吹脱池是指为了强化吹脱过程，采用向池内鼓入新鲜空气或在池面以上安装喷水管。鼓气式吹脱池（鼓泡池）是典型的强化吹脱池，一般在池底部安设曝气管，使污水中的溶解气体如 CO_2 等向气相转移，从而得以脱除。

鼓泡池的使用效果可以用某维尼纶厂的实例加以说明，该厂吹脱处理的废水是含有大量 CO_2 气体的滤液（来自石灰中和酸性废水），pH=4.2~4.5。鼓泡池水深 1.5m，采用的曝气强度为 25~30m^3/(m^2·h)，气水比为5，吹脱时间为30~40min；采用穿孔管曝气，孔眼直径为 ϕ10mm，间距50mm。鼓泡池采用三廊道结构，在每个廊道（宽1m，长6m）一侧的底部安装曝气管。处理后废水中 CO_2 的含量由原来的700mg/L降到120~140mg/L，pH值由4.2~4.5上升至6.0~6.5，达到排放标准。

（2）吹脱塔

为提高吹脱效率、回收有用气体、防止二次污染，常采用填料塔、板式塔等塔式吹脱设备（简称吹脱塔），这里仅介绍填料塔。

填料塔内装设有一定高度的填料层，填料可分为散堆填料、规整填料和毛细管填料。工作过程中液体从塔顶喷下，在填料表面呈膜状向下流动；气体由塔底送入，自下而上与液膜逆流接触，完成传质过程。填料塔的结构如图2-6-14所示，有关其内部的详细结构请参见本书§6.1。填料塔的优点是结构简单，空气阻力小；缺点是传质效率不够高，设备比较庞大，当污水中固体悬浮物含量高时填料容易堵塞。对于具体的污水处理工程而言，填料塔的设计计算一般应通过小型试验以取得必要的设计数据。

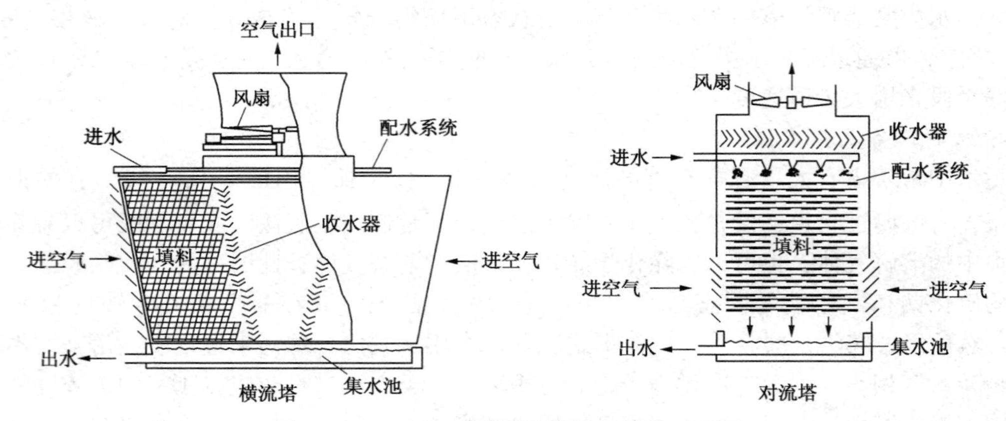

图2-6-14　氨气吹脱用填料塔的结构示意图

(3) 工程应用

吹脱法处理工业废水的实例较多，例如：石灰石中和硫酸废水时出水中的CO_2、化肥厂废水/垃圾渗滤液/石化/炼油厂等含氨氮废水(高浓度)，都可用吹脱法处理。吹脱法还成功用于去除地下水中的VOCs，也可用于工业废水中VOCs的去除，如图2-6-15所示，采用铝或不锈钢材质的填料塔，通常双塔并联，以备维护或清洗时交替使用。废水通过分布器从塔顶进入，由鼓风机出来的空气由塔底进入，塔顶有一个除雾器，以防止水被空气带出。塔顶被空气带出的VOCs去废气处理系统，一般用燃烧法、活性炭吸附法、高温分解法处理。

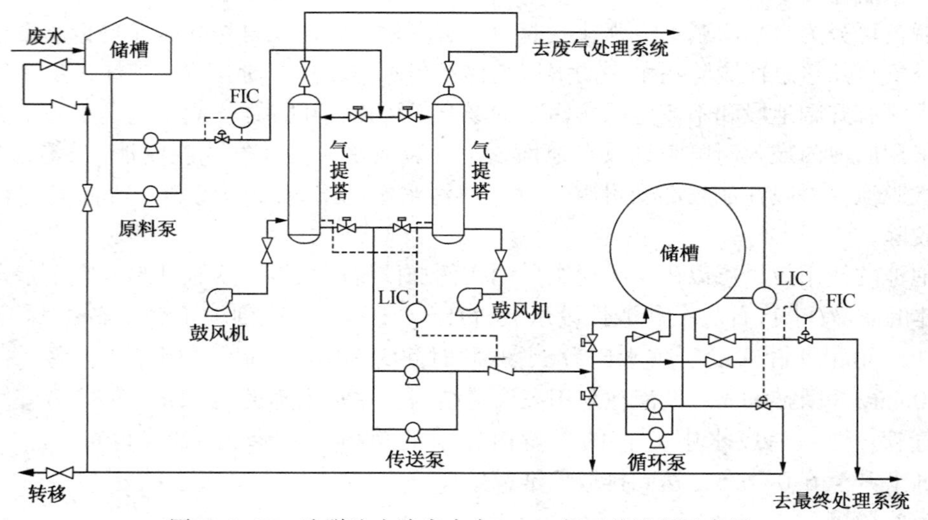

图2-6-15　吹脱法去除废水中VOCs的工艺流程示意图

LIC—液位控制阀；FIC—流量控制阀

当然，可以设法将载气细化成微小气泡，然后在高效混合反应器中与待处理的污水混合，从而大幅度提高溶解气体的脱除速率。目前的初步成功案例是油田高含CO_2酸性采出水的空气预氧化处理，CO_2脱除率大于65%，还可同时解决污水水质改性、预氧化脱硫脱铁等问题。

3. 汽提设备及其工程应用

汽提法处理工艺视污染物的性质而异，一般可归纳为简单蒸馏和蒸汽蒸馏两种。对于与水互溶的挥发性物质，利用其在气-液平衡条件下，在气相中的浓度大于在液相中的浓度这一特性，通过蒸汽直接加热，使其在沸点(水与挥发物两沸点之间的某一温度)下，按一定比例富集于气相，这便是简单蒸馏。对于与水互不相溶或几乎不溶的挥发性污染物，利用混合液的沸点低于两组分沸点这一特性，可将高沸点挥发物在较低温度下加以分离脱除，便是蒸汽蒸馏。例如：废水中的松节油、苯胺、酚、硝基苯等物质在低于100℃时，应用蒸馏法可将其分离。

(1) 汽提设备

常用的汽提设备主要有填料塔和板式塔两大类，这里仅简单介绍板式塔。板式塔是一种传质效率比填料塔更高的设备，关键部件是塔板。根据塔板结构的不同，又可分为泡罩塔、浮阀塔、筛板塔、舌形塔和浮动喷射塔等，其中前三种应用较广。

泡罩塔的结构如图2-6-16所示，其特点是操作稳定、弹性大、塔板效率高、能避免脏污和阻塞；缺点是气流阻力大、板面液流落差大、布气不均匀、泡罩结构复杂、造价高等。

浮阀塔的塔板结构如图2-6-17所示，是一种高效传质设备，由于生产能力高、构造简单、造价低、塔板效率高、操作弹性大等优点而得到广泛应用。

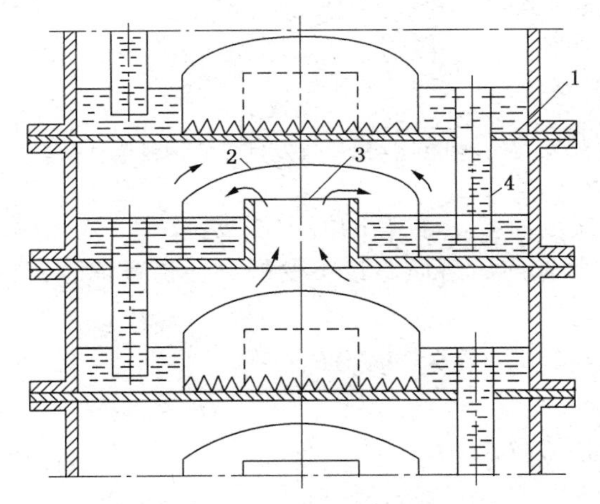

图2-6-16 泡罩塔的塔板结构示意图

1—塔板；2—泡罩；3—蒸气通道；4—降液管

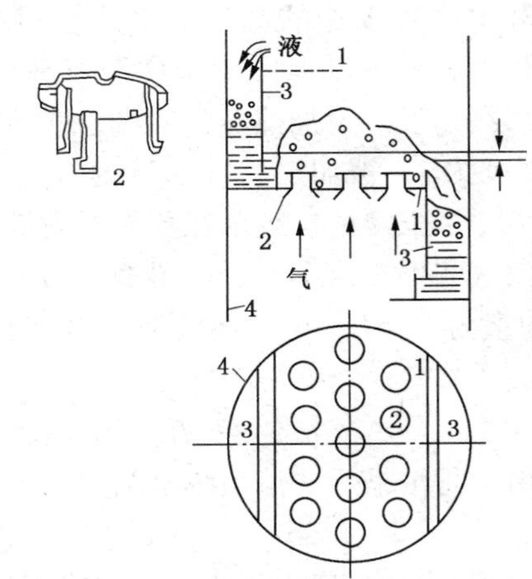

图2-6-17 浮阀塔的塔板结构示意图

1—塔板；2—浮阀；3—降液管；4—塔体

筛板塔是在塔内设一定数量带有孔眼的塔板，水从上往下喷淋，穿过筛孔往下，气体则从下往上流动。气体以鼓泡方式穿过筛板上的液层时，互相接触而进行气-液传质。通常筛孔孔径为ϕ6~8mm，筛板间距为200~300mm。筛板塔的优点是结构简单、制造方便、成本低；造价约为泡罩塔的60%，为浮阀塔的80%左右。此外，压降小，处理量比泡罩塔大20%左右，板效率高15%左右。其主要缺点是操作弹性小，筛孔容易阻塞。其详细结构请参见本书§6.1。

(2)工程应用

汽提法最早用于从含酚废水中回收挥发性酚，后来开始用于氨氮废水、高硫废水、含氰废水、家畜尿便废水等的处理。以高浓度氨氮废水的蒸汽汽提法处理为例，氨氮废水先加碱调节pH值≥12后由泵提升进入换热器，在换热器内废水与蒸氨塔塔底高温出水换热升温后进入蒸氨塔塔顶，水流向下流动，与直接通入塔底的高温蒸汽逆流接触；在碱性、高温条件和动力作用下使水中氨含量逐渐降低，在蒸氨塔底部得到氨含量低于15mg/L的脱氨水。从蒸氨塔顶部逸出的含氨气体进入冷凝器，部分含氨气体被冷凝后进入气液分离罐，再由回流泵送入蒸氨塔回流。冷凝器逸出的含氨气体进入洗氨回收塔，尾气经洗氨回收塔循环吸收冷却回收氨水，净化后余气经洗氨回收塔新鲜水液封吸收后排放，洗氨回收塔塔顶逸出的不凝气达标高空排放。得到的氨水统一送入氨水储罐，蒸氨塔塔釜出水与进水换热降温后进入pH回调池，加稀硫酸回调pH后排入贮水池达标排放。

三、蒸发法

蒸发法可用于浓缩高浓度有机废水、浓缩和回收废碱液、浓缩和回收废酸液等。例如印染厂的丝光机废碱液，含碱量很高而混杂的机械杂质甚少，一般都采用蒸发浓缩法进行回收再用。

1. 基本原理

废水的蒸发处理指加热废水(有时还兼施减压)，使水分子逸出，从而达到制取纯水和浓缩废水中溶质的目的。

根据蒸发过程的物料衡算和能量衡算原理，可以推算出蒸发操作的基本关系式。图2-6-18为蒸发过程物料衡算图，图中采用蒸汽夹套加热废水，使之沸腾蒸发。设加热蒸汽叫做一次蒸汽，其量为D，温度为t_0；被加热的废水量为G_1，溶质的初浓度为B_1，温度为t_1。废水在蒸发器内沸腾蒸发，逸出的蒸气叫做二次蒸气，经冷凝后变成水，其量为G_2，含有的溶质浓度为B_2。浓缩液(母液)的量为$G_3=G_1-G_2$，溶液浓度为B_3。根据蒸发前后溶质总量不变的物料衡算原理，得出如下关系式

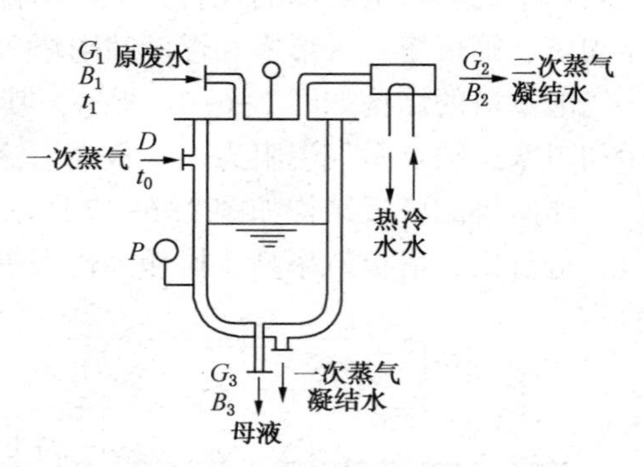

图2-6-18　蒸发过程的物料衡算示意图

$$G_1B_1 = G_2B_2 + G_3B_3 = G_2B_2 + (G_1 - G_2)B_3 \tag{2-6-1}$$

由此得浓缩后的溶质浓度为

$$B_3 = (G_1 B_1 - G_2 B_2)/ G_3 \tag{2-6-2}$$

由于B_2值一般都很小，可忽略不计，于是得

$$B_3 = G_1 B_1/ G_3 = \alpha B_1 \tag{2-6-3}$$

式中的α为原废水量与浓缩液量的比值，叫做浓缩倍数。由上式可知，浓缩倍数越大，浓缩液的溶质浓度越高。一般含盐量愈高，能达到的浓缩倍数就愈小。

在溶质不挥发的情况下，二次蒸汽中B_2的相对含量可用处理效率η来反映

$$\eta = \frac{B_1 - B_2}{B_1} \times 100(\%) \tag{2-6-4}$$

在废水处理中，如溶质确系不挥发物，处理效率η值一般为95%~99%。

2. 蒸发设备

沸腾蒸发的设备叫做蒸发器，水处理中用到的蒸发器有列管式蒸发器、薄膜式蒸发器等几种。

(1) 列管式蒸发器

列管式蒸发器由加热室和蒸发室构成。根据废水循环流动时作用水头的不同，分自然循

环式和强制循环式两种。图 2-6-19 所示为一种强制循环管式蒸发器。

（2）薄膜式蒸发器

薄膜式蒸发器有三种类型：长管式、旋流式和旋片式。图 2-6-20 所示为单程长管式薄膜蒸发器。加热室内有多根长 3～8m 的加热管，管径 ϕ38～50mm，管长与管径之比等于 100～150。加热管内的液位仅为管长的 1/4～1/5。废水预加热到沸点后，由加热室底部送入，走加热管段吸热而汽化。在液内形成的蒸汽汇集成大气泡后，冲破液层，以很高的速度向管顶升腾。在此过程中抽吸和卷带废水，使其在加热管上段的内表面上，形成一层很薄的水膜，并立即沸腾汽化掉。薄膜蒸发的特点是：传热系数和蒸发面都很大，所以蒸发速度快、蒸发量大；因废水在管内的高度很小，由液柱高造成的沸点升高值较小；稠液在下，稀液在上，两者不相混合，故由溶质造成的沸点升高值比较小。这种蒸发器可用于蒸发中等黏度(0.5Pa·s)的料液，但不适于蒸发有结晶析出的浓稠液。

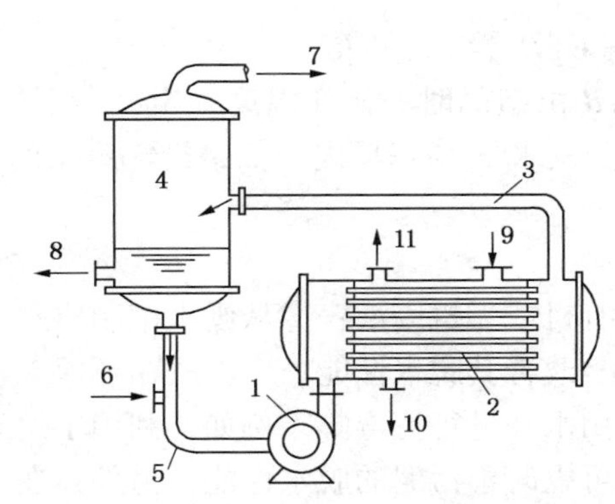

图 2-6-19　强制循环横管式蒸发器的结构示意图

1—循环泵；2—加热室；3—导管；4—蒸发室；5—循环室；6—废水入口；7—二次蒸气；8—浓缩液；9—加热蒸气；10—冷凝水；11—排气

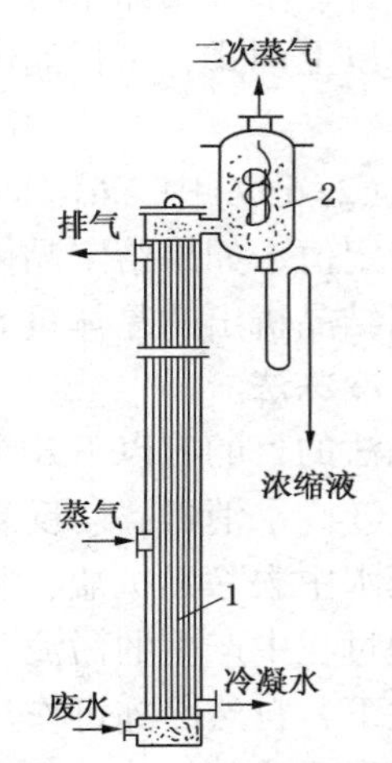

图 2-6-20　单冲程长管式蒸发器的结构示意图

1—长管；2—气水分离室

四、结晶法

1. 基本原理

结晶法是指通过蒸发浓缩或者降温，使废水中具有结晶性能的溶质达到过饱和状态，从而将多余的溶质析出。结晶过程分为两个阶段，先是形成许多微小的晶核(结晶中心)，然后再围绕晶核长大。结晶的必要条件是溶液达到过饱和，因此确定不同条件下溶质的溶解度是实现结晶分离的前提。由于水溶液中溶质的溶解度与温度密切相关，显然温度是进行结晶分离的主要控制条件。当溶液达到过饱和后，多余的溶质即结晶析出。

结晶法处理废水的目的是分离和回收有用的溶质，晶粒大小和晶体纯度是影响经济效果的重要技术指标，它们受溶质浓度、溶液冷却速度、溶液搅拌速度等因素的影响。为了得到较大的晶粒，应防止出现过高的过饱和状态和过快的冷却速度，并掌握合适的搅拌速度及投加适量的晶种。由于大晶粒易于从废水中分离出来，回收率高，因此在结晶操作中一般应尽可能获得大的晶粒。

2. 物料衡算

蒸发浓缩和结晶的前后，进入系统的物质总量等于排出系统的物质总量，即

$$G_1 = G_2 + G_3 + G \tag{2-6-5}$$

式中　G_1——进入系统的废水总量，kg/h；

G_2——蒸发水量，kg/h；

G_3——结晶后的残余废水(母液)量，kg/h；

G——结晶析出的晶体量，kg/h。

蒸发水量 G_2 取决于结晶时的热力学条件和经济因素，母液量 G_3 和晶体量 G 依蒸发水量 G_2 而定。结晶前后溶质的物料衡算式如下

$$G_1 B_1 = G_3 B_3 + GR \quad (2-6-6)$$

式中　B_1——原废水的溶质浓度，以溶质的质量分数表示；

B_3——母液中溶质的浓度(单位同上)，等于结晶温度下溶质在废水中的溶解度；

R——无水晶体的相对分子质量与晶体水合物的相对分子质量之比。当析出的晶体不带结晶水时，$R=1$。

综合以上两式，可得晶体产量的计算公式

$$G = [G_1(B_3 - B_1) - G_2 B_3]/(B_3 - R) \quad (2-6-7)$$

在式(2-6-7)中，G_1 和 B_1 为已知，B_3 和 R 由结晶时的操作温度确定，余下的 G_2 及 G 为两个待定值。如果给定晶体量 G，可求出欲蒸发水量 G_2；反之，如果给定蒸发的水量 G_2，则可求出结晶析出的晶体量 G。

五、冷冻法

冷冻法的目的有以下几个：①浓缩高浓度有机或无机废液；②从废水中制取脱盐的高品质用水；③废水消毒；④反复冷冻和融化泥渣，改善其脱水性能。冷冻法在环保工程中主要用于从废水中去除无机盐、制取脱盐的高质量用水和进行清毒等。例如，利用丁烷鼓泡冷冻废水处理过程中产生的污泥，然后使其解冻，可以改善污泥的脱水性能。另外，在较寒冷的气候条件下，自然冷冻可作污泥脱水的经济手段。

与蒸发法或其他热过程法相比，冷冻法具有以下优点：①操作是在水的冰点或略低于冰点以下进行，腐蚀问题微不足道；②在常压下蒸发 1kg 的水，约需输入热量 2256kJ，而冷冻 1kg 水仅需输出热量 335kJ，因此有人认为冷冻法是较有前途的脱盐方法之一。

冷冻法的工艺过程包括冻结、固液分离、洗涤与融化三个步骤。首先是降温冻结以形成冰晶，待到水中含固体冰晶约 35%~50%时，进行固液分离。采用的分离设备多为滤网，分离时应尽量不使冰晶受到任何压力，因为压力能降低冰点，使冰面上出现融化和二次结晶现象，在重新结晶时能混入杂质，即使冲洗也无法去除。此外还应防止过冷却现象，因它会引起同样的不良后果。分离的冰晶表面粘有浓缩液及其他悬浮杂质，应采用净水将其洗涤掉。如果冷冻的主要目的是浓缩溶质，对冰晶的洗涤要求不严；但在制取高品质用水时，洗涤用水要很纯净，最好采用融化低温水。最后，将冰晶与温度较高的放热体接触，使其融化。

六、电絮凝技术

1. 理论基础

电絮凝(Electrocoagulation)污水处理技术的常规作用机理可以描述为：铝、铁等金属电极在直流电场作用下被溶蚀而产生 Al、Fe 等阳离子，阳离子经过水解、聚合形成各种羟基络合物、多核羟基络合物以至氢氧化物，这些产物吸附能力很强，起到凝聚、吸附等作用，使污水中的胶态杂质、悬浮杂质凝聚沉淀而分离；与此同时，还伴随着电解气浮作用，阳极和阴极上产生的氧气和氢气微细气泡黏附性能很强，在其上浮过程中将悬浮物带到水面上；

此外，在电流作用下还会发生电解氧化还原反应。影响电絮凝处理效果的主要因素包括电极材料、电流密度、反应时间、极板间距、原水 pH 值等。

2. 电絮凝器

按照电极板的形状，电絮凝器可分为管式和板式两类；按照电极板两侧的电极极性，电絮凝器可分为单极式、双极式和组合式三类。对于单极式电絮凝器，电势高低交错，电流总是从某一阳极流向相邻的阴极，而不可能绕过几块极板流向其他阴极，每块极板表现出一种电性且相邻电极表现为不同的电性，这类电絮凝器不存在电流的泄漏问题；双极式与组合式的情况则有所不同，部分电流可以绕过几块极板，从靠近电源正极的一些极板直接流向靠近电源负极的一些极板，除了与电源两极相连的极板外，每块极板表现出不同的电性，双极式和组合式都存在着电流泄漏的现象。

3. 应用场合

由于电絮凝过程中不需要投加任何氧化剂或还原剂，因此对环境不产生或很少产生污染，是一种环境友好水处理技术。1906 年，A. E. Dietrich 取得了第一个电絮凝技术的专利，开启了应用于水处理领域的研究开发工作；1909 年，美国的 J. T. Harries 取得电解法处理废水的专利，利用自由离子的作用和铁/铝作为阳极；1956 年，英国的 W. S. Holden 利用铁作为电极来处理河水；1976 年，苏联的 Asovov 等利用电絮凝法处理石化废水；1977 年，苏联的 V. D. Osipenko 等利用电絮凝法处理含铬废水；1983 年，美国的 M. H. Weintraub 等利用电絮凝法处理含油废水。目前，电絮凝技术既可用于去除电镀、化工、印染、制药、制革、造纸、油气钻井等多种工业废水中的重金属离子、色度、有机物等；也可用于给水和生活污水处理，尤其是在高浓度、难生化降解、要求高氨氮去除率的工业废水处理中更具优势。由于电絮凝在处理油水乳化液方面的独特效果，在洗车废水、含油污水、非常天然气开采污水等处理中日益受到青睐。

电絮凝技术的改进发展趋势是：①改进电源技术，使用低压脉冲直流或甚至低压脉冲交流电源供电，在提高处理效果的同时降低能耗和电极消耗；②采用新型电极，如使用三维电极代替传统的二维电极，使用掺硼金刚石薄膜(Boron-Doped Diamond，BDD)作为电极材料；③与其他技术联用以拓展应用范围和处理效果，如臭氧+电絮凝、超声波协同电絮凝、电絮凝+超滤、化学混凝+电絮凝+吸附等。

第三章　生化法水处理工艺与设备

生化处理法就是利用自然界广泛存在的、以有机物为营养物质的微生物来降解或分解污水中溶解状态和胶体状态的有机污染物，并将其转化为 CO_2 和 H_2O 等稳定无机物的方法，也称为生物处理法。从1916年开始到现在，生化处理技术经历了从简单到复杂、从单一功能到多种功能、从低效率到较高效率的纵向发展阶段；从英国到世界各地，污水生化处理技术经历了由点到面、由生活污水处理到各种工业废水处理的横向发展阶段。目前 COD_{Cr} 去除率达80%~92%，处理出水含量可降至60~120mg/L；BOD_5 去除率达85%~98%，处理出水含量可降至10~30mg/L，一般可达到排放水体的水质标准。由于生化法处理污水效率高、成本低、投资省、操作简单，因此已经成为城市污水和工业废水净化的主要工艺，在世界各国的水污染治理中发挥了巨大作用。

污水生化处理属于二级处理，其工艺构成多种多样，可分成活性污泥法、生物膜法、生物稳定塘法和土地处理法等四大类。根据生化反应中的微生物细菌是否需求氧气，可分为好氧菌、兼性厌氧菌和厌氧菌。主要依赖好氧菌和兼性厌氧菌的生化作用来完成处理过程的工艺，称为好氧生物处理法；主要依赖厌氧菌和兼性厌氧菌的生化作用来完成处理过程的工艺，称为厌氧生物处理法。由于受氧传递速度的限制，进行好氧生物处理时有机物浓度不能太高，所以有机固体废弃物、有机污泥、有机废液及高浓度有机污水的生化处理，多在厌氧条件下完成。

生化处理设备包括反应设备和附属设备两大类，前者直接为微生物提供生长环境，以保证适当的温度、水流状态等；后者为保证前者正常运行提供所需的各种条件，如好氧曝气设备、搅拌设备、加热设备等。

§3.1　常规活性污泥法工艺与主体构筑物

在活性污泥法中起主要作用的是活性污泥，它由具有活性的微生物、微生物自身氧化的残留物、吸附在活性污泥上不能被微生物所降解的有机物和无机物组成，形状像絮凝后的矾花。活性污泥法属于典型的好氧生物处理法，是采用人工曝气的手段，使得活性污泥均匀分散于生物反应器中，与污水充分接触，并在有溶解氧的条件下，对污水中所含的有机底物进行合成和分解的代谢活动。

一、普通活性污泥法

1. 基本流程

1913年，美国马萨诸塞州劳伦斯试验站(Lawrence Experiment Station in Massachusetts)的克拉克(H. W. Clark)和盖奇(S. De M. Gage)发现，对污水长时间曝气后玻璃瓶内壁上会生长藻类，同时水质得到明显改善。英国曼彻斯特大学的科学家 Gilbert Fowler 将这一现象告知了他工程界的同事——曼彻斯特 Davyhulme 污水处理厂的 Edward Arden 和 William Lockett，两人于1913~1914年利用玻璃瓶开展活性污泥法的室内实验研究，并于1914年4月3日在英国化学工业协会会议上报告了研究结果，首次将污水好氧曝气过程中产生的沉淀物称为

“活性污泥”。1914 年，在 Davyhulme 污水处理厂进行了放大试验，从一开始就对活性污泥法工艺的两种基本布置方式(连续流和间歇流)进行了测试，连续流布置带有独立的沉淀池和污泥回流，间歇流布置就是如今广为人知的 SBR 工艺。1914 年，在 Salford 进行了间歇流活性污泥法污水处理厂规模的测试；1916 年，第一座连续流活性污泥法污水处理厂由 Jones and Attwood 公司在英国 Worcester 镇投入运行，但曝气池所用的曝气器很快被堵塞。英国 Sheffield 污水处理厂的 Howarth 经理于 1916 年采用立轴旋转的桨板式曝气机代替扩散曝气，第一个沟渠形机械曝气系统于 20 世纪 20 年代投入运行。

经过上百年的发展，当前普通活性污泥法(或称传统活性污泥法)的典型工艺流程可以用图 3-1-1 表示，由初沉池、曝气池、二沉池、曝气系统以及污泥回流、污泥消化系统等组成，主要构筑物是曝气池和二沉池，污水经初沉池后与二沉池底部回流污泥一起同时进入曝气池，通过鼓风曝气，活性污泥呈悬浮状态，并与污水充分接触。污水中的悬浮固体和胶状物质被活性污泥吸附，而污水中的可溶性有机物被活性污泥中的微生物用作自身繁殖的营养，在生物酶作用下进行代谢，转化为生物细胞，并氧化为最终产物(主要是 CO_2)；非溶解性有机物需先转化成溶解性有机物，然后才被代谢和利用。净化后的污水和活性污泥在二沉池内进行分离，上层出水排放或进入三级处理；分离浓缩后的污泥大部分返回曝气池，使曝气池内的活性污泥保持一定浓度，剩余污泥被提升至污泥浓缩池进行后续处理。

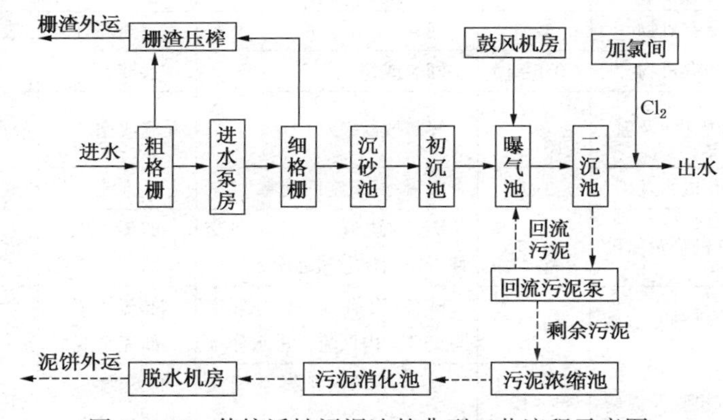

图 3-1-1　传统活性污泥法的典型工艺流程示意图

活性污泥微生物从污水中连续去除有机物的过程包括以下几个阶段：①初期去除与吸附作用；②微生物的代谢作用；③絮凝体的形成与凝聚沉淀。活性污泥、有机物、溶解氧(DO)是构成活性污泥法的三个基本要素，此外，BOD 污泥负荷率、水温、pH 值、有毒物质等环境因素也都会影响处理效果。

2. 普通活性污泥法的技术经济性分析

普通活性污泥工艺采用中等污泥负荷，曝气池为连续推流式，适于进水水质较稳定而处理程度要求较高的情况，在市政污水处理中得到了广泛应用。但普通活性污泥法存在以下不容忽视的缺点：①进水有机物浓度尤其是抑制物浓度不能太高，对水质水量变化的适应能力低，运行效果易受水质水量变化的影响。②曝气池的需氧量前大后小，而曝气供氧一般是均匀的，因此曝气池前段供氧不足而缺氧，后段又供氧过多造成浪费。③由于活性污泥微生物在曝气池内经历了整个生长周期，微生物周围的营养物质始终处于较大的变动之中，微生物时饱时饥，其活性不能充分发挥；再加上为防止池首过多缺氧，进水有机负荷不宜过高，因此存在曝气池池体庞大、曝气时间长(6~8h)、基建费用高、占地面积大等缺点。

二、普通活性污泥法的常规改进工艺

活性污泥法工艺及其实施方式的组成包括如下 4 个要素：①处理系统的泥龄(或污泥负荷)；②电子受体的供给方式(即厌氧、缺氧和好氧状态)及其分布；③整个反应池内的流态组成及分布；④各种设备和构筑物，尤其是曝气设备。不同泥龄、不同流态和不同曝气设备的组合构成了各种各样的活性污泥法改进工艺。

自普通活性污泥法问世以来，生产实践大大推动了该技术的不断发展，产生了多种不同的改进工艺。例如渐减曝气法、阶段曝气法、完全混合法、生物吸附法、延时曝气法、深井曝气、氧气曝气、AB 法等以去除有机物为主要目标的改进工艺，以及 A/O、A/A/O、UCT 等基于常规曝气池、以同时去除有机物和磷(氮)为主要目标的改进工艺。这些改进可以分为池形的改进、运行方式的改进、曝气方式的改进、生物学方面的改进以及投加填料等几个方面，其中最大的改进是各种脱氮除磷工艺的出现。几种典型污水处理技术的工艺构成与实施方式如表 3-1-1 所示，这里仅列举数例。

表 3-1-1　几种典型污水生物处理技术的工艺构成与实施方式

污水处理技术的商业名称	主要去除污染物目标	典型泥龄/d	电子受体	反应池的流态及分布	典型曝气设备	固液分离构筑物
普通活性污泥法	有机物	3~6	好氧	推流	鼓风曝气	二沉池
完全混合活性污泥法	有机物	3~6	好氧	完全混合	表面机械曝气	二沉池
AB 工艺 A 段	有机物	0.5~1	好氧或兼氧	推流	鼓风曝气	沉淀池
AB 工艺 B 段	有机物(及氮)	3~6 10~15	好氧或缺氧/好氧	推流或循环流	鼓风或机械曝气	二沉池
常规 A/O	有机物及磷	3~6	厌氧/好氧空间交替	推流	底部鼓风曝气	二沉池
常规 A/A/O	有机物及氮磷	10~15	厌氧/缺氧/好氧空间交替，内回流，进水分流	推流为主，局部完全混合	底部鼓风曝气	二沉池
改良 A/A/O	有机物及氮磷	10~15	缺氧/厌氧/缺氧/好氧空间交替，内回流，进水分流	推流为主，局部完全混合	底部鼓风曝气	二沉池
倒置 A/A/O	有机物及氮磷	7~12	缺氧/厌氧/好氧空间交替，进水分流	推流为主，局部完全混合	底部鼓风曝气	二沉池
UCT 系列	有机物及氮磷	10~20	厌氧/缺氧/缺氧/好氧空间交替	完全混合池串联	机械或鼓风曝气	二沉池

1. 完全混合法

为了从根本上解决长条形曝气池中混合液不均匀的状态，在阶段曝气的基础上，进一步增加进水点，同时相应增加回流污泥进泥点并使其在曝气池中迅速与进水混合，这就是完全混合的概念。

完全混合法的工艺流程如图 3-1-2 所示，污水一进池就立即与全池混合，水质均匀，不像推流式那样有明显的上、下游区别，因此需氧速率和供氧速率的矛盾在全池中得到了平衡。该法的主要缺点是易产生污泥膨胀，此外进水易短路，处理程度稍低于传统活性污泥法。

2. 深井曝气法

普通活性污泥法曝气池的经济深度为 4~5m，随着用地的日益紧张，发展了深水曝气法，其水深一般达 10~20m。20 世纪 70 年代以来，又发展了超深层曝气法(称为深井曝气，

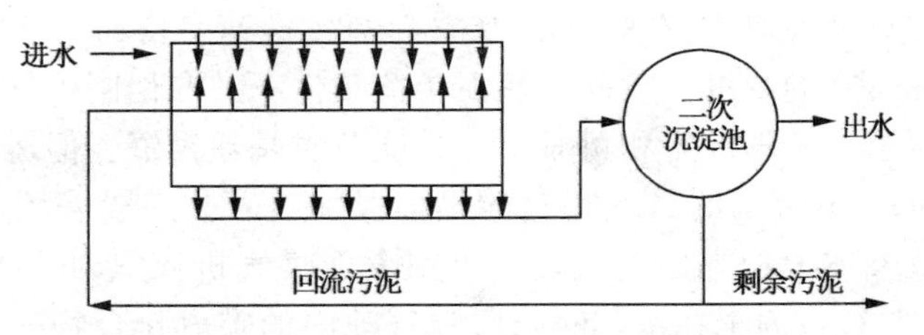

图 3-1-2　完全混合法的工艺流程示意图

Deep-shaft aeration process）和纯氧曝气技术。深井曝气法是以一口地下深竖井作为曝气池的高效活性污泥工艺，其工艺流程如图 3-1-3 所示。

深井曝气的氧转移速率远高于其他曝气方法。深井是超深层曝气工艺的核心构筑物，井眼直径为 ϕ1.0~6.0m，深度为 50~150m；在靠近地面的井颈部分，井眼直径局部扩大，以排除部分气体。井中分隔成下降管和上升管两部分，可以呈同心圆结构或 U 字形结构。污水与回流污泥引入下降管在井内循环，空气注入下降管或同时注入下降管与上升管，混合液由上升管排至固液分离装置。按照井内混合液循环时采用动力的不同，深井曝气的运转方式可分为气提循环式和水泵循环式（即机械式）两种，如图 3-1-4 所示。

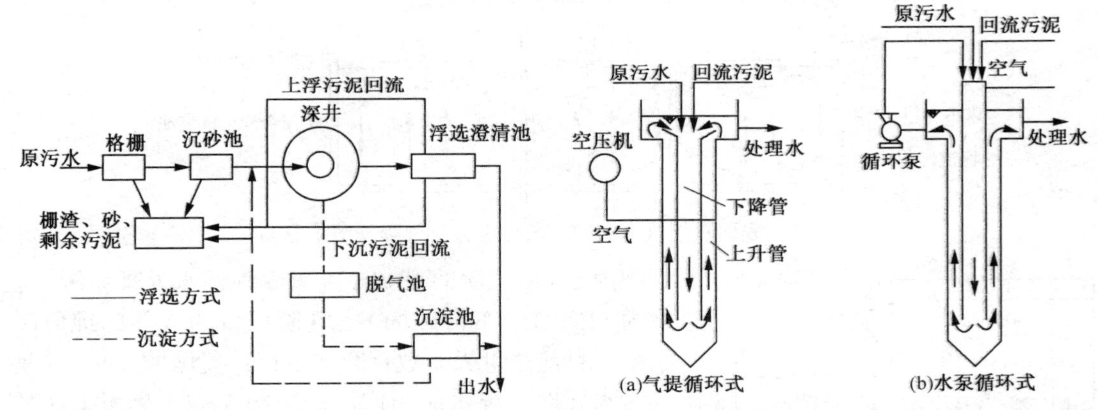

图 3-1-3　超深层曝气工艺流程示意图　　图 3-1-4　气提循环式和水泵循环式深井曝气示意图

气提循环式深井利用压缩空气的气提扬升作用，使井内液体循环。注入井内的空气既是循环的动力，又是生物反应的氧源。启动时首先在上升管一侧曝气，由于气提作用，液体在井内产生循环，待液流完全循环后再在下降管一侧注入空气，由于液体的循环流速（一般为 0.9~1.5m/s）大于气泡在水中的上浮速度（约 0.3m/s），故注入下降管内的空气气泡会随循环液流下降，并随静水压力的增加被溶解，在井底转向后沿上升管上升的过程中再逐渐释放。液体的循环就是靠上升管与下降管的空隙率（气体体积分数）总和，亦即静水压力的差值得以维持。

水泵循环式深井以水泵作为井内循环的动力，生物所需要的空气可在下降管较浅的位置注入。水泵的扬程由克服液体循环所产生的摩阻和注入井内的空气所产生的气阻所决定。为了排除井内的废气（N_2、CO_2），以利于液体循环与生物反应的进行，深井的上部要设置一定体积的脱气池。

3. 纯氧曝气

纯氧曝气活性污泥法与空气曝气活性污泥法的机理基本相同，不同之处在于纯氧浓度是空气中氧浓度（21%）的 4.7 倍，纯氧的氧分压为空气中氧分压的 4.7 倍，因而水中氧的饱和浓度可提高 4.7 倍，氧吸收效率高达 80%~95%；氧传递速率快，在活性污泥混合液中溶解氧能维持高达 6~10mg/L 的浓度，故同一污泥负荷条件下，取得同等处理效果，氧气曝气法的曝气时间可大为缩短，曝气池容积可减小，并能节省基建投资，但运行成本较高。

如图 3-1-5 所示，最常用的氧气曝气池是多段加盖式，一般采用 3 段串联。每段内水流为完全混合式，从整体上看为推流式。当采用表面曝气机充氧时，水深一般为 5m 左右，气相空间(超高)1m 左右；为了在清扫时吹脱曝气池内的碳氢化合物，曝气池应设空气清扫装置，换气率每小时 2~3 次；各段隔墙顶部应留气孔，其断面按运行中氧气的流动以及清扫时空气的通过量进行计算；各段隔墙墙角处应设泡沫孔，孔顶应高于最大流量时的液面，孔底应高于最小流量时的液面，以保证泡沫任何时候均能通过；为保持曝气池液面和气相压力相对稳定，出水处可做成如图 3-1-6 所示的内堰形式。混合液在出口处的流速不宜超过 15cm/s，以免带走气体；流速也不宜小于 9cm/s，以免形成沉淀。尾气浓度控制在含氧量约 40%~50%，其流量约为 10%~20%；为避免池盖内气相空间的压力超载，在曝气池首尾两端应设置双向安全阀；同时应采取安全、防爆措施，在池内可燃气体浓度达到爆炸下限的 25%时，发出警报。

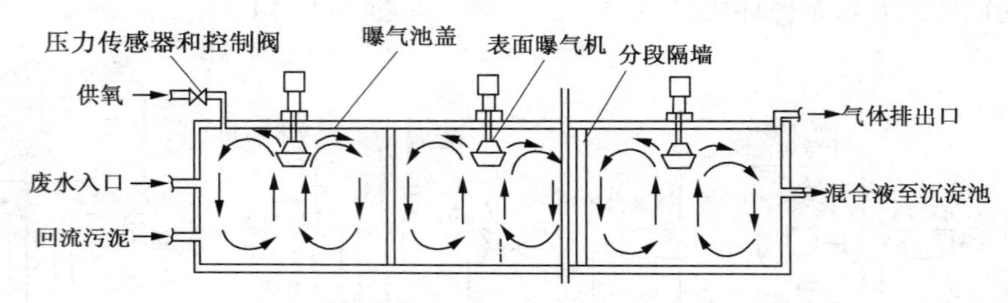

图 3-1-5　表面曝气机充氧的三段加盖式氧气曝气池示意图

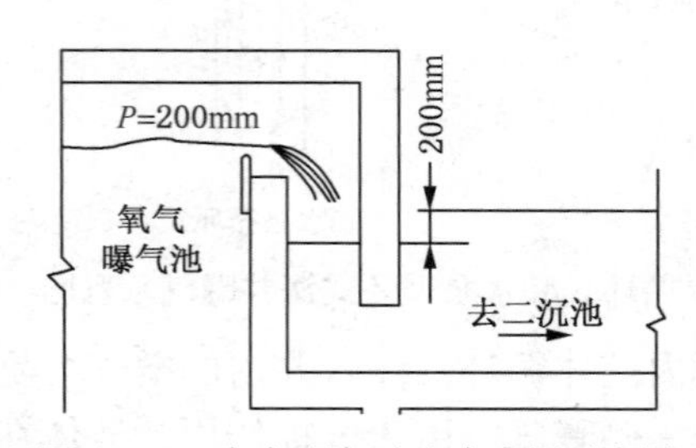

图 3-1-6　氧气曝气池出水内堰示意图

德国 Linde 集团的 UNOX 纯氧曝气污水处理系统(也被称为 LINDOX® bioreactor)是现阶段较为成熟的纯氧曝气系统，目前全世界有数百套在运行；英国的 Vitox 纯氧曝气污水处理系统也应用广泛。法国 Veolia 集团下属的丹麦克鲁格公司(Krüger A/S)开发的改进型活性污泥处理工艺 OASES®也是基于纯氧曝气，采用加盖密闭式曝气池，曝气池中间分为若干个格，各格之间在池体上部开口，使各格气液串联，氧气用离心压缩机由顶部送入池内第一格液面，经水下叶轮中空轴进入水下叶轮，从水下叶轮的喷嘴溶入处理的污水中，污水和氧气都由第一格进，出水及排气由最后一格排出。氧利用率可达 90%。德国 MESSER 公司开发的 Biox®-N 工艺为敞开式微气泡纯氧曝气活性污泥工艺，使用敞开式曝气池，纯氧曝气的微气泡由一种具有优良弹性和耐久性的特种橡胶材料软管做成的输氧气垫产生，软管壁上均匀分布微细小孔，氧气经过小孔可以产生<2mm 的微气泡，输氧气垫由不锈钢架支撑，安装在曝气池底。曝气供氧压力为 0.2~0.4MPa，采用较高的供氧压力可以保证整个池内输氧气垫的供气软管氧气分布均匀；另外橡胶软管上的小孔能随压力的变化而改变开度，氧气流量、压力控制范围宽，操作弹性大，从而大大提高了污水处理的抗冲击性。

4. 生物吸附法

又称为接触稳定法或吸附再生法，主要特点是将活性污泥对有机物降解的两个过程(吸附和代谢降解）分别在各自的反应器（吸附池和再生池）内进行。污水与活性污泥共同进入曝气池内混合接触15~60min，使污泥吸附水中大部分呈悬浮、胶体状的有机物和一部分溶解性有机物，然后使混合液流入二沉池。从二沉池分离出来的回流污泥先在再生池里进行生物代谢，充分恢复活性（再生吸附能力），然后再与污水一同进入吸附池。吸附池和再生池可以分建或合建，分别如图3-1-7（a）、图3-1-7（b）所示。合建时，有机物吸附和污泥再生在同一个池内的两部分进行，即前部为再生段，后部为吸附段；原水由吸附段进入池内。

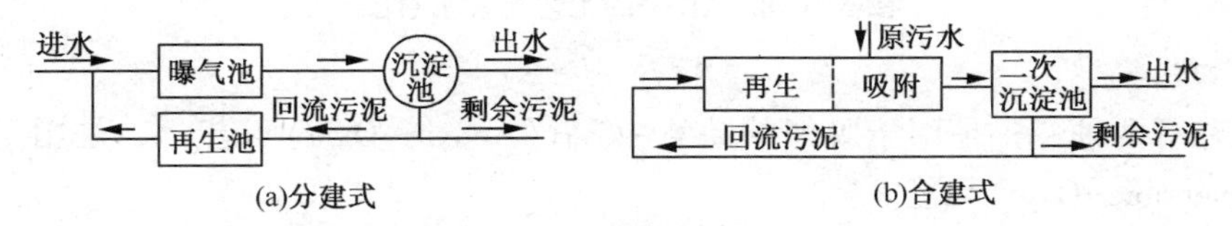

图3-1-7　生物吸附法的工艺流程示意图

生物吸附法也属于推流式，但与传统活性污泥法相比，具有以下优点：

① 污水和活性污泥在吸附池内的接触时间较短，吸附池的容积负荷率高、体积较小；同时再生池内接受的仅是浓度较高的回流污泥，再生池容积较小，节省基建费用和初期投资；

② 需氧量较均匀，空气用量和能耗也较节省；

③ 回流污泥量大，且大量污泥集中在再生池；吸附池内污泥一旦遭到破坏，可迅速由再生池的污泥代替，因此具有一定承受水质、水量冲击负荷的能力；

④ 再生池的“空气曝气”作用使丝状细菌的繁殖受到抑制，有效防止了污泥膨胀现象的发生。

由于污水与活性污泥接触的曝气时间比传统活性污泥法短得多，故生物吸附法的处理效果低于传统活性污泥法，特别是对溶解性物质较多的有机工业废水，处理效果更差。

5. 吸附-生物降解法（AB法）

吸附-生物降解（Adsorption Bio-degradation）工艺简称AB法，由德国亚琛大学宾克（B. Böhnke）教授于20世纪70年代中期开创，旨在解决传统二级生化处理系统（即“预处理→初沉池→曝气池→二沉池”）存在的去除难降解有机物和脱氮除磷效率低及投资运行费用高等问题。该工艺从80年代起开始用于工程实践，国内的典型应用是处理量为80000m^3/d的青岛海泊河污水处理厂，该厂1995年6月正式投产运行。

如图3-1-8所示，AB法的工艺流程分为预处理段、A段（吸附曝气池+中间沉淀池）、B段（曝气池+二沉池）等三段，在预处理段设格栅、沉砂池等简易设备，不设初沉池；A段吸附曝气池负荷高，停留时间短（30~60min），吸附能力强，代谢速度快，能去除BOD_5约50%左右，且溶解氧浓度低，节省能耗；然后进入中间沉淀池进行泥水分离，中间沉淀池出水进入B段，污水在此段停留时间较长（一般为2~4h），完成微生物对污水中有机物的生物降解作用。B段曝气池为常规活性污泥法，由于进入B段曝气池的BOD_5已减半，可缩减池容40%，且运行稳定。AB法的主要特点是不设初沉池，A段和B段各自拥有独立的污泥回流系统，两段完全分开，都能够培育出各自独特的、适于本段水质特征的微生物种群。

与传统活性污泥法相比，AB法在处理效率、运行稳定、工程投资和运行费用等方面均具有明显的优势，还可根据资金投入情况分期建设。例如，可先建A段以削减污水中的大量有机物，达到优于一级处理的效果；等条件成熟，再建B段以满足更高的处理要求。

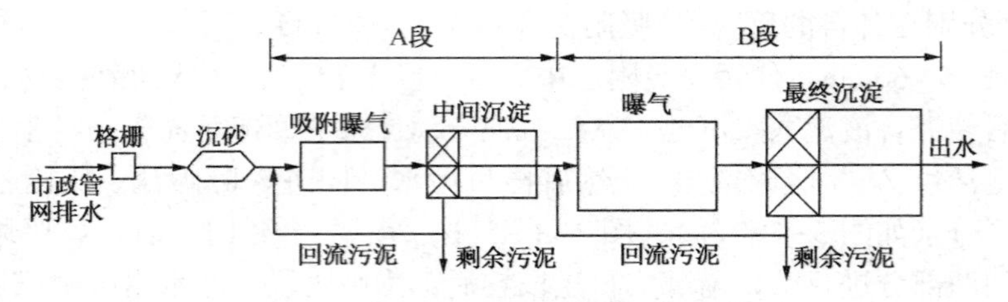

图 3-1-8　AB 法的工艺流程示意图

6. A/O 工艺

A/O 工艺有两种，一是用于脱氮的缺氧-好氧(Anoxic-Oxic)工艺，二是用于除磷的厌氧-好氧(Anaerobic-Oxic)工艺。

(1) 用于脱氮的 A/O 工艺

1932 年开发的 Wuhrmann 工艺是最早的脱氮工艺，流程遵循硝化、反硝化的顺序而设置(如图 3-1-9 所示)。由于反硝化过程需要碳源，而这种后置反硝化工艺以微生物的内源代谢物质作为碳源，能量释放速率很低，因而脱氮速率也很低。此外污水进入系统的第一级就进行好氧反应，能耗太高；如果原水的含氮量较高，就会导致好氧池容积太大，致使实际上不能满足硝化作用的条件，尤其是温度在 15℃以下时更是如此；在缺氧段，由于微生物死亡释放出有机氮和氨，其中一些随水流出，从而减少了系统中总氮的去除。因此该工艺在工程上不实用，但为以后脱氮除磷工艺的发展奠定了基础。

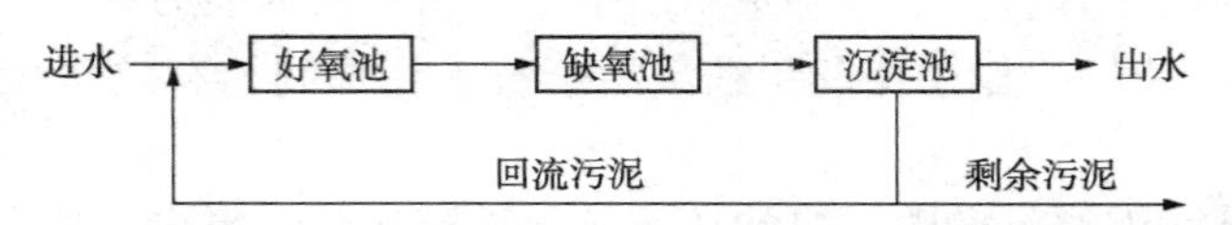

图 3-1-9　Wuhrmann 脱氮工艺的流程示意图

1962 年，Ludzack 和 Ettinger 提出利用进水中的可生物降解物质作为脱氮碳源的前置反硝化工艺，以解决碳源不足的问题。1973 年，南非的 Barnard 提出改良型 Ludzack-Ettinger 脱氮工艺，即广泛应用的 A/O 工艺。如图 3-1-10 所示，A/O 工艺的缺氧段和好氧段可以分建也可以合建。

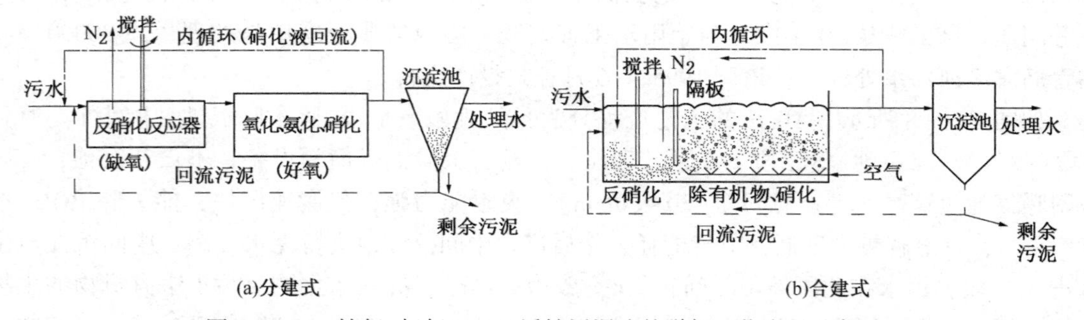

图 3-1-10　缺氧-好氧(A/O)活性污泥法的脱氮工艺流程示意图

在分建式 A/O 脱氮工艺中，原水、回流污泥同时进入系统之首的缺氧池(A)进行反硝化反应，该缺氧池也被称为反硝化反应器；之后，混合液进入好氧池(O)，硝化菌把污水中的氨氮氧化成硝酸盐。与此同时，好氧池内已进行充分反应的部分硝化液也回流至缺氧池(称硝化液回流或内循环)，缺氧池内的反硝化菌以原水中的有机底物为电子供体，以回流液中的硝酸盐(或亚硝酸盐)为电子受体进行“无氧呼吸”，将回流液中的硝态氮还原成氮气释放出来，完成反硝化过程。缺氧段、好氧段微生物互不相混，各自始终处于最佳生态环境中。

合建式A/O脱氮工艺将反硝化、硝化及BOD去除三个过程放在同一个反应器内进行，但中间隔以挡板，可以由现有的推流式曝气池改造而成。经预处理后的污水和回流的混合液，从缺氧区(A段)首端进入曝气池，缺氧区溶解氧浓度控制在0.3~0.5mg/L，混合液回流比一般为100%~500%，回流量较大，入流污水中BOD_5作为反硝化的补充碳源。为避免污泥在缺氧段产生沉淀，缺氧区应安装推流式搅拌机。缺氧区长度根据计算确定，一般水在缺氧区停留1~2h。好氧区溶解氧浓度为2mg/L，曝气时间为4~8h，污泥负荷为0.2~0.4kgBOD_5/(kgMLSS·d)，污泥回流比为50%~100%，MLSS为2000~3000mg/L。为使污水中的氨氮在好氧区完全硝化，好氧区宜采用较低的污泥负荷。

A/O工艺在国内外被普遍采用，优点是流程简单，无需外加碳源，故基建费及运行费用较低；缺点是出水中含一定浓度的硝酸盐，在二沉池中有可能发生反硝化反应，造成污泥上浮而影响出水水质。为了克服A/O工艺的不足，Barnard于1973年把A/O工艺与Wuhrmann工艺结合起来，提出了Bardenpho工艺。1976年，Barnard通过对Bardenpho工艺进行中试研究后提出，在Bardenpho工艺的初级缺氧反应器前加一厌氧反应器就能有效除磷，该工艺在南非被称为Phoredox工艺，在美国称之为改良型Bardenpho工艺，其工艺流程如图3-1-11所示。

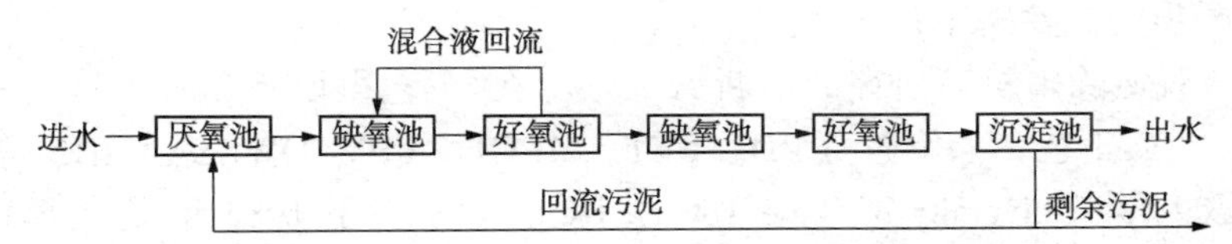

图3-1-11　Phoredox工艺或改良型Bardenpho工艺的流程示意图

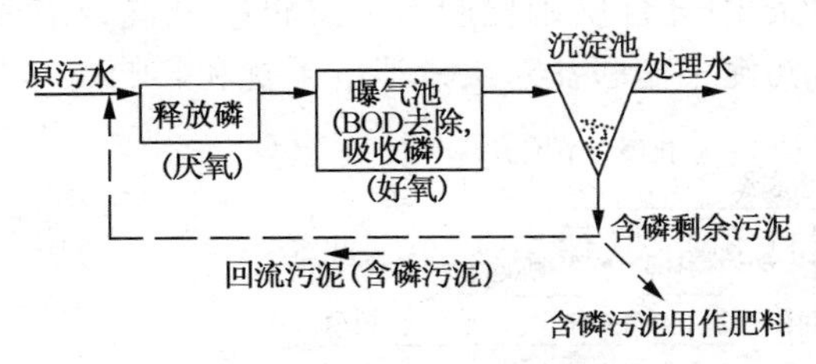

图3-1-12　厌氧-好氧(A/O)除磷工艺的流程示意图

(2) 用于除磷的A/O工艺

如图3-1-12所示，污水与含磷回流污泥(含聚磷菌)同步进入厌氧池(A)，聚磷菌在厌氧环境条件下将菌体内贮积的磷分解、释放，并摄取有机物。然后，泥水混合液进入曝气池(O)，聚磷菌在好氧条件下可过量吸磷，同时污水中大部分有机物也在该池内得到氧化降解。BOD的去除率大致与一般的活性污泥系统相同，磷的去除率较高。

A/O除磷活性污泥法工艺流程简单，既不需投药，也勿需考虑内循环，故建设费用及运行费用都较低，而且由于无内循环的影响，厌氧反应器能够保持良好的厌氧状态。当然，运行实践表明，该工艺的除磷率难以进一步提高，同时在沉淀池内容易产生磷的释放现象，应注意及时排泥和回流。

7. 同步脱氮除磷工艺

(1) 常规A^2/O脱氮除磷工艺

厌氧/缺氧/好氧活性污泥工艺(A/A/O或Anaerobic/Anoxic/Oxic)是20世纪70年代基于A/O脱氮工艺而开发，目的是实现同步脱氮除磷。1980年，Rabinowitz和Marais在对Phoredox工艺的研究中，提出3阶段的Phoredox工艺，即为传统的A^2/O工艺。同年，美国

Air Products 公司申请了 A^2/O 工艺的专利权。由于该工艺兼有脱氮除磷的功能，加上其工艺流程的简单性，一直备受污水处理行业研究者和设计者的青睐。

如图 3-1-13 所示，该工艺是在 A/O 除磷工艺的基础上增设一个缺氧池(A)，并使好氧池中的混合液回流至缺氧池，使之反硝化脱氮，这样就构成了具有同步脱氮除磷功能。

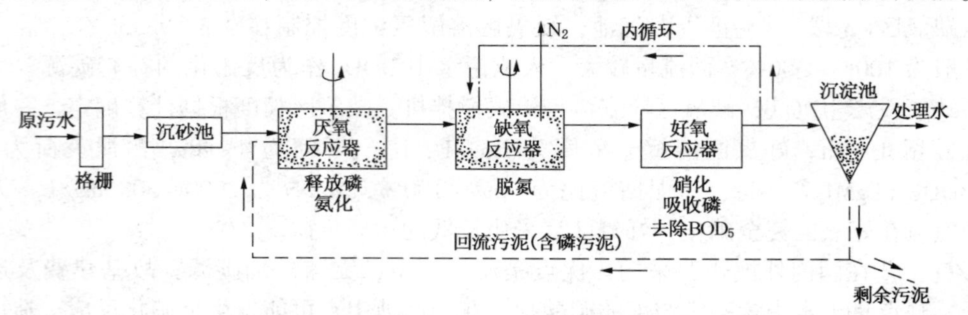

图 3-1-13　常规 A^2/O 同步脱氮除磷的工艺流程示意图

该工艺的主要特点有：①流程简单，总水力停留时间较短；②厌氧、缺氧、好氧交替运行，不利于丝状菌繁殖，污泥膨胀可能性极小；③无需投药和外加碳源，运行费用低；④沉淀池污泥停留时间不宜太短；⑤当进水氮、磷浓度较高时，脱氮、除磷的矛盾突出，两者难以同时达标排放。

(2) UCT 同步脱氮除磷工艺

随着对污水脱氮除磷机理研究的不断深入，A^2/O 工艺得以不断发展和完善，涌现出一大批改良型的 A^2/O 工艺，如倒置 A^2/O、UCT、MUCT、VIP、OWASA、JHB 等。

南非开普敦大学(University of Cape Town，UCT)的学者于 1983 年提出了 UCT 工艺。如图 3-1-14 所示，其主要特征是二沉池的污泥不回流到厌氧池(磷释放池)，而是回流到其后的缺氧池(反硝化池)，使污泥中的硝酸盐在缺氧池中进行反硝化脱氮；再将缺氧混合液回流到厌氧池(磷释放池)与原水混合，以避免回流污泥中硝酸盐对厌氧池的干扰和影响。

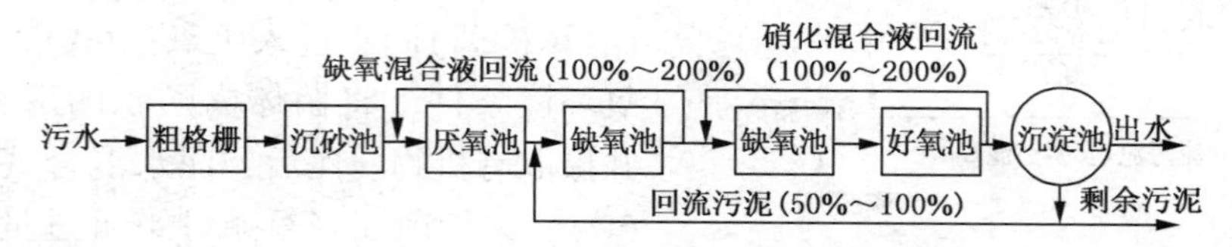

图 3-1-14　UCT 工艺的流程示意图

各工艺反应单元的功能与工艺特征如下：①厌氧反应器的功能是释放磷，进入本单元的除原污水外，还有沉淀池排出的回流活性污泥；②缺氧反应器的首要功能是脱氮，由好氧反应器送出的内循环量为 200%；③好氧反应器是多功能的，在此去除 BOD，进行硝化和吸收磷等反应；④厌氧、缺氧、好氧交替运行，丝状菌不易增殖繁衍，无污泥膨胀之虞，水力停留时间也较短。

8. 短程生物脱氮工艺

基于硝化($NH_4^+ \rightarrow NO_2^-$)-反硝化($NO_2^- \rightarrow N_2$)过程的传统生物脱氮工艺有两方面的不足：首先是能耗大，因为硝化过程不仅是一个好氧过程，同时该过程的发生必须在有利于自养型硝化菌生长的低有机底物浓度(一般为 $BOD_5/TKN \leqslant 3$)条件下才能得以实现，因而供氧能耗较多；前置反硝化系统需设置回流比较大的混合液内回流，这也增加了能耗。其次，反硝化反应要有碳源作为电子供体，若污水中碳源不足(C/N 过低)，则需投加甲醇等有机碳，增加了运行费用和运行管理难度。

随着对脱氮工艺运行及微生物学研究的不断深入，出现了短程硝化-反硝化、短程硝化-厌氧氨氧化（ANAMMOX）等多种新型生物脱氮工艺，如 ANAMMOX、SHARON、OLAND、SHARON-ANAMMOX、DeAmmon 工艺等，这些工艺的共同特点都是力求缩短 N 素的转化过程。荷兰 Paques 公司与荷兰 Delft 技术大学以及 Nijmegen 大学合作研发了厌氧氨氧化工艺（ANAMMOX®），通过厌氧氨氧化细菌将氨氮（NH_4^+）和亚硝基氮（NO_2^-）直接转化为氮气。自从 2002 年首次工业化应用以来，全球已经陆续建设了很多工程项目。SHARON 工艺是在同一个反应器内，先在有氧条件下利用亚硝化细菌将氨氧化成为 NO_2^-；然后在缺氧条件下以有机物为电子供体，将亚硝酸盐反硝化，生成氮气。SHARON-ANAMMOX 组合工艺在工程上能够实现氨氮的最短途径转化，这就意味着在生物脱氮过程中完全可能实现能源与资源消耗量的最小化。

三、曝气池的设计

曝气池是一个好氧生化反应器，是常规活性污泥法污水处理工程的核心构筑物，其池型与所需的反应器水力特征密切相关。曝气池的设计应该包括工艺设计和结构设计两部分。

1. 曝气池的工艺设计

（1）处理效率 E 的计算

$$E = \frac{L_a - L_e}{L_a} \times 100\% = \frac{L_r}{L_a} \times 100\% \quad (3-1-1)$$

式中 L_a——进水的 BOD 浓度，mg/L；

L_e——出水的 BOD 浓度，mg/L；

L_r——去除的 BOD 浓度，mg/L。

（2）曝气池容积的计算

曝气池容积可以按照活性污泥负荷率（简称污泥负荷）F 或曝气区容积负荷率（简称容积负荷）F_r、水力停留时间两种方法计算。

① 按污泥负荷率 F 或容积负荷 F_r 计算曝气池容积 V

$$V = \frac{QL_a}{N'F} = \frac{QL_a}{F_r} \quad (m^3) \quad (3-1-2)$$

$$N' = fN \quad (3-1-3)$$

$$F_r = N'F \quad (3-1-4)$$

式中 Q——进水设计流量，m^3/d；

N'——混合液挥发性悬浮固体（Mixed Liquor Volatile Suspended Solids，MLVSS）浓度，kg/m^3；

f——系数，一般取 0.7~0.8；

F——污泥负荷，kg BOD_5/(kg MLSS · d)；

F_r——容积负荷，kg BOD_5/(m^3 · d)；

N——混合液悬浮固体（Mixed Liquor Suspended Solids，MLSS）浓度，kg/m^3。

污泥负荷 F 可以根据经验来确定，对于城市生活污水可参照表 3-1-2 选取，对于工业废水则应通过相应的试验研究来确定。

表 3-1-2 活性污泥法不同运行方式基本参数建议值

运行方式	污泥龄/d	污泥负荷 F/[kg BOD_5/(kg MLSS · d)]	容积负荷 F_r/[kg BOD_5/(m^3 · d)]	MLSS/(mg/L)	水力停留时间/h	回流比 R/%	去除率/%
传统法	3~5	0.2~0.4	0.3~0.6	1500~3000	4~8	25~40	85~95
渐减曝气	3~5	0.2~0.4	0.3~0.6	1500~3000	4~8	25~50	—
完全混合	3~5	0.2~0.6	0.8~2.0	3000~6000	3~5	25~100	85~95
分段曝气	3~5	0.2~0.4	0.6~1.0	2000~3500	3~5	25~75	85~95
接触稳定	3~5	0.2~0.6	1.0~1.2	1000~3000 4000~10000	0.5~1.0 3~6	25~100	—
延时曝气	20~30	0.05~0.15	0.1~0.4	3000~6000	18~36	75~150	75~95
AB 法	0.3~1(A 级) 15~20(B 级)	>2 0.1~0.3	—	2000~3000 2000~5000	0.5 1.2~4	50~80 5~80	—
SBR 法	5~15	—	—	2000~5000	—	—	—
纯氧曝气	8~20	0.25~1.0	1.6~3.3	6000~8000	1~3	25~50	85~95

混合液悬浮固体(MLSS)浓度 N 是指曝气池内的平均污泥浓度，设计时采用较高的污泥浓度可减小曝气池容积，但也不能过高，选用时还应考虑如下因素：供氧的经济性与可能性；沉淀池与污泥回流设备的造价；活性污泥的凝聚沉淀性能。曝气池中混合液悬浮固体(MLSS)浓度 N 可按下式计算

$$N = \frac{N_0 + R N_R}{1 + R} \tag{3-1-5}$$

式中 N_0——曝气池进水中的悬浮固体浓度，mg/L；

R——污泥回流比；

N_R——回流污泥中的悬浮固体浓度，mg/L。

国内外不同运行方式活性污泥法常用的混合液悬浮固体(MLSS)浓度 N 值如表 3-1-3 所示。

表 3-1-3 国内外不同运行方式活性污泥法的 N 值 mg/L

国家	传统曝气池	阶段曝气池	生物吸附曝气池	曝气沉淀池	延时曝气池	高速曝气池
中国	2000~3000	—	4000~6000	4000~6000	2000~4000	—
美国	1500~2500	3500	1500	—	5000~7000	320~110
日本	1500~2000	1500~2000	—	—	5000~8000	400~600
英国	—	1600~4000	—	—	1600~6400	300~800

② 按水力停留时间计算曝气池容积的计算公式为

$$V = Qt \quad (m^3) \tag{3-1-6}$$

式中 t——污水在曝气池中的停留时间，d；其余各量的物理意义同上。

(3) 曝气池需氧量的计算

需氧量是指单位时间内活性污泥微生物在曝气池中进行新陈代谢所需要的氧量，其值等于单位时间内污水所去除的 BOD_5 量(kg BOD_5)与去除单位质量 BOD_5 所需氧气量(kg O_2/kg BOD_5)的乘积。活性污泥法处理系统的需氧量与污泥平均停留时间有关，一般而言，平均停

留时间越长，需氧量就越大。需氧量的计算有估算法和公式计算法两种。

在微生物的代谢过程中，需要将污水中的一部分有机物氧化分解，并自身氧化一部分细胞物质，为新细胞的合成以及维持其生命活动提供能源，这两部分氧化所需要的氧量 W_{O_2} 可用下式表示

$$W_{O_2} = a'QL_r + b'VN' \quad (kgO_2/d) \tag{3-1-7}$$

式中 a'——代谢每 kg BOD_5 所需氧气量，kg O_2/kg BOD_5，一般为 0.42~0.53；

b'——污泥自身氧化需氧率，1/d，亦即 kg O_2/(kg MLVSS · d)，一般为 0.188~0.11。

生活污水和几种工业废水的 a'、b'值，可参照表 3-1-4。

表 3-1-4 生活污水和几种工业废水的 a'、b'值

污水名称	a'	b'	污水名称	a'	b'
生活污水	0.42~0.53	0.188~0.11	炼油污水	0.5	0.12
石油化工污水	0.75	0.16	酿造污水	0.44	—
含酚污水	0.56	—	制药污水	0.35	0.354
合成纤维污水	0.55	0.142	亚硫酸浆粕污水	0.40	0.185
漂染污水	0.50~0.60	0.065	制浆造纸污水	0.38	0.092

（4）污泥产量的计算

系统每日排出的剩余污泥量 X_V、污泥龄（亦称污泥停留时间 SRT）t_s 为

$$X_V = aQL_r - bVN \quad (kg/d) \tag{3-1-8}$$

$$t_s = \frac{1}{aF - b} \quad (d) \tag{3-1-9}$$

式中 a——污泥增殖系数，一般为 0.5~0.7；

b——污泥自身氧化率，L/d，一般为 0.04~0.1。

（5）活性污泥法的动态模型与仿真软件

为了仿真模拟污水处理厂的运行，给运行控制和工艺改造提供依据，人们建立了活性污泥法动态模型。迄今主要包括黑箱机理模型、时间序列模型和语言模型 3 大类，语言模型主要指专家系统，其研究尚处于初始阶段；时间序列模型又称为辨识模型，对监测控制系统的要求较高；黑箱机理模型为目前的主要应用模型，主要有 Andrews 模型、WRc 模型、国际水协会（IWA）系列模型。国际水协会（IWA）自从推出活性污泥模型（ASM）以来，在得到广泛应用的同时也在不断发展和完善，目前包括 ASM1、ASM2、ASM2d 和 ASM3。经过多年的发展，目前不仅有可以描述碳氧化、硝化、反硝化、生物除磷在内的宏观活性污泥模型，而且还有可以从微观角度描述生物除磷过程的代谢模型及多维生物膜结构模型。

目前用于活性污泥法污水处理厂运行仿真模拟的代表性商业软件有：美国 Clemson 大学基于 ASM1 开发的 SSSP 软件、加拿大 Hydromantis 公司的 GPS-X、比利时 MOSTforWATER 公司（原 HEMMIS 公司）和 DHI 合作开发的 WEST、EFORApS 公司开发的 EFOR 2X、荷兰 Delft 大学生物除磷代谢模型（含反硝化除磷）AQUASIM 2.0 等。我国在污水处理厂工艺设计与运行管理中仍普遍采用传统的经验法，难免存在滞后性和机械性等不足。

2. 曝气池的结构设计

一般曝气池不应少于两组，并按同时运行设计。随着活性污泥法工艺的不断发展，曝气池的构造型式越来越多样化。根据曝气池内的流态，可以分为推流式、完全混合式和循环混合式 3 种；根据曝气方式，可分为鼓风曝气池、机械曝气池以及二者联合使用的机械-鼓风

曝气池；根据曝气池的形状，可分为长方廊道形、圆形、方形和环状跑道形；根据曝气池和二沉淀池之间的关系，可分为分建式和合建式。

（1）推流式曝气池

从曝气池的池首到池尾，污泥负荷、微生物的组成与数量、基质的组成与数量等都在连续变化，有机物的降解速率、耗氧速率等也都连续变化，活性污泥在曝气池内按增殖曲线的一个线段增长。推流式曝气池的优点是：BOD 降解菌为优势菌，可避免产生污泥膨胀现象；运行灵活，可采用多种运行方式；运行方式适当调整能够增加净化功能，如脱氮、除磷等。

① 平面设计

推流式曝气池为长条形，水从池的一端进入，从另一端推流而出。进水一般采用淹没式进水口，进水流速宜为 0.2~0.4m/s，出水方式一般采用溢流堰或出水孔形式。池长可达 100m，但以 50~70m 为宜，长宽比（L/B）一般为 5~10。当场地有限制时，可以在其内加隔墙形成廊道进行导流，以满足长宽比的要求，如图 3-1-15 所示。例如，北京小红门污水处理厂 A^2/O 工艺用的曝气池共有 4 个系列，每个系列共有 4 组曝气池，每组曝气池 3 个廊道；廊道宽 9m、长 95m，有效水深 6.5m；水力停留时间 10.67h，设计污泥负荷 0.172kg BOD_5/（kg MLSS · d），污泥内回流比 100%~200%，污泥回流比为 100%。

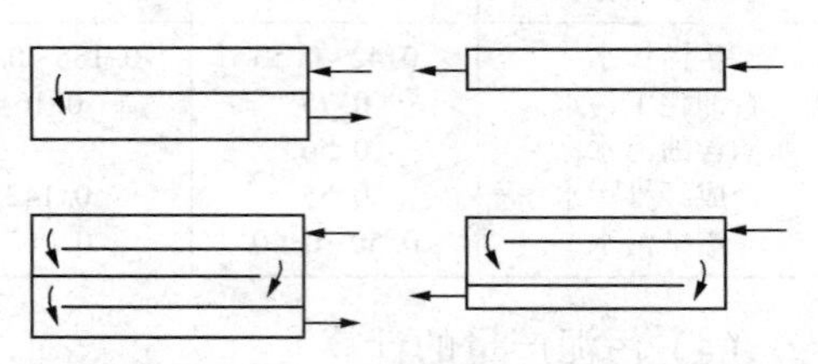
图 3-1-15　推流式曝气池平面结构示意图

② 横断面设计

曝气池的宽深比 B/H（有效水深）一般采用 1~2，有效水深最小为 3m，最大不超过 9m（池深与造价和动力消耗有密切关系）。设计中常根据土建构造和池子的功能要求，有效池深在 3~5m 的范围内选定。曝气池的超高宜取 0.5m（在防风和防冻情况下选值可适当加大）；采用表面曝气时，机械平台宜高出水面 1m 左右。

③ 曝气方式

多采用鼓风曝气，根据曝气池横断面上的水流状态，又分为平流推移式和旋转推流式两种类型。一般而言，平流推移式曝气池底部铺满曝气器，池中的水流只沿池长方向移动，设计时其宽深比可以大些（如图 3-1-16 所示）。对用于脱氮除磷工艺的平流推移式曝气池而言，往往会根据实际的进水水质情况和运行工艺需要，或者在厌氧段的池底不铺设曝气器；或者同样铺设曝气器，但有控制地开启其中的一部分。

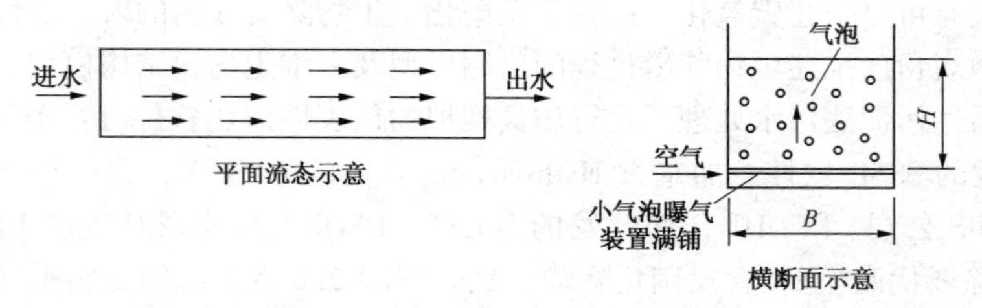

图 3-1-16　平移推流式曝气池示意图

还可以将曝气器布置在池底的一侧，这样可以使水流因曝气气泡形成的密度差而在沿池长方向流动时产生旋流，这种曝气池被称为旋转推流式曝气池。按曝气器在竖向安装位置的不同，旋转推流式曝气池可分为底层曝气、中层曝气和浅层曝气。采用底层曝气的池深决定于鼓风机提供的风压，目前曝气池的有效水深常常为 3~4.5m（如图 3-1-17 所示）；浅层曝气的曝气器装于水面以下 0.8~0.9 m 的浅层，常采用 1.2m 以下风压的鼓风机。虽然风压较小，但风量较大，故仍能造成足够的密度差产生旋转推流，曝气池的有效水深一般为 3~4m（如图 3-1-18 所示）；中层曝气的曝气器装于池深中部，与底层曝气相比，在相同的鼓风条件和处理效果时，池深一般可以加大到 7~8m，最大可达 9m，从而节省曝气池的用地。中层曝气也可将曝气器安装在池子中央，形成两侧流，池形可采用较大的深宽比，适用于大型曝气池（如图 3-1-19 所示）。

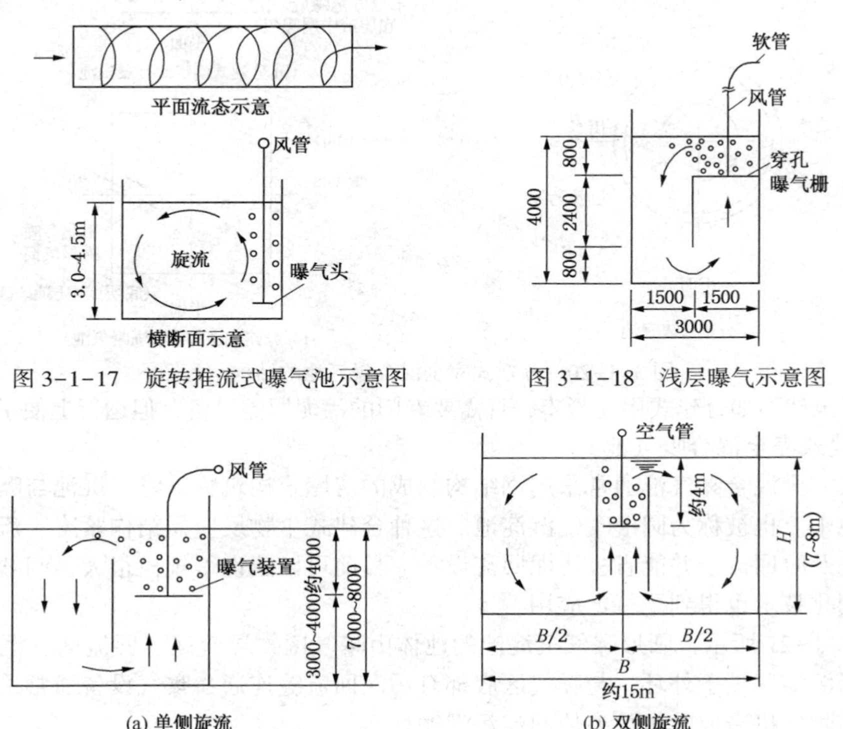

图 3-1-17　旋转推流式曝气池示意图

图 3-1-18　浅层曝气示意图

图 3-1-19　中层曝气池示意图

④ 底部设计

距池底 1/2 或 1/3 处宜设中位放水管，以备培养活性污泥时使用；同时在池底还应考虑排空措施，按照纵向 2/1000 的坡度，在池底设置 ϕ80~100 mm 的放空管。

（2）完全混合式曝气池

污水进入完全混合式曝气池后，立即与池内原有的混合液充分混合、循环流动，进行吸附和代谢活动，并顶替出等量的混合液至二沉池。曝气池内各点混合液组成、污泥负荷、微生物的组成与数量等完全均匀一致；有机物的降解速率、耗氧速率等在池内各部位都不变；微生物在曝气池内的增殖速率一定，在增殖曲线上的位置是一个点。完全混合式曝气池可以是圆形、方形或多边形，可以与二沉池分建或合建，因而可分为分建式和合建式两类。

① 分建式完全混合曝气池

如图 3-1-20 所示，分建式完全混合曝气池可以使用机械曝气，也可以使用鼓风曝气，使用前者时曝气设备的选型应与池型构造设计相结合。当采用泵型叶轮表面曝气机时，线速度在 4~5m/s，曝气池直径和叶轮直径之比一般采用 4.5~7.5，水深和叶轮直径之比宜采用 2.4~4.5。若采用倒伞型叶轮表面曝气机和平板型叶轮表面曝气机，叶轮直径和曝气池的直径比一般采用 1/3~1/5。在圆形池中，要在水面处设置挡流板（一般用 4 块），板宽与池径之比为 1/15~1/20，板高与池深之比为 1/4~1/5；在方型池中，可不设挡流板。

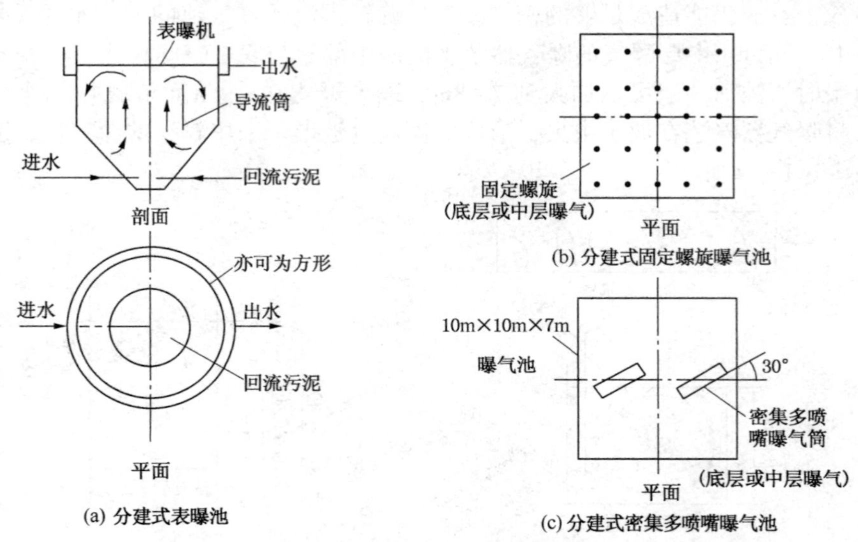

图 3-1-20 分建式完全混合曝气池的结构示意图

分建式虽然不如合建式用地紧凑，且需要专门的污泥回流设备，但运行上便于调节控制。

② 合建式完全混合曝气池

合建式完全混合曝气池通常采用钢结构制成的房屋式构筑物，将二沉池与曝气池合建于一个圆型池中。也被称为圆形曝气沉淀池。这种合建式生物反应器结构紧凑、流程短，有利于新鲜污泥及时回流，并能省去污泥回流设备。目前可以建设得规模很大，间歇曝气或同步硝化、反硝化技术也得到了一定应用。

如图 3-1-21 所示，圆形曝气沉淀池的池体由曝气区、导流区、回流区、沉淀区几部分组成，锥形沉淀区设于外环，与曝气区底部有污泥回流缝连通；曝气设备通常采用叶轮表面曝气机，靠曝气机造成的水位差使回流污泥循环。

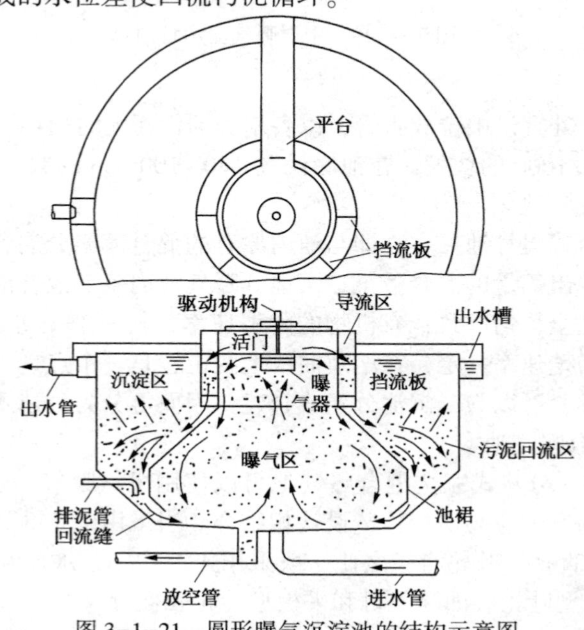

图 3-1-21 圆形曝气沉淀池的结构示意图

如图 3-1-22 所示，圆形曝气沉淀池的主要设计参数为：a）直径(D) ≯20m，一般采用 ϕ15m，直径过大会对充氧能力和搅拌能力提出过高要求；b）水深(H) ≯4~5m，水深过大池底容易积泥；c）沉淀区水深(h_1) ≮1m，一般在 1~2m 之间，过小会影响上升水流的稳定，沉淀区最大上升流速宜采用 0.3~0.5m/s；d）曝气筒保护高度为 0.8~1.2m；e）回流窗孔流速为 0.1~0.2m/s，以确定回流窗的尺寸，回流窗调节高度经验值为 50~150mm，通过活门调节；f）导流区下降流速(v_2)为 0.015m/s 左右；g）曝气筒直壁段高度(h_2)应大于沉淀区水深(h_1)，使导流区出口流速(v_3)小于导流区下降流速(v_2)，否则会影响污泥沉淀和浓缩，一般(h_2-h_1)≥0.414B，B 为导流区宽度；h）回流缝流速取 0.03~0.04m/s，以确定回流缝宽度(b)，缝宽一般为 150~300mm。回流缝处所设顺流圈长度(L)为 0.4~0.6m，直径(D_4)应略大于池底直径(D_3)，以便污泥下滑回流到曝气区；i）池底斜壁与水平方向成 45°倾角；j）曝气池结构容积系数(由于曝气筒、导流室等墙体厚度所增加的容积百分数)宜为 3%~5%左右。

当合建式完全混合曝气池的平面设计成方形或长方形时，沉淀区仅在曝气区的一边设置(如图 3-1-23 所示)。

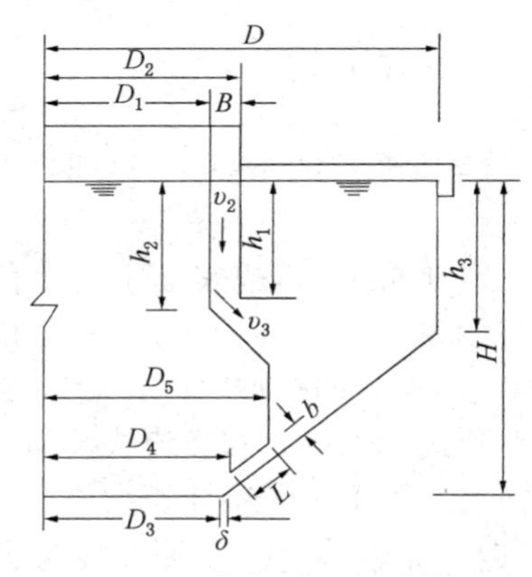

图 3-1-22 圆形曝气沉淀池的池体尺寸示意图

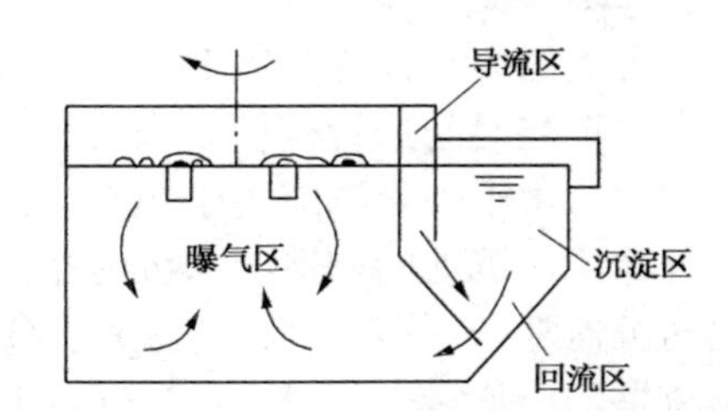

图 3-1-23 方形曝气沉淀池示意图

(3) 循环混合式曝气池

循环混合式曝气池的平面形状如环形跑道，污水和活性污泥的混合液在池内循环流动，流速保持在 0.3m/s 以上，使活性污泥呈悬浮状态。氧化渠或氧化沟是循环混合式曝气池的典型代表，本书§3.3 中将专门介绍。

此外，在推流式曝气池中也可用多个表面曝气机进行充氧和搅拌。此时，在每一个表面曝气机所影响的范围内流态为完全混合式，但就整个曝气池而言又近似推流式。相邻表面曝气机的旋转方向应该相反，否则两台曝气机之间的水流将发生冲突，具体结构如图 3-1-24(a)所示。也可采用横挡板将表面曝气机隔开，避免相互干扰，如图 3-1-24(b)所示。

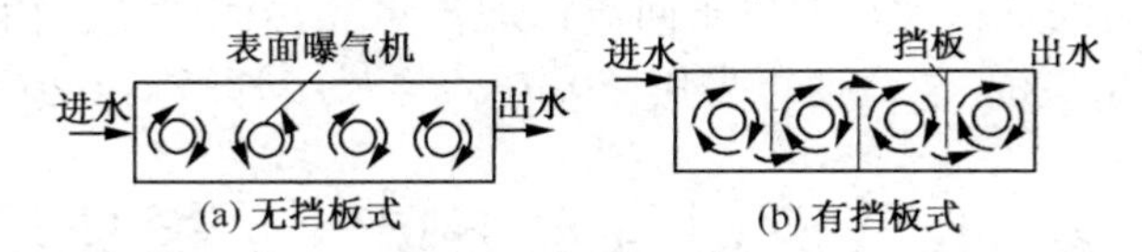

图 3-1-24 完全混合式与推流式两种池型结合的曝气池结构示意图

四、二沉池及污泥回流系统设计

在曝气池和二沉池分建的活性污泥系统中，二沉池的作用是固液分离，同时需将部分活性污泥回流到曝气池。污泥回流系统设计包括回流污泥量的计算、提升设备设计和管道系统设计。

1. 回流污泥量的计算

剩余污泥量 q、回流污泥量Q_R 可按下式计算

$$q = \frac{VR}{(1+R)\ t_s} \quad (m^3/d) \tag{3-1-10}$$

$$Q_R = RQ \quad (m^3/d) \tag{3-1-11}$$

$$R = \frac{X}{X_R - X} \tag{3-1-12}$$

式中　Q——污水流量，m^3/d；

R——回流比，也可以根据处理工艺查表 3-1-2；

X——混合液污泥浓度，mg/L；

X_R——回流污泥浓度，mg/L。

二沉池的污泥浓度与污泥沉淀性能及其在池中的停留时间有关，一般混合液在量筒中沉淀 30min 后形成的污泥，基本上可以代表混合液在二沉池中沉淀所形成的污泥。因此回流污泥的浓度为

$$X_R = \frac{10^6}{SVI} \cdot r \tag{3-1-13}$$

式中　r——与污泥在二沉池中停留时间、池深、污泥厚度有关的系数，一般取 1. 2 左右。

2. 二沉池的设计

二沉池的容积计算常以上升流速(一般不大于 0. 3～0. 5mm/s)或表面水力负荷作为设计参数，以沉淀时间进行校核。采用静水压力排泥的二沉池，静水压头不应小于 0. 9m，其污泥斗底坡与水平夹角不应小于 50°。对分建式沉淀池，污泥斗的贮泥时间一般取 2h。

分建式二沉池的构造与初沉池相似，可以采用平流式、辐流式和竖流式，但其工作情况要比初沉池复杂得多，因此应注意：①进液要分布均匀，利于污泥絮体长大；②限制单位长度溢流堰的出流量不超过 $10m^3/(m \cdot h)$，防止挟带走污泥絮体；③污泥斗要考虑污泥浓缩要求，但停留时间不超过 2h，以防止缺氧时间过长而产生反硝化，造成污泥上浮。所以较常采用的沉淀时间为 1. 5～2. 0h，表面水力负荷为 $1.1 \sim 1.8m^3/(m^2 \cdot h)$，污泥浓度高时用低值。一般按沉淀时间计算容积，然后确定池水深度。如果采用平流式沉淀池，水平流速最大值比初沉池小一半，原因是异重流导致有效过水断面减小。

3. 污泥回流设备

在分建式曝气池中，活性污泥从二沉池回流到曝气池时需设置污泥回流设备。常用的污泥回流设备为螺旋泵或单螺杆泵；对于鼓风曝气池，也可选用空气提升器。有关污泥回流设备的系统介绍请参见本书 § 4. 2 节。

4. 污泥回流系统管道设计

污泥回流系统管道的管径大小取决于回流污泥流量和污泥流速，由于活性污泥比重小、含水率高达 99. 2%～99. 7%，故流速可采用≥0. 7m/s，最小管径不得小于 ϕ200mm。

§ 3. 2　曝气原理与水下曝气、搅拌设备

一、概述

曝气是采用一定的技术措施，使气相中的氧向液相中转移，成为液相中的溶解氧。曝气

除了维持混合液中溶解氧浓度在需要值之外，还起搅拌、混合作用，使活性污泥处于悬浮状态，保证与污水密切接触、充分混合，以利于微生物对污水中有机物的吸附和降解。

1. 氧转移原理

气相中的氧转移为液相中的溶解氧，是通过流体运动形成气液接触界面来完成。这既是一个物质扩散过程，更是一个传质过程。

（1）扩散过程

扩散过程的推动力是物质在界面两侧的浓度差，物质分子从浓度较高的一侧向着较低的一侧扩散、转移。扩散过程的基本规律可以用菲克(Fick)定律加以概括，该定律表明，物质的扩散速率与浓度梯度呈正比关系。

（2）传质过程

曝气过程中，氧分子通过气、液界面由气相转移到液相，可以视为一种建立在气液传质基础上的气体吸收，详细请参见本书§6.1。可以采用“双膜理论”来解释曝气过程中气液传质的机理，即氧分子通过气、液界面由气相转移到液相，在界面上存在着双层膜(气膜和液膜)，这两层薄膜使得气体分子从一相转移到另一相时产生了阻力。当气体分子从气相向液相传递时，若气体的溶解度低，则阻力主要来自液膜。氧是难溶气体，其阻力主要来自液膜。

根据该理论，液膜内氧传递的微分方程式可以用下式计算

$$\frac{dC}{dt} = K_L \frac{A}{V}(C_S - C_L) = K_{La}(C_S - C_L) \tag{3-2-1}$$

其积分形式为

$$\ln(C_S - C_L) = \ln C_S - K_{La} \cdot t \tag{3-2-2}$$

式中 dC/dt——液相主体中溶解氧浓度变化速率(或氧转移速率)，kg $O_2/(m^3 \cdot h)$；

t——曝气时间，h；

K_L——液膜中氧分子的传质系数，m/h；

A——气、液两相接触界面面积，m^2；

V——液相主体的容积，m^3；

K_{La}——氧的总转移系数，h^{-1}；

C_S——界面处气相氧分压下溶解氧的饱和浓度值，mg/L；

C_L——与曝气时间相对应的液体内溶解氧的实际浓度，mg/L。

氧的总转移系数K_{La}表示在曝气过程中氧的总传递特性，当传递过程中阻力增大时，则K_{La}值低，反之则K_{La}高；K_{La}的倒数$1/K_{La}$表示曝气池中溶解氧浓度从C_L提高到饱和值C_S所需要的时间。当K_{La}值低时，$1/K_{La}$值高，使混合液内溶解氧浓度从C_L提高到饱和值C_S所需要的时间长，说明氧转移速率慢，反之则氧的传递速率快，所需时间短。K_{La}是计算氧转移速率dC/dt的基本参数，也是评价曝气器供氧能力的重要参数，可以通过试验确定。

可以采取多种措施来提高K_{La}值：最重要的因素是增大曝气量来增大气液接触面积；还可在曝气量不变时减小气泡尺度；加强液相主体的紊流程度，降低液膜厚度，加速气、液界面的更新；等。此外，还可以提高气相中的氧分压，如采用纯氧曝气、避免水温过高等来提高C_S值。

2. 氧转移的影响因素

水质情况、温度高低、氧分压大小、曝气设备、运行方式、紊流程度、气液界面膜面积

都会影响氧的总转移系数与氧传递速率。

（1）污水水质

与清水不同，污水中含有污染物，在界面处会形成一层分子薄膜；另外，混合液中含有大量活性污泥，扩散阻力比清水大。曝气设备在混合液中曝气时，氧传递速率应修正为

$$\left.\begin{aligned}\frac{dC}{dt} &= \alpha K_{La}(\beta C_S - C_L) \\ \alpha &= \frac{K_{La}(污水)}{K_{La}(清水)} \\ \beta &= \frac{C_s(污水)}{C_s(清水)}\end{aligned}\right\} \tag{3-2-3}$$

式中 α——因混合液含污泥颗粒而降低总转移系数的修正值(<1)；

β——污水中饱和溶解氧浓度的修正值(<1)。

可通过对污水和清水的曝气充氧试验测定，鼓风曝气设备和机械曝气设备的 α 取值有所不同。

（2）温度

温度影响 C_S 和 K_{La} 值。温度上升，液相主体的黏度下降，膜厚度减小，K_{La} 上升；温度不同，氧传递系数应修正为

$$K_{La(T)} = K_{La(20)} \cdot 1.024^{(T-20)} \tag{3-2-4}$$

式中 $K_{La(T)}$、$K_{La(20)}$——水温分别为 T℃、20℃时的总氧传递系数；

1.024——温度系数。

温度上升，C_S 值下降，K_{La} 上升，对氧转移有两种相反的影响，二者不能完全抵消。但总的来看，温度降低利于氧传递，活性污泥法温度多在 10~30℃之间。

（3）氧分压

溶解氧饱和度与氧分压、含盐量及温度有关；分压增大 C_S 增加，不是标准大气压时 C_S 应乘以修正系数 ρ

$$\rho = \frac{实际气压(Pa)}{1.013 \times 10^5} \tag{3-2-5}$$

鼓风曝气池池底扩散器出口处的氧分压最大，C_S 最大；气泡上升至水面，压力渐低至大气压，且部分氧已转移溶解至水中，因此氧分压更低。曝气池中 C_S 为扩散器出口及水面处的平均值：

$$\overline{C_S} = \frac{1}{2}(C_{S1} + C_{S2}) = \frac{1}{2}\left(\frac{p_d}{1.013 \times 10^5} C_S + \frac{\varphi_0}{21} C_S\right) = C_S\left(\frac{p_d}{2.026 \times 10^5} + \frac{\varphi_0}{42}\right) \tag{3-2-6}$$

式中 p_d——扩散器出口处的绝对压力，$p_d = p + 9.8 \times 10^3 H$；

φ_0——气泡离开水面时，氧的体积分数，$\varphi_0 = \frac{21(1-E_A)}{79+21(1-E_A)} \times 100\%$；

21%——标准压力下氧的体积分数；

H——扩散器的安装深度，一般距池底 0.3m；

E_A——扩散器的氧转移效率，小气泡扩散器取 6%~12%，微空曝气器取 15%~25%。

(4) 液体紊流程度

液体紊流程度越大，气液界面膜越薄，越有利于氧转移。

3. 曝气方式与技术性能指标

曝气设备是给水生化预处理、污水生化处理的关键设备，其运行费用占整个污水处理厂运行费用的60%~80%。按照流体运动的性质来区分，曝气扩散技术有气相主动运动型和液相主动运动型两种基本形式。前者的技术特征是：动能作用于轻质气相流体，重质液相流体是被动接触，由气泡或气流的上升运动产生连续的气液接触界面；后者的技术特征是：动能作用于重质液相流体，轻质气相流体是被动接触，产生局部连续的气液接触界面。

在工程实际中，一般将曝气方式分为空气扩散型水下曝气(俗称鼓风曝气)、水下曝气机曝气、表面机械曝气等3大类，其中空气扩散型水下曝气和水下曝气机曝气都是在水体底层或中层以不同方式充入空气，使之与水体充分均匀混合，完成氧从气相到液相的转移。经常使用的反映曝气设备充氧性能好坏的技术指标如下：

(1) 动力效率(E_p)

又称标准曝气效率(Standard Aeration Efficiency，SAE)。指在标准条件下(20℃、1.01325×10^5Pa)，每消耗1kW·h电能转移到混合液中的氧量，单位为kg O_2/(kW·h)。

(2) 氧的利用率或氧的转移效率(E_A)

单位时间内供给曝气池中混合液的氧量称为供氧量，供氧量只有一部分直接转移到水中去，称为吸氧量。吸氧量与供氧量之间的百分比称为利用率或氧的转移效率E_A，外文文献中常常采用标准氧转移效率SOTE(Standard Oxygen Transfer Efficiency)的说法。

(3) 充氧能力(E_L)

在标准条件下(20℃、1.01325×10^5Pa)，单位时间内转移到混合液中的氧气量，单位为kg O_2/h。一般表示一台机械曝气设备的充氧能力。

对于鼓风曝气系统而言，其工作性能常用E_p、E_A来评定。为比较各种空气扩散器的性能，将其装于水深1m处，以含氧量1mg/L时的E_A值作为互相比较的指标，E_A值愈高，空气扩散器的效率愈高。

对于机械曝气系统而言，其工作性能常用E_p、E_L来评定，而无法用E_A来评定。在实际应用中，往往还采用推动力或推动容量来评价，是指水平轴式表面机械曝气设备使沟内混合液达到0.3m/s的平均流速时，每米有效长度所能推动的水的容积。

二、水下曝气器

空气扩散型水下曝气(俗称鼓风曝气)系统由空气加压设备、空气输配管路与水下空气扩散器(也称水下曝气器、水下曝气头)组成。空气加压设备包括空气净化器、鼓风机或空压机，其风量要满足生化反应所需的氧量和能保持活性污泥混合液呈悬浮状态，风压则要满足克服管道系统和空气扩散器的摩擦损耗以及扩散器上部的静水压；空气净化器的作用是改善整个曝气系统的运行状态和防止水下曝气器阻塞；空气输配管路包括输气管、曝气池上的管网，管网包括干管和支管，干管常架设于相邻两廊道的公用墙上，向两侧廊道引出支管。这里主要介绍水下曝气器，空气加压设备的相关论述请参见本书§8.3。

水下曝气器的功能是对气流进行扩散分割，并在水流作用下形成不同尺寸的气泡。根据气泡的产生方式，水下曝气器可分为空气升液型、水力剪切型等几类。水力剪切型是利用曝气器本身能产生水力剪切作用的特征，在气体从曝气器中吹出来之前，将其切割成小气泡。根据气泡尺寸的大小，曝气器可分为粗/大气泡型、中/小气泡型、微气泡型等几类。大气泡型曝气器主要采用曝气竖管、穿孔管和网状膜空气扩散器；小气泡型曝气器中，属于空气升液型的有扩散板、扩散盘、扩散管等，属于水力剪切型的有倒盆型空气扩散器、固定螺旋曝气器、动态曝气器、动力散流型曝气器、旋混式曝气器、弹跳孔曝气器等。鉴于从提高氧转移效率的角度来看，气泡被分割得愈小愈好，而且随着材料成形和加工制造技术的不断进步，产生微气泡的难度和成本逐渐降低，因此除少数特殊曝气用途之外，大气泡型、中气泡型、小气泡型曝气器都逐步让位于微气泡型曝气器。

这里主要介绍微气泡型曝气器。从材质来看，可以采用刚玉、高密度聚乙烯和橡胶膜等，其共同优点是氧利用率高、能耗低，同比条件下节能50%~60%。

1. 刚玉微孔曝气器

按照形状可分为钟罩形、圆拱形、球形、平板形4种。钟罩形、圆拱形、球形刚玉微孔曝气器的外形尺寸分别如图3-2-1、图3-2-2、图3-2-3所示，相应的主要性能参数如表3-2-1所示。

平板形微孔曝气器如图3-2-4所示，主要组成包括圆形气泡扩散板、通气螺栓、配气管、三通短管、橡胶密封圈和压盖等。

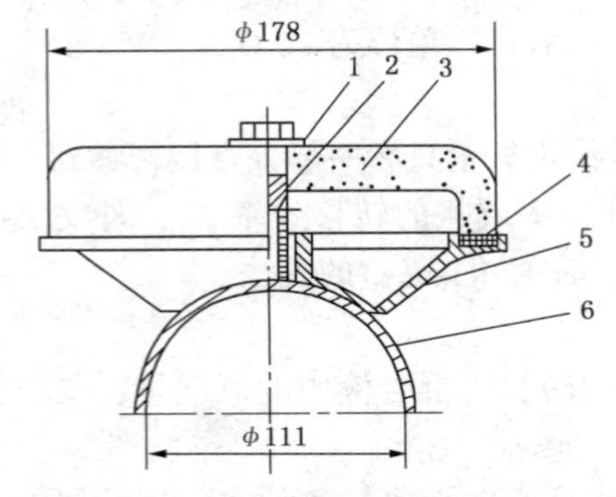

图3-2-1　GY. ZZ型钟罩形刚玉微孔曝气器外形尺寸

1—橡胶垫；2—通气螺杆；3—刚玉曝气板；4—密封圈；5—底座；6—进气管

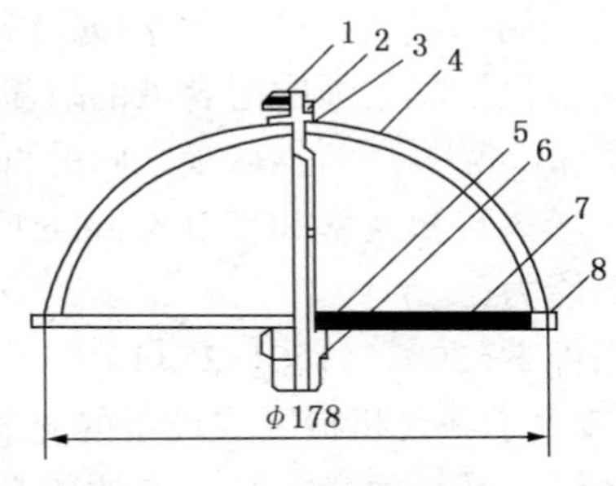

图3-2-2　BG-I型圆拱形刚玉微孔曝气器外形尺寸

1—M14紧固螺母；2—垫片；3，5，8—密封圈；4—刚玉曝气壳；6—通气螺杆；7—底盘

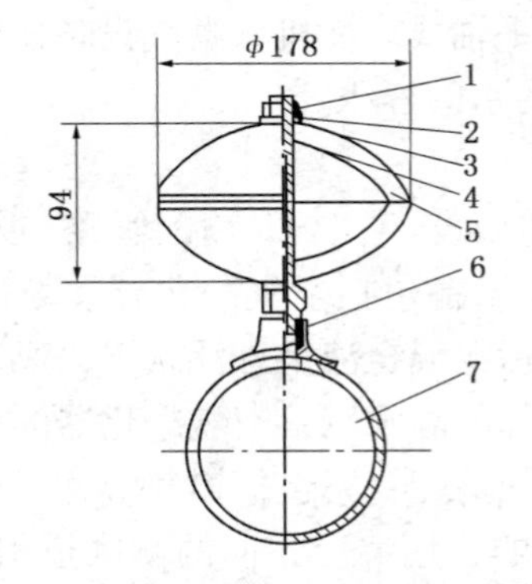

图3-2-3　GY. Q型球形刚玉微孔曝气器的结构示意图

1—螺母；2—垫圈；3—橡胶垫；4—通气螺杆；5—刚玉曝气壳；6—联接座；7—布气管

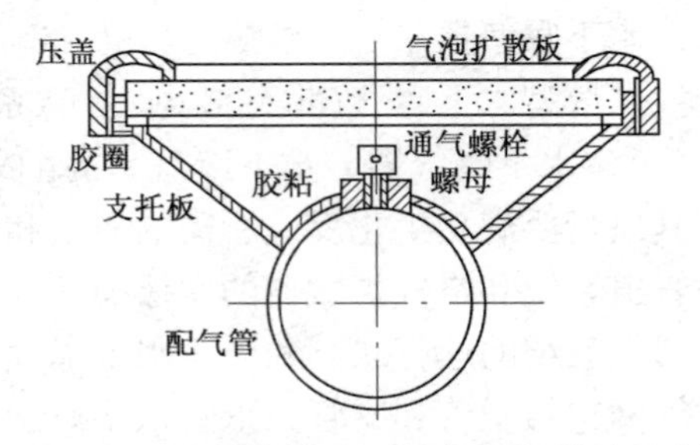

图3-2-4　平板形刚玉微孔曝气器的结构示意图

表 3-2-1 刚玉曝气器的主要性能参数

型号	水深/m	供气量/[m^3/(h·个)]	服务面积/(m^2/个)	充氧能力/(kg/h)	氧利用率/%	理论动力效率/[kg/(kW·h)]	阻力损失/Pa
GY. ZZ 钟罩形	4~5	2~3	0. 30~0. 60	0. 149~0. 286	21. 2~28. 6	6. 12~7. 10	3840~4050
BG-1 拱形	4~5	2~3	0. 36~0. 60	0. 22~0. 28	20. 0~25. 0	4. 50~7. 50	<3000
GY. Q 球形	4~5	2~3	0. 30~0. 60	0. 190~0. 325	25. 7~34. 3	7. 34~8. 10	≤ 3000

2. 高密度聚乙烯覆盘形微孔曝气器

一般主要由高密度聚乙烯(HDPE)曝气壳、底盘、橡胶垫圈、压紧圈、联接座、布气管组成，大多采用钟罩型(如图 3-2-5 所示)。其主要性能参数如表 3-2-2 所示，所用高密度聚乙烯的材质特性为：密度为 0. 93g/cm^3、拉伸强度为 29MPa、热变形温度为 85℃。

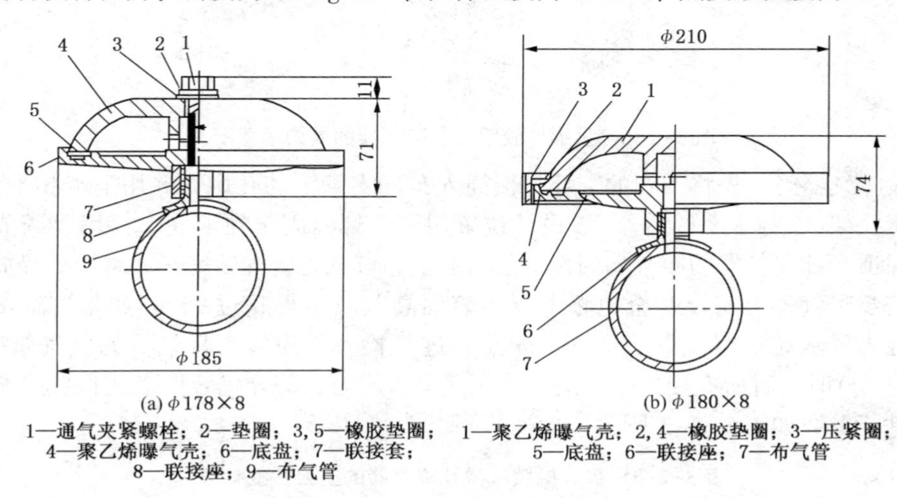

(a) ϕ178×8

1—通气夹紧螺栓；2—垫圈；3,5—橡胶垫圈；4—聚乙烯曝气壳；6—底盘；7—联接套；8—联接座；9—布气管

(b) ϕ180×8

1—聚乙烯曝气壳；2,4—橡胶垫圈；3—压紧圈；5—底盘；6—联接座；7—布气管

图 3-2-5 高密度聚乙烯覆盘形微孔曝气器的外形尺寸示意图

表 3-2-2 高密度聚乙烯覆盘形微孔曝气器的主要性能参数

型号	孔隙率/%	水深/m	供气量/[m^3/(h·个)]	服务面积/(m^2/个)	充氧能力/(kg O_2/h)	氧利用率/%	动力效率/[kg O_2/(kW·h)]	阻力损失/Pa
BD-PPE	42	5	2	0. 5	0. 193	28. 30	6. 89	2300
			3	0. 5	0. 275	26. 78	6. 38	2920

3. 橡胶膜微孔曝气器

带有若干开闭式孔眼的合成橡胶膜敷设在支撑基体上，当带压气体进入支撑基体与橡胶膜之间时，弹性孔眼张开而产生切割气流的作用，支撑基体从外形上看可分为盘形、球冠形、圆管形、平板形 4 种。共同特点是在合成橡胶膜(聚酯等材料)上开有一定数量、按一定规则排列的开闭式孔眼。

(1) 盘形橡胶膜微孔曝气器

图 3-2-6 为盘形橡胶膜微孔曝气器的结构示意图，主要由上盖、合成橡胶膜、支撑架、底座、密封垫等组成，合成橡胶膜上的孔眼数目大约有 2100~2500 个。空气由布气支管进到曝气器单向阀，经单向阀橡胶膜上的通气孔进入到曝气器内腔，再经支撑架中心孔进入合成橡胶膜与支撑架之间的间隙中。在气体压力作用下膜片微微鼓起，孔眼张开，空气从孔眼

中扩散出去，形成微气泡，实现向水中充氧的功能。停止曝气时，在水压和合成橡胶回弹性作用下，曝气孔闭合、将合成橡胶膜与支撑架压紧、单向阀自动闭合，从而形成三道屏障，避免污水倒流和微孔堵塞。

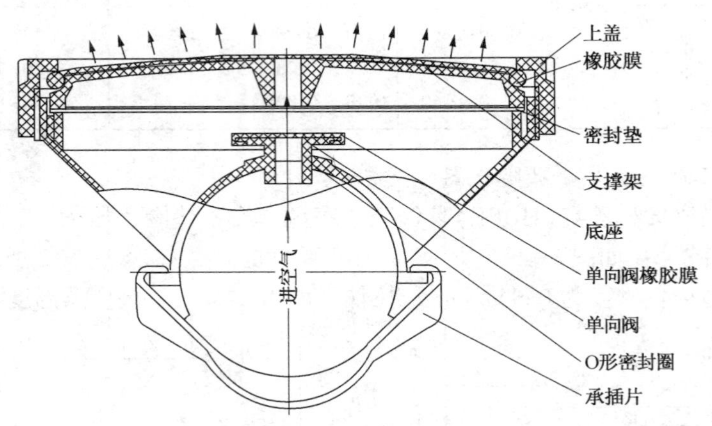

图 3-2-6　盘形橡胶膜微孔曝气器的结构示意图

在安装曝气器时，先将卡扣的上部直接插入布气支管上的孔内，并用下卡扣推进卡紧。然后将固定托架(亦称水平调节器)按设计位置用膨胀螺栓固定在池底上，用以调节管道的水平，以保证全部曝气器的布气均匀性。然后装上布气支管，安装完毕并将尘土碎屑完全吹净后方可安装曝气器，安装时全池曝气器的表面高差应不得超过±5mm。曝气器安装完毕后，要在池内放水超过曝气器表面 50mm 左右进行检查，当每个曝气器的供气量为 1.5～2.0m^3/(h・个)时，看所有接口是否漏气，布气是否均匀。部分代表性盘式橡胶膜微孔曝气器的主要性能参数如表 3-2-3 所示。

表 3-2-3　盘式橡胶膜微孔曝气器的主要性能参数

型号	规格/mm	水深/m	供气量/[m^3/(h・个)]	充氧能力/($kg\ O_2$/h)	氧利用率/%	动力效率/[$kg\ O_2$/(kW・h)]	阻力损失/Pa	质量/(kg/个)
BZ. PJ-I	ϕ215	4～5	0.30～0.60	0.155～0.250	20.8～30.6	5.53～7.15	2820～3440	—
KKI	ϕ215	4	—	—	21.7～23.5	—	3800～4700	—
KKR/KRF	ϕ300	4	—	—	23.8～27.0	—	2700～3200	—
ZBK-A	ϕ220	4～5	—	0.155～0.227	20.8～32.8	5.53～8.11	1800～2400	0.770
KBB	ϕ215	4～5	0.50	0.083～0.296	20.9～31.0	5.87～8.15	1200～2300	1.044
BZ. PJJ	ϕ215	4	0.50	≥0.13	≥25	≥4.5	≤3000	—

(2)圆管形橡胶膜微孔曝气器

图 3-2-7 所示为圆管形橡胶膜微孔曝气器，空气通过表面布满微孔的橡胶膜微孔曝气管，在水流的作用下产生气泡。一般将系统设计成可提升式或悬挂式，如两管、四管、八管悬挂链曝气器等；还可以加工制造数十米长的橡胶膜微孔曝气软管，然后辅助以刚性托架，根据需要绕成盘状甚至是锥状的曝气组件。美国 Parkson 公司在 20 世纪 80 年代开发的 Biolac®(百乐克)延时曝气系统，就是主要由 BioFlex®移动曝气链和附属的 BioFuser®微气泡曝气管组成。国产 ZH 型可提升管式微孔曝气器的主要技术参数如表 3-2-4 所示。

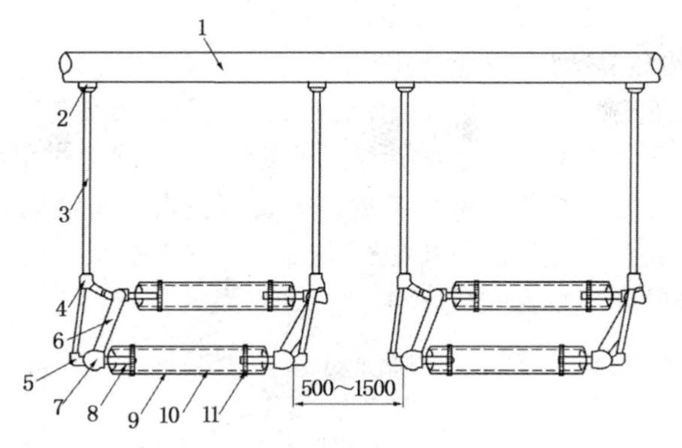

图 3-2-7　固定调节托架式圆管形微孔曝气器

1—进气分管；2—三通；3—进气软支管；4—进气分支三通；5—进气活接弯头；
6—横向固定管；7—活接三通；8—气流分布器；9—EPDM 橡胶管；10—支撑管；11—不锈钢卡箍

表 3-2-4　ZH 型可提升管式微孔曝气器的主要技术参数

水深/m	服务面积/(m^2/m)	供气量/[m^3/(m·h)]	氧利用率/%	动力效率/[kg O_2/(kW·h)]	充氧能力/(kg O_2/h)	阻力损失/Pa	气孔密度/(个/m)
4.5	2	8	30.36	6.24	0.68	3600	14000~15000

(3)板条式橡胶膜微孔曝气器

板条式橡胶膜微孔曝气器是在一个面积较大的矩形支撑底板上覆盖以微孔橡胶膜，并通过特殊加工手段形成多个相互分隔而又连通的窄条气体通道，带压气体进入窄条通道并通过橡胶膜的微孔，最终产生微细气泡。优点是在曝气池底的安装铺设非常方便，运行维护较为简单，且矩形和圆形曝气池都能够适用。美国 Parkson 公司的 HiO_x® UltraFlex 曝气板、美国 Ovivo 公司的 AEROSTRIP®曝气板是典型代表，前者采用高强度聚酯膜，在曝气池底的敷设面积约为 45%~55%。

三、水下曝气机

水下曝气机或潜水曝气机置于被曝气水体的中层或底层，将空气送入水中与水体混合，完成氧由气相向液相转移的过程。水下曝气机的种类较多，按供气方式可分为自吸式(负压吸气)与鼓风式(压力供气)两大类。自吸式靠射流技术或叶轮离心力产生负压区，外接进气管吸入空气，适用水深范围为 1~5m；鼓风式一般采用鼓风机或压缩机送气，适用水深范围为 5~20m。与表面曝气方式相比，水下曝气机的突出优点是能够提高氧的转移速率，同时由于底边流速较快，可以在较大范围内防止污泥沉淀；此外，无泡沫飞溅和噪声，避免了二次污染；发达国家还有适用水深达 30m 的水下曝气机。

1. 潜水射流曝气机

除根据供气方式可分为自吸式(负压吸气)与鼓风式(压力供气)两大类之外，潜水射流曝气机根据工作压力还可分为高压型与低压型两种，高压型射流器的工作压力为 0. 2MPa，喷嘴流速为 20m/s 左右；低压型射流器的工作压力为 0. 07MPa，喷嘴流速为 12m/s 左右。低压型射流器理论上的能量消耗是高压型的 1/3，而实际上可能还要少一些。根据结构可以分为单级和多级两类，单级又分为单喷嘴和多喷嘴两种形式；多级一般是两级，第一级吸气后，液气混合流在第二级再吸气，这样充分利用射流能量。根据安装方式可分为竖直安装(立式)和水平安装(卧式)，由于液、气两相的水平运动与垂直运动在流态上有较大差异，所以射流器的安装方式对其性能有一定影响。

（1）自吸式（负压吸气）潜水射流曝气机

如图 3-2-8 所示，自吸式（负压吸气）潜水射流曝气机主要由潜水排污泵、文丘里喷嘴、扩散管、进气管及消音器等组成。潜水排污泵的高压出水经过文丘里喷嘴形成高速水射流，通过扩散管进口处的喉管时，在气水混合室内产生负压，自动将液面以上的空气由通向大气的导管吸入，形成液气混合流经扩散管排出，夹带许多气泡的水流在较大面积和深度的水域里涡旋搅拌，并在池内形成环流，完成曝气。

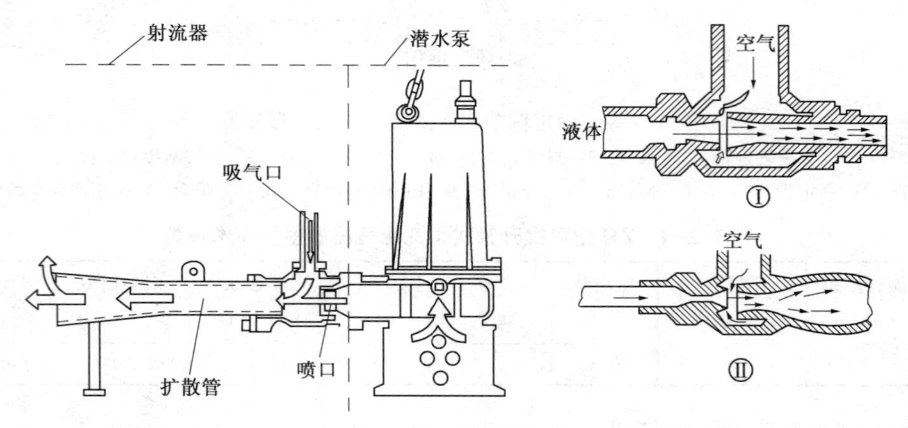

图 3-2-8　自吸式（负压吸气）潜水射流曝气机的结构示意图

自吸式（负压吸气）潜水射流曝气机所产生的强有力的单向液流，能够造成有效的对流循环，且电机负载（轴功率）随潜没深度的变化很小，安装简便，进气量可以调节。在进气管上一般装有消声器与调节阀，用于降低噪声与调节进气量。QSB 型自吸式（负压吸气）潜水射流曝气机的规格和性能参数如表 3-2-5 所示。

表 3-2-5　QSB 型自吸式（负压吸气）潜水射流曝气机的规格和性能参数

型号	QSB0.75	QSB1.5	QSB2.2	QSB3	QSB4	QSB5.5	QSB7.5	QSB11	QSB15	QSB18.5	QSB22
功率/kW	0.75	1.5	2.2	3	4	5.5	7.5	11	15	18.5	22
额定电流/A	2.3	3.7	5.6	6.8	8.8	11.3	15	23.4	29.7	36.7	43.2
额定电压/V	380										
转速/（r/min）	2900				1470						
频率/Hz	50										
绝缘等级	F										
最大潜入深度/m	3	3.5	4	4	4.5	5	5.5	6	6	6	6
进气量/（m^3/h）	10	22	35	50	75	85	100	160	200	260	320
服务面积/m^2	3×2	4×3.5	5×4	6×4.5	7×5	7.5×6.5	9×7	10×8	11×9	12×10	13×11
充氧能力/（kg O_2/h）	0.50	1.26	2.30	2.80	3.75	6.00	7.90	—	—	—	—
进气管口径/mm	32	32	50	50	50	50	50	—	—	—	—

注：表中进气量及供氧能力是在标准试验条件下（20℃水温，气压 101.325kPa），曝气机潜水深度 3m，试验介质为清水时的试验值。在中度污水中，供氧能力应乘以 0.85 后作为设计依据。

(2)鼓风式(压力供气)潜水射流曝气机

鼓风式(压力供气)潜水射流曝气机一般设置在曝气池或氧化沟底部，外接加压水管、压缩空气管。由于有机污水的高需氧量和新型生化污水处理设施高度的增加，通过鼓风机提供一定静压的压缩空气到射流器的吸入口，从能量角度而言能使射流器的效率更高，而且一个进气管可以同时供应多个射流器(喷嘴)。如图 3-2-9 所示，送入的压缩空气与加压水充分混合后向水平方向喷射，形成射流和混合搅拌区，对水体进行曝气充氧。

工程实际中常用的鼓风式(压力供气)潜水射流曝气机为密集多喷嘴曝气器，是为适应深水曝气需要而设计的曝气设备。喷嘴直径一般为 ϕ5~10mm，出口流速为 80~100m/s，动力效率 2.5~3.5kg O_2/(kW·h)，氧气利用率 8%~9%，且不易堵塞。

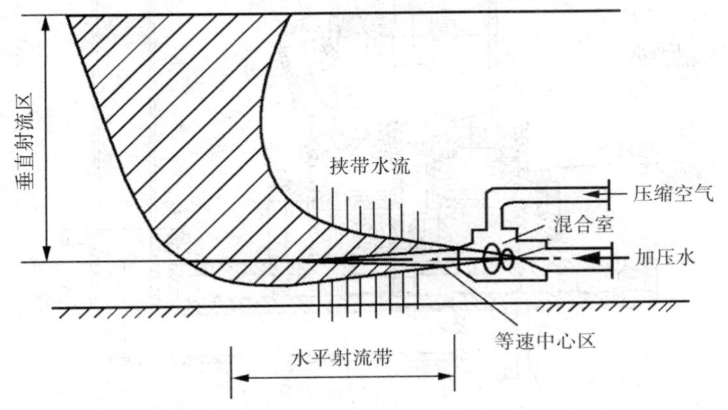

图 3-2-9　鼓风式(压力供气)潜水射流曝气机的工作原理示意图

就密集多喷嘴曝气器中的单个喷嘴而言，除了常用的单层结构之外，还有内外两层结构，VARI-CANT®射流曝气系统是其中的典型代表。VARI-CANT®内层喷嘴主要使污泥混合液产生高流速，压缩空气被引入外层喷嘴，在外层喷嘴空间发生剧烈剪切作用而产生大量微细气泡。一般安装在池底上部 0.76~1.2m 处，并向下倾斜 15°~30°。

2. 潜水离心曝气机

(1)自吸式(负压吸气)潜水离心曝气机

如图 3-2-10 所示，自吸式(负压吸气)潜水离心曝气机主要由潜水电机、进气室、叶轮、混气盘、底盘、泵壳、密封件、供气管、消音器等部分组成。叶轮与潜水电机主轴直接联接，由于电机的高速旋转，叶轮产生强大的离心力使进口处形成负压区，空气通过进气管被吸入。被吸入的空气和水在混合盘内混合，气水混合物沿叶轮的切线向圆周方向扩散，细碎的气泡与水充分接触，从而达到曝气充氧的效果；同时由于强大的搅拌对流，使活性污泥、污水、氧气充分混合。机体沉于水中运转，减少噪声；陆上供气管可加装消声器，增强消声效果。根据《潜水曝气机》(GB/T 27872-2011)中的相关规定，QXB 系列自吸式(负压吸气)潜水离心曝气机的性能参数如表 3-2-6 所示。

(2)鼓风式(压力供气)潜水离心曝气机

鼓风式(压力供气)潜水离心曝气机由潜水电机、减速机构、进气室、叶轮、螺混气盘、底盘、泵壳、密封件、供气管、起吊链等组成，外设鼓风机和配气管，工作原理与自吸式(负压吸气)潜水离心曝气机大同小异。根据《潜水曝气机》(GB/T 27872-2011)中的相关规定，QSB 系列鼓风式潜水曝气机的性能参数如表 3-2-7 所示。

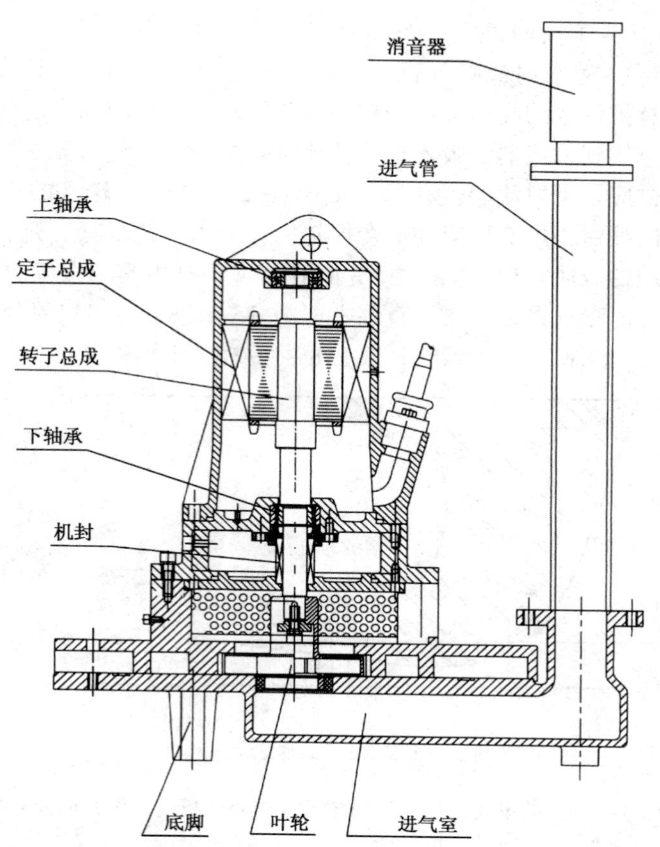

图 3-2-10　自吸式(负压吸气)潜水离心曝气机的结构示意图

表 3-2-6　QXB 系列自吸式(负压吸气)潜水离心曝气机的性能参数

型号	工作条件		性能参数			
	电机功率/kW	潜水深度*/m	进气量/(m^3/h)	充氧能力/(kg O_2/h)	气泡作用直径/m	动力效率/[kg O_2/(kW·h)]
QXB0.75-32	0.75	1.8	≥9.5	≥0.47	≥2.8	≥0.64
QXB1.5-32	1.5	2.7	≥18	≥0.96	≥3.5	≥0.64
QXB2.2-50	2.2	3.2	≥28.5	≥1.5	≥4.8	≥0.68
QXB3-50	3		≥39	≥2.06	≥5.5	≥0.68
QXB4-50	4	3.6	≥53	≥2.8	≥6.5	≥0.7
QXB5.5-65	5.5		≥72	≥3.85	≥8.0	≥0.7
QXB7.5-65	7.5	4.0	≥102	≥5.7	≥10	≥0.76
QXB11-100	11	4.2	≥178	≥9.0	≥11.0	≥0.82
QXB15-100	15	4.5	≥248	≥12.4	≥12.0	≥0.83
QXB18.5-100	18.5	4.5	≥350	≥15.7	≥12.5	≥0.85
QXB22-100	22	4.5	≥430	≥18.7	≥13.5	≥0.85
QXB30-150	30	4.5	≥510	≥24.6	≥14.5	≥0.82
QXB37-150	37	4.5	≥570	≥26.6	≥15.0	≥0.72

续表

型号	工作条件		性能参数			
	电机功率/kW	潜水深度*/m	进气量/(m^3/h)	充氧能力/(kg O_2/h)	气泡作用直径/m	动力效率/[kg O_2/(kW·h)]
QXB45-150	45	4.5	≥630	≥31.0	≥15.5	≥0.69
QXB55-150	55	4.5	≥820	≥38.0	≥16.0	≥0.69

* 表中潜水深度为推荐最合适的试验深度。

表 3-2-7　QSB 系列鼓风式潜水曝气机的性能参数

型号	工作条件		性能参数		
	电机功率/kW	潜水深度①/m	进气量/(m^3/h)	充氧能力/(kg O_2/h)	动力效率②/[kg O_2/(kW·h)]
QSB5.5	5.5	5~20	≥480	≥35	≥1.52
QSB7.5	7.5	5~20	≥900	≥58	≥1.52
QSB11	11	5~20	≥1080	≥74	≥1.52
QSB15	15	5~20	≥1500	≥90	≥1.52
QSB22	22	5~20	≥1800	≥115	≥1.52
QSB30	30	5~20	≥2400	≥156	≥1.52
QSB37	37	5~20	≥3000	≥198	≥1.52

注：①潜水深度为 8m 时，其余数据为标准试验条件下的指标；②动力效率为含鼓风机功率计算值。

较为先进的鼓风式(压力供气)潜水离心曝气机配置有同轴旋转的散气叶轮和螺旋叶轮，为机械搅拌和气流搅拌组成的复合机械曝气设备。在散气叶轮工作区将鼓风机供给的空气破碎成许多微细气泡，再与上升的水流一起被螺旋叶轮吸入径向导流筒内进行气液完全混合。充分混合后的气液混合流从径向导流筒吐出，呈放射状强有力地向外喷出。由于叶轮的吸水、喷水、旋转作用，水流呈放射状做上、下循环运动，调动水量大，搅拌能力强，形成了一个周而复始的总体流动，使得气、液、固三相充分混合，既达到了高度充氧，又防止了活性污泥的沉淀。

3. 自吸式螺旋曝气机

自吸式螺旋曝气机(Surface Aspirating Spiral Aerator)是一种结构简单、高效的曝气搅拌设备，主要由电动机、螺旋桨驱动轴、螺旋桨片、空气吸入口和外壳等组成。如图 3-2-11 所示，中空的螺旋桨驱动轴上端与电动机轴固定联接，下端与螺旋桨片固定联接。螺旋桨驱动轴上部有空气吸入口，螺旋桨片在水下高速旋转推动水流的同时，产生负压吸入空气，空气随水流被剪切成微小气泡后随着水体快速扩散，因此可以取得良好的充氧、混合搅拌和推流效果。

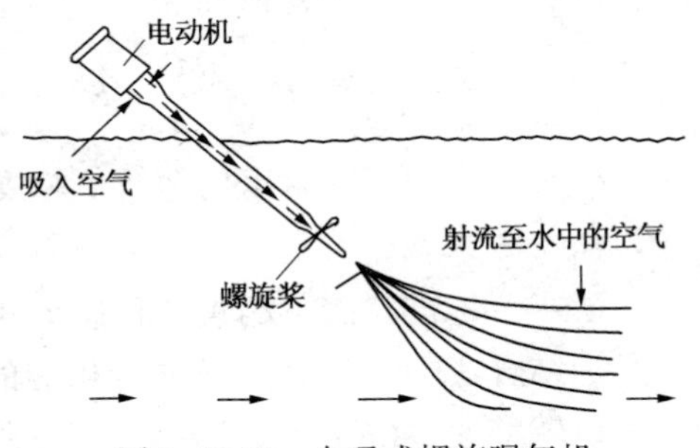

图 3-2-11　自吸式螺旋曝气机

工作时，自吸式螺旋曝气机的入水角度可以在 30°~90°之间调节，通常以 45°放置；曝气机可以提出水面直接维修。德国富克斯环保技术有限公司的 OXYSTAR 自吸式螺旋曝气机是其中的典型代表，国产 ZLB 系统自吸式螺旋曝气机的性能参数如表 3-2-8 所示，一般用于小型曝气系统，或者作为大中型氧化沟增强推流与曝气效果而增添的附属设施，动力效率为 1.9kg O_2/(kW·h)左右。

表 3-2-8　ZLB 系统自吸式螺旋曝气机的性能参数

型号	电机功率/kW	标准规格				适用水深/m	标准尺寸							质量/kg
		进气量/(m^3/min)	充氧能力/(kg O_2/h)	搅拌水量			A/mm	B/mm	C/mm	D/mm	E/mm	F/mm	H/mm	
				循环水路/m^3	矩形水池/m^3									
ZLB15	1.5	0.97	2.70	~225	~84	~2.5	1951	1576	530	420	604	446	300	65
ZLB22	2.2	1.42	3.96	~330	~123	~3.0	1951	1576	530	420	604	446	300	70
ZLB37	3.7	2.39	6.66	~555	~208	~3.5	1951	1576	530	420	604	446	300	80
ZLB55	5.5	3.56	9.90	~825	~309	~4.0	2046	1576	530	515	604	551	300	115
ZLB75	7.5	4.86	13.50	~1125	~421	~4.5	2530	1930	530	515	807	551	300	135
ZLB110	11	7.12	19.80	~1650	~618	~5.0	2530	1930	530	515	807	551	300	155
ZLBC55	5.5	2.50	9.90	~825	~309	~5.0	2046	1576	530	515	604	551	300	115
ZLBC75	7.5	3.42	13.50	~1125	~421	~5.5	2530	1930	530	515	807	551	300	135
ZLBC110	11	4.98	19.80	~1650	~618	~5.5	2530	1930	530	515	807	551	300	155
ZLBC150	15	5.84	27.00	~2250	~842	~6.0	2530	1930	630	515	707	551	400	170
ZLBC185	18.5	7.18	33.30	~2775	~1040	~6.5	2530	1935	627	515	710	591	400	220
ZLBC220	22	8.58	39.60	~3300	~1236	~7.0	2530	1935	627	515	710	591	400	230

四、曝气系统的相关设计和测试

曝气系统的任务是将空气中的氧有效地转移到活性污泥混合液中去，其设计内容包括充氧量和供氧量的计算、曝气方法的选择、曝气系统的工艺设计和主要设备选型等。

1. 充氧量和供气量的计算

活性污泥系统的供氧速率应该与其中微生物的好氧速率保持平衡，因此曝气池中混合液的需氧量应等于供氧量。

标准状态下的氧转移速率 R_0 可按下式计算

$$R_0 = \frac{\mathrm{d}C}{\mathrm{d}t} = K_{\mathrm{La}(20)}(C_{\mathrm{S}(20)} - C_{\mathrm{L}}) = K_{\mathrm{La}(20)}\ C_{\mathrm{S}(20)} \tag{3-2-7}$$

式中　C_L——水中实际含有的溶解氧浓度，mg/L，对于脱氧清水$C_L=0$；

$C_{S(20)}$——大气压力下 20℃时水中溶解氧的饱和浓度，mg/L；

R_0——标准状态下的氧转移速率，一般为 kg O_2/(m^3·h)。

必须结合实际情况对上式进行相应的修正，为此引入各项修正系数，温度为 T 条件下的实际氧转移速率(R)应等于活性污泥微生物的需氧速率(R_r)

$$R = \frac{\mathrm{d}C}{\mathrm{d}t} = \alpha K_{\mathrm{La}(20)} \cdot 1.024^{(T-20)}(\beta \cdot \rho \cdot C_{\mathrm{Sb(T)}} - C_{\mathrm{L}}) = R_{\mathrm{r}} \tag{3-2-8}$$

式中　T——实际水温，℃；

α——考虑污水中各种杂质对氧转移影响的修正系数，$\alpha = \frac{污水中的K_{La}'}{清水中的K_{La}}$；

β——考虑污水中盐类对氧在水中饱和度的影响，$\beta=\frac{\text{污水的}C_S'}{\text{清水的}C_S}$；

ρ——考虑氧分压影响的修正系数，$\rho=\frac{\text{实际气压}\ p(\text{Pa})}{1.013\times10^5(\text{Pa})}$；

$C_{Sb(T)}$——鼓风曝气池内混合液在大气压力下、实际温度 T℃时溶解氧饱和浓度的平均值，mg/L，$C_{Sb(T)}=C_{S(T)}\left(\frac{p_b}{2.026\times10^5}+\frac{O_t}{42}\right)$；

$C_{S(T)}$——在大气压力下、实际温度 T℃时溶解氧的饱和浓度，mg/L。

p_b——水下曝气器出口处的绝对压力，$p_b=p+9.8\times10^3H(\text{Pa})$；

H——水下曝气器的安装深度，m；

p——曝气池水面的大气压力，$p=1.013\times10^5$ Pa；

O_t——从曝气池中逸出气体中氧的体积分数，%；

$$O_t=\frac{21(1-E_A)}{79+21(1-E_A)}\times100\% \tag{3-2-9}$$

E_A——水下曝气器的氧转移效率(氧利用效率)，一般为 6%~20%。

修正系数 α、β 值，均可通过污水、清水的曝气充氧试验予以确定，R_0 与 R 之比为

$$\frac{R_0}{R}=\frac{C_{S(20)}}{\alpha[\beta\cdot\rho\cdot C_{Sb(T)}-C_L]\times1.024^{(T-20)}} \tag{3-2-10}$$

一般而言，$\frac{R_0}{R}=1.33\sim1.61$，即实际工程所需空气量较标准条件下所需空气量多 33%~61%。同时根据上式有

$$R_0=\frac{R\,C_{S(20)}}{\alpha[\beta\cdot\rho\cdot C_{Sb(T)}-C_L]\times1.024^{(T-20)}} \tag{3-2-11}$$

混合液中溶解氧的浓度，一般按 2mg/L 计算。氧转移率(氧利用率)为

$$E_A=\frac{V\,R_0}{O_c}\times100\%=\frac{V\,R_0}{G_s\times0.21\times1.43}\times100\%=\frac{V\,R_0}{0.3\,G_s}\times100\% \tag{3-2-12}$$

式中 O_c——供氧量，kg/h；

G_s——供气量，m^3/h，式中 0.21 为氧在空气中所占的比例，1.43 为氧的容重，kg/m^3。

对于鼓风曝气而言，各种水下曝气器在标准状态下的 E_A 值由厂商通过脱氧清水的曝气试验测定提供。因此，供气量可以通过上式确定为

$$G_s=\frac{VR_0}{0.3E_A}\times100\% \tag{3-2-13}$$

对于机械曝气而言，各种叶轮在标准条件下的充氧量与叶轮直径、线速率的关系，也由厂商通过实际测定提供。如泵型叶轮的充氧量 Q_{os} 与叶轮直径及叶轮线速率的关系，按下式确定

$$Q_{os}=0.379\,v^{0.28}\,D^{1.88}K\quad(\text{kg/h}) \tag{3-2-14}$$

式中 v——叶轮线速率，m/s；

D——叶轮直径，m；

K——池型结构修正系数，kg/h。

2. 鼓风曝气系统的设计

曝气系统的能耗约占好氧活性污泥法污水处理厂总能耗的50%以上，其中鼓风曝气系统的曝气设备有水下曝气器、鼓风式潜水射流曝气机、鼓风式潜水离心曝气机三类，都涉及到鼓风机的选择和相应供气管路的设计。从系统组成来看，水下曝气器相对最为复杂，这里主要结合其介绍鼓风曝气系统的设计。

(1) 水下曝气器的选择及其布置

从氧传递的角度来看，微气泡型水下曝气器优于粗/大、中小气泡型水下曝气器。水下曝气器的池底格形布置优于使水流呈螺旋状前进的池侧单壁布置，推流式优于多点进水式。

(2) 空气管的布置与管径计算

首先根据曝气池的实际情况进行空气管的布置。以三廊道式曝气池为例，可以采用图3-2-12所示的空气管布置方式，在两个相邻廊道设置一条配气干管，共设三条，每条干管设若干对竖管(支管)。

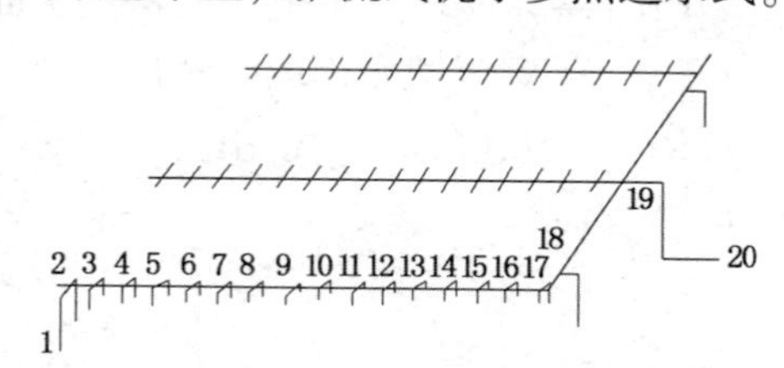

图3-2-12 空气管的布置与管径计算草图

空气干管的经济流速宜采用10~15m/s，通向水下曝气器支管的经济流速可取4~5m/s，根据经济流速和所通过的空气量即可初步确定管径。在借鉴参考同类工程或调研对比相关厂家水下曝气器充氧能力、氧利用率或氧转移效率、动力效率等技术指标的基础上，选择确定合适规格型号的水下曝气器。水下曝气器个数可根据厂家所提供的单个有效服务面积值来计算，也可根据单个曝气器的充氧能力值(kgO_2/h)来计算，最终合理确定布置个数。鼓风曝气系统的总压力损失为空气管道系统的压力损失与所有水下曝气器的压力损失之和，其中空气管道系统的压力损失包括沿程阻力损失(h_1)和局部阻力损失(h_2)两项，相关计算方法可参见本书§8.5。水下曝气器在使用过程中容易堵塞，故在设计中规定空气通过水下曝气器的阻力损失一般为4.9~9.8kPa，更为合理的做法是依据水下曝气器生产厂家提供的阻力损失值。

(3) 鼓风机的选型

供气量在前述计算中已经得出，空气压力（即风压）则可按下式估算，

$$p = p_{atm} + 980 \times H \quad (\mathrm{Pa}) \tag{3-2-15}$$

式中 p_{atm}——大气压，$p_{atm}=1.013\times10^3$Pa；

H——水下曝气器距水面深度，m。

以计算得到的供气量和风压为基本依据，同时参考对照前述计算得到的鼓风曝气系统总压力损失，在此基础上综合考虑能耗、噪声及价格等因素进行鼓风机的选型，同时视情况不同设置空气过滤器和空气预热器。必须指出的是，虽然新鼓风曝气系统刚投入运行时压力一般都能保持在设计范围内，但随着使用时间的推移，由于曝气器的堵塞或损坏、管道阀门的锈蚀，大量污泥流入管道并沉积，会使管道流通面积减小，从而使得系统阻力大幅增加。因此为了适应负荷的变化，使运行具有灵活性，鼓风机的工作台数一般应不少于2台，总台数不宜少于3台。

3. 曝气设备的性能测试

曝气设备的性能测试可以由设备生产厂家在特定清水池中进行，也可以在曝气池竣工后用清水进行，还可以在曝气池投产运行后进行，旨在验证设备是否符合设计要求。

清水中测试最通用的方法是用还原剂亚硫酸钠消毒，为了加快消氧过程可用氯化钴作为催化剂。当溶解氧的浓度逐渐趋于零后，启动曝气设备，水中的溶解氧会逐渐上升，按一定的时间间隔用溶氧仪测定溶解氧浓度，得到一系列溶解氧浓度随时间变化的数据，最后根据这些数据计算氧总转移系数和充氧能力。

运行条件下的测定可分为非稳定状态和稳定状态，前者混合液中的溶解氧随时间变化，而后者混合液中的溶解氧不随时间而变化。

五、潜水搅拌设备

潜水搅拌设备扩展了污水处理工艺设计的空间，并为一些新工艺的开发提供了条件。目前潜水搅拌设备在污水处理领域主要有三方面的用途：一是进行水力循环，在污水生化处理的厌氧池、缺氧池以及氧化沟、SBR 反应池等构筑物中应用十分广泛，只需提供必要的循环流速，就可以保持池内的混合液呈悬浮状态，高效节能；二是进行曝气充氧，代替由水下曝气器产生释放气泡的模式，可以增大传氧水深，提高传氧效率 15%左右，随之节省能耗与运行费用；三是改善水体水质，在许多受污染水体和污水处理用深度处理塘中，往往会遇到因水深较大、水流滞缓、水体表面覆氧不能保证深水区溶氧要求等问题，此时采用潜水搅拌设备进行“人工呼吸”，可以为深水区复氧，改善整个水体的水质。根据搅拌器工作转速的高低，潜水搅拌设备可以分为低速潜水推流器和高速潜水推流(搅拌)器两大类。

1. 低速潜水推流器

典型低速潜水推流器的结构如图 3-2-13 所示，采用潜水电机与全密封减速器(如摆线针轮减速器)直联，驱动大直径两叶式推流叶轮匀速旋转，叶轮材料可以采用聚氨酯或铸铝。QJT 系列低速潜水推流器的主要性能参数如表 3-2-9 所示。

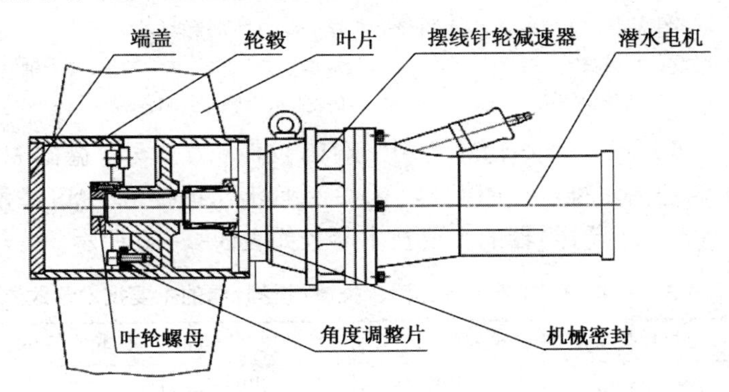

图 3-2-13　典型低速潜水推流器的结构示意图

表 3-2-9　QJT 系列低速潜水推流器的主要性能参数

型号	电机功率/kW	额定电流/A	叶轮转速/(r/min)	叶轮直径/mm	推力/N
QJT030-1100	3.0	7.4	115	1100	2410
QJT022-1400	2.2	4.9	42	1400	954
QJT030-1400	3.0	7.4	52	1400	1610
QJT040-1400	4.0	9.2	63	1400	2000
QJT030-1800	3.0	7.4	52	1800	2365
QJT040-1800	4.0	9.2	63	1800	2750
QJT030-2100	3.0	7.4	35	2100	1459
QJT040-2100	4.0	9.2	52	2100	1942

续表

型号	电机功率/kW	额定电流/A	叶轮转速/(r/min)	叶轮直径/mm	推力/N
QJT055-2100	5.5	12.5	63	2100	2590
QJT040-2500	4.0	9.2	42	2500	2850
QJT055-2500	5.5	12.5	52	2500	3090
QJT075-2500	7.5	15	63	2500	4275

2. 高速潜水推流(搅拌)器

如图 3-2-14 所示，高速潜水推流(搅拌)器主要由潜水电机、减速器、搅拌器、导流罩、电控和监测系统等组成，推流(搅拌)器多采用三叶后掠式叶轮。可以安装在一个简易的垂直导轨系统上，在 20m 深度范围内都可以任意上下升降或者转向，垂直导轨系统有靠墙式和桥梁式两种安装方式。

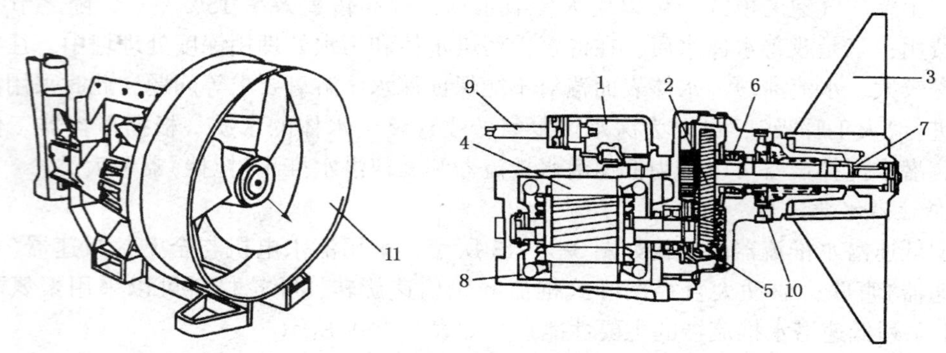

图 3-2-14　高速潜水推流(搅拌)器的外形和结构示意图

1—接线盒；2—齿轮；3—搅拌器；4—潜水电机；5—油箱；6—轴承；7—轴密封；8—监测系统；9—温度继电器；10—渗水传感器；11—导流罩

代表性的国外生产厂家有丹麦 LJM 公司、瑞典 ITT 飞力公司、德国 MEU 公司。国内的代表性产品有 GQT 高速潜水推流(搅拌)器、QJB 系列潜水搅拌机、MS 型潜水搅拌机等，其中 QJB 系列高速潜水推流(搅拌)器的主要技术参数如表 3-2-10 所示。

表 3-2-10　QJB 系列高速潜水推流(搅拌)器的主要技术参数

型号	电机功率/kW	额定电流/A	叶轮转速/(r/min)	叶轮直径/mm	推力/N
QJB008-260	0.85	3.1	710	260	156
QJB015-260	1.5	4.0	980	260	219
QJB022-320	2.2	7.9	740	320	582
QJB040-320	4	10.3	980	320	609
QJB025-400	2.5	8.6	740	400	800
QJB030-400	3	9.5	740	400	920
QJB040-400	4.0	12	980	400	1200
QJB040-615	4.0	14	480	615	1100
QJB055-615	5.5	18.4	480	615	1800
QJB075-615	7.5	27	480	615	2600
QJB100-615	10	32	480	615	2900

3. 潜水推流(搅拌)器的设计要点

(1) 潜水电机

为适合水下20m水深的工作需要，一般选用高绝缘等级的标准定子和转子组件，组装到设计紧凑的水下推流(搅拌)器壳体内。中华人民共和国环境保护行业标准《环境保护产品技术要求—推流式潜水搅拌机》(HJ/T 279—2006)中规定，潜水推流(搅拌)器的电控设备应符合GB/T 3797的规定，采用户外箱式防护等级，应达到GB/T 4942.2中IP55的规定。潜水电机的机械密封性能应良好，无渗漏，防护等级应符合GB/T 4942.2中IP68级的规定，绝缘等级应符合GB/T 12785中F级的规定。

为了保护推流(搅拌)器的正常工作，可在电动机定子线圈上粘贴热敏元件，采用温度继电器作为过热元件，当定子线圈温度高达105℃时，温度继电器常闭触点断开，切断电源中断工作，同时控制系统中指示灯亮并报警。

(2) 减速器

主要由一对斜齿轮、轴承和油箱组成，采用内装式机械密封及渗水报警单元，以确保减速器可靠的密封性和安全性。驱动齿轮采用硬齿面，安装在电动机输出轴上，被动齿轮装在搅拌器主轴上，材料一般选用优质合金钢，设计寿命为75000h。在电动机输出轴的初始端和搅拌器主轴的末尾端均设有单列向心球轴承支承，而在电动机输出轴的末尾端和搅拌器主轴的初始端则采用单列圆锥滚子轴承，以承受轴向推力，轴承设计寿命不低于50000h。油箱除存放传动齿轮、轴承和润滑/冷却油外，在设计中采用O形橡胶圈将油箱分成两部分，当发生异常渗水现象时，让水先进入第一油箱，箱内水量为油量的10%时渗水传感器接通，同时控制系统指示灯亮、蜂鸣器报警，延迟4min后切断电源、中断工作，确保第二油箱中的齿轮等零部件正常安全工作。

(3) 搅拌器

搅拌器的叶轮多采用高强度耐腐蚀合金铝、不锈钢通过精铸或冲压成型，要求叶轮强度高、重量轻，耐腐蚀性强。三叶后掠式叶轮多还需考虑防止水草或异物缠绕桨叶，为了获得远流程的流场要求，可加设导流罩。目前可以采用船舶螺旋桨水力推进理论，对叶轮流线进行计算流体动力学(CFD)优化设计，以有效传递电动机输出的最大搅拌功率，获得最佳的水流推力。制造完毕后尚需进行静平衡校验。

搅拌器长期在水下工作，密封很重要。静压密封均采用O形橡胶圈，如轴承与电动机机壳、电器接线盒与电动机机壳、电器接线盒与外界介质、电动机机壳与传动齿轮；搅拌器端轴的动密封采用内装单端面大弹簧非平衡型机械密封，动、静环材料为碳化钨。机械密封性能应良好，内腔应能承受0.2MPa的压力且历时10min无渗漏。

(4) 布置方式与水力学性能检测

当采用多台潜水推流(搅拌)器时，其平面布置方式如图3-2-15所示，一般要求有效工作区内的流速大于0.3m/s。

对设备生产厂家而言，每种规格的潜水推流(搅拌)器都应进行水力学性能试验，并依据试验结果给出该规格潜水推流(搅拌)器的特定流场图，进而得到对水体截面产生扰动的有效半径(简称水体截面有效扰动半径R_y)、沿轴向对水体推动的有效距离(简称轴向有效推进距离L_y)等性能参数。

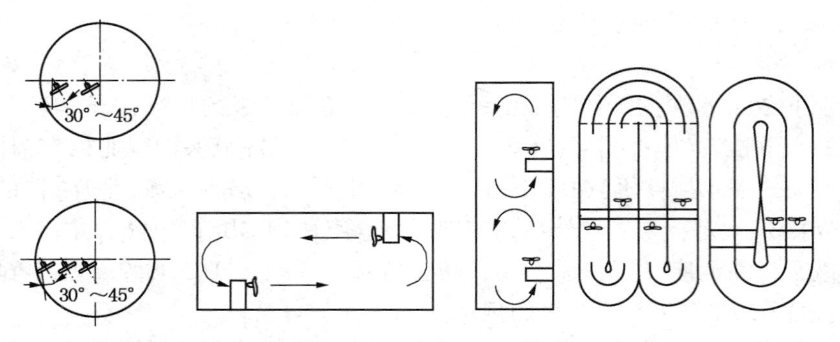

图 3-2-15 潜水推流(搅拌)器的平面布置方式示意图

§3.3 氧化沟系列工艺与表面曝气机

近几十年来，活性污泥法在净化功能方面取得了显著进展，改变了过去以去除有机污染物为主要功能的传统模式，开创了多种旨在提高充氧能力、增加混合液污泥浓度、强化活性污泥微生物代谢功能的高效处理工艺，如氧化沟、SBR 及其变形工艺、BioDopp 工艺等。从环保设备的角度来看，一种新型处理工艺的问世往往伴随着一批专用设备投向市场，活性污泥法作为近百年来城市污水处理的主体工艺更是体现了这一点。例如，单沟式氧化沟工艺推出了曝气转刷和自动调节出水堰门；Carroussel 氧化沟工艺推出了立轴式表面曝气机；Orbal 氧化沟工艺推出了水平轴式表面曝气机；SBR 工艺推出了滗水器等等。工艺技术的先进性提供了专用设备的竞争力和市场保障，专用设备所获得的利润又投入到工艺技术的研究开发。如此良性循环，不断推动工艺创新和设备开发的同步发展。

一、氧化沟系列工艺

1920 年，英国 Sheffield 污水处理厂首次建成了采用立轴旋转桨板式曝气机充氧的沟渠形构筑物，虽然曝气效果不理想，但被认为是现代氧化沟工艺的先驱。1950 年，氧化沟(Oxidation ditch)工艺由荷兰国家应用科学研究院(The Netherlands Organization For Applied Scientific Research，简称 TNO)卫生工程研究所首次研究成功。第一座氧化沟污水处理厂由 TNO 的帕斯维尔(A. Pasveer)博士于 1954 年在荷兰的伏肖汀(Voorschoten)建造，服务人口仅为 360 人，由于帕斯维尔博士的贡献而又被称为“帕斯维尔沟”。“帕斯维尔沟”间歇流运行，白天进水曝气，夜间用作沉淀池。处理获得了极大成功，BOD_5 的去除率高达 97%，帕斯维尔博士在观察了曝气不充分的系统之后，又对氨和硝酸盐的去除进行了试验。后来，为了适应流量和有机负荷的增加，出现了连续流“帕斯维尔沟”。通过增加沉淀池，使曝气和沉淀分别在两个区域进行，可以连续进水、连续出水。但受当时曝气设备的限制，氧化沟的设计有效水深一般在 1.5m 以下。氧化沟技术一问世就引起了各国环保界的极大兴趣，到 20 世纪 60 年代已经遍及欧洲各地，并在大洋洲、北美和南非等各国得到了迅速推广和应用，工艺上和构造上也有了很大的发展和改进。20 世纪 70 年代末，氧化沟技术进入我国，第一座氧化沟工艺应用于邯郸市东郊污水处理厂。

1. 基本原理

如图 3-3-1 所示，原水经预处理后直接进入氧化沟，与活性污泥混合后在环形沟渠内循环流动。从构筑物来看，氧化沟工艺没有初沉池，但需另设二沉池和污泥回流设备。因为污水和活性污泥的混合液在沟渠中不断循环流动，循环流量远远大于进水流量，故氧化沟又被称为连续循环曝气池(Closed Loop Reactor, CLR)。从本质上看，氧化沟工艺是传统活性污泥工艺的一种变形，所以工作原理本质上与活性污泥法相同，但运行方式不同。

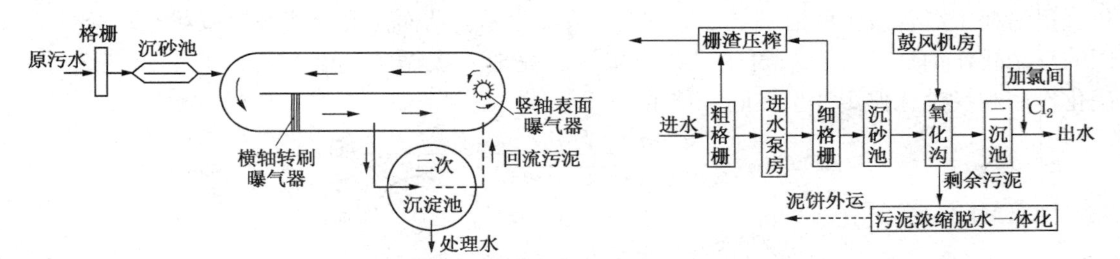

图 3-3-1　氧化沟系统的工艺流程和平面示意图

氧化沟工艺综合了推流式和完全混合式的优点：首先，污水一经进入池中，立即与池内混合液完全混合，经数十甚至数百圈的循环后各点的污染物浓度基本一致，这是氧化沟工艺抗冲击负荷能力强的主要因素；其次，单从循环一圈来看，氧化沟又具有推流的特征，因为污水在沟中要循环多圈，不像完全混合式那样易发生短路。由于污水在沟渠内循环多圈，决定了水力停留时间和曝气时间充分延长，从而具有有机物负荷低、污泥龄长的特点，属于延时曝气法。在这样的条件下运行，不仅出水水质好，而且污泥在氧化沟中得以充分稳定，不需要再进行厌氧消化处理。此外，氧化沟中产生交替循环的好氧区和缺氧区，能在不外加碳源的情况下，实现有机物和总氮的去除。

2. 氧化沟脱氮除磷工艺

由于在传统的单沟式氧化沟中，好氧区与缺氧区的体积和溶解氧浓度很难准确控制，因此虽能脱氮但效果有限，对除磷则几乎不起作用。另外，在传统单沟式氧化沟的“好氧-缺氧-好氧”短暂频繁变化环境中，硝化菌和反硝化菌群并非总是处于最佳的生长代谢环境中，由此也影响了单位体积构筑物的处理能力。

20 世纪的最后 50 年，随着新型氧化沟的不断出现，氧化沟技术已经远远超出了早先的实践范围，其特有的技术经济优势与脱氮除磷的客观需要相结合已成为一种必然。卡鲁塞尔氧化沟(Carroussel Areation Basin)及其改进型、奥贝尔(Orbal)氧化沟、PI 型氧化沟、一体化氧化沟等都具有一定的脱氮除磷能力，从运行方式上则可分为连续工作式、交替工作式和半交替工作式三大类。

(1) Carrousel 氧化沟

Carrousel 氧化沟又称平行多沟渠形氧化沟，由荷兰 DHV 公司(根据其创始人 Dwars, Heederik and Verhey 命名，2013 年与 Royal Haskoning 合并更名为 Royal HaskoningDHV)于 1967 年研制开发。目的是为满足在较深的沟渠中使混合液充分混合，并能维持较高的传氧效率，以克服小型氧化沟沟深较浅、混合效果差等缺陷。在数十年的发展历程中，出现了 Carrousel 1000、Carrousel 2000、Carrousel 3000、AB-Carrousel、MBR-Carrousel 等变型工艺。

① 普通 Carrousel 氧化沟

如图 3-3-2 所示，普通 Carrousel 氧化沟是一个多沟串联系统，沟道被一堵纵向中心隔墙分开，在中心隔墙的末端安装有立轴式表面曝气机，每组沟渠安装一个，均安装在同一端。利用表曝机产生的径流作动力，进水与活性污泥混合后沿箭头方向在沟内不停地循环流动，由于曝气机和中心隔墙的作用而产生了一个螺旋状水流，带来了很好的混合效果。表面曝气机使混合液中溶解氧(DO)的浓度增加到大约 2~3mg/L，微生物得到足够的溶解氧来去除 BOD，同时氨也被氧化成硝酸盐和亚硝酸盐。在曝气机下游，水流由曝气区的湍流状态逐渐变成平流状态，并维持流速不低于 0. 3m/s，以保证活性污泥处于悬浮状态。微生物氧化过程消耗了混合液中的溶解氧，直到 DO 值降为零，从而使混合液呈缺氧状态。经过缺氧区的反硝化作用后，混合液再次进入有氧区，完成一次循环。BOD 降解是一个连续过程，硝化作用和反硝化作用发生在同一池中。

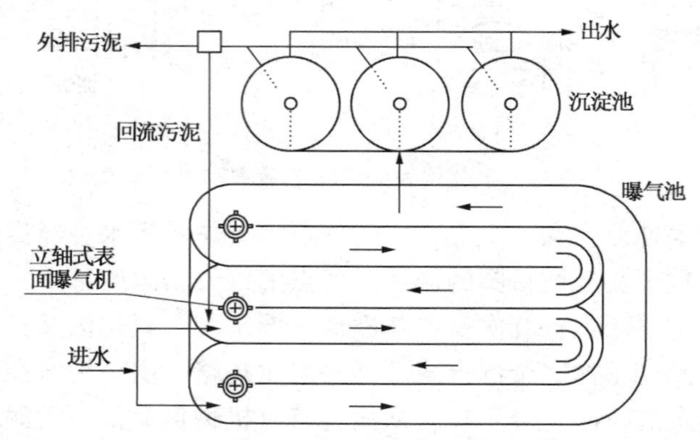

图 3-3-2　Carroussel 氧化沟系统的工艺流程示意图

经典 Carrousel 氧化沟所配套使用的 OXYRATOR® 立轴式表面曝气机单机功率大，平均氧转移效率至少达 2. 1kg O_2/(kW · h)，因此具有极强的耐冲击能力；同时具有极强的混合搅拌能力，水深可达 5m 以上，使氧化沟占地面积减少、土建费用降低。当有机负荷较低时，可以停止运行某些曝气机，以节约能耗。目前我国中山、淮南、黄岩等城市的生活污水处理采用了该工艺，BOD 去除率可达 95%~99%，但脱氮除磷的能力有限(约为 50%)。

② Carrousel 2000 氧化沟系统及其变型组合

1990 年，在普通 Carrousel 氧化沟的基础上，荷兰 DHV 公司及其在美国的专利特许公司 EIMCO Water Technologies 公司联合开发了 Carrousel® 2000 氧化沟系统，在美国市场上也称为 Carrousel® denitIR® 氧化沟系统，实现了更高要求的生物脱氮和除磷功能。如图 3-3-3 所示，该系统结构上的主要改进是在普通 Carrousel 氧化沟前增加了一个缺氧区(又称预反硝化区)，预反硝化区与氧化沟可以分建，也可以合建。对于合建式而言，预反硝化区体积约为氧化沟体积的 15%，进水在缺氧条件下与一定量的混合液混合(可通过内部回流控制阀调节)；剩余部分包括有氧和缺氧区(占氧化沟体积的 85%)，用于同时进行硝化、反硝化，也用于磷的富集吸收。每座 Carrousel 2000 氧化沟系统中配有相当数量的立轴式表面曝气机，实现沟内水体的推流、混合和充氧。系统的供氧量可以通过控制沟内表面曝气机的运行台数进行调节；每座氧化沟中还装有一定数量的推进器，以保证混合液具有一定的流速，并防止

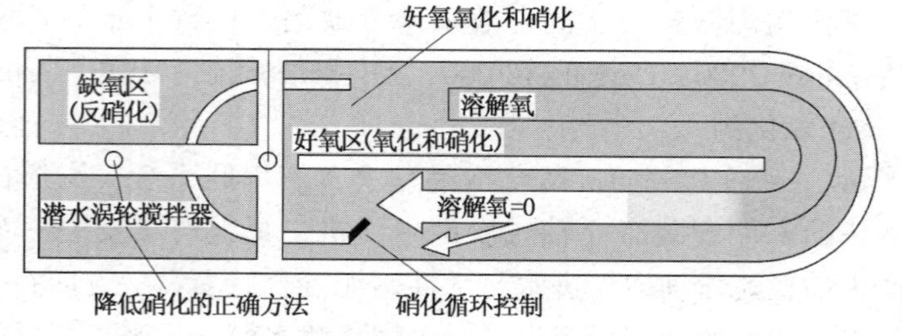

图 3-3-3　Carrousel 2000 氧化沟系统的结构示意图

污泥在进水 BOD_5 含量低的情况下发生沉淀(例如在夜间只有 1~2 台表面曝气机运行)。Carrousel® denitIR®氧化沟系统的内部循环流量较大(约为处理量的 6~15 倍),利用 Excell®立轴式表面曝气机所产生的推力即可,而不需要额外消耗能量。可以通过使用自动控制的 EliminatIR™堰门,而在缺氧区产生厌氧循环,以便获得除磷效果,相应的系统也被称为 Carrousel® AlternatIR™系统。

Carrousel 2000 氧化沟系统的关键在于对曝气设备充氧量的控制,必须保证进入回流渠处的混合液处于缺氧状态,为反硝化创造良好环境。实际上,Carroussel 2000 氧化沟系统的脱氮除磷原理与 A^2/O 工艺一致,只是前者不需设置专门的混合液和污泥回流设备,因此比 A^2/O 工艺的运行费用略低,投资更省。从国内采用 Carrousel 2000 氧化沟系统污水处理厂的运行效果来看,BOD、COD、SS 的去除率均达到了 90%以上,TN 的去除率达到了 80%,TP 的去除率也达到了 90%。2007 年 6 月,北京市顺义区的 Carrousel 2000 氧化沟系统投入运行,污水处理量 $80000m^3/d$,荷兰 DHV 公司提供了工艺设计、设备供货、安装调试以及人员培训。

在 Carrousel 2000 氧化沟系统的基础上增加前置厌氧区,可以达到脱氮除磷的目的,被称为 Carrousel® A^2C™工艺(如图 3-3-4 所示)。该系统将 A^2/O 工艺与氧化沟工艺结合在一起,利用氧化沟原有的渠道流速实现硝化液的高回流比,无需任何回流提升动力,达到了同时脱氮除磷之目的。

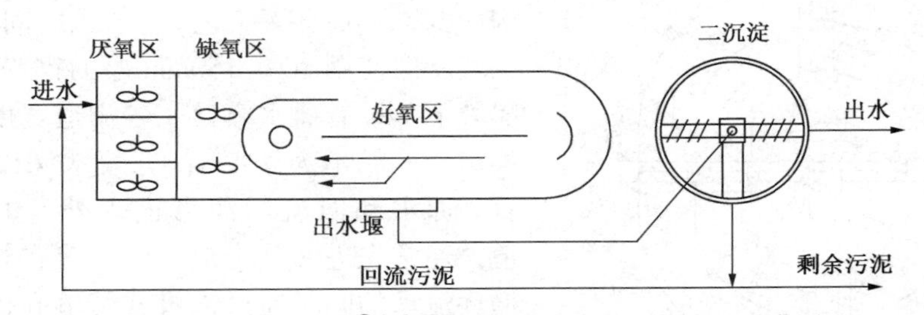

图 3-3-4 Carrousel® A^2C™氧化沟系统的工艺流程示意图

在 Carrousel 2000 氧化沟系统的下游增加第二缺氧池及再曝气池,就构成了四阶段 Carrousel-Bardenpho 系统,能够实现更高程度的脱氮。在 Carrousel® A^2C™氧化沟系统的下游增加第二缺氧池及再曝气池,就构成了五阶段 Carrousel-Bardenpho 系统(如图 3-3-5 所示),大大提高了脱氮除磷的效果。

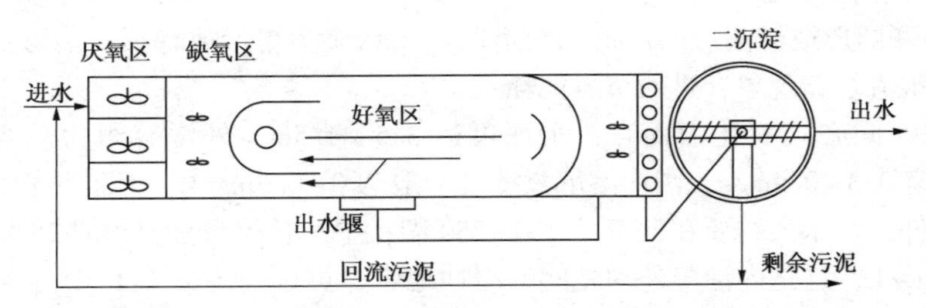

图 3-3-5 五阶段 Carrousel-Bardenpho 系统的工艺流程图

③ Carrousel 3000 氧化沟系统

1997 年,荷兰 DHV 公司开发出了 Carrousel 3000 氧化沟系统,使得氧化沟往深度方向发展。1998 年开发出了 Carrousel 1000 氧化沟系统,使得氧化沟的造价更加低廉。

在 Carrousel 2000 氧化沟系统前加上一个生物选择区,就构成了 Carrousel 3000 氧化沟系统(也称为 Deep Carrousel)。该生物选择区是利用高有机负荷筛选菌种,抑制丝状菌的增长,提高污染物的去除率，其后的工艺原理同 Carrousel 2000 氧化沟系统。Carrousel 3000 氧化沟系统的较大提升表现在：a)增加了池深，可达 7.5~8m，同心圆式池壁共用，减少了占地面积，在降低造价的同时提升了耐低温能力(可达 7℃)；b)曝气设备的巧妙设计，表面曝气机下安装导流筒(draft tube)，抽吸缺氧的混合液，采用潜水推流器解决流速问题；c)使用了先进的、多变量控制模式的曝气控制器；d)采用一体化设计，自中心开始包括以下环状连续工艺单元：进水井和用于回流活性污泥的分水器，分别由四部分组成的选择池和厌氧池，这之外是三个曝气器和一个 Carrousel 2000 氧化沟系统；e)圆形一体化设计使氧化沟无需额外的管线，即可实现回流污泥在不同工艺单元之间的分配。

(2) Orbal 氧化沟

胥司曼(Huisman)于 1970 年在南非国家水研究所设计开发了使用水平轴转盘式表面曝气机(Rotary Disc Aerator)的 Orbal 氧化沟，后来该技术转让给美国 Envirex 公司，并做了一些改进，使该系统在中高浓度的城市污水处理厂中具有相当明显的技术经济优势。Orbal 氧化沟是由若干同心沟道组成的多沟道氧化沟系统，沟道平面呈圆形或椭圆形，故又称同心沟型氧化沟。各沟道之间相通，设有单独的二沉池。

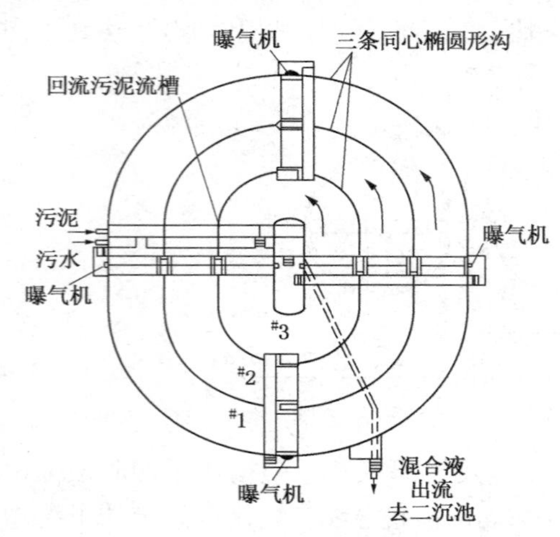

图 3-3-6　Orbal 氧化沟的结构示意图

如图 3-3-6 所示，典型的 Orbal 氧化沟通常由三个同心的沟道组成，分别为外沟、中沟和内沟(也称为 0-1-2 工艺)。沟道之间用隔墙分开，隔墙一般使用 100~150mm 厚的钢筋混凝土建造，隔墙下部设有通水窗口。各沟道宽度由工艺设计确定，一般不大于 9m；有效水深以 4~4.3m 为宜。原水和回流污泥可进入外、中、内三个沟道，通常先进入外沟道。混合液在外沟道中不断循环流动的同时通过淹没式传输孔流入中沟，再以同样的方式流入内沟。当脱氮要求较高时，可以增设内回流系统(由内沟道回流到外沟道)，提高反硝化程度。污水在各沟道内的循环达数十至数百次，最后经中心岛的可调堰门流入单独的二沉池。Orbal 氧化沟具有如下特征：

① 多沟串联圆形或椭圆形的沟道，沟道断面形状多为矩形或梯形，能够更好地利用水流惯性，减少水流短路现象，进而节省能耗。

② 对于三沟同心式氧化沟而言，水深可达 3.5~4.5m。外沟容积为总容积的 50%~55%，沟底流速 0.3~0.9m/s，沟内溶解氧浓度一般为 0~0.3mg/L，为碳源氧化、反硝化和磷释放创造条件，污水大约要在此流动 200~250 圈；中沟容积为总容积的 25%~30%，溶解氧浓度为 1.0mg/L，这是内沟与外沟之间的缓冲地带，可进一步去除 BOD_5，完成一部分氨氮的硝化；内沟容积为总容积的 15%~20%，溶解氧浓度为 2.0mg/L，混合液在此回流至外沟，完成反硝化作用。由于在三个沟道内形成了较大的溶解氧浓度差，故充氧率较高。

③ 耐冲击负荷能力强，易于适应多种进水情况和出水要求的变化，具有很强的灵活性。与传统的单沟式氧化沟相比，Orbal 氧化沟的需氧量可节省 20%~35%，从而大大降低了能耗，节约了运行成本，且操作控制简单、维护管理方便。

中国市政工程华北设计研究院对 Orbal 氧化沟系统在中国的应用情况、适应性、处理效果、工艺特性与机理等进行了全面、系统的研究，并进行了较大规模实际工程的工艺性能测试与研究工作。Orbal 氧化沟目前已在山东潍坊、北京黄村污水处理厂、合肥王小郢的城市污水处理厂、抚顺石油二厂废水处理站（28800m^3/d）、北京燕山石化公司牛口峪污水处理厂（60000m^3/d）、成都市天彭镇污水处理厂等得到应用。

Orbal 氧化沟的混合液悬浮固体（MLSS）浓度较高，运行中一般保持 4~6g/L（或 kg/m^3），回流污泥必须有较高的含固率，因此对沉淀池和排泥设备有严格的要求。排泥设备必须确保足够的排泥浓度，通常需要特殊的工艺和结构设计，以保证实现 Orbal 氧化沟的整体工艺优势。

(3) PI 型氧化沟

PI 型氧化沟（Phased Isolation Ditch，PID）包括交替式和半交替式氧化沟，20 世纪 70 年代由丹麦 Krüger 公司研制开发，其中包括 V-R 型、DE 型和 T 型氧化沟，都使用水平轴转刷式表面曝气机。这三种 PI 型氧化沟脱氮除磷工艺都要求对转刷进行调速，活板门、出水堰的启闭切换频繁，对自动化要求高，转刷表面曝气机利用率低，故在经济欠发达地区受到很大限制。

① 两沟交替式氧化沟

两沟交替式氧化沟又可分为 V-R 型、DE 型。如图 3-3-7 所示，V-R 型氧化沟的沟型宛如常规环形跑道，中央有一小岛，将沟道分成容积相当的 A、B 两部分，其间有单向活板门相连；通过定时改变转刷表面曝气机的旋转方向，以改变沟渠中的水流方向，使 A、B 两部分交替作为曝气区和沉淀区，因此毋需设二沉池和污泥回流设备，简化流程，节省基建投资和运行费用，管理方便。

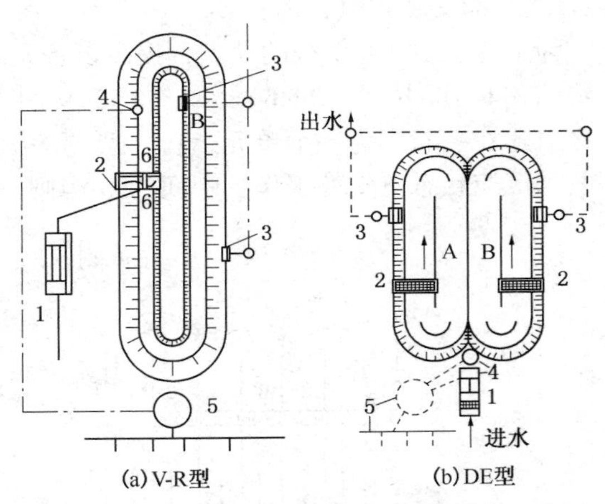

图 3-3-7　两沟交替式氧化沟的工艺流程示意图

1—沉砂池；2—转刷曝气机；3—出水堰；4—排泥管；5—污泥井；6—氧化沟

DE 型由 A、B 两个氧化沟组成，两个氧化沟相互连通、串联运行，可交替进出水、交替作为曝气池和沉淀池，同样毋需设污泥回流设备。沟内转刷表面曝气机一般为双速，高速工作时曝气充氧，低速工作时只推动水流、不充氧。通过两沟内的转刷表面曝气机交替处于高速和低速运行，可使两沟交替处于好氧和缺氧状态，从而到达脱氮的目的。DE 型氧化沟硝化和反硝化的运行程序一般分为 4 个阶段，如图 3-3-8 所示，每 4 个阶段组成一个运行周期，每个周期历时 4h，具体运行程序如表 3-3-1 所示。

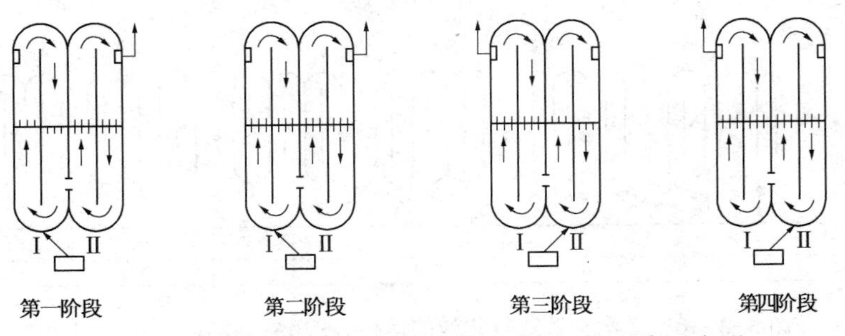

图 3-3-8　DE 型氧化沟的硝化和反硝化运行程序示意图

表 3-3-1　DE 型氧化沟的硝化和反硝化运行程序

沟号	阶段	1	2	3	4
	历时	1.5h	0.5h	1.5h	0.5h
沟Ⅰ	转刷状态	低速	高速	高速	高速
	出水堰	关	关	开	开
	是否进水	进	进	不进	不进
	工作状态	缺氧	好氧	好氧	好氧
沟Ⅱ	转刷状态	高速	高速	低速	低速
	出水堰	开	开	关	关
	是否进水	不进	不进	进	进
	工作状态	好氧	好氧	缺氧	好氧

交替式氧化沟主要是去除 BOD，缺点是转刷表面曝气机的利用率较低，仅为 37.5%。

② 三沟交替式氧化沟

为了克服 DE 型系统的缺点，提高设备充氧利用率，Krüger 公司又开发了三沟交替式氧化沟(Triple Ditch，T-Ditch)。如图 3-3-9、图 3-3-10 所示，三沟交替式氧化沟由三个单沟平排组建在一起作为一个单元运行，两侧的 A、C 两沟交替作为曝气池和沉淀池，在缺氧、好氧和沉淀状态下交替工作；中间的 B 沟则一直充作曝气池，维持好氧状态。三沟互相串

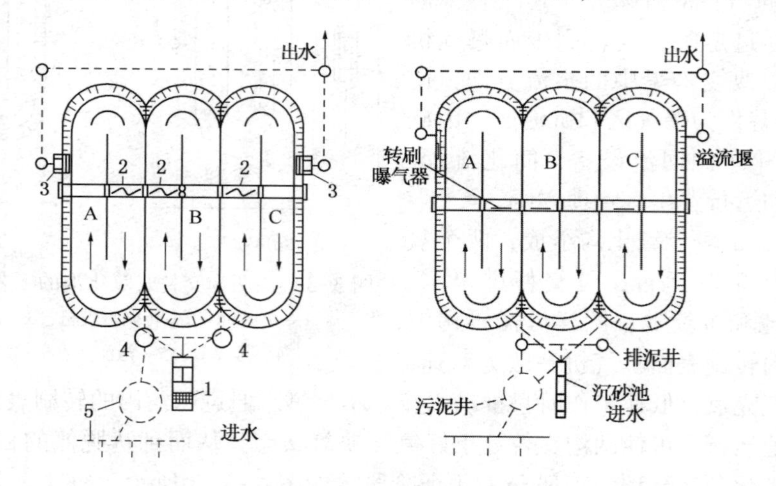

图 3-3-9　三沟交替式氧化沟的工艺流程示意图

1—沉砂池；2—曝气转刷；3—出水溢流堰；4—排泥管；5—污泥井

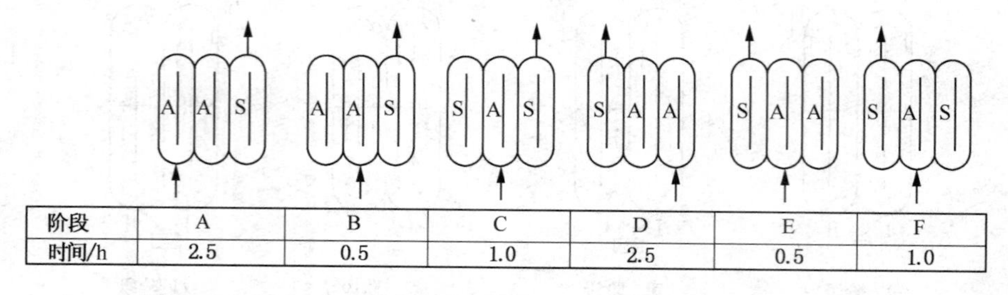

图 3-3-10　三沟交替式氧化沟的运行方式(A—曝气，S—沉淀)

联，进水交替地引入两侧沟，而出水则相对应地从两侧沟引出，从而省去了二沉池、污泥回流和混合液回流系统。整个系统提高了转刷表面曝气机的利用率(达到 58%)，在取得良好 BOD 去除效果的同时，还具有生物脱氮功能。

三沟交替式氧化沟的脱氮通过双速电机来实现，转刷表面曝气机能起到混合和曝气充氧的双重功能。当处于反硝化时，转刷以低转速运转，仅仅保持池中污泥悬浮，而池内处于缺氧状态。好氧和缺氧阶段，完全可由转刷转速的改变进行自控。三沟交替式氧化沟的运行方式如表 3-3-2 所示。

表 3-3-2　三沟交替式氧化沟生物脱氮运行方式列表

运行分阶段	A			B			C			D			E			F		
沟别	Ⅰ沟	Ⅱ沟	Ⅲ沟	Ⅰ沟	Ⅱ沟	Ⅲ沟	Ⅰ沟	Ⅱ沟	Ⅲ沟	Ⅰ沟	Ⅱ沟	Ⅲ沟	Ⅰ沟	Ⅱ沟	Ⅲ沟	Ⅰ沟	Ⅱ沟	Ⅲ沟
各沟状态	反硝化	硝化	沉淀	硝化	硝化	沉淀	沉淀	硝化	沉淀	沉淀	硝化	硝化	沉淀	硝化	硝化	沉淀	硝化	沉淀
延续时间/h	2.5	0.5	1.0	2.5	0.5	1.0												

常规交替式氧化沟仅脱氮效果良好，但随着各国对污水处理厂出水氮、磷含量的要求越来越严，丹麦 Krüger 公司与 Denmark 技术学院合作开发了功能加强的 PI 型氧化沟，称为 BioDenitro 和 BioDenipho 工艺，这两种工艺都是根据 A/O 和 A^2/O 生物脱氮除磷原理，在氧化沟前设置相应的厌氧区或构筑物，或通过改变运行方式，创造缺氧/好氧、厌氧/缺氧/好氧的工艺环境，达到生物脱氮除磷的目的，其中 BioDenitro 工艺的运行方式如图 3-3-11所示。西安市北石桥污水净化中心采用具有脱氮除磷的 DE 型氧化沟系统(前加厌氧池)，一期工程处理能力为 $15\times10^4m^3/d$，对各阶段处理效果的实测结果表明，COD、TN、TP 的总去除效率分别达到 87.5%～91.6%、63.6%～66.9%、85.0%～93.4%，出水 TN 为 9.0～10.1mg/L、TP 为 0.42～0.45mg/L。

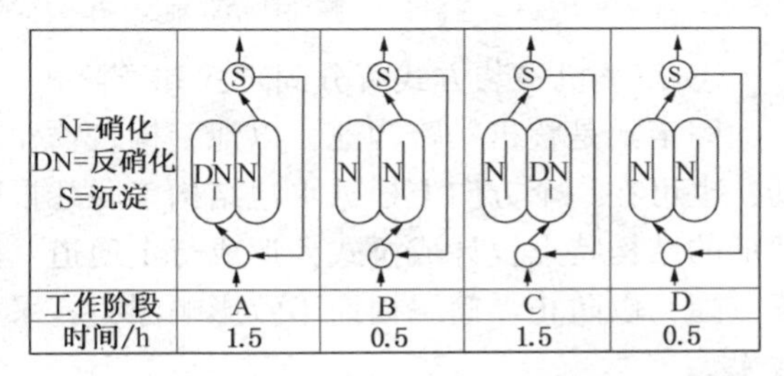

图 3-3-11　Bio-Denitro 工艺的运行方式示意图

此外，美国 WesTech Engineering 公司本世纪初期开发了 OxyStream™氧化沟系统，核心设备是荷兰 Landustrie 公司的新一代低速表面曝气机(LANDY-7)。由于 LANDY 系列低速表面曝气机具有更高的动力效率，因此该氧化沟系统具有更好的脱氮除磷效果。

二、水平轴式表面曝气机

曝气设备对氧化沟的处理效率、运行能耗以及处理稳定性有关键性影响，其作用主要表现在以下四个方面：向水中供氧；推进水流前进，使水流在池内作循环流动；保证沟内活性污泥处于悬浮状态；使氧、有机物、微生物充分混合。针对以上几个要求，曝气设备一直在不断地改进和完善。目前多数氧化沟工艺都采用表面曝气机，与鼓风曝气相比，表面曝气机曝气不需要修建鼓风机房及设置大量布气管道和水下曝气器，设施简单、集中。表面曝气机可分为水平轴式和立轴式两大类，前者仅仅应用于氧化沟工艺系统，后者除了用于氧化沟工艺系统之外，还可应用于部分普通曝气池中。水平轴式表面曝气机有多种型式，机械传动结构大致相同，主要区别在于水平轴上的工作载体——转刷或转碟。

1. 转刷式表面曝气机

（1）总体构成与分类

如图 3-3-12 所示，转刷式表面曝气机由电动机、减速器、联轴器和转刷主体等主要部件组成。

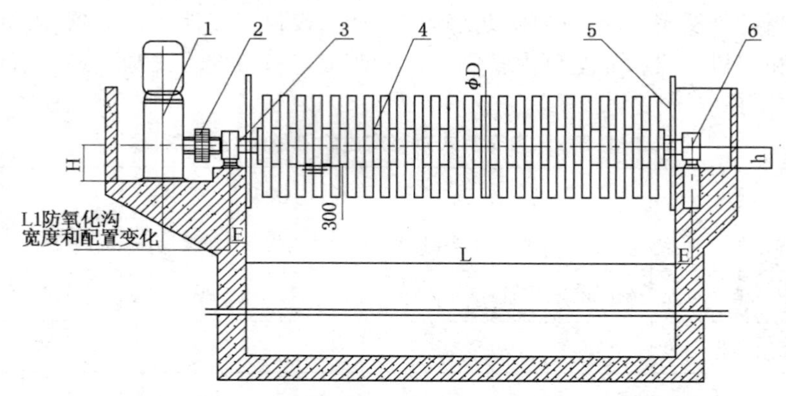

图 3-3-12　转刷式表面曝气机的总体结构示意图

1—电动机+减速器；2—弹性柱销联轴器；3—首部轴承座；4—转刷体；5—防溅板；6—尾部轴承座

① 按整机安装方式可分固定式和浮筒式

固定式是整机横跨沟池，以池壁构筑物作为支承安装。减速器输出轴可以单向或双向传动，也可在一个方向上根据水池结构串联几根刷辊，以共用一个电动机。还可以根据氧化沟池形的结构特点设计成桥式，形成行走通道。浮筒式是整机安装在浮筒上，浮筒内充填泡沫聚氨酯，以防止浮筒漏损而不致影响浮力；采用顶部配重调整刷片浸没深度，达到最佳运行效果。

② 按转刷主体顶部是否设置钢板罩而分为敞开式和罩式

敞开式转刷主体顶部不设置钢板罩，刷片旋转时，抛起的水滴自由飞溅，为此经常采用防溅、挡水板。如果在转刷主体顶部设置钢板罩，当刷片旋转飞溅起的水滴与壳板碰撞时，会加速破碎与分散，增加与空气的混合，进而提高充氧量。

③ 按电动机输出轴的位置分卧式与立式安装

卧式安装时电动机输出轴线为水平状，减速器输入轴与输出轴呈同轴线或平行状；立式安装时电动机输出轴线为垂直状，减速器输入轴线与输出轴线呈 90°夹角。

④ 按减速器输出轴与转刷主体间的连接，分有轴承座过渡连接与悬臂连接

有轴承座过渡连接是指转刷主体两端设置轴承座来固定支承转刷主体，减速器输出轴与转刷体输入轴之间采用联轴器或其他机械方式传动连接。悬臂连接是减速器输出轴与转刷主体输入轴直连，采用柔性联轴器，既可以承受弯矩，传递扭矩，同时具有减振、缓冲及补偿两轴相对偏移的作用。由于减少了支承点，使得曝气机的轴向整体安装尺寸缩小。

（2）曝气转刷

曝气转刷是在传动轴上安装有组合式箍紧的窄条片（称为刷片），为转刷式表面曝气机的核心部件。主要有 Kessener 转刷、笼型转刷和大马氏（Mammoth）转刷 3 种，其他产品均为其派生型。1925 年开始研制转刷式表面曝气机，这种在水平轴上装有许多放射性短而硬毛发的转刷被称为 Kessener 转刷。A. Pasveer 博士 1954 年将其应用于 Voorschoten 的氧化沟中，动力效率可达 2.0kg O_2/（kW·h）。1959 年，TNO 的 Baars 和 Muskat 应用了笼形转刷（又称

TNO 转刷），是 Kessener 转刷的改进型，在水平轴上装有许多径向分布的 T 型钢或角钢，动力效率可达 2.5kg O_2/(kW·h)。这两种转刷仅适用于水深≤1.5m 的氧化沟，在实际应用中占地面积较大。为了增加单位长度的推动力和充氧能力，在德国开发了 Mammoth 曝气转刷，直径为 ϕ1000mm。叶片呈螺旋状分布，旋转过程中刷片顺序进入水中并顺序露出水面，以保证运行的稳定性并减少噪声。转刷式表面曝气机在国内始见于 20 世纪 70 年代，武汉钢铁公司冷轧废水处理厂引进德国 Passavant 公司 ϕ500mm 的 Mammoth 转刷，用于矩形曝气反应池。目前国内已有很多厂家自主生产转刷式表面曝气机，转刷直径多为 ϕ700mm 和 ϕ1000mm，转速为 70~80r/min，浸没深度为 0.3m 左右，有效水深多为 3.0~3.5m。水平轴跨度可达 9.0m，充氧能力可达 8.0kg O_2/(m·h)，动力效率在 1.5~2.5kg O_2/(kW·h)之间。

按照刷片在传动轴上的安装排列形式，曝气转刷可分为螺旋式和错列式两种。螺旋式安装排列是刷片沿传动轴轴向螺旋式排列，每圈叶片呈放射状径向均布。圈与圈之间留有间距，以增大水与空气的混合空间。对直径 ϕ1000mm 的转刷，每圈 12 片，每米约 6~7 圈。错列式是转刷叶片沿轴向呈直线错列状排列，叶片分布密度与前相同。在上述叶片数和圈间留有间距的条件下，相邻叶片在轴上排列时的错位角为 15°，周向相邻叶片夹角为 30°；当每圈转刷叶片数为 6 片时，相邻叶片间的错位角为 30°，周向相邻叶片夹角为 60°。

刷片由多条冲压成形的叶片用螺栓连接组合而成，叶片形状有矩形、T 形、W 形、齿形、穿孔叶片等。目前设计中应用最多的为矩形窄条状，叶宽一般在 50~76mm 之间，用厚度 2~3mm 的薄钢板制作。为了减小刷轴运转时的转动惯量，有的刷片将片长的 4/5 冲压成带槽的截面，保证叶片击水时有一定的抗弯强度，并富于弹性。对较大直径转刷的下部，再用拉筋加固。刷片在轴上的定位箍紧力，由根部贴轴处凸圈产生的弹性变形进行调整，并应大于刷片击水时在轴上的扭转力。叶片采用镀锌碳素钢、不锈钢、玻璃钢等材料制作，特殊情况下采用钛合金钢板材加工；传动轴一般采用厚壁热轧无缝钢管或不锈钢管加工而成。

(3) 作用原理

水平轴式表面曝气机的旋转方向一般确定如下：从转轴往减速器方向看为顺时针旋转，用户需要时也可制成逆时针旋转。水平轴式表面曝气机在氧化沟中的作用原理如图 3-3-13 所示，其作用有两个：一是向待处理污水中充氧，水在不断旋转的转刷叶片作用下，切向呈水滴飞溅状抛出水面与裹入的空气强烈混合，完成空气中的氧向水中转移；二是推动混合液以一定的流速在氧化沟中循环流动。

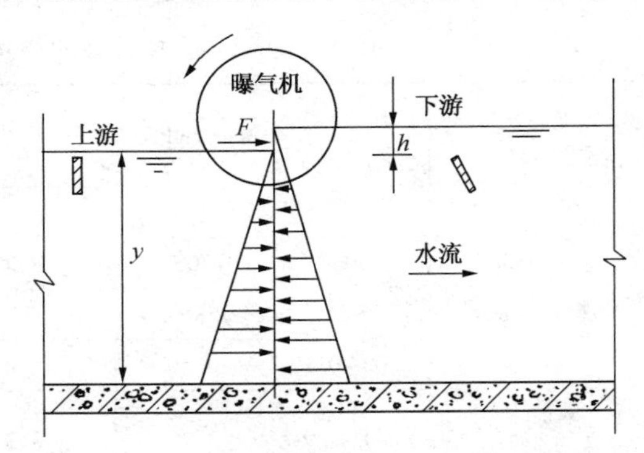

图 3-3-13 水平轴式表面曝气机的运转示意图

水平轴式表面曝气机运转时，其下游水位被抬高。在稳定状态下，通过转轴中心线垂直断面上力的平衡，可以近似得出水平轴式表面曝气机单位轴向长度上推动力 F 的计算公式（表示氧化沟内混合液达到 0.3m/s 的平均流速时，单位轴向长度所能推动的混合液体积，单位为 m^3/m，一般在 200~250m^3/m 之间）

$$F = \rho g y h \quad (N/m) \tag{3-3-1}$$

式中 ρ——混合液密度，约为 1000kg/m^3；

g——重力加速度，9.81m/s^2；

y——氧化沟上游水深，m；

h——水平轴式表面曝气机的推流水头或提升高度，m。

对于几何尺寸一定的氧化沟，水平轴式表面曝气机推动力的大小，决定所产生的推流水头或提升高度 h 值，这与曝气机的性能、运转方式有关。对于转刷式表面曝气机而言，推流水头或提升高度 h 与转刷浸没深度(I)、转刷旋转线速度(V_r)之间有如下经验关系式

$$h = k\frac{I^m}{y}V_r^n \quad (\mathrm{m}) \tag{3-3-2}$$

式中　I——转刷浸没深度，m；

V_r——转刷旋转线速度，m/s；

k、m、n——试验常数。

据研究，增大曝气转刷的浸没深度 I 和线速度 V_r 在一定范围内有助于增大提升水头 h，但过大的浸没深度 I 和转速 V_r 会导致水平流速的下降。由以上公式看出，曝气转刷的提升水头 h 与氧化沟上游水深 y 成反比。若对曝气转刷水平轴线的上下游断面列能量方程，则曝气转刷的提升水头 h 等于混合液循环一周的水头损失。若有多个曝气转刷，则其提升水头 h 为混合液流至下一台曝气转刷的水头损失(计算沿程损失时，钢筋混凝土沟壁粗糙系数 n 取 0.013)。在设计时应根据曝气转刷的推动力确定水深，水深太大会降低沟底流速，容易造成悬浮固体的沉淀，一般应确保沟底流速不小于 0.2m/s。

(4) 充氧能力和轴功率

曝气转刷充氧能力及轴效率的测试，是在标准状态(水温 20℃、0.1MPa 大气压)下、在设定的沟池内，用溶解氧浓度为零的清水进行试验测定。充氧能力及动力效率的主要影响因素有：转刷直径、转刷转速、转刷浸没深度。转刷浸没深度的调节是在保证正常浸没深度的前提下，利用氧化沟的出水堰门或堰板控制调整液位，从而在曝气机转速一定的情况下，实现充氧量及推流能力的变动。表 3-3-3 总结列出了国内外部分转刷式表面曝气机的性能参数。

表 3-3-3　国内外部分转刷式表面曝气机的性能参数

类型	Mammoth 转刷			MaxiRotor KD31 转刷	叶片式转刷	Mammoth 转刷	BZS 系列转刷
国家	德国			丹麦	日本	英国	中国
直径/mm	500	700	1000	1000	1000	970~1070	
转速/(r/min)	90	85	72	78	60	—	—
浸没深度/m	0.04~0.16	0.24	0.30	0.12~0.28	0.17	0.10~0.32	0.2~0.3
充氧能力/[kg O_2/(m·h)]	0.4~1.9	3.75	8.3	3.0~9.0	3.75	2.0~9.0	3.1~9.0
动力效率/[kg O_2/(kW·h)]	2.5~2.7	2.2	1.98	1.6~1.9	2.7	—	—
转刷有效长度/m	—	1.0，1.5，2.5，3.0	3.0，4.5，6.0，7.5，9.0	4.5，6.0，7.5，9.0	—	—	3.0，4.5，6.0，7.5，9.0
氧化沟设计水深/m	—	—	2.0~4.0	1.0~3.5	2.9	3.0~3.6	—

转刷式表面曝气机的特性曲线可以反映出不同规格直径的曝气转刷，在转速和浸没深度一定时的充氧能力、动力效率及电动机输入功率(也称轴功率)，其单位长度曝气转刷的轴

功率可作为类比、估算设计参考，并应结合特定的氧化沟参数及工艺要求综合考虑，使整机动力匹配合理。图 3-3-14 所示为德国产 $\phi500$、长 2500mm、转速 90r/min 转刷式表面曝气机的特性曲线。

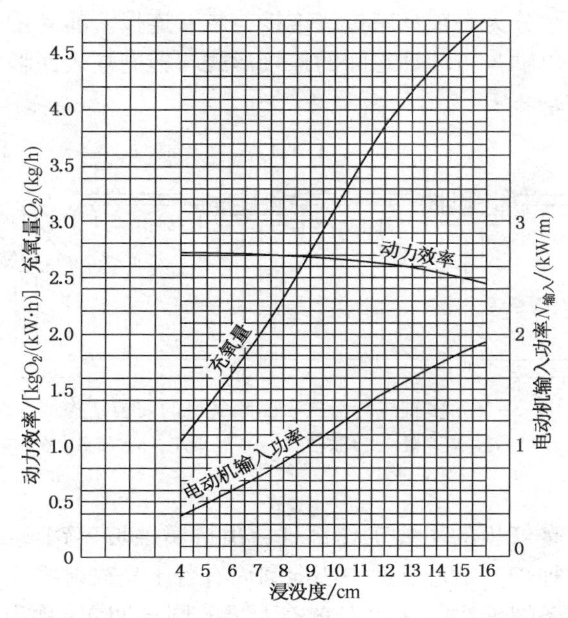

图 3-3-14　德国产 $\phi500$、长 2500mm、转速 90r/min 转刷式表面曝气机的特性曲线

2. 转盘式表面曝气机

(1) 总体构成与分类

转盘式表面曝气机又称转碟式表面曝气机，主要用于 Orbal 氧化沟。由电动机、减速器、联轴器、传动轴及曝气转盘(碟)等组成，整机横跨沟渠，以池壁为支承固定安装。

按电动机输出轴的位置分为立式与卧式安装；按与减速器输出轴直联传动轴的数量，分为单轴式和多轴式。如图 3-3-15 所示，单轴式是减速器的输出轴只传动单根轴，也称为单

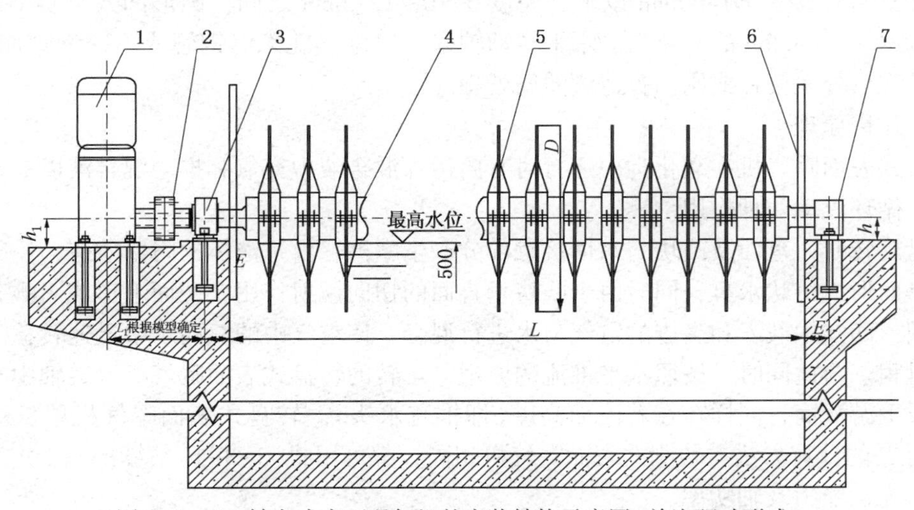

图 3-3-15　转盘式表面曝气机的安装结构示意图(单沟驱动形式)

1—电动机+减速器；2—弹性联轴器；3—首部轴承座；4—转轴；5—转盘；6—防溅板；7—尾部轴承座

沟驱动式。如图 3-3-16 所示，多轴式是减速器的输出轴与两根或三根转轴串联同步运转，也称多沟驱动式，能够适应 Orbal 氧化沟外沟、中沟、内沟工艺配置的需要。由于简化了传动机构，使设计布置更趋灵活机动，运行、管理、维护更加方便。此外，按减速器输出轴与转盘传动轴之间的连接，分为有轴承座过渡连接与悬臂连接。前者是指转盘传动轴两端都设置有轴承座，减速器输出轴与传动轴之间的连接形式与转刷式表面曝气机连接方式类同；后者是柔性联轴器。

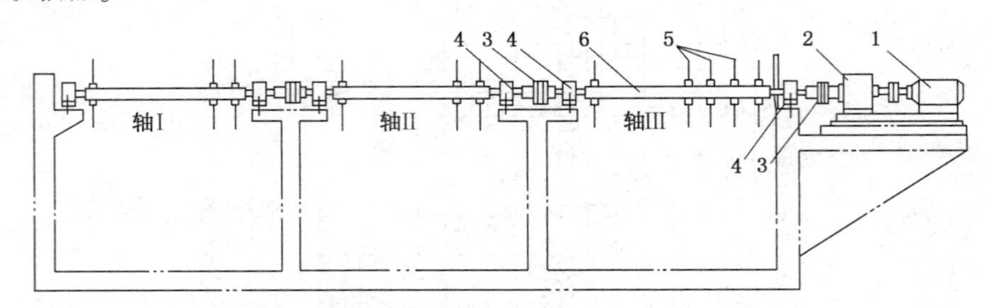

图 3-3-16　多轴式转盘式表面曝气机的安装结构示意图

1—电动机；2—减速器；3—联轴器；4—轴承座；5—转盘；6—传动轴

（2）转盘

转盘是转盘式表面曝气机的主要工作部件，由抗腐蚀玻璃钢或高强度工程塑料压铸成形。常见形式有如下两种：一是自盘面中心向圆周有若干呈放射线状规则排列的、符合水力特性的凸块，形成许多条螺旋线，其间密布着大量的圆形凹穴(称为曝气孔或充氧孔)；二是凸块和圆形凹穴沿径向呈直线排列。凸块为带垂直面的非对称几何体，若以通过转盘中心的径向辐射线为基准，其垂直面与径向线重合，该垂直面一般作为迎水面。也可以将每个凸块的迎水面设计为凹曲面形状，这样在转盘转动时，带水量和进气量都大大增加，增大了水气混合量。

转盘被设计成中线对开剖分式，以半法兰形式用螺栓对夹紧固于水平转动轴上，构成转碟整体。这种对夹安装方式，给转碟拆卸及安装密度的调整带来了方便。目前国内厂家生产的曝气转盘直径多在 ϕ1400mm 以下，厚度在 10～12.5mm 之间，圆形凹穴直径 ϕ12.5mm，适用于水深 3.5～4.5m 的氧化沟。水平转动轴采用厚壁热轧无缝钢管或不锈钢管加工而成，经调质处理后外表镀锌或刷沥青清漆防腐处理。

（3）作用原理

转盘式表面曝气机在氧化沟中运行时有向污水混合液中充氧和推动混合液以一定流速在氧化沟中循环流动两种作用。

转盘旋转时，盘面及凸块与水体接触部分产生摩擦，由于液体的附壁效应，使露出的转盘上部盘面形成帘状水幕；同时由于凸块垂直面的切向抛射作用，液面上形成飞溅分散的水跃，将圆形凹穴中载入和裹进的空气与水进行混合，使空气中的氧向水中迅速转移溶解，完成充氧过程。与此同时，按照水平推流的原理，运转的转盘式表面曝气机以转轴中心线划分的上游及下游液面，同样存在着液面高差(即推流水头)。转盘式表面曝气机单位轴向长度上推动力 F 的计算方法与转刷式表面曝气机相同，都可用式(3-3-1)估算。

（4）充氧能力及轴功率

一般而言，转盘的充氧能力可通过下面几种方式来调节：改变转盘转速、改变转盘浸没深度、增加或减少转盘数目、设置导流板、改变转盘旋转方向。

从转盘转速对充氧能力影响的角度来看，目前直径 $\phi1372 \sim 1400mm$ 转盘的工作转速一般为 43～55r/min，对转速调节多采用电动机无级变速的方法。转盘的浸没水深一定时，转盘转速增高，充氧能力[kg O_2/(盘·h)]随之升高，二者之间成线性关系，即充氧量与转速呈线性关系。但当转速超过 55r/min 时，充氧量并无明显增加，会出现较多的水带回上游侧，即回水现象。

浸没深度的变化是影响转盘充氧能力的敏感因素，在转速和工作水深一定的条件下，充氧能力均随转盘浸没深度的增加而提高。当浸没深度达到一定值时，充氧能力提高十分迅速；但超过一定的上限值时，充氧能力基本保持稳定，这一上限值因转盘几何尺寸的差异而变化。目前所用曝气转盘的浸没深度宜为 0.23～0.53m。

从转盘安装密度对充氧能力影响的角度来看，在同一浸没深度下，转盘的安装密度对单个转盘充氧能力的影响很小。依照转盘这种独立的工作特性，在整机设计时必须充分利用每米轴长可以容纳转盘的个数，以此来满足调整充氧量的需求。按照转盘结构尺寸，虽然每米轴长可以装设 5 盘，但为了减小安装、拆卸的工作难度，一般以每米轴长装设 4 盘左右为宜。

在 Orbal 氧化沟中加装上、下游导流板是改善沟内流速分布、提高充氧能力的有效措施，不同工艺、不同水深、不同水质均会影响导流板的安装位置。如图 3-3-17 所示，上游导流板(也称前导流板)安装在距转盘轴心 4.0m 处(上游)，导流板高度为水深的 1/5～1/6，并垂直于水面安装，主要起整流、均布上下流速和加大氧化沟底部流速的作用。下游导流板(也称后导流板)安装在距转盘轴心(1.5～3.0m)处，与水平面夹角 60°，可将刚刚经过充氧并受曝气机推动的混合液引向氧化沟底部，强化气水混合，延长气泡在混合液中的停留时间，改善溶解氧浓度和流速的竖向分布。导流板的材料可以用金属或玻璃钢，但以玻璃钢为佳。

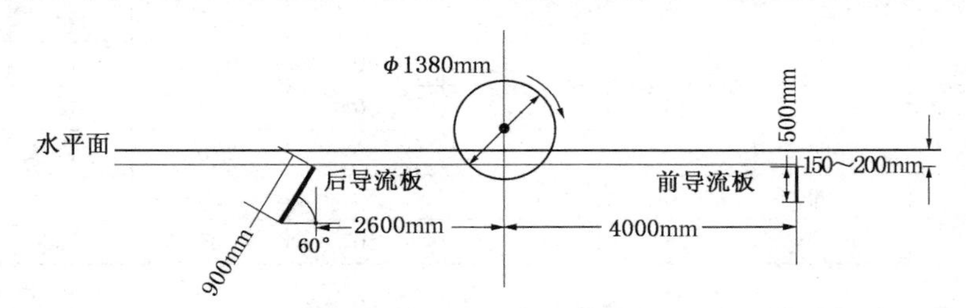

图 3-3-17　氧化沟导流板的安装示意图

从转盘旋转方向对充氧能力影响的角度来看，国外公司对转盘直径为 $\phi1380mm$、浸没深度为 0.533m、转速为 43～55r/min 时的性能测试数据如表 3-3-4 所示。结果表明，当旋转过程中非对称凸块的垂直面作为迎水面，率先与污水接触时(下转)，充氧能力最大；当反转过程中，凸块的斜面率先与污水接触时(上转)，动力效率最大。

表 3-3-4　转盘正反转充氧量及动力效率变化的测试数据

转速/(r/min)	下转			上转		
	kg O_2/(盘·h)	kW/盘	kg O_2/(kW·h)	kg O_2/(盘·h)	kW/盘	kg O_2/(kW·h)
43	0.753	0.353	2.13	0.567	0.265	2.14
46	0.848	0.412	2.06	0.635	0.301	2.11
49	0.943	0.478	1.97	0.703	0.345	2.02
52	1.04	0.544	1.91	0.771	0.382	2.02
55	1.13	0.610	1.85	0.839	0.426	1.97

目前还没有根据转盘外形尺寸推导计算转盘轴功率的理论公式，轴功率多从试验中获取数据或采用类比法进行计算。一般而言，当转盘浸没深度一定时，轴功率随转速升高而增大，两者成线性变化关系。BZDA、BZD 系列转盘式表面曝气机的主要性能参数如表 3-3-5 所示。

表 3-3-5　BZDA、BZD 系列转盘式表面曝气机的性能参数

型　号	主轴长度/mm	转碟数/盘	充氧量/（kg O_2/h）	转速/（r/min）	电机功率/kW	总高度 H/mm	整机质量/kg
BZDA140×300	3000	14	21. 84	50	7. 5	930	1100
BZDA140×400	4000	19	29. 64	50	11	1000	1400
BZDA140×500	5000	23	35. 88	50	15	1070	1700
BZDA140×600	6000	30	42. 12	50	18. 5	1140	2000
BZDA140×700	7000	34~38	53. 04	50	18. 5~22	1140	2300
BZDA140×800	8000	38~42	59. 28	50	22~30	1230	2600
BZDA140×900	9000	42~45	70. 20	50	30~37	1305	2900
BZDA150×300	3000	8	22. 72	50	11	1550	2000
BZDA150×400	4000	10	28. 40	50	15	1550	2200
BZDA150×500	5000	13	36. 92	50	18. 5	1665	2400
BZDA150×600	6000	15	42. 60	50	22	1665	2600
BZDA150×700	7000	18	51. 12	50	30	1775	2900
BZDA150×800	8000	20	56. 80	50	30	1775	3100
BZDA150×900	9000	23	65. 32	50	37	1806	3320
BZD150×300	3000	8	22. 72	50	11	1550	2000
BZD150×400	4000	10	28. 40	50	15	1550	2200
BZD150×500	5000	13	36. 92	50	18. 5	1665	2400
BZD150×600	6000	15	42. 60	50	22	1665	2600
BZD150×700	7000	18	51. 12	50	30	1775	2900
BZD150×800	8000	20	56. 80	50	30	1775	3100
BZD150×900	9000	23	65. 32	50	37	1806	3320

三、立轴式表面曝气机

20 世纪 60 年代末，荷兰 DHV 公司开发了立轴式表面曝气机，将其安装在氧化沟中心隔墙的末端。利用产生的径流作动力来推动沟渠中的液体，形成靠近曝气机下游的富氧区和曝气机上游及外环的缺氧区。除此之外，立轴式表面曝气机还被用于圆形完全混合式曝气池、纯氧曝气池、SBR 反应池、好氧曝气塘以及兼性曝气塘等场合。

立轴式表面曝气机有很多规格类型，其机械传动结构大致相同，主要区别在于曝气叶轮的结构形式上，有倒伞型叶轮（D）、泵型叶轮（B）、皇冠型叶轮（H）、平板型叶轮（P）、其他型（Q）等。

1. 倒伞型叶轮表面曝气机

倒伞型叶轮表面曝气机在各种立轴式表面曝气机械中应用较多，早期 Carrousel 氧化沟两端圆环隔墙末端安装的就是小功率倒伞型叶轮表面曝气机，当时所需功率不超过 45kW。随着污水处理量的不断增加，20 世纪 80 年代末期以来，小直径高转速叶轮开始向大直径低转速叶轮发展，匹配功率也从 45kW 提高到 160kW。代表性的倒伞型叶轮表面曝气机国外制造商有荷兰 Spaans Babcock BV 公司、原美国 EMICO Water Technologies 公司（现被美国 Ovivo

公司兼并)、澳大利亚 Aquatec Maxcon 公司和荷兰 Landustrie 等。荷兰 Spaans Babcock BV 公司 1960 年开始生产 Spaans O2Rotor 转刷曝气机，1970 年起即开始生产 Spaans-A 倒伞型叶轮表面曝气机，1975 年对倒伞型叶轮的圆锥体锥角和叶片进行改进，推出了 Spaans-B 倒伞型叶轮表面曝气机，配套德国赛威(SEW)减速器；1999 年推出了 Spaans O2Max 平板型表面曝气机。美国 EIMCO Water Technologies 公司倒伞型叶轮表面曝气机最初的型号为 Oxyrator®，配套德国弗兰德(FLENDER)减速器。1980 年，荷兰 Landustrie 公司研制出 LANDY™系列倒伞型叶轮表面曝气机，所开发的 LANDY™-F 倒伞型叶轮表面曝气机 90 年代末进入中国；2001 年又研制出 LANDY™-7 倒伞型叶轮表面曝气机。目前国内外使用最多的是 Oxyrator® 型，其次是 Spaans-B 型，叶轮直径 ϕ3500mm、ϕ3750mm 居多，功率有 90kW、110kW、132kW、160kW 等几种。

虽然我国 20 世纪 70 年代开始引进倒伞型叶轮表面曝气机，并着手自主设计研发，但进展较为缓慢。1996~2002 年，我国建造的 16 座 Carrousel 2000 氧化沟污水处理厂，使用叶轮直径 ϕ3500~3750mm、功率 90~160kW 的 Oxyrator®倒伞型叶轮表面曝气机共 118 台。为了打破大功率倒伞型叶轮表面曝气机依靠进口的局面，原国家经贸委 1999 年启动了"大功率倒伞型表面曝气机技术开发"国家重点技术创新项目，2002 年开始自主生产 DS350、DS375 和 DS400 倒伞型叶轮表面曝气机，配套功率分别为 90kW、110kW 和 132kW；2005 年开始制订行业标准《倒伞型表面曝气机》(JB/T 10670—2006)，目前国内普遍存在的问题是设备稳定性差。

(1) 总体构成与分类

倒伞型叶轮表面曝气机一般由电动机、联轴器、减速器、倒伞型叶轮等组成。根据整机布置方式有固定式和浮置式两类，根据电动机输出轴的轴线位置可分为卧式安装与立式安装两类。卧式安装时电动机输出轴呈水平状，减速器输入轴线与输出轴线夹角呈 90°，采用螺旋锥齿轮、圆柱斜齿轮二级传动；卧式安装带有叶轮升降机构，通过调节手轮带动齿轮和蜗轮二级传动，使倒伞轴套上的齿条上下移动，从而调节叶轮的浸没深度。立式安装时电动机输出轴呈竖直状，同时取消了升降机构，如图3-3-18所示。国内早期采用卧式安装居多，但因其占地面积大、升降机构复杂，后来很多厂家又

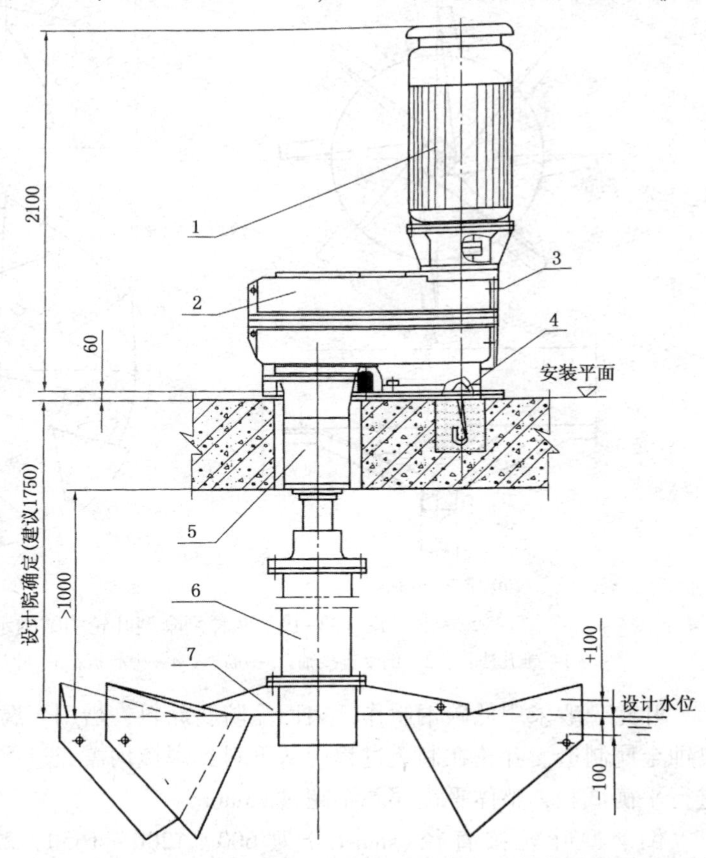

图 3-3-18　立式倒伞型叶轮表面曝气机的结构示意图

1—电动机；2—减速器；3—润滑系统；4—安装平板；
5—倒伞座；6—倒伞连接轴；7—叶轮

将早期卧式安装改为立式安装。

（2）叶轮结构及工作原理

叶轮为常规倒伞状、螺旋式倒伞状和直式叶片倒伞状结构。常规倒伞状叶轮结构如图3-3-19(a)所示，叶片数量一般为8个，直立在倒置浅锥体外侧的叶片，自轴伸顶端的外缘以切线方向对周边放射，其尾端均布在圆锥体边缘水平板上，并外伸一小段，与轴垂直。采用直式叶片倒伞状叶轮结构是倒伞型叶轮表面曝气机的发展趋势，荷兰 Landustrie 公司2001年研制出 LANDY™-7 倒伞型叶轮表面曝气机，采用直式叶片结构，最大叶轮直径达 ϕ4200mm，最大功率达200kW，动力效率由原 2.1kg O_2/(kW·h) 提高到 2.5~2.7kg O_2/(kW·h)，2006年进入中国后引起了业内人士的高度重视。直式叶片倒伞状结构如图3-3-19(b)所示，7个叶片与叶轮轴呈放射性均布，并按叶轮旋转方向呈一定的后倾角 β 与中心板连接。每个叶片和压水板构成呈 α 斜度的抛水口，根据叶轮直径与转速设定抛水口面积和斜度，调节搅起水体的流量和扬程。在每个叶片与中心板一定的位置开设气流孔，利用抛水时产生的局部负压，更多地使空气通过气流孔导入水体中。

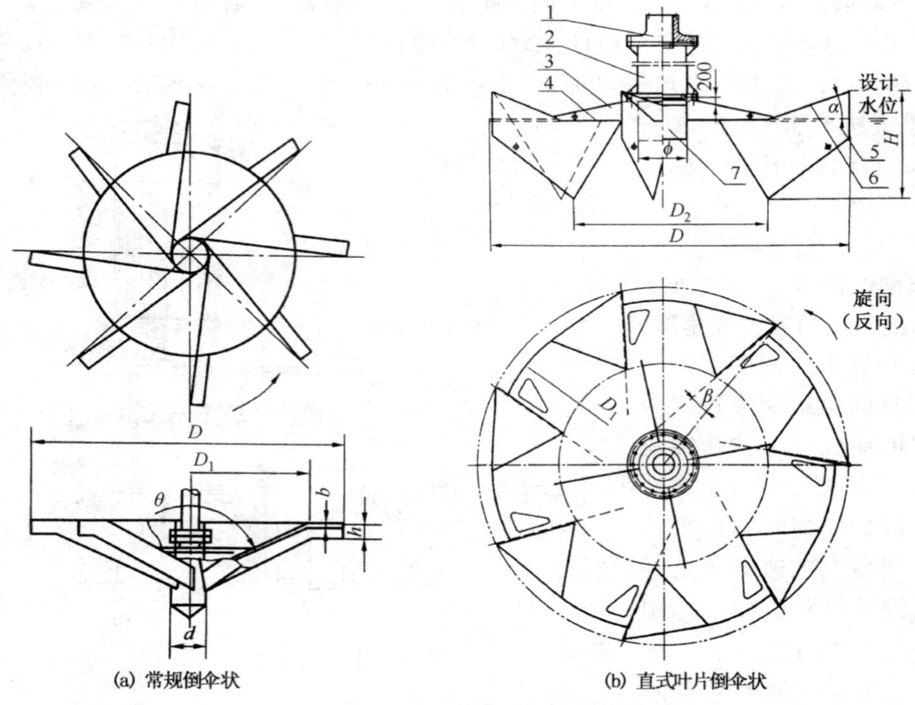

图3-3-19　两种倒伞型叶轮的结构示意图

1—锥孔法兰；2—倒伞连接轴；3—筋板；4—中心板；5—叶片；6—压水板；7—叶轮轴

叶轮一般采用低碳钢制作，表面涂防腐涂料；当用于腐蚀性较强的污水中时，可采用耐腐蚀金属制造。叶轮在制造过程中从下料到焊接均需经过严格的质量控制，并在焊接完毕后进行平衡试验，整体平衡误差不超过±5mm。

倒伞型叶轮按直径（mm）分为600、1200、1650、2250、2550、2850、3000、3250、3500、3750、4000等规格，其叶轮各部分尺寸关系如表3-3-6所示。DSC 倒伞型叶轮的设计关键参数为：叶轮直径 D、叶轮边缘线速度 v、叶轮高度 H 和电动机功率 N 之间的匹配，叶轮直径 D 的确定根据适用场合（如氧化沟沟宽）；根据大量实测数据表明，叶轮边缘线速

度 v 在 4.2~5.3m/s 之间，叶轮边缘线速度对充氧能力至关重要；在一定功率条件下，叶轮高度 H 与叶轮边缘线速度 v 成反比。H 值越大，搅动的水体体积越大，形成的水体含氧梯度越大，利于氧的迅速传递。

表 3-3-6　倒伞型叶轮各部分尺寸关系（D 为叶轮直径，mm）

代号	D_1		d	b	h	θ	叶片数
常规型	$(7/9)D$		$(10.75/90)D$	$(4.75/90)D$	$(4/90)D$	130°	8 个
代号	D_1	D_2	H	ϕ	α	β	叶片数
DSC 型	$0.90D$	$0.53D$	$0.25\sim0.30D$	$0.13D$	18°~24°	7°~12°	7 个

倒伞型叶轮表面曝气机具有强大的曝气、混合、推流三合一功能，工作原理是：①在叶轮的强力推进作用下，水呈水幕状自叶轮边缘甩出，裹进大量空气；②由于水体上下循环，不断更新液面，污水大面积与空气接触；③叶轮旋转带动水体流动，形成负压区，吸入空气，空气中的氧气迅速溶入污水中，完成对污水的充氧作用；④强大的动力驱动，搅动大量水体流动，从而实现混合和推流作用，在氧化沟内使水体产生螺旋式推进效应。有些倒伞型叶轮上钻有吸气孔，可以提高叶轮的充气量。由于电动机负荷随叶轮转速的提高和浸没深度的增加而增大，因此选择适当的叶轮转速、确定适当的浸没深度对电动机负荷影响很大。国产 DS 系列立式倒伞型曝气机的性能参数如表 3-3-7 所示。

表 3-3-7　DS 系列立式倒伞型表面曝气机的性能参数

型　号	电机功率/kW	叶轮直径 D/mm	充氧能力/($kg\ O_2/h$)	最大服务沟宽/m	最大服务水深/m	整机质量*/kg	动载荷/kN	适用场合
DSS325	55	3250	116	8.5	4.0	≈3800	78	立式布置，宽沟型氧化沟
DSS325	75	3250	160	8.5	4.2	≈4000	80	
DSS350	90	3500	195	9.5	4.4	≈6000	110	
DSS350	110	3500	238	9.5	4.6	≈6400	120	
DSS375	132	3750	284	10.0	4.8	≈6800	140	
DSC240	37	2400	82	6.8	3.5	≈3400	68	立式布置，深沟型氧化沟
DSC260	45	2600	104	7.5	4.0	≈3560	71	
DSC280	55	2800	126	8.0	4.2	≈3560	71	
DSC300	75	3000	168	8.0	4.4	≈3900	78	
DSC300	90	3000	210	8.5	4.5	≈5790	110	
DSC325		3250	215	9.0	4.6	≈6100	115	
DSC300	110	3000	250	9.0	4.6	≈6400	120	
DSC325		3250	256	9.5	4.8	≈6700	125	
DSC325	132	3250	310	9.5	5.2	≈6800	132	
DSC325	160	3250	368	10.5	5.4	≈7500	150	
DSD220	37	2200	78	6.0	4.0	≈3700	68	
DSD240	45	2400	95	6.5	4.3	≈3900	78	
DSD260	55	2600	116	7.0	4.5	≈4200	85	
DSD280	75	2800	158	7.5	4.8	≈4500	90	
DSD300	90	3000	195	8.0	5.2	≈6500	120	
DSD320	110	3200	235	8.5	5.5	≈7000	140	

* 上述质量不包括电器控制柜的重量。

(3) 叶轮轴功率及吸气孔的计算

常规倒伞型叶轮的轴功率 $N_{轴}$ 按下式进行计算

$$N_{轴} = N_{慢}\left(\frac{n_{实}}{n_{慢}}\right)^{X} \quad (\mathrm{kW}) \tag{3-3-3}$$

式中 $N_{慢}$——相对慢转速功率，$N_{慢}=0.353D^3$，kW；

$n_{实}$——叶轮实际转速，r/min；

$n_{快}$——相对快转速，$n_{快}=(873/D)^{2/3}$，r/min；

$n_{慢}$——相对慢转速，$n_{慢}=(436/D)^{2/3}$，r/min；

X——功率指数，$X=\lg N'/\lg n'$，其中 $N'=N_{快}/N_{慢}$、$n'=n_{快}/n_{慢}$；

$N_{快}$——相对快转速功率，$N_{快}=1.95D^3$，kW。

为了提高倒伞型叶轮的充氧能力，在叶轮锥体上开有一定数量的吸气孔，吸气孔布置在叶片的转向后方(即负压区)。最低吸气孔位置的确定可按下式计算

$$h_r = h' + h'' \tag{3-3-4}$$

由于 $h_r=\frac{v_{吸}^2}{2g}=\frac{1}{2g}\left(\frac{n\pi D_2}{60}\right)^2$、$h'=\frac{D_1-D_2}{2}\mathrm{tg}\alpha$，则

$$\left(\frac{n\pi}{60}\right)^2\frac{1}{2g}D_2^2 = \frac{D_1 - D_2}{2}\mathrm{tg}\alpha + h'' \tag{3-3-5}$$

即得最低吸气孔位置的直径 D_2 为

$$D_2=\frac{-\mathrm{tg}\alpha+\sqrt{\mathrm{tg}^2\alpha+1.117\times10^{-6}(2h''+D_1\mathrm{tg}\alpha)n^2}}{5.58\times10^{-7}n^2} \quad (\mathrm{mm}) \tag{3-3-6}$$

式中 $v_{吸}$——最低吸气孔线速，mm/s；

h_r——相对速头，mm；

h'——最低吸气孔离叶轮顶边的距离，mm；

h''——叶轮浸没深度，一般取 100mm；

g——重力加速度，9810mm/s^2；

D_1——锥体顶部直径，mm；

α——锥体斜边与锥体顶边的夹角。

目前尚未就吸气孔总面积 A 进行测定以获取最佳数值，可按下式计算

$$A = \frac{锥体上底面积}{130 \sim 150} \tag{3-3-7}$$

DSC 型倒伞型叶轮的输入功率 N 可按下列经验公式计算

$$N = 0.243D^{2.356}v^{2.053} \quad (\mathrm{kW}) \tag{3-3-8}$$

式中 v——叶轮边缘线速度，m/s。

(4) 使用安装注意事项

倒伞型叶轮表面曝气机应用于氧化沟时，氧化沟宽约为叶轮直径的 2.2~2.4 倍(直径大取小值)，取中值时沟深约为沟宽的 0.5 倍，按单位搅拌功率 15~20W/m^3 进行设计。沟内不宜设立柱，如必须设置立柱，立柱至叶轮边缘距离应大于叶轮直径且为圆柱，基础平台底面(或梁底面)至水面净距离应大于 700mm。氧化沟中间隔墙至叶轮缘间距以 0.05~0.1 倍叶轮直径为宜，如无导流墙时，叶轮中心宜向出水侧偏移，偏距约为 0.1 倍叶轮直径，以利于

水的流动。倒伞型叶轮表面曝气机应用于方形曝气池或圆形曝气池中时，池直径或边长约为叶轮直径的 4.5 倍，池深约为叶轮直径的 1.15~1.20 倍。

2. 泵型叶轮表面曝气机

(1) 结构分类

泵型叶轮表面曝气机由电动机、联轴器、减速器、叶轮升降机构、曝气叶轮等组成。根据整机安装方式有固定式与浮置式两类，固定式是整机安装在构筑物上部；浮置式是整机安装于浮筒上，主要用于液面高度变动较大的氧化塘、氧化沟等场合，根据需要还可以在一定范围内水平移动。

根据电动机输出轴的空间位置可分为卧式安装与立式安装两类。如图 3-3-20 所示，卧式安装时电动机输出轴呈水平状，减速器输入轴线与输出轴线夹角呈 90°，采用螺旋锥齿轮、圆柱斜齿轮二级硬齿面传动；叶轮升降机构装于减速器侧面，可在额定范围内随意调节叶轮浸没深度，从而调节充氧量。立式安装时电动机输出轴呈竖直状，减速器采用圆柱斜齿轮三级硬齿面传动；采用平板式叶轮升降机构，通过螺杆调节升降平台来调节叶轮浸没深度。

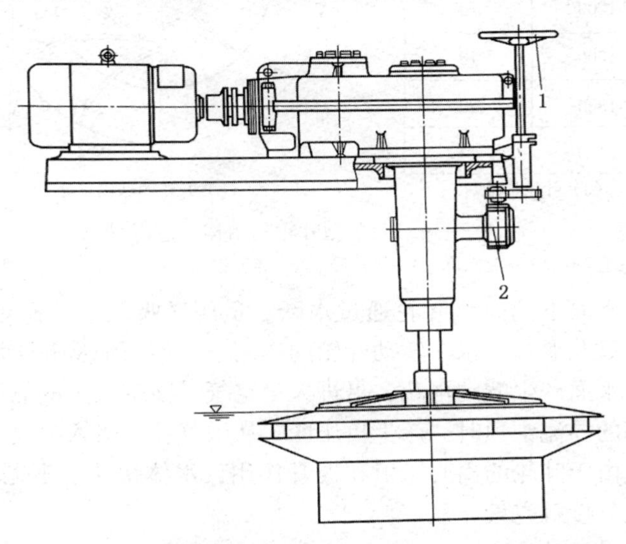

图 3-3-20 浸没度可调泵型叶轮表面曝气机的结构示意图

1—浸没度调节手轮；2—浸没度调节机构

根据叶轮浸没深度是否可调分为可调式和不可调式两类，不可调式无调节机构。可调式用调节手轮通过调节机构调节叶轮浸没深度，另一种调节方式是采用螺旋调节器调整整机高度，达到调整叶轮浸没深度、以提高或降低充氧量的目的，同时也能弥补土建施工误差，但调节过程相对较为复杂；整机调整完毕后，必须采取锁定措施，防止运行振动产生的移位。

按调速要求分为无级变速、多速和定速三种。调速适用于进水水质和水量变化较大，要求改变曝气叶轮的线速度以满足不同充氧量的工况，但设备结构复杂，费用随调速技术要求的提高而有不同程度的增加。

(2) 叶轮结构与作用原理

泵型叶轮是我国自行研制的高效表面曝气叶轮，如图 3-3-21(a)所示，一般由平板、叶片、上压罩、下压罩、导流锥和进水口等构成。泵型叶轮充氧量及动力效率较高，提升能力强，但制造稍复杂，且易被堵塞。泵型叶轮的结构尺寸如图 3-3-21(b)所示，叶轮各部分尺寸与叶轮直径 D 之间的比例关系可以参考相关设计手册，同时对推荐比例可作局部修改以使制造放样更加合理、方便。

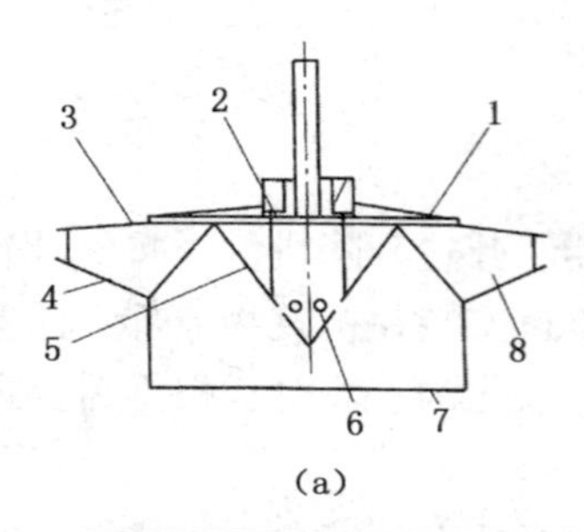

叶轮直径/mm	叶片数/个
600	8
900	12
1200	15
1500	18
1800	22
2100	24

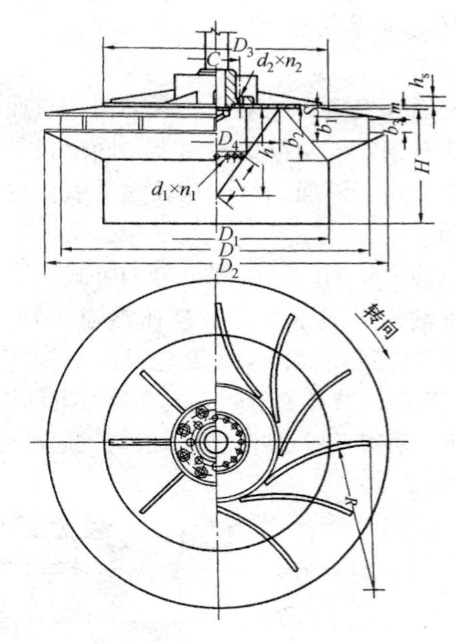

(a) 叶轮构造　　(b) 叶轮的结构尺寸

图 3-3-21　泵型叶轮的结构示意图

1—上平板；2—进气孔；3—上压罩；4—下压罩；5—导流锥顶；6—引气孔；7—进水口；8—叶片

工作时，浸没在水面下的泵型叶轮通过水跃、负压区吸氧、液面更新三种作用，对污水、活性污泥进行充氧及混合。水在转动叶轮的作用下，不断地从叶轮周边呈水幕状被抛向水面，形成水跃，使水面产生波动水花，裹进大量空气，使空气中的氧迅速溶解于水中；污水快速流经叶轮内部的导流锥顶时，产生负压区，从引气孔中吸入空气，进一步提高了充氧量，并降低了能耗；由于叶轮的离心抛射和提升作用，水体快速上下循环产生强大的回流，液面不断更新，以充分接触空气充氧。

（3）叶轮的充氧量及轴功率

泵型叶轮在标准条件下（水温 20℃、一个大气压）和清水中的充氧量 Q_s 和轴功率 $N_{轴}$ 可分别按下列两个经验公式进行计算

$$Q_s = 0.379 K_1 v^{2.8} D^{1.88} \quad (\mathrm{kgO_2/h}) \tag{3-3-9}$$

$$N_{轴} = 0.0804 K_2 v^3 D^{2.08} \quad (\mathrm{kW}) \tag{3-3-10}$$

式中　v——叶轮周边线速度，m/s；

D——叶轮公称直径，m；

K_1——池型结构对充氧量的修正系数；

K_2——池型结构对轴功率的修正系数。

K_1、K_2 之值可参见表 3-3-8。此外，对于分建式圆形曝气池，若池壁光滑无凸缘、池壁四面有挡流板、池内无立柱，则 $K_1 = K_2 = 1$。对于合建式加速曝气池，若采用多角形导流筒、池壁有凸缘和支承、池内无立柱、回流窗关闭、回流缝堵死，则 $K_1 = 0.85 \sim 0.98$、$K_2 = 0.85 \sim 0.87$；若回流窗全开、回流缝通畅，则 $K_1 = 1.11$、$K_2 = 1.14$。对于方池，若池壁光滑无凸缘、池内无立柱，则 $K_1 = 0.89$、$K_2 = 0.96$。

表 3-3-8 池型结构修正系数 K_1、K_2 的取值

	池型结构			
	圆池	正方池	长方池	曝气池
K_1	1	0.64	0.90	0.85~0.98
K_2	1	0.81	1.34	0.85~0.87

注：①圆池内设四块挡板，正方池和长方池不设挡板；②表中的曝气池指曝气与沉淀合建式水池。

（4）设计与选型原则

泵型叶轮直径与曝气池直径或正方形边长之比应在 1/4.5~1/7.5 之间，与曝气池水深之比应在 1/2.5~1/4.5 之间。当叶轮直径与曝气池水深之比<1/3.5 时，应考虑设置导流筒，以保证曝气液体完全混合，有利于提高处理效果；否则不必设置导流筒，以免增加功率消耗。

泵型叶轮最佳外缘线速度应在 4.5~5.0m/s 范围内，如果线速度小于 4m/s，在曝气池中有可能引起污泥沉积。运转时应保证叶轮有一定的浸没度，虽然浸没度大小对电动机输入功率无太大影响，但浸没度过深影响水跃，使充氧量下降；过浅则容易引起叶轮“脱水”，使运转不稳定。一般浸没 40mm 为宜。此外，叶轮不能反转，反转会使充氧量下降。

叶轮叶片数过少、过多都会影响充氧，一般叶片数以保持叶片外缘间距 250mm 左右为宜。表 3-3-9 所列为根据叶轮直径大小选用叶片数的推荐值，表 3-3-10 为泵型叶轮表面曝气机的性能参数列表。

表 3-3-9 根据叶轮直径大小采用叶片数的推荐值

叶轮直径/m	0.6	0.9~1	1.2	1.5	1.8	2.1
叶片数/个	8	12	15	18	22	24

表 3-3-10 泵型叶轮表面曝气机的性能参数

型号	安装方式	叶轮直径 D/mm	电机功率/kW	转速/(r/min)	充氧能力/($kg\ O_2/h$)	提升力/kN	叶轮升降行程/mm	质量/kg
PE100H	卧式	1000	11	84.8	27	5.51	±140	2200
PE100B			15	67~197	14~39	2.69~8.25		2220
PE124H		1240	18.5	70	43.5	9.16		2800
PE124B			22	54~79.5	21~62..5	4.18~13.47		2810
PE150H		1500	22	55	54.5	11.68		3000
PE150B			30	44.5~63.9	30~82..5	6.18~18.28		3080
PE172H		1720	30	49	74	16.26	+180 −100	3800
PE172B			45	39~57.2	38~102	8.19~26.16		3930
PE193H		1930	45	44.4	96	21.9		4000
PE193B			55	34.5~51.6	48~130	10.37~29.93		4100
PE172LH	立式	1720	30	49	74	16.26	±100	3400
PE172LB			45	39~57.2	38~102	8.19~26.16		3530
PE193LH		1930	45	44.4	96	21.9		3600
PE193LB			55	34.5~51.6	48~130	10.37~29.93		3700

注：动载荷=质量+提升力。

3. 平板型叶轮表面曝气机

与倒伞型叶轮、泵型叶轮、皇冠型叶轮等相比，平板型叶轮的结构更为简单，是在一个

圆形平板的底端面上焊接固定10个左右呈径向放射布置的直板叶片。独特的水力结构设计使其在曝气充氧、混合推流的同时充当了一个稳定器，降低了齿轮减速器所承受的径向载荷和轴向载荷，从而延长了使用寿命。荷兰 Spaans Babcock BV 公司在1999年推出了 O2Max 平板型叶轮表面曝气机，为该公司立轴式表面曝气机的第三代产品，动力效率可达3kg O_2/(kW·h)；原美国 EMICO Water Technologies 公司在 Oxyrator®倒伞型叶轮表面曝气机的基础上，推出了 Excell®平板型叶轮表面曝气机以及双叶轮表面曝气机(Dual Impeller Aerator)。双叶轮表面曝气机是在常规叶轮表面曝气机下部靠近沟底附近，同轴联接一个特殊的涡轮，从而更好地保持沟底混合液的流速。测试表明，与使用单叶轮表面曝气机相比，沟底流速提高了30%左右。

四、表面机械曝气系统的设计

表面机械曝气系统一般由电动机、机械传动部分和曝气部分组成，系统设计应保证曝气机在正常情况下连续安全运转，满足污水处理对需氧量、转速和浸没深度调节的要求；同时要求表面曝气机的传动效率高，以降低污水处理的耗电量。

1. 表面机械曝气设备选型

表面机械曝气设备的选型首先应该满足具体工艺的要求。例如，Orbal 氧化沟常常采用水平轴式表面曝气机，Carrousel 氧化沟、合建式完全混合曝气沉淀池常常采用立轴式表面曝气机。

对于水平轴式表面曝气机，曝气转刷的浸没深度一般为250~300mm，曝气转盘的浸没深度一般为480~530mm，对应 Orbal 氧化沟的水深一般为3.0~3.6m。可以根据不同厂家水平轴式表面曝气机的特性曲线，进行相关设备的选型。

对于立轴式表面曝气机，应该依据叶轮的吸氧率(15%~25%)、动力效率[2.5~3.5 kg O_2/(kW·h)]和加工条件等因素选择曝气叶轮的形式，叶轮直径的选择主要依据曝气池混合液的需氧量和曝气池结构。然后直接根据性能图表与充氧量的对应关系，来确定表面机械曝气设备的具体型号。

2. 传动设计

根据曝气池或氧化沟对表面曝气机的运行要求，转速调节有无级调速、有级调速和定速三种。无级调速适用于污水处理要求较高，水质水量不稳定的场合；有级调速时表面曝气机按几个固定转速运转，适用于污水处理要求稍低的场合；定速即指曝气机只能以一种速度运转，用于污水处理比较成熟及负荷条件较稳定的情况。

(1) 电动机选择

电动机的输出功率 N 可按如下公式计算

$$N=\frac{kN_{轴}}{\eta}\quad (\mathrm{kW}) \tag{3-3-11}$$

式中 k——电动机的功率备用系数，立轴式曝气叶轮一般在1.15~1.25之间取值，水平轴式曝气叶轮一般在1.05~1.10之间取值；

$N_{轴}$——表面曝气机的轴功率，kW；

η——机械传动总效率。

如果已有同类型的曝气机投入运行，可根据实测资料分析决定电动机的额定功率，选用时应接近或略大于计算的 N 值，在此基础上选择电动机类型。电机选用户外型三相异步电机，轴端带有防雨、水、风扇罩，防护等级 IP65，适合露天安装，绝缘等级 F 级。

(2) 机械传动部分

① 减速器

无论是立轴式表面曝气机还是水平轴式表面曝气机，目前的应用要求都低于100r/min，因此在电动机和负载之间都需要设置减速器。设计时应尽量配套选择标准通用型减速器，例如二合一式的带电动机行星摆线针轮减速器等，其电动机与减速器之间直联，整体性强，体积小，安装方便。

对于输入轴与输出轴呈90°变向传动的表面曝气机配套用减速器，宜采用圆锥-圆柱齿轮组合传动，其中圆锥齿轮应置于首级以减小组合尺寸。圆锥齿轮尤以弧齿锥齿轮承载能力高，运转平稳，噪声小。齿轮材质宜采用优质合金钢，加工后经氮化处理成硬齿面，以保减速器连续安全运转。

当采用非标准通用型减速器时，设计制造的基本要求如下：a)减速器传动齿轮精度高，传动效率 η_c 应不低于94%；b)在全速、满载连续运转时，有足够的强度和寿命；c)构造简单，便于维护；d)为减少机械传动损失，传动级数不宜超过两级；e)尽量减少对环境的二次污染，运行噪声小，密封性能好，不漏油。

② 立轴式表面曝气机叶轮轴的联接设计

联接设计可以采用两种形式：一是减速器输出轴与叶轮轴通过刚性联轴器直联，叶轮轴轴端不设轴承；这种形式构造简单，但安装、检修较困难。二是叶轮轴与减速器输出轴通过浮动盘联轴器传递转矩，另设轴承以支承叶轮。这种形式构造较复杂，但安装、维修方便。由于叶轮轴和减速器轴之间为过渡连接，在检修减速器时可不涉及叶轮，因而减少了维修工作量。

为节约电能，简化传动机构，提高机械传动效率，立轴式表面曝气机多采用定速电动机拖动和无叶轮升降机构的立式减速器传动形式。

对于倒伞型叶轮表面曝气机而言，主轴采用优质无缝钢管制成。管材加工前先进行超声波探伤，检查有无裂纹等轧制缺陷；无缝钢管内壁与外界完全隔离，外表面采用加强级防腐处理，确保轴的质量和使用寿命。主轴两端焊有法兰盘，分别与减速器输出轴和倒伞型叶轮相联接，焊后整体加工，保证了主轴的同轴度等精度要求。

3. 水平轴式表面曝气机的传动轴设计和范例

(1) 轴的强度计算

转刷或转盘安装于传动轴上的工作状况是，推动混合液在渠道内以一定流速流动，轴主要承受扭矩而受到的弯矩较小。因此可按扭转强度计算确定轴的直径 d：

$$\text{实心轴}\quad d = 17.2\sqrt[3]{\frac{T}{[\tau]}}\quad(\text{mm}) \tag{3-3-12}$$

$$\text{空心轴}\quad d = 17.2\sqrt[3]{\frac{T}{[\tau](1-\beta^4)}}\quad(\text{mm}) \tag{3-3-13}$$

$$T = 9550\frac{N_{\text{轴}}}{n} \tag{3-3-14}$$

式中 T——轴所传递的扭矩，N·m；

$N_{\text{轴}}$——轴所传递的功率，kW；

n——轴的工作转速，r/min；

$[\tau]$——许用扭转剪应力，N/mm^2(根据轴的材料，按相关设计手册中的数据选取)；

β——空心轴内径 d_1 与外径 d 比值，$\beta=d_1/d$。

为了减轻整机质量，传动轴一般应采用厚壁无缝钢管加工，端部为实心钢阶梯轴身，内外作防腐处理，以适应与污水接触和腐蚀性的运行环境，确保运行寿命及精度。传动轴一般有三种型号 $\phi325\times(16\sim22)$，$\phi245\times(14\sim16)$，$\phi152\times(14\sim16)$，并可以根据用户要求加工成各种长度，满足大、中、小型氧化沟对曝气机的需求。

(2) 轴的刚度计算

许用最大挠度$[f]=0.1\%$，据此可以对传动轴的安装跨度进行计算、校核。考虑氧化沟宽度因素，传动轴有一定长度，由于温度造成的涨缩现象，设计中应采取补偿措施。

(3) 联轴器的选择

对于多支点、分段的传动轴，轴间联轴器宜采用结构简单、外形尺寸及转动惯量均小、能在一定程度上补偿两轴相对偏移、具有减振和缓冲性能的联轴器，如鼓形齿联轴器等。

(4) 支承轴承的选择与校核

单轴转盘支承座轴承选用双列调心轴承，双轴转盘支承座轴承分别选用双列调心轴承和加强型双列调心轴承，采用双金属机械密封、浸油润滑和高强度耐磨尼龙拱形衬垫。轴承座采用球墨铸铁制造，并进行防腐处理；润滑部分设置明显标志，采用润滑油润滑，加油管可至操作平台，便于注油。每台转盘设有尾端支承座，单轴转盘每台采用1套。尾端支承座采用游动式，轴向游动距离设定为±15mm，可以克服安装误差，自动调心，并能补偿传动轴因温度变化引起的轴向伸缩。

【例3-3-1】设计如图3-3-16所示多轴转盘式表面曝气机的传动轴。已知氧化沟净宽为7000mm、轴承座间距离为 $L=6818$mm，单盘轴功率为0.63kW(浸没深度530mm)，转速 $n_{max}=55$r/min，单盘质量30kg，每段转盘数量：轴Ⅰ=25、轴Ⅱ=25、轴Ⅲ=25，转盘直径 $D=1372$mm。

解：

(1) 轴功率及电动机功率确定

① 转盘总数量为25×3=75，所需轴功率为

$$N_{轴}=0.63\times75=47.25\text{kW}$$

② 考虑传动效率及负载因素，取电动机功率备用系数 $k=1.05$，总传动效率 η 对于一轴式、二轴式、三轴式结构分别取0.95、0.92、0.90，则所需电动机的功率为

$$N=\frac{kN_{轴}}{\eta}=\frac{1.05\times47.25}{0.9}=55\text{kW}$$

选用Y280M-6型电动机，其 $N_{额}=55$kW，转速 $n_1=980$r/min。

(2) 减速器的确定

当转盘最大转速为55r/min、电动机 $n_1=980$r/min时，传动比 i 为

$$i=\frac{n_1}{n_{max}}=\frac{980}{55}=17.8$$

选用标准减速器ZLY180D，传动比为18。于是传动轴的实际转速为

$$n=\frac{n_1}{i}=\frac{980}{18}=54.4\text{r/min}$$

(3) 传动轴的轴径计算

轴径应根据电动机所传递的扭矩来确定，按水平轴式表面曝气机传动轴的设计要求，轴

采用标准无缝钢管加工，以节省费用。初步决定选择材料为 20 号钢的标准无缝钢管，查相关手册可知材料的许用扭转剪应力$[\tau]$为 15 N/mm^2；试选空心轴内外径比值$\beta=d_1/d=0.85$，计算轴的外径如下

$$d=17.2\sqrt[3]{\frac{T}{[\tau](1-\beta^4)}}=17.2\times\sqrt[3]{\frac{9550\times47.25}{15\times(1-0.85^4)\times55}}\approx182\text{mm}$$

查型材标准，选无缝钢管 $\phi219\times18$，扣除腐蚀裕量 2mm 后，轴内径 $d_1=219-2\times18=183$mm、轴外径 $d=219-2\times2=215$mm，核算 $\beta=d_1/d=183/215=0.85$，与试选值一致，计算与选型合乎要求。

(4) 传动轴的强度校核

传动轴的轴径校核尺寸为 $\phi215\times16$，对于三轴结构而言，轴Ⅲ靠近联轴器端所受应力最大，属于最危险截面，应该对该截面进行校核。这里主要根据下式进行疲劳强度安全系数校核。

$$S=\frac{\sigma_{-1}}{\sqrt{\left(\lambda_\sigma\frac{M}{Z}\right)^2+0.75\left[(\lambda_\tau+\psi_\tau)\frac{T}{Z_p}\right]^2}}\geqslant[S]\tag{3-3-15}$$

式中 σ_{-1}——材料弯曲疲劳极限，载荷平稳、无冲击，对于 20 号钢而言，其 $\sigma_{-1}=170\text{N/mm}^2$；

λ_σ、λ_τ——换算系数，取 $\lambda_\sigma=2.95$，$\lambda_\tau=2.17$；

ψ_τ——等效系数，取 $\psi_\tau=0.1$；

Z——抗弯截面模数，$Z=\frac{\pi d^3}{32}(1-\beta^4)=\frac{\pi\times21.5^3}{32}(1-0.85^4)=466\text{cm}^3$；

Z_p——抗扭截面模数，$Z_p=2Z=2\times466=932\text{cm}^3$；

T——轴所传递的最大扭矩，$T_{max}=9550\frac{N}{n}=9550\times\frac{55}{54.4}=9655\text{N}\cdot\text{m}$；

$[S]$——疲劳强度许用安全系数，取$[S]=1.5\sim1.8$。

为了简化计算，将轴Ⅲ上全部转盘所传递的扭矩(可由单盘轴功率换算得到)等效转化为集中力 P，如图 3-3-22 所示。为保证转盘的充氧能力和设计上安全可靠，力臂 l 的取值略大于转盘中心到浸没深度的一半距离。对于不同尺寸的转盘，需要采用实验或其他方法确定。

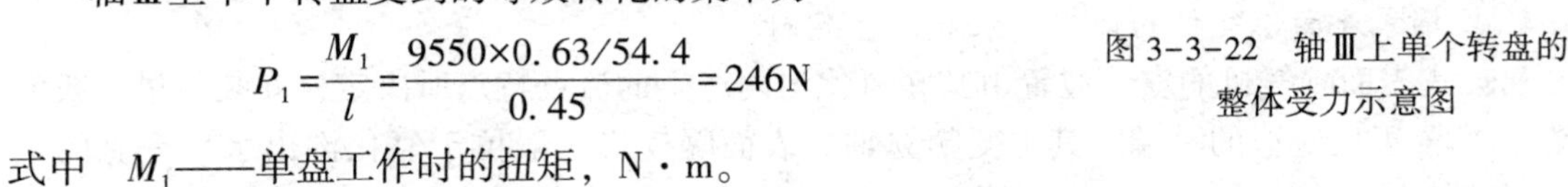

图 3-3-22 轴Ⅲ上单个转盘的整体受力示意图

轴Ⅲ上单个转盘受到的等效转化的集中力

$$P_1=\frac{M_1}{l}=\frac{9550\times0.63/54.4}{0.45}=246\text{N}$$

式中 M_1——单盘工作时的扭矩，N·m。

轴Ⅲ上全部转盘等效转化的总集中力为 $P=25P_1=25\times246=6150$N；轴Ⅲ的自重可以根据轴承座间距离 L、无缝钢管的尺寸规格 $\phi219\times18$ 和钢材密度计算得到，最终得到轴Ⅲ的自重为 $G_1=6080$N(计算过程从略)；轴Ⅲ上全部转盘的重力(近似取重力加速度为 10m/s^2 以方便计算)为 $G_2=30\times25\times10=7500$N。由此可得轴Ⅲ上所受到的合力为

$$F=\sqrt{P^2+(G_1+G_2)^2}=\sqrt{6150^2+(6080+7500)^2}=14908\text{N}$$

轴Ⅲ单位长度上的载荷为

$$W=\frac{F}{L}=\frac{14908}{6.818}=2187\text{N/m}$$

轴Ⅲ所受到的最大弯矩

$$M=\frac{WL^2}{8}=\frac{2187\times6.818^2}{8}=12708\text{N}\cdot\text{m}$$

将以上结果代入到前面的疲劳强度安全系数校核公式，可得

$$S=\frac{170}{\sqrt{(2.95\times12708/466)^2+0.75\left[(2.17+0.1)\times9655/932\right]^2}}\approx2.05>[S]$$

由此可知，轴Ⅲ的疲劳强度合格。

(5) 传动轴的刚度校核

① 轴Ⅲ的扭转刚度校核

$$\text{扭转角 }\varphi=7350\frac{T}{d^4(1-\beta^4)}=7350\times\frac{9655}{215^4\times(1-0.85^4)}=0.069(°)/\text{m}<[\varphi]$$

对于一般传动轴 $[\varphi]=(0.5°\sim1°)/\text{m}$，计算结果表明轴Ⅲ的扭转刚度合格。

② 轴Ⅲ的弯曲刚度校核

轴Ⅲ的惯性矩 $I=\frac{\pi}{64}(d^4-d_1^4)=\frac{\pi}{64}(21.5^4-18.3^4)=4984\text{cm}^4$，轴Ⅲ单位长度上的载荷为 $W=21.87\text{N/cm}$；材料的弹性模量 $E=206\text{GPa}=206\times10^5\text{N/cm}^2$。轴Ⅲ的挠度最大值应该出现在跨中，可以计算如下

$$f_{\max}=\frac{5WL^4}{384EI}=\frac{5\times21.87\times681.8^4}{384\times206\times10^5\times4984}\approx0.60\text{cm}$$

$$f_{\max}/L=0.60/681.8\approx9\times10^{-4}<0.1\%$$

由此可知，按最大跨度考虑，轴Ⅲ的弯曲刚度合格。

③ 轴Ⅲ在支承处的偏转角校核

$$\theta=\frac{WL^3}{24EI}\times\frac{180}{\pi}=\frac{21.87\times681.8^3\times180}{24\times206\times10^5\times4984\times3.14159}=0.16°<[\theta]$$

对于调心滚子轴承而言，允许轴对外圈的偏转角 $[\theta]=0.5°\sim2°$，偏转角也小于浮动联轴器的许用补偿量(≤0.5°)，所以偏转角合格。

(6) 其余校核

这里不再赘述，从略。

4. 立轴式表面曝气机的使用安装和设计范例

立轴式表面曝气机的安装位置由其在氧化沟内产生的流场特点所决定，安装数量一般为1台/沟，置于反应池的一端。其中变频立轴式表面曝气机一般位于氧化沟出水口一侧的上游，以便控制出水水质。为防止变频立轴式表面曝气机低速运行时的推流能力不够，在其下游需配置推流器，防止活性污泥沉淀。由于氧化沟弯道处的水流阻力最大，直段上的沿程水头损失非常小，所以推流器一般位于变频立轴式表面曝气机一侧的弯道处并远离出水口。氧化沟的进水口一般位于恒速立轴式表面曝气机附近的下游点，并远离出水口以避免短流(见图3-3-23)。表面曝气机与推流器的间距、氧化沟其他位置处是否增设推流器，应按生产厂家提供的推流性能参数确定，目前还缺乏倒伞型叶轮立轴式表面曝气机在不同转速下与推

流距离关系的性能数据和研究。

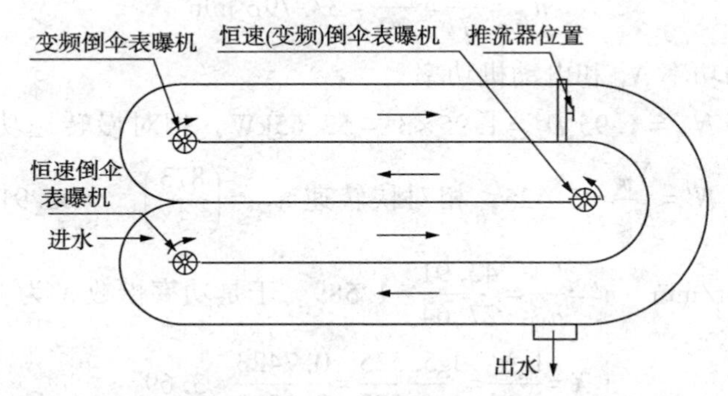

图 3-3-23　恒速(变频)立轴式表面曝气机、推流器与氧化沟(进)出水口位置的关系示意图

从立轴式表面曝气机的水流特点可以看出，一方面表曝机在氧化沟内存在着流速分布不均的问题，另一方面表面曝气机附近是氧化沟内的高能区，还产生了与主流方向相反的、不利于主体流动的流场。如图 3-3-24 所示，为了保证氧化沟内的水体流态处于最佳状态，适当利用氧化沟中间隔墙的反射作用，应使立轴式表面曝气机安装中心位置向出水方向偏移$(0.08\sim0.1)D$的距离，这将有利于能量向出水方向偏移；同时，氧化沟的中间隔墙与表面曝气机叶轮之间要留有$(0.04\sim0.08)D$的间距以减少不利的功率消耗，间距太大时产生的回流量会有所增加。

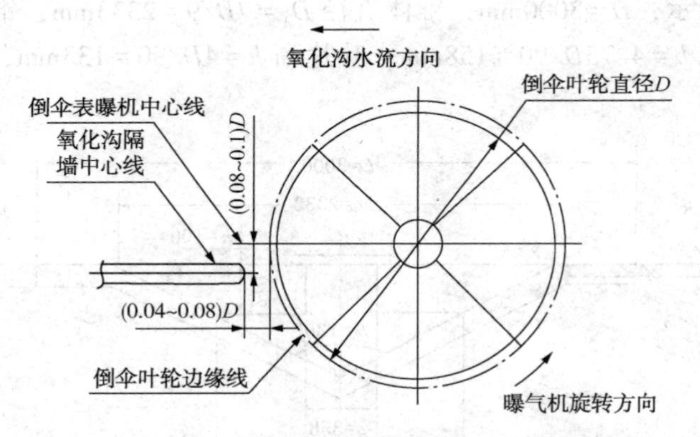

图 3-3-24　立轴式表面曝气机与隔墙的位置关系示意图

此外，在安装和使用立轴式表面曝气机时，工作平台桥架的高度应大于叶轮抛起的水花高度，要保证水花或水幕的自由跌落，以保证良好的充氧性能。不同直径和转速的叶轮所形成的水花高度会有所差别，设备生产厂家大多通过直接观测来获取，提供给设计单位以作参考。一般要求曝气机工作平台下梁底面至设计水面的空间高度>800mm。

【例 3-3-2】已知叶轮直径 $\phi3000$mm，叶轮外缘线速度 5m/s，池型为矩形，内壁无挡板。试设计常规倒伞型叶轮表面曝气机。

解：

(1) 确定叶轮转速 $n_{叶}$ 和叶轮实际转速 $n_{实}$

$$n_{叶}=\frac{v}{\pi D}=\frac{5\times60}{\pi\times3}=31.83\text{r/min}$$

选用减速比 $i=29$ 的立式行星摆线针轮减速器，配用电动机转速 $n_{电}=980$r/min。计算叶轮实际转速，并保证 $n_{实}$ 尽可能接近 $n_{叶}$

$$n_{实}=\frac{n_{电}}{i}=\frac{980}{29}=33.79\text{r/min}$$

(2) 确定叶轮轴功率 $N_{轴}$ 和电动机功率

相对快转速功率 $N_{快}=1.95\ D^3=1.95\times3^3=52.65\text{kW}$，相对慢转速功率 $N_{慢}=0.353\ D^3=0.353\times3^3=9.53\text{kW}$，$N'=\frac{N_{快}}{N_{慢}}=5.525$；相对快转速 $n_{快}=\left(\frac{873}{3}\right)^{2/3}=43.91\text{r/min}$、相对慢转速 $n_{慢}=\left(\frac{436}{3}\right)^{2/3}=27.64\text{r/min}$，$n'=\frac{n_{快}}{n_{慢}}=\frac{43.91}{27.64}=1.589$。于是功率指数 X 为

$$X=\frac{\lg N'}{\lg n'}=\frac{\lg 5.525}{\lg 1.589}=\frac{0.7423}{0.2010}=3.69$$

故叶轮轴功率 $N_{轴}$ 为

$$N_{轴}=N_{慢}\left(\frac{n_{实}}{n_{慢}}\right)^X=9.53\left(\frac{33.79}{27.64}\right)^{3.69}=20\text{kW}$$

根据功率备用系数 $k=1.25$，机械传动总效率 $\eta=0.9$，则可由公式 $N=kN_{轴}/\eta$ 计算出电动机功率 $N=27.78\text{kW}$。据此选用 Y225M-6W 型 30kW 电动机和 BLD-55-40-29 立式行星摆线针轮减速器。

(3) 叶轮几何尺寸计算

如图 3-3-25 所示，$D=3000\text{mm}$，锥体直径 $D_1=7D/9=2333\text{mm}$，锥底直径 $d=10.75D/90=358\text{mm}$，叶片宽 $b=4.75D/90=158\text{mm}$；叶片高 $h=4D/90=133\text{mm}$，锥体夹角 $\theta=130°$，叶片数 $Z=8$ 个。

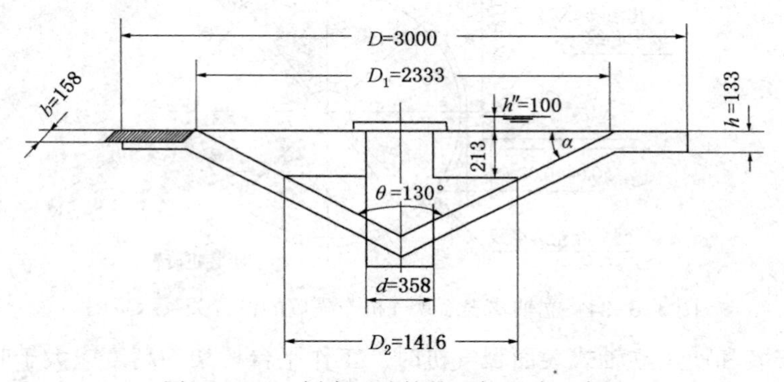

图 3-3-25　倒伞型叶轮的几何尺寸示意图

(4) 转轴直径的确定

① 扭矩的计算

$$M_n=9550\frac{N\eta}{n_{实}}=9550\times\frac{27.78\times0.90}{33.79}=7066\text{N}\cdot\text{m}$$

② 轴径的强度计算

$$\tau=\frac{M_n}{W}\leqslant[\tau]$$

式中　M_n——扭矩，N·m；

W——抗扭截面模量，$W=\pi d^3/16$，cm^3；

d——轴径，cm；

$$d = \sqrt[3]{\frac{16M_n}{\pi[\tau]}} = \sqrt[3]{\frac{16 \times 706600}{\pi \times 7000}} = 8\text{cm}$$

式中　$[\tau]$——许用剪应力，45 号钢取 $[\tau]=70\text{N/mm}^2$。

③ 轴的扭转刚度计算

$$\theta=\frac{M_n l}{IG}\leqslant[\theta]$$

式中　$[\theta]$——许用扭转角，取值为 0.5°/m；

l——单位轴长，1m；

G——材料的剪切弹性模量，$G=79.4\text{GPa}$；

I——断面极惯性矩，$I=\pi d^4/32(\text{cm}^4)$。

于是可得转轴直径最小值的计算表达式如下

$$d\geqslant\sqrt[4]{\frac{M_n l\times32}{\pi G[\theta]}}=\sqrt[4]{\frac{7066\times1\times32}{\pi\times79.4\times10^9\times\pi/180}}=0.08489\text{m} = 8.49\text{cm}$$

应根据扭转刚度决定转轴直径，考虑键槽影响，将轴径增大 8%，故轴径 d 应为 9.2cm。

五、氧化沟工艺与设备的发展

随着氧化沟工艺对曝气设备的要求越来越高，以及能源的日趋紧张，新型高效节能曝气设备及相关技术的研究已经成为推动氧化沟工艺发展和节能降耗的重要因素。

1. 基于常规曝气转刷(碟)的发展组合

(1) 曝气转刷(碟)+低速潜水推流器

在水深大于 3.5m 时的氧化沟中附加低速潜水推流器，可以使有效工作水深达到 8m。除了连续运转外，在长期或短期高含氧量交替缺氧期间可作间歇性运转，使反应池中的污水保持一定流速，避免沉积。

(2) 曝气转刷(碟)+射流曝气机

1967 年，美国人勒孔特(Le Compt)和曼特(Mandt)首次把淹没式曝气推流系统用于氧化沟，他们用一套以回流混合液为动力的射流器和压缩空气配合，沿水流途径喷射，从而提供必要的充氧和推进作用，这种技术后来被称为射流曝气沟(Jet Aeration Channel，JAC)。JAC 的优点是氧化沟的宽度和水深不受限制，且氧的利用率高，目前最大的 JAC 在奥地利林茨，处理流量为 17.2×10^4t/d，水深 7.5m。美国 Fluidyne 公司的 Jet MCR™ 工艺堪称其中的典型代表。

2. 微孔曝气器+低速潜水推流器或立式转角推进器

这种组合方式是在氧化沟的直段池底平铺微孔曝气器，弯道处设置低速潜水推流器，构成鼓风曝气型氧化沟。由于采用两个完全独立的设备进行充氧及搅拌，因此可分别控制流速及溶解氧，并能够高效简单地运行操作。另外，寒冷地区基于表面机械曝气设备直接曝气充氧时，低温空气会导致水温降低；而微孔曝气器+低速潜水推流器的组合方式利用机械压缩空气进行充氧，可防止水温降低，保证处理工艺在冬季也能够稳定运转。

该工艺也可满足氧化沟脱氮除磷的要求，且只需污泥回流而不需混合液回流，适用于小型污水处理厂。我国广东省开平市迳头污水处理厂、广东省韶关第一污水处理厂都采用了“厌氧池+鼓风曝气型氧化沟工艺”，单位水处理成本分别为 0.32 元/m³、0.33 元/m³。有的 Carroussel 2000 系统也采用这种模式，且根据沟内具体位置的不同，曝气器的数目也有所差异，目的是使氧化沟的不同阶段分别形成好氧和缺氧环境。

此外，还可采用“池底微孔曝气器+立式转角推进器”的组合方式，将立式转角推进器安装于氧化沟沟渠水头损失最大的转角处，产生无死角的均匀层流、连续流，有效提升曝气系统效率。整机运行高效，水下无易损件，易于维护，克服常规低速潜水推流器的诸多弊端。

3. 立轴式表面曝气机及其自控技术

原美国 Eimco Water Technologies 公司在立轴式表面曝气机的研发生产方面处于世界领先地位。为了更好地满足 Carrousel 氧化沟工艺的需要，基于 Excell®表面曝气机、EliminatIR™堰门等专利技术，推出了 ACE™控制系统、EWT™ Oculus™控制系统等新技术，大大降低了运行能耗。

ACE™(Automated Control of Energy，ACE)控制系统组件包括：NEMA 4X 封装、变频驱动(VFD)、定制的操作算法、溶解氧电极、溶解氧分析、可编程控制器(PLC)。使用 ACE™控制系统能够降低能量消耗、全程优化氧化沟系统的水力效率、增强脱氮除磷效果，并对表面曝气机的运行状态进行实时监控。通过自动调整表面曝气机的电能，使其与经常变化的进水负荷相匹配，能够降低能量消耗高达 30%。例如，在表面曝气机功率为 100hp 的 Carrousel 系统中，实时能量优化能够使年平均能源费用从 $ 46000 下降到 $ 31000；在表面曝气机功率为 300hp 的典型 Carrousel 系统中，能够使年平均能源费用从 $ 137000 下降到仅为 $ 94000。在此基础上，该公司还推出了 PACE(Peak Protection and Automatic Control of Energy)控制系统，能够在峰值流量情况下避免活性污泥被冲出氧化沟系统。

4. 立环氧化沟工艺

普通氧化沟内的污水在水平回路中循环流动，立环氧化沟(Vertical Loop Reactor，VLR)中的污水则在绕着水平隔板的竖向回路中循环流动，该工艺最早由原美国 US Filter 公司于 1986 年开发成功。

如图 3-3-26 所示，立环氧化沟被一个沿着沟渠长度方向设置的水平隔板分为上、下两层，污水绕着该水平隔板作竖向循环流动。大多数 VLR 系统反应器的深度应大于 6.1m，水平隔板一般位于反应器深度方向的正中部。反应器上层仍然采用曝气转碟作为较低负荷时的主要曝气设备，在满足充氧需求的同时，使污水以 0.3~0.45m/s 的速度连续循环流动。反应器下层池底设有粗气泡扩散器作为辅助曝气混合设备，在较高流量或较高负荷时也可作为主要的供氧源，扩散器的供氧量易于调整。反应器中另设固定的穿孔空气释放板，以提高氧的利用及氧转移的效率。立环氧化沟将两种曝气方式引入同一个反应系统中，使充氧能力大

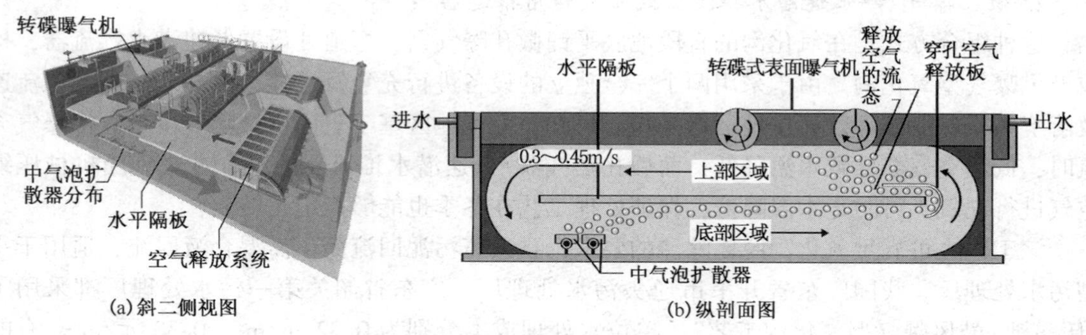

图 3-3-26　立环氧化沟的结构示意图

大提高，其池深可达 8.5m。另外，由于其外形规则，便于与其他系统组合，可节省占地。只要现有的矩形反应池长度不低于 12.2m、深度不低于 3.6m，就可以将其改装为 VLR 系统。

§3.4 SBR 系列工艺与专用滗水器

虽然 1914 年就在英国曼彻斯特 Davyhulme 污水处理厂同时进行了间歇流和连续流活性污泥法污水处理技术的放大试验，并于同年率先在 Salford 进行了间歇流活性污泥法污水处理厂规模的测试，但受当时自动控制技术和设备条件的限制，客观上存在运行管理极不方便的弊端。在人们没有认识到该工艺独特优越性的情况下，随着后来水处理规模的日趋扩大，间歇流活性污泥法逐渐被连续流活性污泥法所取代。20 世纪 70 年代以来，随着计算机和工业自动控制技术的日趋成熟，大量具有自控系统的阀门、流量计、液位传感器、定时控制设备在污水处理工程中得到了应用；滗水器和防堵塞曝气设备也得以成功开发。间歇式活性污泥法工艺在早期工程应用上的问题得以解决，该工艺的优势逐步得到充分发挥，在污水处理工程中逐步得到推广应用。

一、经典 SBR 工艺及其变型工艺

1. 经典 SBR 工艺概述

序批式活性污泥法(Sequencing Batch Reactor，简称 SBR)属于间歇流活性污泥法。20 世纪 60 年代后半期至 70 年代初，美国圣母大学(University of Notre Dame)的 Robert L. Irvine 教授采用实验室规模装置对 SBR 工艺进行了系统深入的研究，并于 1980 年在美国国家环境保护局(EPA)的资助下，在印第安那州的 Culwer 城改建并投产了世界上第一个 SBR 工艺污水处理厂。20 世纪 80 年代以来，SBR 工艺在处理间歇排放、水质水量变化很大的工业废水及中小水量生活污水等方面取得了很大成功。迄今为止，世界各地已陆续建成 SBR 工艺污水处理厂近 10000 座，其在中型和大型污水处理厂的应用也日益增多。1985 年，上海市政设计院为上海吴淞肉联厂设计投产了我国第一座 SBR 工艺污水处理站，设计处理水量为 2400t/d。据统计，我国近 10 年来新建处理能力在 50000m^3/d 以下的城市污水处理厂有 30%~40%左右采用了 SBR 工艺。

SBR 工艺的反应机制以及污染物的去除原理与传统活性污泥法基本相同，仅运行操作方式不同。如图 3-4-1 所示，有机污水首先经格栅除去悬浮杂质，进入调节池进行水质水量调节，然后由泵提升至 SBR 反应器。一般在工程实际中至少同时修建两个 SBR 反应池，反应池平面既可以是方形，也可以是圆形。如图 3-4-2 所示，SBR 反应池中的反应过程由进水、曝气、沉淀、滗水(排放)、闲置(排泥)五个阶段组成，从污水流入开始到闲置(排泥)时间结束算一个周期。其循环周期和各阶段的时间可以按照进水水质和出水要求拟定，并在调试过程中优化。SBR 工艺可以根据开始曝气的时间与充水过程时序的不同，分成三种不同的曝气方式：①非限制曝气——一边充水一边曝气；②限制曝气——充水完毕后再开始曝气；③半限制曝气——充水阶段的后期开始曝气。

SBR 工艺提供了一种时间程序的污水处理方法，而不是连续流空间程序的污水处理方法，与连续流活性污泥法相比，SBR 法具有以下优势：①可不设初沉池、二沉池和污泥回流设备，而且曝气反应和静沉时间都短，基建投资比常规活性污泥法约节省 20%~25%，占地面积减少 40%左右；②由于 SBR 在时间上的不可逆性，根本不存在返混现象，所以属于

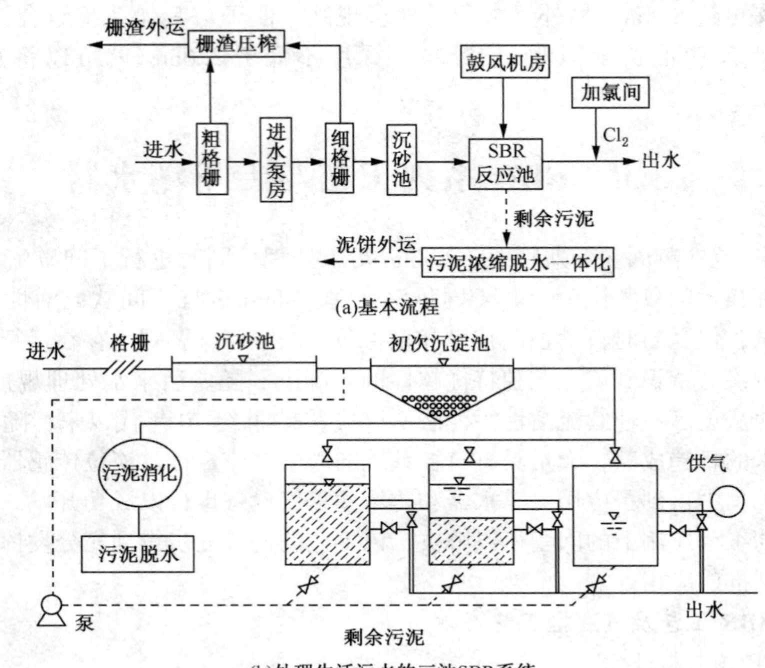

(a)基本流程

(b)处理生活污水的三池SBR系统

图 3-4-1　SBR 工艺流程示意图

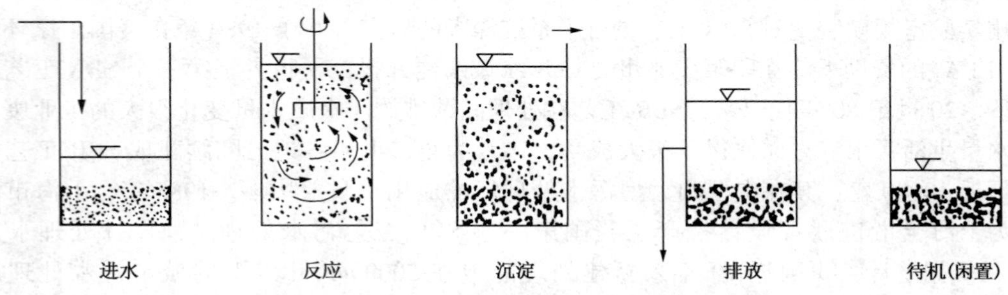

图 3-4-2　经典 SBR 反应器运行过程的 5 个阶段

理想推流式反应器；③经典的 SBR 反应器在沉淀过程中没有进水的扰动，属于理想沉淀状态；④好氧、缺氧、厌氧交替出现，能同时具有脱氮（80%～90%）和除磷（80%）的功能，BOD_5 去除率达 95%，且产泥量少；⑤曝气反应池中的溶解氧浓度在 0～2mg/L 之间变化，可减少能耗，在同时完成脱氮除磷的情况下，其能耗也仅相当于传统活性污泥法；⑥污水处理设备较少，自控运行，管理简便。

常规 SBR 工艺的缺点是：①连续进水时，对于单一 SBR 反应器需要在前面设置一个较大的调节池；②对于多个 SBR 反应器，其进水和排水的阀门自动切换频繁，容易损坏；③无法达到大型污水处理项目连续进水、出水的要求；④设备的闲置率较高；⑤污水提升水头损失较大；⑥如果需要后处理，则需要在后面设置较大容积的调节池。

2. SBR 变型工艺

自 20 世纪 70 年代以来，序批式活性污泥法的机理和应用得到了大量研究开发，工艺技术和设备不断完善，出现了各种 SBR 变型工艺，如 ICEAS、C－Tech、CASS、UNITANK、IDEA（Intermittent Decanted Extended Aeration，间歇排水延时曝气，即国内所谓澳大利亚的

"澳涤"工艺)、IBCASP(Intermittent Bi-directional Cyclic Activated Sludge Process，间歇式双向周期循环活性污泥法)、BCS(Biological Combined System，生物组合工艺)、MSBR(Modified SBR，改良型SBR)、DAT-IAT等。尤其是在以SBR工艺著称的澳大利亚，近20年来更是先后推出了第三代IDEA系统UNIFED™工艺(即国内所谓的"优飞"工艺)，后者完全不同于UNITANK，可以经济全面地去除生物营养物。

(1) ICEAS

ICEAS的全称是间歇式循环延时曝气系统(Intermittent Cycle Extended Aeration System)。澳大利亚新南威尔士大学的Mervyn C. Goronszy教授与美国ABJ公司(现与Sanitaire等一起隶属于ITT集团)合作，于1976年建成了世界上第一座ICEAS工艺污水处理厂，1984年又研究出利用不同负荷条件下微生物的生长速率和污水生物脱氮除磷工艺。1986年，美国国家环境保护局(EPA)正式批准ICEAS工艺为革新代用技术。

如图3-4-3所示，ICEAS的基本单元是两个矩形池为一组的反应器，每个矩形池分预反应区和主反应区两部分。污水在预反应区内连续进入，并可根据污水性质进行曝气或缺氧搅拌。预反应区和主反应区之间的隔墙底部有预留孔洞相连，污水以很低的流速(0.03～0.05m/min)从预反应区进入主反应区。主反应区是曝气反应的主体，依次进行曝气或搅拌、沉淀、滗水、排水等过程，周期性循环运行，使污水在交替的好氧-厌氧和缺氧-好氧条件下实现一定的脱氮除磷功能。如图3-4-4所示，ICEAS工艺在工作过程中一直处于连续进水状态。

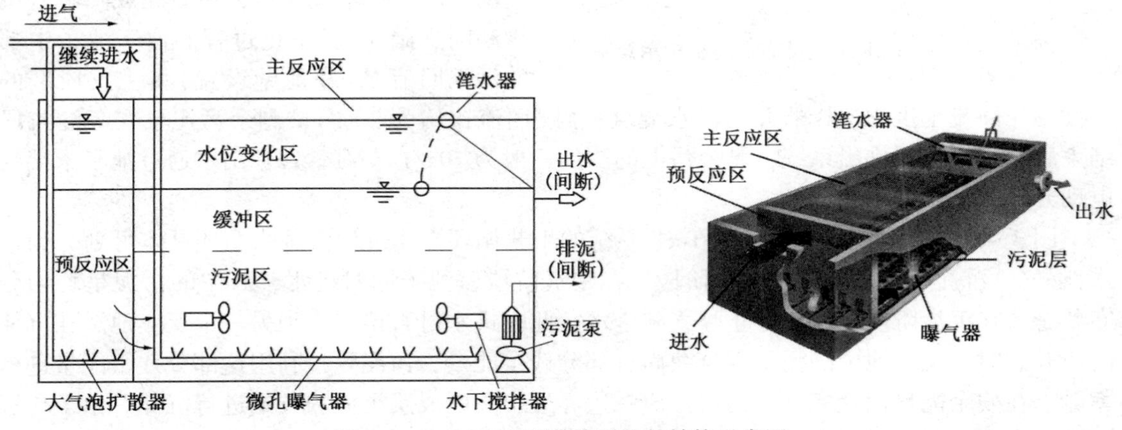

图3-4-3　ICEAS工艺矩形池的结构示意图

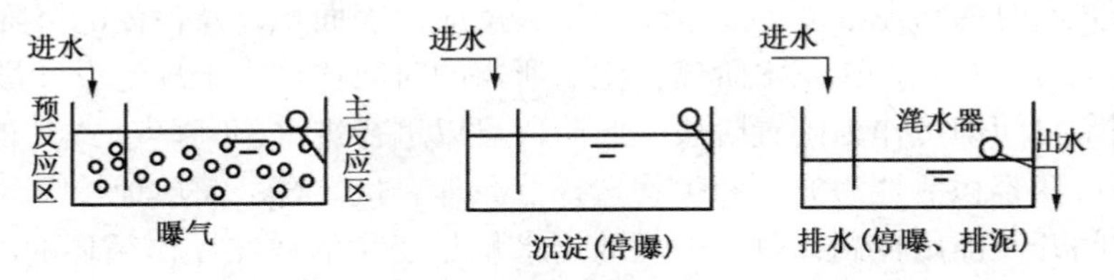

图3-4-4　ICEAS工艺矩形池的立面结构及阶段过程示意图

ICEAS的优点如下：①当主反应区处于停曝搅拌状态进行反硝化时，连续进入的污水可提供反硝化所需的碳源，从而提高了脱氮效率；②当主反应区处于沉淀或滗水阶段，连续进入的污水为厌氧污泥层中的聚磷菌释放磷提供所必须的碳源，因而提高了脱磷效果；③采用连续进水系统，配水稳定，减少了运行操作的复杂性，适于较大规模污水处理；④现有的

SBR 处理系统可较容易地改造成这种运行方式。缺点是进水贯穿于整个运行周期的各个阶段，沉淀期的进水在主反应区底部造成水力紊动，从而影响泥水分离效果；容积利用率低，一般不超过 60%；脱氮除磷效果一般。ICEAS 技术在全球的应用实例已超过 550 个，在北美已超过 250 个。在中国有 20 多处 ICEAS 系统在成功运行，如昆明第三污水处理厂的设计流量为 $15\times10^4m^3/d$，1998 年开始运行，脱氮除磷效果非常出色。

（2）C-Tech 工艺

C-Tech 工艺是循环式活性污泥技术（Cyclic Activated Sludge Technology）的简称，由 Mervyn C. Goronszy 教授与奥地利 SFC 集团联合在 20 世纪 70 年代开始研究开发和应用，特指使用了生物选择器（biological SELECTOR）和生化速率控制（BIORATE control）的变容积序批式活性污泥处理工艺。

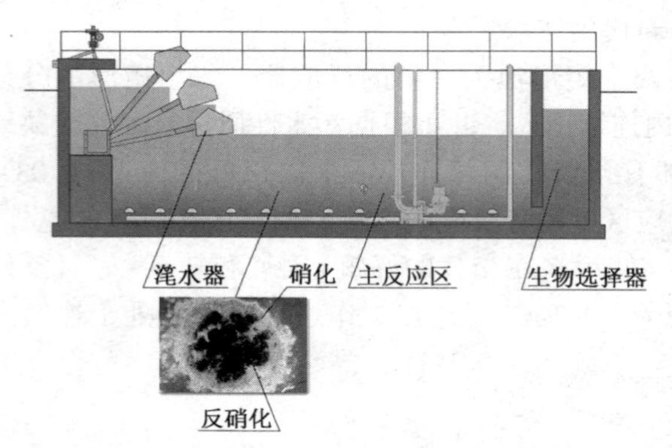

图 3-4-5　C-Tech 工艺反应池的结构示意图

如图 3-4-5 所示，C-Tech 反应池分为生物选择器、主反应区两个区域，此外还包括污泥回流与剩余污泥排除系统、滗水器等。在生物选择器中，污水中的溶解性有机物质能通过酶反应机理而迅速去除。生物选择器的最基本功能是防止污泥膨胀，可以恒定容积也可变容积运行，污泥回流液中所含有的硝酸盐可在此选择器中得以反硝化。在主反应区进行曝气充氧，主要完成降解有机物和同步硝化/反硝化过程。位于池子中部的污泥回流泵（靠池壁设置）将主反应区的活性污泥回流至生物选择器并与污水混合接触（回流比约为 20%），剩余污泥泵在沉淀阶段结束后将剩余污泥排出系统，剩余污泥的浓度一般为 10g/L 左右；处理出水通过池子末端的电动升降式滗水器来完成。

图 3-4-6 表示单池或多池 C-Tech 系统的工艺循环操作过程，每一循环具体可划分为进水/曝气、沉淀、滗水、闲置 4 个阶段。在曝气阶段，池子同时进水，其中的污泥呈均匀分布状态。在沉淀阶段，系统停止曝气和进水，此时进水可直接转换到另一个反应池。在沉淀阶段开始时，反应池中的泥水混合液尚有部分残余能量，污泥颗粒利用这部分残余能量进行絮凝。在残余能量消耗完后，污泥形成一边界层，并以成层沉淀的方式进行沉淀。由于在沉淀阶段无水力干扰因素存在，因而可以在池子中形成有利于沉淀的条件。污泥的沉降速度主要取决于沉降开始时的污泥浓度、反应池深度、反应池表面积以及污泥的沉降性能，沉淀后污泥浓度可达 10g/L 左右。在滗水阶段，滗水所需的时间往往小于理论设计最大时间，故滗水完成后的剩余时间即可作为闲置阶段，此阶段可以进行进水（不曝气）或其他反应过程。

该工艺将可变容积活性污泥法和生物选择器原理有机结合，简单地按曝气和非曝气阶段运行，通过时间开关加以控制，每一循环的出水量是变化的。在操作循环的曝气阶段（同时进水）一步完成生物降解过程（包括降解有机物、硝化/反硝化、生物除磷等过程），在非曝气阶段完成泥水分离。在 C-Tech 系统中一般至少设二个反应池，以便能处理连续进水。在第一个反应池中进行沉淀和滗水的同时，在第二个反应池中进行进水和曝气过程，反之亦然。根据运行经验，在旱季流量条件下，C-Tech 系统以 4h 循环周期能达到最佳的处理效果（2h 曝气，2h 非曝气）。在负荷较低时，可以调整循环周期内各个阶段的时间分配以适应此时的进水负荷。如果实际进水负荷仅为设计负荷的50%，则在4h循环周期中，可采用1h曝气、3h关闭曝气的方式运行。另外，还可考虑6h和8h的循环周期，这种根据进水负荷来调整运行状态所展现的灵活性是其他连续流系统所无法比拟的。

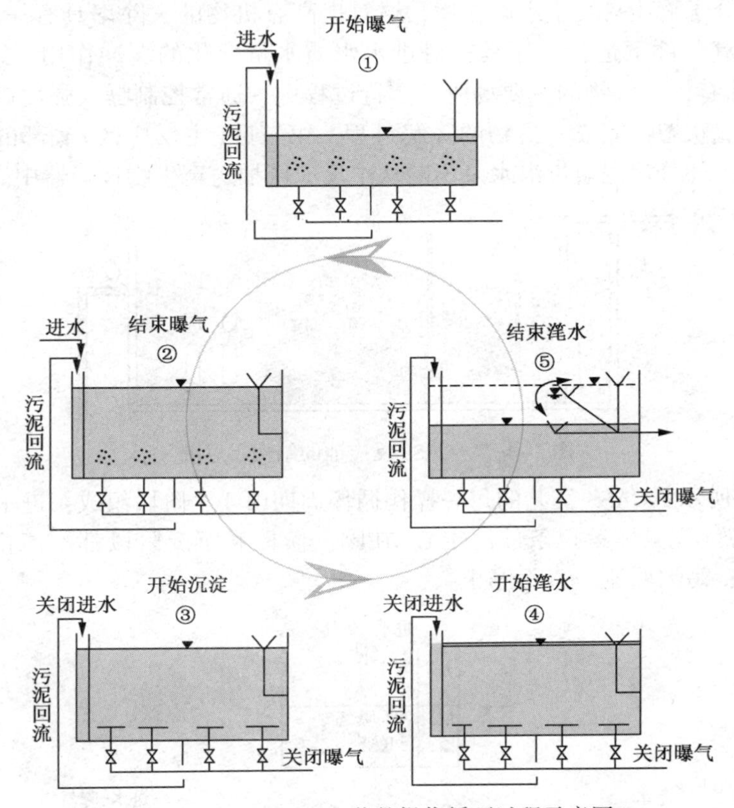

图3-4-6　C-Tech工艺的操作循环过程示意图

迄今为止，循环周期为4h的C-Tech系统已成功应用于120~210000m³/d规模的污水处理厂，其中最大的为澳大利亚Quakers Hill污水处理厂。该厂设计时采用模块化布置方案，根据进水水量情况逐步建成，全部建成后共有5组C-Tech反应池。目前已有2组C-Tech反应池投入运行，每组C-Tech反应池的长度为131m，宽度为76m，反应池表面积达9956m²。生物选择器的平均水力停留时间为1.0h(包括回流量)，采用管式橡胶膜曝气装置进行曝气和混合。每一操作循环周期为4h，其中曝气时间为2h，滗水速率为13 mm/min。

(3) CASS工艺

CASS(Cyclic Activated Sludge System/Process/Technology，CASS/CASP/CAST，循环式活性污泥法)工艺是由Mervyn C. Goronszy教授在ICEAS的基础上开发而成，于1984年、1989年分别在美国和加拿大取得专利。该工艺按曝气与不曝气交替运行，将生物反应过程与泥水分离过程集中在一个反应池中完成，污水按照一定的周期和阶段得到处理。根据生物反应动力学原理，使污水在反应池内的流动呈现出整体推流而在不同区域内为完全混合的复杂流态，从而保证处理效果的稳定。

如图3-4-7所示，CASS将ICEAS的预反应区用容积更小、设计更加合理优化的生物选择器代替。通常的CASS反应池一般分为生物选择器(第一区)、第二区和第三区(主反应区)三个部分，对于典型的生活污水处理而言，三者的容积比一般为1:2:17，具体数值根据试验确定。生物选择器设置在CASS反应池的前端，原污水与从主反应区回流来的污泥在此混合。此区内的水力停留时间一般在0.5~1.0h之间，通常在厌氧或缺氧条件下运行，基本功能是防止产生污泥膨胀，同时还具有促进磷的进一步释放和强化反硝化的作用；另外在该区内的难降解大分子物质易发生水解作用，这对提高有机物的去除率具有一定的促进作用。第二区在部分缺氧条件下运行，还具有对进水水质水量变化的缓冲作用。第三区(主反应区)则是最终去除有机污染物的主要场所，运行过程中，通常控制曝气强度以使该区内的主体混合液处于好氧状态，完成有机物的降解过程。第三区(主反应区)底部的活性污泥则基本处于缺氧状态，部分污泥通过潜水泵不断从主反应区抽送至生物选择器中。

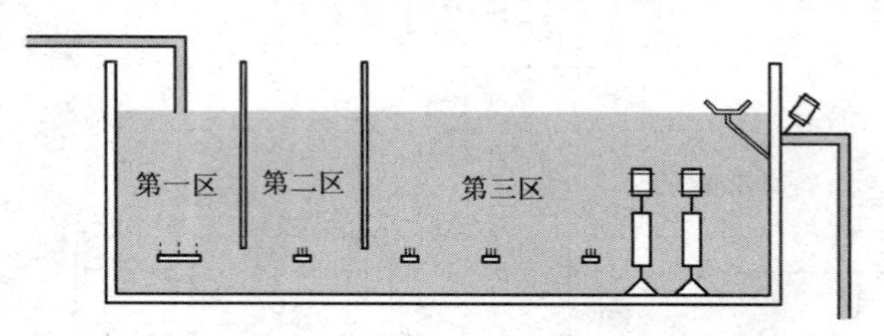

图3-4-7　CASS反应池的结构示意图

如图3-4-8所示，CASS工艺的每一操作循环周期由4个阶段组成：进水-曝气、进水-沉淀、滗水、闲置(视具体运行条件而定)。在曝气阶段和沉淀阶段都不停止进水，而在滗水阶段停止进水；污泥回流一直不停止。

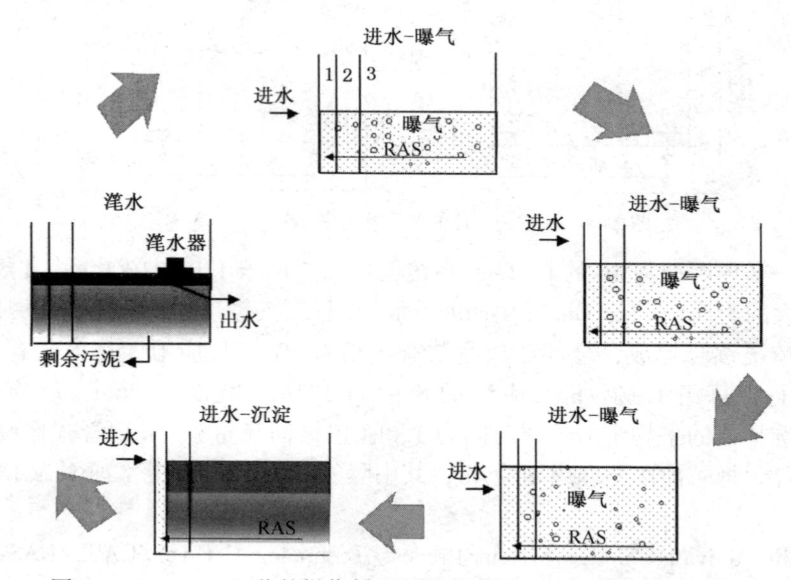

图3-4-8　CASS工艺的操作循环过程示意图(RAS=回流活性污泥)

CASS生物选择器和缺氧区的设置以及污泥回流措施，保证了活性污泥不断地在生物选择器中经历一个高絮体负荷(S_0/X_0)阶段，从而有利于系统中絮凝性细菌的生长，进一步有效抑制丝状菌的生长和繁殖，并可以起到控制污泥膨胀、增强有机物去除率和脱氮除磷的作用。系统以推流方式运行，而各反应区则以完全混合方式运行，以实现同步碳化和硝化/反硝化(脱氮除磷)功能，其本质与A^2/O工艺类似。CASS工艺与ICEAS工艺的主要区别是污泥负荷不同：ICEAS工艺属于周期循环延时曝气范畴，污泥负荷通常控制在0.04~0.05 kg BOD_5/(kg MLSS·d)之间，但以此负荷进行设计，其工程投资与其他生化处理方法相比几乎没有优势；CASS 工艺的污泥负荷为 0.1~0.2kg BOD_5/(kg MLSS·d)或再高一些，仍能达到与 ICEAS 工艺相当的去除效果，而且有利于形成絮凝性能好的污泥。污泥负荷的提高使 CASS 工艺的投资比 ICEAS 节省 25%以上。

(4) UNITANK 工艺

20 世纪 90 年代，比利时西格斯工程公司(Seghers Engineering NV，现属于 Képpel Seghers 集团)开发了 UNITANK 工艺，该工艺是在欧洲注册的工艺名称，而在美国、加拿大等国类似的改进工艺被称为 MSBR/CSBR 工艺。2003 年，Keppel Seghers 集团又推出了第三代 UNITANK 系统(Advanced UNITANK)。UNITANK 系统的主体是一个被间隔成数个单元的矩形反应池，池与池之间水力连通，每个池都设有独立的曝气系统，可以采用鼓风曝气或表面曝气。如图 3-4-9 所示，典型的是三格矩形反应池，外侧两个矩形反应池的容积较大，设有固定出水堰及剩余污泥排放口，两池交替作为曝气池和沉淀池，污水可以交替进入三池中任意一个；中间一个矩形反应池只作为曝气池。通过程序调节污水可以进入三个矩形反应池中的任意一个，采用连续进水，周期交替运行。在自动控制下使各矩形反应池处于好氧、缺氧及厌氧状态，以完成有机物和氮、磷的去除。

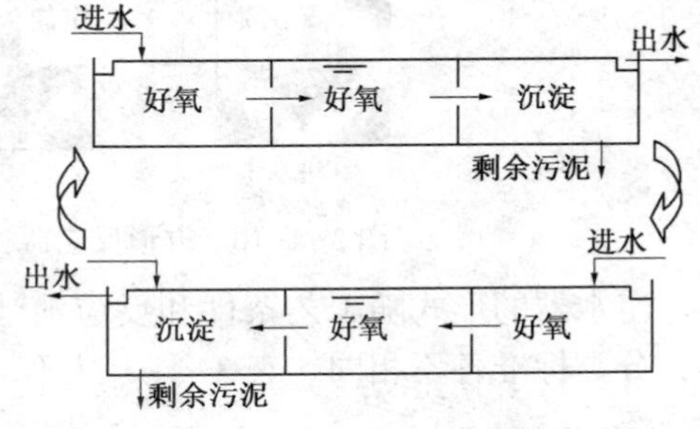

图 3-4-9　UNITANK 工艺主体反应池示意图

与普通活性污泥法相比，UNITANK 工艺不需要另设二次沉淀池、混合液回流及污泥回流设备；一般情况下也可不设调节池，初沉池是否设置可根据具体情况而定。该系统在恒定水位下交替运行，出水采用固定堰而非滗水器。在任一时刻总有一个矩形反应池作为沉淀池，该沉淀池相当于平流式沉淀池，故在设计上需要满足功能要求。UNITANK 工艺集合了 SBR 和传统活性污泥法的优点，已成为一种高效、经济、自动化程度高的污水处理工艺。自 UNITANK 工艺成功应用于澳门凼仔污水处理厂后，国内也曾经掀起了一股 UNITANK 工艺热潮，上海和广州分别建有规模为 40 和 22 万 m^3/d 的污水处理厂。

UNITANK 工艺的最根本问题是由于中池和边池的地位不一致，致使边池总有一段时间兼作沉淀池，而中池总是作为曝气池，造成边池污泥浓度远远高于中池。因此 UNITANK 工艺的发明人在离开 Képpel Seghers 公司之后，提出了变形工艺——LUCAS 工艺(意指 Leuven University Cyclic Activated Sludge system 和 Low-cost Unobtrusive Compact Advanced Sustainable)。如图 3-4-10 所示，LUCAS 工艺最为显著的特点是 4 个反应池(也可以采用 2 个或 3 个反应池)的作用完全对等，采用轮换方式作为曝气池和沉淀池。此外，4 个反应池串联运行，使得污水的流态接近推流式。

二、滗水器的分类与结构

滗水器(Water decanter，或称撇水机、滗析器、移动式出水堰)是常规 SBR 及其变型工艺中最常用的关键设备，用于在沉淀阶段结束后，将与活性污泥分离开来的上清液排除，而表面浮渣被有效地截留在反应池内。滗水器的主要功能应满足：①追随水位连续排水，为取得分离后澄清的上清液，集水部分应靠近水面，在排出上清液的同时能随反应池水位的变化而变化，具有连续排水的能力；②定量排水，运作时既能不扰动沉淀的污泥，又能不带出池中的浮渣，按规定的流量排放；③有高可靠性，滗水器在排水或停止排水的运行中，有序的动作应正确平稳、安全可靠、耗能小、使用寿命长。

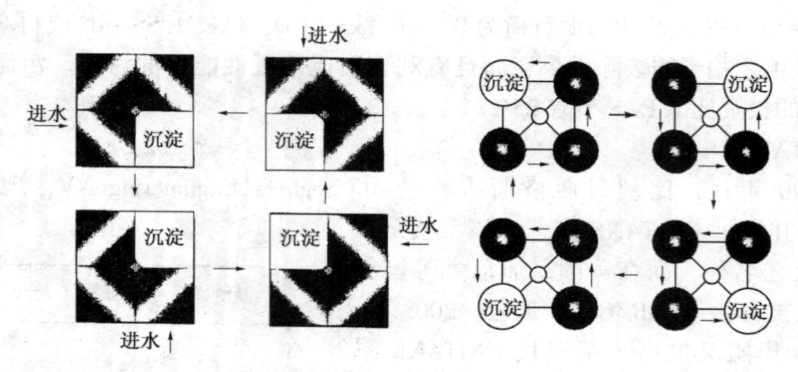

图 3-4-10　方形反应器和圆形反应器的 LUCAS 工艺运行模式

滗水器的形式随工艺条件和反应池池形的不同而有所不同，目前在用滗水器的形式多样，分类标准各不相同。表 3-4-1 从不同的角度对滗水器进行了归纳分类，下面予以代表性介绍。

表 3-4-1　滗水器的结构分类

<table>
<tr><th>形式</th><th colspan="4">分　类</th><th>说　明</th></tr>
<tr><td rowspan="5">固定式</td><td rowspan="5">按排水方式分</td><td colspan="3">虹吸式</td><td>靠虹吸原理完成排水工作</td></tr>
<tr><td rowspan="4">重力流式</td><td rowspan="3">固定管式</td><td>单层</td><td rowspan="3">靠固定的穿孔管集水，由阀门控制排水</td></tr>
<tr><td>双层</td></tr>
<tr><td>多层</td></tr>
<tr><td colspan="2">短管式</td><td>靠喇叭管集水，由阀门控制排水</td></tr>
<tr><td rowspan="13">升降式</td><td rowspan="3">按集水方式分</td><td rowspan="2">堰槽式</td><td colspan="2">圆形堰</td><td>堰槽为环形状，堰式进流</td></tr>
<tr><td colspan="2">多面矩形堰</td><td>堰槽 2 面、3 面或 4 面开口，堰式进流</td></tr>
<tr><td colspan="3">堰门式</td><td>类似给排水工程中的堰门，靠门板的上下移动，完成闲置与滗水</td></tr>
<tr><td rowspan="3">按排水管性质分</td><td>柔性管</td><td colspan="2">波纹管</td><td>以柔性管的可变性，作为追随水位变化的主要方法</td></tr>
<tr><td rowspan="2">刚性管</td><td colspan="2">可伸缩套筒</td><td>以可伸缩的套筒作为追随水位变化的方法</td></tr>
<tr><td colspan="2">旋臂直管</td><td>以刚性直管的转动作为追随水位变化的主要方法</td></tr>
<tr><td rowspan="4">按追随水位变化的力分</td><td rowspan="2">浮筒力</td><td rowspan="2">变浮力</td><td>注气</td><td>给浮筒注气并排出浮筒内的水，使集水管上浮，完成闲置；反之则完成滗水</td></tr>
<tr><td>压筒</td><td>将浮筒下压，使集水口抬高，闲置；反之则滗水</td></tr>
<tr><td rowspan="2">机械力</td><td colspan="2">螺杆传动</td><td>以螺杆的动作，完成闲置和滗水动作</td></tr>
<tr><td colspan="2">钢索传动</td><td>以钢索牵引，使集水口抬出水面而闲置；重力下放滗水</td></tr>
<tr><td rowspan="3">按自动化程度分</td><td colspan="3">手动</td><td>定期、定时以手动操作使之滗水或闲置</td></tr>
<tr><td colspan="3">半自动</td><td>以水位和时间作为条件，连续控制滗水或闲置</td></tr>
<tr><td colspan="3">全自动</td><td>对水质、水位进行连续监测与控制，实施周期性滗水或闲置</td></tr>
</table>

1. 固定式滗水器

固定式滗水器一般都由固定不变的排水管组成，不随水位的变化而运动，因此仅适用于不追随水位变化的场合，具体包括固定管式、虹吸式滗水器等结构形式。

(1) 固定管式滗水器

也称为固定深度滗水器(Fixed-depth decanter)。单层固定管式滗水器如图 3-4-11(a)所示，没有集水管，直接由池壁伸出排水管，靠手动阀的启闭进行操作，一般作为事故时的备用。双层固定管式滗水器如图 3-4-11(b)所示，利用手动阀或电磁阀完成滗水工作，由于曝气时管内会流入污水，所以滗水时必须先排污水，在集水口需考虑防止浮渣进入。

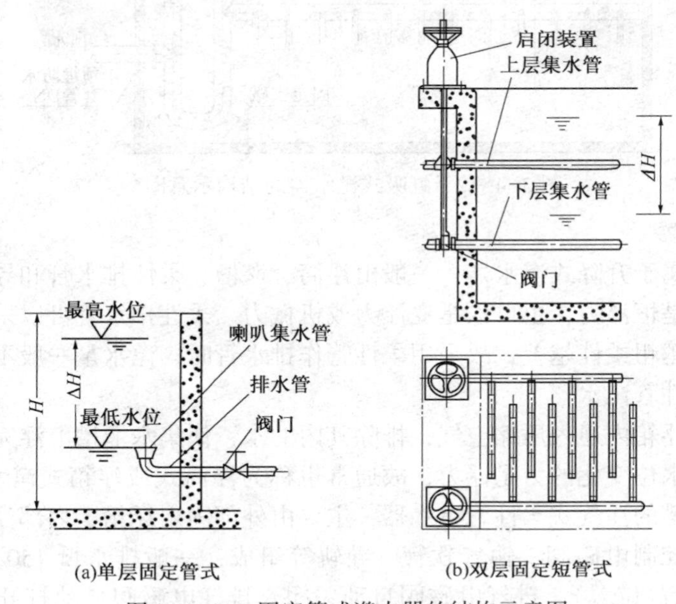

图 3-4-11　固定管式滗水器的结构示意图

（2）虹吸式滗水器

虹吸式滗水器的结构简单，操作控制方便，无运动部件，控制阀门仅是一个小口径的真空破坏阀(一般采用 DN50)，因此尽管存在占据曝气池容积较大、安装后难以调整位置等缺点，但应用仍然较为普遍。常用气锁式虹吸(Gas-locked siphon，GLS)滗水器的滗水深度为 0.5~1.0m，滗水负荷为 1.5~2.0 L/(m·s)，如图 3-4-12 所示，该滗水器主要由滗水短管(也称吸水竖管)、排水支管、排水总管(也称水平堰臂)、U 形管、进/排气电磁阀等组成。吸水竖管上端与排水支管连接，吸口向下且直径应大于 ϕ80mm，每 1~1.2m^2 均匀布置一吸口；吸口末端可在其内液面上升高度 h 的基础上，增加 10cm 左右的余量，应尽量减少进口流速使排水均匀，防止搅动沉泥。每一排水支管设置吸水竖管数不多于 6~8 个，每一排水总管布置 8~12 根排水支管。U 形管中部分充满水以形成水封，U 形管最低部位一般低于最低水位 10cm，其一侧与低于反应池最低水位的出水管相连以排出上清液，在与出水管连接侧的上端还设有溢流管；在另一侧与排水总管连接的端口设有进/排气电磁阀与大气相通，利用阀门的启闭以形成或破坏虹吸状态。在进水、曝气阶段，进/排气电磁阀关闭，反应器中的水位不断上升，此时空气被阻留在滗水器管路中，短管中的空气被水头压向上方。由于 U 形存水弯的存在，空气的压力被 U 形存水弯内造成的水位差所平衡，只能滞留在管路中，气阻使反应器中的水不能流出。为防止由于反应器内静水压过高，破坏上述平衡而使污水溢流出反应器，设置最高滗水液位(TWL)开关，并在此时将进水阀门关闭。曝气反应及沉淀阶段结束后，打开进/排气电磁阀，放出部分被封的空气，滗水阶段开始，上清液在静水压头的作用下开始出流；当水位降到与排水总管平齐时，关闭进/排气电磁阀，此时出水流进入虹吸状态。当液位降至最低滗水液位(BWL)开关位置处时，打开进/排气电磁阀，随着空气的进入，虹吸被破坏，停止排水；当排水完全停止后，进/排气电磁阀再次关闭，形成气锁，并开始新一轮的进水、曝气循环。

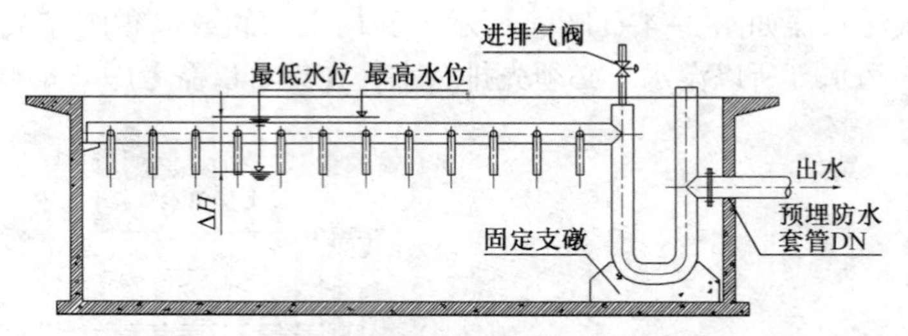

图 3-4-12　虹吸式滗水器的结构示意图

2. 柔性管滗水器

柔性管滗水器属于升降式滗水器，一般由浮筒、堰槽、柔性排水管和导轨等组成，追随水位变化的力可以是恒浮力，也可以是变浮力或机械力。柔性排水管可以采用橡胶软管或波纹管，考虑到管子越粗柔性越差，故采用柔性管作排水管时，滗水量一般不宜过大。

（1）注气式柔性管滗水器

依靠给浮筒或浮箱内通入压缩空气，排除其内的水，使集水堰槽上浮完成闲置；反之进行滗水。由于追随水位变化的力是浮力，故通常也称为浮筒式或浮箱式滗水器。图 3-4-13 为采用不同集水堰槽的注气式柔性管滗水器，主要由外部固定浮箱、内部注气浮箱、柔性伸缩管、排水弯管、控制电磁阀、输气软管、导轨等组成，一般排水量 150～200m^3/h。需排水时(水位一般在最高位置)，进气电磁阀自动关闭，排气电磁阀自动打开，注气浮箱内的空气排出，浮箱下沉淹没进水口，开始排水。排水经注气浮箱中心管进入柔性伸缩管及排水

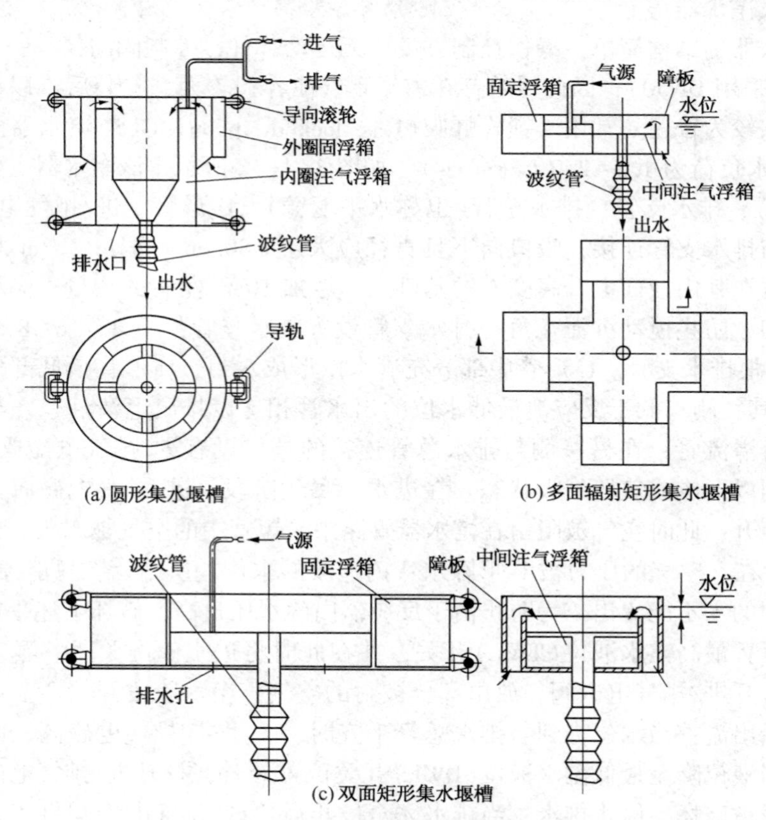

图 3-4-13　注气式柔性管滗水器的结构示意图

弯管排出池外，注气浮箱随水位下降而下降，柔性伸缩管相应逐渐压缩。当下降至最低水位时，水位讯号器发出讯号，排气电磁阀自动关闭，进气电磁阀自动打开，向注气浮箱内通入压缩空气，排除其内的水而使之上浮，集水堰槽进水口离开水面，停止排水，多余空气自排气管排出。注气浮箱随池内水位上升而上升，直至最高位置，进入下一循环。滗水器操作所用的压缩空气，可自曝气池空气干管上直接引接，不必另备气源。

（2）钢索式柔性管滗水器

如图 3-4-14 所示，其滗水靠自重与钢丝绳控制下降速度进行，到设定最低水位时停止下降。回位靠钢丝绳牵引。

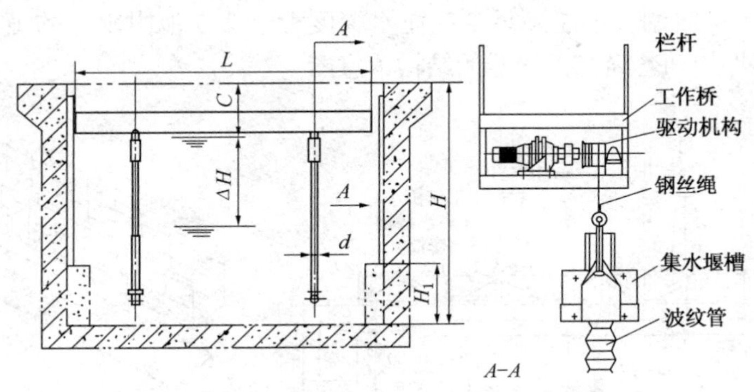

图 3-4-14　钢索式柔性管滗水器的结构示意图

（3）可调节柔性管式滗水器

该滗水器的最大结构特点是，通过高强度橡胶管或柔性波纹管将 T 形排水系统与集水系统相连。集水系统由浮筒及进水头组成，后者由气缸、闸门、曲轴等组成。由于浮筒的浮力，使进水头可随水面的变化而变化，并保证水面上的浮渣不会进入排水管内。开始排水时，通入压缩空气至气缸，使气动活塞带动曲轴打开闸门，进水头开始集水；停止排水时，只需将输气软管中的空气排出，通过曲轴将闸门关闭；滗水器不工作时，闸门处在常闭状态。KBS 型可调节柔性管式滗水器的结构如图 3-4-15 所示。

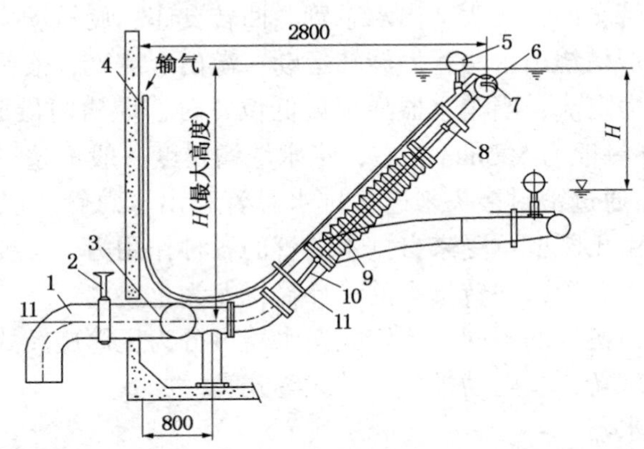

图 3-4-15　KBS 型可调柔性管式滗水器的结构示意图

1—出水弯管；2—闸门安装与自定位；3—T 形管；4—气管；5—浮筒；6—浮动进水头；
7—闸门；8—导杆；9—波纹管；10—支撑杆；11—限位板

3. 套筒式滗水器

套筒式滗水器属于升降式滗水器中的刚性管滗水器，其总体结构由可升降的集水堰槽和可伸缩的套筒等部件组成，按照传动方式有丝杠式和钢丝绳式两种。前者在一个固定的平台上通过电动机带动丝杠螺母机构，螺母旋转而丝杠往复直线运动，进而带动集水堰槽上下运动；后者通过电动机带动滚筒上的钢丝绳，进而带动集水堰槽上下运动。集水堰槽的下端固定连接有若干条一定长度的直管，直管套在带有橡胶密封的套筒上，套筒末端固定在反应池底的穿墙出水管上。上清液由集水堰槽流入，经套筒导入出水管后，排出反应池。在堰口上有一个拦浮渣和泡沫用的浮箱，采用剪刀式铰链和堰口连接，以适应堰口淹没深度的微小变化。

套筒式滗水器的滗水高度0.8~1.2m、滗水负荷10~12L/(m·s)，缺点是滗水深度受外套管容纳内套筒长度的限制，不能满足某些滗水深度大于2/5池内水深的工艺要求。图3-4-16为双吊点丝杠螺母传动套筒式滗水器的结构示意图。

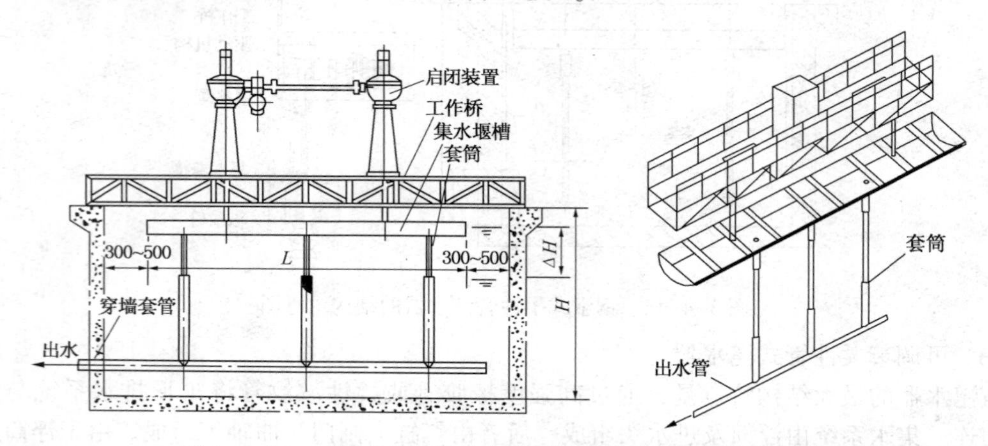

图3-4-16 双吊点丝杠螺母传动套筒式滗水器的结构示意图

4. *旋转式滗水器*

旋转式滗水器或悬臂直管式滗水器属于升降式滗水器中的刚性管滗水器，目前在较大规模SBR水处理工程中应用较为广泛，其滗水深度一般可至3m左右。主要由集水管或集水堰槽、排水支管、排水总管、回转接头、出水总管、回转支座、旋转动力机构、控制系统等组成。工作过程中，集水堰槽绕出水总管做旋转运动，滗出上清液，液位也随之同步下降。旋转式滗水器一般采用重力自流，当滗水器降至最低位置时，堰槽内最低水位与池外水位(或出水总管中心)之差ΔH一般为500mm左右，集水堰槽长度一般不超过20m，滗水深度不宜小于1m。旋转式滗水器通过密封接头来连接排水总管和出水总管，以保证集水堰槽的上下运动并实现可靠排水，由于既要承受来自排水总管的各种作用力，又要能够在各个角度下可靠地连接排水总管和出水总管，回转接头的设计显得尤为重要。

根据所采用旋转动力机构的不同，旋转式滗水器可分为压筒旋转式、注气旋转式、绳索牵引旋转式、螺杆传动旋转式、电动推杆旋转式等几类。

(1) 压筒旋转式滗水器

如图3-4-17(a)所示，该滗水器主要由浮筒(或浮箱)、滗水堰槽(或集水管)、排水支管、排水总管、回转接头、回转支座、气缸等组成。工作过程中靠浮筒的浮力追随水位的变化，排水支管与排水总管固定联接在一起，都可绕回转接头转动。当需要停止滗水时，由气源供气，气缸内的推杆前伸，将浮筒(或浮箱)下压而抬高集水管口，从而使滗水器处于闲置状态；当需要滗水时，气源向气缸另一端供气，气缸内的推杆后缩，浮筒(或浮箱)处于上浮状态。集水管排气，使池内的上清液源源流入集水管，经排水支管和排水总管顺利排出，从而完成滗水动作。

(2) 注气旋转式滗水器

如图 3-4-17(b)所示，该滗水器滗水时，使浮箱泄气进水，从而使集水管下沉，排出一定的气体后开始滗水，直到滗水结束；启动空压机，使浮箱内进气，置换排出浮箱内的水，浮力增加将集水管抬起而高出水面，停止滗水，滗水器处于闲置等待状态；池内水位升高时，浮箱带动集水管一起上浮，直到下一个循环。由于滗水过程中不同角度的重力不同，故应允许流量稍有变化。若要实现恒流量，在设计时保证浮力的应变是关键，必须使浮力的应变量应始终等于重力的增加量。

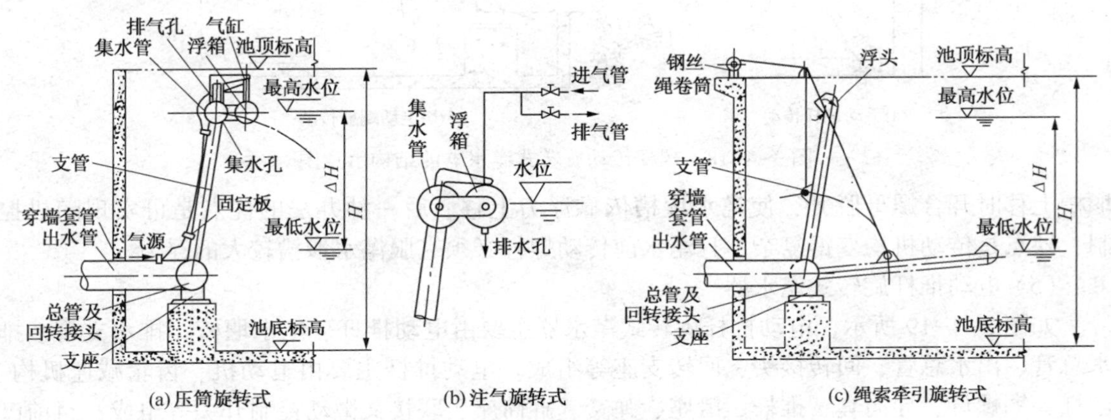

图 3-4-17　旋转式滗水器的结构示意图

(3) 绳索牵引旋转式滗水器

如图 3-4-17(c)所示，绳索牵引旋转式滗水器主要由电动机+减速器、钢丝绳卷筒、滗水堰槽(或集水管)排水支管、排水总管、出水总管、回转接头、回转支座等组成。闲置时，由钢丝绳卷筒将集水管吊离水面。滗水时，钢丝绳卷筒放松，由于相对于排水总管及回转接头中心的重力力矩大于浮力和各部摩擦力产生的力矩之和，因此集水管降至水面开始排水。

(4) 螺杆传动旋转式滗水器

如图 3-4-18 所示，螺杆传动旋转式滗水器主要由滗水堰槽、排水支管、排水总管、出水总管、回转接头、回转支座、导轨与支杆、连杆及丝杠螺母传动副等组成，丝杠下端适当部位或螺母与连杆之间以铰链转动副联接。从机构运动学的角度来看，实际上相当于搭建了一个曲柄滑块机构。早期多采用手动传动，目前多采用电动机+减速器驱动。当需要排水时，控制元件给出信号，电动机+减速器带动螺母或丝杠原位旋转，则丝杠或螺母匀速下降，驱使连杆按照一定的轨迹作平面运动，推动固定联接的排水支管和排水总管一起，绕着排水总管中心线作定轴变角速度旋转运动。可以通过合理设计搭配结构尺寸参数，使滗水堰槽按设定速度等速下移，完全均量滗水，池面液位相应随滗水堰槽同步下降。可由液位控制仪给出最低极限信号，当滗水结束后，电动机+减速器带动螺母或丝杠原位反向旋转，则丝杠或螺母均速上升，通过连杆最终牵引集水堰槽旋转上移，快速回程到预定位置，超出高水位的最高点后停在待机位置闲置，等待下一个循环，如此周而复始。

在反应池进水水位的上升速度大于滗水堰槽的上升速度时，一种办法可以考虑将常规恒速电机改为变频电机，使滗水堰槽的复位速度加快；另外一种办法是采用开合螺母，当滗水

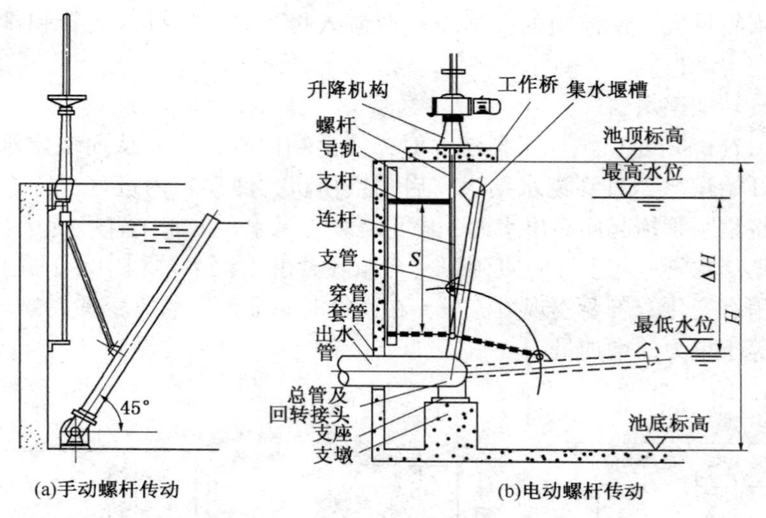

图 3-4-18　螺杆传动旋转式滗水器的结构示意图

堰槽上移时开合螺母脱开，使滗水堰槽依靠浮力上移。后一种办法的优点是可实现随机控制，缺点是传动机构变得复杂，且滗水前传动螺杆必须克服滗水堰槽较大的浮力。

（5）电动推杆旋转式滗水器

如图 3-4-19 所示，电动推杆旋转式滗水器主要由电动推杆、滗水堰槽、排水支管、排水总管、出水总管、回转接头、回转支座等组成。电动推杆主要由电动机、齿轮减速机构、丝杠、铜螺母、导向套、推杆、滑座、弹簧、缸筒座、联接叉微动控制开关等组成，目前已经成为一种标准部件，结构紧凑、一体化程度较高。电动机通过一级或二级齿轮减速后，带动丝杠螺母传动副，最终把电动机输出轴的旋转运动变为推杆的直线运动，利用电动机的正反转实现推杆的往复直线动作，而且输出推拉力基本相等。

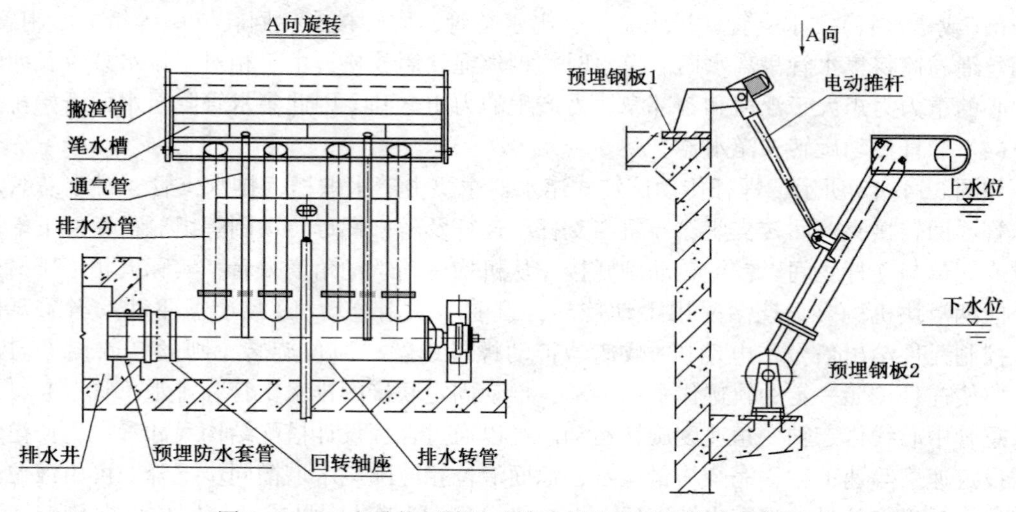

图 3-4-19　电动推杆旋转式滗水器的结构与外形示意图

电动推杆旋转式滗水器是将整个电动推杆通过铰链转动副安装在池体或机架上，使之能够整体发生小弧度的定轴摇动，同时将推杆的工作前端与排水支管区域某处以铰链转动副联接。从机构运动学的角度来看，实际上相当于搭建了一个曲柄摇块机构。工作过程中，由推杆的往复直线运动和整个电动推杆的定轴摇动复合叠加成一个较为复杂的平面运动，最终推动排水支管围绕排水总管中心线作变速圆弧旋转运动，进而实现与螺杆传动式滗水器相同的功能。

PS-1型电动推杆旋转式滗水器的规格参数如表3-4-2所示。控制柜由可编程控制器(PLC)等元器件构成，可以同时控制滗水、曝气、清除污泥、预警事故等动作，实现自动化运行。

表3-4-2 PS-1型电动推杆旋转式滗水器的规格参数列表

参数＼型号	PS80A/B	PS120A/B	PS200A/B	PS300A/B	PS450A/B	PS600A/B	PS800A/B	PS1000A/B
最大滗水行程/mm	2000	2000	2000	2000	2000	2500	2500	2500
推荐滗水行程/mm	1500~1800	1500~1800	1500~1800	1500~1800	1500~1800	1600~2200	1600~2200	1600~2200
滗水堰槽宽度/mm	1000	1500	2000	2500	3000	3500	4000	5000
排水支管管径×数量	DN150×1	DN200×1	DN200×1	DN200×1	DN200×2	DN200×2	DN200×3	DN2000×4
滗水量/(m^3/h)	80	120	200	300	450	600	800	1000
单程滗水时间/h	≥0.5	≥0.5	≥0.5	≥0.5	≥0.5	≥0.5	≥0.5	≥0.5
电机功率/kW	0.37	0.37	0.37	0.37	0.37	0.55	0.75	1.1

注：A型机全部采用不锈钢制造，B型机全部采用碳钢制造。

5. 堰门式滗水器

堰门式滗水器(也称电动旋转可调堰门、旋转式调节堰门、可调式出水堰)，采用门板绕铰接座转动而改变堰口高度，用来配水、排水及控制水位的高低，进而达到调节水位、水量的目的。在氧化沟工艺中可与转刷(碟)曝气设备配套使用。

普通堰门式滗水器与堰门相同，只是比普通堰门多一挡渣板，其滗水深度有一定的局限性。图3-4-20为电动旋转可调堰门的结构示意图，调节螺杆在电动执行机构的旋转带动下作上下垂直运动，连杆的二端呈铰支式，堰门体底部为旋转轴支承，在螺杆及连杆的带动下堰门体围绕底部销轴作定轴旋转运动，堰门达到的不同角度可以控制水位的不同。驱动部分采用设有电动、手动两种形式的阀门电动机构，电动机构内设有行程控制及过力矩保护；螺杆采用T形螺纹；堰门体与堰门支架之间、堰门板与侧板之间均设有橡胶密封板，橡胶密封板材料采用丁腈橡胶。

三、螺杆传动旋转式滗水器的设计

设计滗水器时应兼顾以下因素：①为保证出水水质和单位时间的流量，应根据工艺要求确定合理的滗水范围(或滗水深度)、滗水速度和滗水时间；②由于排水管道通常是空管，进水时会发生气阻，设计中排水管道采用满流或接近满流排水时，应采取必要的排气措施；③对介于气、液二相之间的滗水部件应考虑材料的适应性；④当对滗水速度有较高要求时，可优先考虑机械与动力配合；⑤当滗水器在曝气阶段有污水进入时，在操作过程中应考虑滗水前将污水排出；⑥设计时应着重考虑浮力与重力之间的平衡问题，进而使所耗用的功率最小；⑦依靠恒定浮力作用的滗水器，滗水时的浮力应始终大于重力，并有足够的裕度，避免在滗水过程中发生下沉现象；⑧在考虑滗水堰槽或集水管的结构形式时，应注重浮渣挡板的设计，避免浮渣进入。

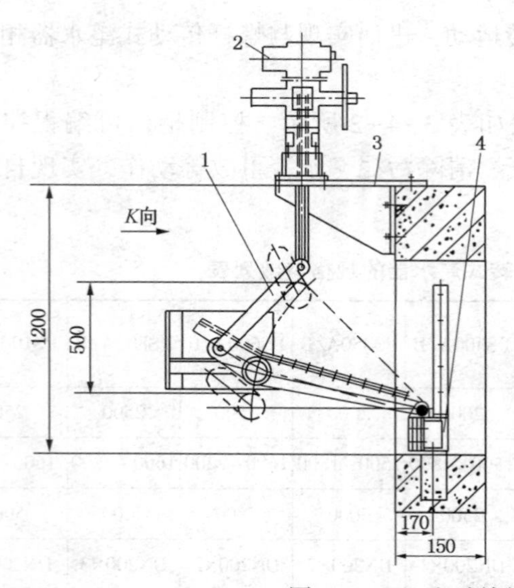

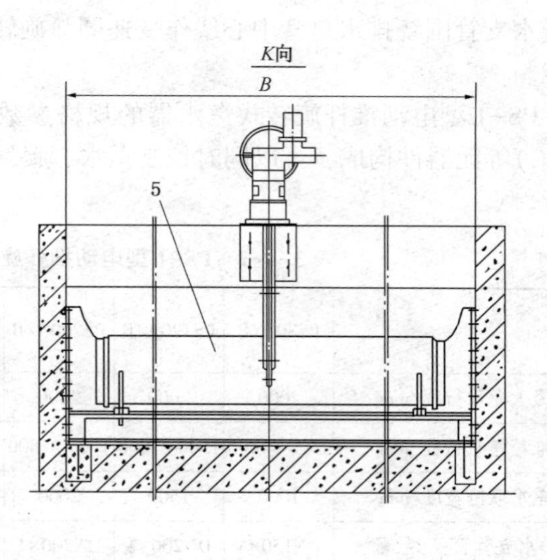

图 3-4-20　电动旋转可调堰门的结构示意图

1—连杆升降机构；2—驱动部分；3—支架；4—底座；5—堰门

1. 适用条件

当传动螺杆以定速驱动滗水堰槽下降时，堰槽口的运行轨迹为圆周运动，随着下降过程中角度的变化，其圆周切向速度为匀速，而水平运行分速度与垂直下行分速度则是一组变量，且越接近水平位置时水平运行分速度越慢而垂直下行分速度越快。由于越接近滗水的最低水位，也就越接近于池底部的活性污泥区，因而此时按工艺设计要求滗水速度应以缓慢为宜，否则会将池底的沉淀污泥翻起与上清液一并排除，使出水水质受到严重破坏，故保证垂直下行分速度为匀速十分重要。

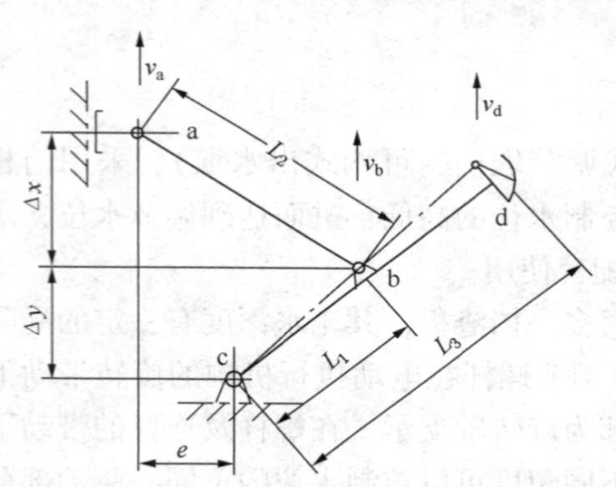

图 3-4-21　螺杆传动旋转式滗水器的结构简图

根据图 3-4-21 所示，当 $e=0$、$L_1=L_2$ 时，可以导出 $\Delta x=\Delta y$。若记 a 点上升速度（螺杆移动速度）为 v_a、b 点上升速度为 v_b，则在 Δt 时间内有

$$v_a = \frac{\Delta x + \Delta y}{\Delta t} = 2v_b \tag{3-4-1}$$

要使滗水堰口等速率运行，当 $\Delta x=\Delta y$ 时，d 点上升速度 v_d 必须有

$$v_d = v_b L_3/L_1 = 0.5 v_a L_3/L_1 \tag{3-4-2}$$

2. 结构尺寸计算

(1) 滗水堰槽堰长 L 的计算

在恒定位移条件下，要使整个滗水过程状态稳定，最好是在滗水堰槽和排水支管之间添加旋转接头，但这种方法较为复杂。为防止滗水时浮渣影响水质，一般可采用图 3-4-22(a)所示固定钢板作为内外浮渣挡板的形式，也可以采用如图 3-4-22(b)所示以浮箱作为挡渣板的形式。前一种形式的滗水堰槽由内侧浮渣挡板、外侧浮渣挡板、滗水堰口和侧挡渣板等组成，上清液从内侧浮渣挡板与滗水堰口之间进入，经滗水堰口流入排水支管，液面上的浮渣始终被浮渣挡板隔开。SBR 反应池中曝气沉淀后的水面浮渣一般厚约 50mm，设计时考虑

内侧浮渣挡板上端在最高水位时高于水面100mm，下端在最低水位时低于水面120mm，外侧浮渣挡板在最低水位时高于水面100mm即可。

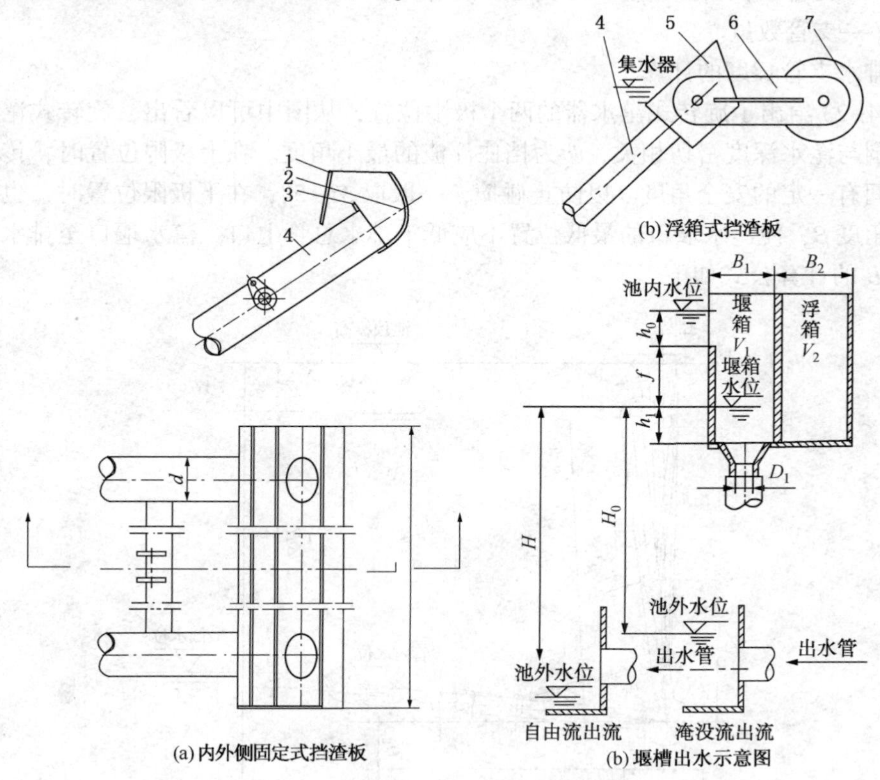

图 3-4-22　堰口挡渣板的结构示意图

1—内侧挡渣板；2—外侧挡渣板；3—滗水堰口；4—排水支管；5—滗水堰槽；6—挡渣连杆；7—挡渣浮箱

滗水堰槽的堰长 L 可按通用矩形平堰公式计算

$$L=\frac{Q}{\mu_1 h_0\sqrt{2gh_0}}\quad(\mathrm{m})\tag{3-4-3}$$

式中　μ_1——矩形薄壁堰流量系数，可由 T. Rehbock 公式求出；

h_0——滗水堰口水位高度(又称壅水高度)，如图 3-4-22(c)。

也可采用简化公式计算

$$L=Q/3.6\mu\quad(\mathrm{m})\tag{3-4-4}$$

式中　Q——单台滗水器流量，$\mathrm{m^3/h}$；

μ——滗水堰口的堰流负荷，一般为 20~40L/(m·s)。

（2）排水总管管径 D 的计算

$$D=kQ^{0.5}g^{-0.25}H^{-0.25}\quad(\mathrm{m})\tag{3-4-5}$$

式中　H——当滗水器降至最低位置时，滗水堰槽内最低水位与池外水位(或出水口中心)差，取小值；

k——流速系数，与重力加速度及流量系数有关，与 H 成反比，一般为 1.06~1.42。

（3）排水支管直径 d 的计算

排水支管面积和排水总管面积相等时，会造成阻流现象，故应考虑一定的安全系数，排水支管直径 d 的计算公式

$$d = k_1 n^{-0.5} D \quad (\text{m}) \tag{3-4-6}$$

式中 k_1——支管面积安全裕度，与支管长度有关(一般为1.05~1.1)；

n——支管数量。

(4) 排水支管长度的计算

图3-4-23给出了旋转式滗水器的两个极限位置，从图中可以看出，旋转式滗水器的有效转动范围与滗水深度密切相关，ψ为挡住浮渣的最小角度。在上极限位置时，传动螺杆与集水槽之间有一定的安全角度θ以防止碰撞，一般取3°~5°；在下极限位置时，也宜设计一定的起始角度β，使滗水堰口的最低位置不应低于排水总管上口。滗水堰口至排水总管中心轴线长度B的计算公式如下

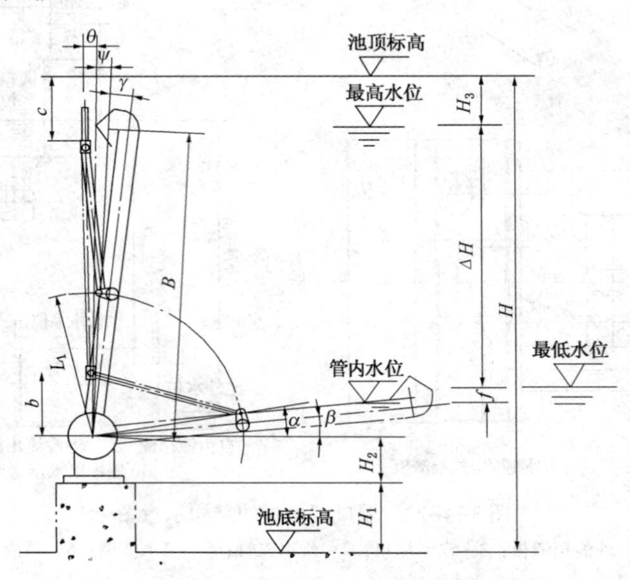

图3-4-23 螺杆传动旋转式滗水器的极限位置示意图

$$B = \frac{\Delta H}{\cos(\theta + \psi) - \sin(\beta + \gamma)} \quad (\text{m}) \tag{3-4-7}$$

式中 ΔH——滗水深度，m(采用旋转式滗水器一般最小滗水深度不宜小于1m)；

$\theta+\psi$——滗水堰口上极限角，(°)；

$\beta+\gamma$——滗水堰口下极限角，(°)。

计算得到滗水堰口至排水总管中心轴线长度B后，就大致可以确定排水支管的长度。一般而言，曲柄滑块机构中连杆的长度L_1与滑块上所受的作用力成反比，即L_1值越大，滑块上所受的作用力越小；L_1值越小，各杆件受力越大，因此L_1宜取0.3~0.5B。当L_1>0.5B时也不宜超出图3-4-23中c值的范围(约400mm)，否则需要相对抬高操作平台的高度。

(5) 流量、滗水时间与滗水速度的计算

为保证整个工艺的连续出水，单个反应池中滗水器的台数、单台流量和滗水时间应根据工艺要求确定，滗水时间一般为1h左右。若滗水过程在沉淀过程之后，则滗水时间应尽量缩短；若滗水过程穿插在沉淀过程之中，则滗水时间不能小于沉淀时间。单台滗水器流量Q、滗水时间T、滗水深度ΔH三者之间的关系为

$$T = \frac{A\Delta H}{Qn'}, \quad v' = \frac{\Delta H}{T} \tag{3-4-8}$$

式中 Q——单台滗水器的流量，m^3/h；

n'——单个反应池中滗水器的数量；

A——单个反应池的面积，m^2；

v'——单个反应池的水位下降速度，m/h；

T——单个反应池的滗水时间，h。

单个反应池中多台滗水器滗水堰槽的垂直下降速度(滗水速度)按下式计算

$$v_d = \frac{Qn'}{A} \tag{3-4-9}$$

3. 各构件的受力分析计算

(1) 传动螺杆作用力的计算

计算传动螺杆作用力前应先计算浮力，浮力的计算可分作两步考虑：①滗水前，浮力等于支管的有效容积加上集水槽的有效容积；②滗水时，浮力等于滗水前的浮力减去滗水时滗水器中所增加的水重。如图 3-4-24 所示，根据理论力学中力的平衡原理，可分别求得滗水前后传动螺杆拉动时最大作用力 F_a 和螺杆压动时最大作用力 F_a'的表达式如下

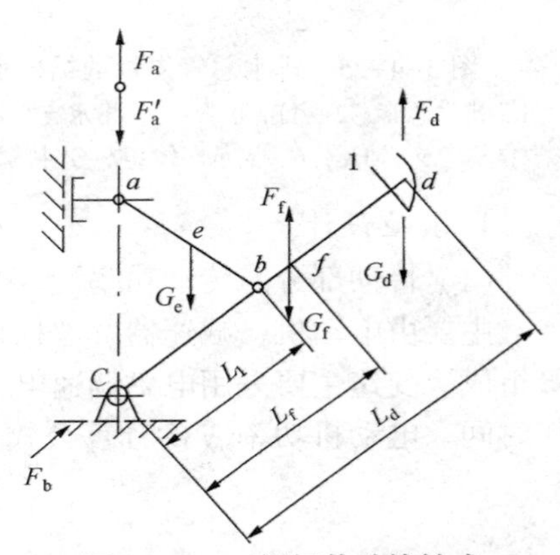

图 3-4-24 螺杆传动旋转式滗水器的受力情况示意图

$$F_a = F_M + \frac{G_eL_1 + 2G_dL_d + 2G_fL_f + M}{4L_1} \quad (N) \tag{3-4-10}$$

$$F_a' = F_M + \frac{(F_d - G_d)L_d + (F_f - G_f)L_f + M}{2L_1} \quad (N) \tag{3-4-11}$$

式中 G_e——连杆组件的重力，N；

G_d——滗水堰槽组件的重力，N；

G_f——排水支管组件的重力，N；

F_d——滗水堰槽组件所受到的浮力，N；

F_f——排水支管组件所受到的浮力，N；

F_M——支杆组件在导轨中往复运动时所产生的摩擦阻力，与加工精度有关；

M——回转接头所产生的摩擦扭矩，N·m，与加工精度、密封材料和回转接头的直径有关。

由上述公式可以看出，在整个工作过程中，传动螺杆的作用力与转动角度无关。螺杆压动时最大作用力 F_a'的计算公式为近似计算式，一般作验算用，当排水支管和滗水堰槽的浮力远大于其重力而致使 F_a'大于 F_a 时，应按 F_a'的大小确定功率和计算构件刚度。

(2) 连杆与支杆的受力计算

连杆承受的力为

$$F' = \frac{F_a}{\sin\alpha} \tag{3-4-12}$$

支杆承受的力

$$F'' = \frac{F_a}{\mathrm{tg}\alpha} \tag{3-4-13}$$

上述公式表明，连杆和支杆的受力随 α 角的变化而不同，设计时应根据 F' 和 F'' 的最大值进行强度校核；刚度校核时，上式 F_a 值应以 F_a' 代入，同样取其最大值。

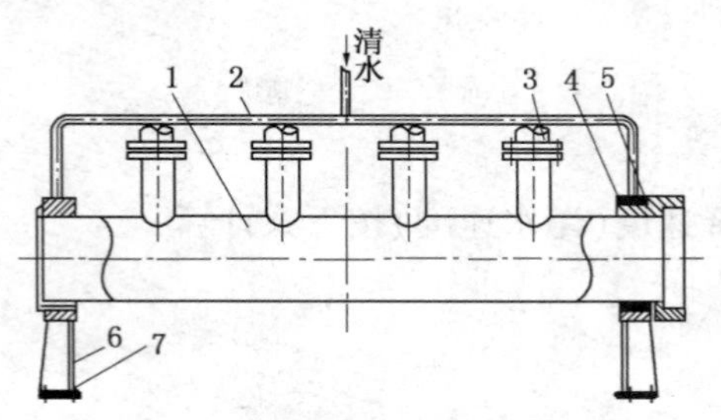

图 3-4-25　排水总管支承的结构示意图

1—排水总管；2—润滑水管；3—排水支管；4—衬套；5—轴瓦；6—支承座体；7—连接螺栓

(3) 排水总管支承的受力计算

如图 3-4-25 所示，排水总管与排水支管之间通常为利用法兰固定联接的分散式结构。排水总管支承置于排水总管的中间部位，结构应为半圆板对夹式。排水总管支承的另一种结构是设置在排水总管两端部位，此时排水总管与排水支管之间可以直接采用焊接连接。排水总管支承的受力计算公式如下

$$F_c = \frac{F_a \cos 2\alpha}{\sin\alpha} \quad (\mathrm{N}) \qquad (3-4-14)$$

4. 其他设计

(1) 传动部分与传动功率

主要由电动机、减速器、丝杠螺母机构、过力矩保护机构、上下行程限位开关(两套)等组成。变速主要采用电磁调速电机或变频调速电机。选用成品电动机时，应考虑其连续工作时间。电动机功率 N 的计算公式如下

$$N = \frac{F_{max}\, v_a}{\eta_n} \quad (\mathrm{kW}) \qquad (3-4-15)$$

式中　η_n——机械传动总效率，$\eta_n = \eta_1\eta_2\eta_3$，其中 η_1 为减速器传动效率、η_2 为轴承传动总效率、η_3 为丝杠螺母机构传动效率；

F_{max}——传动螺杆的最大作用力，在 F_a、F_a' 中选取，kN；

v_a——传动螺杆的移动速度，m/s。

(2) 回转接头

如图 3-4-26 所示，回转接头采用填料加压盖密封，与旋转套筒接头类似。

(3) 导轨与支杆

如图 3-4-27 所示，导轨与支杆采用滚轮摩擦副，导槽内设置耐磨条。也可采用滑块式结构，具体可参照机械设计手册的相关内容。

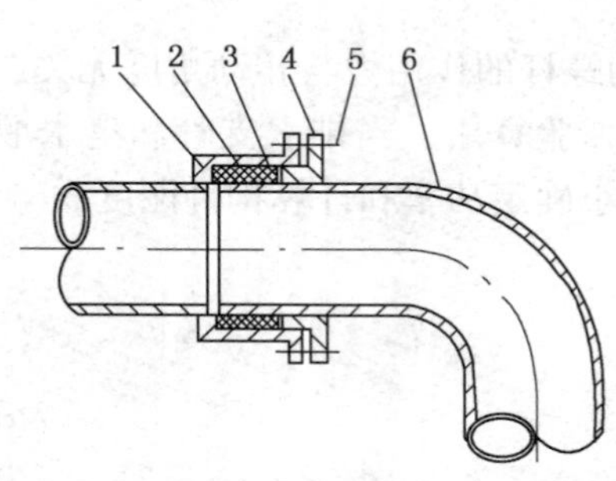

图 3-4-26　旋转接头的结构示意图

1—填料箱；2—填料；3—垫板；4—填料压盖；5—螺栓；6—弯头

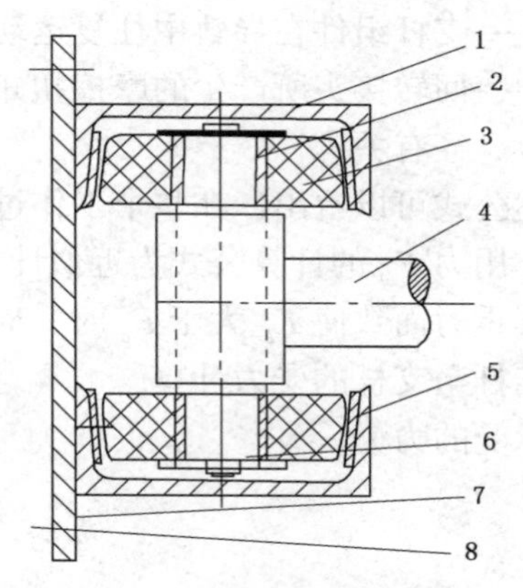

图 3-4-27　滚轮摩擦副的结构示意图

1—导槽；2—衬套；3—滚轮；4—支杆；5—耐磨条；6—销轴；7—连接板；8—连接螺栓

(4) 自动控制

SBR工艺对自动化水平要求较高，一般应设置滗水器专用控制单元。要求控制单元具有自动调整滗水速度、返程速度、停置时间、开车、停车、过载保护等功能，也可根据用户需求留有PLC接口，以具备现场操作与中央控制室联网控制的功能，实现SBR工艺的全程自动化。

一般而言，滗水行程极限信号除由时间继电器、液位计、泥水界面计或OPR测定仪等元件给出外，也可由上下行程限位开关给出，以避免产生故障和造成事故。上下行程限位开关的位置应该可调，以适应不同滗水深度的要求。为使滗水堰口垂直下行的分速度能够始终保持匀速，在设计中可采用将PLC与变频器、变频电机组合的设计方案，通过随机改变电机转速使滗水堰口垂直下行的分速度始终为匀速；同时要求滗完水后滗水器回程的上行速度必须大于反应池进水上升速度，否则未经处理的原水将溢出池外。此外，如果将滗水过程安排在沉淀过程中，首先应该考虑滗水范围(也称滗水区域)的问题，确定滗水堰槽的下移速度。应该结合污泥下沉速度，在确保滗水的同时不影响污泥沉淀，这样才能真正节省循环时间，提高效益。设计时应该根据具体条件和自动化程度，先进行总体设计。

§3.5 好氧生物膜法系列工艺与设备

生物膜法是指使原水流过生长在固定或悬浮载体表面上的生物膜，利用生物氧化作用和各相间的物质交换，降解水中有机污染物的方法。生物膜法可以分为生物滤池、生物转盘、生物接触氧化、流动床生物膜反应器等几大类，大多用于好氧生化处理，也可用于厌氧生化处理。本节侧重于介绍好氧生物膜法，首先可从生物膜的形成、成熟、投用、更新与脱落等几个方面来阐述其共同之处。①生物膜的形成：生物膜法的前提条件是有起支撑作用的固态载体——填料或滤料，水中含有机物、N、P以及其他营养物质；含有营养物质和接种微生物的污水在固态载体表面流动，经过一定时间后，微生物会附着在填料表面增殖和生长，形成一层薄的生物膜。②生物膜的成熟：生物膜从开始形成到成熟需要一定时间，市政污水在20℃条件下一般需要30d左右，此时在生物膜上由细菌及其他各种微生物组成的生态系统以及生物膜对有机物的降解功能都达到平衡和稳定状态；生物膜高度亲水，表面存在附着水层；高度密集的微生物主要起去除水中有机污染物的作用，形成有机污染物-细菌-原生动物(后生动物)的食物链。③生物膜的投用：由于生物膜表面附着水层中的有机物已经被生物膜氧化分解，致使其有机物浓度要比原水低得多，当原水从生物膜表面流过时，原水中的有机物就会转移到附着在生物膜表面的水层中，并进一步被生物膜吸附，溶解氧也进入生物膜表面附着水层并向内部转移；生物膜上的好氧微生物对有机物进行分解和微生物自身的新陈代谢，产生的二氧化碳等无机物又沿着相反的方向转移，从而使出水中的有机物含量减少，原水得到净化。④生物膜的更新与脱落：随着生物膜厚度的不断增加，氧气不能透入的生物膜内部深处将转变为厌氧状态，因此成熟的生物膜一般都由厌氧膜和好氧膜组成，好氧膜是有机物降解的主要场所，厚度一般为2mm；厌氧的代谢产物增多，导致厌氧膜与好氧膜之间的平衡被破坏；气态产物的不断逸出减弱了生物膜在填料上的附着能力，生物膜老化后净化功能较差，且易于脱落。

好氧生物膜法的运行原则是：①减缓生物膜的老化进程；②控制厌氧膜的厚度；③加快好氧膜的更新；④尽量控制使生物膜不集中脱落。

一、生物滤池

生物滤池是以土壤自净原理为依据，在污水灌溉实践的基础上，经较原始的间歇砂滤池和接触滤池发展起来的生化处理设备。图 3-5-1 所示为生物滤池的基本工艺流程，为了防止固体悬浮物、油脂等堵塞滤料，原水必须通过初次沉淀等预处理后再进入生物滤池，稳定后的处理水(含脱落生物膜)也须进入二沉池进行固液分离。一般的生活污水在 15~20℃条件下，50 天左右滤料表面上的生物膜即可培养成熟。

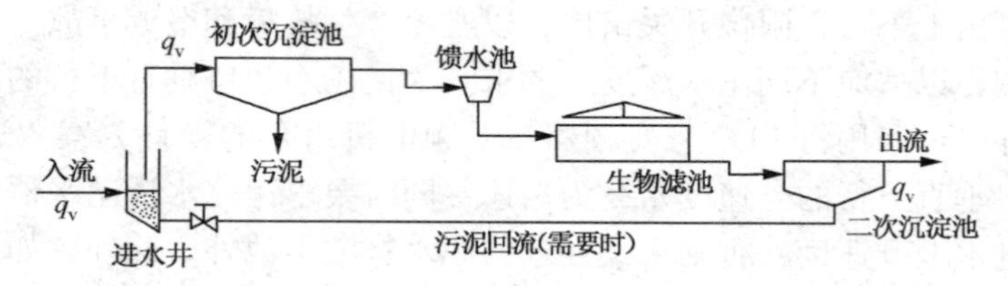

图 3-5-1　生物滤池的基本工艺流程图

生物滤池按负荷可分为低负荷生物滤池(又称普通生物滤池或滴滤池)、高负荷生物滤池和塔式生物滤池(塔滤，Biological tower filter)三种类型。

1. 普通生物滤池

普通生物滤池或滴滤池被称为第一代生物滤池，也是生物滤池最初的雏形，适用于处理污水量不大于 1000m^3/d 的生活污水和有机工业废水。如图 3-5-2 所示，普通生物滤池主要由池体、滤料、布水系统和排水系统等 4 部分组成。池体的平面形状多呈方形、矩形或圆形。池壁多用砖、毛石、混凝土或预制板砌块等筑成，一般应高出滤池表面 0.5~0.9m，具有围护滤料的作用，同时减少风力对池表面均匀布水的影响。池底一般具有 1%~2%的坡度，其作用是支撑滤料和排出处理后的污水；池底四周设有通风孔，其表面积不小于滤池表面积的 1%。

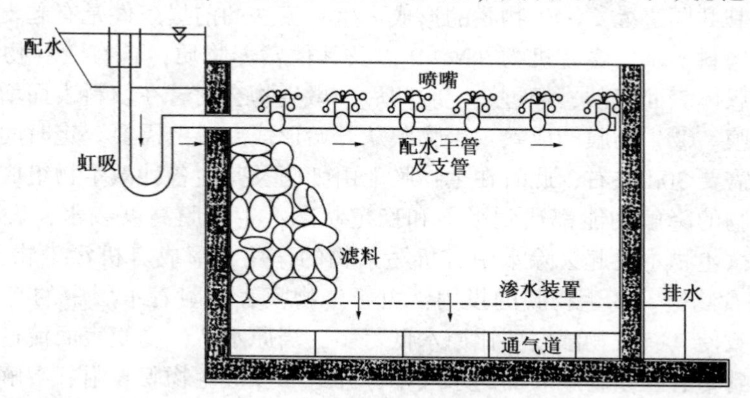

图 3-5-2　普通生物滤池的结构示意图

(1) 滤床

滤床由滤料组成，一般多采用碎石、卵石、炉渣或焦炭等实心粒状无机滤料，但近年来已开始使用由聚氯乙烯、聚苯乙烯和聚酰胺等材料制成的呈波纹板状、多孔筛状或蜂窝状等人工有机滤料，更具有比表面积大(100~200m^2/m^3)、空隙率高(80%~95%)等优势。滤料层一般由底部的承托层(厚 0.2m，无机滤料粒径 60~100mm)和其上的工作层(厚 1.3~1.8m，无机滤料粒径 30~50mm)两层填充而成。

(2) 布水系统

布水系统的作用是将污水均匀分配到整个滤池表面，并应具有适应水量变化、不易堵塞和易于清通等特点。布水系统有固定式和可动式两种，经常分别采用固定喷嘴式布水系统、旋转式布水器。

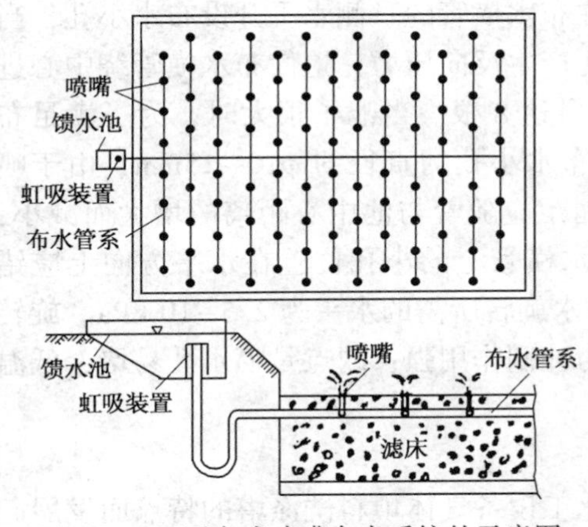

图 3-5-3　固定式喷嘴布水系统的示意图

如图 3-5-3 所示，固定喷嘴式间歇喷洒布水系统主要由馈水池、虹吸装置、布水管和喷嘴等几部分组成，污水进入馈水池达到一定水位高度后，虹吸装置开始工作，污水进入布水管路。布水管敷设在滤料层表面下 0.5~0.8m，并设有一定坡度以便放空。喷嘴安装在布水管上，伸出滤料表面 0.15~0.20m，喷嘴的口径一般为 15~20mm。当水从喷嘴喷出，受到喷嘴上部设有的倒锥体的阻挡，使水流向四周分散，形成水花，均匀地喷洒在滤料上。当馈水池水位降到一定程度时，虹吸被破坏，喷水停止。这种布水系统的优点是运行方便，易于管理和受气候影响较小，缺点是需要的水头较大(20m)。

(3) 排水系统

排水系统位于滤池底部，包括渗水组件、集水渠和总排水渠等。渗水组件常使用混凝土板式结构，排水孔隙的总表面积不低于滤池总表面积的 20%，与池底之间的距离不小于 0.4m，其主要作用在于支撑滤料，排除滤池处理后的污水，并保证通风良好；池底以 1%~2%的坡度斜向集水渠(0.15m，间距 2.5~4.0m)；集水渠再以 0.5%~10%的坡度斜向总排水渠，总排水渠的坡度不小于 0.5%，其过水断面面积应小于总断面积的 50%，沟内流速应大于 0.7m/s，以免发生沉积和堵塞现象。

在普通生物滤池中，为了提供微生物生存需要的氧气，一般在滤池下部设有通风孔，依靠自然通风供氧。由于采用自然通风供氧，易造成在运行过程中整个滤池高度上供气气压分布不均，形成沟流或短流，同时在滤池中容易形成气泡，造成局部气堵现象；而且供氧状况的好坏受制于池内温度与气温之差、滤池高度、滤料空隙率及风力，不能给滤池提供较稳定、均匀的通风量。普通生物滤池负荷低、净化效果好(BOD 去除率可达 90%~95%)、污泥量少，但占地面积大、滤料易堵塞、易产生滤池蝇。一般适用于污水处理量不高于 $1000m^3/d$ 的生活污水和有机性工业废水。

2. 高负荷生物滤池

高负荷生物滤池(High-rate filter)是生物滤池的第二代工艺，其 BOD 容积负荷率高于普通生物滤池 6~8 倍，水力负荷率则高达 10 倍。高负荷生物滤池的进水 BOD_5 值必须小于 200mg/L，否则应采取处理水部分回流措施。图 3-5-4 所示为部分回流式高负荷生物滤池，其构造与普通生物滤池基本相同，不同之处有：在平面上多呈圆形；如使用粒状滤料，其直径增大，一般为 40~100mm，空隙率较高，并广泛采用由聚氯乙烯、聚苯乙烯和聚酰胺制成的人工合成滤料；多采用连续工作的旋转式布水器。

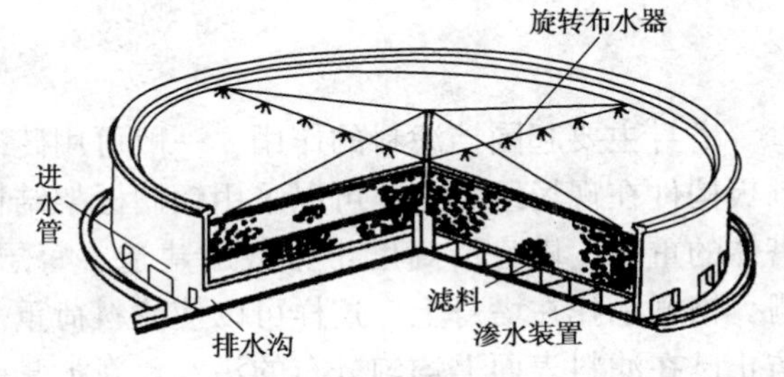

图 3-5-4　部分回流式高负荷生物滤池的示意图

如图 3-5-5 所示，旋转式布水器由固定不动的中心进水竖管和可旋转的布水横管组成。中心进水竖管通过轴承和外部配水短管相连，布水横管上开有布水小孔，可用电力驱动和水力驱动而旋转。目前应用最多的是水力驱动，它是在布水横管的一侧水平开设布水小孔，当原水以一定的速度从小孔喷出时，在未开孔的管壁上产生反向压力，迫使布水横管绕中心进水竖管反向转动。布水横管数目常取 2~4 根，多者可达 8 根。当池子很大时，为了满足布水的最大需要，也可在布水横管上再设分叉支管。布水小孔的直径约 ϕ10~15mm。由于喷洒面积随着与水池中心距离的增大而增大，因而孔间距应随着与池中心距离的增大而减小，以满足布水量的要求。为了布水均匀，相邻两根布水横管上的小孔位置在水平方向上应错开。布水横管距滤料表面的高度为 0.15~0.25m，喷水旋转所需的水头为 2.5~10 kPa。旋转式布水器的优点是布水比较均匀，淋水周期短，水力冲刷作用强；缺点是喷水孔易堵，低温时要采用防冻措施，仅适用于圆形滤池。

3. 塔式生物滤池

塔式生物滤池是 20 世纪 50 年代初期，吸取了化工设备气体填料洗涤塔的特点而发展起来的新型高负荷生物滤池，也属于第二代生物滤池。如图 3-5-6 所示，主要由塔身、滤料、布水系统、通风以及排水装置所组成，在平面上多呈圆形。滤料层的总高度一般为 8~24m，直径 ϕ1~3.5m，直径与高度之比为 1∶6~1∶8。滤池内部能形成较强的拔风状态，污水自上而下滴流，水流紊动剧烈，通风良好；污水、空气、生物膜三者可获得充分的接触，加快了传质速度和生物膜的更新速度。

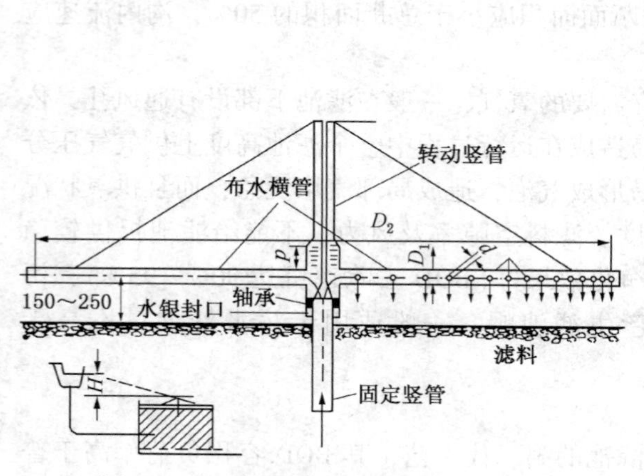

图 3-5-5　旋转式布水器的结构示意图

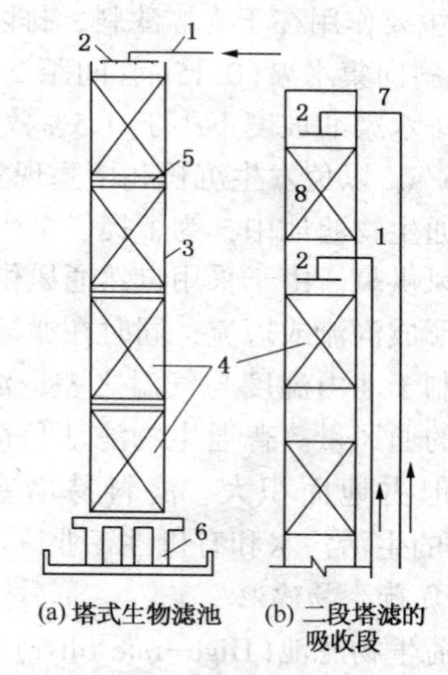

图 3-5-6　塔式生物滤池的结构示意图

1—进水管；2—布水管；3—塔身；4—滤料；5—填料支撑；6—塔身底座；7—吸收段进水管；8—吸收段填料

塔身主要起围挡滤料的作用，一般可用砖砌筑，也可以在现场浇筑钢筋混凝土或采用预制板构件在现场组装；还可以采用钢制框架结构，四周用塑料板或金属板围嵌，以减轻整个塔体的重量。塔身沿高度常分数层建造，每层高度以不大于 2.5m 为宜，在分层处设有格栅，格栅承托在塔身上，这样可以使滤料荷重分层负担，但各层之间的间隔应尽量减小，以防止已在滤料表面上均匀分布的污水重新汇集起来。每层还应设检修孔、测温孔和观察孔。塔顶上缘应高出最上层滤料表面 0.5m 左右，以免风吹影响污水的分布。塔式生物滤池的设计过程如下。

（1）滤料体积设计计算

① 按水力负荷求滤料体积 V

$$V=\frac{Q_1+Q_2}{q_V}\quad(\mathrm{m}^3) \tag{3-5-1}$$

式中 Q_1——污水流量，$\mathrm{m^3/d}$；

Q_2——气体净化器的淋水量，$\mathrm{m^3/d}$，一般$Q_2=\left(\frac{1}{11}\sim\frac{1}{4}\right)Q_1$；

q_V——体积水力负荷，此处指单位体积滤料每天流过的污水量（包括回流量），$\mathrm{m^3/(m^3\cdot d)}$。

② 按有机负荷校核滤料体积 V'

$$V'=\frac{(Q_1+Q_2)L_a}{N}\quad(\mathrm{m}^3) \tag{3-5-2}$$

式中 L_a——进水 BOD_5 浓度值，mg/L；

N——有机负荷，指每天供给单位体积滤料的有机物量，kg BOD_5/[$\mathrm{m^3}$(滤料)·d]。

如果 $V\approx V'$，则说明设计合理，否则应选择参数值进行计算。

（2）塔式生物滤池高度设计计算

塔式生物滤池的高度由塔底通风口高度h_1、格栅高度h_2、滤料高度h_3、布水器高度h_4、有毒气体净化器高度h_5 等部分组成。

① 塔底通风口高度h_1

为了减少空气进塔阻力，通风口风速不宜过大，可与塔内风速相同，因而设计时取通风口总面积 $A\geqslant\frac{\pi D^2}{4nB}$，于是

$$h_1=\frac{\pi D^2}{4nB}\quad(\mathrm{m}) \tag{3-5-3}$$

式中 n——通风口个数；

B——通风口宽度，m。

② 格栅高度h_2

各层滤料之间的格栅用于支承上层滤料，其高度一般取 0.25～0.40m，随滤料高度、分层数以及格栅的具体形式而有所不同。滤料分层时每层不宜大于 2m，而且每层均应设检修孔、测温孔以及观察孔。

③ 滤料高度h_3

滤料高度与处理效率有关，塔高加大，可增加水与微生物新陈代谢及有毒物质的氧化降解。塔式生物滤池中滤料高度与进水有机浓度(BOD_{20})成线性关系，可依据下式进行计算

$$h_3=0.04\,BOD_{20}-2\quad(\mathrm{m}) \tag{3-5-4}$$

式中 BOD_{20}——20d 的生化需氧量，mg/L。

④ 布水器高度h_4

随布水器形式而不同，一般可取 0.5m。

⑤ 有毒气体净化器高度(h_5)

$$h_4 = \frac{4V \times 0.05}{\pi D^2} \quad (m) \tag{3-5-5}$$

式中　V——滤料体积，m^3；

D——塔式生物滤池的内径，m。

另外，为了防止风力对塔式生物滤池内污水均匀分布的影响，塔顶应比滤料层高 0.5m 左右，所以塔式生物滤池的总高度为

$$H = h_1 + h_2 + h_3 + h_4 + h_5 + 0.5 \tag{3-5-6}$$

（3）塔式生物滤池内径 D 的确定

$$D = \sqrt{\frac{4V}{\pi h_3}} \quad (m) \tag{3-5-7}$$

式中　V——填料体积，m^3；

h_3——填料高度，m。

塔式生物滤池的主要优点：①对冲击负荷有较强的适应能力，其水力负荷率可达 80~200m^3(污水)/[m^2(滤池)·d]，为一般高负荷生物滤池的 2~10 倍；BOD_5 容积负荷率一般可达 0.5~2.5kg BOD_5/[m^3(滤料)·d]，为一般高负荷生物滤池的 2~3 倍，因此占地面积小，运行费用低。②由于塔内微生物存在着分层的特点，所以能承受较大的有机物和有毒物质的冲击负荷。③由于塔身较高，自然通风良好，空气供给充足，电耗较活性污泥法省，产泥量较普通活性污泥法少。塔式生物滤池的主要缺点：①当进水 BOD 浓度较高时，生物膜生长过速并频繁地脱落，易引起滤料堵塞，所以最好将进水 BOD 浓度应控制在 500mg/L 以下，否则必须采用处理后的水回流稀释措施；②在地形平坦处需要消耗较多的污水抽提动力费用，并且由于塔身高使得运行管理也不太方便。

4. 曝气生物滤池

曝气生物滤池(Biological Aerated Filters，BAF)是 20 世纪 80 年代后期开发的一种污水处理新工艺，1990 年法国 OTV 公司建造了世界第一座曝气生物滤池，称之为淹没式固定生物膜曝气滤池。曝气生物滤池是在普通生物滤池、高负荷生物滤池、塔式生物滤池、生物接触氧化法等生物膜法的基础上发展而来，被称为“第三代生物滤池”。采用人工强制曝气代替了自然通风；采用粒径小、比表面积大的滤料，显著提高了微生物浓度；采用生化处理与过滤处理一体化运行，省去了二次沉淀池；采用反冲洗免去了堵塞的可能，同时提高了生物膜的活性；体现了现代污水处理技术向复合化发展的趋势。

（1）分类与基本结构

根据曝气生物滤池的进水方式、填料等不同可以分为 BIOCARBONE、BIOSTYR、BIOFOR、BIOSMEDI 等多种类型，此外还有 BIOPUR、B2A 等新工艺，其中 BIOCARBONE、BIOSTYR 由法国 OTV 公司研制开发，BIOFOR 由法国 Degrémont 公司研制开发。根据污水过滤方向的不同，曝气生物滤池可分为上向流和下向流，二者的池型结构基本相同。早期的曝气生物滤池多采用下向流，如法国 OTV 公司研制开发的 BIOCARBON 工艺。现在多采用上向流曝气生物滤池(简称 UBAF)，使布水、布气更加均匀；同时在水、气上升过程中可把底部截留的 SS 带入滤池中上部，增加了滤池的纳污能力，延长了工作周期。目前，UBAF 有 BIOSTYR、BIOFOR、BIOPUR 等多种形式，这里主要介绍 BIOFOR 工艺。

如图 3-5-7 所示，BIOFOR 滤池的底部为气水混合室，其上依次为滤板和专用长柄滤头、承托层、滤料层，曝气器位于承托层内，提供微生物新陈代谢所需的氧。BIOFOR 与

BIOSTYR 相比的不同之处在于，前者采用密度大于水的滤料自然堆积，滤板和专用长柄滤头在滤料层下部；而 BIOSTYR 中的滤板和滤头在滤料层顶部，以克服滤料层的浮力。BIOFOR 其余的结构、运行方式、功能等与 BIOSTYR 基本相同。

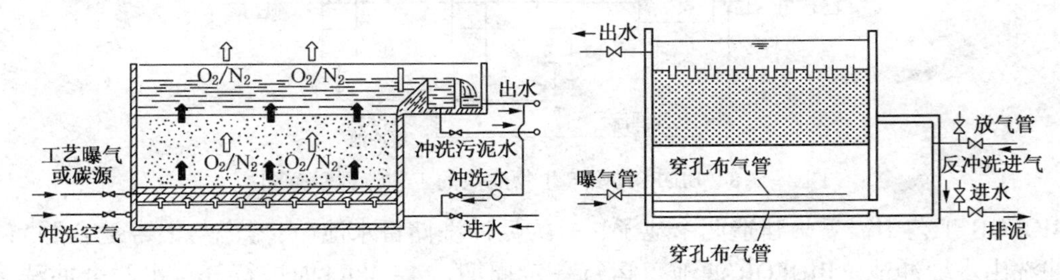

图 3-5-7　BIOFOR 滤池的结构示意图

原水由进水管流入缓冲配水区，在向上流过滤料层时，利用滤料高比表面积带来的高浓度生物膜的氧化降解能力对污水进行快速净化，此为生物氧化降解过程；同时，污水流经呈压实状态的滤料层时，利用滤料粒径较小的特点及生物膜的生物絮凝作用，截留污水中的固体悬浮物，且保证脱落的生物膜不会随水漂出，此为截留作用。处理后的水从出水区和出水槽由管道排出，运行一定时间后，出水中会有部分脱落的微生物膜而使出水水质变差，同时水头损失增加，此时就需对滤池进行反冲洗，以释放截留的固体悬浮物以及更新生物膜。使用处理后的达标水作为反冲洗水，从滤池底部进入、从上部流出，反冲空气来自底部单独的反冲洗进气管。水气交替单独反冲，最后用水漂洗。滤层有轻微的膨胀，在流体对填料的冲刷和填料间相互摩擦作用下，老化的生物膜以及被截留的固体悬浮物与填料分离，在漂洗阶段被冲出滤池，反冲洗污水则返回到预处理构筑物。

在 BIOFOR 滤池中，有机物被微生物氧化分解，NH_3-N 被氧化成 NO_3-N；另外由于在生物膜的内部存在厌氧/缺氧环境，在硝化的同时实现部分反硝化。在无脱氮要求的情况下，滤池底部的出水可直接达标排放，一部分留做反冲洗之用；如果有脱氮要求，出水需进入下一级后置反硝化池。总的来看，根据曝气生物滤池在污水处理过程中去除污染物或营养物质的不同，可分为除碳型（BIOFOR®-C）、硝化型（BIOFOR®-N）、除碳-硝化型（BIOFOR®-C+N）、反硝化型（BIOFOR®-DN）等。功能的调整通过对曝气管道位置的设置（即好氧区及厌氧区的分配），来控制硝化反应和反硝化反应的程度（也可以单独进行硝化反应或反硝化反应），从而实现相应的功能。此外，也可由进水水质调控得以实现，如出水回流、进水投加除磷混凝剂等。

以图 3-5-8 所示的工艺流程为例，污水通过格栅、沉砂池除去粗大漂浮物和泥砂后，进入初沉池进行 SS、COD_{Cr}、BOD_5 和油的初步去除，出水从底部进入一级 BIOFOR 滤池（BIOFOR C/N）进行 COD_{Cr}、BOD_5 的降解及部分氨氮的氧化；上向流出水后，再从底部进入二级 BIOFOR 滤池（BIOFOR N），进行剩余 COD_{Cr}、BOD_5 的降解及氨氮的完全氧化；如有除磷要求，再从底部进入三级 BIOFOR 滤池（BIPFOR DN），通过在进水端投加碳源（如甲醇等）和化学除磷剂（如 $FeCl_3$）进行反硝化脱氮和化学除磷，最终达到排放标准。C/N 曝气生物滤池的供氧量包括去除污水中 BOD 的需氧量和氨氮部分硝化的需氧量两部分。N 曝气生物滤池主要用来对 C/N 曝气生物滤池出水中的氨氮进行硝化和反硝化，从而达到脱氮的目的。虽然二者的处理功能不同，但其结构完全相同，曝气系统一般都设置在滤池底部。可以根据不同出水水质标准，对 BIOFOR 的级数进行取舍。

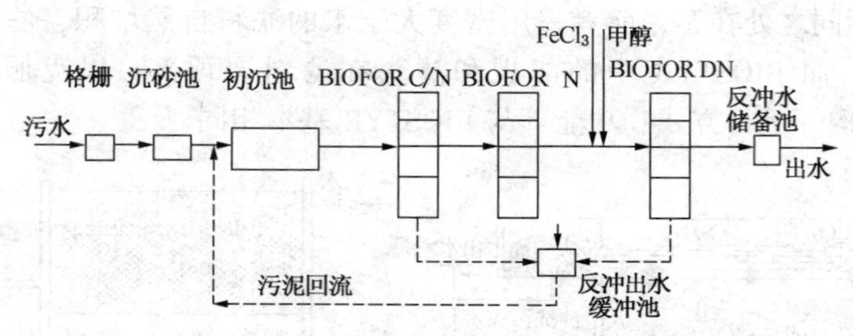

图 3-5-8 BIOFOR 曝气生物滤池的工艺流程示意图

BIOFOR 工艺中需另外建造两个池子，一为反冲洗储备水池(可考虑与消毒池合并)，二为反冲洗出水缓冲池。BIOFOR 滤池每运行一定周期(24~48h)即进行气、水联合冲洗，反冲洗出水先进入缓冲池，慢慢回流入初沉池，避免反冲洗水对初沉池造成冲击负荷；BIOFOR 反冲洗水具有较强的活性，有利于原水中 SS 的沉降及 COD_{Cr}的去除。

BOIFOR 的主要工艺参数为：①水力负荷 6~8m^3/(m^2·h)；②容积负荷与出水水质要求相关，一般为有机负荷 2~6kg BOD_5/(m^3·d)，硝化处理或脱氮时负荷为 0.5~2kg NH_3-N/(m^3·d)，反硝化时负荷为 0.8~5.0 NH_3-N/(m^3·d)；③生化处理停留时间约 3h(单独碳氧化处理时 0.5~2h，硝化处理或脱氮时 1.5~3h)；④气水比：BIOFOR C/N (1~3)∶1，BIOFOR N (2~3)∶1；⑤填料高度 2~3m；⑥滤料粒径 ϕ3~ϕ6mm；⑦反冲洗周期 24~48h；⑧反冲洗强度：水为 10~30m/h；气为 30~50m/h；⑨反冲洗时间：约 15~20min(先气冲 5min；后气、水联合冲 5min；再水冲 5min)。

(2) 反冲洗与曝气设备

曝气生物滤池通常采用小阻力配水系统，主要由滤板、长柄滤头等组成。滤板起着固定滤头、承载生物滤料、间隔配水(气)室和反应池的作用，滤板、滤梁的设计施工要求与给水 V 形滤池相同。整个气、水反冲洗过程都通过专用长柄滤头完成，其结构与一般过滤用长柄滤头相同，但较长一些，约 355mm。

法国 Degrémont 公司原版 BAF 用滤料为其研究中心开发的专用滤料——BIOLITE(膨胀硅铝酸盐)，有效尺寸为 1~6mm，实现了孔隙、密度、硬度和耐磨损度的有机结合，由此获得较高的生物量浓度及较大的滞留能力，并加长了过滤周期。曝气通过该公司的专利技术——空气扩散器 OXAZUR 来完成，能够得到较高的溶解氧(利用率约 25%)，从而使整个曝气过程的能量消耗降到最小。OXAZUR 的另一特点是能用水进行冲洗，能将生长出来的无用菌以及其他杂质冲洗掉，从而保证运行效率。国内曝气生物滤池常用的单孔膜曝气器主要由供气管道、管道夹、紧固圈、单孔硅橡胶膜片、筒形出气口等部件组成。除单孔膜片以优质橡胶为原材料外，其余部分均采用 ABS 工程塑料制造。管道夹分成上下两个半圆形瓦片，紧固圈为左右各一个。上瓦片外侧中间位置设计为可以防止膜片被滤料挤压的筒形出气口，沿出口内侧有环型凹槽；下瓦片内侧正对上瓦片筒形出气口中心位置设有定销；圆形的橡胶膜一面有环形圈，另一面是平面膜，平面中心有一气孔。首先将供气管道按设计要求均匀钻孔作为空气出气口，并在管道下方外圆柱面与出气口对应的位置钻一盲孔以与下瓦片定位销进行定位配合。安装时先将橡胶膜片嵌入上瓦片(膜片的环形圈嵌入上瓦片内侧的环形凹槽)，再将上下瓦片夹紧供气管道，并使管道气孔对准膜片孔，定位销坐入管道盲孔，使瓦片不产生偏移；然后将左右紧固圈套在扩散器两端，并拧转一定角度后锁紧固定。单孔膜曝气器按一定的间隔安装在空气管道上，空气管道又被固定在承托板上，曝气器一般都设计安装在滤料承托层里，距承托板约 0.1m，使空气通过曝气器并流过滤料层时可达到 30%以上的氧利用率。这种曝气器的另一个特点是不容易堵塞，即使堵塞也可以用水进行冲洗。

(3) 滤层结构

BAF 的滤料层一般采用轻质圆形陶粒。轻质圆形陶粒以天然陶土、黏土、粉煤灰等为原料，加入适量的辅料，经球磨、成形、烧成、筛分等工序加工而成，主要有以下特点：①强度大、孔隙率大、比表面积大、化学和物理稳定性好；②形状规则，粒径可大可小，密度适宜，克服了不规则滤料水流阻力大、易结球并引起滤池堵塞，反冲洗强度大，易冲刷破碎的缺点；③在制作过程中通过控制适当的配料和烧成工艺，可改变陶粒的密度，且使其表面粗糙、多微孔、不结釉；④以轻质圆形陶粒做接触填料，采用淹没式曝气生物滤池处理污水，可以充分利用滤料的比表面，起到深度处理作用。BAF 的承托层主要是为了支撑滤料，防止滤料流失和堵塞滤头，同时还可以保持反冲洗稳定进行。承托层粒径比所选滤头孔径要大 4 倍以上，并根据滤料直径的不同来选取承托层的颗粒大小和高度，滤料直接填装在承托层上，承托层下面是滤头和承托板。

BIOFOR 曝气生物滤池在国内外已有不少成功的应用案例。大连马栏河污水处理厂是该工艺在国内的首次应用，2001 年投产运行，随后很快在全国得到推广应用。可有效去除固体悬浮物、BOD_5 和 COD，并能脱氮，出水水质好。此外，该工艺占地少，易于与其他工艺进行组合，比较适合城镇污水处理厂的改、扩建。例如，法国 Dégremont 公司推出了 DENSADEG+BIOFOR 工艺，而臭氧(催化)氧化+BAF 工艺近几年在国内颇受关注。

二、生物转盘

生物转盘(Rotating Biological Contactor，RBC)的概念起源于 20 世纪 20 年代的德国，原联邦德国斯图加特工业大学 Popel 教授和 Hartman 教授对该技术的商业化进行了大量理论和实验研究工作，20 世纪 70 年代仅在欧洲就已经有 1000 多座生物转盘，我国则从 20 世纪 70 年代开始研究。图 3-5-9 所示为生物转盘水处理的基本工艺流程，污水经过格栅、沉砂池和初沉池后，自流或经泵提升进入生物转盘；经过生物转盘处理的污水和脱落下来的生物膜均进入二沉池进行泥水分离，出水经消毒杀菌后排放或进一步处理，生物污泥另行处理。

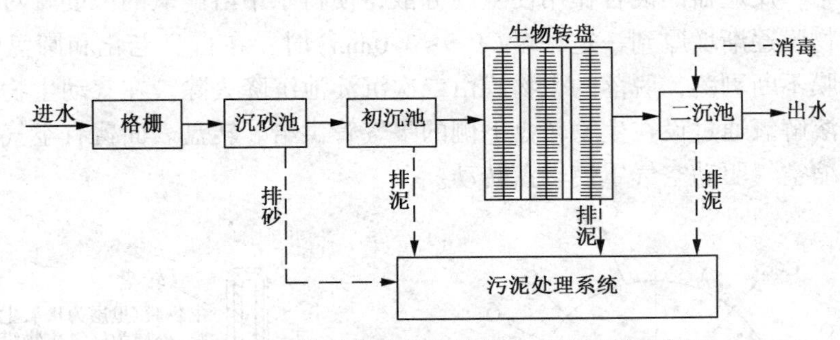

图 3-5-9　生物转盘水处理的基本工艺流程示意图

1. 生物转盘的结构与工作原理

如图 3-5-10 所示，生物转盘主要由盘体、转轴和驱动机构、接触反应槽(也称氧化槽)、支撑轴承座等几部分组成。盘体由垂直固定在水平转轴上的一组间距很近的盘片组成，盘片数目有数十片至近百片；盘片用转轴贯串，平放在一个断面呈半圆形的条形槽面上(简称为氧化槽)。盘片直径多为 $\phi1\sim4$m，盘片厚约 2~10mm，槽径比盘径约大几厘米。转轴一般高出水面 10~25cm，下半部约 40%~45%的盘片(转轴以下的部分)浸没在水中，其余敞露在大气中。在决定盘间距时，要考虑不为生物膜增厚所堵塞，并保证良好的通风。盘片间距的标准值为 30mm；如果利用转盘繁殖藻类，盘间距可加大到 60mm 以使光线能照到盘中心。转轴长度通常小于 7.6m，如果盘片面积要求较大时可分组安装，一组称为一级，串联运行。

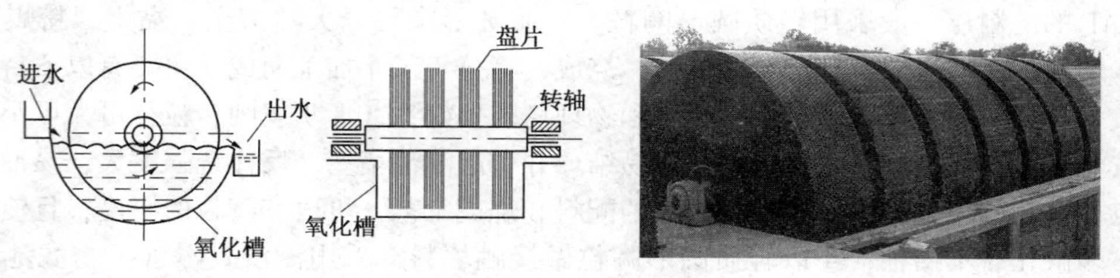

图 3-5-10　生物转盘的结构示意图

盘片是生物转盘的主要部件，其材料选择对使用寿命、维修和投资影响最大，应该满足质轻、价廉、耐腐蚀、易于取得、便于加工、有一定的强度、保持不变形等要求，目前大多采用聚苯乙烯泡沫塑料、硬质聚氯乙烯塑料、高密度聚乙烯、有机玻璃、酚醛树脂玻璃钢、环氧树脂玻璃钢甚至活性炭纤维等；甚至有研究尝试采用以聚丙烯塑料板为基体，采用化学氧化-铁离子覆盖技术制备活性炭生物转盘盘片。盘片的形状多以圆形或正多边形平板为主，为了提高单位体积盘片的表面积，有采用正多边形和表面呈同心圆状波纹或放射状波纹的盘片，也有采用波纹盘片和平板相间组合的模式。

如图 3-5-11 所示，工作之前首先应使转盘表面“挂膜”，工作时电动机+减速器驱动转轴，带动盘片以 0.3~3.0r/min 的速度缓慢回转，具体取决于盘片直径，使其周边线速度为 10~20m/min。原水在氧化槽中流过时，盘片上浸入水中部分的生物膜吸附有机污染物；当转出水面时，盘片表面形成的薄薄水膜从空气中吸氧，溶解氧浓度升高，同时被吸附的有机物在好氧微生物酶的作用下进行氧化分解。当这部分盘片再回到氧化槽内时，使槽内污水中的溶解氧浓度增加。这样，盘片每转动一周，即进行一次吸附-吸氧-氧化分解过程，如此反复循环，使得有机污染物不断被氧化分解。此外，由于盘片的搅动造成紊流，把大气中的氧带入氧化槽中，反应器的混合作用使空气分散，使得水中溶解氧的浓度相对均匀。在运行过程中，当生物膜逐渐增厚到一定程度(1.5~3.0mm)时，在自身老化和圆盘转动剪切力的条件下，生物膜不断剥落，脱落的生物膜由二次沉淀池沉降去除。在气动生物转盘中，微生物代谢所需的溶解氧通过设在生物转盘下侧的曝气管供给。转盘表面覆有空气罩，从曝气管中释放出的压缩空气驱动空气罩使转盘转动。

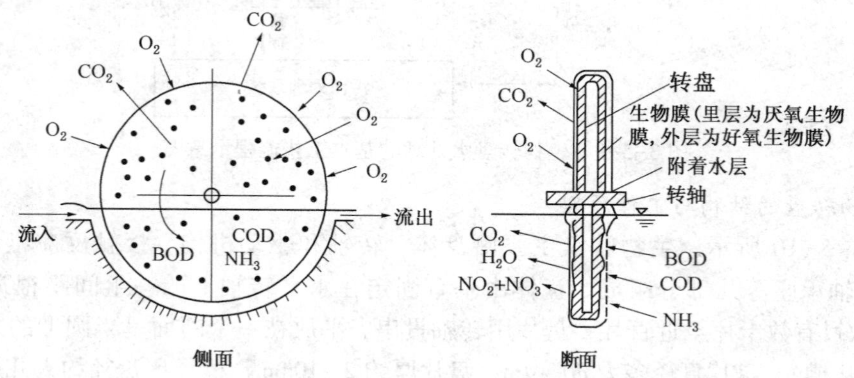

图 3-5-11　生物转盘净化反应过程与物质传递示意图

2. 生物转盘的布置形式

生物转盘的布置形式分为单轴单级、单轴多级和多轴多级3种，一般根据污水水质、水量、净化要求以及场地条件等因素来选择。实践证明，对同一污水，如盘片面积不变，将转盘分为多级串联运行，能够避免水流短路、改进停留时间分配、提高出水水质和水中溶解氧含量。由于受到有机污染物浓度的限制，转盘的分级不宜过多，一般不超过4级。

根据进水方向和转盘旋转方向之间的关系，生物转盘的进水方式分为3种：①相同；②相反；③进水方向垂直于盘片。3种进水方式各有千秋，为了取长补短，宜采取前二、三级并联底部进水或第一级前端底部分散进水，以提高处理能力，改善出水水质，而且对于易挥发的有毒废水可以减少对空气的污染。对于高浓度废水，扩大第一级的盘片数或者一、二级并联后与第三级串联，可提高水力负荷和耐冲击负荷，保证第一级有最大的工作面积和足够的溶解氧。

图3-5-12为6台生物转盘并联的处理系统工艺流程图，污水经泵房、沉砂池，再流入6个生物转盘氧化膜，出水经斜板沉淀池沉淀后排放，回用于农田。图3-5-13所示流程主要适用于高浓度污水处理，将BOD从3000~4000mg/L降到10mg/L以下，在第一段转盘和第二段转盘之间设置中间沉淀池，可除去水中固体悬浮物以降低第二段生物转盘的负荷。

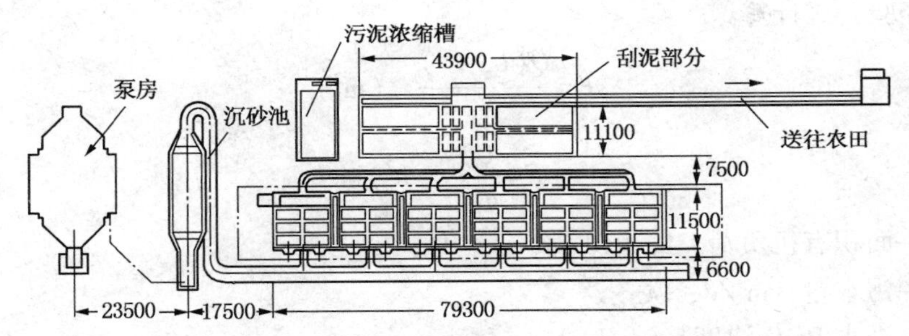

图3-5-12 6台生物转盘并联的处理系统工艺流程示意图

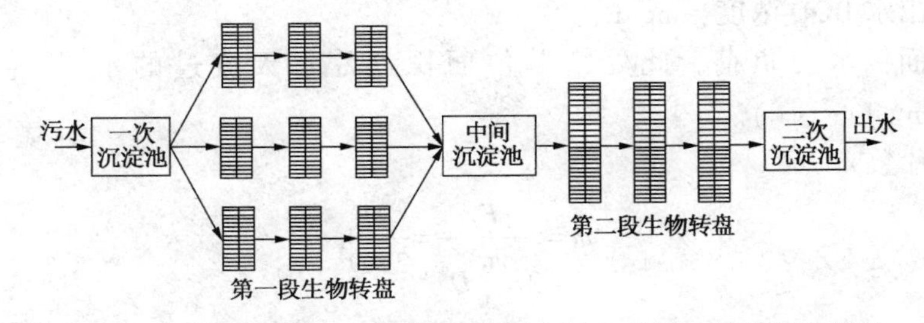

图3-5-13 设有中间沉淀池的生物转盘处理系统工艺流程示意图

3. 生物转盘的设计

(1) 表面负荷

表面负荷通常有3种表示方式：①水力负荷，表示单位时间单位盘片表面积所能处理的污水量，单位是$m^3/(m^2 \cdot d)$。②有机负荷，表示单位时间内单位盘片表面积所能降解的有机物量，单位是$g/(m^2 \cdot d)$；由于有机物量常以BOD或COD来表示，因此有机负荷也被称为BOD负荷或COD负荷。③毒物负荷，表示单位时间单位盘片表面积所能容许(降解)的毒物量，单位是$g/(m^2 \cdot d)$；当毒物为氰、酚、丙烯腈等时，则毒物负荷分别称为氰负荷、酚负荷、丙烯腈负荷。

究竟选用哪种负荷来设计，取决于水质情况。悬浮和胶体状的有机物经吸附和絮凝作用后可以很快被去除；溶解的有机物质则需要污水有较长的接触时间才能被去除，所以对溶解性 BOD 含量较高的生活污水或性质近似于生活污水的工业废水而言，采用水力负荷设计较好；对悬浮性 BOD 含量较高的生活污水，则采用有机负荷设计较好。对于成分复杂的各种工业废水，除采用水力负荷外，尚应考虑有机负荷和毒物负荷。随着负荷的提高，生物转盘的氧化能力提高，但处理效果下降，出水水质变差，所以应根据实际需要选择最佳的负荷范围。转盘面积的 BOD 负荷与 BOD 去除率的关系见表 3-5-1。在同一水质情况下，转盘面积是处理效果高低的主要因素。

表 3-5-1　单位面积 BOD 负荷与去除率的关系列表

单位面积负荷/[gBOD/(m² · d)]	6	10	25	30	60
BOD 去除率/%	93	92	90	81	60

对于水质复杂的工业废水，一般通过小型试验求出相应的设计参数，如水力负荷、有机负荷、停留时间等，然后再按这些参数进行设计。

（2）盘片总面积 F

确定转盘总面积通常根据选定或通过实验确定的 BOD 面积负荷(或水力负荷)来计算，也可以根据经验公式计算

$$F=\frac{Q(L_a-L_e)}{N_F}\quad(m^2)\tag{3-5-8}$$

$$F=\frac{Q}{q_F}\quad(m^2)\tag{3-5-9}$$

式中　N_F——面积有机负荷，kg $BOD_5/(m^2 \cdot d)$；

Q——污水量，m^3/d；

L_a——进水 BOD 浓度，mg/L；

L_e——出水 BOD 浓度，mg/L；

q_F——面积水力负荷，此处指单位面积盘片每天流过的水量(包括回流量)，$m^3/(m^2 \cdot d)$。

（3）转盘片数 m

$$m=\frac{F}{2\times\frac{\pi}{4}D^2}=\frac{4F}{2\pi D^2}\tag{3-5-10}$$

式中　D——转盘直径，m。

（4）氧化槽有效长度(即转动轴的有效长度)L

$$L=K(a+b)m\quad(m)\tag{3-5-11}$$

式中　a——盘片厚度，依材料强度而定，m；

b——盘片净间距，m，(通常进水端 25~35mm，出水端 10~20mm)；

K——安全系数，一般取 $K=1.2$。

（5）氧化槽总有效容积 V

$$V=(0.29+0.355)(D+2\delta)^2L\quad(m^3)\tag{3-5-12}$$

氧化槽的净有效容积 V'

$$V' = (0.294+0.355)(D+2\delta)^2(L-ma) \quad (\mathrm{m}^3) \tag{3-5-13}$$

式中　δ——盘片与氧化槽内壁的净距离，一般取 20~40mm。

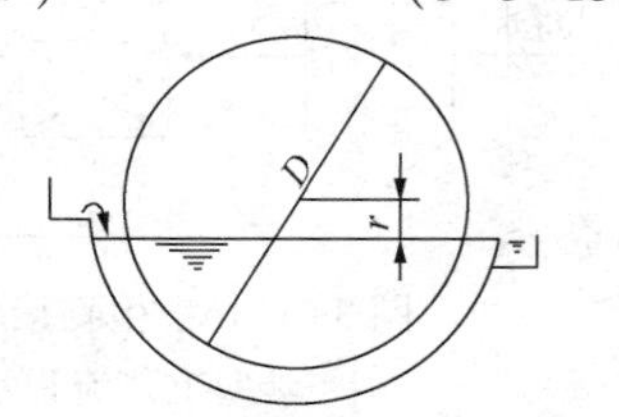

图 3-5-14　生物转盘盘片的结构尺寸示意图

如图 3-5-14 所示，r 为转盘轴到氧化槽内水面的垂直高度，当 $r/D=0.1$ 时，系数取 0.294；当 $r/D=0.06$ 时，系数取 0.355。

（6）转盘的转速 n_0

$$n_0 = \frac{6.37}{D}\left(0.9 - \frac{V'}{Q}\right) \quad (\mathrm{r/min}) \tag{3-5-14}$$

增加转速可以增加生物膜、原水、空气三者的接触机会，利于有机物的分解氧化，而且增大线速度，利于生物膜更新。但是，转速过高增加电耗，而且可能会使生物膜过早剥离。由于各级氧化槽中对溶解氧含量的需求随级数的增加而降低，常采取多轴、不同线速度的方法，把前一、二级的线速度提高，例如某生物转盘法水处理设计中，转盘直径 ϕ3.47m，第一、二级线速度为 35m/min，第三、四级线速度为 27m/min。转盘驱动机构常以 0.3~3r/min 的速度带动盘片缓慢回转，盘片线速度一般为 10~20m/min。

（7）氧化槽内的水力停留时间 t

水力停留时间是指原水在氧化槽有效容积内的停留时间。-般情况下，水力停留时间长，原水与生物膜接触的机会就多，有利于处理效果的提高。但水力停留时间的延长会导致水力负荷降低，所以应根据实际要求通过试验来确定，一般为 0.25~2.0h。

$$t = V'/Q(\mathrm{h}) \tag{3-5-15}$$

（8）电动机功率 N_p

$$N_p = \frac{3.85R^4 \cdot n_0^2}{b\times10^6} m_1 \cdot \alpha \cdot \beta \quad (\mathrm{kW}) \tag{3-5-16}$$

式中　R——转盘半径，m；

m_1——单根轴上的盘片数，片；

α——同一电动机带动的轴数；

β——生物膜的厚度系数，一般取 2~4。

生物转盘一般用于处理水量不大的场合。与生物滤池相比，生物转盘法中污水与生物膜的接触时间比较长，而且有一定的可控性。如果生物转盘产生臭味，可以采用钢架反吊膜、悬索反吊膜或无骨架密封罩给污水池加盖，通过负压抽吸收集臭气，经过处理达标后排放。

三、生物接触氧化法

1. 工艺流程及特点

生物接触氧化法又称淹没式生物滤池或固定床活性污泥法，是在生化反应池内填充一定密度的填料，从池下通入空气进行曝气，污水浸没全部填料并与填料上的生物膜广泛接触，在生物膜与悬浮活性污泥中微生物的共同作用下，污水中的有机污染物得以去除，使水质得到净化。19 世纪末，德国开始把生物接触氧化法用于水处理，但限于当时的工业水平，没有适当的填料，未能广泛应用。进入 20 世纪 70 年代后合成塑料工业迅速发展，轻质蜂窝状填料问世，日本、美国等开始研究和应用生物接触氧化法。中国在 70 年代中期开始研究用该法处理城市污水和工业废水。

生物接触氧化法是一种介于活性污泥法与生物滤池之间的生化处理技术，在一定意义上

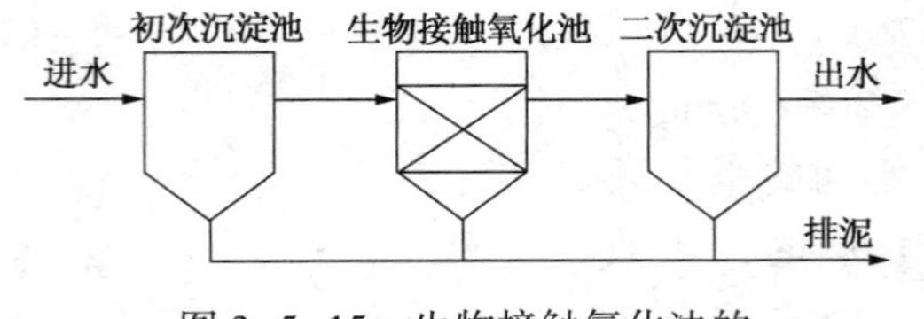

图 3-5-15　生物接触氧化法的典型工艺流程示意图

兼有二者的优点。典型流程(又称一段处理流程)如图 3-5-15 所示，一般生物接触氧化池前要设初沉池，以去除固体悬浮物，减轻生物接触氧化池的负荷；生物接触氧化池后要设二沉池，进行固液分离。

此外，还有二段处理流程(如图 3-5-16)和多段处理流程。二段处理流程中第一级为高负荷段，第二级为低负荷段，更能适应污水水质的变化，出水水质较好且稳定。多段处理流程将高负荷段、中负荷段与低负荷段明显分开，利于提高总体处理效率，而且具有硝化、脱氮的功能。

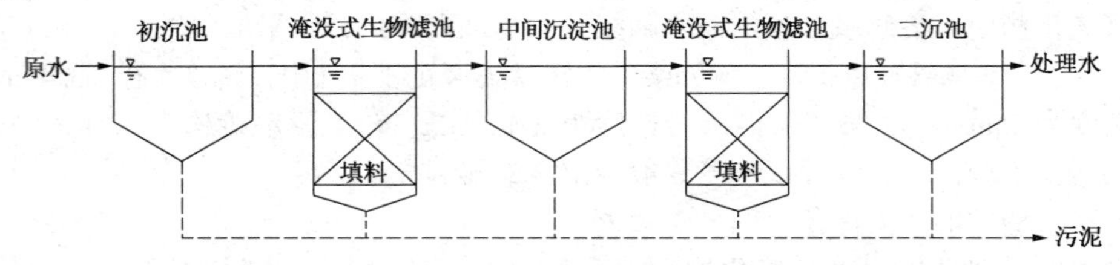

图 3-5-16　二段生物接触氧化法的工艺流程示意图

生物接触氧化法不论应用于工业废水还是养殖污水、生活污水(含建筑中水)的处理，都取得了良好的经济效益。该工艺因具有高效节能、占地面积小、耐冲击负荷、运行管理方便等特点而被广泛应用于各行各业的污水处理系统。但由于缺乏经久耐用和价格低廉的填料、大型池的均匀布水布气尚有困难等原因，在大中型市政污水处理厂中没有得到应用。

2. 生物接触氧化池结构与分类

生物接触氧化法的核心处理构筑物是生物接触氧化池，主要由池体、填料、填料支架及曝气单元、进出水单元以及排泥管道等部件组成(如图 3-5-17)。池体用于容纳待处理水、活性污泥、填料、布水布气装置、填料支架等，采用钢板焊接或用钢筋混凝土建造，形状采用圆形、矩形或方形。由于池中流速较低，从填料上脱落的残膜总有一部分沉积在池底，因此池底一般做成多斗式或设置集泥设备，以便排泥。

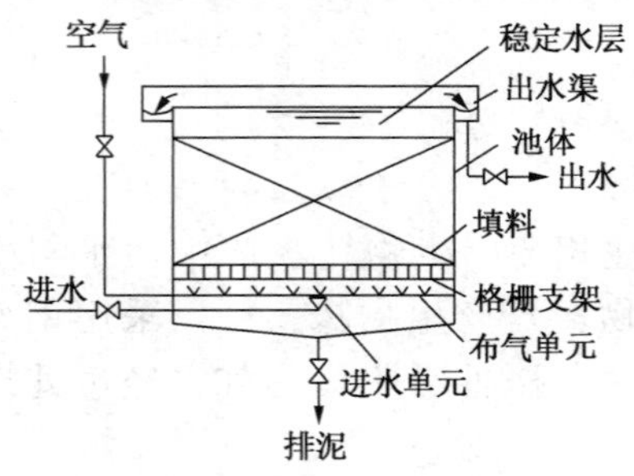

图 3-5-17　生物接触氧化池的结构示意图

(1) 曝气单元

曝气单元是生物接触氧化池的重要组成部分，有充氧、充分搅动以形成紊流、防止填料堵塞促进生物膜更新等作用。目前国内使用较多的是鼓风曝气，以微孔曝气器和穿孔管居多；按曝气位置的不同，可分为分流式(也称内循环式)和直流式两种。

分流式生物接触氧化池分中心曝气式和单侧曝气式，中心曝气式又有中心表面曝气机曝气(如图 3-5-18 所示)和中心鼓风曝气(如图 3-5-19 所示)两种；单侧曝气式是曝气装置设在池的一侧，填料设在另一侧，污水在池内循环，如图 3-5-20 所示。

直流式生物接触氧化池又称全面曝气式接触氧化池，如图 3-5-21 所示，是在填料下直接曝气，目前国内多采用这种形式，其特点是在填料上产生向上气流，生物膜受到气流的冲击、搅动，加速脱落、更新，使生物膜经常保持较高的活性，而且能够避免堵塞现象发生。

此外，上升气流不断与填料撞击，使气泡反复切割，粒径减小，增加了气泡与污水的接触面积，提高了氧气的转移速率。

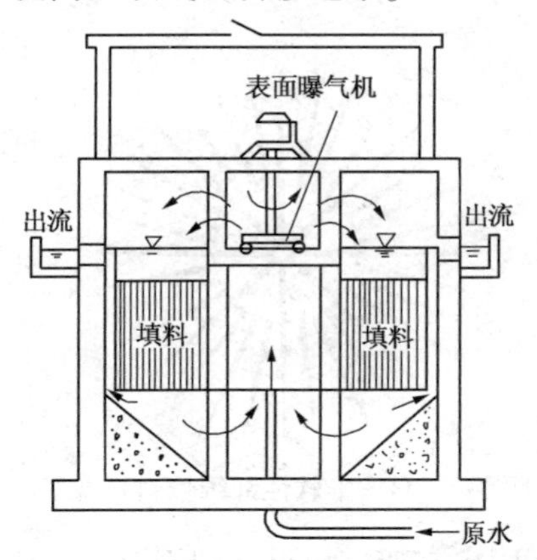

图 3-5-18 中心表面曝气型接触氧化池

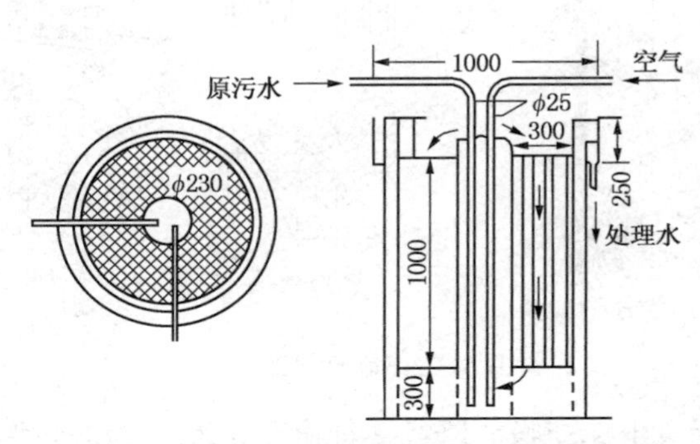

图 3-5-19 中心鼓风曝气型接触氧化池

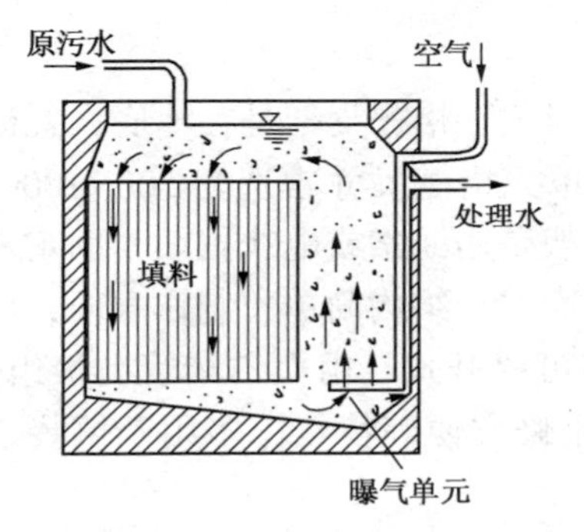

图 3-5-20 单侧鼓风曝气型接触氧化池

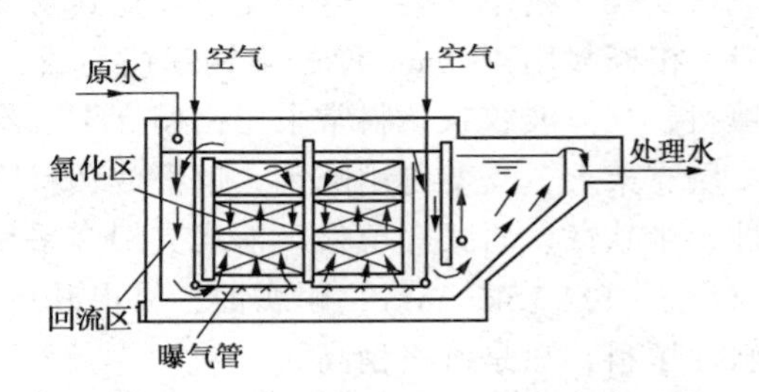

图 3-5-21 直流鼓风曝气型接触氧化池

(2) 填料

生物接触氧化池的填料应选用对微生物无毒害、易挂膜、比表面积较大、空隙率较高、氧转移性能好、经久耐用、价格低廉的材料。目前得到应用的填料可分为软性填料、半软性填料、纤维束组合填料、弹性立体填料、悬浮填料等几类。如图 3-5-22 所示，纤维软填料的组装形式一般为梅花式和方格式。

半软性纤维填料如图 3-5-23 所示，由变性聚乙烯塑料制成，既有一定的刚性，又有一定的柔性和一定的变形能力。其优点是重新布水布气能力强、传质效果好、耐腐蚀、不易堵塞、安装方便、有机物去除率高(相同条件下较软性填料的 COD 去除率可提高 10%左右，溶解氧可提高 10%~20%)。

弹性立体填料选用耐腐蚀、耐高温、耐老化的丙烯配以亲水、吸附、抗热氧等助剂的混合共聚物为原料，经拉丝工艺制成兼具柔韧性和适度刚性的弹性丝条，然后巧妙地将丝条穿插固定在耐腐蚀、高强度的尼龙绳(中心绳)上。由于拉丝过程中运用了特殊工艺，弹性丝条表面呈波纹状并带毛刺，藉此提高其比表面积并有利于微生物附着。丝条以中心绳为轴呈螺旋形辐射状排列，在水中充分伸展，故立体分布均匀。具有一定刚性的弹性丝条可对充氧气泡进行多层次的碰撞切割，提高氧的转移率与充氧动力效率，同时丝条受气、水流的冲击，产生轻微的颤动而引成紊流，增加了水(有机物)、气(氧)与微生物的接触，提高了传质效应，促进了微生物的新陈代谢，从而强化了处理效率。

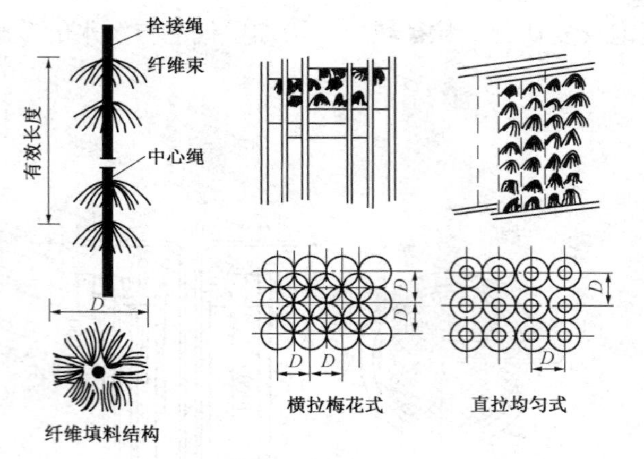

图 3-5-22　软性纤维填料示意图

图 3-5-23　半软性纤维填料示意图

自由摆动弹性填料是对弹性立体填料的改进，无需固定支架，填料下端固定在池底，上端系于浮球上，随池中水位升降浮动。

（3）填料支架

填料支架有格栅支架、悬挂支架和框式支架3种形式。格栅支架是在池底设置格栅以支撑填料，格栅多用4~6mm厚的扁钢焊接而成，单块单元格栅尺寸常选为500×1000mm，蜂窝状填料、立体波纹状填料常采用格栅支架。悬挂支架是用绳索或电线把填料固定在处理池上下二层支架上，支架可用圆钢、钢管或塑料管焊接而成，结构简单、制作方便，广泛应用于软性、半软性、盾式等填料。框式支架多采用全塑可提升式，由聚乙烯管和板组合而成，具有重量轻（12~15kg/m^3）、耐腐蚀、易提升、安装维修方便等特点，多用于填装软性填料和半软性填料，只是价格稍高。

弹性立体填料的安装布置有正方形、等边三角形等形式，框架有钢结构与软绳结构等形式。安装时分别制成上、下两层，两层之间的距离即为填料的有效长度；每根填料的二端都留有缚扎用绳子，用特殊的打结方法将填料固定于上下两层框架上即可。该填料所配套的填料框架费用较高，一般为填料本身的1~2倍；施工期长，施工繁杂且长期浸泡在水中，钢材易腐，维修困难，并易造成二次污染。

3. 生物接触氧化池的设计计算

生物接触氧化池的设计计算参数如表3-5-2所示，其体积按容积负荷计算，并以水力停留时间进行校核，设计流量按平均日污水量设计。

表 3-5-2　生物接触氧化池的设计参数

名　　称	设计参数	说　　明
池子个数/个	≥2	按平均日污水量计算
BOD 容积负荷/[g BOD_5/(m^3·d)]	1000~1800	一般应通过试验确定
进水 BOD_5浓度/(mg/L)	100~250	否则应采用处理水回流稀释
有效接触时间/h	1~2	
滤层总高度/m	≥3	当采用蜂窝填料时，应分层填装，每层高1m，蜂窝内孔径≥25mm
气水比	10~15：1	应按满足池中溶解氧维持在2.5~3.5mg/L之间
单格池面积/m^2	≤25	

(1) 生物接触氧化池的有效容积 V

$$V=\frac{Q(L_a-L_e)}{F_V} \quad (m^3) \tag{3-5-17}$$

式中 Q——平均日污水流量，m^3/d；

L_a、L_e——进水、出水的 BOD_5 值，g/m^3；

F_V——容积负荷，$g\ BOD_5/(m^3 \cdot d)$。

(2) 水力停留时间 t

$$t=V/Q \quad (h) \tag{3-5-18}$$

如果 $t>2h$，则校核合格。否则应重新选择容积负荷值进行设计计算。

(3) 生物接触氧化池的总面积 A

$$A=W/H \quad (m^2) \tag{3-5-19}$$

式中 H——填料层高度，m。

生物接触氧化池每个池(格)的平面形状宜采用矩形，沿水流方向池长不宜大于 10m，长宽比宜采用 1∶2~1∶1，有效面积不宜大于 $100m^2$。进水端宜设导流槽，其宽度不宜小于 0.8m。导流槽与生物接触氧化池应采用导流墙分隔。导流墙下缘至填料底面的距离宜为 0.3~0.5m，至池底的距离宜不小于 0.4m。

(4) 生物接触氧化池总高度 H_0

生物接触氧化池由下至上应包括构造层、填料层、稳水层和超高，其中构造层宜采用 0.6~1.2m，填料层高宜采用 2.5~3.5m，稳水层高宜采用 0.4~0.5m，超高不宜小于 0.5m。

$$H_0=H+h_1+h_2+(m-1)h_3+h_4 \quad (m) \tag{3-5-20}$$

式中 h_1——超高，m，h_1 一般为 0.5~0.6m；

h_2——填料层上部水深，一般为 0.4~0.5m；

h_3——填料层间隙高，一般为 0.2~0.3m；

m——填料层数；

h_4——配水区高度，m，当不考虑检修时取 0.5m，当考虑进入检修时取 1.5m。

(5) 氧化池格数

$$n=\frac{A}{f} \tag{3-5-21}$$

式中 n——氧化池格数，一般 $n \geqslant 2$；

f——每格氧化池面积，一般 $f \leqslant 25m^2$。

(6) 供气量 Q_{air} 和空气管道系统

$$Q_{air}=kQ \quad (m^3/d) \tag{3-5-22}$$

式中 K——气水比，即降解每单位体积污水所需的空气量，m^3/m^3。

空气管路系统的设计计算可以参考活性污泥法曝气管路系统，这里不再赘述。

四、流动床生物膜反应器

流动床生物膜反应器也被称为悬浮载体生物膜反应器，是指生物膜载体在高速水(气)流或机械搅拌作用下而不断运动(搅动、膨胀、流化、紊动或循环等)的生物膜反应器，主要包括生物流化床反应器(Fluidized Bed Bio-Reactor，BBR)、移动床生物膜反应器(Moving

Bed Bio-film Reactor, MBBR)、循环床生物膜反应器(Circulating Bed Bio-Film Reactor, CBBR)、载体流态化生物膜反应器(FCBR)等多种类型。然而，当前国际上各种流动床生物膜反应器的命名并非按照统一的标准进行，有些概念彼此有相互覆盖重叠之处，如：有些学者将三相内循环生物流化床反应器归入流化床反应器，而有些学者则将其归入循环床反应器。

1. 生物流化床反应器

生物流化床反应器是20世纪70年代根据化学工程领域的流化床技术而开创，不仅能用于好氧生物处理，还能用于生物脱氮和厌氧生物处理。根据载体循环动力的不同可分为：以液流为动力的两相生物流化床反应器和以气流为动力的三相生物流化床反应器；根据所采用填料密度的大小，又可分为填料密度大于水的上向流生物流化床反应器、填料密度小于水的下向流生物流化床反应器。

(1) 基本结构与工作原理

如图3-5-24所示，生物流化床由床体、填料、布水单元、充氧单元和脱膜单元等部分组成。床体多呈圆形，由钢板焊接而成，需要时也可由钢筋混凝土浇筑而成。填料填充于床体之中，多采用粒径小于1mm而相对密度略大于1的砂、焦炭、陶粒、活性炭等细小颗粒材料。布水单元一般位于滤床底部，起均匀布水和承托填料颗粒的作用；充氧的污水自下而上流动，使填料流态化。脱膜单元用于及时脱出老化的生物膜，使生物膜经常保持一定的活性。由于填料粒径小，比表面积高达2000~3000m^2/m^3，能够维持较高浓度的生物量，折算成MLSS可达10~15g/L以上。

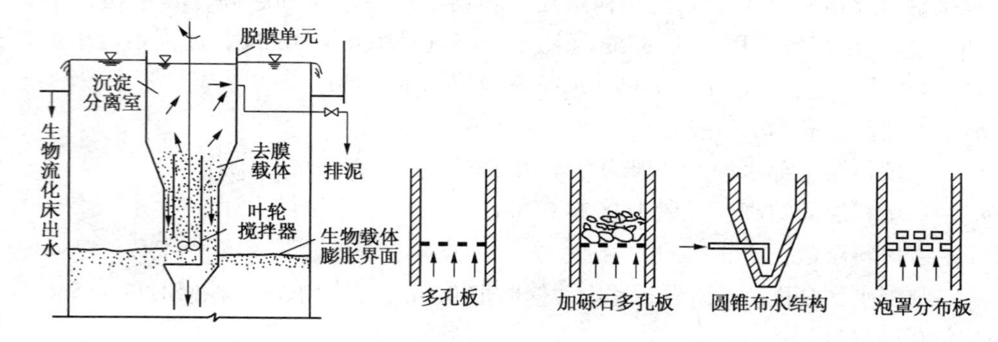

图3-5-24 生物流化床反应器及其布水单元的结构示意图

流化床中的填料因液体流速的不同，一般呈现固定、流化、流失三种状态。

① 固定状态

上升水流速度较小时，填料颗粒处于静止状态，床层处于固定状态。此时，液体流经流化床的压力损失Δp随空塔速度上升而增加。

② 流化状态

当水流上升速度达到一定值时，填料颗粒被托起而呈悬浮状态，并在床层内朝各个方向流动。床层高度随上流速度增大而增大，压力损失则基本不受流速的影响，此时为流化状态。达到流态化的起始速度称为临界流态化速度ν_{min}，与填料颗粒尺寸、密度以及液体的物理性质有关。流化床床层的膨胀程度通常以膨胀率K或膨胀比R表示。在相同的速度下，生物流化床的膨胀率随填料表面生物膜厚度的增大而增大，一般K取50%~200%。

$$K=\left(\frac{V_e}{V}-1\right)\times 100\% \tag{3-5-23}$$

$$R=\frac{h_e}{h} \tag{3-5-24}$$

式中 V、V_e——固定床层和流化床层的体积，m^3；

h、h_e——固定床层和流化床层的高度，m。

③ 流失状态

如果水流上升流速再增大，床层顶部的界面就会消失，填料颗粒随水流一起流出流化床，即为流失状态，此时在水处理中常称为流动床。达到流失状态的起始速度称为颗粒带出速度或最大流化速度 v_{max}，流化床在正常运行时的水流上升流速应控制在 v_{min} 和 v_{max}之间。

（2）两相生物流化床

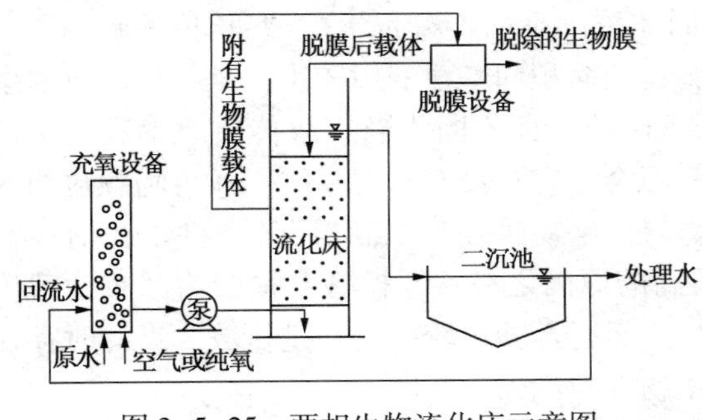

图 3-5-25　两相生物流化床示意图

也称液流动力流化床，是在生物流化床外设置曝气充氧设备和脱膜设备，为微生物充氧并脱除载体表面的生物膜，在床体内只有液、固两相（如图 3-5-25 所示）。进入反应器之前，充氧后水中的 DO 浓度可达 8~9mg/L（以纯氧为气源时，可达 30~40mg/L）。如果一次充氧不能满足微生物生命活动所需，可以将处理水回流。回流比 r 计算公式为

$$r=\frac{(L_a-L_t)K}{O_i-O_e}-1 \tag{3-5-25}$$

式中 L_a、L_t——进水、出水的 BOD_5浓度，mg/L；

O_i、O_e——进水、出水的溶解氧浓度，mg/L；

K——去除每 kg BOD_5的耗氧量，kg O_2/kg BOD_5，对于城市污水一般取 1.2~1.4。

（3）三相生物流化床

也称气流动力流化床，是直接向反应器内充氧，不另设曝气充氧设备和脱膜设备，床体内有气、固、液三相共存，气体剧烈搅动，填料颗粒间相互摩擦而使生物膜脱落。常用的充氧方式有减压释放式和射流曝气式两种，设计时应注意防止小气泡合并成大气泡而影响充氧效果。将填料（含污泥）回流是因为有时会有少量载体流失。三相生物流化床设备简单、管理方便、能耗低，应用较为广泛。

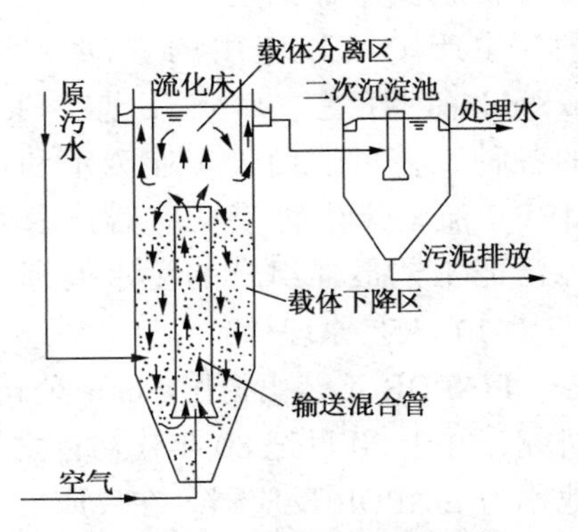

图 3-5-26　内循环式三相生物流化床示意图

内循环式三相生物流化床的结构如图 3-5-26 所示，由反应区、脱气区和沉淀区组成，反应区由内筒和外筒两个同心圆柱体组成，曝气单元设在内筒的底部，反应区内填充生物填料。压缩空气由曝气单元释放进入内筒（升流筒），使水与载体的混合液密度减小而向上流动，达到分离区顶部后大气泡逸出，含有小气泡的水与

载体混合液则流入外筒(降流筒)。由于外筒混合液中的含气量相对减少，导致其密度增大，因此在外筒向下流动。混合液在内筒向上流动、在外筒向下流动，从而构成了完整的内循环。

三相生物流化床所采用的载体多为比重较大的矿石颗粒、陶粒或粒状活性炭(GAC)等，主要优点在于不需专门设备来控制生物膜的厚度，国内外已有应用三相生物流化床处理较高浓度工业废水的工程实例。但是，三相生物流化床也存在床体膨胀率和流体均匀性难以控制等缺点，使其难以应用于处理水量较大的情况。

(4) 生物流化床反应器的设计及其要点

生物流化床反应器一般设计成圆柱状，高径比取(3~4)∶1。对于内循环三相生物流化床，反应器升流区截面积和降流区截面积之比宜为1∶1左右。布水单元对于两相生物流化床非常重要；三相生物流化床有气体的搅拌，布水单元不是很关键。脱膜设备一般只在两相生物流化床系统中设有，主要有振动筛、叶轮脱膜、刷式脱膜等几种形式。

生物流化床反应器具有如下特点：①生物固体浓度高(10~20g/L)，容积负荷较高[7~8kg $BOD_5/(m^3 \cdot d)$以上]，水力停留时间较短，占地面积和基建费用较小，是一种高效的生物处理构筑物；②床内载体颗粒剧烈运动，气-固-液界面不断更新，故传质效率高、耐冲击负荷能力强，利于加快生化反应速率；③滤料不会堵塞，没有污泥膨胀；④生物颗粒相互碰撞和摩擦致使生物膜较薄(一般<0.2μm)且均匀，生物膜呼吸率高(同等条件下为活性污泥的2倍)，微生物活性强，这正是其负荷率较高的原因之一；⑤设备磨损较为严重，载体颗粒也会被磨损变小；⑥在我国应用较少因而生产运行经验也较少，在进行放大设计时存在如何防堵塞、曝气方法选择、布水单元选用、生物颗粒流失等问题。

2. 移动床生物膜反应器

移动床生物膜反应器所采用的生物膜载体尺寸一般较大，从十几到几十毫米不等，而且载体的密度一般比水小或者与水接近，以降低驱动载体流动所需的能耗。一般而言，在移动床生物膜反应器中，附着相生物膜与悬浮相活性污泥共同发挥作用，其中悬浮相活性污泥可以占到总生物量的25%~35%，因此是一种传统活性污泥工艺和生物膜工艺相结合而组成的双生长型生化反应器，也有文献称其为投料活性污泥法。移动床生物膜反应器的主要优点是进水及预处理系统简单，进水可不经沉淀而直接进行处理。生产中实际应用的移动床生物膜反应器主要有Captor工艺、LINPOR工艺、AnoxKaldnes™工艺、IFAS工艺、FlooBed®工艺。以这些移动床生物膜反应器技术为基础的各种工艺可适用于工业废水和市政污水处理，例如法国Veoila集团以AnoxKaldnes™ MBBR流动床生物膜反应器技术为基础的BAS™工艺、HYBAS™工艺就属于MBBR和活性污泥工艺最佳组合的污水处理工艺。这里仅介绍LINPOR工艺。

(1) 工艺原理

LINPOR工艺由德国Linde公司的Manfred R. Morper博士于20世纪70年代末开始开发研究，并于20世纪80年代初首次提出。该工艺是传统活性污泥法的改进，经改进后的曝气池称为LINPOR反应器。在反应器运行初期，可分批将填料投入曝气池，使之形成一层悬浮层并得到润湿，填料堆积体积通常占反应器有效容积的10%~30%。所投加的填料为Linde公司的专利产品，具有通透性好、耐磨损、易挂生物膜等优点。多孔性泡沫海绵或泡沫塑料是最常用的两种填料，其大小一般为12mm×12mm×12mm、孔隙率为90%。进入孔隙的微生物并不完全处于附着生长状态，部分也处于悬浮生长状态，这两种生长状态不断交换。为保证微生物有充足的氧，在池底铺设微孔曝气器。总体来看，LINPOR 反应器中的微生物由两部分组成：一部分附着生长于多孔塑料泡沫填料上，另一部分悬浮于活性污泥中。表面生长了微生物的填料密度略大于水，其在静水中的沉降速度为 2～10cm/s。由于曝气所产生的紊动作用及气泡在孔隙内外的传质，使填料在池中呈流化态，促使微生物保持较好的活性并避免发生结团现象。在出水区设置一道特制的穿孔不锈钢格栅，以防止填料随处理出水流失。处于悬浮态的活性污泥则可穿过格栅而流出曝气池，并在二沉池中进行泥水分离，然后实现污泥回流。对窄长形的 LINPOR 反应器而言，为防止填料在出水区过多积聚，需要用气体举升泵将部分填料从出水区回送至进水区。利用池内水流的紊动作用产生的水力剪切以及回流量来调控生物量。

LINPOR 工艺有三种不同的方式：一是 LINPOR-C 工艺，二是 LINPOR-C/N 工艺，三是 LINPOR-N 工艺。

（2）LINPOR-C 工艺

图 3-5-27 为 LINPOR-C 工艺的流程示意图，主要用于去除水中的有机碳污染物，工艺流程与典型活性污泥法工艺基本相同，由曝气池、二沉池、污泥回流系统等组成。反应器中填料材料表面及空隙内的微生物量通常可达 10～18g/L，最大可达 30g/L。附着于载体表面生长的微生物具有良好的污泥体积指数（SVI）值，利于污泥沉降性能的改善。反应器中处于悬浮状态的微生物量一般为 4～7g/L。

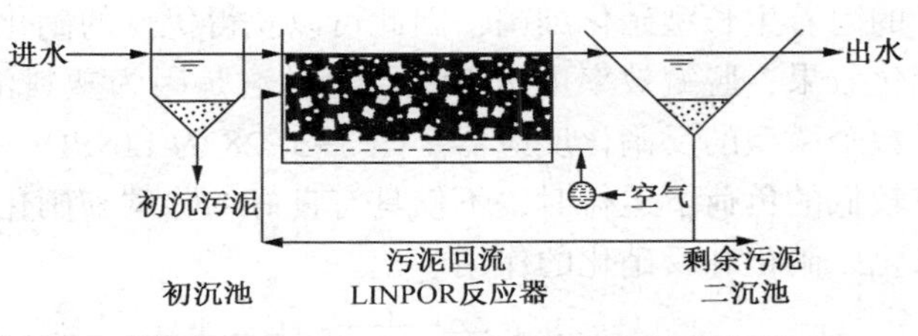

图 3-5-27　LINPOR-C 工艺的流程示意图

LINPOR-C 工艺几乎适用于所有形式的曝气池，特别适用于对超负荷运行市政生活污水和工业废水活性污泥法处理厂的改造，可在不增加原有曝气池容积和不变动其它处理单元的前提下，提高处理能力、处理效果及运行稳定性。

LINPOR-C 工艺在欧洲已经得到较为广泛的应用。如德国慕尼黑市 Groβlappen 纸板厂污水处理原来采用传统的活性污泥法工艺，曝气池的总容积为 39300m^3，分 3 组独立运行，每组又分为 9 个并联运行的曝气池，每个曝气池的容积为 1500m^3。该厂在运行过程中，由于水量增加而存在处理出水水质超标问题，为此将其中两组改造成为 LINPOR-C 工艺，在两组曝气池中分别投加 30%的多孔性泡沫塑料填料。改造后，尽管有机负荷大大超过设计值［如 BOD_5设计负荷为 2166kg/（m^3·d），实际为 4104kg/（m^3·d）］，但经 24h 连续采样的监测结果表明，处理出水水质得到了明显改善，以优于设计指标而达标排放。表 3-5-3 为 LINPOR-C工艺在亚洲地区的部分应用情况。

表 3-5-3　LINPOR-C 工艺在亚洲地区的部分情况

名称及开始运行时间	处理能力	LINPOR®-Stage	废水性质	
			进水	出水
朝鲜 DaehanI 造纸厂，1995 年	30000P. E. Q_d＝9000m^3/d	V_c＝1650m^3 $MLSS_{eusp.}$ ＝4g/L $MLSS_{fixed}$＝20g/L	COD＝400mg/L BOD_5＝200mg/L	COD<70mg/L BOD_5<50mg/L

续表

名称及开始运行时间	处理能力	LINPOR®-Stage	废水性质	
			进水	出水
日本 Seki 市市政污水，2000 年	53600P. E. $Q_d = 14300m^3/d$	$V_c = 2260m^3$ $MLSS_{eusp.} = 5g/L$ $MLSS_{fixed} = 20g/L$	COD = 252mg/L $BOD_5 = 150mg/L$	COD<30mg/L $BOD_5 < 10mg/L$
大连春柳河污水处理厂，2001 年	280000P. E. $Q_d = 80000m^3/d$	$V_c = 13104m^3$ $MLSS_{eusp.} = 3.5g/L$ $MLSS_{fixed} = 18g/L$	COD = 380mg/L $BOD_5 = 170mg/L$	COD<80mg/L $BOD_5 < 20mg/L$

（3）LINPOR-C/N 工艺

LINPOR-C/N 工艺具有同时去除水中 C 和 N 的双重功能，由于在反应器中存在较大数量的附着生长型硝化细菌，因此可以获得优良的硝化作用；此外，还可以同时获得良好的反硝化效果，脱氮效率可达 50%以上，这是因为塑料泡沫的多孔性使得载体填料内部形成了无数个微型的反硝化反应器。图 3-5-28 为 LINPOR-C/N 工艺的一种工艺组成及运行方式，在较低的负荷下运行时，不仅具有良好的除碳和硝化作用，而且在同一个反应器中同时发生碳化、硝化和反硝化的作用。

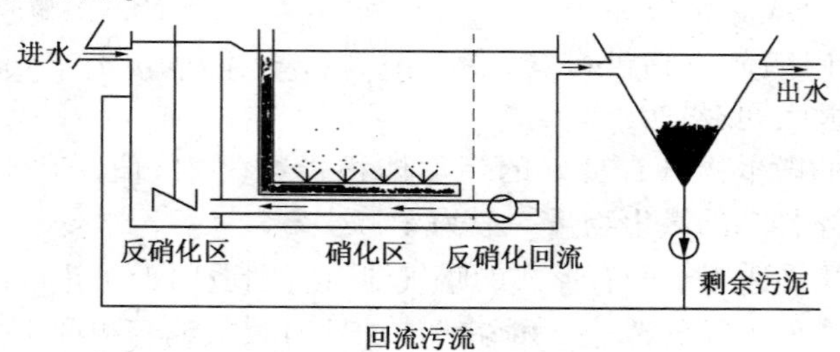

图 3-5-28　LINPOR-C/N 工艺的流程示意图

日本 Bisai 市一家纺织厂采用该工艺对原有传统工艺进行了改造（投加填料 10%），处理效果得到明显改善，其中 COD_{Cr} 去除率由原来的 50%提高到 72%、TN 去除率由原来的 54%提高到 75%。

（4）LINPOR-N 工艺

LINPOR-N 工艺在水处理中的应用 1987 年首次见诸文献报道，可在极低甚至不存在有机底物的情况下实现良好的脱氮效果，常用于对经二级处理后工业废水和市政污水的深度处理。传统处理工艺出水中的有机物浓度通常比较低，具有适合硝化菌生长的良好环境条件，不存在异养菌与硝化菌的竞争作用，因而在 LINPOR-N 工艺中处于悬浮生长的微生物量几乎不存在，只有那些附着于填料表面的微生物才能生长繁殖。由于在运行过程中可以清楚地观察到反应器中载体的工作状况，因而有时也被称作“清水反应器”。LINPOR-N 工艺中，所有的微生物都附着生长于填料表面，因而运行过程中无需污泥的沉淀分离和污泥回流，从而可节省污泥沉淀分离及污泥回流设备，是一种经济的深度处理工艺。图 3-5-29 为 LINPOR-N 工艺的一种工艺组成及运行方式，砂滤池保证无固体物质随水排出，出水中磷的负荷可以通过使用适当的化学药剂予以降低。

1991 年，德国制定了氨氮和总氮的出水排放标准：在温度不低于 12℃的情况下，处理

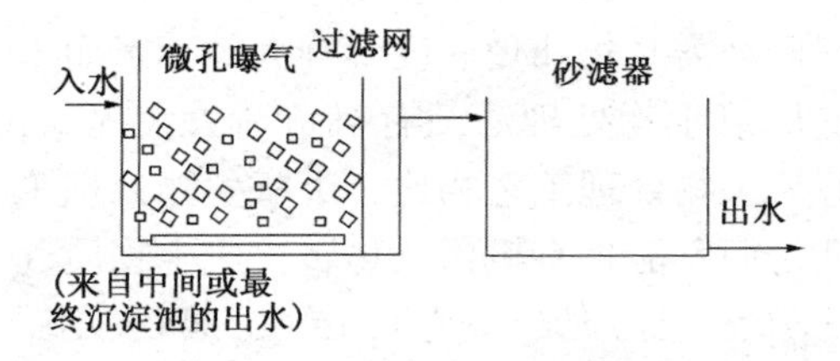

图 3-5-29　LINPOR-N 工艺的流程示意图

后出水中的氨氮和总氮分别不得超过 10mg/L 和 15mg/L。为此，德国有不少的污水处理厂纷纷采用 LINPOR-N 工艺(填料投量 30%)对原有工艺进行改造或直接采用新工艺。以 Aachen 市最大的 LINPOR-N 工艺污水处理厂为例，其设计污染物负荷为 46 万人口当量，反应器容积为 5200m^3，处理出水的 TKN 浓度低于 110mg/L；德国北部的 Hohenlockstedt污水处理厂将该工艺运用于好氧塘出水后，处理出水中氨氮的浓度始终低于 10mg/L，在温度低于 6℃时亦不例外；澳大利亚 Kembla 污水处理厂采用 LINPOR-N 工艺处理经传统生物工艺处理的炼焦炉废水，亦获得了明显的脱氮效果。

3. *循环床生物膜反应器*

循环床生物膜反应器的突出特点是具有很好的混合和传质效果，因而反应器中具有良好的水力特征，并能维持较高浓度和较高活性的微生物量，这就保证了处理能力和处理效率。按照载体循环的驱动力，可以将循环床生物膜反应器分为气提循环、机械搅拌循环和水力驱动循环等三类。

目前在污水处理中应用的气提循环床生物膜反应器主要有两种：①BAS 反应器(Biofilm air-lifted suspension reactor)，由瑞典 Gist-Brocades 公司 20 世纪 90 年代初期开发成功，并由荷兰 Paques 公司改进为 CIRCOX®工艺，在实际污水处理中得到推广应用；② Turbo N 反应器，由法国 Degrémont Technologies 公司开发，采用轻质载体，主要用于污水的硝化作用。机械搅拌循环和水力驱动循环床生物膜反应器则主要用于污水的厌氧生化处理和反硝化过程，例如：法国 Degrémont Technologies 公司开发的 Mixazur 反应器，采用粒径为 0.1～0.2mm 的黏土颗粒作为生物膜载体，投加量一般在 5%左右。如图 3-5-30 所示，该反应器内分为反应室和固液分离室两部分，中央接近于床底部安装有叶片搅拌机，由安装在池面上的电动机驱动，以带动载体转动，使其呈现流化悬浮状态。

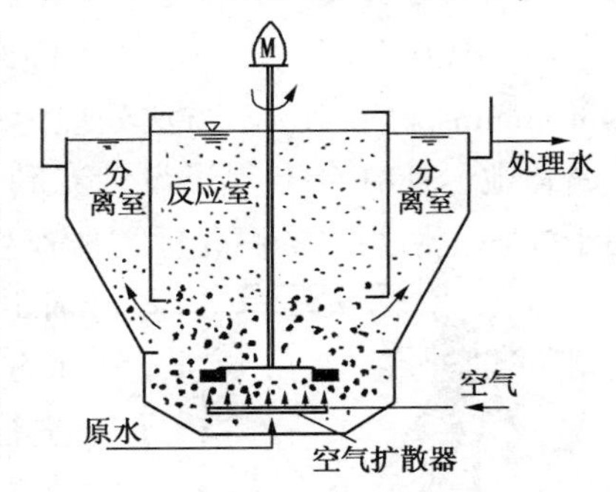

图 3-5-30　机械搅动循环床生物膜反应器的结构示意图

该流化床内充填的载体粒径为 0.1～0.4mm 之间的砂、焦炭或活性炭，粒径小于一般的载体；采用一般的水下空气扩散器充氧。在不外加碳源的情况下，反硝化速率可达 0.6kg NO_3^--N/(m^3·h)。

§3.6　厌氧法系列工艺与设备

在不与空气接触的条件下，依赖兼性厌氧菌和专性厌氧菌对有机物进行生化降解的过程，称为厌氧生物处理法或厌氧消化法。若有机物的降解产物主要是有机酸，则将此过程称为不完全的厌氧消化，简称为酸发酵或酸化；若进一步将有机酸转化为以甲烷为主的生物质气，则将此全过程称为完全厌氧消化，简称为甲烷发酵或沼气发酵。按照厌氧微生物载体的不同，也可分为厌氧活性污泥法和厌氧生物膜法，其中前者是由兼性厌氧菌和专性厌氧菌与污水中有机杂质形成的污泥颗粒。

在厌氧生物处理法问世初期，因其存在处理效率低、需时长和受温度影响大等不足而未普遍应用于水处理。随着人们研究工作的不断深入，厌氧生物处理法的有机负荷大大提高，反应时间显著缩短，因而又重新应用于水处理。与好氧生物处理工艺相比，厌氧生物处理工艺的主要优点如下：①无需充氧，运行能耗大大降低，而且能将有机污染物转化成生物质气加以利用；②污泥产量很少，剩余污泥处理费用低，产酸菌污泥产率为 0.15~0.34kg VSS/kg COD、产甲烷菌污泥产率为 0.03kg VSS/kg COD 左右，而好氧微生物污泥产率可达0.25~0.6kg VSS/kg COD；③适于处理难降解的有机废水，或者作为高浓度难降解有机废水的预处理工艺，以提高废水可生化性和后续好氧工艺的处理效果；④厌氧过程和好氧过程的串联配合使用，还可以起到脱氮除磷的作用。在全面提倡循环经济、关注资源化再生利用的背景下，厌氧生物处理势必得到更多关注和迅速发展。

一、厌氧生物反应器的发展历程

从 20 世纪 70 年代开始，大批高速厌氧生物处理技术迅速发展，其早期的一些缺点已经不复存在，厌氧生物处理技术作为高效、低耗的水处理工艺已经得到国内外众多研究者的普遍认可，成为中、高浓度有机废水最合适、最经济的处理工艺。迄今上溯来看，厌氧生物处理技术的反应器主体基本上经历了三个时代。

1. 第一代厌氧生物反应器

（1）早期发展

第一代厌氧生物反应器的时间跨度从 1881 年开始到 20 世纪中期。1860 年法国工程师 John Mouras 就采用厌氧方法处理污水中沉淀后的固体物质，亦即最早的化粪池（Septic tank）或腐化池，1881 年获得了设计专利。1895 年，Donald Cameron 在英国 Exeter 建造了第一座用于处理生活污水的腐化池，所产生的沼气收集后用于照明和加热；1904 年，德国工程师 Karl Imhoff 对腐化池进行改进，设计了如图 3-6-1 所示的 Imhoff 双层沉淀池或腐化池（Imhoff tank），能在上部对污水进行沉淀处理，下部对污泥进行厌氧消化处理。1912 年，英国伯明翰市建造了第一个污水处理用厌氧消化池（Anaerobic Digester）；1920 年，英国 Watson 建成最早的二级厌氧消化池，同时利用了沼气；1925~1926 年，在德国、美国相继建成较标准的厌氧消化池。直到 1927 年，厌氧消化的思想仍然是先沉淀后发酵，缺陷是沉淀和发酵不能分开，后来出现了将其分开的想法，从而导致了传统消化池的出现。此后直至 1950 年，高效、可加温和搅拌的厌氧消化池得到发展，比腐化池有明显优势。

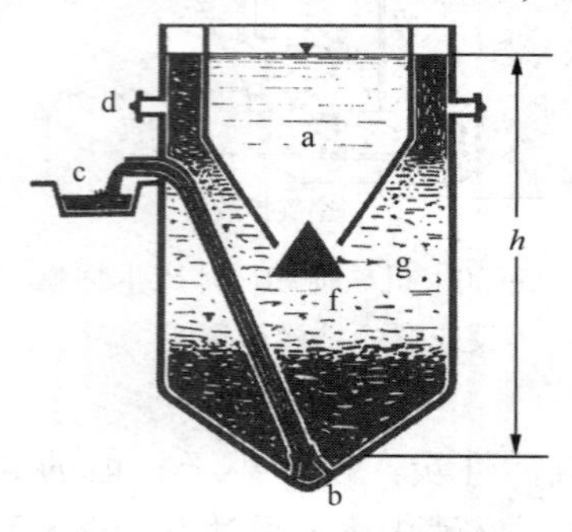

图 3-6-1 Imhoff 双层沉淀池或 Imhoff 腐化池

由于厌氧生物处理工艺中厌氧菌生长缓慢，基本上不从系统中排放剩余污泥，所以对于普通厌氧消化池而言，为了满足中温条件下产甲烷菌的生长繁殖，污泥龄与水力停留时间（HRT）相当，都为 20~30d，致使厌氧生物处理技术的应用受到限制。Stander（1950）首次认识到污泥停留时间（SRT）对于厌氧法污水处理的重要性，奠定了通过将水力停留时间（HRT）和污泥停留时间（SRT）予以分离而开发高效厌氧反应器的基础。

（2）厌氧接触法

1955 年，美国学者 George John Schroepfer 提出在普通厌氧消化池后串联一个沉淀池，将沉淀污泥又回流到厌氧消化池，进而组成了厌氧接触法工艺(Anaerobic Contact Process)，这是厌氧生物处理技术的一个重要发展。如图 3-6-2 所示，厌氧接触法工艺实质上是厌氧活性污泥法，只不过不需要曝气而需要脱气。其最大特点是通过增设污泥回流，厌氧污泥在反应器中的停留时间(SRT)第一次大于水力停留时间(HRT)，使得污泥浓度增大，处理效率和负荷显著提高。

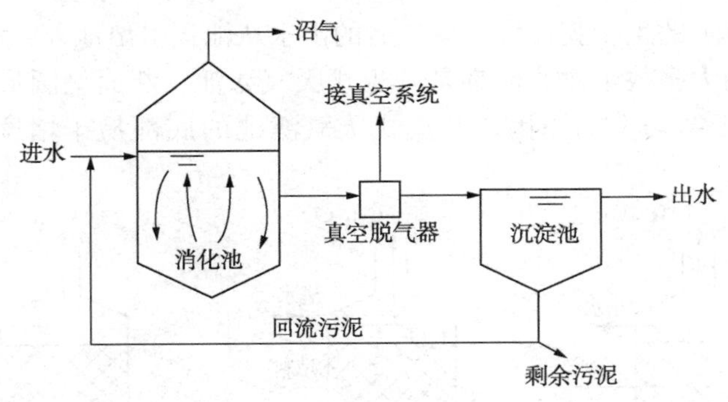

图 3-6-2　厌氧接触法工艺图

中温消化时，厌氧接触工艺的有机负荷为 2~5kg COD/(m^3・d)。这种工艺仍属于低负荷或中负荷，但其运行稳定，操作较为简单，且有较大的耐冲击负荷能力。主要问题是厌氧污泥上附着的小气泡使污泥易于上浮，而且沉淀池中的污泥仍具活性，会继续产生沼气，可能导致已下沉的污泥上浮。因此必须采取如图 3-6-3 所示的有效改进措施：①在反应器(消化池)和沉淀池之间增设真空脱气设备(真空度为 500mmH_2O)；②在反应器(消化池)和沉淀池之间增设热交换器冷却污泥，暂时抑制厌氧污泥的活性。

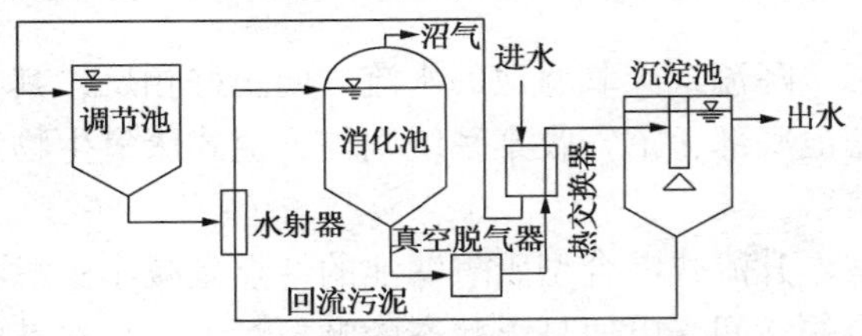

图 3-6-3　改进后的厌氧接触工艺流程示意图

2. 第二代厌氧生物反应器

高效厌氧处理系统必须满足两个条件：一是系统内能够保持大量的活性厌氧污泥，二是反应器进水应与污泥保持良好的接触。依据上述原则，自 20 世纪 60 年代末至 80 年代中期，陆续出现了厌氧滤池(Anaerobic Filter，AF)、上流式厌氧污泥床(Upflow Anaerobic Sludge Blanket，UASB)、厌氧固定膜膨胀床反应器、厌氧生物转盘和厌氧挡板反应器(或称厌氧垂直折流式反应器)。为了进一步提高厌氧反应器的处理效果，1984 年由加拿大学者 Guiot 等人提出了上流式厌氧污泥床和上流式厌氧滤池结合型新工艺，即上流式厌氧污泥床过滤器工艺。后人将上述几种反应器统称为第二代厌氧反应器。

(1) 厌氧滤池

1969 年，美国的 J. C. Young 和 P. L. McCarty 基于 J. M. Coulter 等人 1958 年的研究工作，推出了第一个基于微生物固定化原理的高速厌氧反应器——厌氧滤池(Anaerobic Filter，AF)。厌氧滤池是装填有滤料的厌氧生物反应器，池内放置填料，但池顶密封；在滤料表面有以生物膜形态生长的微生物群体，在滤料的空隙中则截留了大量悬浮生长的厌氧微生物，原水通过滤料层时，其中的有机物被截留、吸附及分解转化为 CH_4 和 CO_2 等。微生物由于附着生长在填料表面，免于水力冲刷而得到保留，通过巧妙地将水力停留时间与生物固体停留时间相分离，生物固体停留时间可以长达上百天而提高了厌氧微生物浓度，强化了传质作用，这就使得厌氧生化处理高浓度污水的水力停留时间从过去的几天或几十天缩短到几小时或几天。1972 年，厌氧滤池首次较大规模地应用于小麦淀粉废水处理。

按原水在其中的流向，厌氧滤池分为升流式、降流式和升流式混合型 3 种，如图 3-6-4 所示。升流式厌氧滤池的布水系统设于滤池底部，原水由布水系统引入滤池后均匀向上流动，通过滤料层与其上的生物膜接触，净化后的出水从池顶引出池外，池顶还设有沼气收集管。目前正在运行的大多数生物滤池都是升流式厌氧滤池，断面呈圆形，直径为 ϕ6～26m，高度为 3～13m。由于结构上的原因，升流式厌氧滤池的底部易于堵塞且污泥沿深度分布均匀。

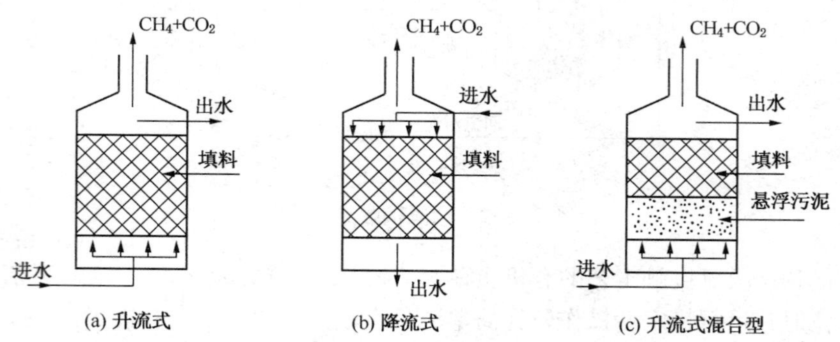

图 3-6-4　几种厌氧滤池的结构示意图

降流式厌氧滤池的水流方向正好相反，其布水系统设于滤料层上部，出水排放系统设于滤池底部，沼气收集系统则与升流式厌氧生物滤池无异。因布水系统在滤料上部而相对不易堵塞。

升流式混合型厌氧滤池的特点是减小了滤料层厚度，在布水系统与滤料层之间留出了一定的空间，以便悬浮状态的颗粒污泥能够在其中生长、累积。当原水依次通过悬浮的颗粒污泥层及滤料层时，其中的有机物将与颗粒污泥及生物膜上的微生物接触并得到稳定。试验及运行结果均表明，升流式混合型厌氧滤池具有以下优点：①与升流式厌氧滤池相比，减小了滤料层的高度；②与升流式厌氧污泥床相比，可不设三相分离器，因此节省基建费用；③可增加反应器中总的生物固体量，并减小滤池被堵塞的可能性。升流式混合型厌氧滤池中滤料层高度与滤池总高度相比，以采用 2/3 为宜。

（2）UASB 反应器

1971 年，荷兰瓦赫宁根大学（Wageningen University）的 Gatze Lettinga 教授通过物理结构设计，利用重力场对不同密度物质作用的差异，发明了三相分离器。通过使活性污泥停留时间（SRT）与水力停留时间（HRT）分离，形成了上流式厌氧污泥床（Upflow Anaerobic Sludge Blanket，UASB）反应器的雏型。1974 年，荷兰 CSM 公司在用 6m^3反应器处理甜菜制糖废水时，发现了活性污泥自身固定化机制形成的生物聚体结构，即颗粒污泥。颗粒污泥的出现，直接促进了以 UASB 为代表的第二代厌氧反应器的应用和发展，而且还为第三代厌氧反应器的诞生奠定了基础。直到今日，UASB 技术在国内外仍得到广泛应用。

如图 3-6-5 所示，UASB 反应器主要由进水配水系统、反应区、三相分离器、出水系统、气室、浮渣收集系统、排泥系统等组成，反应器上部设置有三相分离器，下部为厌氧污泥悬浮区和厌氧污泥床区。工作过程中，原水从厌氧污泥床底部流入，与高浓度的污泥混合接触，污泥中的厌氧微生物分解污水中的有机污染物，转化为沼气。沼气以微小气泡的形式不断放出，微小气泡在上升过程中不断聚并形成较大气泡；由于沼气搅动和气泡对污泥的吸附作用，在污泥床区上方形成了一个污泥悬浮区。污泥浓度较稀薄的污泥和水一起上升进入三相分离器，沼气碰到分离器下部的反射板时，折向反射板的四周，然后穿过水层进入气室，汇集在气室的沼气用导管导出；泥水混合液经过反射进入三相分离器的沉淀区，污水中的污泥发生絮凝，颗粒逐渐增大，并在重力作用下沉降。沉淀至斜壁上的污泥沿着斜壁滑回污泥悬浮区，与污泥分离后的处理出水从沉淀区溢流堰上部溢出，排出反应器。

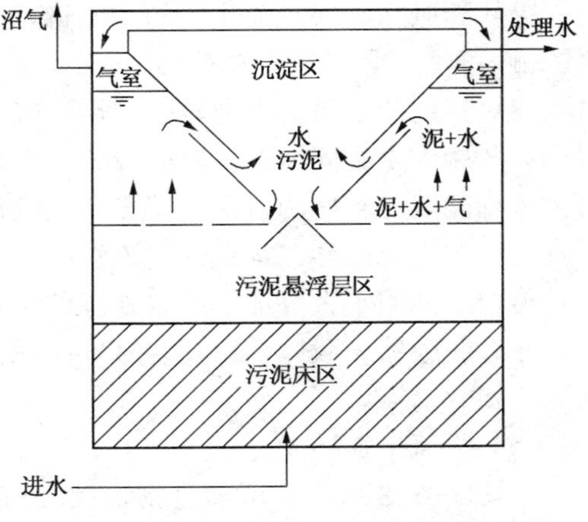

图 3-6-5　UASB 反应器的工作原理示意图

能形成沉降性能良好、活性高的颗粒污泥是保证 UASB 反应器高效稳定运行的关键。颗粒污泥的粒径一般为 0.1~0.2cm，密度为1.04~1.08g/cm^3，具有良好的沉降性能和很高的产甲烷活性。一般情况下，UASB 反应器培养出高浓度高活性的颗粒污泥需要 1~3 个月，分为启动期、颗粒污泥形成期和颗粒污泥成熟期 3 个阶段。

与厌氧接触工艺和厌氧滤池工艺相比，UASB 工艺具有以下特点：①污泥的颗粒化使反应器内的平均污泥浓度达 50g VSS/L 以上，污泥龄可达 30d 以上；②反应器的水力停留时间(HRT)较短，容积负荷较高；③反应器集生物反应和沉淀分离于一体，结构紧凑，操作运行方便；④反应器中无需设置填料，容积利用率高、费用低；⑤反应器中的上升水流和沼气气流能起到搅拌作用，一般无需设置搅拌设备；⑥温度在 30~35℃之间，COD 去除率达 70%~90%，BOD 去除率>85%，适合于处理高、中浓度的工业有机废水和低浓度的城市污水。

(3) 厌氧膨胀床和厌氧流化床

1980 年，美国的 M. S. Switzenbaum 和 W. J. Jewell 推出厌氧附着膜膨胀床(Anaerobic Attached Film Expanded Bed，AAFEB)反应器和厌氧流化床(Anaerobic Fluidized Bed，AFB)反应器。如图3-6-6所示，床内填充细小的固体颗粒载体，常用的有石英砂、无烟煤、活性炭、陶粒和沸石等，粒径一般为 0.2~1.0mm。废水从床底部进入向上流动，采用循环泵将部分出水回流使载体颗粒在反应器内膨胀或形成流化状态。一般认为，膨胀床反应器是床内载体略有松动，载体间空隙增加但仍保持相互接触的反应器，其膨胀率一般为 10%~20%；流化床反应器是上升流速增大到能使载体在床内自由运动而互不接触的反应器，其膨胀率一般为 20%~70%。

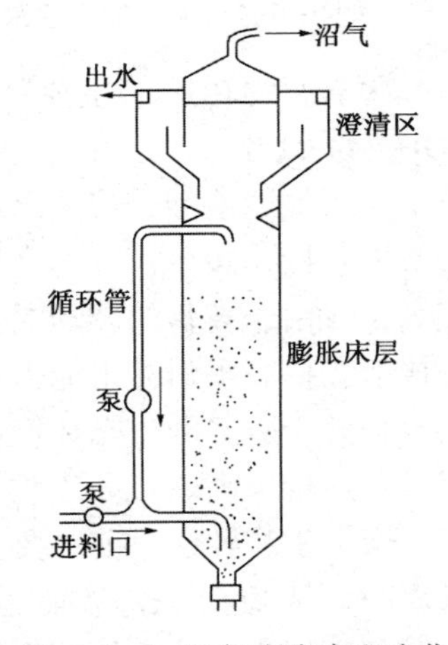

图 3-6-6　厌氧膨胀床和流化床工作原理示意图

厌氧膨胀床或厌氧流化床中的微生物浓度与载体粒径、载体密度、上升流速、生物膜厚度和孔隙率等因素有关。例如：颗粒粒径过大时，颗粒自由沉降速度大，必须增加流化床的高度以保证一定的接触时间；水流剪切力大，生物膜易于脱落；比表面积较小，则容积负荷低。

厌氧膨胀床和厌氧流化床的主要特点是：①细颗粒载体比表面积大，床内微生物浓度很高（一般可达 30g VSS/L 左右），故有机容积负荷较高[10~40kg COD/(m^3·d)]，水力停留时间较短，耐冲击负荷能力较强，运行较稳定；②载体处于膨胀或流化状态，堵塞的可能性很小；③床内生物固体停留时间较长，剩余污泥量较少；④处理高浓度有机废水和低浓度城市污水均能取得较好的效果。膨胀床或流化床的主要缺点是：载体选择不当时流化或膨胀耗能较大，对系统设计、运行的要求较高。

美国早期用于大豆加工废水处理的厌氧流化床工艺流程如图 3-6-7 所示，特点是在流化床外有脱膜器，载体采用粒径 0.5mm 的石英砂，空塔线速度采用 31m/h，厌氧流化床上部无三相分离器。

（4）厌氧生物转盘

如图 3-6-8 所示，厌氧生物转盘（Anaerobic Rotating Biological Contactor，ARBC）的构造与好氧生物转盘基本类似，也由盘片、反应槽、转轴、驱动机构、支承轴承座等组成，区别在于厌氧生物转盘上部加盖密封，以收集沼气和防止液面上的空间有氧存在，同时所有转盘盘片完全浸没在水中。盘片分为固定盘片（挡片）和转动盘片两种，相间排列，以防止盘片间生物膜粘连堵塞；转动盘片串联，中心穿以转轴，轴安装在反应器两端的支承轴承座上。对水的净化靠盘片表面生物膜和悬浮在反应槽中的厌氧菌完成。由于盘片转动，作用在生物膜上的剪力可将老化的生物膜剥落，剥落下的生物膜在水中呈悬浮状态，随水流出槽外；沼气从反应槽顶排出。

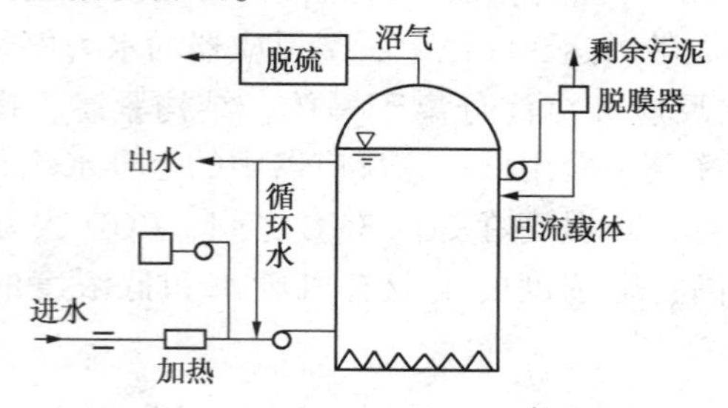

图 3-6-7　大豆加工废水厌氧流化床工艺流程

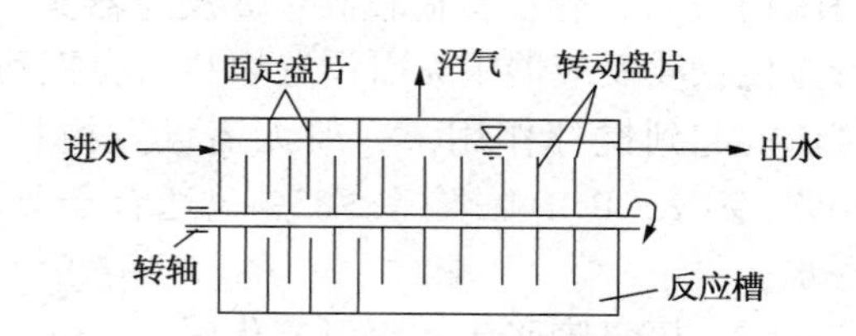

图 3-6-8　厌氧生物转盘结构示意图

厌氧生物转盘的主要特点是：①生物浓度高，有机负荷高，中温条件下可达 0.04kg COD/(m^2盘片·d)，水力停留时间（HRT）短；②污水在槽内沿水平方向流动，反应槽高度小，比厌氧滤池和升流式厌氧污泥床（UASB）进水提升高度低，同时一般不需回流，所以比较节能且操作简单；③不会发生像厌氧滤池等的堵塞问题，适合处理含较高悬浮固体的有机废水；④由于转盘的转动混合作用，使盘片上的生物膜保持较高活性，并使污水与生物膜充分接触，提高了耐冲击能力和处理的稳定性；⑤多采用多级串联，厌氧微生物也分级，各级微生物处于较好的生态环境中，处理效果好（去除率可达 90%左右）。主要缺点是盘片及整套设备造价较高。

厌氧生物转盘目前主要处于小试研究阶段，国内对于玉米淀粉废水和酵母废水的研究结果表明，其 COD 去除率能达到 70%~90%，有机容积负荷可达 30~70g COD/(m^3·d)。国外对于厌氧生物转盘处理牛奶生产废水、生活污水等的研究结果表明，在进水 TOC 为 110~6000mg/L 的条件下，其 TOC 去除率可达 60%~80%，有机负荷率可达 20g TOC/(m^3·d)。

（5）厌氧挡板反应器

厌氧挡板反应器（Anaerobic Baffled Reactor，ABR）的结构如图 3-6-9 所示，通过设置多

个垂直挡板，将反应器分隔为数个上向流和下向流的小室，使原水循序流过这些小室，泥水混合液得以充分混合、反应。上向流室较宽，以利于污泥聚集；下向流室较窄，通往上向流室的挡板下部边缘处加50°的导流板，以利于混合液能流至上向流室的中心。实质上，厌氧挡板反应器相当于多个UASB反应器的串联。如果原水浓度过高，宜将处理出水回流以达到稀释的目的。

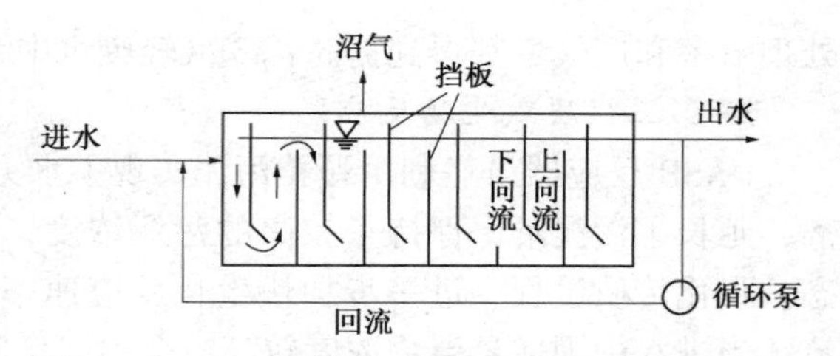

图3-6-9 厌氧挡板反应器的结构示意图

厌氧挡板反应器的主要特点是：①无转动部件、三相分离器和混合搅拌部件，结构简单，能耗低；②反应器启动时间较短，无污泥堵塞问题，运行较稳定。美国学者P. L. McCarty关于厌氧挡板反应器的研究结果表明，在进水COD为7.3~8.3g/L、水力负荷为0.5~1.3$m^3/(m^3 \cdot d)$、回流比为0.4~2.0、有机物负荷为3.5~10.6kg COD/$(m^3 \cdot d)$的条件下，COD去除率可达78%~91%，产气量在2.3~6.9$m^3/(m^3 \cdot d)$之间。美国夏威夷大学对平流式厌氧挡板反应器处理养猪废水的研究结果表明，在温度为30℃、进水COD为1190~4580mg/L、有机负荷为2.5~8.5kg COD/$(m^3 \cdot d)$、HRT为0.25~5d的条件下，COD去除率可达80%。

（6）两相厌氧处理工艺

根据厌氧消化过程中产酸和产甲烷两个阶段起作用的微生物群在组成和生理生化特性方面的差异，采用两个独立的反应器串联运行，称之为两相厌氧处理工艺。反应器的结构形式可以采用前面任何一种，二者可以相同也可以不同。第一个反应器称为产酸反应器，第二个反应器称为产甲烷反应器，两个反应器分别培养产酸菌和产甲烷菌，并控制不同的运行参数，使其分别满足两类不同细菌的最佳生长条件。两相厌氧处理工艺克服了单相厌氧消化工艺中两类微生物协调和平衡之间的矛盾，提高了反应器的处理能力。相关的工作机理在§4.4中污泥两相厌氧消化部分还将提及。

以厌氧接触法为产酸相、UASB反应器为产甲烷相的工艺流程如图3-6-10所示。荷兰酵母发酵废水处理用两相厌氧流化床的流程如图3-6-11所示，厌氧流化床采用树脂强化玻璃和聚氯乙烯衬里，两个流化床独立用循环泵调节上升速度，流化床上部各自分设三相分离器，载体用0.1~0.3mm的石英砂，流化速度为3~20m/h，产气量为500m^3/t(COD)。

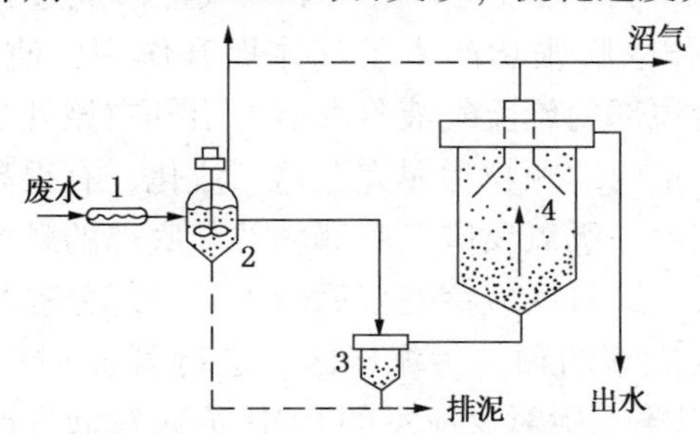

图3-6-10 厌氧接触法-升流式污泥床两相厌氧处理工艺流程图

1—热交换器；2—水解产酸罐；3—沉淀分离罐；4—产甲烷罐

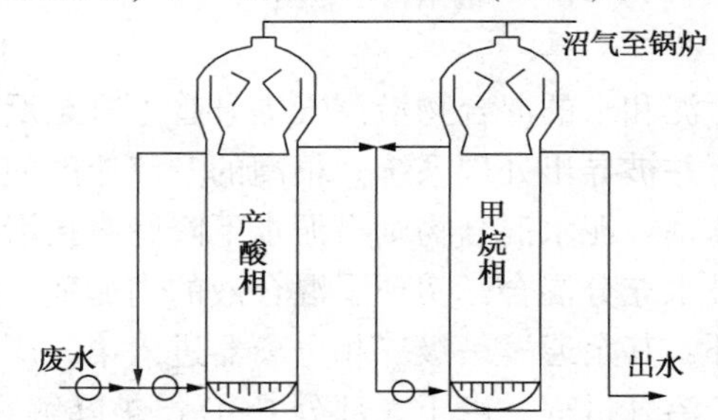

图3-6-11 酵母发酵废水处理用两相厌氧流化床工艺流程图

与单相厌氧处理工艺相比，两相厌氧处理工艺的主要特点是：①有机负荷高，运行稳定，耐冲击负荷的能力较强；②能够为两相微生物创造各自最佳的生长条件，使反应速率、处理效率和产气量都得到提高；③减轻废水中 SO_4^{2-} 等抑制物质对产甲烷菌的影响。

3. 第三代厌氧生物反应器

UASB 反应器虽然利用颗粒污泥实现了水力停留时间(HRT)与污泥停留时间(SRT)的分离，延长了污泥龄，保持了较高的污泥浓度，但在如何保持进水和污泥之间的良好接触状态、强化传质过程、进一步加快生化反应速率等方面却存在不足，例如反应器容易出现短流，当进水中固体悬浮物浓度较高时会引起堵塞等。第三代反应器则利用自身特点较好地弥补了以上问题，减少了由于高水力负荷产生的污泥流失问题。第三代厌氧生物反应器开始于 20 世纪 80 年代中期，以厌氧内循环反应器(Internal Cyclic Reactor，IC 反应器)、厌氧膨胀颗粒污泥床(Expanded Granular Sludge Blanket，EGSB)为代表，其设计能确保布水均匀性，避免短流和死角等现象的产生，还能利用塔式反应器结构和出水回流提高进水流速而获得良好的搅拌强度。

(1) 厌氧内循环反应器

为克服 UASB 反应器有机负荷不能太高的不足，荷兰 Paques 公司于 1985 年建立了第一个内循环(IC)反应器中试装置，1988 年第一座生产性规模的 IC 反应器投入运行。目前，IC 反应器已成功应用于啤酒生产、造纸、食品加工等行业的生产废水处理中。

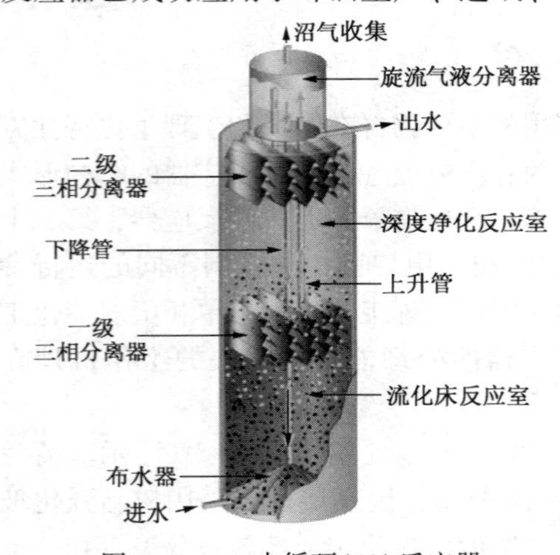

图 3-6-12 内循环(IC)反应器的结构示意图

如图 3-6-12 所示，IC 反应器由两个 UASB 反应器上下叠加串联构成，高度可达 16~25m，高径比一般为 4~8，由 5 个基本部分组成：混合区、第一厌氧反应室、第二厌氧反应室、内循环系统和出水区。其中内循环系统是 IC 工艺的核心，由一级三相分离器、沼气提升管、气液分离器和泥水下降管等组成。

经过调节 pH 值和温度的原水首先经过布水器进入反应器底部，与来自下降管的内循环泥水混合液充分混合后，进入第一厌氧反应室进行 COD 的生化降解，此处的 COD 容积负荷很高，大部分进水 COD 在此处被降解，产生大量沼气，沼气由一级三相分离器收集。由于沼气气泡形成过程中对液体所作的膨胀功产生了气体提升作用，使得沼气、污泥和水的混合物沿沼气提升管上升至反应器顶部的旋流气液分离器，沼气在该处与泥水分离并被导出处理系统。很高的升流速度使得该室内的颗粒污泥完全达到流化，有很高的传质速率。泥水混合物则沿泥水下降管直接滑落到第一厌氧反应室底部，并与底部的颗粒污泥和进水充分混合，实现了混合液的内循环。经第一厌氧反应室处理后的水除一部分参与内循环外，其余通过一级三相分离器进入第二厌氧反应室的颗粒污泥床区，进行剩余 COD 降解与产沼气过程。由于大部分 COD 已被降解，所以第二厌氧反应室的 COD 负荷较低，产气量也较小。该处产生的沼气由二级三相分离器收集，通过集气管进入旋流气液分离器并被导出处理系统。净化水经过出水堰离开反应器自流进入后续处理构筑物，颗粒污泥则返回第二厌氧反应室污泥床。IC 反应器的主要特点如下：

① 内循环使 IC 反应器的传质效果好，进水有机负荷率比 UASB 反应器高出 3 倍左右。当进水 COD_{Cr} 为 10000~15000mg/L 时，COD_{Cr} 容积负荷率可达 30~40kg/(m^3·d)；当 COD_{Cr}

为2000~3000mg/L时，进水COD_{Cr}容积负荷率可达20~25kg/(m^3·d)，HRT仅为2~3h，COD_{Cr}去除率可达80%；上升流速可达10~20m/h。

②I C反应器的体积为UASB反应器的1/4~1/3左右，有很大的高径比，占地面积小；系统完全封闭系统，无异味排放。

③ 处理低浓度废水时，循环流量可达进水流量的2~3倍；处理高浓度废水时，循环流量可达进水流量10~20倍。循环流量与进水在第一厌氧反应室充分混合，使原水中的有害物质得到充分稀释，降低其有害程度，提高了反应器抗冲击负荷的能力。

④ 沼气提升实现内循环，不必外加动力，无运转部件；IC反应器相当于两级UASB反应器，两级处理一般比单级处理的稳定性好，出水水质较为稳定。

⑤ 内部结构较复杂，对工艺设计和运行管理的要求较高。

IC反应器的典型应用场合有土豆加工废水、奶酪废水、菊糖废水、食品加工废水、啤酒废水等，表3-6-1给出了IC反应器和UASB反应器处理啤酒废水的运行结果对比。

表3-6-1 IC厌氧反应器和UASB反应器处理啤酒废水的运行结果

厂名	反应器类型	厌氧反应器		进水			COD容积负荷/[kg/(m^3/d)]	HRT/h	η_{COD}/%	反应温度/℃
		容积/m^3	高/m	COD/(g/L)	SS/(g/L)	pH				
上海富仕达啤酒厂	IC	400	20.5	2	0.1~0.6	4~10	15	2	*	
沈阳华润雪花啤酒有限公司	IC	70	16	4.3	0.29	4.5~6.5	25~30	4.2	80	中温
国外啤酒厂甲	IC	162	20	2	0.3~0.5		24	2.1	80	31
国外啤酒厂乙	IC	50	22	1.6	0.4~0.6		20	2.3	85	24~28
北京啤酒厂	UASB	2000		2	0.5		4.3	11.2	>80	常温
荷兰BaraviaB. V.啤酒厂	UASB	1400	6.5	1.0~1.5	0.2~0.3	6~10	4.5~7	3.4~8	75~80	

注：*为该厂厌氧反应器后接好氧处理系统，总出水COD质量浓度为75mg/L，COD的去除率为96.3%。

在IC反应器的基础上，人们还设计研制了双循环(DIC)厌氧反应器。DIC厌氧反应器由罐体、内循环系统、多点布水系统组成，其特点是罐体内独特的内循环结构，利用进水和沼气产生的上升力，在罐体内产生压力差，形成多层次内循环系统，原水分层次进入反应器后，在上流过程中与不同内循环层面、不同菌落的活性污泥接触、吸附、消化，使污水和微生物之间的传质得到加强，使污染物处理得更彻底、更迅速。

(2) 厌氧膨胀颗粒污泥床(EGSB)反应器

EGSB反应器是在UASB反应器基础上开发出来的新型高效厌氧反应器。荷兰瓦赫宁根大学(Wageningen University)的Gatze Lettinga教授等1976年研究发现，UASB反应器处理效率不高是因污水与污泥未得到足够充分的混合接触，从而影响了反应速率。于是他们提出了改进措施：通过设计较大高径比(可达20或更高)的反应器，同时将出水加以循环，以提高反应器内的液体上升流速，使颗粒污泥床层充分膨胀，这样就能保证污泥与污水充分混合，同时使颗粒污泥床中絮状剩余污泥的积累减少，这样便开发了EGSB反应器。EGSB反应器与UASB反应器的本质区别在于反应器内液体上升流速不同：UASB反应器中的水力上升流速一般小于1m/h，污泥床更像一个静止床；而EGSB反应器中的水力上升流速一般可达5~10m/h，整个污泥床呈膨胀状态。此外反应器较高的高径比和容积负荷，减少了反应器的体积。

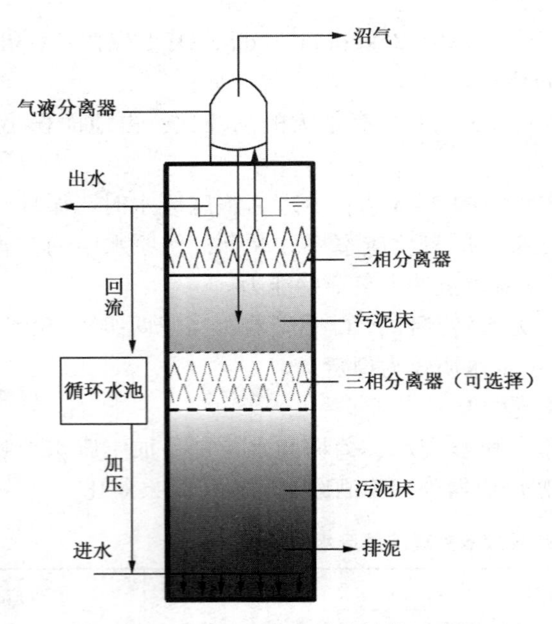

图 3-6-13　EGSB 反应器的结构示意图

如图 3-6-13 所示，EGSB 反应器主要包括主体、布水系统、三相分离器、出水收集系统、循环系统、气液分离器、排泥系统、加热和保温系统等部分。布水系统将原水均匀地分配到整个反应器底部，并产生一个上升流速。由于 EGSB 反应器内的液体上升流速比 UASB 反应器大得多，所以必须对三相分离器进行改进：①增设一个可以旋转的叶片，在三相分离器底部产生一股向下水流，以利于污泥回流；②采用筛鼓或细格栅，以截留细小颗粒污泥；③在反应器内设置搅拌器，以利于气泡与颗粒污泥分离；④在出水堰处设置挡板，以截留颗粒污泥。出水循环能提高反应器内的液体上升流速，充分膨胀颗粒污泥床层并加强传质效果，还能避免反应器内死角和短流现象的发生。

除了上面所介绍的各种厌氧反应器单体之外，目前还出现了复合(Hybrid)厌氧法，即将几种厌氧反应器复合集成在一个设备中。目前已经开发出将 UASB 反应器与厌氧滤池复合而成的升流式厌氧污泥过滤器，该反应器由于下部保持高浓度的污泥层，上部的纤维填料又有大量的生物膜，因此具有良好的工作特性。

二、UASB 反应器的设计计算

设计计算的主要内容包括：①池型选择、有效容积以及各主要部位尺寸的确定；②进水配水系统、出水系统、三相分离器等主要设备的设计计算；③排泥和排渣系统的设计计算。

1. 反应器所需容积及主要尺寸的确定

(1) UASB 反应器的有效容积

UASB 反应器的有效容积 V 一般包括沉淀区和反应区的总容积，不包括三相分离器的容积。一般情况下，对于中等浓度和高浓度有机废水，有机容积负荷率是限制因素，反应器的容积与废水量、废水浓度和允许的有机物容积负荷去除率有关。根据实际废水情况，取容积负荷和 COD 去除率一定值，则 UASB 反应器的有效容积为

$$V_{有效}=\frac{Q(C_0-C_e)}{N_v} \tag{3-6-1}$$

式中　Q——设计处理量，m^3/d；

C_0、C_e——进、出水的 COD 浓度，$kgCOD/m^3$；

N_v——COD 容积负荷率，kg COD/(m^3·d)。

UASB 反应器容积负荷率的选取应考虑到反应温度、废水性质和浓度以及是否能够在反应器内形成颗粒污泥等多种因素，对于食品工业废水或性质与之相近的废水(一般认为能形成颗粒污泥)而言，不同反应温度下容积负荷率的选择可参考表 3-6-2。对于不能形成颗粒污泥而形成絮状污泥的废水来说，其容积负荷率一般不宜超过 5kg COD/(m^3·d)；处理中低浓度(1500~2000mg COD/L)废水时，其容积负荷率一般控制在 5~8kg COD/(m^3·d)之间，以免水流上升速度过大而使厌氧污泥流失；而处理高浓度(5000~9000mg COD/L)废水

时，其容积负荷率一般控制在 10~20kg COD/(m^3·d)之间，以免产气负荷过高导致厌氧污泥的流失。反应器有效高度多取 4~6m，浓度低时选值可小些。

表 3-6-2　食品工业等废水的容积负荷率设计取值

温度/℃	高温(55~65)	中温(35~38)	常温(20~25)	低温(10~15)
容积负荷率/[kg COD/(m^3·d)]	20~30	10~20	5~10	2~5

(2) UASB 反应器的形状和尺寸

UASB 反应器的断面形状一般有矩形、方形和圆形，圆形断面的反应器虽然具有结构较稳定的特点，但建造配套用的三相分离器要比矩形和方形反应器复杂得多，因此大型 UASB 反应器多选用矩形断面；在设计小型 UASB 反应器时常采用圆形断面。UASB 反应器的底部呈锥形或圆弧形，高度一般为 3~8m，其中污泥床 1~2m，污泥悬浮层 2~4m。主体结构采用钢或钢筋混凝土，三相分离器可由多个单元组合而成，如图 3-6-14 所示。

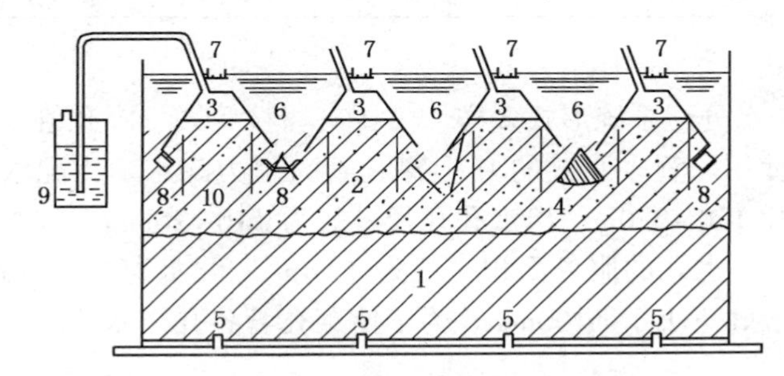

图 3-6-14　UASB 反应器的结构示意图

1—污泥床；2—悬浮污泥层；3—气室；4—气体挡板；5—配水系统；
6—沉降区；7—出水槽；8—集气罩；9—水封

UASB 反应器有效高度 h 的取值确定后，则横截面面积为

$$S=\frac{V_{有效}}{h} \tag{3-6-2}$$

从布水均匀性和经济性的角度来考虑，矩形池长宽比在 2∶1 左右较为合适，据此可计算出反应器的长宽值；圆形池则可相应计算出内径值。一般应用时，反应器的装液量为 70%~90%，工程设计中一般反应器总高 $H=h+1.5$m，其中超高 0.5m。

(3) 水力停留时间和水力负荷率

$$t_{HRT}=\frac{V_{有效}}{Q}\quad(h) \tag{3-6-3}$$

$$V_t=\frac{Q}{S}\quad m^3/(m^2\cdot h) \tag{3-6-4}$$

对于颗粒污泥，水力负荷率 V_t 在 0.1~0.9m^3/(m^2·h)之间符合要求。

2. 进水配水系统的设计

(1) 布水点的设置

进水配水系统的主要作用是将原水均匀分配到整个反应器底部，并进行水力搅拌。进水方式的选择应根据进水流量而定，通常采用连续均匀进水方式。布水点的数量可选择一管一点或一管多点的布水方式，布水点数量与原水的流量、进水浓度、容积负荷等因素有关。

Gatze Lettinga 教授等推荐 UASB 反应器中布水点的设置标准如表 3-6-3 所示。反应器中共设置 n 个布水点，则每个布水点的负荷面积为

$$S_i = \frac{S}{n} \tag{3-6-5}$$

表 3-6-3　UASB 反应器中布水点的设置标准

污泥性质	进水容积负荷率/[kg COD/(m³·d)]	每个布水点负荷面积/m²	污泥性质	进水容积负荷率/[kg COD/((m³·d)]	每个布水点负荷面积/m²
密实的絮体污泥浓度>40kg TSS/m³	<1 1~2 >2	0.5~1 1~2 2~3	颗粒污泥	2 2~4 >4	0.5~1 0.5~2 >2
疏松的絮体污泥浓度 20~40kg TSS/m³	1~2 3	1~2 2~5	—	—	—

（2）配水系统形式

UASB 反应器的进水分配系统形式多样，主要有树枝管式、穿孔管式、多管多点式和上给式 4 种，设计中多使用一管多孔式的 U 形穿孔管大阻力配水。为配水均匀，配水管的中心距和出水孔距均采用 1.0~2.0m，出水孔孔径一般为 ϕ10~20mm，常取 ϕ15mm，孔口向下或与垂线呈 45°，单个出水孔的服务面积一般为 2~4m²。配水管中心线距池底一般为 200~250mm，配水管直径最好不小于 ϕ100mm。为了使穿孔管各孔出水均匀，要求孔口流速不小于 2m/s。

假设共设置布水孔 n 个，出水流速 u 一般在 2.0~2.5m/s 之间，则孔径 $d_{孔}$ 为

$$d_{孔} = \sqrt{\frac{4Q}{3600 n u \pi}} \tag{3-6-6}$$

多采用连续进水方式，布水孔孔口向下，有利于避免孔口堵塞，而且由于 UASB 反应器底部反射散布作用，有利于布水均匀。为了增强污泥和原水之间的接触，减少底部进水口的堵塞，建议进水点距反应器池底 200~300mm。

（3）上升水流速度和气流速度

根据接种污泥的不同，选择不同的空塔水流和气流速度。如采用厌氧消化污泥接种，需满足空塔水流速度 $u_k \leqslant 1.0$m/h，空塔沼气上升速度 $u_g \leqslant 1.0$ m/h；如采用颗粒污泥接种，水流速度可以提高至 1m/h$\leqslant u_k \leqslant$4.0m/h。根据以下公式计算，以验证空塔水流速度和气流速度是否符合上述要求

$$u_k = \frac{Q}{S} \tag{3-6-7}$$

$$u_g = \frac{Q C_0 \eta E}{S} \tag{3-6-8}$$

式中　η——产气率，m³/kg COD，例如可以采用每去除 1 千克 COD 产生 0.5m³ 沼气；

E——COD 去除率，一般取 80%。

3. 三相分离器的设计

三相分离器的结构形式多种多样，但无论哪一种结构，都必须具有气液分离、固体分离和污泥回流 3 个主要功能，以及气封、沉淀区和回流缝 3 个组成部分。单个三相分离器的构

造如图 3-6-15 所示，主要设计控制参数如下：①沉淀区斜壁角度约 50°，使沉淀在斜底上的污泥不积聚，尽快滑回反应区内；②沉淀区的表面负荷率应在 $0.7m^3/(m^2 \cdot h)$ 以下，混合液进入沉淀区前，通过入流孔道(缝隙)的流速不大于 2m/h；③应防止气泡进入沉淀区影响沉淀；④应防止气室产生大量泡沫，并控制好气室的高度，防止浮渣堵塞出气管，保证气室出气管通畅无阻。从工程实际情况来看，气室水面上总是有一层浮渣，其厚度与水质有关。因此，在设计气室高度时应考虑浮渣层的高度，此外还需考虑浮渣的排放。

图 3-6-15(a)所示的三相分离器较为简单，但泥水分离的情况不够理想，因为回流缝同时存在上升和下降两种流体，互相有干扰；图(c)也有类似情况；图(b)三相分离器的构造虽然较为复杂，但污泥回流和水流上升互相不干扰，污泥回流通畅，泥水分离效果较好，气体分离效果也较好。具体设计过程这里不再赘述。

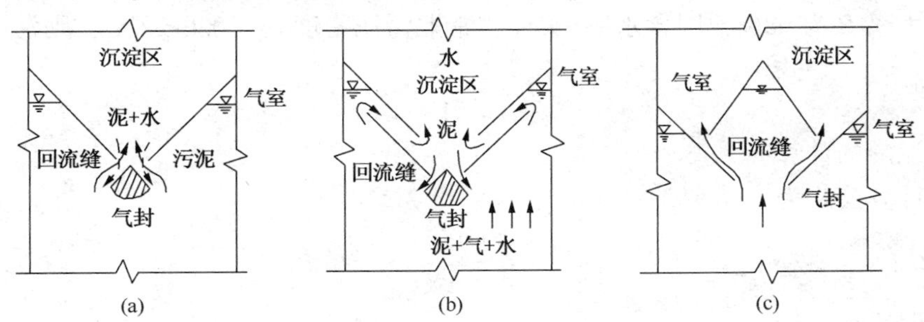

图 3-6-15　三相分离器的基本构造示意图

4. 排泥系统的设计

由于厌氧消化过程中微生物的不断生长或进水中不可降解悬浮固体的不断积累，必须在污泥床区定期排出剩余污泥，所以 UASB 反应器的设计应包括剩余污泥排出系统。

(1) 污泥总量的计算

高效工作的 UASB 反应器内，反应区的污泥沿高程呈两种分布状态，下部约 1/3～1/2 的高度范围内，密集堆积着絮状污泥和颗粒污泥。污泥颗粒虽呈一定的悬浮状态，但相互之间的距离很近，几乎呈搭接之势。这个区域内的污泥固体浓度高达 40～80g VSS/L 或 60～120g SS/L，通常称为污泥床层。污泥床层以上约占反应区总高度的 1/3～1/2 的区域范围内，悬浮着颗粒较小的絮状污泥和游离污泥，絮体之间保持着较大的距离。污泥固体的浓度较小，平均约为 5～25g VSS/L 或 5～30g SS/L，这个高度范围通常称为污泥悬浮层。

反应器内的污泥总量为

$$M = Sh_1\rho_1 + Sh_2\rho_2 + Sh_3\rho_3 \tag{3-6-9}$$

式中　h_1，ρ_1——沉淀区的高(m)和污泥浓度，g SS/L；

h_2，ρ_2——悬浮区的高(m)和污泥浓度，g SS/L；

h_3，ρ_3——污泥床的高(m)和污泥浓度，g SS/L。

(2) BOD 污泥负荷

污泥负荷表示反应器内单位质量的活性污泥在单位时间内承受的有机质质量

$$\frac{F}{M} = \frac{S_{BOD_5}Q}{M} \tag{3-6-10}$$

(3) 产泥量计算

剩余污泥量的确定与每天去除的有机物量有关，当没有相关的动力学常数时，可根据经验数据确定。一般情况下，污泥产率 X 可按每去除 1kg COD 产生 0.05~0.10kg VSS 计算，则挥发性活性产泥量为

$$\Delta X = XQS_r \tag{3-6-11}$$

式中 Q——设计处理量，m^3/d；

S_r——去除的 COD 浓度，kg COD/m^3；

X——污泥产率，kg VSS/kg COD。

对于不同的废水类型和处理规模，其 VSS/SS 之比 R 不同，一般在 0.5~1.0 之间，根据经验或实测数据选取。则污泥产量为

$$\Delta X' = \frac{\Delta X}{R} \tag{3-6-12}$$

污泥含水率 P 为 98%，因含水率>95%，常取污泥密度$\rho_s = 1000kg/m^3$，则污泥产量为

$$Q_s = \frac{\Delta X'}{\rho_s(1-p)} \tag{3-6-13}$$

(4) 污泥龄的计算

污泥龄计算公式为

$$\theta_c = \frac{M}{\Delta X} \tag{3-6-14}$$

(5) 排泥系统设计

一般认为，排出剩余污泥的位置在反应器 1/2 高度处，但大部分设计者推荐把排泥设备安装在靠近反应器底部，也有在三相分离器下 0.5m 处设计排泥管以排除污泥床上面部分的剩余絮状污泥，而不会把颗粒污泥带走。对 UASB 反应器排泥系统，必须同时考虑在上、中、下不同位置设排泥设备，应根据生产运行中的具体情况考虑实际排泥要求，来确定排泥位置。由于反应器的占地面积较大，所以必须进行均布多点排泥，建议每 $10m^2$设一个排泥点。专设排泥管管径不应小于 ϕ200mm，以防堵塞。USAB 反应器一般每 3 个月排泥 2 次，污泥排入集泥池，再由污泥泵送入污泥浓缩池。

5. 出水系统的设计计算

(1) 溢流堰设计计算

为了保持出水均匀，沉淀区的出水系统通常采用出水渠。一般每个单元三相分离器沉淀区设一条出水渠，而出水渠每隔一定距离设三角出水堰。溢流出水槽的分布如图 3-6-16 所示。

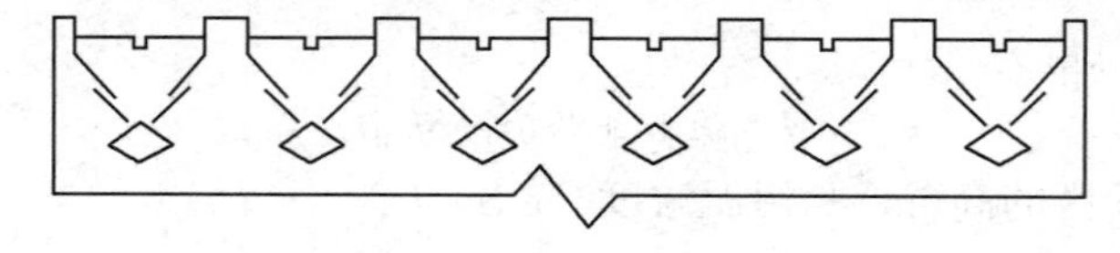

图 3-6-16　溢流出水槽的分布示意图

如前所述，池中共设有 $m-1$ 个单元三相分离器，则出水槽共有 $m-1$ 条，出水槽溢流堰为 $2(m-1)$条，槽宽常取 $b_c = 0.2m$。

反应器流量不同单位转换公式为

$$q = \frac{Q}{24\times60\times60} \quad (m^3/s) \tag{3-6-15}$$

一般设出水槽槽口附近水流速度 $v_c = 0.3m/s$，则槽口附近水深

$$h_{cf}=\frac{q}{v_c b_c} \tag{3-6-16}$$

按槽口附近水槽深 $h_c > h_{cf}$ 取 h_c 值，出水槽坡度为 0.01。一般设计 90°三角堰，堰高 50mm，堰口宽 100mm，则堰口水面宽 $b'=50$mm，溢流负荷 f 在 1~2L/(m · s)之间取值，则堰上水面总长为

$$L=\frac{q}{f} \tag{3-6-17}$$

三角堰的总数量为

$$n_{三角堰}=\frac{L}{b'} \tag{3-6-18}$$

则每条溢流堰三角堰的数量为$\frac{n_{三角堰}}{2(m-1)}$。

每个堰的出流率为

$$q'=\frac{q}{n_{三角堰}} \tag{3-6-19}$$

按 90°三角堰计算公式 $q'=1.43h^{2.5}$，则堰上水头为

$$h=\left(\frac{q'}{1.43}\right)^{0.4} \tag{3-6-20}$$

(2) 出水渠设计计算

UASB 反应器沿长边设一条矩形出水渠，$m-1$ 条出水槽的出流流至此出水渠。出水渠保持水平，出水由一个出水口排出。

出水渠宽$b_Q=0.8$m，坡度 0.01，设出水渠渠口附近水流速度 $v_Q=0.3$m/s，则渠口附近水深为

$$h_{qf}=\frac{q}{v_Q b_Q} \tag{3-6-21}$$

考虑到渠深应以出水槽槽口为基准计算，所以出水渠的渠深

$$h_q=h_c+h_{qf} \tag{3-6-22}$$

(3) 出水管设计计算

一般采用钢管排水，管道流速约为 0.82m/s，充满度设计为 0.6，设计坡度为 0.001，以此计算并选取管径。

6. *沼气收集系统的设计计算*

根据不同的处理对象，UASB 反应器主要有开敞式和封闭式两种，如图 3-6-17 所示。开敞式 UASB 反应器的顶部不加密封，出水水面开放或仅加一层不太密封的盖板，结构简单，易于施工和维修，多用于处理中低浓度的有机废水或市政污水。中低浓度废水经 UASB 反应器处理后，出水中的有机物浓度已较低，所以在沉淀区产生的沼气数量很少，一般不再收集。封闭式 UASB 反应器的顶部加盖密封(池盖也可为浮盖式)，能在反应器内的液面与池顶之间形成气室，可以同时收集反应区和沉淀区产生的沼气并进行利用，多用于高浓度有机废水或含硫酸盐较高有机废水的处理。

(1) 沼气集气系统布置

由于有机负荷较高，产气量大，因此设置一个水封罐，水封罐出来的沼气先通入气水分

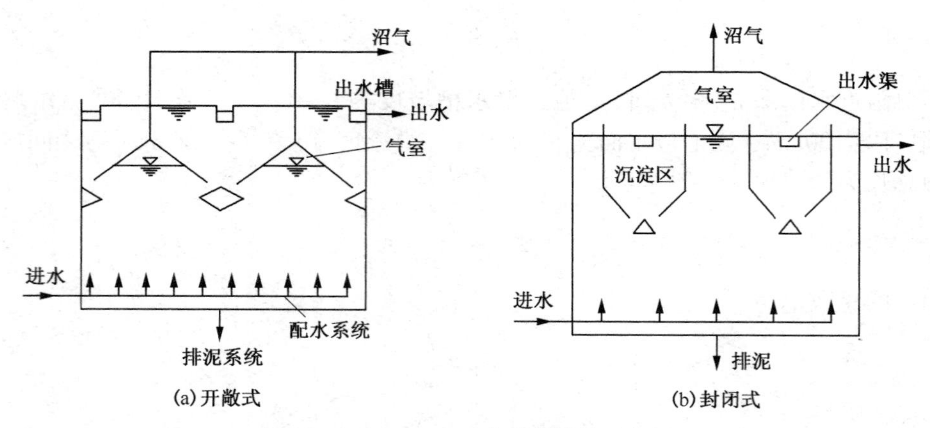

图 3-6-17　UASB 反应器的结构示意图

离器，然后再进入沼气贮柜。每日产气量 Q_g 可按下式计算

$$Q_g = Q(C_o - C_e)\eta E \tag{3-6-23}$$

（2）集气室沼气出气管

每个集气罩的沼气用一根集气管收集，采用钢管。每根集气管内最大气流量为

$$g_{max} = \frac{Q_g}{n_{沼气管}} \tag{3-6-24}$$

集气室沼气出气管的最小直径为 DN100，且尽量设置不短于 300mm 的立管出气。若采用横管出气，其长度不宜小于 150mm。

（3）沼气主管

集气室沼气出气管先汇入沼气主管。沼气主管采用钢管，管道坡度为 0.5%，主管内的最大气流量为

$$q_g = \frac{Q_g}{86400} \tag{3-6-25}$$

主管直径 d 与沼气流量的关系式为

$$q_g = \frac{a\pi d^2 v}{4} \tag{3-6-26}$$

式中　a——充满度，取 0.6；

v——主管内合理的沼气流速。

（4）水封罐的设计计算

水封罐的作用是控制三相分离器集气室中气液两相的界面高度，保证集气室沼气出气管在反应器运行过程中不被淹没，能将沼气及时排出反应器，以防止发生浮渣堵塞等问题。

设计水封高度的计算原理如图 3-6-18 所示，其计算式为，

$$H = H_1 - H_2 = (h_1 + h_2) - H_2 \tag{3-6-27}$$

式中　H——水封有效高度；

H_1——集气室液面至出水(反应器最高水面)的高度；

H_2——水封后面的阻力，包括计量设备、管道系统的水头损失和沼气用户所要求的贮气柜压力；

h_1——集气室顶部到出水水面的高度；

h_2——集气室高度，其值的选择应保证气室出气管在反应器运行中不被淹没，能通畅地将沼气排出池体，防止浮渣堵塞。

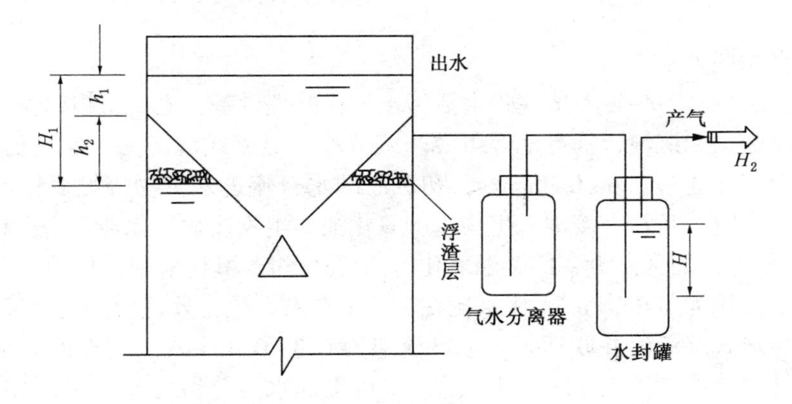

图 3-6-18　水封高度的计算示意图

经验表明，水封罐中将会积累冷凝水，因此设有一个排出冷凝水的出口，以保持罐中的水位。

若水封罐进气管的直径为 $d_{沼气}$，水封高度常取 1.5m，水封罐面积一般为进气管面积的 4 倍，则水封罐面积为

$$S_{水封罐}=\frac{1}{4}\pi d_{沼气}^{2}\times 4 \tag{3-6-28}$$

然后确定水封罐直径。

(5) 气水分离器

气水分离器起干燥沼气的作用。选用钢制气水分离器，其中预装钢丝填料；在气水分离器前设置过滤器以净化沼气，在分离器出气管上装设流量计及压力表。

(6) 贮气柜容积的确定

贮气柜的容积应该按照 3h 产气量的体积来确定，多选用钢板水槽内导轨湿式贮气柜。

§3.7　组合式污水处理设备

对于新建住宅小区、活动住房集中地、高速公路服务区、旅游公园、宾馆饭店、学校等人流相对集中或位置较为偏僻的场所，将污水排放系统与大型市政污水管网系统连接起来往往不太现实或经济上不合算。凡不能或暂时不能纳入市政污水管网系统，末端未设集中污水处理厂者，按规定都应配置小型污水处理设备。而在小型污水处理设备中，组合式或一体化污水处理设备占据着重要地位。另一方面，随着水资源的日趋紧缺和环保要求的不断提高，污水再生利用越来越受重视。在各种污水再生利用技术中，中水(Reclaimed Water)回用占有重要地位，《建筑中水设计标准》(GB 50336—2018)提出了配套建设中水设施工程的规定和要求，而小区中水、建筑中水占有比较大的市场份额，这两种中水设施工程也体现出组合式或一体化的特点。组合式污水处理设备可以采取地埋式，也可以简单放置在高楼大厦的地下室内。箱体和管道可以采用彩色不锈钢制作(使用寿命可达 40 年以上)；或采用优质钢板与无缝钢管制作，内外涂刷氯磺化聚乙烯等防腐涂料(一般使用寿命可达 15 年以上)；亦可采用全玻璃钢、玻璃钢-钢板复合结构、混凝

土结构甚至是 PVC 结构。

一、常规组合式污水处理设备

1. 以生物接触氧化为主体

(1) 无需考虑脱氮功能

图 3-7-1 所示为 WSZ-A 型地埋式生活污水生化处理设备，主要由粗格栅、调节池、污泥池、接触氧化池、二沉池、消毒池等组成。调节池为竖流式沉淀池，起到初沉池的作用，污水在其中的上升流速为 0.6~0.7mm/s，初沉后的水自流进入生物接触氧化池进行生化处理；当处理量较小时，污水直接进入生物接触氧化池。生物接触氧化池分为三级，总的水力停留时间为 4h 以上，加强型设备的接触氧化时间可达 6h，填料采用梯形填料，易结膜，不堵塞，填料比表面积为 $160m^2/m^3$，气水比在 12∶1 左右。生化处理后的混合液进入二沉池，二沉池为两座竖流式沉淀池并联运行，上升流速为 0.3~0.4mm/s。消毒池的水力停留时间按室外排水设计规范确定为 30min，对医院污水可增加水力停留时间至 1~1.5h，采用固体氯片接触溶解的消毒方式。初沉池、二沉池产生的所有污泥均用空气提升法提至污泥池内进行好氧消化，污泥池的上清液回流至生物接触氧化池内进行再处理，消化后剩余污泥很少，一般 1~2 年清理一次。风机房设在消毒池的上方，进口采用双层隔音，进风口有消声器、风机过滤器，因此运行时基本无噪声。风机采用二台 L 型罗茨鼓风机，能自动交替运行，单台风机运行寿命为 30000h 左右。

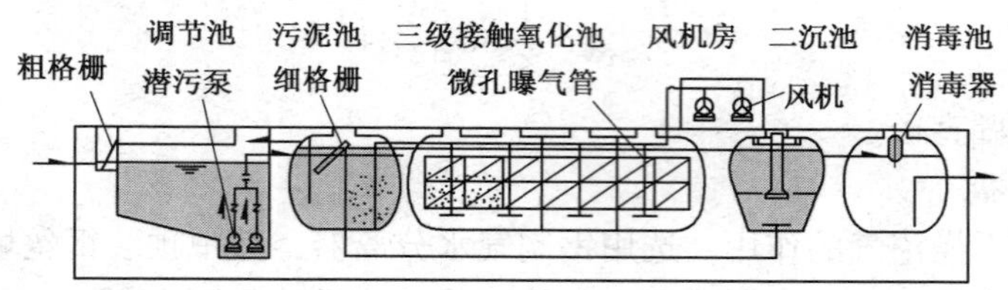

图 3-7-1　WSZ-A 型地埋式生活污水生化处理设备工艺流程示意图

在 WSZ-A 型基础上推出的 WSH-F 型地埋式生活污水生化处理设备，采用了以玻璃钢为主要结构材料的工艺组合。

(2) 需要考虑脱氮功能

采用 A/O 处理工艺。如图 3-7-2 所示，整套系统主要由全自动格栅、调节池、污泥池、缺氧池、生物接触氧化池、二沉池、消毒池、风机房和自动控制柜等组成。调节池为平流式沉淀池，起到初沉池的作用，表面水力负荷为 $1.5m^3/(m^2 \cdot h)$，水力停留时间为 6h；污水在 A 级缺氧池、O 级生物接触氧化池内的水力停留时间分别为 2.7h、3.0h。填料为弹性立体填料，填料比表面积为 $200m^2/m^3$。二沉池为竖流式沉淀池，表面水力负荷为 $1.0m^3/(m^2 \cdot h)$，水力停留时间为 2.1h；消毒池为旋流反应池，水力停留时间为 30min 左右；污泥池与初沉池的泥斗储泥量按 90 天设计，浓缩污泥由市政运泥车抽走或定期外运。

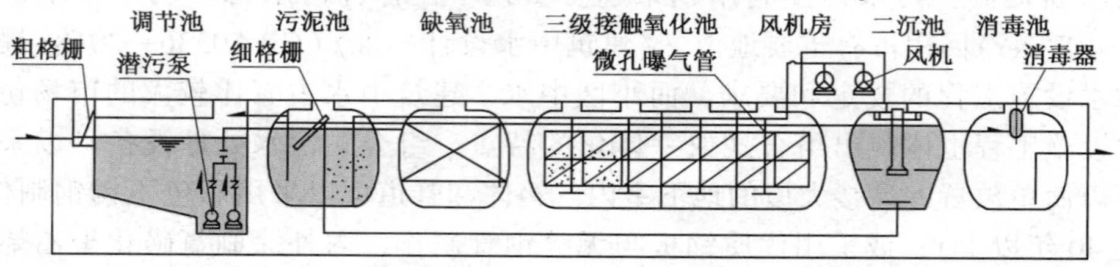

图 3-7-2　基于 A/O 工艺的 MHW-Ⅲ-WSZ-AO 型地埋式污水处理设备流程示意图

也可以采取图3-7-3所示的结构布局，污水经过格栅拦截漂浮物和较大的固体悬浮物之后，在调节池内进行水质水量的调节（6～10h），先后进入缺氧池、好氧池，采用生物接触氧化法，使污水中的有机污染物通过好氧菌、兼性菌的代谢作用而去除；污水中的氨氮、有机氮通过水解作用、硝化作用及反硝化作用而去除，从而达到净化处理的目的。从好氧池至缺氧池的混合液回流量为200%，从沉淀池至缺氧池的污泥回流量为30%～50%。生化处理后的水经沉淀池、消毒池进行沉淀、消毒，使出水达到排放标准。

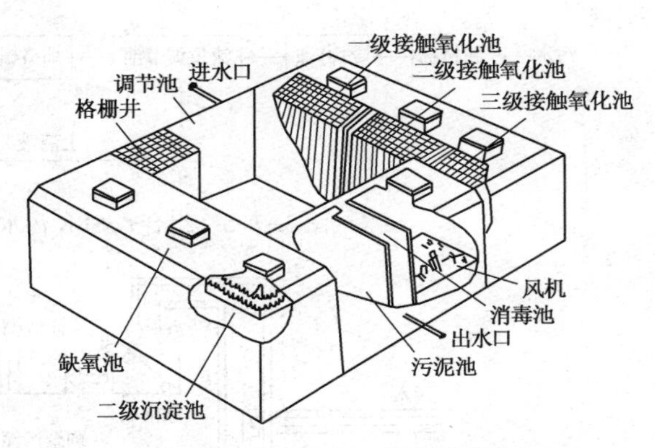

图3-7-3　A/O法组合式生活污水处理设备的布局示意图

2. 以生物滤池为主体

如图3-7-4所示，经原水泵提升的污水由自动细格栅分离固体悬浮物后，流入流量调节池。细格栅分离的固体悬浮物经导臂自动进入污泥浓缩池，保证了后续处理设备不被堵塞。流量调节池将污水的峰值流量调整到1.2以下，以减缓峰值流量对生化处理的冲击。定量分配器使进入生物过滤塔（塔式生物滤池）的流量基本恒定，确保生化处理的稳定性。生物过滤塔的出水在处理水池中消毒后排放。生物过滤塔的反冲洗时间与条件由计算机控制执行，采用处理水池中的水进行反冲洗，反冲洗排水进入污泥浓缩池，上清液返回流量调节池。浓缩池中的污泥积累一定时间后需排出。

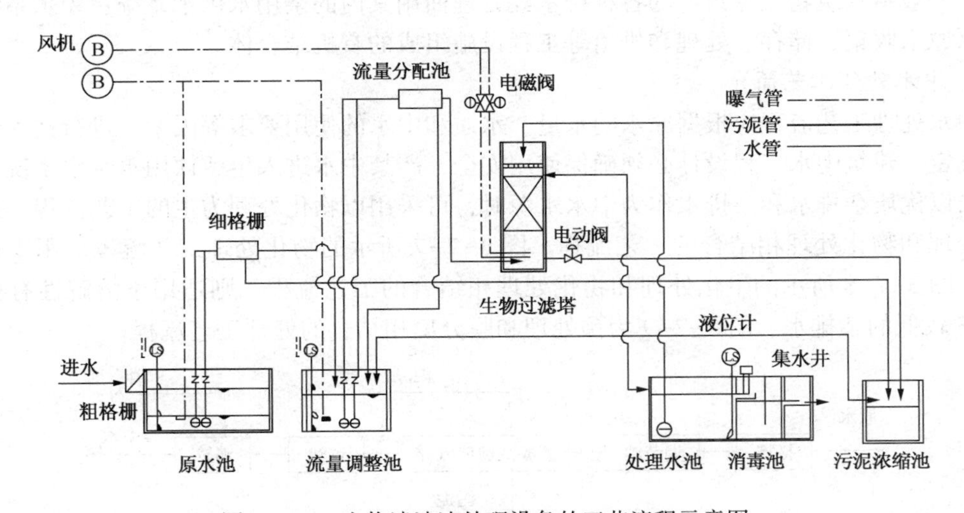

图3-7-4　生物滤池法处理设备的工艺流程示意图

3. 组合式SBR污水处理设备

组合式SBR污水处理设备的工艺流程及设备布局分别如图3-7-5、图3-7-6所示。污水经过粗格栅和沉砂池除去粗大的颗粒物后进入调节池，以适应水质水量变化的冲击负荷。然后污水由泵经计量槽计量后进入SBR池，通过曝气、沉淀、滗水等过程达到去除有机污染物的目的。SBR池的出水经消毒后排放或回用。

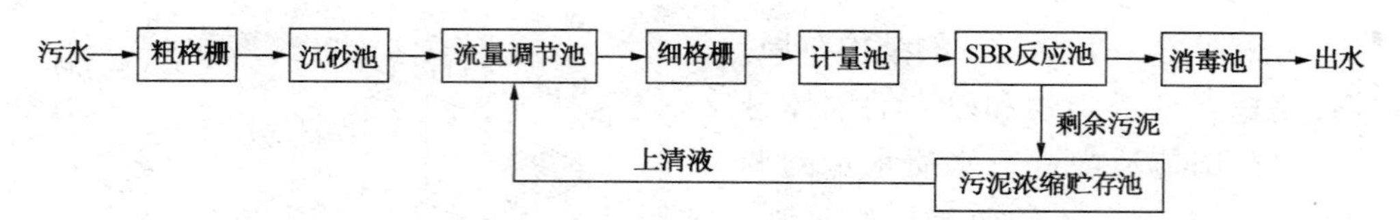

图 3-7-5　组合式 SBR 污水处理的工艺流程示意图

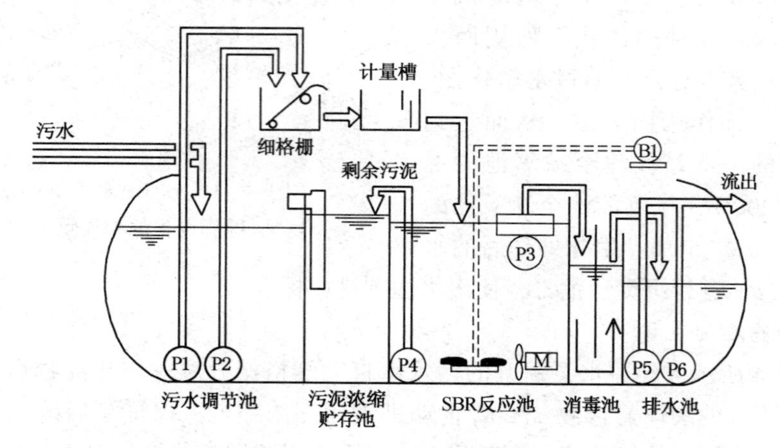

图 3-7-6　组合式 SBR 污水处理设备的布局示意图

二、中水处理工艺设计与代表性一体化设备

中水是指各种排水经处理后，达到规定的水质标准，可在一定范围内重复使用的非饮用水。根据其服务规模的不同而产生了建筑中水、建筑小区中水、中水系统等不同的称谓，建筑中水一般指建筑物或建筑群的各种排水经处理回用其内的杂用水供水系统；中水系统则指由中水原水收集、储存、处理和供给等工程设施组成的有机结合体。

1. 中水处理工艺简介

中水处理工艺流程应根据原水的水量、水质和中水的使用要求等因素，进行技术经济比较后确定。建筑中水工程设计必须确保使用安全，严禁中水进入生活饮用水给水系统。

当以优质杂排水和杂排水作为中水水源时，可采用以物化处理为主的工艺流程，或采用生化处理和物化处理相结合的工艺流程。图 3-7-7 所示的物化处理工艺流程适用于优质杂排水；图 3-7-8 所示的生化处理和物化处理相结合的工艺流程，则适用于溶解性有机物低和 LAS 较低的杂排水。图 3-7-9 为预处理和膜分离相结合的处理工艺流程。

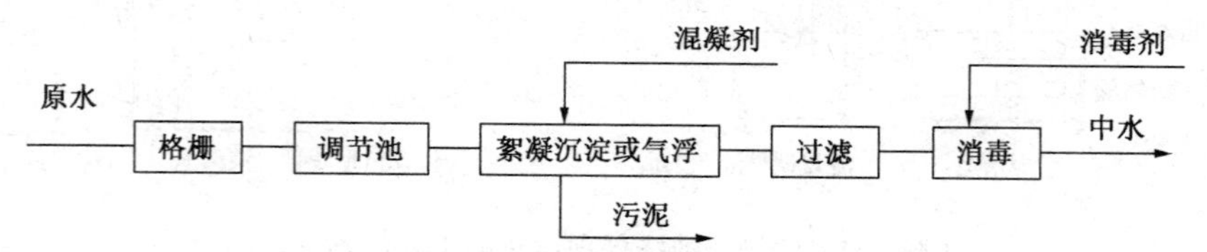

图 3-7-7　适用于优质杂排水的物化处理工艺流程示意图

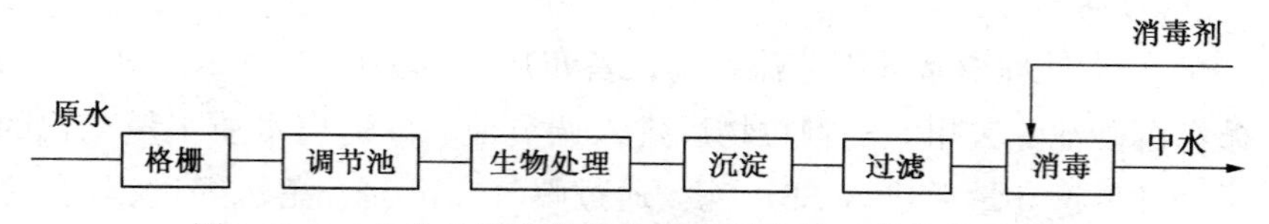

图 3-7-8　生化处理和物化处理相结合的工艺流程示意图

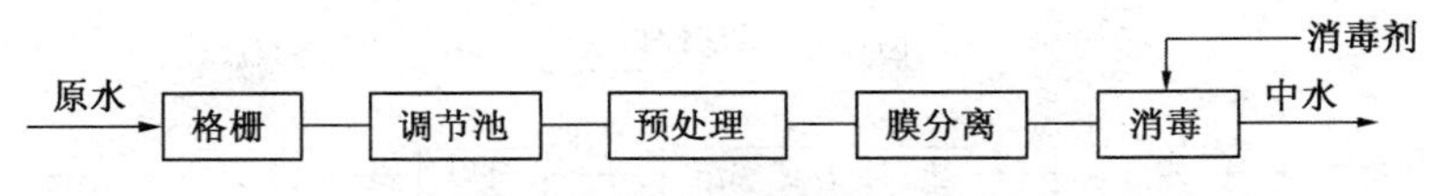

图 3-7-9　预处理和膜分离工艺相结合的工艺流程示意图

当以含有粪便污水的排水作为中水水源时，宜采用二段生化处理与物化处理相结合的工艺流程，如图 3-7-10 所示。也可以采用生化处理和土地处理的组合工艺流程、曝气生物滤池处理工艺流程、膜生物反应器处理工艺流程。

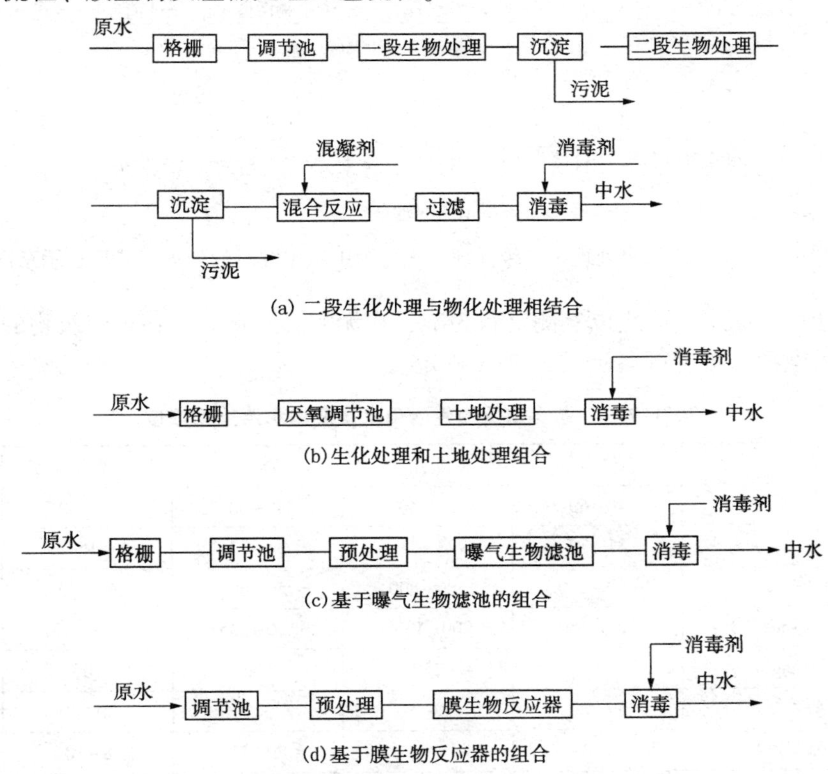

图 3-7-10　以含有粪便污水的排水作为中水原水时的处理工艺流程示意图

利用污水处理站二级处理出水作为中水水源时，应选用物化法或与物化法与生化法处理相结合的深度处理工艺流程，如图 3-7-11 所示。

此外应该指出，当采用膜处理工艺时，应有保障其进水水质的可靠预处理工艺；而当中水用于水景、空调系统冷却水、采暖系统补充水等用途，采用一般处理工艺不能达到相应水质标准要求时，应增加深度处理设施。

2. 中水处理工艺设计中的共性问题

建筑中水设计除执行 GB 50336《建筑中水设计标准》之外，尚应符合国家现行的 GB 50013《室外给水设计规范》、GB 50014《室外排水设计规范》、GB 50015《建筑给水排水设计规范》、CES 61《城市污水回用设计规范》等有关规定，这里仅介绍几个工艺设计中的共性问题。

（1）中水水源与水质

对于建筑中水水源而言，用作中水水源的水量宜为中水回用水量的 110%~115%。中水原水量可按取用排水项目的给水量及占总水量的百分率计算，也可按照排水器具的实际排水

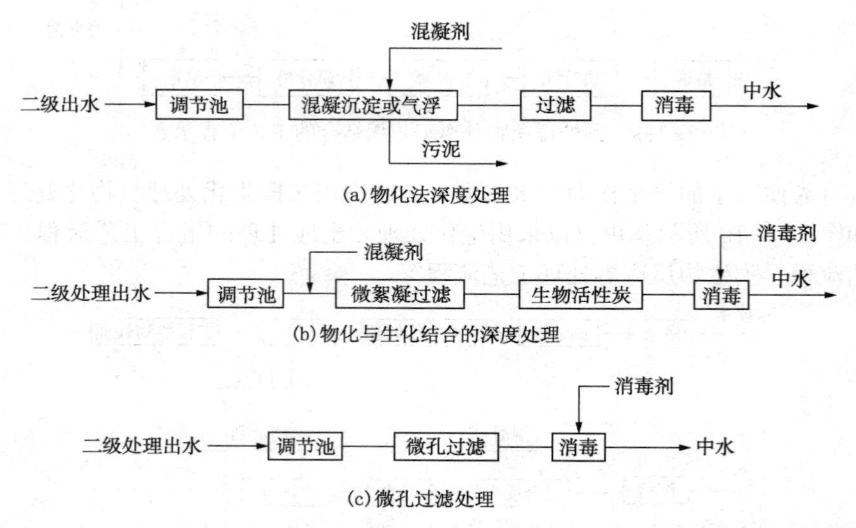

图 3-7-11　利用污水处理站二级处理出水作为中水水源时的处理工艺流程示意图

量和器具数计算。原水水质应以实测资料为准，在无实测资料时，各类建筑物的生活用水量及各种排水污染物的浓度可参照表 3-7-1 确定。

表 3-7-1　各类建筑物生活用水量及排水污染物浓度

类别		厕所	厨房	沐浴	盥洗	总计
住宅	水量/[L/(人·d)]	40~60	30~40	40~60	20~30	130~190
	水量占比/%	31~32	23~21	31~32	15	100
	BOD/(mg/L)	200~260	500~800	50~60	60~70	—
	COD/(mg/L)	300~360	900~1350	120~135	90~120	—
	SS/(mg/L)	250	250	100	200	—
宾馆、饭店	水量/[L/(人·d)]	50~80	—	300	30~40	380~420
	水量/%	13~19	—	79~71	8~10	100
	BOD/(mg/L)	250	—	40~50	70	—
	COD/(mg/L)	300~360	—	120~150	150~180	—
	SS/(mg/L)	200	—	80	150	—
办公楼	水量/[L/(人·d)]	15~20	—	—	10	25~30
	水量占比/%	60~66	—	—	40~34	100
	BOD/(mg/L)	300	—	—	70~80	—
	COD/(mg/L)	360~480	—	—	120~150	—
	SS/(mg/L)	250	—	—	200	—

注：各类建筑物的各种用水量及百分率应以实测资料为准。在无实测资料时，可参照本表计算。洗衣用水量可根据实际使用情况确定。

对于建筑小区中水水源而言，可选择的水源有建筑小区内建筑物杂排水、城市污水处理厂出水、相对洁净的工业排水、小区生活污水或市政排水、建筑小区内的雨水、可利用的天然水体(河、塘、湖、海水等)。当城市污水回用处理厂来水达到中水水质标准时，建筑小区可直接连接中水管道使用；当城市污水回用处理厂来水未达到中水水质标准时，可作中水原水进一步的处理，达到中水水质标准后方可使用。水量应根据小区中水用量和可回收排水项目的水量计算确定。小区中水水源的设计水质应以实测资料为准，在无实测资料时，当采用生活污水时，可按《城市污水回用设计规范》标准执行；当采用城市污水处理厂出水为原水时，可按二级处理出水水质 BOD_5 = 30mg/L、SS = 30mg/L、COD_{Cr} = 120mg/L 取值。其他种类的原水水质则需实测。

应该指出，含有《污水综合排放标准》(GB 8978—1996)规定的一类污染物排水不得作为中水水源，二类污染物超标的排水不宜作为中水水源。

(2) 沉淀/气浮设计参数

中水处理系统中进行固液分离的处理单元一般是沉淀池和气浮池。斜板(管)沉淀池的设计参数如下：斜板间净距为80~100mm，斜管孔径≥80mm，斜板(管)长度为1~l.2m，倾角为60°，底部缓冲层高度≥1.0m，上部水深为0.7~1.0m，进水采用穿孔板(墙)，锯齿形出水堰负荷宜大于1.70L/(m·s)，初沉池的水力停留时间不超过30min，二沉池的水力停留时间不超过60min，排泥静水头大于1.5m。

常规气浮处理单元包括空气压缩机、溶气罐、释放器以及气浮池(槽)等，其设计参数分别为：溶气压力为0.2~0.4MPa，回流比为10%~30%；进入气浮池(槽)接触室的流速宜小于0.1m/s，接触室内的水流上升流速为10~20mm/s，水力停留时间宜大于60s；分离室的水流向下流速为1.5~2.5mm/s，即分离室的表面水力负荷为5.4~9.0m^3/(m^2·h)；气浮池的有效水深为2.0~2.5m，水力停留时间多取10~20min；气浮池可以采用溢流排渣或刮渣机排渣两种方式。

(3) 过滤工艺设计参数

中水过滤处理多采用机械过滤或接触过滤，滤料为石英砂、无烟煤、纤维球和陶粒等，多采用压力式过滤罐。代表性设计参数为：下层滤料为石英砂，粒径为0.5~1.2mm，厚度为300~500mm；上层滤料为无烟煤，直径为0.8~1.8mm，厚度为500~600mm；滤速为8~10m/h，水头损失为5~6mH_2O，反冲洗强度为15~16L/(m^2·s)。

(4) 消毒工艺设计参数

设置消毒工艺是为了去除水中大量的细菌和病毒。中水消毒的消毒剂有液氯、次氯酸钠、漂白粉、氯片、二氧化氯、臭氧等。代表性设计参数如下：加氯量一般为5~8mg/L，接触时间大于30min，余氯为0.5~1.0mg/L。

3. 典型的一体化中水处理设备

将中水回用过程的几个处理单元集中在一套设备内，就是一体化中水处理设备，具有结构紧凑、占地面积小、自动化程度高等特点，适用于单一小区、度假区、别墅或其它单体建筑物的生活污水处理。设备选用应考虑到污水类型、近远期规模、运行管理要求以及场地大小等因素。

(1) 以生物接触氧化为主体

HCTS-II 型地埋式中水回用设备的特点是将大部分处理单元通过组合方式设置在地下，将地面大片的面积留给绿化等其它用途，节省土地；操作和维修量稍多的处理单元则设置在室内或露天，保证了系统的有序高效运行。如图 3-7-12 所示，在系统前端设有调节池，起到均衡水质、水量的作用。由于回用水使用具有间隙性，为保证使用效率，应根据用途设置适当容积的清水池和回用水提升装置。吸附池接收高浓度的回流污泥，利用吸附过程负荷高、时间短的特点对有机物进行降解。生物接触氧化池中的填料为 SNP 型无剩余污泥悬浮型生物填料，不需要固定，简化了安装要求，使系统简洁高效。二沉池将污水中的固体悬浮物进行分离，以达到澄清出水的目的。深度处理是在二沉池出水与过滤器之间投加絮凝剂，形成的细小矾花通过改进型压力式过滤器去除。消毒池采用单独设置的玻璃钢材质消毒池，用二氧化氯作为消毒剂，投资省、运行费用低。

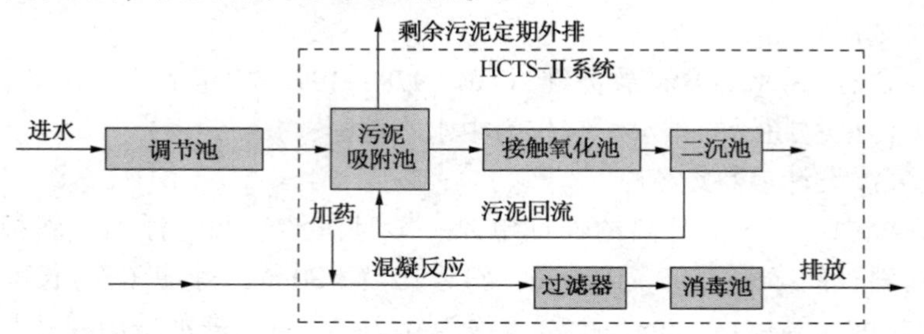

图 3-7-12　HCTS-Ⅱ型地埋式中水回用设备的工艺流程示意图

MHW-ZS 型中水成套化设备的工艺流程如图 3-7-13 所示，具有以下特点：①采用生物接触氧化法，并将生物接触氧化池、二沉池、中间水池一体化设计，结构紧凑、占地面积大大减少；②生物接触氧化池采用水下曝气器，水力提升采用潜污泵使结构更加紧凑；③深度处理采用石英砂过滤器、活性炭过滤器，有效降低水的浊度、色度，去除异味，出水清澈、无味；④安全可靠自动投加的消毒系统，保证管网中一定的余氯量；⑤控制箱中可设有 PC 机，根据调节池水位等参数自动启闭水泵和水下曝气器，以提高自动化程度。

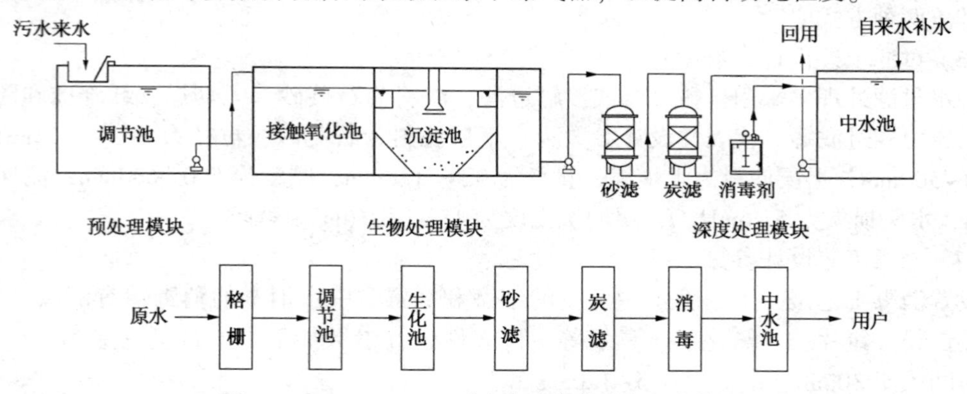

图 3-7-13　MHW-ZS 型中水成套化设备工艺简图

HYS 型高效一体化中水的主要处理工艺流程如图 3-7-14 所示，主要水质参数及处理效果如表 3-7-2 所示。技术特点如下：①一体化中水处理设备中的两级生物接触氧化为先进的双膜好氧法；②生物接触氧化采用先进的球形填料，表面积大、易挂膜、使用寿命长、安装管理简便；③一体化中水处理设备中的过滤采用陶粒滤料。

表 3-7-2　HYS 一体化设备主要水质参数及处理效果

项　　目	进　　水	出　　水	去除率/%
COD/(mg/L)	200	50	>75
BOD/mg/L)	120	10	>90
SS/(mg/L)	100	10	>90
余氯/(mg/L)	—	0.2~0.5	—

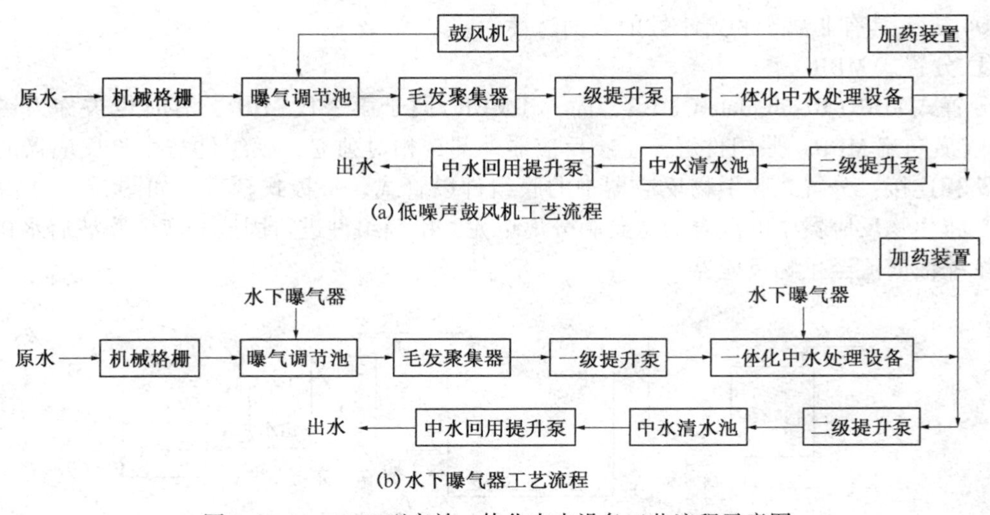

图 3-7-14　HYS 型高效一体化中水设备工艺流程示意图

（2）以膜生物反应器为主体

在水质工程领域研究最为广泛深入的膜生物反应器（Membrane Biological Reactor，MBR）属于固液分离型膜生物反应器，是一种用膜分离过程取代传统活性污泥法中二沉池的水处理技术。MBR 技术的应用始于 20 世纪 70 年代美国家庭生活污水处理，80 年代在日本、欧洲得到推广；进入 20 世纪 90 年代中后期，越来越多的欧洲国家将 MBR 用于生活污水和工业废水处理。原加拿大 ZENON Environmental 公司（2006 年 6 月被美国 GE Water & Process Technologies 兼并，2017 年 4 月又被 GE 集团出售给法国 SUEZ 集团）、日本 Mitsubishi Rayon 公司、法国 Suez-LDE/IDI 公司和日本 Kubota 公司在 MBR 方面的技术较为领先。

在常规好氧活性污泥法水处理工艺中，泥水分离在二沉池中靠重力作用完成，分离效率依赖于活性污泥的沉降性能。由于二沉池固液分离的要求，曝气池的污泥不能维持较高浓度，一般在 1.5~3.5g/L 左右，从而限制了生化反应速率。另一方面，水力停留时间（HRT）与污泥龄（SRT）相互依赖，提高容积负荷与降低污泥负荷往往形成矛盾，因此系统在运行过程中必然会产生大量的剩余污泥而需要进一步处理，甚至在二沉池中还容易出现污泥膨胀现象，致使出水中含有悬浮固体，出水水质恶化。MBR 是将生物降解作用与膜分离技术结合而成的一种高效污水处理与回用工艺，利用膜分离设备代替二沉池，不仅大大提高了固液分离效率，而且由于曝气池中活性污泥浓度的增大和污泥中特效菌（特别是优势菌群）的出现，提高了生化反应速率；同时，被膜截留下来的活性污泥混合液中的微生物絮体和较大相对分子质量的有机物又重新回流至生物反应器内，使生物反应器内获得高浓度的微生物量，延长了微生物的平均停留时间，提高了微生物对有机物的氧化速率，减少了剩余污泥产生量（甚至为 0）。与常规好氧活性污泥法水处理工艺相比，MBR 工艺具有生化效率高、有机负荷高、污泥负荷低、出水水质好、设备占地面积小、便于自动控制和管理等优点。根据膜组件与生物反应器安放位置的不同，MBR 可分为分置式 MBR、一体式 MBR 和复合式 MBR；根据生物反应器供氧与否，可分为好氧型和厌氧型；根据操作压力提供方式的不同，可以分为有压式和负压抽吸式；根据膜孔径的大小，可以分为微滤膜、超滤膜和纳滤膜三类，其中以微滤和超滤膜生物反应器较为普遍。原 ZENON Environmental 公司 Zeeweed 系列膜组件采用的就是中空纤维超滤膜，材料为聚偏二氟乙烯膜（polyvinylidene fluoride，PVDF），公称孔径为 0.04μm，具有非离子和亲水性的表面特性。

① 分置式 MBR

分置式 MBR（Recirculated MBR，简称 RMBR）属于第一代 MBR，有时也被称为错流式 MBR 或横向流 MBR。膜组件置于生物反应器外部，相对独立，膜组件与生物反应器通过泵与管路相连接；分置式膜生物反应器中的膜组件以管式、平板式较多。如图 3-7-15 所示，加压泵将生物反应器中的混合液送到膜分离单元，由膜组件进行固液分离，膜滤后水排出系统，浓缩液回流至生物反应器。

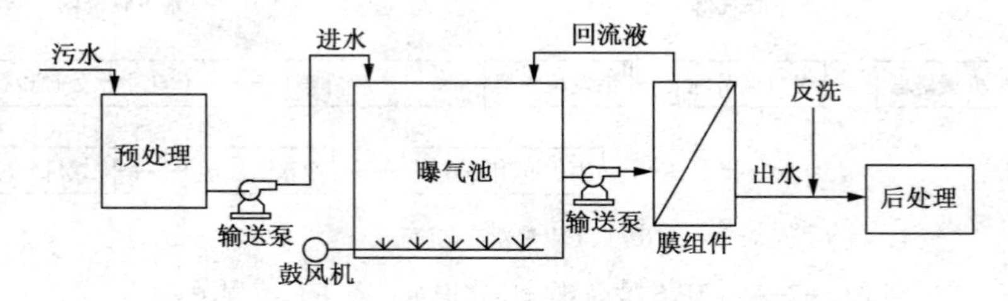

图 3-7-15　分置式 MBR 的工艺流程示意图

RMBR 系统具有如下特点：膜组件和生物反应器之间的相互干较小，易于调节控制；膜组件置于生物反应器之外，更易于清洗、更换及增设；膜组件在有压条件下工作，膜通量较大，且加压泵产生的工作压力在膜组件承受压力范围内可以调节，从而根据需要增加膜的渗透率。但一般条件下为减少污染物在膜表面的沉积，延长膜的清洗周期，需要用循环泵提供较高的膜面错流流速，水流循环量大、动力费用高，而且循环泵产生的剪切压力会造成反应器内生物活性的降低；结构也略显复杂，占地面积也稍大。

② 一体式 MBR

一体式 MBR 属于第二代 MBR，有时又称为淹没式 MBR（Submerged MBR，SMBR）。如图 3-7-16 所示，将无外壳的膜组件直接安装浸没于生物反应器内部，微生物在曝气池中降解有机物，依靠重力或水泵抽吸产生的负压或真空泵将渗透液移出。

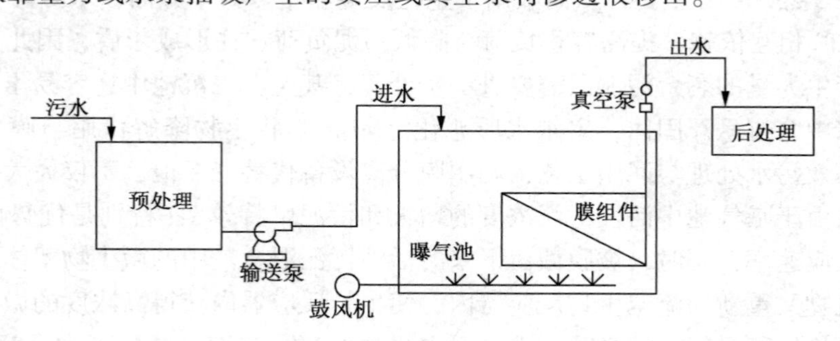

图 3-7-16　一体式 MBR 的工艺流程示意图

一体式 MBR 解决了第一代 MBR 能耗高的问题，每吨出水的动力消耗为 0.2~0.4kW·h，约为分置式 MBR 的 1/10。由于不使用加压泵，故可避免微生物菌体受到剪切而失活。不足之处在于，膜组件浸没在生物反应器的混合液中，污染较快，而且清洗时需要将膜组件从反应器中取出，较为麻烦；此外，一体式 MBR 的膜通量低于分置式。为了有效防止一体式 MBR 的膜污染问题，人们研究了许多方法，例如：在膜组件下方进行高强度曝气，靠空气和水流的搅动来延缓膜污染；有时在反应器内设置中空轴，通过其旋转带动轴上的膜组件也随之转动，从而在膜表面形成错流，防止污染。

MBR 工艺与设备在我国的研究始于 20 世纪 90 年代初，经过近十多年的开发与研究，SMBR 目前已在污水处理与回用设备市场中占有较大份额。图 3-7-17 所示为 MHW-ZM 型中水成套化设备的工艺流程示意图，该设备可以在污泥浓度 10g/L 以上运行，COD 在高污泥浓度的 MBR 池中被较为彻底地生化降解，几乎没有剩余污泥。

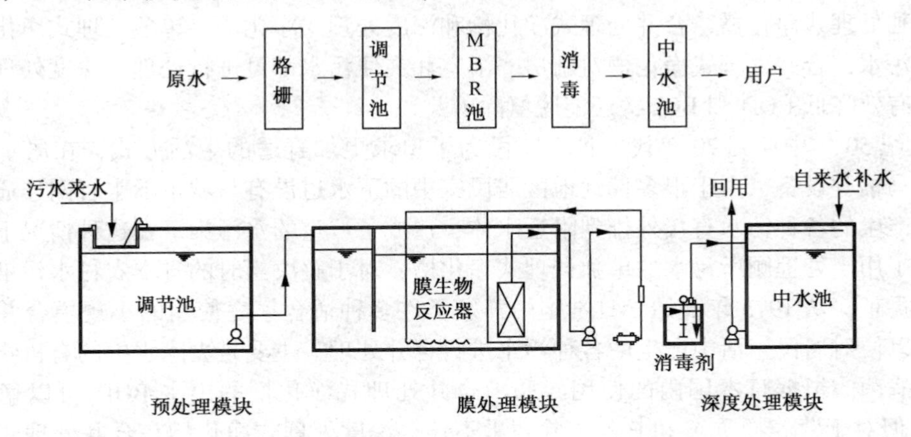

图 3-7-17　MHW-ZM 型中水成套化设备的工艺流程示意图

③ 复合式 MBR

复合式 MBR 从型式上看也属于一体式 MBR，也是将膜组件置于生物反应器之中，通过重力或负压出水，所不同的是生物反应器的型式。复合式 MBR 是在生物反应器中安装填料，形成复合式处理系统，其工艺流程如图 3-7-18 所示。

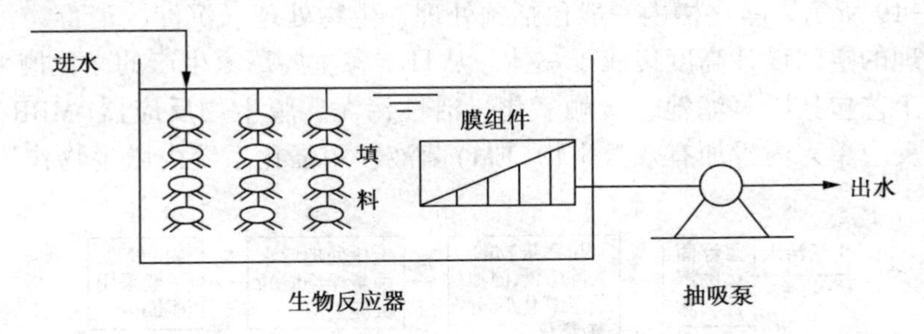

图 3-7-18　复合式 MBR 的工艺流程示意图

在复合式 MBR 中安装填料的目的有两个：一是提高处理系统的抗冲击负荷能力，保证系统的处理效果；二是降低反应器中悬浮性活性污泥的浓度，减小膜污染的程度，保证较高的膜通量。

值得一提的是，目前厌氧生物膜反应器（Anaerobic Membrane Bioreactors，AnMBRs）也得到了越来越多的关注。德国 Siemens Energy 公司还推出了 PACT® MBR 系统，大大简化了石油天然气开采过程中污水处理的工艺流程。

三、净化槽（Johkasou）技术

净化槽作为分散式生活污水处理的有效手段，起源于日本、发展于日本。特点是占地小、见效快、操作管理方便，尤其适用于居住分散、管网收集难度高的山区家庭生活污水处理。

1. 净化槽的分类

根据处理规模的不同，净化槽可分为处理人口5~50人的小型净化槽和处理人口51至几千人的大型净化槽。根据制造方法的不同，净化槽又分为在工厂批量生产、现场安装的FRP材质净化槽和现场施工的钢筋混凝土结构净化槽。其中小型净化槽通常采用FRP材质，钢筋混凝土结构多用于处理规模在数百到数千人的净化槽。根据处理方式的不同，净化槽又可分为单独处理式净化槽、合并处理式净化槽和深度处理式净化槽。单独处理式净化槽只能处理粪便污水；合并处理式净化槽对厨房、浴室和粪便污水都可进行处理；深度处理式净化槽不仅能有效降低COD和BOD，还能脱氮除磷。

20世纪50年中期到70年代，日本国民为了追求更加舒适的生活方式，在居室中大量安装冲水马桶等设备，由于很多偏远地区居民家中的下水道没有与城市下水管网连通，日常生活中所产生的各种污水直接外排到附近水体，造成了严重的水污染。在这种情况下，日本国内出现了用于处理厕所污水的单独处理式净化槽，对于解决当时的日本农村水污染问题作出了很大贡献。从1975年开始，日本国内开发了许多种适合家庭使用的小规模合并处理式净化槽，以便对居民生活中产生的各种污水进行合并处理，主要是去除水中的有机物、悬浮物和杀灭病菌。根据日本国内的使用经验，合并处理式净化槽的出水BOD_5可以稳定小于20mg/L，但对于营养物质N和P的去除效果不佳。深度处理式净化槽在合并处理式净化槽的基础上，增加了去除N、P等营养物质的措施以及消毒杀菌功能，出水水质进一步提高且可以回用。目前日本的深度处理式净化槽技术已经非常成熟，可以达到出水$BOD_5<10$mg/L、TN<10mg/L、TP<1mg/L。

2. 技术原理和特点

净化槽技术作为一种比较笼统的名称，本质上是由一系列单元处理工艺所构成的技术组合。如图3-7-19所示，净化槽内一般包括预处理、生物处理、沉淀、消毒、污泥处理5个单元，通过合理的空间设计高度集成于一体。从日本各主要厂家生产的净化槽来看，采用的主要生物处理工艺包括厌氧滤池、接触氧化、活性污泥、膜生物反应器(MBR)等，也有一些工艺在生化反应单元内投加有效微生物(EM)菌液，用强化系统内微生物作用的方式来增强处理效果。

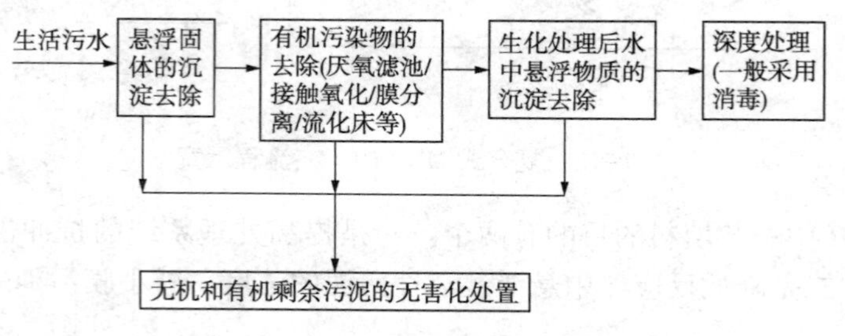

图3-7-19　典型净化槽的工艺流程示意图

图3-7-20为采用沉淀和生物接触氧化工艺的大型净化槽内部构造示意图。图3-7-21为采用厌氧滤池和生物接触氧化工艺的小型净化槽内部构造示意图，运行过程中，污水从净化槽的一端进入，沉淀分离室对污水起预处理作用，主要沉淀无机固体物、寄生虫卵及去除污水中一些比重较大的颗粒状无机物和相当部分悬浮有机物，以减轻后继生物处理工艺的负荷。经过沉淀分离后的污水可以进入厌氧滤池，也可以直接进入好氧生化处理室。厌氧滤池内装有各种不同类型的塑料滤料，滤料上生长厌氧生物膜，通过对污水进行水解酸化作用来

去除可溶性有机物，提高污水的可生化性。好氧生化处理单元目前多采用生物接触氧化法来实现，集曝气、高滤速、截留悬浮物和定期反冲洗等特点于一体，依靠生物膜中微生物的氧化分解、填料及生物膜的吸附阻留作用和沿水流方向形成的食物链分级捕食作用，进一步降低污染物的浓度。处理后的污水经过沉淀槽进行沉淀，末端消毒盒内部填装有固体含氯消毒剂，完成对污水的消毒作用后外排，也有一些厂家在末端采用自动计量投加化学药剂或者采取电絮凝技术进行强化除磷。各流程中产生的无机和有机污泥经过浓缩运送至填埋厂填埋或焚烧，达到污泥减量化和无害化的目的。

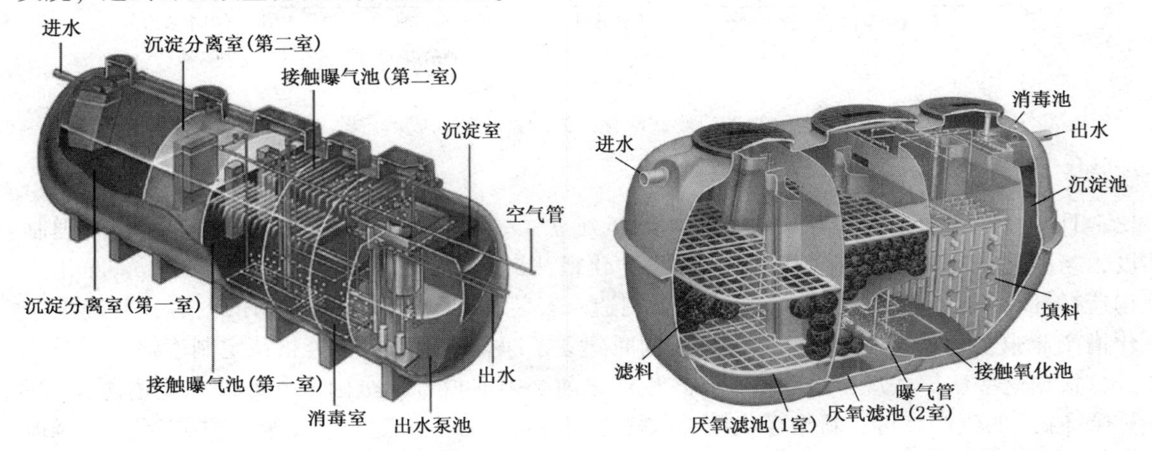

图 3-7-20　采用沉淀和接触氧化工艺的大型净化槽内部构造示意图

图 3-7-21　采用厌氧滤池和接触氧化工艺的小型净化槽内部构造示意图

深度处理式净化槽的典型代表为膜式净化槽，采用生物处理和膜分离相结合的 MBR 工艺，能有效去除污水中的有机物、氮、磷和悬浮物等。日本久保田生产的膜式净化槽由流量调节池、反硝化池、硝化池、处理水池、出水泵池、加药罐和 PLC 控制系统组成，工艺流程如图 3-7-22 所示，系统构成如图 3-7-23 所示。系统采用活性污泥-膜分离法组合工艺，平板膜组件直接安置在生物反应器中，通过工艺泵的负压抽吸作用得到膜过滤出水。整个系统通过 PLC 自动控制实现间歇运行，在提高出水稳定率的同时实现节能降耗。净化槽系统的流量调节池、反硝化池、硝化池(膜分离池)和出水泵池中设定水位处安装浮球阀，用来控制机械格栅、泵等的启闭。对于膜式净化槽，需要定期对平板膜进行清洗，同时为了掌握设备的运行状况和及时发现异常问题，应定期对机械设备的运转情况进行检查，并作相应记录。

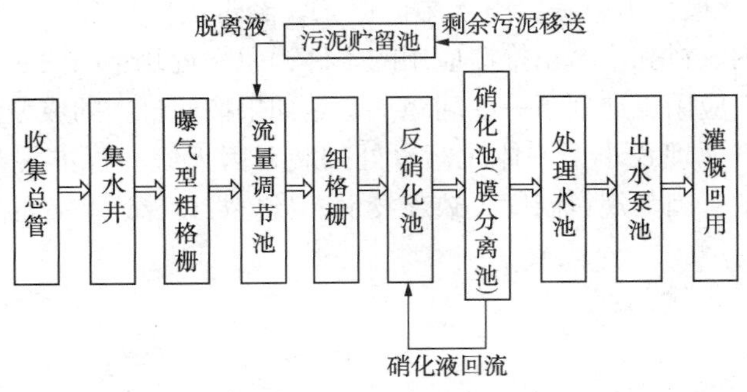

图 3-7-22　膜式净化槽处理系统的工艺流程图

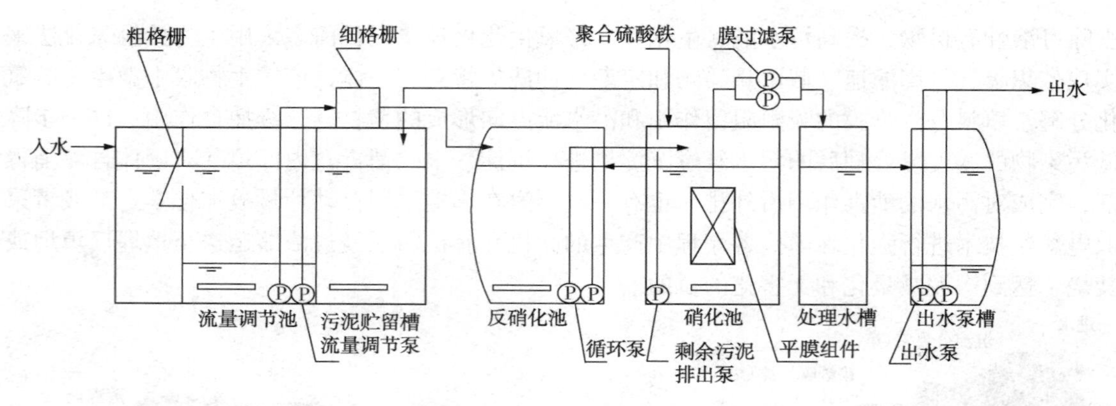

图 3-7-23　膜式净化槽处理系统的构成示意图

3. 净化槽的维护管理

日本在净化槽技术的发展过程中，逐步建立了一套全国统一的法律法规体系和管理制度，与净化槽有关的主要法律法规包括《净化槽法》、《建筑标准法》、《废扫法》、《净化槽构造标准及解说》等，涵盖了净化槽加工制造、安装、维护、管理等方面的内容，明确了净化槽产业中企业和个人的责任与义务，同时建立了净化槽技术人员资格认定制度。

根据这些法律法规，净化槽在正式生产之前必须取得日本全国合并处理净化槽协会(简称全净协)的生产许可，新型净化槽要取得生产许可，必须经过初步试验，并在至少 3 个地区进行不少于规定时间的实地试验，在取得实际运行数据后向全净协提出申请，由全净协负责对净化槽的工艺流程、实际运行效果进行数次实地审查。审查合格后，由建设大臣颁发许可证，厂家才可以生产这种净化槽。在埋设安装净化槽时，建设单位首先向当地行政部门提出申请，得到批准后由政府认可的净化槽管理士(日本的一种职业资格，相当于工程监理)负责监督净化槽的建设和安装。在净化槽开始运行之后，由净化槽管理士定期对净化槽进行维护管理，确保净化槽的处理效果。日本环境整备教育中心每年都定期举办净化槽管理士、安装士、清扫工程师、检查员、清扫技工等各种培训班，通过这些系统深入的人员培训，为日本各地的净化槽运行管理提供有力保障。除了相关法律法规的约束以外，为了推动净化槽的普及，日本自 1987 年开始推行净化槽辅助金制度，即由国家或者地方政府对净化槽的安装和更换给予一定的补助金，部分城市和地区还对净化槽的检修维护、污泥处理等环节产生的费用进行补贴。这种全国性的净化槽管理和运行制度，在规范日本国内净化槽技术发展和推动净化槽技术工程应用方面发挥了巨大作用。

自 1994 年日本净化槽技术第一次引入中国以来，经过国内众多科研机构多年的研究和发展，已经具备了在国内农村和小城镇推广应用的条件，但从近几年国内农村污水治理的实践来看，净化槽技术的推广应用也遇到了一些问题。一是如果按照日本的成型技术，投入成本和运行费用过高；二是国产地埋式小型一体化污水处理装置因无统一标准规范，产品质量参差不齐；三是后期管理维护，因无规章制度，缺乏技术人员，难以保证装置的长期正常运行。

第四章　污泥集输、处理技术与设备

污泥按照来源可分为化学污泥(混凝沉淀工艺)、初次沉淀污泥、腐殖污泥(生物膜法)、剩余污泥(活性污泥法)、消化污泥(消化稳定工艺)等。污泥量通常占污水处理量的0.3%~0.5%(体积)或者约为污水处理量的1%~2%(质量)，含水率为99.5%左右；如果属于深度处理，污泥量会增加0.5~1.0倍。污泥中富含各种污染物质，如致病菌、寄生虫、重金属和营养性污染物等，如果不解决好污泥的处理处置问题，就会因污染转移而使得污水处理效果"事倍功半"。按照当前较为规范的定义，污泥处理是指污泥经过单元工艺组合处理，达到"减量化、稳定化、无害化"的全过程；污泥处置是指将处理后的污泥弃置于自然环境中(地面、地下、水中)或再利用，能够达到长期稳定并对生态环境无不良影响的最终消纳方式。国内外污泥的最终处置方式主要分为综合利用、填埋、投海三大类，综合利用将是今后污泥处置的主要方式，包括农田林地利用、污泥焚烧产物利用、低温热解制取可燃物、建筑材料利用等。

20世纪60年代，由于我国污水处理厂较少且处理量不大，污泥量不多且成分简单，可简单处理作为农肥。从20世纪80年代至21世纪初期，我国市政污水处理事业获得了跳跃性发展，但重点主要集中在污水处理厂的建设上，未能对污泥处理处置进行详细的规划和设计。在2002年12月颁布的《城镇污水处理厂污染物排放标准》(GB 18918—2002)中，除规定出水水质标准之外，还对污泥脱水、污泥稳定提出了控制指标，对农用污泥中重金属和有机污染物提出了限值。但由于对污泥稳定化指标缺乏测试手段相配合，从而实际上无法检验，对上游污染源的重金属污染物排放也缺乏有效管理。2009年2月，国家住房和城乡建设部、环境保护部、科学技术部联合发布《城镇污水处理厂污泥处理处置及污染防治技术政策》；2013年10月发布的《城镇排水与污水处理条例》第三十条指出，城镇污水处理设施维护运营单位或者污泥处理处置单位应当安全处理处置污泥，保证处理处置后的污泥符合国家有关标准。2016年12月发布的《"十三五"全国城镇污水处理及再生利用设施建设规划》指出，到2020年底，地级及以上城市污泥无害化处置率达到90%，其他城市达到75%；县城力争达到60%；重点镇提高5个百分点，初步实现建制镇污泥统筹集中处理处置；新增污泥(以含水80%湿污泥计)无害化处置规模6.01万t/d。一系列政策标准的出台，给污泥处理处置市场的健康良性发展提供了保障。

在污水处理厂的工程设计中，污泥集运、处理设备的选型是保证处理效果与投资合理性，降低运行成本的关键，同时也直接影响着污水处理厂的运行管理水平、工作环境卫生和社会效益的发挥。污泥集运、处理设备的选型设计，不仅要在明确处理目标要求、准确计算污泥产量、充分认识污泥性质特点的基础上进行，还应该对污泥处理设备的分类、性能特点、适用条件、技术指标、材质选用、工作原理、运行要求等有一定深度的了解和掌握。目前污水处理厂常用污泥集运、处理设备的分类情况如表4-0-1所示。

表 4-0-1 污水处理厂常用污泥集运、处理设备的分类列表

工艺单元	处理构筑物		处理设备		配套设备
	名称	型式	类别	名称	
污泥收集	初次沉淀池	—	—	静压排泥或机械排泥设备(吸泥机、刮泥机等)	污泥泵
	二次沉淀池	—	—	静压排泥或机械排泥设备(吸泥机、刮泥机等)	
	机械搅拌澄清池	—	—	静压排泥或机械排泥设备(刮泥机)	
	其他反应器	—	—	—	
污泥输送	污泥输送	—	泵送	螺旋泵、单螺杆泵、转子泵、柱塞泵等	污泥泵
		—	管道	长距离管道	
		—	链带	链带输送机	
污泥浓缩	重力浓缩池	圆形	浓缩池刮泥机	中心传动浓缩刮泥机、周边传动浓缩刮泥机	
		床形	重力带式浓缩机		
	气浮浓缩池	—	刮泥撇渣机	链板式	
	机械浓缩	—	—	滚筒式浓缩机、转鼓式离心浓缩机、笼形离心浓缩机、螺压式浓缩机	
污泥消化	污泥消化池	厌氧	搅拌设备	机械搅拌、沼气搅拌等，前者有泵搅拌、泵加水射器搅拌、专用搅拌机搅拌等	
			加热设备	池内盘管间接加热设备、管式热交换设备、螺旋板式热交换设备、池外蒸汽直接加热设备等	
	污泥控制间 沼气压缩机房 沼气发电机房	—	沼气利用设备	沼气鼓风机、沼气压缩机、沼气发动机、沼气发电机、沼气锅炉、沼气净化脱硫设备、余热锅炉等	
污泥脱水	污泥脱水间	—	真空过滤	转鼓真空过滤机	
			压滤机	带式压滤机、板框压滤机、厢式压滤机	加药装置、空压机、清洗泵、污泥输送
			离心脱水	卧式螺旋离心脱水机	
			挤压式	螺旋挤压机、滚压脱水机	
	机动使用	—		车载式污泥脱水设备	
污泥热干化	污泥热干化车间	—	污泥热干化设备	转鼓式污泥热干化设备、立式污泥热干化设备、盘式污泥热干化设备、流化床(带)式污泥热干化设备、涡旋式污泥热干化设备等	
污泥焚烧	污泥焚烧车间	—	污泥焚烧设备	立式多段焚烧炉、回转式焚烧炉、立式焚烧炉、流化床焚烧炉等	

§4.1 排泥设备及其设计

沉淀是水质工程领域的重要环节之一，沉淀池排泥直接影响水质处理的效果。对于平流式沉淀池、辐流式沉淀池、斜管沉淀池和机械搅拌澄清池而言，一般沉淀时间为 1~2h，进水固体悬浮物含量≤5000mg/L，出水固体悬浮物含量<10mg/L；初次沉淀池的水力停留时间、表面负荷率分别为 1.5h、30~70$m^3/(m^2 \cdot h)$，二次沉淀池的水力停留时间、表面负荷率分别为 2.5h、25~50$m^3/(m^2 \cdot h)$。及时收集并排除沉于池底的污泥，以便污泥回流或进一步进行处理，是使处理过程正常进行、保证出水水质的一项重要措施。沉淀池的污泥量是

根据进水的固体悬浮物含量与固体悬浮物去除百分率的乘积作为计算依据，然后按照污泥的含水浓度换算成实际排出的污泥量。常用的排泥方式可分为机械排泥和静压排泥两大类，静压排泥主要靠反应器的净水压力来排除池底污泥。图 4-1-1 为多斗式平流沉淀池的断面结构示意图，这种沉淀池不用机械排泥设备，每个贮泥斗单独设排泥管，各自独立靠净水压力排泥，互不干扰。

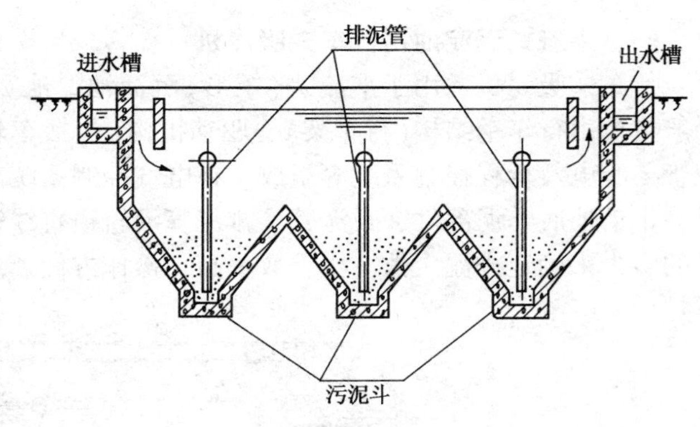

图 4-1-1　多斗式平流沉淀池的断面结构示意图

机械排泥设备的基本分类如表 4-1-1 所示。吸泥机和刮泥机是最常用的机械排泥设备，前者将污泥刮集至池心（边）的坑（沟）内，适用于前端不设泥斗的沉淀池；后者通过砂泵、泥槽及中心出泥管或虹吸排至池外，适用于前端带有泥斗的沉淀池。在污水处理厂中，由于固体悬浮物性质、污泥含量及池型的不同，各种机械排泥设备都存在着一定的局限性。

表 4-1-1　机械排泥设备的基本分类列表

<table>
<tr><th>沉淀池池型</th><th colspan="3">排泥形式</th><th colspan="2">设备名称</th></tr>
<tr><td rowspan="12">平流式</td><td colspan="2" rowspan="6">行车式</td><td rowspan="4">吸泥机</td><td rowspan="2">泵吸式</td><td>行车多管并列泵吸式吸泥机</td></tr>
<tr><td>行车单管扫描泵吸式吸泥机</td></tr>
<tr><td>虹吸式</td><td>行车虹吸式吸泥机</td></tr>
<tr><td>泵/虹吸式</td><td>行车泵/虹吸式吸泥机</td></tr>
<tr><td rowspan="8">刮泥机</td><td colspan="2">抬耙式（翻板式）刮泥机</td></tr>
<tr><td colspan="2">行车式提板刮泥机</td></tr>
<tr><td colspan="2" rowspan="2">链板式</td><td colspan="2">单列链牵引链板式刮泥机</td></tr>
<tr><td colspan="2">双列链牵引链板式刮泥机（包括塑料链条）</td></tr>
<tr><td colspan="2" rowspan="2">螺旋输送式</td><td colspan="2">水平螺旋输送式刮泥机</td></tr>
<tr><td colspan="2">倾斜螺旋输送式刮泥机</td></tr>
<tr><td colspan="2">钢丝绳牵引式</td><td colspan="2">双钢丝绳牵引刮泥机</td></tr>
<tr><td colspan="2">液压式</td><td colspan="2">液压往复式刮泥机</td></tr>
<tr><td rowspan="12">辐流式</td><td rowspan="8">中心传动</td><td rowspan="6">垂架式</td><td rowspan="3">刮泥机</td><td colspan="2">垂架式中心传动刮泥机（双刮臂式）</td></tr>
<tr><td colspan="2">垂架式中心传动刮泥机（四刮臂式）</td></tr>
<tr><td colspan="2">垂架式中心传动刮泥机（方形池扫角式）</td></tr>
<tr><td rowspan="3">吸泥机</td><td colspan="2">垂架式中心传动吸泥机（水位差自吸式）</td></tr>
<tr><td colspan="2">垂架式中心传动吸泥机（虹吸式）</td></tr>
<tr><td colspan="2">垂架式中心传动吸泥机（空气提升式）</td></tr>
<tr><td rowspan="2">悬挂式</td><td>刮泥机</td><td colspan="2">悬挂式中心传动刮泥机</td></tr>
<tr><td>吸泥机</td><td colspan="2">悬挂式中心传动吸泥机</td></tr>
<tr><td colspan="2" rowspan="4">周边传动（全/半桥）</td><td rowspan="2">刮吸泥机</td><td colspan="2">周边传动刮泥机</td></tr>
<tr><td colspan="2">周边传动刮（吸）泥机</td></tr>
<tr><td rowspan="2">吸泥机</td><td colspan="2">周边传动吸（刮）泥机</td></tr>
<tr><td colspan="2">周边传动吸泥机（多管水位差自吸式）</td></tr>
<tr><td>竖流式</td><td colspan="5">沉淀污泥靠重力排除，无机械排泥设备</td></tr>
</table>

一、平流式沉淀池用行车式吸泥机

行车式吸泥机适用于平流式(矩形)沉淀池，池宽一般不超过30m。如图4-1-2所示，一般主要由行车钢结构(行车架)、驱动机构(包括车轮、钢轨及端头立柱)、吸泥系统、排泥管、配电及行程控制系统等组成。在电气控制系统的指令下，行车架行走轮由驱动机构驱动，带动池底集泥部件、吸泥管、排泥管沿轨道直线往复运行。可边行走边吸泥，并依据泥量的多少来确定排泥次数，排泥效率高，操作方便。

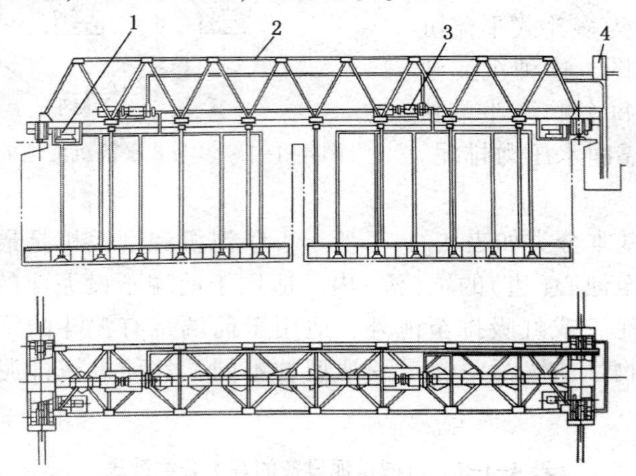

图4-1-2　平流式沉淀池用行车式吸泥机的总体结构示意图(泵吸式)

1—驱动机构；2—桁架；3—泵；4—配电箱

1. 行车机构

吸泥机的行车架为钢结构，由主梁、端梁、水平桁架及其他构件焊接而成。主梁通常分为型钢梁、板式梁、箱形梁、L形梁和组合梁等5种类型，主要承受吸泥机的自重及活载(包括人员和所携带的工具器材等)所产生的垂直载荷；水平桁架作为工作走道、吸泥管路和驱动机构的支架，同时承受吸泥机行驶时所受的惯性、风载及集泥阻力等水平载荷。具体计算时需要应用材料力学的知识进行梁的强度(许用弯曲应力)、刚度计算以及桁架的内力计算，其中刚度计算是主梁设计的首要任务。计算载荷原则上按照静荷载考虑，其中钢架结构自重为均布静荷载，驱动机构等重量为集中静荷载。从排泥设备总体来看，都按均布荷载计算影响不大。主梁由均布载荷产生的最大挠度为

$$y=\frac{5(W_1+W_2+W_3+W_4)L^3}{384EI}\leqslant[y] \tag{4-1-1}$$

式中　W_1——钢结构重力(单侧主梁自重+1/2水平桁架重+1/2工作走道等重)，N；

W_2——其他设备重力(驱动机构、吸泥管及管内泥水重力，不包括行车车轮的重力)，N；

W_3——活载(一般取1500N/m)，N；

W_4——由刮板泥水阻力对主梁所产生的力矩而转化成主梁上的载荷，N；

L——主梁跨距，m；

E——材料的杨氏弹性模量，N/m^2；

I——惯性矩，m^4；

$[y]$——主梁的许用挠度，应小于$L/700$，m。

吸泥机行车的车轮跨距 L 与主从动轮前后轮距 B 应根据沉淀池的池宽来确定，池宽 $L_{池}$ 一般为 8~30m；车轮跨距 L 一般应比池宽 $L_{池}$ 大 400~600mm，即单边各大 200~300mm。主从动轮的轮距 B 与行车跨距 L 之比为 $B/L=1/8\sim1/6$，行车跨距较小时通常可取较大的比值，跨距较大时应取小的比值。

2. 驱动机构

（1）基本结构

行车驱动机构是指行车车轮的驱动，一般有分别驱动（双边驱动）和集中驱动（长轴驱动）两种布置方式。分别驱动是行车两侧的驱动轮分别独立驱动，两侧驱动部分均以相同的机件组成，并且要求同步运行，一般在行车跨距较大或者行驶阻力较大时采用。与集中驱动相比，因省去传动长轴而减轻了驱动机构的自重，同时给安装维修带来了方便。集中驱动在行车式吸泥机中应用得较为普遍，通常由电动机、减速器、传动长轴、轴承座和联轴器等组成。驱动机构传递的扭矩应位于长轴的跨中位置，以保证两侧驱动轴的扭转角相同，避免车轮走偏。传动长轴轴径、轴承间距的确定主要根据传动长轴的许用扭转角$[\theta]$进行计算。

吸泥机行车的车轮踏面可采用圆柱形双轮缘铸钢车轮或无轮缘铁芯实心橡胶车轮两种类型。使用有轮缘的铸钢车轮时，应配置钢轨。轮缘的作用是导向和防止脱轨，使用单轮缘车轮时，当两侧车轮运行不同步时还可起到自动调偏的安全保护作用。铸钢车轮的直径按工作轮压来计算；考虑到车轮的安装误差与行车受温差影响，车轮凸缘的内净间距与轨顶宽度间留有适当间隙，其值为 15~20mm。使用无轮缘铁芯实心橡胶车轮时，应在吸泥机行车两侧的前、后设置水平橡胶靠轮，沿池壁滚动时起到限位导向作用。无轮缘铁芯实心橡胶车轮有压配式、螺栓联接式和固定式三种。对于实心轮胎的配方，目前大多数还是以天然橡胶为主，配入适量的炭黑。由于天然橡胶制作的实心轮胎承载能力较低，与同直径的铸钢车轮相比，许用荷载量要小得多，因此为了提高实心橡胶轮胎的承载能力，已开始应用聚氨酯材料加工制造。为了增强轮辋表面与橡胶的粘合力，轮辋表面可制成带有矩形、梯形或燕尾形断面的沟槽。

轨道的选择同车轮的轮压有关，同时也受土建基础的影响，通常选用轻型钢轨作为吸泥机行车的轨道，并对接触应力进行计算。

（2）设计计算

设计计算内容主要包括驱动功率的确定、吸泥机行车倾覆力矩的确定、驱动车轮打滑验算等。

驱动功率的确定应按吸泥机在工作时所受的各项阻力来计算，如车轮行驶阻力$P_{驶}$、道面坡度阻力$P_{坡}$、风压阻力$P_{风}$、集泥阻力$P_{泥}$、水下拖曳阻力$P_{曳}$等。由于水与淹没体之间的相对速度较低，水下拖曳力可忽略不计。上述各项阻力计算后，可按下式确定驱动功率 N

$$N=\frac{\sum P\,v_{机}}{60000\eta m}=\frac{(P_{驶}+P_{坡}+P_{风}+P_{泥}+P_{曳})\,v_{机}}{60000\eta m}\quad(\mathrm{kW})\qquad(4\text{-}1\text{-}2)$$

式中 $v_{机}$——吸泥机行驶速度，m/min；

η——总机械效率，%；

m——电动机台数，在采用分别驱动时应除以电动机的台数。

行车式吸泥机在工作时，由于受到污泥的阻力，对吸泥机行车产生倾覆力矩，因此由吸泥机重力对前进车轮为支点产生的力矩必须大于倾覆力矩，才能保证吸泥机行车不致倾覆，据此可以验算确定吸泥机的最小防倾覆重力值。

吸泥机的行驶靠驱动车轮与轨道之间的摩擦力工作，如果作为驱动轮的铸钢车轮与钢轨之间或橡胶轮与混凝土面之间的摩擦力不够时，则会出现驱动轮的打滑现象。因此，当摩擦力不足时，应在车轮承压条件许可的前提下增加压重，或采取其他增加摩擦系数的措施。驱动轮打滑验算应在仅吸泥机总重力(不包括活载)工况，且处于驱动阻力最大的条件下进行。

3. 排泥管路系统设计

吸泥机的排泥方式主要有虹吸、泵吸和空气提升 3 种，在行车式吸泥机中主要采用虹吸排泥与泵吸排泥，这两种方式都有各自的优点。由于虹吸式吸泥机纯粹利用静水压差来排泥，因此流速偏小，在有些情况下会出现吸泥不尽、造成沉淀池泛泥的现象，对出水水质产生负面影响，故目前在选择排泥方式时偏重于泵吸式。

(1) 虹吸排泥

吸泥机的虹吸管路一般由吸口、直管、弯头、阀门等管配件组成，图 4-1-3 为虹吸排泥中吸泥管路的走向。运行前先把水位以上排泥管内的空气用“真空泵+气水分离罐”、“潜水泵+水射器”抽吸或用压力水倒灌等方法排除，从而在大气压力作用下使泥水充满管道，开启排泥阀后形成虹吸式连续排泥。当要求停止排泥时，可打开断流阀，大量空气进入输泥管道，虹吸破坏，中断排泥。

① 吸泥管与吸泥数量的确定

为了便于虹吸管路的检修和避免多口吸泥时相互干扰，从吸泥口至排泥口均以单管自成系统，如图 4-1-4 所示。吸泥口的数量应视沉淀池的断面尺寸确定，通常间距为 1～1.5m，管材可选用镀锌水煤气钢管，管径由计算确定，但不小于 25mm。

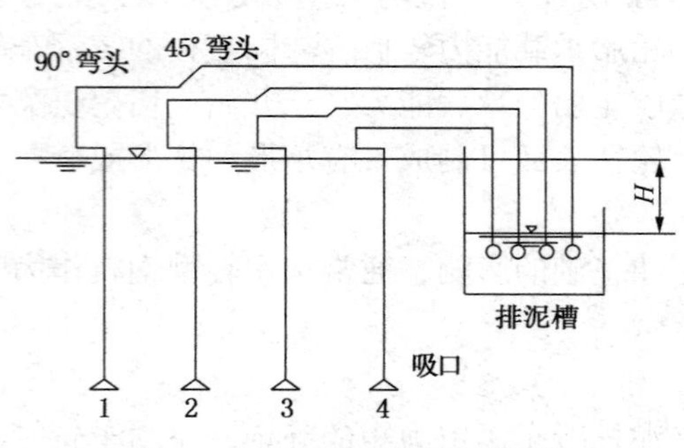

图 4-1-3　虹吸排泥中吸泥管的布置示意图

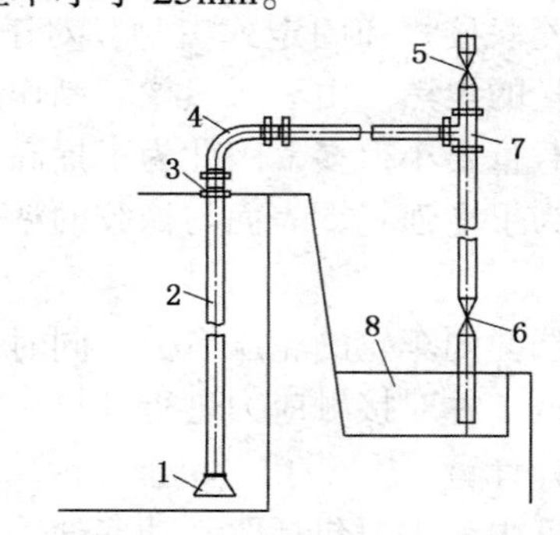

图 4-1-4　虹吸管结构示意图

1—吸口；2—排泥管；3—活接头；4—90°弯头；5—阀；6—三通接头；7—阀；8—排泥槽

② 管径的确定

吸泥管管径的确定主要取决于排出污泥量Q_{ξ}、管内泥水流速 v 以及吸泥管排列的根数 Z。吸泥管内泥水流速一般不超过 2m/s，管内径 D 的计算公式如下

$$\text{间歇式吸泥}\ D=0.258\sqrt{\frac{Q_{\xi}T\,v_{机}\times10^{6}}{\pi vZl}}\quad(\text{mm})\tag{4-1-3}$$

$$\text{连续式吸泥}\ D=0.033\sqrt{\frac{Q_{\xi}\times10^{6}}{\pi vZ}}\,(\text{mm})\tag{4-1-4}$$

式中　Q_{ξ}——含水率为$\xi\%$时的污泥量，m^3/h；

$v_{机}$——吸泥机行驶速度，m/min；

v——吸泥管内泥水流速，m/min；
Z——吸泥管排列的根数；
l——吸泥机在沉淀池纵向往返行程，m；
T——吸泥间隔时间，$T=24/$吸泥次数，h。

③ 摩擦水头损失

由于吸泥时泥水在管内产生摩擦而造成水头损失，因此沉淀池内水位与排泥管出口之间应保持一定的落差，使泥水畅流。摩擦水头损失主要分为吸泥管内的沿程摩擦水头损失h_f和管配件内的局部摩擦水头损失$h_{配}$两大类。吸泥管内的流动状态一般为紊流，沿程摩擦水头损失大致上与流速成正比。常用的计算公式如下

$$h_f=\lambda\frac{L}{D}\frac{v^2}{2g}\quad(\text{m})\tag{4-1-5}$$

$$h_{配}=f\frac{v^2}{2g}\quad(\text{m})\tag{4-1-6}$$

式中 v——吸泥管内的泥水流速，m/s；
L——吸泥管管段的长度，m；
D——吸泥管管段的内径，m/s；
λ——沿程摩擦损失系数，在紊流状态时，$\lambda=0.020+\frac{0.0005}{D}$；
f——各种管配件的局部摩擦损失系数，m。

具体计算中可根据虹吸管路的实际组成和布局情况，从手册中查取相关系数后逐段计算而得，然后予以累加。

④ 吸泥管内流速的调节与复核

$$v=\sqrt{2g(H-\sum h)}\quad(\text{m/s})\tag{4-1-7}$$

式中 H——沉淀池内水位与排泥槽水位之间的水头差，m；
$\sum h$——吸泥管与管配件摩擦水头损失的总和，m。

⑤ 吸泥管安装要求

吸泥管的安装应注意下列三点：a)吸泥口至沉淀池底的距离可与吸泥管的直径相等；b)在虹吸管的最高位置处设置截止阀或电磁阀，用作抽吸真空或破坏虹吸之用；c)虹吸管出泥口伸入悬吊在吸泥机机架上的水封槽内排出，水封槽止于排泥沟内。

⑥ 吸泥口与集泥刮板

a) 吸泥口：吸泥口有扁嘴吸口和圆形吸口两种，为了尽可能提高吸泥的浓度，一般都将吸口做成长形扁口的形状，然后以变截面过渡到圆管形断面，圆管断面积与吸口的断面积相等，并以管螺纹与吸泥管连接，如图 4-1-5 所示。为了制造方便，都用铸铁浇铸，铸铁的牌号为 HT150。

b) 集泥刮板：由于吸口与吸口之间相隔 1m 左右的距离，在间距内的污泥就必须借助于集泥刮板推向吸口。集泥刮板的形状如图 4-1-6 所示，刮板高约 250~300mm，采用 3~4mm 厚的钢板制作。刮板长边与长轴之间的夹角为 30°~45°。图 4-1-7 为吸口与集泥刮板的排列，吸口与集泥刮板间隔设置，呈一字形横向排列，并与池宽相适应。安装在池边的集泥刮板边口与水池内壁(包括凸缘)的距离为 50mm，集泥刮板离池底的距离为 30~50mm。

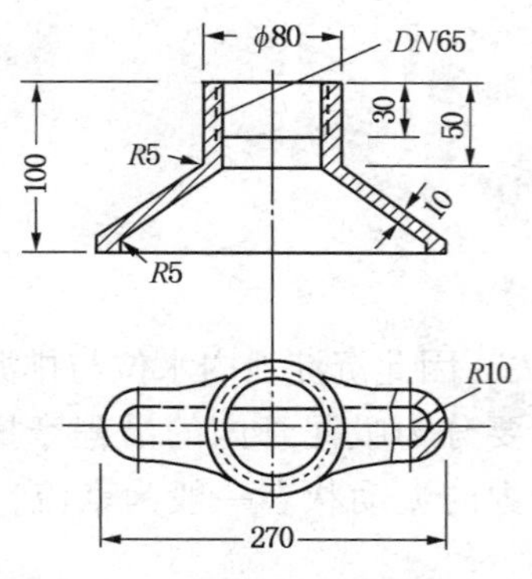

图 4-1-5 吸泥口的结构示意图

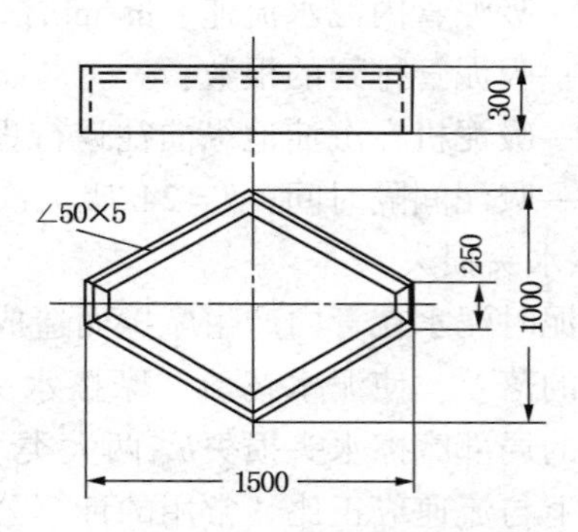

图 4-1-6 集泥刮板的结构示意图

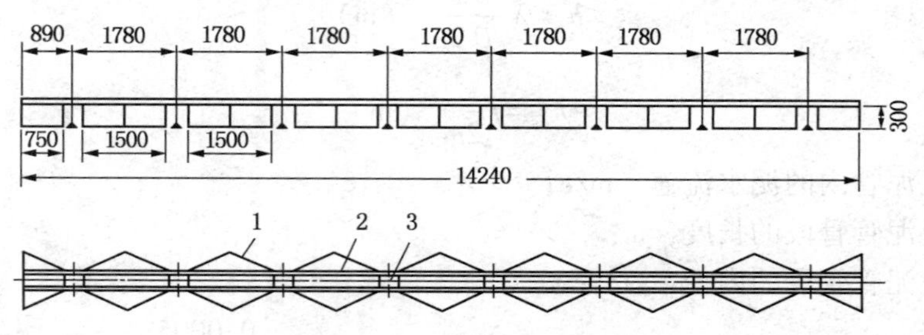

图 4-1-7 吸口与集泥刮板的排列示意图

1—集泥刮板；2—支架；3—吸泥管

⑦ 吸泥管的固定

吸泥管的固定方式随水池的类型而定。在平流式沉淀池中，池内无障碍物，钢支架可直接悬入池内，作为固定吸泥管和集泥刮板之用。在斜管(板)沉淀池中，由于池内设置许多间隔较小的平行倾斜板或孔径较小的平行倾斜蜂窝状管，吸泥管从池边下垂伸入越过斜板(管)后，再分别固定在悬挂于水下的钢支架上。

(2) 泵吸排泥

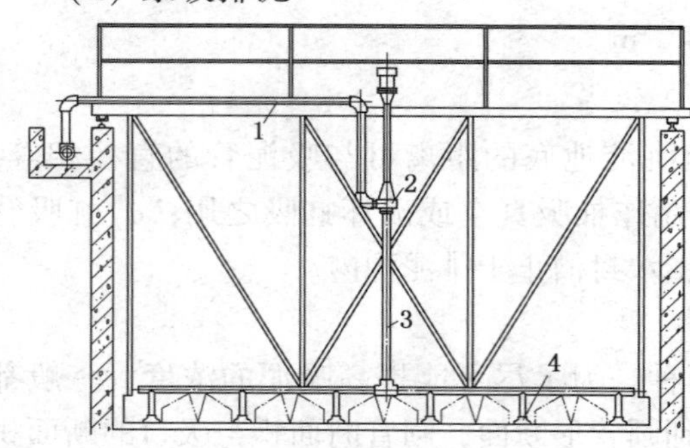

图 4-1-8 泵吸式吸泥管路布置示意图

1—出泥管；2—吸泥泵；3—进泥管；4—吸口

泵吸排泥管路主要由泵和吸泥管组成，有一泵单吸口和一泵多吸口两种。如图 4-1-8 所示，一泵多吸口与虹吸式的差别是各根吸泥管在水下(或水上)相互联通后再由总管接入水泵，通过水泵的抽吸将污泥输出池外。对于具有虹吸条件的沉淀池(出水堰与排泥口位差不小于 3m)而言，在潜污泵启动排污后切断电源，排泥方式即可由泵吸切换为虹吸。

① 管路设计

泵吸管路的摩擦水头损失计算、吸泥口和集泥刮板等要求与虹吸管路相同，管材也采用镀锌水煤气钢管，吸口间距为 1.0~1.5m。在一台吸泥泵系统内，各吸泥支管管径断面积之和应略小于吸泥泵的进水管断面积。在泵吸式多管吸泥机中，污泥的吸入系统由多个吸口、与吸口一一对应的多根吸泥管和集泥部件组成，结构较复杂，安装维修都不太方便；吸口一般较大，有的采用喇叭型，容易将池底的一些大杂物吸入吸泥管内，造成吸泥管路的堵塞和泵的损坏；随着运行时间的增加，集泥部件的磨损会越来越严重，吸泥不尽的现象也必然越来越严重。

目前已经设计研发了行车式泵吸单管吸泥机，污泥从池底经由小孔进入吸泥管，行走系统启动时同步启动污泥泵，污泥经若干个小孔进入单根吸泥管，然后经排泥管排出池外。行车泵吸式单管吸泥机的吸泥效果(主要指标是吸泥均匀性)取决于单根吸泥管上吸泥孔的大小及其分布，为了提高吸泥机吸泥的均匀性，有三种方式：a)吸泥孔为等孔径等孔距分布，改变配孔比(吸泥孔开孔总面积与吸泥管横截面积之比)；b)吸泥孔为等孔径变孔距分布；c)吸泥孔为变孔径等孔距分布。相对而言，第二种方式设计加工较为简单，实际应用效果较好。

② 选泵

吸泥泵常用卧式离心污水泵、立式液下泵和潜水污泥泵等，其中卧式离心泵要用引水装置；立式液下泵的叶轮部分必须没于水下，橡胶轴承易磨损；潜水污泥泵的泵体及电动机都潜于水下，防护等级为IP68。水泵的台数应根据吸泥管路的布局和所需的排泥量决定，吸泥泵的吸高$H_{吸}$应大于管路及配件的总摩擦水头损失1.0~1.5m。

③ 真空引水的抽气量计算

使用卧式离心污水泵吸泥时，需真空引水，抽气量$Q_{气}$可按下式计算

$$Q_{气} \geqslant C\frac{Q_1+Q_2+Q_3}{t} \quad (\mathrm{m^3/h}) \tag{4-1-8}$$

式中 Q_1——水面以上引水管内的空气容积，m^3；

Q_2——泵壳内的空气容积(泵入口至出水阀门的容积)，m^3；

Q_3——真空管路的容积，m^3；

C——漏气系数，1.05~1.1；

t——抽气时间，h。

根据求得的抽气量$Q_{气}$，选用合适的抽气装置(如真空泵、水射器等)。

4. 集电组件及端头立柱

行车式吸泥机或刮泥机的集电组件常有安全形封闭式滑触线和移动式悬挂电缆集电组件两种形式，前者结构简单、安全可靠，后者结构简单、使用方便，但跨度大时垂度较大。

端头立柱固定联接在钢轨的两端，用来防止发生吸泥机终端开关失灵而掉轨的事故，端头立柱的高度H约为车轮半径R的1.1~1.2倍。

根据《环境保护产品技术要求——吸泥机》(HJ/T 266—2006)的规定，行车式吸泥机(或称XHJ式吸泥机)的基本参数如表4-1-2所示。

表4-1-2 XHJ式吸泥机的基本参数列表

<table>
<tr><td colspan="2">池宽/m</td><td>4</td><td>6</td><td>8</td><td>10</td><td>12</td><td>14</td><td>16</td><td>18</td><td>20</td><td>22</td><td>25</td><td>30</td></tr>
<tr><td rowspan="3">功率/kW≤</td><td>驱动机构</td><td>0.37</td><td colspan="4">2×0.37</td><td colspan="3">2×0.55</td><td colspan="4">2×0.75</td></tr>
<tr><td>污泥泵</td><td>3.0</td><td colspan="5">2×3.0</td><td colspan="2">3×0.55</td><td colspan="4">4×3.0</td></tr>
<tr><td>真空泵</td><td colspan="8">1.5</td><td colspan="4">2.2</td></tr>
<tr><td colspan="2">行走速度/(m/min)</td><td colspan="12">0.6~1.2</td></tr>
</table>

二、平流式沉淀池用刮泥机

平流式沉淀池用刮泥机(Sludge scraper)主要有行车式提板刮泥机和链条牵引式刮泥机两大类，适用于前端带有泥斗的平流式沉淀池。由于可沉悬浮颗粒多沉于沉淀池的前部，因此在池的前部设置贮泥斗(集泥槽)，贮泥斗底部装有排泥管，利用静水压头将污泥排出池外。

池底一般设 0. 01~0. 02 的坡度，坡向贮泥斗，利用机械刮泥设备将沉入池底的污泥刮入泥斗内。

1. 行车式提板刮泥机

如图 4-1-9 所示，行车式提板刮泥机（或行车式抬耙刮泥机）主要由行车桁架、驱动机构、刮泥板、撇渣板与刮泥板升降机构、程序控制及限位机构等部分组成，根据不同的要求可将集泥槽、集渣槽设置在沉淀池的同一端或分两端。

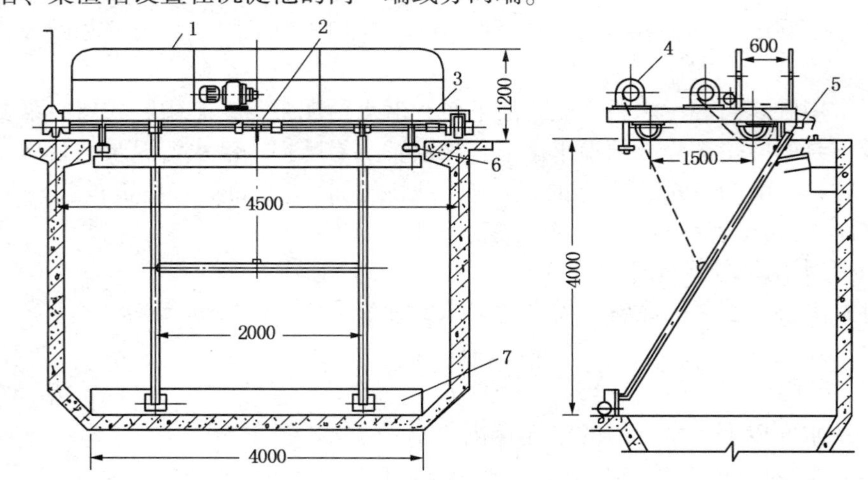

图 4-1-9 行车式提板刮泥机的结构示意图

1—栏杆；2—驱动机构；3—行车架；4—卷扬提板机构；5—行程开关；6—导向靠轮；7—刮泥板

（1）行车与刮泥部分的结构

行车一般采用桁架结构，小跨度的可用梁式结构，为了便于检修和管理，在行车上应设宽 600~800mm 的工作走道。驱动机构采用两端出轴的长轴集中传动形式或双边分别驱动的形式，跨距 4~8m 时驱动采用集中驱动，10~25m 时采用两端同步驱动。驱动功率主要根据刮泥机在工作时所受的刮泥阻力、行驶阻力、风阻力和道面坡度等阻力总和计算确定。供电方式有电缆支架、滑导线、悬挂钢丝绳 3 种。

（2）撇渣板与刮泥板的升降机构

刮泥部分主要由铰链式刮臂、刮泥板、支承托轮、撇渣板及刮泥板提升机构等组成。为便于更换钢丝绳或刮泥板等易损零件，还可设置刮臂的挂钩装置。刮臂的一端铰接在行车的桁架上，另一端装有刮泥板及托轮，吊点最好设在刮臂的重心位置。当刮泥板放至池底时，刮臂与池底的夹角为 60°~65°。刮泥板高度为 400~500mm，撇渣板高度为 120~150mm。刮泥板提升机构有钢丝绳卷扬式、螺杆式和液压推杆式 3 种，其中钢丝绳卷扬式因其结构简单、制造容易而最为常用。最好选用耐蚀性好的 1Cr18Ni9Ti 不锈钢丝绳，钢丝绳的安全系数应不小于 5。刮臂通过钢丝绳的卷扬来完成提升和下降的动作，提升功率根据起吊力及起吊速度确定。卷筒直径应大于 20 倍钢丝绳直径，在刮泥板放至池底时，卷筒上还应至少保留有 3 圈钢丝绳。

撇渣板与刮泥板的升降机构可以有两种布置形式：第一种形式如图 4-1-10 所示，刮泥板与撇渣板同向工作及升降，即刮泥机运行时，撇渣板与刮泥板同时进行撇渣与刮泥，回程时撇渣板与刮泥板又同时提出水面；第二种形式如图 4-1-11 所示，撇渣板与刮泥板逆向工作与升降，即刮泥板刮泥时撇渣板提出水面，而撇渣板工作时刮泥板提离池底。刮泥机的行驶与刮泥板升降采用两套独立的驱动机构，通过电气控制能互相转换交替动作。

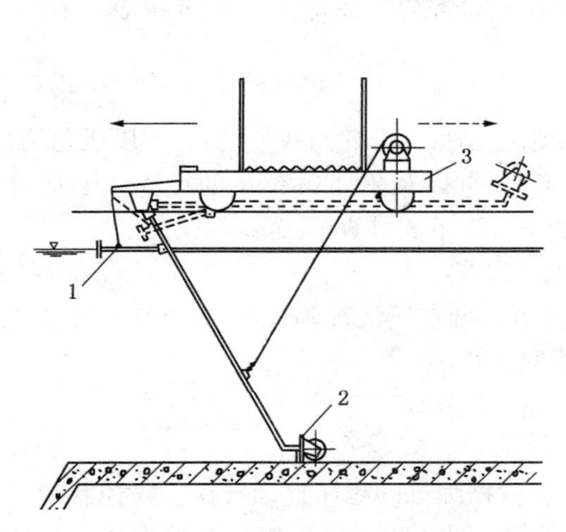

图 4-1-10　同向撇渣与刮泥的形式示意图

1—撇渣板；2—刮泥板；3—行车

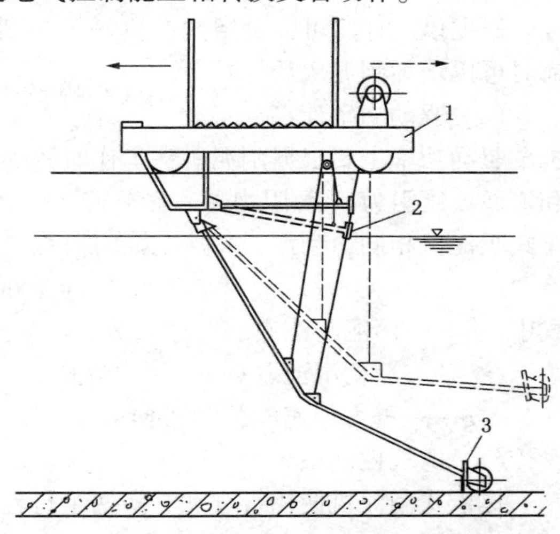

图 4-1-11　逆向撇渣与刮泥的形式示意图

1—行车；2—撇渣板；3—刮泥板

（3）排泥量与刮泥能力计算

排泥量主要根据所去除进水中的固体悬浮物含量，再换算成含水率 $\xi(\%)$ 的沉淀污泥量来计算。含水率为 $\xi(\%)$ 时沉淀污泥量 Q_ξ 的计算公式如下

$$Q_\xi = \frac{V}{t} SS_1 \varepsilon \times \frac{100\times10^{-6}}{100-\xi} = \frac{V}{t}(SS_1 - SS_2) \times \frac{100\times10^{-6}}{100-\xi} \quad (\mathrm{m^3/h}) \tag{4-1-9}$$

式中　V——沉淀池的有效容积，$\mathrm{m^3}$；

t——沉淀时间，h；

SS_1——沉淀池进水中的固体悬浮物含量，mg/L；

SS_2——沉淀池出水中的固体悬浮物含量，mg/L；

ε——固体悬浮物去除百分率，%；

ξ——去除污泥的含水率，%。

设沉入池底的污泥含水率为 98%，刮泥机往返一次的刮泥量 $Q_{次}$ 按下式计算

$$Q_{次} = \frac{b\,h^2\gamma}{2\,\mathrm{tg}\alpha} \quad (\mathrm{t/次}) \tag{4-1-10}$$

式中　h——刮泥板在竖直方向的投影高度，m；

b——刮泥板的宽度，m；

α——刮泥时污泥的堆积坡角（度），一般初沉池污泥取 5°；

γ——污泥表观密度，$\mathrm{t/m^3}$，一般取 1.03$\mathrm{t/m^3}$。

刮泥机每小时的平均刮泥能力 $Q_{时}$ 可按下式计算

$$Q_{时} = Q_{次} \times \frac{60}{t} = \frac{60\,Q_{次}}{t} \quad (\mathrm{t/h}) \tag{4-1-11}$$

式中　t——刮泥机往返一次所需要的时间，min。

每小时的平均刮泥能力 $Q_{时}$ 与沉淀污泥量 Q_ξ 之比 n，可按下式计算

$$n = \frac{Q_{时}}{\gamma Q_\xi} \tag{4-1-12}$$

式中　Q_{98}——含水率98%时的污泥量，t/h。

根据以上计算可以确定刮泥机每天的刮泥次数。通常初沉池每天刮泥3~4次，高峰负荷时可以增加刮泥次数。

（4）驱动功率计算

驱动功率主要根据刮泥机在工作时所受的刮泥阻力$P_{刮}$、车轮行驶阻力$P_{驶}$、风压阻力$P_{风}$和道面坡度阻力$P_{坡}$等阻力总和计算确定。$P_{驶}$、$P_{风}$、$P_{坡}$以及驱动功率N的计算方法都与行车式吸泥机相同，刮泥板每次刮泥时所受的阻力$P_{刮}$可按下式计算

$$P_{刮}=1000Q_{次}\ g\mu \quad (\mathrm{N}) \tag{4-1-13}$$

式中　μ——污泥与池底的摩擦系数，沉砂池取0.5、给水厂沉淀池取0.2~0.5、污水处理厂初沉池取0.1、污水处理厂二沉池取0.035；

g——重力加速度，取9.81m/s^2。

（5）电气控制系统

提板式刮泥机使用行驶和升降两组行程开关，根据编排的程序自动转换，来控制刮泥机的动作。图4-1-12为提板式刮泥机的动作程序示例，设A点为刮泥机的起始位置，此处刮板露出水面，一个动作周期的程序如下：①合上电源，刮泥机后退，行至B点位置时，刮泥机停驶，并使刮泥板下降。②当刮泥板降至C点时，升降机构停止，并使刮泥机继续后退。③当后退至D点时，刮泥机停驶，接着又使刮泥板继续下降至池底E。④当刮泥板下降至池底—E—时，撇渣板也通过联动机构浸入水面，并立即发出刮泥机向前动作的指令。⑤刮泥机开始刮泥及撇渣工作，一直行驶到A'为止，此时污泥及浮渣均分别排入污泥斗和集渣槽内，然后再次将刮泥板提出水面，回到原来的起始位置。根据沉泥量多少，确定重复循环的次数，当然也可根据需要另编程序。各行程控制元件可采用密封式行程开关，一般都安装在刮泥机上，安装时应密封防潮。

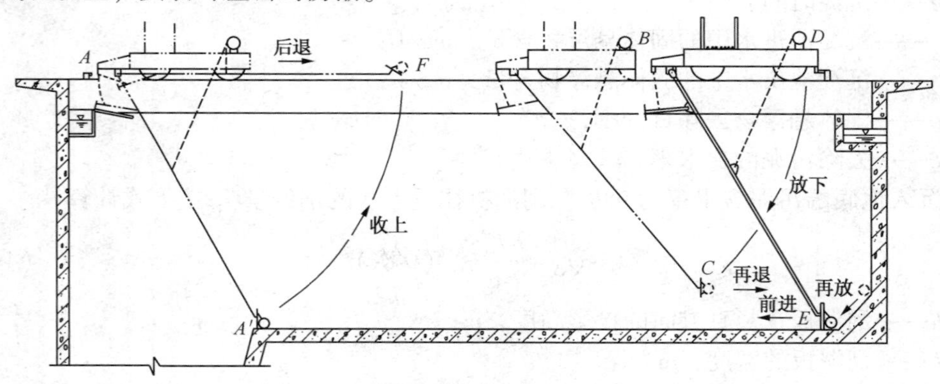

图4-1-12　提板式刮泥机的动作程序示例

2. 链条牵引式刮泥机

链条牵引式刮泥机适用于自来水厂沉淀池或污水处理厂的沉砂池、初沉池、二沉池、隔油池等矩形池的排砂、排泥和除油(渣)，对于有浮渣的沉淀池可在底部刮泥的同时在池面撇渣。分为单列、双列链条牵引式两种，多采用双列链条牵引形式。

（1）结构

如图4-1-13所示，双列链条牵引式刮泥机主要由驱动机构、传动链与链轮、牵引链与链轮、刮泥板、导向轮、张紧机构、链轮轴和导轨等组成，应该采用不锈钢链条、链轮以防

止链节的生锈。在设备的两条牵引链上，每隔 2m 左右装有刮泥板，在主动链轮上装有安全销进行过载保护。减速驱动机构通过传动链将动力传递于两条牵引链，带动刮泥板作定向回转连续运行，在池底部链带缓缓地沿与水流相反的方向滑动，在滑动中将池底沉泥推入贮泥斗中；在其移到水面时，又将浮渣推到出口，从排渣管排出池外。

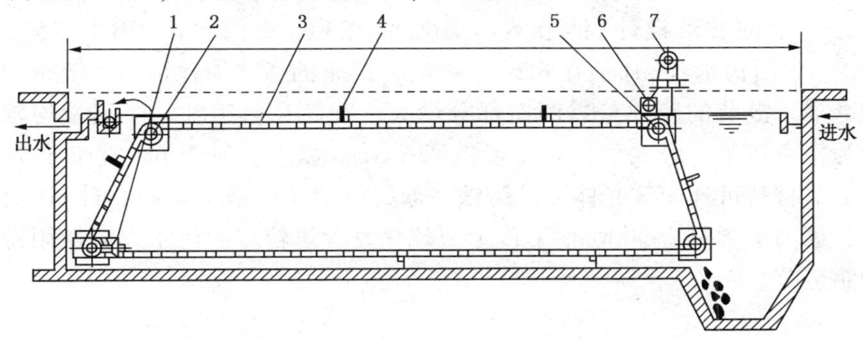

图 4-1-13　双列链条牵引式刮泥机的结构示意图

1—张紧机构；2—从动轮；3—牵引链；4—刮泥板；5—主动轮；6—张紧轮；7—驱动机构

链条牵引式刮泥机的特点是：刮泥板移动速度可以根据不同工艺要求(不产生污泥上浮或紊流)调节；由于牵引链、刮泥板的循环动作，使刮泥保持连续，故排泥效率较高。使用时应特别注意双侧牵引链条需保持同步牵引；链条必须张紧，以保证刮泥效果和可靠性。

（2）刮泥量及刮泥能力的计算

① 刮泥能力 Q 的计算

$$Q=60hlv \geqslant Q_{\xi} \quad (m^3/h) \tag{4-1-14}$$

式中　h——刮板高度，m；

l——刮板长度，m；

v——刮板移动速度，m/min；

Q_{ξ}——含水率为 ξ% 时的沉淀污泥量，m^3/h。

② 每天运行时间 t

$$t=\frac{24Q_{\xi}}{Q} \quad (h) \tag{4-1-15}$$

（3）牵引链与传动链的设计计算

牵引链的张力与驱动功率随池内有水和无水而有所不同。一般有水时链条与刮泥板受到浮力的作用，张力和摩擦阻力均较小，故应按无水状态进行链传动的设计计算。具体设计计算参见相关设计手册，关键是计算刮泥板牵引链的最大张力 T_{max} 和驱动链轮松弛侧的水平张力 T_{min}，牵引链的设计张力 T'_{max} 需要在 T_{max} 的基础上再乘以使用系数(一般为 1.4 左右)，以考虑链条在污泥腐蚀性环境中运转的实际情况。传动链的张力可以由牵引链的设计张力 T'_{max} 换算而得，牵引链驱动功率的计算可按下式进行

$$N=\frac{2(T_{max}-T_{min})v}{60000\eta} \quad (kW) \tag{4-1-16}$$

式中　v——刮泥板移动速度，m/min；

η——机械效率，可取 0.7 左右。

牵引链一般采用扁节链，链条中有图 4-1-14 所示的主链节和图 4-1-15 所示的装刮板

链节两种形式。各链节用销轴连接，销轴一端为T形头，另一端钻有销孔。销轴装在链节上后，再插入开口销，以防销钉脱落。各链节上还设有销轴止转槽，使销轴和链节不产生相对转动，以避免销轴与销孔的磨损。链节上的圆筒部分与链轮的轮齿相啮合，接触啮合表面、圆筒孔内表面以及销轴外表面的硬度对链条的使用寿命有很大影响，因此链节各部分的硬度应按一定的要求设计（链节本体 HB200～230、滚筒表面 HB≥415、销轴表面 HB200～210）。生活污水若 pH 值在 6.5～8 之间，链条的腐蚀损耗很小，链条的寿命主要取决于机械磨损。链节的磨损量以圆筒部分最大，圆筒孔与销轴的磨损量均较小。链节的制造一般为精密铸造一次成型，表面粗糙度 6.3μm 以上。对于 pH 值在 6.5～8 之间的生活污水，链节材料可选用珠光体可锻铸铁、球墨铸铁或镍铬不锈钢；对 pH 值在 5 以下的酸性污水、氯离子含量为 3000mg/L 以上或硫化物含量较多的污水，应使用特制的热塑性工程塑料制链节。

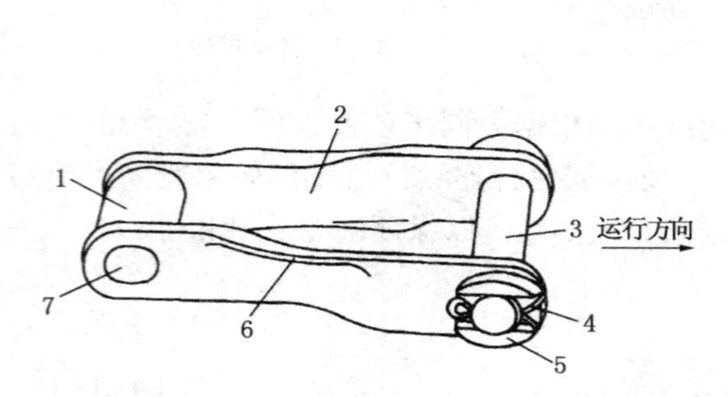

图 4-1-14　扁节链链节的结构示意图

1—圆筒；2—链板；3—销轴；4—开口销；
5—止转动槽；6—耐磨靴；7—筒孔

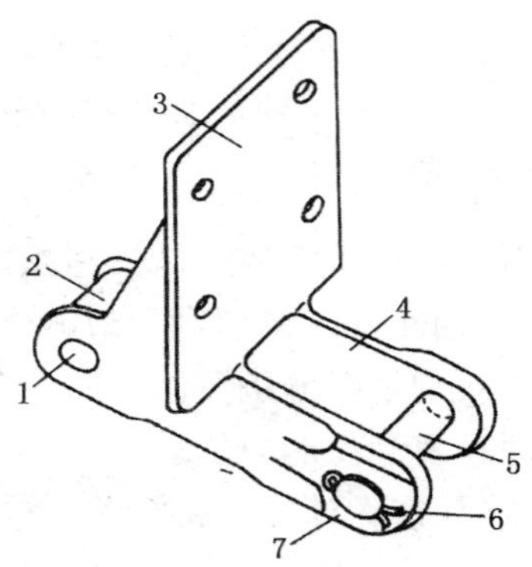

图 4-1-15　状刮泥板扁节链链节的结构示意图

1—筒孔；2—圆筒；3—刮板座；4—链侧板；
5—销轴；6—开口销；7—止转动凹槽

链条的磨损程度除与链节选材及其表面硬度有关之外，还与链节间相对转动的角度有关，即与链轮的齿数成反比。齿数过少磨损加快，而齿数多就会增大链轮的直径，不够经济。为了兼顾两种不同要求，链轮齿数以 11 齿为宜。同时，为了延长链轮的使用寿命，还可利用扁节链节距较大的特点，在节圆直径不变的情况下，由链齿的节距间再增加一个链齿，增加后的齿数 n=（2＊原链轮齿数±1）。由于设计的链轮齿数为单数，所以每回转两次才会重复到原来的啮合位置，实际上也是等于延长了 1 倍寿命。链轮材料一般为球墨铸铁，齿面高频淬火以提高耐磨性，齿面硬度与链节的圆筒表面相同。导向轮用于支承链条或使链条换向，常做成双边凸缘的滚筒形式，使链节侧板的耐磨靴与滚筒筒面接触，以减少链节的圆筒磨损，延长链条的使用寿命。导向轮材料为球墨铸铁或珠光体可锻铸铁，滚筒表面的硬度为 HRC40～45。

图 4-1-16 为全塑料双列链条牵引式刮泥机的总体结构示意图，塑料零部件包括 NCS-720-S（15.24cm 或 6″齿距）链条、玻璃纤维刮板（标准/高强度/超强度三种）、磨损鞋、NES-720-S 驱动和空转链轮、NH-78 驱动和驱动母链轮、高强度玻璃纤维加强塑料套筒、管子驱动轴、空转和驱动铸尼龙的短轴组合带，可更换自润滑套筒轴承、玻璃纤维轨道及铸尼龙-6 的托墙支架和高分子聚乙烯（UHMW-PE）轨道及地面的磨损条。

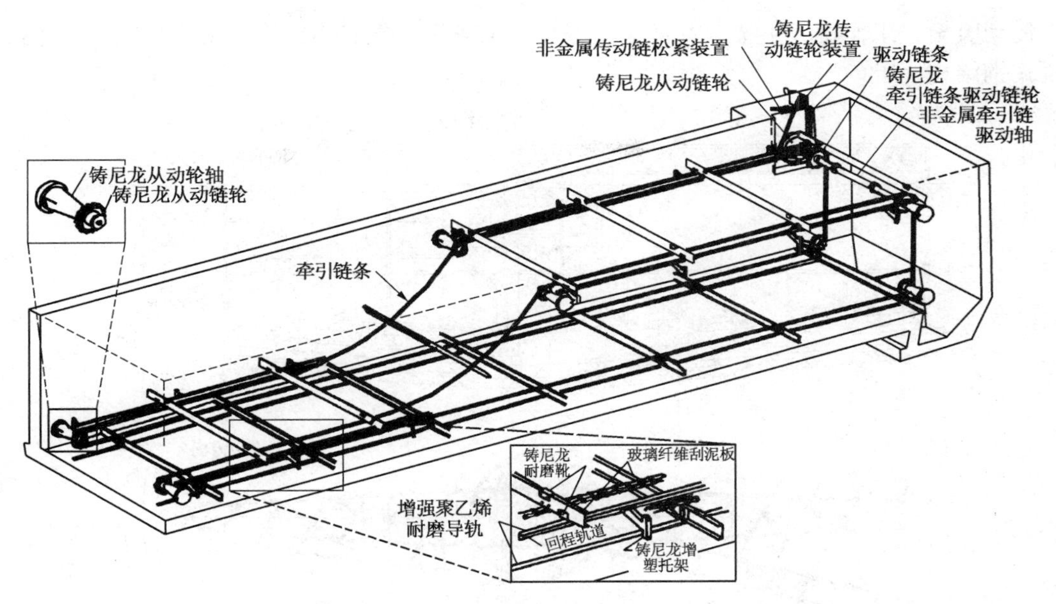

图 4-1-16　全塑料双列链条牵引式刮泥机的总体结构示意图

根据《环境保护产品技术要求—刮泥机》(HJ/T 265—2006)，行车式、链条传动式刮泥机的基本参数如表 4-1-3 所示。沉淀池的宽度范围为 2～30m，行车式的刮板速度为 0.6～1.2m/s，链条传动式的刮泥板速度为 0.4～0.6m/s。

表 4-1-3　行车式、链条传动式刮泥机的基本参数

<table>
<tr><td rowspan="2">型号</td><td colspan="2">GH2</td><td>GH4</td><td>GH6</td><td>GH8</td><td>GH10</td><td>GH12</td><td>GH14</td><td>GH16</td><td>GH18</td><td>GH20</td><td>GH22</td><td>GH25</td><td>GH30</td></tr>
<tr><td colspan="2">GL6</td><td>GL7</td><td>GL8</td><td>GL9</td><td>GL10</td><td>GL12</td><td></td><td></td><td></td><td></td><td></td><td></td><td></td></tr>
<tr><td>沉淀池宽度/m</td><td colspan="2">2</td><td>4</td><td>6</td><td>8</td><td>10</td><td>12</td><td>14</td><td>16</td><td>18</td><td>20</td><td>22</td><td>25</td><td>30</td></tr>
<tr><td>行走电动机功率/kW</td><td colspan="4">≤0.37</td><td colspan="3">≤0.55</td><td colspan="3">≤0.75</td><td colspan="4">≤1.1</td></tr>
<tr><td rowspan="2">刮板速度/(m/min)</td><td>桁车式</td><td colspan="13">0.6～1.2</td></tr>
<tr><td>链传动式</td><td colspan="13">0.4～0.6</td></tr>
</table>

注：电动机功率适用于城市污水处理和类似水质的工业废水处理。

三、中心传动刮(吸)泥机

中心传动刮(吸)泥机一般适用于直径不大于 ϕ60m 圆形或方形沉淀池的排泥，在池边与中心支墩之间架设一个固定不动的工作桥，驱动机构固定在中心支墩上，其上联接随之转动的主架，并带动其下部所联的刮臂或吸泥管，完成刮(吸)泥和集泥工作。由于主架部分几乎全部在水中，水面以上没有较大的迎风面，因而风载的作用很小，在设计中可不考虑，但要求桁架的对称性和平衡性很强，具体分为垂架式和悬挂式两种。代表性设备有垂架式中心传动刮泥机、垂架式中心传动吸泥机、悬挂式中心传动刮泥机，其中垂架式中心传动吸泥机适用于二沉池的排泥，采用吸泥方式是为了克服活性污泥含水率高、难以刮集的困难。具体可分为垂架式中心传动多管吸泥机和垂架式中心传动单(双)管吸泥机。

1. 垂架式中心传动刮泥机

图 4-1-17 为垂架式中心传动刮泥机的总体结构示意图，主要由驱动机构、中心支座、

中心传动竖架、工作桥、主架、刮臂、刮泥板、撇渣板、集渣斗、控制箱等组成，工作桥为半桥式钢结构。

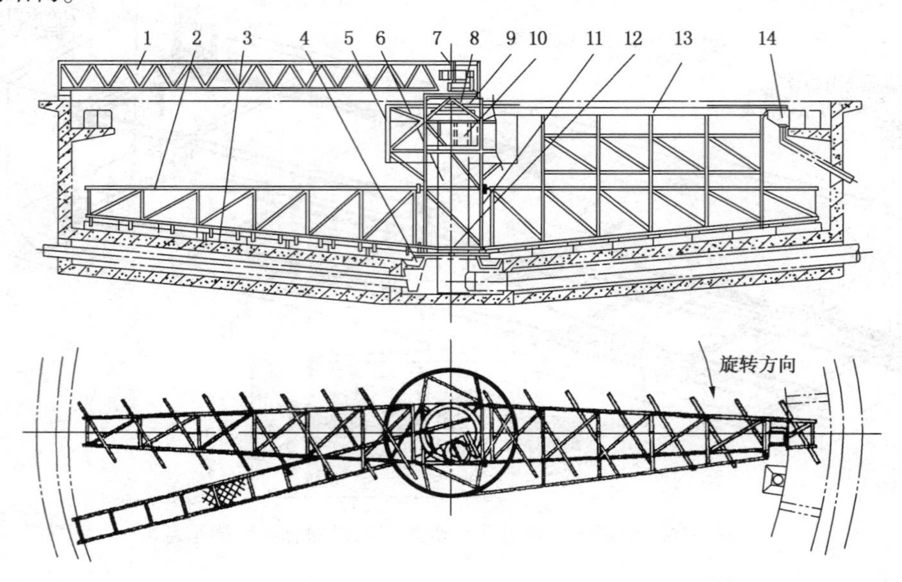

图 4-1-17 垂架式中心传动刮泥机的总体结构示意图

1—工作桥；2—刮臂；3—刮板；4—刮板；5—导流筒；6—中心立式柱管；7—摆线针轮减速器；8—蜗轮蜗杆减速器；9—滚动轴承式旋转支承；10—扩散筒；11—中心传动竖架；12—水下轴承；13—撇渣板；14—排渣斗

（1）配水系统

对于中心进水、周边出水的辐流式沉淀池而言，一般在池中心位置上设有兼作进水管道的中心立式柱管。中心立式柱管大多为钢筋混凝土结构，也可采用钢管制成，其下口与池底进水管衔接，上口封闭作为中心支座的平台，管壁四周开孔出水。由于刮泥机的重量和旋转扭矩均由中心立式柱管承受，也被称为支柱式中心传动刮泥机。原水由进水管进入沉淀池后，从中心立式柱管流出。当池径大于 ϕ21m 时，为了避免中心配水时的径向流速过高造成短路而影响沉淀效果，一般在中心立式柱管的出水口外周增加设置同轴心线的扩散筒或导流筒以改变出水流向，使原水沿径向以逐渐减小的流速向周边出流。

如图 4-1-18 所示，扩散筒或导流筒的水平横截面积约为池体横截面积的 3%，其与同心立式柱管之间形成的圆环面积略大于中心立式柱管的断面积；筒体高度比中心立式柱管的矩形出水口长度长出 100mm；筒体下端为封板，封板的位置略低于中心立式柱管的矩形出水口；在筒体上开设多个纵向长槽口，沿槽口设置导流板，使原水从筒体内流出后，沿水平切线方向旋流，以此改善沉淀效果。因为桁架结构的要求，扩散筒或导流筒必须固定在主架上，并随主架的转动而转动，给整机增加了一定的负荷。国外也将扩散筒或导流筒称为能量耗散入口(Energy Dispersing Inlets，EDIs)，美国 Ovivo 公司的 EquaFlo 360™ 是先进导流筒结构设计技术的典型代表，美国 WesTech Engineering 公司则专门开发有沉淀池优化设计软件包(Clarifier Optimization Packag，COP™)。有时还在扩散筒或导流筒的外周同心设置絮凝剂添加井(Flocculation Feedwell)，使分散的活性污泥颗粒和破碎的活性污泥絮体在固液分离前先进行絮凝，以提高活性污泥的沉淀效率，达到降低二沉池出水中固体悬浮物(SS)的目的。

对于周边进水、中心(或周边)出水的辐流式沉淀池而言，由于无需考虑导流筒或扩散筒等问题，因此结构相对较为简单。

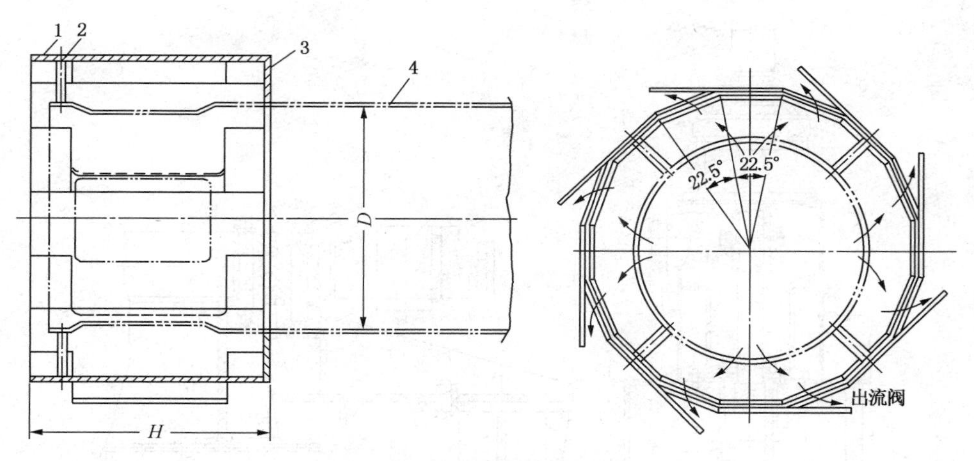

图 4-1-18　扩散筒的结构示意图

1—扩散筒；2—支撑；3—封板；4—中心立式柱管

（2）驱动机构

垂架式中心传动刮泥机的适用范围较大，池径可以为 ϕ14～60m。由于刮泥机主轴的转速取决于刮臂外缘的线速度，因此驱动机构的减速比随池径的增大而增大。如以电动机转速为 1440r/min、刮臂外缘线速为 3m/min 计算，总减速比为 21000～90500，一般需要采用多级减速的传动方式。此外，由于在恒功率条件下扭矩与转速之间成反比，因此对刮泥机各传动件的强度计算一定要重视。

中心传动竖架是垂架式中心传动刮泥机传递扭矩的主要部件之一，由于刮泥机的转速非常缓慢，中心传动竖架传递的扭矩较大（例如直径 ϕ30m 的初沉池刮泥机扭矩可达 40790N・m）。为方便安装，中心传动竖架一般设计成横截面为正方形的框架结构。中心传动竖架的上端连接在滚动轴承式旋转支承的齿圈上，下端两侧装有对称的刮臂，刮泥板固定在刮泥架底弦上。滚动轴承式旋转支承可以参考《回转支承》（JB/T 2300—2011）等国家机械行业标准，选用外齿式或内齿式双排异径球式回转支承。中心传动竖架为一垂挂式桁架，为保持旋转时的平稳，在垂架下端安装 4 个轴瓦式滑动轴承作径向支承，沿中心立式柱管外圆的环圈上滑动，以保证中心传动竖架的传动精度。驱动机构常用的驱动形式大致有以下两种：

第一种采用外啮合式滚动轴承支座传动方案，结构比较简单，适用于池径为 ϕ14～20m。如图 4-1-19 所示，主要由户外式电动机直联的立式二级摆线针轮减速器、链条联轴器、安全销、传动轴、轴承座、小齿轮及带外齿圈的滚动轴承式旋转支承等组成。为了防止扭矩过载，在链条联轴器上设置安全销保护；安全销的材料为 35 号钢，硬度为 HRC40～45。工作桥为半桥式钢结构，桥脚的一端架在池壁顶上．另一端固定在中心支座的平台上。立式二级摆线针轮减速器安装在工作桥上，将带外齿圈的滚动轴承式旋转支承安装在中心支座的平台上，使减速器输出轴的小齿轮与外齿圈保持啮合位置。通过传动，连接在外齿圈上的中心传动竖架就随外齿圈一起旋转。

第二种采用内啮合式滚动轴承支座传动方案。如图 4-1-20 所示，由户外式电动机直联的卧式二级摆线针轮减速器、链轮链条、蜗轮蜗杆减速器、带内齿圈的滚动轴承式旋转支承等依次传递扭矩，使悬挂在内齿圈上的中心传动竖架相应旋转。为了防止扭矩过载，在蜗轮蜗杆减速器的蜗杆端部设置压簧式过力矩保护装置，同时在主动链轮上设置安全销保护。此时工作桥的一端固定在中心驱动机构的机座上，另一端在沉淀池的池壁顶上。工作桥仅作为检修管理的通道，不安装机械设备。

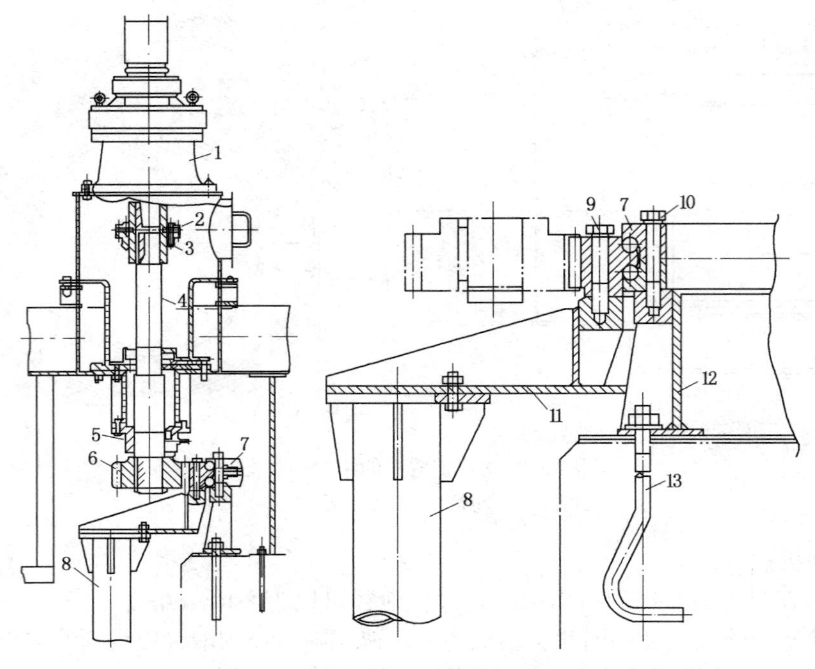

图 4-1-19　中心传动竖架与外齿圈连接的结构示意图

1—立式二级摆线针轮减速器；2—链条联轴器；3—安全销；4—传动轴；5—轴承座；6—小齿轮；7—外啮合滚动轴承式旋转支承；8—中心传动竖架；9—螺钉；10—螺钉；11—旋转支座；12—固定基座；13—基础螺栓

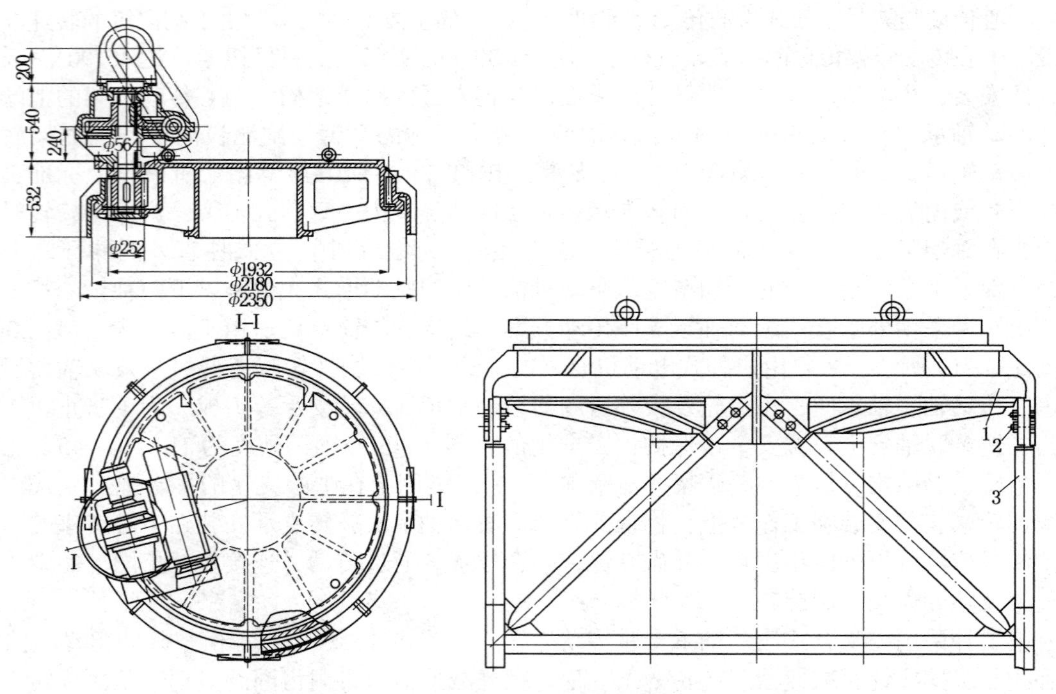

图 4-1-20　中心传动竖架与内齿圈连接的结构示意图

1—内齿圈；2—连接螺栓；3—中心传动竖架

(3) 刮臂与刮泥板

垂架式中心传动刮泥机刮臂的结构形式有悬臂三棱柱桁架和悬臂变截面矩形桁架两种，

前者用于小直径的垂架式中心传动刮泥机，后者用于大直径垂架式中心传动刮泥机。为了便于刮泥板的排列、安装和受力平衡，通常多以对称形式布置两个刮臂，同时刮臂的底弦应与池底坡面平行。刮臂受刮泥阻力和刮臂、刮泥板等自重的作用，对悬臂式的刮臂桁架而言，既承受水平方向由刮泥阻力所产生的力矩，又承受竖直方向由刮臂自重所引起的弯矩。

① 刮泥板的形状设计

沉淀池的集泥槽位于池中心，当刮泥板旋转时，如图 4-1-21 所示 a、b、c、d 各点触及沉淀污泥后，使污泥受到刮泥板法向的推力和沿着刮泥板的摩擦力作用而向池中心移动。对于中心进水的沉淀池来说，积泥大多集中在靠近中心导流筒的池底上，为提高刮泥效率，最好是将刮泥板的形状设计成对数螺旋线。直径小的刮泥机可以设计成两条对称排列的整体对数螺旋线形刮泥板；大直径的刮泥机由于整体曲线的刮泥板存在安装上的困难，都将螺旋线分成若干段，平行地安装在刮臂上。此外，对数螺旋线是一变曲率曲线，刮泥板制造比较困难，因而在设计中多数简化成直线刮泥板的形式，刮泥板与刮臂中心线的夹角为 45°，相互平行排列。

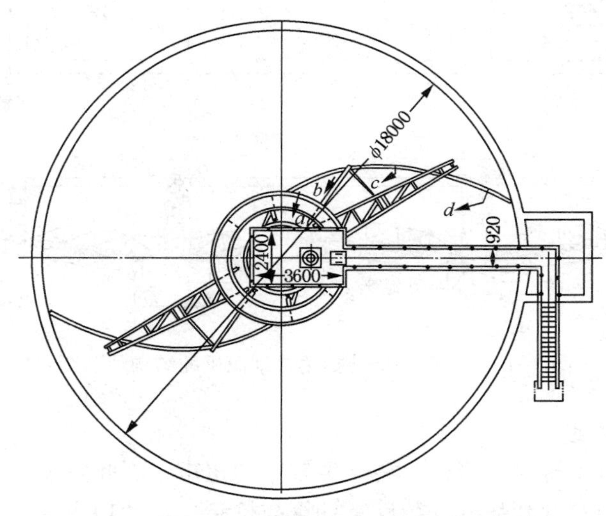

图 4-1-21　污泥的刮移示意图(对数螺旋线)

② 刮泥板的数量与长度

刮泥板的数量和长度与刮臂的结构有关，每条刮臂上刮泥板的数量应该满足刮泥的连续性。当刮泥板较长时，则要求刮臂桁架底弦有较大的宽度，同时还要求刮臂有足够的结构强度和刚度。因此在结构允许的情况下，尽量设计较宽的刮臂底弦长。

设置刮泥板时，可先从距池边 0.3~0.5m 处开始。如采用分块安装，则除第一块起始刮泥板的长度按实际需要设计外，其余均应有一定的前伸量，以保证邻近的刮泥板在刮臂轴心线上的投影彼此重叠，重叠度为刮泥板长度投影的 10%~15%，一般为 150~250mm。这样连续重叠下去，直到最后一块刮泥板的末端伸过中心集泥槽的外周 0.1~0.15m 为止。刮泥板的长度随桁架结构形式而变，通常由池边向中心布置，长度逐渐加大。

③ 刮泥板的高度

刮泥板的高度取决于所要刮送污泥层的厚度。通常设计的刮泥板高度应比污泥层厚度高出一个固定值。但沉淀池的污泥含水率较高，相对密度与水接近，具有一定的流动性，污泥层高度较难确定，通常各块刮泥板取同一高度(约 250mm)，刮泥板下缘距池底为 20mm。

此外，还有一种较为特殊的垂架式中心传动刮泥机——中心传动扫角式刮泥机。如图4-1-22所示，中心传动扫角式刮泥机适用于方形沉淀池，在需要进行流量控制和固体沉积物收集的情况下较为适宜。进水和出水流量可以通过选择适当的溢流槽、进水井和扫角装置来完成，通过带坡度砂浆的圆角可以最有效地处理积聚在池角的固体，其刮耙臂可以伸缩。

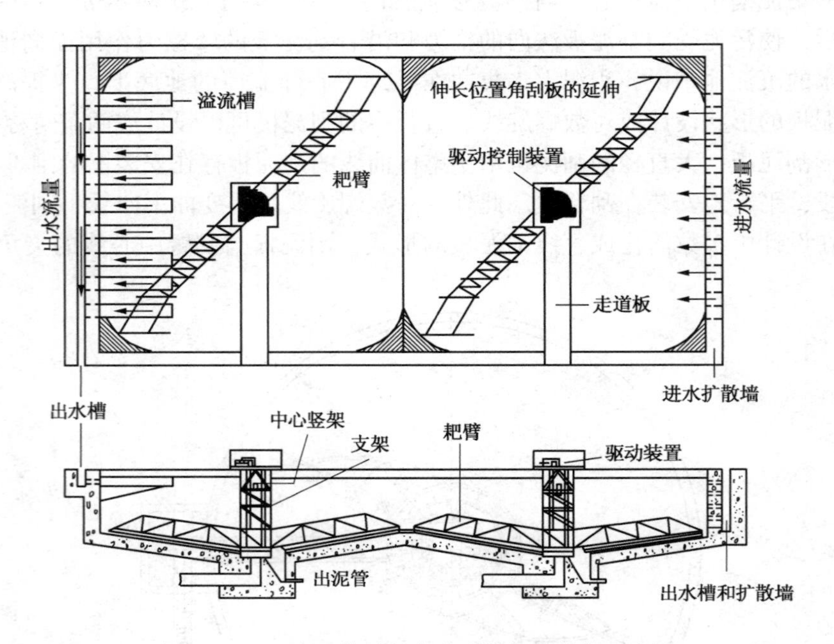

图 4-1-22　中心传动扫角式刮泥机的结构示意图

（4）驱动功率的确定

中心传动刮泥机由于转动力臂长，会产生较大的扭矩，因此对设计提出了较高要求，必须对扭矩、齿轮和轴的刚度和强度进行反复计算与校验。驱动功率主要由刮泥机的刮泥功率和滚动摩擦功率两大部分组成。刮泥功率的计算方法有三种：一是按刮泥时作用在刮臂上的扭矩 M_n 计算，二是根据刮板每刮泥一周所消耗的动力来确定，三是根据刮板每转一周克服泥砂与池底以及泥砂与刮板之间的摩擦所消耗的总功率确定。三种计算公式的比较及其应用场合如表 4-1-4 所示。

表 4-1-4　刮泥机刮泥功率的计算公式比较

类别	计算公式	比较	应用场合
1. 按刮泥时作用在刮臂上的扭矩计算	若 D 为刮板的外缘直径(m)，K 为载荷系数(N/m)，则对称双刮臂式的扭矩 $M_n=0.25D^2K$(N·m)；垂直四刮臂式的扭矩 $M_n=0.25\left[D^2+\left(\frac{D}{3}\right)^2\right]K$(N·m)。若刮臂的转速为 n(r/min)，则刮泥功率 $N_1=M_nn/9550$(kW)	a)载荷系数由污泥的性质确定； b)公式中对刮板外缘线速、池底斜度等都作了限定； c)驱动转矩按双臂的扭矩计； d)刮板高度一般为254mm	污水处理的初沉池、二沉池刮泥

续表

类别	计算公式	比较	应用场合
2. 按刮板每刮泥一周所消耗的动力来确定	若含水率 ξ 的污泥量为 $Q_\xi(m^3)$，则 t 小时(转动一周所需的时间)内的积泥量 $Q_t = Q_\xi t = \pi Q_\xi D/60n$ (m^3)；若 μ 为污泥与池底的摩擦系数，γ 为污泥的表观密度($1.03t/m^3$)，g 为重力加速度($9.81m/s^2$)，则刮泥时的阻力 $P=1000g Q_t\mu\gamma$(N)。若刮板线速度(可考虑在池径 2/3 处的速度)为 v(m/min)，则刮泥功率 $N_1=Pv/60000$(kW)	a)刮泥阻力由污泥量的多少及污泥对池底的摩擦系数确定； b)刮泥的速度按圆池直径2/3处的刮板线速度计算	—
3. 按刮板每转一周克服泥砂与池底以及泥砂与刮板之间摩擦所做的总功率来确定	为刮泥一周刮板克服污泥与池底之间摩擦所做的功 $A_1=P_1 S_1$(N·m)，P_1 为污泥与混凝土池底之间的摩擦力(N)，S_1 为污泥沿池底行走的路程(m)；污泥与刮板摩擦所做的功 $A_2=P_1\mu_1(R-R_1)$(N·m)(直线形刮泥板，其他形状刮泥板略有不同)，R 为刮臂长度(m)，R_1 为池中心集泥坑的半径。t 为刮泥一周所需的时间(min)，则刮泥功率 $N_1=(A_1+A_2)/60000t$(kW)	a)按刮泥的阻力及泥砂行走的距离所作的功来确定； b)公式中也考虑了泥浆对刮板在相对滑动时所作的功； c)为简化计算，不考虑池底坡度产生的下滑力	积泥量较多而且大部分沉降于池周的机械搅拌澄清池刮泥

中心传动刮泥机的阻力计算，除刮泥阻力外，尚有转动部件的总重量(即竖向载荷)在中心旋转支承上的滚动摩擦阻力。滚动摩擦阻力 P 和滚动摩擦功率的计算公式分别如下

$$P=\frac{W}{d}2Kn \quad (N) \tag{4-1-17}$$

$$N_2=\frac{Pv}{60000} \quad (kW) \tag{4-1-18}$$

式中 W——旋转钢架结构、刮臂、刮泥板等的重力，N；

d——滚动轴承式旋转支承中钢球的直径，cm；

K——滚动轴承式旋转支承的摩擦力臂，cm；

n——载荷系数，一般取 3；

v——滚动轴承式旋转支承中心圆(滚道平均直径)的圆周线速度，m/min。

驱动功率的计算公式如下

$$N=\frac{N_1+N_2}{\sum\eta} \quad (kW) \tag{4-1-19}$$

式中 $\sum\eta$——总机械效率,%。

根据《环境保护产品技术要—刮泥机》(HJ/T 265—2006)，辐流式沉淀池用中心传动刮泥机的基本参数如表 4-1-5 所示。

表 4-1-5 辐流式沉淀池用中心传动刮泥机的基本参数

型　　号	GZ6	GZ7	GZ8	GZ9	GZ10	GZ12	GZ14	GZ16	GZ18	GZ20	GZ22
沉淀池直径或边长/m	6	7	8	9	10	12	14	16	18	20	22
电动机功率/kW	≤0.75						≤1.1				
刮泥板外缘线速度/(m/min)	1~3										

续表

型　　号	GZ24	GZ26	GZ28	GZ30	GZ32	GZ35	GZ40	GZ45	GZ50	GZ55	GZ60
沉淀池直径或边长/m	24	26	28	30	32	35	40	45	50	55	60
电动机功率/kW	≤1.5						≤2.2				
刮泥板外缘线速度/m/min	1~3										

注：电动机功率适用于城市污水处理和类似水质的工业废水处理。

2. 垂架式中心传动多管吸泥机

(1) 结构描述

垂架式中心传动多管吸泥机的结构形式基本上与垂架式中心传动刮泥机相似，如图4-1-23所示，主要由工作桥、驱动机构、中心支座、传动竖架、刮臂、集泥板、吸泥管(Suction pipe)、中心高架集泥槽、撇渣机构等组成。沿两侧刮臂对称排列吸泥管，每根吸泥管自成系统，互不干扰，从吸口起直接通入中心高架集泥槽。通过刮臂的旋转，由集泥板把污泥引导到吸泥管口，只要池内液位与吸泥管出口保持一定的高差，就可以利用水位差自吸的方式边转边吸。吸入的污泥汇集于中心高架集泥槽后，再经排泥总管排出池外。水面上的浮渣则由撇渣板撇入池边的集渣斗。

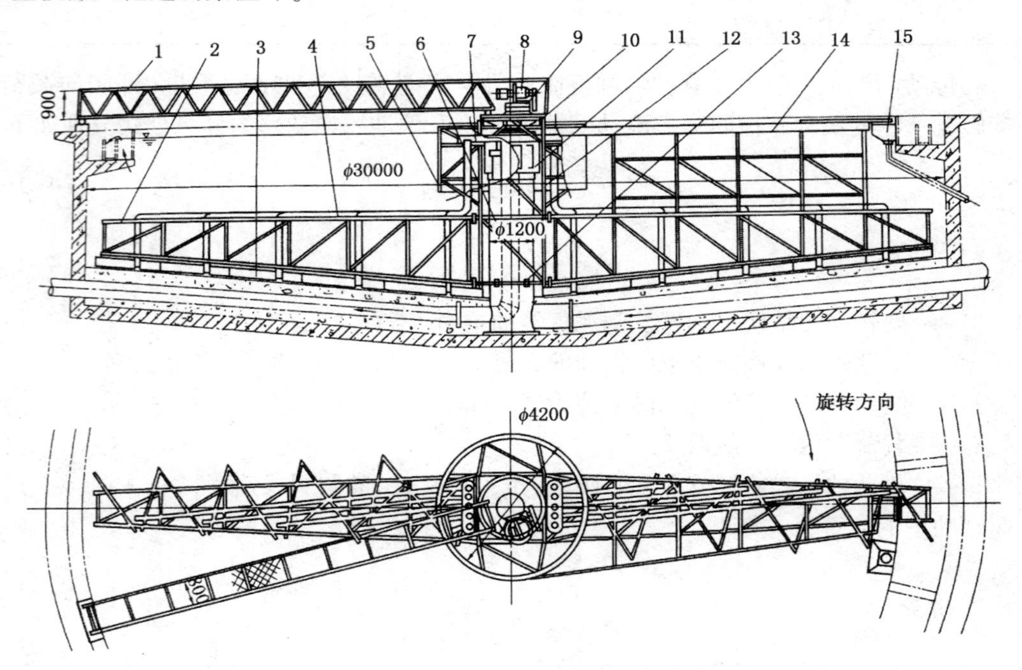

图4-1-23　垂架式中心传动多管吸泥机的结构示意图

1—工作桥；2—刮臂；3—刮泥板；4—吸泥管；5—导流筒；6—中心进水柱管；7—中心高架集泥槽；8—摆线针轮减速器；9—蜗轮蜗杆减速器；10—旋转支承；11—扩散筒；12—中心传动竖架；13—水下轴承；14—撇渣板；15—排渣斗

(2) 结构设计

垂架式中心传动多管吸泥机撇渣机构的设计同周边传动刮泥机；吸泥机的驱动机构、刮臂、中心传动竖架、水下轴瓦等设计同垂架式中心传动刮泥机。需要关注的地方在于吸泥管的布置、吸泥管内流速的计算、吸泥量调流机构、中心高架集泥槽等。

①吸泥管的布置

如图 4-1-24 所示，通常根据池径尺寸作不等距布置，并以刮臂作为支架沿线固定。吸泥管的一端与中心高架集泥槽相接，另一端设置吸泥口，并在吸口两侧安装集泥刮板，将污泥引向吸泥管口。管口与池底的距离为管径的 75%～100%。

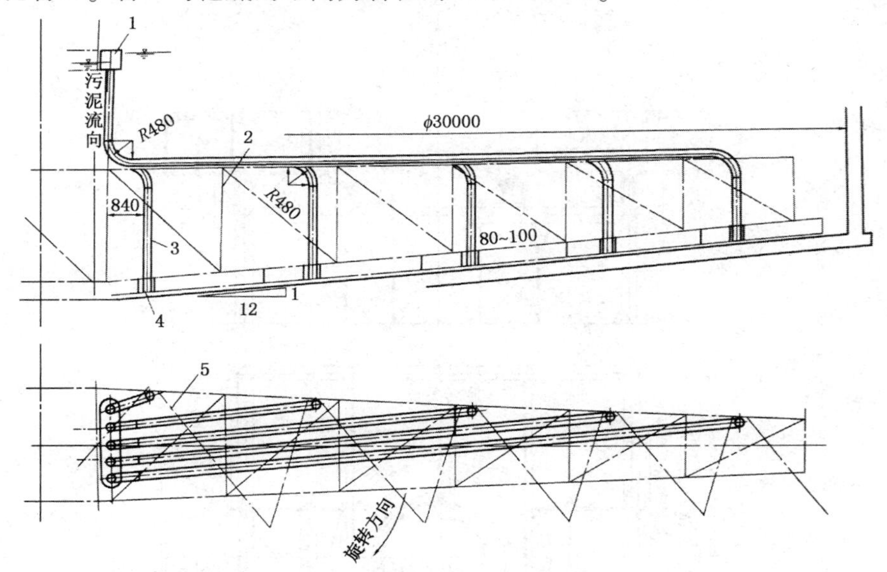

图 4-1-24　吸泥管的布置示意图

1—中心高架集泥槽；2—刮臂；3—吸泥管；4—吸口；5—集泥刮板

②吸泥管内流速的计算与校验

在总吸出污泥量和吸泥管根数已知时，可以计算出每根吸泥管内污泥的流量；污水处理中二沉池的吸泥管管径不得小于 φ150mm，在管径确定之后，就可以根据每根吸泥管的流量计算出相应的流速 v；吸泥管总水头损失 $\sum h$(m) 的计算可以参见行车式吸泥机。如果沉淀池水位与中心高架集泥槽内的水位差为 H(m)，则吸泥管的实际流速可以按 $v'=\sqrt{2g(H-\sum h)}$ (m/s) 验算，如果 v' 值超过由流量与管径所确定的流速 v 时，则可在水位差 H 不变的条件下将管内流速用调节阀下调到原设计值 v。

③吸泥量调流机构

由于各吸泥管沿沉淀池径向分布，各吸嘴的流量分配应根据其位置进行合理调节，必须设置分配调节阀。老机型的分配调节阀是锥形塞，通过螺旋调节塞与座间的间隙调整，当间隙小时易于堵塞，甚至不排泥。目前通常可用调节吸泥管出流孔口断面的方式，图 4-1-25 为套筒式调流机构，由出流短管、调节套管等组成，结构简单。在出流短管和调节套管上分别开设相同直角梯形的出流孔，只要拧转套管，使短管上的孔口与套管上的孔口错位就可改变出流孔的断面，达到调节流量的目的。

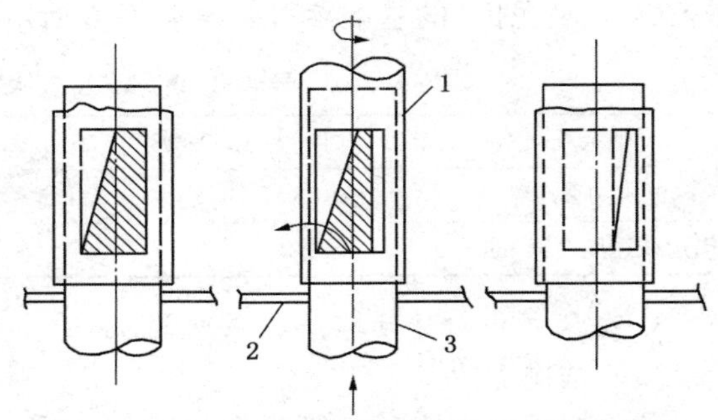

图 4-1-25　套筒式调流机构的结构示意图

1—调节套管；2—固定板；3—出流短管

④中心高架集泥槽

中心高架集泥槽的结构如图 4-1-26 所示，其与刮臂同样对称布置在竖架两侧，并固定在中心传动竖架上随之转动，为了防止沉淀池的污水灌入中心高架集泥槽内，应将中心高架集泥槽的槽顶高出沉淀池水位 50~70mm。

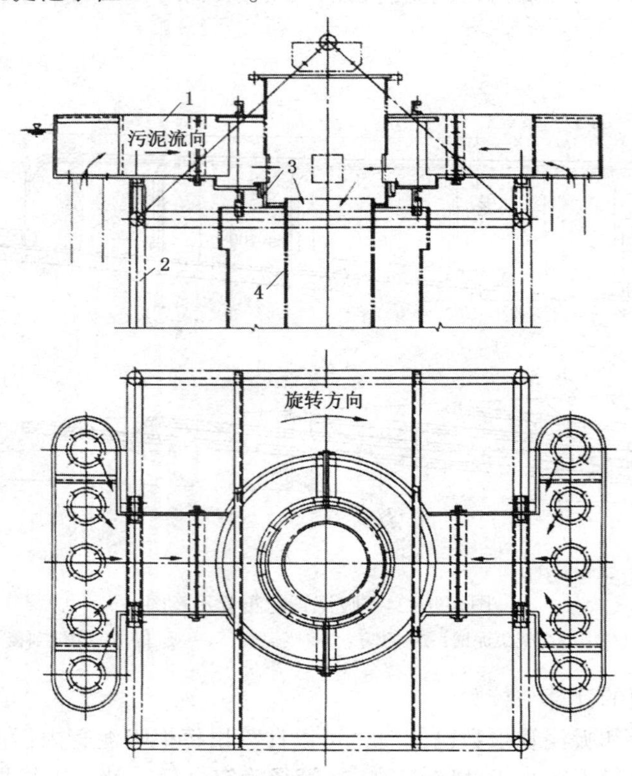

图 4-1-26　中心高架集泥槽的结构示意图

1—中心高架集泥槽；2—中心旋转竖架；3—填料密封函；4—中心排泥管

污泥由吸泥管调节器出流孔溢出，经过中心高架集泥槽汇流后，从中心排泥管排出池外。中心集泥槽与中心进水管之间用填料函密封，以防止污水渗入集泥槽。

根据《环境保护产品技术要求—吸泥机》(HJ/T 266—2006)的规定，中心传动吸泥机(或称 XZX 式吸泥机)的基本参数如表 4-1-6 所示。

表 4-1-6　XZX 式吸泥机的基本参数列表

池径/m	10	12	15	18	20	22	25	28	30	35	40	45	50	55	60
电机功率/kW		0.75			1.1					1.5				2.2	
周边线速度/(m/min)								1.0~1.8							

3. 垂架式中心传动单(双)管吸泥机

(1) 结构描述

与垂架式中心传动多管吸泥机相比，垂架式中心传动单(双)管吸泥机的异型吸泥管(Suction Header)结构更为紧凑，污泥在管内流动时水头损失小，排泥效果良好，运行稳定；并且由于采用周边进水周边出水的方式，使得进水均匀缓慢，污泥更易于沉淀。垂架式中心传动单(双)管吸泥机包括以下几个主要部件：工作桥、驱动机构、中心支承柱、中心传动竖架、旋转桁架、异型吸泥管、中心泥罐、撇渣机构以及进出水附件等。

当沉淀池内径不大于 ϕ42m 时，一般采用单根异型吸泥管，其总体结构如图 4-1-27 所示，异型吸泥管与桁架分列于中心垂架两侧，通过驱动机构带动中心垂架旋转而运转。利用沉淀池内外水位差自吸或采用安装于池外排泥管上污泥泵抽吸的方式，将池底污泥由吸泥孔经异型吸泥管引导至中心泥罐并由排泥总管排出池外，驱动机构、撇渣机构等部件与垂架式中心传动多管吸泥机相同。实际设计中，还可在一侧设异型吸泥管，另一侧设刮泥板。

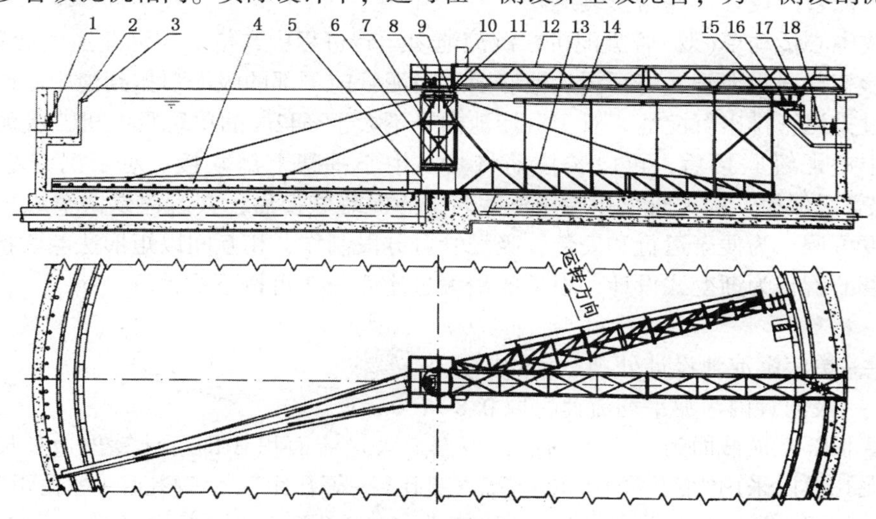

图 4-1-27　垂架式中心传动单管吸泥机的结构示意图

1—布水孔管；2—出水堰板；3—浮渣挡板；4—吸泥管；5—中心泥罐；6—中心立柱；7—中心垂架；8—驱动机构；9—检修平台及护栏；10—电控柜；11—回转支承；12—工作桥；13—旋转桁架；14—刮渣板；15—排渣斗；16—刮渣耙；17—冲洗水阀；18—挡水裙板

当沉淀池内径大于 ϕ42m 时，一般采用对称布置的两根异型吸泥管，称为双管吸泥机，其结构如图 4-1-28 所示。

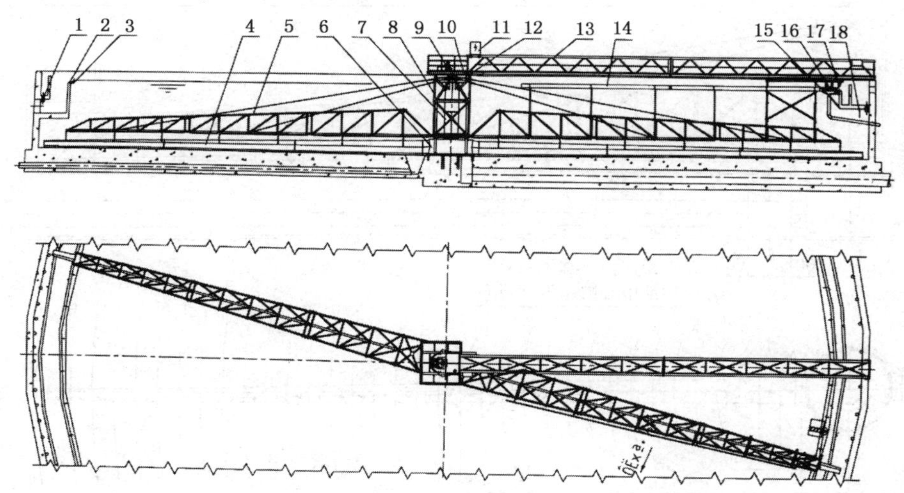

图 4-1-28　垂架式中心传动双管吸泥机的结构示意图

1—布水孔管；2—出水堰板；3—浮渣挡板；4—吸泥管；5—旋转桁架；6—中心泥罐；7—中心立柱；8—中心垂架；9—驱动机构；10—检修平台及护栏；11—电控柜；12—回转支承；13—工作桥；14—刮渣板；15—排渣斗；16—刮渣耙；17—冲洗水阀；18—挡水裙板

（2）驱动扭矩及驱动功率

垂架式中心传动单(双)管吸泥机的适用范围较大，池径的变化可从 ϕ20～60m。吸泥机的转速取决于异型吸泥管外缘的线速度，以电动机转速 1440r/min、异型吸泥管外缘线速度 1.8～3.5m/min 计算，则驱动机构的总减速比为 50260～77500，一般需采用多级减速的传动方式。吸泥机的驱动扭矩则取决于池径的大小和污泥性质。

（3）吸泥管的设计计算与安装形式

垂架式中心传动单(双)管吸泥机在沉淀池内运转过程中，依靠与沉淀池底面呈 45°倾斜安装的矩形变截面吸泥管，将污泥从池底通过吸泥管前下部的吸泥口排到池中心的中心泥罐中，并通过排泥管排出沉淀池。对于沉淀池内径不大于 ϕ42m 的单管吸泥机，吸泥管出口端用法兰与中心泥罐联接后，再以长拉筋将其与中心垂架上部联接。对于沉淀池内径大于 ϕ42m 的双管吸泥机，吸泥管出口端用法兰与中心泥罐联接后，其管体以调节螺杆固定于桁架下，高度可调。为便于运行和安装，吸泥管可分段制作，相互间以矩形法兰联接并密封。

吸泥管的管径为渐变式设计，根部的最大过流面积 A 可按下式计算

$$A=Q/v \quad (\mathrm{m}^2) \tag{4-1-20}$$

式中 Q——单座沉淀池设计处理量，$\mathrm{m/s^2}$；

v——吸泥管内污泥平均流速，取 0.8～1.0m/s。

吸泥管根部若横截面为正方形的话，根据最大过流面积 A 即可计算出边长尺寸。吸泥管上的吸泥孔可以采用“变孔径+变孔距”、“变孔径+等孔距”、“等孔径+等孔距”三种结构布局形式，如图 4-1-29 所示，一般采用“变孔径+等孔距”结构布局形式。设定孔距为 L，因此每个吸泥孔都分管一个半径为 L 的环形区域的排泥，即理论上认为每个半径差为 L 的环形区域的污泥由其对应的吸泥孔排入吸泥管。另一方面，所有环形区域的面积总和等于整个沉淀池的沉淀面积，为保证排泥流速稳定，所有吸泥孔的过流面积总和应等于吸泥管根部的过流面积，这样就出现了比例关系

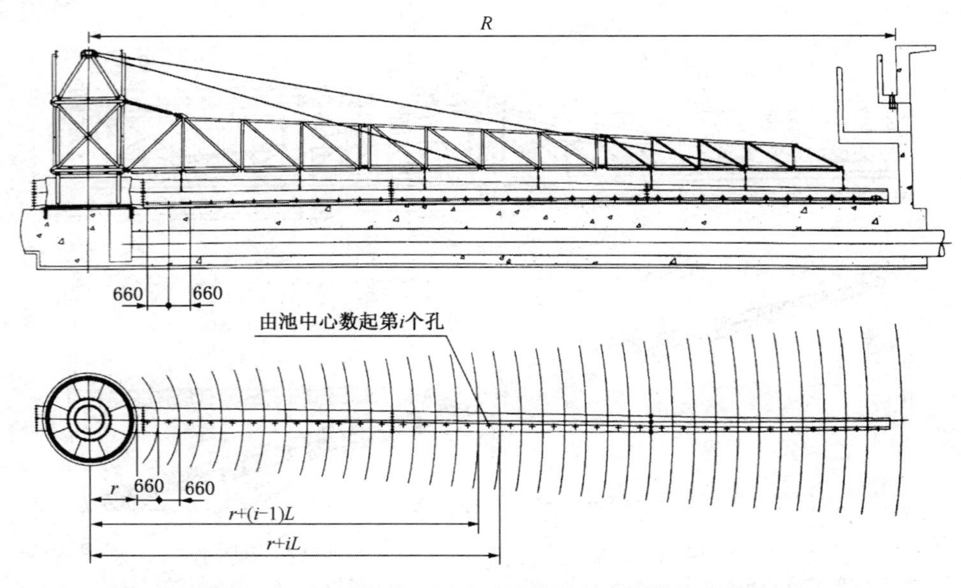

图 4-1-29 吸泥管吸泥孔口及排泥环形区域的示意图

$$\frac{\text{单个吸泥孔的面积}}{\text{异型吸泥管的最大口径}}=\frac{\text{吸泥孔所在的环形区域面积}A_2}{\text{整个污泥沉淀面积}A_1}$$

于是，自沉淀池中心数起第 i 个孔孔径d_i(m)的计算关系式如下

$$\frac{\pi d_i^2}{4A}=\frac{\pi (r+iL)^2-\pi[r+(i-1)L]^2}{\pi R^2-\pi r^2} \tag{4-1-21}$$

式中 r——中心泥罐的半径，根据工艺和土建结构确定，一般为 1000~1500mm，在此区域内无沉淀污泥；

R——沉淀池的半径，mm。

各吸泥孔的孔径可以此类推，考虑到水头损失等各种因素，可对孔径尤其是最后一个吸泥孔的孔径进行适当修正。

4. 悬挂式中心传动刮泥机

悬挂式中心传动刮泥机的典型特点为沉淀池竖直中心轴线四周没有转动的支撑桁架结构，整台刮泥机的载荷都作用在工作桥架的中心，悬挂式由此得名。主要分为全桥式(池径≤16m)和半桥式(池径=14~30m)两种，一般用于池径小于 ϕ18m 的圆形沉淀池。如图 4-1-30 所示，全桥式主要由出水堰板、拉紧组件、工作桥、驱动机构、导流筒、小刮泥板、水下轴承总成、刮集装置等组成；如图 4-1-31 所示，半桥式主要由工作桥、导流筒、驱动机构、刮臂拉杆、小刮泥板、刮泥架、刮臂、浮渣漏斗等组成。驱动机构一般为“户外式电动机+摆线针轮减速器”，采用中心驱动方式；污水经中心配水筒布水后流向周边溢水槽，随着流速的降低，污水中的固体悬浮物被分离而沉降于池底；刮臂在驱动机构带动下绕中心轴旋转，刮臂上的刮泥板将沉积在池底的污泥刮集到中心集泥槽后，依靠静水压力将其从污泥管中排出。

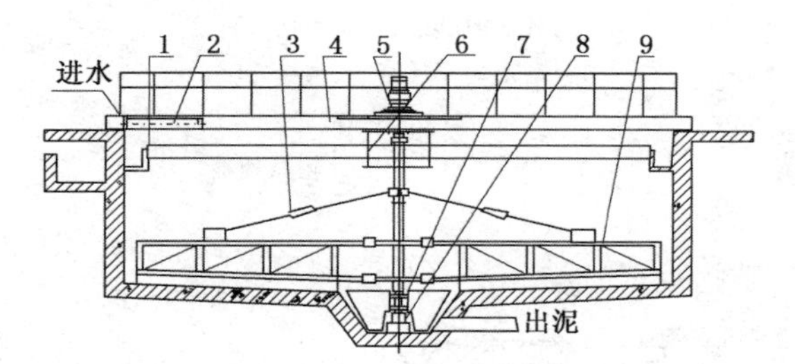

图 4-1-30 SSC-II 中心传动刮泥机(全桥式)结构示意图

1—出水堰板；2—进水管；3—拉紧装置；4—工作桥；5—驱动机构；6—稳流筒；7—小刮泥板；8—水下轴承总成；9—刮集组件

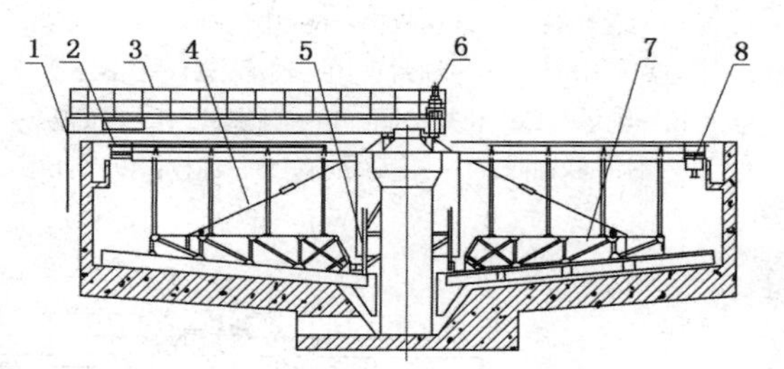

图 4-1-31 SSC-I 中心传动刮泥机(半桥式)结构示意图

1—扶梯；2—浮渣刮板；3—工作桥；4—刮臂拉杆；5—小刮泥板；6—驱动机构；7—刮泥架刮臂；8—浮渣漏斗

(1) 驱动机构

悬挂式中心传动刮泥机的驱动机构主要有基于立式三级摆线针轮减速器和基于卧式二级摆线针轮减速器两种布置形式。图 4-1-32 为立式三级摆线针轮减速器的直联传动，布局较紧凑；摆线针轮减速器的输出轴用联轴器与中间轴连接，再由中间轴与传动立轴相接而传递扭矩；图中序号 4 为联轴器上设置的安全销，作为过载保护，当刮泥板阻力过大而超过额定的扭矩时，作用在安全销上的剪力就会将销剪断，起到机械保护作用。图 4-1-33 为卧式二级摆线针轮减速器，采用链传动与立式蜗轮蜗杆减速器的组合形式，目前应用较广。立式蜗

轮蜗杆减速器的蜗杆端部设有过力矩自动停机的安全装置，如图 4-1-34 所示为过力矩安全部件的结构示意图，在正常的工作力矩时，套在蜗杆轴上键联接的蜗杆与蜗轮保持正常啮合位置。过载时，蜗杆的轴向力超过压簧额定作用力，使蜗杆与蜗杆端相连的压簧座一起作轴向位移，装在箱体上的顶杆被压簧座的斜面推移上升，触动限位开关，达到自动切断电源，实现机械过力矩保护作用。

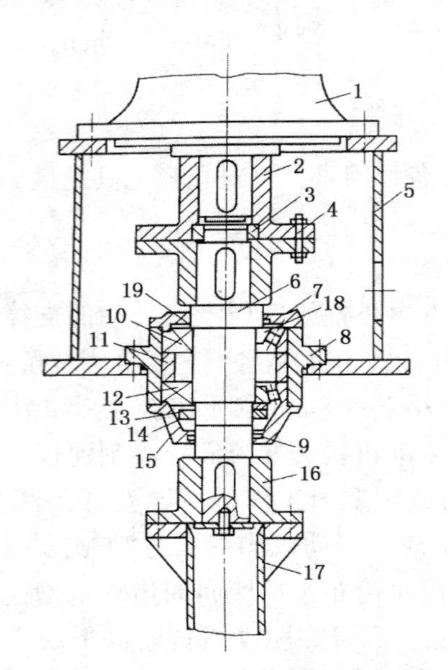

图 4-1-32　直联式中心驱动机构的结构示意图

1—立式三级摆线针轮减速器；2—联轴器；3—衬圈；4—安全销；5—减速机座；6—中间轴；7—压盖；8—轴承箱；9—油封；10—轴承；11—挡圈；12—轴承；13—止推垫圈；14—圆螺母；15—压盖；16—刚性联轴器；17—传动立轴；18—油杯；19—油封

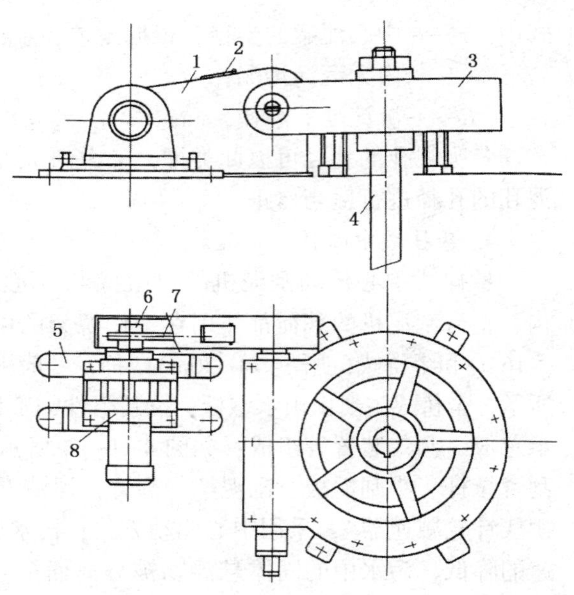

图 4-1-33　组合式中心驱动机构的结构示意图

1—护罩；2—加油孔；3—蜗轮蜗杆减速器；4—立轴；5—滑轨；6—链轮；7—链条；8—摆线针轮减速器

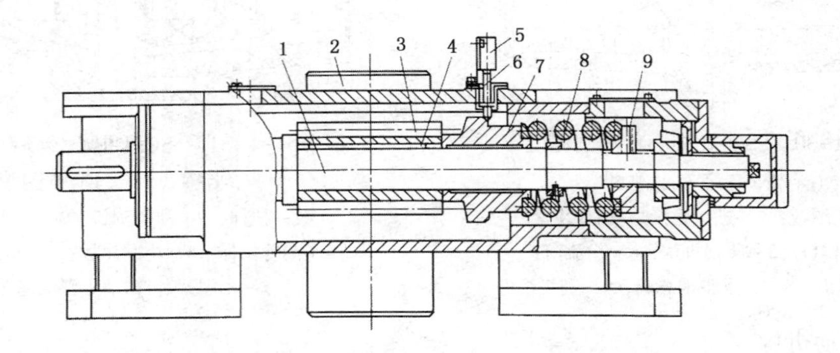

图 4-1-34　过力矩安全部件的结构示意图

1—蜗杆轴；2—蜗轮；3—空套蜗杆；4—平键；5—行程开关；6—顶杆；7—挡圈；8—压簧；9—调整螺母

悬挂式中心传动刮泥机驱动功率的计算，主要根据刮泥时产生的阻力和刮泥机自身回转时作用在中心轴承上的悬挂载荷所产生的滚动摩擦力进行，计算公式可以参见垂架式中心传动刮泥机。

（2）传动立轴

传动立轴主要传递扭矩和承受刮臂、刮泥板的重量。水池较深时，立轴可分段制造后用法兰联轴器联接，但必须保证同轴度。在设计中为减轻立轴的自重，节约钢板，也可采用空心轴形式。轴径根据扭转强度及扭转刚度的计算确定(选取二者中的大值)。

（3）刮臂和刮泥板

悬挂式中心传动刮泥机适用于中小型沉淀池刮泥，刮臂的悬臂长度不宜过长，常用对称设置的圆管。为改善圆管刮臂的受力条件，一般都借助斜拉杆支承。拉杆的形式为两端叉形接头的圆钢杆，中间用索具螺旋扣调节，杆的一端与刮臂的悬臂端相接，杆的另一端固定在中心的立轴上。对于稍长的刮臂尚需再增设一对短臂，与两长臂成十字形，然后在臂端之间相互用水平拉杆相连。

刮泥板的形式可采用多块平行排列的直线形刮泥板或整体形对数螺旋线刮泥板，具体的设计形式可参见垂架式中心传动刮泥机。

（4）水下轴承

图 4-1-35 为水下轴承的结构示意图。水下轴承的作用是使刮泥板在旋转时能径向定位。由于水下轴承不承受轴向荷载，一般都选用剖分式滑动轴承，但水下轴承的工作条件较差，泥砂极易侵入，而且立轴的垂直度允差可达 0.5mm/m，轴与轴承的间隙较大，所以轴承的密封设计十分重要。

（5）工作桥

工作桥应横跨在水池上，宽度 1.2m 左右，须承受整台刮泥机的重量、负载及刮泥阻力所产生的扭矩，大多采用钢架结构，也有采用钢筋混凝土结构，设计时应满足一定的强度和刚度。

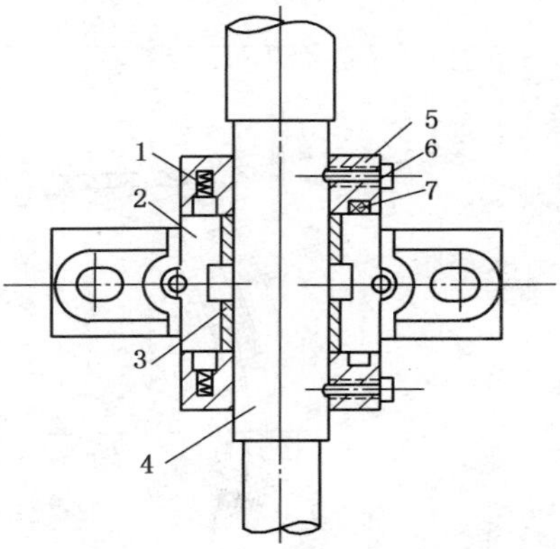

图 4-1-35　水下轴承的结构示意图

1—压簧；2—滑动轴承座；3—轴瓦；4—立轴；5—挡圈；6—螺钉；7—密封圈

四、周边传动刮(吸)泥机

周边传动刮(吸)泥机的驱动机构设在周边，适用于池径较大(ϕ12~100m)的辐流式沉淀池，按旋转桁架结构可分为半跨式(半桥型)和全跨式(全桥型)两种。周边传动刮(吸)泥机通常都是把主梁放置在中心支座与池边滚轮之间，位于水面以上，主梁上可走人，桁架随着整机的旋转运动完成刮(吸)泥和集泥工作。中心传动刮(吸)泥机的主要重量都作用在中心支墩上，除中心支墩外对土建的精度要求不太严格；而周边传动刮(吸)泥机的重量作用在池周边的轮子及池中心支座等受力点上，因而对土建及主梁都有较高的精度要求。

1. 周边传动刮泥机

如图 4-1-36 所示，全跨式周边传动刮泥机具有横跨池径的工作桥，桥架的两端各有一套驱动机构，旋转桁架为对称的双臂式桁架，并具有对称的刮泥板布置。如图 4-1-37、图 4-1-38 所示，半跨式周边传动刮泥机常见的有旋转桁架式或可动臂式，主要由中心旋转支座、旋转桁架(或可动臂)、刮泥板、撇渣机构、集电器、驱动机构及轨道等组成，结构比较简单。半跨式桥架的一端与中心立柱上的旋转支座相接，另一端安装驱动机构和滚轮，通过传动使滚轮在池周走道平台上圆周运动，同时刮泥板将污泥刮向池中心的集泥槽内。

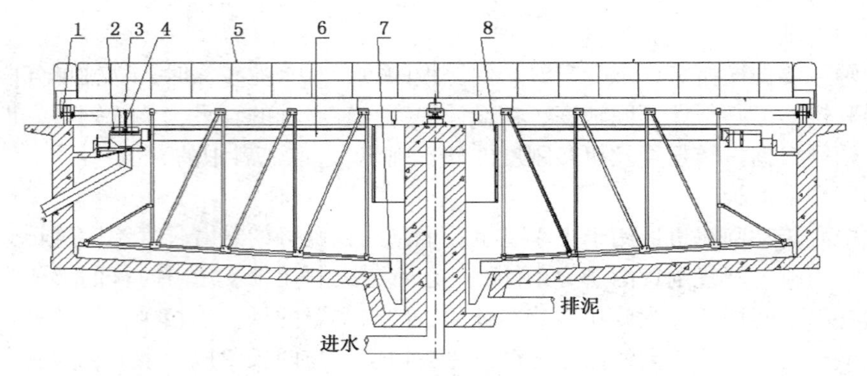

图 4-1-36　全跨式周边传动刮泥机的总体结构示意图

1—驱动机构；2—浮渣漏斗；3—工作桥；4—浮渣耙板；5—栏杆；6—刮集部件；7—小刮刀；8—稳流筒

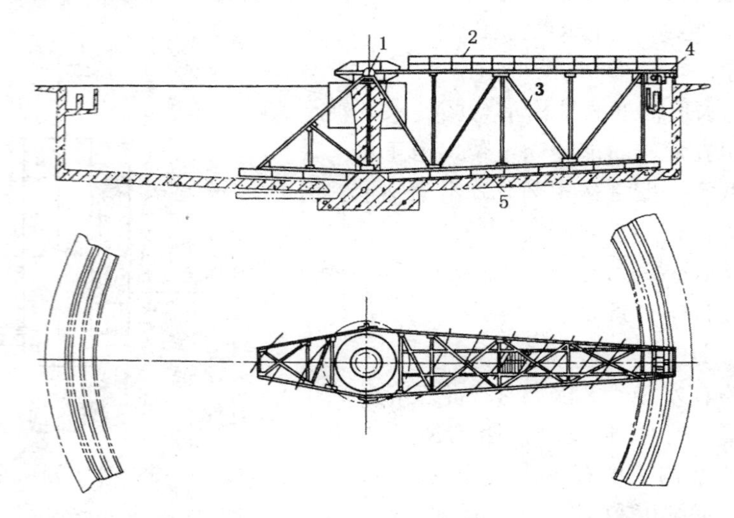

图 4-1-37　半跨式周边传动刮泥机(旋转桁架式)的总体结构示意图

1—中心旋转支座；2—栏杆；3—旋转桁架；4—驱动机构；5—刮泥板

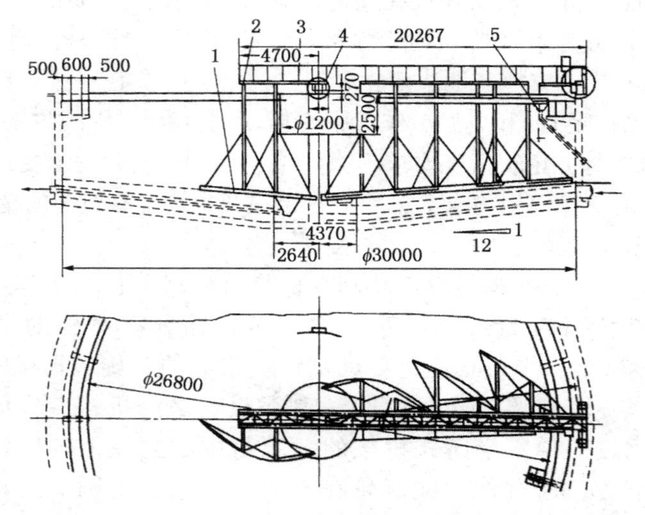

图 4-1-38　半跨式周边传动刮泥机(可动臂式)的总体结构示意图

1—刮泥板；2—可动臂；3—桥架；4—中心旋转支座；5—撇渣机构

(1) 中心旋转支座

中心旋转支座是周边传动刮泥机的重要部件之一，由固定支承座、转动套、推力滚动轴承和集电环等组成。如图 4-1-39 所示的中心旋转支座安装在兼作进水管的中心柱管平台上，柱管大多采用钢筋混凝土结构。轴承主要承受轴向荷载，径向荷载较小。但若周边驱动滚轮的走向偏离正常轨迹或钢轨圆心与中心轴承不同心，在中心轴承上将产生严重的径向力，因此必须保证车轮的安装精度。中心支座与旋转桁架以铰接的形式联接，刮泥时产生的扭矩作用于中心支座时即转化为中心旋转轴承的圆周摩擦力，因而受力条件较好，这与以中心传递扭矩的中心传动刮泥机有很大的不同。

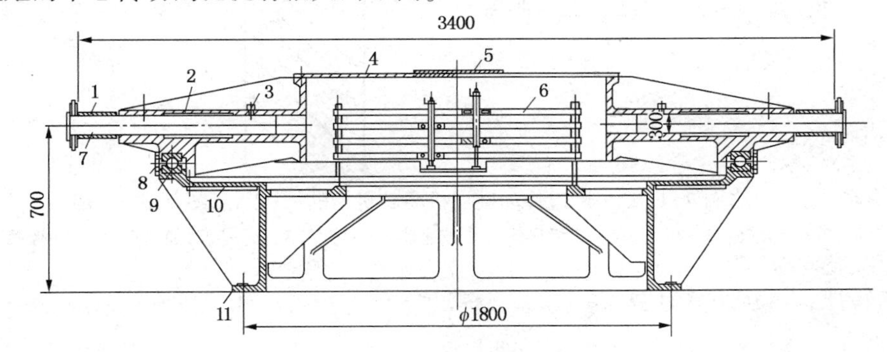

图 4-1-39　中心旋转支座的结构示意图之一

1—挡圈；2—旋臂；3—螺钉；4—压盖；5—检修孔盖；6—集电环；7—销轴；8—防尘罩；9—推力轴承；10—盖；11—支座

图 4-1-40 为周边传动刮泥机中心旋转支座的另一种形式，桥架与中心旋转支座的联接仍采用销轴铰接，以保持桥架运行过程中良好的受力状态。同时为了改善旋转桁架的受力条件，也有将旋转桁架与刮泥板的刚性联接改为铰接的形式，如图 4-1-41 所示。当污泥阻力对铰点产生的力矩大于刮泥板自重对铰点的力矩时，刮泥板会自行绕铰点转动，从而避免将力传递至旋转桁架。

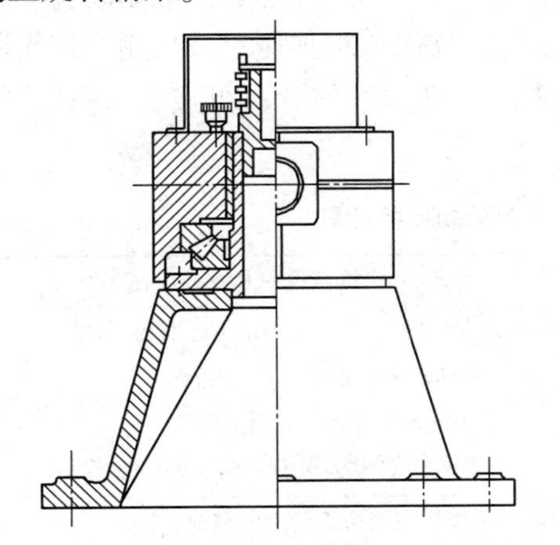

图 4-1-40　中心旋转支座的结构示意图之二

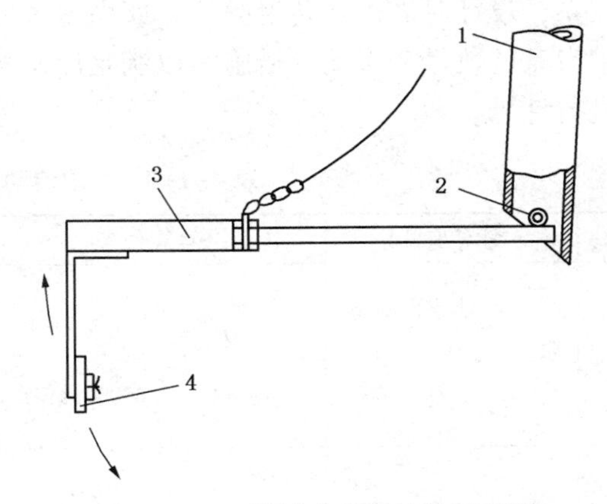

图 4-1-41　铰链式刮板结构示意图

1—柱管；2—铰轴；3—刮臂；4—刮泥板

(2) 驱动机构

如图 4-1-42 所示，驱动机构通常由户外式电动机、卧式摆线针轮减速器、链条链轮、滚轮等部件组成。由于圆形池刮泥时，周边线速度限于3m/min以下，滚轮总是以一定的旋向和线速度在池周行驶，因此无论池径大小如何，减速比均相同，驱动机构较易做到系列化。

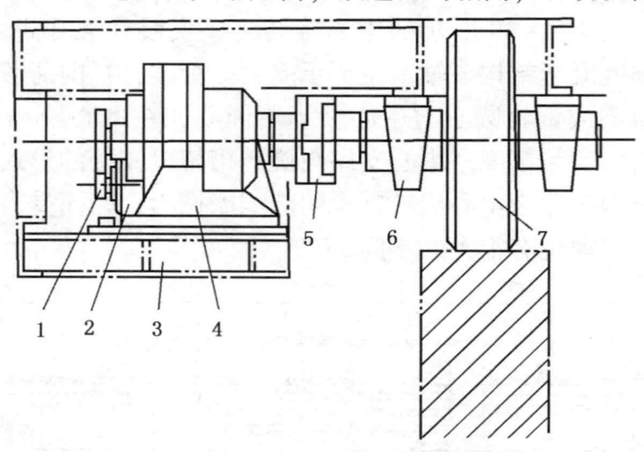

图4-1-42　周边传动刮泥机驱动机构的结构示意图

1—链传动；2—电动机；3—机座；4—二级摆线针轮减速器；5—联轴器；6—滚动轴承支座；7—橡胶滚轮

滚轮的转速，可按下式计算

$$n=\frac{v}{nD}\quad (\mathrm{r/min}) \tag{4-1-22}$$

式中　v——驱动滚轮行驶速度，一般取1~3m/min；

D——滚轮直径，mm。

周边滚轮的轮压应按实际承受的载荷来确定，根据需要可用另一个滚轮或两个滚轮。安装两个滚轮时，载荷由主动滚轮与从动滚轮共同承受。常用的滚轮与铸钢滚轮和实心橡胶轮，设计时与行车式吸泥机相同。桁架的驱动力主要以驱动滚轮与钢轨之间，或实心橡胶轮与混凝土面之间的摩擦系数乘以驱动轮轮压所产生的摩擦力确定。驱动阻力大于摩擦力时，滚轮产生打滑现象，这与行车式吸泥机所介绍的情况一样。因此，必须注意驱动力和摩擦力的关系，设计时需进行防滑验算。如果摩擦力不足时，应采取增加压重或采用带齿轮的滚轮在带齿条的轨道上滚动等措施，以满足驱动力要求。驱动功率的计算可按表4-1-7中的公式进行计算。

表4-1-7　周边传动刮泥机驱动功率的计算

序号	计算项目	计算公式	符号说明及设计数据
1	中心轴承的旋转阻力$P_{旋}$与旋转功率$N_{旋}$	$P_{旋}=\frac{W_{中}}{d_1}2f(\mathrm{N})$ $N_{旋}=P_{旋}v_1/60000(\mathrm{kW})$	$W_{中}$——作用在中心旋转支承上的载荷，N； d_1——滚动轴承的钢球直径，cm； f——滚动轴承的摩擦力臂，cm； v_1——轴承中心圆的圆周速度，m/min
2	周边滚轮的行驶阻力$P_{行}$与行驶功率$N_{行}$	$P_{行}=1.3W_{周}\frac{2K+\mu d_2}{D}(\mathrm{N})$ $N_{行}=P_{行}v_2/60000(\mathrm{kW})$	$W_{周}$——作用在周边滚轮上的载荷，N； K——摩擦系数，橡胶滚轮-混凝土摩擦副取0.4~0.8，铸钢滚轮-钢轨摩擦副取0.2~0.4； d_2——轮轴直径，cm； D——滚轮直径，cm； v_2——滚轮行驶速度，m/min

续表

序号	计算项目	计算公式	符号说明及设计数据
3	刮泥阻力$P_{刮}$与刮泥功率$N_{刮}$	$P_{刮}=Q_t\times\gamma\times\mu\times g\times1000(N)$ $N_{刮}=P_{刮}v_3/60000(kW)$	Q_t——刮泥机每转一周的时间内所沉淀的污泥量，m^3； μ——污泥与池底的摩擦系数； γ——沉淀污泥的表观密度，一般取 $1.03t/m^3$； v_3——刮泥板线速度(m/min)，一般按刮臂 2/3 直径处的线速度计算； g——重力加速度，$g=9.81m/s^2$
4	总驱动功率	$N_{总}=\dfrac{N_{旋}+N_{行}+N_{刮}}{\Sigma\eta}(kW)$	$\Sigma\eta$——机械总效率,%

(3) 旋转桁架结构

主要的计算载荷为桁架自重重力、刮板重力、驱动机构重力及活载等，支承条件为简支梁。水平方向主要是考虑刮泥阻力对桁架的水平推力。

桁架与中心支座转套联接采用销轴铰接，当行走滚轮端因轨面不平而起伏时，桁架能绕销轴作稍微的转动而避免桁架受扭转变形，销轴的轴径大小应按抗剪强度验算确定。

(4) 撇渣机构及刮泥板布置

在沉淀池中，特别是初沉池和二沉池的液面上浮有较多的泥渣和泡沫等杂质，如果不及时撇除，就会影响出水水质，因此需要设置撇渣机构。图 4-1-43 为撇渣机构的一例，主要由撇渣板、排渣斗及冲洗机构等部件组成。撇渣板固定在旋转桁架的前方，与桁架的中心线成一角度，使浮渣沿撇渣板推向池周，撇渣板高约 300mm，安装高度应有 100mm 的可调位置，以使撇渣板的一半露出水面。排渣斗和冲洗机构固定在池周，桁架旋转到排渣斗的位置时，将浮渣撇入斗内。与此同时，设在桁架上的压轮正好压下冲洗阀门的杠杆，使阀门开启，并利用沉淀池的出水，回流入斗进行冲洗，将积在斗内的浮渣排出。当压轮移过阀门的杠杆后，靠杠杆的自重将阀门重新关上。

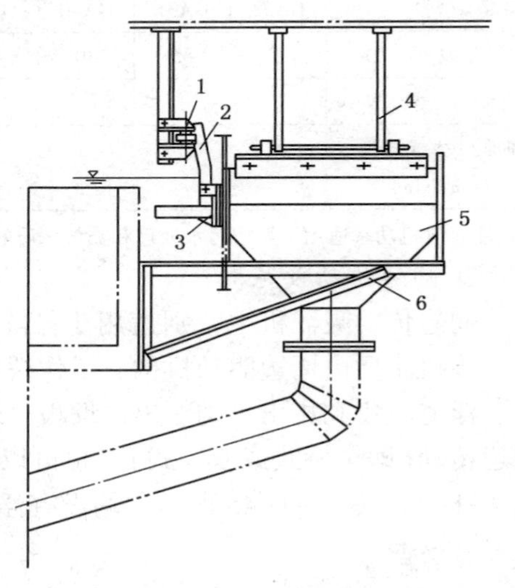

图 4-1-43 周边传动刮泥机撇渣机构结构示意图

1—压轮；2—杠杆；3—冲水阀；4—抹渣板；5—排渣斗；6—支架

周边传动刮泥机的刮泥板设计与中心传动刮泥机的要求相同，根据旋转桁架的结构形式确定全跨布置或半跨布置。一般而言，池底刮泥板安装后应与池底坡度相吻合，钢板与池底距离为 50~100mm，橡胶刮板与池底的距离不应大于 10mm。分段刮板运行轨迹应彼此重合，重叠量为 150~250mm。

(5) 集电器

由于周边传动刮泥机的驱动机构随旋转桁架作圆周运动，因此通常采用滑环式集电器。集电环安装在中心旋转支座的固定机座中，动力电缆由池底进入中心支座，各股线端分别接在铸造黄铜的几个滑环引出节点上，固定不动。另外，将人字形的电刷架装在中心旋转支座的转动套上，电刷靠弹簧的压力与相应的滑环保持接触，通过从电刷架上引出的导线，将电输送到驱动电机。

根据《环境保护产品技术要求—刮泥机》(HJ/T 265—2006)，辐流式沉淀池用周边传动刮泥机的基本参数如表4-1-8所示。

表4-1-8　辐流式沉淀池用周边传动刮泥机的基本参数

型号	GA12	GA14	GA16	GA18	GA20	GA22	GA24	GA26	GA28	GA30	
沉淀池直径/m	12	14	16	18	20	22	24	26	28	30	
电机功率/kW	≤0.75			≤1.1			≤1.5				
刮板外缘线速度/(m/min)	1~3										
型号	GA32	GA35	GA40	GA45	GA50	GA55	GA60	GA70	GA80	GA90	GA100
沉淀池直径/m	32	35	40	45	50	55	60	70	80	90	100
电机功率/kW	≤1.5				≤2.2				≤3.0		
刮板外缘线速度/(m/min)	1~3										

注：电机功率适用于城市污水处理和类似水质的工业废水处理的半桥式刮泥机。

2. 周边传动吸泥机

周边传动吸泥机主特别适用于排除比重较轻的生物污泥，对水流扰动极小，排泥效果好。该机主要由周边驱动机构、工作桥、中心回转支座、吸泥管、调节阀、集泥槽、中心泥罐、浮渣收集和排出机构、出水堰板、堰槽清扫机构、集电器、控制柜等组成，可以采用双周边传动(即全桥式或双臂式)，也可以采用单周边传动(即半桥式或单臂式)，结构分别如图4-1-44、图4-1-45所示，均设有浮渣刮板、浮渣挡板、环型三角堰、集水槽和排渣斗。

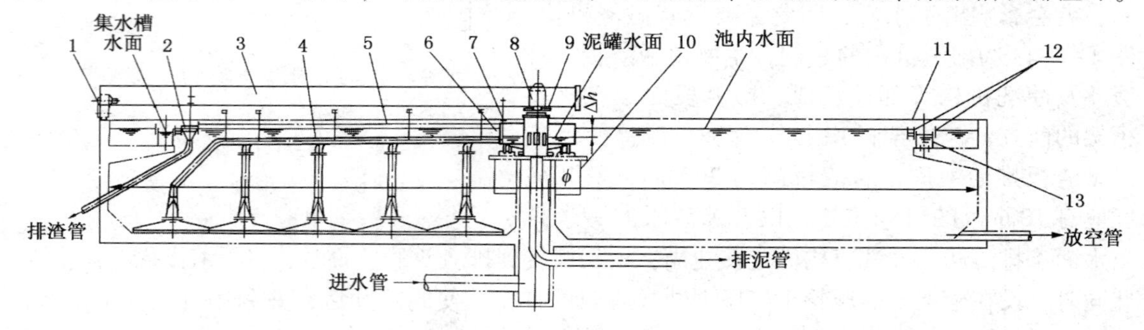

图4-1-44　单臂式周边传动吸泥机的结构示意图

1—驱动机构；2—排渣斗；3—钢梁；4—吸泥管；5—浮渣刮板；6—中心泥罐；7—流量调节阀；8—中心支座；9—中心筒；10—稳流筒；11—浮渣挡板；12—环型三角堰；13—集水槽

(1) 主梁

传统机型是静不定三支点连续梁，中心回转支座的支反力和两端轮压根据变形谐调的假设计算。当池周轨面不平度较大或池体不均匀沉降，致使中心回转支座与池周边的高差增大时，主梁将出现附加的应力和应变，中心回转支座、行走轮必将承受附加负荷，情况严重时会加速轮缘和轨道的磨损而不能正常运行。为了在结构设计上排除三点支承情况下的“静不定”因素，同时适应一定范围内由于池体不均匀沉降而造成的池顶高程偏差，近年来主流机型的主梁几乎都改成双支点支承的半桥静定梁，当池径 $\phi \geqslant 50$m 时，则采用全桥式静定梁。具体做法是：主梁分两段或多段制作，池心侧分别与中心回转支座铰接联接，另两侧分别联

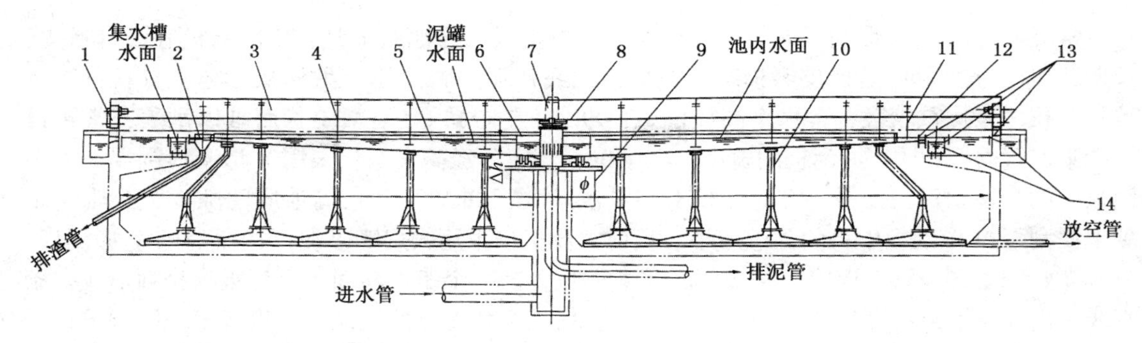

图 4-1-45　双臂式周边传动吸泥机的结构示意图

1—驱动机构；2—排渣斗；3—钢梁；4—流量调节阀；5—排泥槽；6—中心泥罐；7—中心支座；8—中心筒；9—稳流筒；10—吸泥管；11—浮渣刮板；12—浮渣挡板；13—环型三角堰；14—集水槽

接于端梁上。主梁整件宽度一般为1000mm、高度为800mm，一般采用Q235A普通碳钢板材及型材焊接而成。当然，一些新机型主梁的材质已经采用铝合金或不锈钢以减轻设备重量或提高防腐性能，且外表美观明亮均匀，同时也减轻了日常表面维护工作量。

（2）端梁及驱动机构

端梁及驱动机构主要由端梁、电动机、减速器、行走轮、过载保护等组成，端梁一般采用Q235A普通碳钢制作。传统机型采用行星摆线针轮减速器通过联轴器与轮轴联接，尺寸、重量大，需用螺栓固定机座，安装时必须仔细调节以保证其输出轴与轮轴同轴度的要求，比较麻烦。目前大多采用轴装式斜齿轮减速器，只要套在轮轴上就自行对中，无需调整，不要联轴器，安装十分方便，通过力矩臂及压缩弹簧过载保护部件固定于端梁上。当吸泥机的工作扭矩超出减速器的额定输出扭矩时，减速器输出端的力矩臂动作，并促使过载保护部件内的弹簧压缩，压杆接近平面式无接触感应开关的感应距离而瞬间切断电源，同时发出故障信号，以达到保护设备不受损坏的目的。端梁与行走轮支架采用不锈钢螺栓连接，行走轮安装方向可现场调整，确保其在周边沿切线轨迹上运行。

（3）中心回转支座

中心回转支座主要由旋转转盘、固定座、回转支承、中心集电环和炭刷等组成，旋转体的上部分别设置耳座与主梁采用销轴铰接，底座与池中心平台用螺栓连接。中心旋转支座主要承受吸泥机的全部轴向载荷及集吸泥时产生的部分径向载荷，回转支承采用稀油油浴润滑。

（4）吸泥系统

常规机型运行时由主梁带动绕池中心旋转，沉积在池底的污泥在水位差作用下经吸泥管、调节阀、集泥槽、中心泥罐（缸或槽）和中心支柱上的窗孔流向中心排流管。由于中心泥罐旋转而中心支柱固定，必须在两者的回转间隙中设置动密封（两圈翻边橡胶），当动密封损坏后将造成上清液短流，其结果是回流污泥浓度不够，严重时将影响生化池处理效果。目前多数机型都已经将自流直排改为虹吸输泥，隔断集泥槽和中心泥罐，并将中心泥罐固定在中心支墩上（或与中心支墩融为一体），利用虹吸管（大断面单根或多根）联通，这样就无需动密封，去除了上清液短流的根源。尽管应增设抽气系统以便形成虹吸，不过一旦形成虹吸，除非停池放水或有意进气破坏虹吸，抽气系统长期处于停歇状态而无需操作。每个吸泥管上端设有排泥量调节阀，以调节各吸泥管的流量和浓度。液面上的浮渣在浮渣刮板和周边挡渣堰形成的渐缩区域集中，由浮渣刮耙到集渣斗，排出池外。

常规机型依靠 V 形刮板向吸泥口推泥，为防止板底与池底擦刮，V 形刮板底设有橡皮，长期工作(一般一年)后橡皮磨损甚至脱落，池底死泥层将增厚。另外从工艺上分析，二沉池的沉积污染比重较轻，含水率高(一般在 99.4%左右)，且呈絮凝状而难以刮集，常规设计中吸泥管间距(即 V 形刮板的宽度)≯3000mm。实际经验表明：采用 V 形刮板刮泥一方面刮板可能会搅动污泥，另一方面刮板安装难度较大，如 V 形刮板离池底间隙太大，则达不到把泥刮至 V 形刮板中央的预想效果。目前主流机型采用大扁嘴吸泥口，取消了 V 形刮板，在吸泥管的底部设置扁吸嘴，把吸泥的接触面放大为一个矩形断面，且扁吸嘴排列形成一条直线，由原来的点吸泥变成线吸泥。为了调整扁嘴全宽度上的吸泥量，设置了流阻调节板。

根据《环境保护产品技术要求—吸泥机》(HJ/T 266—2006)的规定，周边传动吸泥机(或称 XZB 式吸泥机)的基本参数如表 4-1-9 所示。典型的周边传动半桥式吸泥机如图 4-1-46 所示，其规格和性能参数如表 4-1-10 所示。

表 4-1-9　XZB 式吸泥机的基本参数

池径/m	18	20	22	25	28	30	35	40	45	50	55	60	70	80	90	100
电机功率/kW　≤	2×0.75				2×1.5								2×2.2			
周边线速度/(m/min)	1.0~1.8															

注：电机功率指全桥式吸泥机的电机功率。

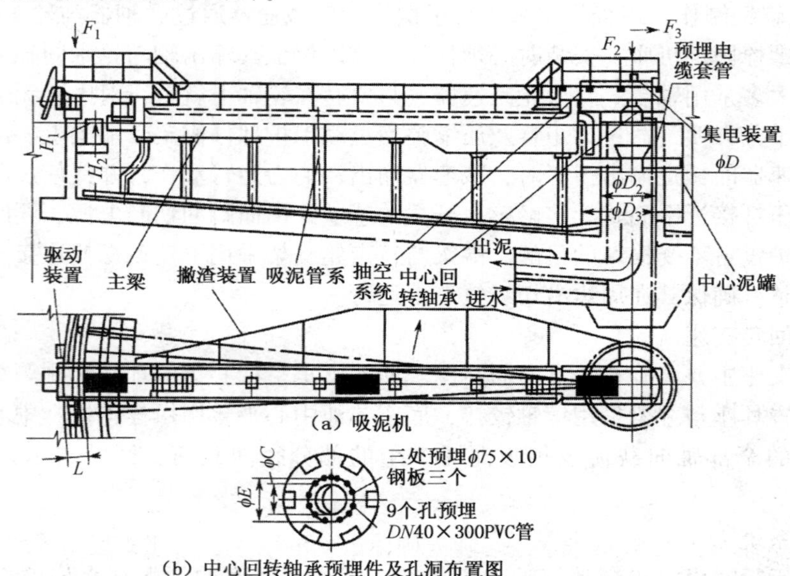

图 4-1-46　典型周边传动半桥式吸泥机的结构示意图

表 4-1-10　典型周边传动半桥式吸泥机的规格和性能参数

指标＼型号	ZBXN 18	ZBXN 20	ZBXN 22	ZBXN 24	ZBXN 26	ZBXN 28	ZBXN 30	ZBXN 32	ZBXN 34	ZBXN 36	ZBXN 38	ZBXN 40
池直径 D/m	18	20	22	24	26	28	30	32	34	36	38	40
中心泥罐直径 D_2/mm	1.25			1.55			1.90			2.10		
D_3/mm	2300			2600			2950			3150		
C/mm	470				570				670			

续表

指标 \ 型号	ZBXN 18	ZBXN 20	ZBXN 22	ZBXN 24	ZBXN 26	ZBXN 28	ZBXN 30	ZBXN 32	ZBXN 34	ZBXN 36	ZBXN 38	ZBXN 40
E/mm	770				870				970			
池边深度 H_1/m	2.4			2.6			2.8			3.1		
池顶超高 H_2/m	0.45						0.55					
排泥管直径/m	0.4			0.5			0.6			0.7		
滚动面载荷 $2\times F_1$/kN	2×6			2×14			2×20			2×28		
中心泥罐载荷 F_2/kN	16			22			33			44		
中心泥罐径向载荷 F_3/kN	6			11			17			28		
滚道宽度 L/m	0.45				0.5				0.55			
驱动机构电机功率/kW	0.37											
真空系统电机功率/kW	0.30											

§4.2 污泥输送设备

在水质工程领域，无论是水质净化处理还是后续污泥处理，均会涉及到污泥的流动和输送问题。脱水后的污泥饼一般可以直接通过链式刮板输送机等传送到转运车辆上，送往后续处理或处置设施，而脱水前含水率较高的污泥输送问题则相对较为复杂，所涉及输送设备的种类也较多。

一、流动污泥的性质

污泥的性质表征指标包括：含水率与含固率、挥发性固体和灰分、相对密度、可消化程度、过滤比阻、毛细吸水时间、肥分含量和燃烧值等。一般初沉池污泥的含水率约为96%～98%，其中有机成分约占55%～70%、pH 值一般在5.5～7.5之间；二沉池剩余活性污泥的含水率约为99.2%～99.5%，其中有机成分约占70%～85%、pH 值一般在6.5～7.5之间。污泥的水力特性主要指流动性和混合性，流动性系指污泥在管道内的流动阻力和可泵性(是否可以用泵输送和提升)；当用过滤法分离污泥的水分时，常用比阻(r)评价污泥脱水性能。

从力学性质的角度来看，污泥是一种两相流体，在含水率较高(高于99%)的状态下，属于牛顿流体，流动特性接近于水流。随着固体浓度的增加，污泥的流动显示出非牛顿流体的特性，在除砂的情况下，一般可视为均质非牛顿流体中的伪塑性体，有时也呈 Bingham 体性状，其流变特性的本构方程如下

$$\tau=\tau_0+\frac{\mu_g}{g}\cdot\frac{du}{dy} \tag{4-2-1}$$

式中 τ——剪切应力，kgf/m²；

τ_0——屈服剪切应力，kgf/m²，如表4-2-1所示；

g——重力加速度，m/s²；

μ_g——塑性黏度，kgf/(m·s)，如表4-2-1所示；

du/dy——速度梯度，1/s。

表 4-2-1　污泥的τ_0和μ_g值列表

物　料	温度/℃	浓度/%	τ_0/(kgf/m²)	μ_g/[kgf/(m·s)]
水	20	0	0	0.001
初次沉淀生污泥	12	6.7	4.386	0.028
消化污泥	17	10	1.530	0.092
消化污泥	17	14	2.958	0.101
消化污泥	17	18	6.222	0.118
活性污泥	20	0.4	0.0102	0.006
活性污泥	20	0.2	0.0204	0.007

当然，也有基于流变学测试实验的研究表明，污泥呈屈服-胀塑性流体，具有剪切变稠特征，符合 Herschel-Bulkley 模型。对于含固量大于 1%的污泥，当在管道内流速较低时(1.0~1.5m/s)，其阻力比污水大；当在管道内的流速大于 1.5m/s 时，其阻力比污水小。在层流条件下，由于τ_0的存在，污泥流动的阻力很大，因此污泥管道输送常采用较高流速，使之处于紊流状态。污泥压力管道的最小设计流速为 1.0~2.0m/s，一般应控制在 1.5m/s 以上。必须强调的是，污泥的流变特性在厌氧消化工艺设计运行中同污泥的生物、化学特性一样重要，它从介观尺度解释了搅拌方式、搅拌强度与反应器内污泥流态之间的关系，并通过其与物化、生化指标的关联，为污泥厌氧消化池的优化设计和高效运行提供理论依据。从流变特性的角度出发，除了可对给定的污泥厌氧消化池和搅拌方式进行最佳运行工况估算，还可对于给定的污泥基质，明确其最优工艺流程、池体形式和结构尺寸。

从 20 世纪 50 年代开始，在市政污泥输送中开始采用污泥泵，由于具有全封闭无臭、空间利用率高、安全性好、易维护等优点，污泥泵送系统得到了越来越多的应用。输送污泥的污泥泵，在构造上必须满足不易被堵塞与磨损、不易受腐蚀等基本条件。当含固量超过 6%时，污泥的可泵性很差；污泥的含固量越高，其混合性能越差，越不容易混合均匀。能够被有效用于进行污泥泵送提升的有螺旋输送设备(螺旋排泥机、螺旋泵)、容积式输送泵(单螺杆泵、旋转凸轮泵、往复式柱塞泵)、螺旋离心泵等。

二、螺旋输送设备

1. 螺旋排泥机

螺旋排泥机(也常称作螺旋输送机)是一种无挠性牵引的排泥设备，在输送过程中可对泥砂起搅拌和浓缩作用。如图 4-2-1、图 4-2-2 所示，螺旋排泥机适用于中小型沉淀池、沉砂池(矩形和圆形)的排泥除砂，对各种斜管(板)沉淀池、沉砂池更为适宜。螺旋排泥机可单独使用，也可与行车式刮泥机、链条牵引式刮泥机等配合使用。螺旋输送物料的有效流通断面较小，故适宜输送较小颗粒泥砂，不宜输送大颗粒石块。

螺旋排泥机的常用形式为有轴式和无轴式两类，有轴螺旋排泥机通常由螺旋轴、首轴承座、尾轴承座、悬挂轴承、穿墙密封装置、导槽、驱动机构等部件组成。螺旋轴以空心轴上焊螺旋形叶片而成，由首、尾轴承座和悬挂轴承支承，首轴承座安装在池外，悬挂轴承安装在水下，尾轴承座安装在水下或池外；当螺旋轴与池外的驱动装置联接时，需经过穿墙管，并采用填料密封；导槽一般由钢板或钢板和混凝土制造，下半部呈半圆形，设有排泥口，倾斜布置时设有进泥口；驱动机构由电动机、减速器、联轴器及皮带传动等部件组成，螺旋转速为定速。

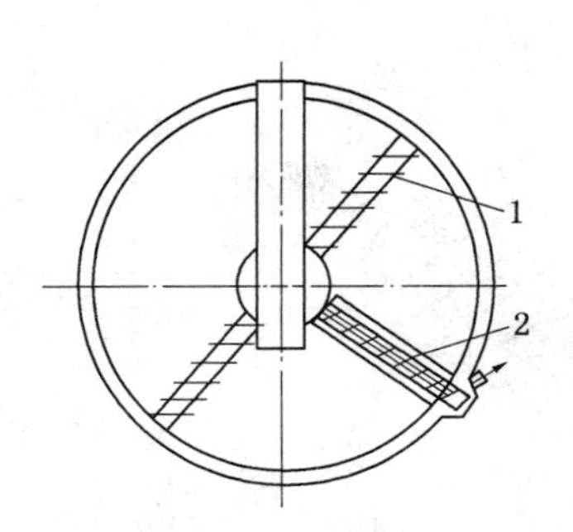

图 4-2-1　圆池用螺旋排泥机的结构示意图

1—刮泥机；2—螺旋排泥机

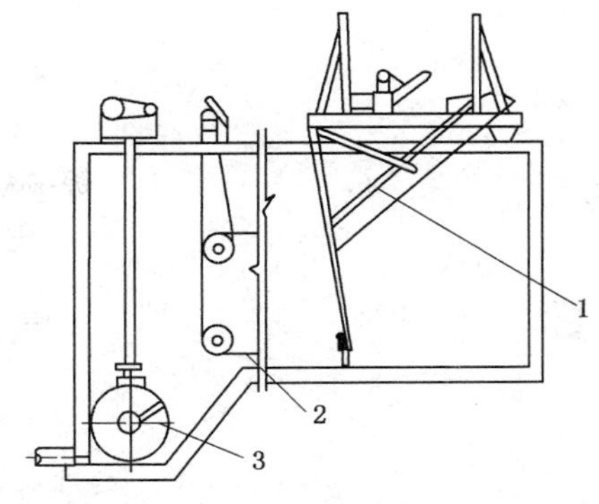

图 4-2-2　矩形池用螺旋排泥机的结构示意图

1—行车式刮泥机；2—链板式刮泥机；3—螺旋排泥机

无轴螺旋排泥机通常由无轴螺旋体、带凸缘的短轴、导槽(嵌入耐磨衬)、轴承座、驱动机构等部件组成。为了便于加工、安装和运输，无轴螺旋体通常由数段无轴螺旋焊接而成，并与其端部的传动凸缘焊成一个整体。螺旋为单头，旋向应尽量制成使螺旋受拉的工况，当水平安装时，螺旋导程可较大，倾斜安装时则较小。导槽是螺旋体的支承，并引导物料的输出，槽的形状有 U 形或管形，槽内壁嵌入耐磨衬瓦(条)；当应用于边输送、边沥水的场合，导槽卸水段应设置泄水孔，槽外加设排水罩。无轴螺旋体在耐磨衬上旋转，依靠导槽支持，因此仅单侧设置轴承承受螺旋运行时产生的径向载荷和轴向载荷。驱动机构由电动机、减速器、联轴器等组成，为使安装简单，对中容易，可采用轴装式减速器，直接与无轴螺旋体的凸缘端连接。

2. 螺旋泵

螺旋泵(Screw pump)也被称为螺旋提升泵，早期主要用于矿山排水和农业灌溉，也用于雨水排放系统中。在水质工程领域，螺旋泵主要用于沉淀池的排泥和污泥回流，比较典型的应用是从脱水机接料传输到指定位置、提升污泥到指定位置、从储料仓中卸出污泥以及把污泥输送到泵送设备中。

LXBF 型螺旋泵的外形结构如图 4-2-3 所示，螺旋泵一般由驱动机构、泵轴、螺旋叶片、上支座、下支座、导槽、挡水板等组成，安装形式可分为附壁式和支座式。驱动机构一般用电动机+减速器+联轴器+电控设备组成，电动机功率的确定一般需要考虑螺旋泵提升功率、上下轴封的摩擦损失、传动损失、螺旋泵泄漏损失，功率储备系数应不小于 1.15。螺旋泵应采用弹性联轴器，联轴器应与输出轴的最大扭矩和转速相适应。螺旋叶片和水下轴承是关键部件，螺旋叶片多采用阿基米德螺旋面。轴承或轴承座的设计要考虑因泵轴温差变化而引起的轴向移动，轴承设计寿命应不低于 100000h(水下轴承寿命应不低于 50000h)；轴承可使用润滑脂非强制润滑，水下轴承也可使用强制润滑；轴承座上所有与外部相通的孔或缝隙，应具有防止污物和污水的密封组件。

螺旋泵可以水平放置(沉淀池排泥)或倾斜放置(一般螺旋倾角$<10°$为宜，最大倾角$\leqslant 30°$)，输送能力随倾角增大而降低，不同厂家对其产品在不同布置时的输送距离都有相应要求。螺旋泵的基本参数如表 4-2-2 所示，若螺旋泵的外缘直径为 D(m)，则其最佳转速 n_j 的计算公式如下

$$n_j = \frac{50}{\sqrt[3]{D^2}} \quad (\mathrm{r/min}) \tag{4-2-2}$$

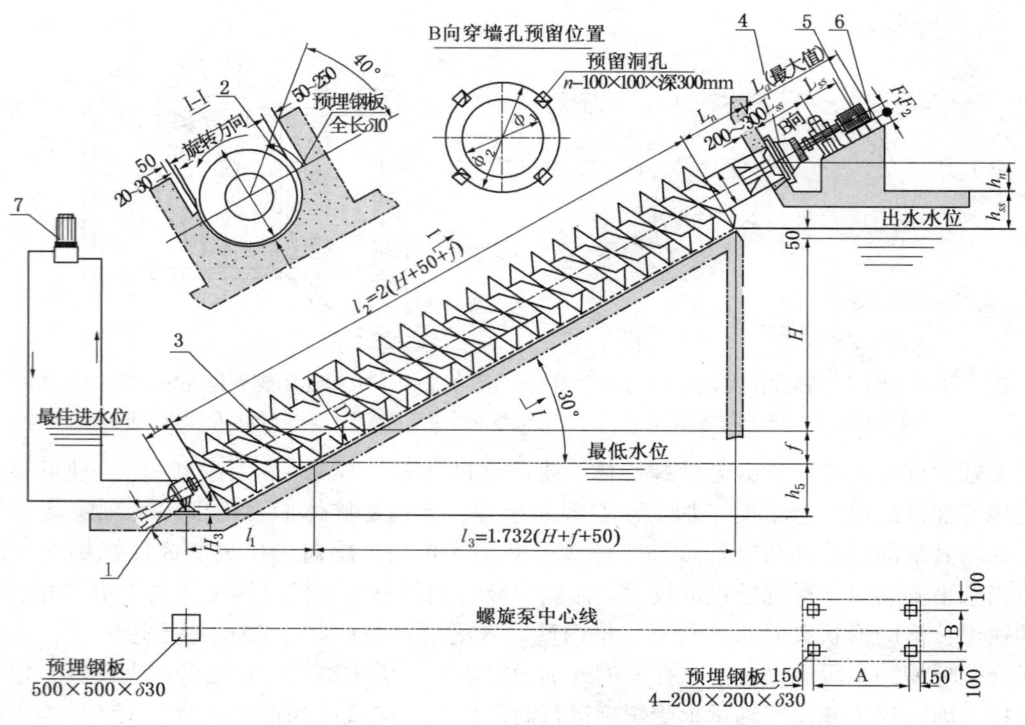

图 4-2-3　LXBF 型螺旋泵的外形结构示意图

1—下支座；2—挡水板；3—泵体；4—上支座；5—传动机构；6—滑轨；7—润滑泵

螺旋泵的工作转速 n 应该在下列范围内确定

$$0.6n_j<n<1.1n_j \quad (r/min) \tag{4-2-3}$$

表 4-2-2　螺旋泵的基本参数

螺旋泵外缘直径/mm	转速/(r/min)	流量/(L/s)	
		安装角 30°时(标准)	安装角 38°时(最大)
300	112	14	10.5
400	92	26	20
500	79	46	34
600	70	69	52
800	58	135	100
1000	50	235	175
1200	44	350	260
1400	40	525	370
1600	36	700	522
1800	34	990	675
2000	32	1200	850
2200	30	1500	1100
2400	28	1860	1370
2600	26	2220	1600

续表

螺旋泵外缘直径/mm	转速/(r/min)	流量/(L/s)	
		安装角 30°时(标准)	安装角 38°时(最大)
2800	25	2600	1900
3000	24	3100	2300
3200	23	3550	2640
3500	22	4300	3200
4000	20	6000	4450

注：(1)扬程 H 每 250 为 1 个级差，“Ⅰ”粗实线为最大扬程，超出“Ⅰ”流量相应减少，特殊订货；(2)当 $D\leqslant\phi1200$ 时表中数据均在安装角度 30°、泵叶头数为 2、介质相对密度为 1~1.5 状态下。

3. 螺旋叶片的设计计算

输送黏度小、粉状和小颗粒的泥砂时，宜采用如图 4-2-4 所示的实体面型螺旋，其结构简单、效率高，是常用的叶片形式。

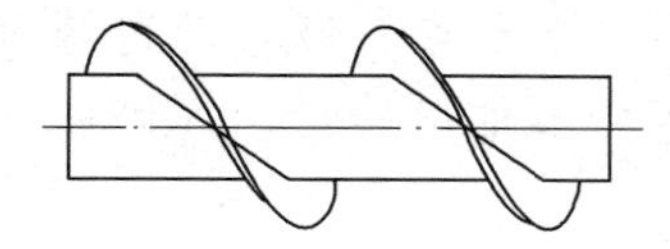

图 4-2-4　实体螺旋面的结构示意图

基于保证足够螺旋有效断面以满足输泥量的原则，可以根据相关公式确定实体面型螺旋的外径 D'。因螺旋外圆需要加工，所以螺旋叶片外径 D 往往比 D' 要增大 3~6mm，作为加工裕量，以保证螺旋外圆与两端轴径的同轴度。当无中间悬挂轴承时，螺旋轴直径 d' 一般为 $d'/D'=0.35\sim0.70$，当螺旋轴跨度短或螺旋外径 D' 值较小时取小值，当螺旋轴跨度大时取大值。在满足输泥量的条件下，可适当增大螺旋轴直径 d'，然后按允许挠度进行校核。螺旋轴一般采用无缝钢管制造，壁厚为 4~15mm。轴上焊有叶片，两端焊接实心轴端，螺旋叶片与导槽间隙为 5~10mm。螺旋轴每段长度为 2~4m，各段螺旋轴用法兰或套筒将螺旋联成整体。

考虑到叶片内径焊接时需要进行调整，故叶片内径 d 需要比螺旋轴直径 d' 增大 1~3mm，螺旋长度短或直径小时取小值。当实体面型螺旋水平布置时，螺距 S 常取 $(0.6\sim1.0)D$；当倾斜布置时，螺距 S 常取 $(0.6\sim0.8)D$，倾角大时取小值。实体面型叶片的展开图如图 4-2-5 所示，在已知螺旋叶片外径 D、螺旋叶片内径 d、叶片高度 c、螺距 S 等参数的前提下，螺旋叶片的计算参数包括螺旋叶片外周长 l_1、螺旋叶片内周长 l_2、叶片展开外圆半径 R、叶片高度 c、叶片展开内圆半径 r、叶片圆周角 θ、叶片数量 n_0、每个整圆叶片的螺旋长度 S_1；螺旋叶片的厚度随直径而异，一般为 5~15mm；一般采用单头右旋。叶片与螺旋轴的焊接，要双面焊连续缝；各叶片连接焊缝须错开，并为节省材料，常把每个叶片做成接近整圆(即圆心角 $\alpha\approx359°$)，折合为整圆的叶片数。实体面型叶片用钢板制造，通常选用优质钢或将叶片边缘部分淬火硬化以提高耐磨性。

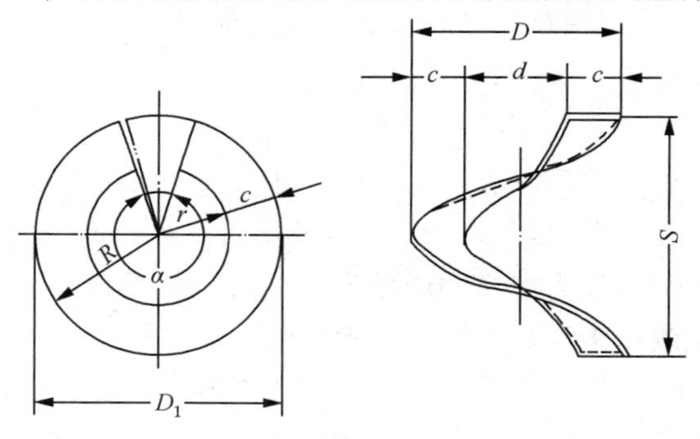

图 4-2-5　叶片展开示意图

D_1—叶片展开外径；r—叶片展开内圆半径；α—圆心角；c—叶片高度；R—叶片展开外圆半径；D—螺旋叶片外径；d—螺旋叶片内径；S—螺距

4. 螺旋转速和其他事项

螺旋泵属于无挠性牵引的排泥设备，可以用于输送含有小颗粒砂粒的污泥，但不适宜输送含有长纤维和黏性过高的污泥。螺旋泵的扬程和效率较低、体积大，特别是由于在污泥输送时会发生剧烈搅拌，引起的气水混合作用可以提高回流污泥中的溶解氧，故在有厌氧或缺氧工况的工艺中应慎重选用。

螺旋输送设备的转速随输送量、螺旋直径和输送泥砂的特性而变化，其目的是在保证一定输送量的情况下，不使物料受切向力太大而抛起，以致于不能向前输送，故最大转速(或极限转速)以泥砂不上浮为限。螺旋输送设备的转速一般为10~40r/min，当螺旋直径较大时转速取小值、螺旋直径较小时转速取大值；当输送泥砂量较小，而计算得到的极限转速很高或在大倾角输送时，可适当提高螺旋转速。由于泥砂成分复杂，使用条件不同，可通过试验取得最佳转速。

螺旋与各支承轴承应在同一轴线上，螺旋转动需灵活。空载试车时，悬挂轴承和尾轴承温升不应超过20℃，否则应调整轴承位置。水下轴承采用清水润滑时，设备在启动前应预注压力水润滑，运转中严格禁止停水。泥砂堆积高度当水平布置时以不超过螺旋顶部为宜，倾斜布置时也不得堆积过高，否则必须清池，待采用其他措施排出泥砂后才允许开车。

三、容积式输送泵

1. 单螺杆泵

单螺杆泵(Progressive Cavity Pump)是一种回转式容积泵，也被称为渐进式容积泵。法国人René Moineau于1930年左右根据对阿基米德螺旋泵的研究设计了单头单螺杆泵，因而单螺杆泵也被称为Moineau泵；1932年，René Moineau与Robert Bienaimé先生一起成立了PCM POMPES公司。

虽然单螺杆泵同双螺杆泵、三螺杆泵、五螺杆泵等一起属于螺杆式水力机械，但其工作机理及适用场合有很大不同。

(1) 基本结构与工作原理

单螺杆泵只有一根螺杆，主要零件构成是一个钢制螺杆(转子)和一个具有内螺旋表面的橡胶衬套(定子)。转、定子端面(横截面)齿形类型主要有以下两种：①以短幅外摆线的内等距线作为螺杆的原始齿形曲线，其共轭曲线作为衬套的齿形曲线；②以短幅内摆线的外等距线作为衬套的原始齿形曲线，其共轭曲线作为螺杆的齿形曲线。单螺杆泵的转子-定子副(也叫螺杆-衬套副)是利用摆线的多等效动点效应，在空间形成封闭腔室，并且当转子和定子作相对转动时，封闭腔室能够作轴向移动，使其中的液体从一端移向另一端，实现机械能和液体能的相互转化。单螺杆泵转子、定子线型的“头”数(Lobe，又称线数)之比有1∶2、2∶3、3∶4、4∶5等几种，对应的单螺杆泵也可分为单头和多头单螺杆泵，其中1∶2结构的单头单螺杆泵应用最为普遍，这里以其为主进行介绍。

在每个单头单螺杆泵的螺杆转子-衬套定子副中，螺杆转子是单线螺旋面，衬套定子内表面是双线螺旋面，两者旋向相同(即同为左旋或右旋)。螺杆转子的任一断面都是半径为R的圆，整个螺杆转子的形状可以视为由很多半径为R的圆片组成，这些圆片的中心以偏心距e绕着螺杆转子自身整体的轴线一边旋转，一边按照一定的螺距t向前移动。换言之，转子的外轮廓面可视为半径为R的圆片沿着螺距为t、偏心为e的空间螺旋线连续移动所形成的轨迹。衬套的断面轮廓为长圆形，两端是半径为R的半圆(等于螺杆转子断面的半径)，

中间为两条长为 $4e$ 的直线段（因为螺杆断面中心与其轴心线存在一偏心距 e，而螺杆轴心线又与定子轴心线存在一偏心距 e，所以两个半圆的中心距为 $4e$）。衬套的双头内螺旋面就是由上述长圆形断面在绕定子轴心线旋转的同时，按照一定导程（$T=2t$）向前移动而形成。如图 4-2-6 所示，将螺杆置于衬套内，则在每一个横截面上，螺杆断面与衬套断面都有相互接触的点，但在不同横截面上的接触点不同。当螺杆断面在衬套长圆形断面的两端时，螺杆和衬套之间为半圆弧线接触，而在其他位置时螺杆和衬套之间仅有两点接触。这些接触点在螺杆-衬套副的有效长度范围内构成了空间密封线，在衬套的一个导程 T 内形成一个完整的封闭腔室。于是，沿着单螺杆泵的全长，在螺杆的外螺旋表面和衬套的内螺旋表面之间就形成了一个一个的封闭腔室。

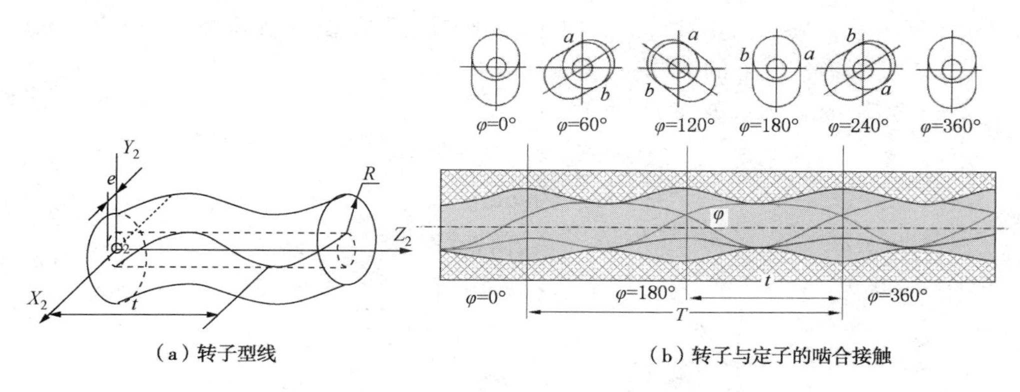

（a）转子型线　　（b）转子与定子的啮合接触

图 4-2-6　单螺杆泵的结构和工作原理示意图

当螺杆转子转动时，螺杆-衬套副中靠近吸入端第一个腔室的容积增加，在它和吸入端压力差的作用下，物料便进入第一个腔室；随着螺杆的转动，该腔室开始封闭，并沿轴向朝排出端移动。封闭腔室在排出端消失，同时在吸入端形成新的封闭腔室。由于封闭腔室的不断形成、推移和消失，使物料通过一个个封闭腔室，从吸入端到排出端，压力不断升高，流量非常均匀，这就是螺杆泵的活塞泵特性。在螺杆的螺旋旋向（左旋或右旋）、螺杆的转向（顺时针或逆时针）、物料的流向这三个因素之间，任意两个因素的组合就确定了第三个因素，只是将常规左、右手定则所得出的结论反用即可。定、转子啮合点之间无间隙（即 $\delta=0$）时，漏失量为零，封闭腔室完全密封；由于啮合线处的间隙 δ 由压力差 ΔP 产生，所以增加定、转子间的过盈量会有效减少间隙，从而达到减小漏失的作用；提高工作转速 n 会有效补偿漏失，这就是螺杆泵的离心泵特性。

从工作原理可以看出，单螺杆泵综合了活塞泵和离心泵的优点：①排出压力高（压力范围为 0~4.8MPa，流量范围为 0.01~300m^3/h），输送距离可达 200m；②自吸性能好，吸入可靠，可吸入高黏度的介质，输送介质最大黏度可达 0.27m^2/s；③定子为橡胶件，富有弹性，非常适用于输送含固体颗粒的浆料；④由于封闭腔室的推移速度恒定，在不同压头条件下的流量改变很小，而且流量非常均匀；⑤运动件很少（只有一个单螺杆），流道短而且简单，过流面积大。

（2）单螺杆泵的设计与加工制造

单螺杆泵中封闭空腔室的面积为 $A=4eD+\pi R^2-\pi R^2=4eD$，则封闭空腔室的体积为 $V=AT=4eDT$。于是，单螺杆泵的理论排量由下式确定

$$Q_{理}=\frac{4eDTn}{60} \tag{4-2-4}$$

式中　e——单螺杆转子的偏心距，现有结构单螺杆泵中偏心距的变化范围多为1~8mm；

D——单螺杆转子截圆的直径，$D=2R$；

T——定子的导程，$T=2t$；

n——单螺杆转子的转速，r/min。

单螺杆泵的实际排量为

$$Q=Q_{理}\cdot\eta_{V}=\frac{4eDTn}{60}\cdot\eta_{V} \tag{4-2-5}$$

式中　η_{V}——容积效率，初步计算时，对于具有过盈值的螺杆-衬套副，取0.8~0.85；对于具有间隙值的螺杆-衬套副，取0.7。

定义$k=T/D$、$m=T/e$，并将k、m代入上式，换算后得

$$\left.\begin{aligned}e&=\sqrt[3]{\frac{15kQ}{m^{2}n\eta_{V}}}\\D&=\sqrt[3]{\frac{15mQ}{k^{2}n\eta_{V}}}\\T&=\sqrt[3]{\frac{15mQ}{\pi\eta_{V}}}\end{aligned}\right\} \tag{4-2-6}$$

为保证单螺杆泵满足一定排量Q的要求，首先应该确定e、D、T 3个参数值。对于小流量、高压头单螺杆泵，一般取$k=2$~2.5、$m=28$~32。因此，一般将螺杆断面直径D作为计算的基础，确定螺杆断面直径D后，再计算螺杆的偏心距e和衬套的导程T。

根据泵流量Q的要求确定出e、D、T三个参数后，再根据单螺杆泵应该满足的压头H和衬套单个导程的压力增加值Δp，确定螺杆-衬套副的长度或衬套工作部分的长度L，计算公式如下

$$L=\frac{T\rho gH}{\Delta p} \tag{4-2-7}$$

Δp的正确选择直接影响螺杆-衬套副的效率和寿命，一般可取$\Delta p=0.5$MPa左右。试验表明，单螺杆泵压力沿衬套长度的变化规律几乎呈直线上升。为了满足形成一个完整封闭腔室的要求，衬套的最小长度必须大于一个导程，而增加衬套的长度（或导程数）可以显著提高单螺杆泵的压头和效率。当然，衬套工作部分的长度往往受到制造工艺条件的限制。

单螺杆泵的转子一般由合金钢棒料经过精车、镀铬并抛光加工而成，可以采用实心转子，也可以采用空心转子；目前甚至出现了陶瓷涂层转子，极大地提高了耐磨性。定子一般由钢制外套和橡胶衬套组成，将丁腈橡胶衬套浇铸粘接在钢体外套内而形成腔体。为了提高螺杆-衬套副的效率和使用寿命，衬套橡胶材料的硬度、螺杆-衬套副初始过盈量的合理选择至关重要。过盈量一般通过试验确定，在达到要求的泵效和举升扬程条件下，过盈量要合理，这样有助于减少转子、定子之间的摩擦阻力，延长工作寿命。此外，还要采取专门措施以改善沿衬套长度方向的接触压力分布，目前甚至还出现了金属定子单螺杆泵。

图4-2-7为NEMO型单螺杆泵的基本结构示意图，其输送介质动力黏度可达50000mPa·s，含固量可达60%（在污水处理厂使用时，污泥含固率一般不超过8%）；由于流量和转速成正

比，因此可以借助调速器可实现流量的自动调节。

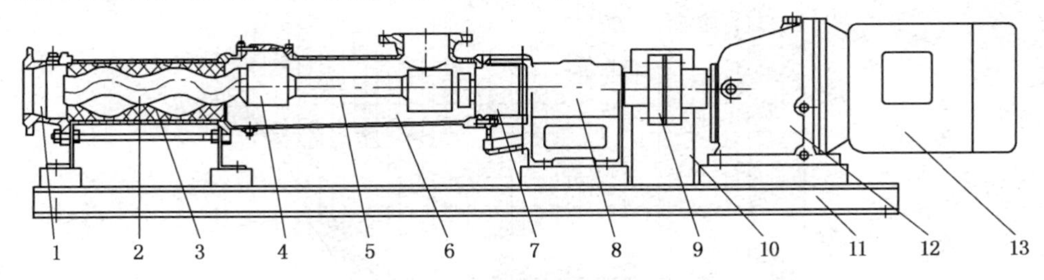

图 4-2-7 NEMO 型单螺杆泵的基本结构示意图

1—排出体；2—转子；3—定子；4—联轴节；5—连杆轴；6—吸入室；7—轴封；8—轴承架；9—联轴器；10—联轴器罩；11—底座；12—减速器；13—电动机

(3) 在污泥输送中的应用

由于单螺杆泵体积小，出泥管道可架空，占地面积小。必要时还可在螺杆泵的吸入口加一螺旋进料器，将污泥强制推入螺杆泵的吸入口，再由螺杆泵将污泥吸入并将污泥排出。螺旋进料器加装在单螺杆泵和电动机之间，同轴安装、共用一台电动机。在与环保领域密切相关的单螺杆泵产品开发方面，德国 Seepex(西派克)公司等位居世界领先水平，其 T 系列单螺杆泵可直接用于输送含固率 50%以上的市政污泥。目前已经用于经板框式压滤机脱水后含水率 80% 以上的矿泥饼；还可用于 CaO 与生化固体的混合，以满足 EPA 的要求。图 4-2-8为该公司 BTQ 型单螺杆泵的结构示意图，输送能力为 50L/h~100m^3/h。除了万向节护套、干运行保护器(TSE)等特色技术之外，德国 Seepex 公司还推出了“Smart 输送技术”，由于采用 Smart 定子分体技术，可以在最短时间内更换定子。

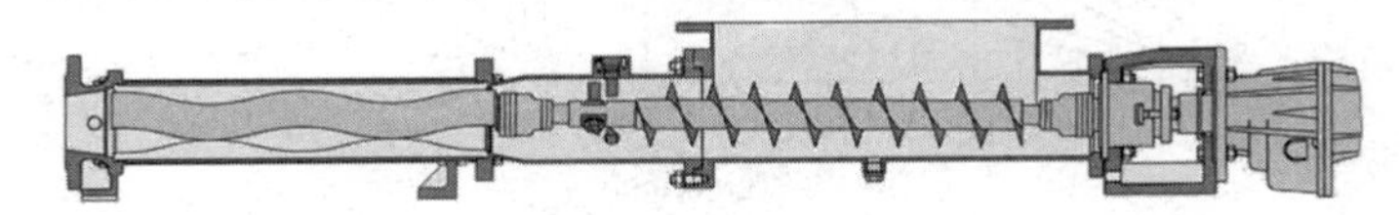

图 4-2-8 德国 Seepex 公司 BTQ 型(BTQ Range)单螺杆泵的结构示意图

图 4-2-9 为德国 Seepex 公司 6~10L 单螺杆泵的性能曲线，可以根据期望的流量、扬程和运行速度选择相应驱动电机的功率。应用单螺杆泵输送污泥时还应注意下列问题：

① 螺杆泵的出口压力

螺杆泵的出口压力要大于管道中的压力损失，并且要有充分的余量。管道中的压力损失分沿程压力损失和局部压力损失(弯头、阀门)两种，压力损失的大小要根据管道长度、管径、流量和污泥黏度来计算确定。

② 单螺杆泵的流量

单螺杆泵的流量要根据最大产泥量来确定，也要考虑一定的余量。

③ 单螺杆泵的转速

脱水后的污泥黏度大，流动性差，并且污泥中含有许多细小的颗粒物质，泵的转速越高越容易引起转子和定子的磨损，因此在满足流量和压力要求的前提下转速要尽可能选低一些，最好要用变频调速，以适应脱水设备产泥量的变化。在脱水设备产泥量较少时，要尽量降低泵的转速，以减少转子和定子的磨损，提高泵的使用寿命。

④ 单螺杆泵的操作

严禁单螺杆泵干运转，也不能无液启动，否则会损坏定子。首次启动或再次启动长期封存

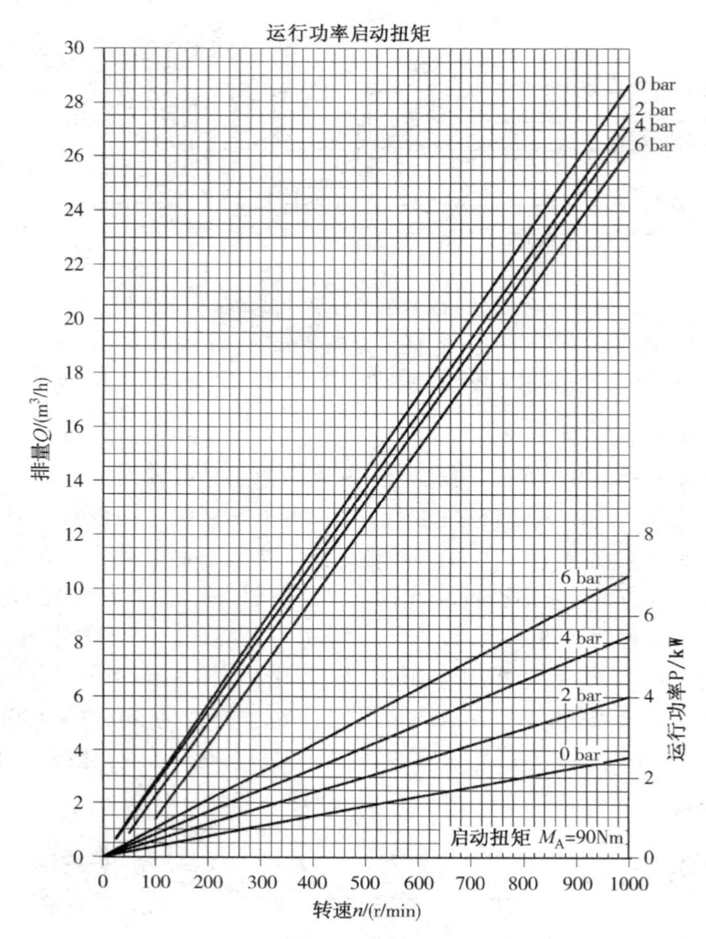

图 4-2-9　德国 Seepex 公司 6~10L 单螺杆泵的性能曲线(水温 20℃下测得)

的泵，螺旋进料器的料斗应先注入部分水，先点动几下，然后投入使用。如泵的出口装有阀门，泵启动前应将泵的出口阀打开。如果泵长期停止使用，要用水将泵和输送管道内的污泥冲洗干净，防止堵塞管道，避免再次启动时过载。室外输送管道需保温，防止冬天结冰冻结。

2. 旋转凸轮泵

旋转凸轮泵(Rotary lobe pump)也被称为凸轮转子泵，从转子的端面叶形来看，有单叶式、双叶式、三叶式、四叶式和六叶式；从转子的轴向形状来看，有直齿型和螺旋型两种类型。工作原理与罗茨鼓风机类似，两个转子分别在两个平行轴的驱动下相对反向转动，转子和泵壳体之间形成一个个连续密封腔，填充在腔体内的介质不断地被转子由进口端推向出口端推进，从而完成介质的输送。如三叶转子工作时，每转动 1 周，完成 3 次吸入、排出过程。旋转凸轮泵的特点包括：①可以输送各种粘稠或含有颗粒物的介质；②输送过程中对介质的剪切力小；③泵结构紧凑，运行平稳、振动小；④可以实现大流量输送，在一定压力下，流量与转速呈严格线性关系。德国 Börger(博格)公司是旋转凸轮泵的代表性生产厂家，德国 NETZSCH 集团生产的 TORNADO® 系列旋转凸轮泵、瑞典 Alfa Laval 公司生产的 SRU 系列旋转凸轮泵也得到了较为广泛的应用。国内近几年基于国外全套图纸和技术，且关键核心部件由外方直供，实现了整泵在中国的生产组装和市场销售。相比较而言，成立于 1975 年的博格公司是世界上最大、最为领先的弹性体包覆旋转凸轮泵生产商，目前有 AL 系列、PL 系列、CL 系列、FL 系列等 17 种规格的旋转凸轮泵产品，工作流量为 $0.5\sim600m^3/h$，自吸扬程达 8m，最高排出扬程达 120m(即最大排出压力 1.2MPa)。

(1) 基本结构

博格旋转凸轮泵由传送腔、隔离腔、传动腔、密封、壳体、快速安装盖等零部件组成，可以采用电机驱动、固定安装，也可以采取借助其他动力的移动式解决方案。

如图 4-2-10 所示，博格旋转凸轮泵的传动腔内有一对润滑良好的同步齿轮，分别驱动传送腔内的一对两叶式或三叶式转子，使之反向旋转而将介质排走。转子工作时不像齿轮泵那样需要啮合，也不像单螺杆泵那样有很长的接触线，因而传送路径很短，功率消耗仅相当于一般同类泵的 50%~70%；转子轴向采用螺旋形设计，从而使得无压力脉动。转子工作转速为 150~400r/min，还可以采用变频调速控制改变其工作流量；同时介质输送方向也可以通过改变转子转向而简单地加以改变。此外，由于转子之间的空间大、出入口之间的距离较短，因此对所输送介质的剪切程度较低。

图 4-2-10　德国博格公司旋转凸轮泵及其工作安装示意图

博格旋转凸轮泵的传动腔和传送腔是分离的，除了采用结实耐用的机械密封(另有双重机械密封和填料密封可供选择)之外，在传动腔和传送腔之间还设计了一个隔离腔，密封位于中间隔离腔的两侧。当密封损坏时，所泄漏液体流入中间隔离腔中，以避免对所传送介质造成污染；同时中间隔离腔中装有报警装置，泄漏一到中间隔离腔时随即报警，以调控密封。

博格旋转凸轮泵的最大特点是能够实施就地维修(Maintenance In Place，MIP)，维修时只需打开快速安装盖，便可以露出整个泵腔，进行调控密封或其他工作非常便利。而一般的泵需将其从系统中卸下后才能维护，然后再重新装上。

(2) 提高工作性能的措施

由于转子部分作为运动件容易发生磨损，而且磨损损坏往往发生在转子的尖部，致使内泄加剧而无法继续工作。为此，在博格旋转凸轮泵上采用了两种措施：

① 采用外包各种抗腐蚀弹性橡胶类聚合物(如天然橡胶、人造橡胶、PTFE 等)的铸铁转子和不锈钢转子。在金属与聚合物之间有一楔块，可以使转子的大部得到延伸，补偿了转子尖部由于磨损而造成的损坏，延长其使用寿命。

② 对于相对较大的转子，其尖部采用一种可卸下加以调换的结构。因此当转子磨损时，只须将其尖部换掉，而无须将整个转子扔掉。

此外，为了提高泵壳内腔的耐磨性，博格公司对旋转凸轮泵的泵壳采取了激光硬化处理；同时在泵体与转子间的径向和周向上镶嵌了硬化钢衬板，当磨损到一定程度后更换新衬板，使泵体又恢复到磨损前的状态。

3. 往复式柱塞泵

往复式柱塞泵(简称柱塞泵)或往复式活塞泵一般由动力端和液力端两大部分组成，主要依靠柱塞在缸体中往复运动，使密封工作容腔的容积发生变化，进而实现吸入和压出待输送物料。驱动方式可以是机械传动，也可以是液压驱动。柱塞泵按照缸套的数量可分为单缸、双缸和多缸，按照作用方式可分为单作用和双作用，从而构成了单缸单作用、单缸双作用、双缸双作用、三缸单作用等泵型。在各种形式的容积泵中，柱塞泵在高压下输送高黏度、大比重、高含砂量物料的特性最为突出，被广泛用作钻井泥浆泵、建筑混凝土泵等。

由于脱水污泥含固率较高(≥20%)，已经不具备流动性，一般的泵送系统不能达到输送的目的，在污水处理厂对环境要求较高或污泥后处理位置距脱水泥饼产出地较近时，液压驱动柱塞泵即可发挥作用。液压驱动污泥柱塞泵采用双柱塞结构，压力脉动小，可实时显示并通过电脑控制当前工作压力、设定压力、设定流量等参数，并配备过压保护、流量校正系统，还可通过油压管线布局优化设计实现超低噪音运转，通过油压波形监测系统实现最佳管理。

常用的柱塞式污泥泵是一种双缸推进结构(见图 4-2-11)，两主缸活塞杆通过中间连接机构分别与两输送缸活塞连接，摆缸机构驱使 S 摆管轮流与输送缸接合并形成送料通道，液压推动主缸工作腔，驱使输送缸活塞做往复运动，完成吸料与泵料的工作过程。污泥泵送过程就是把主泵提供的液压能转换成活塞直线动能，即主泵的输出压力 p、输出流量 Q 转换成污泥泵的输送压力 p_d、污泥输出排量 Q_p。

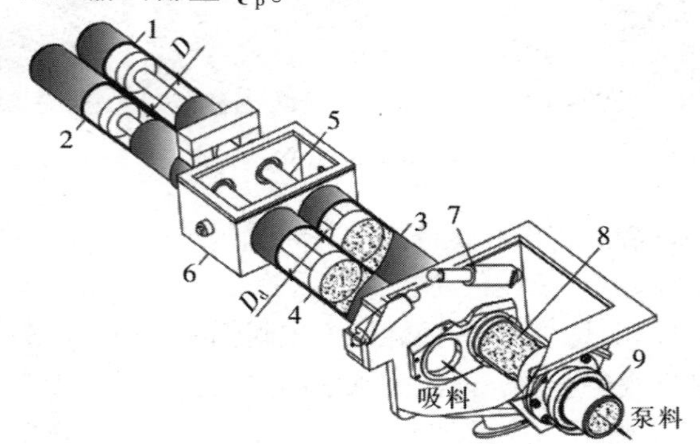

图 4-2-11　柱塞式污泥泵的结构示意图

1—主缸 A；2—主缸 B；3—输送缸 A；4—输送缸 B；5—中间连接机构；
6—冷却水箱；7—摆缸机构；8—S 摆管机构；9—出泥口

柱塞泵每小时的泵泥量与输送缸单次泵送效率有关，即

$$Q_d = \sum_i Q_i = \sum_i 60n \frac{\pi D_d^2}{4} L \eta_i$$

式中　Q_d——柱塞式污泥泵的单位时间泵送量，即污泥排量；

n——柱塞式污泥泵的输送缸的工作频次，min^{-1}；

D_d——输送缸内径，一般有 0. 15m、0. 20m、0. 23m、0. 25m 四种；

L——污泥输送缸的有效冲程，取 1m；

η_i——单次泵送过程中输送缸的容积效率，取平均值为 70%。

由于污泥的高浓稠、高腐蚀特性，提高 S 摆管的换向频次将引起高发热量及严重的腐蚀磨损，降低设备使用寿命，一般柱塞式污泥泵的冲程次数不超过 34 次/min。

德国普茨迈斯特股份有限公司(Putzmeister，2012 年被三一重工收购)、德国施维英

(Schwing)等都以生产输送高含固量的液压驱动柱塞泵而著称。2003 年 9 月，北京市高碑店污水处理厂购买了一台德国普茨迈斯特公司的 KOS 1470 型柱塞泵，用于将 7 台新增带式压滤机产生的脱水泥饼直接输送至原有的污泥堆置棚。泵的排量为 $30m^3/h$，输送管线长达 420m，由于采用了地下管线，就是在寒冷的冬季，运行也十分理想。

就螺杆泵和柱塞泵这两种泵而言，二者都解决了臭气和溢出问题，整套系统是全封闭的，减少了脱水机房内的臭气和消除了溢出现象。通常双缸液压柱塞泵送污泥的含固率范围为 10%~80%，与单螺杆泵相比，柱塞泵经常表现为初始成本较高，但操作和维护成本较低。

应该指出，当采用容积式输送泵时，为了避免污泥中纤维或大块杂物对泵体的损坏，在使用时一般应考虑配套设置污泥破碎机。常用污泥切割机的结构如图 4-2-12 所示，代表性的产品有德国 NETZSCH 集团的 M-Ovas®污泥破碎机。

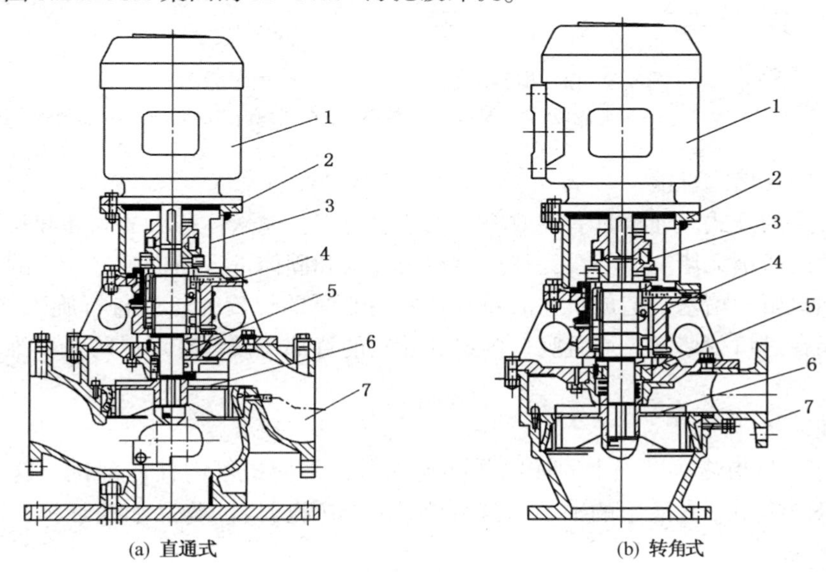

(a) 直通式　　(b) 转角式

图 4-2-12　污泥切割机的结构示意图

1—电动机；2—联轴器座；3—联轴器；4—轴承座；5—机械密封；6—叶轮；7—底座

四、螺旋离心泵

位于秘鲁首都 Lima 的 Hidrostal SA 公司于 1953 年成立，其拥有人马丁·斯坦勒(Martin Stähle)先生于 1960 年发明了螺旋式离心叶轮(Screw-type Centrifugal Impeller)，先后获得秘鲁、美国和西德等国的专利。马丁·斯坦勒于 1965 年在瑞士 Neunkirch 注册成立了 Hidrostal AG（海斯特股份有限公司)，并相继在世界各地建立了分公司或代理机构；1999 年 10 月，海斯特(青岛)泵业有限公司成立。英国 Sigmund、日本荏原、久保田、太平洋机工、石川岛播磨重工等公司也相继开发出该泵的系列产品。

螺旋离心泵是一种具有三元螺旋式单叶片的无堵塞泵，主要由叶轮、吸口、蜗壳、转轴、轴承框架、耐磨内衬等部件组成。该泵兼有普通离心泵和螺旋泵两者的优点，如图 4-2-13所示，其叶轮由两部分组成：螺旋部分具有正排泥作用，能提供良好的自吸能力和较低的净吸压头要求；离心部分可以将叶轮能量在蜗壳内转换成向外的压力能。

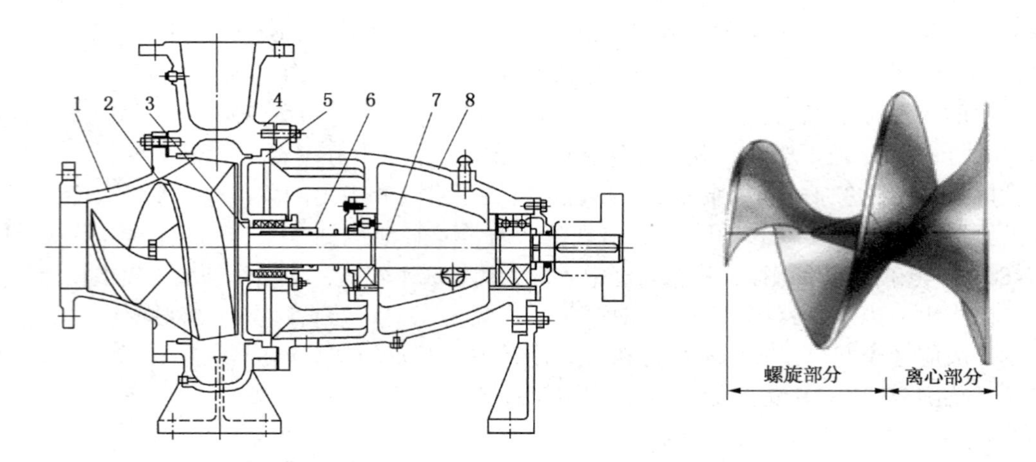

图 4-2-13　螺旋离心泵及其叶轮的结构示意图

1—吸入盖；2—叶轮；3—叶轮轮段；4—泵体；5—填料箱；6—轴套；7—泵轴；8—悬架轴承部件

（1）真正的无堵塞性能

螺旋离心泵的开式大通道具有高效率、无堵塞特点，输送体积大的固体和长纤维物质更为容易。普通的所谓无堵塞离心泵，往往会在长纤维和固体进入通道时被叶片的边缘挂住或在进出口之间滞留、堵塞，造成机械故障。螺旋离心泵的螺旋叶轮会自行旋入软质固体中，使填充物不能在进口处堵塞，而且吸口内壁和叶轮的背部还设计有可以防止纤维积聚的反向螺纹槽。

（2）柔和输送介质

“柔和输送”是指输送过程中固体物质随流而过，不撞击泵内任何部位。这一优点适用于输送活性松散物质、乳液中的油、悬浮纤维、易碎（脆弱）的物品如西红柿、活鱼等，不会被损坏。

此外，螺旋离心泵效率高、运行成本低，无过载区域、高固含量介质处理能力；采用可调耐磨内衬：当发生磨损之后，只需更换一个内衬即可，无须更换整个外壳，既方便又经济。

瑞士海斯特股份有限公司螺旋离心泵的部分技术参数如表 4-2-3 所示，国产 LLW 系列高浓高效无堵螺旋离心浆料泵的规格型号及性能参数如表 4-2-4 所示。

表 4-2-3　瑞士海斯特股份有限公司螺旋离心泵的参数表（节选）

序号	型号	吸水口径 D_1/mm	出水口径 D_2/mm	通径 D/mm	效率 η/%	电机参数		推荐流量范围/(L/s)	推荐扬程范围/m
						标称功率 PN/kW	转速 n/(r/min)		
1	A2QR4	50	50	50	56	0.5	1360	1.5~5	12~4
2	B065-R	65	65	50	54	0.9	1470	1~6	3~0.6
3	A2QR2	50	50	50	51	1.1	2835	2~8	2~1
4	B050-M	80	50	30	58	0.9	2900	2.5~9	23~5
5	A2QS2	50	50	50	57	1.5	2730	3~10	3~1.5
6	C080-MH	100	80	60	61	1.1	1460	7~14	5~3

续表

序号	型号	吸水口径 D_1/mm	出水口径 D_2/mm	通径 D/mm	效率 η/%	电机参数		推荐流量范围/(L/s)	推荐扬程范围/m
						标称功率 PN/kW	转速 n/(r/min)		
7	B065-T	65	65	50	65	0.9	1375	3~10	10~3
8	D080-LL	100	80	35	58	1.5	1460	4~12	9~1.5
9	A2QE2	50	50	50	57	1.5	2130	3~12	4~2
10	B065-E	65	65	50	67	2.2	2840	5~15	16~7
11	B050-H	80	50	40	67	0.9	2900	5~15	22~10
12	C080-HH	100	80	60	65	1.1	1460	6~17	7~2.5
13	B065-T	65	65	50	62	3.0	2820	6~19	20~7
14	E05Q-HL	200	125	100	75	4.0	970	18~74	7~2
15	E05Q-ML	200	125	100	73	9.0	1460	35~95	11~4.5
16	H05K-MH	250	150	95	74	11.0	730	20~80	10~3
17	F06K-S	200	150	115	75	15.0	970	54~120	12~7

表 4-2-4　国产 LLW 系列高浓高效无堵螺旋离心浆料泵的规格型号及性能参数列表

规格型号	流量/(m^3/h)	扬程/m	转速/(r/min)	效率/%	配套功率/kW	通过粒径/mm	进出口径/mm	输出浓度/%
80LLW-6	40~60	7.5~5	960	74	2.2	2.2	Φ100/Φ80	12
80LLW-4	40~80	15~11	1450	70	5.5	5.5	Φ100/Φ80	12
100LLW-4	120~140	18~15	1440	75	11	11	Φ150/Φ100	12
100LLW-6	120~160	9~7	960	75	5.5	5.5	Φ150/Φ100	12

螺旋离心泵的缺点是输送力不强，推力很弱，限制了其应用范围。有人提出了在螺旋离心泵的进口处直接安装一架流体喷射泵，从而将螺旋离心泵的强推力与喷射泵的强吸力结合在一起，以克服各自的缺点，发挥两者无堵塞性能优越的共同优势，扩大泵的使用范围。流体喷射泵既可以是水力喷射泵，用水泵作动力，也可以是气动喷射泵，用空压机作动力，提供压缩空气，既可输送湿料，又可输送干料，特别适用于输送含有各种纤维状或颗粒状杂质的淤泥与泥浆。

五、污泥的回流输送与远距离输送

1. 污泥回流设备

在分建式曝气池中，活性污泥从二沉池回流到曝气池时需设置污泥回流设备或污泥提升设备。常用的污泥回流设备可以为离心泵，最好选用螺旋泵或单螺杆泵；对于鼓风曝气池，也可选用空气提升器。空气提升器常附设在二沉池的排泥井中或曝气池的进泥口处，图 4-2-14 为其示意图，图中h_1 为淹没水深，h_2 为提升高度；一般$h_1/(h_1+h_2)\geqslant 0.5$，空气用量为最大回流量的 3~5 倍，需要在小的回流比情况下工作时，可调节进气阀门。

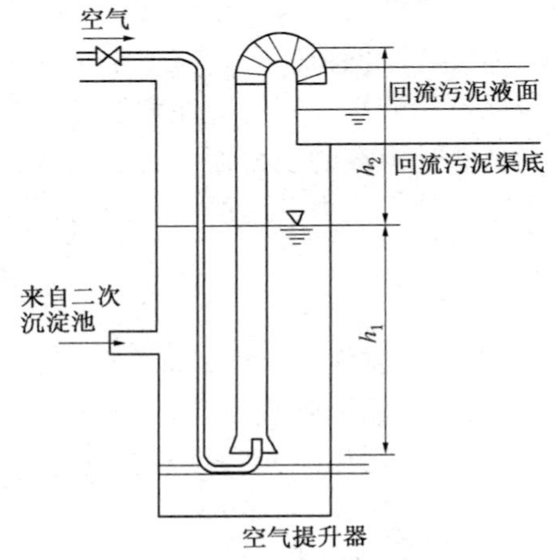

图 4-2-14　空气提升器示意图

进行污泥回流时，常把二沉池来的回流污泥集中抽送到一个或数个回流污泥井，然后分配给各个曝气池。污泥泵的台数视污水处理厂的大小而定，中小型处理厂一般采用2~3台，以适应不同的情况。空气提升器结构简单、管理方便，且所消耗的空气可以向活性污泥补充溶解氧，但空气提升器的效率不如叶片泵。

德国ABS国际泵业集团专门为污水处理厂回流污泥输送而设计了RCP潜水轴流泵，与一般惯用的轴流泵比较，RCP潜水轴流泵不需要有构件放在池中，只需将泵沿导管慢慢放下，即可自动安装在输送管上。主要用于大流量、低扬程(0.1~1.8m)的活性污泥法工艺污水处理厂回流污泥的输送；防护等级为IP68，绝缘等级为F，具有泄漏报警等功能；流量Q可达4500m^3/h，最大扬程H为1.8m。

2. 污泥的远距离输送

尽管目前污水处理和污泥处理处置合建的方式仍占很大部分，但将污泥处理处置设于郊区或山谷的分建方式日渐增加，因此污泥长距离输送技术的发展也很快。

(1) 基本情况

污泥的长距离输送方式有脱水污泥的卡车运输、浓缩污泥的槽车运输和生污泥的管道运输等几种。日本曾对3种输送方式进行了经济性比较，结果发现：当污水处理量小于15~20万m^3/d时，用卡车运送脱水污泥费用较少，即对小型城市及工业区污水处理厂，卡车运输污泥较便宜；用槽车运送浓缩污泥对任何规模的污水处理厂都不经济；管道运送生污泥在20万m^3/d以上大中型污水处理厂较为合适。如果分建多座小型污泥处置设施，总投资和经营费用都比大型厂要高得多，因此管道运输对当前规模日益扩大的污水处理厂最为有利，在国外已经得到了很大关注。

国内用于市政污泥管道输送的工程项目有：宁波明耀污泥焚烧项目、上海市石洞口污水处理厂污泥焚烧项目、深圳市南山热电厂污泥干化项目、深圳市盐田污泥焚烧项目、杭州市七格污水处理厂污泥处理项目等。以上项目的污泥输送距离最长600m，每日输送污泥不超过200t。

(2) 管道输送的技术关键

① 管道

输送污泥的管道多采用有衬里的延性铸铁管，如球墨铸铁管等，个别地段用钢管，但需内涂环氧焦油。也有采用砼管、石棉水泥和聚乙烯管材。管中流速一般采用1.5~2m/s，对长距离管道用低值。管径应不小于φ150mm，压力摩阻损失约为清水损失的1.5~4倍。要求管线尽可能顺直，同时应注意合理设置隔断阀、排泥阀和排气阀。

对于长距离的压力输泥管道而言，其水头损失主要是沿程阻力损失h_f，局部水头损失可以忽略不计。压力管道的沿程阻力损失可采用Hazen-Williams紊流公式来计算

$$h_f = 6.82\left(\frac{L}{D^{1.17}}\right)\left(\frac{v}{C_H}\right)^{1.85} \quad (m) \qquad (4-2-8)$$

式中 L——输泥管长度，m；

D——输泥管直径，m；

v——污泥流速，m/s；

C_H——Hazen-Williams系数，适应于各种类型的污泥，其值可根据污泥浓度查表4-2-5得到。

表 4-2-5　污泥浓度与C_H之间的关系

污泥浓度/%	C_H 值	污泥浓度/%	C_H 值
0.0	100	6.0	45
2.0	81	8.5	32
4.0	61	10.1	25

长距离管道输送时，对于生污泥、浓缩污泥，可能含有油以及较高的固体浓度，长时间运行时管壁被油脂粘附以及管底沉积，水头损失增大。为运行可靠起见，将用 Hazen－Williams 紊流公式计算出的水头损失值，再乘以一个大于 1 的水头损失系数 K，K 的具体取值可参见相关图形。

对于污水处理厂内部的输泥管道，因输送距离短，局部水头h_i 损失必须计算。相应的计算公式为

$$h_i=\xi\frac{v^2}{2g}\quad(\mathrm{m})\tag{4-2-9}$$

式中　ξ——局部阻力系数，如表 4-2-6 所示；

v——污泥管内的污泥流速，m/s；

g——重力加速度，9.81m/s^2。

表 4-2-6　污泥浓度与C_H之间的关系

配件名称		ξ 值	90%污泥含水率/%
承插接头		0.4	0.43
三通		0.8	0.73
90°弯头		1.46(管道充满度 $h/d=0.9$)	1.14(管道充满度 $h/d=0.8$)
四通		—	—
闸门开度	0.9	0.03	0.04
	0.8	0.05	0.12
	0.7	0.20	0.32
	0.6	0.70	0.90
	0.5	2.03	2.57
	0.4	5.27	6.30
	0.3	11.42	13.00
	0.2	28.70	29.70

② 输送泵

浓度为 1%~4%的污泥输送可采用离心泵。对于最初沉淀池排出的生污泥，由于夹有砂粒、布片等杂物，用叶片数少或无叶片型的容积式泵为宜。一般都应设有备用泵。

③ 污泥贮槽

用作调节和缓冲用的贮槽，当污泥在其中的停留时间较长时会产生厌气发酵，产生泡沫，故应采用中压鼓风除泡器。此外还要设搅拌器，不使其沉淀。贮槽应至少设两台，以便维修倒用。

④ 其他设施

污泥管道输送中的主要安全问题是堵塞和泄漏。为此，应该设有手孔清除杂物并设冲洗管。在泵的配置上应使备用泵有串联的可能，以便堵塞时通过备用泵串联增压，从排泥阀中清除堵塞物。此外，认真搞好定期检修是防止漏泄的重要措施。

§4.3　污泥浓缩设备

一、概述

水处理系统所产生污泥的含水率很高，输送、处理或处置都不方便。污泥处理的主要目的是减少水分，为输送和后续处理创造条件；同时消除污染环境的有毒有害物质，回收能源和资源。

污泥处理的方法取决于污水的含水率和最终处置的方式，典型的处理方法有浓缩、消化、脱水、干化及焚烧等。例如，含水率大于98%的污泥，一般要考虑浓缩，使含水率降至96%左右，以减少污泥体积，并有利于后续处理；为了便于污泥最终处置时的运输，则要进行污泥脱水，使含水率降至80%以下，才能装车运输。污泥中的水分及其处理方法概括如表4-3-1所示。

表4-3-1　污泥中的水分及其处理方法

<table>
<tr><th>类别</th><th>存在的位置</th><th>约占总水分的比例</th><th>处理方法描述</th><th>备注</th></tr>
<tr><td>游离水或间隙水</td><td>污泥颗粒之间</td><td>65%~85%</td><td>通过污泥浓缩可将其大部分分离出来</td><td rowspan="4">吸附水和结合水只有通过高温加热或焚烧等方法，才能将这两部分水分离出来</td></tr>
<tr><td>毛细水</td><td>污泥颗粒间的毛细管内</td><td>15%~20%</td><td>必须采用机械脱水或自然干化进行分离</td></tr>
<tr><td>吸附水</td><td>吸附在污泥颗粒上</td><td rowspan="2">10%</td><td>由于污泥颗粒小，具有较强的表面吸附力，因而浓缩或机械脱水方法均难以使吸附水从污泥颗粒中分离</td></tr>
<tr><td>结合水</td><td>污泥颗粒内部(包括细胞内部水)</td><td>只有改变污泥颗粒的内部结构才能将其分离</td></tr>
</table>

污泥浓缩(Thickening)是降低污泥含水率、降低污泥后续处理费用的有效方法，处理对象是污泥中的游离水(或称间隙水)。污泥经浓缩之后的含水率仍在94%以上，呈流动状、体积很大。污泥的体积、重量及污泥所含固体物浓度之间的关系，可用下式表示

$$\frac{V_1}{V_2}=\frac{W_1}{W_2}=\frac{100-p_2}{100-p_1}=\frac{C_2}{C_1}\quad (\mathrm{m}^3) \tag{4-3-1}$$

式中　V_1、W_1、C_1——含水率为p_1时污泥体积、重量与固体浓度(以污泥中干固体所占质量分数计)；

V_2、W_2、C_2——含水率为p_2时污泥体积、重量与固体浓度(以污泥中干固体所占质量分数计)。

从上式可以简单推算得知，若污泥从含水率99.5%浓缩至98.5%，体积可减少到原来的1/2以下；浓缩至95%时，体积仅为原来的1/5，这就为后续处理创造了条件。如后续处理是厌氧消化，消化池的容积、加热量、搅拌能耗都可大大降低；如后续处理为机械脱水，

则污泥调整的混凝剂用量、机械脱水设备的容量可大大减小。常见的污泥浓缩方法有重力浓缩、气浮浓缩、转筒浓缩、离心浓缩和螺压式浓缩等，应根据具体情况选择使用。初沉池污泥用重力浓缩，含水率一般可从97%~98%降至95%以下；剩余污泥一般不宜单独进行重力浓缩；初沉污泥与剩余活性污泥混合后进行重力浓缩，含水率可由96%~98.5%降至95%以下。转筒浓缩、离心浓缩和螺压式浓缩一般可将剩余污泥的含水率从99.2%~99.5%降至94%~96%。

二、重力浓缩

重力浓缩是污泥在重力场作用下的自然沉降，是一个物理过程，不需要外加能量，是一种最节能的污泥浓缩方法。重力浓缩沉降可以分为4种形态：自由沉降、干涉沉降、区域沉降和压缩沉降。重力浓缩既可以在浓缩池中进行，也可以在带式浓缩机上进行。

1. 重力浓缩池

重力浓缩池的池径一般为φ6~20m，按运行方式可分为连续式和间歇式两种，前者主要用于大、中型污水处理厂，后者主要用于小型污水处理厂。在其他条件相同的情况下，一般固体与水的密度差愈大，重力浓缩的效果越好。初沉污泥的相对密度约为1.02~1.03，污泥颗粒本身的相对密度约为1.3~1.5，因此易于实现重力浓缩。但在污水处理厂中一般将初沉污泥和二沉污泥混合后采用重力浓缩，这样可以提高重力浓缩池的浓缩效果。

（1）连续式重力浓缩池

连续式重力浓缩池多采用辐流式结构，可分为带污泥浓缩机、不带污泥浓缩机以及多层浓缩池(带刮泥机)3种。带污泥浓缩机浓缩池的池底坡度一般为(1∶6)~(1∶4)，刮板外缘线速度≤3.5m/min。刮板安装后应与池底坡度相吻合，钢刮板与池底距离为50~100mm，橡胶刮板与池底距离不大于10mm；分段刮板的运行轨迹应彼此重叠，重叠量为150~250mm。污泥浓缩机在刮臂上安装有垂直排列的栅条，在刮泥的同时起缓速搅拌的作用，以提高浓缩效果。刮泥机转动过程中每个栅条后面可形成微小涡流，有助于颗粒之间的絮凝，使颗粒逐渐变大；并可造成空穴，促使污泥颗粒的空隙水与气泡逸出；同时能为水提供从污泥中逸出的通道，浓缩效果可提高20%以上。栅条高度一般为刮臂下弦至配水筒下口，约占有效水深的2/3，栅条间距一般为300mm。

污泥浓缩机有悬挂式中心传动浓缩机、垂架式中心传动浓缩机和垂架式周边传动浓缩机三种，悬挂式中心传动浓缩机适用于池径在φ14m以下的浓缩池，垂架式中心传动浓缩机适用于池径大于φ14m的浓缩池，垂架式周边传动浓缩机适用的池径为φ16~30m。

悬挂式中心传动浓缩机主要由驱动机构(电动机+减速器)、过扭矩保护机构、提升机构、主轴、刮臂、刮板、栅条、刮浮渣机构、下轴承、稳流筒和工作桥等组成，按驱动机构不同基本上分为直联式和组合式两种。如图4-3-1所示，直联式应用立式三级摆线针轮减速器直联传动，并采用安全销联轴器或其他型式的过扭矩保护机构；组合式由卧式两级摆线针轮减速器、链传动、立式蜗轮蜗杆减速器和提升机构组成，立式蜗轮蜗杆减速器上应设有过扭矩保护机构。工作桥的容许挠度不得大于跨度的1/800，桥上走道宽度应大于1m，中央部分应有操作检修的空间。提升机构应灵活轻便，提升高度不小于200mm。表4-3-2为STC系列中心传动浓缩刮泥机的技术参数列表，分为半桥垂架式和悬挂式两种类型。

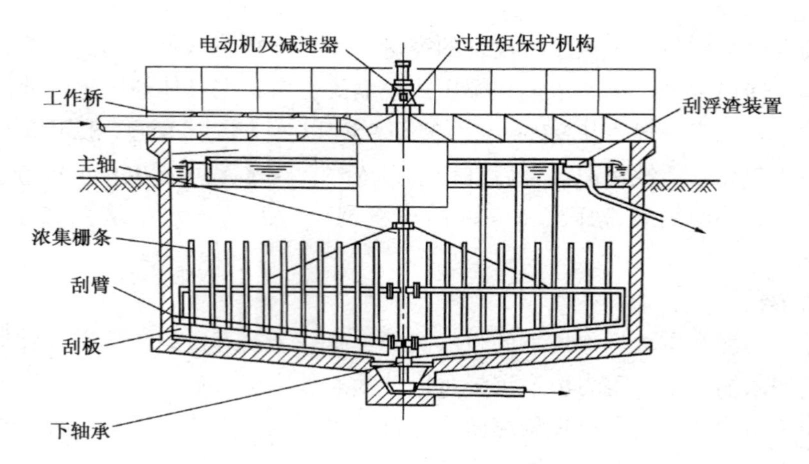

图 4-3-1　悬挂式中心传动浓缩机的结构示意图

表 4-3-2　STC 系列中心传动浓缩刮泥机的技术参数列表

参数 型号		池径 D/m	池深 H/m	周边线速度/(m/min)	驱动功率/kW
STC-14 I	半桥垂架式	14	2.5~3.5	~1.3	1.1
STC-16 I		16		~1.4	1.1
STC-18 I		18		~1.5	1.5
STC-20 I		20		~1.6	1.5
STC-22 I		22		~1.6	1.5
STC-25 I		25		~1.8	2.2
STC-30 I		30		~2.0	2.2
STC-6 II	悬挂式	6	3.0~4.0	~1.0	0.37
STC-8 II		8	3.5~4.5	~1.5	0.37
STC-10 II		10	3.5~4.5	~1.5	0.37
STC-12 II		12	4.0~5.0	~1.5	0.75
STC-14 II		14	4.0~5.0	~2.0	0.75
STC-16 II		16	4.0~5.0	~2.0	0.75

垂架式周边传动浓缩机主要由中心支座、主梁、栅条、桁架、驱动机构、刮板等组成，如图 4-3-2 所示。驱动机构推动主梁沿池壁顶平面圆周运行，底部的刮板将分布于池底的污泥逐渐刮至池中心的集泥槽中，使污泥通过中心排泥管排出。表 4-3-3 为 STP 系列周边传动浓缩机的技术参数。

当用地受到限制时，可采用图 4-3-3 所示的多层辐射式浓缩池；在处理污泥量较少时也可采用如图 4-3-4 所示的竖流式浓缩池。

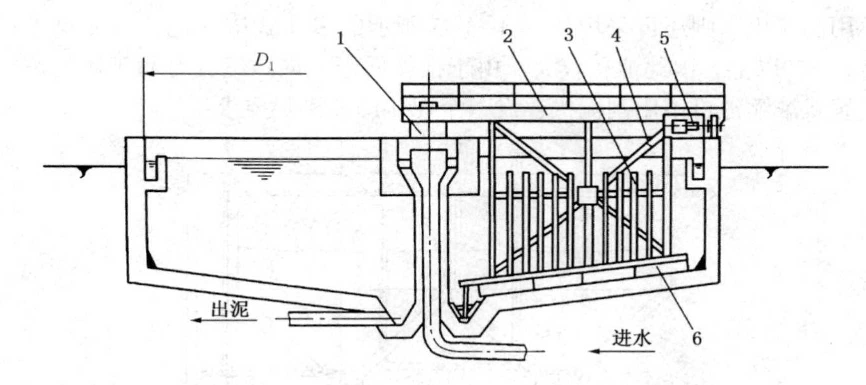

图 4-3-2　周边传动浓缩机的结构示意图

1—中心支座；2—主梁；3—栅条；4—桁架；5—传动装置；6—刮板

表 4-3-3　STP 系列周边传动浓缩机的技术参数

参数型号	池径 D/m	池深 H/m	周边线速度/(m/min)	驱动功率/kW
STP 8	8	3.0~5.0	~2	0.37(×2)
STP 10	10	3.0~5.0	~2	0.37(×2)
STP 12	12	3.5~5.0	~2	0.37(×2)
STP 14	14	3.5~5.0	~2	0.37(×2)
STP 16	16	3.5~5.0	~2	0.37(×2)
STP 18	18	3.5~5.0	~2	0.37~0.55(×2)
STP 20	20	3.5~5.0	~2	0.37~0.55(×2)
STP 22	22	3.5~5.0	~2	0.55(×2)
STP 25	25	3.5~5.0	~2	0.55~0.75(×2)

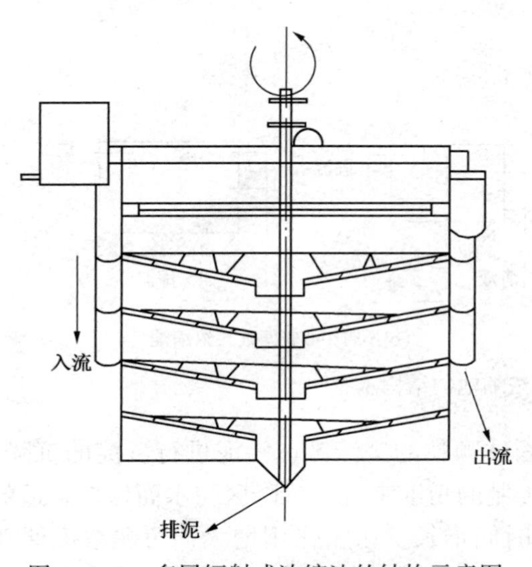

图 4-3-3　多层辐射式浓缩池的结构示意图

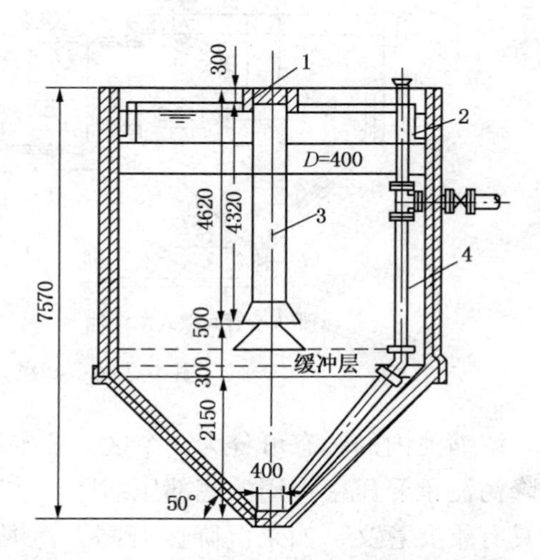

图 4-3-4　连续竖流式污泥浓缩池的结构示意图

如果不用刮泥机，则还可采用如图 4-3-5 所示的多斗式浓缩池，依靠重力排泥，斗的锥角应保持在 55°以上，因此池径较大。由于锥体属于三向压缩，有利于污泥浓缩过程的进行。小型连续式浓缩池可不用刮泥机，设一个泥斗即能满足要求。

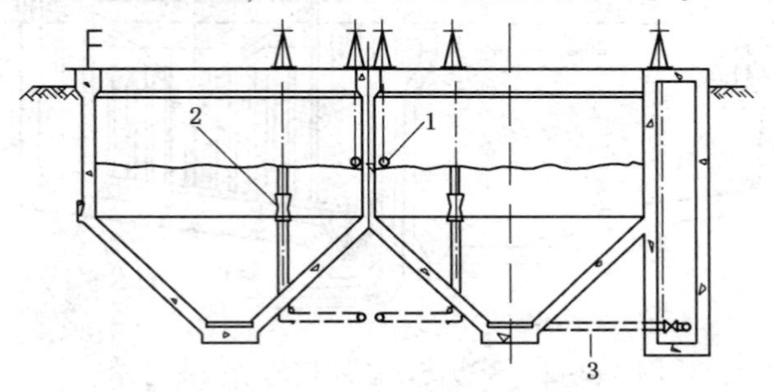

图 4-3-5　多斗连续式浓缩池的结构示意图

1—进口；2—可升降的上清液排除管；3—排泥管

连续式浓缩池的主要设计参数是固体通量和水力负荷，设计中最主要的是确定水平断面面积，计算该面积的理论与公式很多。重力浓缩池也可按现有的数据进行设计计算，但其合理设计与运行取决于对污泥特性的正确掌握；对于工业废水而言，由于污泥来源不同而造成污泥特性差别很大，因此在有条件的情况下，还是应该经过试验来掌握污泥特性，得出各设计参数。运行过程中应该连续进泥连续排泥，使污泥层保持稳定，对浓缩效果有利。因为初沉池一般只能用间歇排泥，使浓缩池无法连续运行，在这种情况下，应尽量提高进泥排泥次数，使运行趋于连续。浓缩池排泥要及时，每次排泥一定不能过量，否则排泥速度会超过浓缩速度，使排出的污泥浓度降低，同时也破坏污泥层，影响浓缩效果。

（2）间歇式重力浓缩池

如图 4-3-6 所示，间歇式重力浓缩池的设计原理与连续式相同。运行时应先排除浓缩池中的上清液，腾出池容，再投入待浓缩的污泥，为此应在浓缩池的不同深度上设置上清液排除管。浓缩时间一般不小于 12h，浓缩后的污泥含水率为 97%~98%。

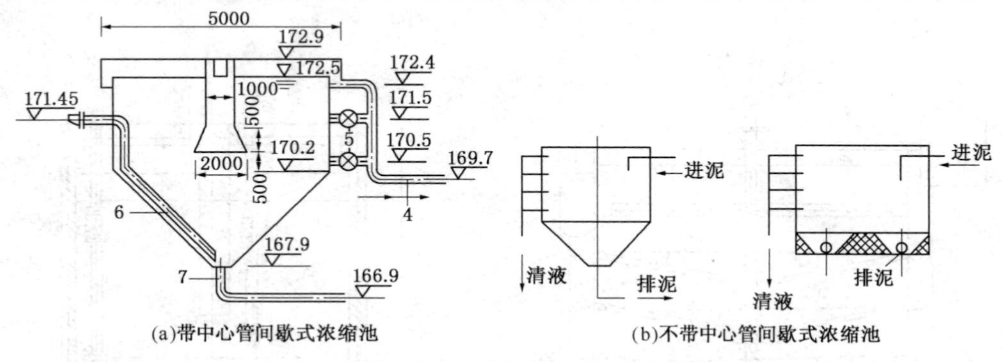

(a)带中心管间歇式浓缩池　　(b)不带中心管间歇式浓缩池

图 4-3-6　间歇式重力浓缩池的结构示意图

浓缩池内的状态可分为 3 个区：几乎不含固体颗粒的澄清区、污泥进行沉淀的沉降区、沉降污泥承受压密作用的底部压缩区。从工艺控制的角度来说，沉降区与水面保持合适的距离具有重要意义。如果沉降区升高，污泥停留时间增长，压密作用增大，污泥浓度便能提高。但如果沉降区过高，污泥停留时间过长，则污泥易腐败而上浮，使溢流水水质恶化；反之，若沉降区过低，则达不到处理要求。重力浓缩池一般采用固体表面负荷进行设计，初沉污泥的固体表面负荷一般采用90~150kg/(m^2·d)，二沉污泥的固体表面负荷一般采用10~30kg/(m^2·d)。在污水处理厂中一般将初沉污泥和二沉污泥混合后采用重力浓缩，这样可以提高重力浓缩池的浓缩效果，此时重力浓缩池固体表面负荷取决于二种污泥的比例。在重力浓缩池的具体结构设计方面，美国 WesTech Engineering 公司在上部 EvenFlo™进泥井、池内空气提升污泥稀释系统、池底污泥控制系统等方面进行了较为深入的研究，并开发了污泥浓缩池优化设计软件包。

污泥浓缩时发生膨胀是一个很棘手的问题。由于污泥膨胀，往往无法重力浓缩而使固体物大量流失；膨胀严重时，甚至不得不把池内的污泥全部放空，冲洗后重新投入运行。如果浓缩池中出现了污泥膨胀，一般的解决方法有生物法、化学法和物理法。生物法是解决浓缩池中污泥膨胀的根本方法，主要是协调细菌的营养，当碳氮比例失调时，可在入流污泥中投加碳源(如尿素、碳酸氨、氯化铵或消化池的上清液)。

2. 重力带式浓缩机

重力带式浓缩机(Gravity Belt Thickener，GBT)的结构与带式压滤机类似，是根据带式压滤机前半段即重力脱水段的原理，并结合沉淀池排出污泥含水率较高的特点而设计的一种污泥浓缩设备。其总体结构如图4-3-7所示，主要由框架、污泥配料机构、滤布、调整辊和犁耙组成。絮凝后的污泥进入重力脱水段，由于污泥层有一定的厚度，且含水率高、透水性不好，为此设置了很多犁耙，将均铺在滤带上的污泥耙起很多垄沟，垄背上污泥脱出的水分通过垄沟处能顺利地透过滤带而分离。重力带式浓缩机通常具备很强的可调节性，其进泥量、滤布走速、泥耙夹角和高度均可进行有效调节，以达到预期的浓缩效果。

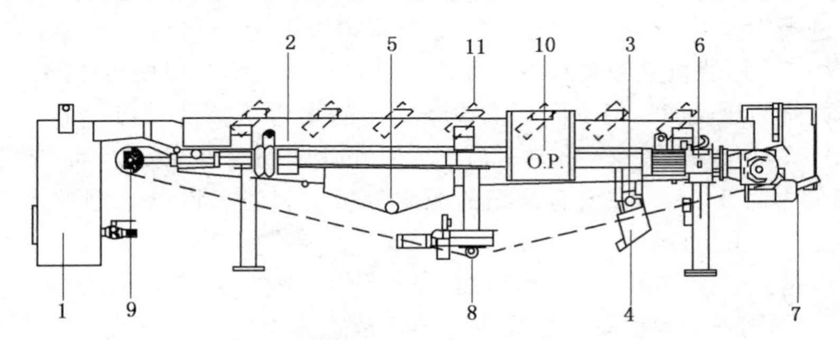

图4-3-7 重力带式浓缩机的结构示意图

1—絮凝反应器；2—重力脱水段；3—冲洗水进口；4—冲洗水箱；5—过滤水排出口；6—驱动机构；7—卸料口；8—调整辊；9—张紧辊；10—气动控制箱；11—犁耙

重力带式浓缩机的主要性能参数及其对不同类型污泥的处理效果分别如表4-3-4、表4-3-5所示。

表4-3-4 重力带式浓缩机的主要性能参数

型号	1200	2000	3000
功率/kW	2.2	2.2	4
流量/(m^3/h)	100	200	300
滤带宽度/mm	1300	2200	3200
滤带速度/(m/min)	3~17	3~17	3~17

续表

型　　号		1200	2000	3000
电源	电压/V	380	380	380
	频率/Hz	50	50	50
质量/kg		1850	2400	3100
外形尺寸(长×宽×高)/mm		5500×2490×1210	5500×3460×1210	6400×4400×1250

表 4-3-5　重力带式浓缩机对不同类型污泥的处理效果

污泥类型	进机污泥含固率/%	出机污泥含固率/%	高分子絮凝剂投加量/(kg/t 干泥)
初次沉淀池污泥	2.0~4.9	4.1~9.3	0.7~0.9
剩余活性污泥	0.3~0.7	5.0~6.6	2.0~6.5
混合污泥	2.8~4.0	6.2~8.0	1.6~3.5
生物膜法污泥	2.0~2.7	4.0~6.5	4.7~6.5
氧化沟污泥	0.75	8.1	—
消化污泥	1.6~2.0	5.0~10.5	2.5~8.5
给水厂污泥	0.65	4.9	—

德国 Siemens 公司的 Gravity Belt Thickener(GBT)、德国 Passavant-Geiger 公司的 FluX-Drain、奥地利 Andritz 集团的 PowerDrain Belt Thickener PD、美国 BDP Industries 的 Gravity Belt Thickener(GBT)、德国 HUBER 公司的 Drainbelt DB 等产品都属于重力带式浓缩机。重力带式浓缩机进泥含水率可达 99.2%，污泥经絮凝、重力脱水后含水率可降低到 95%~97%，满足重力带式压滤机进泥含水率的要求。设备厂家通常会根据具体的泥质情况提供水力负荷或固体负荷的建议值，但不同厂商设备之间的水力负荷值可以相差很大，质量一般的设备只有 20~30m^3/(m 带宽・h)，好的设备可以做到 50~60m^3/(m 带宽・h)甚至更高，设备带宽最大为 3.0m。在没有详细的泥质分析资料时，设计选型的水力负荷可以按 40~45m^3/(m 带宽・h)考虑。

值得一提的是，德国 Huber 公司推出的倾斜盘式浓缩机(ROTAMAT® Disc Thickener RoS 2S 或 S-DISC)，利用一个倾斜安装且缓慢旋转的滤盘来对污泥进行浓缩。除了将重力带式浓缩机的矩形平面滤网改为倾斜圆盘滤网之外，工作原理基本类似。倾斜圆盘滤网分为浓缩区和滤液收集区两大部分，滤网的网格间隙为 0.3~0.45mm；通过喷嘴利用滤液对滤网进行间歇性清洗。每台设备可以处理高达 20m^3/h 的稀污泥，体积减量大于 85%，浓缩后污泥的含固率大于 6%。

三、气浮浓缩

气浮浓缩(Flotation thickening)主要用于初沉污泥、初沉污泥与剩余活性污泥的混合污泥，特别适用于浓缩过程中易发生污泥膨胀、易发酵的剩余活性污泥和生物膜法污泥。活性污泥的相对密度约在 1.004~1.008 之间，当处于膨胀状态时其相对密度甚至小于 1，因而密度过低的活性污泥一般不易实现重力浓缩，而比较适合气浮浓缩。目前，加压溶气气浮(DAF)已广泛应用于剩余活性污泥的浓缩中，生物气浮浓缩活性污泥也已有应用，涡凹气浮在污泥浓缩中的应用正在摸索，其它几种气浮在污泥浓缩中的应用尚未见报道。

1. 加压溶气气浮浓缩

自 1957 年第一个 DAF 污泥浓缩装置在美国纽约 Bay Park 污水处理厂成功处理污泥以

来，DAF 污泥浓缩技术在许多国家的城市污水厂得到了广泛应用，如挪威 Gross 污水处理厂采用 DAF 浓缩生物脱氮除磷工艺产生的剩余活性污泥，取得了满意结果。加压溶气气浮具有较好的固液分离效果，在不投加调理剂的情况下，污泥的含固率可达 3%以上；投加调理剂时，污泥的含固率可达 4%以上。为了提高浓缩脱水效果，通常在污泥中加入化学絮凝剂，药剂费用是污泥处理的主要费用。

有回流平流式加压溶气气浮浓缩设备的结构如图 4-3-8 所示，在矩形池的一端设置进水室，污泥和加压溶气水在此混合，从加压溶气水中释放出来的微气泡附着在污泥絮体上，然后从上方以平流方式流入分离池，在分离池中固体与澄清液分离。用刮泥机将上浮到表面的污泥絮体刮送到浮渣室。澄清液则通过设置在池底部的集水管汇集，越过溢流堰，经处理水管排出。分离池中少量沉淀下来的污泥被刮集在污泥斗中，然后排出。上浮物刮集机的形式有绳索牵引式撇渣机、链条牵引式撇渣机、行车式撇渣机等 3 种，具体结构可参见前面的相关章节。

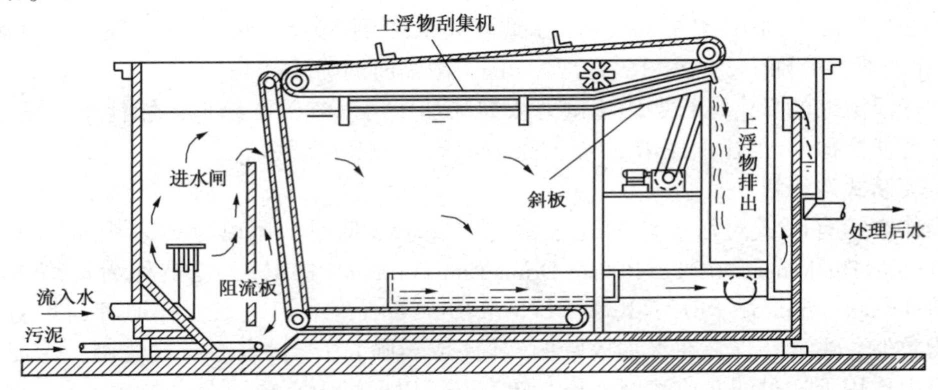

图 4-3-8　有回流平流式加压溶气气浮浓缩设备的结构示意图

竖流式加压溶气气浮浓缩设备的结构如图 4-3-9 所示，在圆形或方形槽的中间设置圆形进泥室，以衰减流入污泥悬浮液具有的能量，并起到均化作用。加压溶气水同时进入，释放出的微气泡附着在污泥絮凝体上一起上浮，然后借助刮泥板将浮渣收集排出。未上浮而沉淀下来的污泥，依靠旋转耙收集起来，从排泥管排出，澄清液则从底部收集后排出。刮泥板、进泥室和旋转耙等都安装在中心旋转轴上，从结构上使整个设备一体化，依靠中心轴的旋转，使这些部件以同样的速度旋转。

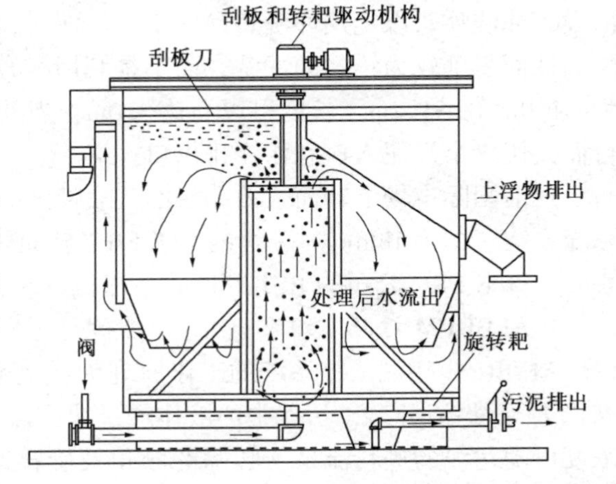

图 4-3-9　竖流式加压溶气气浮浓缩设备的结构示意图（剖面图，圆形）

气浮浓缩池的主要设计参数是气固比、水力负荷和浓缩时间。我国 20 世纪 80 年代对 DAF 浓缩城市污水处理厂剩余活性污泥的效果进行过研究，结果认为沉降压缩性能较好的活性污泥，其气浮浓缩性能也较好，固体负荷是影响浮泥浓度的主要因素。成都市三瓦窑污水处理厂采用该技术浓缩来自二沉池的剩余活性污泥，设计进泥含水率为 99.4%，出泥含水率为 96%，溶气压力为 0.5MPa，气固比为 0.015，固体负荷为50kg/($m^2 \cdot d$)，水力负荷为1.1m^3/($m^2 \cdot h$)。气浮浓缩可采用铝盐、铁盐、活性二氧化硅、有机物高分子聚合电解质[如聚丙烯酰胺(PAM)]等，在水中形成易于吸附或俘获空气泡的表面及构架，最终提高气浮浓缩的效果。使用何种混凝剂及其剂量，宜通过实验测定。当气浮浓缩后的污泥用以回流到曝气池时，则不宜采用混凝剂。

加压溶气气浮污泥浓缩工艺具有占地面积小、卫生条件好、在浓缩过程中充氧可避免富磷污泥磷的释放等优点，但动力消耗、操作要求高于重力浓缩。

2. 生物气浮浓缩

1983年，瑞典Simoma Cizinska开发了生物气浮浓缩工艺，利用污泥自身的反硝化能力，加入硝酸盐，污泥进行反硝化作用产生气体使污泥上浮而进行浓缩。硝酸盐浓度、温度、碳源、初始污泥浓度、泥龄、运行时间对污泥的浓缩效果有较大影响。浮泥浓度是重力浓缩的1.3~3倍，对膨胀污泥也有较好的浓缩效果，浮泥中所含气体少，有利于污泥的后续处理。

生物气浮浓缩工艺应用于瑞典的Pisek、Milevsko、Bjornlunda污水处理厂进行了生产性试验，MLSS为6.2、10.7、3.5g/L的污泥分别浓缩到59.4、59.7、66.7g/L，每浓缩1g MLSS消耗的NO_3^-分别为17.2、16.7、29.7mg，浓缩时间为4~24h。

生物气浮浓缩的日常运行费用比重力浓缩和加压溶气气浮浓缩低，能耗小，设备简单，操作管理方便，但HRT比加压溶气气浮浓缩的长，需投加硝酸盐。

四、转筒式浓缩机

当操作空间有限或对污泥浓缩处理性能的要求较低时，可以考虑采用转筒式浓缩机(Rotary Drum Thickener，RDT；Rotary Drum Concentrator，RDC)，也被称为转筛式浓缩机(Sieve Drum Concentrator，SDC；Rotary Screen Thickener，RST)。其工作原理与重力带式浓缩机较为类似，主要特点是在水平放置的转筒(或转筛)内壁衬有滤布或滤网，污泥中的自由水在重力作用下透过滤布或滤网外流。转筒既可以通过中心转轴支撑在钢架上，也可以通过其外圆柱面底部的支撑辊轴以类似摩擦轮的方式来传动，工作过程中转筒以5~20r/min的速度缓慢旋转。由于污泥滤饼可能会堵塞滤布或滤网，需要定期冲洗。在转筒外圆柱面顶部设有冲洗喷头以定期冲洗转筒内壁的污泥饼，因而转筒缓慢旋转的目的主要是为了使得整个圆柱面得到较为均匀的冲洗，而不是利用离心力来达到泥水分离的目的。转筒的直径一般为ϕ1.0m和ϕ1.2m，长度可以高达3.0m；当处理量要求较高时，可以采用两个转筒并联运行而共用一个污泥入口和污泥排出口。

目前国际市场上转筒式浓缩机的代表性产品包括：瑞典Alfa Laval公司的ALDRUM污泥浓缩系统、德国Bilfinger公司的ROEFILT转筒式浓缩机、美国Parkson公司的Hycor® Thick-Tech、日本FKC公司的RST螺压式浓缩机等。

1. ALDRUM污泥浓缩系统

ALDRUM污泥浓缩系统的工作原理为：经絮凝处理后的污泥通过低速旋转的转筛式浓缩机进行固-液分离，污泥中的液体透过滤网流出，截流下来的污泥得到浓缩，污泥浓缩的浓度可随污泥的进料流量、转筛的倾角及旋转速度的变化而改变。ALDRUM转筛浓缩系统还配有水力喷射的滤网清洗系统，由于对滤网采取间歇式清洗，水的消耗量较小，清洗水可使用饮用水，也可使用污水厂终端排放水或浓缩机滤出液经处理过的水。如图4-3-10所示，ALDRUM絮凝反应器由常压反应器及专门设计的螺旋搅拌器组成，为确保污泥的完全絮凝，螺旋搅拌器能使絮凝剂和污泥充分混合，并与污泥中的固体发生絮凝反应，螺旋搅拌器清洁光滑，避免搅拌时间对絮质的破坏。ALDRUM污泥浓缩系统有Mini、Midi、Maxi、

Mega 以及 Mega Duo 等几种，与 1%DS 剩余污泥相对应的处理能力相应为 $7m^3/h$、$15m^3/h$、$30m^3/h$、$60m^3/h$、$2×60m^3/h$。

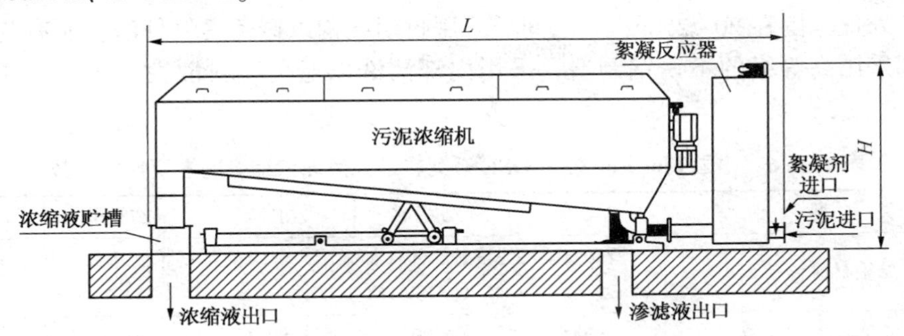

图 4-3-10　ALDRUM 污泥浓缩和絮凝反应器的结构示意图

2. ROEFILT 转筒式浓缩机

ROEFILT 转筒式浓缩机有单筒式、同框架同驱动双筒式两种，能使污泥的含固率从 0. 5%上升到 14%。根据污泥特性，在半自动或自动药站 ROEDOS 中配制聚合物溶液，然后投入到污泥进料管线，在絮凝反应罐中污泥被轻柔搅动以提高絮凝反应速度和絮凝物强度。絮凝后的污泥通过中央管线流入转筒，转速可调的转筒表面有一层尼龙材质的滤布。絮凝过程中产生的游离水大部分通过转筒入口附近的滤布排出，由此形成絮凝的污泥团，通过污泥团自身的重量、剪切力、连续运动的轻柔压力，加速了过滤过程，清澈的滤液收集到位于转筒下面的槽内，并循环用作清洗滤布的喷淋水。转筒内的螺旋导流板在旋转中将污泥团输送到转筒终端，在这一过程中，污泥中的水分被越来越多地排掉，污泥越来越浓缩，浓缩污泥在转筒的终端落入污泥泵料斗，进入下一步处理。

值得一提的是，德国 Huber 公司推出的倾斜盘式浓缩机（ROTAMAT® Disc Thickener RoS 2S 或 S-DISC），利用一个倾斜安装且缓慢旋转的滤盘来对污泥进行浓缩。除了将转筒式浓缩机的圆柱面滤网改为滤盘之外，工作原理基本类似。密闭不锈钢柱状筒体分为浓缩区和滤液收集区两大部分，滤网的网格间隙为 0. 3~0. 45mm；通过喷嘴利用滤液对滤网进行间歇性清洗。每台设备可以处理高达 $20m^3/h$ 的稀污泥，体积减量大于 85%，浓缩后污泥的含固率大于 6%。

五、离心浓缩设备

离心浓缩占地小，不会产生恶臭，对于富磷污泥可以避免磷的二次释放，提高了污泥处理系统总的除磷率，但运行费用和机械维修费用高，一般很少仅仅用于污泥浓缩，但对于难以浓缩的剩余活性污泥可以考虑使用。离心浓缩工艺最早始于 20 世纪 20 年代初，当时采用原始的筐式离心机，现在普遍采用转鼓式和笼形结构，其中转鼓式结构相对较为普遍。

1. 转鼓式离心浓缩机

与转鼓式离心脱水一样，转鼓式离心浓缩也采用卧式螺旋卸料沉降离心机（简称卧螺沉降离心机）。由于没有滤网，因而不存在滤网堵塞问题；由于离心加速度大，活性污泥不需形成很大絮团就能分离，因此絮凝剂的投加量相对较少。只有当需要污泥的含固率大于 6%时，离心浓缩才加入少量絮凝剂，而离心脱水则要求必须加入絮凝剂进行调质。离心浓缩的主要参数有：入流污泥浓度、排出污泥浓度、固体回收率、高分子絮凝剂的投加量等，离心浓缩的设计较为困难，通常参考相似工程实例。

转鼓式离心浓缩机的典型代表为德国 Flottweg 公司的 OSE 系列转鼓式污泥浓缩机（OSE

DECANTER，OSE = Optimum Sludge Thickening）和日本 Tsukishima Kikai 公司的 Centri Hope 等。OSE 系列转鼓式污泥浓缩机用于对来自曝气池和二沉池的活性污泥进行浓缩，能够 24h 连续工作，处理范围在 20～250m^3/h 之间。采用封闭结构以避免臭气外溢，所有与湿污泥接触的部件都采用高等级的不锈钢制造；采用内部清洗以避免喷射散溢。相关性能参数如表 4-3-6所示。

表 4-3-6　德国 Flottweg 公司 OSE 系列转鼓式污泥浓缩机的主要性能参数

类　型		Z4E-4	Z5E-4	Z6E-4	Z73-4	Z92-4
结构材料		所有与湿污泥接触的部件都采用高等级的不锈钢制造，诸如 1.4463（Duplex 离心铸造），1.4571（AISI316Ti），等				
尺寸/mm	*L*	3500	4200	4800	4815	5740
	W	1000	1600	1705	2350	2780
	H	1200	1150	1500	1500	1730
总重/kg		3000	6200	9230	11000	16200
转鼓驱动电机的功率/kW		22～30	45～75	55～90	75～110	110～200
螺旋驱动电机（SIMP-DRIVE®）的功率/kW		4	5.5	5.5	5.5	7.5
典型的进料量/（m^3/h）		20～40	35～70	50～90	80～130	120～250
可选择的驱动方式		对转鼓和螺旋推进器采用液压马达驱动				

2. 笼形离心浓缩机

笼形离心浓缩机为日本 Nishihara 环境技术公司（西原环境技术公司）的产品，也称为离心式过滤污泥浓缩机（Centrifugal Filtration Sludge Thickener）。如图 4-3-11 所示，圆锥形笼框内侧铺上滤布，电动机通过旋转轴带动笼框旋转，离心加速度为（100～300）g。污泥从笼框底部流入，其中的水分穿过滤布进入滤液室，然后排出。污泥中的悬浮固体被滤布截流实现固液分离，污泥被浓缩。浓缩的污泥沿笼框壁徐徐向上，从上端进入浓缩室再排出。当滤布被污泥滤饼堵塞而使得滤液透过能力大幅度下降时，停止泵入污泥，用水泵泵入带压冲洗水，通过洗涤喷嘴在笼框旋转的同时冲洗滤布。

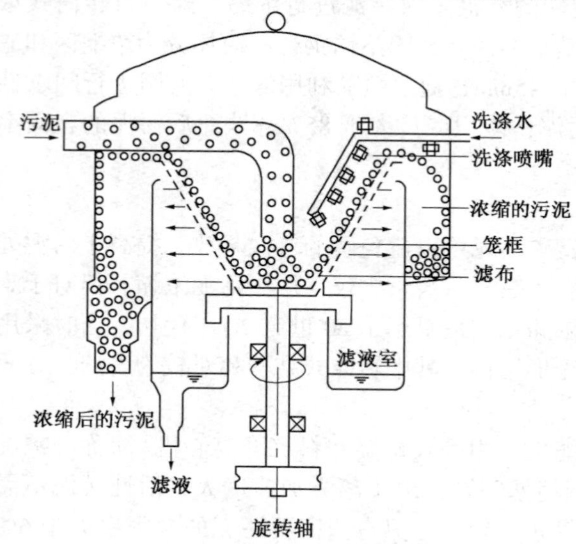

图 4-3-11　笼形立式离心浓缩机的结构示意图

这种离心浓缩机由于具有离心和过滤双重作用，大大提高了过滤效率；实现了浓缩设备的小型化，大大减少了占地面积。该设备的运行转速低（900r/min 左右）、操作安全方便、臭气散发少。当剩余活性污泥的含水率在 0.5%～0.9%之间时，浓缩后活性污泥的含水率为 2.5%～4.5%，SS 回收率为 85%～94%。

六、螺压式浓缩机

螺压式浓缩机结构上的最大特点就是在筒状滤网的中心轴线上设置有螺旋输送器，由于螺旋输送器的推挤压榨作用，使污泥内部受到的挤压力大于重力式浓缩设备，同时过滤过程也由重力过滤转变为压力过滤。根据筒状滤网和螺旋输送器轴心线的空间方位，可以分为水平轴和倾斜轴两大类。日本 FKC 公司的 HC 系列螺压式浓缩机、德国 Huber 公司的 STRAIN-PRESS® Sludgecleaner SP、美国 Hydro International 公司的 Hydro-Sludge Screen 等都属于水平轴类，德国 Huber 公司 RoS2 型螺压式浓缩机则是倾斜轴类的典型代表。筒状滤网可以旋转，也可以固定而不旋转。

1. 日本 FKC 公司的 HC 系列螺压式浓缩机

除常规转筛式浓缩机之外，日本 FKC 公司还开发有高密实度(High Consistency)的螺压式浓缩机，简称 HC-RST。如图 4-3-12 所示，HC 系列螺压式浓缩机的螺旋输送器(或简称螺杆)安装在由滤网组成的圆筒(简称滤筒或转筛)中心轴线上，螺杆轴向为圆柱-圆锥组合式结构，从原料入口至出口方向螺杆本体直径逐渐变粗。待浓缩的污泥从螺杆圆柱段外侧端部沿中心轴线进料，在圆柱段适当部位进入转筛开始浓缩过程，随着螺旋叶片之间的容积逐渐变小，污泥逐渐被推挤压榨而发生固-液分离。滤液通过转筛的网孔被排出，流向脱水机下方的滤液收集槽后排至机器外部，浓缩后的污泥从圆锥段的大端排出。转筛和螺旋输送器由带有减速器的两个驱动单元分别驱动并使其逆向旋转，通过调节转筛和螺杆的转速，改变污泥的滞留时间和过滤面积，从而能够任意改变出口浓度。客户能够根据不同的规格要求决定转筛的直径和长度；同时能够根据处理量的大小，选择使用单转筛或双转筛的结构布局。

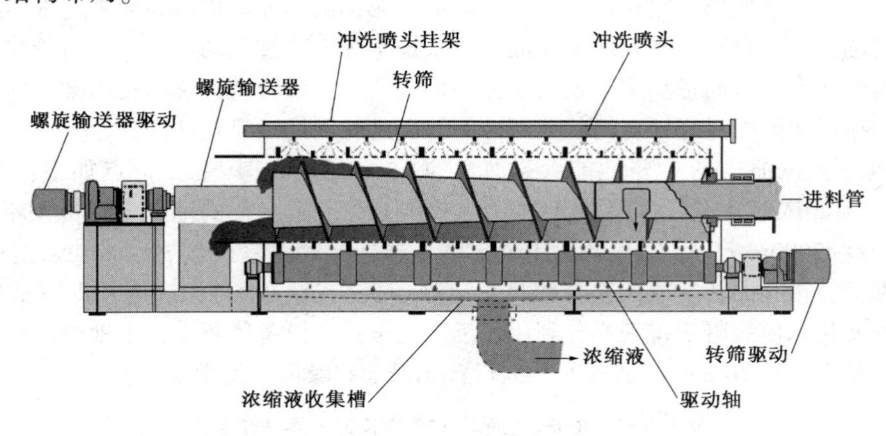

图 4-3-12　外圆柱面底部辊轴支撑螺压式浓缩机的结构示意图

对于常规系列而言，单转筛结构的转筛直径有 ϕ315、ϕ480、ϕ630、ϕ775mm 等 4 种规格，转筛长度有 1000、2000、3000、3600mm 等 4 种规格；双转筛结构的转筛直径有 ϕ630、ϕ775mm 两种规格，转筛长度有 3000、3600mm 两种规格。对于高密实度系列而言，单、双转筛结构的转筛直径都只有 ϕ630、ϕ775mm 两种规格，转筛长度也都只有 3000、3600mm 两种规格。推荐冲洗水的压力为 0.20~0.28MPa。

2. 德国 Huber 公司的 RoS2 型螺压式浓缩机

如图 4-3-13 所示，德国 Huber 公司的 RoS2 型或 S-DRUM 型螺压式浓缩机(ROTA-MAT® Screw Thickener RoS 2)由圆柱-圆锥组合楔形不锈钢滤网和具有自清洗功能、合理梯度变化的变螺距变轴径螺旋输送器组成，机身和滤网完全由不锈钢制造，经过酸洗钝化处理，防腐能力强。该设备的最大特点是整机倾斜安装(倾斜角度为30°)、顶部出料；筒状滤网不旋转，仅仅是与其同轴心线的螺旋输送器旋转；整个浓缩处理过程全封闭进行。

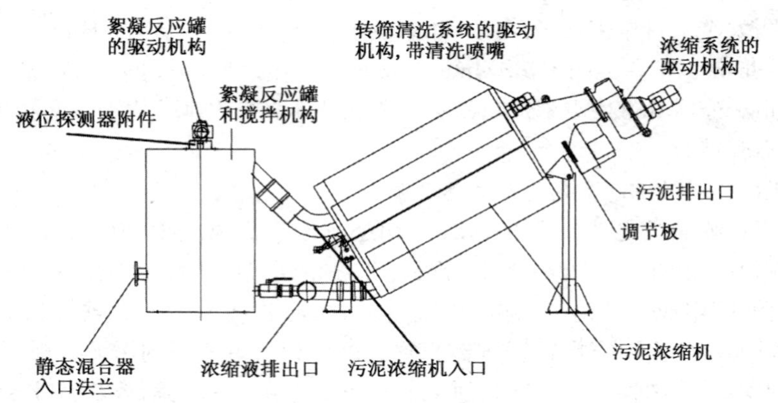

图 4-3-13　ROS2 型螺压式浓缩机处理污泥的工艺流程示意图

稀污泥由泵送至絮凝反应器前，由流量仪和浓度仪检测后，指令絮凝剂投加设备定量投入粉状或液状(投加浓度可预先设定)高分子絮凝剂。通过混合器混合后进入絮凝反应器内，经缓慢反应并搅拌均匀后连续进入浓缩机。污泥在筒状滤网内由螺旋输送器从低端缓慢提升到高端，在此过程中污泥被挤压浓缩，浓缩后的污泥卸入集泥斗，浓缩液通过滤网外排。污泥浓缩的程度通过改变螺旋输送器的转速或调整污泥排出口处堰板的高度来实现。楔形不锈钢滤网的清洗由一个自动清洗系统来完成，该系统实际上通过电动机带动小齿轮与圆筒滤网外侧的大齿圈啮合，进而带动多个喷嘴架在一定范围内正反转动，每个喷嘴架上固定安装有多个喷嘴，在污泥浓缩过程中对筒状滤网外圆柱面进行周期性喷射冲洗。

RoS2 螺压式浓缩机的主要性能参数如表 4-3-7 所示，其主要特点如下：①含固率 0.5%的稀污泥经浓缩处理后含固率可提高到 6%~12%，絮凝剂的消耗量为 0.19%~0.29%(相当于 1900~2900mg/L)；②设备适用范围广，当进泥含固率在 0.7%~1.2%之间变化时，通过改变螺旋输送器的转速或调整污泥排出口处堰板(或调节板)的高度，即可适应稀污泥中含固率的变化，使絮凝剂得到充分利用，反应完全；③设备体积小、占地少、能耗低、效率高，由于整机在<12r/min 的低转速下运行，无振动和噪声，使用寿命长。

表 4-3-7　ROS2 型螺压式浓缩机的主要性能参数

型号	处理量/(m^3/h)	螺旋输送器驱动电机		螺旋输送器转速/(r/min)	反应器功率/kW	搅拌器转速/(r/min)	清洗系统的驱动电机功率/kW	系统管径/mm	运行质量/kg
		功率/kW	电压/V						
RoS2. 1	8~15	0. 55	380	0~12	0. 55	0~23. 5	0. 04	80/100	3300
RoS2. 2	18~30	1. 10	380	0~9. 1	0. 55	0~23. 5	0. 04	100/125	3400
RoS2. 3	35~50	2. 20	380	0~9. 7	0. 55	0~23. 5	0. 04	100/150	4700
RoS2. 4	60~100	4. 40	380	0~7. 5	0. 55	0~9. 9	0. 04	200/150	9000

§4.4 污泥消化稳定设备

污泥稳定的目的在于降低有机物含量或使其暂时不产生分解，《城镇污水处理厂污染物排放标准》(GB 18918—2002)规定，污泥稳定化控制指标中有机物降解率应大于40%。污泥稳定的方法有化学法和生物法，化学稳定就是采用化学药剂杀死微生物，使有机物在短期内不致腐败；生物稳定就是在人工条件下加速微生物对有机物的分解，使之变成稳定的无机物或不易被生物降解的有机物。污泥的生物稳定包括好氧消化和厌氧消化两种形式，好氧消化的缺点是动力消耗大、运行费用高。厌氧消化是指污泥在无氧条件下，由兼性菌和专性厌氧菌降解污泥中的有机物，并进行稳定的多阶段生化反应。19世纪下半叶，Louis H. Mouras 在法国 Vesoul 设计建成了用于分离和发酵生活污水中不溶解物质的厌氧消化器，无加温与搅拌设备；20世纪初，随着对厌氧微生物研究的深入，出现了有加温与搅拌的厌氧污泥反应器。由于时间长、管理较为复杂，直到20世纪中期，厌氧工艺在环境工程领域仅仅被用来稳定污水污泥。第二次世界大战以后，全球环境不断恶化，加上20世纪以来出现的能源危机，能耗低又可产生生物质能(CH_4)的厌氧工艺重新受到重视，并在污水处理中得到迅速发展。目前，厌氧消化是对有机污泥进行稳定处理的主要手段，其功能主要有以下几点：①提高污泥的脱水性，有效实施污泥的减量化，利于污泥进一步处理和利用；②把污泥中的部分有机物分解为沼气和较为稳定的腐殖质；③杀灭污泥中的大部分病原菌和蛔虫卵，提高其卫生学指标，减少有害细菌及臭气传播，避免对环境造成二次污染。

一、污泥的厌氧消化

1. 厌氧消化的工艺简介

目前对厌氧消化原理较为全面的阐述为 M. P. Bryant 于1979年提出的三阶段理论和 J. G. Zeikus 于1979在第一届国际厌氧消化会议上提出的四种群说理论(四阶段理论)。三阶段理论认为，整个厌氧消化过程分为水解酸化、产氢产乙酸和产甲烷三个阶段。有机物首先通过水解发酵细菌的作用生成挥发性脂肪酸、醇类和乳酸等，接着由产氢产乙酸菌的降解作用而被转化为乙酸、氢气和二氧化碳，然后再被产甲烷菌利用，最终转化为甲烷和二氧化碳。四种群理论在三段理论基础上增加了第二阶段同型产乙酸菌种群，该菌群的代谢特点是能将氢气与二氧化碳合成为乙酸。但研究结果表明，这部分乙酸产量很少，一般可忽略不计，因此厌氧消化机理现阶段仍以三阶段理论阐述为主。

污泥厌氧消化的构筑物可用化粪池或腐化池、双层沉淀池、消化池，一般用消化池。影响污泥厌氧消化的主要因素有温度、投配率、生熟污泥的混合程度、厌氧条件等，污泥组成、污泥含水率、难降解有机物和毒性物质等对消化过程当然也有影响。

(1) 厌氧消化工艺的分类

厌氧消化工艺的种类较多，按照消化温度可分为低温消化(0~20℃)、中温消化(20~42℃)和高温消化(42~75℃)3种。温度对产酸过程的影响不是很大，对产甲烷过程则影响较大。在中温消化(Mesophilic Digestion)范围的35℃以下时，细菌的活性和生长速率每降低10℃就减少一半。高温消化(Thermophilic Digestion)具有消化速度快、处理负荷高、反应时间短和反应器容积小等优点；此外，高温条件对有机物的降解和病原菌的杀灭非常有效，对寄生虫卵的杀灭率可达90%以上，尤其当污泥进一步作土地利用时高温处理更为必要。但高温消化加热污泥所消耗热量大，运行成本较高。

按反应器运行方式可分为连续搅拌式(Continuous Stirred Tank Reactor，CSTR)和厌氧序批式(Anaerobic Sequencing Batch Reactor，ASBR)；按消化池的作用不同可分为单级厌氧消化和两级厌氧消化；按照厌氧消化反应阶段可分为单相厌氧消化和两相厌氧消化。

(2) 两级厌氧消化与两相厌氧消化

单级厌氧消化只设置一个消化池，污泥在一个池中完成全部消化过程，土建费用较省。但单级厌氧消化污泥中温时有机物的降解率仅为45%~55%，消化污泥排入干化厂后将继续分解，产生的气体逸入大气，既污染环境又损失热量，而两级厌氧消化则可较好地解决此类问题。两级厌氧消化是为了节省污泥加温与搅拌所需能量，根据消化时间与产气量关系而建立的运行方式。如图4-4-1所示，第一级厌氧消化池有加热、搅拌设备，污泥在该池内被降解后，送入第二级厌氧消化池。第二级厌氧消化池不设加热与搅拌设备，依靠污泥的余热继续消化。由于不搅拌，第二级厌氧消化池还兼有污泥浓缩的功能，并降低污泥含水率。

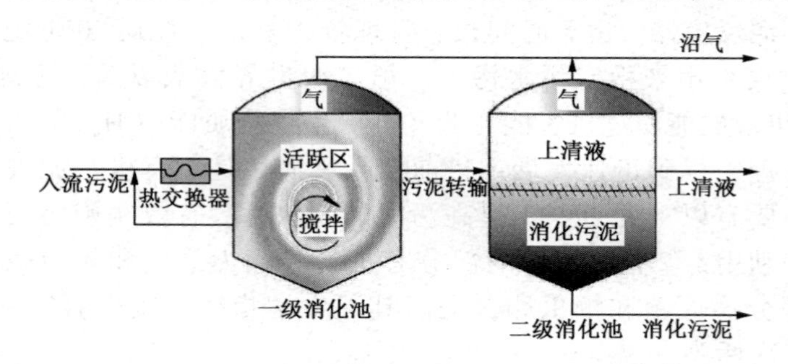

图4-4-1 污泥两级厌氧消化的工艺流程示意图

美国学者S. Ghosh和F. G. Pholand根据厌氧生物分解机理和微生物种群理论，提出了污泥两相厌氧消化(Two-Phase Anaerobic Digestion，TPAD)的概念。两相厌氧消化把污泥消化过程的第1/2阶段、第3阶段分别在2个消化池中进行，即将产酸菌和产甲烷菌分别置于2个串联的反应器内，并提供各自所需的最佳条件(温度、pH值、水力停留时间等)，使两类细菌都能发挥其最大的活性，提高了处理效果，达到了提高容积负荷率、减少反应容积、增加系统运行稳定性的目的。如图4-4-2所示，产酸阶段和产甲烷阶段的分离使其分工更加明确，产酸阶段的主要功能是改变基质的可生化性，为产甲烷提供适宜的基质，COD的去除主要由产甲烷阶段来完成。两相厌氧消化可以克服污泥丝状菌膨胀和浮渣问题，处理后的污泥稳定性能好，污泥量也明显减少；同时可以减小消化池的总体积，但基建费用和操作费用会有所增加。

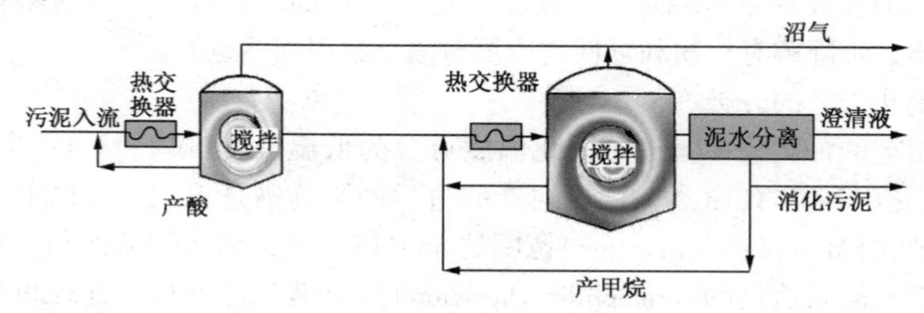

图4-4-2 污泥两相厌氧消化的工艺流程示意图

污泥两相厌氧消化过程的每个阶段也可采用中温或高温环境，因此一般有高温-高温系统、中温-中温系统、高温-中温系统和中温-高温系统等组合。图 4-4-3 为法国 Degrémont 公司污泥两相厌氧消化系统(简称 2PAD™系统)的工艺流程示意图，污泥先在第一级消化池中进行高温消化(消化温度为 55℃)，经过 2d 旺盛的厌氧消化反应后，排出的污泥送入第二级消化池。第二级消化池中不设加温装置，依靠来自第一级消化池污泥的余热继续消化，属于中温消化(消化温度为 37℃)，气量约占总产气量的 20%。能够得到符合 EPA's 40 CFR 第 503 部分规定的农用 A 级生物固体。

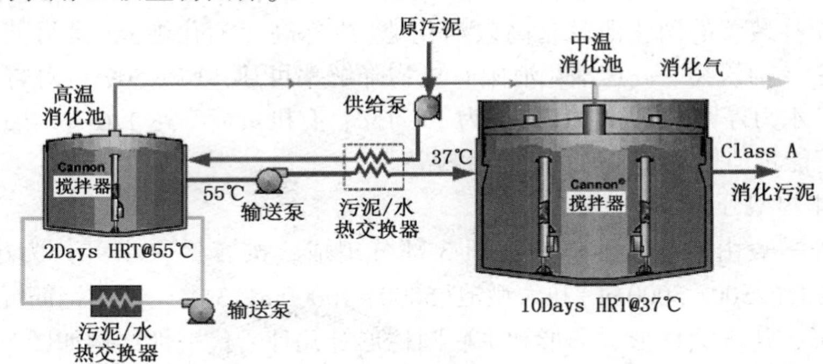

图 4-4-3　法国 Degrémont 公司污泥两相厌氧消化系统的工艺流程示意图(for Class A Biosolids)

2. 厌氧消化池的分类与结构

(1)按消化效率分类

按消化池运行过程中消化效率的不同可分为普通消化池和高效消化池两类。普通消化池又称常规消化池或低速消化池，如图 4-4-4(a)所示，一般在池内不设加热设备和搅拌装置。经过浓缩、均质后的污泥(含水率 94%~97%)不经预热，直接进入消化池中进行厌氧消化，污泥投配率以 5%~8%为宜，进出流一般为间歇式。该工艺的特点是消化速率较慢，产气率低，由于搅拌作用不充分，池内污泥有分层现象，在形成的浮渣层、上清液层(悬浮层)、活性层、熟污泥层(稳定固体层)中，只有活性层才进行有效的厌氧反应。稳定后的污泥由池底周期性排出，上层和中层的污泥则在每次进料时一并排出，上清液直接或经预处理后返回到污水处理设施中。由于普通消化池中微生物与有机物不能充分接触，所以只有 50%的容积得到有效利用，有机负荷率低[1.6~6.4kg VSS/(m^3·d)]，消化反应速率很低，水力停留时间(HRT)一般为 30~60d，故单独使用时仅适用于小规模的污水处理厂。

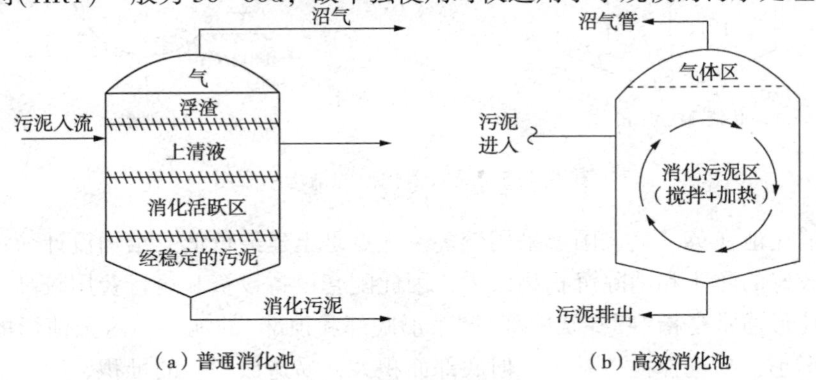

图 4-4-4　普通消化池与高速消化池的工作示意图

由于生污泥的温度一般都比较低，即使要维持中温消化(20~42℃)所需的温度，也通常采用人工加热措施；高温消化(42~75℃)更是依赖于人工加热。从1927年开始，研究人员先后在普通消化池中加上了加热装置和机械搅拌器，使得消化池中厌氧微生物与有机物能得到充分而均匀的接触，大大提高了厌氧微生物降解有机物的能力，产气速率不断提高；20世纪50年代初又研究开发出了利用沼气循环的搅拌装置。搅拌的目的是使微生物与有机污泥充分混合，以加快消化池中的物质转换；使消化池内污泥温度与浓度均匀，防止污泥分层或形成浮渣层；缓冲池内碱度，从而提高污泥降解速度等。如图4-4-4(b)所示，一般而言，带加热和搅拌装置的消化池就是高效消化池(或称高速消化池)，是目前城市污水处理厂污泥处理的主导构筑物。高速消化池中有机物降解率可达40%~50%，对寄生虫(卵)的杀灭率可达99%，水力停留时间(HRT)一般为10~15d，有机负荷率达1.6~6.4kg VSS/(m^3·d)或更高。但运行能量消耗较大，系统稳定性较差。

(2)按池体构型分类

厌氧消化池一般由池底、池体和池顶3部分组成，按容量大小可分为小型池(1000~2500m^3)、中型池(2500~5000m^3)和大型池(5000~10000m^3)3类。常用钢筋混凝土结构，池体构型有龟甲形、传统圆柱形、卵形和平底圆柱形等几种，代表性结构如图4-4-5所示。

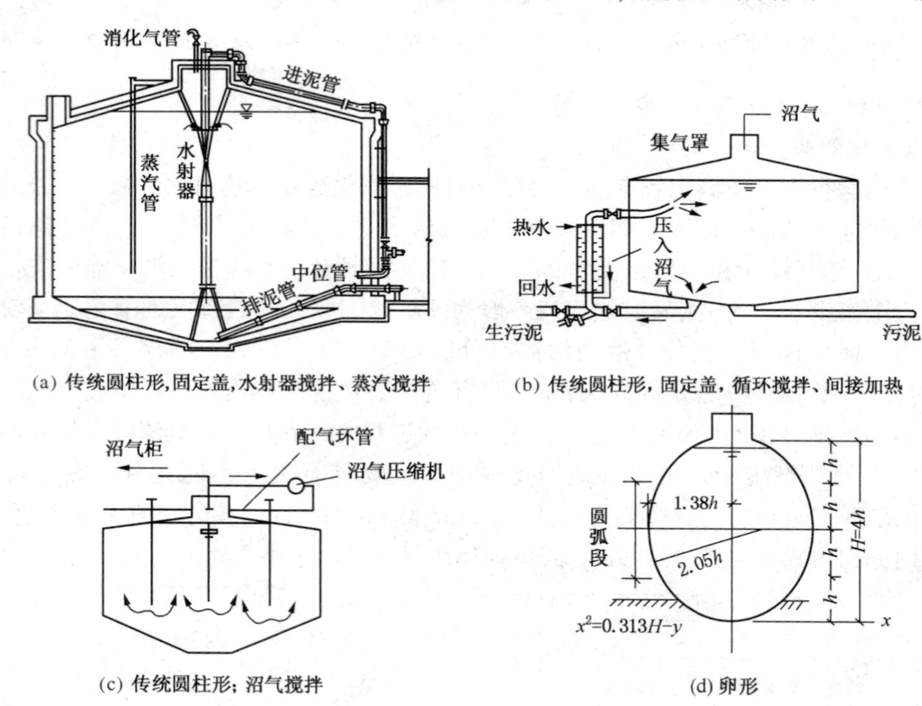

图4-4-5 厌氧消化池的结构示意图

龟甲形消化池在英、美等国家采用较多，优点是土建造价低、结构设计简单，但要求搅拌系统具有较好的防止和消除沉积物效果，因此配套设备投资和运行费用较高。

传统圆柱形通常是指"圆柱状中部+圆锥形底部和顶部"的池形。这种池形的优点是热量损失比龟甲形小，易选择搅拌系统；但底部面积大，易造成粗砂的堆积，因此需要定期停池清理。更重要的是，由于在形状变化部分存在尖角，应力很容易聚集在这些区域；底部和顶部的圆锥部分在土建施工浇铸时混凝土难密实，易产生渗漏。

卵形消化池在德国从 1956 年就开始采用，并作为一种主要形式在德国得到普遍推广，其优点包括：①池形能促进混合搅拌均匀，单位面积内可获得较多的微生物，用较小的能量即可达到良好的混合效果；②池形有效消除了粗砂和浮渣的堆积，池内一般不产生死角，可保证生产的稳定性和连续性(德国有成功运行 50 年而未进行过清理的案例)；③池体表面积小，耗热量较低，容易保持系统温度；④生化效果好，分解率高；⑤上部面积少，不易产生浮渣，即使生成也易去除；⑥壳体形状使池体结构受力分布均匀，结构设计具有很大优势，可以做到单池池容的大型化，容积可以做到 10000m^3以上；⑦池形美观。缺点是土建施工费用比传统消化池高。

平底圆柱形是一种土建成本较低的池形，圆柱部分的高度/直径比≥1，在欧洲已成功用于不同规模的污水处理厂。要求池形与装备、功能之间有很好的相互协调，当前可配套使用的搅拌设备较少，大都采用可在池内多点安装的悬挂喷入式沼气搅拌技术。

在我国，污泥消化池的形状多年来大都采用传统圆柱形，随着搅拌设备的引进，池形也变得多样化。近些年，我国先后设计并施工了多座卵形消化池，改变了国内池形单一的状况。

此外，按池顶结构形式的不同，厌氧消化池可分为固定盖式、浮动盖式、柔性膜式等几种。固定盖池顶有弧形穹顶或截头圆锥形，池顶中央装集气罩；浮动盖池顶为钢结构，盖体可随池内液面变化或沼气贮量变化而自由升降，保持池内压力稳定，防止池内形成负压或过高的正压。

3. 厌氧消化池的工艺设计

工艺设计包括池体选型、池子数目和单池容积确定、池体各部分尺寸确定、加热保温系统设计、搅拌设备设计以及各种管道布置等。目前，国内一般按照污泥投配率或有机负荷率计算消化池的有效容积 V

$$V=\frac{V'}{P}\times 100 \quad (m^3) \tag{4-4-1}$$

式中 V'——每天处理的污泥量，m^3；

P——污泥投配率，即每天投加新鲜污泥体积占消化池有效容积的百分率。当高速消化池处理生活污水污泥的消化温度为 30～50℃时，式中的污泥投配率可取 6%～18%。

考虑到事故或检修，消化池座数一般不得少于两座。在根据运行的灵活性、结构和地基基础情况，考虑决定消化池单池有效容积V_0(m^3)后，即可以确定消化池的座数

$$n=V/V_0 \tag{4-4-2}$$

目前，国外常按单位容积消化池的固体负荷率 N_S[kg VSS/(m^3 · d)]，来计算消化池的有效容积 V

$$V=\frac{G_S}{N_S} \quad (m^3) \tag{4-4-3}$$

式中 G_S——每日要处理的污泥干固体重量，kg(VSS)/d。

N_S的取值与污泥的含固率、温度有关，表 4-4-1 所列数据可作参考。

表 4-4-1　单位容积消化池的固体负荷率(N_S)

污泥固体含量/%	固体负荷率 N_S/[kg VSS/(m³·d)]				备注
	24℃	29℃	33℃	35℃	
4	1.53	2.04	2.55	3.06	VSS/SS=0.75
5	1.91	2.55	3.19	3.83	
6	2.30	3.06	3.83	1.59	
7	2.68	3.57	4.46	5.36	

确定消化池的单池有效容积后，就可以计算消化池各部分的结构尺寸。圆柱形池体直径一般为Φ6~35m，柱体高径之比宜为1∶2，池总高与直径之比宜为0.8~1.0，池底坡度一般取0.08，池底、池盖倾角一般取15°~20°，池顶集气罩直径取ϕ2~5m，高1~3m，池顶至少应设两个ϕ700mm的人孔，池顶部距污泥面的高度大于1.5m。

4. 厌氧消化池的附属设备

厌氧消化池的附属设备主要包括污泥投配、排泥及溢流系统、搅拌设备、加热设备、沼气收集存储与利用系统等。污泥厌氧消化的能耗主要用于维持厌氧反应温度，维持污泥泵/污水泵(进出料系统)、搅拌设备和沼气压缩机等运转。能耗水平取决于厌氧消化的搅拌和加热方式，搅拌强度通常为3~5W/m³。

(1) 污泥投配、排泥及溢流系统

消化池附设的管道有污泥管、排上清液管、溢流管和取样管等，污泥管包括进泥管、出泥管和循环搅拌管。污泥管的最小直径为ϕ150mm；取样管一般设置在池顶，长度最少应伸入最低泥位以下0.5m，最小管径为ϕ100mm。

一般经浓缩后的污泥含水率在96%左右，由于污泥介质的特殊性，其计量存在困难。可以采用污泥高位投配池达到计量的目的，也可采用单螺杆泵配以橡胶捏阀达到计量的目的。污泥投配池一般为矩形，至少设置两个，池容根据生污泥量及投配方式确定，常用12h储泥量设计。投配池应加盖、设排气管及溢流管；若采用消化池外加热生污泥的方式，则投配池可兼作污泥加热池。捏阀的外壳为铸铁制成，用于承受管道压力；内层为高强度橡胶衬里，能承受0.6MPa以上的压力。若在内衬中充入压缩空气，可使橡胶衬里扩张并紧紧相贴以阻断管道流体，又由于橡胶衬里接触面积较大，所以纤维和颗粒不致影响该阀的密闭性。当释放阀体内衬中的压力时，管路内流体可正常通行。

目前多数设计都没有采用连续进料方式，而是允许一天之内多次进料，消化池的进料一般靠手动阀控制或手动泵操作。然而，近年来自动控制逐渐受到重视，通过计时器或污泥质量流量相应控制自动阀门。消化池的排泥管设在池底，依靠池内静水压力将熟污泥排至后续处理装置。

消化池污泥投配过量、排泥不及时或沼气产量与用气量不平衡等情况发生时，沼气室内的沼气受压缩，气压增加甚至可能压破池顶盖，因此必须设置污泥溢流装置及时溢流，以保持沼气室内的压力恒定。溢流装置必须绝对避免集气与大气相通，常用形式有倒虹吸管式、大气压式及水封式等三种，结构如图4-4-6所示。

对于倒虹吸管式溢流结构而言，倒虹吸管的池内端必须插入设计污泥面以下，保持淹没状态，池外端插入排水槽也保持淹没状态。当池内污泥面上升，沼气受压，污泥或上清液可以从倒虹吸管排出。对于大气压式溢流结构而言，当池内沼气受压，压力超过Δh(Δh为

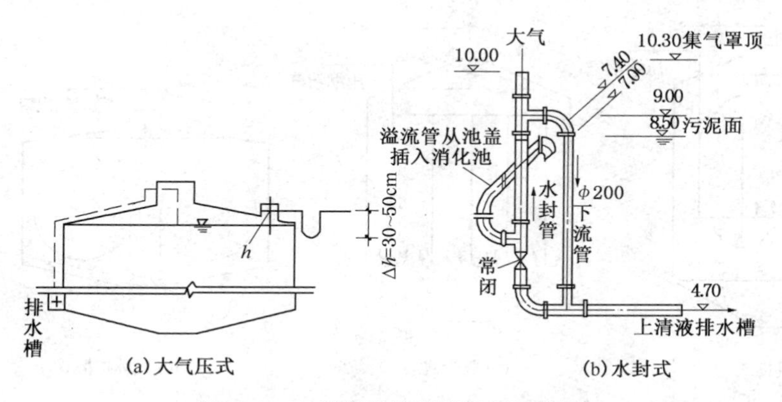

图 4-4-6　消化池的溢流装置示意图

"U"形管内水层高度)时，即产生溢流。水封式溢流装置由溢流管、水封管与下流管组成，溢流管从消化池盖插入设计污泥面以下，水封管上端与大气相通，下流管的上端水平轴线标高高于设计污泥面，下端接入排水槽。当沼气受压时，污泥或上清液通过溢流管经水封管、下流管排入排水槽。

溢流管的最小管径为 ϕ200mm，对于大的消化池常常要求采用 ϕ300mm 以上的大溢流管，并尽量减少弯头数和其他影响流速的管件。

（2）搅拌设备

通过搅拌混合能够保证池内污泥的紊流流态，促进污泥厌氧消化过程中的传质传热，并使物化、生化性状不均等问题得到有效解决，因此搅拌设备是高速消化池的重要组成部分。搅拌混合的均匀程度可以用消化池内污泥的流速方差均值来量化描述，该值越大越均匀；也可以消化池内各处污泥浓度相差不超过10%作为衡量指标。搅拌方法一般可分为沼气搅拌、机械搅拌两大类，沼气搅拌总体而言应用较多。

① 沼气搅拌

沼气搅拌常常采用消化池自身产生的一部分沼气，经压缩机加压后送入池内，达到混合搅拌的目的，具体形式有气提、竖管、气体扩散和射流器抽吸等多种。如图 4-4-7(a)所示，气提式搅拌是将沼气压入设在消化池中导流管的底部，使沼气与消化液混合，含气泡的污泥即沿导流管上升，起提升作用，使池内消化液不断循环搅拌，达到混合的目的；如图 4-4-7(b)所示，竖管式搅拌是根据消化池直径的大小，在池内均匀布置若干根竖管，经过加压的沼气通过配气总管分配到各根竖管，从竖管下端吹出，起到搅拌作用；如图 4-4-7(c)所示，气体扩散式搅拌是使经过压缩的沼气通过气体扩散器与消化池内的污泥混合，起到搅拌作用；如图 4-4-7(d)所示，射流器抽吸式搅拌是用污泥泵从消化池直筒壁高的 2/3 处抽吸污泥，污泥抽出后压入水射器的喷嘴，当污泥射入水射器的喉管时，形成很大的负压，经过射流器抽吸池顶的沼气，然后将混合污泥与沼气射入消化池底，形成一个循环搅拌。

法国 Degrémont 公司的沼气搅拌器(Cannon® Mixer)系统，采用不锈钢钢管由厌氧消化池顶部进入消化池底部，每个搅拌器形成直径 φ3. 65m 的搅拌圆环。该搅拌器吃水深度大、气体压力大，能形成较强的上升速度，搅拌效果显著。每台搅拌器在消化池顶以上部分均安装了通气工作指示浮球，一旦发生故障，浮球就会落下，提醒检修。可在工作的同时进行搅拌器检修，在控制室中安装了 1 台多级离心泵 D6-25，水泵的流量为 $2m^3/h$、工作压力为

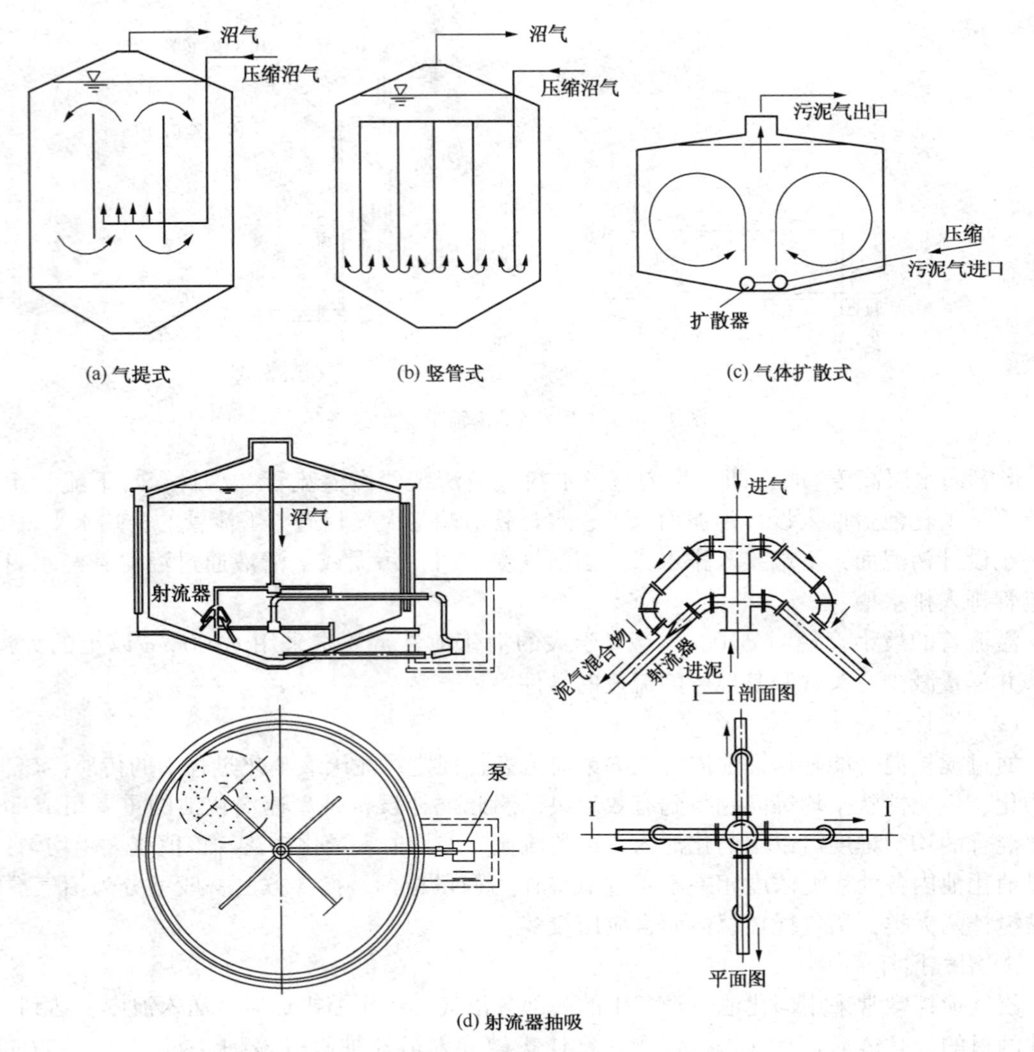

图 4-4-7　几种沼气搅拌装置的结构示意图

3MPa，通过管道将高压水送到各消化池池顶，可对各搅拌管进行高压清洗，排除阻塞故障。

为保障压缩机的工作安全，在其进口设置过滤器，在其出口管路上安装气体温控阀、压力阀、过滤罐及凝水器。

② 机械搅拌

机械搅拌有泵水力搅拌、泵加水射器搅拌、池外驱动搅拌器搅拌、全浸没式搅拌器搅拌等几种。泵搅拌也被称为水力循环搅拌，是用泵将消化污泥从池底抽出，经泵加压后送至浮渣层表面或消化池的不同部位进行循环搅拌，常与进料和池外加热合并在一起进行，一般只适用于小型消化池。采用专用搅拌机时耗用功率小，运行可靠，无堵塞现象，因此工程实际中受到的关注较多。

消化池搅拌机由工作部分(搅拌轴/搅拌器叶片)、支承部分(轴承装置/机座)、驱动部分(防爆电动机/减速器)及密封部分等组成。一般选用直径 ϕ400~500mm 的推进式搅拌器，污泥流经搅拌器的流速按经验取 0.3~0.4m/s。消化池直径较小时可在池中心布置 1 台搅拌机，当消化池直径较大时可均匀布置 3~4 台搅拌机。有些池外驱动搅拌机还配套导流管，此时搅拌机可以安装在池内，也可以安装在池外的立管式结构中。消化池中污泥厌氧发酵后将产生沼气，为防止其从搅拌轴与池顶间的缝隙中逸出，应采用可靠有效的密封，目前常用的密封方式有填料密封和液封。如图 4-4-8 所示，填料密封装置一般由填料盒、填料、填料压盖、压紧螺栓和水封环等组成，拧紧螺栓使压盖压紧填料，在填料盒中产生足够的径向压力，即可达到与转轴间的密封作用。填料一般用油浸石棉盘根或橡胶石棉盘根，水封环外接压力水(一般可用自来水)，压力水可对转轴进行润滑，并可阻止池内沼气泄漏，起到辅助密封作用；搅拌轴通过填料盒的一段应有较小的表面粗糙度，R_a 值一般为 6.3μm。填料密封结构简单，填料更换方便，但填料寿命短，往往有微量泄漏。液密主要指水封，因其结构简单、维护方便、密封效果好而得到较为广泛的应用。如图 4-4-9 所示，水封的具体形式有内封式和外封式两种，其中水封放在消化池顶盖下面(消化池内)属于内封式，水封放在消化池顶盖上面(消化池外)属于外封式，二者都由内套、外套、密封罩、密封圈和锁紧

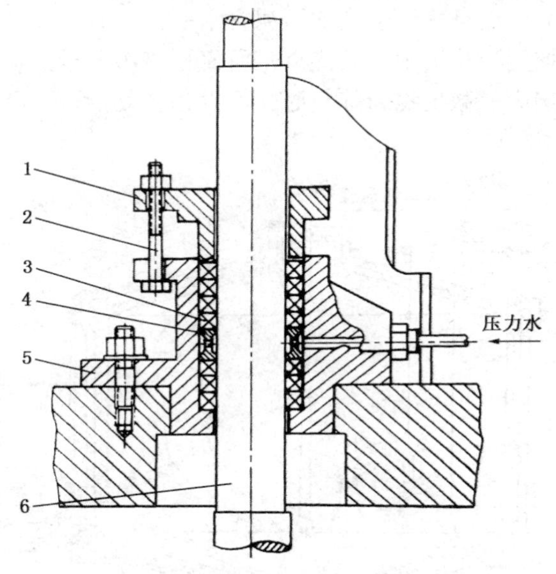

图 4-4-8　消化池顶填料密封的结构示意图

1—填料压盖；2—压紧螺栓；3—填料；4—水封环；5—填料盒；6—搅拌轴

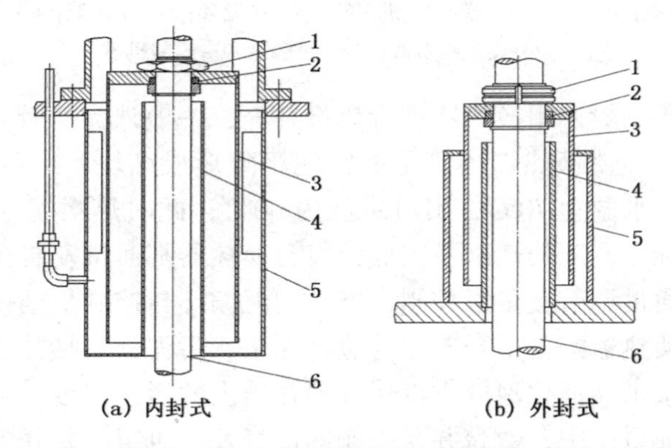

图 4-4-9　消化池搅拌机池顶附近水封装置的结构示意图

1—锁紧螺母；2—O 形密封圈；3—密封罩；4—内套；5—外套；6—搅拌轴

螺母等组成。内封式在消化池内，冬天不会结冰，不占用池顶空间，可以缩小搅拌机座的轴向尺寸，因此优先推荐采用。有的水封装置在外套内壁上焊接几块挡板，以减少水与搅拌轴的同步旋转；此外，水封装置还应该注意及时补充水，水封的液面高度应该根据消化池内的气体水头来确定，并在其基础上增加 100~150mm 作为安全水头。

目前，国外还研制开发了一些新型的消化池专用搅拌设备，如 Eimix®机械式污泥搅拌器和 LM™直线运动搅拌器、Extreme Duty™污泥搅拌器等。

(3) 加热设备

由于生污泥的温度一般都比较低，为了维持中温消化或高温消化所需的温度，通常需要采用主动加热措施。加热方式分为池内加热和池外加热两大类，前者包括池内盘管间接加热、池内蒸汽直接加热等，后者包括池外间接加热和池外蒸汽直接加热等。

如图 4-4-10 所示，池内蒸汽直接加热设备简单，但可能会造成局部污泥过热而影响厌氧微生物的正常代谢功能，而且蒸汽会增加污泥含水率，从而增加消化池容积。池外加热是把部分污泥预热后再投加到消化池中，其优点是所需预热污泥量少、易于控制、预热温度较高利于杀灭虫卵、不影响厌氧微生物新陈代谢，但设备较复杂。

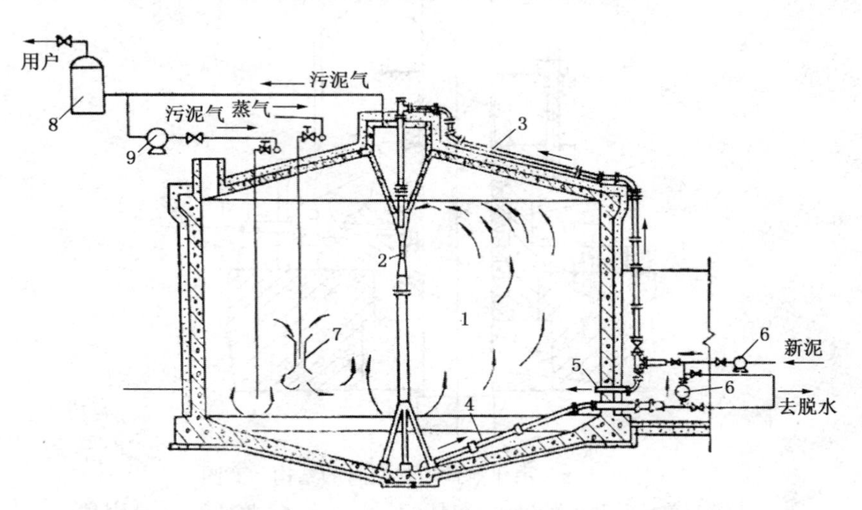

图 4-4-10　池内蒸汽直接加热消化池的结构示意图

1—消化池；2—水力提升器；3—进泥管；4—排泥管；5—中位管；6—污泥泵；7—蒸汽喷射器；8—贮气罐；9—压缩机

池外间接加热设备一般采用换热器进行热量补充，一般认为套管式泥-水换热器或换热器兼混合器较为合适。为使换热器内管中的污泥不致形成结块，运行中应严格控制热水温度，一般设计控制进口水温为 70℃，出口水温为 60℃，此时热水流量应满足要求，每台换热器的热水循环可由统一调配的热水泵完成，每台换热器都通过安装在进水管上的三通调节阀控制，三通调节阀通过调节流量以控制水温。污泥循环与控制是维持换热器正常运转的另一个重要因素。每台换热器配备 1 台专用的热污泥泵。污泥通过换热器加热升温至 40℃后，再返回消化池，将热量带回消化池内，以保证消化池内的污泥温度。如图 4-4-11 所示，在池外间接加热的热循环系统中，数台并联工作的沼气发电机组和并联工作的沼气锅炉组成供热源单元，由换热器、热水循环泵及热污泥循环泵组成循环加热系统。通过对温度控制点的检测，由计算机进行统一控制，保证系统处在最佳状态下工作。

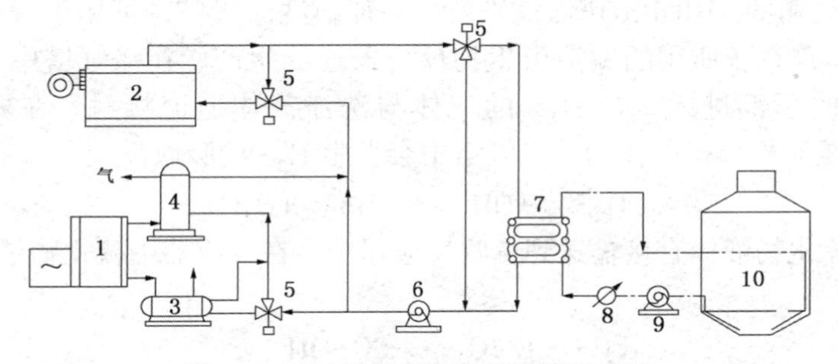

图 4-4-11　池外污泥加温系统示意图

1—沼气发电机组；2—沼气锅炉；3—水-水换热器；4—气-水换热器；5—三通调节阀；6—热水循环泵；
7—泥-水换热器；8—污泥流量计；9—热污泥循环泵；10—消化池

目前，ProSonix LLC、Komax Systems 公司等还推出了池外蒸汽直接加热技术，通过在消化池外的污泥输入管道中内联安装蒸汽注入组件，高压蒸汽一边注入，一边与流动污泥发生混合，据称该方法的热效率较热交换器要提高 20%~25%。

(4) 沼气收集存储与利用系统

图 4-4-12 为污水处理厂污泥厌氧消化沼气收集存储与利用系统示意图，一般分为沼气净化设备、沼气存储设备、沼气安全利用设备。

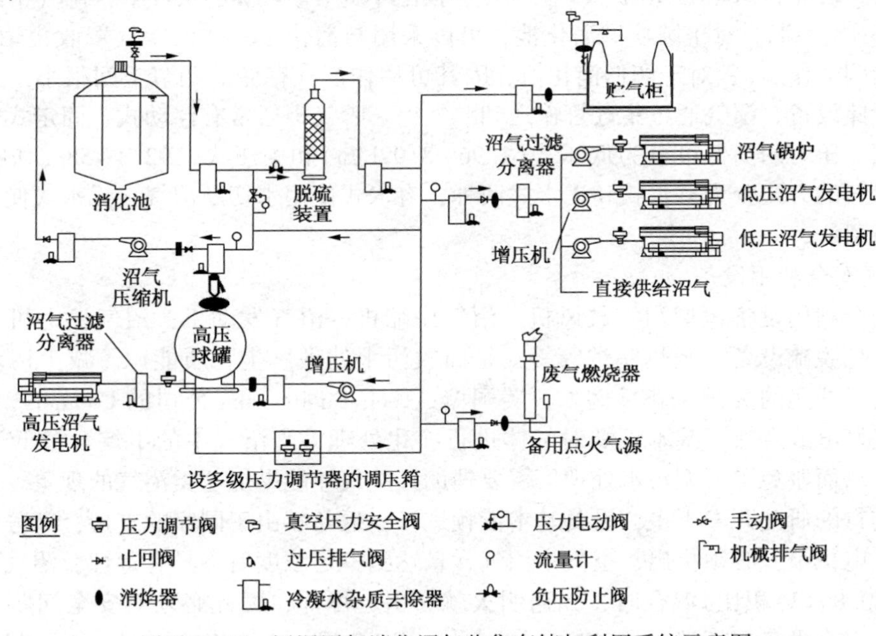

图 4-4-12　污泥厌氧消化沼气收集存储与利用系统示意图

① 沼气净化设备

沼气作为能源利用时，H_2S 含量不得超过 0.015%(0.188g/m^3)，污水处理厂的沼气含 H_2S 达 0.1%~0.4%(1.25~5.0g/m^3)，因此必须进行脱硫处理，以免腐蚀设备与管道。脱硫的方法有干式脱硫、湿式脱硫及水喷淋洗脱等方法。撬装集中式沼气净化器一般包括除沫分离器、干式脱硫器、沼气增压泵和缓冲罐四类设备，分别完成脱硫、除尘、增压、脱水四大处理步骤。

荷兰 Paques 公司的 THIOPAQ®涤气塔就是一种碱洗涤气塔，可用于含有 H_2S 气体的净化处理，其最大特点在于所用的碱液由生物反应器连续生产。在涤气塔中，不含 H_2S 的碱性液体从涤气塔的顶部进入，含 H_2S 的气体与洗涤液体逆流接触。在弱碱性的环境下(pH8~9)，由于氢氧根离子的作用，涤气塔中会发生 H_2S 的吸收反应

$$H_2S_{气相}+OH^- \longrightarrow HS^-_{液相}+H_2O \tag{4-4-4}$$

洗涤后的含硫化物液体直接输送到生物反应器中，在反应器中硫化物被无色硫细菌氧化成单质硫

$$HS^-+1/2O_2 \longrightarrow SO+OH^- \tag{4-4-5}$$

THIOPAQ®涤气塔的 H_2S 去除效果可以超过99%，少量的排放液体不含硫，可以安全排放。在全球范围内，THIOPAQ®涤气塔已成功应用于造纸厂、酿酒厂、生活污泥消化厂以及化学工业，用于处理流量在200~2500Nm³/h 的气体；此外还可用于垃圾填埋场气、含硫天然气与炼油厂酸性气体的脱硫处理。

② 沼气存储设备

主要用于对产气量与用气体量之间的不平衡进行调节，其有效容积可按日平均产气量的25%~40%来计算，相当于6~10h 的平均产气量确定。大型污泥消化系统取低限，小型污泥消化系统取高限。沼气产率是指每单位体积生污泥所产生的沼气量，单位是 m^3沼气/m^3生污泥，例如在生污泥含水率为96%、中温消化、投配率为6%~8%的条件下，产气率约为10~12m^3沼气/m^3生污泥。对于圆柱形消化池，可以采用与消化池一体的集气罩收集沼气(具有一定的存储调节作用)；对于卵形消化池，因其可用作产气存储的调节空间很小，必须安装外部气体存储设备，沼气通过集气管输送到贮气柜。贮气柜通常有浮动式、固定式、膜式三种，按照储气压力的高低可分为低压式(1.96~3.92kPa)和中压式(392.3~588.4kPa)两种；按照切断沼气的方式分为有水式和无水式两种，有水式使用水切断沼气，无水式使用橡胶等密封来切断沼气。

③ 沼气安全利用设备

沼气安全利用设备包括沼气鼓风机、沼气压缩机、沼气发动机、沼气发电机、沼气锅炉、沼气净化脱硫设备、余热锅炉等等，是回收污水处理厂生物质能源、减少污水处理能耗、降低运行费用的关键装备。例如，美国 WesTech Engineering 公司的 Cleanergy GasBox™可利用沼气发电或产热，基本不需对气体进行净化处理，当沼气中的甲烷含量低于18%时仍可运行，从而避免了大型污水处理厂需要辅助天然气才能燃烧这类沼气的现象。以前我国在这方面进行的研究开发不多，设备基本依赖进口；近几年由于国家的支持，部分企业开始生产沼气发电机组。必须指出，空气中沼气含量达到一定浓度后会具有毒性，沼气与空气以1：(8.6~20.8)(体积比)混合时，如遇明火就会引起爆炸，因此必须对安全问题予以高度重视。沼气安全设备包括消焰器(Flame catcher)、安全阀、废沼气燃烧器、滴漏阀、气压指示表、冷凝液和沉渣贮存器、引火燃烧室和低压逆止阀等。

5. 工程案例和新发展

(1) 工程案例

迄今为止，国内天津、上海、北京等一批大中型城市的污水处理厂都采用了污泥厌氧消化工艺。

天津市东郊污水处理厂的建设规模为日处理污水 $40\times10^4m^3$(最大可以达到 $48\times10^4m^3$)，污泥处理部分由5座消化池、1座污泥脱水机房、1座沼气锅炉及沼气发电机房组成，产生

的沼气供沼气发电机发电，是全国首个沼气并网发电的污水处理厂。

上海松江污水处理厂的建设规模为日处理污水6.8×10^4m^3，污泥处理工艺采用中温厌氧消化技术，2座各2000m^3的消化池；采用沼气搅拌技术，产生的沼气经脱硫塔脱硫处理后进入沼气储罐。冬季通过沼气焚烧炉回收热量供给消化池升温用，夏季用沼气燃烧器烧掉。

北京高碑店污水处理厂一期工程1993年底通水运行、二期工程1999年9月通水运行，污水总处理能力为100×10^4m^3/d，早期采用中温两级污泥厌氧消化工艺，初沉污泥和剩余污泥各约占50%，经重力浓缩送入一级消化池，一级消化池共有12座，各8000m^3；二级消化池共有4座，各8000m^3；经过两级消化的污泥脱水后形成泥饼外运。消化池中产生的沼气供沼气发电机发电，可解决全厂1/3的用电量。小红门污水处理厂是北京第二大污水处理厂，污水总处理能力90×10^4m^3/d，其中一期建设处理能力60×10^4m^3/d、占地49.09公顷，2005年11月通水运行。采用一级35℃中温厌氧消化工艺，共有中温厌氧卵形消化池5座和中控塔1座，池体高45m，池体最大直径Φ27m，单池容积为12300m^3，总容积为61500m^3。初沉污泥和剩余污泥分别经过浓缩后进入浓缩污泥储泥池，然后用污泥泵将污泥打入消化池内。进排泥方式为顶部进泥、底部静压排泥，所排污泥进入消化污泥储泥池，最终进行脱水处理。按水力停留时间为20d计算，平均每座消化池每天的进泥量为600m^3(即每小时25m^3)，五座消化池每天共产生沼气量约为31680m^3。所产沼气进入流量1320m^3/h、工作压力150mbar的湿式脱硫塔，利用Na_2CO_3喷淋吸收沼气中的H_2S；然后进入流量1320m^3/h、工作压力40mbar的串联干式脱硫塔。脱硫处理后将沼气储存在三座体积为4000m^3的膜式沼气柜中，主要用于为全厂的沼气拖动鼓风机和沼气锅炉供气，剩余沼气采用流量800m^3/h、工作压力40mbar的废气燃烧器燃烧。沼气拖动鼓风机将沼气发动机和鼓风机结合为一体，沼气发动机将沼气燃烧所产生的热能转化成机械能后直接驱动鼓风机工作，既提高了设备的工作效率，也使系统更加节能环保。沼气拖动鼓风机于2009年3月中旬正式投入试运行，满负荷运行时日均节电3×10^4kW·h，年节电1100×10^4kW·h(为全厂用电量的1/5)，节约资金700余万元。

(2) 污泥厌氧消化的新发展

随着对可再生能源及经济效益的追求，污泥高级厌氧消化成为最近10年来污泥处理领域内一个鲜明的发展方向。所谓高级厌氧消化是指相对于传统中温厌氧消化能够显著提高挥发性固体负荷降解率(VSR)的厌氧消化技术，除了前面已经介绍的高温消化、两相消化外，高级厌氧消化技术还包括延时消化、协同厌氧消化等。

延时厌氧消化是将污泥厌氧消化的水力停留时间与固体停留时间分离。如图4-4-13所示，通常是将消化池的出泥进行固液分离后，与进来的原泥相混合进入消化池，避免了传统厌氧消化池完全混合式的短流、污泥停留时间更长等弊端。延时消化的优点在于将更多的细菌回流到消化池内进一步分解有机物，提高产气率。实际上，将污泥龄与水力停留时间予以分离的想法于20世纪60年代由美国纽约卫生局的工程师Torpey率先提出，因此在美国有时也被称为Torpey工艺。当时

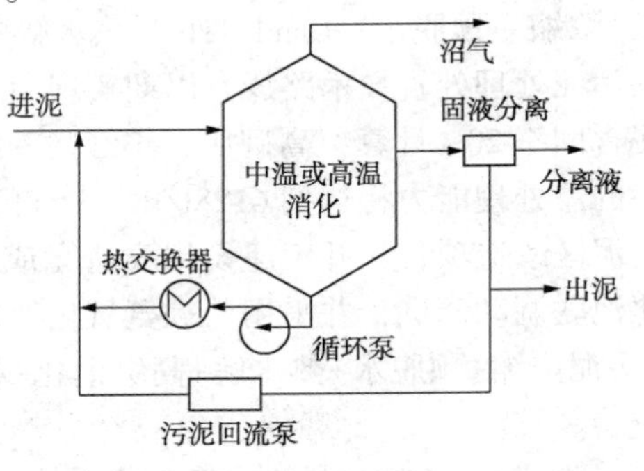

图4-4-13　污泥延时厌氧消化的工艺流程示意图

主要是通过重力沉降的方法来分离固液，最近几年一些地方开始尝试离心和气浮法。延时厌氧消化的主要优点包括池容减小、VSS 分解率更高、脱水絮凝剂量降低、消化池固体含量提高等；缺点是增加的固液分离设备可能会抵消因消化池减小所致的占地面积减小，另外人们还担心在固液分离阶段厌氧菌是否会受到明显影响。

协同厌氧消化是指污水处理厂污泥与其他有机废物共同进入消化池进行消化，这些有机废物包括油脂、餐厨废物等。协同厌氧消化在欧美发展非常迅速，很多污水处理厂都在应用这一技术，美国加州 EBMUD(East Bay Municipal Utility District)污水处理厂由于采用协同厌氧消化食品废物而成为美国能量自给污水处理厂的典范。

(3) 强化厌氧消化预处理技术

强化厌氧消化预处理技术主要包括热水解预处理、生物强化预处理、超声波预处理、碱预处理、高压喷射预处理、微波预处理等。

① 热水解预处理

热水解(Thermal Hydrolysis)是采用高温(110~190℃)高压蒸汽对污泥进行蒸煮和瞬时卸压汽爆闪蒸的工艺，使污泥中的细胞破壁，胞外聚合物水解，以提高污泥的流动性，也称为热调质。热调质过程改变了污泥中水与固体颗粒的结合形态，胞内水、毛细水、结合水和表面吸附水被大量释放，从而改善了污泥的脱水性能。热调质过程还改变了污泥中有机物的形态：首先污泥中的固体有机物不断溶解、液化；其次部分溶解性的大分子有机物还进行水解变成小分子物质，有效解决了后续厌氧消化过程中固体有机物水解限速的问题，有利于提高污泥厌氧消化效率。1978 年，美国学者 R. T. Haug 等将热水解作为污泥预处理手段，并将热水解预处理和传统的厌氧消化工艺相结合来提高污泥处理效率，日本、德国、丹麦等国学者随后对热水解预处理开展了系列研究。1995 年，挪威 Cambi(康碧)公司将其开发的“污泥热水解预处理+高级厌氧消化”专利工艺(称之为 Cambi 工艺，CambiTHP™)首次用于挪威 Hias 污水处理厂，随后泰晤士水务的 Chertsey 污水处理厂在 1999 年率先在英国应用了污泥热水解技术，此后在英国和爱尔兰有数十个项目应用了该技术。美国华盛顿特区 Blue Plains 污水处理厂的污泥热水解工程于 2014 年投入运行，是迄今为止全球最大的污泥热水解工程。与传统厌氧消化工艺相比，Cambi(康碧)公司的“污泥热水解预处理+高级厌氧消化”工艺不仅使消化池的体积减半以上、提高消化产率，而且可以提高能效和封闭消毒，完全杀灭病原菌。在最终产物上，沼气量能够增加 50%以上，并产出高品质生物固体肥料。

北京排水建设集团联合普拉克环保系统(北京)有限公司和挪威 Cambi(康碧)公司，主推“浓缩→预脱水→CambiTHP™热水解→高级厌氧消化→板框压滤高干度脱水(40%以上)”的污泥处理处置技术路线，以期实现沼气能源利用、沼渣土地利用的资源良性循环。按照污泥含固率 20%计算，高碑店、小红门、清河第二再生水厂、槐房、高安屯等 5 个污泥处理中心的总处理能力将达到 6128t/d。小红门污水处理厂热水解系统 2016 年 8 月率先投运；高碑店泥区改造项目从开工建设到改造完成历时 22 个月，2016 年 12 月热水解系统进泥、与消化池联调动调试，并采用厌氧氨氧化处理脱水滤液；槐房再生水厂污泥项目作为第一个污泥“污泥浓缩+预脱水+热水解+高级消化+板框高干脱水”全系统项目，2017 年 6 月一次性投产成功。

除了 CambiTHP™热水解工艺之外，还有法国威立雅水务的 Biothelys™、Exelys™以及荷兰 Sustec Consulting & Contracting 公司开发的 TurboTec®等热水解技术。实现热水解反应器核心设备的本地化，降低投资成本，是国内下一步关注的重点。

② 其他预处理技术简介

生物强化预处理技术主要利用高效厌氧水解菌，在较高温度下对污泥进行强化水解；或利用好氧或微氧嗜热溶胞菌，在较高温下对污泥进行强化溶胞和水解。超声波预处理技术利用超声波“空穴”产生的水力和声化作用破坏细胞，导致细胞内物质释放，提高污泥厌氧消化的有机物降解率和产气率。碱预处理技术主要是通过调节 pH 值，强化污泥水解过程，从而提高有机物去除效率和化学氧化预处理技术。它通过氧化剂如臭氧等，直接或间接的反应方式破坏污泥中微生物的细胞壁，使细胞质进入到溶液中，增加污泥中溶解性有机物浓度，提高污泥的厌氧消化性能。高压喷射预处理技术利用高压泵产生机械力来破坏污泥内微生物细胞的结构，使得胞内物质被释放，从而提高污泥中有机物的含量，强化水解效果。微波预处理技术是一种快速的细胞水解方法，在微波加热过程中表面会产生许多“热点”，破坏污泥微生物细胞壁，使胞内物质溶出，从而达到分解污泥的目的。

二、污泥的好氧消化

污泥好氧消化法的发展源自于延时曝气活性污泥法，其目的在于稳定污泥、减轻污泥对环境和土壤的危害，同时减少污泥的最终处理量。污泥好氧消化法具有稳定和灭菌、投资少、运行管理方便、基建费用低、最终产物无臭以及上清液 BOD_5浓度低等优点，特别适用于中小型污水处理厂。污泥好氧消化法 20 世纪 60~70 年代初非常盛行，美国、日本、加拿大等国家都有不少中小型污水处理厂采用此法，丹麦大约有 40%的污泥使用此法进行稳定化处理。污泥好氧消化法的缺点是动力消耗大，运行费用高。

1. 好氧消化的基本原理

污泥好氧消化是在不投加其他底物的情况下，对污泥进行较长时间的曝气，促使活性污泥进入内源呼吸阶段(约 80%的细胞组织能被氧化)，通过其自身氧化降低污泥的有机物含量，从而达到稳定化的目的。

在初沉污泥的好氧消化过程中，污泥中的有机物合成转化为细菌的细胞质，使得挥发固体的总浓度变化很小。因此要达到细菌的细胞质破坏占优势阶段，需要极长的停留时间。

对二沉污泥而言，好氧消化过程中的主要反应是氧化作用和使细胞组分破坏的细胞溶解和自身氧化呼吸。微生物的细胞壁由多糖类物质组成，具有相当大的耐分解能力，使好氧消化法排出物中仍有挥发性悬浮固体存在，而这一残留挥发物很稳定，对此后的污泥处理或土壤处置不会产生影响。

2. 好氧消化的工艺类型

(1)传统好氧消化工艺

污泥的传统好氧消化(Conventional Aerobic Digestion)工艺主要通过曝气使微生物在进入内源呼吸期后进行自身氧化，从而使污泥减量，常用的工艺流程主要有连续进泥和间歇进泥两种。连续进泥适用于较大规模污水处理厂，运行方式与活性污泥法的曝气池类似，但污泥停留时间更长；消化池后设置浓缩池，浓缩污泥部分回流至消化池，其余部分被排走并进行最终处置；浓缩池的上清液并入污水处理厂的进水口与污水一同处理。间歇进泥适用于较小规模污水处理厂，可省去浓缩池，降低了运行费用。如图 4-4-14 所示，传统好氧污泥消化池的构型与完全混合式活性污泥法曝气池相似，主要构造包括好氧消化室(进行污泥消化)、泥液分离室(使污泥沉淀回流并把上清液排放)、消化污泥排放管、曝气系统(由压缩空气管和中心导流管组成，提供氧气并起到搅拌作用)等。英国 WPL 公司的 Robust Aerobic Digestion System(RADS)就是一种污泥好氧消化系统，具有结构紧凑、占地面积小、方便安装等优点。

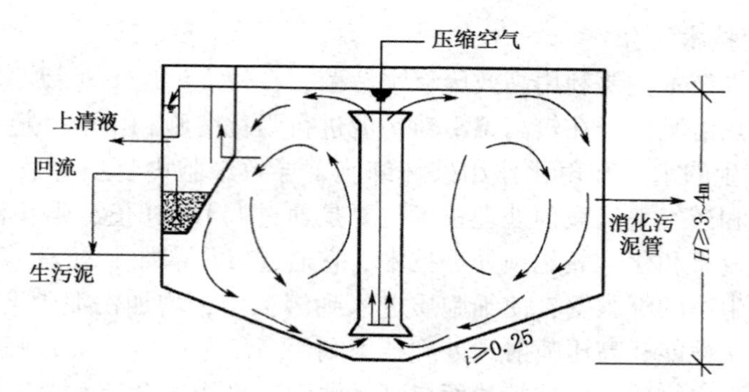

图 4-4-14　传统好氧污泥消化池的结构示意图

传统好氧污泥消化工艺具有工艺成熟、机械设备简单、操作运行简单、基建费用低等优点，但需氧量很大，需长时间连续曝气，所以运行费用较高；而且易受气温影响，在低温时对病原菌的灭活能力较低；另外会发生硝化反应，消耗碱度，使得 pH 值下降。

(2)缺氧/好氧消化工艺

污泥缺氧/好氧消化(Anoxic/Aerobic Digestion，A/AD)工艺是在传统污泥好氧消化工艺的前端加一段缺氧区，利用污泥在该段发生反硝化反应时产生的碱度来补偿硝化反应中所消耗的碱度，因此不必另行投碱即可使 pH 值保持在 7.0 左右。另外，缺氧/好氧污泥消化工艺的耗氧量比传统污泥好氧消化工艺大约减少 18%。国内学者还开展了污泥超声波预处理与缺氧/好氧消化联合工艺的研究，自主设计了容积为 30L 的污泥超声波-缺氧/好氧消化中试系统，超声波预处理参数为：超声频率 28kHz、声能密度 0.15W/mL、超声时间 10min、超声间隔 12h、污泥超声比例 30%。结果表明，引入超声预处理后，污泥消化 10d 就能达到稳定标准，比未引入超声预处理时缩短 12d，而 MLVSS 最大去除率提高 11%，达到 55.10%；而且超声波的引入对污泥缺氧/好氧消化系统中污泥上清液溶解性 COD(SCOD)的变化趋势影响比较明显，而对上清液的 pH 值和氨氮、TP 的变化趋势没有明显影响。

(3) 污泥自热高温好氧消化(ATAD)工艺

20 世纪 60 年代在美国首次开展污泥自热高温好氧消化(Autothermal Thermophilic Aerobic Digestion，ATAD)工艺的研究，其设计思想产生于堆肥工艺，所以又被称为液态堆肥。该工艺利用污泥中有机物生物分解释放出的热量，来提高和维持污泥消化反应体系的温度，进而由高温加速微生物对有机物的代谢并使污泥获得快速稳定，具有消化速度快、单位污泥处理占地小、病原体灭活效果好、能抗秋冬低温冲击等优点，较适合占地紧张中小型城市污水处理厂的污泥稳定化处理。自从欧美各国对处理后污泥中病原菌的数量有严格法律规定后，污泥高温好氧消化工艺因其较高的灭菌能力而受到重视。ATAD 工艺自 20 世纪 80 年代后期第一次在德国获得成功应用以来，已在西欧、北美等发达国家得到了较快的推广，应用范围也从污水处理厂污泥处理逐步扩展到食品、医药等废水处理产生的污泥及禽畜养殖场粪便的处理。

典型的 ATAD 工艺系统一般采用间歇(分批)操作，至少两个反应器串联运行：第一段温度通常为 45℃左右，一般不超过 55℃；第二段温度通常为 50~60℃，一般不超过 70℃。同时要将进泥浓缩至 TSS 浓度为$(4\sim6)\times10^4$mg/L 或 VSS 浓度最少为 2.5×10^4 mg/L，这样才能产生足够的热量；反应器要采用封闭式(加盖)，外壁需采取隔热措施以减少热损失。另外，还需采用高效氧转移设备以减少蒸发热损失，有时甚至采用纯氧曝气。通过采取上述措施，可使反应器温度达到 45~65℃，甚至在冬季外界温度为-

10℃、进泥温度为0℃情况下也不需要外加热源。在两段式ATAD消化工艺的基础上，人们还提出了单段式消化工艺。

加拿大诺曼工程和建设者有限公司(NORAM Engineering and Constructors Ltd.)推出了带有专利性质的VERTAD™污泥自热高温好氧污泥消化工艺，初沉污泥及剩余活性污泥经该工艺处理后，可转化成美国国家环保局(EPA)CFR-503条规定的A级生物固体，可直接用作土壤肥料。该工艺的核心是深埋于地下的井式高压反应器，一般深110m，井的直径通常为ϕ0.5~3m，井式反应器从上至下依次是氧化区、混合区和深度氧化区。以100000m^3/d规模的城市污水处理厂为例，采用常规钻井技术，只需在原有污泥处理系统中增加占地260m^2即可，建成后一方面污泥性质大为好转，周边环境大为改善，同时可实现无人操作自动控制。如图4-4-15所示，VERTAD™工艺与其它高温消化系统相比的不同之处在于，将三个独立的功能区放在一个反应器中进行。反应器的上部是一级反应区，包括一个同心循环管路和用于混合污泥循环的循环区；一级反应区的下部为混合区，位于整个反应器的1/2深度处，空气由此处注入，通过空气提升作用为内部循环提供动力；反应器底部为深度氧化区，能够提供杀死沙门氏菌和大肠杆菌等病菌所需要的65℃高温及水力停留时间，从而保证消化污泥的质量。工作过程中，污泥被送入混合区后和已部分消化的循环污泥混合，同时将压缩空气连续不断引入混合区下部为微生物提供氧气，由于反应器内液压高，使氧的浓度及传递速率相应提高；小气泡沿井外环上升，进入顶部气液分离罐后实现气液分离；部分污泥进入反应器底部的深度反应区，此处温度高、停留时间长，能满足获得A级生物固体所需的反应温度与时间要求。底部经消化后的A级生物固体快速上升，进入消化产物储罐，因上升速度快而确保其中的砂砾不沉积于反应器底部；在消化污泥向产物罐上升的过程中，由于压力迅速降低，气浮作用促使固液分离，并获得含固率约10%的A级生物固体。与常规ATAD工艺相比，VERTAD™工艺在能耗、曝气量、杀菌率(%VS)、水力停留时间和平均氧转移效率等方面都具有较为明显的优势。

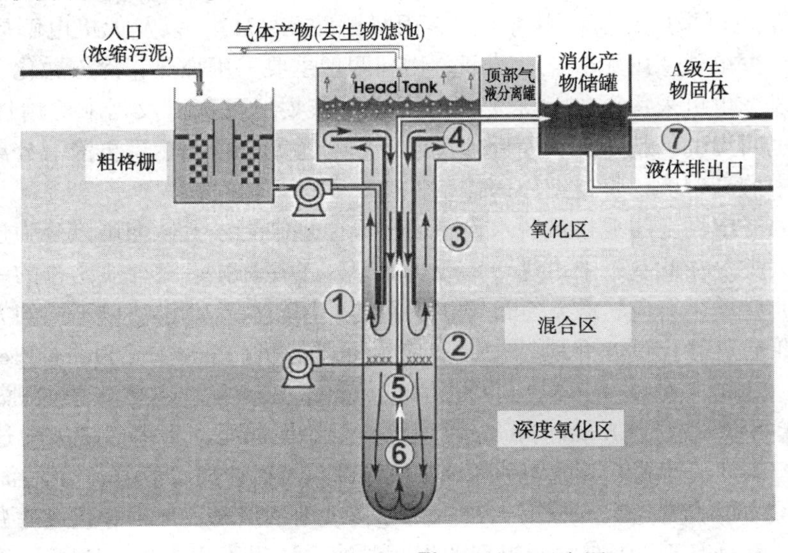

图4-4-15　VERTAD™工艺流程示意图

(4) 高温好氧-中温厌氧两级消化工艺

高温好氧-中温厌氧两级消化(Aerobic Thermophilic and Anaerobic Mesophilic，AerTAnM)

工艺以高温好氧消化工艺作为中温厌氧消化的预处理工艺，并结合了两种消化工艺的特点，在提高污泥消化能力及对病原菌去除能力的同时还可回收生物能。高温好氧消化预处理段的水力停留时间一般为 1d(有时采用纯氧曝气)，温度为 55~65℃，DO 维持在(1.0±0.2)mg/L。后续中温厌氧消化段的温度为(37±1)℃。该工艺将快速产酸反应阶段和较慢的产甲烷反应阶段分离在两个的不同反应器内进行，有效提高了两段的反应速率。同时，可利用高温好氧消化产生的热量来维持中温厌氧消化的温度，进一步减少了能源浪费。

§4.5 污泥机械脱水设备

污泥经过浓缩、消化稳定后，因其含水率仍然较高而不便于运输和使用，需要进一步对其进行脱水甚至干化处理。污泥脱水主要通过将污泥颗粒间的毛细水和污泥颗粒表面的吸附水分离出来，使含水率降低到 80%~85%以下，体积大幅度减少。脱水后的污泥具有固体特性，成泥块状，能装车运输，便于最终处置利用；将脱水污泥的含水率进一步降低到 50%~65%以下(最低达 10%)的操作叫干化(或称干燥)。经过脱水处理的污泥量占全部污泥量的比例，在欧洲的大部分国家达 70%以上，日本则高达 80%以上。

污泥脱水可分为自然脱水和机械脱水两大类。污泥干化床(也叫干化场或晒泥场)、真空干化床、袋装脱水等都属于自然脱水的范畴，其机理是自然蒸发与渗透。一般经过自然脱水处理后的污泥含水率可达到 65%左右，但该法脱水效率较低，占地面积较大，不适于大规模的污水处理厂。鉴于依靠自身的重力或静压力无法分离出污泥中的毛细水和污泥颗粒表面的吸附水，因此机械脱水是通过外加机械力(如挤压力或离心力等)作用，强制性地使其与固体颗粒发生分离。为了提高机械脱水的效果与处理能力，往往需要通过调质(或调理)来改变污泥的理化性质，减小胶体颗粒与水的亲和力。调质的方法分化学调理、物理调理和水力调理 3 种，化学调理就是向污泥中投加各种有机或无机调理剂。国内常用阳离子型聚丙烯酰胺(PAM)，也可采用石灰和阴离子型聚丙烯酰胺(PAM)，以及无机电解质和聚丙烯酰胺联合使用，很少单独使用无机化学药剂。物理调理主要采用加热、冷冻融化、微波、超声波、电场等手段，也可采用添加污泥焚烧时所产生灰烬、飞灰以及锯末等惰性助滤剂的方式。水力调理也叫淘洗，就是先利用处理过的污水与污泥混合，然后再澄清分离，以此冲洗和稀释原活泥中的高碱度，带走细小固体。

从目前国内外市场上污泥机械脱水设备的工作原理来看，大体上可以分为过滤分离、离心沉降分离两大类。在此基础上可进一步分类如下：①在静止过滤介质结构的一侧造成负压使水分通过过滤介质，对应转鼓真空过滤机，目前使用较少；②设法以不同的方式给污泥加压，将水分挤压通过静止过滤介质结构，对应板框压滤机(Plate and Frame Press)、厢式压滤机(Chamber Filter Press)、带式压滤机(Belt Filter Press)、过滤式螺压脱水机(Screw Press)、滚压式污泥脱水机(Rotary press)；③设法给污泥加压，将水分挤压通过游动过滤介质结构，对应叠螺式脱水机(Multi-disc Screw Press)；④营造离心力场，使污泥中的水分与固体颗粒在超重力场中发生沉降分离，对应离心脱水机。污泥脱水用静止过滤介质结构所涉及的过滤机理，都是基于§1.5 中所提到的表面过滤，这里不再赘述。除了用于浓缩、消化稳定后污泥的机械脱水之外，部分设备还可以直接用于未经浓缩之污泥处理，即具备浓缩脱水一体化功能，如滚压式污泥脱水机、叠螺式脱水机等。

一、压滤机

压滤法与真空过滤法的基本理论相同，只是前者的推动力为正压而后者为负压。压滤法的压力可达0.4~0.8MPa，故推动力远大于真空过滤法。常用的压滤机有板框压滤机、厢式压滤机、带式压滤机等。

1. 板框压滤机

板框压滤机具有对物料适应性强、过滤压力较高、滤饼含湿率低、固相回收率高、结构简单、操作维修方便、使用寿命长等特点。板框压滤脱水进泥含水率要求一般为97%以下，出泥含水率一般可达65%~75%。

(1) 结构与工作原理

如图4-5-1所示，板框压滤机由许多块滤板和滤框交替排列、共同支承在两根平行的主梁上组成，具体包括止推板、滤框、滤板、压紧板、主梁和压紧机构等。两根主梁把止推板和压紧机构连在一起构成机架，机架上靠近压紧机构的一段放置压紧板，在压紧板和止推板之间依次排列着滤板和滤框，滤板与滤框之间夹着滤布。

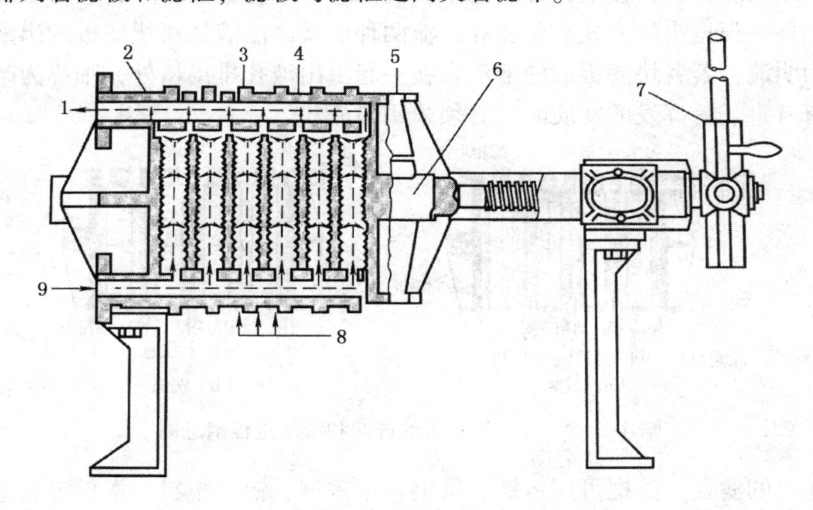

图4-5-1 板框压滤机的结构示意图

1—滤液出口；2—止推板；3—滤框；4—滤板；5—压紧板；6—主梁；7—压紧机构；8—滤布；9—悬浮液入口

滤板和滤框的构造如图4-5-2所示，滤框是方形框，其右上角的圆孔是料液通道，此通道与框内相通，使料液流进框内；滤框左上角的圆孔是洗水通道。滤板两侧表面做成纵横交错的沟槽，从而形成凹凸不平的表面，凸面用来支撑滤布，凹槽是滤液的流道。滤板右上

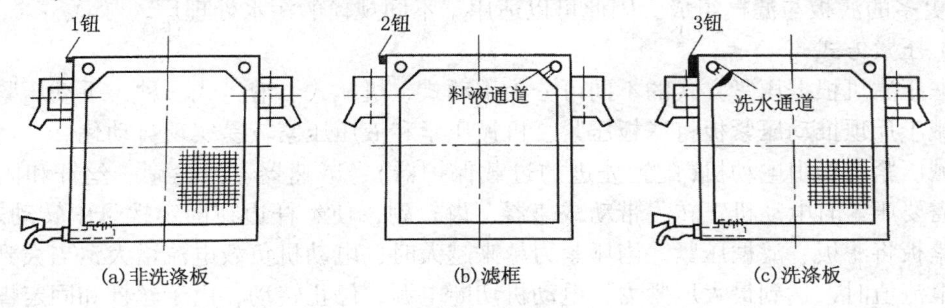

(a)非洗涤板 (b)滤框 (c)洗涤板

图4-5-2 板框压滤机滤板和滤框的结构示意图

角的圆孔是料液通道，左上角的圆孔是洗水通道。滤板有两种，一种是左上角的洗水通道与两侧表面的凹槽相通，使洗水流进凹槽，这种滤板称为洗涤板；另一种是洗水通道与两侧表面的凹槽不相通，称为非洗涤板。为了避免这两种板和框的安装次序出错，在铸造时常在板与框的外侧面分别铸有一个、两个或三个小钮。非洗涤板为一钮板，滤框带两个钮，洗涤板为三钮板。

板框压滤机的过滤和洗涤如图 4-5-3 所示。过滤时，用泵把料液送进右上角的料液通道，由通道流进每个滤框里。滤液穿过滤布，沿滤板的凹槽流至每个滤板下角的阀门排出，固体颗粒积存在滤框内形成滤饼，直到框内充满滤饼为止。若需要洗涤滤饼，则由过滤阶段转入洗涤阶段。如果洗水沿料液通道进入滤框，由于框中已积满了滤渣，洗水将只通过上部滤饼而流至滤板的凹槽中，造成洗水短路，不能把全部滤饼洗净。因此，在洗涤阶段将洗水送入洗水通道，经洗涤板左上角的洗水进口进入板两侧表面的凹槽中，然后洗水横穿滤布和滤饼，最后由非洗涤板下角的滤液出口排出。在此阶段中，洗涤板下角的滤液出口阀门关闭。洗涤阶段结束后，打开板框，卸出滤饼，洗涤滤布、滤板和滤框，然后重新组装，进行下一次操作循环。根据出液方式有明流和暗流两种形式，滤液从每块滤板的出液孔直接排出机外，则称为明流；若各块滤板的滤液汇合在一起由出液孔排出机外，则称为暗流。当过滤的料液中含有有毒、易挥发的物质时，必须采用暗流式。

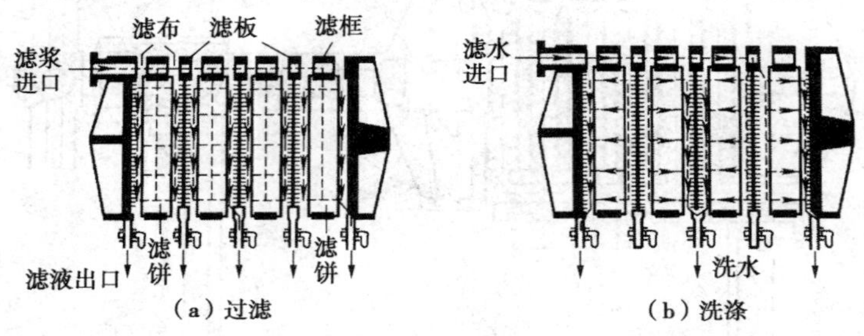

图 4-5-3　板框压滤机的过滤和洗涤过程示意图

板框压滤机的滤板、滤框可用铸铁、碳钢、不锈钢、铝、塑料、木材等制造，操作压力一般为 0.3~0.5MPa，最高可达 1.5MPa。滤布的选型对过滤效果的好坏很重要，常用的滤布有涤纶、维纶、丙纶、锦纶等几种。洗涤滤布可用自来水，为了保证有足够压力的干净气源，一般压滤机要配备 1~1.5m^3/min 的空压机和一只 3m^3的储气罐。在市政污泥脱水时，有效洗涤滤布的压力应不小于 0.8MPa，清洗水泵选用柱塞泵。我国制定的板框压滤机系列规格：滤框厚度为 25~50mm，滤框面积从 300mm×300mm 到 1400mm×1200mm，每台由 10~60 对或更多的滤板与滤框组成，因此可以适用于不同规模的污水处理厂。

(2) 压紧方式

板框压滤机根据压紧方式的不同可分为手动式、机械式、液压式三种，手动压紧是以螺旋式机械千斤顶推动压紧板将滤板压紧，机械压紧和液压压紧较易实现自动化。

机械压紧机构由电动机(配置先进的过载保护器)、减速器、齿轮副、丝杆和固定螺母组成。需要压紧时电动机正转，带动减速器、齿轮副，使丝杆边在固定螺母中转动边前行，推动压紧板将滤板、滤框压紧。当压紧力越来越大时，电动机负载电流增大，当大到保护器设定的电流值时，达到最大压紧力，电动机切断电源，停止转动，由于丝杆和固定螺母有可靠的自锁螺旋角，能可靠地保证工作过程中的压紧状态。需要退回时电动机反转，当压紧板上的压块，触压到行程开关时退回停止。

液压压紧机构由液压站、油缸、活塞、活塞杆以及活塞杆与压紧板连接的半环法兰卡片组成，液压站包括电机、油泵、溢流阀(调节压力)换向阀、压力表、油路、液压油等。工作时，由液压站供高压油，油缸与活塞构成的腔室充满油液，当压力大于压紧板运行的摩擦阻力时，压紧板缓慢地压紧滤板，当压紧力达到溢流阀设定的压力值时，滤板、滤框被压紧，溢流阀开始卸荷，此时切断电机电源，压紧动作完成；退回时，换向阀换向，压力油进入油缸的有杆腔，当油压能克服压紧板的摩擦阻力时，压紧板开始退回。液压压紧为自动保压时，压紧力由电接点压力表控制，将压力表的上限和下限设定在工艺要求的数值。当压紧力达到压力表的上限时，电源切断，油泵停止供油；由于油路系统可能产生的内漏和外漏造成压紧力下降，当下降到压力表的下限时，电源接通，油泵开始供油。这样自动循环，以达到过滤物料过程中的压紧力保持效果。

(3) 过滤速率

由于构成滤饼层的颗粒尺寸通常很小，形成的滤液通道不仅细小曲折，而且互相交联，形成不规则的网状结构。随着过滤操作的进行，滤饼厚度不断增加而使流动阻力逐渐加大，因而过滤属于不稳定操作。单位时间通过单位过滤面积的滤液体积称为过滤速度，通常将单位时间内获得的滤液体积称为过滤速率，单位为 m^3/s 或 m^3/h。过滤速度是单位过滤面积上的过滤速率，二者不可混为一谈。对于不稳定流动，任一瞬间的过滤速率可用卡门(Carman)公式表示，该公式也是过滤的基本方程式

$$\frac{t}{V}=\frac{\mu\omega r}{2PA^2}V+\frac{\mu R_f}{PA} \tag{4-5-1}$$

式中 V——滤液体积，m^3；

t——过滤时间，s；

P——过滤压力，kg/m^2；

A——过滤面积，m^2；

μ——滤液的动力黏滞系数，$kg \cdot s/m^2$；

ω——单位体积的滤液在过滤介质上截留的干固体质量，kg/m^3；

r——污泥比阻，m/kg，单位过滤面积上单位干重滤饼所具有的阻力；

R_f——过滤介质的阻抗，$1/m^2$。

过滤的操作方式有两种，即恒压过滤和恒速过滤。有时为了避免过滤初期因压力差过高而引起滤液浑浊或滤布堵塞，可采用先恒速后恒压的复合操作方式，过滤开始时以较低的恒定速度操作，当表压升至给定数值后，再转入恒压操作。当然，工业上也有既非恒速亦非恒压的过滤操作，如用离心泵向压滤机送浆即属此例。

(4) 板框压滤机生产能力的计算

板框压滤机为间歇操作的过滤设备，其单位过滤面积的生产能力 q 可按下式计算

$$q=\frac{v}{t+t_1+t_2}\quad [m^3/(m^2 \cdot s)] \tag{4-5-2}$$

式中 t——过滤操作时间，s；

t_1——滤饼洗涤时间，s，对于污泥脱水，滤饼一般不洗涤，故 $t_1=0$；

t_2——包括卸渣、滤布清洗、吹干、压紧等辅助操作时间，s；

v——每个操作周期内单位过滤面积上所获得的滤液量，m^3/m^2。

若假设板框压滤机的操作在恒压条件下进行，则有

$$v^2 = Kt \tag{4-5-3}$$

式中　K——恒压过滤系数，m^2/s(通常可由实验测得)。

由物料平衡可得单位过滤面积上滤饼质量 w(kg/m^2)的计算表达式如下

$$w = v\rho c/(1-mc) \tag{4-5-4}$$

式中　ρ——滤液的密度，kg/m^3；

c——料浆中固体物质的质量分率；

m——滤饼的湿干质量比。

滤饼厚度 b(m)与单位过滤面积上滤饼质量 w(kg/m^2)之间的关系如下

$$b = w/r_c \tag{4-5-5}$$

式中　r_c——滤饼的堆密度，kg/m^3。

最终可得过滤时间 t(s)和滤饼厚度的关系式如下

$$t = v^2/K = \left(\frac{b\ r_c(1-mc)}{\rho c}\right)^2 /K \tag{4-5-6}$$

一般而言，当选定了板框式压滤机的规格后，其滤框厚度也相应选定，通常由于一个滤框的两面都在进行过滤，以滤框厚度的一半作为滤饼厚度代入上式，即可计算板框压滤机的过滤时间。再根据自选过滤机的型号与规格，确定辅助操作时间t_2。该设备的生产能力 Q 为

$$Q = Aq = \frac{Av}{t+t_2} \quad (m^3/s) \tag{4-5-7}$$

式中　A——过滤机的过滤面积，m^2。

(5) 板框压滤机选型设计简化方法

进行污泥脱水用压滤机的选型设计时需要考虑如下两点：一是污泥加药类型，是投加无机混凝剂，还是投加高分子絮凝剂，或者二者兼有；二是压滤机的自动化程度，常规自动化应该包括自动液压闭合、自动拉板、自动卸饼、自动集水盘、泵和管路阀门仪表自动控制等。选型计算过程如下：

① 确定每一天的干固量 Q(如果投加大量无机混凝剂，则需将增加的干固量加到待处理的污泥中)，确定压滤机每天的工作时间 T、一个循环的工作时间 C、滤饼的相对密度 ρ'(一般污水处理厂取 1.1kg/L，自来水厂取 1.2kg/L)、滤饼的含固率 S(需根据过滤和挤压试验确定)；

② 压滤机每一天的循环数为 T/C，每个循环的干固量为 $Q/(T/C)$；

③ 压滤机一个循环的滤饼体积为$[Q/(T/C)]/S/\rho'$；

④ 根据滤板的标准有效容积和面积，确定压滤机需要的滤板数量。

2. 厢式压滤机

厢式压滤机(Chamber Filter Press)是由厢式滤板(凹板)和滤布交替排列组成滤室的加压过滤机，厢式滤板两面内凹，并且表面有棱状的小凸起，板中央原液孔处用短套将两侧面的开孔滤布缝合起来。若干个滤板重叠起来之后，相邻滤板之间形成一个个滤室。加压的原液从中央的原液通孔可顺利充满每个滤室并过滤，滤液穿过滤布，从凹板棱状凸起下的沟槽经滤板下方的滤液流出孔排出。滤饼留在滤室里，过滤结束后开机卸出。

厢式压滤机可分为有压榨隔膜(Membrane Filter Presses)和无压榨隔膜两类，当需配置压榨隔膜时，一组滤板由隔膜板和侧板组成。隔膜板的基板两侧包覆着橡胶隔膜，隔膜外边包

覆着滤布，侧板即普通的滤板。一般带压榨隔膜的设备由于压榨力较过滤压力高，故滤饼的含水率较低，也较稳定，设备的操作弹性好。进料压力一般根据物料的过滤性质具体确定，厢式压滤机一般为0.3~1.5MPa，在进料之前或之后，如果物料相对密度很大且黏稠，有时增加冲洗进料口工序以保证进料口畅通，冲洗水压力一般不大于0.3MPa。目前较为有效的方式是在进料口使用分料环和支撑环，且对进料孔进行压缩空气吹扫。分料环和支撑环可以组成光滑的进料通道，避免滤布形成的进料通道在进料口进行过滤沉淀，且保护滤板和滤布，尤其是磨损比较厉害的物料(如含砂的市政污泥脱水)建议使用，还可避免腔室间形成压差。

滤饼吹风的压力不超过0.5MPa，先正吹、后反吹，正吹风除了吹去进料管道中的残余悬浮液及滤板中滤渣的部分水分外，还促使滤渣与橡胶膜分离。反吹风使滤渣和滤布处于脱开状态，反吹风的目的是为了便于自动卸料，正吹风的目的是为了自动卸料，正反吹风各自反复吹2~3次，每次大约半分钟。

厢式压滤机的选用主要根据污泥量、压滤机的过滤能力确定所需面积和压滤机台数，再进行设备布置。部分厢式压滤机的产品性能如表4-5-1所示。XAJZ60/1000-30型自动厢式压滤机的工艺流程如图4-5-4所示。

表4-5-1　厢式压滤机的产品性能列表

型　号	过滤面积/m^2	滤板内边尺寸/mm	滤室容积/m^3	滤板厚度/mm	滤板数量/块	压榨板数量/块	过滤压力/MPa	压榨压力/MPa	压紧力/MPa	电动机功率/kW	外形尺寸(长×宽×高)/(mm×mm×mm)	质量/kg
XAJZ60/1000-30	64	1000×1000	1	30	15	16	≤0.4	≤0.6	-	11	4567×1510×1475	12000
XMZ60F/1000-30	64	1000×1000	0.96	30	15	16	-	-	12~14	7	4785×1500×1355	15000
XAGZ120/1000-30	120	1000×1000	—	30	31	32	—	—	—	11	8900×2200×3720	30000
XMYZ340/1500-61	340	1500×1500	—	60	94	95	—	—	<14	5.5	10000×2300×1727	63000
XMYZ500/1500-60	500	1500×1500	—	60	137	138	—	—	<14	5.5	12020×2330×1727	73000
XM10/450-U	10	450×450	0.125	25	26	26	0.4	—	7.5	2.2	2550×970×1240	1600
XM20/630-U	20	630×630	0.25	25	26	26	0.4	—	8.0	2.2	2682×1110×1060	2500
XM30/630-U	30	630×630	0.375	25	38	38	0.4	—	8.0	2.2	3296×1110×1360	2800

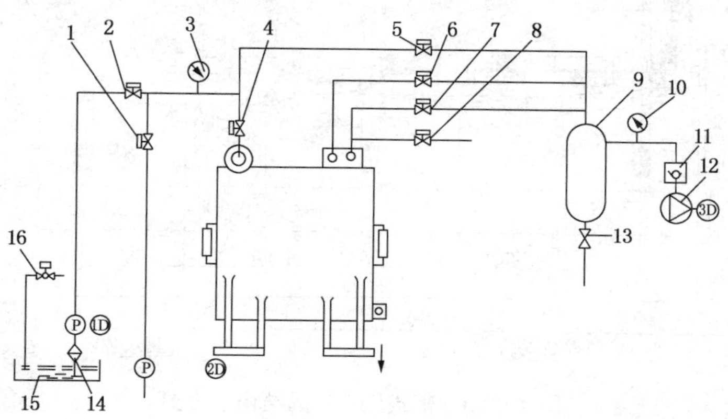

图4-5-4　XAJZ60/1000-30型自动厢式压滤机的工艺流程示意图

1，2，4~8，13—阀门；3，10—压力表；9—储气缸；11—止回阀；12—空气压缩机；14—过滤器；15—物料槽；16—压力调节阀

基于隔膜式压滤机，目前还出现了集机械过滤与热力干燥为一体的热压干燥脱水技术，实现了悬浮液过滤、结饼、机械压榨和热压干燥的全过程。通过在隔膜式压滤机的厢板和隔膜板之间加入干燥板，将常规压滤机的过滤室一分为二，在滤室内完成悬浮液热压过滤阶段后即进入热压干燥阶段，热压干燥阶段包括 3 种作业：①向干燥板内通入热介质(如饱和蒸汽或导热油)，将干燥板加热，靠近干燥板的滤饼毛细管水开始传导受热而蒸发，所变成的蒸汽急剧膨胀，驱使其外侧毛细管水涌出滤饼表面；②隔膜压榨，强化原压滤机的机械脱水功能；③滤室抽真空，降低其内细粒滤饼所含液体的汽化温度和抽出其内产生的蒸汽。

3. 带式压滤机

带式压滤机又被称为带式压榨过滤机，工作过程中物料被夹在两条各自封闭的滤带之间，随滤带在一系列辊子间运动，物料受挤压和剪切作用而使液体透过滤带排出，滤饼在两条滤带分开后卸除。原西德 1963 年率先研制成功带式压榨过滤技术，奥地利安德里茨(Andritz)集团在引进西德原型机的基础上，于 1978 年推出了 CPF21001 型带式压滤机，并在浮选尾煤脱水中成功应用。带式压滤机具有结构简单、脱水效率高、处理量大、能耗少、噪声低、自动化程度高、可以连续作业、易于维护等优点。一般要求进泥含水率在 97.5%以下，出泥含水率一般低于 82%。

(1) 基本结构

带式压滤机目前在我国有普通型(DY 型)、压滤段隔膜挤压型(DYG 型)、压滤段高压带压榨型(DYD 型)、相对压榨型(DYX 型)及真空预脱水型(DYZ 型)5 个系列，主要区别在于压榨脱水阶段，压榨辊采用不同的布置与组合可以形成很多不同的机型。尽管产品结构各异，但工作原理与压榨方式大体相同，主机构造也基本相同。如图 4-5-5 所示，主要由机架、驱动机构、滤带、辊筒、滤带张紧与矫正机构、滤带冲洗机构和安全保护部件等组成，配套使用的辅助设备有加药系统、污泥泵、冲洗水泵、加药计量泵等。

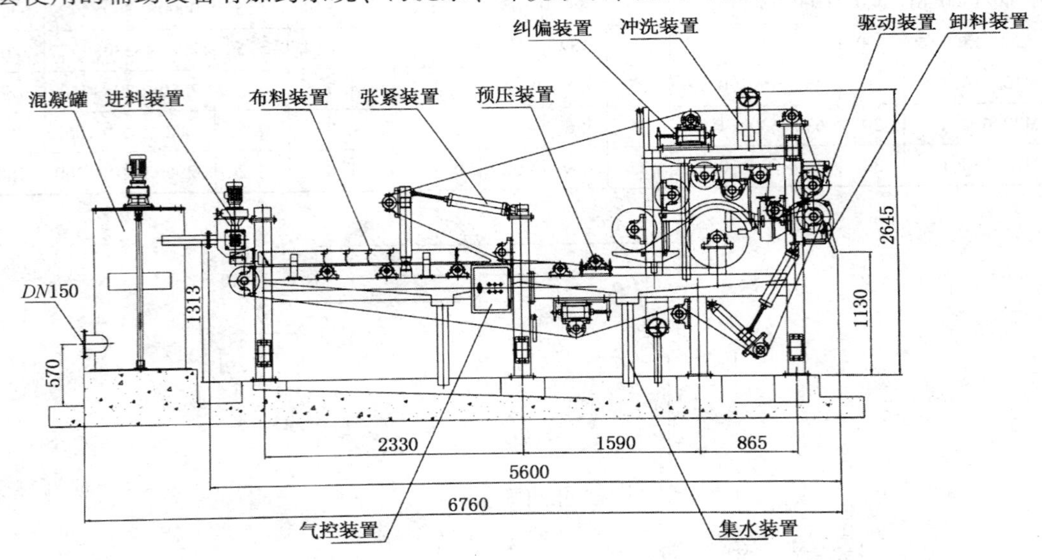

图 4-5-5　带式压滤机的结构示意图

① 驱动机构

由电动机、联轴器、调速器、链条等转动及传动部件组成，作用是将动力传递给滤带，带动整个设备运转。一般采用无级调速，滤带线速度范围为 0.3~10m/min，对于处理生活污水污泥以及有机成分较高的不易脱水污泥取低速，对于消化污泥及含有无机成分较高的易脱水污泥取高值。

② 滤带

滤带不但起过滤介质的主要作用，同时具有传递压榨力和输送滤渣的作用，因此必须具有良好的过滤性能和滤饼的剥离性。由于滤带要不断经过过滤、滤饼剥离、清洗的循环过程，因此滤带还必须具有良好的再生性能。此外，滤带还必须具有足够的强度、耐磨性和变形量小等性能。常用的滤带材料为聚酯和尼龙，编织方法常用单丝编织。近年来，为了提高滤带的脱水性能和捕集性能，开始采用一层半和双层网(如图4-5-6所示)。上层由丝径较细、结构较紧密、起捕集作用的材料构成，下层由丝径较粗、强度高的材料构成。滤带连接接口形式分为无端接口、螺旋环接口和销接环接口等；无端接口滤带的使用寿命长、强度高，但安装不方便，目前常用销接环接口。《带式压榨过滤机》(JB/T 8102—2008)规定，滤带宽度取值一般为500、1000、1500、2000、2500、3000mm。除此之外，目前还出现了"方向性立毛纤维"滤带。

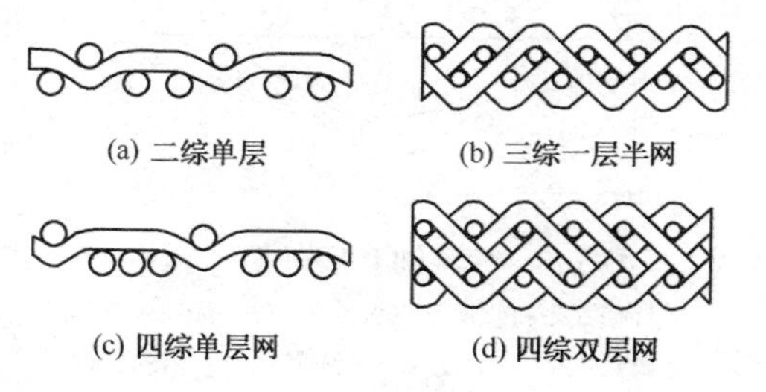

图4-5-6　滤网编织方法示意图

③ 滤带张紧与矫正机构

滤带张紧机构的作用是拉紧并调节滤带的张紧力，以便适应不同性质的污泥处理，滤带张紧力一般控制在0.3~0.7MPa之间。常用气缸或液压缸来拉紧滤带，通过改变气压或液压即可调整滤带的拉力。滤带气动矫正机构的结构如图4-5-7所示，在上、下滤带的两侧设有机动换向阀，当滤带脱离正常位置时，将触动换向阀杆，接通阀内气路，使纠偏气缸带动纠偏辊运动，在纠偏辊的作用下使滤带恢复原位。正常工作时，滤带允许偏离中心线两边10~15mm，超过15mm时滤带矫正机构开始工作，调整滤带的运行。如果矫正机构工作失灵，滤带得不到调整，当滤带偏离中心位置超过40mm时，应使机器自动停止运行。

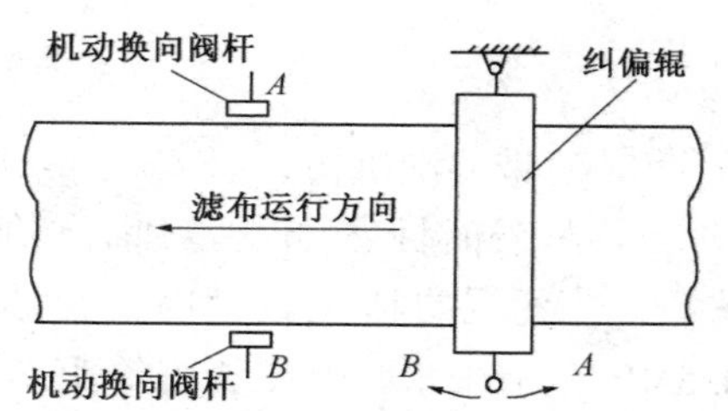

图4-5-7　滤布矫正机构的结构示意图

④ 辊筒

根据功能的不同，辊筒可分为传动辊、压榨辊和纠偏辊。一般的压榨辊都是采用无缝钢管，两端焊接轴头一次加工而成；在低压脱水段使用直径大于ϕ500mm的压榨辊，一般用钢板卷制而成。常在压榨辊筒表面钻孔或辊筒表面开凹槽，以便于压榨出来的水及时排出。压榨辊表面一般均需特殊处理，并涂以均匀、牢固、耐磨、耐蚀的涂层；或采用不锈钢材质。为增大摩擦力，一般在传动辊和纠偏辊外表面衬胶(包一层橡胶)，胶层与金属表面应紧密贴合、牢固，不得脱落。

为了保持滤带在运行中的平稳性，设备安装后，所有辊筒轴线之间的平行度不得低于《形状和位置公差》(GB/T 1184)中未注明公差规定的10级精度。对于直径大于ϕ300mm的辊筒，在加工制造时应使用重心平衡法进行静平衡检验，辊筒安装后要求在任何位置都处于静止状态。

带式压滤机的主要区别在于压榨辊的布置方式上，一般分为对列辊式和错列辊式两大

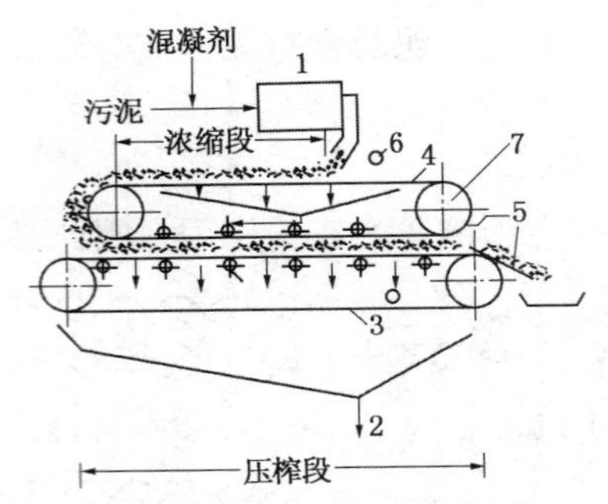

图 4-5-8　榨辊轴 P 形布置示意图
1—混合槽；2—滤液与冲水排出；3—涤纶滤布；4—金属丝网；5—刮刀；6—洗涤水；7—滚压轴

类，有时也分别被称为 P 形布置和 S 形布置。如图 4-5-8 所示，对列辊式布置由上下两组近乎平行且同向移动的封闭回转带组成，上、下回转带分别采用金属丝网和滤布，主要靠对列压榨辊之间产生的挤压力来脱水。由于滤带与压榨辊之间的接触面积小、压榨时间短，一般只作为重力或低真空脱水之后的加压预脱水用。错列辊式布置如图 4-5-9 所示，滤带与压榨辊之间为低副接触而高副接触，且接触区域的弯曲方向反复多变。工作过程中利用滤带的张紧力，对相互错开的压榨辊曲面施加压榨力来使两条滤带之间的污泥脱水，由于滤带与压榨辊之间的接触面积大，具有压榨力方向多变、压榨时间长等特点。

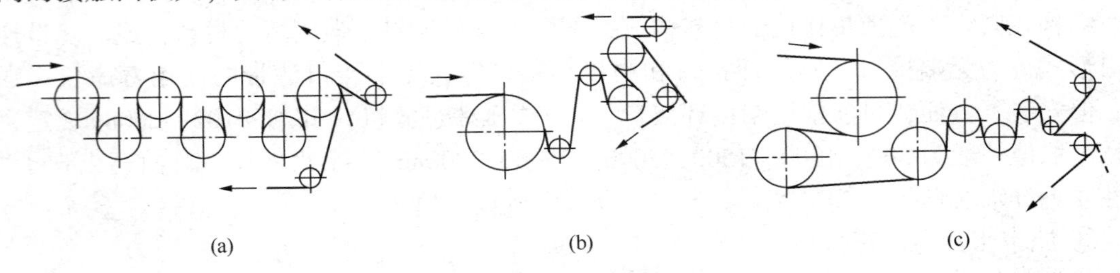

图 4-5-9　S 形压榨辊的布置形式示意图

⑤ 滤带冲洗机构

滤带经卸料机构卸去滤饼后必须清洗干净，以保持滤带的透水性，以利于脱水工作连续进行。当污泥的粘性较大时，常堵塞在滤带的缝隙中不易清除，故冲洗水压必须大于 0.5MPa。清洗水管上要装有等距离的喷嘴，喷出的水呈扇形，有利于减小水的压力损失。有的清洗水管内设置铜刷，用于洗刷喷嘴，避免堵塞。

⑥ 安全保护部件

安全保护部件在下列情况下应自动停机并报警：a)冲洗水压低于 0.4MPa，滤带不能被冲洗干净会影响循环使用；b)气动式滤带张紧机构的气源压力小于 0.5MPa，致使滤带的张紧力不足；c)运行中滤带偏离中心，超过 40mm 无法矫正时。自动停机的含义为：主电动机、污泥泵、加药泵停止转动，但冲洗水泵、空压机泵不停。

(2) 工作原理

如图 4-5-10 所示，可将压榨辊轴 S 形布置滤机的脱水过程分为预处理、重力脱水、楔形预压脱水、低压脱水及高压脱水等 5 个主要阶段。

① 预处理阶段：也称污泥絮凝阶段。将絮凝剂投加在待脱水处理的污泥中，在污泥混合筒内进行充分的混合絮凝反应，使固相粒子发生凝聚，为污泥的过滤脱水准备条件。

② 重力脱水阶段：絮凝后的污泥在压滤之前需经过一水平段，即重力脱水段。被絮凝的物料逐渐加到滤带上，污泥中 50%~70%的水分(大部分为游离水)靠重力脱掉，使污泥的含固量增加 7%~10%，便于后面的挤压。从设计方面考虑这一段应尽可能延长，但长度增加会使机器外形尺寸加大，故此段长度一般为 2.5~4.5m 左右。在重力脱水区内设有分料耙和分料辊，可将污泥疏散并均匀分布在滤带表面，使脱水效果更好。

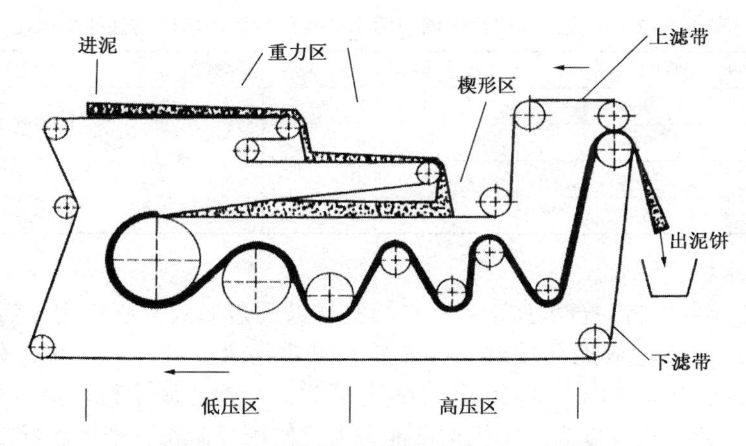

图 4-5-10　带式压滤机的工作原理示意图

③ 楔形预压脱水阶段：楔形区是一个三角形空间，两条滤带在该区逐渐靠拢，污泥在两条滤带之间逐步开始受到挤压。在该段内污泥的含固量进一步提高，并由半固态向固态转变，为进入压力脱水区做准备。

④ 低压脱水阶段：污泥经楔形区后，被夹在两条滤带之间绕压榨辊作 S 形上下移动，施加到泥层上的压榨力取决于滤带张力和压榨辊直径。在滤带张力一定时，压榨辊直径越大，压榨力越小。压滤机前面三个压榨辊的直径较大，一般为 ϕ500～800mm，施加到泥层上的压榨力较小，因此称为低压区。污泥经低压区后的含固量会进一步提高，为接受高压进一步脱水做准备。

⑤ 高压脱水阶段：污泥进入高压区后受到的压榨力逐渐增大，其原因是压榨辊的直径越来越小，高压区压榨辊的直径一般为 ϕ200～300mm。污泥经高压脱水后，含固量会进一步提高。

低压脱水和高压脱水统称为压榨脱水。常见带式压滤机压榨辊的数目为 4～11 个，压榨辊直径在 Φ150～1200mm 范围内。经压榨脱水后的污泥含固率一般为 20%～30%，可用输送机输送至堆放场或直接装车送出厂外。

（3）典型产品与设计选型

典型产品有德国 Bilfinger 公司的 FluX-Press 带式压滤机、德国 Huber 公司的 Bogenpress BS 带式压滤机、奥地利 Andritz 集团的 Powerpress 带式压滤机、英国 Ashbrook Simon-Hartley 公司(现已被瑞典 Alfa Laval 兼并)的 Klampress 系列带式压滤机、日本市川毛织株式会社(ICHIKAWA)IK 系列带式压滤机、韩国裕泉(Yucheon Engineering)带式压滤机等。

带式压滤机在实际应用中所涉及的技术经济指标主要有处理能力、泥饼含水率、化学药剂投加量、动力消耗、冲洗水耗量等，其中处理能力是评价带式压滤机综合性能的首要指标，一般以每米带宽每小时分离出的干物质质量(kg)或处理的污泥体积(m^3)计。带式压滤机用于城镇污水处理厂时，性能指标应符合表 4-5-2 的规定；应根据不同的污泥性质和不同的带机构造进行模拟试验，以确定处理能力和其他运行参数，也可根据同类设备处理同类污泥的数据参考使用。工程实际中进行设计选型时，一般根据处理能力、污泥量来确定所需带式压滤机的宽度和台数，并绘制设备布置图。

表 4-5-2　带式压滤机用于城镇污水处理厂污泥脱水时的性能指标

污泥种类	进泥含水率/%	干泥产量/[kg/(m·h)]	滤饼含水率/%	消耗干药量/(kg/t 干泥)
初沉污泥	96~97	120~300	75~80	1~5
活性污泥	97~98	80~150		
混合污泥	96~97.5	120~300		
消化后混合污泥	96~97.5	110~300		

二、离心脱水机

德国于 1902 年首次将一台类似于目前有筛孔转鼓的过滤式离心机用于污泥脱水，但脱水效果不理想。后来改进成无孔转鼓，1903 年在城市污水处理厂中应用，分离效果较好，排出泥饼中的固体含量达 29%。自 20 世纪 60 年代以来，离心脱水机广泛应用于污泥脱水，展现了结构紧凑、自动化程度高、单机生产能力大、使用寿命长、密闭运行二次污染少、对污泥适应性强、脱水效果好等优点；有些原来采用板框压滤机、带式压滤机等设备的污水处理厂，也逐渐改用离心脱水机。

当今国际上已普遍使用全封闭连续运行的卧式螺旋卸料沉降离心机(简称卧螺沉降离心机)作为污泥脱水的主机，但普通卧螺沉降离心机的缺点是脱水污泥的含湿量比带式压滤机高，可以从提高分离因数、增加机械挤压和延长停留时间等三个方面采取改进措施。目前国内外采用最多的强化脱水措施是，通过开发低速大长径比机型，增加机械挤压和延长停留时间。一般而言，污泥浓缩与脱水时的转差以 2~5r/min 为宜(转差约占转鼓转速的 0.2%~3%)；分离因数一般为 2000~3000 左右，可通过离心模拟试验或直接对离心机调试得出；转鼓直径在 200~1200mm 之间，长径比在 $L/D=4\sim5$ 之间。此外，目前已经成功研发了污泥浓缩脱水一体化的卧螺沉降离心机。

1. 工艺流程

用离心机进行污泥脱水时，应掌握污泥形状和高分子絮凝剂的特性，经试验筛选后确定配伍。图 4-5-11 为离心机污泥脱水的常用工艺流程示意图。经污泥浓度计测得相应信号，

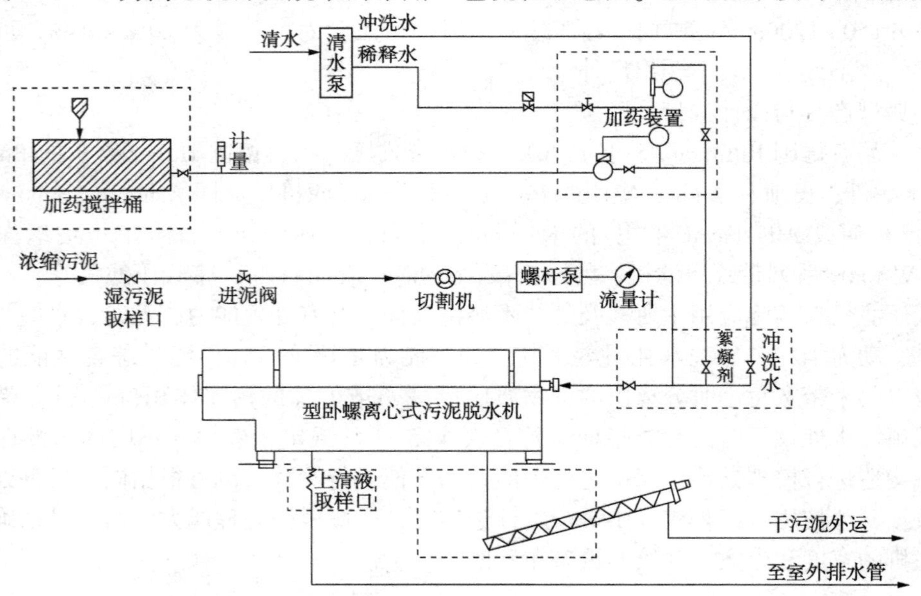

图 4-5-11　卧螺沉降离心机污泥脱水的工艺流程示意图

启动螺杆泵，将污泥送至离心机。在螺杆泵的吸入管路上安装有污泥切割机，以便切碎污泥中携带的固体杂物(如木头、塑料、玻璃、石块等)。借助浓度计和流量计信号，计算确定高分子絮凝剂的投加量(投加浓度预先设定)，使污泥能结成粗大的絮凝团，促进泥水分离；分离后的污泥堆集外运，分离排水必须符合相关要求，或引入污水处理厂的进水渠。离心机脱水进泥含水率要求一般为95%~99.5%，出泥含水率一般可达75%~80%。与带式压滤机相比，离心机用于污泥脱水时絮凝剂的投加量较少，一般为3kg/t干泥；离心机、带式压滤机每立方米污泥脱水的耗电分别为1.2kW、0.8kW左右，运行时的噪声分别为76~80dB、70~75dB。

2. 典型产品介绍

目前国外知名的污泥脱水用卧螺沉降离心机生产厂家有德国福乐伟(Flottweg)、德国韦斯伐里亚(GEA Westfalia Separator AG)、德国海乐(HILLER)、德国Siebtechnik、瑞典阿法拉伐(Alfa Laval)、奥地利Andritz集团、英国博鲁班特(Broadbent)等。差速器也由最初不可调速的机械差速器，发展为可调的双电机驱动机械差速器和液压差速器。国内的代表性厂家有重庆江北机械有限责任公司、海申机电总厂(解放军4819工厂)、上海离心机研究所(SCI)、浙江青田瓯鹏机械制造有限公司等，相关的生产、检验标准为《螺旋沉降卸料离心机》(JB/T 502—2004)。

(1) HTS型高干度离心脱水机

图4-5-12所示为HTS型高干度离心脱水机，由德国Flottweg公司的高速卧螺沉降离心机发展而来。该设备主要由中心进料装置、转鼓、锥柱形输料螺旋等组成；大多数情况下，需在进料管前方加入絮凝剂。高速旋转的转鼓使固液分离后形成同心液柱，沉降在转鼓壁上的固体由与转鼓在较小差转速状况下运转的输料螺旋推至锥形筒端部，从固体排料口排出，澄清后的液体反向流出排液口。其规格和性能如表4-5-3所示。

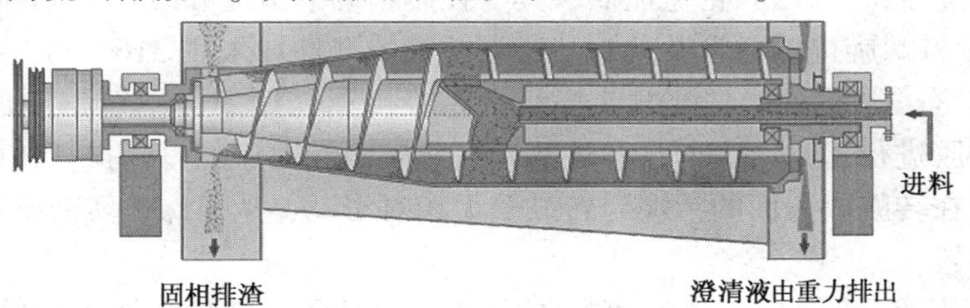

图4-5-12　HTS型高干度离心脱水机结构示意图

表4-5-3　HTS型高干度离心脱水机的规格和性能列表

类型		Z4E-3	Z4E-4	Z5E-4	Z6E-4	Z73-4	Z92-4
结构材料		所有与湿污泥接触的部件都采用高等级的合金钢，诸如1.4463(Duplex离心铸造)，1.4571(AISI316Ti)，等					
尺寸/mm	L	2980	3500	4200	4800	4815	5740
	W	1000	1000	1600	1705	2350	2780
	H	1200	1200	1150	1500	1500	1730
总重/kg		2600	3000	6200	9230	11000	16200
转鼓驱动电机的功率/kW		15~22	22~37	45~80	75~110	90~132	160~250
输料螺旋驱动电机(SIMP-DRIVE®)的功率/kW		4~7.5	7.5	7.5~15	15~22	22~30	30~45
典型的进料量/(m^3/h)		5~18	15~30	25~50	40~70	50~110	80~150
可选择的驱动方式		对转鼓和螺旋推进器采用液压驱动					

安装时必须采取橡胶隔振措施，以免振动传至独立机架；同时必须安装隔音罩，在距离隔音罩 1m 处，不得大于 85dB(A)。此外，该设备尚需配有监控系统及絮凝剂配制系统、加料泵、流量计、干泥输送、脱水机电控等辅助设备。

（2）ALDEC 高效卧螺沉降离心机

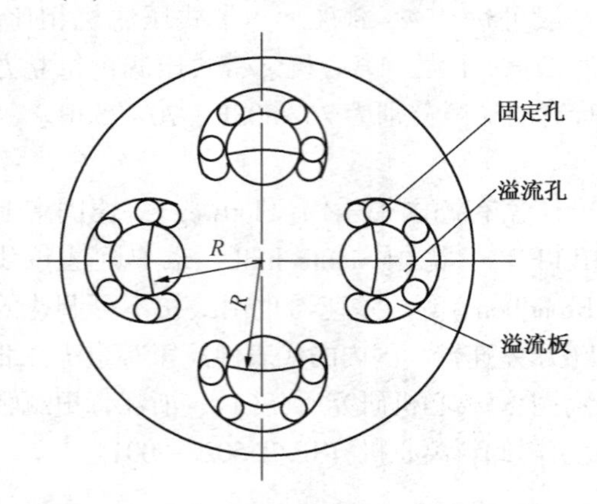

图 4-5-13　ALDEC506 型高效卧螺沉降离心机转鼓大端溢流孔及溢流板结构示意图

瑞典 Alfa Laval 公司所生产的 ALDEC 系列高效卧螺沉降离心机有 400、500、550、600、700、1000 等型号，处理能力在 3～25m^3/h 之间。可以单独使用，也可与 ALDRUM 浓缩机组合使用。以 ALDEC506 型为例，转鼓直径 Φ450mm、长 1910mm，转鼓内液池容量的大小取决于溢池深度或液体半径 R 值（R 值是转鼓中心轴线到溢流板上堰的距离）。转鼓大端均匀布置 4 个 φ92mm 的溢流孔，溢流孔外设有溢流板，如图 4-5-13 所示。转鼓的转速可调，最高转速为 3250r/min，其分离因数 K_C 高达 2657，转鼓半锥角设计为 8.5°，总有效沉降面积为 4126m^2。输料螺旋采用单头螺旋叶片（厚度 6mm），倾角与中心线垂直，螺距 1×140mm，配套的进料管长 1150mm，进料区外半径 117mm，输料螺旋在转鼓内同心安装，同向旋转。其主要特点如下：

① 采用电子控制的电磁涡轮差速器，具有控制精确、节能和维护方便等突出优点。

② 转鼓、输料螺旋进出料管及其它与污泥接触的部件均采用 316、317 或双相不锈钢离心浇铸，质地致密，强度和耐腐蚀性能优良。离心机罩壳用 304 不锈钢制成，机座为碳钢件，采用腈类橡胶进行密封，表面涂有环氧基树脂底漆和面漆加以保护。转鼓内表面设有纵向筋条，使覆盖在转鼓内表面的污泥与转鼓壁无相对滑动，从而保护转鼓壁不受磨损；基座底部设有减振装置。

③ 发展了一整套降低材料泥浆剪应力的技术，创造了卸料螺旋加装 BD 隔板结构，使脱水过程的絮凝剂消耗明显降低，PAM 的消耗水平为 3~4kg/t。

④ 排渣口及螺旋推料面和进料区均采用高耐磨碳化钨（WC）硬质合金，使其耐磨时间比喷涂普通 WC 延长了 4~5 倍。

⑤ 选用较低的转速和较小的分离因数，耗电量更低，在脱水效率、絮凝剂消耗等指标上达到了更佳效果。

（3）国产离心脱水机

原国家经贸委于 1998 年将“卧螺离心脱水机与污泥浓缩机一体化”作为城市污水处理关键设备技术开发项目之一予以支持，首台 LWY520x1924-N 压榨式卧螺沉降离心机于 2000 年 6 月由重庆江北机械厂研制成功。从技术方案上来看，①对流场型式和螺旋结构型式进行研究，选择了逆流压榨型带状螺旋叶片结构；②采用压榨螺旋结构，在螺旋出料口和转鼓出渣口处堆焊硬质合金，在螺旋叶片上镶嵌碳化钨硬质合金；③对差速器的可靠性进行研究，选用了大传动比摆线针轮行星差速器（$i=87$）；④采用双电机双变频驱动，可以方便调节差转速，实现辅电机能量反馈，降低整机消耗，并进行了过载保护及自动控制系统的设计，如图 4-5-14 所示的差转速/扭矩自适应控制系统能够根据螺旋输渣扭矩的大小自动调整差转速，满足正常运转的需要；⑤采用便携式现场整机动平衡仪对整体作动平衡检测，根据检测结果分别在转鼓和螺旋的两端配重。该机于同年 9 月安装在南山污水处理厂，运行测试表明，平均絮凝剂消耗量 4.2kg/t DS，泥饼平均含水率 71.54%，分离液平均含固量 0.26%，固体平均回收率 94.43%。

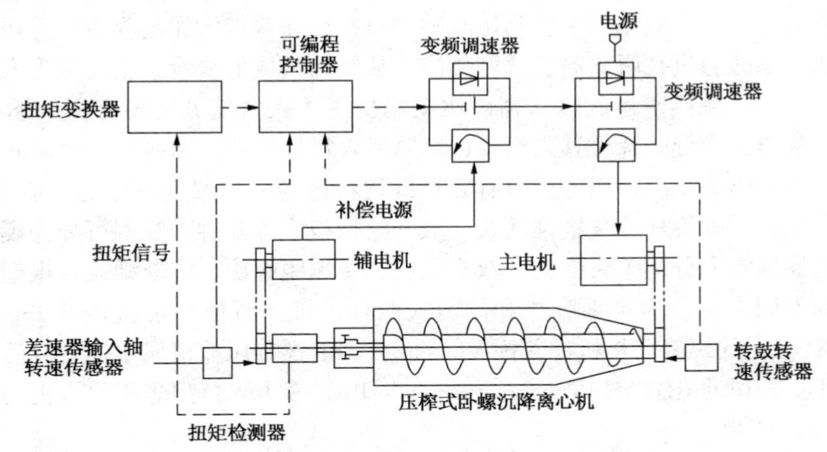

图 4-5-14　LWY 型卧螺沉降离心机的差转速扭矩自适应控制系统示意图

目前国产污泥脱水用卧螺沉降离心机的主要技术参数如表 4-5-4 所示，表中前六种为上海离心机研究所(CSI)基于引进液压差速器技术研制开发的 LW 系列大长径比卧螺沉降离心机。深圳市南山污水处理厂 2002 年安装该所生产的 LW530NY 污泥离心脱水成套设备，当进料含水率为 93.5%~96.0%时，脱后污泥含水率≤70%，最大处理量可达 50m³/h；东莞市东江水务有限公司市区污水处理厂使用该所生产的 LW450×1940NY 污泥离心脱水成套设备，当进料含水率为 99.25%~99.60%时，脱后污泥含水率 69%~72%，处理量≥45m³/h，成套功耗 28kW。

表 4-5-4　部分国产污泥脱水用卧螺沉降离心机的主要技术参数

项目 型号	转鼓直径/mm	最高转速/(r/min)	转鼓长度/mm	长径比	分离因数	生产能力/(m³/h)	最大排渣能力/(m³/h)	电机功率/kW	重量/kg	外形尺寸/mm (*L*×*W*×*H*)
LW220×930	220	4800	930	4.2	2800	0.5~5	0.4	11	1000	1790×1080×640
LW300×1300	300	4200	1300	4.3	3000	1~15	0.8	11~15	1500	2470×1230×850
LW350×1550	350	3700	1550	4.4	2600	2~20	1.2	15~22	2000	2790×1300×880
LW400×1750	400	3400	1750	4.4	2590	3~30	2.0	18.5~30	2400	2950×1400×850
LW450×1940	450	3000	1940	4.3	2270	4~45	2.5	22~37	2800	3300×1500×920
LW500×2150	500	2900	2150	4.3	2350	5~60	4.0	30~45	4000	3650×1500×1000
LW530×2270	530	2700	2270	4.3	2160	6~75	5.0	30~45	4500	3730×1600×1100
LW580×2500	580	2600	2500	4.3	2200	8~85	6.0	45~55	6000	4000×1750×1200
LW650×2800	650	2400	2800	4.3	2090	9~105	8.0	37~75	7200	4300×1900×1350
LW760×3040	760	2150	3040	4.0	2000	10~140	12.0	55~110	9500	5000×2500×1500
LW900×3600	900	2000	3600	4.0	2000	20~190	18.0	75~135	16000	6000×2700×1500
LWD430W-II	430	3200	—	4.10	2466	25~30	海申机电总厂(宁波)：差转速 2~20r/min			
LW450	450	3000	—	4.02	2266	10~18	合肥通用机械研究院：差转速 0~15r/min			
LWY430	430	3250	—	4.20	2543	10~30	重庆江北机械有限责任公司：差转速 3~15r/min			

三、过滤式螺压脱水机

过滤式螺压脱水机(Screw Press)又被称为螺旋压榨式脱水机、螺旋挤浆机、螺旋压滤机，20世纪60年代首先出现在德国，随后前苏联、瑞典、美国、日本等国家也相继制造，并最早应用在榨油和鱼肉磨碎后的压榨脱水、鱼虾废料过滤中，近年来在污泥脱水和其它流程工业脱水领域得到广泛应用。主要利用有轴输料螺旋在输送污泥过程中的剪切挤压作用来达到脱水目的，滤液通过孔眼式筒状滤网排出。从结构组成上来看，主要分为入料部分、卸料口压力控制部分、滤网、螺旋输送器、驱动机构等。入料部分主要有螺旋输送器内筒入料、直接输送物料至螺旋叶片位置入料、U型挡板入料等几种；卸料口压力控制部分都是通过自身结构，给物料一个反作用力，只有卸料口物料达到一定浓度时才能克服此压力卸料，大致可分为自重式、弹簧式、气缸推动式、双开门挡板式等几种。滤网可分为楔形网、板网等，螺旋输送器通常可分为单头螺旋、双头螺旋、变螺距螺旋、间断螺旋。根据螺旋输送器轴心线位置的不同，可分为水平卧式和倾斜式两种，日本石垣环境机械的ISGK螺旋压榨机、日本FMC公司的螺旋压榨机、美国Vincent公司的螺旋压榨机属于前者，后者的典型代表为德国Huber公司的ROTAMAT® Screw Press S-PRESS(RoS3)型螺压脱水机。

1. 水平卧式放置

水平卧式放置的过滤式螺压脱水机主要由螺旋输送器、滤鼓、卸料口压力控制机构、机座、传动机构、轴承、进浆口、出浆口等组成，螺旋输送器是其中的关键部件。日本石垣环境机械ISGK螺旋压榨机的系统工艺流程如图4-5-15所示。污泥与高分子絮凝剂在反应槽中形成良好的胶羽后，进入螺旋压榨机的第一段，该段为污泥浓缩段，筛网孔径为ϕ1.5mm；第二段为滤出段，筛网孔径为ϕ1.0mm；第三段为挤压段，筛网孔径为ϕ0.5mm。每日操作完毕后，对筛网喷水清洗，清洗时间约10min。螺旋输送器的转速低(约0~2r/min)，动力消耗低，而且可以通过调节旋转速度调节泥饼含固率和处理量；清洗水用量省，每日仅0.25~1.4m^3，完成一次操作只需要5~10min的清洗时间，95%以上的固体被回收；全密闭设计，防止臭味逸出；机械故障问题少，体积紧凑。典型工作性能数据如表4-5-5所示。

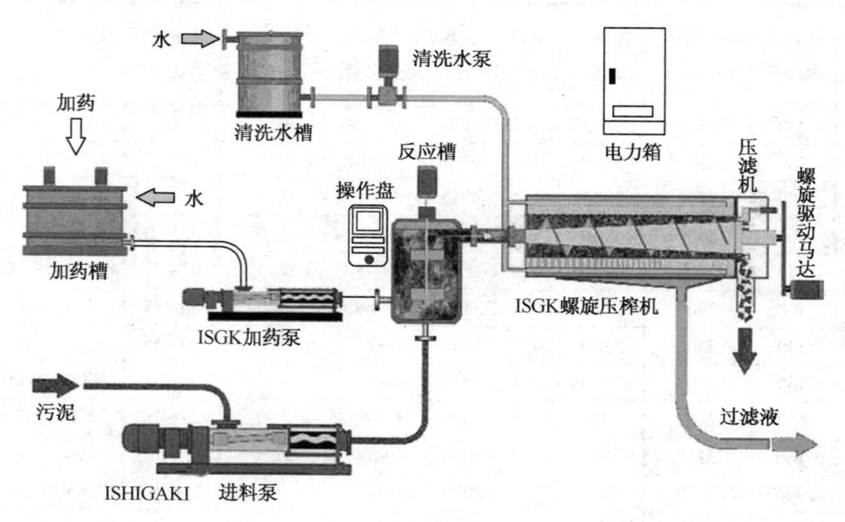

图4-5-15　日本石垣环境机械ISGK螺旋压榨机的系统工艺流程示意图

表 4-5-5　ISGK 螺旋压榨机的典型工作性能参数

污泥名称	浓度/%	有机聚合体	药剂含量/%	泥饼含水率/%	过滤速度(ϕ300)/(kg DS/h)	行业
浮渣	9~10	阳离子	0.3	45	60~75	油脂厂
污水厂	4.5~5.5	阳离子	0.7	74	75~90	汽车
碱性污泥	3~3.5	阳离子	0.4	65	35~40	炼钢厂
工业废水	3~3.5	阳离子	2.5	3	45~55	工业废水
养殖场污泥	2~2.5	阳离子	1.8	77	25~30	养殖
纸浆污泥	8~11	阳离子	0.2	52	55~60	纸厂
凝结污泥	6~9	阳离子	0.4	66	30~40	油脂厂
无机凝结污泥	13~17	阳离子	0.2	70	140~160	医学
种植污泥	0.7~1.2	阳离子	1.7	83	13~20	化工
下水道污泥	2.5~3.0	阳离子	0.7	76	45~60	下水道

2. 倾斜式放置

德国 Huber 公司 S-PRESS(RoS3)型过滤式螺压脱水机是倾斜式放置的典型代表，其系统工艺流程如图 4-5-16 所示，主要组成如下：①过滤式螺压脱水机主机；②三腔式粉料全自动加药设备、药液投加泵等组成的絮凝剂药液制备与投加部分；③四点式管道加药混合器、直管式絮凝反应器等组成混合及絮凝反应部分；④由供水泵、管道过滤器等组成的净水供应部分；⑤各部分连接配套管路及阀门、仪表、PLC 电控组件等。过滤式螺压脱水机主机由楔型变径不锈钢滤网(间隙为 0.25mm)栅筐、变直径变螺距螺旋输送器(或输料螺旋)、旋转喷射冲洗机构、壳体等组成，呈 25°角倾斜设计和安装，底部进料、顶部出料，固体滤渣直接排入卸料斗。为使药液在加入污泥管时瞬间均匀扩散，采用四点式管道加药混合器，加药主管分成 4 个支管从 4 个方向垂直进入污泥管，在污泥管截面上均匀分布的 4 个点上投加药液，这种方式药液扩散均匀，对混合后的污泥搅动小。加药后的污泥直接进入直管式絮凝反应器，直管式絮凝反应器主要由上部直管段和底部锥形管焊接构成，一般立式安装，直管段直径为污泥管径的 4~5 倍。加药污泥在管道压力作用下从底部锥形管中心进入并上升，而直管周边已经长大的絮体在重力作用下缓慢下沉，这样就形成一个中间上升周边下降的循环流，使污泥得到充分而均匀的絮凝，难以下沉的絮体被推举上升，从上部侧面的出液口管道自流进入脱水机的进料口。絮凝反应器顶部设有液位开关，信号与污泥泵联锁，防止进出

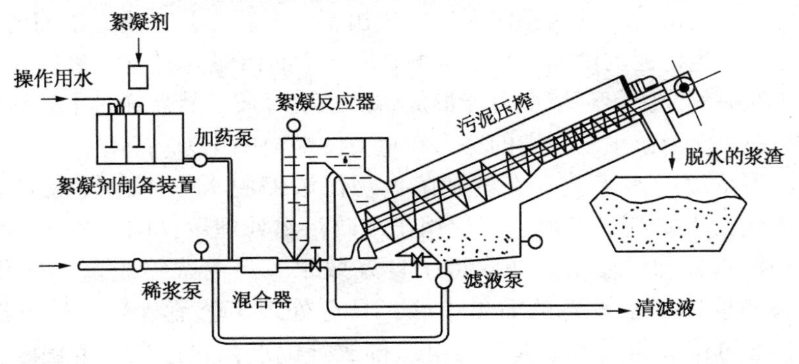

图 4-5-16　S-PRESS(RoS3)型过滤式螺压脱水机的系统工艺流程示意图

液不平衡时发生冒顶。一般情况下，污泥在絮凝反应器内的设计停留时间应在 1min 以内。直管式絮凝反应器与四点式管道加药混合器的安装距离应为 2.5~3.5m，两者之间安装一个压力可调式逆止阀，防止污泥泵停止时污泥倒流。经絮凝反应形成的稀浆絮体从脱水机进料口流至下部预脱水区，稀浆絮体在该区域得到有效的絮体和澄清液分离，即产生稀浆预脱水效应；更多的待脱水稀浆进入主压榨区域被进一步挤压过滤脱水，通过变直径变螺距低速螺旋输送器的作用，污泥被连续压缩过滤，含水率越来越低；脱水后的泥饼被提升至出料口处卸除，滤液回流到滤液池。为避免楔形金属滤网在工作过程中发生堵塞而影响脱水效率，在螺旋输送器叶片外沿固定有刷状组件清理栅筐滤网内表面，同时采用旋转喷射冲洗机构根据 PLC 控制系统设定的时间自外向内对栅框滤网进行冲洗。

RoS3 型过滤式螺压脱水机的主要性能参数如表 4-5-6 所示，主要特点如下：①采用 V 型断面不锈钢加固滤网，具有良好的耐压、耐腐和通水性，采用变直径变螺距螺旋输送器及变径栅筐，可以获得含水率很低的泥饼；②系统运行节能环保，处理量 $10m^3/h$ 设备的主机功率小于 5kW，通过主机壳体实现密闭运行，防止浆液及气味污染环境；③螺旋输送器在 2~6r/min 的低转速下运行，无振动和噪声、磨损小、易损件少，维修维护简便，费用低；④主机和加药设备全不锈钢制作，耐腐蚀性好，使用寿命长；⑤污泥泵和加药泵均采用变频电机调速，在污泥管路和加药管路上分别设置电磁流量计，流量调整及监测方便准确，使污泥和药液保持合适比例，以达到最佳的絮凝效果；⑥系统采用 PLC 控制，自动化程度高，可实现无人操作，安全性好，适用长期连续运行；⑦脱水过程中污泥同时受到挤压和输送剪切作用，对药剂及调理后污泥絮体的要求相对较高。RoS3 型过滤式螺压脱水机进泥含水率要求一般为 95%~99.5%，出泥含水率一般可达 75%~80%。

表 4-5-6 RoS3 型过滤式螺压脱水机的主要性能参数

型号	处理量/(m^3/h)	螺旋输送器驱动电机		螺旋输送器转速/(r/min)	旋转喷射冲洗机构驱动电机功率/kW	系统管径 *DN*/mm	运行质量/kg
		功率/kW	电压/V				
RoS3.1	2~5	3	380	0~5	0.04	100/100	2500
RoS3.2	5~10	4.4	380	0~6	0.04	100/100	3700
RoS3.3	10~20	8.8	380	0~6	0.08	100/100	7400

四、污泥浓缩脱水一体化设备

传统的污泥浓缩脱水工艺一般将浓缩、脱水两道工序分开，浓缩过程一般通过设置单独的污泥浓缩池来完成，脱水段单独设置脱水机房，这样就造成了污泥浓缩脱水的基建投资比较大。另一方面，目前由传统的活性污泥法派生出了许多新工艺，重力浓缩池已不再适合用来进行某些工艺所产生污泥的浓缩。如 A^2/O 工艺产生的污泥内含有大量的磷，这种富磷污泥在重力浓缩池的缺氧或厌氧环境中可能形成磷的二次释放，然后通过上清液的排除重新进入污水处理系统中，使上游生物脱磷的努力在重力浓缩池中化为乌有。

针对传统污泥浓缩脱水工艺存在的缺陷，污泥浓缩脱水一体化设备应运而生。国外于 20 世纪 70 年代投入研制，目前已广泛用于市政污水处理厂；国内从 20 世纪 90 年代中后期开始在个别污水处理厂使用，并取得了良好效果。污泥浓缩脱水一体化设备并非前述单体浓缩设备和单体脱水设备的简单串联，具有处理工艺流程短、运行连续、控制操作简便、工作过程可调节和减少恶臭类无组织排放等优点，并且在一定程度上节省了基建投资。典型的浓缩脱水一体化设备有带式浓缩带式压滤一体机、转筒浓缩带式压滤一体机、浓缩脱水用卧螺沉降离心机、过滤式螺压浓缩脱水机、滚压式脱水机(Rotary Press)、叠螺式脱水机等。

1. 带式浓缩带式压滤一体机

带式浓缩带式压滤一体机简称带式浓缩压滤一体机，由重力带式浓缩机与带式压滤机两部分组成。浓缩段和脱水段有各自独立的应力控制和滤布纠偏系统，但共用一套压缩空气源或液压动力源；浓缩段和脱水段均具备滤布反冲功能，且共用同一反冲洗水泵。

向高含水率污泥中加入絮凝剂并经混合搅拌后形成絮体，絮体首先进入一体机的重力脱水滤带上，在重力作用下浓缩脱出大部分的游离水。为提高重力浓缩脱水效果，将滤带设计有轻微的倾斜角度，污泥向前移动，而使水向下、向后流；并在这一阶段布置一系列犁耙，在污泥向前移动的同时对污泥进行搅动，从而利于游离水的排出。浓缩后的污泥通过卸料装置进入压滤机的重力脱水区，然后落到压滤机的两条滤带之间(楔形预压区)，此时污泥已经失去流动性，但含水率仍然较高。污泥在两条滤带之间受到的夹持力逐渐增大，从而使污泥水分进一步降低。经楔形预压脱水后的污泥进入压榨脱水区，污泥在此阶段受到一系列压辊的反复作用，压榨力逐渐增大，将其中的水分压榨到较低程度，从而获得含水率更低的泥饼，最后由卸料口排出。

带式浓缩压滤一体机与普通带式压滤机虽然在外形上有相似之处，但在机体结构上有本质区别。由于浓缩段与压滤段之间的水力负荷相差很大，浓缩段的水力负荷很高，而这一段的固体又非常难于分离和控制，因此浓缩段的设计是带式浓缩压滤一体机的关键。

德国 Passavant-Geiger 公司 FluX2 带式浓缩压滤一体机主要是 FluX-Drain 带式重力浓缩机与 FluX-Press 带式压滤机的组合(也被称为 FluX-Combi)。美国 Ovivo 公司的 3DP 型带式浓缩脱水一体机如图 4-5-17 所示，主要性能参数如表 4-5-7 所示，其平均水力负荷为 $40m^3/(m \cdot h)$，平均固体负荷为 $360 \sim 560kg/(m \cdot h)$。实际运行时，既可实现浓缩脱水与压榨脱水同时进行优化选择，也可实现浓缩、脱水单机运行。4.26m 有效长度的浓缩环节可取代传统的重力浓缩池，缩短污泥浓缩的停留时间，减少机械磨损消耗，提高浓缩效果。

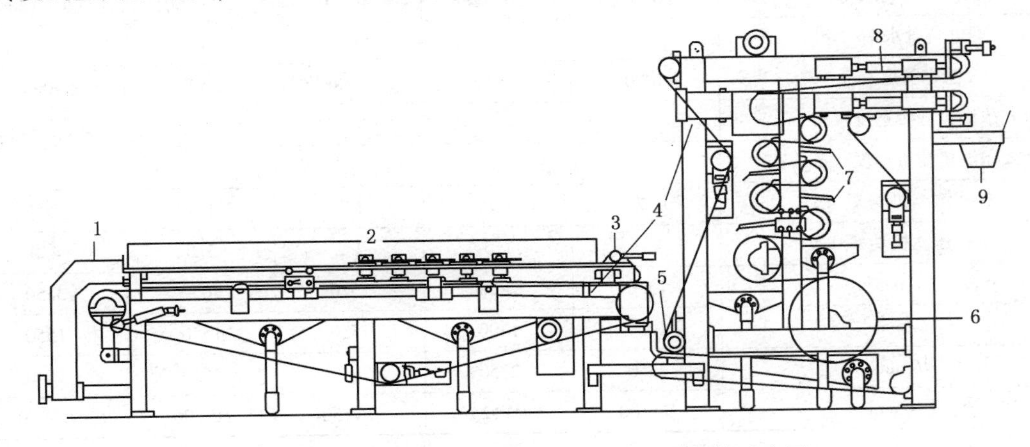

图 4-5-17　3DP 型带式浓缩压滤一体机的结构示意图

1—上流式进料；2—14 英尺有效长度浓缩机；3—污泥耙；4—独立的重力及压力脱水区；5—可调楔形装置；6—压辊(8 个)；7—压力区滴液盘；8—张紧装置；9—泥饼收集斗

表 4-5-7 美国 3DP 型带式浓缩压滤一体机的主要性能参数

规格 / 项目	带宽/m			
	1.0	1.5	2.0	2.5
浓缩段总面积/m^2	3.72	5.57	7.43	9.29
压滤段面积/m^2	4.66	6.97	9.29	11.61
总长/m	6.88	6.88	6.88	6.88
总宽/m	2.03	2.54	3.05	3.56
总高/m	3.00	3.00	3.00	3.00
压力控制系统功率/kW	2.2	2.2	2.2	2.2
压滤段主电机功率/kW	2.2	2.2	3.75	3.75
浓缩段电机功率/kW	1.5	1.5	2.2	2.2
水压力 0.8237MPa 下的耗水量/(m^3/h)	9.08	12.26	16.35	19.76
质量/kg	6804	8618	10432	12247

国内从 20 世纪 90 年代中后期开始在个别污水处理厂使用带式浓缩压滤一体机，取得了良好效果。如合肥市王小郢污水处理厂从奥地利 Andritz 集团进口了两台滤带宽度为 2.5m 的带式浓缩压滤机，每台价格达 300 万元人民币。2000 年 4 月，国内第一台污泥浓缩压滤一体机在合肥市王小郢污水处理厂投入工业性应用试验，其多项技术指标优于进口产品，价格仅为其 1/3~1/4，可以彻底取代进口产品。国产 DNDY 型带式浓缩脱水一体机的技术性能参数如表 4-5-8 所示。

表 4-5-8 DNDY 型带式浓缩压滤一体机的技术性能参数列表

型号 / 参数	DNDY1000	DNDY1500	DNDY2000	DNDY2500	DNDY3000
处理量/(m^3/h)	20~40	30~60	40~80	50~100	70~120
进料含水率/%	≈99				
滤带宽度/mm	1000	1500	2000	2500	3000
带式浓缩机滤带速度/(m/min)	4~20				
带式压滤机滤带速度/(m/min)	1.9~9.5				
带式浓缩机功率/kW	0.75	0.75	1.1	1.1	2.2
带式压滤机功率/kW	1.1	1.5	2.2	3.0	4.0
B/mm	1500	2000	2510	3050	3550
C/mm	1400	1400	1550	1550	1550
H/mm	2350	2350	2640	2640	2640
DN/mm	*DN*100	*DN*125	*DN*150	*DN*200	*DN*200

2. 转筒浓缩带式压滤一体机

该机的浓缩段一般采用转筒式浓缩机或类似设备，脱水段仍为普通带式压滤机或结构经过改进的带式压滤机。絮凝污泥进入缓慢旋转的浓缩转筒时，游离水通过从转筒内衬的滤网流出到集水池中；转筒上部设有反冲洗系统，对转筒进行清洗再生。浓缩后的污泥在转筒内螺旋导流板的作用下，从出口处流到带式压滤机的滤带上，经带式压滤机处理后形成泥饼。

图 4-5-18 所示为德国 Bilfinger 公司 ROEPRESS 转筒浓缩带式压滤一体机的结构示意图，污泥在混合搅拌器中与絮凝剂溶液完全混合，在污泥给料管道中絮凝后，进入缓慢旋转

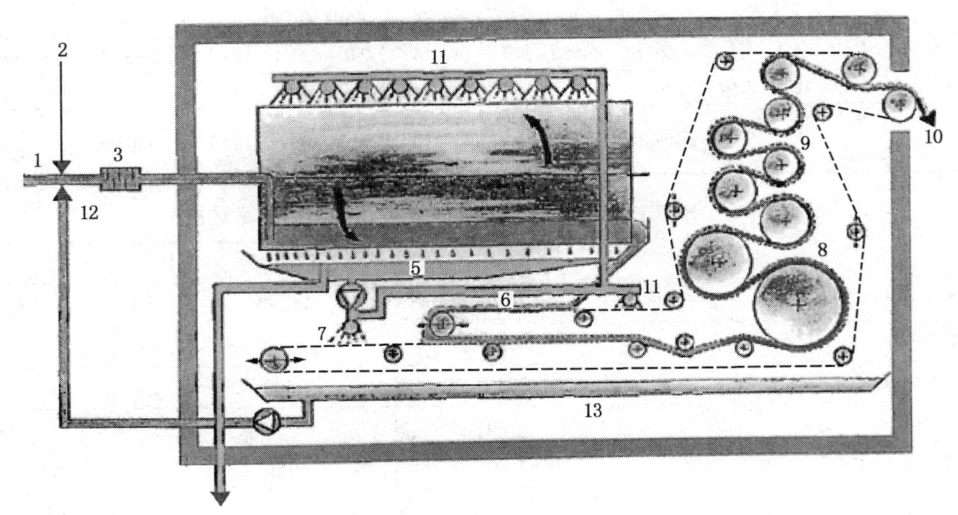

图 4-5-18　ROEPRESS 转筒浓缩带式压滤一体机的结构示意图

1—污泥；2—絮凝剂溶液；3—混合搅拌器；4—转筒；5—清水槽；6—上过滤带；7—下过滤带；8—压滤区(低压区)；9—剪切区(高压区)；10—泥饼出口；11—冲洗头；12—污泥进料口；13—底槽

且衬有滤布的转筒。当污泥由旋转螺旋导流板作用通过转筒时，大部分水通过滤布排出。经预脱水的污泥在转筒末端沿一斜槽滑下，首先到带式压滤机的上过滤带上，然后翻转到下过滤带上，絮凝剂中剩余的游离水在此被排出。过滤带上的污泥层能明显地展示出絮凝结构，从而帮助仅有很少经验的操作人员掌握好投药量的合理控制与调整。污泥随后被夹在过滤带中间，传送通过压滤区(低压区)和剪切区(高压区)，在此期间水被逐渐增加的压力和剪切力挤出，脱水后的污泥最终被排出系统外。预脱水转筒产生的滤液被收集到清水槽内，并被循环加压输送到冲洗头，用来清洗滤布。收集到底槽内的压滤水和清洗水含污染物较多，可将其输送到污泥进料口，在预脱水转筒中重新过滤。ROEPRESS 转筒预浓缩+带式脱水一体化设备的运行参数和相关技术数据分别如表 4-5-9、表 4-5-10 所示。

表 4-5-9　ROEPRESS 转筒浓缩带式压滤一体机的运行参数

污泥类型	输入污泥的含固率/%(DS)	处理能力						输出泥饼的含固率/%(DS)
		11.4		16.4		22.4		
		m^3/h	kg DS/h	m^3/h	kg DS/h	m^3/h	kg DS/h	
消化污泥	3.0~6.0	8~12	360~480	14~20	480~600	25~40	750~1500	25~38
好氧稳定污泥	2.0~4.0	6~10	200~240	8~16	280~320	14~25	400~480	18~25
初沉池污泥	3.0~5.0	6~12	300~360	8~17	400~510	12~24	600~900	24~35
厌氧消化稳定后的生物滤池污泥	2.0~4.5	6~12	240~270	8~14	280~360	12~24	400~540	24~30
造纸厂生物污泥	2.5~4.0	6~10	240~260	8~14	320~350	12~22	400~800	18~24
纸浆、纸厂污泥	2.0~6.0	8~12	240~400	10~16	320~500	16~32	440~1000	26~36
供水厂污泥	3.0~8.0	5~10	300~400	8~14	420~640	15~25	600~960	30~50

续表

污泥类型	输入污泥的含固率/%(DS)	处理能力						输出泥饼的含固率/%(DS)
		11.4		16.4		22.4		
		m^3/h	kg DS/h	m^3/h	kg DS/h	m^3/h	kg DS/h	
啤酒厂生物污泥	1.5~4.5	6~10	150~240	8~14	210~320	12~22	330~460	18~25
肉类加工厂污泥	1.5~3.0	6~10	150~180	8~14	210~240	12~22	350~500	20~26
蔬菜、水果、葡萄酒厂加工污泥	3.0~5.0	5~10	150~300	8~12	360~400	12~20	540~600	12~25

表 4-5-10　ROEPRESS 转筒浓缩带式压滤一体机的技术数据列表

型　　号	11.4	16.4	22.4
处理能力/(m^3/h)	8-12	14-20	25-40
机器长度 L/mm	4900	4900	5300
机器宽度 B/mm	2000	2500	3100
机器高度 H/mm	2730	2730	2730
污泥卸料高度 A/mm	2150	2150	2150
转筒数量	1	1	1
转筒驱动功率/kW	0.55	0.55	0.55
滤带宽度 B_1/mm	1100	1600	2200
滤带驱动功率/kW	1.10	1.50	2.20
喷洗水泵功率/kW	5.50	5.50	7.50
空压机功率/kW	1.50	1.50	1.50
滤液再循环泵(可选)功率/kW	1.10	1.10	1.10
自重/kg	≈3500	≈5000	≈7000
工作重量/kg	≈4000	≈5800	≈8300

根据相关产品样本介绍，污泥浓缩脱水一体化设备适用于进泥含水率在 99.5%以下，含水率高于 99.5%的污泥不宜直接进入，需要先经过其他方法预浓缩。实际应用中，浓缩脱水一体化设备对进泥含固率的要求更高，故需进一步研究开发对高含水率污泥浓缩脱水一体化新技术。

3. *滚压式脱水机*

(1) 基本脱水模型

滚压式污泥脱水机(Rotary press)是一种新型污泥脱水机(又称旋转挤压式污泥脱水机)，由加拿大魁北克省 Fournier Industries(富尼耶工业)公司发明，并拥有全球专利权。该技术起源于加拿大魁北克省工业研究中心有关污泥脱水通道的一个授权专利，通道设有一个进口、一个出口；通道的上壁面固定不动，其他三个壁面可以沿通道的轴线向前移动，但移动的速度不相同；四个壁面中至少有一个壁面开孔以保证被挤压出来的水分通过开孔排出。混合物以一定压力被压入通道，在挤压过程中混合物和通道的下壁面均向前移动，但两者间存在相对运动，这样就在混合物和通道壁面之间产生一定的动摩擦力，从而在二者的接触边缘形成一个压力区，该区的压力低于混合物中心的压力(由进料装置提供)，产生的压力差就源源不断地将混合物里的水分沿其流动的垂直方向挤压出去。由于混合物与通道各个壁面上的动摩擦力不同，因此在流动方向上混合物中心处的压力越来越高，并在出口处达到最大值。由于混合物在被挤压过程中越来越干燥，其与四个壁面之间的摩擦力也越来越大，含水率在出口处达到最小值。这个专利为后来滚压式污泥脱水机的发展奠定了理论基础，类似脱水设备的脱水通道模型均由此专利发展演化而来。

（2）结构与工作原理

从目前已经定型的产品结构来看，Fournier Industries 公司的滚压式污泥脱水机主要由电动机、减速器、进料口、脱水圆盘、环形滤网、内间隔盘、旋转主轴、气动(或液动)挡门、刮刀导向板、外间隔板、泥饼出口、壳体、密封罩、机座等零部件组成，主要技术参数如表4-5-11 所示。一对脱水圆盘通过螺栓与内间隔盘固定联接在一起，工作时通过旋转主轴带动旋转，转动方向与污泥移动方向相同。每个脱水圆盘表面开有若干个圆形或椭圆形孔，供挤压出来的滤液排出，每个半径上的开孔数目一致。在脱水圆盘上覆盖有环形滤网，一方面用来阻挡污泥固体颗粒随着滤液通过过滤孔排出，另一方面作为支撑，增强挤压过滤效果以形成滤饼。环形滤网的内边缘有内环固定件、外边缘有外环固定件，通过内环固定件和外环固定件与脱水圆盘固定。刮刀导向板由导向块、刮刀和孔板条三部分组成，用沉头螺钉、销钉联接后与机壳固定。刮刀导向板将物料入口与滤饼出口隔开，形成一个约为 270°的 C 型通道，刮刀对脱水圆盘上的滤网进行刮料挤压，保持其清洁度以提高生产率。

表 4-5-11　加拿大 Fournier Industries 公司滚压污泥脱水机主要技术参数列表

型　　号	污泥道数目	脱水圆盘直径/mm	环形滤网的面积/m^2	大小/mm			重量/kg	主电机/kW
				长	宽	高		
1-900/1000CV	1	900	1. 00	1785	1830	1028	2068	3. 7
2-900/2000CV	2	900	2. 00	1969	1830	1646	3614	5. 6
3-900/3000CV	3	900	3. 00	2007	1830	2180	4594	7. 5
4-900/4000CV	4	900	4. 00	2320	1915	2580	5614	11. 1
5-900/5000CV	5	900	5. 00	2358	1915	3124	6614	15. 0
6-900/6000CV	6	900	6. 00	2358	1915	3668	7564	15. 0

工作过程中，湿态污泥及混凝剂分别由污泥泵和加药泵打入装有搅拌器的混凝混合槽内，絮凝后的污泥(含 0. 5%~5%DS)进入滚压式污泥脱水机的污泥通道。如图 4-5-19 所示，污泥通道由两个相邻脱水圆盘的侧表面、内间隔盘的外表面以及机壳的内表面组成，脱水圆盘、环形滤网、内间隔圆盘一起以 0. 5~2. 5r/min 的速度转动，而机壳的内表面处于静止状态。由于污泥通道中转动表面的速度大于污泥入口速度，故进口污泥与污泥通道的四个壁面之间发生相对运动，使污泥和通道壁面之间产生一定大小的动摩擦力，这样就在污泥边缘形成一个压力区。由于压力区的压力低于污泥中心的压力，于是就形成了过滤的基本条件——压差，压差使污泥中的水分沿其流动垂直方向通过脱水圆盘和环形滤网的小孔流出，汇集成滤液从脱水机下的污水槽排出。污泥通道又可细分为过滤区、挤压区、限制区等三个区。初始阶段为过滤区，其间污泥含水率很高，此时只需考虑流体充满通道时对脱水圆盘的压力即可。脱水通道中间段为挤压区，污泥中固相物质的含量慢慢增大，污泥流动性变差，受到的挤压力也越来越大，在传输过程中由于摩擦力和推送速度的不同而产生剪断力，促进脱水；此时脱水圆盘受到固相摩擦力和液相压力的共同作用，而且摩擦力随着固相物质的含量增多而增大，液相压力则反而慢慢减小。脱水通道的终端为限制区，其间污泥已形成滤饼，在出口处受气动(或液动)挡门的限制，由此形成背压

对滤饼进行压榨脱水，达到优良的脱水效果，最终在摩擦力的作用下排出，挡门的开合度可以通过电脑控制。

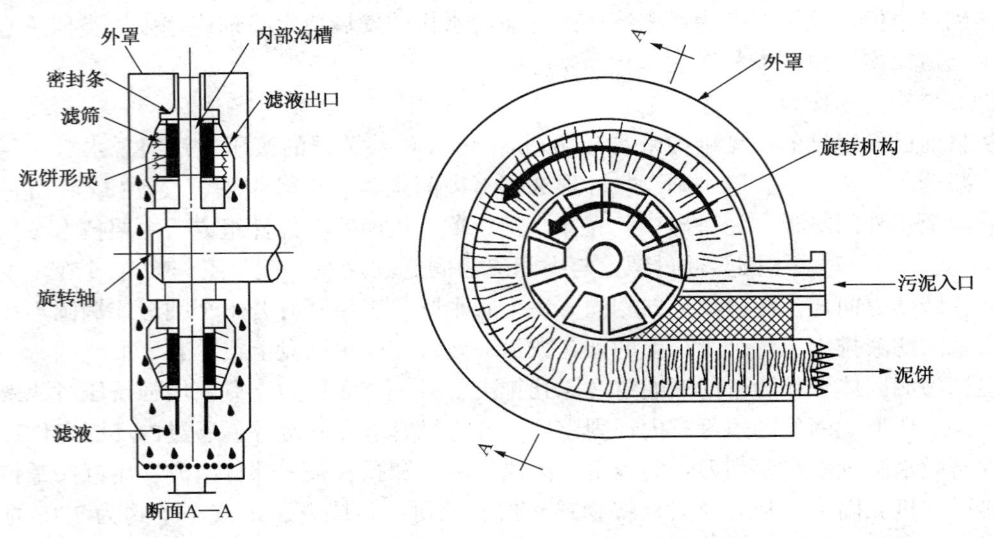

图 4-5-19 加拿大 Fournier 公司滚压式污泥脱水机的结构示意图

(3) 优缺点

滚压式污泥脱水机的优点：①脱水率高，脱后污泥含固率为 20%~40%DS；②大部分污泥颗粒保留在泥饼中，不会随水分流走而造成二次污染；③能够连续长时间工作，不像板框式压滤机、带式压滤机等需更换滤布或停机清洗；④全密封操作，臭味及有害污泥微粒不会逸出，污水处理厂不需增添除臭通风设备；⑤具有浓缩脱水一体化功能；⑥活动部件少，转速慢，零件极少损坏，运行稳定，更新和维修费低；⑦自动化程度高，可采用全自动或半自动电脑操作系统综合控制。滚压式污泥脱水机也存在一些技术和性能缺陷：①脱水圆盘上滤水孔的数量受结构强度限制，使有效滤水面积减少，进而影响了污泥脱水效率；②湿态污泥压力只能在一定范围内调整，压力过大就会造成脱水圆盘变形，压力小则泥饼产量低；③脱水圆盘固定在转鼓上，而转鼓在转动过程中常常偏离水平，从而造成脱水圆盘倾斜，使其与相邻部件之间产生碰撞、摩擦和损伤，增加了设备的维修量，缩短了使用寿命，同时增大了能耗。

2002 年，Fournier Industries 公司的滚压式污泥脱水机在上海龙华污水厂进行了现场试验，并通过了建设部给水排水设备产品质量监督检验中心和上海市城市排水检测站的检测。根据分别对混合污泥、粪便污泥、稀释 3 倍体积水混合污泥、初沉污泥、二沉污泥进行的脱水试验测试数据表明，滚压机在进泥浓度很低的情况下，仍可以取得较低的含水率(76.33%)，显示了浓缩脱水一体化的优势，尤其对纤维含量高的粪便污泥的处理效果最好，泥饼含水率可达 52.6%，干固体产率也较高(约 100kg/h)，且絮凝剂的投加量不高(只有 5.4kg/t DS)。测定其噪声值为 $L_p = 83.5$dBA，在距离脱水机 5m 外几乎不对环境产生影响；耗电量约为 6.65~18.84kW/tDS，低于带式压滤机和离心脱水机，降低了运行费用。目前国内已经自主研发了滚压式污泥脱水机，但总体技术水平和运行可靠性与原装进口产品相比尚有差距。

4. 叠螺式脱水机

随着螺旋压滤技术的发展，为了避免出现传统孔眼式筒状滤网堵塞的问题，20 世纪 70

年代在德国等欧洲国家出现了栅条滤网、动定环结构滤网等新型滤网。其中动定环结构滤网就是在螺旋轴上套满多重环片，所套环片分固定环片和游动环片两种，二者之间相互间隔，具有一定的过滤间隙。德国达姆施塔特工业大学、FAN Separator 公司以及美国 Lyco Manufacturing 公司生产的动定环结构滤网螺旋压滤设备——叠螺式脱水机的雏形开始推出，很好地避免了因堵塞产生的问题，并在渔业、食品业发达的日本、韩国等国家开始得到推广。

如图 4-5-20 所示，叠螺式脱水机主要由机架、固定环、游动环、变螺距螺旋输送器(也称变螺距螺旋轴或输料螺旋)、驱动机构、背压板、边盖以及壳体等组成。螺旋主体两边有边盖，防止泥水溅出。固定环和游动环相互交替层叠安装，并由定位杆穿过固定环上的安装孔对其实施固定；固定环的内径稍大于变螺距螺旋轴桨叶的外径，而游动环的内径稍小于变螺距螺旋轴桨叶的外径，游动环的轴向厚度则略小于两个固定环端面之间的轴向间隙，亦即固定环与游动环之间有一定的端面间隙，该端面间隙充当滤液排出通道(简称滤缝)。如此装配后，固定环和游动环的内径组合成一个封闭的圆柱形腔体，腔体内有一变螺距螺旋轴桨叶。

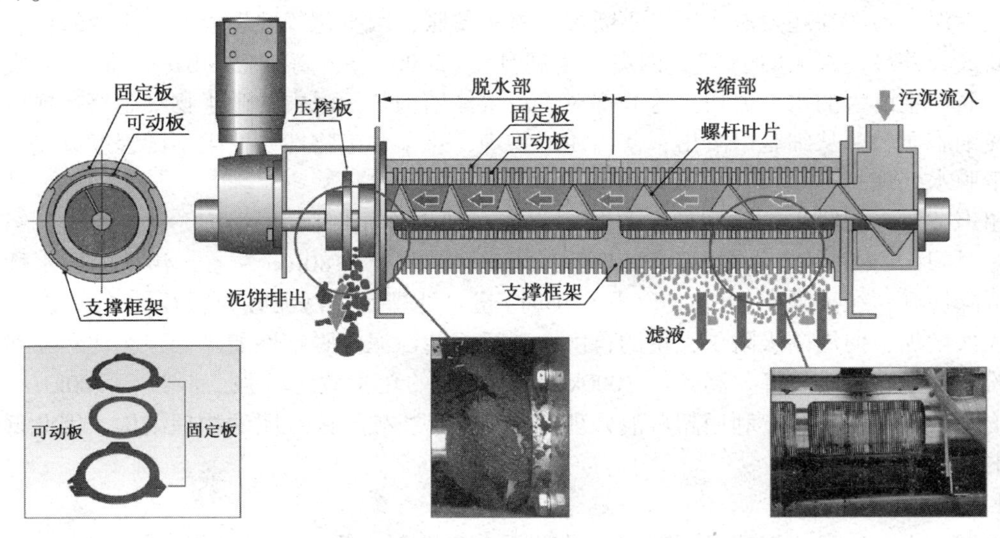

图 4-5-20　叠螺式脱水机的结构与工作原理示意图

工作过程中，驱动机构带动变螺距螺旋轴旋转，推动污泥前进，随着螺旋轴螺距的逐渐变小，腔体内部空间不断缩小；在出口处背压板的作用下，内压逐渐增强，达到充分压榨脱水的目的。在正常运行状态下，滤液从固定环和游动环轴向端面之间形成的滤缝中排出，脱水污泥以泥饼的形式从背压板附近排出。当变螺距螺旋轴旋转时，桨叶的外缘会将游动环依次向四周顶压而产生几毫米的径向位移，使游动环在同一竖直平面内相对于固定环沿径向平移运动，及时清扫夹在滤缝里的污泥，因此具有自清能力，能够防止滤缝堵塞而保持滤液排出通道畅通。可以通过变频器调节螺旋轴的转动速度，进而调节污泥在机内的滞留时间和排出泥饼的含水率；也可以通过调整背压板与最外侧固定环之间的轴向间隙，调节排出泥饼的含水率和产量。叠螺主体上方还可设置喷淋机构，在自动运行状态下根据设定时间开启或关闭电磁阀，进行不定期喷淋。

叠螺主体既可水平安装，也可倾斜安装。一般而言，进入叠螺式脱水机的污泥浓度必须在 2000mg/L 以上。目前国内外已有多家企业研制销售叠螺式脱水机，实际运行中存在的共性问题就是游动环与变螺距螺旋轴桨叶外缘之间的磨损较为严重。由于桨叶外缘在顶挤游动环的内圆时为点接触，接触压强非常大，而桨叶和游动环材料一般都为不锈钢，硬度较低，高副接触顶挤极易造成双方的变形和磨损。而且随着运行时间的延长，游动环和桨叶的变形和磨损日趋严重，游动环的位移量将会减小，滤液外流将会受到严重影响。为此，部分企业致力于从游动环的径向游动驱动方式上进行改进，推出了号称无磨损的叠螺式脱水机。例如，韩国ARK公司的多重圆盘脱水机(KS-RT TYPE)采用齿轮-凸轮传动机构使游动环径向游动，国内则有公司提出采用四杆机构、在螺旋传动轴上设置偏心环等方式驱使游动环径向游动。

五、污泥脱水技术的新进展

随着污泥处理处置在水质工程领域重要性的日益提高，其受关注程度也日益增加，相应出现了一些新的污泥脱水技术，如微波脱水、超声波脱水、电渗透脱水、车载式污泥脱水等。

1. *超声波脱水*

超声波是指频率从20kHz到10MHz的声波，超出了人耳听觉的一般上限(20kHz)。不同波段的超声波在污泥中可以产生不同的作用，低频范围内(20~100kHz)的超声波尤其适合处理污泥。污泥在超声波作用下不断被压缩和膨胀，因空化气蚀现象而产生气穴泡，气穴泡不断成长并最终共振“内爆”，内爆产生超高温(5000℃)、高压(500bar)，同时形成强力喷射流而产生巨大的水力剪切，这些都对污泥絮体结构与污泥中的微生物细胞壁造成巨大破坏，使细胞质和酶从细胞中溶出，使污泥的物理、化学和生物性质发生不同程度改变，从而有益于脱水处理。

超声波对污泥脱水的作用效果受超声强度、超声作用时间和超声频率的影响。经高强度、短时间(几十秒~几分钟)超声处理后，污泥颗粒粒径约80μm左右，污泥的脱水性能提高，沉降性好；经高强度、长时间(几个小时)超声处理后，污泥颗粒粒径约5μm左右，表面积大大增加，但周围吸附了大量的自由水，反而使污泥的脱水性能降低，污泥颗粒相互粘联成松散的絮状，难沉降。高频(>1000kHz)超声波的化学效应较强，低频(<100kHz)超声波的物理效应较强，鉴于利用超声波处理污泥主要是要破坏菌胶团的物理结构，因此低频超声波的处理效果较好。

2. *电渗透脱水*

机械脱水方法只能把污泥颗粒表面的吸附水和毛细水除去，很难将内部水(结合水)和空隙水除去；而且污泥絮体相互靠拢压密的方向与水的排出方向一致，压力愈大，压密愈甚，从而堵塞了水分流动的通路。Barton等人采用核磁共振(NMR)的方法，测定发现污泥机械脱水泥饼的极限含水率为60%，而工程实际中采用压滤脱水得到的泥饼实际含水率多为70%~76%。

图4-5-21为电渗透脱水(Electroosmotic Dewaering，EOD)的模型示意图，通过给污泥施加一定的直流电压，利用电泳理论，使污泥颗粒和水分子各自向相反极性方向移动而分离脱水，在脱水时没有必要施加过高的压力。从图中可知，水的流动方向与污泥絮体的流动方向相反，水分可不经过泥饼的空隙通道而与污泥分离，因此不受污泥压密引起通道堵塞或阻力增大的影响，脱水效率高。污泥电渗透脱水将固液分离技术和基于污泥自身电化学性质的物理化学处理技术有机结合，具有多种脱水处理技术所没有的许多特点。在已经设置了其它脱水设备时，只要使电渗透脱水部分独立，一般可以进一步提高脱水效率10%~20%；可使活性剩余污泥的最终含水率降低到60%以下。

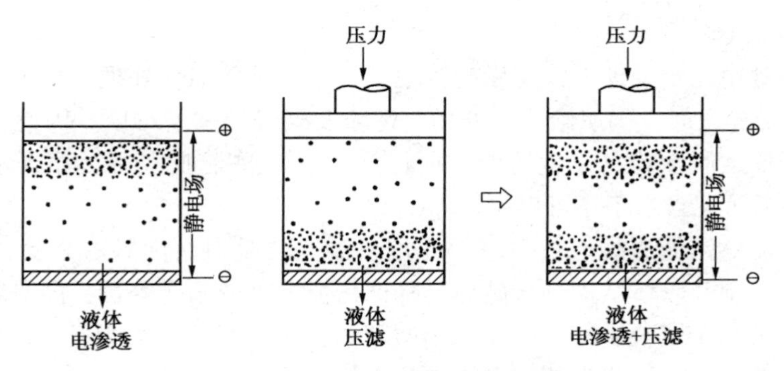

图 4-5-21　电渗透脱水的模型示意图

在实际应用中，电渗透脱水大多是在传统的机械脱水工艺中引入直流电场，同时利用机械压榨力和电场作用力来进行脱水，较为成熟的方法有串联式和叠加式。串联式是先将污泥经机械脱水后，再将脱水絮体加直流电进行电渗透脱水(见图 4-5-22)；叠加式是将机械压力与电场作用力同时作用于污泥上进行脱水，如图 4-5-23 所示。以串联式为例，电渗透脱水设备一般包括主机、机架、滤布、阴极滤盘、阳极板、自动清洗、自动接液、整流电源等部分。较高含水率的污泥饼被阴极滤盘、滤布和阳极板夹持，通直流电后形成均布电场。在电场作用下，带负电荷的污泥颗粒向阳极移动，带正电荷的水分子向阴极移动；与此同时，阴极滤盘在动力作用下向阳极移动，使污泥腔室容积缩小；移向阴极滤盘的水分得以透过滤布排出，污泥颗粒则留在腔室内，最终形成较低含水率的泥饼。在电渗透脱水中，污泥可视为一种电阻或电容器，其理化性质随脱水过程的进行而变化。

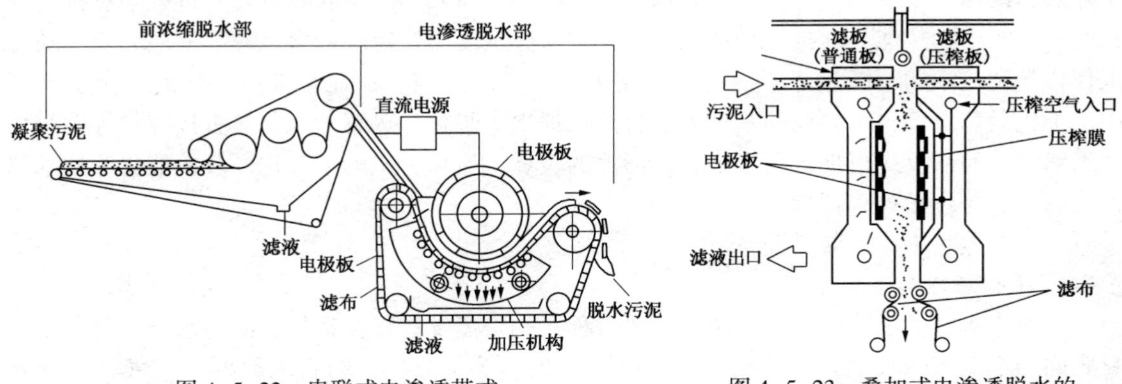

图 4-5-22　串联式电渗透带式压滤机的示意图

图 4-5-23　叠加式电渗透脱水的内部构造示意图

目前污泥电渗透脱水的代表性产品为美国 Ovivo 公司的 CINETIK® 线性电脱水设备(Linear Electro-Dewatering solutions)，国内已经能够自主研发。2009 年 1 月在北京市肖家河污水处理厂建成了处理量为 12t/d 的污泥电渗透脱水工程。该厂原有污泥脱水设备采用卧螺离心机，脱水后污泥含水率为 80%左右，不能达到北京市重点区域污泥干化填埋的标准；在卧螺离心机脱水的基础上，采用国产污泥电渗透脱水技术和设备，污泥含水率达到 50%~60%，减量化明显，并为污泥的进一步处理处置和利用提供了多种选择。2015 年，桑德集团成功研发了电渗透污泥高干脱水技术，通过将“电渗透”与“板框压滤”两种脱水技术耦合，可将城市污泥含水率从 80%~85%降至 60%~40%，在不投加任何化学药剂的情况下，总电耗 80~120kW · h/t。

3. *污泥深度脱水*

目前，我国城镇污水处理厂大都无初沉池，且不经厌氧消化处理，故脱水后的污泥含水率大都在78%~85%之间，仍然给后续处理、运输及处置带来了难度。因此，在有条件的地区，可进行污泥深度脱水或高干度脱水。所谓深度脱水是指脱水后污泥含水率达到55%~65%，特殊条件下污泥含水率还可以更低。

深度脱水前应对污泥进行有效调理，作用机制主要是对污泥颗粒表面的有机物进行改性，或对污泥的细胞和胶体结构进行破坏，降低污泥的水分结合容量；同时降低污泥的压缩性，使污泥能满足高干度脱水过程的要求。调理的方法主要有化学调理、物理调理和热工调理等三种。化学调理投加的化学药剂主要包括无机金属盐药剂、有机高分子药剂、各种污泥改性剂等。物理调理是向被调理的污泥中投加不会发生化学反应的物质，降低或者改善污泥的可压缩性。该类物质主要有：烟道灰、硅藻土、焚烧后的污泥灰、粉煤灰等。热工调理包括冷冻、中温和高温加热调理等方式，常用的为高温热工调理。高温热工调理可分热水解和湿式氧化两种类型，高温热工调理在实现深度脱水的同时还能实现一定程度的减量化。

§4.6　污泥干化、热化学处理技术与设备

由于水质净化处理所产生污泥的含水率较高，经浓缩和机械脱水后仍在80%左右，具有表观体积大、不利于运输、性质不稳定等特点，因此在进行最终处置之前一般需要对其进行干化处理。现阶段的污泥干化方法主要分为热干化和生物干化(Biodrying)两大类，前者利用外部热量使污泥中的水分吸热变为水蒸气而散失；后者利用高温好氧发酵过程中有机物降解所产生的生物热能，通过过程调控手段促进水分蒸发而快速降低含水率。另一方面，随着工程科学和技术的不断进步，污泥处置技术也在不断突破，在通常采用干化后堆肥土地利用、干化后焚烧等技术路线的基础上，目前又提出了炭化、热解、气化、直接液化等燃料化技术路线。而从反应机理的角度来看，污泥的焚烧、炭化、热解、气化、直接液化等技术都可以归结为热化学处理技术。

一、污泥热干化设备

1. *工作原理和设备分类*

污泥中水分的去除需要经历两个主要过程，一是蒸发过程：物料表面的水分汽化，使物料表面的水蒸气压高于外部环境介质(气体)中的水蒸气分压，物料表面的水蒸气转移到外部环境介质；二是扩散过程：因物料表面的水分被蒸发而使表面湿度低于内部湿度，此时需要热量的推动力将水分从物料内部转移到表面。上述两个过程持续、交替进行，基本上反映了干燥的机理。污泥经过自然干化后的含水率为70%~80%，而经过热干化处理后的含水率为10%~40%。污泥热干化系统的温度通常超过70℃，根据细菌去除程度的需要，可以在干化设备内停留30min或更长时间。热干化系统内气相空间的含氧率一般应控制在低于10%，通常还会充加惰性气体进行保护，以防止粉尘爆炸。

完整的污泥热干化系统一般包括储运、干化、尾气净化与处理、电气仪表控制等子系统，基于以下考虑，污泥热干化系统一般应抽取气体形成微负压工作环境：①污泥中的某些物质被热解而产生不可凝气体，这类可燃性气体不断在回路中积聚，最终可能达到饱和状态而降低系统内粉尘的爆炸下限，影响干化系统的安全性，因此必须避免不可凝气体在回路中的积聚饱和；②如果因不可凝气体积聚而使系统内形成正压，就有可能通过缝隙、密封泄漏

处等逸出回路，不仅形成臭气散逸污染环境，而且还会影响安全，因此必须通过引风机维持微负压工作环境，并将排出的气体送往生物过滤器或燃烧设备予以有效处理。

污泥热干化设备均来源于传统的化工干燥领域，虽然可以完成污泥干化任务的技术方案较多，但真正能够实现低成本、高安全性、高效率运行的工艺并不多。热量传递的方式不外乎有传导、对流和辐射三种，按照热流体工质与污泥接触的方式，污泥热干化设备可分为直接加热式、间接加热式、直接-间接加热联合式、辐射加热式等。如图 4-6-1 所示，直接加热式的原理为对流传热，是将干燥介质(如热空气)直接与湿污泥接触混合；间接加热式的原理为传导或接触加热，是将干燥介质(如蒸汽、导热油等)所具有的热量间壁传递给另一侧的湿污泥。按照进料方式和产品形态，污泥热干化设备大致可以分为两类，一类是采用干料返混系统，湿污泥在进料前与一定比例的干污泥混合，然后再进入热干化设备，产品为球状颗粒，是干化、造粒结合为一体的工艺；另一类是湿污泥直接进料，产品多为粉末状。按照设备的主体结构形式，污泥热干化设备可分为转筒式、带式、转碟式、圆盘式、浆叶式、螺旋式、离心式、喷雾式、流化床式、多重盘管式、薄膜式等。当然，根据污泥干化过程是否连续，还可分为连续式、间歇式(或序批式)两大类。

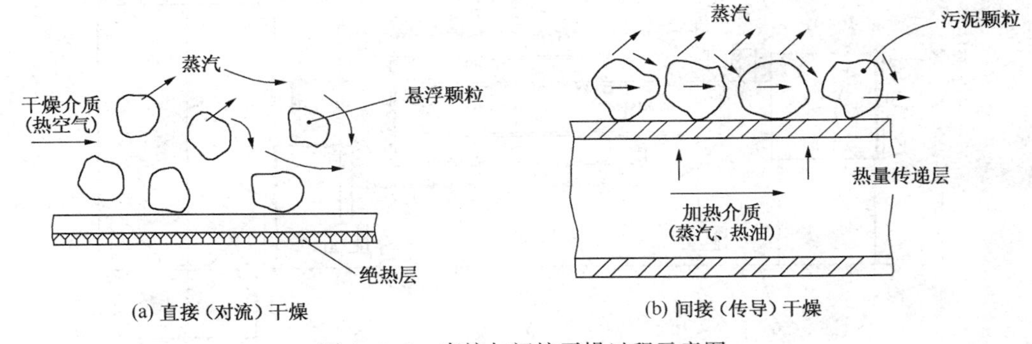

图 4-6-1　直接与间接干燥过程示意图

评价干化系统的第一步是在同等产品干燥度条件下(如都从含固率 20%干燥到 90%)，比较每吨处理量的热能支出。一个污泥干化系统的热损耗应在 80~230 大卡/升水蒸发量之间，这部分能量损失包括了热源设备与干燥系统之间的换热损失，同时还有干燥系统内部因除去蒸发水分而需要对热介质进行洗涤的损失等。

2. 直接加热干化技术

(1) 转筒式干化

直接加热转筒干燥器(转筒干燥机或转鼓干燥机，Rotary Drum Dryer)是传统干燥设备之一，自 20 世纪 40 年代以来就被用于污泥干化。普通转筒干燥机主要由转筒或转鼓、支承机构、传动机构、进出料部件及端头密封等组成，转筒或转鼓整体上略微倾斜放置，其内部既进行传热、传质过程，又起移动输送物料的作用；支承机构由滚圈、托轮、挡轮组成，整个筒体重量通过滚圈传递给托轮，而滚圈在托轮上滚动，挡轮起阻挡筒体轴向窜动的作用。工作过程中，湿物料从转筒或转鼓高端上部加入，与通过筒体内的载热气体或内筒壁面进行有效接触而被干燥；物料借助于转筒的缓慢转动，在重力的作用下从较高一端向较低一端移动，干燥后的产品从转筒低端下部收集。转筒内壁上装有抄板，不断地把物料抄起又洒下，撒落过程中与热气流接触，物料中的水分吸收热量后蒸发，并促使物料向前移动。抄板特性和转筒转速是影响物料撒落时间的关键因素，提高转筒内物料撒落运动时间，增加物料与热气流的接触，才能减少能量消耗而提高干燥效率。转筒干燥机主要依靠热对流，湿物料与载热气体流向有并流、逆流及逆并流合用三种，载热气体一般为热空气、烟道气等，流量必须满足携带热量的全部需要。载热气体经过干燥器后，一般需要使用旋风除尘器将其所携带的粉尘物料捕集下来；若需进一步减少尾气含尘量，还应使用袋式除尘器。早期的转筒干燥机都使用一次通过性载热气体系统，能量利用效率低，且产生大量需要除臭的气体。后来，大部分采用封闭循环式载热气体系统，既节省了能源，又减少了尾气排放量。

如图 4-6-2 所示的污泥干化用三通道式转筒干燥机，其内部有三个同轴圆筒状转鼓。通过对流作用，不饱和的载热气体分布在污泥表面，提供水分蒸发所需的热量。根据转鼓直径的不同，转速一般在 5~25r/min 之间，物料投加量占整个转鼓体积的 10%~20%，停留时间为 10~25min。

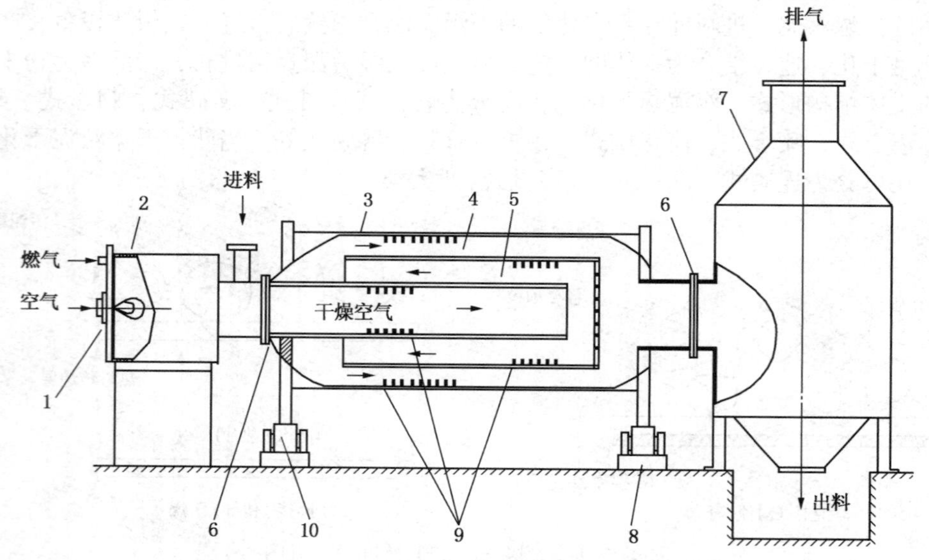

图 4-6-2　三通道式转筒干燥机的结构示意图

1—燃烧器喷嘴；2—炉子；3—绝热套管外层；4—二级转鼓；5—内层转鼓；6—密封垫圈；7—气固分离器；8—支撑滚轴支座；9—抄板；10—支撑滚轴支座

国际知名转筒干燥机的供应商包括奥地利 Andritz 集团、丹麦 Haarslev AS(兼并了 Atlas-Stord，Hetland，Særtek，Tremesa 等干燥厂家)、瑞士 Swiss Combi 集团和日本 Okawara MFG. 公司(即大川原制作所)等。日本 Okawara MFG. 公司的转筒干燥机在转鼓内采用高速刮刀刮泥饼，以形成随意移动的产物；其余各厂家在干化前，均需用干物料与湿污泥混合，形成含固率达 60% ~ 70% 的小球状物，这样可以产生在转鼓里随意转动的小球状颗粒。图 4-6-3为奥利地 Andritz 集团开发的密闭式、带返料、直接加热转筒式干化系统的工艺流程示意图。脱水污泥从污泥漏斗进入混合器，与部分已经被干化的污泥按比例充分混合，使干湿混合污泥的含固率达 50%~60%，然后经螺旋输送机运到三通道式转筒干燥机中。在转鼓内与同一端进入的流速为 1. 2~1. 3m/s、温度为 700℃左右的载热气体接触，加热时间为 25min 左右，烘干后的污泥被带计量装置的螺旋输送机送到分离器。分离器将干燥的污泥和湿热气体进行分离，通过冷凝器将湿热气体中的热量予以回收利用。冷凝器所用冷却水的入口温度为 20℃，出水温度为 55℃；被冷却的气体大部分循环回用，少部分经生物过滤器处理后达标排放。从分离器中排出干污泥的颗粒度可控制在 1~4mm，再经过筛分器将满足粒径要求的干污泥颗粒送到贮存仓等候处理，其他污泥压碎后通过螺旋输送器与脱水污泥混合。载热气体由燃烧器产生，可以使用沼气、天然气或热油等作为燃料。该干化系统的特点是：在无氧环境中密闭操作，不产生环境灰尘；干化污泥呈颗粒状，含固率可达 85%～95%，可用作肥料或园林绿化；采用气体循环回用设计，减少了尾气处理成本。

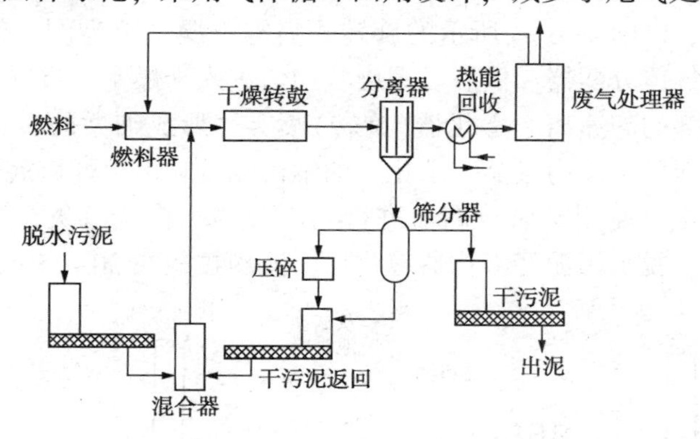

图 4-6-3　带返料、直接加热转筒式干化系统的流程示意图

（2）带式干化

一般采用低温和中温两种带式烘干设备。低温烘干主要利用自然风的吸水能力对脱水污泥进行风干处理，温度一般为环境温度～65℃；单机蒸发水量一般小于 1000kg/h，单机污泥处理能力一般小于 30t/d(含水率以 80%计)，只适用于小型污水处理厂。中温烘干的温度一般为 110～130℃，必需额外注入热量和载热气体；单机蒸发水量可达 5000kg/h，单机污泥处理能力最高可达 150t/d(含水率以 80%计)，可用于大中型污水处理厂。

中温带式烘干设备一般由若干个独立的单元段或模块组成，每个单元段包括保护罩、循环风机、网带、传动机构、传感控制系统、单独或公用的新鲜空气抽入系统和尾气排出系统等。物料由加料器均匀地铺在网带上，网带一般采用不锈钢丝网制作，由传动机构拖动在保护罩内移动。每一单元段的载热气体独立循环，部分尾气由专门的排湿风机排出，尾气由调节阀控制；通过循环风机使载热气体由下往上或由上往下地穿过铺在网带上的物料，并在各单元段内循环流动进行烘干处理，同时带走水分。载热气体采用循环封闭回路，以便回收热量降低能耗。网带缓慢移动，运行速度可根据物料温度自由调节，干燥后的成品连续落入收料器中。有时还在带式烘干设备前端配置切碎机，将污泥制成直径为 ϕ6～10mm 的面条状，然后均匀铺设在网带上。

不同厂商所提供带式烘干设备的主要区别在于：①有无干泥返混或挤压造粒；②载热气体温度；③换热器内置或外置；④网带材质、带宽、层数等。带式干化机的优点有：①烘干过程中污泥相对静止，粉尘含量低，无需防爆措施；②机械结构和操作方式简单，低速运行，磨损部件少，维护成本较低；③可以利用多种热源，并通过调整输入污泥量、网带移动速度和输入的热能，获得期望的出泥含固率。带式烘干设备的缺点包括：①占地面积较大；②单位蒸发水量的能耗较高；③臭气量较大，硫化氢等污染物及不可凝气体的浓度较高，回收有一定难度。1994 年 3 月 23 日，欧盟颁布了“潜在爆炸环境用的设备及保护系统”(ATEX 94/9/EC)指令，该指令于 2003 年 7 月 1 日生效，规定了拟用于潜在爆炸性环境设备的技术要求——基本健康与安全要求和设备投放到欧洲市场前必须采用的合格评定程序。这使当时居于世界干化主流地位的高温干化工艺一时陷入了困境，带式干化技术则得到了一批期望“避免防爆安全问题”的用户青睐。2016 年 4 月 20 日，欧盟颁布 2014/34/EU，用来替代 94/9/EC。

(3) 喷雾干化

喷雾干化是利用雾化器(Atomizer)将原料液分散为雾滴，并用载热气体直接加热干燥雾滴。原料液可以是溶液、乳浊液、悬浮液或糊状液，干燥产品根据需要可制成粉状、颗粒状、空心球或团粒状。以图 4-6-4 所示的旋转式喷雾干燥系统为例，焚烧炉产生的载热气体进入干燥塔顶部的气体分配器，然后呈螺旋状均匀进入干燥室。进料池中的污泥在进料泵作用下，经干燥塔顶部的高速离心雾化器(旋转)喷雾，形成细微的雾状液滴与载热气体并流接触，在短时间内即可干燥为成品。干化后的细污泥颗粒由干燥塔底部连续输出；排气口排出的废气携带有粉尘，使用旋风分离器进行气固分离，粉尘由灰斗排出与细污泥颗粒汇合，废气由风机排空。脱水污泥经雾化器雾化后，液滴粒径在 30~150μm 之间。

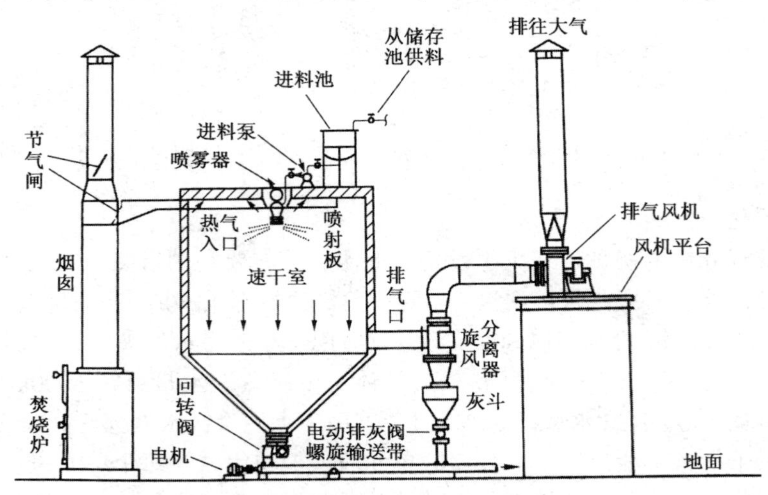

图 4-6-4　旋转式喷雾干燥系统的工艺流程示意图

图 4-6-5 所示为反向喷射式干燥系统的工艺流程示意图，总体上可分为两段，下段是有反向喷射单元的污泥干燥室，上段则是产物/气体处理设备。脱水污泥由皮带运输机传送，

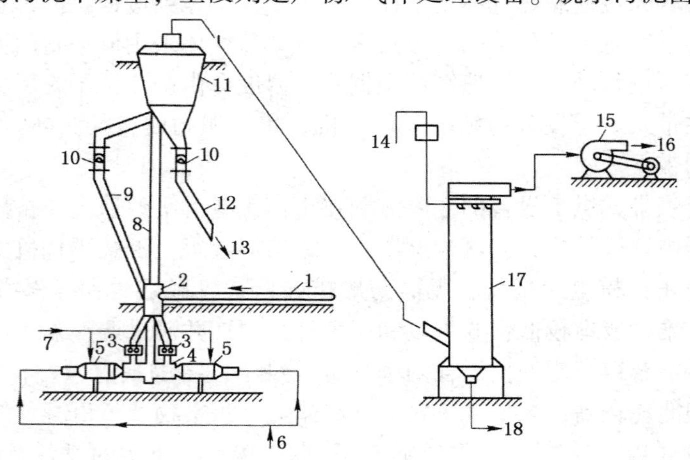

图 4-6-5　反向喷射式干燥系统的工艺流程示意图

1—污泥进料皮带运输机；2—接收管；3—双轴螺旋进料机；4—带喷射管的干燥室；5—燃烧室；6—进气；7—燃料(气)；8—储水塔；9—回水管；10—旋转门；11—气流分离器；12—干污泥管；13—干污泥产品出料斗；14—给水；15—通风设备；16—净化气体排向大气；17—水洗塔；18—污泥排出

通过双轴螺旋进料机进入反向喷射单元，该单元设计成两个水平喷射管同轴嵌入一根竖管中。干燥过程包括细颗粒干污泥的再循环、进料湿污泥的返回和空气喷射装置的干污泥的排放。脱水污泥在双轴螺旋进料机中与一部分干污泥混合，使得干燥室的进料在组成和水分含量上均匀，强化干燥过程；第二段的气流分离器增加了干燥介质与污泥的接触时间。在干燥过程中，污泥颗粒在热气流中形成气态悬浮物。喷射碰撞产生振动，增大了干燥区的污泥浓度。干燥介质以足够高的速度将污泥磨成粉，总的热和质传递表面积增大。

喷雾干化技术的优点包括：①工艺流程简单，易实现机械化、自动化；②热效率高，物料干燥时间很短(以秒记)；③表面湿润的物料温度不超过干燥介质的湿球温度，特别适用于热敏性物料。喷雾干化技术的缺点是：尾气中粉尘含量高，有恶臭，需要进行除尘、除臭、脱白处理。

我国目前已经建立十余个"污泥喷雾干化+焚烧"技术应用工程，总处理量超过 5000t/d(80%含水率)，单体工程最大处理量为 1200t/d，喷雾干化是其中的共性关键技术。研究结果表明，尽管喷雾干化过程中污泥颗粒的表面温度能够达到 500℃，但因其表面湿度达到 50%~60%、内部含有水分，不会破坏内部结构，因此能够实现在高温状态下不产生 VOCs。通过对喷雾干化塔内粉尘浓度、氧浓度、烟尘温度及 VOCs 浓度的实时监控，保障系统的安全性；通过控制二燃室温度>850℃，且使烟气停留时间为 2.5s，破坏了二噁英的形成环境；鉴于二噁英会在烟气由 500 冷却到 200℃过程中再次形成，为了防止烟气冷却过程产生二噁英，将从 500℃到 200℃的冷却降温时间控制在小于 1.0s(实际稳定在 0.6s)。在外排烟气净化处理方面，通过两级湿式、洗涤+活性碳吸附的方法，开发高效圆柱式布袋除尘器代替传统的箱式布袋除尘器，打破"旋风除尘+传统箱式布袋除尘"模式，达到超低排放的要求；对具有臭味的硫化物和氮化物，通过臭氧氧化以及与紫外协同产生羟基自由基氧化的方法转化为较高价态，实现臭味去除，臭氧与紫外的协同也具有脱硫脱氮功能，同时将不易溶于水的 NO 等氧化成易溶于水的高价态 NO_2、NO_3，后续通过洗涤达到去除目的；采用气-气介质脱白工艺，能够达到更高的排放要求。

(4) 流化床干化

流化床干化系统(Fluid bed drying system，FDS)是将循环气体送入流化床干燥机内，保证循环气体的合适流速而使物料颗粒在床内流态化，循环气体与物料湍动混合而发生强烈热对流，且不断流过物料层。根据循环气体所能获得的热量和床内的温度场分布，就能够确定相应的水分蒸发量。奥地利 Andritz 集团 2004 年收购了瓦特克瓦巴格(VA Tech Wabag)公司位于德国拉文斯堡(Ravensburg)的干燥技术部，从而拥有了世界领先的流化床污泥干化系统，迄今已经有超过 1300 多个工程案例、干化污泥 100 多种。

图 4-6-6 为流化床污泥干化系统的典型工艺流程示意图。工作过程中，含固率在20%~37%之间的脱水污泥被送入污泥仓计量贮存，污泥泵将污泥从污泥仓直接送入流化床干燥机的进料口，在进料前由专门的污泥切割机将污泥切成小颗粒，与流化气体一同进入保持不停运动的干燥颗粒床中，泥颗粒被循环气流流化并产生激烈混合。流化床污泥干燥机从底部到顶部主要由三部分组成：①位于最下面的风箱，用于将循环气体分送到流化床的不同区域，其底部装有一块特殊的气体分布板，用来分送流化气体，保持干颗粒均匀浮动。②中间段：热交换器内置于该段，使污泥中水分蒸发所需的全部热量均通过热交换器送入，通常采用蒸汽或导热油作为热交换介质循环使用。③抽吸罩：作为分离的第一步，用来使流化的干颗粒脱离循环气体，而循环气体携带着细污泥颗粒、粉尘和蒸发水分离开干燥机。流化床干燥机

内的干燥温度为85℃，被循环气体带出的细污泥颗粒通过旋转气锁阀送至流化冷床冷却器，冷却到低于40℃，然后输送至产品料仓。部分细污泥颗粒、粉尘、蒸发水分与流化气体通过旋风分离器内进行气固分离，分离出来的细污泥颗粒和粉尘通过计量螺旋输送机，从灰仓输送到螺旋混合器，与脱水污泥混合后通过螺旋输送机再返回到流化床干燥机。旋风分离器分离出来的循环气体(带蒸发水分)进入冷凝洗涤器内，采用直接逆流喷水方式进行冷凝，使蒸发水分和其他循环气体的温度从85℃左右下降到60℃，冷凝下来的水离开循环气体排放到污水处理区，净化冷却后的流化气体通过风机循环至流化床干燥机内，确保干燥机系统和冷却器系统的流化气体保持在一个封闭气体回路内。

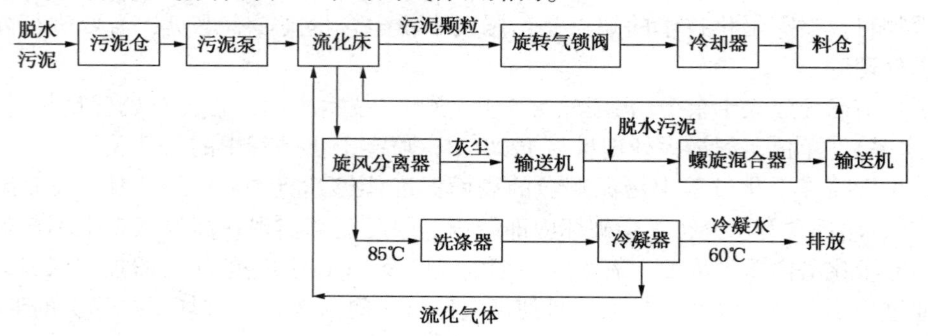

图4-6-6　流化床污泥干化系统的工艺流程示意图

该干化系统的特点是：将流化床干燥机内置热交换器表面的接触干燥和循环气体的直接对流干燥结合，干燥效果较好，处理量大，无返料系统(仅有少量流化气体中分离出的灰分返回)，干燥机本身无运动部件；由于流化床内依靠其自身的热容量，物料滞留时间长、产品数量大，因此即使供料质量或水分有些波动，也能确保干燥均匀。干化污泥颗粒的粒径为φ1~5mm，但粒径无法控制；间接加热需要单独的热媒系统，循环气体流量较大，除尘、冷却等处理设备复杂，规模大。此外必须指出的是，流化床工艺在所有工艺中气量需求最大，大气量、高气速均可能导致更多的粉尘，因此对氧含量的要求更为严格，正常运行条件下最低氧含量可能小于2%。

3. 间接加热干化技术

(1) 转碟式干燥机

转碟式干燥机由瑞典Stord Bartz公司在1956年发明，丹麦Haarslev A/S(霍斯利工业公司)、挪威AFjell Technology Group是该设备的代表性生产厂家，二者都继承了原世界顶级转碟式干化设备供应商丹麦Atlas-Stord公司的设计和加工制造技术。如图4-6-7所示，转碟式干燥机由壳体、两端的端盖、一根主轴及一组焊接固定在其上的中空圆盘(或中空转碟，简称碟片)、通有热介质的旋转接头、金属软管以及包括联轴器、皮带轮的传动机构等组成。主轴内布设有热流体工质进出的两根独立管线，其直径一般为碟片直径的1/4~1/3，根据主轴长度、物料特性以及工作过程中承受的应力情况而定；物料粘性越强，主轴越粗。每个碟片由两个对扣的圆盘焊接而成，耐压强度依靠类似迷宫装置的机械咬合或柱状铆焊来实现；碟片内通入高温工质，排出低温工质或其冷凝液。碟片焊接在主轴上，标准间距为140mm(最低130mm)。碟片厚9~14mm，采用碳钢时一般选择12~14mm，采用不锈钢时因热导率问题而选择9~12mm。由于碟片与主轴垂直，因此不承担切割疏松物料和推进物料的作用，但其轴向两侧面均用于与物料接触换热。在每个碟片外缘以螺栓连接或焊接固定有多个金属推料板，推料板与碟片之间成一定夹角，起推进输送物料和搅拌混合物料的作用。由于转碟本身并不承担切割疏松和推进的作用，因此基本不产生磨损。在每两个碟片之间装有刮刀，刮刀固定在壳体内壁上，干燥机的外壳一般采用厚19mm的碳钢或厚12mm的不锈钢制造，可设夹套，有保温。内壁焊接有外形尺寸一般为15mm×100mm×850mm（厚×宽×长）的挡料板，数量为碟片数量减一；挡料板纵向伸入到两个碟片之间，能够搅拌疏松转碟之间的物料，防止物料粘附在转碟上，并使物料蒸汽快速离开。壳体上开设有正面观察孔、底部排料孔、底部清除孔等，用于观察、清洗、检查和维护。端盖采用法兰安装，便于检修，同时也用于固定主轴的轴承。

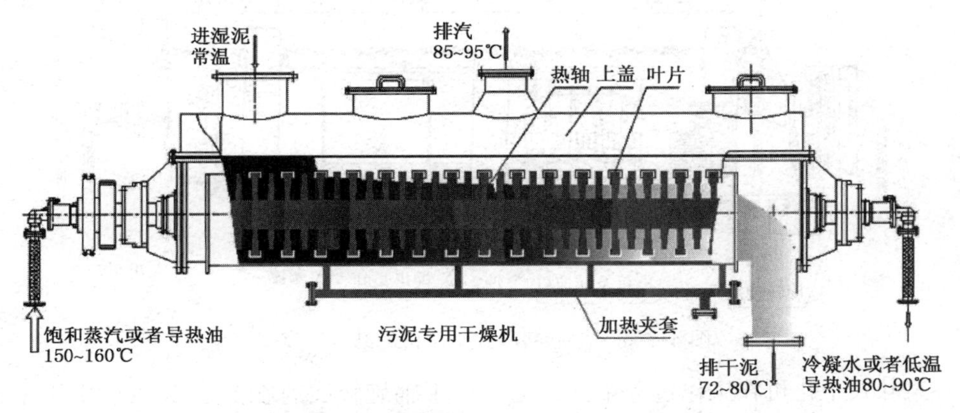

图 4-6-7　转碟式干燥机的结构示意图

转碟式干燥机属于纯粹的热传导型干燥器，主要依靠碟片与物料接触换热。当热流体工质为饱和蒸汽时，加热系统由蒸汽锅炉、泵、旋转接头、金属软管、疏水器、截止阀、球阀、视孔、汽水分离筒等组成，向干燥机内供应蒸汽，排出冷凝水和蒸汽的混合物。当工质为导热油时，加热系统由导热油炉、燃烧器、循环泵、填注油泵、除气罐、旋转接头、金属软管、阀、电控系统等组成。工质有时也可以是热水，但这将大幅度降低干燥器的性能。饱和蒸汽或导热油等热流体工质的选择，直接决定了设备在耐压方面的制造参数。由于系统为压力容器，工质的进出都通过旋转接头进行，存在动密封问题，压力和温度的选择显然因工质的不同而异。当采用蒸汽作为热流体工质时，设备入口压力最高为9bar(设计值10bar)，该压力下的蒸汽饱和温度约170℃。当采用导热油作为热流体工质时，在承压方面的要求低，仅3~4bar，但由于金属形变的原因，所应用的导热油温度不能太高，一般为160~200℃。

用于污泥干化的转碟式干燥机还需配套除尘冷凝、干泥返混、进料、出料冷却、工质冷却(导热油)、干燥机保护(连续称重、过载安全销)等附属系统。污泥从一侧进入干燥机后，经过约60~240min的处理，从另一侧凭重力从底部排出(也有改进为侧置溢流堰)。蒸发所形成的水蒸气通过抽取微负压，随漏入的环境空气一起离开干燥系统。湿空气的抽取口位于干燥器中部，即形成蒸发最强烈的位置。在全干化时，废气经旋风除尘后进行冷凝，半干化时则可直接冷凝。

(2) 空心桨叶式干化机

如图4-6-8所示，空心桨叶式干化机(Paddle dryer)主要由带夹套的端面呈W形壳体、上盖、有叶片的空心主轴、两端的端盖、通有热介质的旋转接头、金属软管以及包括齿轮、链轮的传动机构等组成，核心是空心主轴(可分为单、双、四根)和焊接固定在空心主轴上的空心搅拌桨叶。在污泥干化工艺中一般采用双主轴结构布局，此时两根主轴的旋转方向相反。桨叶形状为楔形的空心半圆，两主要轴向传热侧面呈斜面。位于空心桨叶顶端的刮板与桨叶呈 90°布置，能起到径向抄起和搅拌物料的作用。主轴、桨叶以及 W 形槽(包括壳体上方高于桨叶外径一定距离的部分)均为中空，能够通入热流体工质。干化机的上部穹顶不加热，用于开设检查窗，连接风道、管线等。在顶盖的中部设置抽气口，以微负压方式抽取蒸发的水蒸气，此时会流入少量的环境空气，气体与物料运动方向形成错流，物料在干燥器内的停留时间较长。

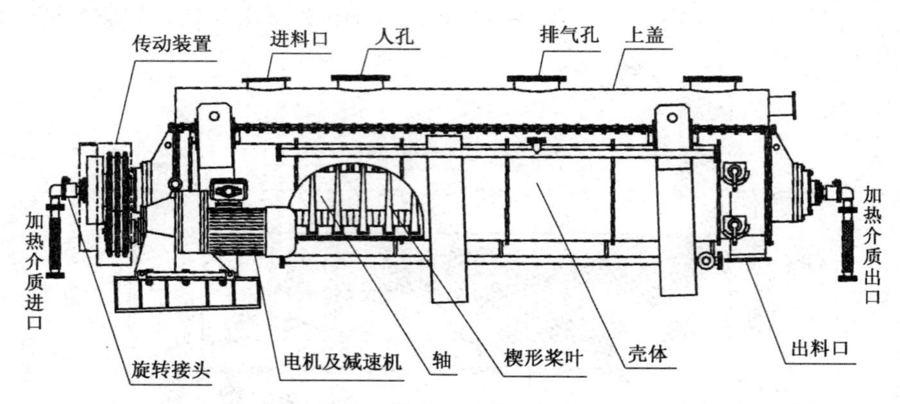

图 4-6-8　空心桨叶式干化机的结构示意图

空心桨叶式干化机在工作过程中连续运行，主轴旋转线速度低于 2m/s。由于主轴本身具有多种功能(空心桨叶支撑、传递扭矩、热流体输送、传导换热等)，工作过程中需要克服物料的粘滞力、物料与桨叶间的摩擦以及物料本身对主轴表面的磨损等，因此设计时要兼顾机械强度、换热性能和表面耐磨性。从主轴上密封部件及其自身受力变形的角度考虑，热流体工质的温度一般不超过 200℃。由于蒸汽释放潜热而导热油仅释放显热，故一般选择蒸汽作为热流体工质，此时所需输送热流体的管线直径相对最小，易于布置。典型的饱和蒸汽温度为 150~200℃，压力 5~7bar，最高可达 14bar。当然，若将热流体工质改为冷却水，空心桨叶式干化机还可以充当粉体冷却设备。

空心桨叶式干化机采用卧式布置，带有一定的倾斜角度，工作过程中物料的前移主要靠重力移动，由一侧进料、另一侧出料。当物料与空心桨叶的斜面接触时，随着叶片的旋转，颗粒很快就从斜面滑开，使传热表面不断更新。由于空心桨叶本身的斜面不具有轴向推动作用，而位于其顶端的刮板仅能起到径向抄起和搅拌作用，因此物料的向前推进需要依靠干化机的倾斜角度来完成。物料在空心桨叶干化机内的停留时间可以通过加料速率、主轴转速、存料量等调节，常常在干化机尾部、干泥出料口上方设置能够阻挡物料的溢流堰，以维持工艺所需的物料高度和存料量。

虽然从理论上讲，互相啮合的空心桨叶具有自清洁作用，应该可以完成各种含固率污泥的半干化和全干化，而无需进行干泥返混，但由于空心桨叶之间的间隙往往较大，难以完全靠机械啮合清理死区，必须依靠金属表面与物料之间以及物料与物料之间的摩擦剪切力来实现空心桨叶热表面的自清洁和更新。因此工程实际中均考虑进行干泥返混，具体做法是对干泥进行筛分，将细小的干化污泥与湿泥进行预混合。

(3) 立式多级圆盘干化机

比利时吉宝西格斯(Keppel Seghers)公司开发的污泥热干化硬颗粒造粒工艺(HARDPELLETISER— the Pearl Process ®)是立式圆盘干化技术的典型代表，在欧洲和北美得到较为广泛的应用，其核心设备是污泥涂层机(也称为预混合机)和立式多级圆盘干化机(多盘干燥器）。立式多级圆盘干化机也被简称为造粒机，多个中空圆盘纵向排列在圆柱形壳体内，呈立式布置、多级分布，采用导热油密闭循环系统间接加热（230~260℃）。立式圆盘干化技术以传导为主要传热手段，但由于蒸汽在上部空间容易达到饱和，而在下部空间易形成高温、高粉尘浓度的氛围，因此气体流量决定了工艺的安全性和粉尘分布。

如图4-6-9所示，机械脱水后的污泥（含固率25%~30%）送入污泥仓，然后通过污泥泵输送至位于顶部的涂层机。在涂层机中，再循环的干化污泥颗粒（含固率>90%）与进料的湿污泥混合，使干化污泥颗粒外表面涂上一层湿污泥。涂覆了湿污泥的颗粒被送到造粒机上部，均匀散落在顶层圆盘上。借助与中心转轴相连、转速为6r/min旋转耙臂的推动作用，污泥颗粒在顶层圆盘中作缓慢的圆周运动，逐渐从圆盘中心区域被扫到圆盘外沿，接着散落到下部第二层圆盘上；此时连续转动的耙臂将污泥颗粒从外沿逐渐扫到开口的中心区域，再散落到下部第三层圆盘上。污泥颗粒就这样逐级运移至造粒机的最底部圆盘上，在此过程中污泥中的水分蒸发，产生的水蒸气通过排气风机抽出；随着污泥颗粒粒径的逐盘增大，其表面也逐渐变得坚实。干燥后的污泥颗粒表面温度为90℃左右，粒径为Φ1~4mm。由于该过程类似于蚌中珍珠的形成过程，因此也被称为珍珠造粒工艺。污泥颗粒离开造粒机后由底部的螺旋输送器收集，再由斗式提升机向上输送至分离料斗。部分循环使用的污泥颗粒进入涂层机，其余部分送入颗粒流化床冷却器，冷却至40℃后送入颗粒储料仓。流化床冷却器排出的有轻微气味的热空气经过布袋除尘器除尘后，送入生物除臭器，处理后达标排放。从涂层机和造粒机排出的接近115℃的蒸汽经冷凝器冷凝后，成为温度为50~60℃的热水。

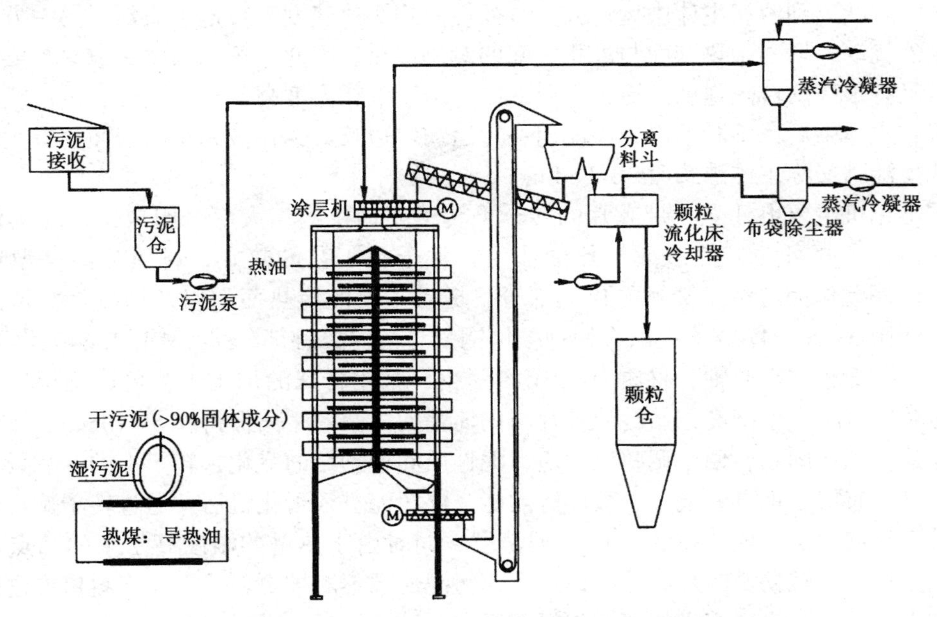

图4-6-9　Keppel Seghers珍珠造粒工艺的系统流程示意图

污泥热干化硬颗粒造粒工艺系统的特点为：①干燥和造粒过程的氧含量小于2%，避免了着火和爆炸的危险性；②颗粒呈圆形、坚实、无灰尘且粒径均匀，具有较高的热值，可以作为燃料使用；③尾气经冷凝、水洗后送回燃烧炉，将产生臭味的化合物彻底分解，能够满足严格的排放标准。

（4）真空耙式干化机

真空耙式干化机或干燥机主要由带夹套的壳体、旋转主轴以及焊接固定在其上的耙齿组成，旋转主轴通过“电动机+减速器+皮带或链条”驱动。与空心桨叶式干化机不同，真空耙式干化机的旋转主轴和耙齿不作为加热面，而仅起搅动物料和更新表面的作用。工作过程中，首先将湿物料加入到干化机内(填充率为30%~80%)，夹套内通入0.1~0.3MPa的热流体介质(一般为水蒸气或热水，也可用导热油)，然后启动真空泵抽出气体，到规定的真空度(50~90kPa)后再启动旋转主轴驱动机构。主轴的转速为7~8r/min，同时采用自动转向机构，使主轴的转向每隔5~8min改变一次，从而改变耙齿的转动方向。物料在耙齿作用下，先往两端移动，然后再往中间移动，这样可以保证在整个干化过程中，物料一直处于均匀的被搅拌状态。也可以在耙齿间放置不锈钢棒(用无缝钢管制成)，在主轴转动过程中振动黏结在壳体上的物料或将结块的物料粉碎。通过这些措施，可以保证传热表面及时更新，从而加速热质传递速率。物料干燥到规定水分后停止加热，关闭真空系统，取出干燥好的物料，完成一个周期的操作。真空耙式干化机的耙齿有左向和右向两种基本形式，且都可采用浆叶型或异型。安装时相邻耙齿之间相差90°方位，轴的两端安装异型耙齿，其余安装浆叶型耙齿。

在真空干化过程中用真空泵抽出水蒸气和不凝气体，水分蒸发强度随物料性质、湿度、加热蒸汽压力及真空度等的不同而异。例如，在真空度为700mmHg、加热蒸汽压力为0.2MPa(表压)时，将马铃薯淀粉从含水40%干燥到含水20%，干燥机的水分蒸发强度为5~7kg/(m^2·h)。

(5) 薄层干化机

薄层干化机也被称为薄膜干燥器(Thin Film Dryer)，其工作原理较好地结合了薄层理论、泡态沸腾或核态沸腾(Nucleate Boiling)理论。在核态沸腾中，大量汽泡在热壁面上形成、成长，并跃离到液相主体中运动，一方面使液相快速蒸发而带走了潜热，另一方面对液相进行剧烈扰动，增强了热壁面与液相之间的对流传热。因此，核态沸腾一般只需要很小的温差，但具有很高的传热强度。更为重要的是，由于液相温度高于饱和温度，汽泡跃离加热壁面到液相主体中后，不断不消失，反而一边运动一边长大，在液相自由表面将有大量蒸汽出现，此类沸腾又称主体沸腾(Bulk boiling)。

薄层干化机主要由外壳、带叶片的转子、转子驱动机构三大部分组成，外壳为压力容器，其壳体夹套间可注入蒸汽或导热油作为污泥干化工艺的热媒，材质为耐高温锅炉钢P265gh；内筒壁作为与污泥接触的传热部分，提供主要的换热面积以及形成污泥薄层的载体，可以选用Naxtra M700淬火回火特种结构钢，与污泥接触部分采用DIN1.4404等材料涂覆；转子为一根整体空心轴，材质为316L不锈钢，采用特殊的加工工艺可以确保转子在受热和高速转动时不产生挠度，始终使叶片与内筒壁面之间的距离保持在5~10mm。转子上的每个叶片都由螺栓固定，便于调整以适应污泥性质和处理量的变化；转子上的叶片设置有多种形式，具备布层、推进、搅拌、破碎等功能。湿污泥进入干化机后，通过转子旋转形成薄层并涂布于热壁面，形成5~10mm的污泥薄层，同时由于热壁的温度高于水的沸点而发生核态沸腾。在转子转动及叶片的涂布作用下，污泥薄层不断被更新，在向出料口推进的过程中不断被干化。干化机内产生的蒸汽与污泥逆向运动，由污泥进料口上方的蒸汽管口排出并进入喷雾冷凝器；水分从蒸汽中冷凝下来，不凝气体(空气、少量的蒸汽和污泥挥发物)经过液滴分离器，通过废气引风机排出。废气引风机使整个干化系统处于负压状态，以避免臭气及粉尘溢出。也可根据用户要求增加热能回收系统，将蒸汽中的热量回收用作消化工艺的热源、室内采暖等。从出料口排出的干化污泥进入冷却器，与低温水进行间壁换热冷却。当污泥干化与焚烧、热解等工艺结合时，则可直接将高温污泥送入焚烧、热解系统。薄层干化机的代表性生产厂家为德国Buss-SMS-Canzler公司、意大利涡龙设备与工艺有限公司

(Vomm Impianti e Processi Srl)。

德国 Buss-SMS-Canzler 公司的薄层干化机有单体立式、单体卧式、单体立式和单体卧式组合 3 种结构布局，干燥对温度不敏感的物料时推荐选用单体卧式结构。污泥干化一般常用单体卧式结构，专门开发的 Combi-Dryer 则采用单体立式和卧式组合结构布局。污泥在干化机内的停留时间为 5~15min 左右，在此过程中污泥中的水分被蒸发，可以使污泥的含固率高达 99%。根据产品具体结构尺寸的不同，水的蒸发量在 0.2~8t/h 之间。卧式薄层干化机的技术特性决定了其可干化任何性状和含固率的污泥，可实现快速启停和排空，对工艺控制反应迅速。在以分离自由水为主的污泥半干化方面，可以采用如图 4-6-10 所示的一段薄层干化工艺。当需要对污泥实施全干化时，可以采用二段薄层干化工艺，此时在卧式薄层干化机之后串联增加线性干化机。线性干化机为缓慢运行的 U 型螺旋结构，通过转子和 U 形壳体加热，利用其热容量大、停留时间长的特点，有效扩散释放污泥中的结合水。对经离心机、带式或板框压滤机等机械脱水设备产生的污泥，可采取螺杆泵、柱塞泵或螺旋输送机等灵活多变的给料方式。德国 Buss-SMS-Canzler 公司薄层干化机在国内的典型工程应用案例包括：成都市第一城市污水污泥处理厂污泥干化焚烧工程的污泥干化系统、神华新疆煤基新材料项目污泥干化项目(2015 年)、宁波华清环保技术有限公司污泥处置工程(2015 年)、天

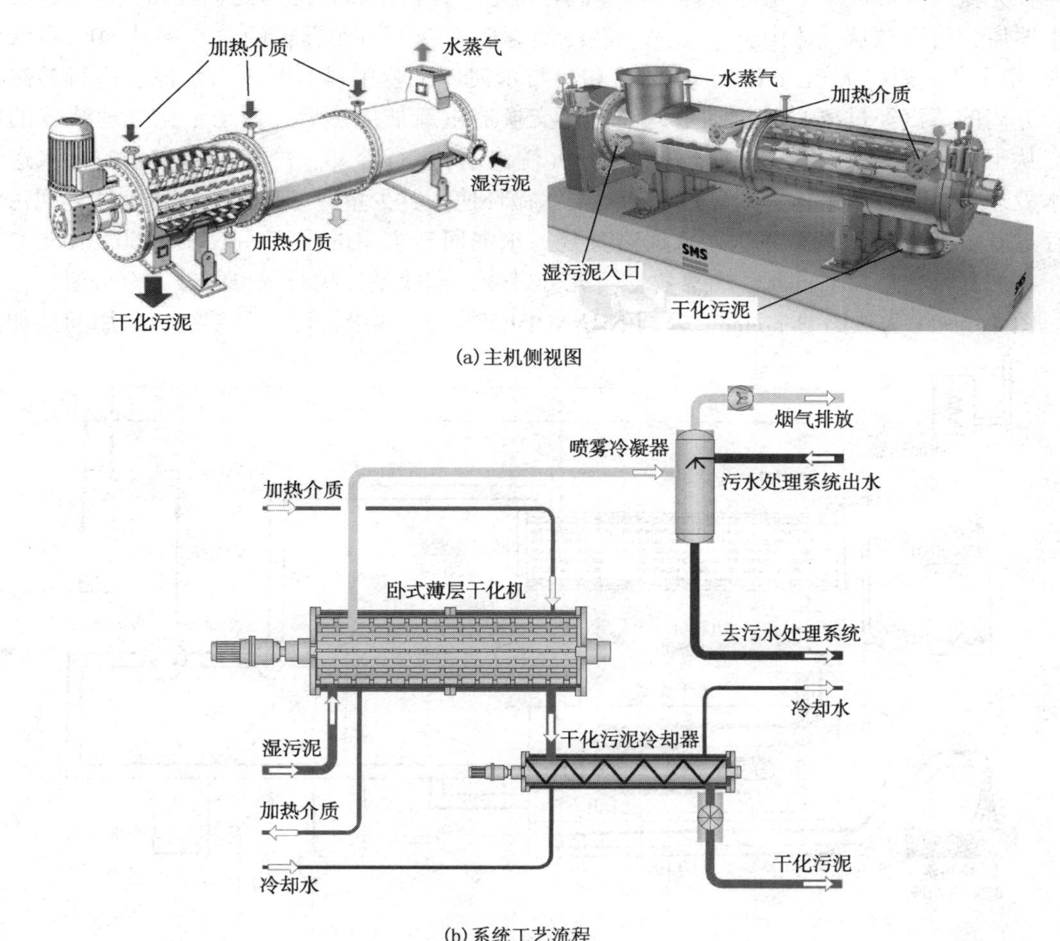

(a)主机侧视图

(b)系统工艺流程

图 4-6-10　德国 Buss-SMS-Canzler 公司薄层干化机的主体结构与系统工艺流程

津津南污泥处理厂工程(2015年)、中国石油哈尔滨石化公司污泥干化设施完善工程(2016年)、南京金陵亨斯迈新材料有限责任公司环氧丙烷项目配套污泥处理系统(2016年)等。

意大利涡龙设备与工艺有限公司薄层干化机(或称涡轮薄层污泥干化机，Turbo Sludge dryer)的工作原理与德国Buss-SMS-Canzler公司的卧式薄层干化机基本相同，这里不再赘述；德国西门子的Ecoflash™薄层干化机也与此类似。涡轮薄层污泥干化技术在国内的典型应用当推北京水泥厂有限责任公司处置市政污泥工程、天津石化100万t/a乙烯及配套环保设施中的污泥干化装置。北京水泥厂有限责任公司处置市政污泥工程2009年10月28日建成投产，是我国首个利用水泥窑余热干化处置污水处理厂污泥的示范项目。项目位于北京市昌平区北京水泥厂厂区内，新建一座500t/d市政污泥(平均含水率80%)的处置中心，主要包括取热、干化、水处理3部分，工程总投资1.75亿元。从两条熟料生产线的窑尾烟室取出少量温度约850~900℃的烟气，经简单除尘后进入换热器，把热量传递给导热油，离开换热器的烟气温度约320~360℃，进入煤磨用于烘干燃料。导热油被循环加热，将高位热量传递给污泥使其干化。市政污泥收集送至水泥厂，经计量后首先进入接收仓，然后利用输送设备送入湿污泥料仓储存，最终送入涡轮薄层污泥干化系统。整个干化系统在微负压下运行，同时补充氮气以形成一个惰性气体环境。涡轮薄层干化机出料口的污泥颗粒和气体经过旋风除尘器后，将颗粒从气体中分离出来，经冷却螺旋冷却，污泥颗粒的含水率从80%降低到35%(半干化)或10%(全干化)，作为掺和料与水泥厂工艺用料一同进入水泥窑进行最终处置；分离的蒸汽经过离心风机抽取，经过热交换器重新被加热后，返至干化处理装置的始端。从干化机中抽取的蒸发气体经过冷却塔(洗涤塔)进行冷却，冷却过程产生的污水送入污水处理站，处理出水作为干化过程的冷凝水循环使用；少量冷却后的不可凝气体连同污泥储存过程中产生的臭气一并送入水泥窑焚烧。水泥回转窑中的温度一般在1350~1650℃之间，污泥在窑内停留时间长，有害物质可充分燃烧，即使是二噁英等也能被完全分解。

图4-6-11为法国Degrémont公司的INNODRY® 2E两级污泥干化系统，采用间接加热

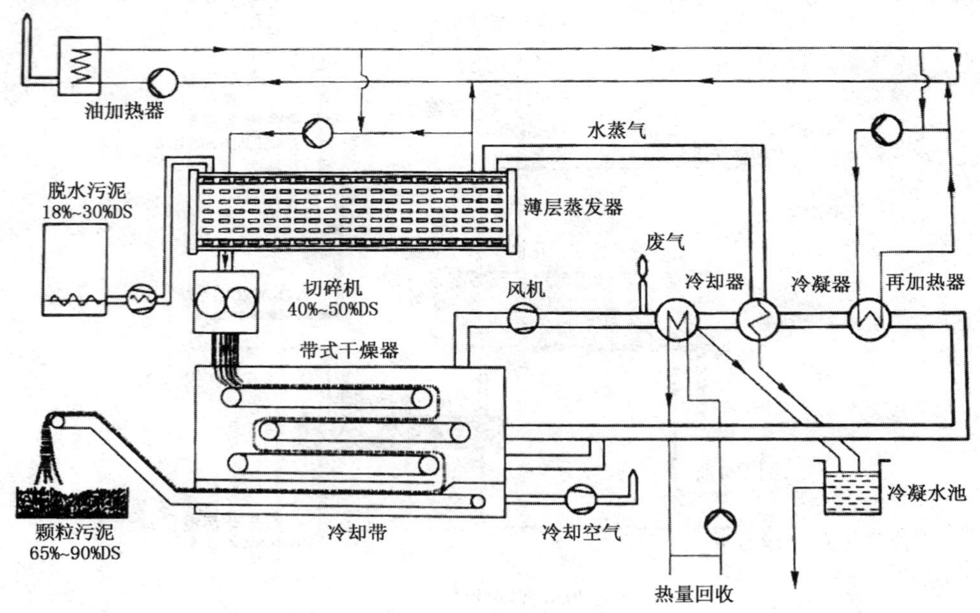

图4-6-11 法国Degrémont公司的INNODRY® 2E两级污泥干化系统工艺流程示意图

干化和直接加热干化串联组合运行模式，水的蒸发能力为0.5~4t H_2O/h。第一级采用基于薄层干化技术的间接加热干化，将污泥含水率减少到45%左右；第二级采用基于带式干化机的直接加热干化，干化温度保持在80℃左右，然后冷却到35℃，根据出料口污泥含水率要求确定合理的带式干化机尺寸。得益于集成式热回收系统专利技术，INNODRY® 2E蒸发每吨水的功率消耗小于725kW·h，节能30%~40%。国内的典型应用案例包括：①处理规模为240t/d(脱水污泥)的重庆唐家坨污泥干化项目，处理规模为300t/d(脱水污泥)的苏州工业园区污泥干化项目。

4. 其他干化技术

(1) 太阳能干化技术

利用太阳能进行污泥干化的过程如下：将待干化的污泥放置在温室大棚内，借助太阳能辐射加热，使污泥中的水分蒸发；利用通风系统排出室内湿气；当污泥含水率减至40%~60%时，可以采用污泥好氧发酵加速干化。与传统热干化技术相比，该技术的主要优点是：能耗小，运行管理费用低；低温干化，农用价值高；运行稳定安全，灰尘少；操作维护简单；清洁能源，符合可持续发展需要。当然，太阳能干化技术的缺点也较为突出：占地面积大；在大多情况下有臭气产生；处理效果受天气和季节影响较大。

为了克服太阳能干化的缺点，同时利用温室大棚的密闭性，可引入热泵技术，形成太阳能热泵联合干化系统。如图4-6-12所示，热泵系统由压缩机、冷凝器、节流元件和蒸发器组成。系统内运行的低压液态工质在蒸发器中吸取湿热空气中的热量，蒸发成低压工质蒸汽，经压缩机增压成为高温/高压工质蒸汽；在冷凝器中高温/高压工质蒸汽冷凝释放热量，进入干燥气体，而工质自身变成高压液体，流过节流装置而变回低压/低温液体，进入蒸发器中。如此反复循环，将低温热量输送到高温介质中去，形成热泵循环。在热量传递的同时，干化室内的相对湿度因冷凝水排出而不断降低，从而去除物料中的水分。热泵干化系统的工作温度为50~85℃，没有湿热空气排放，通过2个密闭循环系统，物料中的水分最终以液态水排除，既节约能源，又不污染环境。热泵性能系数K_{COP}(=冷凝器供热量/压缩机功耗)=4~5，即热泵提高热量是电耗热量的4~5倍；热泵比脱水率η_{WPE}(=脱水量/热泵能耗)=5~6，即每kW·h的电可脱水5~6kg。干化过程中产生的有害臭气可以做到不外泄，能够在居民点附近

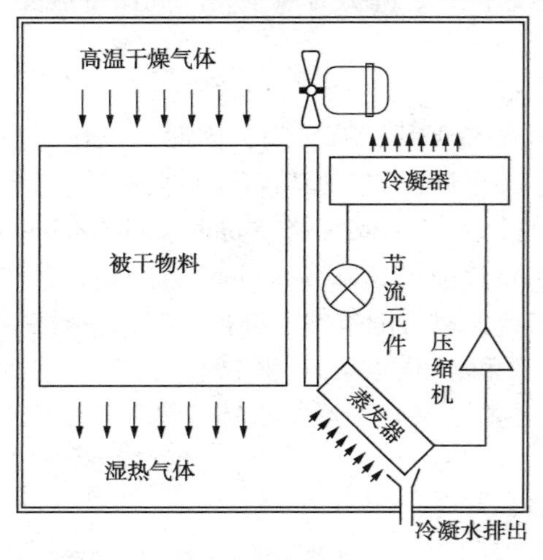

图4-6-12　太阳能热泵联合干化系统的组成示意图

进行干化操作。

热泵技术能有效克服天气和季节对太阳能干化的影响，同时解决了污泥堆晒产生臭气的问题，并且能耗低。太阳能热泵联合干化技术采用大流量强制通风系统，并附加气体收集和除臭装置；半自动或全自动翻泥机经常性翻新污泥蒸发面并供氧，采用空气集热和热泵系统以适应不同天气和不同季节下的干化作业，实现了太阳能污泥干化的高效连续运行。在无除臭系统的条件下，蒸发 1t 水的耗电量仅为 25~30kW·h，而传统热干化技术则为 800~1060kW·h，节能显著。

（2）微波加热干化技术

美国 Burch Biowave 公司的 Burch BioWave® 微波干化设备实现了污泥连续干化处理，系统采用不锈钢材质履带、标准的铝质辐射屏蔽材料、100kW 微波发射器，完全自动化运行，能将污泥含水率从 85%降至 10%。通过改变进料方式或停留时间，可以实现污泥的全干化或半干化。电能消耗占总能耗的 90%，使用干料返混工艺时的能效可达 80%。测试结果表明，干化污泥中 100%的病原菌被杀灭，而营养成分没有改变。由于微波干燥效果可控，干燥速度快，产品质量好，能效高，能够实现完全自动化，因此将会得到越来越多的研究和应用。

5. 污泥干化工艺的安全性

由于污泥在含固率>80%时一般呈微细颗粒状，粒径较小，因此物料与物料之间、物料和干燥器之间、物料和介质之间的摩擦、碰撞，使干化环境中可能产生大量粒径低于 150μm 的超细颗粒 —— 粉尘，而高有机质含量的粉尘在一定氧气、温度和点燃能量条件下可能发生燃烧和爆炸。一般认为有机质粉尘的爆炸浓度下限为 20~60g/m³，市政污泥的大约为 40~60g/m³。污泥粉尘产生燃烧的另一个基本条件是必须具有一定氧气，在一定粉尘浓度和点燃能量下、能够引起燃烧的最低氧气含量称为“最低含氧量”（LOC）。研究表明，根据保护气体类型的不同，最低氧含量值分别约为 5%（氮气）、6%（二氧化碳）、10%（蒸汽）。此外，污泥粉尘产生燃烧和爆炸必须具备一定的点燃能量。由于一般市政污泥干化系统的典型运行温度范围为 85~125℃，相应的点燃能量往往降低至 101~102mJ，故可认为污泥干化系统事实上无法在运行维护过程中彻底避免点燃源的存在。由于湿度能够提高干化系统的粉尘浓度下限、提高点燃能量、降低含氧量，因此保持蒸发所产生的湿度是提高整体系统安全性的一个重要手段。

二、污泥热化学处理设备

由于污泥的碳氢（C/H）比高于其它有机物，因此可以作为热化学处理或热化学转化的有机质原料。生物质热化学转化过程的类型较多，目前各种分类方法之间存在着一定程度的交叉重叠。可以简明扼要地分为燃烧或焚烧（Combustion/Incineration）、熔融或熔化、热解（Pyrolysis）、气化（Gasification）、液化（Liquefaction）等类型，其中燃烧或焚烧一般在过氧氛围下进行，热解一般在缺氧或低氧氛围条件下进行，气化一般在部分氧氛围下进行。生物质液化则可分为生物化学法和热化学法，生物化学法主要是指采用热水解（Thermal Hydrolysis）、发酵等手段将生物质转化为燃料乙醇，热化学法主要包括快速热解液化和加压催化液化等。

1. 污泥焚烧技术与设备

污泥焚烧的初期研究由美国 Noack（1959 年）、Schlesinger 等人（1960 年）在匹兹堡能源中心（Pittsburg Energy Center）肇始，共同特点是以回收能源为目的。脱水污泥的热值低（约为 7500~15000kJ/kg)，焚烧过程中必需添加辅助燃料，因此应该设计辅助燃料最少的流程。1973 年，美国联邦法案《40 CFR Part60》首次对污泥掺烧比及污染物排放限值提出了具体要求；1993 年颁布了《40 CFR Part503》法案，提出了土地利用、焚烧、填埋的优先序，并针对焚烧提出了具体要求；2011 年对该法案进行了修订，针对流化床及多炉膛焚烧炉提出了更严格和具体的指标要求。日本自 20 世纪 60 年代开始污泥焚烧；80 年代左右流化床焚烧炉成为主流设备；90 年代后开始采用污泥熔融炉，实现污泥燃料化。据统计，日本各类污泥焚烧设备已达 700 多台，焚烧污泥比例超过 68%，熔融量超过 10%，堆肥达到 11%，填埋量则逐年减少。在欧盟，德国 1962 年率先建设并开始运行欧洲第一座污泥焚烧厂，之后污泥焚烧在英国、法国、卢森堡、丹麦、德国、奥地利、荷兰等国家广泛应用，处理污泥所占各国比例一般为 20%~40%，荷兰、德国则已超过 40%。

一般认为，当污泥含水率低于 50%时才适合焚烧。污泥焚烧工艺主要有 3 种：单独焚烧，污泥与垃圾在水泥窑中掺烧，污泥与燃煤锅炉混烧。《生活垃圾焚烧污染控制标准》(GB 18485—2014)要求，掺加生活垃圾质量超过入炉(窑)物料总质量 30%的工业窑炉，以及生活污水处理设施产生污泥、一般工业固体废物专用焚烧炉的污染控制，参照生活垃圾焚烧炉排放标准。污泥焚烧产生的污染物主要包括四类：一类是粉尘、二氧化硫和氮氧化物等传统污染物，第二类是二噁英/呋喃等，第三类是臭气，第四类为重金属。前两类污染物的处理方法基本一致，第三类和第四类则有所差异。影响污泥焚烧的因素有焚烧温度、焚烧时间、空气量、污泥组分、污泥掺混比等，污泥焚烧的能耗、碳排放、污染物产生是该工艺目前受到质疑的关键。常见的焚烧设备有回转窑式焚烧炉、立式多段焚烧炉、流化床焚烧炉等。

(1) 回转窑式焚烧炉

如图 4-6-13 所示，回转窑式焚烧炉(Rotary Kiln Incinerators)的结构与转筒干燥器相似，炉体是一种具有耐火内衬的长圆筒，轴心线略微向下倾斜，炉体绕着轴心线缓慢旋转。废物和辅助燃料从圆筒端部高处加入；空气从废物给料口附近的圆筒端部高处注入，也可以从圆筒端部用几个喷射嘴注入；气态排放物和灰分在圆筒另一端的底部进行收集。通过控制圆筒的旋转速度和倾斜角度，使废物与空气充分混合，并使其以一定速度向灰分和残渣收集系统移动。圆筒尾部末端可以安装一个挡板以增加固体停留时间，有时还在窑壁上悬挂链状物以防止废物结块。在窑式燃烧室后面的排放气流处还有一个类似于液体喷射单元的复燃烧器。回转窑中的热量传递主要依靠辐射作用和窑壁传导。因此，在注入废物之前，需要用辅助燃料将窑壁加热至运行温度。此外，常常让固体废物与燃料或液体废物共同燃烧，以保证足够的燃烧温度。

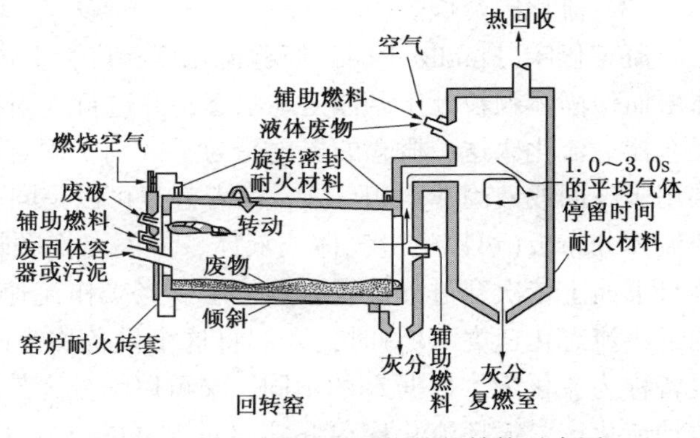

图 4-6-13　回转窑式焚烧炉的结构示意图

典型回转窑的炉体直径为 1.5~5m，长度为 3~15m，长径比为 2∶1~10∶1。炉体圆筒前部约 1/3 长度为干燥段，污泥与热气体的温度大约为 160℃，并逐步达到着火点；炉体圆筒后部约 2/3 长度为燃烧段，温度可达 820~1600℃。固体停留时间 20~60min，如果设置有挡板则会超过 1h。

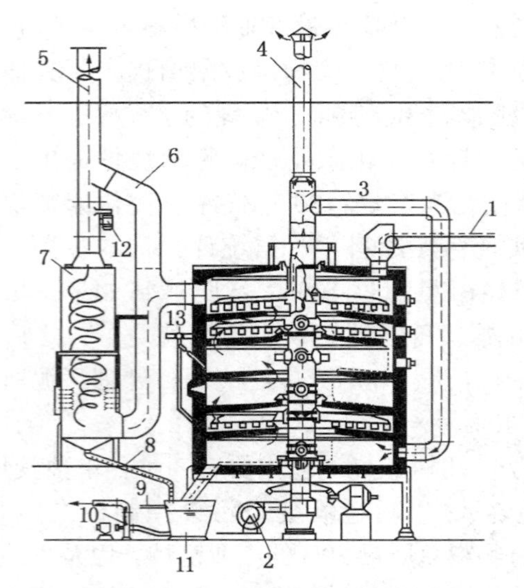

图 4-6-14　立式多段焚烧炉的结构示意图

1—泥饼；2—冷却空气鼓风机；3—浮动风门；4—废冷却气；5—清洁气体；6—无水时旁通风道；7—旋风喷射洗涤器；8—灰浆；9—分离水；10—砂浆；11—灰桶；12—感应鼓风架；13—轻油

（2）立式多段焚烧炉

如图 4-6-14 所示，立式多段焚烧炉的立式炉体为一个内衬耐火材料的钢制圆筒，一般分为 6~12 层。各层都从一根中心旋转轴向四周辐射分布，并有用耐高温铬钢制成的旋转齿耙。泥饼被加入到最上面的炉体中，然后在齿耙的作用下自上向下逐层下落，顶部温度在 500℃以上，为干燥段；中部温度在 1000℃左右，为焚烧段；底部为污泥冷却和空气预热段，温度在 300℃左右。废气由立式炉体的顶部排出，灰分残渣从立式炉体的底部清除。热传递主要通过每个炉膛表面的辐射和传导作用，以及空气流的对流作用。

立式多段焚烧炉以逆流方式运行，热效率很高。污泥焚烧不像一般城市垃圾焚烧一样采用炉排式燃烧，主要是因为污泥一般都很黏稠，点燃后易结成饼或表面灰化覆盖在燃烧物表面，使火焰熄灭。因此需要不断搅拌，反复更新燃烧表面，方能使污泥得以充分燃烧。在立式多段焚烧炉内的各段均设有搅拌面，只有保证物料在炉内停留一定时间才能使污泥完全燃烧。为避免工艺出现故障，除焚烧炉外还需添置污泥器(带粉碎机)、多点鼓风系统、热量回收设备(当设二次燃烧设备时，尤其要注意此点)、辅助热源(起动燃烧器)和除灰设备等辅助设备。立式多段焚烧炉存在的主要问题是：机械设备较多，维修保养较为麻烦；耗能相对较多，热效率较低；为减少燃烧排放的烟气污染，需要增设二次燃烧设备。

（3）流化床焚烧炉

流态化床(Fluidized bed)简称流化床，广义上讲，是一种利用气体或液体通过颗粒状固体层而使固体颗粒处于悬浮运动状态，并进行气固非均相反应过程或液固非均相反应过程的反应器。流化床这一概念的提出是为了区别于固定床(Fixed/Packed bed)，从本质上讲二者都用于气固或液固非均相反应，两者甚至可以是同一个设备，即立式圆筒内的中下部架设一块流体分布板(可以透过气体或液体，但不允许颗粒通过)，板上堆积一定高度的颗粒，流体自下而上依次穿过分布板和颗粒层。当操作流速(亦称表观流速，U_f)小于床中所装颗粒的最小流态化速度(U_{mf})时，人们将这个设备称为固定床；而当 U_f大于 U_{mf}时，人们将这个设备称为流化床。根据 U_f的不同，又可以细分为鼓泡流化床(Bubbling Fluidized Bed，BFB)、湍动流化床、循环流化床(Circulating Fluidized Bed，CFB)、快速流化床、密相输送床、稀相输送床等。对于污泥焚烧而言，鼓泡流化床和循环流化床较为常用。

世界上第一台焚烧污泥的流化床锅炉在 1962 年建于美国 Lynnword Washington，至今仍在运行。如图 4-6-15 所示，鼓泡流化床焚烧炉炉体的主要部分是具有耐火内衬的燃烧室，燃烧室内含有砂子等惰性颗粒状物质，颗粒状物质可以在从燃烧室底部吹入空气的推动下发生流动和扩散，从而有利于反应器内物料的湍流混合，并为辐射型和传导型传热提供大的表面积。注入焚烧炉的废物和空气与流化态材料混合并被加热，大的废物颗粒会一直在流化态

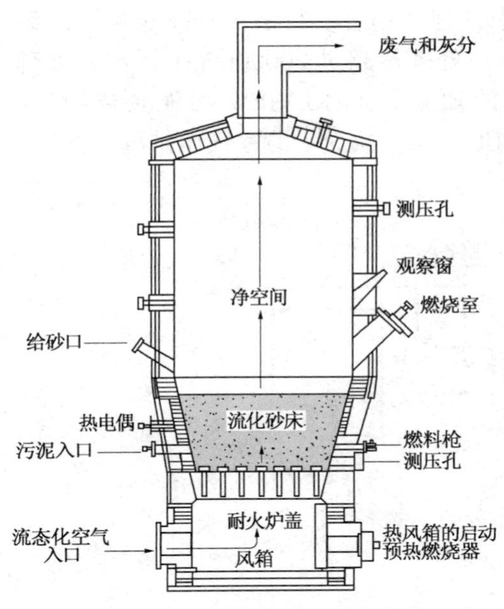

图 4-6-15　鼓泡流化床焚烧炉的结构示意图

材料中保持悬浮状态，直至完全燃烧，灰分和废气一起从炉体顶部排出。实际运行过程中，需要使用辅助燃料对惰性颗粒状物质和耐火内衬进行预加热。对于循环流化床而言，高温固体颗粒状物质会被吹出炉膛，然后通过旋风分离器和返料器被送回炉膛，形成炉内物料的平衡，流化床内气固混合强烈，待焚烧的物料入炉后与炽热的床料迅速混合，然后被充分加热、干燥、燃烬。

流化床焚烧炉的典型运行温度为750~850℃，如果温度超过900℃，硅砂床体就会熔化。如果需要更高的温度，可以用碾碎的耐火材料代替硅砂，其他重要的设计参数还包括供气速度（一般1.5~2.4m/s）、床体直径（一般 ϕ2.5~7.5m）、床深（一般0.4~1.0m）、废物停留时间（一般液态废物为5~8s，固态废物为1~10s）。德国 Stuttgart-Mühlhausen 污水处理厂的污泥焚烧工艺流程如图4-6-16所示，污泥经过离心脱水、半干化后从流化床焚烧炉上部进入，焚烧后的烟气经余热锅炉回收热量，回收的热能用于污泥半干化；尾气处理系统包括静电除尘、洗涤等。

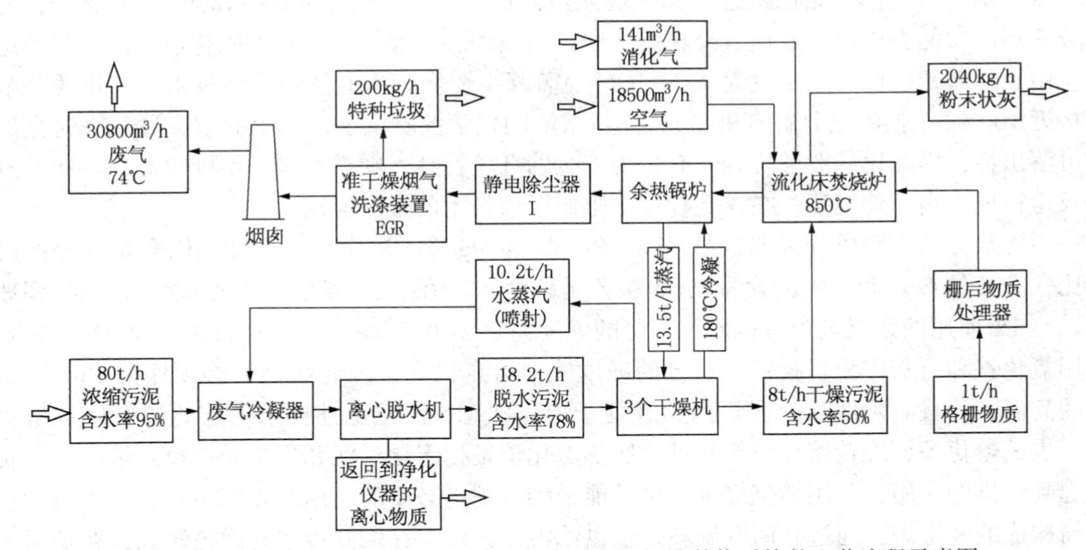

图 4-6-16　德国 Stuttgart-Mühlhausen 污水处理厂污泥焚烧系统的工艺流程示意图

法国 Veolia 集团的 Pyrofluid™ 鼓泡流化床焚烧炉、法国 Degrémont 公司的 Thermylis® 高温流化床焚烧炉、日本三菱重工（MHI）的鼓泡流化床焚烧炉和循环流化床焚烧炉等目前处于污泥流化床焚烧设备的前列。以 Thermylis® 高温流化床焚烧炉为例，该鼓泡流化床焚烧炉相应的系统工艺流程如图4-6-17所示，Thermylis® 是目前使用最广泛的一种混合燃烧工艺，将含水率65%~85%的脱水污泥以1：5~1：10的比例与城市生活垃圾混合后，投入最低温度为850℃的焚烧炉中，迅速将有机物燃烧成无机灰烬。具有适应范围广、运行费用低、污泥喷嘴无堵塞、系统灵活可调节、操作简单、系统自动化运行等优点，适合于污泥非农业使用、污泥和垃圾混合集中处理等场合。目前，Thermylis ® 高温流化床已在 Amsterdam、Cenon、Dinan、Sarcelles 等地处理量超过 20000t/a 干污泥的处理厂成功运转；每天直接焚烧 1600t 市政脱水污泥的加拿大 LAKEVIEW 污泥焚烧项目，2006 年投产以来实现了能源上的自足，无需投加辅助燃料，减少了温室气体排放。

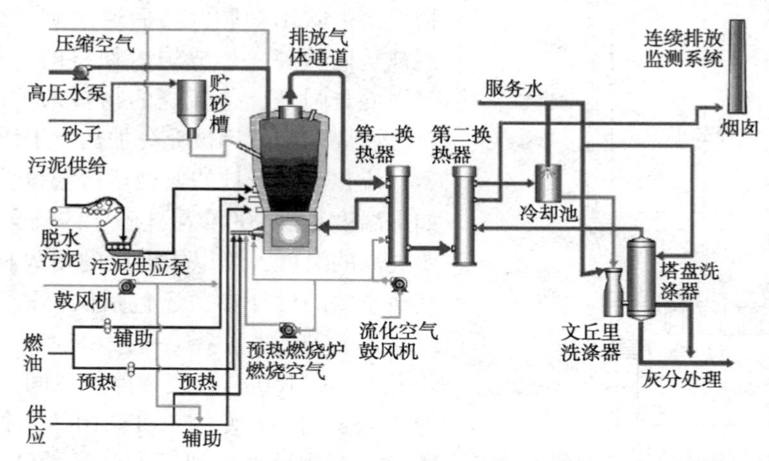

图 4-6-17　法国 Degrémont 高温循环流化床污泥焚烧系统的工艺流程示意图

2. 污泥熔融或熔化技术与设备

该技术是将干化污泥在超过污泥焚烧灰熔点的温度（通常为 1300~1500℃）下燃烧，完全分解污泥中的有机物，并使灰分在熔化状态输出炉外，经自然冷却而固化成火山岩状的熔渣。由于熔渣密度比灰渣密度大 2/3，能够显著减少燃烧产物的体积。该技术的有机质分解率接近 100%（包括耐热分解有机物）；无机熔渣的化学性质稳定，其中的重金属几乎完全失去可溶出性，因此比一般焚烧处理有更为安全的环境特性。缺点是操作温度很高，一次性投资及运行成本高于焚烧法，在一定程度上阻碍了该技术的推广应用。

污泥灰分的主要成分有 Si、Al、Fe、P、Ca 和 Mg 等，决定熔点高低的因素是灰分的成分比，尤其是 CaO 和 SiO_2的含量比（也被称为碱度）。污泥机械脱水一般要添加絮凝剂（调理剂），如果使用的絮凝剂为有机质，灰分的碱度为 0.2~0.5g/g，熔点为 1200~1300℃；如果使用氯化铁和石灰作为絮凝剂，灰分的碱度大，熔点也高。因此熔化炉必须保持 1300℃以上的高温，而且必须使灰分在炉内始终处于熔化状态，满足上述要求的熔化炉有底焦熔化炉、表面熔化炉、旋转熔化炉等几种。底焦熔化炉是把干化污泥和焦炭交替投入炉内，使底焦起到炉排的作用，并用燃烧提供的足够能量维持炉内必要的高温；表面熔化炉是由内筒和外筒构成的竖型炉，通过外筒的旋转定量供给污泥，污泥在倒圆锥空间内被燃烧，在炉顶和倒锥面之间形成反射炉方式，以维持高温熔化；旋转熔化炉是在竖式圆筒形炉内，使燃烧空气夹带着经干燥、粉化的污泥进入炉内，引起强旋气流，促进完全燃烧。

3. 污泥热解技术与设备

热解被用于生产焦炭和化学品已有上千年的历史，迄今提出了多种反应路径和作用机理，其中适用于纤维素（Cellulose）的 Broido-Shafizadeh 模型足以展示其反应路径的典型复杂性和产物收率最大化的可能性。热解产物的具体组成除了与污泥自身特性密切相关外，还与热解反应操作条件（温度、压力、热解时间等）密切相关，污泥炭化和热解制油是两种代表性的热解技术。鉴于在减量化、无害化基础上的资源化已成为国际上污泥处理处置的研究重点和发展趋势，污泥热解技术将较污泥焚烧技术更受关注。

(1) 污泥炭化技术

污泥炭化技术分为高温炭化(650~1000℃)、中温炭化(400~550℃)和低温炭化(250~300℃)三种，低温炭化又被称为水热炭化(Hydrothermal Carbonization，HTC)。高温炭化是首先将污泥干化，然后再进入高温炭化炉炭化和造粒。高温炭化炉的作用是将污泥加温但不燃烧，加温后污泥产生热解气，热解气进入燃烧回路，产生可燃气后的污泥已经十分干燥，可以造粒。中温炭化是首先将污泥干化，然后再进入密闭容器加温，使污泥在无氧条件下产生热解气，热解气经冷凝后可以得到焦油。低温炭化是将污泥直接加温加压，炭化过程只裂解细胞，不产生气体；裂解后的污泥呈液体状，再用普通脱水设备将污泥中大部分水分(75%)去除，污泥中的碳值基本上都被保留。

污泥低温炭化技术的典型代表是美国 EnerTech Environmental 公司推出的 Slurrycarb™污泥低温炭化工艺，该工艺于 20 世纪 90 年代开始研发，1999 年得到了美国能源部的支持，基本工艺流程为“污泥预处理(使含水率减少到 80%左右)→污泥加压(至 6~10MPa)→污泥加热(至 204~232℃)→污泥降温脱水→污泥燃烧+脱出水净化循环”，最终目标产物为“E-Fuel”可再生燃料。世界上第一座 Slurrycarb™连续式低温炭化系统 2009 年在美国加州启动，年处理 27 万 t 湿污泥，为南加州地区提供 6 万 t 可再生燃料。由于 EnerTech Environmental 公司未能实际履行其 2006 年签订污泥处置协议时所做的承诺，2012 年 6 月 27 日被政府管理部门(OCSD)单方面宣布终止协议并立即生效，Rialto 厂进入停运状态。

日本三菱重工(MHI)开发的市政污泥炭化技术属于高温炭化，其工艺流程如图 4-6-18 所示，主要包括炭化、热解气燃烧废热回收、烟气净化处理等三大部分。回转式污泥干化装置首先将含水率 76%左右的脱水污泥干化至含水率 25%，利用热解气焚烧炉的高温烟气(800~850℃)直接加热污泥，并受到连续搅拌。随着污泥逐渐得到干化，所产生烟气的温度也逐渐降低到 200℃左右，进入随后的尾气处理塔。500℃左右的干化污泥被置于间接加热的回转热解炉中，在低氧环境下被 950~1100℃的高温气体间接加热和热解。生物炭被冷却输送器逐渐冷却，然后适度湿润以避免自燃着火，最终被处理成生物炭燃料。在热解气燃烧和废热回收过程中，热解气和回转热解炉通常产生的干化烟气被空气吹扫进一个独立的热解气焚烧炉中，在 950℃的高温下燃烧。热解气焚烧炉的部分高温烟气作为回转热解炉的热源，废热通过两台换热器进行回收。2007 年，三菱重工(MHI)在东京东部污泥处理厂建成了污泥处理量为 99000t/a 的工业化装置，每年可制得 8700t 热解炭。热解炭热值较高、质量稳定，用做热电厂燃料替代化石燃料。系统采用尾气处理装置，N_2O 排放水平远低于常用污

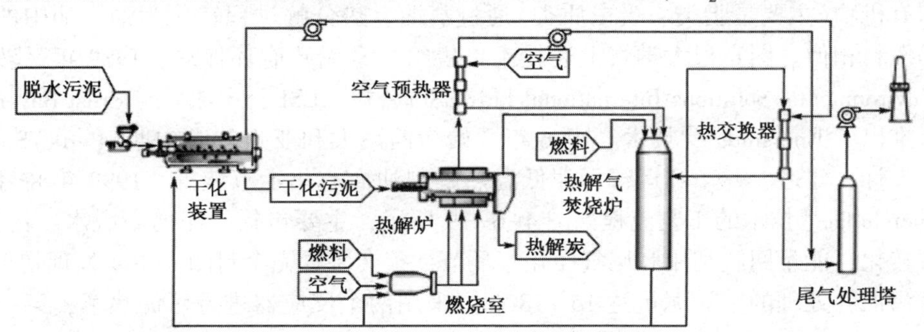

图 4-6-18　日本三菱重工(MHI)的市政污泥炭化工艺流程示意图

泥流化床焚烧炉，有效减少了温室气体排放。日本巴工业株式会社(TOMOE Engineering Co.，Ltd.)也能够提供污泥连续高速炭化装置，继建成武汉市汤逊湖污水处理厂10t/d污泥炭化示范工程之后，又在湖北省鄂州市60t/d污泥炭化工程中得到应用，该工程2015年3月调试投入运营，是国内第一个商业化运营的污泥炭化项目。日本巴工业株式会社的污泥连续高速炭化装置主要由卧式旋转干燥机、多段螺旋式炭化炉以及排气处理设备构成。卧式旋转干燥机上安装有搅拌破碎机构，可以将脱水污泥的含水率造粒干燥至30%。炭化炉是一种炉内贯穿有上下四段螺旋输送机构的外热炉。干燥污泥首先会被输送到最上段的螺旋输送器中，然后按照上段、中段、下段的顺序被依次输送到各个螺旋输送器内，再由设置在炭化炉下部的加热器将各段螺旋输送器加热到600~700℃。炭化时间15min，干燥脱水污泥在无氧状态下被热解成炭化物。各段螺旋输送器内产生的热解气在炭化炉内被燃烧，作为热源被再次利用。

国内方面，天津市青凝侯淤泥填埋场生态修复项目采用污泥高温炭化成套技术，将污泥转化为生物炭，用于园林绿化，单套系统日处理量300t/d(80%含水率)，系国内最大的污泥炭化项目。2018年5月建设完成进入生产阶段，系统性能达到设计指标。主要运行参数为：热解气燃烧烟气温度800~900℃，进入炭化炉，炭化时间30min左右；炭化炉出口烟气温度500~600℃，烟气进入干燥系统，干燥温度130℃左右，进入尾气处理系统，达到60℃左右排放；系统基本都在常压下进行。

（2）污泥热解制油技术

生物质热解液化是指生物质在缺氧状态下迅速受热分解，并经快速冷凝而主要获得液体产物(焦油)、部分气体产物(热解气)和固体产物(焦炭)的热化学过程。获得最大焦油产率所需的反应条件主要为：10^3~10^4℃/s的加热速率、500℃左右的反应温度、不超过2s的气相滞留时间和热解气的淬冷。在最佳反应条件下，秸秆热解焦油的产率一般不低于50%、木屑热解焦油的产率一般不低于60%，焦油热值为16~17MJ/kg，约为柴油热值的2/5。污泥热解技术于1939年由法国的S. Shibata率先提出，基本要求包括：输入污泥的含水率不超过10%、污泥颗粒粒径较小、高加热速率、控制温度、短停留时间、有效的焦炭分离、热解气冷凝后液相的回收。研究人员目前普遍认为，反应温度400~450℃、停留时间0.5h时可获得最大的油品收率，但由于污泥在300℃左右出现热解速率高峰，因此最大能量产出对应的温度要低于最高油品收率对应的温度。

德国图宾根大学(University of Tübingen)有机化学研究所的Ernst Bayer教授于1982年率先开始污泥低温热解制油的实验室研究，在缺氧、微正压(1~5kPa)、250~500℃条件下，污泥中的有机物(主要是脂类、蛋白质类)通过蒸馏、热分解过程转化为油，油中的主要成分与渣油燃料相似。图宾根大学将上述技术出售给加拿大政府环保局，1989年又转卖给澳大利亚Environmental Solutions International Ltd(ESI)公司。ESI公司随后与Ernst Bayer教授紧密合作，推出了Enersludge™技术。1996年开始为西澳大利亚州首府珀斯(Perth)Subiaco污水处理厂设计、建造、开车和运行污泥低温热解制油商业化示范装置，1999年8月成功试运行。Enersludge™技术的工艺流程如图4-6-19所示，主要包括污泥离心脱水、污泥干化、污泥热解转化、能量回收利用和尾气净化等环节，整套装置完全封闭。主要处理初沉污泥和剩余活性污泥，处理的干污泥量达15~18t/d。采用两个反应器进行污泥热解，第一个反应器为挥发区(450℃)，第二个反应器为反应区，反应器通过壁面间接加热污泥。干化污泥送入第一个反应器后，污泥中的有机质受热挥发，随后热解气和热解固体残渣经过管路进入第二个反应器发生催化反应，热解气在固体残渣中催化剂的作用下反应产生合成气，合成气经冷凝器后得到生物油。生物油用作工业燃料或燃烧发电，不凝性气体、焦炭、反应水进入热燃气发生器，产生的热空气用来干化污泥，灰分收集后可以用来作为建材。尾气处理工艺简单，能够满足德国 TA-Luft 排放标准，二噁英排放低于标准 300 倍。利用该工艺每吨干污泥可以产生 200~300L 的生物油(热值大约为 35GJ/L)和 0.5t 焦炭，燃烧产生的热量完全可以满足整个过程中干燥和热解所需。

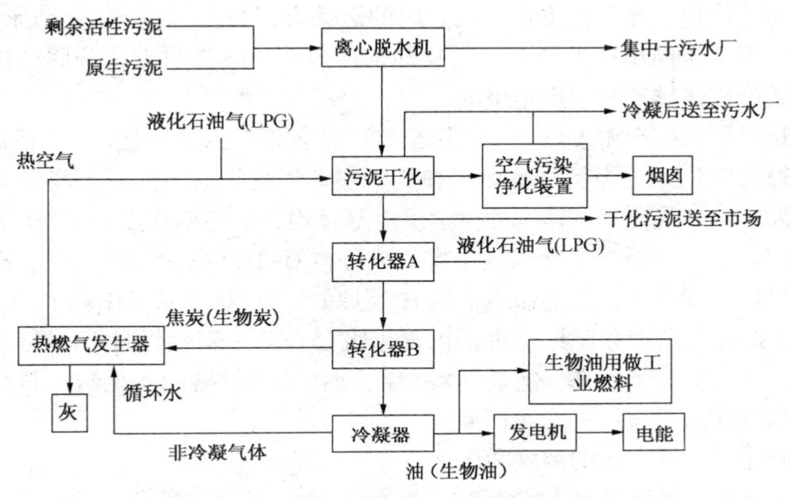

图 4-6-19　Subiaco 污水处理厂 Enersludge™ 污泥热解制油工艺流程示意图

按照热解过程中受热方式的不同，可以将低温热解制油反应器分为机械接触式反应器、间接式反应器、混合式反应器、真空热解反应器等类型。机械接触式反应器包括旋转锥反应器(Rotating cone，处理量已达 200kg/h)、烧蚀涡流反应器、回转窑反应器、立式搅拌反应器、螺旋反应器、奥格热解反应器(Auger reactor)等；间接式反应器主要通过辐射方式加热生物质，如红外辐射反应器、微波加热器、高温光源和高温壁面等；常见的混合式反应器包括流化床反应器(如鼓泡流化床反应器，处理量已达 400kg/h)、快速引射反应器、循环流化床反应器(处理量已达 1000kg/h)等；真空热解反应器的典型应用是 Pyrovac 真空热蒸馏工艺，处理量达 3500kg/h。就目前而言，基于鼓泡流化床、循环流化床和旋转锥反应器的热解技术较为成功，这三种热解工艺都依靠热载体(一般都采用砂子)向生物质颗粒实现高效传热，但工作原理完全不同。在流化床反应器中，生物质颗粒和热载体主要依靠气体运动所产生的曳力进行碰撞和混合，实现动量和热量的交换。优点主要是不含运动部件、结构较为简单、工作可靠性大、运行寿命长等；缺点是流化气体的引入提高了系统的运行能耗，因为这部分外加气体也会经历加热和冷却的工艺过程。在旋转锥反应器中，生物质颗粒和热载体主要依靠自身的位移运动进行碰撞和混合，实现动量和热量的交换。优点是不需要外加气体，因而降低了系统运行能耗，避免了可燃气体稀释；缺点是反应器含有运动构件(如旋转锥等)，且需要在高温和高粉尘环境下作悬臂旋转，因此对材料和轴承的耐热性、耐磨性、密封性等要求相当高。

必须指出的是，在污泥低中温热解过程中，有机质主要转化为由数百种有机物组成的热解液(统称焦油)，含氧量高、含水量高，热值比石油制品低且稳定性不好，难以作为燃料直接利用，提炼为液态石油制品也存在许多问题。更为重要的是，这种热解液是一种酸性黏稠液体物质，极易附着在管道和设备内壁上，造成管路堵塞和设备腐蚀，影响系统的正常运行，甚至会造成可燃性气体泄漏污染现场环境或气体不能及时排出而发生爆炸事故。此外，由于市政污泥中含有大量 N、S 元素组成的有机物，产生的热解液具有难闻的刺激性气味，污染现场环境。

4. 污泥气化技术与设备

生物质的气化可以分为低压有氧气化、高压有氧气化、低压间接气化、高压间接气化等，核心设备为气化炉，按生物质在气化炉内的运动方式分为固定床(移动床)、沸腾床和气流床等形式，按气化操作压力分常压气化和加压气化，按进料方式分固体进料和浆液进料，按排渣方式分固体排渣和熔融排渣等。

气化技术最早用于生产城市煤气，应用至今已经有 200 多年的历史，而污泥气化技术起步较晚。以水煤浆气化反应为例，水煤浆和氧气喷入气化炉后瞬间经历煤浆升温及水分蒸发、煤热解挥发、残炭气化和气体间的化学反应等过程，最终生成以 CO、H_2为主要组分的粗煤气(或称水煤气、合成气)。粗煤气中有效成分($CO+H_2$)可达 80%左右，净化处理后如果实施甲烷化反应，即可在催化剂作用下使 H_2还原 CO 和 CO_2生成 CH_4和 H_2O。我国合成氨行业自 20 世纪 80 年代鲁南化肥厂引进美国德士古公司第一套投煤量(干基)318t/d 水煤浆加压($P=3.0MPa$)气化技术以来，随着能源(煤、油、气)价格的变化与原料结构调整的需要，目前水煤浆气化技术应用不断在扩大。

污泥气化技术是指在一定的温度和压力条件下，以空气、氧气或水蒸气作为气化剂，在还原性气氛下，通过一系列的热化学反应，将污泥中的有机物转化为含有 H_2、CH_4、CO、CO_2等组分气体、焦油和灰渣的过程。污泥气化的主要目的之一是获得热值更高、产率更大的可燃气体，整个过程经历了污泥热解和污泥热解产物气化两个阶段。污泥气化的影响因素众多，主要有气化温度、反应时间、气化剂、空气当量比、催化剂、污水处理工艺和气化床类型等。根据气化剂类型的不同污泥气化可分为 CO_2气化、H_2O 气化、空气气化、O_2气化和混合气体气化。相比传统的污泥气化工艺，污泥的超临界水气化、等离子气化和催化气化以及与煤或生物质的共气化，由于对污泥的能量利用率更高亦引起研究人员的兴趣。尤其是微波加热和感应加热等新型加热方式为污泥气化工艺的实际应用提供了新途径，微波辐射加热利用微波迅速提升污泥温度而省去了干化工序，从而提高热解效率，节省能量，降低成本。通过混入石墨、木炭(包括污泥炭)等吸波介质，污泥可以发生高效闪速热解，能量利用效率大幅提高。微波热解气的 H_2和 CO 含量较大、热值较高，液态产物中有毒物质(如 PAHs)含量得到有效降低，所得污泥炭对重金属等有毒物质固定化效果更佳。

2005 年，德国 Balingen 污水处理厂将污泥干化、气化与热电联用工艺组合，充分利用污泥中的能量，使得能源损失降到最低，满足了当地 5 万居民的用电需求。随着国家对生物质能和生物质耦合燃煤发电等的高度重视，迫切需要开发成熟可靠的生物质耦合燃煤发电技术。国内目前已经自主开发了生物质循环流化床气化技术，通过引进循环流化床领域专业数值模拟软件平台 Barracuda，并进行二次开发，集成了气化反应过程动力学模型，对适用工业级生物质原料的循环流化床气化炉进行流动、传热及气化反应数值模拟研究。搭建了有机玻璃冷态模拟装置，采用等不同生物质介质进行空气动力学实验，利用高速摄像、激光多普勒测速仪等仪器获得流场的定性和定量结果，以验证数值模拟结果的准确性，并对数学模型进行修正和优化，最终得到可用于热态数值模拟的流态化模型。在数值模拟及冷态实验的基础上，进行了循环流化床气化装置的中试放大研究，建立 2.5MW 等级的循环流化床燃烧-

热解-气化多联产中试平台，对生物质、煤等原料的燃烧、热解、气化特性进行工业规模的实验研究。为了对生物质气化耦合燃煤发电技术中生物质发电量进行定量监测，需寻求合适的冷却方式对燃气进行降温提质，以便于燃气流量及组分的测量，搭建了固定床生物质热解-气化联合实验平台，采用成型生物质颗粒进行了有氧热解、无氧热解和气化实验，研究了生物质挥发分析出特性、焦炭转化特性，并得到了出口燃气温度范围等重要数据，为生物质固定床热解降温的工业化应用打下了坚实基础。

5. 污泥直接液化制油技术与设备

该技术本质上属于加压催化液化，高压加氢催化液化反应又较为常用。可以追溯到1913年德国人F. Bergius进行的中温/高压(400~500℃、20MPa)加氢条件下的裂解，从煤炭或煤焦油得到液体燃料的试验。这项技术后来被称为煤的直接液化技术，并在二战中的德国实现了工业化，液体燃料生产规模曾达到400万t/a。20世纪70年代发生“石油危机”以后，该技术原理被应用于可再生能源的生产中，研究了从稻草、木屑和废纸等生物质中生产燃料油的过程。1980年以后，美国首先将该技术应用于污泥处理，并于80年代中期发表了研究报告，其他国家随后也开始研究，从而使该技术的工艺过程逐渐定型。

如图4-6-20所示，污泥直接液化制油本质上是污泥中的有机质在一定温度压力条件下的热解反应，但在反应过程中污泥颗粒悬浮于溶剂中，属于气-液-固三相化学反应与传递过程的组合，这就使其有别于一般的热解过程，同时反应在气相无氧环境条件下进行。W. L. Kranich(1984年)研究了污泥直接液化制油的可能性，对比了污泥干燥后以蒽油为载体溶剂的高压加氢工艺、脱水污泥直接加氢或不加氢工艺两种基本工艺。A. Suzuki(1986年)研究了以水为溶剂不加氢的污泥直接液化制油工艺，得到了大于40%的得油率，并初步确定

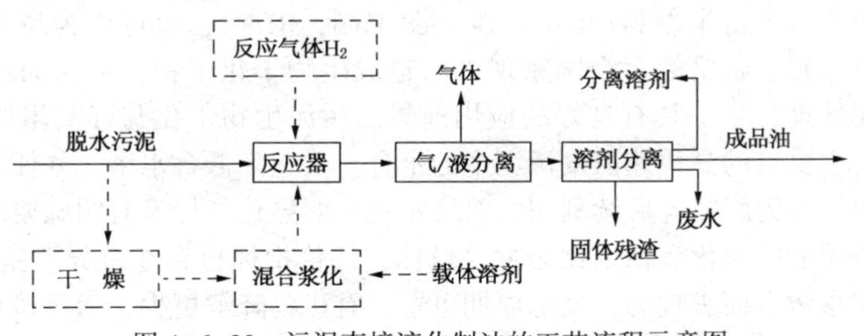

图4-6-20 污泥直接液化制油的工艺流程示意图

300℃为适宜的操作温度。P. L. Molton(1986年)基于名为STORS的污泥连续液化制油系统开展实验研究，原料为含水率80%~82%的初沉污泥脱水泥饼及占总量5%的碳酸钠(作为催化剂)，在温度275~300℃、压力11.0~15.0MPa、停留时间60~260min的条件下，经过100h的运行，设备没有腐蚀和结焦现象。实验结果表明，300℃、1.5h的停留时间可以使污泥中的有机质充分转化，所投加污泥能量的73%可以燃料油、生物炭或焦炭形式回收；处理中所产生的气体主要是CO_2(体积比95%)，BOD/COD值测试结果表明剩余污水具有生物可降解性。Shinji Itoh(1992年)所运行连续液化制油试验的工艺流程如图4-6-21所示，处理能力为500kg/d(脱水污泥)，反应温度275~300℃、压力6~12MPa、停留时间0~60min。运行700h后装置一切正常，总的油品收率为40%~53%。该装置包含一个高压蒸馏单元，能够从反应混合物中连续分离出占污泥有机质重量11%~16%的燃料油，不仅油的特性明显优于以通常方式分离的油，而且产量已经大于过程可产生油量的理论值，因此不必继续考虑从残渣中分离油而将其直接用作锅炉燃料，从而使流程大为简化。

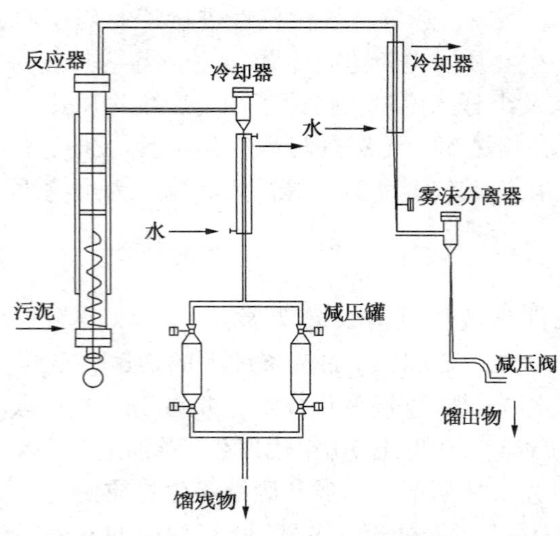

图 4-6-21　Shinji Itoh 的试验流程示意图

在各种污泥直接液化制油工艺中，以水为溶剂的工艺流程最为简单，因此也成为此项技术的代表性工艺。在该工艺中，脱水污泥中的水分无须在反应前或反应中蒸发，与其他热化学处理过程相比，能够节约大量能量。

虽然污泥直接液化制油技术的操作温度与压力对设备的要求较高，但并没有超出当代化工单元设备技术可支持的范围。同时，初步的技术经济分析结果表明，工程投资相对于传统污泥焚烧处理有竞争力，且操作费用明显低于焚烧处理。国内目前基于自主研发的催化剂和特殊的脱氧方式，并与超级悬浮床加氢技术有机结合，已经实现了秸秆、木屑、废弃油脂等生物质的直接液化，并直接大量转化成以碳氢化合物为主的液体清洁燃料及化学品。

三、污泥生物干化工艺与设备

生物干化的概念是美国学者 1984 年在研究牛粪生物干燥的运行参数时提出，也称为生物干燥。在好氧发酵的基础上，利用可降解有机物分解代谢作用时产生的生物热量，外加通风、翻堆等过程控制手段，促使物料中的水分快速散失，从而降低含水率。K. Wiemer 等的研究表明，用生物干化技术处理城市生活垃圾，可以使含水率明显降低，大大提高垃圾热值，产品可制作成垃圾衍生燃料(Refuse Derived Fuel，RDF)，也可作为垃圾焚烧的预处理手段。德国、意大利、希腊等多个国家现都已建成生物干化工程，被认为是一种经济、节能、环保的污泥处理技术，具有良好的应用前景。污泥生物干化与好氧堆肥的本质区别在于：生物干化的主要目的是快速散发污泥中的水分，快速降低含水率，并使物料保持较高的热值，便于焚烧或作为肥料等后续利用，对稳定化、腐熟化指标没有明确要求；好氧堆肥则是以污泥中有机质的腐熟化和稳定化为主要目标，评价指标也存在差异。基于目标的不同，生物干化在控制参数方面表现为：发酵周期更短，有机物降解更少，通风量更大，翻堆频次更高。

1. 污泥生物干化工艺

生物干化是多种因素和变量相互影响和作用的复杂理化过程，其影响因素包括物料性质、温度、含水率、调理剂、通风、机械翻堆等，各影响因素之间存在一定的耦合效应。目前采用的主要生物干化工艺按照物料堆放形式分为条垛式和仓式两类。

(1) 条垛式生物干化

条垛式生物干化是一种常见的好氧发酵方法，一般为露天发酵。将原料混合物堆成长条垛，横断面为梯形或三角形。条垛横断面积太大，中心易产生厌氧区，翻垛时产生臭气；条垛横断面积太小，散热迅速，难以保证杀灭病原体和杂草种子。按照有无机械翻堆设备，该工艺又可以分为静态发酵和动态发酵两种。

① 强制通风式静态条垛式生物干化。发酵物料在经整理后的地面和通风管道系统上，通过强制供气或强制抽气来保持发酵过程所需的氧气浓度，堆体表面覆盖约 30cm 的腐熟堆料，以减少臭味的扩散及保证堆体内较高的温度。整个发酵周期≥30d。

② 动态条垛式生物干化。采用轮式或履带式翻堆设备，在发酵周期内定时不断翻倒堆垛，使堆料与空气接触而保持发酵过程所需的氧气浓度。无曝气典型动态发酵过程周期约需40d，加设曝气系统后发酵周期约为21d。

（2）仓式生物干化

仓式生物干化是在发酵仓(一般为卧式或立式)中进行，物料堆深可以随时调整，控制水平高。按照有无机械翻堆设备，同样可以分为静态发酵和动态发酵2种。

① 静态仓式生物干化。发酵物料在发酵仓内通风管道系统上，通过强制供气或强制抽气来保持发酵过程所需的氧气浓度，通过发酵前混合添加适当的调理剂物质，来保证发酵过程中具备足够的空隙率，以保证发酵充分及堆体内较高的温度。整个发酵周期大于21d。

② 动态仓式生物干化。与静态仓式生物干化相同，发酵物料在发酵仓内通风管道系统上，同时通过翻堆设备将物料顺次由进料端向出料端运送。在这一过程中保证物料的空隙率和水分散发，发酵仓尺寸根据物料量多少及所选用的翻堆设备来决定。常用翻堆设备包括搅拌式翻堆机、链板式翻堆机、双螺旋式翻堆机和铣盘式翻堆机等。一般每隔1~2d翻堆一次。发酵仓底部通风管道系统通过强制通风来保证发酵过程所需的氧气。发酵物料入槽后3d即可达到45℃，在槽内要求温度55℃以上持续7d左右，发酵周期为10~15d，挥发性有机物降解50%以上。

从我国市政污泥处理量大、二次污染控制要求较高等特点来看，动态条垛式和动态仓式生物干化是发展的主线，尤其后者是城市污泥集中处理项目较好的备选工艺。机科发展科技股份有限公司的SACT污泥快速堆肥工艺在国内最具代表性；德国西门子的IPS生物干化及好氧发酵工艺在世界上处理能力最大、自动化程度最高，通过全新的机械强化技术提高了处理效果。

2. 污泥生物干化的核心设备

动态仓式生物干化的核心技术是翻堆，高效稳定的翻堆机(Lane Turner)至关重要，其能力和要求决定附属设备和系统的设计、配置，也决定土建构筑物的尺寸、占地面积和土建投资。翻堆机按发酵工艺方式主要分为槽式、条垛式和反应器式3种。目前槽式发酵系统的温度、湿度过程自动化控制效果较好、占地面积小，比较适应我国国情，相应的翻堆机主要有滚筒式、螺旋式、链板式和翻倒轮式。

滚筒式翻堆机通过一个与发酵槽同宽的旋转筒来翻动发酵物料，滚筒周边安装若干刀片以搅拌破碎物料。优点是可以实现物料的上下和横向左右翻动，如果可以加载换槽换向系统，就可以用于多槽式好氧发酵工艺。螺旋式翻堆机用一个螺杆来搅拌发酵物料，可以实现物料的上下和纵向前后翻动，优点是螺杆轴可以制作成中空下端封闭的轴，实现自行充氧，大大节约充氧能耗；缺点是螺杆还要横向左右移动，适应比较窄发酵槽物料的搅拌，效率相对较低。链板式翻堆机用翻堆带逐步挖掘并将肥料翻送至翻堆装置后方，优点是翻堆时接触面积大、耗能小、翻堆比较彻底，适应于大部分堆积物。缺点是不容易实现换槽，不适合多槽好氧发酵系统。翻倒轮式翻堆机由一个旋转轮把发酵物料向后抛出，使物料与空气充分接触，发酵更加均匀。缺点是翻倒轮要左右横向移动，效率相对较低，而且不能实现物料横向混合搅拌。

第二篇　大气污染控制技术与设备

随着社会经济的不断发展，工业生产以及城市运转等环节产生的粉尘和有害气体也随之增加，空气污染已经成为当前突出的环境污染问题之一。按污染物的状态划分，空气污染可分为固态、液态、气态三种类型，实际上往往是两种或三种状态的污染物质同时存在而形成混合污染，如燃煤含尘气体中就同时含有固态烟尘和气态硫氧化物、氮氧化物。空气污染治理设备是指用于治理空气污染的专用机械设备，分为除尘设备、除雾设备、有害气体治理设备，分别用于治理固态、液态和气态三种污染物质。

在空气污染治理设备中，除尘设备起步早、发展快、门类较齐全、应用较广泛，品种和产量均占有较大比重，袋式除尘器、电除尘器以及为中小型锅炉配套的旋风除尘器都是除尘设备的主导产品。除雾设备和有害气体治理设备的发展则相对较慢，但为了适应空气污染治理的迫切需要而获得了较大的发展机遇，总体趋势是提高产品技术水平和制造质量，填补品种空白。当前，应该全面开展细颗粒物、硫氧化物、氮氧化物、挥发性有机物(VOCs)、重金属和有毒有害物质等污染物高效脱除与协同控制技术研究，重点发展燃煤电站烟气污染物低成本超低排放、非电工业烟气污染物高效控制、污染物脱除与资源化利用一体化、典型行业VOCs排放控制及替代、机动车尾气高效后处理、船舶与非道路机械污染高效控制、居民燃煤和城市扬尘控制、城镇垃圾焚烧污染控制等关键技术、材料与成套装备，并形成技术标准与规范；此外，开展移动源大气污染物与温室气体协同准入及推出控制标准研究与示范应用。

第五章　尘粒污染物控制技术与设备

通常所说的含尘(dust)气体是指悬浮有固体微粒或液体微粒的气体介质，这种含有微粒的气体介质统称为尘粒污染物或气溶胶。一般情况下，由于气体介质的流动作用和扩散作用(分子扩散和紊流扩散等)以及微小尘粒间的布朗扩散、静电效应和各种外力作用，悬浮在气体介质中的微粒呈碰撞、凝聚、沉降等状态。依据颗粒空气动力学直径大小不同以及沉积在人体呼吸系统部位的不同，将空气动力学直径为0~100μm、可长时间悬浮在空气中能被观察或测量的液体或固体微粒称为总悬浮颗粒(TSP)(气溶胶)，其中空气动力学直径0~10μm的微粒为可吸入颗粒物(PM10)，空气动力学直径0~2.5μm的微粒为可入肺颗粒物(PM2.5)。鉴于粉尘颗粒物严重影响空气质量和人体健康，世界各国都非常重视对大气中粉尘的防护。

通过各种技术途径和设备创造一定的外力，使悬浮于气体介质中的固体微粒或液体雾滴从气体介质中分离出来的过程称为除尘过程，相应的气固分离设备或气液分离设备统称为除尘器(或除雾器)。当然，通常所说的除尘过程既包括对含尘气体的净化过程，也包括工业生产中对有价值粉状物料的回收过程。前者如对工业锅炉和各种窑炉排放含尘气体的净化，后者如对水泥、面粉、石油化工催化剂、有色金属粉末等的回收，两者所采用的气固分离设备及其作用原理相同。

除尘器的种类繁多，目前通常根据捕集分离尘粒的机理，将各种除尘器归纳成机械式除尘器、过滤式除尘器、电除尘器、湿式除尘器等4大类，其中前3种又可统称为干式除尘设备。随着国内外环境质量标准的日益严格，近几年来除尘技术得到了很大发展，产生的新技术大致分为以下3个方面：①改进传统除尘器的结构，从而充分发挥其净化作用，如新型旋风除尘器、长芒刺静电除尘器等；②多机理复合除尘器，如旋流-移动床颗粒过滤分离器、惯性冲击静电除尘器、静电强化过滤除尘器等；③新机理除尘技术，如磁力除尘、电团聚除尘等。在选择除尘器时，必须进行综合的环境技术经济和安全评价。

因篇幅所限，本章主要介绍一些常规除尘器的结构和设计以及除尘技术的代表性发展。

§5.1　机械式除尘器(一)

机械式除尘器通常利用质量力(重力、惯性力和离心力等)的作用而使尘粒物质与气流分离，包括重力沉降室、惯性除尘器和旋风除尘器。

重力沉降室及惯性除尘器是应用较早的两种除尘器，虽然与其他除尘器相比除尘效率较低，但其结构简单、造价低廉。到目前为止，这两种除尘器仍在一些对除尘效率要求不高的情况下应用，有时也用作前级预除尘器。

一、重力沉降室

1. 粉尘重力沉降原理

图5-1-1所示一水平气流重力沉降室，其基本结构是一根底部设有贮灰斗的矩形截面管道。含尘气体在风机作用下进入沉降室，由于沉降室内气流通过的横截面积突然增大，使

含尘气体在沉降室内的流速比其在输送管道内的流速小得多。尽管开始时尘粒和气流具有相同速度，但气流中质量和粒径较大的尘粒在重力场作用下，获得较大的沉降速度，经过一段时间之后降落至室底，从气流中分离出来，从而达到除尘的目的。尘粒的受力分析和重力沉降情况分析可参见§1.3。

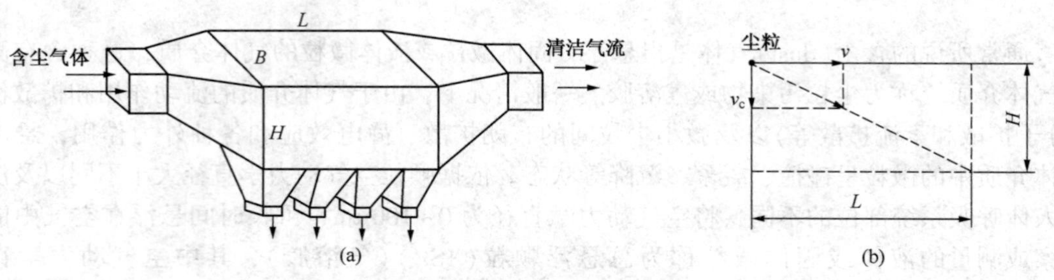

图 5-1-1 简易重力沉降室的结构示意图

2. 重力沉降室的结构

重力沉降室的结构一般可分为水平气流沉降室和垂直气流沉降室两种。如图 5-1-2 所示，水平气流沉降室在实际运行时，都要在室内加设各种挡尘板，以提高除尘效率。实验测试结果表明，采用人字形挡板和平行隔板结构形式时的除尘效率较高，这是因为人字形挡板能使刚进入沉降室的气体很快扩散并均匀充满整个沉降室，而平行隔板可减少沉降室高度，使粉尘降落时间减少，致使相同沉降室的除尘效率一般比空沉降室提高 15%左右。沉降室也可采用喷嘴喷水来提高除尘效率，例如以电场锅炉烟尘为试样，在进口气速为 0.538m/s 时的除尘效率为 77.6%，增设喷水机构后的除尘效率可达 88.3%。

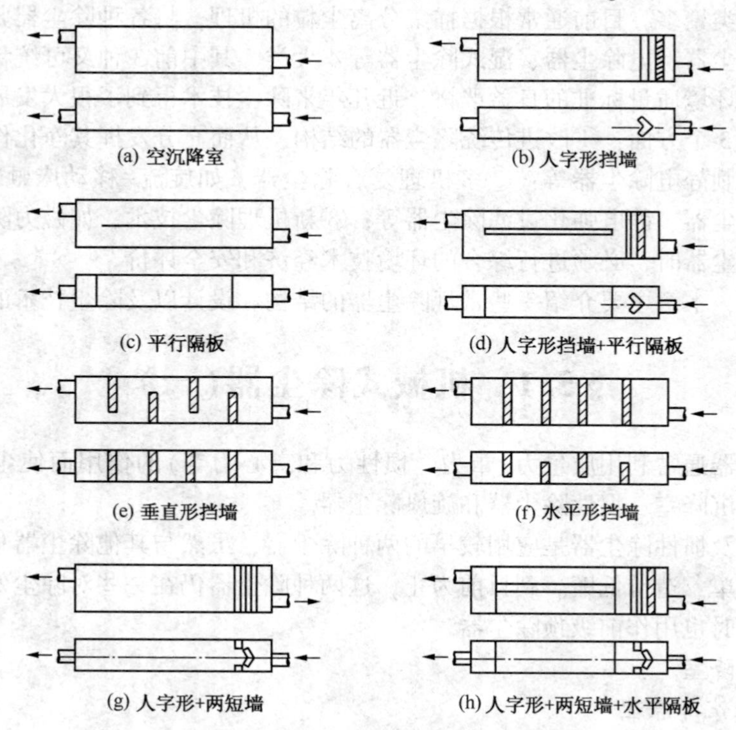

图 5-1-2 重力沉降室的结构形式示意图

上述简易结构的水平气流重力沉降室作为一种除尘设备，净化效率较为有限，大多数只能除去粒径大于 43μm 的尘粒。图 5-1-3 为霍华德(Howard)多盘式沉降室，其作用在于缩小沉降室的高度，使尘粒能较快降落到沉降室底部。沉降室分层越多，除尘效果越好，但必须使各层隔板之间的气流分布均匀。同时，分层越多，清理积灰越困难。

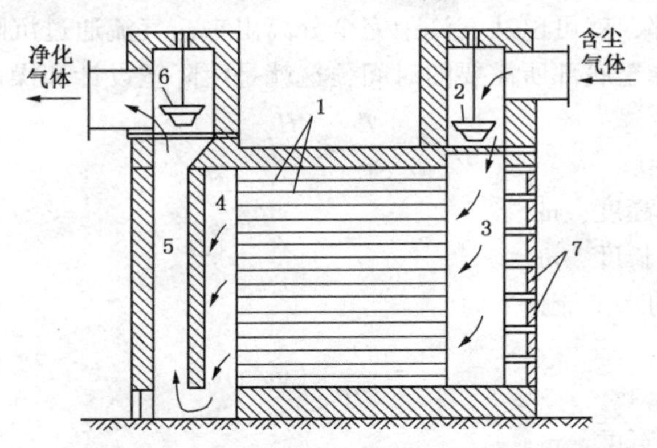

图 5-1-3　Howard 多盘式沉降室的结构示意图

1—隔板；2，6—调节闸阀；3—气体分配器；4—气体聚集道；5—气道；7—清灰口

除了上述水平沉降室外，还经常采用垂直气流沉降室。常见的垂直气流沉降室有 3 种结构形式：屋顶式沉降室、扩大烟管式沉降室、带有锥形导流器的扩大烟管式沉降室。

1932 年成立的美国 Forsberg 公司建造了世界上第一台重力沉降器，目前该公司在分离工业领域世界闻名，其主要设备就是真空和压力工作条件的重力沉降器。图 5-1-4 为 Forsberg 真空重力沉降器，主要结合了气流流动、机械振动及颗粒分选过程。含尘气体进入沉降器，粉尘首先在重力作用下沉降，沉降下来的粉尘根据密度不同进行高密度到轻密度颗粒的精确分选，通过底部叶片的无级控制对重颗粒、中等颗粒及轻颗粒产品进行收集，未被收集的残渣排出。

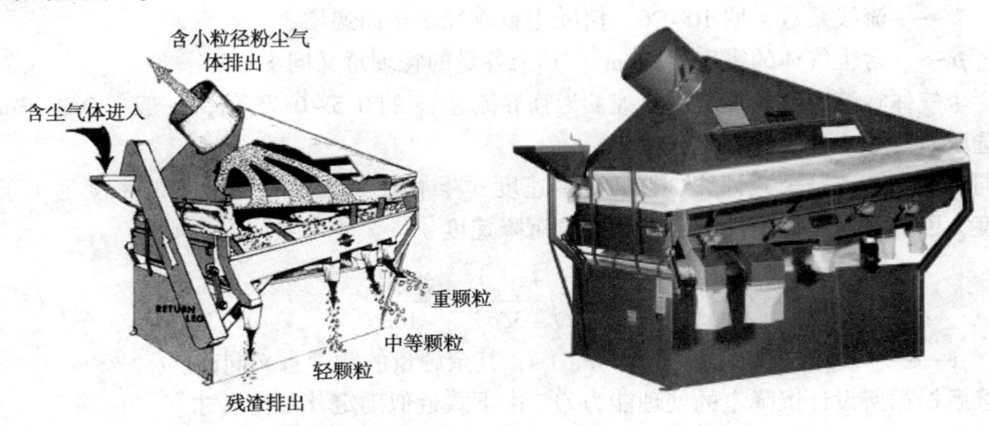

图 5-1-4　Forsberg 真空重力沉降器

3. 重力沉降室的设计计算

一般在已知处理流量、所需捕集尘粒粒径和密度的前提下，进行除尘器的结构设计，确定沉降室的结构尺寸，并计算所设计沉降室的除尘效率和阻力损失。设计模式有层流模式和湍流模式两种，目前大多采用层流模式。

(1) 沉降室结构尺寸的确定

层流模式假定在沉降室内为柱塞流，流速为 v，流动保持在层流范围内，尘粒均匀分布在气流中。尘粒的运动由两个分速度组成，一个是在气流流动方向上，尘粒与气流具有相同的水平速度 v；另一个是在垂直于气流流动方向上，每个尘粒以速度 v_c 独立沉降。与此同时，如果忽略含尘气体的浮力而仅考虑重力和气体阻力的作用，则只要尘粒能在气流通过沉降室的时间内降至底部，就可以从气流中完全分离出来。气流通过沉降室的时间必须大于等于尘粒从沉降室顶部降至底部所需要的时间，这就是沉降室设计和操作的基本原则，即

$$\frac{L}{v} \geqslant \frac{H}{v_c} \tag{5-1-1}$$

式中 H——沉降室的高度，m；

L——沉降室的长度，m。

气体在沉降室内的水平流速 v 为

$$v = \frac{Q}{BH} \quad (\mathrm{m/s}) \tag{5-1-2}$$

式中 B——沉降室的宽度，m；

Q——含尘气体通过沉降室的流量，即沉降室的处理量，m^3/s。

将式(5-1-2)代入式(5-1-1)中，整理得出

$$Q \leqslant BLv_c \tag{5-1-3}$$

由此可见，沉降室的理论处理能力只与其宽度 B 和长度 L 有关，而与高度 H 无关，因此应将沉降室设计成为扁平结构。

设计重力沉降室时，首先要用到含尘气体流速 v 的临界值(即临界流速) v_L，可由下式计算

$$v_L = \sqrt{\frac{kg\,d_p\,\rho_p}{6\rho}} \quad (\mathrm{m/s}) \tag{5-1-4}$$

式中 k——流线系数，取10~20，值随尘粒直径减小而递增；

ρ——含尘气体的密度，kg/m^3；其余各量的物理意义同§1.3。

含尘气体在沉降室断面上的流速 v 为临界流速 v_L 的0.5~0.75倍，一般在0.3~3m/s范围内选取。

同时利用Stokes公式计算尘粒的沉降速度 v_c，由于常压下气体介质的密度远小于尘粒的密度，因此可采用以下简化公式来计算沉降速度 v_c

$$v_c = \sqrt{\frac{4gd_p\rho_p}{3\zeta\rho}} = \frac{g\rho_p d_p^2}{18\mu} \tag{5-1-5}$$

式中 μ—— 气体介质阻力的黏度，Pa·s；其余各量的物理意义同前。

然后根据所设计沉降室的处理能力 Q，由下式近似确定其结构尺寸

$$F = \frac{Q}{v} = BH \tag{5-1-6}$$

$$H = 0.5\sqrt{F} \sim \sqrt{F} \tag{5-1-7}$$

$$L = \frac{Hv}{v_c} \tag{5-1-8}$$

式中 F——重力沉降室的截面积，m^2。

(2) 除尘效率 η 的计算

从理论上讲，当沉降室的结构一定后，沉降速度 $v_c \geqslant \frac{Hv}{L}$ 的尘粒都能沉降下来；当沉降速度 $v_c < \frac{Hv}{L}$ 时，对各种粒径尘粒的分级除尘效率 η_i 可按下式求出

$$\eta_i = \frac{Lv_c}{Hv} = \frac{v_c LB}{Q} = \frac{g\rho_p d_p^2 L}{18\mu v H} \tag{5-1-9}$$

当沉降室的结构尺寸和气体流量确定之后，可通过 Stokes 公式确定能捕集的最小尘粒直径 d_{min}

$$d_{min} = \sqrt{\frac{18\mu v H}{(\rho_p - \rho)gL}} = \sqrt{\frac{18\mu v_c}{(\rho_p - \rho)g}} = \sqrt{\frac{18\mu Q}{(\rho_p - \rho)gBL}} \tag{5-1-10}$$

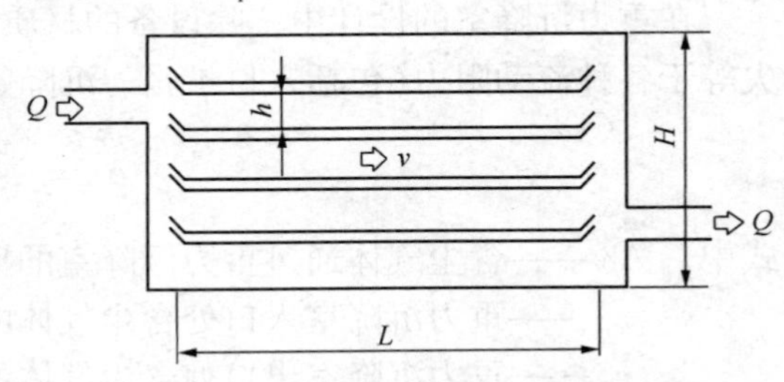

图 5-1-5　多层重力沉降室的结构示意图

应该注意，应用 Stokes 公式的前提条件是假设沉降在层流区，因此要对实际的雷诺数 Re 进行校核。从上式可见，降低沉降室高度 H 和气流速度 v，或者增加沉降室长度 L，都可以提高沉降室的除尘效率。设计时气流速度 v 一般取 0.2～2m/s，使气流处于层流状态。但沉降室长度 L 过长，会提高造价和增大占地面积，因此设计沉降室时应结合技术经济和现场情况综合考虑。通常实用的方法是降低沉降室的高度，即在总高度 H 不变的情况下，在沉降室内增设几块水平隔板而形成多层沉降室。如图 5-1-5 所示，若用 n 层隔板将高度为 H 的重力沉降室分为 n+1 个通道，则尘粒的分级效率可参照式(5-1-9)推导如下

$$\eta_i = \frac{Lv_c}{hv} \times 100\% = (n+1)\frac{Lv_c}{Hv} \times 100\% = \frac{v_c LB(n+1)}{Q} \times 100\%$$

$$= \frac{g\rho_p d_p^2 L}{18\mu v H}(n+1) \times 100\% \tag{5-1-11}$$

对于较大的尘粒，按照上式计算时可能会出现效率大于 100%的情况，这表明该尘粒到达出口之前就能沉降下来，此时应按 100%考虑。

通过上述分析可见，在简单重力沉降室中加水平隔板，可以提高除尘效率，且分层越多，除尘效果越好，但必须保证各层隔板之间的气流分布均匀。在设计多层重力沉降室时，按照要求捕集的最小尘粒直径，令其除尘效率为 100%，利用上式计算出重力沉降室的尺寸。显然，当多层重力沉降室的结构尺寸和气体流量确定后，也可通过 Stokes 公式求出可捕集的最小尘粒直径 d_{min}

$$d_{min} = \sqrt{\frac{18\mu v_c}{(n+1)(\rho_p - \rho)g}} = \sqrt{\frac{18\mu Q}{(n+1)(\rho_p - \rho)gBL}} \tag{5-1-12}$$

由于 $\rho \ll \rho_p$，故上式可简化为

$$d_{min} \approx \sqrt{\frac{18\mu v_c}{(n+1)\rho_p g}} = \sqrt{\frac{18\mu Q}{(n+1)\rho_p gBL}} \tag{5-1-13}$$

在给出重力沉降室入口尘粒的粒径分布函数(各粒径尘粒占全部尘粒的质量分数)时，可通过下式计算出沉降室的总除尘效率 η

$$\eta = \sum_{i=1}^{n} f_i \eta_i \tag{5-1-14}$$

式中　η_i ——某一粒径尘粒的分级效率；

f_i —— 入口处某一粒径尘粒占全部尘粒的质量分数(即粒径频率分布)；

n——尘粒粒径的分段数。

采用多层重力沉降室时还应注意下列问题：①多层重力沉降室的缺点是清灰比较困难，为此不宜处理高浓度的含尘气体，并且需设置清扫刷定期扫灰或用水冲洗；②隔板之间的间距很小时，易引起二次扬尘，以不小于25mm为宜；③在处理高温烟气时，应考虑防止隔板的变形。

(3) 压力损失的计算

在重力沉降室的设计中，除设备的材质之外，一般不需考虑压力和温度的限制。压力损失等于各种流动阻力(包括入口扩张、沉降室摩擦阻力、出口收缩等)之和，可按下式计算

$$\Delta p = \frac{(v_1^2 + 1.5v_2^2)\rho}{2g} \tag{5-1-15}$$

式中　Δp ——含尘气体通过重力沉降室的压力损失，Pa；

v_1 ——重力沉降室入口处含尘气体的速度，m/s；

v_2 ——重力沉降室出口处含尘气体的速度，m/s。

一般含尘气体通过重力沉降室的压力损失只有50~100Pa。

(4) 湍流式重力沉降室

实际工业应用中的重力沉降室几乎都不是层流模式，因此讨论湍流状态下的重力沉降室很有必要。湍流模式假定沉降室中的气体为湍流状态，在垂直于含尘气体流动方向的每个横截面上尘粒完全混合，即各种粒径的尘粒都均匀分布于气流中；在靠近底板表面处有一厚度为 dy 的边界层，进入此边界层的所有粒子均被捕集。

图5-1-6为湍流式重力沉降内的尘粒分离示意图。考虑宽度为 B、高度为 H 和长度为 dx 的捕集元，在气体流过距离 dx 的时间 $dt=dx/v$ 内，在边界层中尘粒的沉降距离为

$$dy = v_t dt = \frac{v_t dx}{v} \tag{5-1-16}$$

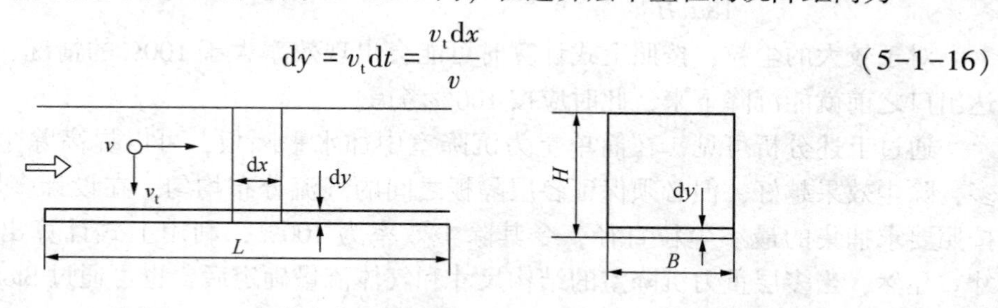

图5-1-6　湍流式重力沉降室的分离机理

由于各断面上尘粒的浓度均匀，在微元体内粒子的减少量等于在边界层内的捕集量，即

$$\frac{-dc}{c} = \frac{dy}{H} = \frac{v_t dx}{vH} \tag{5-1-17}$$

将浓度从 $c_i \to c$，长度从 $0 \to L$，对上式进行积分可得

$$\frac{c_i}{c} = \exp\left(-\frac{v_t L}{vH}\right) \tag{5-1-18}$$

由效率定义可得

$$\eta_i = 1 - \frac{c_i}{c} = 1 - \exp\left(-\frac{v_t L}{vH}\right) = 1 - \exp\left(-\frac{v_t LB}{Q}\right) \quad (5-1-19)$$

式(5-1-19)比式(5-1-9)更符合实际。根据分级除尘效率即可求得重力沉降室的总除尘效率。

【例 5-1-1】 某单位拟采用重力沉降室回收常压锅炉烟气中所含球形固体颗粒，有关参数为：含尘气体密度为 0.75kg/m^3；固体尘粒密度为 3000kg/m^3；黏度为 2.5×10^{-5}Pa · s；处理气量为 3.4m^3/s；g 取 9.81m/s^2。重力沉降室的尺寸为 $L=6$m；$B=3$m；$H=2$m。试求：①重力沉降室能捕集的最小尘粒直径；②计算粒径为 40μm 尘粒的除尘效率；③如欲使粒径为 20μm 的尘粒完全除去，在原重力沉降室内应设置几层水平隔板？

解：

①理论上能完全捕集下来的最小尘粒直径

该重力沉降室能够完全分离出来的最小尘粒的沉降速度可由式(5-1-3)求得，

$$v_c = \frac{Q}{BL} = \frac{3.4}{6 \times 3} = 0.189\ (\text{m/s})$$

假设沉降在层流区，则可用式(5-1-12)求得最小尘粒的直径，即

$$d_{min} = \sqrt{\frac{18\mu v_c}{(\rho_p - \rho)g}} \approx \sqrt{\frac{18\mu v_c}{\rho_p g}} = \sqrt{\frac{18 \times 2.5 \times 10^{-5} \times 0.189}{3000 \times 9.81}}$$

$$= 53.75 \times 10^{-6}(\text{m}) = 53.75(\mu\text{m})$$

核算沉降流型

$$Re = \frac{d_p v_c \rho}{\mu} = \frac{53.75 \times 10^{-6} \times 0.189 \times 0.75}{2.5 \times 10^{-5}} = 0.3048 < 1$$

由此可见，沉降发生在层流区的假设正确，求得最小尘粒直径有效。

② 粒径为 40μm 尘粒的除尘效率

由上面的计算可知，粒径为 40μm 尘粒的沉降也在层流区，其沉降速度 v_c 可用 Stokes 定律计算，即

$$v_c = \frac{d_p^2(\rho_p - \rho)g}{18\mu} \approx \frac{(40 \times 10^{-6})^2 \times 3000 \times 9.81}{18 \times 2.5 \times 10^{-5}} = 0.1046(\text{m/s})$$

粒径为 40μm 尘粒的除尘效率，由式(5-1-8)计算为

$$\eta_i = \frac{v_c LB}{Q} \times 100\% = \frac{6 \times 3 \times 0.1046}{3.4} \times 100\% = 55.38\%$$

除应用上式计算分级除尘效率外，也可利用上式推导出其他的计算公式。

③ 需设置的水平隔板数

首先利用 Stokes 公式，求出粒径为 20μm 尘粒的沉降速度，

$$v_c = \frac{d_p^2(\rho_p - \rho)g}{18\mu} \approx \frac{(20 \times 10^{-6})^2 \times 3000 \times 9.81}{18 \times 2.5 \times 10^{-5}} = 0.0262\ (\text{m/s})$$

该多层重力沉降室的水平隔板数 n，将式(5-1-3)整理后，得出如下公式

$$Q \leqslant (n+1)BLv_c$$

进而可求出需设置的水平隔板数

$$n \geqslant \frac{Q}{BLv_c} - 1 = \frac{3.4}{3 \times 6 \times 0.0262} - 1 = 6.21$$

计算结果取整数后，确定为7层，验算隔板间距为

$$h = \frac{H}{n + 1} = 125(\mathrm{mm})$$

符合隔板间距不小于25mm的设计规范。

4. 重力沉降室设计与应用的注意事项

（1）在选取重力沉降室内的水平气体流速 v 时，应防止流速过高而引起二次扬尘，实际采用的速度为0.3~3.0m/s。对于轻质粉尘（如炭黑）而言，水平气体流速 v 总体上还应低一些，有的资料推荐取0.5~1.5m/s；如加喷雾等措施，可适当提高，但以不超过1.5m/s为限。对于某些代表性粉尘，重力沉降室内允许的最大流速列于表5-1-1，可作为重力沉降室设计和应用的参考。

表5-1-1 重力沉降室内允许的最大气流速度

粉尘类型	密度/(kg/m³)	中位径/μm	最大允许速度 v /(m/s)
碎铝片	2720	335	4.3
石棉	2200	261	5.1
有色金属铸造粉尘	3020	117	5.6
氧化铅	8260	14.7	7.6
石灰石	2780	71	6.4
淀粉	1270	64	1.75
钢粒	6850	96	4.6
木屑	1180	1370	3.9
钢末	—	1400	6.7

（2）确定重力沉降室的结构尺寸时应以矮、宽、长为原则，过高会因顶部尘粒沉降到底部的时间过长，尘粒往往未能降到底部而被含尘气体带走。因此，流通截面决定后，宽度应增加，高度应降低。同时一般将进气管设计成渐扩管式，如果场地受到限制，进气管与重力沉降室无法直接连接时，可设导流板、扩散板等气流分布组件，具体设置方法可参阅有关的设计手册。

（3）为防止重力沉降在底部的尘粒可能被气流带走，可在重力沉降室底部设置水封池或喷雾等措施。但由于含尘气体中的 SO_2 溶于水而使水呈酸性，腐蚀金属管道和引风机，设计与应用时应采取相应的防护措施。废水经适当处理后可回用，或达到排放要求后再排放掉。

（4）用于净化高温烟气时，由于热压作用，排气口以下的空间有可能出现气流减弱，降低了容积利用率和除尘效率，此时沉降室的进、出口位置应低一些。

（5）重力沉降室适用于捕集密度大、颗粒大的粉尘，特别是磨损性很强的粉尘，其优点主要有：结构简单、造价低、施工容易、维护管理方便、压力损失小（一般为50~150Pa）、可处理较高温度的气体（最高烟气温度一般为350~550℃）、无磨损问题、可回收干灰等。其缺点是除尘效率低（一般为40%~50%）、占地面积大，因此一般局限于捕集分离50~100μm以上的尘粒，主要用作高效除尘装置的前级预除尘。对于燃油水泥窖（燃油量为1.4m³/h），要分离直径为10μm的尘粒至少需面积575~700m²，而完全分离50μm的尘粒则需要面积23200m²。

二、惯性除尘器

惯性除尘器是使含尘气流与挡板相撞，或使气流急剧改变方向，利用运动过程中尘粒惯性力大于气体惯性力的作用，将尘粒从含尘气体中分离出来的一种设备。惯性除尘器的结构较重力沉降室复杂，但体积可大为减少，并能捕集粒径小到20μm的粉尘。

1. 惯性除尘器的除尘机理

为了改善重力沉降室的除尘效果，可在重力沉降室内设置各种形式的挡板，使含尘气流冲击在挡板上，气流方向发生急剧转变，借助尘粒本身的惯性力作用，使其与气流分离。

如图 5-1-7 所示，当含尘气流冲击到挡板 B_1 上时，惯性力大的粗尘粒(d_1)碰撞挡板后速度变为零(假设不发生反弹)，在重力作用下将会首先沉降被分离出来；余下的较细尘粒(d_2，$d_2 < d_1$)随气流绕过挡板 B_1 继续向前流动，由于挡板 B_2 的阻挡，使气流方向再次转变，细尘粒借助离心力作用也被分离下来。若设该点气流的旋转半径为 R_2，切向速度为 v_t，则尘粒 d_2 所受离心力与 $d_2^3 \cdot \frac{v_t^2}{R_2}$ 成正比。显然，这种惯性除尘器除借助惯性力作用之外，还利用了离心力和重力作用。一般惯性除尘器的气流速度越高，气流方向转变角度越大，挡板板数越多，间距越小，除尘效率越高，但压力损失也越大。

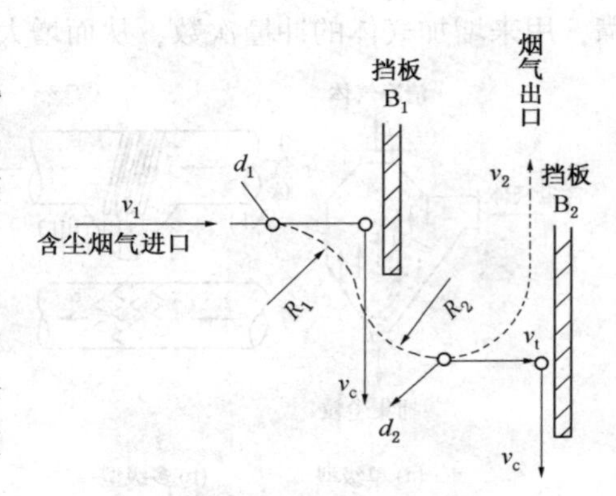

图 5-1-7　惯性除尘器的除尘机理示意图

对于在重力沉降室内加垂直挡板这类常见的惯性除尘器，其除尘效率 η_T（总效率）可按下式计算

$$\eta_T = 1 - \exp\left[-\left(\frac{A_c}{Q}\right)v_p\right] \tag{5-1-20}$$

式中　A_c——垂直于气流方向挡板的投影面积，m^2；

Q——气流量，m^3/s；

v_p——在离心力作用下粉尘的移动速度，可按下式计算，

$$v_p = \frac{d_p^2\rho_p v^2}{18\mu r_c} = Stk \cdot v \tag{5-1-21}$$

式中　Stk—— Stokes 数，$Stk = \frac{d_p^2\rho_p v}{18\mu r_c}$；

v——气流速度，m/s；

r_c——气流绕流时的曲率半径，m。

由此可得

$$\eta_T = 1 - \exp[-(A_c/A_0)Stk] \tag{5-1-22}$$

式中　A_0—— 除尘器的断面积，m^2。

2. 惯性除尘器的结构形式与特点

惯性除尘器的结构形式主要有两种：一种属于气流中尘粒冲击挡板捕集较粗尘粒的冲击式，另一种属于通过改变含尘气流流动方向来捕集较细尘粒的折转式，工程实际中多为这两种形式的综合。

图 5-1-8 为冲击式惯性除尘器的结构示意图，其中(a)为单级型，(b)为多级型。在这种设备中，沿气流方向设置一级或多级挡板，使气体中的尘粒冲撞挡板而被分离。图(c)为迷宫型，可以有效防止已被捕集的粉尘被气流冲刷而再次飞扬，同时这种除尘器中装有喷

嘴，用来增加气体的冲撞次数，从而增大除尘效率。

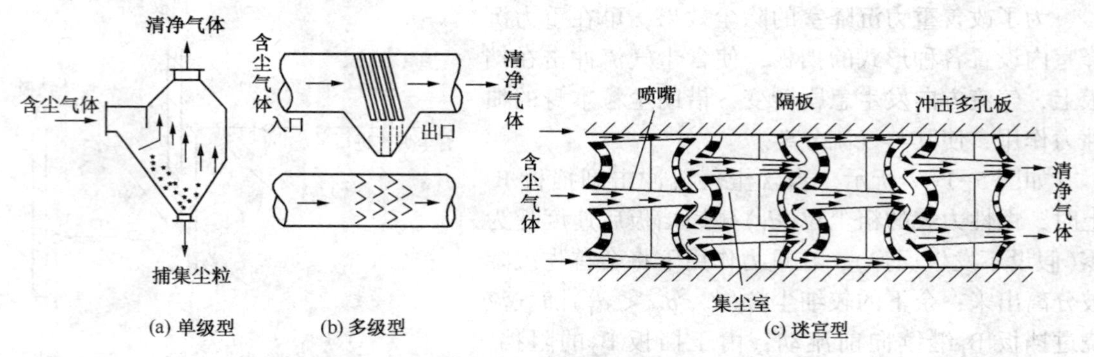

图 5-1-8　冲击式惯性除尘器的结构示意图

图 5-1-9 为折转式惯性除尘器的结构示意图。弯管型、百叶窗型反转式惯性除尘器和冲击式惯性除尘器一样，常用于烟道除尘。百叶窗型除尘器由许多直径逐渐变小的圆锥体组成，形成一个下大上小的百叶式圆锥体，每个环间隙一般不大于 6mm，以提高气流折转的分离能力。百叶窗型经常用作浓聚器，常与其他除尘器串联使用。一般 90%的含尘气流通过百叶之间的缝隙，急折转一定角度(一般为 150°)，粉尘由于惯性作用撞击到百叶的斜面上，并返回到中心气流；粉尘在剩余 10%的气流中得到浓缩，并被引到下一级高效除尘器(如旋风除尘器)。百叶窗型除尘器的优点是外形尺寸小，且除尘器压力损失比旋风除尘器小。

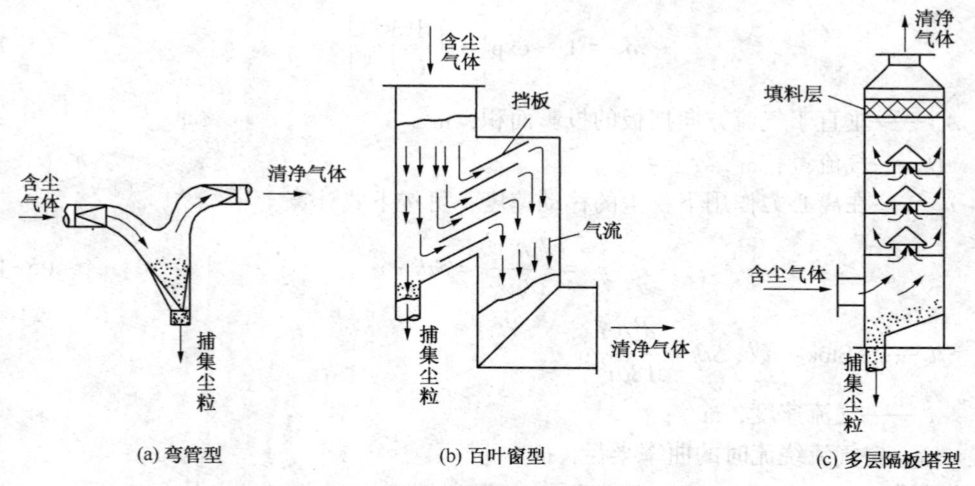

图 5-1-9　折转式惯性除尘器的结构示意图

多层隔板塔型除尘器主要用于烟尘分离，能够捕集几个微米粒径的雾滴。为了进一步提高捕集更细小雾滴的效率，可在净化气体出口端 —— 塔的顶部装设一层填料。根据填料层材质、形状及高度的不同，通常压力损失在 1000Pa 左右。在没有装填料层的隔板塔中，空塔速度为 1~2m/s，压力损失为 200~300Pa。

3. 惯性除尘器设计与应用中的几个问题

惯性除尘器用于净化密度和粒径较大的金属或矿物性粉尘时，除尘效率较高；对于粘结性和纤维性粉尘，则因易堵塞而不宜采用。惯性除尘器的结构繁简不一，适于分离 10~20μm 以上的尘粒，除尘效率约 70%。

(1) 气流速度对惯性除尘器性能影响较大。一般而言，惯性除尘器的气流速度越高，在气流流动方向上的转变角度越大、转变次数越多，除尘效率就越高，压力损失就越大。对于折转式惯性除尘器，气流转换方向的曲率半径越小，能分离的尘粒越小。

（2）惯性除尘器的压力损失与其结构形式关系密切，一般为100~1000Pa。

（3）制约惯性除尘器效率提高的主要原因是“二次扬尘”现象，因此现有惯性除尘器的设计流速通常不超过15m/s。

（4）惯性除尘器(或组合系统)的清灰问题有时也很重要。对于连续出灰的系统，应注意装设良好的锁气机构，以防止漏风；而采用湿法除尘时，则应注意含尘气体中的腐蚀性物质溶于水后，对除尘器的腐蚀以及污水处理问题。

§5.2　机械式除尘器(二)

旋风除尘器也称作离心力除尘器，是利用含尘气流作旋转运动产生的离心力把尘粒从气体中分离出来的机械式除尘器。旋风除尘器用于工业生产已有百余年的历史，具有结构简单、适应性强、种类繁多、运行操作与维修方便等优点，是工业中应用较广泛的除尘设备之一。在通常情况下，旋风除尘器能捕集5μm以上的尘粒，其除尘效率可达90%以上。但在实际运行中，往往由于制造不良、安装使用不当或运行管理不善等原因，造成除尘效率急剧下降，一般为50%~85%，有的甚至更低。

一、旋风除尘器的工作原理和分离理论

1. 工作原理

图5-2-1为旋风除尘器的一般结构形式，主要由进气口、圆筒体、圆锥体、顶盖、排气管及排灰口等组成。含尘气流由进气管进入除尘器后，绝大部分沿器壁以较高的速度(15~20m/s)自圆筒体呈螺旋形向下运动，同时有少量气体沿径向运动到中心区域。向下的旋转气流称为外旋流(或外涡旋)，在旋转过程中产生离心力将密度大于气体的尘粒甩向器壁，尘粒一旦与器壁接触，便失去其惯性而靠入口速度动量和重力沿壁面下滑，直至从排灰口排出。外旋气流在到达圆锥体时，因圆锥形的收缩而向除尘器中心靠拢，根据“旋转矩”不变原理，其切向速度不断提高；当气流达到圆锥体下端某一位置时，即以同样的旋转方向折转沿除尘器中心轴线由下向上继续作螺旋运动，形成内旋流(或内涡旋)，这股气流在作向上旋转运动的同时，也进行着径向的离心运动，净化气最后经排气管排出除尘器外。

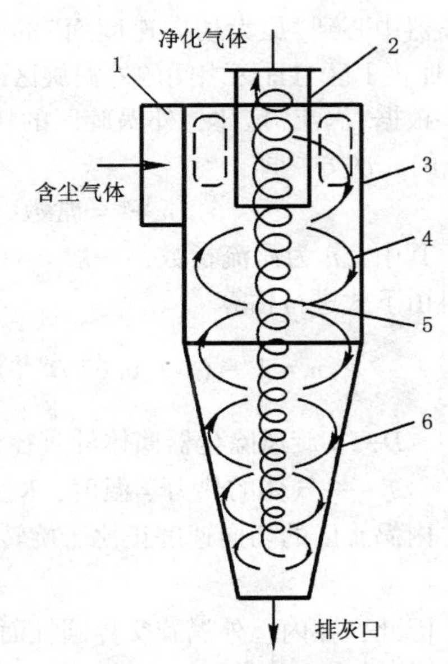

图5-2-1　旋风除尘器的一般结构示意图
1—进气口；2—排气管；3—圆柱体；
4—外涡旋；5—内涡旋；6—圆锥体

由外旋流转变为内旋流的锥底附近区域称为回流区。旋风除尘器内除外旋流、内旋流两种主体气流之外，还存在着上旋流、下旋流等局部旋流。上旋流是在旋风除尘器顶盖下、排气管插入部分外侧与筒体内壁之间的局部旋流。当气流从除尘器顶部向下旋转时，顶部压力发生下降，致使一部分气流带着微细尘粒沿筒体内壁旋转向上，到达顶盖后再沿排气管外壁旋转向下，最后达到排气管下端附近，然后被上升的内旋流带走，并从排气管排出，这股旋

转气流即上旋流。下旋流是外旋流在运动到圆锥体下部向上折转时，产生的局部旋流。下旋流一直延伸到灰斗，会把灰斗中的粉尘，特别是细粉尘搅起，被上升气流带走。

上旋流造成的细尘逃逸问题与下旋流造成的二次返混问题，都会影响除尘效率，因而在旋风除尘器结构设计时应予以注意。

2. *旋风除尘器内的速度场和压力场*

了解旋风除尘器内部的速度分布和压力分布，有助于解释旋风除尘器的分离机理和预测旋风除尘器的工作性能。旋风除尘器内气流和尘粒的运动状态非常复杂，1949 年 Ter. Linden 通过实验对气流运动时的切向、径向和轴向速度，以及全压和静压分布提出了一种比较有代表性的理论；也有许多研究者分别研究了三维速度对旋风分离器捕集、分离等性能所起的作用。

(1) 切向速度 u_t

切向速度是决定气流速度大小的主要速度分量，对于粉尘尘粒的捕集与分离起着主导作用，在 u_t 作用下使含尘气体中的尘粒由里向外离心沉降。圆锥体部分的切向速度要比圆筒体部分大，所以圆锥体部分的除尘效率要比圆筒体部分好。图 5-2-2 中，排气管下任一截面上 u_t 沿半径的变化规律可分为三个区域：靠近壁面 u_t = 常数的Ⅰ区、由分离器中心到“最大切向速度面”的内涡旋区(或强制旋流区)Ⅲ、Ⅰ区与Ⅲ区之间的外涡旋区(半自由旋流区)Ⅱ。

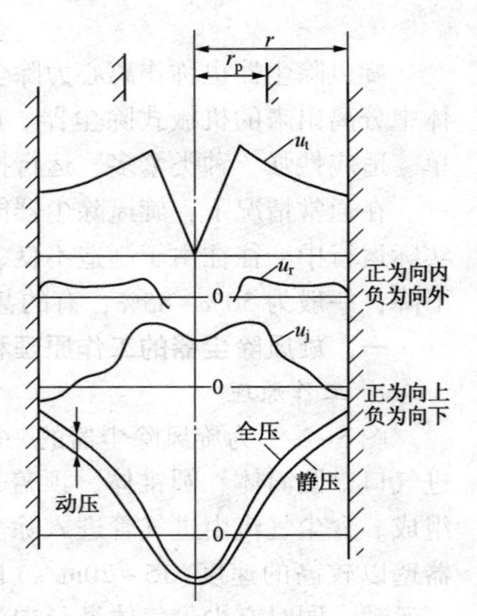

图 5-2-2　旋风除尘器内气流三维速度和压力分布图

根据“涡流”定律，外涡旋区的切向速度反比于旋转半径 r 的 n 次方，即

$$u_t r^n = \text{常数} \tag{5-2-1}$$

其中，n 为涡流指数，一般 $n=0.5\sim0.8$；实验表明其值可由下式进行估算

$$n = 1 - (1 - 0.67 D^{0.14}) \left(\frac{T}{283}\right)^{0.3} \tag{5-2-2}$$

式中　D——旋风除尘器筒体的直径，mm；

T——气体的热力学温度，K。

内涡旋区的切向速度正比于旋转半径 r，比例常数等于气流的旋转角速度 ω，即

$$u_t r^{-1} = \omega \tag{5-2-3}$$

因此，在内、外涡旋交界圆柱面上，气流的切向速度最大。实验测量表明，“最大切向速度面”所对应的圆柱面直径 $d_0 = (0.6 - 1.0)\, d_e$ (d_e 为排出管的直径)。

(2) 径向速度 u_r

旋转气流的径向速度 u_r 因内、外旋流性质不同，其矢量方向不同：外涡旋的径向速度向内，而内涡旋的径向速度向外；外涡旋的径向速度沿除尘器高度的分布不均匀，上部断面较大，下部断面较小。根据 Ter. Linden 的测试结果，u_r 的绝对量值远比 u_t 小得多，其值越大，旋风除尘器的分离能力越差。可以近似认为外涡旋气流均匀地经过内、外涡旋交界圆柱面进入内涡旋，即近似认为气流通过这个圆柱面时的平均速度 u_{r0} 就是涡旋气流的平均径向速度$\overline{u}_r$，即

$$\overline{u_r} = u_{r0} = \frac{Q}{2\pi r_0 h_0} \tag{5-2-4}$$

式中　Q——旋风除尘器处理气量，m^3/s；

r_0——内、外涡旋交界面的半径，m；

h_0——内、外涡旋交界面的高度，m。

（3）轴向速度 u_j

如图 5-2-2 所示，轴向速度 u_j 与径向速度类似，视内、外涡旋而定。外涡旋的轴向速度向下，内涡旋的轴向速度向上。在内涡旋，随着气流逐渐上升，轴向速度不断增大，在排气管底部达到最大值。当气流由圆锥体底部上升时，容易将一部分已经除下来的微细粉尘重新扬起，产生返混现象。

（4）压力分布

如图 5-2-2 所示，旋风除尘器内全压和静压的径向变化非常显著，由外壁向轴心逐渐降低，轴心处静压为负值，负压一直延伸到圆锥体底部后达到负压最大值(-300Pa)。图 5-2-2 为旋风除尘器在正压(900Pa)条件下得到，如果旋风除尘器在负压下工作，其底部的负压值会更大。所以，旋风除尘器底部一定要保持严密，如果不严密就会从底部吸入大量外部空气，形成一股上升气流，将已分离出来的一部分粉尘重新带出除尘器，使除尘效率大幅度降低。

3. 分割粒径 d_{C50} 与分离理论

旋风除尘器自 1885 年由摩尔斯(Morse)申请发明专利到投入工业应用，至今已有 100 多年的历史。一直以来，人们对旋风除尘器的分离机理进行了大量的理论与实验研究，形成了多种理论模型。概括起来主要可分为沉降分离理论(转圈理论)、筛分理论、边界层分离理论、紊流扩散理论和传质理论 5 种，其中沉降分离理论(转圈理论)是国外 20 世纪 30 年代通过类比层流模式重力沉降室的沉降原理而发展起来的，该理论认为尘粒在离心力作用下，沉降到除尘器壁面所需要的时间与其在分离区的停留时间相平衡。20 世纪 50 年代，斯泰尔曼(Stairmand)等人根据对旋风除尘器内部流场的测试结果，在分析内部流动规律的基础上，提出了平衡分离理论，又称假想圆筒学说或筛分理论。1972 年，雷思(Leith)和李希特(Licht)类比电除尘器的分离机理，提出了紊流连续径向混合的分离理论。这里主要介绍筛分理论的要点及其推论。

筛分理论的要点是：在旋风除尘器内存在涡流场、汇流场，处于外涡旋内的粉尘在径向方向同时受到两种力的作用，第一种是由涡旋流场产生的离心力 F_C，它将使粉尘向外移动；第二种是由汇流场(即径向向心流动)产生的径向阻力 F_D，它会使粉尘向内飘移。离心力 F_C 的大小与粉尘粒径 d_p 的大小有关，因而必定存在一个临界粒径 d_k，使得粉尘所受两种力的大小正好相等。由于 $F_C \propto d_p^3$，而径向阻力 $F_D \propto d_p$，于是就有：凡粉尘粒径 $d_p > d_k$ 者，向外推移作用大于向内飘移作用，粉尘将被推移到除尘器外壁进而得以分离；相反，粉尘粒径 $d_p < d_k$ 者，向外推移作用小于向内飘移作用，从而把粉尘带入上升的内涡旋中，从排气管排出除尘器。可以设想有一张无形的筛网，其孔径为 d_k，凡粉尘粒径 $d_p > d_k$ 者都被截留在筛网一侧，而粉尘粒径 $d_p < d_k$ 者则都通过筛网排出除尘器。由于内外涡旋交接面处的切向速度最大，粉尘在该处受到的离心力也最大，因此筛网的位置就在此交接面处。对于粒径为 d_k 的粉尘，因 $F_C = F_D$ 而将在交接面上不停地旋转。因为存在各种随机因素的影响，从概率统计的观点可以认为，处于此状态的粉尘有 50%的可能被分离出去，同时又有 50%的可能进入内涡旋而被排出除尘器，即这种粒径粉尘的分离效率是 50%。通常，当除尘器

的分级效率等于50%时的粒径被称为分割粒径，用 d_{C50} 表示。

粉尘在旋风除尘器内所受到的离心力为

$$F_C = \frac{\pi}{6} d_p^3 \rho_p \frac{u_t^2}{r} \tag{5-2-5}$$

设向心径向流动处于层流状态，则径向阻力可用Stokes公式表示为

$$F_D = 3\pi\mu d_p u_r \tag{5-2-6}$$

在内、外涡旋的交接面上，即当 $F_C = F_D$ 时，有

$$\frac{\pi}{6} d_p^3 \rho_p \frac{u_t^2}{r} = 3\pi\mu d_p u_r \tag{5-2-7}$$

所以分割粒径 d_{C50} 的表达式为

$$d_{C50} = \sqrt{\frac{18\mu u_r r_0}{\rho_p u_t^2}} \tag{5-2-8}$$

式中 μ —— 气体的动力黏度，Pa·s；

u_r ——交界面上气流的径向速度，m/s；

r_0 ——交界面半径，m；

ρ_p ——尘粒的密度，kg/m^3；

u_t ——交界面上气流的切向速度，m/s；

分割粒径是反映旋风除尘器除尘性能的一项重要指标，d_{C50} 越小，说明除尘效率越高，性能越好。从式(5-2-8)可以看出，d_{C50} 随 u_r 和 r_0 的减小而减小，随 u_t 和 ρ_p 的增加而减小。亦即，旋风除尘器的除尘效率随切向速度和粉尘密度的增加、径向速度和排气管直径的减小而增加，其中起主要作用的是切向速度。

按式(5-2-8)计算 d_{C50} 时，必须先分别求得 u_t 和 u_r。当分割粒径 d_{C50} 确定后，可以根据下式计算其他粒径粉尘的分级效率，

$$\eta_i = 1 - \exp\left[-0.6931 \times \left(\frac{d_P}{d_{C50}}\right)^{\frac{1}{n+1}}\right] \tag{5-2-9}$$

式中 n——涡流指数，可按前面的相关公式求得。

通常，可以按下式近似得到旋风除尘器的分级效率 η_i，即

$$\eta_i = 1 - \exp\left[-0.6931 \times \left(\frac{d_P}{d_{C50}}\right)\right] \tag{5-2-10}$$

总的来看，由于粉尘在旋风除尘器内的分离过程很复杂，很难用一个公式确切表达。例如，在理论上不能捕集的细小粉尘，由于凝并或被大颗粒粉尘裹带至器壁，而可以被捕集分离出来；相反，由于局部涡流及返混的影响，有些理论上应该除去的大粉尘却因进入内涡旋而未能被捕集到。因此旋风除尘器的分离效率经常仍通过实测确定。

二、旋风除尘器的分类

由于理论和实验研究不断取得重大进展，使得旋风分离器的设备技术得到快速发展，结构形式不断被推陈出新，可以根据不同的结构特点和工作要求进行分类。

1. 按除尘效率和处理风量分类

(1) 高效旋风除尘器

其筒体直径较小(很少大于900mm)，用来分离较细的粉尘，相对截面比(圆筒体截面面

积与进气口截面面积之比）$K=6\sim13.5$，除尘效率在95%以上。处理同样风量时，设备的钢材和能量消耗较高，因而投资也相应较大。

（2）高流量旋风除尘器

其筒体直径较大（直径为$\phi1.2\sim3.6$m或更大），处理气体流量很大；除尘效率为50%～80%，相对截面比$K<3$，处理单位风量所消耗的钢材也少，造价也相应较低。

（3）通用旋风除尘器

介于上述两者之间，用于处理适当的中等气体流量，其$K=3\sim6$，除尘效率为80%～95%。

2. 按进气方式来分

进气方式有切向进入式和轴向进入式两大类。

切流反转式旋风除尘器是最常用的型式，含尘气体由筒体的侧面沿切线方向导入，气流在圆筒部旋转向下，进入锥体，到达锥体的端点前反转向上；清洁气流经排气管排出。根据不同的进口型式又可分为蜗壳进口[或称渐开线进口，图5-2-3(a)]、螺旋面进口[图5-2-3(b)]和狭缝进口[图5-2-3(c)]。狭缝进口为最普通的进口型式，制造简单，除尘器外形尺寸紧凑，应用较多。螺旋面进口使气流以与水平面呈近似10°的倾斜角进入除尘器，采用这种进口有利于气流向下作倾斜的螺旋运动。蜗壳进口型式使进口气流距筒体外壁更近，减小了尘粒向器壁的沉降距离，有利于尘粒的分离；此外，还减少了进气流与内旋气流的相互干扰，使进口压力降减小。渐开角有180°、270°、360°等3种。

轴流式旋风除尘器利用固定的导流叶片（或称静止起旋元件）诱导气流在除尘器内产生旋转，在相同压力损失下能够处理的气体流量大，且气流分布较均匀，但除尘效率低一些。由于多个除尘器单体并联时容易布置，主要用于多管旋风除尘器和处理气量大的场合。根据除尘净化后气流排出方式的不同，可分为轴流反转式[图5-2-4(a)]、轴流直流式[图5-2-4(b)]。

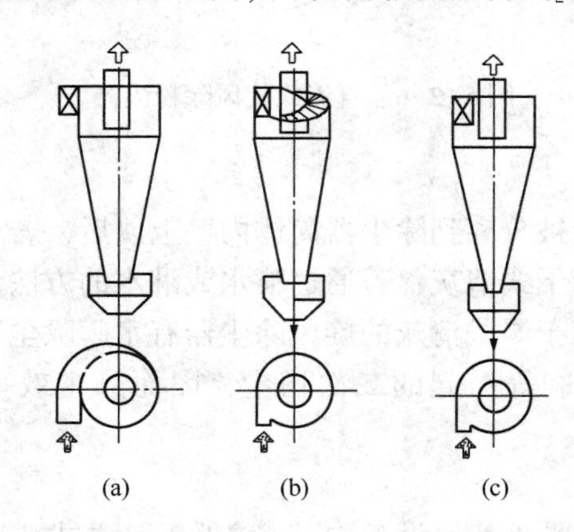

图5-2-3　切向进口形式示意图

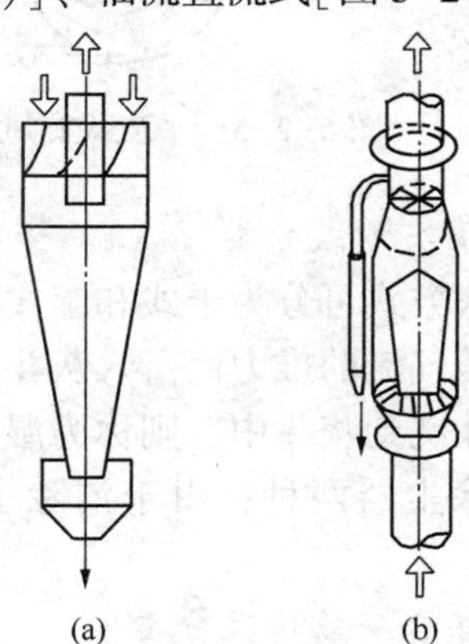

图5-2-4　轴流式旋风除尘器

3. 按气流组织分类

从气流组织上来分，有回流式、直流式、平流式及旋流式等多种，工业锅炉运用较多的是回流式和直流式两种。

（1）回流式

如图5-2-1所示，含尘气体进入除尘器后，由一端进入，做旋转运动，然后把尘粒分离，净化后的气体又旋转返回，从与进气口相同端排出，主要有筒式、旁路式、扩散式等几种形式。因其分离路径长，所以除尘效率高，但阻力也较大。回流式是旋风除尘器的基本形式，使用最广。

（2）平流式

如图 5-2-5 所示，平流式的特点是气流仅做平面旋转运动。含尘气体高速进入，水平旋转约一周后，从排气管竖向开口进入排气管中并排出。由于其旋流路径短，效率和阻力也相应较低。

（3）直流式

如图 5-2-6 所示，直流式的特点是含尘气体由除尘器一端进入，经旋转分离后，从另一端排出。与回流式相比，因为没有上升的内旋流，所以没有返混和二次飞扬现象，除尘阻力损失较小，但因为分离运动的路径较短，分离效率较低。在设计时常采用合适的稳流芯棒，用来填充旋转气流的中心负压区，防止中心涡流和短路，从而减少阻力和提高效率。

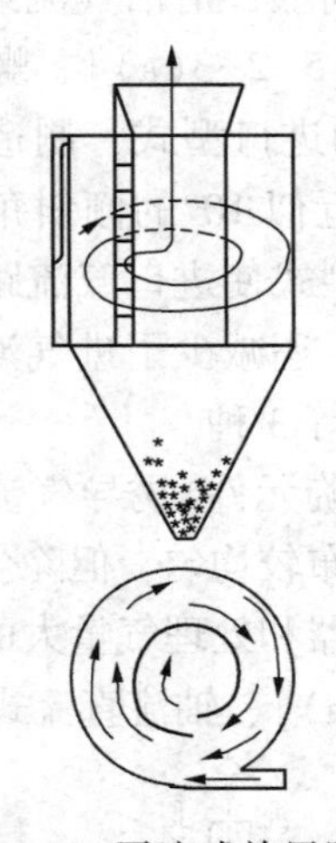

图 5-2-5　平流式旋风除尘器

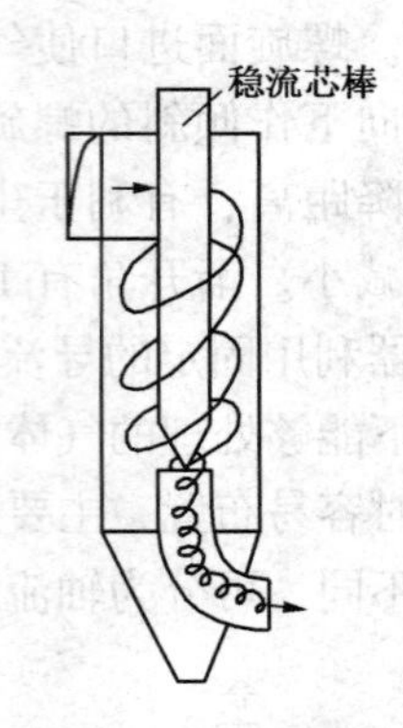

图 5-2-6　直流式旋风除粉尘器

4. 按清灰方式分类

按清灰方式可分为干式和湿式两种。粉尘被分离到除尘器筒体内壁上以后，若直接依靠重力和旋转气流的推力而落入灰斗中，则称为干式清灰；若通过喷水或淋水的方法，将内壁上的粉尘冲洗到灰斗中，则称为湿式清灰。属于湿式清灰的旋风除尘器有水膜除尘器、中心喷水旋风除尘器两种，由于消除了反弹、冲刷等引起的二次扬尘，因而除尘效率可显著提高。

5. 按组合安装情况分类

按组合安装情况可分为内置（安装在反应器或其他设备内部）或外置、立式或卧式、单筒或多管旋风除尘器等，这里重点介绍多管旋风除尘器。

多管旋风除尘器是由多个（有时达数千个）相同构造形状和尺寸的小型旋风除尘器单体（又叫旋风子）组合在一个壳体内并联使用的除尘器组，当处理含尘气体量大时可采用这种组合形式。多管除尘器布置紧凑，外形尺寸小，可以用直径较小的旋风子（$D=100$mm、150mm、250mm）来组合，能够有效捕集 5~10μm 的粉尘，多管旋风除尘器可用耐磨铸铁铸成，因而可以处理含尘浓度较高（100g/m^3）的气体。常见的多管除尘器有回流式和直流式两种，一般采用回流式。

图 5-2-7 为常见立式多管旋风除尘器的结构示意图。含尘气体从入口进入配气室后，沿轴向进入各个旋风子，通过排气管外壁的导流叶片做旋转运动，净化后的气体经净气室排出。多管旋风除尘器内通常并联几十个乃至上百个旋风子，使气流均匀分布是保证除尘效率的关键。为此，首先必须合理设计配气室和净化室，尽可能使通过各旋风管的气流阻力相等。为避免气流由一个旋风子串到另一个旋风子中，常在灰斗中每隔数列设置隔板，也可单设灰斗。同时，旋风子直径不能太小，也不宜处理黏性大的粉尘，以防旋风子堵塞。旋风子的直径过小不仅会使结构尺寸难以准确保证，同时会增加旋风子的数量而使气体分布不均匀，还会增加旋风子之间在总灰斗内的串风等现象。因此，虽然多管旋风除尘器旋风子的直径有 ϕ100mm、ϕ150mm、ϕ200mm、ϕ250mm、ϕ300mm 等规格，且单个旋风子的除尘效率随直径减小而提高，但一般旋风子直径采用 ϕ250mm，管数有 9、12 和 16 三种。

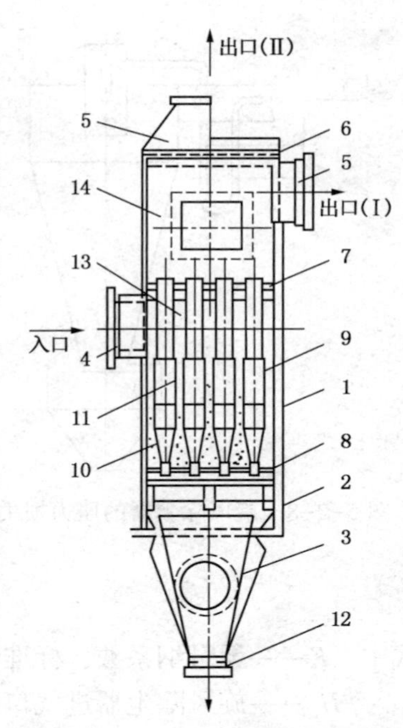

图 5-2-7 立式多管旋风除尘器的结构示意图

1—外壳；2—支撑部分；3—灰斗；4—气体入口扩散管；5—出口收缩管；6—顶盖；7、8—支撑花板；9—旋风子；10—填料；11—导流叶片；12—排灰口；13—配气室；14—净气室

在轴流式旋风子导流叶片的选择上，有花瓣形和螺旋形等多种形式。螺旋形导流叶片的压力损失较低，不易堵塞，但除尘效率比花瓣形要低；相应地，花瓣形易堵塞。导流叶片出口倾角有 20°、25°或 30°，倾角越小越利于提高除尘效率，但压力损失也较大。一般高温、高压系统采用的倾角为 20°，常压系统为 25°或 30°。

多管除尘器的旋风管一般采用耐磨损、耐腐蚀的铸铁或陶瓷材料，能处理含尘浓度高的气体，可有效分离 5~10μm 的粉尘。

立式多管旋风除尘器的入口风速一般为 10~20m/s，入口粉尘浓度可以高达 100g/m^3，设备压力损失为 500~800Pa。实践证明，在外形尺寸相当、压力损失相同的情况下，如果采用轴向入口旋风子组成的多管旋风除尘器，则其处理风量约比切向入口多管旋风除尘器大 2~3 倍。不足之处是金属用量较大，一般每处理 1000m^3/h 的烟气量，平均金属用量为150~200kg。如果采用陶瓷旋风子，可使金属耗量下降 70%左右，并可处理 400℃以下的高温烟气。

三、旋风除尘器的设计计算

由于旋风除尘器的分离、捕集过程是一个极为复杂的三维、二相湍流运动，致使理论与实验研究难度较大，至今仍然无法全面掌握其内在规律，更不能从理论上建立一整套完整成熟的数学模型。这里仅对旋风除尘器压力损失和除尘效率的计算进行介绍。

1. 旋风除尘器的压力损失

压力损失 Δp 关系到除尘器的能量消耗和风机的合理选择，常用进口与出口全压之差来表示。主要包括：①进气管的摩擦损失；②气体进入除尘器内因膨胀或压缩造成的能量损失；③气体在除尘器中与器壁摩擦所引起的能量损失；④旋风除尘器内气体因旋转而产生的能量损耗；⑤排气管内的摩擦损失；⑥排气管内气体旋转时的动能转化为静压能损失等。可

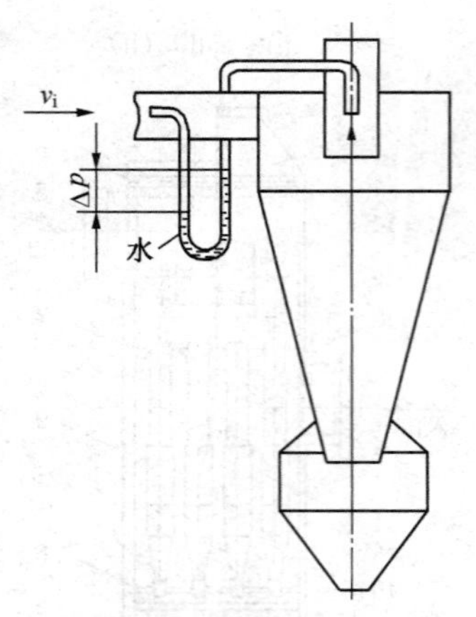

图 5-2-8　旋风除尘器的压力损失

以用一些经验公式来计算压力损失，如路易斯(Louis Theodore)提出的阻力公式等。但一般在实际中通过实测，如图 5-2-8 所示，由于出口气流动旋转效应，该测定方法数值偏大。用阻力系数 ξ 来表示，压力损失 Δp 一般与气体入口速度的平方成正比，即

$$\Delta p = \frac{1}{2}\xi\rho\, v_i^2 \quad (\text{Pa}) \tag{5-2-11}$$

式中　ρ——气体密度，kg/m^3；

v_i——气体入口速度，m/s。

局部阻力系数 ξ 的计算公式很多，如 Shepherd-Lapple 公式、First 公式、Alexander 公式、Stairmand 公式、Barth 公式等，常用 Shepherd-Lapple 计算公式，即

$$\xi = K\frac{H_c B_c}{D_e^2} \tag{5-2-12}$$

式中　K——无量纲系数，标准切向进口 $K=16$、有进口叶片 $K=7.5$、螺旋面进口 $K=12$；

H_c——旋风除尘器进气口的高度，m；

B_c——旋风除尘器进气口的宽度，m；

D_e——排气管直径(结合图 5-2-1)，m。

从上式可见，除尘器的相对尺寸对压力损失影响较大，当结构形式相同时，几何相似的放大或缩小，压力损失基本不变。实验也表明，对于一定结构的旋风除尘器，ξ 是一常数，故可以用 ξ 作为表示旋风除尘器性能的一个特征值。表 5-2-1 是几种旋风除尘器的局部阻力系数值，可供参考。

表 5-2-1　局部阻力系数值

旋风除尘器型号	XLT	XLT/A	XLP/A	XLP/B
ξ	5.3	6.5	8.0	5.8

实际中，旋风除尘器的其他操作因素对压力损失也有影响。例如，随入口含尘浓度的增高，压力损失明显下降，这是由于旋转气流与粉尘摩擦导致旋转速度降低的缘故。除尘器内部的叶片、突起和支持物同样可使气流的旋转速度降低，导致压力降减少。旋风除尘器操作运行中的压力损失，一般为 500~2000Pa。

2. 旋风除尘器的除尘效率

旋风除尘器的除尘效率常用分级除尘效率 η_i 和总除尘效率 η_T 来表示，分级除尘效率 η_i 与粒径的常用经验关系式为 Leith-Licht 除尘效率公式，即

$$\eta_i = 1 - \exp\left[-0.6931 \times \left(\frac{d_p}{d_{c50}}\right)^{\frac{1}{n+1}}\right] \tag{5-2-13}$$

式中　d_{c50}——分割粒径，式(5-2-8)所示；

n——速度分布指数，可由下式求出

$$n = 1 - (1 - 0.67D^{0.14})\left(\frac{T}{283}\right)^{0.3} \tag{5-2-14}$$

式中　T——气体的绝对温度，K。

Leith-Licht 除尘效率公式计算复杂，但因其几乎考虑了旋风除尘器的各个重要尺寸，故计算结果与实测值比较吻合。

若已知气流中所含尘粒的粒径分布函数 f_d ，又知道任意粒径的分级除尘效率 η_p ，则可按下式计算总效率 η_T ，即

$$\eta_T = \sum_{i=1}^{n} f_{di}\eta_{pi} \tag{5-2-15}$$

式中　f_{di}——某一粒径的尘粒占全部尘粒的质量分数；

η_{pi}——对一定粒径尘粒的分级效率；

n——全部尘粒被划分的段数。

3. 旋风除尘器各部分尺寸的确定

（1）进口管的形式与位置

进口管通常有矩形和圆形两种形式，由于圆形进口管与旋风除尘器器壁只有一点相切，而矩形进口管在整个高度上均与筒壁相切，故一般多采用矩形进口管。矩形宽度和高度的比例要适当，通常长而窄的进口管与器壁有更大的接触面；宽度越小，临界粒径越小，除尘效率越高。但过长而窄的矩形进口也不利，因为进口太长时，为了保持一定的气体旋转圈数 N 就必须加长圆筒体，否则除尘效率仍不能提高。水平进口管的位置通常有两种，一种与顶盖相平，这有利于消除上旋流；另一种则与顶盖有一段距离，这可使细粉尘富集在顶盖下面的上旋流中，通过旁室将其送入主旋流进一步分离，以减少短路的机会。

（2）排气管

常见的排气管有平直型和下端收缩型两种。在相同的排气管直径下，下端采用收缩形式，既不影响旋风除尘器的除尘效率，又可以降低阻力损失。

由于旋流是发生在排气管与器壁之间的运动，因此排气管的插入深度直接影响旋风除尘器的性能，一般应大于等于 0.8 倍的矩形进口管高度。对于具有旁室的双旋流旋风除尘器，也有人提出插入深度最好在上下旋流界面处的观点。

为了降低旋风除尘器的压力损失，可在排气管下方安装不同形式的叶片。但叶片降低了气流的旋转速度，对旋风除尘器的分离性能不利。由于气体在排气管内处于剧烈的旋转状态，若将排气管末端制成蜗壳形状，则既可以减少能量损耗，也不影响除尘效率，目前在设计中已广泛采用。

（3）灰斗

灰斗是旋风除尘器设计中最容易被忽视的部分，一般都仅仅将其视为排除粉尘的元件。其实在旋风除尘器的锥底处，气流非常接近高速湍流，而粉尘也正由此排出，因此二次夹带的机会也就更多。此外，旋风除尘器核心为负压，如果设计不当，造成灰斗漏气，就会使粉尘的二次飞扬加剧，严重影响除尘效率。

表 5-2-2 为几种典型除尘器的几何尺寸。

表 5-2-2　几种典型旋风除尘器的几何尺寸

种类 / 几何尺寸比例	圆筒直径/D	进口宽度/D	进口高度/D	排气管直径/D	排气管插入深度/D	圆筒高度/D	圆锥高度/D	排灰口直径/D	半锥角 α
通常型	1	0.20~0.25	0.40~0.75	0.30~0.50	0.30~0.75	—	—	—	13°~15°

续表

几何尺寸比例 \ 种类		圆筒直径/D	进口宽度/D	进口高度/D	排气管直径/D	排气管插入深度/D	圆筒高度/D	圆锥高度/D	排灰口直径/D	半锥角 α
高效旋风除尘器	Stairmand 旋风	1	0.2	0.50	0.50	0.50	—	—	—	14°
	Swift 旋风	1	0.21	0.44	0.40	0.50	—	—	—	—
	Buell 旋风	1	0.289	0.64	0.443	0.482	—	—	—	—
	Ducone (Ⅱ)旋风	1	0.275(二级) 0.272(三级)	0.635(2级) 0.630(3级)	0.464(2级) 0.312(3级)	0.488(2级) 0.527(3级)	1.29(3级) 1.28(3级)	1.32(2级) 1.31(3级)	0.413(2级) 0.410(3级)	12.7°
	扩散式旋风	1	0.26	1	0.50	1.10	2.00	3.00	1.65	—
	XLP/B 旋风	1	0.30	0.60	0.60	0.46	1.70	2.50	0.39	—
	长锥体旋风	1	0.176	0.736	0.48	0.636	0.736	2.84	0.274	—
通用旋风除尘器	Lapple 旋风	1	0.25	0.50	0.50	0.625	2.00	2.00	0.25	—
	Swift 旋风	1	0.25	0.50	0.50	0.60	1.75	2.00	0.40	—
高流量旋风除尘器	Stairmand 旋风	1	0.375	0.75	0.75	0.875	1.50	2.50	0.375	—
	Swift 旋风	1	0.35	0.80	0.75	0.85	1.70	2.00	0.40	—

四、影响旋风除尘器性能的主要因素

1. 几何尺寸

旋风除尘器各部分几何尺寸对除尘器性能的影响列于表 5-2-3，其中圆筒直径、进气口、排气管为最重要的影响因素。

表 5-2-3 旋风除尘器结构尺寸对性能的影响

结构尺寸(增加)	压力损失	除尘效率	造价
除尘器直径 D	降低	降低	增加
进气口面积 A(风量不变)	降低	降低	—
进气口面积 A(风速不变)	增加	增加	—
圆筒长度 H_1	略有降低	增加	增加
圆锥长度 H_2	略有降低	增加	增加
排灰口直径 D_o	略有降低	增加或降低	—
排气管直径 D_e	降低	降低	增加
排气管插入深度 s	增加	增加或降低	
排气管直径 D_e	降低	降低	增加
相似尺寸比例	几乎无影响	降低	—
圆锥角 α	降低	20°~30°为宜	增加

在设计中应该注意，上述尺寸只能在一定范围内调整，当超过某一界限时，有利因素也可能转化成不利因素；另外，有些因素对提高除尘效率有利，但会增加压力损失，因而对各种因素的调整应该统筹兼顾。例如，国内石油炼制催化裂化工艺中常用的 PV™ 型旋风除尘器，根据时铭显院士提出的“旋风除尘器尺寸分类优化理论”将尺寸参数分为三类。第一类尺寸只影响效率，基本不影响压降，主要包括圆筒体高度 H_1、圆锥体高度 H_2、排气管插入深度 s 和排灰口直径 D_o；第二类尺寸对除尘效率和压降均有明显影响，主要包括除尘器直径 D、排气管直径 D_e、入口高度和入口宽度；第三类尺寸对除尘效率和压降的影响均不大，如料腿尺寸和灰斗尺寸等。

2. 操作条件

(1) 进口气流速度 v_i

在一定范围内，除尘效率随着 v_i 的增大而提高，而达到某一速度后效率的提高比较缓慢。若进口气流速度太高，气流的湍动程度增加，二次夹带严重；同时尘粒与器壁之间的摩擦加剧，粗尘粒(>40μm)被粉碎，使细尘粒含量增加；过高的气速对具有凝聚性质的尘粒也会起分散作用。由于压力损失 Δp 与气体入口速度(v_i)的平方成正比，所以压力损失随着 v_i 的增加而迅速升高。因此在设计旋风除尘器的进口截面时，必须使 v_i 为一适宜值。这样既保证除尘效率，又考虑到能量的消耗。同时 v_i 过大，也会加速旋风除尘器本体的磨损，降低使用寿命。一般取 $v_i=10\sim25\text{m/s}$，不宜超过 25m/s。

(2) 气体流量 Q

气体流量 Q 对总除尘效率的影响可以近似用下式估算

$$\frac{100-\eta_a}{100-\eta_b}=\sqrt{\frac{Q_b}{Q_a}} \tag{5-2-16}$$

式中 η_a、η_b——分别为条件 a、b 情况下的总除尘效率，%；

Q_a、Q_b——分别为条件 a、b 情况下的气体体积流量，m^3/s。

气体流量变化时，可以在分级除尘效率曲线中，根据等除尘效率原则，按需求分级。除尘效率曲线上的粒径等于给定曲线的粒径乘以 $\sqrt{\frac{\text{原气体流量}}{\text{新气体流量}}}$，从而得到需要的新分级除尘效率曲线。

(3) 气体的密度 ρ 、黏度 μ 、压力 p 和温度 T

气体密度越大，临界粒径也越大，故除尘效率下降，压力损失也增加。但是，气体密度与固体密度相比，特别是在低压下几乎可以忽略不计，因此气体密度对除尘效率的影响较之固体密度而言可以忽略不计。

由临界粒径的计算公式可知，临界粒径与气体黏度的平方根成正比，所以除尘效率随着气体黏度的增加而降低。由于气体黏度随温度的升高而增加，因此当进口气速等保持不变时，温度升高则除尘效率略有降低。当气体流量一定时，除尘效率与气体黏度的关系为

$$\frac{100-\eta_a}{100-\eta_b}=\sqrt{\frac{\mu_a}{\mu_b}} \tag{5-2-17}$$

式中 μ_a、μ_b——分别为条件 a、b 两种状态下的黏度。

气体黏度变化时，可以在分级除尘效率曲线中，根据等除尘效率原则，按需求分级。除尘效率曲线上的粒径等于给定曲线的粒径乘以 $\sqrt{\frac{\text{新气体黏度}}{\text{原气体黏度}}}$，从而得到需要的新分级除尘效率曲线。

气体温度 T 和压力 p 对除尘器压力损失 Δp 的影响可从下式看出

$$\Delta p=KQ^2p\rho/T \quad (\text{Pa}) \tag{5-2-18}$$

式中 K——比例常数；

p——绝对压力，Pa；

T——绝对温度，K。

(4) 气体含尘浓度

旋风除尘器的除尘效率随粉尘浓度增加而提高，这是因为含尘浓度大时，粉尘的凝聚与团聚性能提高，使较小的尘粒凝聚在一起而被捕集。另外，在含尘浓度较大时，大尘粒向器

壁移动而产生了一个空气曳力，也会将小尘粒夹带至器壁而被分离；大尘粒对小尘粒的撞击也使小尘粒有可能被捕集。但应注意，含尘浓度增加后除尘效率虽有提高，可是经排气管排出粉尘的绝对量也会大大增加。总除尘效率随含尘浓度的变化可用下式估算

$$\frac{100-\eta_a}{100-\eta_b}=\left(\frac{c_a}{c_b}\right)^{0.182} \tag{5-2-19}$$

式中　c_a、c_b——分别为 a、b 状态下的含尘浓度，g/Nm^3。

含尘浓度对压力损失也有影响，处理含尘气体的压力损失要比处理清洁空气时小。当进口粉尘浓度为 1~2g/Nm^3时，压力损失可以降低到接近清洁空气的 60%；粉尘浓度增至 2~50g/Nm^3时，压力损失下降缓慢；但当浓度超过 50g/Nm^3时，压力损失又迅速下降。这是因为气体中即使含有少量尘粒，也会使气体的内摩擦力增加。分离到器壁的尘粒因产生摩擦而使旋流速度降低，减小了离心力，因而压力损失也就下降。含尘浓度变化对压力损失 Δp 的影响可以近似表示为

$$\Delta p=\frac{\Delta p_0}{0.013\sqrt{\frac{c}{2.29}}+1}\quad(\text{Pa}) \tag{5-2-20}$$

式中　Δp_0——清洁气体的压力损失，Pa；

c——进口的粉尘浓度，g/Nm^3。

3. 固体粉尘的物理性质

固体粉尘的物理性质主要指粉尘粒径大小 d_p 、密度 ρ_p 与粉尘粒径分布 f_d ，其中粒径大小和密度对旋风除尘器压力损失的影响很小，在设计计算中可以忽略。

(1) 粒径大小

较大粒径的粉尘在旋风除尘器中会产生较大的离心力，有利于分离。所以在粉尘的粒径分布中，较大尘粒所占的百分数越大，总除尘效率越高。

(2) 粉尘密度

由于粉尘产生的原因不同，致使不同粉尘的密度相差较大。密度愈大，效率愈高；当密度达到一定值时，效率的增加就不再显著；同时尘粒愈小，密度的影响愈大。粉尘密度改变时，除尘效率的换算可用下式进行

$$\frac{100-\eta_a}{100-\eta_b}=\sqrt{\frac{\rho_{pa}-\rho}{\rho_{pb}-\rho}} \tag{5-2-21}$$

式中　ρ_{pa}、ρ_{pb}——a、b 两种状态下的粉尘密度，g/Nm^3。

除了上述影响旋风除尘器性能的因素之外，除尘器内壁粗糙度也会影响旋风除尘器的性能。浓缩在壁面附近的粉尘微粒，可因粗糙的表面引起微涡旋，使一些粉尘微粒被抛入上升的气流中，进入排气管，从而降低了除尘效率，所以在旋风除尘器的设计中应避免没有打光的焊缝、粗劣的法兰连接点、设计中不当的进口等。

五、旋风除尘器的选用

旋风除尘器的性能包括 3 个技术性能(处理量 Q、压力损失 Δp、除尘效率 η)和 3 个经济指标(购置基建投资和运转管理费、占地面积、使用寿命)。在评价和选择旋风除尘器时，需要全面考虑这些因素。理想的旋风除尘器必须在技术上能满足生产工艺及环境保护对气体含尘的要求，在经济上能实现效益的最优化。具体选用步骤如下：

(1) 选择旋风除尘器的结构形式

根据需要处理含尘气体(除尘器入口)的含尘浓度、粒径分布、气体密度等烟气特征，以及净化后的出口浓度(或排放标准)、允许的压力损失和制造条件等因素，计算除尘器需要达到的除尘效率，经过全面综合分析，合理选择旋风除尘器的结构形式。

(2) 确定旋风除尘器的进口气流速度 v_i

如果知道旋风除尘器在各种温度下进口气流速度 v_i 与压力损失 Δp 之间的关系数据，则可根据使用时允许的压力损失选定进口气流速度。如果没有上述数据，则根据允许的压力损失计算进口气流速度，该值一般控制在12~25m/s。

(3) 确定进气口截面积 A、进气口宽度 B_c 和高度 H_c

根据处理气量 Q，可由下式计算进口截面面积 A

$$A = B_c H_c = \frac{Q}{v_i} \quad (m^2) \tag{5-2-22}$$

(4) 确定旋风除尘器的直径与型号规格

根据选择的旋风除尘器类型，由进气口截面积 A 求出除尘器的直径 D，然后从手册中查到所需旋风除尘器的具体型号规格。

六、新型旋风除尘器

旋风除尘器在机械式除尘器中的效率最高，但实际应用中存在着两个主要问题：一是旋风除尘器的磨损和二次扬尘；二是多管旋风除尘器的轴流旋风子效率较低和风压不平衡。为解决这两个问题，出现了一些新型的旋风除尘器，如高效耐磨旋风除尘器和母子式多管旋风除尘器。

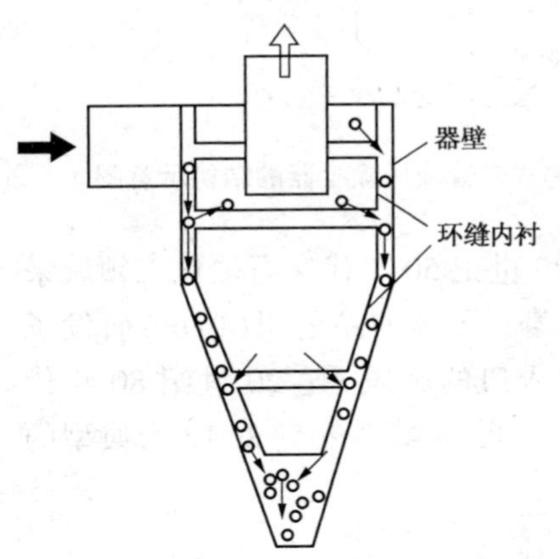

图 5-2-9　高效耐磨旋风除尘器的结构示意图

1. *高效耐磨旋风除尘器*

国内外对旋风除尘器磨损问题的解决方法，主要有以下4种：①选用耐磨材料(陶瓷或铸铁)作为旋风除尘器本体，但仅限于小直径旋风子；②填耐磨胶结料内衬，但工艺复杂，成本高，应用受到限制；③使用新研制的化学防磨涂料，但价格高，同时还有待于应用证实；④在已磨损部位加耐磨衬块，这是目前国内外最常用的方法，但效果有限。

高效耐磨旋风除尘器的内部结构如图5-2-9所示，在器壁内侧焊接若干纵向阻流板条，在板条上设置环缝套圈，构成环缝内衬。环缝宽约10mm，套圈与器壁间距视筒径大小而定，通常小于40mm。在环缝套圈与旋风除尘器的器壁之间形成一接近静止的空气垫(低速气层)，粉尘在离心力作用下向边壁运动，并顺环缝进入套圈与器壁之间的低速气层中，然后缓慢落到锥体底部。环缝的存在使粉尘不能形成旋转灰环，不仅对内衬磨损小，而且对器壁无磨损，从而延长了旋风除尘器的使用寿命。气垫的形成可有效防止粉尘的二次吹扬，提高了除尘效率。阻流板和环缝套圈采用钢板，仅占除尘器总质量的5%左右，所以成本很低。

2. *母子式多管旋风除尘器*

图5-2-10为母子式多管旋风除尘器的结构示意图，其工作原理为：含尘气流进入旋风母，经过一次分离后，进入旋风母排气管；排气管上端封闭，四周均匀分布着旋风子进气

管，从而保证了各旋风子风压平衡。一次净化后的气流进入各旋风子，气体经二次净化后，由旋风子排气管进入集气箱，然后由总排气管排出旋风除尘器。

母子式多管旋风除尘器的特点是：旋风除尘器效率高、结构紧凑、各旋风子进气量基本相等，但阻力较大。为降低母子式多管旋风除尘器的阻力，可采用捆绑式多管旋风除尘器，如图 5-2-11 所示。它实际上是惯性除尘器和旋风子的复合，是在总进气管四周均布旋风子，使得其结构更加紧凑。

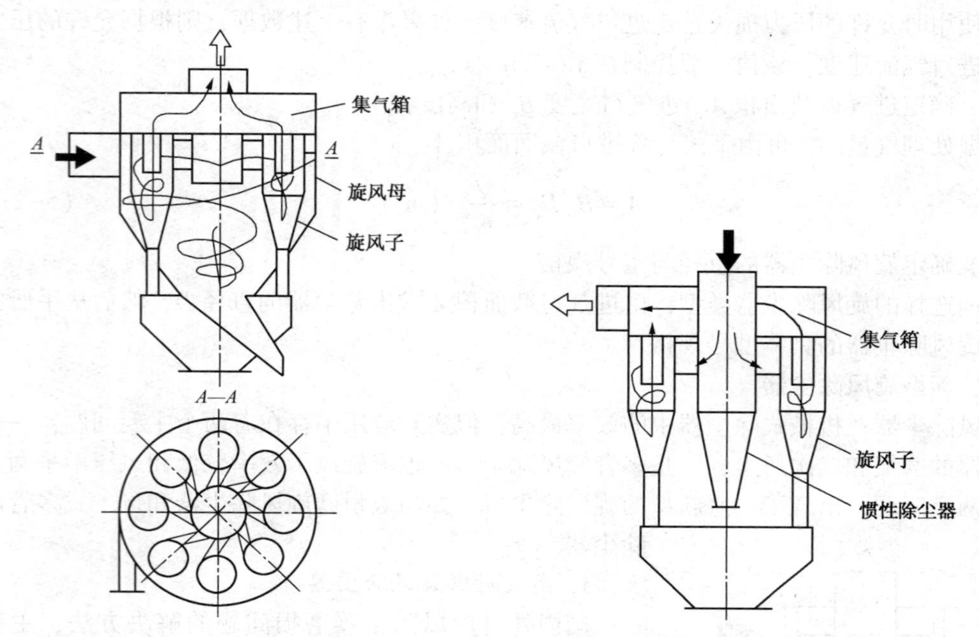

图 5-2-10 母子式多管旋风除尘器的结构示意图 图 5-2-11 捆绑式多管旋风除尘器的结构示意图

多管旋风除尘器采用的旋风子形式多样。美国最早于 20 世纪 50 年代在石油化工领域采用了由双蜗式旋风子(Aerotec 型)组成的多管旋风除尘器；美国环球油品公司(UOP)研发了导向叶片式旋风子；原苏联石油设备设计局则开发了切向入口的旋风子；20 世纪 80 年代初，中国石油大学开发了直筒型导叶式系列旋风子的多管旋风除尘器。图 5-2-12 为典型的导向叶片式旋风子和切向入口式旋风子。

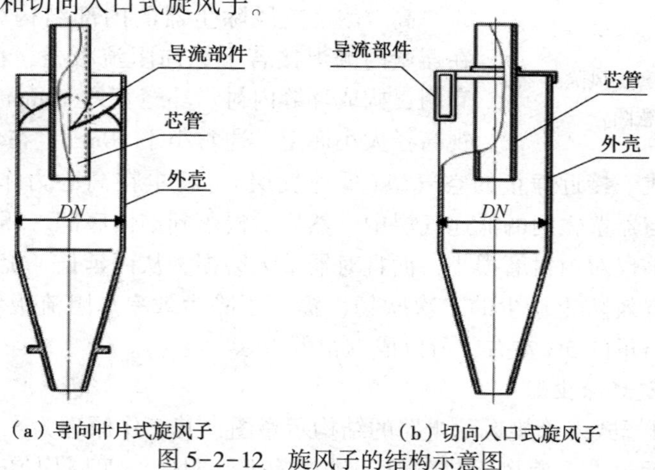

(a) 导向叶片式旋风子 (b) 切向入口式旋风子

图 5-2-12 旋风子的结构示意图

目前对天然气中夹带粉尘、砂粒和锈渣等固体颗粒的净化去除多采用多管旋风除尘器，国内自主研发的PSC系列旋风子与PIM多管旋风除尘器如图5-2-13所示，仅在2004年10月全线贯通的西气东输管道工程东段就使用了96台。美国环球油品公司(UOP)研发的新型直流式三级串联多管旋风除尘器UOP TSS如图5-2-14所示，已经应用于FCC再生器的烟气净化与催化剂回收，其内有一组平行安装的小直径、高效率旋风子。新UOP TSS相比于其他设计具有显著优势：上拱形隔板改为下拱形，隔板受力状况和稳定性大为改善；降低烟气出口高度，减少了净化气体至烟机的管线长度与压力损失；直径相对其他产品要小40%。

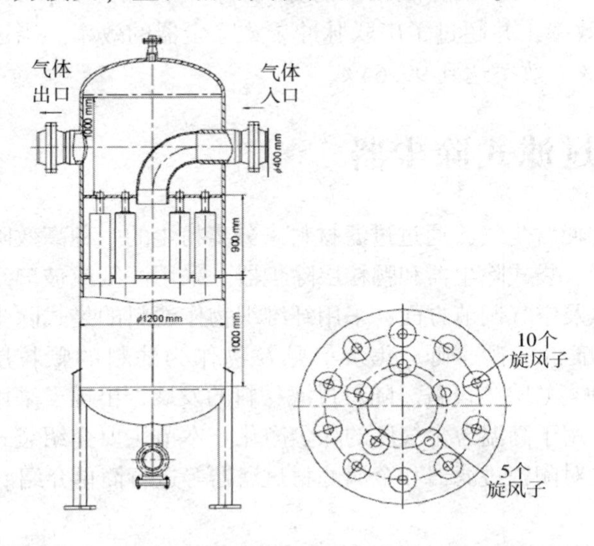

图5-2-13　天然气除尘净化用多管旋风除尘器示意图

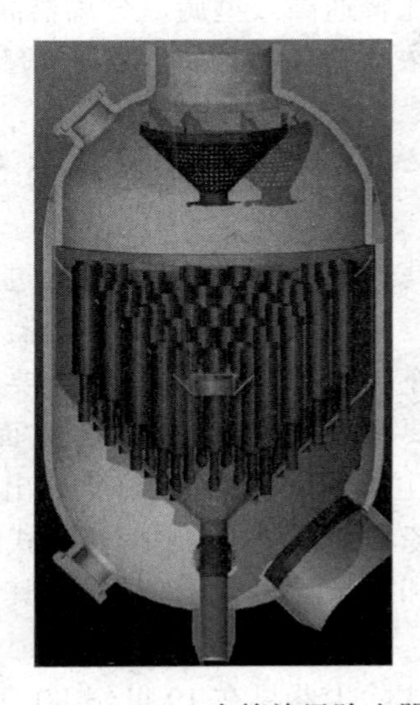

图5-2-14　UOP TSS多管旋风除尘器示意图

3. 机械式再循环旋风除尘器

常规旋风除尘器串联结构中，含尘气体逐级通过每个分离器，是一个开环的分离除尘过程。葡萄牙学者Romualdo R. Salcedo发明的机械式再循环旋风除尘器(RS_VHE型)，改进了传统串联除尘器的级间连接方式，在串联结构中引入了循环分离过程，如图5-2-15所

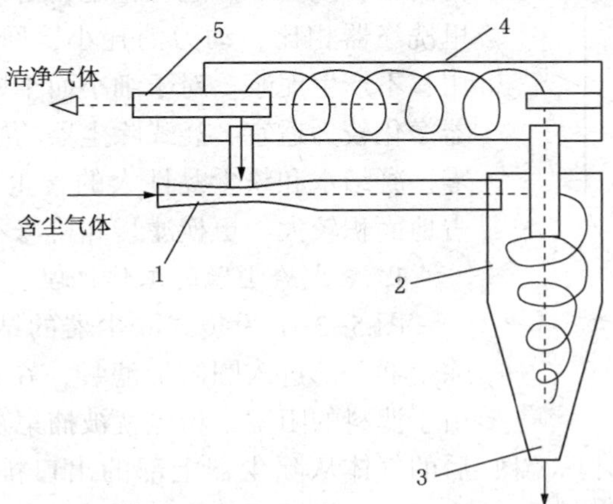

图5-2-15　机械式再循环旋风除尘器(RS_VHE型)的结构示意图
1—Venturi管；2—一级旋风除尘器；3—排灰口；4—机械再循环器；5—清洁气体出口

示。机械式再循环旋风除尘器由两级旋风除尘器组成，第一级是切流返转式旋风除尘器，第二级是直流式旋风除尘器(再循环器)。气体首先进入一级除尘器，净化后流入第二级的直流式旋风除尘器再次除尘，二次净化后的气体直接排出，剩余的含尘气体经文丘里管结构重新引至第一级入口再次循环。设置再循环器的主要目的是把气流中未被一级除尘器捕获的微细颗粒再循环进入第一级，相当于增大了一级入口含尘浓度，同时因为再循环器内离心力的作用，增加了微细颗粒碰撞和团聚的概率，有利于提升整个系统的除尘效率。机械式再循环旋风除尘器结构简单、不受温度限制、没有运动部件，与高性能 Stairmand 型除尘器相比，颗粒跑损率可以降低 50%。该结构在工业上应用于磺胺酸颗粒的分离(中位粒径为 17μm)，获得了比普通高效型旋风分离器高很多的效率，并超过了串联脉冲袋式除尘器的效率。当进口粉尘浓度为 8g/m^{3}时，循环气量达到 21%，效率达到 99.64%。

§5.3 过滤式除尘器

过滤式除尘器是采用一定的过滤材料，使含尘气流通过过滤材料来分离粉尘的一种高效除尘设备，目前常用的过滤式除尘器有滤尘器、袋式除尘器和颗粒层除尘器。采用滤纸或玻璃纤维等填充层作滤料的滤尘器，主要用于通风及空气调节方面；采用纤维织物作滤料的袋式除尘器，主要用在工业尾气的除尘方面；采用廉价的砂、砾、焦炭等颗粒物作为滤料的颗粒层(床)除尘器，是 20 世纪 70 年代出现的一种高效除尘设备。随着过滤材料的发展，出现了采用多孔陶瓷和金属微孔材料的过滤式除尘器，用于高温含尘气体的除尘净化。本节主要介绍袋式除尘器和颗粒层除尘器的结构及其设计，并对陶瓷过滤器和金属滤材过滤器等进行简单介绍。

一、袋式除尘器

袋式除尘器早在 19 世纪 80 年代就开始应用，当时只是挂一些袋子，上口导入含尘气体，正压操作，定时人工拍打并在下口回收粉尘。1890 年以后普遍采用机械振打清灰袋式除尘器，1950 年出现气环反吹清灰袋式除尘器，1957 年出现脉冲喷吹清灰袋式除尘器。袋式除尘器因其高效、稳定和可靠，已广泛应用于冶金、建材、矿山、铸造、化工、粮食等部门。它比电除尘器的结构简单、投资少、运行稳定，可以回收有用粉料；与文丘里洗涤器相比，动力消耗小，回收的干粉尘便于综合利用，不产生泥浆。对于细小而干燥的粉尘，采用袋式除尘器净化较为适宜。袋式除尘器的缺点为：不适用于含有油雾、凝结水和粉尘黏性大的含尘气体，一般也不耐高温；占地面积较大，更换滤袋和检修不太方便。

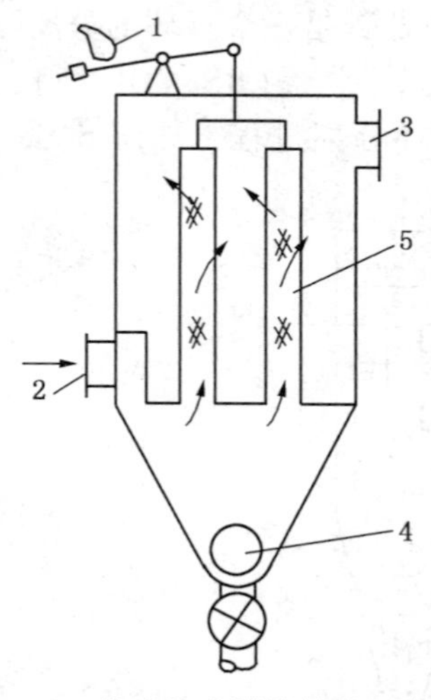

图 5-3-1　袋式除尘器的结构示意图
1—凸轮振打机构；2—含尘气体进口；3—净化气体出口；4—排灰组件；5—滤袋

1. 袋式除尘器的工作机理

图 5-3-1 为袋式除尘器的结构示意图。含尘气体从除尘器下部进入圆筒形滤袋，在通过并列安装的滤袋时，由于滤料的阻留，粉尘就被捕集在滤袋的内表面上，净化后的气体从除尘器上部的出口排出。沉积在滤袋上的粉尘，可在机械振动作用下从滤料表面脱落，落入灰斗中。粉尘在滤袋上的积聚会增加气体通过滤袋的阻力，因而需要及时清灰，以免阻力过高，造成除尘效率下降。

袋式除尘器的工作机理是，粉尘通过滤料时因产生的筛滤、惯性碰撞、粘附、扩散和静电等作用而被捕集。

（1）筛滤作用

含尘气体通过洁净滤袋（如新滤袋）时，由于洁净滤袋本身的网孔较大（一般滤料约为20~50μm，表面起绒的滤料约为5~10μm），只有粗大的粉尘（相对于网孔尺寸而言）能被截留下来，因此洁净滤袋的除尘效率很低，见图5-3-2。随着较大粉尘被阻留，在网孔上产生“架桥”现象，使得较小粉尘很快在滤袋表面形成“粉尘初层”，如图5-3-3所示。在以后的过滤过程中，粉尘初层便成了滤袋的主要过滤层，而滤料主要起支撑粉尘层的骨架作用。由于“粉尘初层”的作用，即使很细的粉尘也能获得较高的除尘效率，这也是袋式除尘器能够成为高效除尘器的一个重要原因。

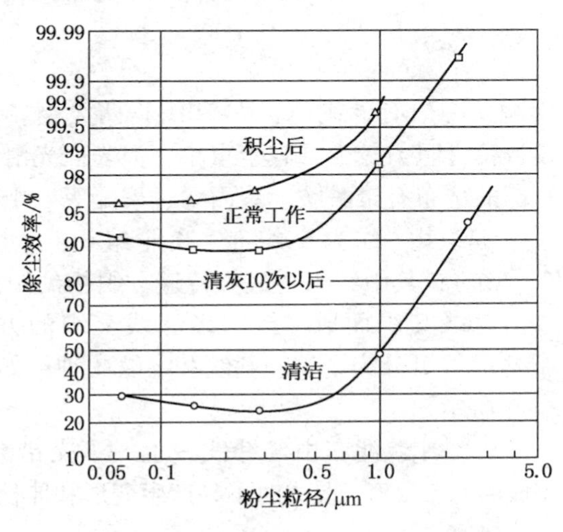

图5-3-2　袋式除尘器的分级效率曲线

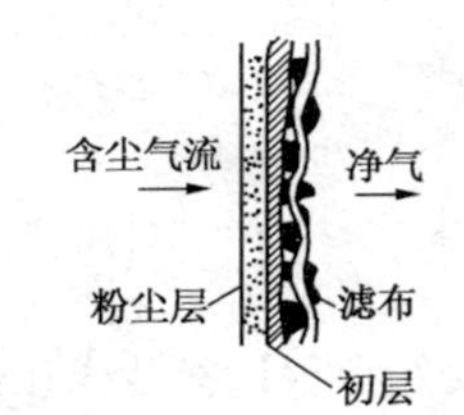

图5-3-3　滤料上的粉尘层

（2）惯性碰撞作用

含尘气体通过滤料纤维时，气流将绕过纤维，较大的粉尘则因其惯性作用而偏离气流运动，从而被捕集。惯性碰撞作用随粉尘粒径及流速的增大而增大。

（3）扩散作用

当粉尘粒径很小（如粒径为0.1μm的亚微米级粉尘）时，粉尘会在气体分子连续不断的撞击下脱离流线，像气体分子一样作不规则的布朗运动，当与纤维接触时就会被捕集，这种作用称为扩散作用。粉尘越小，因扩散作用而被捕集的概率就越大。当粉尘粒径大于1μm时，扩散效应可以忽略。

（4）粘附作用

当含尘气体接近滤料时，细小的粉尘仍随气流一起运动，若粉尘半径大于粉尘中心到滤料边缘的距离时，则粉尘被滤料粘附而被捕集。滤料的孔隙越小，则这种粘附作用越显著。

（5）静电作用

粉尘颗粒间相互碰撞会放出电子而产生静电，如果滤料为绝缘体，会使滤料带电。当粉尘和滤料所带的电荷相反时，粉尘就被吸附在滤料上，从而提高除尘效率，但粉尘清除较难。反之，如果两者所带的电荷相同，则产生斥力，使除尘效率下降。所以，静电作用能改善或妨碍滤料的除尘效率。为了保证除尘效率，必须根据粉尘的电荷性质来选择滤料。一般而言，静电作用只有在粉尘粒径小于 1μm 以及过滤气速很低时才显示出来。在外加电场的情况下，可加强静电作用，提高除尘效率。

2. 袋式除尘器的滤材结构

滤材是袋式除尘器制作滤袋的材料，其性能对袋式除尘器的操作有很大影响。选择滤材时必须考虑含尘气体的特征，如粉尘和气体性质(温度、湿度、粒径和含尘浓度等)。性能良好的滤材应容尘量大、吸湿性小、除尘效率高、阻力低、尺寸稳定性好、使用寿命长，同时具备耐温、耐磨、耐腐蚀、机械强度高、原料来源广、价格低等优点。

(1) 滤材

滤材可分为天然纤维和化学纤维两大类，同时又有无机与有机之别。常用纤维滤材的主要性能如表 5-3-1 所示，可供选择滤材时参考。选择滤材时，必须综合考虑含尘气体的特性、耐酸碱性能、耐温性能和清灰方式。

(2) 滤材的结构形式

滤材的结构形式对除尘性能有很大影响，一般有针刺毡(呢)和织物两大类。针刺毡是纺布的一种，由于制作工艺不同，毡布较致密，阻力较大，容尘量小，但表面光滑平整，易于清灰，在工业上应用较为普遍，现已生产的毡布有聚酰胺、聚丙烯、聚酯等。织物可分为编织物(称为交织布)和非编织物(称为无纺布)，其中编织物最为普遍。织物编织滤材由经纬线交织而成，按照经纬线交织的方式不同，一般可分为平纹、斜纹和缎纹 3 种，如图5-3-4所示。

图 5-3-4　织物编织滤材的结构示意图

平纹滤布由经纬线一上一下交错编织而成。由于纱线的交织点很近，纱线互相压紧，制成的滤布致密，受力时不易产生变形和伸长。因而净化效率高，但透气性差，阻力大，清灰难，易堵塞。

斜纹滤布由两根以上经纬交织而成。织布中的纱线具有较大的迁移性，弹性大，机械强度略低于平纹滤布，受力后比较容易错位。斜纹滤布表面不光滑，耐磨性好，净化效率和清灰效果好，且滤布不易堵塞，处理风量高，是织布滤材中最常采用的一种。

缎纹滤布由 1 根纬线与 5 根以上经线交织而成，其透气性和弹性都较好，织纹平坦，由于纱线具有迁移性，易于清灰，但缎纹滤布强度低，净化效率比前两者低。

将编织物起绒处理而使布面纤维形成绒状，相应的滤布称为绒布。起绒处理后绒布的透气性和净化效率都比起绒前的滤布差。

3. 袋式除尘器的分类

袋式除尘器的结构形式多种多样，通常可以根据滤袋形状、进气口位置、过滤方式以及清灰方式等的不同进行分类。

(1) 按滤袋截面形状分类

滤袋的形状通常有圆筒形和扁平形两种。

圆筒形滤袋应用最广，其结构和连接简单，易于清灰，且受力均匀，成批换袋容易，如图 5-3-5 所示。其直径一般为 ϕ120~300mm，直径过小有可能造成堵灰，直径过大则有效空间的利用率较低，因此最大不超过 ϕ600mm。滤袋长度一般取 2~3.5m，也有的长达 12m。滤袋长度和直径之比一般为 10~25，最大可达 30~40，最佳长径比一般根据滤布的过滤性能、清灰方式及设备费用来确定。增加滤袋长度可节约占地面积，但滤袋过长会增加滤袋顶部的压力，易造成该处破损。

表 5-3-1　常用纤维滤材的主要性能

品名	化学类别	密度/(g/cm³)	直径/μm	拉伸强度/(N/mm²)	伸长率/%	耐酸碱性能		耐温性能/℃	
						酸	碱	长期	最高
棉	天然纤维	1.47~1.6	10~20	35~76.6	1~10	差	良	76~85	95
麻	天然纤维	—	16~50	35	—	—	—	80	—
蚕丝	天然纤维	—	18	44	—	—	—	80~90	100
羊毛	天然纤维	1.32	5~15	14.1~25	25~35	耐酸、低温时良	—	80~90	100
玻璃	矿物纤维有机硅处理	2.45	5~8	100~300	3~4	良	良	260	350
维纶	聚乙烯醇类	1.39~1.44	—	—	12~25	良	良	40~50	65
尼龙	聚酰胺	1.13~1.15	—	53.1~84	25~45	冷：良 热：差	良	75~85	95
耐热尼龙	芳香胺	1.40	—	—	—	—	良	200	260
腈纶	（纯）聚丙烯腈	1.40~1.17	—	30~65	15~30	良	弱质：可	125~135	150
涤纶	聚酯	1.38	—	—	40~55	良	良	140~160	170
特氟隆	聚四氟乙烯	2.30	—	33	10~25	优	不受侵蚀	200~250	—
杜耐尔	—	—	—	—	—	优	优	80	115

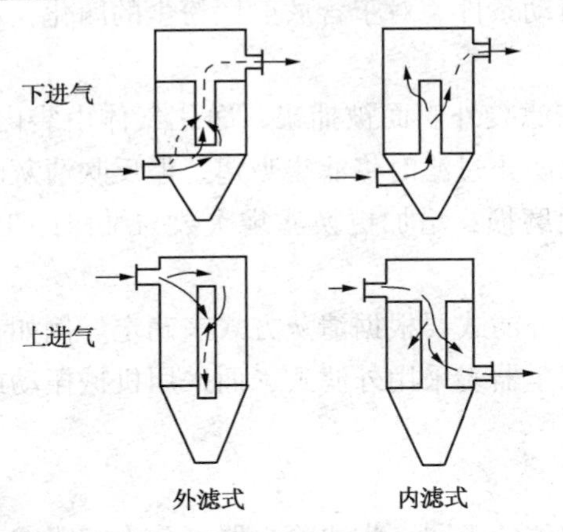

图 5-3-5　圆筒形袋式除尘器的结构示意图

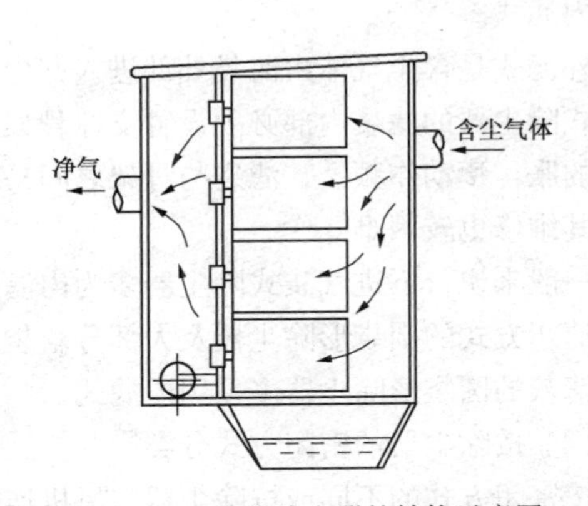

图 5-3-6　扁袋除尘器的结构示意图

扁平形滤袋的断面形状有楔形、梯形和矩形等，如图 5-3-6 所示。其特点是单位体积内布置的过滤面积大，结构紧凑。与圆筒形滤袋相比，同样体积的除尘器内可多布置 20%~40%的过滤面积。但其结构较复杂，清灰和换袋比较困难，且制作要求高，滤袋之间易被粉尘堵塞，所以应用较少。

对于大中型袋式除尘器，一般都分成若干室，以便于清灰及维修。每台除尘器的室数，少则 3~4 室，多则 16 室以上。而滤袋的数量按每条滤袋的过滤面积、选用的过滤风速及处理烟气量来确定，每室袋数少则 8~15 只，多则 200 只。

（2）按进气口位置分类

根据进气口位置的不同，袋式除尘器可以分为上进气和下进气两类，如图 5-3-5 所示。

上进气时含尘气体从除尘器上部进入，在过滤室内粉尘沉降方向与气流流动方向一致，有利于粉尘沉降，且能在滤袋上形成较均匀的粉尘层，过滤性能比较好。但为了使配气均匀，需要设置上、下两层固定滤袋用的花板，这样会造成除尘器高度和造价的增加，以及滤袋安装调节的复杂性，而且上花板易于积灰。上进气还会使灰斗滞留空气，增加结露的可能性。

下进气时含尘气体从除尘器下部进入，进气口一般都设在灰斗上部。含尘气体进入后，由于空间突然扩大，气流速度降低，使得烟气中较粗的尘粒有可能在灰斗中直接沉降下来，只有较细的微尘进入滤室与滤袋接触，从而减轻尘粒对滤袋的磨损，延长清灰周期，提高滤袋的使用寿命。缺点是尘粒沉降方向与气流方向相反，不利于尘粒的沉降。尤其在清灰时，会使被抖落或喷吹下来的细粉尘在完全落入灰斗之前，又随过滤气流重新附着在滤袋表面，从而降低了清灰效率。滤袋越长，这种影响越明显。与上进气相比，下进气方式设计合理、结构简单、设备安装及维护检修较简便，因此使用较多。

（3）按过滤方式分类

按照含尘气流通过滤袋的方式，除尘器通常可以分为内滤式和外滤式两种，如图 5-3-5 所示。

内滤式是含尘气体进入滤袋内部，尘粒被阻留于滤袋内表面，净化气体通过滤袋逸出袋外。优点是滤袋不需要设支撑骨架，且滤袋外侧为净化后的干净气体，当处理常温和无毒烟尘时，可以不停车进行内部检修，从而改善了劳动条件。对于含放射性粉尘的净化，一般多采用内滤式。

外滤式是含尘气体由滤袋外部进入，尘粒在滤袋外表面被捕集，净化气体由袋内排出。外滤式除尘器的滤袋内部必须设置支撑骨架，以防止过滤时将滤袋吸瘪。但反吹清灰时由于滤袋的胀、瘪动作频繁，滤袋与骨架之间易出现磨损，增加更换滤袋次数与维修的工作量，而且其维修也较困难。

一般来说，下进气袋式除尘器多为内滤式，外滤式要根据清灰方式来确定。例如，采用脉冲清灰方式的圆袋形除尘器及大部分扁袋形除尘器多采用外滤式，而采用机械振动或气流反吹清灰的圆袋形除尘器多采用内滤式。

（4）按除尘器的密闭方式分类

按密闭方式的不同或按除尘器与风机连接部位的不同，袋式除尘器可分为密闭式和敞开式两种。

密闭式除尘器一般设在风机的吸入段，除尘器处于负压状态下运行，因而又称为负压式或吸入式。这种方式对风机叶轮的磨损小，可延长风机的使用寿命。为避免漏风，壳体必须严格密闭、保温，因而常用钢或混凝土制造壳体，成本相应较高。在处理高温气体时，还要防止结露现象。

敞开式除尘器一般设在风机的压出段，除尘器处于正压状态下运行，通常又可称为正压式或压入式。当处理的气体和粉尘对环境无影响时，可以不密封，甚至可以敞开，从而可以节约投资。但这种方式会使风机受到粉尘的磨损，而且还需要保护滤袋不受风吹雨淋。

(5) 按照清灰方式分类

随着粉尘的积聚，除尘效率不断增加，但过滤阻力同时也在不断增加。当过滤阻力达到一定程度时，滤袋两侧会形成较大的压力差，使一些已附在滤布上的微细粉尘挤压过去，造成除尘效率降低。此外，袋式除尘器阻力过高会造成通风除尘系统的风量显著下降，影响吸尘罩的工作效果。因此，当过滤阻力达到一定值之后，要及时进行清灰，清灰时不能破坏“粉尘初层”，以免除尘效率下降过多，滤布损伤加快。清灰的方式有人工拍打、机械振打、回转反吹、气环反吹、脉冲喷吹清灰、超声波清灰等。

① 机械振打清灰

机械振打清灰是利用机械机构的周期性振动来晃动悬吊滤袋的框架，使滤袋产生振动，从而使积附在滤袋上的粉尘落入灰斗中。常见的3种振打方式如图5-3-7所示，其中水平振动清灰可分为上部振动和腰部振动两种，该方式对滤袋损害较轻，但在滤袋全长上清灰效果不均匀；垂直振动清灰一般可定期地提升滤袋框架，也可以利用偏心轮装置振动滤袋框架，从而进行清灰，这种方式虽然清灰效果较好，但对滤袋的损伤较大(特别是对滤袋下部)；机械扭转振打清灰是利用机械传动装置定期将滤袋扭转一定角度，使滤袋变形而使粉尘脱落的方法。

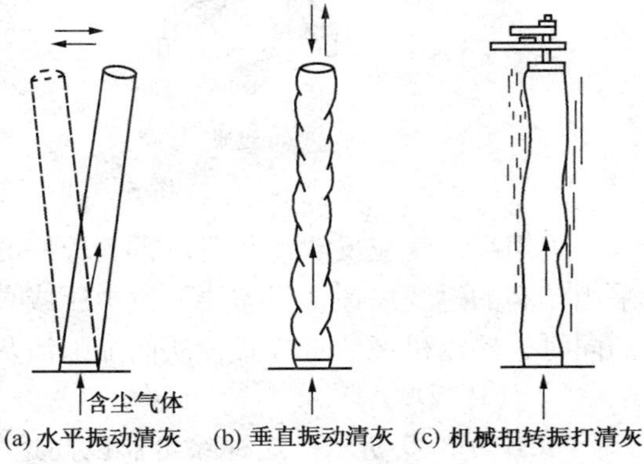

图5-3-7 机械清灰的振打方式示意图

除此之外，也可将以上几种振动方式复合在一起，例如通过一个可转动偏心轴和摇杆的作用，使滤袋做上下、左右摇动。这种摇动可以传至滤袋的下端，且不损伤滤袋，对于一般难于清落的烟雾状粉尘可取得较好的效果。

机械振动清灰要求停止过滤，因此常需要将整个袋式除尘器分割成若干袋室，顺次地逐室清灰，以保证袋式除尘器连续运转。特点是构造简单，运转可靠，但清灰强度较弱，因此只允许较低的过滤风速(一般取0.6~1.6m/min)。此外，这种方式对滤袋有一定损伤，会增加维修和更换滤袋的工作量，因而已逐渐被其他清灰方式取代。

② 逆气流清灰

如图5-3-8所示，逆气流清灰一方面由于反向的清灰气流直接冲击尘块，另一方面由于气流方向的改变，使滤袋产生胀缩振动致使尘块脱落。其过滤操作过程与机械振打清灰方式相同，但在清灰时要关闭含尘气流，开启逆气流进行反吹风。此时滤袋将变形，使沉积在滤袋表面的粉尘层破坏、脱落，通过花板落入灰斗。安装在滤袋内的支撑环可以防止滤袋完全被压瘪。

清灰气流可以由系统主风机提供，也可以设置单独风机供给。根据清灰气流在滤袋内的压力状况，可以采用正压反吹清灰或负压反吹清灰。与机械振打清灰方式相同，逆气流清灰也多采用分室工作制度，利用阀门自动调节，逐室产生反向气流。逆气流清灰在整个滤袋上的气流分布比较均匀，振动不剧烈，因此对滤袋的损伤较小，适宜采用长滤袋(可达15~18m)，而且一般都采用停风清灰。由于清灰强度小，过滤风速一般不宜过大。例如，处理粗大粉尘时一般为1.5~2.0m/min，处理普通粉尘时取1m/min，处理细粉尘(如电弧炼钢炉的烟尘)时通常为0.50~0.75m/min。

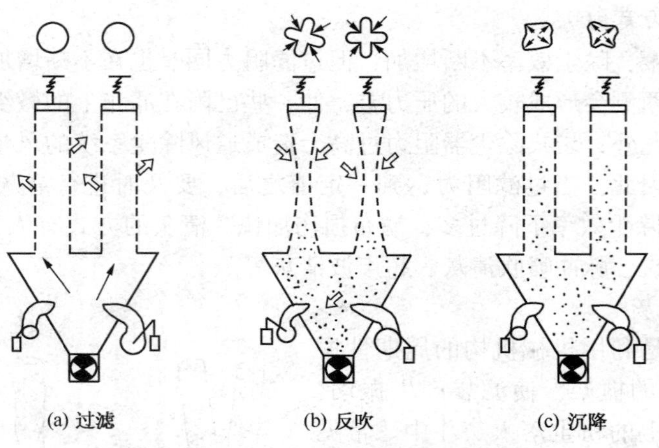

图 5-3-8 逆气流清灰方式示意图

采用高压气流反吹清灰可以得到较好的清灰效果，而且可以在过滤工作状态下进行，可采用较高的过滤风速，但需要另设中压或高压风机。在某些场合下，可以在使用逆气流清灰的同时，辅以机械清灰方式，从而加强清灰效果。

③ 气环反吹

如图 5-3-9 所示，这种除尘器以高速气体通过气环反吹滤袋，来达到清灰的目的。特点是适用于高浓度、较潮湿的粉尘，也能适用于气流中含有水汽的场合，缺点是滤袋容易磨损。

气环箱紧套在滤袋外部，做上下往复运动，气环箱内紧贴滤袋处开有一条环缝（即气环喷嘴），滤袋内表面沉积的粉尘被气环喷嘴喷射出的高压气流吹掉。清灰所耗的反吹空气量约为处理气量的 8%~10%。当处理潮湿的粉尘时，反吹气需要加热到 40~60℃。这种除尘器的过滤风速较高，一般为 4~6m/min，压力损失为 1000~1200Pa。

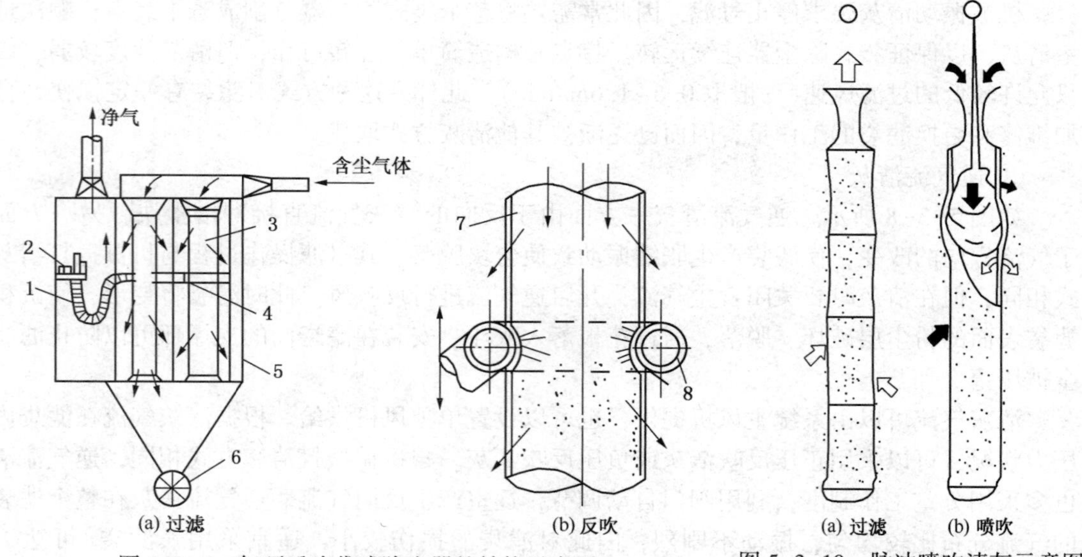

图 5-3-9 气环反吹袋式除尘器的结构示意图

1—软管；2—反吹风机；3—滤袋；4—气环箱；5—外壳体；6—卸灰阀；7—滤袋；8—气环箱

图 5-3-10 脉冲喷吹清灰示意图

④ 脉冲喷吹清灰

如图 5-3-10 所示，脉冲喷吹清灰是利用 4~7atm 的压缩空气反吹，产生强度较大的清灰效果。压缩空气在极短时间内(不超过 0.2s)高速喷入滤袋，同时诱导数倍于喷射气流的空气形成空气波，使滤袋由袋口至底部产生急剧的膨胀和冲击振动，从而导致积附在滤袋上的粉尘层脱落。

根据脉冲喷吹气流与被净化气流流动方向的不同，可以分为逆喷和顺喷两种方式。逆喷式为两股气流方向相反，净化后的气流由袋口排出，顺喷式为两股气流方向一致，净化后的气流由滤袋底部排出。虽然被清灰的滤袋在喷吹时不起过滤作用，但由于喷吹时间很短，加上各滤袋依次逐排清灰，几乎可以将过滤作用视为连续，故可以不采用分室结构。如果做成分室结构，则称作强制脉冲清灰，特点是按顺序进行。清灰时关闭排气口阀门，从一侧向分室上部喷射脉冲气流，经分室进入各滤袋内进行清灰。

脉冲喷吹作用的强度和频率都可以调节，清灰效果好，一般允许采用较高的过滤风速(通常取 2~4m/min)，相应的压损为 1000~1500Pa。缺点是脉冲控制系统较为复杂，维护管理水平要求较高，使用不慎有可能使滤袋清灰过度，进而使除尘效率降低；当供给的压缩空气压力不能满足喷吹要求时，清灰效果会大大降低。因此，必须选择适当压力的压缩空气以及适当的脉冲持续时间。

⑤ 联合清灰

联合清灰是将两种或三种清灰方式同时采用在同一个袋式除尘器内，目的是增强清灰效果。例如，采用机械振打和反吹相结合的联合清灰袋式除尘器，可以适当提高过滤风速和清灰效果。联合清灰袋式除尘器的清灰时间约为 30~60s，时间间隔约为 3~8min，过滤风速一般取 2~3m/min，压力损失为 800~1000Pa，清灰效果好，净化效率约为 98%左右。

4. 袋式除尘器的工作性能

(1) 除尘效率

影响袋式除尘器除尘效率的因素有粉尘特性、滤布特性、运行参数、清灰方式等，洁净滤布时的除尘效率对尘粒捕集的意义不大。对于粘有粉尘滤布的除尘效率，Richard Dennis、Hans A. Klemm 应用迭代算法，研究了玻璃纤维滤布捕集尘粒的过程，提出了如下一组除尘效率 η 的计算公式：

$$\eta = 1 - \left\{ [P_n + (0.1 - P_n) e^{-\alpha m}] + \frac{C_R}{C_i} \right\} \tag{5-3-1}$$

$$P_n = 1.5 \times 10^{-7} \exp[12.7(1 - e^{1.03 v_f})] \tag{5-3-2}$$

$$\alpha = 3.6 \times 10^{-3} v_f^{-4} + 0.094 \tag{5-3-3}$$

式中 P_n——无因次参数；

C_R——脱除浓度(常数)，g/m^3(对于玻璃纤维滤布 Dennis 取 $C_R = 0.5mg/m^3$)；

C_i——进口粉尘浓度，g/m^3；

v_f——表面过滤速度(单位滤布面积上的平均过滤气流量)，m/min；

m——滤布上的粉尘负荷，g/m^2。

袋式除尘器是滤尘效率很高的一种除尘器，几乎在各种情况下的滤尘效率都可以达到 99%以上。如果设计、制造、安装、运行得当，特别是维护管理适当，滤尘效率可达到

99.9%。因此在选择除尘器时，一般不需计算除尘效率。在许多情况下，袋式除尘器的排尘浓度可达数十 mg/m^3，甚至 $0.1mg/m^3$ 以下。因此，有时可以将袋式除尘器的排气送回车间内部循环使用，节省了为补给空气加热或冷却的能耗和费用。

（2）压力损失

袋式除尘器的压力损失 Δp 不但决定其能耗，还决定除尘效率和清灰的时间间隔。压力损失与滤带的结构形式、滤布特性、过滤速度、粉尘浓度、清灰方式、气体温度及气体黏度等因素有关，目前主要通过实验确定，也可按下式进行推算

$$\Delta p = \Delta p_c + \Delta p_o + \Delta p_d \quad (Pa) \tag{5-3-4}$$

式中 Δp_c ——除尘器外壳结构的压力损失，在正常过滤风速下，一般为 300~500Pa；

Δp_o ——清洁滤布的压力损失；

Δp_d ——粉尘层的压力损失。

Δp_c 主要是由气流经进、出口等造成的压损，而 Δp_o 与 Δp_d 之和一般又称为过滤阻力 Δp_f，可由下式推算

$$\Delta p_f = \Delta p_o + \Delta p_d = \zeta\mu v_f = (\zeta_0 + \alpha m)\mu v_f \quad (Pa) \tag{5-3-5}$$

式中 ζ ——过滤层的总压损系数或阻力系数，m^{-1}；

ζ_0 ——清洁滤布的压损系数或阻力系数，m^{-1}；

μ ——含尘气体的黏度，Pa·s；

v_f ——过滤速度，m/s；

α ——粉尘层的平均比阻力，m/kg；

m ——堆积粉尘负荷（单位面积的尘量），kg/m^2，普通运行的堆积粉尘负荷范围为 $0.2 \sim 2.0kg/m^2$。

由上式可见，过滤层的压力损失与过滤速度和气体黏度成正比，与气体密度无关。这是因为滤速较小，使得通过滤层的气流呈层流状态，气流的动压可以忽略，这一特性与其他类型的除尘器完全不同。清洁滤布压损系数 ζ_0 的数量级为 $10^7 \sim 10^8 m^{-1}$，如玻璃丝布为 $1.5\times10^7 m^{-1}$，涤纶为 $7.2\times10^7 m^{-1}$，呢料为 $3.6\times10^7 m^{-1}$。因此一般可以忽略不计。

粉尘层的比阻力 α 可用柯日尼-卡门（Karzeny-Carman）的理论公式推算，即

$$\alpha = \frac{180(1-\varepsilon)}{\rho_p d_p^2 \varepsilon^3} \tag{5-3-6}$$

式中 ε ——粉尘层的平均空隙率，对于一般表面过滤方式，取 0.8~0.95，也可由图 5-3-11 确定；

ρ_p ——粉尘的真密度，kg/m^3；

d_p —— 粉尘的平均粒径，μm。

设 C_i 为入口气体含尘浓度（kg/m^3），η 为平均除尘效率，t 为过滤时间（s），则滤布上的堆积粉尘负荷 m 为

$$m = C_i \cdot v_f \cdot t \cdot \eta \tag{5-3-7}$$

将上式代入式（5-3-5）得

$$\Delta p_f = (\xi_0 + \eta C_i t \cdot \alpha \cdot v_f)\mu \cdot v_f \tag{5-3-8}$$

除尘器的过滤阻力 Δp_f 直接反映了除尘器的运行经济性，这部分动力消耗为

$$N = KQ\Delta p_f \tag{5-3-9}$$

式中 Q——除尘器的处理气体量，m^3/s；

K——常数。

当袋式除尘器的允许压力损失确定以后，过滤风速、进口含尘浓度和清灰时间间隔互相制约。当处理含尘浓度低的气体时，清灰时间间隔可以适当延长；当处理含尘浓度高的气体时，清灰时间间隔应尽量缩短，但这样会使清灰次数增多，缩短滤袋寿命。因此，进口浓度低、清灰时间间隔短、清灰效果好的除尘器可以选用较高的过滤风速；反之，则应选用较低的过滤风速。

袋式除尘器正常工作时，压力损失与气体流量随时间的变化关系如图 5-3-12 所示，图中所示的清灰宽度是指每次清灰的持续时间，清灰周期是指前后两次清灰的间隔时间。过滤时间越长，在滤布上积累的粉尘层越厚，压力损失也就越大，直到清灰为止。当滤层两侧压力差很大时，将会造成能量消耗过大和捕尘效率降低，清灰后情况好转。正常工作的袋式除尘器的压力损失应控制在 1500~2000Pa 左右。

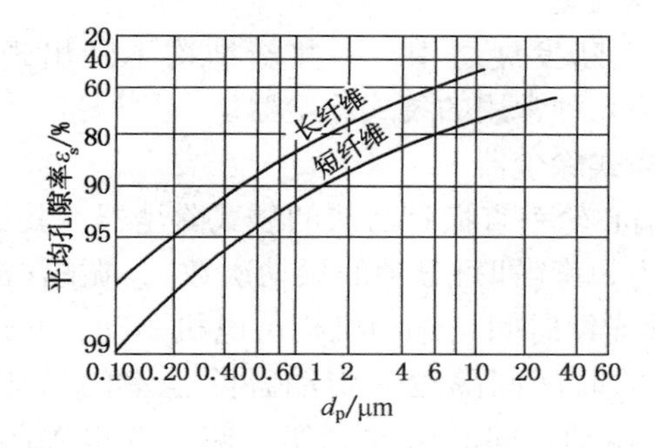

图 5-3-11　粉尘层的平均空隙率

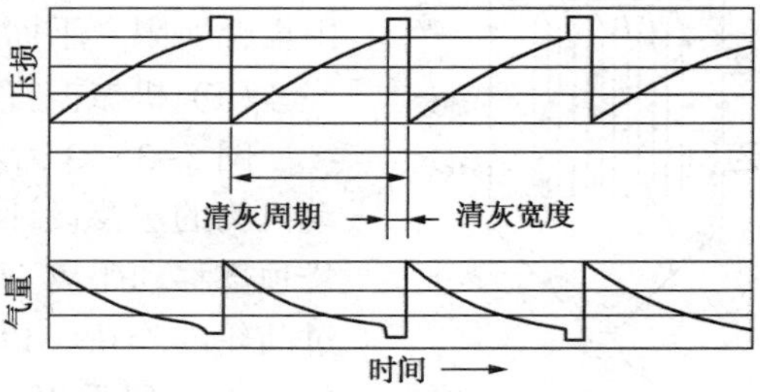

图 5-3-12　袋式除尘器压力损失与气体流量随时间的变化

(3) 过滤速度

袋式除尘器的性能在很大程度上取决于过滤速度的大小。速度过高会使积聚于滤布上的粉尘层压实，阻力急剧增加。由于滤料两侧的压差增加，使粉尘颗粒渗入滤布内部，甚至透过滤布，致使出口含尘浓度增加。这种现象在滤布刚清完灰后更为明显。过滤速度高时还会导致滤布上迅速形成粉尘层，引起过于频繁的清灰。

在过滤速度较低的情况下，过滤阻力低，除尘效率高，然而需要过大的设备，占地面积也大。因此，过滤速度的选择要综合考虑粉尘性质、滤布种类、清灰方式等因素，见表5-3-2。

表 5-3-2　袋式除尘器推荐的过滤速度 v_f　　m/min

等级	粉尘种类	清灰方式		
		振打与逆气流联合	脉冲喷吹	反吹风
1	炭黑、氧化硅(白炭黑)；铅、锌[1]的升华物，以及其他在气体中由于冷凝和化学反应而形成的气溶胶；化妆粉；去污粉；奶粉；活性炭；由水泥窑排出的水泥[1]	0.45~0.50	0.80~2.0	0.33~0.45

续表

等级	粉尘种类	清灰方式		
		振打与逆气流联合	脉冲喷吹	反吹风
2	铁及铁合金的升华物；铸造尘；氧化铝；由水泥磨排出的水泥；碳化炉升华物；石灰；刚玉；安福粉及其他肥料；塑料；淀粉	0.50~0.75	1.5~2.5	0.45~0.55
3	滑石粉；煤；喷砂清理尘；飞灰；陶瓷生产中的粉尘；炭黑(二次加工)；颜料；高岭土；石灰石；矿尘；铝土矿、水泥(来自冷却器)；搪瓷	0.70~0.80	2.0~3.5	0.6~0.9
4	石棉；纤维尘；石膏；珠光石；橡胶生产中的粉尘；盐；面粉；研磨工艺中的粉尘	0.80~1.50	2.5~4.5	—
5	烟草、皮革粉、混合饲料，木材加工的粉尘，粗植物纤维(木麻、黄麻等	0.9~2.0	2.5~6.6	—

① 指基本上为高温的粉尘，多采用反吹清灰袋式除尘器捕集。

5. 几种常用的袋式除尘器

袋式除尘器仍处于不断发展之中，一些新结构不断出现。因篇幅所限，下面仅介绍几种常用的袋式除尘器。

(1) 机械振打清灰袋式除尘器

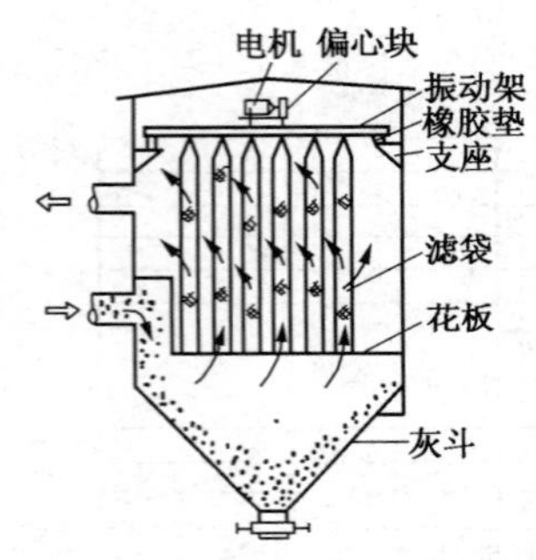

图 5-3-13 机械振打清灰袋式除尘器的结构示意图

图 5-3-13 为利用偏心轮垂直振打清灰的袋式除尘器，其振动机构的主要设计参数为频率(即每分钟的振动次数)、振幅(滤袋顶部移动距离)和振动连续时间。振动机构由电机驱动，并通过凸轮的作用，以一定的时间间隔逐一带动各除尘室的吊架，使滤袋得到垂直方向的振动；同时带动阀箱，使排气口关闭，并使该仓与大气接通，新鲜空气因负压而进入。在机械和反向气流的作用下，使附着在滤袋内表面的粉尘落入灰斗中，落入灰斗中的粉尘由螺旋输送机和卸灰阀排出。

(2) 脉冲喷吹袋式除尘器

如图 5-3-14 所示，脉冲喷吹袋式除尘器的滤尘过程大致为：含尘气体由下部进入除尘器中，粉尘阻留在滤袋外表面上，透过滤袋的洁净气体经文氏管进入上部箱体，从出气管排出。

清灰过程大致为：当滤袋表面的粉尘负荷增加到一定值时，由脉冲控制仪发出指令，按顺序触发各控制阀，开启脉冲阀，使气包内的压缩空气从喷吹管各喷孔中喷出一次空气流(其速度接近声速)，通过引射器诱导二次气流一起喷入滤袋，造成滤袋急剧膨胀、振动、收缩，从而使附着在滤袋上的粉尘脱落。

脉冲喷吹系统由脉冲控制仪、控制阀、压缩空气包、脉冲阀、喷吹管和文丘里管组成，如图 5-3-15 所示。脉冲阀和排气阀(如图 5-3-16)是脉冲控制仪的关键部件，在滤袋清灰过程中起着控制作用，实现全自动清灰。其控制参数有脉动压力、频率、脉冲持续时间和清灰次序。

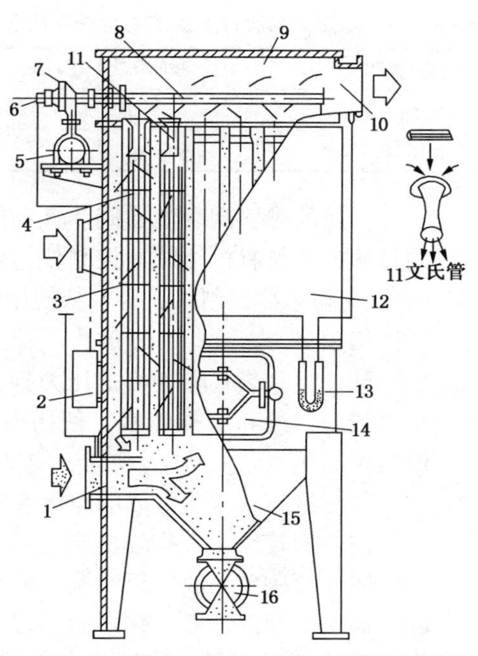

图 5-3-14 脉冲喷吹袋式除尘器的结构示意图

1—进气口；2—控制仪；3—滤袋；4—骨架；5—气包；6—排气阀；7—脉冲阀；8—喷吹管；9—净气箱；10—净气出口；11—文丘里管；12—除尘箱；13—U 形压力计；14—检修口；15—灰斗；16—卸灰阀

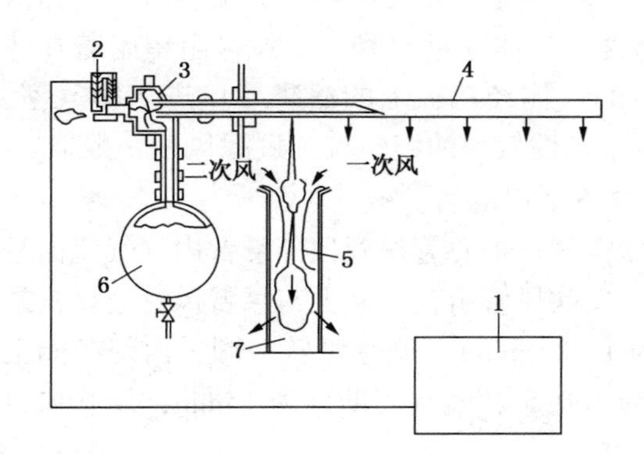

图 5-3-15 脉冲喷吹系统的结构示意图

1—脉冲控制仪；2—控制阀；3—脉冲阀；4—喷吹管；5—文丘里管；6—气包；7—滤袋

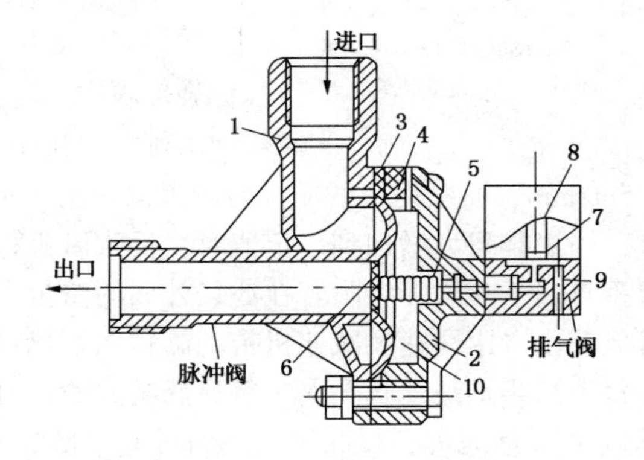

图 5-3-16 脉冲阀与排气阀的结构示意图

1—阀体；2—阀盖；3—波纹膜片；4—节流孔；5—复位弹簧；6—喷吹口；7—活动挡；8—活动芯；9—通气孔；10—背压室

袋式除尘器每清灰一次称为一个脉冲。全部滤袋完成一个清灰循环的时间称为脉冲周期，通常为60s，可以使用脉冲控制仪调节脉冲周期。脉冲阀喷吹一次的时间即喷吹时间，称为脉冲宽度，通常为0.1~0.2s。据实际经验，当袋式除尘器的过滤风速小于3m/min、进口含尘浓度为5~10g/m^{3}时，脉冲周期可以取60~120s；当含尘浓度小于5g/m^{3}时，脉冲周期可增加到180s。而当袋式除尘器的过滤风速大于3m/min、进口含尘浓度大于10g/m^{3}时，脉冲周期可以取30~60s。脉冲宽度可按表5-3-3选取。

表 5-3-3　喷吹压力与脉冲宽度的对应关系列表

喷吹压力/MPa	脉冲宽度/s	喷吹压力/MPa	脉冲宽度/s
0.7	0.1~0.12	0.5	0.17~0.25
0.6	0.15~0.17		

常用的排气阀有电磁阀、气动阀、机械阀等3种。常用的脉冲控制仪有机械脉冲控制仪、WMK无触点脉冲控制仪、QMY气动脉冲控制仪3种，从使用情况看，无触点脉冲控制仪使用较多。

脉冲喷吹袋式除尘器的压力损失为1000~1500Pa，过滤负荷较高，滤布磨损较轻，使用寿命较长，运行安全可靠。但需要高压气源做清灰动力，电力用量消耗较大，对高浓度、含湿量较大含尘气体的净化效果较低。

(3) 回转反吹扁袋除尘器

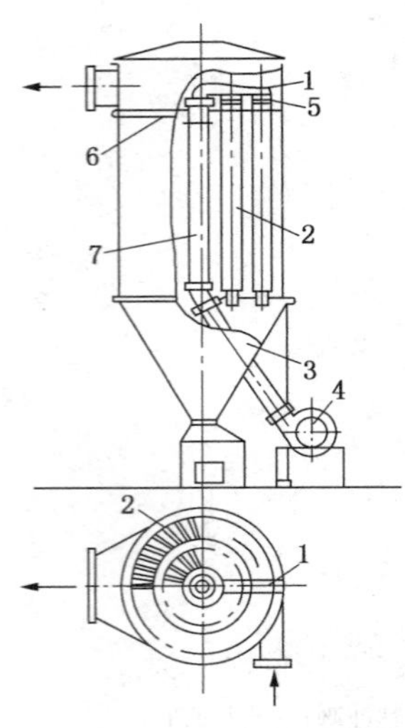

图 5-3-17　回转反吹扁袋除尘器的结构示意图
1—悬臂风管；2—滤袋；3—灰斗；4—反吹风机；5—反吹风口；6—花板；7—反吹风管

图5-3-17为回转反吹扁袋除尘器的结构示意图。这种除尘器采用圆筒外壳，梯形扁袋沿圆筒呈辐射状布置。可根据所需的过滤面积，将滤袋布置成1圈、2圈、3圈甚至4圈。滤袋断面尺寸为(35~80)mm(每5mm一个间隔)×290mm，袋长取2~6m。

含尘气体沿切向进入过滤室上部，大粒径粉尘和凝聚粉尘在离心力作用下，沿圆筒壁落入灰斗；小粒径粉尘则弥散在袋间空隙中，当含尘气体穿过滤袋，尘粒被阻留附着在滤袋外表面。净化后的气体经花板上的滤袋导口进入净气室，由排气口排出。对于黏性较大的细尘粒，过滤风速一般取1~1.5m/min，而黏性小的粗尘粒，过滤风速可取2~2.5m/min。

当滤袋阻力增加到一定值时，反吹风机将高压空气自中心管送到顶部悬臂内，气流由悬臂垂直向下喷吹，将附着在滤袋外面的粉尘吹落。反吹风管由轴心向上与悬臂风管连接，悬臂风管由专用马达及减速机带动旋转(设计转速为1~2r/min)。悬臂每转一圈，内外各圈上的每个滤袋均被喷吹一次。每只滤袋的喷吹时间约为0.5s，喷吹周期约为15min；反吹风机的风压约为5kPa，反吹风量约为过滤风量的5%~10%。

反吹空气可以取自大气(称为大气风)，也可取自自身净化的空气(称为循环风)。采用循环风可以不增加除尘器的风量负荷，处理高温烟气时可以防止冷风进入，从而避免结露和堵袋现象。但除尘器内的负压不能利用，因此用循环风时，反吹风机的风压要比用大气风时高。具体选用应根据处理气体的性质、能耗等因素综合考虑。

回转反吹扁袋除尘器有以下特点：①进口按旋风除尘器设计，能起局部旋风作用，以减轻滤袋粉尘负荷；②除尘器自带反吹风机，不受使用场合压缩空气源的限制；③反吹风清灰作用距离大，可采用长滤袋，充分利用空间，占地面积小；④采用梯形滤袋在圆筒内布置，结构紧凑，在同一筒体空间内采用梯形扁袋比圆袋多32%的过滤面积；⑤圆筒形外壳受力均匀，用于烟气净化可防止变形；⑥滤袋易损坏，维修工作量大，由于传动机构较多，加工及安装要求较高。

6. 袋式除尘器的设计步骤

（1）选择除尘器型式、滤材及排灰方式

首先决定所采用除尘器的型式，对除尘效率要求高、厂房面积受限制、投资和设备定货皆有条件的情况，可以采用脉冲喷吹袋式除尘器，否则可采用机械振动清灰或逆气流清灰。其次进行滤材选择，此时应考虑滤材捕集指定粉尘的性能、耐气体和粉尘腐蚀的能力、耐高温的能力、适当的机械强度、价格等，气体的温度和湿度是选择滤材时的主要考虑因素。由于很多高温烟气适合采用袋式除尘器捕尘，所以在烟气温度超过滤材耐温上限时，应在除尘器前加设气体预冷却系统。随着气体的逐渐冷却，其相对湿度增高，必须防止水汽凝结，以免造成粉尘在滤材上结块。一般要求气体温度高于露点温度30℃左右。有时为了防止气体进一步自然冷却，需要对袋式除尘器的外壳进行保温。

（2）确定过滤速度

根据粉尘性质、滤材种类、要求的除尘效率和选定的清灰方式等，即可确定过滤速度。参考表5-3-2的经验数据很重要，然后再结合其他条件即可确定过滤速度的具体数值。

（3）确定总过滤面积 A_f

$$A_f = \frac{Q}{60v_f} \quad (m^2) \tag{5-3-10}$$

式中 Q——含尘气体处理流量，m^3/h；

v_f——过滤速度，m/min。

含尘气体处理流量 Q 由工艺提供或根据工艺参数计算确定，但要换算成除尘器进口状态(温度、压力和湿度)下的流量。此外，还要考虑以下3项附加值：①漏风附加，考虑到除尘系统的严密程度和漏风情况，一般应附加10%~15%；②清灰附加，考虑到清灰时停止过滤的情况，应附加清灰时间占运行时间的百分比；③维修附加，考虑到更换部件、检查或维修的情况，应附加停止过滤的滤布面积占总面积的百分比。

（4）除尘器选择或设计

如果采用定型产品，根据含尘气体处理流量 Q 和总过滤面积 A 即可选定袋式除尘器的型号规格。如果需要自行设计，可按下列步骤进行。

① 确定滤袋尺寸，即确定直径 D 和长度 L

滤袋直径一般取 D=100~600mm，通常选择为200~300mm。尽量使用同一规格，以便检修更换。滤袋长度对除尘效率和压力损失几乎无影响，一般取2~6m。

② 计算每只滤袋的面积 a

$$a = \pi DL \quad (m^2) \tag{5-3-11}$$

③ 计算滤袋数 n

$$n = \frac{A_f}{a} \tag{5-3-12}$$

④ 滤袋的布置及吊挂固定

需要滤袋数较多时，可根据清灰方式及运行条件，将滤袋分成若干个分隔室，每个室中可包含若干组滤袋，每组内相邻两滤袋的间距一般取50~70mm。组与组之间以及滤袋与外壳之间的距离，应考虑更换滤袋和检修的需要。滤袋的固定和拉紧方法对其使用寿命影响很大，要考虑到换袋、维修、调节方便，防止固紧处磨损、断裂等。

⑤ 壳体设计

包括除尘器箱体(框架和外壁)，进、排气风管形式，灰斗结构，检修孔及操作平台等。

⑥ 粉尘清灰机构的设计和清灰制度的确定。

⑦ 粉尘输送、回收及综合利用系统的设计。

(5) 估算除尘器的除尘效率、压力损失，确定过滤和清灰循环周期

过滤周期的长短应根据压力损失和流量的变化确定，这种变化随着滤布上粉尘层的不断增加而发生。这些都与除尘系统采用的风机特性和总能耗有关。

二、颗粒层除尘器

颗粒层除尘器(Granular bed filter)是利用一定粒径范围的固体颗粒(如硅石、砾石、矿渣或焦炭等)作为过滤介质层，去除含尘气体中粉尘的设备。

1. 滤尘机理与特点

颗粒层除尘器的滤尘机理与袋式除尘器相似，主要靠筛滤、惯性碰撞、拦截、布朗扩散、静电力等多种作用，使粉尘附着于滤料之间形成的孔道表面及滤料表面。因此，过滤效率随颗粒层厚度及其上沉积粉尘层厚度的增加而提高，压力损失也随之增高。

颗粒层除尘器的优点：①性能稳定，处理含尘气体流量、气体温度和入口浓度等波动变化对除尘效率影响较小；②适应范围广，可以捕集大部分物性的粉尘，适当选取滤料还可以对有害气体(如 SO_2)进行吸收，同时起到净化有害气体的作用；③可净化高温含尘气体，选择适当的滤料如石英砂等，工作温度可达 350~450℃，而且不易燃烧和爆炸；④选择石英砂等耐腐蚀、耐磨损的滤料时，不仅来源丰富，价廉物美，而且使用数年也不用更换；⑤颗粒层除尘器为干式作业，工作过程不需要用水，所以不存在二次污染。颗粒层除尘器的缺点：①对细微粉尘的除尘效率还不很高；②清灰机构复杂，入口气体的含尘浓度不宜太高，否则将导致频繁清灰；③受过滤速度较小的限制，为保证设计过滤面积，致使设备庞大，占地面积较大。

2. 颗粒层除尘器的分类

颗粒层除尘器 20 世纪 50 年代末才逐渐被应用于工业领域。随着技术的发展，出现了许多新的结构形式。可根据颗粒层位置、颗粒层运动状态、清灰方式和颗粒层数目进行分类。

(1) 按颗粒层位置可分为垂直床和水平床

垂直床颗粒层除尘器是将颗粒滤料垂直放置，两侧用滤网或百叶片夹持，以防颗粒料飞出，而气流则水平通过。水平床颗粒层除尘器是将颗粒滤料置于水平筛网或筛板上，铺设均匀，保证一定的滤料层厚度；气流一般均由上而下，使床层处于固定状态，有利于提高除尘效率。

(2) 按颗粒层运动状态可分为固定床、移动床和流化床

固定床是指过滤过程中颗粒层固定不动，通常水平床颗粒层除尘器中均采用固定床。移动床是指过滤过程中颗粒层不断移动，已粘附粉尘的滤料不断排出，新滤料同时补充进入除尘器，垂直床层颗粒层除尘器一般都采用移动床。当然，移动床又可分为间歇移动床和连续移动床。流化床是指过滤过程中颗粒层呈流化状态，应用较少。

(3) 按清灰方式可分为不再生(或器外再生)、振动反吹、耙子反吹风清灰、沸腾反吹风清灰等

不再生的滤料用于移动床，将已粘附粉尘的滤料从除尘器内排出后，另作他用或废弃。在有些情况下，可将排出后的滤料在除尘器外进行清灰，然后重新装入过滤器中使用。振动

反吹是在反吹清灰过程中，启动清灰振动电机将颗粒层振松，在反吹气流作用下，将沉积在滤料层中的粉尘清出，落入灰斗。耙子反吹风清灰是在反吹清灰过程中用耙子将颗粒层耙动，以便得到更好的清灰效果。沸腾颗粒层除尘器是控制反吹风的风速，使颗粒处于悬浮沸腾状态而互相摩擦，致使粘附于颗粒上的粉尘脱落。此外，也可用间断或连续淋水的方法进行清灰。

（4）按颗粒层的数量可分为单层和多层颗粒层除尘器

一般多为单层，多层设计主要是为了节约占地面积、增大处理气量。

3. 颗粒层除尘器的性能及其影响因素

颗粒层除尘器的性能主要包括除尘器的除尘效率、压力损失等。

（1）除尘效率

颗粒层除尘器的除尘效率由滤料粒径、滤层厚度和过滤速度等因素决定，同时也受滤料和粉尘性质、表面状态、滤料排列方式、气体温度与湿度、粉尘容含程度等影响。过滤开始后，颗粒层内积存的粉尘也有过滤作用。随着过滤时间的增长，除尘效率不断增加，但上升速度越来越慢。一般情况下，颗粒层除尘器的除尘效率均能达 90%以上，最高可达 98%~99%。

（2）压力损失

颗粒层对气流的阻力，由清洁滤料的阻力和过滤后积附在滤料上粉尘的阻力两部分组成，受过滤气速、滤料粒径、滤层厚度、滤料层容尘量等诸多因素的影响，且各因素的影响十分复杂。一般而言，随着过滤气速增加、滤料粒径减小、滤层厚度增加、滤料层容尘量增多，压力损失增大。

目前，对颗粒层除尘器提出了各种计算压力损失的经验公式。M. O. Abdullan 等通过试验得出的公式为

$$\frac{\Delta p}{h} = A \cdot v_0^B \tag{5-3-13}$$

式中 Δp——通过颗粒层的压力损失，Pa；

h——颗粒层厚度，cm；

v_0——迎面速度，cm/s；

A、B——由实验得出的常数（见表 5-3-4）。

表 5-3-4 实验常数 *A*、*B* 的值

	玻璃球	拉西环	塑料丝网	玻璃毛
A	0.008	0.006	0.001	0.003
B	1.814	1.775	1.685	1.516

（3）影响因素

颗粒层除尘器的性能取决于许多因素，其中主要有滤料理化性质、颗粒床层厚度、过滤风速、滤层清灰方式等。

① 滤料理化性质。对颗粒状滤料的要求是耐磨、耐腐蚀、价廉，对高温气体还要求耐热。可用作颗粒层除尘器的滤料很多，如石英砂、卵石、橡胶屑、玻璃屑、塑料、熟料等。一般选择 SiO_2 含量 99%以上的石英砂作为颗粒滤料，具有很高的耐磨性，在 300~400℃温度下可长期使用，化学稳定性好，价格也便宜。

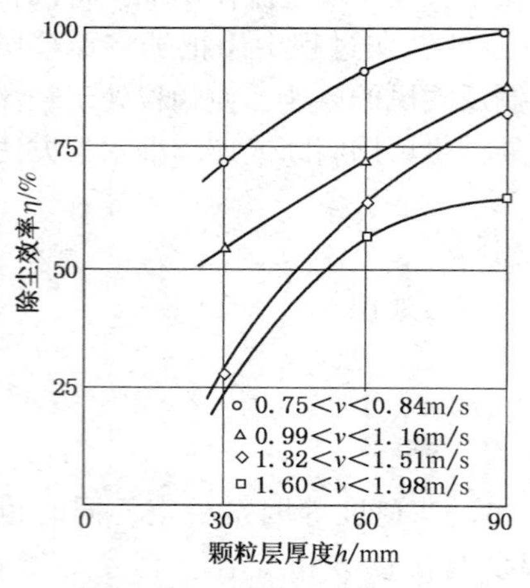

图 5-3-18　颗粒层厚度与除尘效率的关系

② 滤料粒径。一般而言，随着滤料粒径减小，除尘效率会提高，但阻力也上升。在实际中，很少采用粒径完全均一的滤料，通常都由各种不同粒径的滤料组成，一般为 2～4mm。

③ 床层厚度。较厚的颗粒床层可以获得较高的除尘效率，但压力损失也相应增加。由图 5-3-18 可以看出颗粒床层厚度、除尘效率和风速之间的关系。当颗粒床层厚度增加到某一数值以后，除尘效率的增加并不显著，而压力损失仍然急剧增加，因此应综合考虑除尘效率和压力损失二者的关系来选择床层厚度。一般采用的颗粒床层厚度为 60～150mm。

④ 过滤风速。过滤风速的变化对各种除尘机理的影响不完全一致。一般来说，风速提高，扩散、重力、截留等效应都有所降低，而惯性效应提高。惯性碰撞效应仅对大尘粒才有效，而在高风速情况下，大尘粒的反弹和二次冲刷也将加剧，使除尘效率降低。因此总的来说，过滤风速增加会导致除尘效率降低和压力损失增加。在目前采用的压力损失范围内(1～1.5kPa)，过滤风速可取 0.3～0.8m/s。

4. 典型的颗粒层除尘器

(1) 耙式旋风-颗粒层除尘器

耙式旋风-颗粒层除尘器目前使用最为广泛。由于颗粒层除尘器的容尘量较小，为了充分发挥其除尘效率高的特性，一般均在颗粒层除尘器前设置旋风筒，进行一级分离。同时，为扩大处理含尘气流量，可以同时并联多台除尘器。图 5-3-19 为单层耙式旋风-颗粒层除尘器的常见结构形式，其筒体结构与旋风除尘器相似。图 5-3-19(a)所示为工作(过滤)状态，含尘气流由进气总管沿切线进入除尘器下部的旋风筒，大粒径粉尘颗粒在此沉降清除，气流则通过插入旋风筒内的中心管进入过滤室中，然后向下通过过滤床层进行最终净化。净

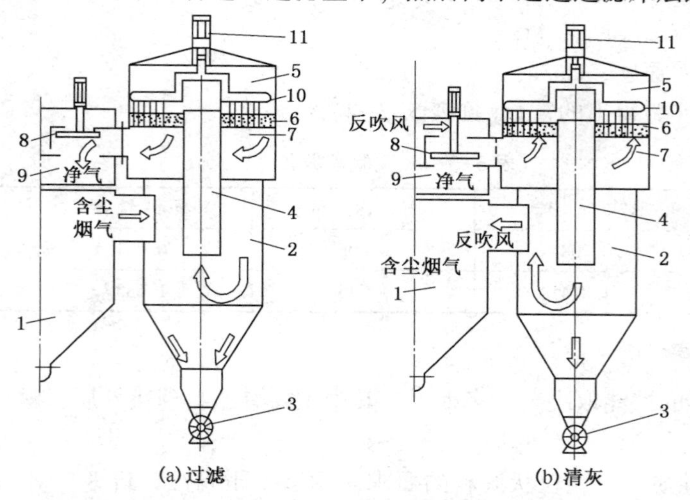

图 5-3-19　单层耙式旋风-颗粒层除尘器的结构示意图

1—含尘气体总管；2—旋风筒；3—卸灰阀；4—插入管；5—过滤室；6—过滤床层；7—干净气体室；8—换向阀门；9—干净气体总管；10—耙子；11—电动机

化后的气体由干净气体室经换向阀进入干净气体总管，分离出的粉尘经下部卸灰阀排出。当阻力达到给定值时，除尘器开始清灰，如图 5-3-19(b)所示。此时换向阀门的阀杆轴推动阀板向下，将干净气体总管关闭，同时打开反吹风风口。由反吹风机提供的反吹气流先进入干净气体室，然后由下向上通过过滤床层，将凝聚在滤料上的粉尘吹出，并通过中心管把粉尘带到下部的旋风筒中，粉尘在此沉降到灰斗中排出。为了能清除颗粒层内收集到的粉尘，在除尘器内设置了一套耙式反吹风清灰机构。在清灰过程中，电动机带动耙子转动，耙子的作用一方面是松动滤料颗粒，促进粉尘与颗粒的分离；另一方面将滤料层表面耙平，使气流过滤时均匀通过床层。耙式旋风－颗粒层除尘器的常用数据列于表 5-3-5。

表 5-3-5　耙式旋风－颗粒层除尘器的常用参数

主要参数	推荐数据	主要参数	推荐数据
除尘器直径/m	0.8~2.8	反吹风速 v/(m/min)	45~50
每组过滤层数	3~5	反吹压力/Pa	1000~1100
过滤风速/(m/min)	30~40	反吹时间/min	1.5
过滤滤料粒径/mm	2~4.5	反吹周期/min	30~40
过滤层厚度/mm	100~150	耙子转速/(r/min)	11~13
颗粒层阻力/Pa	初阻力：400~600	耙子功率/kW	0.5~2.5
	终阻力：900~1100	烟气温度/℃	3~5.5

为了扩大除尘器的烟气处理量，可以同时并联多台除尘器，单台除尘器的直径可达2500mm。为了减少占地面积，也可做成上下两层，下部合用一个旋风筒。

耙式颗粒层除尘器能否正常运行，换向阀门起着重要作用，一方面要保证换向的灵活性，及时打开或关闭阀门，另一方面要保证阀门的严密性，通常直接采用液压传动操纵。

水平床颗粒层由于受到 0.5~0.8m/s 过滤风速的限制，为保证过滤面积达到设计要求，致使设备比较庞大。为了扩大过滤面积，提高处理气体流量，可以采用多层结构设计。图 5-3-20 所示为多层耙式颗粒层除尘器，一般采用不锈钢丝网支撑滤料。含尘气体经一级预除尘后，进入颗粒层上部，并自上而下通过颗粒层，粉尘被阻留在颗粒层内，净化后的烟气经排风机排出。颗粒层清灰时依靠每层搅拌梳耙同反吹风一起搅拌颗粒层，帮助清灰并将表面耙平。反吹出来的含尘气体经回风管进入预除尘器。

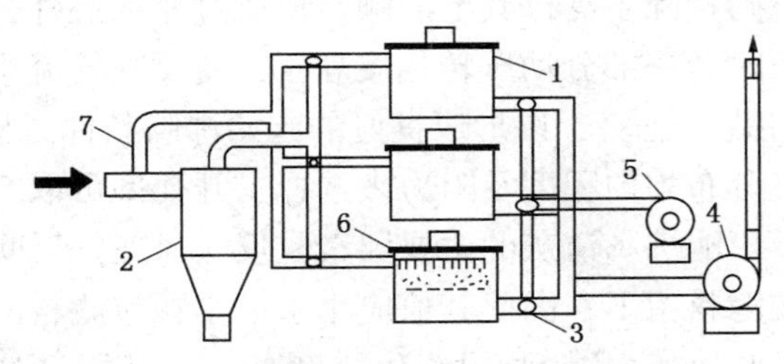

图 5-3-20　多层耙式颗粒层除尘器的结构示意图

1—颗粒层过滤器单体；2—一级预除尘器；2—三通换向阀；4—排风机；5—反吹风机；6—搅拌梳耙；7—反吹风回风管

(2) 沸腾颗粒层除尘器

沸腾颗粒层除尘器的主要特征是取消耙子及其传动机构，采用流态化鼓泡床理论，定期进行沸腾反吹清灰，将积于颗粒层中的粉尘清除，具有结构紧凑、投资省等优点。

沸腾颗粒层除尘器的结构形式如图 5-3-21 所示。含尘气体由进气口进入，粗颗粒在沉降室中沉降，细尘粒经过滤室自上而下地穿过过滤床层，气体净化后经净气口排入大气。当颗粒层容尘量达到一定值时，启动清灰机构，进行反吹清灰操作。控制反吹清灰风力的阀门可以采用气缸阀门或电动推杆阀门，使用可编程控制器(PLC)可实现自动清灰。以气缸阀门

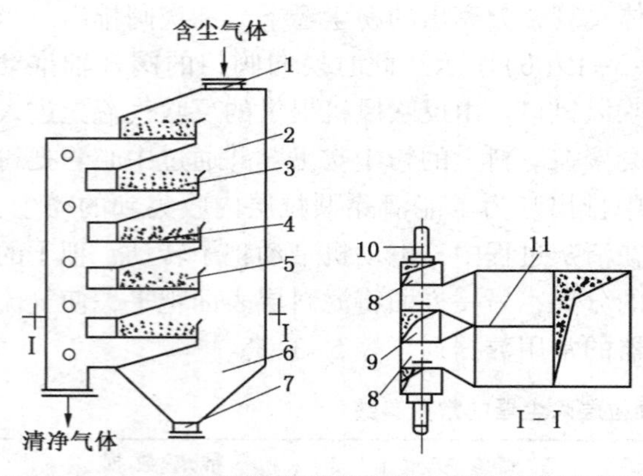

图 5-3-21　单排阀沸腾颗粒层除尘器的结构示意图
1—进风口；2—过滤室；3—沉降室；4—下筛板；
5—过滤床层；6—灰斗；7—排灰口；8—反吹风口；
9—净气口；10—阀门；11—隔板

为例，工作(过滤)状态时，反吹风口关闭，净化后的气体由开启的净气口排出；清灰时，气缸推动阀门开启反吹气口，关闭净气口，反吹气流由反吹气口进入，自下向上经下筛网进入颗粒层，使滤料均匀沸腾呈流态化状态。颗粒间相互搓动，上下翻腾，使沉积在颗粒层中的粉尘从颗粒层中分离出来。然后气流夹带着凝聚的粗粉尘团进入沉降室沉积于灰斗内，细粉尘随气流进入其他过滤层净化，粉尘由排灰口定期排出。每一层由两个过滤室构成，两室间用隔板隔开。根据处理气量，确定除尘器所需层数。

目前工程实际中已经出现了使用 11 层(两组共 22 层)的颗粒床除尘器，处理风量达 25000m^3/h 以上。除尘器的滤层间距通常为 625mm，每层过滤面积 1.0m^2，除尘器总高为 8968mm。壳体采用 6mm 的钢板，层间采用法兰螺栓或组装后焊接而成。不同层数沸腾颗粒层除尘器的处理气量如表 5-3-6 所示。

表 5-3-6　不同层数沸腾颗粒层除尘器的处理气量

过滤层数	6	10	14	18	22
处理气量/(m^3/h)	5400~9000	9000~15000	12600~21000	16200~27000	19800~33000

沸腾颗粒层除尘器的底部设有一个灰斗，灰斗下部装有星形阀，用以定期排灰。除尘器的下筛板除了支撑其上的颗粒形成过滤床层外，还有另外的重要作用：当反吹清灰气流通过筛板时，一部分动压转化成静压，使反吹气流均匀分布于整个断面上，而在筛板上形成一层均匀的“气垫”，以形成良好的起始沸腾条件。板的开孔率及孔径大小，要根据颗粒的种类、气流分布均匀程度及阻力来选择，开孔率可取 5.6%~9%，孔径为 1mm 左右。

影响沸腾清灰的主要因素是反吹风速。反吹风速应能把最大的粉尘吹走，又能把最小的颗粒滤料留下，因此其值应小于最小颗粒滤料的沉降速度，又要大于使颗粒层达到流化的最低反吹风速(称为临界流化速度)。由于颗粒层内的粉尘起着类似润滑剂的作用，实际应用时可以采用比滤料颗粒临界流化速度低的风速使颗粒层流态化。

(3) 移动床颗粒层除尘器

移动床颗粒层除尘器主要利用滤料颗粒在重力作用下向下移动，完成清灰和更换滤料，因此这种除尘器一般都采用垂直床层。根据气流方向与颗粒移动方向，可分为交叉流式(气流为水平方向与颗粒层垂直交叉)和水平流式(两者的方向平行)，目前交叉流式采用较多。

① 交叉流式移动床颗粒层除尘器

图 5-3-22 为交叉流式移动床颗粒层除尘器的一种形式。干净的滤料装入上部料斗中，通过回转给料器送到颗粒床层中，床层两侧为内、外滤网，滤料夹在其中形成过滤层。含尘气流由进气管进入，水平通过颗粒床层，使气体得到净化。粘附有粉尘的滤料在重力作用下向下移动，通过下部回转给料器排出。

交叉流式移动床颗粒层除尘器的优点是结构简单、过滤层厚度均匀；缺点是过滤层内沉积的粉尘不均匀，其下部积灰比较集中而上部几乎为新滤料，因而过滤层上部阻力小、除尘效率发挥低。此外，除尘器在工作过程中，过滤层还有可能形成“架桥”现象，使除尘效率大为降低。图 5-3-23 为另外一种交叉流式移动床颗粒层除尘器的结构示意图，带有传送带式排料器和滤料再生装置。

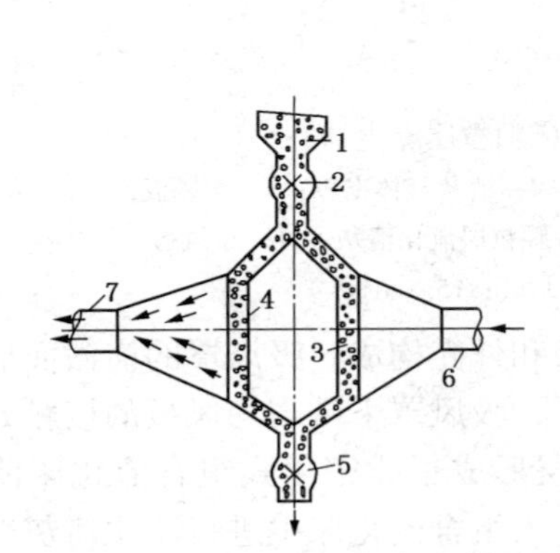

图 5-3-22　交叉流式移动床颗粒层除尘器的结构示意图

1—料斗；2，5—回转给料器；3，4—颗粒床层；6—进气管；7—排气管

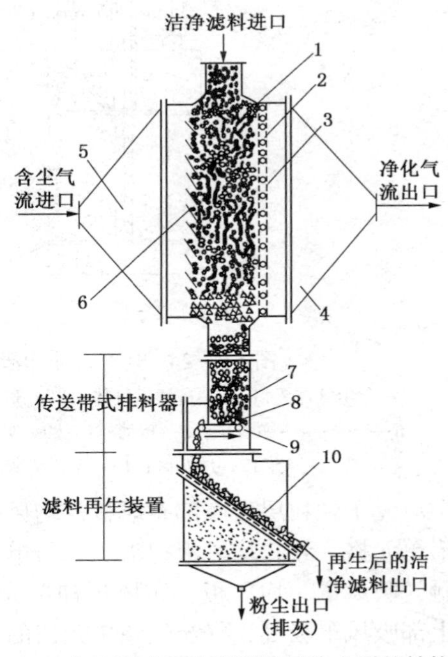

图 5-3-23　交叉流式移动床颗粒层除尘器的结构示意图

1—颗粒滤料层；2—支撑轴；3—可移动式环状滤网；4—气流分布扩大斗(后侧)；5—气流分布扩大斗(前侧)；6—百叶窗式挡板；7—可调式挡板；8—传送带；9—转轴；10—过滤滤网

② 平行流式移动床颗粒层除尘器

平行流式移动床颗粒层除尘器可以分为顺流式(气流与颗粒移动的方向相同)、逆流式(气流由下而上，而颗粒床层由上而下)以及混合流式(同时具有顺流、逆流)。

5. 颗粒层除尘器的新发展

虽然颗粒层除尘器被认为是一种性能良好的气体净化设备，但其在应用中也存在一些问题。例如，固定床颗粒层过滤和清灰要依次进行，难以实现连续操作；移动床颗粒层除尘器在连续过滤过程中，一旦滤料流动出现滞留区，则除尘效率下降。为了解决以上问题，出现了一些新型的颗粒层除尘器。

(1) 局部流化清灰固定床颗粒层除尘器

局部流化清灰固定床颗粒除尘器的设计思想为：将一个整体的固定床颗粒层除尘器划分为若干个单元，其中一些单元进行过滤操作，同时另一些单元进行流化清灰，而整个颗粒层除尘器进行周期性旋转运动，通过改变旋转周期来调节过滤性能。如图 5-3-24 所示，过滤系统主要由外壳、布风板、隔板、转动机构等组成。以颗粒层底部布风板中心为基准，由径向隔板和同心圆隔板把圆柱型颗粒层分成若干组扇形单元的子颗粒层，不同子颗粒层按照横截面分成过滤、密封和清灰 3 个功能区。其中 1 组子颗粒层为清灰区，与其相邻的 2 组子颗粒层为密封区，而其余的子颗粒层为过滤区。过滤区为有效工作区，进行含尘气体过滤，而密封区和清灰区为辅助工作区，主要实现颗粒层的局部流化清灰。

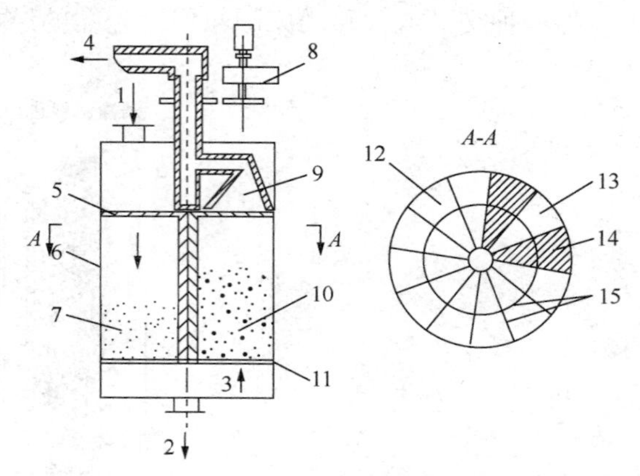

图 5-3-24 连续过滤和清灰的固定床颗粒层除尘器

1—含尘气体入口；2—过滤后气体出口；3—吸入气体；4—清灰气体出口；5—均风板；6—外壳；7—颗粒层；8—转动机构；9—吸风罩；10—颗粒层流化清灰；11—布风板；12—过滤区；13—流化清灰区；14—密封区；15—隔板

每一个单元子颗粒层由底部布风板、均风板、隔板和外壳构成。吸风罩的横截面形状和大小与扇形单元格一致，均风板把吸风罩与单元格隔开，吸风罩下端与均风板的接触处设计成平面接触，吸风罩、均风板、布风板和单元子颗粒层形成了非密闭式组合流化床清灰结构。通过上部吸风罩吸气，气流经该单元格的布风板进入组合流化床中进行流化清灰，夹带颗粒层中的灰尘经均风板、吸风罩和旋转装置中心管排出。吸风罩旋转 1 周，完成 1 次对颗粒层的清灰，如此循环，就能实现对单元子颗粒层循环清灰。

（2）流动改善的移动床颗粒层除尘器

移动床颗粒层除尘器内滤料介质的整体流动非常关键。图 5-3-25(a)为百叶窗形式的交叉流移动床颗粒层除尘器，在贴近百叶窗的壁面，存在着颗粒不动的滞留区或流动缓慢的准滞留区。在高含尘气体浓度情况下，滞留区和准滞留区靠近含尘气体入口一侧的粉尘会迅速增长，形成一个粉尘层，导致除尘器压降增加。此外，滞留区和准滞留区的滤料介质会出现团聚或结焦，甚至腐蚀百叶窗形式的颗粒床外壳。

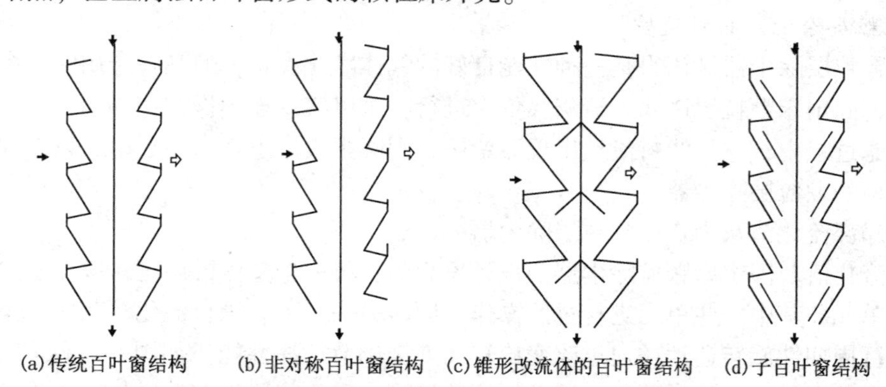

图 5-3-25 改善移动床颗粒层除尘器流动的元件

为了保证滤料的整体流动(或活塞流动)，采用移动床中添加内构件的方式最为普遍。

例如，百叶窗形式的交叉流移动床颗粒层除尘器，百叶窗的角度、相邻百叶窗的竖直位置、底部通道的宽度和壁面摩擦力等因素都会影响滤料颗粒的流动。图 5-3-29(b)采用非对称的百叶窗结构形式，这一结构在一定程度上可以削弱准滞留区的影响。图 5-3-29(c)采用在百叶窗底部锥体安装流动改善元件(改流体)的方式，改变了滤料介质的流通面积，有效消除了准滞留区的影响。如图 5-3-29(d)所示，与锥形改流体元件类似，采用子百叶窗的形式也能起到改善准滞留区流动的效果。

(3) 除尘脱硫一体化颗粒层除尘器

利用具有脱硫活性的颗粒状脱硫剂或催化剂作为颗粒层过滤介质，将脱硫等去除多种气态污染物过程和除尘过程在一个单元内完成，可进一步拓展颗粒层除尘器的应用功能。

目前，除尘脱硫一体化除尘器处于中试研究阶段。例如，台湾工业技术研究院研发的交叉流式移动床颗粒层除尘系统，采用了具有较高抗磨性、低摩擦的钙基材料为过滤介质，粒径为 2~3mm，其中 CaO 含量达到了 99%。在过滤速度 1.8m/s、床层厚度 90mm、温度 550℃时，脱硫效率可以达到 99%。中科院山西煤化所研发的高温煤气除尘脱硫一体化技术，采用氧化铁脱硫剂为过滤介质，气体横向流过颗粒层，通过脱硫剂的硫化反应和颗粒层的过滤作用，来达到同时脱除粉尘和气态硫化物的目的。除尘脱硫一体化颗粒层除尘器具有除尘、脱硫效率高，连续稳定操作及设备占地面积小等优势，有着较好的应用前景。

三、耐高温多孔过滤材料除尘器

目前净化高温烟气的手段有旋风分离器、湿法喷淋除尘、电除尘器和耐高温多孔过滤材料等。其中旋风分离器只能除去烟气中较粗的粉尘颗粒，而常规湿法喷淋除尘器和电除尘器的除尘效率也不高，净化气体中的残留颗粒浓度分别为 $100mg/m^3$ 和 $10mg/m^3$，而且湿法还需要消耗大量的水，高温烟气的显热也得不到利用。耐高温多孔过滤材料的除尘效率高，净化气体中的残留颗粒浓度可以低至 $1mg/m^3$，过滤精度可以达到亚微米级，特别适用于对高温气体中 PM2.5 颗粒的过滤，并且不消耗水。例如，在煤气化联合循环发电(IGCC)过程中进入涡轮的气体必须净化至残留颗粒浓度在 $4mg/m^3$ 以下，99%的颗粒粒径应该小于 6μm，而且不能出现 10μm 以上粒径的颗粒，这样严格的标准一般只有采用过滤的方法才能满足。由于常规纤维过滤器的最高连续运行温度为 250~260℃，难以满足 300~1000℃区间的运行要求，因此滤材主要由金属材料和陶瓷材料构成。

1. 陶瓷材料

多孔陶瓷的主要物理性能指标是孔隙率、渗透率和弯曲强度，制造方法主要有无粘结剂烧结工艺、反应烧结工艺和化学蒸汽渗透工艺。制造多孔陶瓷的材料分为氧化物材料(氧化铝、堇青石等)和非氧化物材料(碳化硅、氮化硅等)两大类，材料和制备工艺对陶瓷过滤器的性能及价格都有直接影响。陶瓷过滤器按其结构形式可以分为织状陶瓷过滤器、陶瓷纤维过滤器(Ceramic Fiber Filter)、烛状陶瓷过滤器(Candle Ceramic Filter)、管式陶瓷过滤器(Ceramic Tube Filter)、交叉流式陶瓷过滤器(Ceramic Crossflow Filter)、蜂房式陶瓷过滤器几种。按陶瓷材料特性又可分为刚性陶瓷过滤器、柔性陶瓷过滤器两大类。

(1) 刚性陶瓷过滤器

烛状陶瓷过滤器、交叉流式陶瓷过滤器、蜂房式陶瓷过滤器均属刚性陶瓷过滤器。刚性陶瓷过滤器材料可用氧化物、非氧化物及其混合物组成。最普遍的氧化物包括氧化铝、多铝红柱石($3Al_2O_3 \cdot 2SiO_2$)、堇青石($2MgO \cdot 2Al_2O_3 \cdot 5SiO_2$)、火烧黏土及氧化物陶瓷纤维；

非氧化物包括黏土结合的碳化硅、烧结的氮化硅、再结晶碳化硅及碳化硅强化纤维。

① 烛状陶瓷过滤器

烛状陶瓷过滤器的过滤元件(滤芯)一端封闭，一端嵌在管板上，含尘气体进入压力容器壳体内，撞击在陶瓷滤管壁外圆柱面上实现过滤，净化后的气体穿过滤芯排出。当滤饼建立并积累到一定厚度时，用高压脉冲气体反吹清灰。典型烛状陶瓷滤芯的长度为1~3m，直径为ϕ60~150mm。烛状陶瓷过滤器最早由德国 Schumacher 公司(现已被美国 PALL 公司收购)开发，美国西屋电气(Westinghouse Electric)、通用电气(GE)、德国 Lurgi Lentjes Babcock (LLB)公司也都研发了该类产品。

如图 5-3-26 所示为西屋电气所研发阶梯式多层悬挂结构的烛状陶瓷过滤器。每一个烛状滤芯管口都用位于金属与陶瓷之间的纤维密封在各自的金属座中；在金属座内部，安装了预热脉冲气体反吹机构，当滤管破裂时还可捕集逸尘；每个金属座连接在一个公用反吹气箱上，采用一个文氏管脉冲反吹系统。西屋电气公司的烛状陶瓷过滤器已经在高温烟气除尘中进行了应用，具有以下特点：①具备相当高的除尘效率，且压力损失始终保持稳定；②粉尘密封、金属结构及脉冲反吹管具备良好的操作特性；③陶瓷管的整体强度高；④系统可靠性好，操作范围宽且不形成灰饼等。

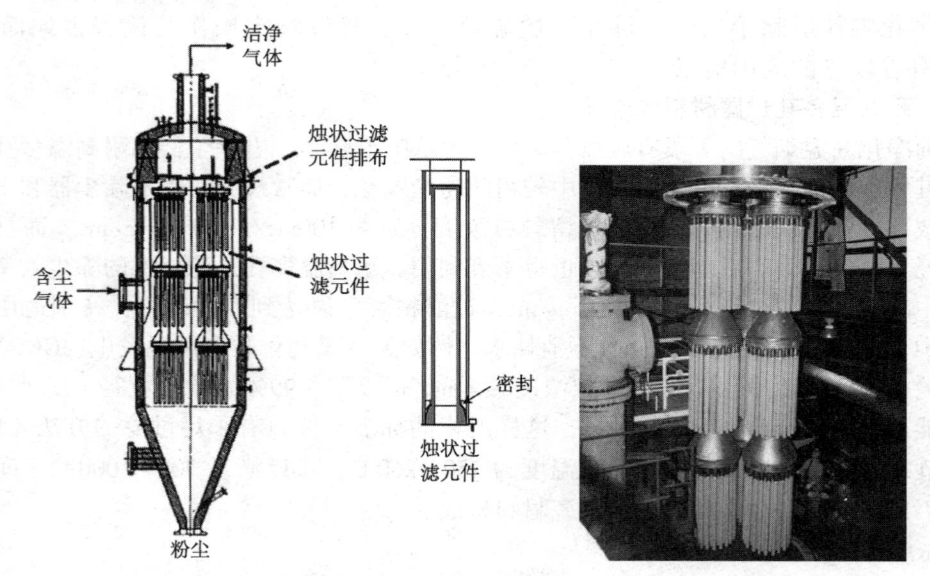

图 5-3-26 Westinghouse 公司烛状陶瓷过滤器及过滤元件的结构示意图

德国 LLB 公司开发的烛状陶瓷过滤器，采用不同的管板结构形式来支撑滤管，滤管用一种多层结构从底部支撑。滤管倒压在集气管上，集气管再连接到一个垂直的出气管上，最后汇集于管箱引出。这种结构的优点是：陶瓷管不承受拉应力，压降大时密封性更好，较为安全可靠。在德国 Winkler 电站，一个壳体包含有 600 根滤管的 LLB 过滤器用来在 300℃条件下过滤燃料气；在西班牙 Puertollano 的 300MW 整体 IGCC 示范工程中，两个壳体包含有 2000 根滤管的 LLB 过滤器用来在 300~400℃条件下过滤燃料气。

② 管式陶瓷过滤器

管式陶瓷过滤器与烛状陶瓷过滤器的主要区别在于：所用陶瓷滤管两端开启，含尘气流通入管内，经过管壁将粉尘截留在滤管内圆柱表面；当粉尘沉积到一定程度后，采用高压脉冲的方式自管外向管内反吹再生，此时滤管受到外压作用。由于管内气流自上向下流动，反吹过程中灰尘重力沉降方向与主气流方向一致，所以有助于清灰。

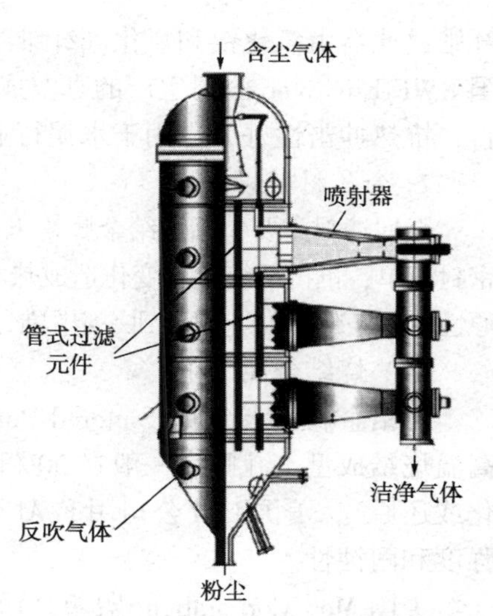

图 5-3-27　Asahi Glass 公司管式陶瓷过滤器结构示意图

最常用的滤管是由日本 Asahi Glass Co.（AGC）公司生产的陶瓷滤管，20 世纪 90 年代由日本电力发展公司（EPDC）为 Wakamatsu 71MW 增压流化床燃烧锅炉系统（PFBC）示范电站建造了第一套商业规模的高温/高压管式陶瓷过滤器，总体结构如图 5-3-27 所示。过滤器外廓直径为 ϕ3.2m，长 16.6m，共装有 81 根滤管，其中有 6 根是上升循环气用管。操作条件为：温度 810～870℃，最高 890℃；压力 1MPa；处理量为 247200Nm^3/h；入口含尘浓度为 3g/Nm^3，出口粉尘浓度可降低到 1mg/Nm^3，平均粒径小于 3μm；表观过滤气速为 4.8cm/s；过滤总压降 30kPa。

③ 交叉流式陶瓷过滤器

典型的交叉流式陶瓷过滤元件如图 5-3-28 所示，除了长方体外，外廓也可以制成圆柱管状。含尘烟气由与密封面平行的通道进入，穿过一层较薄的过滤面实现过滤；净化气由与入口通道垂直的通道排出，颗粒则沉降到过滤面的高压侧，形成一层滤饼以提高过滤效率；滤饼依靠高压脉冲气体进行反吹清除。交叉流式陶瓷过滤器的主要优点是具有高的过滤面积/体积之比，因而用于商业化的 PFBC 电站除尘系统时结构更紧凑。

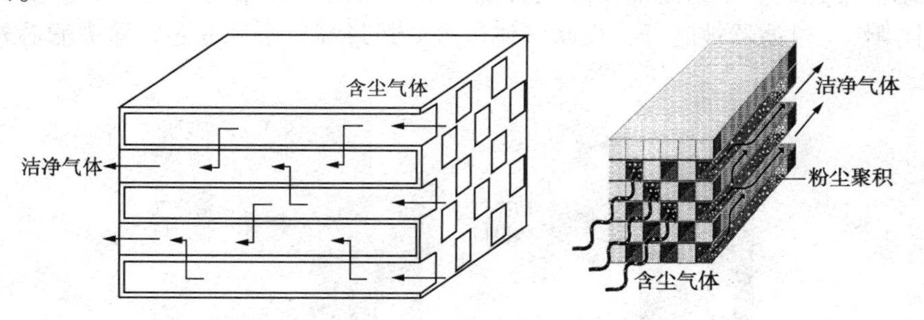

图 5-3-28　交叉流式陶瓷过滤器示意图

（2）柔性陶瓷过滤器

传统陶瓷滤材由陶瓷粉末烧结而成，过滤精度较高，但透气系数较低，相比之下柔性陶瓷的孔隙率和透气系数更高。织状陶瓷滤材和陶瓷纤维滤材的柔度较大、密度较低，故称为柔性陶瓷，组成材料包括各种配比的氧化硅/氧化铝/氧化硼组合、氧化铝/氧化硅石组合、碳化硅/氧化硅组合等。

美国西屋电气生产的织状柔性陶瓷过滤器 AB312 由氧化铝、氧化硼、氧化硅按 3∶1∶2 构成的陶瓷纤维编织而成，除尘效率达 99.9%以上。连续玄武岩纤维是陶瓷纤维的一种，属于硅铝酸盐系纤维，最高操作温度可达 982℃，稳定运行温度为 700℃。而且玄武岩纤维由于原料易取价廉，性价比高，是目前最有应用前景的陶瓷滤材。SiO_2是连续玄武岩纤维最主要的成分，称为网络形成物，保证纤维的化学稳定性和优异的力学性能；较高含量的 Al_2O_3可以提高纤维的耐久性、化学稳定性、热稳定性和力学性能。德国 Essen 大学研制的陶瓷纤维过滤器由氧化铝和氧化硅纤维组合而成，能承受900℃的高温，除尘效率达99.9%；德国BWF Envirotec公司生产的真空成型陶瓷纤维管Pyrotex® KE能在850℃的高温下连续运行，抗热冲击性好，应用于水泥行业时粉尘排放浓度能够低于1mg/Nm³。

2. 金属材料

金属滤材主要包括烧结金属粉末、烧结金属丝网和烧结金属纤维毡，主要优点是加工方便，密封简单，抵抗系统状态变化造成热与机械应力的能力强。但金属滤材在高温、高硫含量、强还原性气氛条件下的应用受到一定限制，影响金属滤材实用化的另一个因素是其成本较高。

（1）烧结金属粉末

烧结金属粉末介质(Sintered Porous Metal)是将预熔合粉末模压成多孔管或多孔板，然后高温烧结成型，孔隙率一般在50%以下。使用温度具体取决于金属材料和环境气体条件(氧化或还原)，美国Pall公司用FeAl金属间化合物粉末制成的滤材在1000℃仍然具有较高的强度和耐蚀性。

美国Mott Corporation(盟德公司)于1959年由Lambert H. Mott创立，主要产品为过滤系统及特种多孔过滤设备，其不锈钢烧结粉末材料的过滤精度达到0.003μm。HyPulse® GSP(Gas Solids Plenum)和HyPulse® GSV(Gas Solids Venturi)是该公司高温气体净化处理用烧结金属介质过滤器的典型产品，分别采用气室反吹和文丘里脉冲反吹。两种系统都能很好地适应自动化工艺控制，包括滤芯的在线清洁，但其过滤方式略有不同。过滤过程中含尘烟气进入过滤器壳体，流向烧结金属滤芯的外圆柱面，粉尘被截留。

正向气流(过滤操作)和反向气流(反吹再生)对HyPulse® GSP过滤器系统的作用如图5-3-29所示。在达到一个给定的压差或者规定的时间后，开始间断送入洁净反吹气流，进行反吹再生操作。过滤器被断开，反吹气体进入，经过高压室和滤芯，除去滤芯外圆柱面上的尘饼。

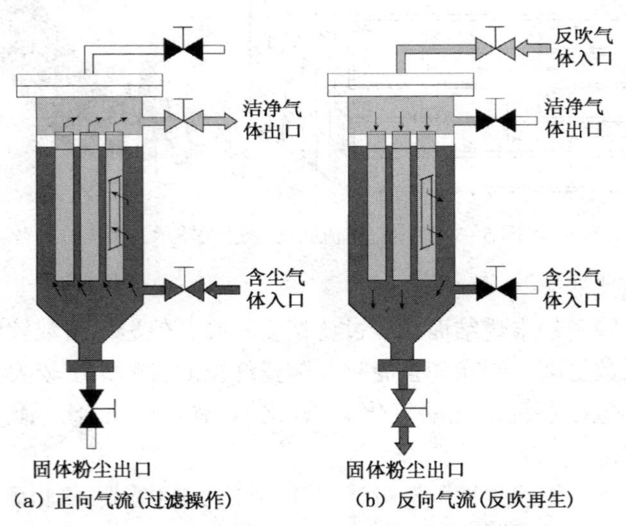

图5-3-29 美国Mott公司的Mott HyPulse GSP过滤器

正向气流(过滤操作)和反向气流(反吹再生)对HyPulse® GSV过滤器系统的作用如图5-3-30所示，该系统以最小的反向脉冲气体提供较高的气体通过率。烧结金属滤芯是组合的整体，连续反吹脉冲清洁，而过滤器仍保持在线状态。当达到预定的压降或规定的时间后，反吹脉冲清洁滤芯，除去滤饼。在线处理时，一股瞬时高压气体进入喷嘴集气管，通过反向电磁阀，从喷嘴出来的反吹气体进入文丘里管，带走来自高压室中的气体，气流在滤芯上形成一个高能量的反吹脉冲，使滤饼剥离。滤饼落入灰斗中并移走，反吹脉冲气体一般持续2~3s。任何时候脉冲清洁的元件仅是多个过滤元件中的一部分，其余元件仍继续处于过滤状态，所以可保证加工气体的连续过滤运行。

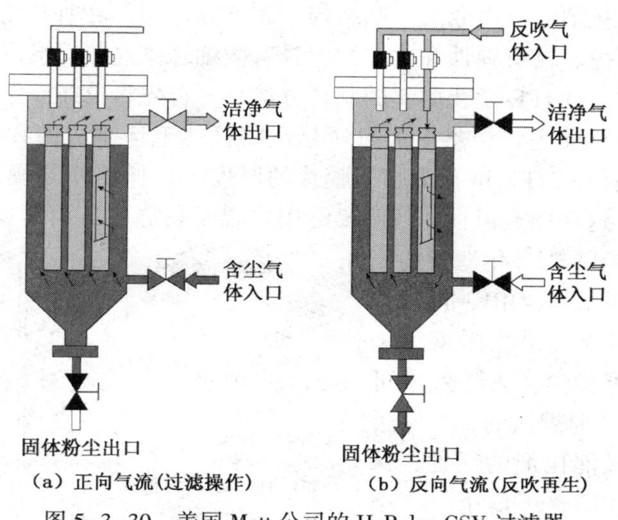

图5-3-30 美国Mott公司的HyPulse GSV过滤器

(2) 烧结金属丝网

烧结金属丝网由微米级的金属纤维编织而成，一般由较细纤维组成的过滤层和较粗纤维组成的支撑层组成，这种结构具有较高的强度和较高的过滤精度，在高温气体过滤方面应用很广，例如日本Nichadia公司的高精度烧结金属丝网滤材有效过滤等级接近0.2μm。

(3) 烧结金属纤维毡

烧结金属纤维毡一般由直径φ1.5~80μm的金属纤维丝均匀地铺成三维非织造结构，并在结点上烧结而成。316L不锈钢应用于300~600℃，FeCrAl合金纤维应用于600~900℃；对于超高温或强腐蚀环境的应用，Inconel 601和Fecralloy可使用在高温(分别达到560℃和1000℃)环境，而HR合金能耐受600℃高温和潮湿的腐蚀环境。过滤精度受金属纤维丝径影响很大，丝径越细，过滤精度越高。烧结金属纤维毡比烧结金属粉末介质有更多的孔隙，由于可以达到最高98%的孔隙率，其透气系数比金属粉末材料要高得多，滤材产生的压降也比较低。例如比利时Bekaert公司开发出“冷等静压与烧结316L不锈钢纤维微米过滤管”，该滤材的过滤精度达到亚微米水平，相对气体的流通能力大于3×10^{-3}L/(min·cm^2)，相当于同样精度的多孔陶瓷滤材的20倍。

此外，英国TENMAT(太棉)公司的太棉高温气体过滤器是专门为超过常规袋式除尘器、电除尘器等所承受工作温度而开发的一种硬式表面过滤器。太棉可长期应用于1200℃的高温烟气系统，最高可耐1600℃，使用过程中遇火不燃烧，具有超强的耐酸碱性能，使用寿命长达10年以上。同时，太棉除尘器能过滤小于1μm的尘粒，过滤效率更达99.99%以上。

3. 带催化活性的过滤材料

(1) 催化滤袋(Catalytic Filter Bags)

随着全球各地越来越重视二噁英所造成的危害，有关二噁英排放和处理的问题正在进入环境议程，比以往更需要避免因二噁英控制不力而导致的风险。

美国 GORE(戈尔)公司研制开发的戈尔滤必达(GORE® REMEDIA®)催化滤袋将表面过滤和催化原理相结合，能够分解高达99%的气态二噁英和呋喃，并控制粉尘，减少排放，可在用在垃圾焚烧厂和冶金工厂现有的袋滤器上使用。滤必达催化滤袋是将高精度的 GORE-TEX® 膨体聚四氟乙烯(ePTFE)薄膜热熔在内含特殊催化剂的底布表面，底布是由 ePTFE 与特殊配方催化剂复合而成的针刺结构，起支撑作用。ePTFE 由 PTFE 经拉伸等特殊加工方法制成，呈白色，富有弹性和柔韧性，具有微细纤维连接而形成的网状结构，这些微细纤维形成无数细孔。ePTFE 微孔薄膜的制备方法是：首先将 PTFE 分散树脂与液体助挤剂按比例混合，预压成柱体毛坯，然后通过压延法将柱体毛坯制成薄片，经脱去助挤剂、拉伸、热定型，最终制得 ePTFE 微孔薄膜。膜片的厚度、拉伸倍率及操作温度等都是影响薄膜性能的重要因素，这些因素可根据薄膜最终用户需要来定。

GORE® REMEDIA® 催化滤材的工作原理如图5-3-31所示，GORE-TEX® 膨体聚四氟乙烯薄膜能够最大限度地去除烟气中的亚微米级粉尘，去除效率可达100%，从而阻挡任何细微的颗粒穿透到底料中，确保内置催化剂的活性，保证粉尘排放稳定在 $10mg/m^3$ 以下。气态二噁英和呋喃会通过 GORE-TEX® 膨体聚四氟乙烯薄膜进入基材中，复合催化剂能够在一个温度范围内(180~260℃)将 PCDD/F(二噁英和呋喃分子)催化分解，将其转化成少量的 CO_2、H_2O 和 HCl，从而满足排放标准。滤袋清灰时，固体颗粒物会从 GORE-TEX® 膨体聚四氟乙烯薄膜表面抖落，掉入袋滤器灰斗的底部。

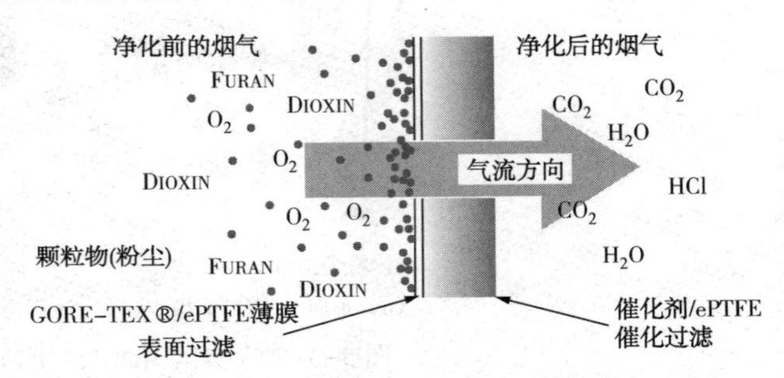

图 5-3-31　戈尔滤必达(GORE® REMEDIA®)催化滤材的工作原理示意图

(2) 催化活化陶瓷过滤器

陶瓷催化活化过滤器(ceramic Catalytic Activated Dust Filter, CADF)的本质是将高效率表面过滤与对170~450℃烟气中 NO_x、二噁英和 VOCs 有很高效率的催化结构结合在一起。典型代表就是由英国 Madison 过滤器公司和丹麦 Haldor 公司共同开发的陶瓷滤芯 Cerafil TopKat (CTK)。该陶瓷滤芯掺和了金属氧化物催化剂，可去除二噁英、挥发性有机化合物(VOCs)及氮氧化物(NO_x)。由于将除尘和去除 NO_x 结合在一个步骤中，TopKat 法可以简化烟气净化过程并且降低投资费用。例如，一套可处理排放量(标准状态下)为 $150m^3/h$ 玻璃窑炉废气的 TopKat 系统投资大约为 $2×10^6$ 欧元，是采用常规静电除尘和选择性催化还原方法所需费用的2/3。

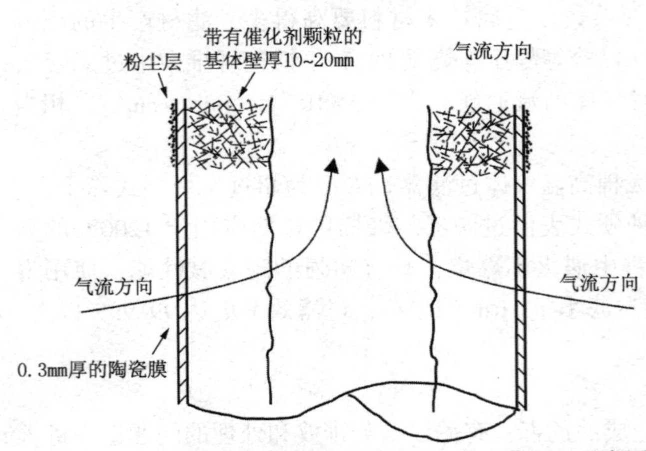

图 5-3-32　陶瓷催化活化过滤器(CTK)的工作原理示意图

如图 5-3-32 所示，CTK 滤芯基体壁厚为 10~20mm，由陶瓷滤层基质和催化剂颗粒构成。壁外有一层约 0.3mm 的陶瓷膜，使排放的粉尘

量低于 $2mg/m^3$，也保护了催化剂颗粒不会因粉尘而中毒。催化剂可在 200~400℃条件下使 95%~99%的 VOCs 还原，比常规热处理方法所需的 800~900℃低得多。与氨气注入法联合使用时，该 CTK 滤芯对 NOx 的还原率依温度不同可达80%~95%。

§5.4　湿式除尘器

湿式除尘器(Wet Scrubber)是利用液体(通常为水，此时俗称“水除尘器”)与含尘气体接触，并利用液滴、液膜、气泡等形式，将含尘气流中的尘粒和有害气体予以去除的设备，也叫洗涤式除尘器或洗涤器。在净化过程中，由于尘粒的惯性运动，使其与液滴、液膜、气泡发生碰撞、扩散、粘附作用而被液滴捕集；并兼备吸收有害气体的作用，还可以用于气体降温和加湿。湿式除尘器一般由捕集粉尘的净化单元和从净化气体中分离液滴的脱水或除雾单元两部分组成，这两部分的运行情况都直接影响除尘效率。湿式除尘器有以下特点：①在消耗同等能量的情况下，比干式除尘器的除尘效率要高，能够有效去除粒径为 0.1~20μm 的液态或固态粒子，部分湿式洗涤器对小至 0.1μm 的粉尘也有很高的除尘效率；②适用于处理高温、高湿烟气以及黏性大的粉尘，不适用于气体中含有疏水性粉尘或遇水后容易引起自燃和结垢的粉尘；③排出的污水需要进行处理，当净化腐蚀性气体时污水处理系统需要相应采用防腐材料。

一、湿式除尘器的净化机理

1. 净化机理

湿式除尘器与袋式除尘器的工作介质截然不同，但二者的主要作用机理却基本相同。湿式除尘器在工作过程中直接捕集或促进捕集的主要作用有：①通过惯性碰撞、截留，尘粒与液滴、液膜发生接触，使粉尘加湿、增重、凝聚；②微小尘粒(0.3μm 以下粉尘)通过扩散与液滴、液膜接触；③由于烟气被加湿，使粉尘相互凝并；④高烟烟气中的水蒸气冷却凝结时，以粉尘为凝结核，形成一层液膜包围在粉尘表面，降低了粉尘凝并的难度。对于粒径 1~5μm 的尘粒，第一种机理起主要作用；对于粒径在 1μm 以下的尘粒，后三种机理起主要作用。

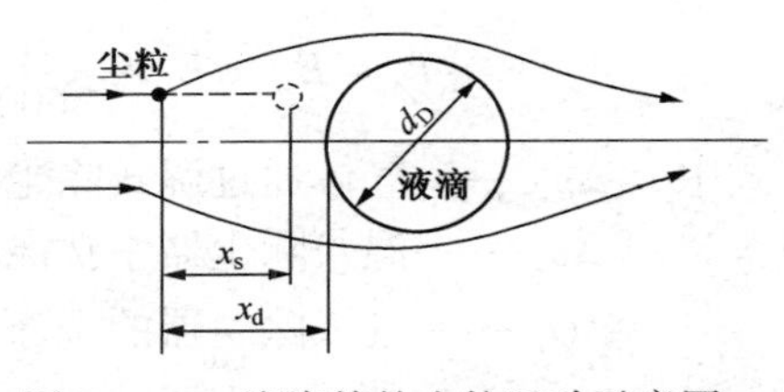

图 5-4-1　液滴前的尘粒运动示意图

2. 惯性碰撞参数

湿式除尘器在通常的工作条件下，碰撞和截留起主要作用，因此与粉尘的惯性运动密切相关。如图 5-4-1 所示，含尘气体在运动过程中同液滴相遇，在液滴前 x_d 处气流开始改变方向，发生绕流，而惯性较大的尘粒有继续保持其原来直线运动状态的趋势。尘粒运动主要受两个力支配，即其本身的惯性力以及周围气体对其的阻力。定义从尘粒脱离流线到惯性运动结束时，尘粒所移动的直线距离为粒子的停止距离 x_s，当 $x_s = x_d$ 时尘粒和液滴就会发生碰撞。定义 x_s 与液滴直径 d_D 的比值为惯性碰撞参数 N_1，则有

$$N_1 = \frac{C\, d_p^2\, \rho_p (u_p - u_D)}{18\mu\, d_D} \tag{5-4-1}$$

式中　d_p ——粉尘粒径，m；

ρ_p ——粉尘密度，kg/m^3；

u_p ——在流动方向上粒子的速度，m/s；

u_D——液滴的速度，m/s；

μ——气体的动力黏度，Pa·s；

$(u_p - u_D)$——气体与液滴的相对运动速度，m/s；

C——坎宁汉校正系数，对于粒径小于5.0μm的粒子，必须考虑C。

N_1数值越大，说明粉尘与液滴等捕集体的碰撞机会越多，碰撞越强烈，导致除尘效率越高。对于以惯性碰撞为主要除尘机理的湿式除尘器而言，要提高除尘效率，必须提高N_1的值。由式(5-4-1)可知，粉尘的粒径、密度越大，气液相对运动速度越大，液滴直径越小，则惯性碰撞除尘效率越高。而对确定粒径的粉尘而言，要提高N_1的值，就必须提高气液相对运动速度或减小液滴直径。但应注意，液滴直径d_D并非越小越好，如果液滴直径过小，液滴容易随气流一起运动，减少了气液相对运动速度。一般认为，液滴直径为捕集粉尘粒径的150倍左右效果好。

3. 除尘效率

影响湿式除尘器除尘效率的因素比较多，而且较为复杂，一般采用实验或经验公式计算。下面介绍两种计算方法。

(1) 根据湿式除尘器的能量消耗计算除尘效率

实验和实践表明，湿式除尘器的除尘效率主要取决于除尘过程中所消耗的能量。通常，湿式除尘器对特定粉尘粒子的除尘效率越高，其所消耗的能量也越大，总能量消耗E_t等于气体能量消耗E_G与洗涤液体能量消耗E_L之和，即

$$E_t = E_G + E_L = \frac{1}{3600}\left(\Delta p_G + \Delta p_L \frac{Q_L}{Q_G}\right) \quad (\text{kW} \cdot \text{h}/1000\text{m}^3\text{气体}) \tag{5-4-2}$$

式中 Δp_G——气体通过湿式除尘器的压力损失，Pa；

Δp_L——湿式除尘器中洗涤液体的压力损失，亦即液体入口压力，Pa；

Q_L——进入除尘器的洗涤液体的流量，m^3/s；

Q_G——进入除尘器的含尘气体的流量，m^3/s。

湿式除尘器的总除尘效率是气液两相接触功率的函数，可用气相总传质单元数N_{OG}或总能量消耗E_t来表示，即

$$\eta = 1 - \exp(-N_{OG}) = 1 - \exp(-\alpha E_t^{\beta}) \tag{5-4-3}$$

式中 α、β——特性参数，取决于粉尘粒子的特性和除尘器的形式。

图5-4-2给出了湿式除尘器总效率和总能耗之间的关系及其对应的粉尘类型。表5-4-1是图5-4-2中关系曲线对应的粉尘类型及其α和β值。

表5-4-1 图5-4-2中关系曲线对应的粉尘类型及其α和β值

编号	粉尘或尘源的类型	α	β	编号	粉尘或尘源的类型	α	β
1	L-D转炉烟尘	4.450	0.4663	9	石灰窑粉尘	3.567	1.0529
2	滑石粉	3.626	0.3506	10	黄铜熔炉排出的氧化锌	2.180	0.5317
3	磷酸雾	2.324	0.6312	11	石灰窑排出的碱	2.200	1.2295
4	化铁炉烟尘	2.255	0.6210	12	硫酸铜气溶胶	1.350	1.0679
5	炼铁平炉烟尘	2.000	0.5688	13	肥皂生产排出的雾	1.169	1.4146
6	滑石粉	2.000	0.6566	14	吹氧平炉升华的烟尘	0.880	1.6190
7	硅钢炉烟尘	1.266	0.4500	15	不吹氧平炉烟尘	0.795	1.5940
8	—	0.955	0.8910				

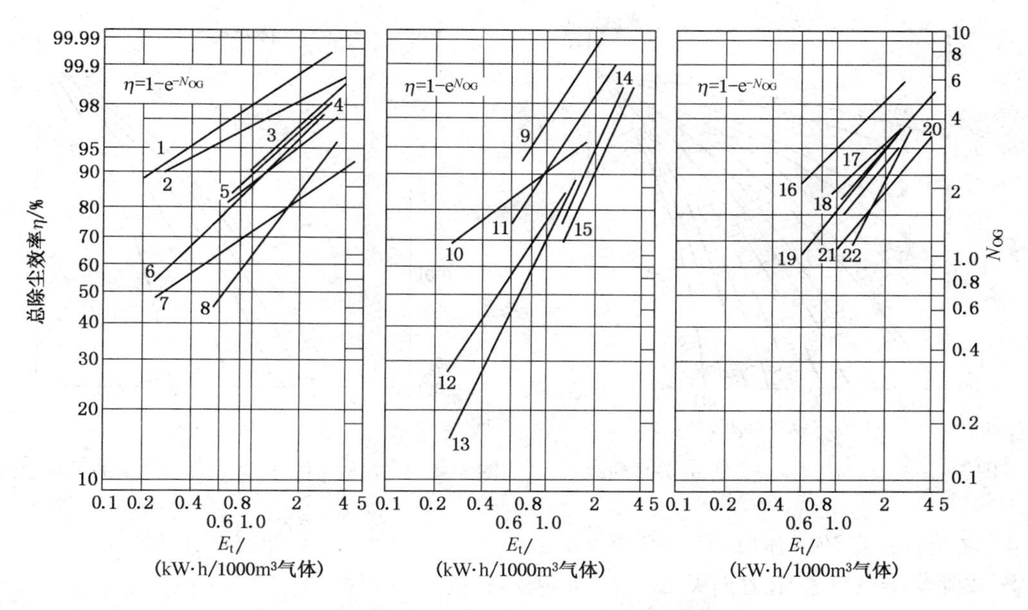

图 5-4-2　湿式除尘器总效率与总能耗之间的关系

（2）应用卡尔弗特法推算湿式除尘器的除尘效率

卡尔弗特(Calvert)等人研究了各类湿式除尘器除尘效率的推算公式。对于大多数净化粒径分布遵从对数正态分布的工业粉尘，其分级通过率可用下式表示

$$P_{\mathrm{d}} = 1 - \eta_{\mathrm{d}} = \exp(-A\, d_{\mathrm{a}}^{B}) \tag{5-4-4}$$

式中　P_{d}——湿式除尘器对某一粒径的分级通过率，%；

η_{d}——湿式除尘器对某一粒径的分级除尘效率，%；

A，B——常数，由除尘器类型及粉尘粒径分布特性决定，对于填料塔湿式除尘器、筛板塔湿式除尘器以及 $0.5 \leqslant S_{\mathrm{t}} \leqslant 5$ 的文丘里除尘器，$B=2$，而对于旋风除尘器，$B \approx 0.67$；

d_{a}—— 粉尘粒子的空气动力学直径，当粒径大于 1μm 或粒径遵从对数正态分布的特殊情况下，可以用实际粒径 d_{p} 代替空气动力学粒径 d_{a} 。

对任何一种类型的湿式除尘器，粉尘粒子的总通过率 P 均可用下式表示

$$P = \int_{0}^{m_0} \frac{P_{\mathrm{d}}}{m_0} \mathrm{d}m \tag{5-4-5}$$

式中　m_0——粉尘试样的总质量，kg。

当气体中粉尘粒子的粒径分布呈对数正态分布时，对式(5-4-4)和式(5-4-5)联解，可得到图 5-4-3 和图 5-4-4 的结果。图 5-4-3 表示不同参数 B 下，总通过率 P 与 $(d_{\mathrm{ac}}/d_{\mathrm{c50}})^{B}$ 的关系；图 5-4-4 为参数 $B=2$ 时，P 与 $(d_{\mathrm{ac}}/d_{\mathrm{c50}})$ 的关系曲线。图 5-4-3 中，d_{ac} 为空气动力学分割粒径，d_{c50} 为该除尘器的实际分割直径，d_{ac} 与 d_{c50} 的关系为 $d_{\mathrm{ac}} = d_{\mathrm{c50}}(\rho_{\mathrm{p}} C)^{1/2}$；$\sigma_{\mathrm{g}}$ 为粉尘粒子粒径分布的标准差。若已知 d_{ac}、d_{c50}、σ_{g} 和 B，即可用图 5-4-3 和图 5-4-4 确定该湿式除尘器的总通过率。

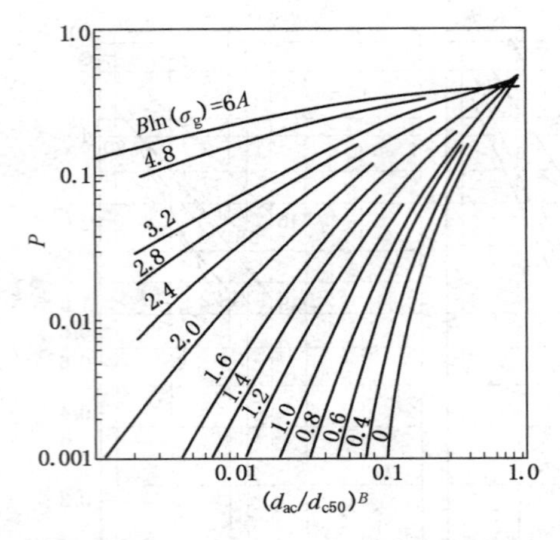

图 5-4-3　P 与 $(d_{ac}/d_{c50})^B$ 的关系曲线

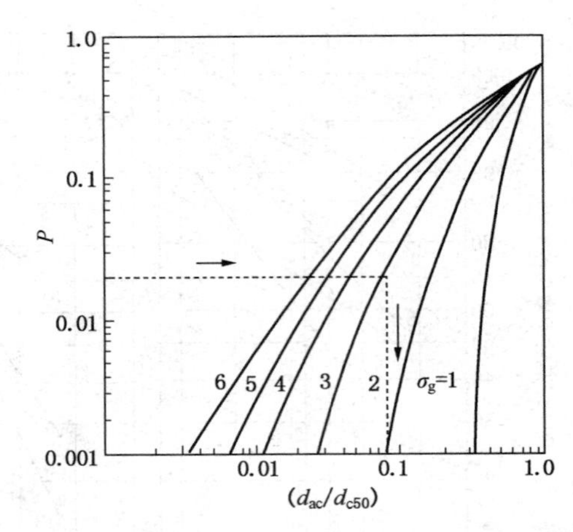

图 5-4-4　$B=2$ 时，P 与 (d_{ac}/d_{c50}) 的关系曲线

4. 湿式除尘器的流体阻力

湿式除尘器气体总阻力损失 Δp 的一般表示式为

$$\Delta p \approx \Delta p_i + \Delta p_o + \Delta p_P + \Delta p_g + \Delta p_y \quad (\text{Pa}) \tag{5-4-6}$$

式中　Δp_i——湿式除尘器进口的阻力，Pa；

Δp_o——湿式除尘器出口的阻力，Pa；

Δp_P——含尘气体与洗涤液体接触区的阻力损失，Pa；

Δp_g——气体分布板的阻力，Pa；

Δp_y——挡板阻力，Pa。

Δp_i、Δp_o、Δp_P、Δp_g、Δp_y 可以按相应手册中的有关公式进行计算。一般只在空心重力喷雾湿式除尘器中装有气流分布板；在填料塔湿式除尘器或板式塔湿式除尘器中，由于填料层和气泡层都有一定的流体阻力，足以使气流分布均匀，因此一般不需设置气流分布板。

含尘气体与洗涤液体接触区的阻力，与除尘器的结构形式和气液两相流体的流动状态有关。两相流体的流动阻力可用气体连续相通过液体分散相所产生的压降来表示。此压力降不仅包括用于气相运动所产生的摩擦阻力，而且还包括必须传给气流一定的压头，用以补偿液流摩擦而产生的压力降。在两相流体接触区内的流体阻力 Δp_P 可按下式计算

$$\Delta p_P = \zeta_g \frac{\rho_g u_g}{2\varphi^2} + \zeta_L \frac{\rho_L u_L}{2(1-\varphi)^2} \tag{5-4-7}$$

式中　ζ_g，ζ_L——含尘气体与洗涤液体的流体阻力系数；

u_g，u_L——含尘气体与洗涤液体的线速度，m/s；

ρ_g，ρ_L——含尘气体与洗涤液体的密度，kg/m^3；

φ——两相流体接触区占设备截面积的分数。

对某一种具体类型的湿式除尘器，其阻力可用相关的近似公式计算。

二、湿式除尘器的常见类型

如图 5-4-5 所示，湿式除尘器通常按其净化机理的不同大致分为 7 类；按其消耗能量(压力损失)的高低，可分为低能耗和高能耗 2 类。鉴于部分设备如填料塔、板式塔等将会在 § 6.1 中较为详细地介绍，这里仅介绍一些代表性的湿式除尘器。

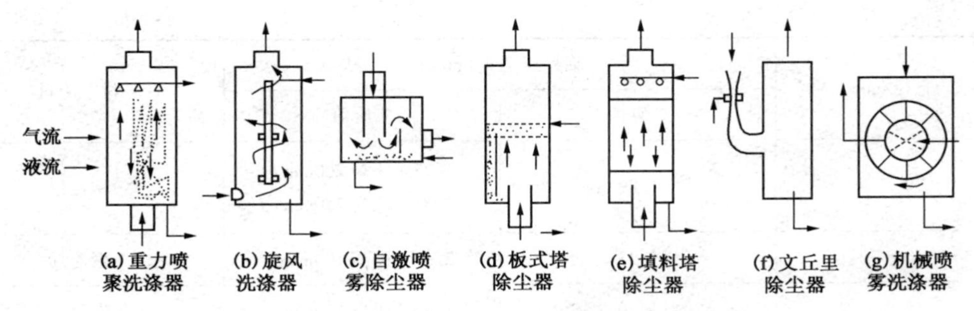

图 5-4-5　常见 7 种类型湿式除尘器的工作示意图

1. 洗涤塔

洗涤塔的最早型式是在一空塔内喷水（也称喷淋塔），使水滴逆向与上升的含尘气体接触，利用尘粒与水滴接触碰撞而相互凝集或尘粒间团聚，使液滴重量大大增加，靠重力作用而沉降下来。喷淋塔效率低，因此常在塔内装置填料或其他塔板结构，增加水与含尘气体的接触几率，以提高除尘效率并减少除尘器的体积。

如图 5-4-6 所示，湍球塔（Turbulent Contact Absorber，TCA）是新发展的一种填料式洗涤塔。塔内的填料采用轻质的实心或空心塑料球（聚乙烯或聚丙烯材质）、多孔橡胶球等。填料球的密度不应超过水的密度，一般为 200~300kg/m^3。吸收液从塔上部的喷头均匀地喷洒在小球表面。需处理的气体由塔下部的进气口经导流叶片和筛板穿过湿润的球层。当气流速度足够大时，在上升高速气流的冲力、液体的浮力和自身重力等各种力的相互作用下，小球在塔内悬浮起来形成湍动旋转且相互碰撞，导致气、液、固三相接触，有效地进行传质、传热和除尘作用；由于小球表面的液膜不断更新，使得废气与吸收液接触，增大了吸收推动力，提高了吸收效率。净化后的气体经过除雾器（雾气分离器）脱去湿气，由塔顶部的排出管排出。

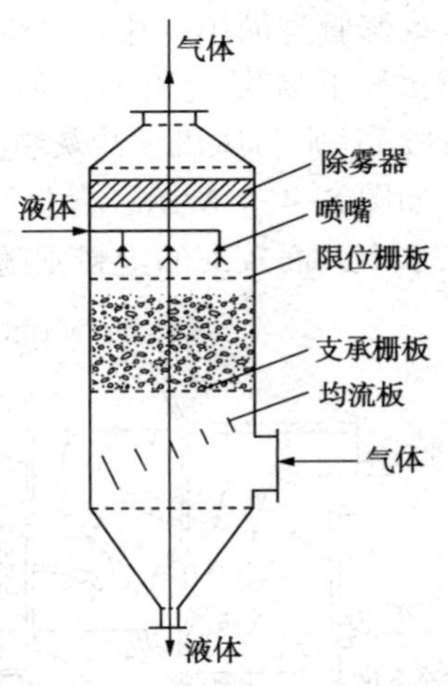

图 5-4-6　湍球塔的结构示意图
1—支撑筛板；2—填料球；
3—挡球筛板；4—喷嘴；5—挡水板

球体从静止状态转为运动状态所需的最低气速为湍球塔球体的临界气速，几种球体的临界气速列于表 5-4-2。通常操作气速（空塔速度）可取临界气速的（1.5~3）倍，喷淋量大时可取较小的数值。湍球塔在较大的喷淋量范围内均能保持较好的效率。对于除尘过程，喷淋密度一般可取 35~40m^3/（m^2·h）。对 2μm 的粉尘，除尘效率可达 99%以上。由于填料球的自清洗作用，湍球塔的压力损失较低，一般为 750~1250Pa。

表 5-4-2　几种球体的临界速度

球的直径/mm	临界速度 v/（m/s）		材　料
	计算值	实验值	
38	1.45	1.40（床高 260mm） 1.55（床高 210mm）	赛璐珞

续表

球的直径/mm	临界速度 v/(m/s)		材　料
	计算值	实验值	
38	1.89	1.77（床高 200mm） 1.85（床高 270mm）	聚乙烯
20	2.33	2.30（床高 100mm）	聚乙烯
15	1.40	1.45（床高 150mm）	聚乙烯

湍球塔在较大的喷淋量范围内均能保持较好的效率。对于除尘过程，喷淋密度一般可取 $35\sim40m^3/(m^2 \cdot h)$。对 2μm 的粉尘，除尘效率可达 99%以上。由于填料球的自清洗作用，湍球塔的压力损失较低，一般为 750~1250Pa。

2. 自激式除尘器

自激式除尘器是一种高效的湿式除尘设备，具有结构简单紧凑、占地面积小、便于施工、维修管理简单、用水量少等优点，适用于净化各种非纤维性粉尘。因没有喷嘴及很窄的缝隙，故不易发生阻塞，但对叶片制作和安装要求较高，压力损失也较大(一般在 1~1.6kPa)。常与风机、清灰装置和水位自动控制系统组成一个机组。

如图 5-4-7 所示，含尘气流进入进气室后转向下冲击水面，较粗的尘粒由于惯性作用落入水中，而较细的尘粒则随着气流以 18~35m/s 的速度通过 S 形叶片通道，高速气流在 S 形叶片通道处强烈冲击水面，形成大量的水花，使气液充分接触，尘粒被液滴捕获。净化后的气体通过气液分离室和挡水板脱除水滴后排出。被捕获的尘粒则沉至漏斗底部，并定期排出；如果泥浆较多，可安装刮泥机构。

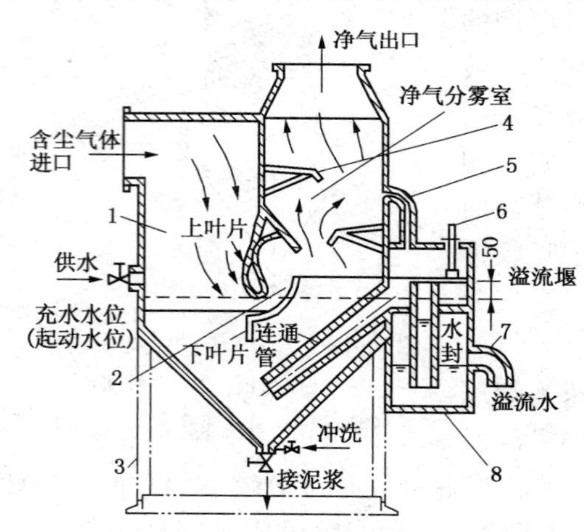

图 5-4-7　自激式除尘器的结构示意图

1—进气室；2—S 型叶片通道；
3—除尘机组支架；4—挡水板；
5—通气道；6—水位自动控制装置；
7—溢流管；8—溢流箱

除尘器内的水位对除尘效率、压力损失都有很大影响。水位高时，除尘效率提高，压力损失也相应增加；反之，则压力损失和除尘效率都降低。根据试验，以溢流堰高出上叶片下沿 50mm 为最佳。为保持一个稳定的水位，常采用二路供水，并有溢流箱及水位自动控制。

3. 湿式离心除尘器

湿式离心除尘器大体可分为两类，一类是借助离心力加强液滴与粉尘粒子的碰撞作用，达到高效捕尘的目的，如中心喷水切向进气的旋风洗涤器、用导向机构使气流旋转的除尘器、周边喷水旋风除尘器等。另一类是使粉尘粒子借助气流旋转运动所产生的离心力，冲击到被水湿润的壁面上而被捕获，如立式旋风水膜除尘器、卧式旋风水膜除尘器等。

(1) 中心喷水切向进气旋风洗涤器

图 5-4-8 为中心喷水切向进气旋风洗涤器捕尘过程的示意图。这种除尘器的下部中心装有若干个喷嘴雾化器，用以向旋转含尘气流中喷射液滴，这样就可以很好地借助离心力，

加强液滴与粉尘粒子的惯性碰撞作用。为防止雾滴被气体带出，在中心喷雾器的顶部装有挡水圆盘，而在除尘器的顶部装有整流叶片，用以降低除尘器的压力损失。

据计算，当气体在半径为 0.3m 处以 17m/s 的切线速度旋转时，粉尘粒子受到的离心力远比其受到的重力大(约 100 倍以上)。图 5-4-9 给出了在 100g 的离心力作用下，不同粒径尘粒惯性碰撞的捕尘效率。图中曲线表明，液滴尺寸在 40~200μm 的范围内捕尘效果比较好，100μm 时效果最佳。从图中还可以看出，这种除尘器对 5μm 的尘粒捕集效率仍然很高，当液滴粒径为 100μm 时，单个液滴的捕尘效率几乎可达 100%。

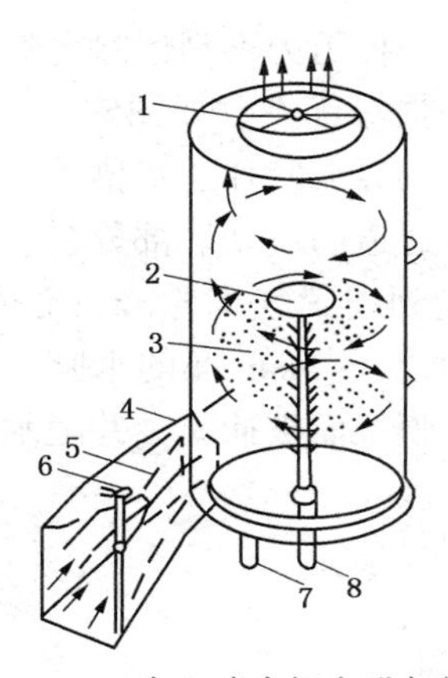

图 5-4-8　中心喷水切向进气旋风洗涤器捕尘过程的示意图

1—整流叶片；2—圆盘；3—喷水；4—气流入口管；5—导流管；6—调节阀；7—污泥出口；8—水入口

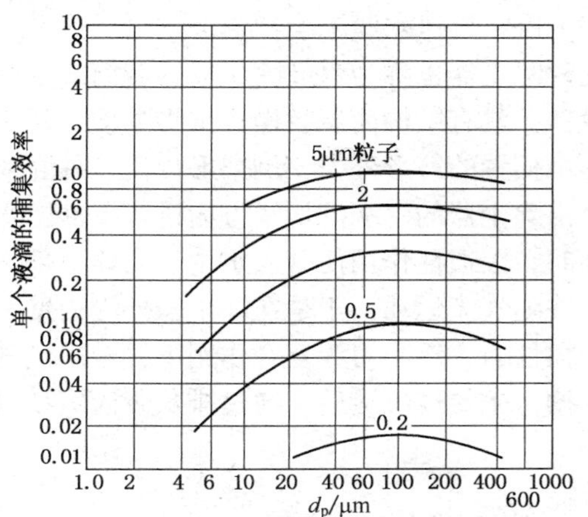

图 5-4-9　在 100g 离心力作用下惯性碰撞捕尘效率与液滴直径之间的关系

中心喷水切向进气旋风洗涤器的入口风速通常为 15~45m/s，最高可达 60m/s。除尘器断面气速大约为 1.2~2.4m/s，气体压力降大约为 500~1500Pa，用于净化气体的耗水量为 0.4~1.3L/m^3。这种除尘器常用做文丘里除尘器的脱水器，其净化烟气时的性能如表 5-4-3 所示。

表 5-4-3　中心喷水切向进气旋风洗涤器的主要性能

粉尘来源	粒径/μm	气体中粉尘的浓度/(g/m^3)		效率/%
		进气口	排气口	
锅炉飞灰	>2.5	1.12~5.9	0.046~0.106	88.0~98.8
铁矿石、焦炭尘	0.5~20	6.9~55.0	0.069~0.184	99
石灰窑尘	1~25	17.7	0.576	97
生石灰尘	2~40	21.2	0.184	99
铝反射炉尘	0.5~2	1.15~4.6	0.053~0.092	95.0~98.0

(2) 立式旋风水膜除尘器

立式旋风水膜除尘器是一种运行简单、维护管理方便、应用广泛的除尘器，喷水方式有四周喷雾、中心喷雾或上部周边淋水等方式。含尘气体的进口速度一般取 13~22m/s，速度太高会使水膜破坏，压力损失也加大。CLS 型和 CLS/A 型立式旋风水膜除尘器(如图 5-4-10 所示)是在筒体上部沿圆周方向设置喷嘴，喷嘴将水雾沿切线方向喷向壳体内壁，从而在筒体内壁覆盖一层连续均匀向下流淌的薄水膜。含尘气体由圆筒下部切向进入除尘器旋转上升，气体中的尘粒在离心力作用下被抛到筒壁，被水膜润湿后随水膜沿筒壁下流，粉尘粒子随污水经除尘器底部的排泥口排出。这种除尘器通常设有 3~6 个喷嘴，水压控制在 0.3~0.5MPa，耗水量为 0.1~0.31L/m^3。一般情况下，除尘效率可达 90%以上，压力损失为 500~700Pa。

立式旋风水膜除尘器的除尘效率与进口气流速度密切相关。进口气流速度在一定范围内增加，除尘效率随之提高，但进口气流速度太高会使水膜破坏，压力损失剧增。立式旋风水膜除尘器进口气流的最高允许含尘量为 2g/m^3，否则应在其前增加一级预除尘器，以降低进口含尘浓度。

（3）卧式旋风水膜除尘器

这种除尘器也称为水鼓除尘器、旋筒式水膜除尘器等，是一种阻力不高但除尘效率比较高的设备，具有结构简单、操作维护方便、耗水量小、不易磨损等优点。如图5-4-11所示，其结构由横置的筒形外壳、倒梨形内筒、外壳与内筒之间的螺旋导流叶片、水槽等组成，含尘气流由除尘器的一端沿切线方向进入，冲击水面后，在螺旋通道内流动。部分粗尘粒在冲击水面时，因惯性作用而落入水中。壳体下部水槽中的水因受到连续气流冲击而形成水花、水雾，并随气流运动，于是在除尘器外壳内壁和内壳外壁上形成 3~5mm 厚的水膜。粉尘及水滴在惯性力、离心力等复合作用下，被甩到外壳内壁上的水膜中而被捕集，并随水膜流入下部水槽。尘粒经沉淀后，通过排灰浆阀定期排出。

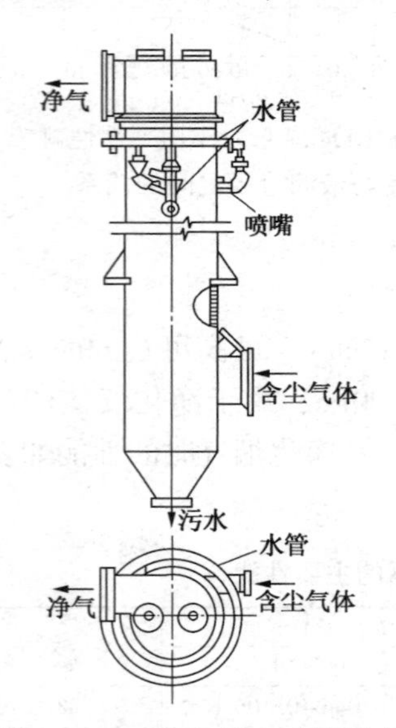

图 5-4-10　CLS 型立式旋风水膜除尘器的结构示意图

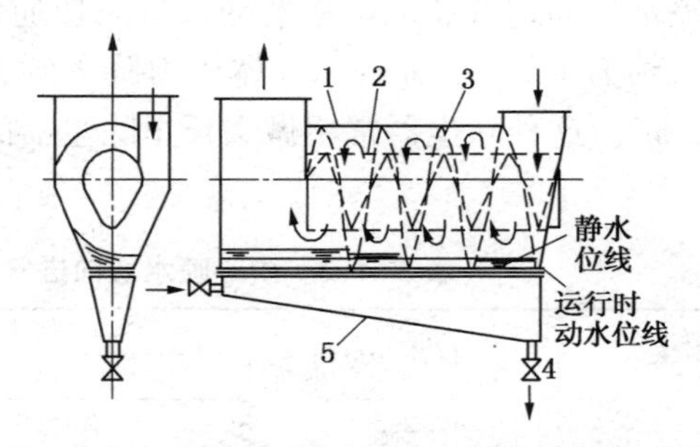

图 5-4-11　卧式旋风水膜除尘器的结构示意图

1—外壳；2—内筒；3—螺旋导流叶片；
4—排灰浆阀；5—灰浆斗

保持除尘器内的最佳水位是使卧式旋风水膜除尘器能在高效率、低阻力下运行的关键，可通过设置溢流管及水封部件等措施，保证最佳水位。在除尘器运行过程中，进口气流速度应控制在 11~16m/s 的范围内。当水面调整到适当位置，风量在±20%的范围内变化时，除尘效率几乎不受影响。这种除尘器适合于非粘固性及非纤维性粉尘，用于常温和非腐蚀性场合。

（4）麻石水膜除尘器

在某些工业含尘气体中，不仅含有粉尘粒子，而且还含有有毒、有害气体。如锅炉燃烧含硫煤时，燃烧烟气中除含有粉尘粒子外，还含有 SO_2、SO_3、H_2S、NO_x 等有毒有害气体。这类气体即使在干燥状态，特别是在高温干燥状态下，也能与除尘器内的金属材质零部件发生不同程度的化学反应而导致腐蚀，在湿式除尘时则更应加以考虑。为了解决钢制湿式除尘器的化学腐蚀问题，常常在钢制湿式除尘器内涂装衬里，但在施工安装时较为麻烦。麻石水膜除尘器则从根本上解决了除尘防腐的问题。

① 结构和工作原理

如图 5-4-12 所示，麻石水膜除尘器主要由圆筒体(用耐腐麻石砌筑)、环形喷嘴(或溢水槽)、水封池、沉淀池等组成。工作过程中，含尘气体由下部进气管以 16~23m/s 的速度切向进入筒体，形成急剧上升的旋转气流，粉尘粒子在离心力作用下被推向外筒体的内壁，并被筒壁自上而下流动的水膜捕获。然后随水膜流入锥形灰斗，经水封池排入排灰沟，冲至沉淀池。净化后的烟气从除尘器的出口排出，经排气管、烟道、吸风机后再由烟囱排入大气。

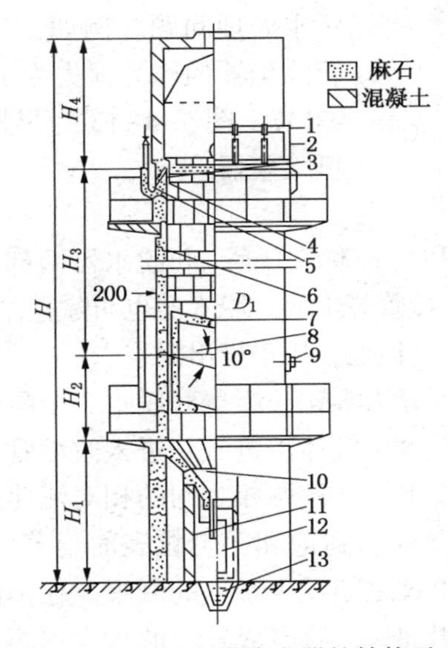

图 5-4-12　麻石水膜除尘器的结构示意图

1—环形集水管；2—扩散管；3—挡水堰；4—水越入区；5—溢水槽；6—筒体内壁；7—烟道进口；8—挡水槽；9—通灰孔；10—锥形灰斗；11—水封池；12—插板门；13—排灰沟

② 麻石水膜除尘器的优缺点

优点：抗腐蚀性好、耐磨性好、经久耐用；不仅能净化抛煤机和燃煤锅炉烟气的粉尘，而且也能净化煤粉炉和沸腾炉含尘浓度高的烟气；正常运转时的除尘效率高，一般可达 90%左右；由于除尘器的主体材料为花岗石，钢材用量少，可以就地取材，因而造价低。缺点：采用安装环形喷嘴形成筒壁水膜，喷嘴易被烟尘堵塞；采用内水槽溢流供水，在器壁上形成的水膜将受供水量多少的影响而不稳定，所以一般采用外水槽供水，外水槽供水靠除尘器内外液面差控制水量，形成的水膜较为稳定；耗水量大，废水为酸性，需处理后才能排放；不适宜急冷急热变化的除尘过程，处理烟气温度以不超过 100℃为宜。

③ 性能和设计参数

除尘器入口的气流速度一般约为 18m/s，直径大于 ϕ2m 时可采用 22m/s。除尘器筒体内气流上升速度取 4.5~5.0m/s 为宜，液气比为 0.15~0.20L/m^3，阻力一般为 600~1200Pa。

对锅炉排尘的除尘效率一般为85%~90%。

4. 文丘里除尘器

湿式除尘器要得到较高的除尘效率，必须形成较高的气液相对运动速度和非常细小的液滴，文丘里除尘器(或称文丘里洗涤器)就是为适应这个要求而发展起来的。

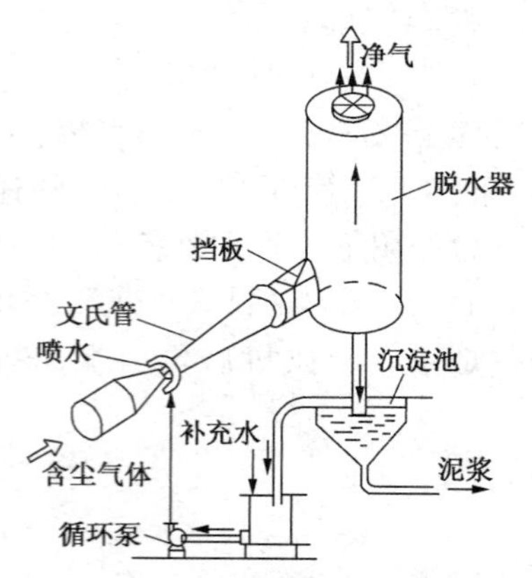

图5-4-13 文丘里除尘器的结构示意图

文丘里除尘器结构简单、体积小、布置灵活、投资费用低，维护管理简单，常用于高温烟气降温和除尘，也可以用于吸收气体污染物。对0.5~5μm的尘粒，除尘效率可达99%以上。当阻力为7.5kPa、耗水量为0.5~1.5L/m^3时，对1μm粉尘的除尘效率也能达到97%。但由于喉管处的气流速度高(一般为40~120m/s)及粉碎水滴所需的能量高，故文丘里除尘器的压力损失大，一般为3~9kPa；此外用水量大，存在污水处理问题。例如，处理10000m^3/h的风量，文氏管除尘器的压力损失为16.5~18kPa，风机所需功率为93kW。图5-4-13为早期设计的一种称为PA型文丘里除尘器。

(1) 结构和工作原理

文丘里除尘器主要由文丘里管(简称文氏管)和脱水器两部分组成，文氏管由进气管、收缩管、喷嘴、喉管、扩散管、连接管等组成。脱水器也叫除雾器，上端有排气管，用于排出净化后的气体；下端有排尘管道接沉淀池，用于排出泥浆。

文丘里除尘器的除尘过程可分为雾化、凝聚和脱水3个阶段，前两个过程在文氏管内进行，后一阶段在脱水器内完成。含尘气体由进气管进入收缩管后流速增大，在喉管处气体流速达到最大值。在收缩管和喉管中，气液两相之间的相对流速很大。从喷嘴喷射出来的水滴在高速气流冲击下雾化，气体湿度达到饱和，尘粒表面附着的气膜被冲破，使尘粒被水湿润。尘粒与液滴之间或尘粒与尘粒之间发生激烈的凝聚。在扩散管中气流速度减小，压力回升，以尘粒为凝结核的凝聚作用加快，凝聚成较大的含尘水滴，更易于被捕集。粒径较大的含尘水滴进入脱水器后，在重力、离心力等作用下，尘粒与气体分离而达到除尘的目的。

文氏管的结构形式是决定除尘效率高低的关键。如图5-4-14所示，按组合方式分为单管和多管组合两种；按断面形状分为圆形和矩形两类；按喉管构造分为喉口部分无调节结构的定径文氏管和喉口部分装有调节结构的调径文氏管两类。调径文氏管为严格保证净化效率，需要随气体流量变化及时调节喉径，以保持喉管气速不变。对于喉径的调节方式而言，圆形文氏管一般采用重砣式；矩形文氏管可采用翼板式、滑块式和米粒式(R-D型)。按水的雾化方式分，有预雾化(用喷嘴喷成水滴)和不预雾化(借助高速气流使水雾化)两类。按供水方式分，有径向内喷、径向外喷、轴向喷雾和溢流供水4类，各种供水方式都要以有利于水的雾化，并使水滴布满整个喉管断面为原则。溢流供水是在收缩管顶部设置溢流水箱，使溢流水沿收缩管壁流下，形成均匀的水膜，此外还可以起到清除干湿界面上粘灰的作用。

(2) 文丘里除尘器的压力损失

文丘里除尘器的压力损失包括文氏管压损和脱水器压损。文氏管的压力损失是文丘里除尘器的重要性能参数之一，对于已使用的文氏管，很容易测定出它在某一操作状况下的压力损失，但在设计时要准确推算文氏管的压力损失则往往比较困难。这是因为影响压力损失的

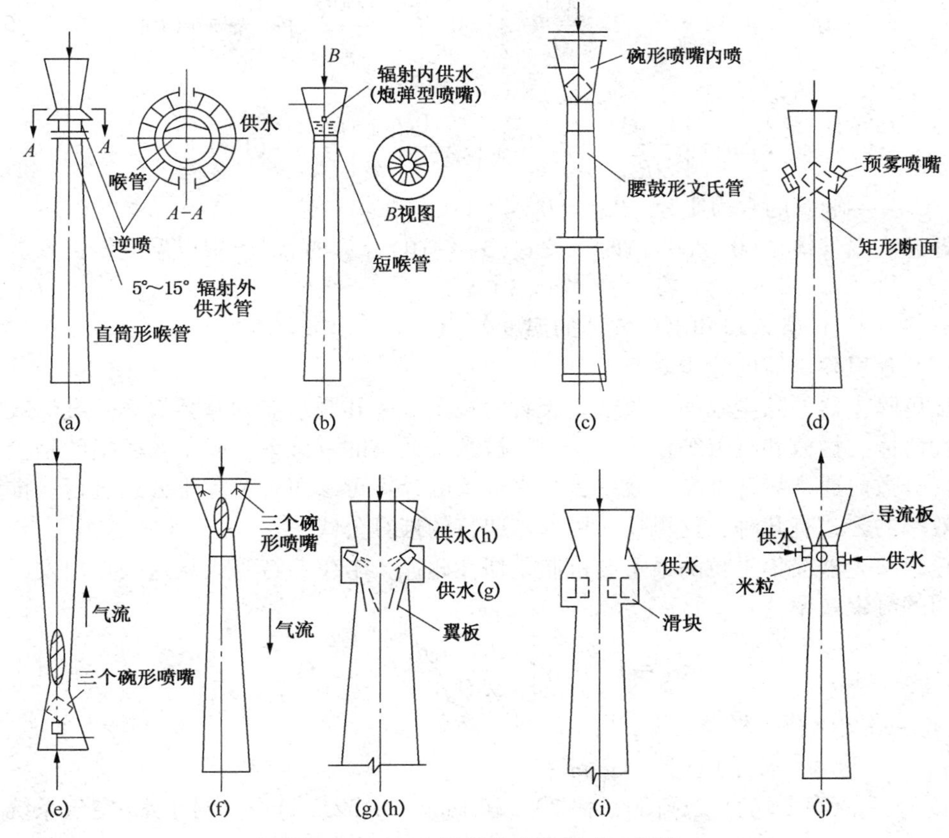

图 5-4-14 文氏管的结构形式示意图

(a)~(c)圆形定径;(d)矩形定径;(e)、(f)重砣式调径(倒装和正装);

(g)~(j)矩形调径(翼板式、滑板式、米粒式)

因素很多，如文氏管的结构尺寸，特别是喉管尺寸、各管道的加工及安装精度、喷雾方式和喷水压力、液气比、气体流动状况等。通常使用的经验公式，都是在特定条件下根据实验得到，因此都具有一定的局限性。目前应用比较多的公式有下面两种。

① 海斯凯斯(Hesketh)经验公式

Howard D. Hesketh 考虑到喉管尺寸的影响，根据多种形式文氏管压损的实验结果，给出如下经验公式

$$\Delta p = 0.862\rho u_0^2 A_0^{0.133}\left(\frac{1000Q_L}{Q_g}\right)^{0.78} \quad (\mathrm{Pa}) \qquad (5-4-8)$$

式中 ρ——含尘气体的密度，kg/m^3;

u_0——喉管气速，m/s;

A_0——喉管断面面积，m^2;

Q_L——洗涤液流量，m^3/s;

Q_g—— 含尘气体流量，m^3/s;

Q_L/Q_g——液气比。

②木村典夫给出的经验公式(径向喷雾时的压力损失)

$$\Delta p=\left[0.42+0.79\left(\frac{1000Q_L}{Q_g}\right)+0.36\left(\frac{1000Q_L}{Q_g}\right)^2\right]\frac{\rho u_0^2}{2}\quad(\mathrm{Pa})\tag{5-4-9}$$

或

$$\Delta p=\left[\frac{0.033}{\sqrt{R_{0H}}}+3.0R_{0H}^{0.3}\left(\frac{1000Q_L}{Q_g}\right)\right]\frac{\rho u_0^2}{2}\quad(\mathrm{Pa})\tag{5-4-10}$$

式中　R_{0H}——喉管的水力半径，$R_{0H}=D_0/4$，m。

在处理高温气体(700~800℃)时，按式(5-4-10)计算的 Δp 应乘以温度修正系数 k

$$k=3\,(\Delta t)^{-0.28}\tag{5-4-11}$$

式中　Δt——文氏管入口和出口气体的温度差,℃。

(3) 文丘里除尘器的除尘效率

文丘里除尘器的除尘效率取决于文氏管的凝聚效率和脱水器的除雾效率。凝聚效率指的是因惯性碰撞、拦截和凝聚等作用，使尘粒被水滴捕集的百分率；脱水效率指的是尘粒与水分离的百分数。通常只计算凝聚效率，脱水效率的计算可参照有关除尘公式进行。推算文氏管凝聚效率的公式有几种，这里仅引用卡尔弗特的推算公式。

文丘里除尘器捕集尘粒的最重要机制是惯性碰撞，卡尔弗特等人从这一点出发，给出了如下简明的凝聚效率公式

$$\eta_1=1-\exp\left[\frac{2Q_L u_0\rho_L d_L}{55Q_g\mu_g}F(St,\ f)\right]\tag{5-4-12}$$

式中　η_1——文氏管的凝聚效率,%；

ρ_L——液体(水)的密度，kg/m^3；

d_L——液滴平均直径，μm，在20℃和1atm(101325Pa)下，对于水-空气系统有

$$d_L=\frac{5000}{u_0}+29\left(\frac{1000Q_L}{Q_g}\right)^{1.5}$$

μ_g——含尘气体的黏度，Pa·s；

S_t——按喉管内气速 u_0 确定的斯托克斯数，$St=\dfrac{d_p^2\rho_p u_0 C_u}{9\mu_G d_L}$；

d_p——粉尘粒子的粒径，m；

ρ_p——粉尘粒子的密度，kg/m^3；

C_u——肯宁汉修正系数；其余符号的意义同前。

而

$$F(St,\ f)=\frac{1}{St}\left[-0.7-St\cdot f+1.4\ln\left(\frac{St\cdot f+0.7}{0.7}\right)+\left(\frac{0.49}{0.7+St+f}\right)\right]\tag{5-4-13}$$

上式中的 f 为经验系数，它综合了没有明确包含在式(5-4-12)中的各种参数的影响，这些参数包括：除碰撞以外的其他捕集作用、流至文氏管壁上的液体损失、液滴不分散及其他影响因素等。为了使设计更稳妥，对于疏水性粉尘取 $f=0.25$；对于亲水性气溶胶，如可溶性化合物、酸类，(即含有 SO_2 和 SO_3 的飞灰等)，取 $f=0.4\sim0.5$；而对于大型洗涤器，取 $f=0.5$。

简化后，文丘里除尘器的除尘效率公式为

$$\eta_1=1-\exp\left(\frac{-6.1\times10^{-13}\rho_P\rho_L d_P^2 f^2\Delta p Cu}{\mu_G^2}\right)\tag{5-4-14}$$

式中　Δp ——除尘器的压降，Pa；其余符号的意义同前。

对于5μm以下的粉尘粒子的去除效率，可按海思凯斯公式计算如下

$$\eta = (1 - 4525.3\Delta p^{-1.3}) \times 100\% \qquad (5-4-15)$$

由上述凝聚效率公式可以看出，文氏管的凝聚效率与喉管内的气速 u_0、粉尘粒径 d_p、液滴直径 d_L 及液气比等因素有关。u_0 越高，液滴被雾化得越细，尘粒的惯性力也越大，则尘粒与液滴的碰撞、拦截的概率越大，凝聚效率也就越高。要达到同样的凝聚效率时，对 d_p、ρ_p 都较大的粉尘，u_0 可取小些；反之，需要取较大的 u_0 值。因此，在气流量波动较大时，为了保持 η_1 基本不变，通常采用调径文氏管，一般随着气量变化调节喉径，保持喉口内气速 u_0 基本稳定。

增大液气比可以提高净化效率，但如果喉管内气速过低，液气比增大会导致液滴增大，这对凝聚不利。所以液气比增大必须与喉管内气速相适应才能获得高效率。使用文氏管除尘器除尘时，液气比取值范围一般为0.3~1.5L/m³，较多选用0.7~1.0L/m³。

（4）文丘里除尘器的设计计算

文丘里除尘器的设计有两个主要内容：净化气体量和文氏管主要尺寸的确定。净化气体量可以根据生产工艺物料平衡和燃烧装置的燃料计算求得，也可以采用直接测量的烟气量数据。对于净化气体量的设计计算，都以文氏管前的烟气性质和状态参数为准。为了简化设计计算，可以不考虑其漏风系数、烟气温度降低、烟气中水蒸气对烟气体积的影响。

确定文氏管几何尺寸的基本原则是：保证净化效率和减小流体阻力。尺寸包括收缩管、喉管和扩散管的直径和长度，及收缩管和扩散管的扩张角等。

① 收缩管

收缩管进气端的截面积 A_1 通常按与之相连的进气管道形状计算，计算公式为

$$A_1 = \frac{Q_t}{3600u_1} \quad (m^2) \qquad (5-4-16)$$

式中　Q_t ——温度为 t 时进气口的气体流量，m³/h；

u_1 ——收缩管进气端气体的速度，m/s，此速度与进气管内的气流速度相同，一般取 $u_1 = 15 \sim 22$m/s。

圆形收缩管进气端的管径 D_1 可以按下式计算

$$D_1 = 1.128\sqrt{A_1} = 0.0188\sqrt{\frac{Q_t}{u_1}} \quad (\mathrm{m}) \qquad (5-4-17)$$

矩形截面收缩管进气端的高度 a_1 和宽度 b_1 的计算式为

$$a_1 = \sqrt{(1.5 \sim 2.0)A_1} = (0.0204 \sim 0.0235)\sqrt{\frac{Q_t}{u_1}} \quad (\mathrm{m}) \qquad (5-4-18)$$

$$b_1 = \sqrt{\frac{A_1}{(1.5 \sim 2.0)}} = (0.0136 \sim 0.0118)\sqrt{\frac{Q_t}{u_1}} \quad (\mathrm{m}) \qquad (5-4-19)$$

式中的1.5~2.0为高宽比（a_1/b_1）的经验数值。

② 扩张管

扩张管出气端截面积 A_2 的计算式如下

$$A_2 = \frac{Q_t}{3600u_2} \quad (\mathrm{m}^2) \qquad (5-4-20)$$

式中　u_2——扩张管出气端气体的速度，m/s，一般取 $u_2=18\sim22\text{m/s}$。

圆形扩张管出气端的管径 D_2、矩形截面扩张管出气端高度 a_2 和宽度 b_2 这 3 个参数的计算方法分别与式(5-4-17)、式(5-4-18)、式(5-4-19)类似，只不过需要将 u_1 改换为 u_2 而已。

③ 喉管

喉管截面积 A_0 通常按下式计算

$$A_0=\frac{Q_t}{3600\,u_0}\quad(\text{m}^2)\tag{5-4-21}$$

式中　u_0——通过喉管的气体流速，m/s。

u_0 通常按照该除尘器应用的具体条件来确定：用于降温时，若除尘效率要求不高，u_0 可以取 40~60m/s；净化含亚微米级粉尘时，若要求的除尘效率较高，u_0 可以取 80~120m/s，甚至 150m/s。

圆形喉管直径的计算方法与收缩管和扩散管一样，一般有 $D_0\approx D_1/2$；小型矩形文丘里洗涤器的喉管高宽比仍可取 $a_0/b_0=1.2\sim2.0$，但对于卧式且通过大气量的矩形文丘里洗涤器而言，其喉管宽度 b_0 不应大于 600mm，而喉管的高度 a_0 不受限制。

④ 收缩角和扩张角

收缩管的收缩角 θ_1 越小，文丘里管除尘器的气流阻力就越小，因此通常取 23°~30°。当文丘里除尘器用于气体降温时，θ_1 取 23°~25°；而用于除尘时，θ_1 取 23°~28°，最大可达 30°。

扩张管的扩张角 θ_2 的取值一般与 u_2 有关，u_2 越大，θ_2 越小；反之，u_2 越小，θ_2 越大。θ_2 增大不仅会增大阻力而且捕尘效率也将降低，一般取 $\theta_2=6°\sim7°$。

⑤ 收缩管和扩张管长度

圆形收缩管的长度 L_1 和扩张管的长度 L_2 通常按下式计算

$$L_1=\frac{D_1-D_0}{2}\text{ctg}\frac{\theta_1}{2}\quad(\text{m})\tag{5-4-22}$$

$$L_2=\frac{D_2-D_0}{2}\text{ctg}\frac{\theta_2}{2}\quad(\text{m})\tag{5-4-23}$$

矩形文氏管的收缩管长度 L_1 可以按下列两式计算，取两式最大值作为收缩管的长度

$$L_{1\text{a}}=\frac{a_1-a_0}{2}\text{ctg}\frac{\theta_1}{2}\quad(\text{m})\tag{5-4-24}$$

$$L_{1\text{b}}=\frac{b_1-b_0}{2}\text{ctg}\frac{\theta_1}{2}\quad(m)\tag{5-4-25}$$

式中　L_{1a}——用收缩管进气端高度 a_1 和喉管高度 a_0 计算的收缩管长度，m；

L_{1b}——用收缩管进气端宽度 b_1 和喉管宽度 b_0 计算的收缩管长度，m。

同理，矩形文氏管的扩张管长度 L_2 取以下两式的最大值

$$L_{2\text{a}}=\frac{a_2-a_0}{2}\text{ctg}\frac{\theta_2}{2}\tag{5-4-26}$$

$$L_{2\text{b}}=\frac{b_2-b_0}{2}\cot\frac{\theta_2}{2}\tag{5-4-27}$$

式中　L_{2a}——用扩张管出口端高度 a_2 和喉管高度 a_0 计算的扩张管长度，m；

$L_{2\text{b}}$——用扩张管出口端宽度 b_2 和喉管宽度 b_0 计算的扩张管长度，m。

⑥ 喉管长度

通常，喉管长度取 $L_0=(0.15\sim0.30)d_0$（d_0 为喉管的当量直径）。喉管截面为非圆形时，喉管的当量直径 d_0 按下式计算

$$d_0=\frac{4A_0}{q}\quad(\mathrm{m})\tag{5-4-28}$$

式中　q——喉管的周边长，m。

通常情况下喉管长度为200~350mm，最长不超过500mm。

（5）多管文丘里除尘器

当处理气量增大，文丘里管直径需要扩大时，为了达到相同的运动效果，可采用多个小直径文丘里管并联组合的多管文丘里洗涤器，如图5-4-15所示。能够采用较低的喉管气流速度，获得较高气流速度所能达到的运行效果。多管文丘里洗涤器所需的吸收液浓度低，持液量小，结构紧凑，负荷适用性强。与相同处理气量的单个文丘里出差器相比，使用多个文丘里管并联可以在相对降低压力损失的同时，保证液体的最小雾化速度（一般喉速大于35m/s时雾化效果比较好）。例如，有一文丘里管喉部直径为 ϕ400mm，气流速度为120m/s，而当采用喉部直径为 ϕ100mm 的多个小文丘里管并联组合时，相应的气流速度只要60m/s即可，因此阻力可以显著降低。

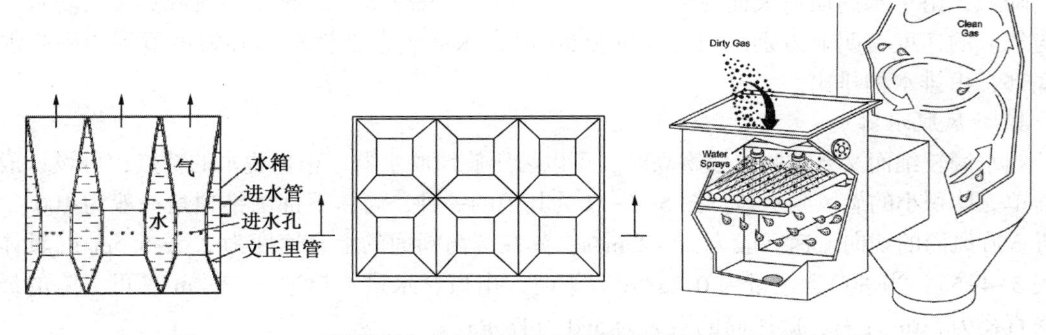

图5-4-15　多管并联文丘里洗涤器的结构示意图（左边两图为6管）

三、脱水单元

几乎在所有的湿式除尘器中，都有不同程度的水雾被净化后的气流所携带，为了不使水雾带出影响周围的环境，在湿式除尘器的出口要设置脱水单元（也称脱水器），将水雾分离出来。脱水器有两种设置方式：一是设在除尘器内部，成为除尘器的一部分，适用于普通低能湿式除尘器；另一种是设在除尘器外部，成为单独的设备（如文氏管除尘器的旋风脱水器）。

脱水器的脱水机理类似除尘机理，例如重力沉降、惯性分离、离心分离，脱水器的型式要根据水滴的大小、所要求的脱水效率、除尘器的类型等因素进行选择。

1. 重力脱水器

重力脱水器是最简单的一种形式，其结构与除尘用的重力沉降室完全相同。夹带水滴的气体进入重力脱水器后，流速降低。只有当水滴的重力沉降速度大于气体上升速度时，含尘水滴才能从气流中分离出来。根据气体上升速度可计算出水滴沉降的临界直径（如表5-4-4所示），例如当气流上升速度小于2m/s时，可以脱下的含尘水滴直径为120~150μm。重力脱水器对水滴浓度大时（在1kg/m^3以上）脱水效果较好，但占地面积

大，在实际中应用较少。

表 5-4-4　水滴沉降的临界直径

气流上升速度 v/(m/s)	2.0	2.5	3.0	3.5	4.0	4.5	5.0
水滴沉降临界直径 d/μm	120~150	190~230	270~330	370~440	490~570	620~740	760~900

2. 惯性脱水器

惯性脱水器在低能湿式除尘器中应用广泛，一般设置在除尘器的出口，其原理与惯性除尘器相同，某些惯性除尘器也可用做脱水器。当含有液滴的气流通过挡板时，由于气体流线的偏离，使水滴碰撞到挡板上，液滴就被捕集下来，气体则通过脱水装置排入大气。

惯性脱水器的另一种结构形式是在内部设置填料层，当含有液滴的气流通过填料层时，液滴被除去，脱水效率比较高。作为填料层的材料比较多，如砂粒、矿渣、拉西环、球形填料，甚至也可以采用丝网格或其他过滤材料。

3. 弯头脱水器

弯头脱水器是借助于气流在弯头中折转 90°或 180°角时产生的离心力将水滴甩出，主要用于文氏管除尘器的脱水。

图 5-4-16 为弯头脱水器的一种形式。通过文氏管喉口的高速气流在扩散管内气流速度不断降低，由于水滴质量大而在惯性力作用下速度降低较慢，因此在进入弯头脱水器时，水滴与气流的速度有明显差别。当气流折转 90°时，水滴由于惯性和离心力被甩到弯头脱水器的底部，由排水槽排出。

4. 旋风脱水器

当水滴较细而又要求脱水效率高时，可以采用旋风脱水器。根据脱水的特点，可设计成结构简单、体积小的旋风脱水器。图 5-4-17 为其中的一种，筒体下部圆锥顶角一般为 100°，气流进入旋风筒的切向流速一般为 20~25m/s，其在圆筒断面的上升速度为 2.5~5.5m/s(具体参见表 5-4-5)；当进口含水量为 0.2g/m^{3}以下时，出口含水量不超过 0.03g/m^3，可去除的最小液滴直径为 5μm 左右，旋风筒的阻力为 590~1470Pa。

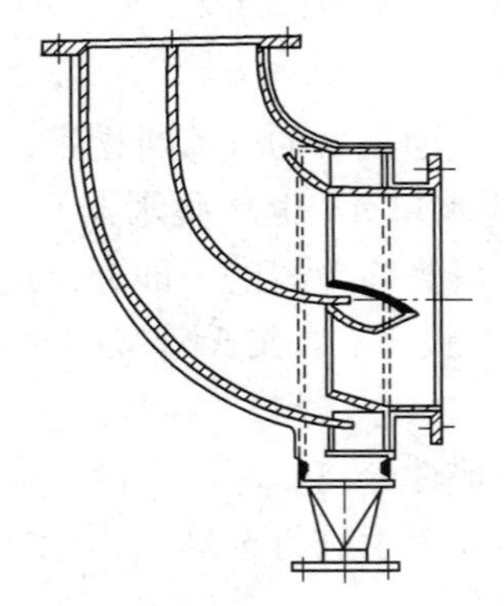

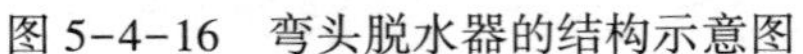

图 5-4-16　弯头脱水器的结构示意图

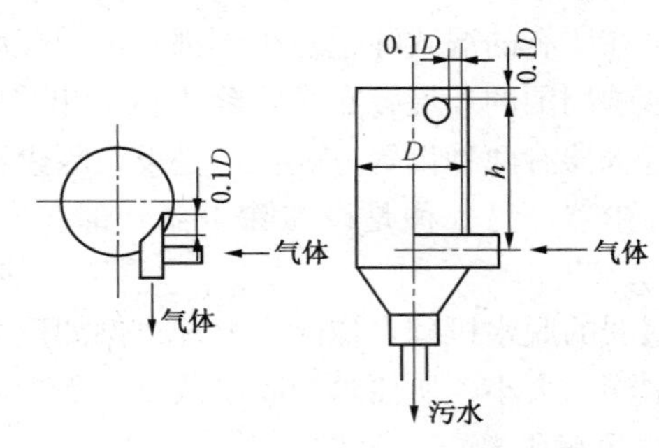

图 5-4-17　旋风脱水器的结构示意图

表 5-4-5　旋体直径与圆筒高度的关系

气体在圆筒内的上升速度/(m/s)	2.5~3.0	3.0~3.5	3.5~4.5	4.5~5.5
筒体高度与直径比	2.5	2.8	3.8	4.6

5. 旋流板脱水器

利用其内部的固定叶片使气流产生旋转，从而在离心力作用下将水滴分离的设备称为旋流板脱水器。如图5-4-18所示，旋流板脱水器通常都设在除尘器的出口处，旋流板的叶片形状就像固定的风车叶片，用于脱水、除雾的效果很好，一般脱水率达90%~99%左右。这种脱水器有圆柱形和圆锥形两种，圆锥形旋流板消耗金属较多，压力损失小，但只适用于水汽浓度不超过0.8L/m³的情况。当水汽浓度达3.0L/m³时，则必须采用圆柱形旋流板脱水器。

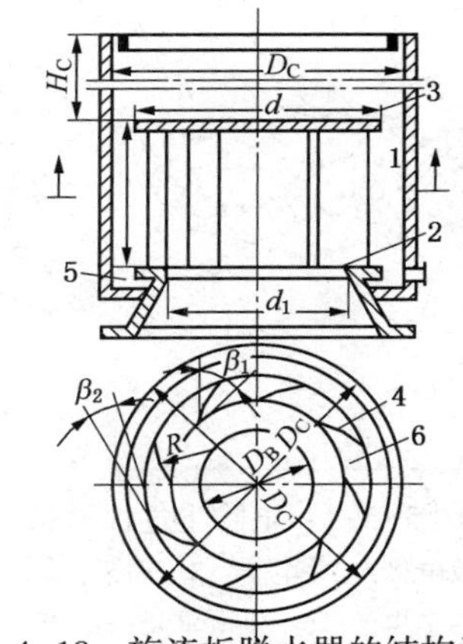

图5-4-18 旋流板脱水器的结构示意图

1—外壳；2—圆环；3—圆板；4—叶片；5—水槽；6—气液通道

圆柱形和圆锥形旋流板脱水器的相对尺寸列于表5-4-6中。在圆柱形旋流板脱水器有效断面上的最优气流速度为5m/s，而圆锥形旋流板脱水器为12~18m/s。

表5-4-6 圆柱形和圆锥形旋流板脱水器的相对尺寸

参数几何	圆柱形旋流板	圆锥形旋流板	几何参数	圆柱形旋流板	圆锥形旋流板
H/d_1	0.7	6.0	H_c/D_c	1.5以下	2.00
D_2/D_C	0.6	0.85	β_1	50°	34°
D_1/D_C	0.5	0.20	β_2	0°	10°
D_2/d_1	1.25	4.25	叶片数	18以下	18

§5.5 电除尘器及其新发展

电除尘器也被称为静电除尘器(Electrostatic Precipitator, ESP)，与其他除尘过程的根本区别在于分离力(主要是静电力)直接作用在粒子上，而不是作用在整个气流上，这就决定了电除尘器具有分离粒子耗能小、气流阻力小的特点。由于作用在粒子上的静电力相对较大，所以即使对亚微米级的粒子也能有效捕集。美国加州大学伯克利分校的Frederick Gardner Cottrell教授1907年申请了利用静电引力使粒子荷电然后加以捕集的专利，并首次将该技术用于捕集制酸工业烟气中携带的硫酸雾滴。如今，静电除尘技术已广泛应用于钢铁、有色冶金、建材、电力、化工、轻纺及其他工业领域。

一、电除尘器的除尘机理及其性能特点

1. 电除尘器的除尘机理

虽然电除尘器的种类和结构型式繁多，但都基于相同的工作原理。如图5-5-1所示，电除尘器的放电极(又称电晕极或阴极，Discharge Electrode或Corona Electrode)和收尘极(又称集尘极、除尘极或阳极，Collecting Electrode)接于高压直流电源的两个输出端，维持一个足以使气体发生电离的静电场。电除尘器的工作原理涉及电晕放电、气体电离、粒子荷电、荷电粒子的迁移和捕集、清灰等过程，粒子荷电、荷电粒子的迁移和捕集、清灰是其中的三个基本过程。

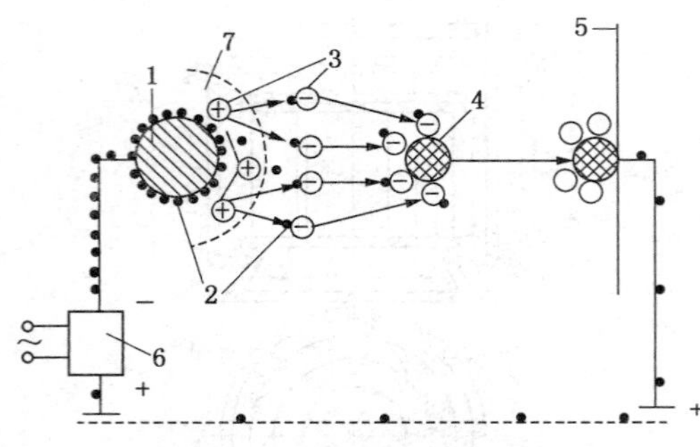

图 5-5-1 电除尘过程示意图

1—放电极；2—电子；3—离子；4—粒子；
5—集尘极；6—供电单元；7—电晕区

（1）电晕放电和气体电离

除中性分子外，气体中通常只含有极其微量的自由电子和离子，可视为绝缘体。而当气体进入非均匀电场中时，就会发生改变。

非均匀电场距离放电极表面越近，电场强度越大。当非均匀电场的电位差增大到一定值时，气体中的自由电子具有了足够能量，与中性气体分子发生碰撞并使之离子化，结果产生大量电子和正离子，失去能量的电子与其他中性气体分子结合成负离子，这就是气体电离。因该过程在极短时间内即可产生大量的自由电子和正负离子，通常也称为雪崩过程，此时可以看见淡蓝色的光点或光环，也能听见轻微的气体爆裂声，这一现象称为电晕放电现象，开始发生电晕放电时的电压称为起晕电压。电晕放电现象首先发生在放电极，所以放电极也称为电晕极。出现电晕后，在电场内形成两个不同的区域，围绕放电极约 2~3mm 的小区域称为电晕区，而电场内其他广大区域称为电晕外区。

发生电晕放电现象后，如果非均匀电场的电位差继续增加，电晕区将随之扩大，最终将致使电极间产生火花放电及电弧放电，即电场中气体全部被击穿，造成短路，电极间电压急剧下降。电除尘器运行时，应经常保持电场内气体处于不完全被击穿的电晕放电状态，尽量避免发生短路现象。

放电极为正极或负极时产生电晕放电的特性有所不同。图 5-5-2 是正、负电极在空气中的起晕电流-起晕电压曲线，可以看出，负电极的起晕电压较低而击穿电压较高，运行电压范围大，在相同电压下的负电晕电流大，因此在工业除尘中负电晕应用较广泛。对于空气调节系统常采用正电晕，因为其产生 O_3 和 NO_x 较少。

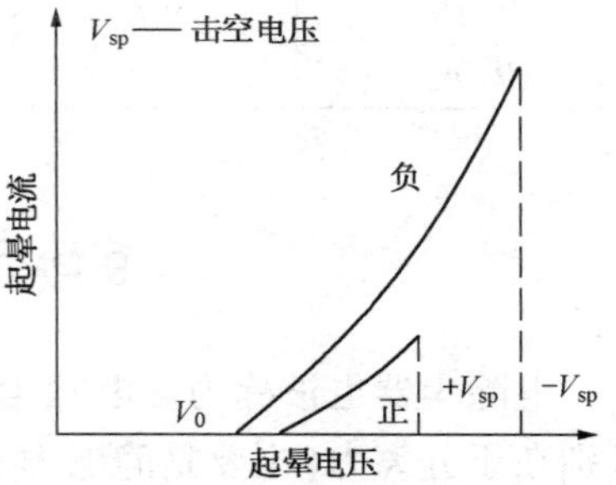

图 5-5-2 正、负极在空气中的起晕电流-起晕电压曲线

气体电离时，产生的大量自由电子和正负离子向异极移动，因此在电晕外区空间内充满了自由电子和负离子。

（2）粒子荷电

粒子荷电是电除尘过程的第一步，粒子的荷电量越大越容易被捕集。粒子荷电通过自由电子、离子与粉尘粒子碰撞，并附着于粉尘粒子之上而完成。粒子获得的电荷大小随粒子大小而异，一般而言，直径 1μm 的粒子大约获得 30000 个电子的电量。

在除尘器电晕电场中存在两种截然不同的粉尘荷电机理。一种是气体离子在静电力作用下做定向运动，与粉尘碰撞而使粉尘荷电，称为电场荷电或碰撞荷电；另一种是由气体离子做不规则热运动时，与粉尘离子碰撞而导致的粉尘荷电过程，称之为扩散荷电。

影响电场荷电的重要因素，对于粒子特性是粒径 d_p 和介电常数 ε；对于电晕电场则为电场强度 E_0 和离子密度 N_0；一般电场荷电所需要的时间小于 0.1s，这个时间相当于气体在除尘器内流动 10~20cm 所需的时间。因此，对一般的电除尘器而言，可以认为粉尘进入除尘器后立刻达到了饱和。但是，与电场荷电过程相反，扩散荷电并不存在最大极限值，因为根据分子运动理论，并不存在气体离子动能的上限，在这些条件下的荷电量取决于离子热运动的动能、离子大小和荷电时间。此外，对于粒径处于中间范围(0.15~0.5μm)的粒子，有必要同时考虑电场荷电和扩散荷电的作用。描述这两种荷电过程同时作用的微分方程不能用解析方法求解，必须借助于近似解法或数值解法。根据 Robinson 的研究，简单地将电场荷电的饱和电荷和扩散荷电的电荷相加，能近似地表示两种过程综合作用时的荷电量，且与实验值基本一致。

(3) 带电粉尘在电场内的迁移和捕集

在电除尘器内粉尘捕集的理论取决于气体流动模型，最简单的情况是含尘气体在除尘器内作层流运动，在这种情况下粉尘向集尘极移动的速度可以根据经典力学和电学定律求得。荷电粒子(电晕区外)在电场力和空气阻力的共同作用下，向集尘极板运动，其所达到的终末电力沉降速度称为粒子驱进速度 ω 。

荷电粉尘的捕集是使其通过延续电晕电场或光滑不放电电极之间的纯静电场而实现。前者称单区电除尘器，后者因粉尘荷电和捕集在不同区域完成而被称为双区电除尘器。

(4) 清灰

电晕极和集尘极上都会有粉尘沉积，粉尘层厚度为几 mm，甚至几十 mm。粉尘沉积在电晕极上会影响电晕放电，集尘极上粉尘过多会影响荷电离子的驱进速度，对于高比电阻的粉尘还会引起反电晕。集尘极表面上的粉尘沉积到一定厚度后，用机械振打等方法将其清除掉，使之落入下部灰斗中。电晕极也会附着少量粉尘，隔一定时间也需进行清灰。当粒子为液态时，比如硫酸雾或焦油，被捕集粒子会发生团聚并滴入下部容器内。

2. 电除尘器的性能特点

(1) 除尘性能优异

电除尘器几乎可以捕集一切细微粉尘及雾状液滴，除尘效率高(最高可达 99%以上)，能分离粒径 1μm 左右的细小粒子。但从经济方面考虑，一般控制除尘效率为 95%~99%。另外，设备磨损小，只要设计合理、制造安装正确、维护保养及时，一般都能长期高效运行，可以做到十年一大修。

(2) 压力损失小，能源消耗低

电除尘器利用电场库仑力捕集粉尘，风机仅负担烟气的运转，因而气流阻力小，约 200~500Pa。另外，虽然除尘器本身的运行电压很高，但电流却非常小，因此所消耗的电功率很小。

(3) 适用范围广

电除尘器可以在低温/低压至高温/高压的较宽范围内使用，尤其能耐高达 500℃ 的温度。处理烟气流量大，可达 $1\times10^5 \sim 1\times10^6$ m^3/h。当烟气性质在一定范围内变化时，除尘性能基本保持不变。

(4) 维护保养简单

如果电除尘器种类规格选用得当，设备的安装质量良好，运行过程严格执行操作规程，日常的维护保养工作几乎很少。能在计算机控制下智能化地自动选择最佳运行方式，实现了电除尘器的自动化控制和远距离操作。

与其他除尘设备相比，电除尘器存在如下主要缺点：设备结构复杂、钢材消耗多、占地面积大、每个电场需要配置一套高压电源及控制装置，因此一次性投资费用高。除尘器受粉尘比电阻等物理性质的限制，不宜直接净化高浓度含尘气体。但用于处理大流量烟气($60000m^3/h$ 以上)或长时间使用时，运行费用比其他除尘器低，能够发挥其经济性。

二、电除尘器的类型

电除尘器一般由除尘器本体和供电单元两大部分组成，除尘器本体包括电晕电极、集尘电极、振打机构(干式电除尘器)、气流分布系统、高压绝缘系统、外壳(及灰斗)等。在工程实际中，常常按以下方式进行分类。

1. 根据集尘极的形式分类

(1) 管式电除尘器

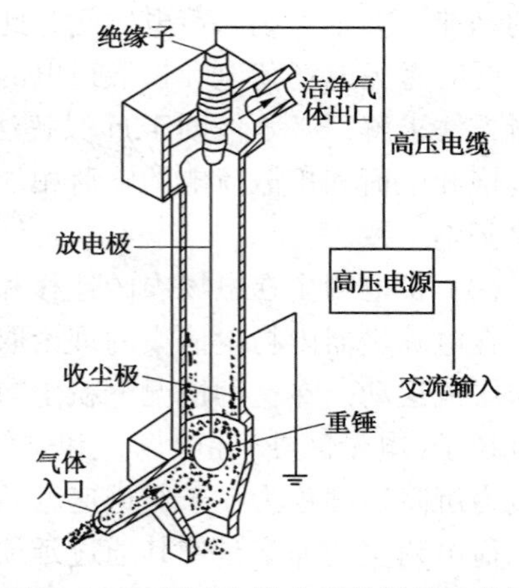

图 5-5-3　管式电除尘器的结构示意图

结构最简单的管式电除尘器是单管电除尘器，其结构如图 5-5-3 所示，这种电除尘器的集尘极为圆形金属圆管，管径为 ϕ150～300mm，管长为 2～5m。放电极极线(电晕极)用重锤吊在集尘极圆管中心，圆管内壁作为集尘表面。由于圆管结构中电晕极和集尘极之间的距离相等，电场强度在径向方向不均匀而沿轴向变化均匀。含尘气体从除尘器下部进入，净化后的气体从顶部排出。由于单根圆管通过的气体流量很小，通常采用多管并列而成，电晕极分别悬吊在每根单管的中心。在工业上，为了充分利用空间，可以用正六边形管(即蜂窝状)来代替圆管。管式电除尘器的电场强度高且变化均匀，但清灰较困难，多用于净化气流量小或含雾滴的气体。

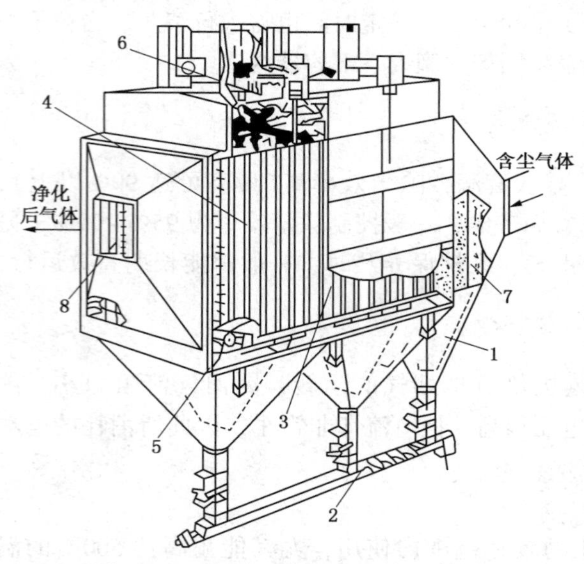

图 5-5-4　板式电除尘器的结构示意图

1—下灰斗；2—螺旋除灰机；3—放电极；4—集尘极；
5—集尘极振打清灰机构；6—放电极振打清灰机构；
7—进气气流分布板；8—出气气流分布板

(2) 板式电除尘器

板式电除尘器是工业中采用最广泛的形式，如图 5-5-4 所示，这种电除尘器由多块一定形状的钢板组合成集尘极，在平行的集尘极之间均匀设置电晕极。两平行集尘极间的距离一般为 200～400mm；通道数由几个到几十个，甚至上百个，高度为 2～12m，甚至达 15m。除尘器长度可根据对除尘效率的要求确定，清灰方便，制作安装比较容易。

板式电除尘器几何尺寸灵活，根据工艺要求和净化程度，可设计制作成大小不同的各种规格，电除尘器进口用有效断面积来表示，小的可以为几个 m^2，大的可以达 $100m^2$以上，国外甚至高达 $500m^2$以上。板式电除尘器也可以采用湿式清灰，但绝大多数情况下都采用干式清灰。

2. 根据气流流动的方式分类

根据气流流动方式可以分为立式和卧式两种。

(1) 立式电除尘器

含尘气流在由下到上的垂直流动过程中完成净化。通常做成管式结构，当然也有采用板式结构，图 5-5-5 为立式多管电除尘器的结构示意图。这种除尘器占地面积小、高度较高，净化后的气体可以从上部直接排入大气(不需另设烟囱)。缺点是检修不方便、气体分布不均匀、已被捕集的细粉尘容易产生二次飞扬。

（2）卧式电除尘器

气流在沿水平方向运动的过程中完成净化。根据结构及供电的要求，卧式除尘器通常每隔 3m 左右(有效长度)划分成单独的电场，常用 2~3 个电场，除尘效率要求高时，也有多到 4 个以上电场。

立式电除尘器因受高度限制，在要求除尘效率高而希望增加电场长度时，就不如卧式灵活；此外在检修方面也不如卧式方便。因此，除了特殊情况(如占地面积受限制)，一般工业上都优先采用卧式电除尘器。

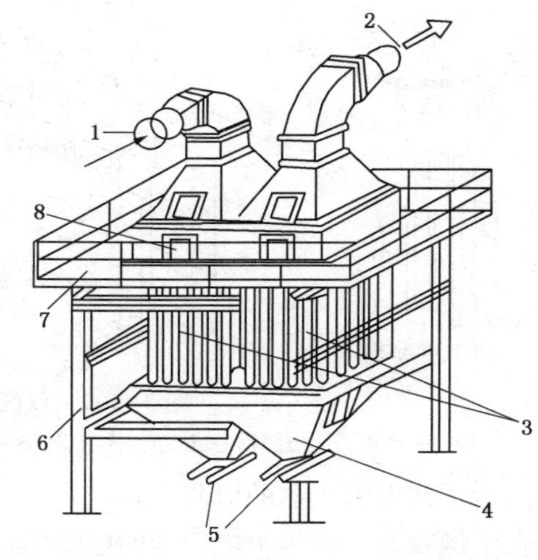

图 5-5-5　立式多管电除尘器的结构示意图

1—含尘气体入口；2—净气出口；3—管状电除尘器；4—灰斗；5—排灰口；6—支架；7—平台；8—入孔

3. 根据电极在除尘器内的空间布置分类

根据粉尘在电除尘器内的荷电过程与捕集过程是否分离，可将电除尘器分为单区电除尘器和双区电除尘器。

（1）单区电除尘器

单区电除尘器的电晕极和集尘极都装在一个区域内，气体中尘粒的荷电及分离均在同一区域内进行。通常应用于工业除尘和烟气净化，是目前应用最为广泛的一种电除尘器。图 5-5-6所示为两种单区电除尘器。

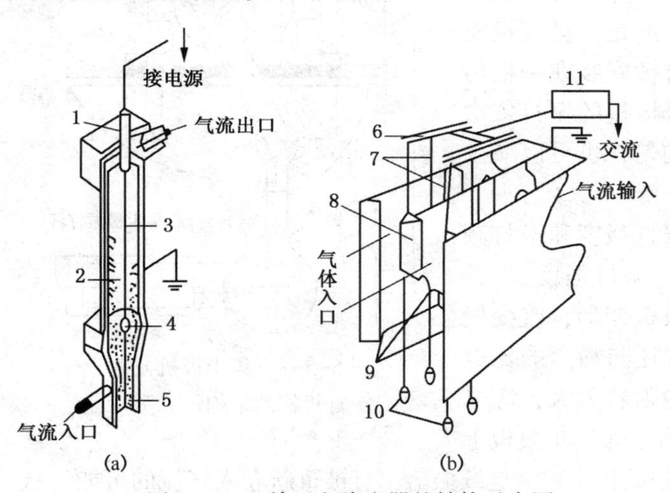

图 5-5-6　单区电除尘器的结构示意图

1—绝缘瓶；2—集尘极表面上的粉尘；3—放电极；4—吊锤；5—捕集的粉尘；6—高压母线；7—放电极；8—挡板；9—收尘极板；10—重锤；11—高压电源

（2）双区电除尘器

如图 5-5-7 所示，双区电除尘器的电晕极和集尘极分别装在两个不同区域内，前区安装电晕极产生离子，称为荷电区，粉尘粒子在此完成荷电过程；后区安装集尘极，称为收尘区，在此完成已荷电尘粒的捕集，其供电电压较低。双区电除尘器一般用于空调净化方面。近年来，在工业废气净化中也采用双区电除尘器，但其结构与空调净化有所不同。

4. 根据集尘极的清灰方式分类

及时清灰是维持电除尘器高效运行的重要条件。根据清灰方式可以分为干式和湿式两种。

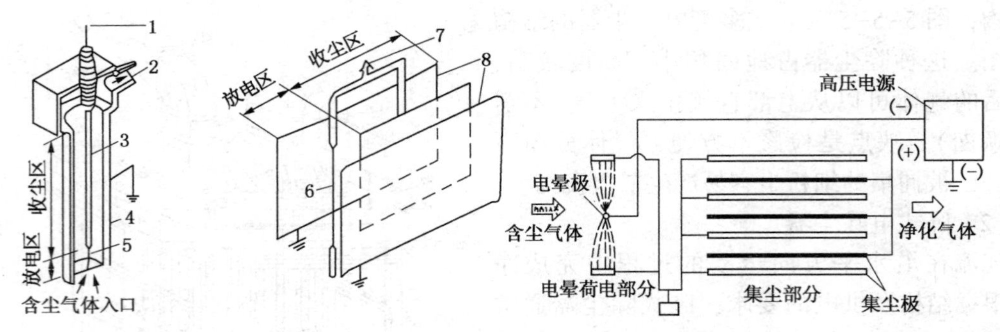

图 5-5-7 双区电除尘器的结构示意图

1，7—连接高压电源；2—洁净气体出口；3—不放电的高压电极；4，8—收尘极板；5，6—放电极

（1）干式电除尘器的清灰

在干燥状态下捕集干燥粉尘的电除尘器称为干式电除尘器，有利于回收有经济价值的粉尘，但容易产生二次扬尘。

① 集尘极板的清灰

集尘极板的清灰方式有多种，主要分刷刮清灰和振打清灰两大类。振打清灰方式是通过振动将电极上的积灰清除干净，常用机械振打、电磁振打及压缩空气振打等。

图 5-5-8 为集尘极机械振打机构的结构示意图，主要由传动轴、振打铁砧和振打杆等组成。随着传动轴的转动，锤头达到最高位置后靠自重落下，打在铁砧上，振打力通过振打杆传到极板各点去。一般是一排极板安装一个振打锤，同一电场下的各排振打锤安装在一根传动轴上，并依次错开一定角度，使各排极板的振打依次交替进行。这样可使驱动机构的负荷均匀，也可以减少二次扬尘。

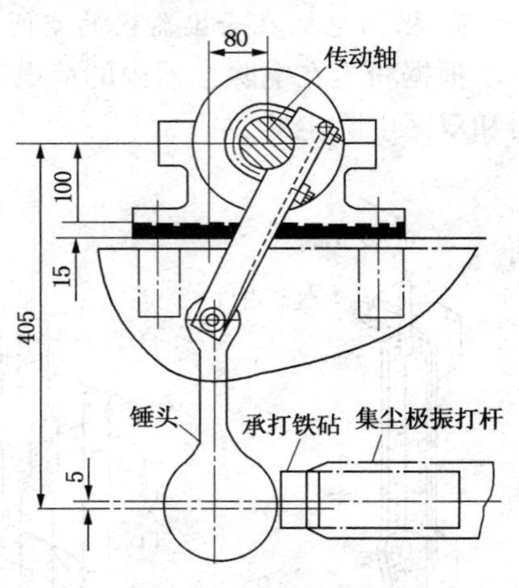

图 5-5-8 集尘极机械振打机构的结构示意图

机械振打清灰的效果主要取决于振打强度和振打频率。振打强度太小，不易将粉尘振落；振打强度过大，除易引起粉尘二次飞扬外，有可能使极板变形，改变极间距，影响除尘器正常运行。振打强度还与粉尘的比电阻有关，高比电阻粉尘比低比电阻粉尘附着力大，应采用较高的振打强度。如果振打过于频繁，沉积在极板上的粉尘还没有积聚到足够厚度时，就以松散状尘粒被连续振落，有被重新卷入气流的可能，从而降低了除尘效率；相反，如果振打周期过长，极板上沉积的灰层太厚，影响极板的电气性能，对除尘效果不利。因此，在工程应用中必须根据电除尘器的形式/容量、粉尘黏性/比电阻及浓度等因素，通过试验或在实际运行中不断调整，以最终确定最佳的振打强度和振打周期。

机械振打机构结构简单，强度高，运转可靠；但占地较多，运动构件易损坏，检修工作量大，控制也不够方便。低强度的连续电磁脉冲振打方式，强度和频率都可以调节，体积也较小。

② 电晕电极的清灰

电晕极上沉积的粉尘一般都比较少，但对电晕放电的影响很大。如粉尘清不掉，在电晕极上结疤，会使除尘效率降低，甚至能使除尘器完全停止运行。因此，一般对电晕极采取连续振打清灰方式，使电晕极沉积的粉尘很快被振打干净。振打方式有挠臂锤振打、提升脱钩振打、气动振打以及电磁振打等，其中电磁振打方式使用较多。

电除尘器的排灰单元，一般是将灰斗内贮存的粉尘通过卸灰阀排入螺旋输送机，最后经排尘口排出。

(2) 湿式电除尘器的清灰

湿式电除尘器采用溢流或均匀喷雾等方法，使集尘极表面经常保持一层水膜，当粉尘到达集尘极表面时顺水流走，从而达到清灰的目的。具有效率高、无二次扬尘、因无振打设备而工作比较稳定等特点，同时也可净化部分有害气体。但净化后的烟气含湿量较高，会对管道和设备造成腐蚀，且清灰产生的泥水需要处理，应配置相应的设备。图 5-5-9 所示为喷水型湿式清灰方式，图 5-5-10 所示为水膜清灰方式。

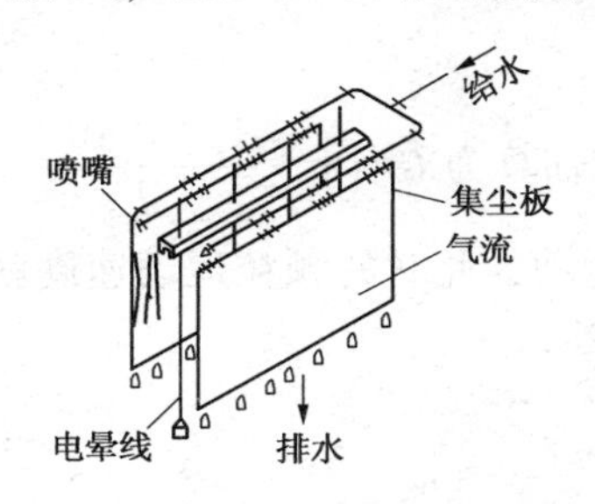

图 5-5-9　喷水型湿式清灰方式示意图

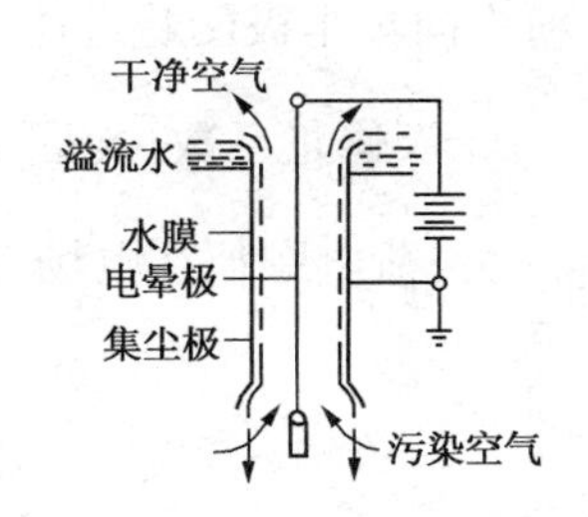

图 5-5-10　水膜清灰方式示意图

5. 根据配套高压供电单元分类

工业用电除尘器的工作电场通常为负直流高压电场，运行电压低于负 100kV，具体根据电极间距以及产生电晕电流所需电场强度的烟气条件来决定。从高压供电单元的发展历程来看，可以分为工频 50Hz 高压电源、脉冲电源(MPC)和高频脉冲电源(HFPC) 3 种。时至今日，使用高频(20~50kHz)高压脉冲直流电源为电除尘器供电已被广泛接受。

随着绝缘栅双极型晶体管(Insulated Gate Bipolar Transistor，IGBT)等新型半导体器件的逐步成熟，大功率高频脉冲电源(HFPC)快速发展，频率可以达到50kHz、功率超过100kW。20 世纪 90 年代初，使用高频交变技术的 ESP 供电单元——开关型集成整流器(Switched Integrated Rectifiers，SIR)投入商业运行，其工作频率为50kHz，变压器的尺寸和重量被大大缩小。瑞典 ALSTOM 公司迄今已生产销售 SIR 电源数千台套；一台额定电压 70kV、额定电流 800mA 的 SIR 电源全部重量仅 200kg，比传统整流变压器的控制柜还轻。高频脉电源是把三相工频电源通过整流形成直流电源，经过全桥逆变电路形成高频交流，再经过整流变压器升压整流后，形成高频脉冲直流，工作频率可达到 20~50kHz。高频脉冲电源具有如下优势：①输出电压纹波通常小于 5%，远小于普通工频电源的 35%~45%，闪络电压高，运行平均电压可达工频电源的 1.3 倍，运行电流可达工频电源的 2 倍，因而有利于提高除尘效率，可使出口粉尘排放浓度降低 30%~70%；② 高频脉冲电源工况适应性强，既能给电除尘器提供接近纯直流到脉动幅度很大的各种电压波形，还能在应用中针对各种特定工况，选择最合适的电压波形，火花放电时 SIR 电源可在 5~15ms 内快速恢复全功率供电，可采用类似脉冲的“间歇供电”，有利于抑制反电晕；③体积小、重量轻、成套设备集成一体化，转换效率与功率因数高(前者大于 90%)，三相均衡对称供电，对电网影响干扰小。

三、电除尘器的除尘效率及其影响因素

1. 电除尘器的除尘效率

(1) 粉尘驱进速度的计算

荷电粉尘在电场力作用下向集尘电极的移动速度取决于气体流动状态。层流流动是最简单的情况，此时荷电粉尘在电场中所受到的静电力 F_e 为

$$F_e = q_p \cdot E_p \quad (N) \tag{5-5-1}$$

式中 q_p——粉尘荷电量，C；

E_p——粉尘粒子所处位置的电场强度，V/m。

粉尘在向集尘极移动时所受的阻力 F_D，可按 Stokes 公式计算，即

$$F_D = 3\pi\mu d_p\omega/C \quad (N) \tag{5-5-2}$$

式中 μ——气体介质的动力黏度，Pa · s；

d_p——粉尘粒子的直径，m；

ω——粉尘向集尘极的趋进速度，m/s；

C——肯宁汉修正系数(无因次)，可以近似估算为 $C = 1 + \frac{1.7 \times 10^{-7}}{d_p}$。

当 $F_e = F_D$ 时，荷电颗粒在电场方向上作等速运动，此时的颗粒运动速度就称为驱进速度 ω，由以上两式可得

$$\omega = \frac{q E_p C}{3\pi\mu d_p} \quad (m/s) \tag{5-5-3}$$

由上式可以看出，粒子的驱进速度 ω 与粒子的荷电量、粒径、电场强度以及气体介质的黏度有关，其运动方向与电场力方向一致，即垂直指向集尘电极表面。由于电场中各点的场强不同，粒子的荷电量也是近似值，此外，气流、粒子特性等影响也未考虑，所以按上式计算的驱进速度比实际驱进速度要大很多。

(2) 除尘效率

德国学者德意希(Walter Deutsch)1922 年做了以下假设：电除尘器内含尘气流的流动状态为紊流；通过垂直于集尘极表面任一断面的粉尘浓度和气流分布均匀；粉尘粒子进入电除尘器后就认为完全荷电；忽略电风、气流分布不均匀及被捕集粒子重新进入气流等的影响。在此基础上，推导出下面的理论除尘效率公式(即 Deutsch 效率公式)

$$\eta = 1 - \exp(-\frac{\omega A}{Q}) \tag{5-5-4}$$

式中 A——电除尘器集尘极板的总表面积，m^2；

Q——通过电除尘器的气体量，m^3/s。

Deutsch 效率公式概括性地描述了除尘效率与集尘极板总表面积 A、处理气体量 Q 以及驱进速度 ω 之间的关系，指明了提高除尘效率的途径。因此，尽管在推导上述公式过程中做了与实际情况有较大出入的假设，但至今仍在电除尘器的性能分析和设计中被广泛应用。

由于各种实际因素的影响，使得按 Deutsch 效率公式计算所得的除尘效率远高于实际值。为了解决这一矛盾，实际中往往根据某种电除尘器的结构形式，在一定运行条件下测得除尘效率后，带入 Deutsch 效率公式中算出相应的驱进速度，并称为有效驱进速度 ω_e（一般范围为 2~20m/s，见表 5-5-1）。这样便可以使用 ω_e 来描述电除尘器的性能，并作为同类电除尘器设计中确定其尺寸的基础，一般将按有效驱进速度 ω_e 表达的除尘效率方程式称为德意希-安德森(Deutsch-Anderson)方程式，即

$$\eta = 1 - \exp\left(-\frac{\omega_e A}{Q}\right) \tag{5-5-5}$$

若令 $f=A/Q$，则 f 表示了单位时间内单位体积含尘气体所需的收尘面积，简称为比收尘面积。利用比收尘面积 f，也可结合图 5-5-11 来计算集尘极板的总表面积。

表 5-5-1　电除尘器的电场风速与有效驱进速度 ω_e

主要工业窑炉的电除尘器		电场风速 v/(m/s)	有效驱进速度 ω_e/(cm/s)
电厂锅炉飞灰		1.2~2.4	5.0~15
纸浆和造纸工业锅炉黑液回收		0.9~1.8	6.0~10
钢铁工业	烧结机	1.2~1.5	2.3~11.5
	高炉	2.7~3.6	9.71~1.3
	吹氧平炉	1.0~1.5	7.0~9.5
	碱性氧气顶吹转炉	1.0~1.5	7.0~9.0
	焦炉	0.6~1.2	6.7~16.1
水泥工业	湿法窑	0.9~1.2	8.0~11
	立波尔窑	0.8~1.0	6.5~8.6
	干法窑(增湿)	0.7~1.0	6.0~9.0
	干法窑(不增湿)	0.4~0.7	4.0~6.0
	烘干机	0.8~1.2	10~20
	磨机	0.7~0.9	7~10
硫酸雾		0.9~1.5	6.1~9.1
城市垃圾焚烧炉		1.1~1.4	4.0~12
接触分解过程		—	3.0~11.8
铝煅烧炉		—	8.2~12.4
铜焙烧炉		—	3.6~4.2
有色金属炉		0.6	7.3
冲天炉(灰口铁)		—	3.0~3.6

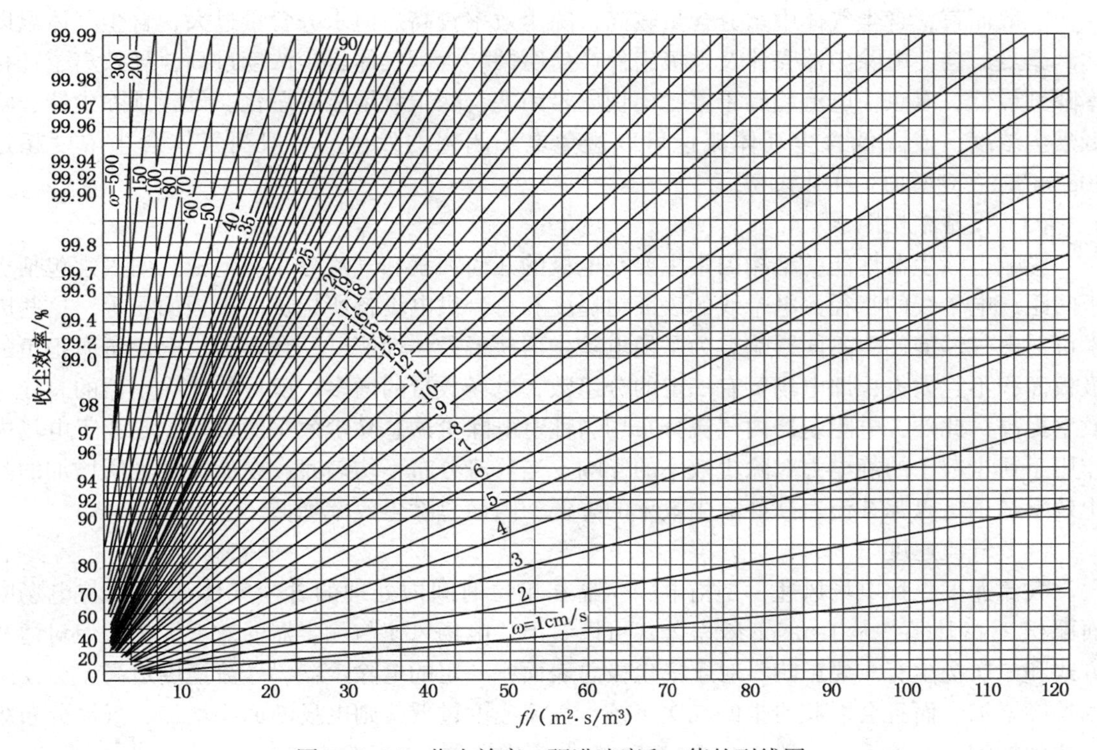

图 5-5-11　收尘效率、驱进速度和 f 值的列线图

2. 电除尘器性能的主要影响因素

（1）粉尘特性

对电除尘器性能产生影响的粉尘特性主要包括粒径分布、导电性能、粘附性能及粉尘密度。由于尘粒在除尘器中的驱进速度与粒径大小成正比，粒径分布对电除尘器效率的影响显而易见。

粉尘比电阻是指对于面积为 $1cm^2$、高为 1cm 的自然堆积圆柱形粉尘层，沿其高度方向所测得的电阻 ρ。通常按电阻 ρ 的大小(以 $\Omega \cdot cm$ 为单位)，将粉尘划分为低比电阻粉尘($\rho<10^4$)、高比电阻粉尘($\rho>5\times10^{10}$)和中比电阻粉尘($10^4<\rho<5\times10^{10}$)，当粉尘的比电阻在 $10^4<\rho<5\times10^{10}$($\Omega \cdot cm$)时最适合采用电除尘。比电阻过低的粉尘，沉积到集尘极与阳极接触后，不仅容易释放负电荷，而且也容易带上正电荷，因同种电荷相排斥，结果有可能重新返回气流中而被带出除尘器。比电阻过高时，粉尘到达集尘极后电荷释放不畅，随着粉尘越积越厚，极板和粉尘层间将形成越来越强的电场，在这个区域内产生“反电晕放电”现象，正离子被排斥到除尘空间，中和了驱向极板的荷负电粉尘，导致除尘效果降低。因此当比电阻过高或过低时，若采用电除尘则需进行预处理；对于高比电阻粉尘而言，可以采用调质和高温除尘等举措来降低比电阻，也可采用脉冲供电系统来改善电除尘器的性能。

（2）含尘气体的性质

含尘气体的温度、压力、成分、湿度、含尘浓度、流速对电除尘器性能的影响主要体现在其伏-安特性上。含尘气体的温度和压力影响发生电晕的起始电压、起晕时电晕极表面的电场强度、电晕极附近的空间电荷以及分子、离子的有效迁移率等，温度升高或降低时，电晕始发电压降低，离子的有效迁移率增大。

一般而言，含尘气体中水分含量较高，除尘效率较高。但水分含量过大，含尘气体温度达到露点，会使电除尘器壳体及电极组件产生腐蚀。含尘气体含尘浓度过高，导致离子迁移率降到最低，以致使电流趋近于零，出现电晕闭塞，除尘效果显著恶化。设置预除尘器、降低烟尘浓度、或降低含尘气体流速可以避免电晕闭塞的发生。一般当气体含尘浓度超过 $30g/m^3$时，应增加预净化设备。

（3）设备结构因素

影响电除尘器性能的结构因素主要是电极的几何因素和气流分布。电极几何因素包括极板间距、电晕线的半径、电晕线的表面粗糙度和每台供电设备所担负的极板面积等，这些因素可对电气性能产生不同影响。为了使电除尘器获得最佳性能，一台单独供电设备所担负的极板面积不宜太大，即电场要有一定的分组数，电场数量的增多一般可使电除尘器的总除尘效率提高。此外，电除尘器内气流分布均匀性对电除尘器总除尘效率的影响，不亚于电场内作用于粉尘粒子的静电力对除尘效率的影响。当气流分布不均匀时，在流速低处所增加的除尘效率远不足以弥补流速高处除尘效率的降低，因而总除尘效率降低。

（4）气流速度

气流速度也称电场风速，是指电除尘器在单位时间内处理的含尘气体流量 Q 与电场断面面积 A_c 的比值。从 Deutsch 效率公式可以看出，电场风速与除尘器的效率无关，但对清灰方式和二次扬尘有重要影响。对于集尘极总表面积一定的电除尘器，气流速度过高，会使电场长度增加，而且会引起粉尘的二次飞扬；气流速度过低，则电场断面积增加，气流分布难以达到均匀。气流速度一般在 0. 5~2. 5m/s 范围内取值(见表 5-5-1)。

（5）其他操作因素

操作因素对电除尘器性能的影响也是多方面的，诸如伏-安特性、漏风、气流短路、粉尘二次飞扬和电晕线肥大等。一台电除尘器如果设计得很合理，但不是在最佳条件下运行，也达不到理想效果。例如对于特定的电除尘器和特定的处理对象，在电晕放电和火花放电之间所得到的伏-安特性、工作电压有一个较大的范围，在操作中应选择一个稳定的工作点；至于漏风、气流短路、粉尘二次飞扬和电晕线肥大等，应在操作中努力避免。

四、电除尘器的设计

电除尘器的设计是根据需要处理的含尘气体流量和净化要求，确定基本设计参数，并进行具体的结构设计。

1. 电除尘器本体的设计计算

根据粉尘的比电阻、有效驱进速度 ω_e、含尘气体流量 Q 以及预期要达到的除尘效率 η，即可进行除尘器本体的设计计算，设计参数包括集尘极板总表面积 A、电场长度、电晕极和集尘极的数量和间距等。这里以平板形电除尘器为例进行介绍，管式电除尘器的设计与其较为类似。

（1）集尘极板总表面积 A

$$A = \frac{Q}{\omega_e}\ln\frac{1}{1-\eta} \quad (m^2) \tag{5-5-6}$$

式中　η——预期达到的除尘效率，%；

Q——含尘气体流量，m^3/s；

ω_e——有效驱进速度，m/s，其值可参考表 5-5-1。

集尘极板总表面积 A 的数值大小决定了电除尘器的规格大小，由于电除尘器的实际条件与设计时确定的条件和选取的参数(如驱进速度、选定的振打周期以及气体分布等)可能存在一些出入，所以在确定集尘极面积时，必须考虑适当增大集尘极板总表面积 A，即

$$A = K\frac{Q}{\omega_e}\ln\frac{1}{1-\eta} \quad (m^2) \tag{5-5-7}$$

式中　K——储备系数，$K=1.0\sim1.3$，视生产工艺和环保要求而定。

（2）集尘极排数

根据电场断面的宽度 B 和所选定的集尘极间距 $2b$，可以确定集尘极的排数(或通道数)n，

$$n = \frac{B}{2b} + 1 \tag{5-5-8}$$

式中　$2b$——通道宽度，亦即集尘极之间的宽度，m；

B——电场断面的宽度，mm。

（3）集尘极高度

根据选定的电场风速 v(m/s)，可以确定集尘极的高度 h

$$h = \frac{Q}{2bvn} \quad (m/s) \tag{5-5-9}$$

通道横断面积 A_c

$$A_c = 2bhn \quad (m^2) \tag{5-5-10}$$

（4）电场长度

集尘极板总面积 A 确定后，再根据集尘极的排数和电场宽度，计算出电场的长度。在

计算集尘极板总面积 A 时，靠近电除尘器壳体最外层的集尘极按单面计算，其余集尘极均按双面计算。电场长度 L 的计算公式为，

$$L=\frac{A}{2(n+1)h}\quad(\mathrm{m})\tag{5-5-11}$$

式中　H——电场高度或极板高度，m。

目前常用的单一电场长度为 2~4m，当实际要求的电场长度超过 4m 时，可将电极沿气流方向分成几段，形成多个电场。采用分场供电时，每个电场可施加不同的电压，一般第一个电场中的气体含尘量高，工作电压相对低一些；后续电场内含尘量逐渐减少，工作电压可逐渐增高，有利于提高除尘效率。电场数越多，这种效果越明显。设计时电场数量 m 的选择可参考表 5-5-2。

表 5-5-2　电场数量 m 的选择

ω/(cm/s)	$-v\cdot\ln(1-\eta)$/(m/s)		
	<3.6~4	>4~7	>7~9
≤5	3	4	5
>5~9	2	3	4
≥9~13	—	2	3

2. 电除尘器的结构设计

电除尘器一般都由电晕极组件、集尘极组件、气流分布单元、清灰机构、壳体和排灰设备等部分构成，结构设计的主要任务就是确定上述各组成部分的几何尺寸。关于清灰单元前面已有论述，这里不再赘述。

(1) 集尘极组件

集尘极组件的设计主要是对集尘极板、板式悬挂构件和清灰机构的设计。设计原则是：具有良好的电性能，极板电流密度分布要均匀；具有良好的振动加速度分布性能；具有良好的防止粉尘二次飞扬性能；钢材耗量少，强度大，不易变形。

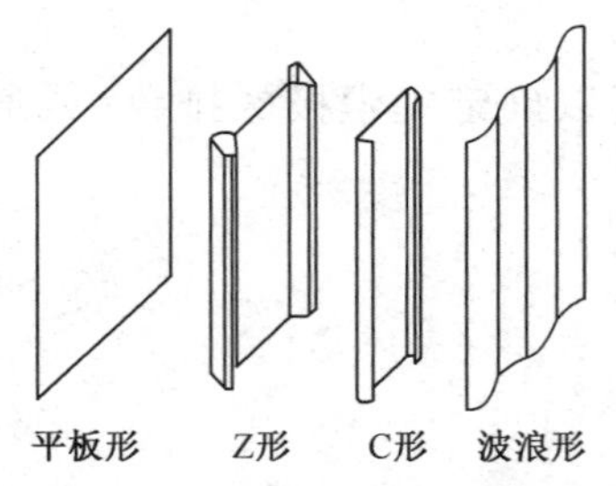

图 5-5-12　各种板式集尘极的形式

① 集尘极的型式

立式电除尘器的常见极板有管式、板式两大类。管式集尘极为直径 ϕ250~300mm 的圆管，长度为 3m 左右。大型集尘极的直径可达 ϕ400mm，长度为 6m。如图 5-5-12 所示，板式集尘极有平板形、袋式(郁金香式)、型板式(Z 形、C 形、波浪形)等，郁金花状因有防止粉尘二次飞扬的特点，应用较多。每台除尘器的集尘极数目少则几个，多则可达 100 个以上。通常情况下，极板采用普通碳素钢 Q235A、优质碳素钢 10 等制造；用于净化腐蚀性气体时，应选用不锈钢。

集尘极板的间距也称为通道宽度，用 $2b$ 表示(b 为电晕线到集尘极之间的极间距离)，对于管式电除尘器即为圆管内径。从 Deutsch 效率公式也可以看出，在处理含尘气体流量 Q 一定的情况下，ωA 值最大时，电除尘器的效率最高。而 ωA 是极板间距的函数，因此极板间距对除尘器的电气性能及除尘效率均有较大影响，存在着一个最佳的极板间距。

极板之间的间距对电除尘器的电场性能和除尘效率影响较大，间距太小(200mm 以下)

时，电压升不高，会影响除尘效率；间距太大(400mm 以上)时，电压升高又受到变压器、整流器容许电压的限制。因此，一般在采用 60~72kV 变压器时，极板间距取 200~400mm，300mm 最为普遍。从 20 世纪 70 年代初开始发展宽间距电除尘器，宽间距是指通道宽度≥400mm。采用宽间距后，集尘极及电晕极的数量减少，因而节约钢材，减轻重量，集尘极和电晕极的安装和维修都比较方便。但由于工作电压的增高，供电设备费用也相应增大。综合技术和经济两方面的因素，通常认为宽间距取 400~600mm 比较合理。

为了抑制粉尘二次飞扬，要在极板上加工出防风沟和挡板，流体流速为 1m/s 左右时，防风沟宽度 b 与板宽 B 之比控制为 1∶10。

② 极板的悬挂

板式除尘器的集尘极板垂直安装，电晕极置于相邻的两极板之间。集尘极板高度一般为 10~15m，通常被悬吊在固定于壳体顶梁的悬吊梁上，其固定形式如图 5-5-13 所示。极板伸入两槽钢中间，在极板与槽钢之间的衬垫支撑块，在紧固螺栓时能将极板紧紧压住。

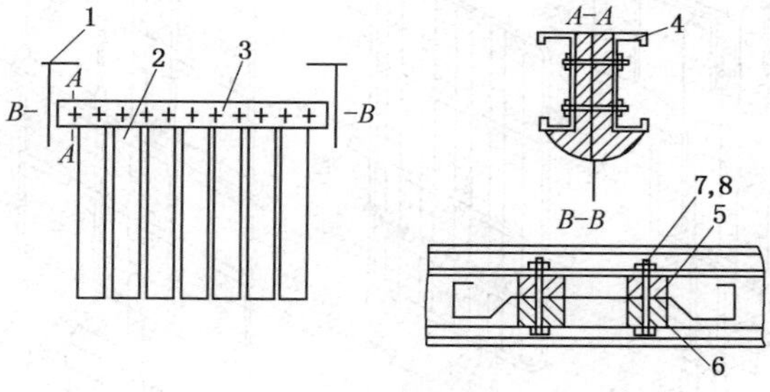

图 5-5-13　紧固型悬挂方式示意图

1—壳体顶梁；2—极板；3—C 形悬挂梁；4—支撑座；5—凸套；6—凹套；7—螺栓；8-螺母

(2) 电晕极组件

电晕极组件包括电晕线、电晕极框架、框架吊杆、支承绝缘套管及电晕极振打机构等。

① 电晕线的形式

电晕线是产生电晕放电的主要部件，其性能好坏会直接影响除尘器的性能。电晕线越细，起晕电压越低。对电晕线的一般要求是：起晕电压低，放电强度高、电晕电流大，机械强度高、耐腐蚀，刚性好、不易变形，能维持准确的极间距，易清灰。

如图 5-5-14 所示，电晕线的形式有光滑圆形线、星形线、螺旋形线、芒刺线、锯齿线、麻花线及蒺藜丝线等，其中 RS 形是芒刺形线的一种。

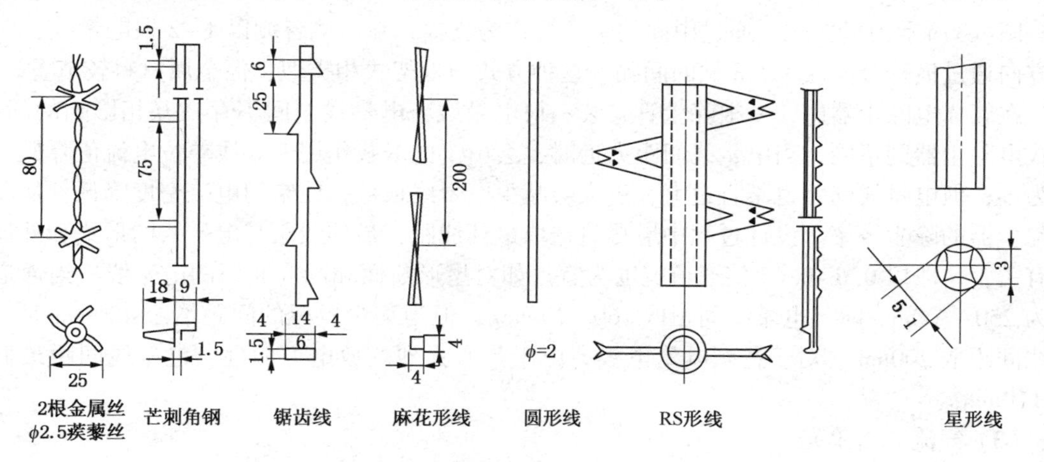

图 5-5-14　各种形式的电晕线

圆形电晕线的放电强度与直径成反比，即直径越小，起晕电压越低，放电强度越高。通常采用直径为 ϕ2.5~3mm 的耐热合金钢(镍铬线、不锈钢丝等)，制作简单，采用重锤悬吊式或刚性框架式结构，但考虑到振打力的作用和火花放电时可能受到的损伤，电晕线不宜过细。

星形电晕线常用直径 $\phi4\sim6mm$ 的普通钢材经冷拉扭成麻花形，力学强度较高，不易断。由于四边带有尖角，起晕电压低，放电均匀，电晕电流较大。多采用框架式结构，适用于含尘浓度低的场合。

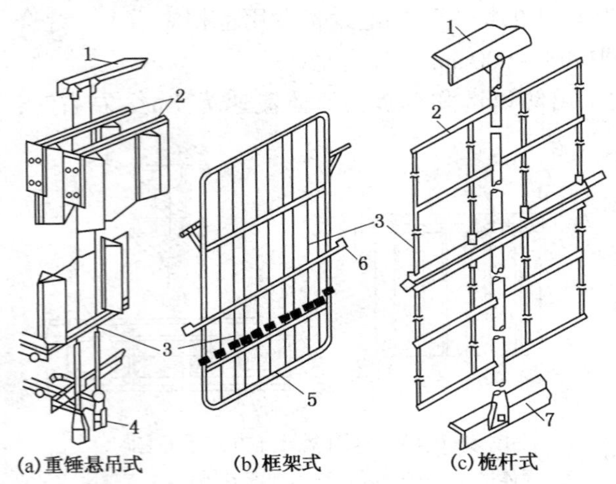

图 5-5-15　电晕线的固定方式示意图
1—顶部梁；2—横杆；3—电晕线；4—重锤；
5—阴极框架；6—振打砧；7—下部梁

芒刺形电晕线因其以尖端放电，故起晕电压比其他形式都低，放电强度高。在正常情况下，比星形线的电晕电流高 1 倍，力学强度好，不易断线和变形。由于尖端产生的电子和离子流特别集中，增强了极线附近的电风，芒刺点不易积尘，除尘效率高，适用于含尘浓度高的场合。常用形式有芒刺角钢、锯齿形、RS 形等，480C 型阳极板配管状芒刺线是目前国内电除尘器中用得最多的一种极配形式。

② 电晕线的固定

如图 5-5-15 所示，电晕线的固定方式通常有重锤悬吊式、框架式、桅杆式 3 种。

图(a)所示为重锤悬吊式，电晕线在上部固定后，下部用重锤拉紧，以保持电晕线处于平衡的伸直状态，设于下部的固定导向装置可防止电晕线摆动，保持电晕极与集尘极之间的距离。

图(b)所示为框架式，首先用钢管制成框架，然后将电晕极绷紧布置于框架上。如果框架高度尺寸较大，则需每隔大约 0.6~1.5m 增设一横杆，以增加框架的整体刚性。当电场强度很高时，可将框架作成双层，各自采用独立的支架和振打机构。这种方式工作可靠，断线少，采用较多。

图(c)所示为桅杆式，通过中间的主立杆作为支撑，在两侧各绷以 1~2 根电晕线，在高度方向通过横杆分隔成 1.5m 长的间隔。这种方式与框架式相类似，但金属材料较节省。

在管式电除尘器中，一根除尘管安装一根电晕线，电晕线之间不存在互相影响的问题。卧式电除尘器则不同，当电晕线间距太近时，会由于电屏蔽作用使导线单位电流值降低，甚至为零；但电晕线间距也不宜过大，过大会减少电晕线根数，使空间电流密度降低，从而影响除尘器的除尘效率。设计过程中应尽量选取最佳线距，最佳线距与电晕线的形式和外加电源有关，一般以 0.6~0.65 倍通道宽度为宜。如对星形断面和圆周断面的电晕线，当通道宽度为 250~300mm 时，电晕线间距取 160~200mm；但当集尘极板的间距增至 400mm 时，电晕线间距取 200mm。对于芒刺电晕电极，由于具有强烈的放电方向性，电晕线间距最低值为 110mm。

(3) 气流分布单元

气流分布的均匀程度与除尘器断面、进出口管道形式及气流分布单元的优劣有密切联系。为了减少涡流的发生，保证气流均匀分布，在除尘器的进出口处应设置渐扩管(进气箱)和渐缩管(出气箱)，进气口渐扩管内设置 3 层气流分布板；出口的渐缩管处设置一层气流分布板。相邻气流分布板的间距为板高的 0.15~0.2 倍，二者之间装设机械振打清灰机构。

如图 5-5-16 所示，气流分布板的结构形式有很多种，最常见的有多孔板式、格板式、垂直偏转板式、垂直折板式、槽钢式和百叶窗式等，其中多孔板因结构简单、易于制造而得到广泛使用。多孔板通常采用厚度为 3. 0~3. 5mm 的钢板制成，圆孔直径为 ϕ30~50mm，开孔率约为 25%~50%，并需要通过试验确定。

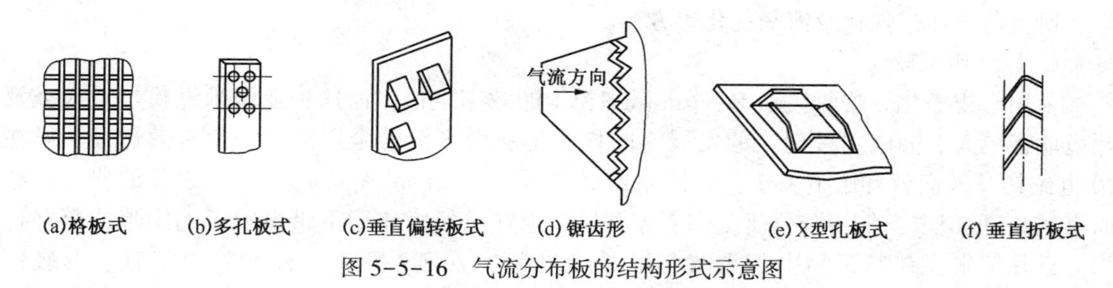

图 5-5-16　气流分布板的结构形式示意图

为了进一步促进气流均匀分布，还可在渐扩管的入口处设置气流导向板。对于中心进气的渐扩管，导向板多采用方格子式，如图 5-5-17 所示。当渐扩管大小端口的面积比大于 5 时，导向板至少要选用 2×2 块。导向板方向按电场分段高度确定，长度可取 500mm，如图 5-5-18所示。

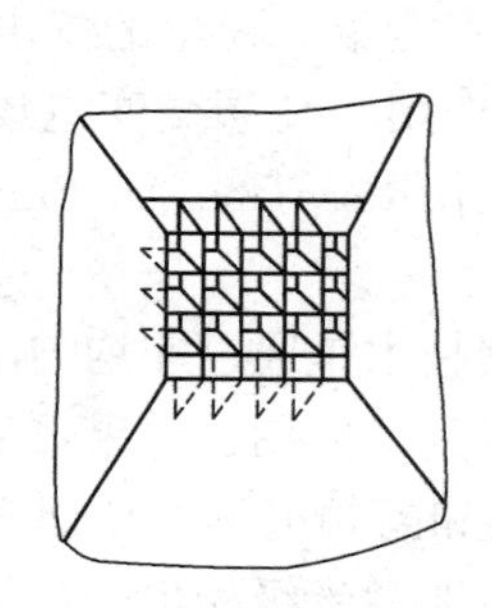
图 5-5-17　方格子式导向板的结构示意图

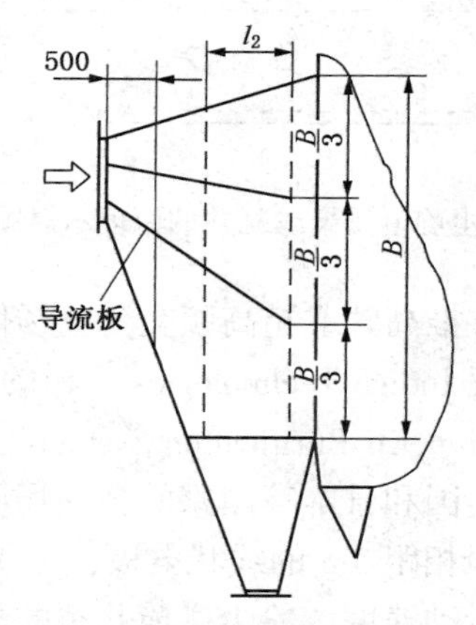

图 5-5-18　导向板的结构示意图

(4) 壳体

电除尘器的壳体结构主要由箱体、灰斗、进风口风箱及框架等组成。箱体根据实际需要可设计成户外式或户内式(一般横截面大于 10m^2 的电除尘器，多设计成户外式)，也可设计成单室或双室式。为了保证电除尘器正常运行，壳体要有足够的刚度、强度、稳定性和密封性。壳体除承受自重外，还要考虑风、雪、灰斗积灰、极板挂灰、地震、温度、屋面活载(按 2kPa 考虑)等外部附加荷载。当被处理含尘气体中含有可燃物质而容易引起爆炸时，为释放爆炸压力，除设置防爆阀外，箱体设计要考虑能够承受部分爆炸冲击。

箱体的构造形式和使用材料要根据被处理烟气的性质和实际情况确定。一般多采用钢结构，当被处理含尘气体带有腐蚀性时，可采用铅衬板或混凝土壳体，腐蚀性严重时还要内衬耐酸砖或瓷砖。壳体各部分尺寸的设计计算包括壳体的截面积、除尘器的通道数、极板高度、除尘器的长度等。

电除尘器的每个区下面应设置一个灰斗，灰斗的斜壁与水平方向夹角大于 60°。灰斗有四棱台和棱柱槽等形式。电除尘器灰斗下设置有排灰设备，并应保证其工作可靠，密闭性能好，满足排灰要求。常用的有螺旋输送机、管式泵、回转下料器、链式输送机等。根据灰斗的形式和卸灰方式选择壳体形式，在壳体出口端可装设双闸板排灰闸或叶轮下料器。

五、电除尘器的新发展

近些年来，人们围绕静电除尘进行的机理探索和性能改进研究，主要体现在小颗粒去除、粉尘荷电迁移强化及清灰优化等方面。

1. 静电团聚除尘

采用常规净化方法收集0.1~1μm微细粉尘的效率很低，而这种亚微米级粉尘对人类及环境危害更大。静电团聚理论的发展为间接收集亚微米级粉尘提供了一个有效途径。早在20世纪初，人们就开始了关于微粒团聚或微粒凝并(Particle Agglomeration)现象的研究。然而直到20世纪末，气溶胶科研工作者才开始讨论在电场力作用下带电粒子的团聚或凝并行为。近几年来，在基于静电团聚收集亚微米级粉尘方面，欧美、日本等国家有了突破性进展。

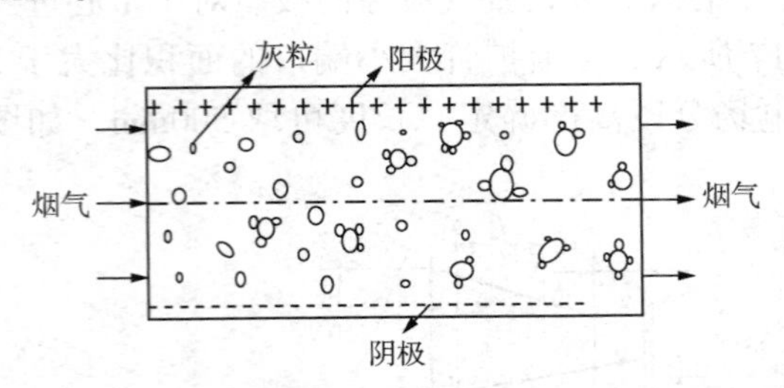

图5-5-19　粉尘静电团聚或凝并的原理示意图

如图5-5-19所示，粉尘的静电团聚或凝并是小颗粒粉尘在静电力作用下互相接触而结合成较大颗粒粉尘的过程。微细粉尘首先在电场力作用下相互碰撞“成核”，再促使“成核”后的粉尘微团进一步“长大”，形成较大颗粒的粉尘后再进行捕集，从而可以在大大提高捕集效率的同时节省能量。粉尘的静电团聚可分为低频交变电场作用和高频交变电场作用两种，目前工业应用的首推高频或超高频交变电场作用，主要有美国CosaTron Air Purification Systems公司和澳大利亚Indigo Technologies公司的静电团聚技术。

美国CosaTron Air Purification Systems公司的静电团聚技术是通过非均匀电场使带电微粒物中性化，在美国和日本等国家的公共场所空调系统中得到了应用，效果较显著。一个非均匀电场包括两根相距3in的线状电极，分别施加高压电场和高频电场，从而极大地增加了电极附近粉尘的运动速度，粉尘碰撞几率的指数级增长导致亚微米级粉尘的数量迅速减少。换言之，对于滤网无法捕集到的1μm以下颗粒，在CosaTron电极产生的电场中不断相互碰撞团聚而逐渐变大，这些变大了的颗粒在正、负电荷作用下变成中性物质。变成中性的大颗粒物不再附着于管路和风机中，而被送入室内继续碰撞长大，最终被滤网捕集。

澳大利亚Indigo Technologies公司的静电团聚器(Indigo Agglomerator)于2002年研制，运用了两项新技术。其一是“气动团聚”，通过气动混合设备使小颗粒附着到大颗粒物上；其二是“双极静电团聚”(Bipolar Electrostatic Agglomeration)，将粉尘荷电后通过电除尘捕集。该技术已经在美国、澳大利亚及中国等国家的电厂中应用，运行结果表明对微细粉尘的捕集效率有显著提高，PM2.5、PM1.0排放分别减少80%和90%。

2. 增强粉尘荷电、迁移强化

增强粉尘荷电、迁移强化主要以改变电除尘器的结构为主，包括带辅助电极静电除尘器、筛网静电除尘器(Sieving Electrostatic Precipitator，SEP)、透镜式静电除尘器(Electrostatic Lentoid Precipitator，ESLP)等。

带辅助电极静电除尘器的原理如图5-5-20所示，通过在电场内增加辅助电极，从而形成连续复式简易双区电场，即荷电区和均匀电场收尘区，二者独立绝缘且分开供电，使两部分的功能都得到强化。荷电粉尘在匀强电场中的驱进速度明显提高，并可捕集带正电粉尘，抑制了反电晕的发生，有利于捕集高比电阻粉尘。而且与常规板式除尘器相比，辅助电极增加了收尘面积，提高了捕集效率。辅助电极的长度、辅助电极与放电极之间的间距是此类电除尘器的重要参数，具体取值与粉尘的理化性质、比电阻有关。电极间距越小、辅助电极越长，则电晕电流越弱，电场更为均匀。此外，不同的辅助电极形状、不同的极线极板配置也对除尘器的效率有很大影响。

如图 5-5-21 所示，筛网静电除尘技术是通过细密布置垂直于来流的、交替荷电的金属筛网来实现除尘。金属筛网间的强电场可以形成电晕风，颗粒在通过筛网前会与电晕风强烈碰撞而荷电增强，通过筛网后会被加速，并增加碰撞捕获的几率。通过不断的电晕风的加速作用，提升捕集效率。筛网的孔径较小，首先颗粒的布朗运动捕获更为明显，其次颗粒仅需要很小的迁移距离就能被金属筛网捕获，减小了对颗粒荷电量的要求，而且在网格的局域电场内小颗粒会被进一步团聚。最终在多种作用下大大提高了除尘器对可吸入颗粒物尤其是微纳米级颗粒物的脱除效率。

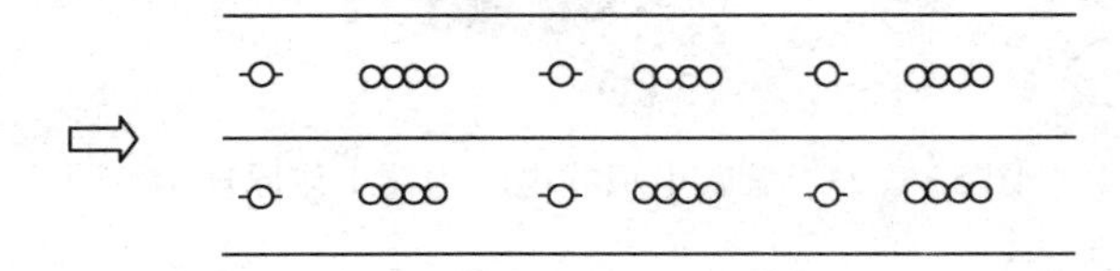

图 5-5-20　辅助电极原理示意图

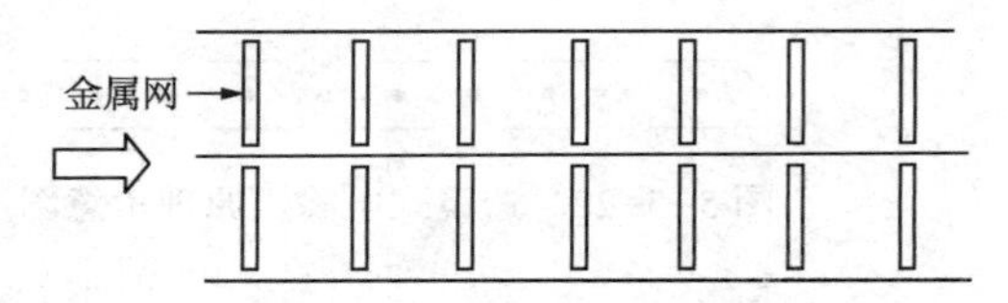

图 5-5-21　筛网静电除尘原理示意图

透镜式电除尘器的电除尘区由阳极、阴极、透镜极共 3 个极组成。阳极采用麻花电晕线，接正高压电源；阴极采用采用鱼骨针刺线，接负高压电源；透镜极采用 SPCC 板组成透镜板排，为接地极。工作原理如图 5-5-21 所示，通过电晕极、透镜极、收尘极施加不同的电压，从而在电晕极、透镜极与透镜极、收尘极间形成不同的电场，并在透镜极两侧产生的强不均匀电场等作用下捕集粉尘。含尘气流经管道，粉尘由电晕极产生的负离子及电子荷电。在透镜电场作用下，带负电荷的尘粒将穿过透镜口进入收尘区。在收尘区中荷电粉尘在收尘电场作用下靠静电力和极化力迁移至收尘极上粘附。由于存在极化作用，因此与传统板式电除尘器相比，需要粉尘的荷电量比较小，而且在收尘区湍流作用下，带负电、带正电和中性的尘粒以及正离子将相互碰撞、团聚，导致透镜极表面的尘粒中有一部分为中性尘粒，这样颗粒对极板的总吸附能力比传统除尘器中所受的力要小得多，沉积到一定厚度后会在重力和湍流的冲刷下崩落，因此透镜式电除尘器可以脱除高比电阻粉尘。粉尘崩落过程中，如果有部分尘粒向透镜窗口运动，则会与从窗口不断进来的带负电尘粒相碰撞，同时透镜极窗口边缘产生的少量负电晕也可以起到电密封作用，使进入收尘区的粉尘都不会再出去，从而有效消除二次扬尘。此外，对于低电阻率尘粒的情况，收尘区内的上述过程有效消除了尘粒跳跃穿过除尘器的情况。

3. 清灰优化

清灰优化方面的典型代表就是移动电极（或旋转电极）电除尘技术，收尘机理与常规电除尘器完全相同，但在清灰方式上将收尘和清灰分开进行。换言之，阳极部分采用移动收尘极板和旋转清灰刷，阴极采用常规电除尘器的阴极系统。如图 5-5-23 所示，旋转阳极板在顶部驱动轮带动下缓慢上下移动，粉尘在收尘区域被收集。附着在极板上的粉尘随极板运动到非收尘区域，被正反两把旋转清灰刷刷除。粉尘直接刷落于灰斗中，最大限度地减少二次扬尘，同时也解决了高比电阻粉尘的“反电晕”问题，满足更严格的排放要求，长期保证高除尘效率。

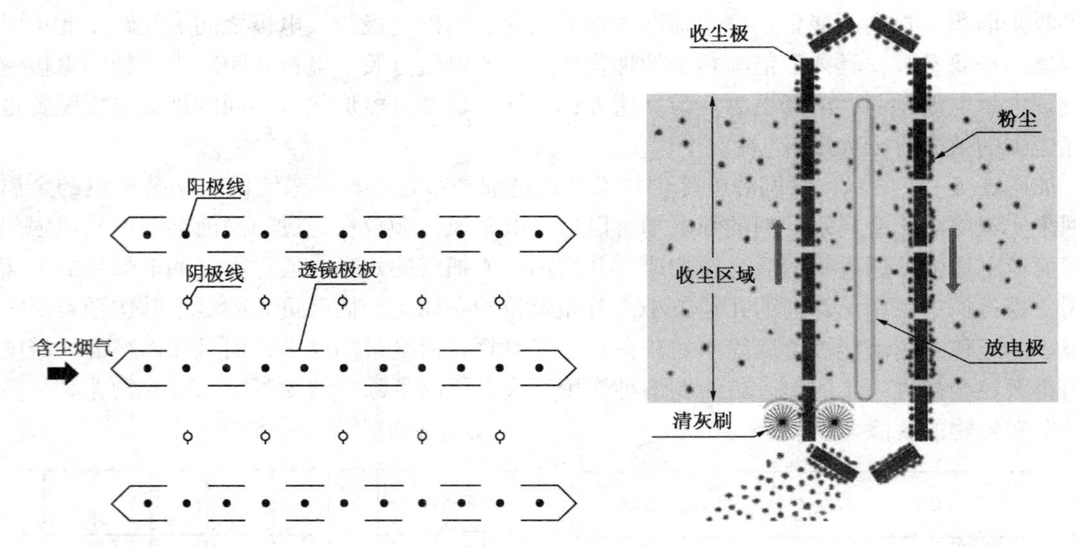

图 5-5-22　透镜式电除尘原理示意图　　图 5-5-23　旋转电极式电除尘器工作原理示意图

早在 20 世纪 70 年代，国外就旋转电极技术做了大量研究。日本日立公司首次研发出移动电极电除尘技术(MEEP)。自 2010 年以来，浙江菲达环保研发生产了大型燃煤电站配套旋转电极式电除尘器，关键部件包括旋转阳极系统、旋转阳极传动机构、阳极清灰组件。极板几何尺寸为：长度 2.5~4.5m，宽度通常取 700mm；极板两端由链条限位，有利于极板运行中保持平稳。极板转动的线速度为 0.1~1.5m/min，常用值为 0.5m/min；内部链轮设计成方形齿，确保与大节距链条正常啮合；从动轴采用自动悬挂方式，使长节距滚子链条始终保持张紧状态。双面对称清灰，清灰刷的刷毛采用不锈钢丝，在提高清灰效果的同时延长使用寿命；设置调心机构，便于清灰刷刷毛磨损之后再调整。先后应用于内蒙古包头第一热电厂 300MW 机组、内蒙古达拉特电厂 330MW 机组，粉尘出口排放浓度测试达到 30mg/m^{3}以下。当然，由于旋转极板结构复杂，制造运行成本高，因此一般都与固定极板联用，主要在下游电场使用。因此，目前所说的移动电极电除尘器一般都由前级的常规电除尘器和后级的移动电极电除尘器组成。

六、复合除尘技术

复合式除尘技术是指将不同的除尘机理相联合，使其共同作用，从而提高除尘效率。复合除尘技术不仅是多种捕集机理的简单串联组合，更多的是采用多种捕集机理有机结合以达到更好的协同除尘效果。当然，多数复合式除尘器都利用了静电力作用，如静电旋风除尘器、静电水雾洗涤器、静电文氏管洗涤器、惯性冲击静电除尘器、静电强化过滤式除尘器和静电强化颗粒层除尘器等，这里仅做代表性介绍。

1. 电袋复合除尘技术

电袋复合除尘是基于静电除尘器和袋除尘器两种成熟的粉尘捕集理论，结合两种技术的优势研发而成。电袋复合除尘器的结构形式可分为 3 类：前电后袋串联型、嵌入型和静电增强型。

（1）紧凑型混合除尘器

美国电力研究所（EPRI）在20世纪90年代开发了紧凑型混合除尘器（Compact Hybrid Particulate Collector，COHPAC），分为COHPAC Ⅰ型（独立型）、COHPAC Ⅱ型（集成型）。Hamon Rasearch-Cottrell公司实现了工业化应用，90年代前中期基于Big Brown电厂原有的静电除尘器建成了8套装置，处理1150MW级电厂产生的烟气，运行压降小于1500Pa，减少了1/3的空间和2000万美元的投资。

COHPAC Ⅰ型（独立型）就是在电除尘器后面直接布置一级独立的袋除尘器，其优点在于：含尘气流先经过一级电除尘器去除70%～90%的含尘量，然后再经过袋除尘器进一步过滤。这种前后级独立的除尘设计和安装，使得烟气必须通过布袋排出，因此不必特别考虑电除尘器末级极板清灰时颗粒二次逃逸的结构性缺陷，也无需考虑静电对布袋的破坏作用。由于布袋粉尘负荷的极大降低和预荷电粉尘的独特过滤特性，系统压降也较小。若选择合适的过滤风速，则可以延长布袋脉冲清灰间隔。COHPAC Ⅱ型（集成型）则是将原来多组电除尘器内部靠后段的电场区域用布袋收尘区组件替代，静电区和布袋收尘区隔开以防止静电场对布袋的破坏，本质上仍然属于电除尘器与袋除尘器内部串联，布袋除尘器都采用脉冲喷吹清灰。我国采用的电袋除尘器绝大多数为COHPAC II型，2002年推出第一台电袋除尘器，并在水泥厂成功投入运行；2004年被应用在电站锅炉除尘改造工程，拓宽了这一技术的实践领域。历经多年的应用验证，得到了用户和行业的认可，总结出其具有高效、低阻、滤袋长寿命和节能等优良性能。

（2）嵌入式电袋复合除尘

嵌入式电袋复合除尘技术源于先进混合型除尘器（Advanced Hybrid Particulate Collector，AHPC），该技术在20世纪90年代中期由美国北达科他（North Dakota）大学和美国能源与环境研究中心（Energy and Environmental Research Center of America，EERC）开发，并于1999年8月取得美国专利。实验室内的测试结果表明，AHPC技术对0.01～50μm粒径范围内颗粒物的捕集效率高达99.99%，可实现粉尘超低排放，尤其对PM2.5细微颗粒物具有很高捕集效率。

在AHPC除尘系统中，滤袋的两侧布置了多孔收尘极板，电极和滤袋交错排列；选用的滤料是GORE-TEX滤料，这类除尘器结构更紧凑。内部几何结构如图5-5-24所示，含尘烟气首先通过静电区，其中携带的大部分颗粒在到达滤袋之前被除去，然后通过收尘板的开孔到达滤袋表面进行过滤。静电除尘所起的另一个重要作用，就是在滤袋脉冲清灰时，一些散落的颗粒团（或灰饼）能被收尘板有效捕集，因而大大降低了灰尘再次被携带到滤袋上的可能性。开孔的收尘板除了捕捉荷电粉尘外，还起着有效防护对滤袋静电破坏的作用。收尘板和放电极周期性使用机械振打清灰。所有的烟气只能经过滤袋排出，而覆膜滤料的多维孔结构在滤料表面保持较高的颗粒捕集效率，因此可除去比传统滤袋更小量级的细颗粒，且穿透率极低。

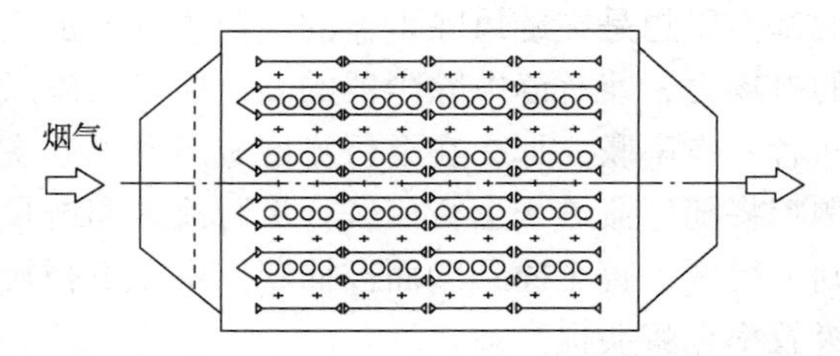

图5-5-24　嵌入式电袋除尘器的布置示意图

嵌入式电袋除尘技术于1999年7月在美国Otter Tail电力公司大石（Big Stone）燃煤发电厂一台450MW机组上进行小试，烟气处理量1500m^3/h，烟气中含有电除尘器难以捕集的高比电阻飞灰，滤袋气布比为3.35～3.66m/min。结果表明，设备长期运行性能稳定，对于

1~50μm 所有粉尘的捕集效率都在 99.99%以上，阻力保持在 1600~2000Pa。国内清华大学热能系从 2000 年初发展了该技术，在电袋复合式除尘器中添加了孔板调节功能，从而可以调节控制电除尘和布袋除尘的负荷。福建龙净环保在国内率先研制成功电袋复合除尘器，并独家拥有美国 EERC 嵌入式电袋复合除尘技术。通过开展大型结构布置、大气量脉冲阀清灰、烟气气路调节、高强耐腐滤料等研究，突破了大型电袋复合除尘器系列关键技术，解决了大机组环境下处理烟气量大、除尘器断面大、袋区分室多、滤袋数量多、占地面积大等难题，建立了 300MW、660MW、1000MW 机组电袋复合除尘器示范工程，基本构建了我国电袋复合除尘器的技术、标准和成套装备体系。

(3) 静电增强型电袋除尘

静电增强纤维电袋除尘是使含尘气流经过一段预荷电区，使含尘气流中的粉尘带电。然后荷电粉尘进入过滤段被滤袋纤维捕集。粉尘可带正电，也可带负电。纤维滤料可施加电场，也可不施加电场。若施加电场，则可施加与粉尘极性相同的电场，也可施加与粉尘极性相反的电场。一般施加相同极性电场的效果更好，原因为极性相同时，电场力与流向相反，粉尘不易透过纤维层，除尘效率更高；并且为表面过滤，滤料内部较洁净，沉积于滤料表面的粉尘层较疏松，清灰容易。静电增强纤维电袋除尘的特点是前段静电作用区只为粉尘预荷电而不起分离捕集作用，全部粉尘的捕集都通过后一级的纤维滤袋来进行。

该技术的研究始于 20 世纪 50 年代，在 70 年代快速发展。1970 年研发了 Apitron 静电增强纤维除尘器，美国南方电力研究院(SRI)进行了该技术的中试，特点是粉尘在过滤器内部荷电，采用脉冲喷吹清灰，已经在烧结、炼铁高炉、粉体输送等领域得到应用。日本日立公司开发设计了用于火力发电燃煤锅炉除尘的器外预荷电袋式过滤器，在过滤器的含尘气体入口处预荷电，采用反吹清灰，清灰周期 60min。美国纺织研究院(TRI)提出的表面电场袋式除尘器，利用布袋骨架中的竖条作为正、负电极，相邻骨架极性相反，形成交错电极布置结构。电场在滤袋的内表面或外表面形成，并采用脉冲或反吹进行清灰。

2. 静电旋风复合除尘器

如图 5-5-25 所示，静电旋风复合除尘器(Electrically energized cyclone, electrocyclone)的基本思想是在旋风除尘器的空腔主轴上加入电晕极，使其周围产生较高的电子密度和较强的电场力，兼有静电除尘器的高性能以及旋风除尘器结构简单、造价低等优点。若近似地将两者看作串联，那么在下行流区旋风分离起主要作用，脱除掉较大的颗粒，而未被除去的小颗粒将随气流进入上行流区；上行流区离电晕极较近，因此会受到更强的电场力而径向运动到下行区，直至撞到壁面被捕获。由于下行流区同样受到静电力的作用，因此对大颗粒的分级效率也将会提高。

在离心力和静电力的综合作用下，静电旋风复合除尘器的除尘效率显著提高，特别是当采用芒刺线状电晕极而除尘器的进口风速又较低时(小于 16m/s)，对工业粉尘具有稳定且较高的除尘效率。但由于静电除尘器要求切向速度小，而旋风除尘器却要求切向速度大，因此到目前为止，优化静电旋风除尘器的参数设计仍然是一个值得研究的问题。

当然，在常规串联旋风除尘器结构中也可以进行静电增强。Romualdo R. Salcedo 等人发明的 RS_ VHE 型旋风除尘器改进了传统的级间连接方式，在串联结构中引入了一个静电增强的循环分离流程。如图 5-5-26 所示，RS_ VHE 型旋风分离器是一个闭合的串联分离除尘过程，为进一步提升细颗粒捕集效果，在二级直流式旋风分离器内附加了电场。实验效果表明，对中位粒径 0.3~0.5μm 颗粒的捕集效率可达 85%~90%，细颗粒的捕集效果明显提升。

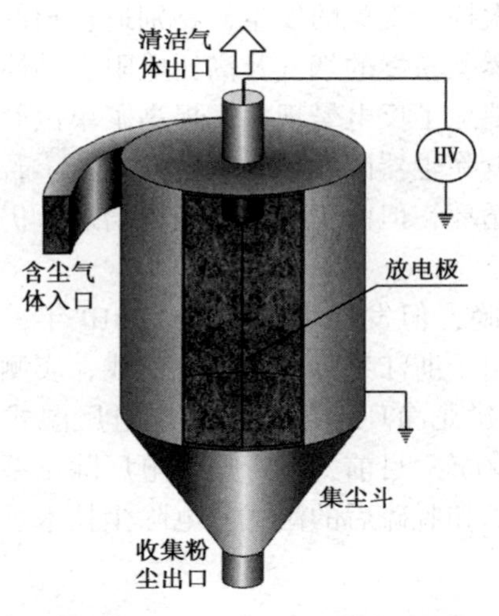

图 5-5-25　静电旋风复合除尘器的结构示意图

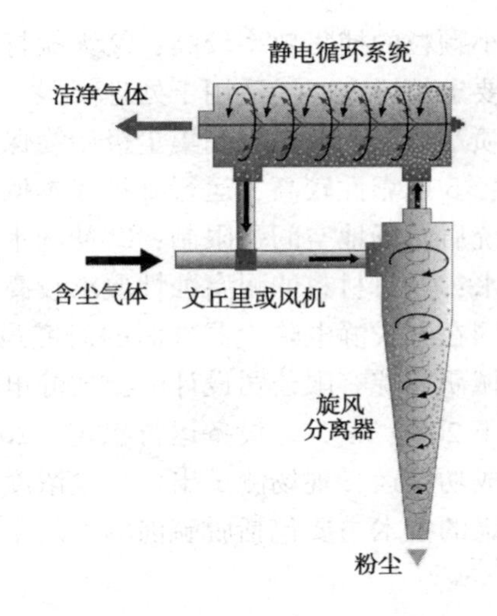

图 5-5-26　RS_ VHE 型静电增强旋风分离器

3. 湿式静电除尘器

20 世纪 40 年代，Penney 对湿式静电除尘器进行了研究，得出荷电雾滴可以增强亚微米粉尘粒子的捕集效率。到 50 年代中期，Kraemer 和 Johnstone 分析了荷电雾滴对粉尘粒子的捕集机理。在静电喷雾中，可以通过电晕荷电、感应荷电和接触荷电 3 种形式使雾滴荷电，其中接触荷电由于绝缘困难而应用很少。水雾直流电晕放电技术的应用包括放电极喷蒸汽静电除尘、放电极雾化半湿式除尘、接地水电极雾化烟气净化、磁约束低气压饱和蒸汽荷电等。

湿式静电除尘器(Wet Electrostatic Precipitator，WEP)最早应用于制酸、冶金等工业生产中。1975 年开始，日本三菱重工采用湿式静电除尘器来处理化工厂重油锅炉产生的烟气；日本日立公司的湿式静电除尘器应用于碧南电厂，实际应用都达到了预期效果。随着对微细颗粒的控制日益引起关注，国外对湿式静电除尘器的应用日益增多，特别是日本的开发及应用较为普遍。在铅冶炼工艺、电场酸气洗涤器的后续处理工厂也都得到应用，排放浓度一般都在 $5mg/Nm^3$ 以下。

湿式静电除尘器的结构如图 5-5-27 所示，工作时在阳极和阴极线之间施加高压电，在强电场作用下发生电晕，从而产生大量负离子和少量阳离子；随饱和湿烟气进入其中的尘(雾)粒子与这些正、负离子相碰撞、凝并而荷电，荷电后的尘(雾)粒子由于受到高压静电场力的作用，亦向阳极运动；到达阳极后，将其电荷释放，尘(雾)粒子就被阳极收集，最后通过水冲刷的方式将其清除。湿式静电除尘器不仅可以除去粉尘颗粒，还可以脱出烟气中的有害气体。

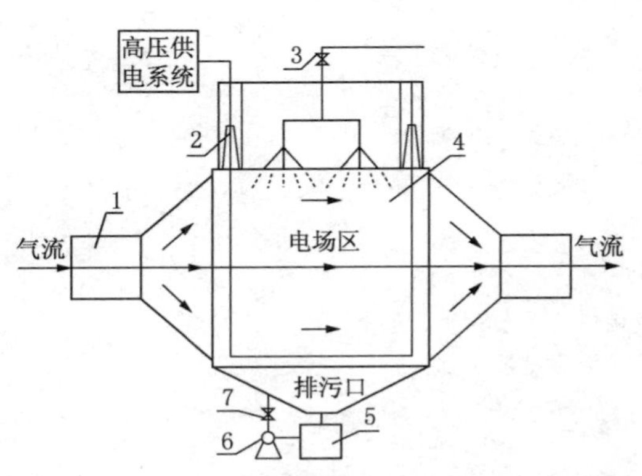

图 5-5-27　湿式静电除尘器的结构示意图

1—烟道；2—高压供电系统；3—喷淋系统；4—放电收尘系统；5—水箱；6—水泵；7—调节阀

湿式静电除尘器具有如下优点：①对于亚

微米大小颗粒的捕集效率较高；②无振打，没有二次扬尘现象的发生，特别适合超低粉尘浓度排放要求的场合；③适用于处理高湿、高温、易燃、易爆的烟气及高比电阻、黏性大的粉尘；④喷水清灰，放电极和集尘极始终保持清洁，消除了反电晕现象，提高了单位面积的集尘效率；⑤可靠性较高，运行维护成本低。湿式静电除尘器同样存在一些缺点：①若布置在脱硫系统后，场地空间受限制；②冲洗水采用闭式循环，但由于水中含尘量增加，仍需不断补充原水；③对材料的耐腐蚀性要求较高。

我国在湿式静电除尘器方面的研究虽然起步较晚，但发展十分迅速。2010 年，由中国重型机械研究院有限公司设计的湿式静电除尘器应用于浙江某工业窑炉生产线，实测烟尘排放远低于 $20mg/m^3$，且设备运行稳定。2013 年，福建龙净环保研发的燃煤电厂湿式静电除尘设备成功投运，现场测试出口粉尘浓度低于 $10mg/m^3$。目前，对于燃煤电厂除尘系统超低排放升级的技术主要包括脱硫前的增效干式除尘技术和脱硫后的湿式静电除尘技术。

第六章 气态污染物净化技术与设备

气态污染物在化学上可分为两大类；一类是有机污染气体，另一类是无机污染气体。有机污染气体主要包括各种烃类、醇类、醛类、酸类、酮类和胺类等，无机污染气体主要包括以 SO_2为主的含硫化合物、以 NO 和 NO_2为主的含氮化合物、碳的氧化物、卤素及其化合物等。气态污染物在废气中呈分子状态，分布得很均匀，不能像颗粒物那样可以利用重力、离心力、静电力等使其分离。因此，气态污染物的控制主要是利用物化性质，如溶解度、吸附饱和度、露点和选择性化学反应等的差异，将污染物分离出来，或将污染物转化为无害或易于处理的物质。常用的方法有吸收法、吸附法、冷凝法、催化转化法和燃烧法等。本章主要介绍用于气态污染物控制的典型设备设计及应用。

§6.1 吸收法净化技术与设备

吸收是根据气体混合物中各组分在液体溶剂中溶解度或化学反应活性的不同而将混合物分离的一种方法。吸收净化法具有效率高、设备简单等特点，广泛应用于气态污染物治理，它不仅是减少或消除气态污染物向大气排放的重要途径，而且还能将污染物转化为有用的产品。

一、概述

吸收可分为物理吸收和化学吸收两类。在物理吸收中，气体组分在吸收剂中只是单纯的物理溶解过程。化学吸收则是伴有显著化学反应的吸收过程，被吸收的气体(简称吸收质)与吸收剂中的一个或多个组分发生化学反应。例如用各种酸溶液吸收 NH_3，用碱液吸收 SO_2、CO_2、H_2S 等。气态污染治理常具有废气量大、污染物浓度低、气体成分复杂和排放标准要求高等特点，物理吸收难以满足上述要求，因此大多采用化学吸收。与物理吸收相比，化学吸收使吸收推动力增大，总吸收系数增大，吸收设备的有效接触面积增大，能满足处理低浓度气态污染物的要求。

1. 气液相平衡

(1) 物理吸收的气液相平衡

当混合气体与吸收剂接触时，气体中的部分吸收质向吸收剂进行质量传递(吸收过程)，同时也发生溶液中的吸收质向气相逸出的质量传递(解吸过程)。在一定温度和压力下，当吸收过程的传质速率等于解吸过程的传质速率时，气液两相就达到了动态平衡，简称相平衡。当总压不高(一般约小于 5×10^5 Pa)时，在一定温度下，溶液中溶质的溶解度与气相中溶质的平衡分压成正比，此时气液两相的平衡关系可用亨利定律来表达。

① 若以体积摩尔浓度 c_A表示溶质在液相中的组成，则亨利定律表示为

$$p_A{}^* = \frac{c_A}{H} \tag{6-1-1}$$

式中 $p_A{}^*$——溶质 A 在气相中的平衡分压，Pa；

c_A——单位体积溶液中溶质 A 的摩尔分数，$kmol/m^3$；

H——溶解度系数，$kmol/(m^3 \cdot MPa)$。

② 若液相组成用摩尔分数表示，则液相上方气体中溶质 A 的平衡分压与其在液相中的摩尔分数 x_A 之间存在如下关系，即

$$p_A{}^* = Ex_A \tag{6-1-2}$$

式中　x_A ——平衡状态下，溶质在溶液中的摩尔分数；

E—— 亨利系数，单位与 $p_A{}^*$ 相同，其值随物系特性及温度而变，由实验测定或查相关手册。难溶气体的 E 值很大，易溶气体的 E 值很小。

③ 若溶质在气相与液相中的含量分别用摩尔分数 y_A 及 x_A 表示时，亨利定律又可写成如下形式

$$y_A{}^* = mx_A \tag{6-1-3}$$

式中　$y_A{}^*$ ——与 x 相平衡的气相中溶质 A 的摩尔分数；

m ——相平衡常数，无量纲，其值通过实验测定。根据 m 值大小可以判断不同气体溶解度的大小，m 值越小表明该气体的溶解度越大。对于一定的物系而言，m 是温度和压强的函数。

④ 若以摩尔比表示，则亨利定律可写成如下形式

$$Y_A{}^* = mX_A \tag{6-1-4}$$

式中　Y_A——气相摩尔比；

X_A——液相摩尔比。

(2) 化学吸收的气液相平衡

如果溶解在液体中的吸收质与吸收剂发生了化学反应，则被吸收组分在气液两相的平衡关系既满足相平衡关系，同时又服从化学平衡关系。

设溶质 A 与吸收剂或其中的一种活性组分 B 反应，生成反应产物 M、N，反应的关系式可写成

$$a\mathrm{A} + b\mathrm{B} \rightleftharpoons m\mathrm{M} + n\mathrm{N} \tag{6-1-5}$$

因同时满足相平衡与化学平衡关系，可以求得

$$[\mathrm{A}] = \left\{\frac{[\mathrm{M}]^m[\mathrm{N}]^n}{K[\mathrm{B}]^b}\right\}^{\frac{1}{a}} \tag{6-1-6}$$

式中　[M]、[N]、[A]、[B]——各组分的浓度；

a、b、m、n——各组分的化学计量系数；

K—— 化学平衡常数。

代入亨利定律，就可以得到化学吸收溶质气、液两相的平衡关系

$$p_A{}^* = \frac{[\mathrm{A}]}{H} = \frac{1}{H}\left(\frac{[\mathrm{B}]^m}{K[\mathrm{B}]^b}\right)^{\frac{1}{a}} \tag{6-1-7}$$

2. 吸收传质机理

气液两相间物质传递过程的理论是近数十年来一直在研究的问题。已经提出的理论很多，包括 1926 年 Whitman 提出的双膜理论(亦称滞留膜理论)、1935 年 Higbie 提出的溶质渗透理论和 1951 年 Danckwerts 提出的表面更新理论。其中“双膜理论”一直占有很重要的地位，它不仅适用于物理吸收，也适用于化学吸收。该理论的基本论点如下：

① 相互接触的气液两流体之间存在着稳定的相界面，界面两侧各有一层有效滞流膜，分别称为气膜和液膜，吸收质以分子扩散的方式通过双膜层。

② 在相界面处，气、液两相达到平衡。

③ 在膜层以外的气、液两相中心区，由于流体充分湍流，吸收质浓度均匀，即两相中心区内的浓度梯度皆为零，全部浓度变化集中在两相有效膜内。通过以上假设，就把复杂的相际传质过程简化为经由气、液两膜的分子扩散过程。

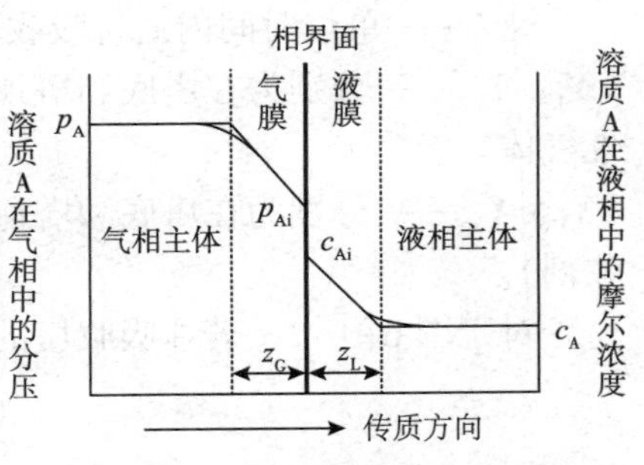

图 6-1-1 双膜理论示意图

根据生产任务进行吸收设备的设计计算，核算混合气体通过指定设备所能达到的吸收程度，都需要知道吸收速率。吸收速率是指单位时间内单位相际传质面积上吸收的溶质的量，根据“双膜理论”，吸收速率=吸收系数×吸收推动力。由于吸收系数及其相应推动力的表达方式及范围不同，出现了多种形式的吸收速率方程式，现结合图 6-1-1 阐述如下。

(1) 气膜吸收速率方程式

$$(N_A)_G = k_G(p_A - p_{Ai}) \tag{6-1-8}$$

式中 $(N_A)_G$——溶质 A 通过气膜的传质通量，kmol/(m² · s)；

p_A、p_{Ai}——溶质 A 在气、液两相主体中和界面上的压力，Pa；

k_G——以气相分压差(p_A-p_{Ai})为推动力的气膜传质系数，kmol/(m² · s · Pa)。

(2)液膜吸收速率方程式

$$(N_A)_L = k_L(c_{Ai} - c_A) \tag{6-1-9}$$

式中 $(N_A)_L$——溶质 A 通过液膜的传质通量，kmol/(m² · s)；

c_A、c_{Ai}—— 溶质 A 在气、液两相主体中和界面上的浓度(kmol/m³)；

k_L——以液相浓度差(c_A-c_{Ai})为推动力的液膜传质系数，kmol/(m² · s · Pa)；

(3)总传质速率方程式

$$N_A = K_y(y_A - y_A^{\ *}) \tag{6-1-10}$$

或

$$N_A = K_x(x_A^{\ *} - x_A) \tag{6-1-11}$$

式中 x_A、y_A—— 溶质 A 在液相和气相主体中的摩尔分数；

$x_A^{\ *}$、$y_A^{\ *}$—— 与气相主体摩尔分数平衡的液相摩尔分数，和与液相主体摩尔分数平衡的气相摩尔分数；

K_y，K_x—— 以摩尔分数差为推动力的气相和液相总传质系数，kmol/(m² · s)。

对于易溶气体，吸收速率主要取决于气膜阻力，液膜阻力可以忽略，吸收过程为气膜控制。相反，难溶气体则可以忽略气膜阻力，而只考虑液膜阻力，吸收过程为液膜控制。介于易溶与难溶之间的气体，吸收过程为双膜控制，气膜和液膜的阻力要同时考虑。

3. 吸收塔的物料平衡

吸收时，从气相传递到液相的组分量等于气相中组分的减量，并等于在液相中组分的增量。所以，逆流操作吸收设备(如图 6-1-2)的全塔物料衡算可以写成

$$G(Y_1 - Y_2) = L(X_1 - X_2) \tag{6-1-12}$$

式中 G——单位时间内通过吸收塔任一截面单位面积的惰性气体的量，kmol/(m² · s)；

L——单位时间内通过吸收塔任一截面单位面积的纯吸收剂的量，kmol/(m²·s)；

Y_1、Y_2—— 分别为在塔底和塔顶的被吸收组分的气相摩尔比，(kmol 被吸收组分/kmol 惰性气体)；

X_1、X_2—— 分别为在塔底和塔顶的被吸收组分的液相摩尔比，(kmol 被吸收组分/kmol 吸收剂)。

对于图 6-1-2，若在吸收塔的任意截面与塔底之间进行物料衡算，则有

$$G(Y_1 - Y) = L(X_1 - X) \tag{6-1-13}$$

或

$$Y = \frac{L}{G}X + (Y_1 - \frac{L}{G}X_1) \tag{6-1-14}$$

在 $Y-X$ 图上，式(6-1-14)为一直线，如图 6-1-3 所示，其斜率 L/G 称为气液比，这条直线称为吸收操作线，式(6-1-14)称为吸收操作线方程，该方程由操作条件决定。对于一定的气液系统，当温度压力一定时，平衡关系全部确定，也就是说平衡线在 $Y-X$ 图上的位置是确定的(如图 6-1-3 中的 OC 线)。操作线方程式的作用是说明塔内气液浓度变化情况，更重要的是通过气液浓度变化情况与平衡关系的对比，确定吸收推动力，对于吸收操作来说，操作线必须位于平衡线之上，操作线与平衡线之间的距离反映了吸收推动力的大小，对于图 6-1-3 中的任一点 A，垂线段 AD 等于吸收推动力 $Y_1 - Y_e$，而水平线段 AC 等于吸收推动力 $X_e - X_1$。

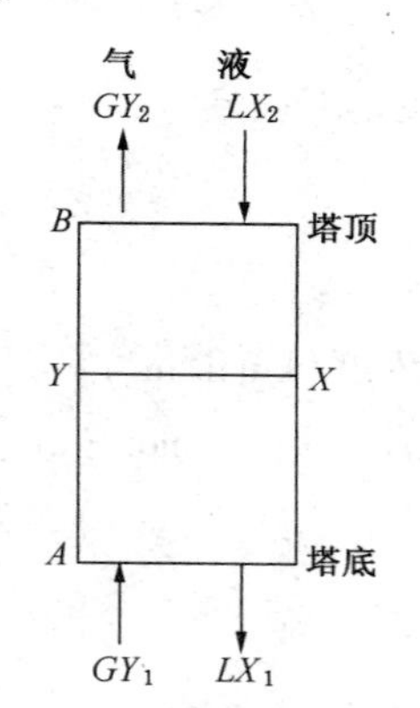

图 6-1-2　逆流吸收塔示意图

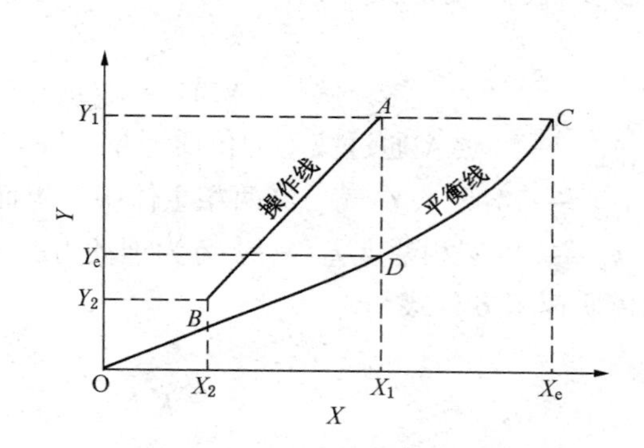

图 6-1-3　吸收操作线与推动力

在设计计算时，气体进塔和出塔浓度 Y_1、Y_2 以及惰性气体量 G 都已知，液相进塔浓度 X_2 也已知，而由式(6-1-14)可知

$$\frac{L}{G} = \frac{Y_1 - Y_2}{X_1 - X_2} \tag{6-1-15}$$

由上式分析可知，当 X_1 最大时，L 最小。而根据气液平衡可知，X_1 取最大值时，与 Y_1 达到平衡，此时操作线与平衡线相交，吸收推动力为零，根据 Y_1 从平衡线上查出 X_e。如果平衡线为直线，则可根据平衡常数由下式计算 X_e

$$X_e = \frac{Y_1}{m} \tag{6-1-16}$$

于是得出

$$L_{\min} = \frac{Y_1 - Y_2}{X_e - X_2} G = \frac{Y_1 - Y_2}{\frac{Y_1}{m} - X_2} G \tag{6-1-17}$$

4. 吸收液的解吸

为了回收溶质或循环使用吸收剂，需要对吸收液进行解吸处理(溶剂再生)。使溶解于液相中的气体释放出来的操作称为解吸(或称脱吸)。常用的解吸方法有如下几种：

(1) 气提解吸

气提解吸法也称载气解吸法，其过程类似于逆流吸收，只是解吸时溶质由液相传递到气相。富吸收液从解吸塔顶喷淋而下，载气从解吸塔底通入自下而上流动，气液两相在逆流接触过程中，溶质不断地由液相转移到气相。其中以空气、氮气、二氧化碳作载气，称为惰性气体气提；以水蒸气作载气，同时又兼作加热热源的解吸常称为汽提；以溶剂蒸气作为载气的解吸，也称提馏。

(2) 减压解吸

对于在加压情况下获得的富吸收液，可采用一次或多次减压的方法，使溶质从富吸收液中释放出来。溶质被解吸的程度取决于解吸操作的最终压力和温度。

(3) 加热解吸

一般而言，气体溶质的溶解度随温度的升高而降低，若将吸收液的温度升高，则必然有部分溶质从液相中释放出来。如采用“热力脱氧”法处理锅炉用水，就是通过加热使溶解氧从水中逸出。

(4) 加热-减压解吸

将吸收液加热升温之后再减压，加热和减压的结合，能显著提高解吸推动力和溶质被解吸的程度。

需要指出的是，在工程实际中很少采用单一的解吸方法，往往是先升温再减压至常压，最后再采用气提法解吸。

二、吸收净化设备的类型

由于气液两相界面的状况对吸收过程有着决定性的影响，吸收设备的主要功能就在于建立面积最大、并能迅速更新的气液两相接触表面。根据气液两相界面的形成方式，吸收设备可分为表面吸收器、鼓泡式吸收器和喷洒吸收器 3 大类。按气体吸收设备的结构形状又可分为塔器和其他设备。

表面吸收器的气液两相界面是静止的液面或流动的液膜表面，属于这类吸收器的有表面吸收器、液膜吸收器、填料吸收塔和机械膜式吸收器。鼓泡式吸收器的特点是气体以气泡形式分散于吸收剂中，属于此类的吸收器有泡罩吸收塔、湍球塔、泡沫吸收塔、板式吸收器和带有机械搅动的吸收器。喷洒吸收器中，液体以液滴形式分散于气体中，属于此类的吸收器主要有喷淋塔、高气速并流喷洒吸收器和机械喷洒吸收器等。

在大气污染净化中，因为气体量大而浓度低，所以常选用以气相为连续相、湍流程度高、气液两相界面大的吸收设备，常用的有填料塔、板式塔和喷淋塔。

1. 填料塔

如图 6-1-4 所示，填料塔以填料作为气液接触的基本构件，在圆柱形壳体内支承板上装填一定高度的填料。液体经塔顶喷淋组件均匀分布于填料层顶部上，填料的润湿表面成为气液连续接触的传质表面；液体依靠重力作用沿填料表面自上而下流经填料层，最后自塔底排出。气体从塔底送入，在压力差推动下穿过填料层的空隙上升，由塔的底部流向顶部。填料塔具有结构简单、操作稳定、适用范围广、便于用耐腐蚀材料制造、压力损失小、适用于小直径塔等优点。塔径在 800mm 以下时，较板式塔造价低、安装检修容易。但用于大直径的塔时，则存在效率低、重量大、造价高以及清理检修麻烦等缺点。近年来，随着性能优良的新型填料的不断涌现，填料塔的适用范围正在不断扩大。

(1) 波纹填料塔

波纹填料塔的阻力较一般乱堆填料低，属于整砌型填料，因而空塔速度可达 2m/s。同时由于填料结构紧凑，具有很大的比表面积，因而效率较高。此外，它的操作弹性大，可用各种金属、非金属材料制造，便于处理腐蚀性物料。

(2) 湍球塔

湍球塔是一种高效吸收设备，属于填料塔中的特殊塔型，如图 6-1-5 所示。它是以一定数量的轻质小球作为气液两相接触的媒体。塔内有开孔率较高的筛板，一定数量的轻质球形填料置于支承板(筛板)上，具体结构和工作原理可参见 § 5. 4。

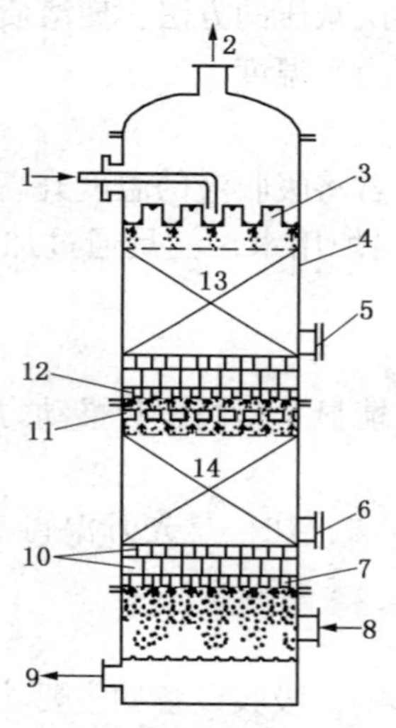

图 6-1-4　填料塔的结构示意图

1—液体入口；2—气体出口；3—液体分布器；4—外壳；
5—填料卸出口；6—人孔；7，12—填料支承；8—气体入口；
9—液体出口；10—防止支承板堵塞的大填料和中等填料层；
11—液体再分布器；13，14—填料

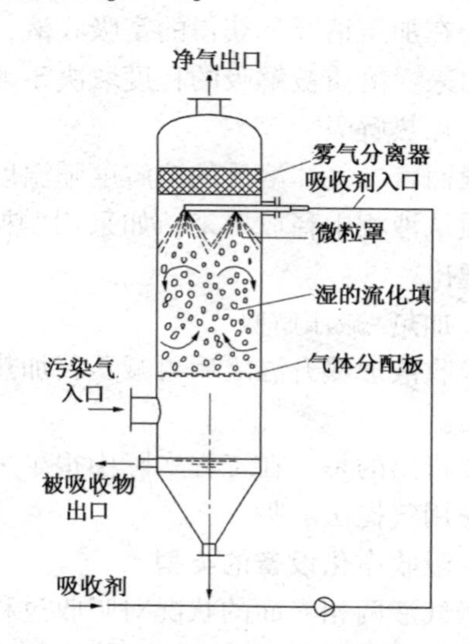

图 6-1-5　湍球塔的结构示意图

湍球塔的优点是：气流速度高，处理能力大；设备体积小，吸收效率高；还可以同时对含尘气体进行除尘；由于填料剧烈湍动，一般不易被固体颗粒堵塞。缺点是：随着小球无规则运动，气流有一定程度的返混；传质单元数多时阻力较高；塑料小球不能承受高温，易变形和破裂，且磨损较严重，使用寿命短，需要经常更换。湍球塔常用于净化处理含颗粒物的气体或液体，以及可能发生结晶的过程。

2. 板式塔

如图 6-1-6 所示，板式塔通常由一个圆柱形壳体以及沿塔高按一定间距水平设置的若干层塔板组成。操作时，吸收剂从塔顶进入，依靠重力作用自上而下经各层塔板后从塔底排出，并在各层塔板的板面上保持有一定厚度的流动液层；气体由塔底进入，逐板上升，并与板上的液层接触，两相的组成沿塔高呈阶梯式变化，被净化气体最后由塔顶排出。由此可见，塔板是板式塔中气液两相接触传质的部位，决定板式塔的操作性能。在工业生产中，当处理量大时多采用板式塔，而当处理量较小时多采用填料塔。板式塔的类型很多，主要区别在于塔内所设置的塔板结构不同。板式塔的塔板可分为有降液管及无降液管两大类，如图6-1-7所示。在有降液管的塔板上，设有专供液体流通的管道，每层板上的液层高度可以由溢流挡板的高度调节。

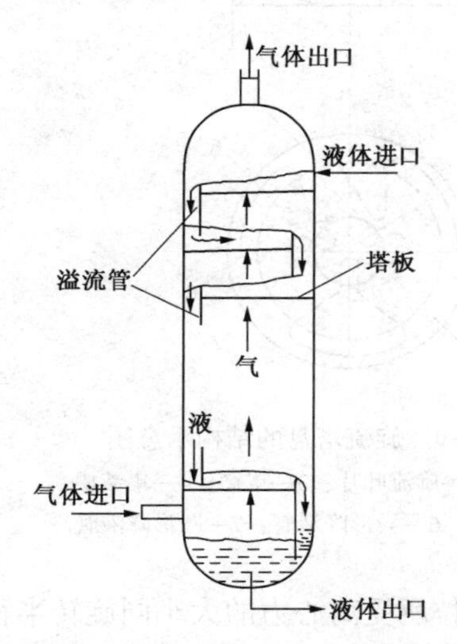

图 6-1-6　板式塔的结构示意图

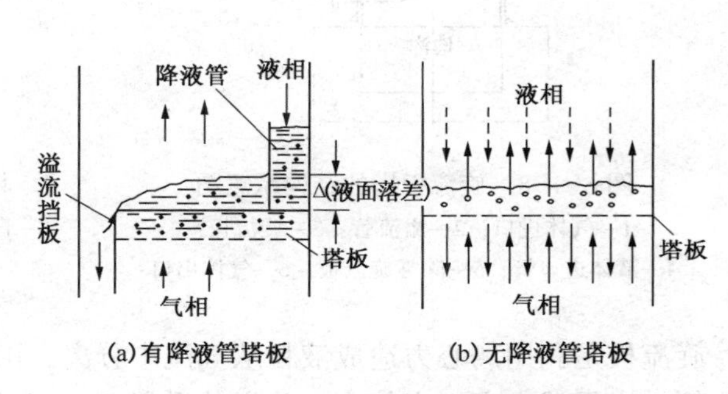

图 6-1-7　板式塔塔板的结构类型示意图

工业上最早出现的板式塔是筛板塔和泡罩塔。筛板塔出现于 1830 年，很长一段时间内被认为难以操作而未得到重视。泡罩塔结构复杂，但容易操作，自 1854 年应用于工业生产以后，很快得到推广，直到 20 世纪 50 年代初始终处于主导地位。20 世纪 50 年代后，人们逐步掌握了筛板塔的操作规律和正确设计方法，还开发了大孔径筛板，解决了筛孔容易堵塞的问题，因此筛板塔迅速发展成为工业上广泛应用的塔型。与此同时，还出现了浮阀塔，其操作容易，结构也比较简单，同样得到了广泛应用。相比之下泡罩塔的应用则日益减少。近数十年来，人们在塔板结构方面继续进行了大量研究，认识到筛板塔、泡罩塔和浮阀塔中存的雾沫夹带通常是限制气体通过能力的主要因素。针对上述缺点，并为适应各种特殊要求，开发了舌形塔板、斜孔塔板、网孔塔板、林德筛板、多降液管塔板、旋流塔板等新型塔板。

旋流板塔是我国 20 世纪 70 年代研发的塔型，实际上是一种喷射型塔板洗涤器，目前在除尘脱硫、除雾中应用效果良好。旋流板塔的总体结构如图 6-1-8 所示，具有一定风压、风速的待处理气流从塔的底部进、上部出，吸收液从塔的上部进、下部出。旋流塔盘的结构如图 6-1-9 所示，旋流叶片犹如固定的风车叶片，气流通过叶片 2 间隙时产生旋转和离心运动；吸收液通过中间盲板 1 均匀分配到每个叶片 2 上形成薄液层，与旋转向上的气流形成旋转和离心的效果，喷成细小液滴，甩向塔壁后。液滴受重力作用集流到集液槽 4，并通过降液管 6、7 流到下一塔板的盲板区。具有一定风压、风速的待处理气流从塔的底部进，上部出；吸收液从塔的上部进，下部出。气流与吸收液在塔内作相对运动，并在旋流塔板的结构部位形成很大表面积的水膜，从而大大提高了吸收作用。每一层的吸收液经旋流离心作用掉入边缘的收集槽，再经导流管进入下一层塔板，进行下一层的吸收作用。

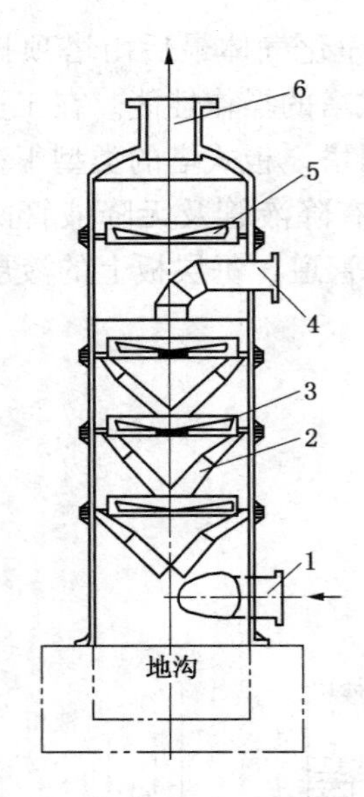

图 6-1-8　旋流板塔的结构示意图

1—气体进口；2—溢流管；3—旋流板；
4—液体进口管；5—除雾旋流板；6—气体出口

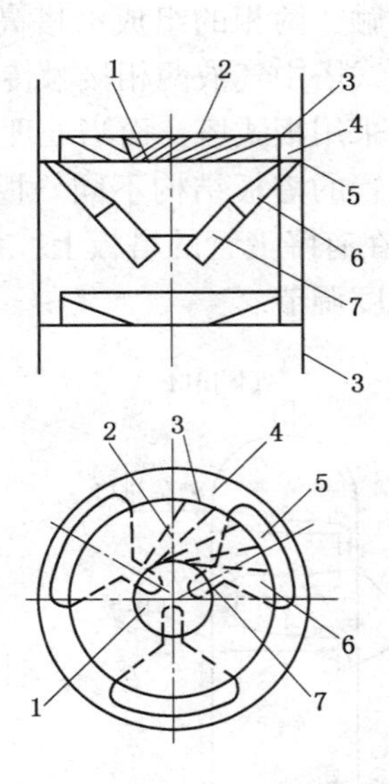

图 6-1-9　旋流塔盘的结构示意图

1—盲板；2—旋流叶片；3—罩筒；4—集液槽；
5—溢流口；6—异形降液管；7—圆形降液管

旋流板是利用离心力造成液粒从气流中分离，由于液粒所受离心力的大小同旋转半径成反比例，半径越大离心力越小，分离效果越差，直径小的旋流板比直径大的旋流板分离效果好，因此旋流板多用于直径较小的塔器。现在大型塔器越来越多，例如许多石油化工、煤化工的塔器直径都在 4m 以上，环保领域烟气脱硫的吸收塔直径甚至达到 15m，如果塔顶气液分离要使用旋流板除雾器，可基于“双程旋流板”和“多程旋流板”结构概念，如采用多个小直径旋流板除雾器并列组合的方案。

3. 特种接触塔型

在这种塔型中，气体为连续相，液体以液滴形式分散于气体中形成气液接触界面。常用的有喷淋塔、喷射吸收器、机械喷洒吸收器和文丘里吸收器等。

(1) 喷淋塔

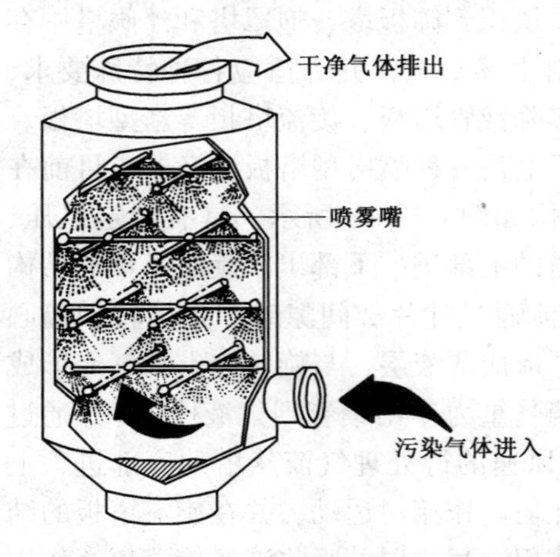

图 6-1-10　逆流喷淋塔的结构示意图

喷淋塔也称为重力喷淋塔、喷淋室或喷淋洗涤器(Scrubber)，是用于气体吸收最简单的设备。一个喷淋塔包括一个空塔和一套喷淋液体的喷嘴。其结构如图 6-1-10 所示，一般情况下，气体由塔底进入，经气体分布系统均匀分布后向上穿过整个设备，而同时由一级或多级喷嘴喷淋液体，气体与液滴逆流接触，净化气体经除雾后由塔顶排出。

喷淋塔的优点是结构简单(除喷淋的喷嘴外无其他内部设施)、完全开放、造价低廉、气体压降小，且不会堵塞，目前广泛应用于湿法脱硫系统中。但与传统的其他塔型相比，不能使用较高气速(一般小于 1.5m/s)，否则会造成雾沫夹带，因此处理能力小；

另外操作性能差，本来液体由喷淋组件中喷出的雾滴直径就大，而在液滴下落过程中往往又会聚集在一起形成更大的滴液，从而大大减小了气液传质面积，而且液滴内部几乎没有液体循环，造成液膜阻力往往会很高。因此喷淋塔只适用于气膜控制的传质，也就是吸收溶解度很大的气体。近十几年来，德国鲁奇·能捷斯·比晓夫公司(Lurgi Lentjes Bischoff，LLB)、德国费塞亚巴高克环境工程公司(Fisia-Babcock Environment GmbH，简称 FBE 公司)、ABB 公司、美国巴布科克·威尔科克斯有限公司(Babcock and Wilcox，简称 B&W/巴威公司)、日本三菱公司、日本日立公司等，都对喷淋塔进行了改进研究，主要体现在对塔型结构、流体力学特性、传质传热特性等方面。喷嘴是喷淋塔的主要附件，要求其能够提供细小和尺寸均匀的液滴以使喷淋塔有效运转，喷嘴研发主要集中在：①喷嘴结构，无论采用单相流还是两相流，最终都要保证有大的喷淋密度、细的液滴和使液体分布均匀，增大气液传质面积；②塔内布置，包括层数和位置两个方面；③喷射方向，一般都采用向多个方向喷射，以造成气液在塔内的高度紊流，使气液充分接触，延长接触时间，提高吸收效率；④喷射速度，在不影响塔的操作性能的前提下，尽可能提高喷射速度，目的还是造成高度紊流状态，提高液体的吸收能力。

(2) 喷射吸收器

图 6-1-11 所示为喷射吸收器。吸收剂由顶部压力喷嘴高速喷出，形成射流，产生的吸力将气体吸入后并流经吸收管，液体被喷成细小的雾滴和气体充分接触，完成吸收过程，然后气液进行分离，净化气体经除沫后排出。喷射吸收器的优点是气体压降小，不需风机输送；缺点是能耗高。

作为一种新型喷射吸收器，液柱式吸收塔近年来逐步引起人们的关注，该塔型的主要特点是：①吸收剂从塔底部喷嘴向上喷射，当到达最高点后速度为零，并向下散落，与向上的液滴形成具有高传质能力的高密度液滴区；②液柱在上升与落下的过程中重复接触废气，接触时间增长；③液体下落时产生自冲洗作用，喷嘴不易堵塞；由于仅设置一层喷嘴，维护成本较低。

(3) 机械喷洒吸收器

机械喷洒吸收器是利用机械部件回转产生的离心力，使液体向四周喷洒而与气体接触。其特点为效率高、压降低，适合于用少量液体吸收大量气体的场合。其缺点为结构复杂，需要较高的旋转速度，因此消耗能量较多，同时也不适用于处理强腐蚀性的气体和液体。

图 6-1-12 为带有浸入式转动锥体的吸收器。通过附有圆锥形喷洒器的垂直轴转动，从而将液体喷散，达到气液两相接触。如图中箭头所示，气体沿盘形槽之间的曲折孔道通过机械喷洒吸收器。当液体自上而下通过各层盘形槽流动时，附着于轴上的圆锥形喷洒器将液体截留，使其吸收器的横截面方向喷洒。这样，不仅能使液体通过吸收器的时间延长，而且能使气液两相密切接触。

其他常见的机械喷洒吸收器还包括：带多转盘喷雾器的离心式空心吸收器、带多孔转筒的吸收器、横向单轴吸收器、离心式吸收器等。

(4) 文丘里吸收器

文丘里吸收器与湿式文丘除尘器的原理和构造基本相同。文丘里吸收器有多种形式，图 6-1-13 为气体引流式文丘里吸收器，依靠气体带动吸收液进入喉管，与气体接触进行吸收。图 6-1-14 是靠吸收液引射气体进入喉管的吸收器，这样可省去风机，但液体循环能量消耗大，仅适用于气量较小的场合，气量大时需要几台文丘里管并联使用。

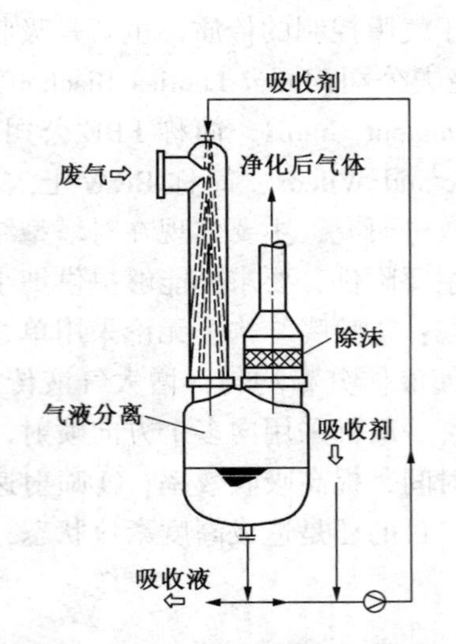

图 6-1-11　喷射吸收器的结构示意图

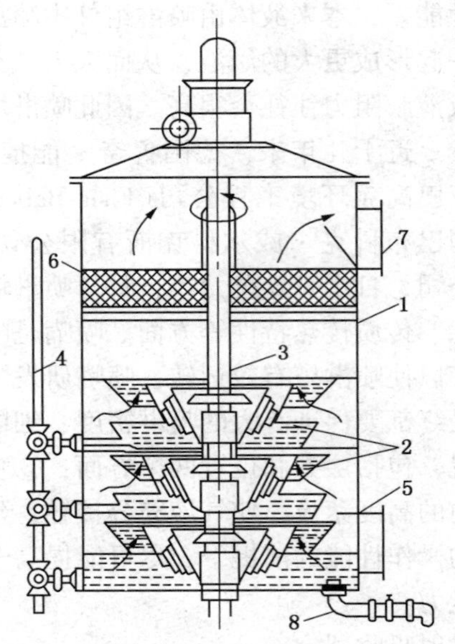

图 6-1-12　机械喷洒吸收器的结构示意图

1—外壳；2—盘形槽；3—装有喷洒器的轴；

4—液体进口；5—气体进口；6—除雾器；

7—气体出口；8—液体出口

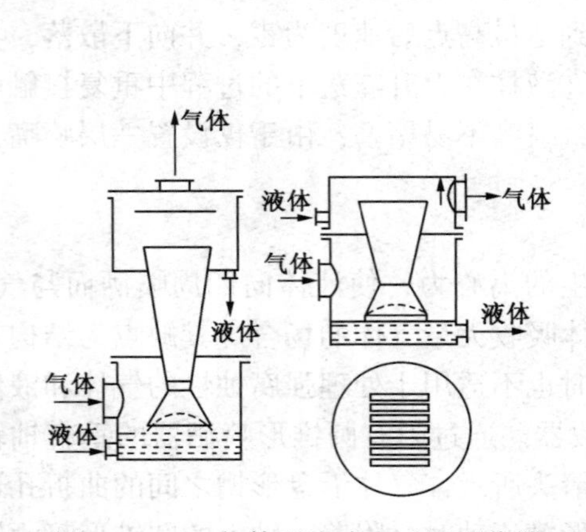

图 6-1-13　气体引流式文丘里吸收器

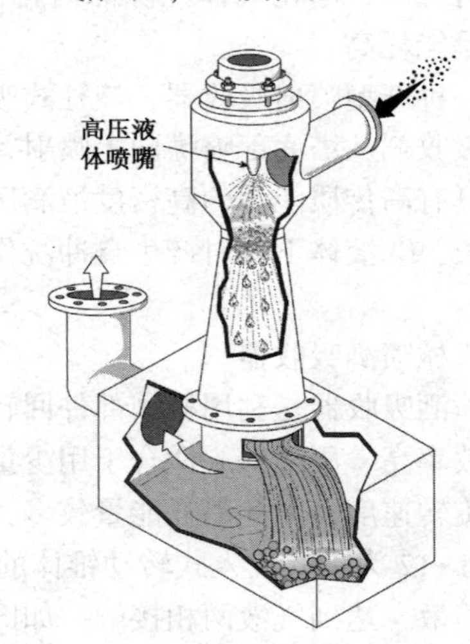

图 6-1-14　液体引射式文丘里吸收器

由于文丘里吸收器喉管内的气速低，一般为 20～30m/s，液气比要较文丘里除尘器高得多，通常为 5.5～11L/m^3。文丘里吸收器是一种并流式吸收器，随着气体分子不断被吸收，逐渐接近平衡浓度，直到没有更多的吸收发生为止。

文丘里吸收器的优点是体积小、处理能力大；缺点是噪声大、消耗能量多。

三、吸收法的典型工程应用

吸收法在气态污染物净化领域的典型工程应用包括有机废气的净化、湿法烟气脱硫、NO_x 的净化、氟化物的湿法吸收等。

1. *有机废气的净化*

汽油等轻质油品从炼油厂或油库外运时，在装火车或汽车槽车的过程中，由于存在油品的喷洒、搅动、蒸发等引起油气挥发损耗，必须对其进行回收处理。溶剂吸收法是常用的回收处理方法，主要有常压常温吸收法、常压冷却吸收法两种，前者在常压常温下吸收、减压解吸，后者在常压低温下吸收、加热解吸。

图 6-1-15 所示为丹麦 Cool Sorption AS 公司率先推出的变温吸收法 CLA(Cold Liquid Absorption)油气回收工艺流程，油气首先经过一个吸收塔，塔内有一股反向流动的、冷的、高分子的重烃吸收液(如冷煤油)。因为冷吸收液较油气的分压低、流量大，合成的平衡分压便大大低于油气自身的饱和蒸气压，所以油气被吸收变成液态。排出装置外的尾气中仍会含有少量的油气(一般为 20mg/L)，油气的含量主要取决于吸收液的温度、液气比等因素。为了再生吸收过油气的富吸收液，加热吸收液并蒸馏出易挥发的油气后，可被再次冷却到工作温度后循环使用；被蒸馏出来的油气再次流经一个喷淋塔，塔内有一股反向流动的常温新鲜汽油，汽油吸收油气后抽回到储罐。由于吸收用汽油的数量远远大于所吸收的油气，所以不会造成自身组分的改变，可以直接作为成品油出售。

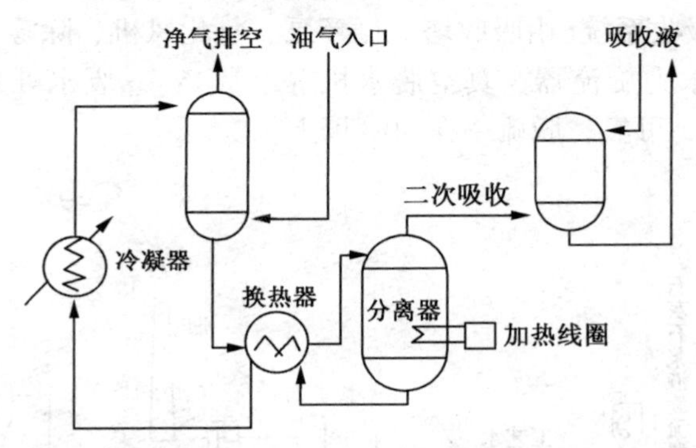

图 6-1-15　丹麦 Cool Sorption AS 公司变温吸收法(CLAB)的工艺流程示意图

国内目前已有石油炼制企业采用低温柴油吸收法，处理沿江码头汽油和石脑油装船油气。装船油气经过液环压缩机，进入低温柴油吸收塔，吸收温度为 5~10℃、压力为 0.05~0.1MPa(G)，吸收油流量为 $35m^3/h$。贫吸收油为常减压直馏柴油，富吸收油去加氢装置处理。运行测试结果表明，净化气总烃(甲烷+非甲烷总烃)浓度小于 $10g/m^3$，总烃去除率 97%以上。通过对低温柴油吸收装置进行改建，增加“总烃均化-催化氧化”而形成“低温柴油吸收-总烃均化-催化氧化”技术，对喷气燃料汽车和火车装车油气进行处理，能够满足《石油炼制工业污染物排放标准》(GB 31570—2015)发布后当地环保局要求汽油装车油气净化到 $30mg/m^3$ 的排放要求。

2. *石灰石-石膏湿法烟气脱硫工程*

燃烧后脱硫又称烟气脱硫(Flue Gas Desulfurization，FGD)。按脱硫剂的种类划分，烟气脱硫可分为以 $CaCO_3$(石灰石)为基础的钙法、以 MgO 为基础的镁法、以 Na_2SO_3 为基础的钠法、以 NH_3 为基础的氨法、以有机碱为基础的有机碱法等 5 种；按吸收剂及脱硫产物在脱硫过程中的干湿状态又可分为湿法、干法和半干(半湿)法。湿法烟气脱硫技术是用含有吸收剂的溶液或浆液在湿状态下脱硫和处理脱硫产物，具有脱硫反应速度快、设备简单、脱硫效率高等优点，但普遍存在腐蚀严重、运行维护费用高及易造成二次污染等问题。干法烟气脱硫技术的脱硫吸收和产物处理均在干状态下进行，具有无污水/废酸排出、设备腐蚀程度较轻，烟气在净化过程中无明显降温、利于烟囱排气扩散、二次污染少等优点，但存在脱硫效率低、反应速度较慢、设备庞大等问题。半干法烟气脱硫技术是指脱硫剂在干燥状态下脱硫、在湿状态下再生(如水洗活性炭再生流程)，或者在湿状态下脱硫、在干状态下处理脱硫产物(如喷雾干燥法)。特别是在湿状态下脱硫、在干状态下处理脱硫产物的半干法，以其既有湿法脱硫反应速度快、脱硫效率高的优点，又有干法无污水/废酸排出、脱硫后产物易于处理的优势而受到人们广泛的关注。

目前世界上开发的湿法烟气脱硫技术有石灰石-石膏法(LSFO)、氨法、双碱法、海水烟气脱硫以及镁法烟气脱硫等，其中装机容量最大、应用最为广泛的为石灰石-石膏法。烟气中 SO_2 在吸收区变成亚硫酸钙($CaSO_3 \cdot 1/2H_2O$)后，在氧化区生成石膏($CaSO_4 \cdot 1/2H_2O$)是石灰石-石膏湿法脱硫工艺的关键步骤。由于氧化镁的价格较高，且废水排放较多，目前加镁石灰法(MgLime 或 MGL)是氧化镁脱硫工艺的改进工艺，其特点是废水排放少，并可实现废水零排放。

如图 6-1-16 所示，石灰石-石膏湿法脱硫工艺包括：①石灰石浆液制备系统(由石灰石储仓、磨石机、石灰石浆液罐、浆液泵等组成)；②烟气系统(由烟道挡板、烟气换热器、增压风机等组成)；③吸收系统(由吸收塔、循环泵、氧化风机、除雾器等组成)；④石膏脱水系统(由石膏浆泵、水力旋流器、真空脱水机等组成)；⑤废水处理系统及公用系统等。该工艺成熟、运行安全、可靠，脱硫率在 90%以上。

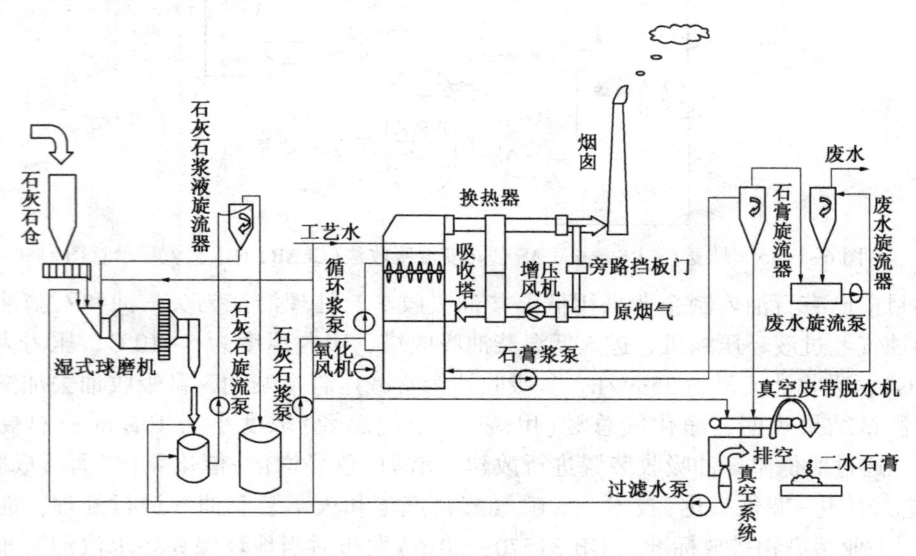

图 6-1-16　石灰石-石膏法湿法烟气脱硫的工艺流程示意图

(1) 石灰石浆液制备系统

石灰石浆液制备系统是湿法脱硫最重要的组成部分之一，制备方式有湿式和干式两种，其中干式又可以分为管式磨机和立式磨机两种。国内早期建设的脱硫系统，配置的基本上都是湿式系统。

① 湿式石灰石浆液制备系统

湿式石灰石浆液制备系统是指采用湿式球磨机，将一定比例的石灰石颗粒和工艺水加入湿式球磨机的滚筒里，磨制出的石灰石浆液细度为 P80 小于 23μm，浓度为 25%。一般设置两套浆液制备系统，主要设备包括称重给料机、湿式球磨机、一/二级再循环箱、搅拌器、一/二级再循环泵、一/二级石灰石浆液旋流器、调节阀及相应的辅助设备等，其工艺流程如图 6-1-17 所示。卡车把粒径小于 20mm 的石灰石块送到现场，石灰石物料通过卸料斗及振动给料机后，由皮带式输送机和链斗升降机送到石灰石储存仓，经称重给料机将石灰石排放到湿式球磨机，加入合适比例的工艺水磨成浆液。石灰石浆液流入石灰石浆液循环箱后用工艺水稀释，之后由浆液循环泵送到旋流器进行粗颗粒的分离，不合格的浆液送至球磨机重磨，合格石灰石浆液被送至浆液储存箱，并根据吸收塔需要量利用石灰石浆液泵送到吸收塔。

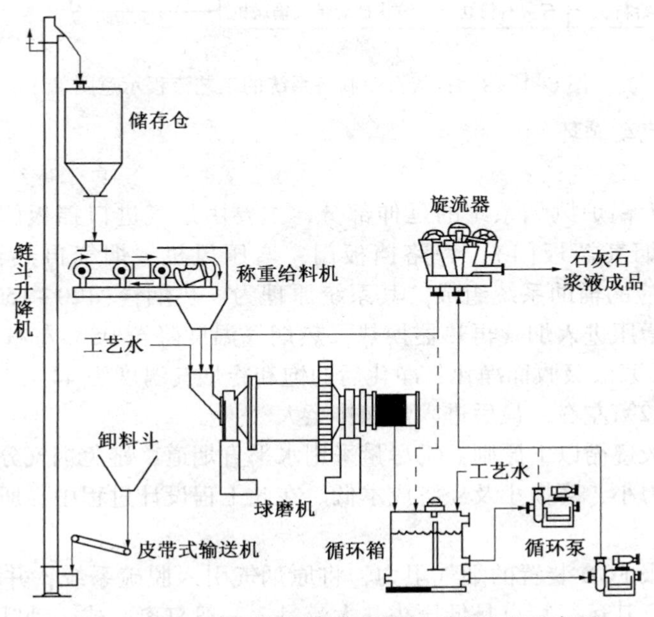

图 6-1-17　石灰石浆液制备系统的工艺流程示意图

湿式球磨机是湿式制浆系统的核心设备，其工作原理为：异步电机通过减速器与小齿轮连接，直接带动周圈大齿轮减速传动，驱动回转部分旋转，筒体内部装有适量的磨矿介质——不同直径对应不同比例的钢球。钢球在旋转筒体离心力和摩擦力的作用下，被提升到一定高度，呈抛物线落下，欲磨制的一定尺寸的石灰石颗粒与一定比例的工艺水连续进入滚筒内，被运动着的钢球粉碎，通过溢流和连续给料的作用将浆液排出机外，流入一级循环浆液循环箱。

②干式石灰石浆液制备系统

干式石灰石浆液制备系统的石灰石粉制备一般与烟气脱硫不在同一个区域，通过外购或异地加工获取。图 6-1-18 所示为石灰石粉制备系统的工艺流程示意图，石灰石料仓内的碎料由振动给料机均匀给出，经带式输送机输入管磨机进行磨粉，粉料出磨后经斗式提升机进入组合式选粉机分离(部分细料通过气力提升进组合式选粉机)，分选后的粗料由空气输送斜槽送回管磨机内重新再磨，选粉机的含尘空气经袋式收尘器后排入大气，而选粉机选出的合格细粉和被袋式收尘器收集的粉尘，经波状挡边带式输送机输送至大石灰石粉仓储存。

需要使用时，外购或异地加工获取的成品石灰石粉经称重给料机进入制浆罐，在制浆罐内石灰石粉与工艺水混合至密度为 $1230kg/m^3$(含固量 30%)。制成的石灰石浆液用泵打入管道，并通过支管以要求的烟气负荷、进口 SO_2 浓度和 pH 值喷入吸收塔。为了防止结块和堵

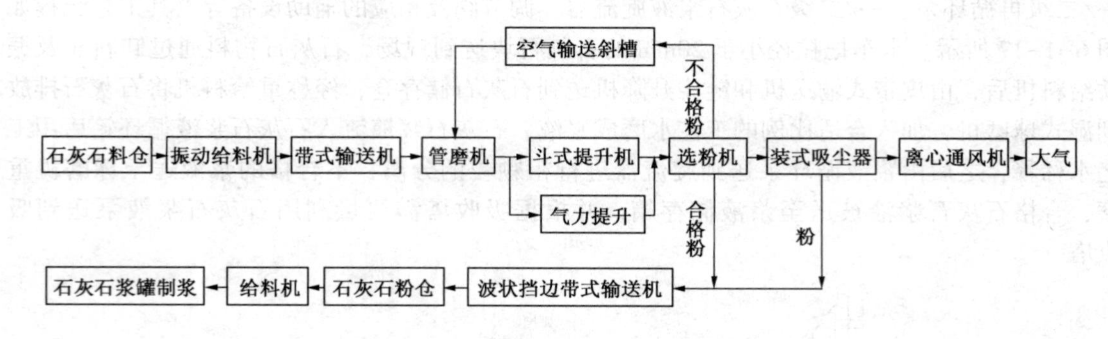

图 6-1-18　石灰石粉制备系统的工艺流程示意图

塞，要使浆液不断流动循环。

（2）烟气系统

脱硫烟气系统为锅炉风烟系统的延伸部分，主要由烟气进口挡板门(原烟气挡板门)、出口挡板门(净化烟气挡板门)、旁路挡板门、增压风机、烟气再热器或气-气换热器(GGH)、烟道及相应的辅助系统组成。其系统原理为：热烟气(120~150℃)自锅炉引风机出来，经增压风机增压进入烟气再热器换热，热烟气温度降至95℃左右后进入吸收塔，烟气中的SO_2被石灰石浆液吸收而净化；净化后的饱和冷烟气温度为44~55℃左右，通过烟气再热器升温至75~82℃左右，最后进入烟囱排至大气。

烟道的设计一般遵循以下原则：①尽量采用水平直烟道，避免烟气分配不均；②烟速选择时，要使烟道阻力小、磨损小及经济成本低。在此工程设计过程中，所有烟道烟速均不大于15m/s。

增压风机是克服FGD装置的烟气阻力，将原烟气引入脱硫系统，并稳定锅炉引风机出口压力的重要设备，其运行特点是低压头、大流量。一般有离心式、动叶可调轴流式和静叶可调轴流式风机。国外大多选择动叶可调轴流式风机，由于在调节过程中风机始终位于一个较高的效率区内，节能效果显著。静叶可调轴流式风机的价格只有动叶可调轴流式风机的70%~80%，但其效益相对较低；离心式风机则较少采用。

烟气再热器的作用是利用原烟气加热脱硫后的净烟气，使排烟温度达到露点之上，减轻对净烟道和烟囱的腐蚀；同时降低进入吸收塔的原烟气温度，降低塔内防腐工艺技术要求。烟气再热器一般分为蓄热式和非蓄热式两种。非蓄热式烟气再热器借助辅助能源将净烟气重新加热，由于其能耗和运行费用较大而较少采用。蓄热式烟气再热器主要有回收式、分体水媒式、分体热管式和整体热管式，其中回收式因有较高的换热效率而广泛应用，但其结构较为复杂，有一定泄漏后的检修工作量相对较大。

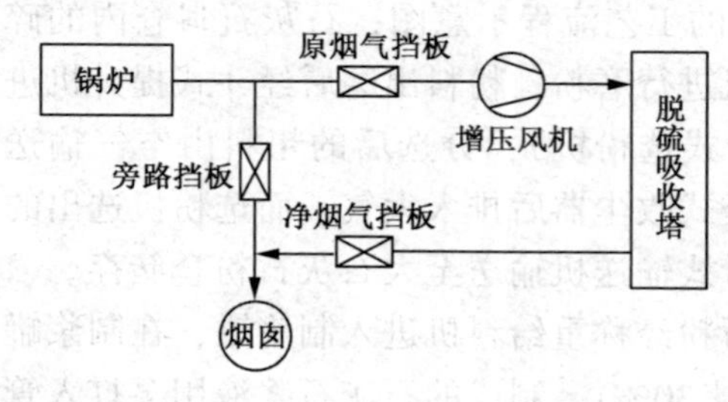

图 6-1-19　烟气挡板门的设置示意图

烟气挡板门的设置如图6-1-19所示，原烟气挡板门和净化烟气挡板门在启动FGD时开启，停止FGD时关闭。而旁路挡板门在启动FGD时关闭，停止FGD时开启，这样达到脱硫系统正常运行时，将原烟气切换至脱硫系统；在脱硫系统故障或停运时，使原烟气走旁路，直接排到烟囱。

（3）吸收塔系统及设备

脱硫反应设备是整个湿法脱硫系统的核心，脱硫吸收塔可分为喷淋塔、文丘里洗涤器、格栅填料塔、鼓泡反应器、旋流板塔和液柱喷射塔等。由于喷淋塔结构简单、操作与维护方便、脱硫效率高，且工程应用比较成熟，故目前喷淋塔成为湿法脱硫工艺的主流塔型。具体又可分为以 ABB 公司、美国 Marsulex Environmental Technologies（MET）公司等为代表的逆流喷淋塔和以美国巴威（Babcock & Wilcox）公司为代表的逆流托盘式喷淋塔。尤其是随着近年来人们环保意识的日益加强，烟气脱硫除尘问题受到各方面广泛关注，鉴于火电厂烟气脱硫除尘系统的烟气处理量特别大，一般为 $10^5 \sim 10^6$ Nm^3/h，在采用石灰石-石膏湿法脱硫工艺中，喷淋洗涤塔、液柱塔及动力波洗涤器等成了脱硫吸收塔的首选设备。

喷淋吸收塔系统包括吸收塔本体、循环浆泵、喷雾系统、除雾器、氧化系统、氧化风机、搅拌机、石膏排出泵、冲洗水系统等，其中氧化系统又包括氧化用喷嘴和空气管道支撑件，喷雾系统包括喷雾用喷嘴、浆液管道及其支撑件。工作原理为：烟气从吸收塔下侧进入，与吸收浆液逆流接触进行吸收反应，脱除烟气中 SO_2、SO_3、HF 和 HCl 后的清洁空气经除雾器除去雾滴后进入换热器。而石灰石、副产物和水等混合物形成的浆液从吸收塔浆池经浆液循环泵打至喷淋层，由喷嘴雾化成细小的液滴，自上而下地落下，形成雾柱；石灰石液滴与烟气中的 SO_2 反应生成亚硫酸盐后，进入塔底部的氧化区进行氧化反应，得到脱硫副产品二水石膏。

美国巴威（Babcock & Wilcox）公司逆流托盘式喷淋塔的结构如图 6-1-20 所示，其主要作用有两个：一是对烟气中的 SO_2进行脱除，一是使脱硫生成物变成合格石膏晶体。由于塔体内部直接接触弱酸浆液，必须采取防腐措施。一般情况下，吸收塔本体为钢制，采用橡胶、玻璃鳞片或耐腐钢壁纸进行内衬防腐处理。

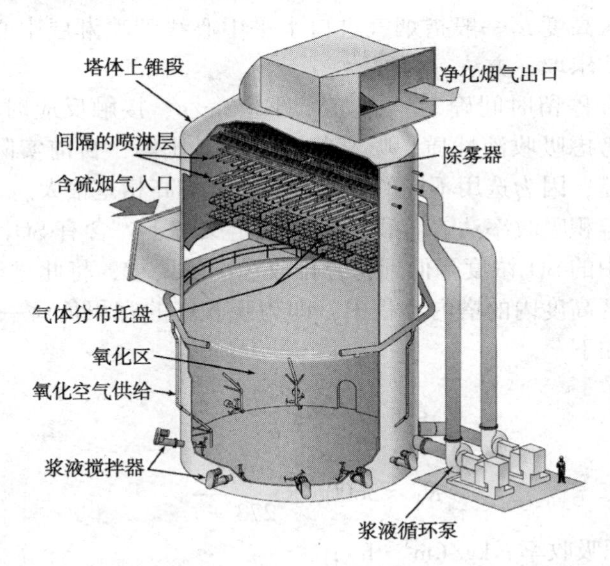

图 6-1-20　美国 Babcock & Wilcox 公司逆流托盘式喷淋塔的结构示意图

① 喷淋吸收塔的主要工艺设计参数

a）烟气流速

脱硫反应塔内烟气的流动速度影响脱硫反应的气液接触时间，从而影响脱硫效率。烟气速度越大，接触时间就越短，在其他条件相同的情况下，脱硫效率就可能低，反之则高。同时，烟气流动速度也影响了烟气中携带的水含量，烟气速度越高，则烟气中携带的浆滴越多，相反则可能越少。但在保证除雾器对烟气中所携带液滴去除效率及吸收系统压降允许的条件下，适当提高烟气流速，可加剧烟气和浆液液滴之间的湍流强度，合适的流速范围为(3~4.5)m/s。

b）液气比(L/G)

当烟气流速确定以后，L/G成为了影响系统性能的最关键参数，L/G的主要影响因素有吸收区体积、SO_2的去除效率、吸收塔空塔速度、原烟气的浓度、吸收塔浆液的氯含量等。根据经验，石灰石法喷淋塔中的液气比一般为15~25L/m^3。但与此同时，提高L/G将使浆液循环泵的流量增大，增加循环泵的设备费用，同时还会提高吸收塔的压降，增大增压风机的功率及设备费用。

② 喷淋塔的内径设计

吸收塔的直径由烟气量和烟气流速确定。在入口烟气量一定的前提下，塔内烟气流速越高，塔径越小。直径较小的吸收塔可以节省塔体钢材、内部件(如喷淋层、除雾器及衬里)和循环泵等的投资，因此从经济角度考虑，塔内烟气流速高些较好。但烟气流速过高，会造成吸收塔的压降增加。喷淋塔的内径

$$D = 2 \times \sqrt{\frac{V}{3600\pi u}} \tag{6-1-16}$$

式中 V——喷淋塔的烟气流量，m^3/h；

u——喷淋塔内的烟气流速，m/s。

③ 喷淋塔的塔高设计

a）吸收区高度 h_1

工程设计中吸收区高度h_1一般指烟气进口水平中心线到喷淋层中心线的距离。吸收区高度主要通过经验公式求取，方法有两种。

一种是按照烟速和停留时间确定。例如，烟速3m/s、接触反应时间2.5~5s，则h_1 = 7.5~15m，设计时需考虑吸收液性质、喷雾状况、液气比等，目前实际中h_1多为7~10m。这种方法设计时较粗糙，因为选用不同的停留时间，其塔高相差很大。

另外一种方法是容积吸收率法。容积吸收率的定义如下：含有SO_2的烟气通过吸收塔，塔内喷淋浆液将烟气中的SO_2浓度降低到符合排放标准的要求，将此过程中塔内总的SO_2吸收量平均计算到吸收区高度内的塔内容积中，即为吸收塔的容积负荷——平均容积吸收率，以ζ表示，其表达式如下

$$\zeta = \frac{Q}{V_0} = K_0 \frac{C\eta}{h_1} \tag{6-1-17}$$

$$K_0 = 3600u \times \frac{273}{273 + t} \tag{6-1-18}$$

式中 ζ—— 平均容积吸收率，kg/(m^3·h)；

Q——塔内单位时间吸收的SO_2总量，kg/h；

V_0——吸收区容积，m^3；

C——标准状态下进口烟气SO_2质量浓度，kg/m^3；

η——按要求给定的SO_2吸收效率,%；

h_1——吸收区高度，m；

K_0—— 由于一般喷淋塔的操作温度、烟气流速变化不大，K_0基本上为常数，其值取决

于塔内烟气流速 u（m/s）和操作温度 t(℃)。

根据已有经验，容积吸收率的范围一般为 $\zeta=5.5\sim6.5\mathrm{kg/(m^3\cdot h)}$。$\zeta$ 值的大小取决于雾化状况、液气比、浆液特性、气液流动等因素。如果仅从脱硫技术角度考虑，设计时 ζ 应取低值以求保险；但如果考虑经济因素，ζ 低则塔容积增大，会使投资、运行维护费用等增加。

在吸收区中，喷嘴布置分2~6层，喷淋层之间的间距为0.8~2m，脱硫率要求低时可减少，低负荷时可停运某一层。实际上，从浆池液面到除雾器，整个高度都在进行吸收反应，因而实际吸收区高度要比 h_1 高出6~8m。

b）烟气的进口高度 h_2

$$h_2=\frac{V}{3600uL} \tag{6-1-19}$$

式中 u——烟气入口气速，一般取14~15m/s；

L——进口宽度，占塔内径 D 的60%~90%。

为使烟气均匀通过，采取如下措施：采用较大的烟气进口宽高比，进口宽度占到塔径的80%以上；进口向下倾斜6°~10°；可采取顶部出口垂直向上；可采用长方形塔截面；在塔下部设置多孔板、导流板，对烟气整流。

c）浆液池的高度 h_3

吸收塔氧化浆液池的设计应考虑以下三个因素：石膏晶体成长的停留时间、石灰石溶解的停留时间、氧化反应容积和氧气从空气输送到浆液的深度。根据上述三个因素计算出的最大容积即为吸收塔浆池容积。另外，还应考虑因注入氧化空气引起吸收塔浆液池液位的波动；一般增加0.59m的安全裕度。浆液池容量 V_1 的计算表达式如下

$$V_1=L/G\times V\times t_1 \tag{6-1-20}$$

式中 L/G——液气比，$\mathrm{L/m^3}$；

V——烟气标准状态湿态容积，$\mathrm{m^3/h}$；

t_1——浆液停留时间，4~8min。

石灰石法喷淋塔中的液气比一般为15~25L/m³，选取浆池内径 D_i 等于或略大于喷淋塔内径 D，根据 V_1 计算浆池高度 h_3

$$h_3=\frac{4V_1}{\pi\cdot D_i^2} \tag{6-1-21}$$

d）烟气进口底部至浆液面的距离 h_4

考虑到向浆液池鼓入氧化空气和搅拌时液位会有所波动，加之该区间需安装进料接管，因此烟气进口底部至浆液面的距离一般定为0.8~1.2m为宜。

e）烟道入口到最下一层喷淋层的距离 $h_5=2\sim3.5\mathrm{m}$

f）最顶层喷淋层到除雾器的距离 $h_6=1.2\sim2\mathrm{m}$

g）除雾器高度 h_7

单层除雾器的高度范围为2~3m。

h）除雾器到吸收塔出口的距离 $h_8=0.5\sim1\mathrm{m}$。

至此，可以得出脱硫喷淋塔的总高 H 约为

$$H=h_1+h_2+h_3+h_4+h_5+h_6+h_7+h_8 \tag{6-1-22}$$

④ 喷嘴及喷淋层的设计

喷嘴是将浆液雾化，在烟气反应区形成雾柱，最大限度地捕捉SO_2。如图6-1-21所示，根据喷嘴的喷射形式可分为螺旋喷嘴、单偏心喷嘴、双偏心喷嘴，根据喷嘴的雾化形状可分为空心锥、实心锥等喷射模式，一般都由SiC烧制而成。喷嘴的设计应保证每个圆形螺旋形区域具有相同的喷雾密度，喷嘴的雾化效果根据雾化后液滴的粒径确定，小粒径液滴占的比例越大，雾化效果越好，捕捉SO_2的效率越高。喷嘴设计应保证产生要求的液滴粒径分布，液滴粒径分布应尽可能均匀。为了增加雾化效果，喷嘴一般选用120°喷射角，但为减轻对塔壁防腐层的冲刷腐蚀，靠近塔壁的喷嘴一般采用95°喷射角。

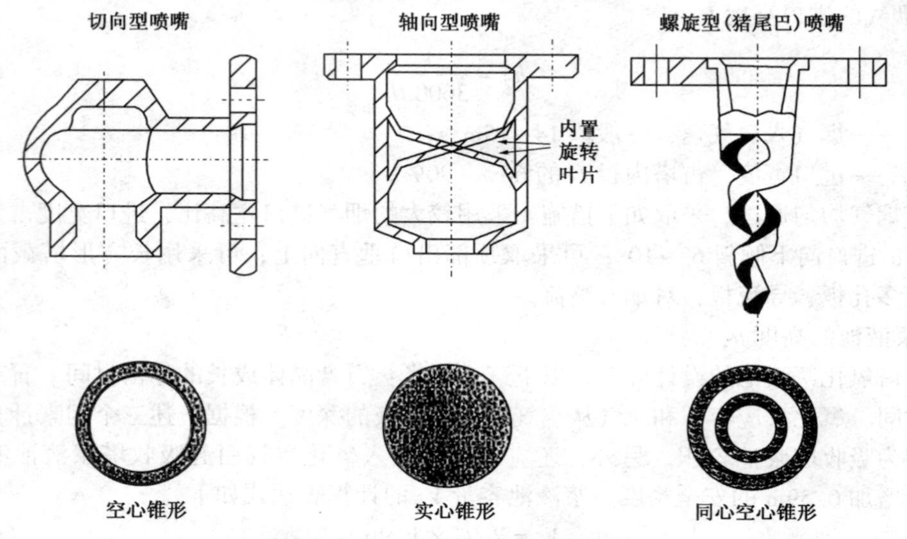

图6-1-21　喷嘴的雾化模式示意图

喷淋管道用于通过循环泵把浆液均匀分布到各个喷嘴，一般采用玻璃钢材质。在吸收塔外，喷淋管道与循环浆液管道采用法兰联结。为使吸收剂浆液沿整个吸收塔截面均匀分布，各层喷嘴呈交错布置。吸收剂浆液进入喷淋层的主玻璃钢管，各支管与中心夹角为23.6°对称布置，应该尽量减少各喷淋层之间的遮盖部分，支管与喷嘴之间一般采用粘接方式。喷嘴的实际布置如图6-1-22所示，母管和支管的介质设计流速在1.5~3.0m/s之间。若介质流速过高(>3m/s)，易对管道造成磨损；若流速过低(<1.5m/s)，则易发生浆液沉淀堵塞。各层的喷嘴布置完全一样(图6-1-22中小圈表示喷嘴)，各层喷嘴在上下空间上应错开布置，应保证浆液的重复覆盖率至少达170%~250%，即喷嘴顶端下0.9m处锥形喷雾覆盖的面积乘以每层喷嘴数，应等于170%~250%吸收塔横截面的面积。另外，喷嘴的设计还应保证每个圆形螺旋形区域具有相同的喷雾密度。

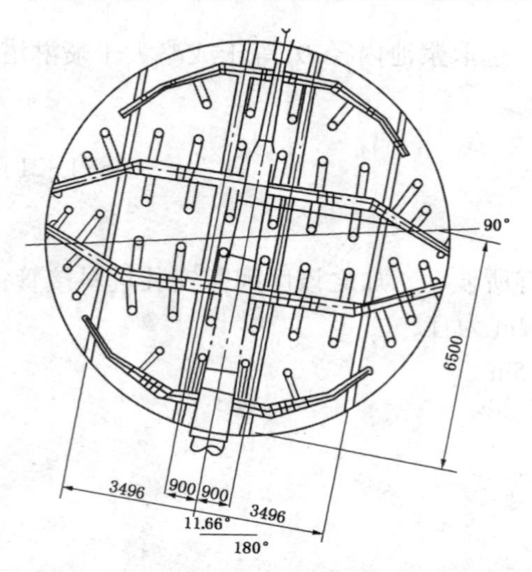

图6-1-22　喷嘴在喷淋管道上的布置示意图

⑤ 除雾器的设计

除雾器通常装在吸收塔顶部，也可安装在吸收塔后的烟道上，其作用是捕集脱硫后洁净烟气中携带的液滴，保护其后的管路及设备不受腐蚀。除雾器主要有折流板除雾器与旋流板除雾器两种。在大型烟气脱硫工程项目中，普遍采用折流板除雾器，其按几何形状可分为折线型和流线型，按结构特征可分为两通道叶片和三通道叶片。如图 6-1-23 所示，折流板除雾器是由外形曲折的叶片以一定间距叠合而成，叶片之间形成偏折的烟气通道，烟气流过时，由于流线的偏折，惯性大的液滴撞在叶片上而被截留下来；气体惯性小，可以比较顺畅地从偏折的烟气通道中流过。

除雾器通常由除雾器本体和冲洗系统两部分组成。由于单面冲洗布置方式一般无法对除雾器表面进行全面有效的清洗，因此应尽可能采用如图 6-1-24 所示的双面冲洗布置方式。除雾器的除雾性能主要取决于烟气流速、叶片结构、叶片之间的距离及除雾器布置形式等。烟气流速过高易造成烟气二次带水，而通过除雾器断面的流速过低，不利于气液分离，设计选用的烟气流速一般为 3.5~5.0m/s。叶片间距根据系统烟气特征（流速、SO_2含量、带水负荷、粉尘浓度等）、吸收剂利用率、叶片结构等因素综合选取，一般为 20~95mm，最常用的叶片间距大多为 30~50mm。在吸收塔中，除雾器一般为上、下两级，下面一级为粗除雾器，上面一级为细除雾器。两级除雾器平行布置，外形为波状板结构，强度高，接触面积大。

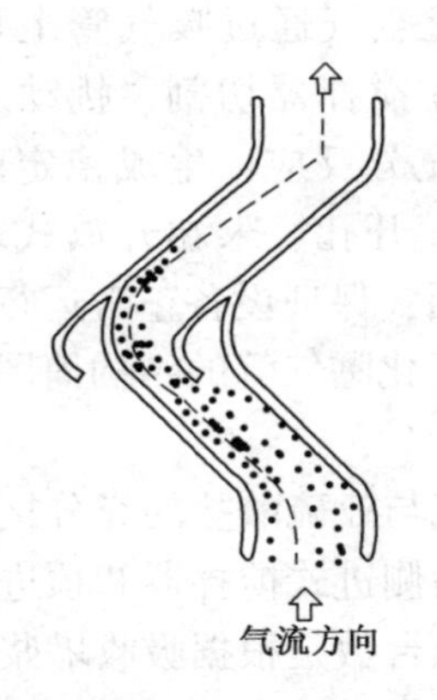

图 6-1-23　折流板除雾器的工作原理示意图

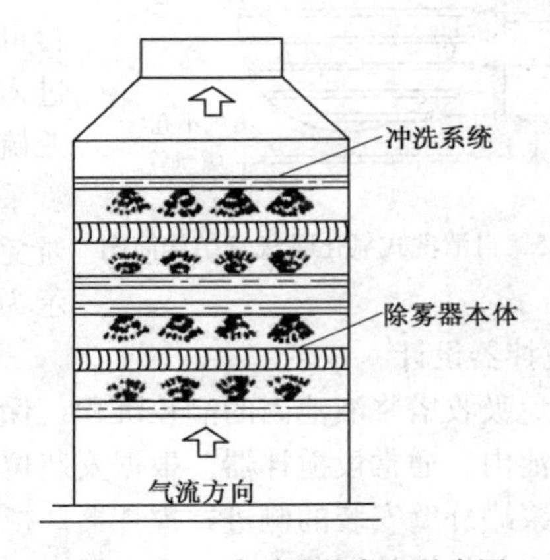

图 6-1-24　除雾器的布置示意图

根据《煤电节能减排升级与改造行动计划（2014—2020 年）》的要求，各大电厂开始了超低排放的改造工作。在此过程中，脱硝路线基本一致，但脱硫和除尘技术出现了不同流派，可采用的技术路线有以低低温电除尘技术为核心和以湿式电除尘技术为核心的烟气协同治理技术路线，前者可以描述为：脱硝装置（SCR）→热回收器（WHR）→低低温电除尘器（低低温 ESP）→石灰石-石膏湿法烟气脱硫装置（WFGD）→湿式电除尘器（WESP，可选择安装）→再加热器（FGR，可选择安装）。煤中硫含量小于 1.5%发电机组全面实施单塔双循环、双塔双循环、托盘塔等多种高效脱硫技术，可以达到 98%以上的脱硫效率。对于燃烧中高硫煤发电机组的超低排放而言，可基于“高效除尘、深度脱硫”的理念，吸收塔采用单回路喷淋塔设计，设一层托盘，四层喷淋层，一层薄膜持液层。优化托盘设计使塔内烟气分布更均匀；研制新型喷嘴、改进除雾器性能，以拦截更多含固液滴及粒径增长后的烟尘颗粒。

目前还出现了“单塔四区双循环脱硫工艺”，主要特点是设置池分离器和多孔性分布器：通过在吸收塔浆池设置池分离器，使常规的单回路系统具有双回路循环系统的优点。池分离器上部为喷淋层吸收 SO_2后落下的浆液，pH 值较低，在该区域鼓入氧化空气有利于石膏氧化；池分离器下方为石膏结晶区和石灰石浆液注入区，浆液 pH 值较高，通过浆液循环泵打入喷淋层后可以使 SO_2的吸收能够高效进行。同时，池分离器下部设置浆液调节旋流装置可以进一步提高池分离器上下的 pH 值差值，进而提高 SO_2的吸收和氧化速率。多孔性分离器安装设置在喷淋层中，增加多孔性分布器一方面能够增强气液湍流强度，使化学反应更快速更充分；另一方面能将喷淋层进行分区，最大限度地避免喷淋层相互影响，从而达到一、二级“双循环”分区吸收脱除 SO_2，保证其排放浓度小于 35mg/Nm^3。该工艺不仅适用于燃烧高硫煤的发电机组，也适用于燃烧低硫煤的发电机组，后者只需取消设置多孔性分离器即可。

⑥ 氧化空气管网的设计

氧化空气的主要作用是将 $CaSO_3$氧化为 $CaSO_4$。氧化空气进入吸收塔浆液池的形式一般有氧化曝气管和喷枪两种。喷枪的形式较为简单，一般适用于中、小尺寸的吸收塔；直径较大的吸收塔，一般采用氧化曝气管。氧化曝气管是一种带许多小孔的开放式管路，由于采用多重进口设计，可在操作过程中实现对喷管的冲洗，提高运行可靠性。氧化空气通过曝气管上均匀分布的气孔进入浆液池，在搅拌器切割、扰动下与浆液池中的亚硫酸盐进行充分反应，生成稳定的硫酸盐。曝气管采用主管侧面开孔、末端开放式端口的形式，以避免扩散管结垢，保证设备正常运行。图 6-1-25 所示为自清洗式氧化曝气管的结构简图。

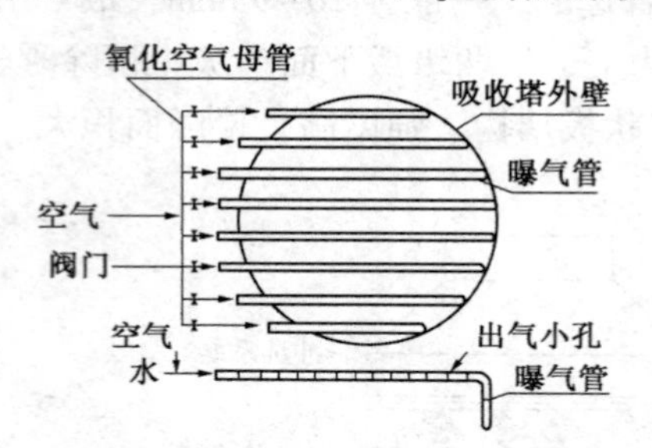

图 6-1-25　自清洗式氧化曝气管结构简图

⑦ 搅拌器设计

为避免吸收塔浆液池内的晶粒沉积，保证氧化空气与亚硫酸盐的充分接触与反应，在吸收塔浆液池内，通常设搅拌器。根据安装位置不同分为侧进式搅拌器和顶进式搅拌器，目前广泛应用浆罐外壁安装的侧进式搅拌器。搅拌器设置的台数是根据吸收塔浆池容积和介质参数进行选取的。搅拌器分上下两层布置，上层搅拌器使浆液中的固体物质与氧化空气接触，加强浆液的氧化反应，下层使浆液中的固体物质保持在悬浮状态，避免沉淀。

⑧ 浆液循环泵

浆液循环泵用来将吸收塔浆液池内的石灰石浆液和加入的石灰石浆液不断送到吸收塔喷淋层，在一定压力下通过喷嘴充分雾化，与烟气发生化学反应，浆液循环泵必须满足以下条件。

a）泵头防腐耐磨：泵送的浆液含有 10%~20%石灰石、石膏和灰粒，pH 值为 4~6，属于腐蚀性介质，所以对泵的要求非常苛刻。

b）低压头、大流量：目前浆液循环泵的流量已达 10000m^3/h，扬程 16~30m，还要适应停机及非高峰供电情况下的非正常运行要求。

c）性能可靠连续运行：必须经久耐用，能在规定的工况条件下每天 24h 连续运转。

浆液循环泵常采用卧式离心泵，根据防腐工艺的不同可分为衬胶泵和防腐金属泵两种。衬胶泵的叶轮由耐磨、耐蚀的特殊不锈钢材料制造，泵壳基体为普通碳钢，泵壳内腔衬 SiC

陶瓷或橡胶材料。防腐金属泵的叶轮和蜗壳全部采用耐磨耐蚀的金属材料制造，寿命更长，可靠性更高，但价格昂贵。衬胶泵和防腐金属泵的泵体通常采用内、外两层蜗壳的结构，内层蜗壳与浆液直接接触，选用耐磨耐蚀的金属或非金属材料；外层蜗壳通常剖分为两半，将内蜗壳夹持在中间，依靠螺栓夹紧；外层蜗壳不与浆液接触，材料为普通碳钢。

⑨ 浆液管路和阀门

浆液具有强腐蚀性且固体含量高，因此对于浆液管路及阀门的最基本要求是耐蚀、耐磨与防固体沉积与堵塞。在材料的选择上，浆液管路及其配件可选用衬胶碳钢、内衬合金碳钢、不锈钢、高镍合金钢和玻璃钢。只有在特殊场合，才考虑完全采用耐蚀合金，如橡胶或玻璃钢不能承受的高温场合或冷热交界处承受强腐蚀介质侵蚀与复杂应力的重要区域。一般内衬管道应采用可拆连接，以螺栓法兰连接居多。

(4) 石膏脱水系统及设备

从吸收塔排出的石膏浆液要去除水分才能达到商业利用价值，因此必须设置石膏脱水系统。石膏脱水系统由初级旋流器浓缩脱水(一级脱水)和真空皮带脱水(二级脱水)两级组成。吸收塔石膏排出泵将含石膏12%~20%的浆液送至石膏水力旋流器，浓缩成约50%的较粗晶粒石膏浆液，再经真空皮带脱水机进一步脱水、过滤后，石膏滤饼含水量降到10%以下。

如图6-1-26所示，石膏脱水系统主要包括水力旋流器、石膏浆液缓冲箱、皮带脱水机、气液分离器、真空泵、滤布冲洗泵、滤饼冲洗泵、滤液水箱、石膏仓等，吸收塔内石膏浆液达到一定浓度后，由石膏排出泵排出至石膏浆液旋流站，在旋流站内通过环形分配器将浆液平均分配到每个水力旋流器，实现浆液的浓缩分离，旋流站底流自流至石膏浆液缓冲箱，再到真空皮带脱水机；溢流进入溢流缓冲箱，至废水旋流器。废水旋流器的底流流回滤液水箱；溢流去废水箱，由废水泵送至废水处理系统，以控制脱硫浆液系统的氯化物和氟化物浓度。含水的石膏均匀排放到真空皮带机的滤布上，依靠真空泵的吸力和重力在运转的滤布上形成石膏饼，石膏中的水分沿程被逐渐抽出，脱水石膏由运转的滤布输送到皮带机尾部，在皮带通过卸料滚子时，滤布与石膏滤饼分离，石膏在重力作用下落入石膏仓中，石膏中脱除的水分则进入滤液水箱。在皮带机尾部，输送完石膏饼的滤布由冲洗水进行清洗，并转回到皮带脱水机入口，开始新的脱水循环工作。为除去石膏中的可溶性成分(特别是氯离子)，在脱水机的中前部设有滤饼冲洗水，不断冲洗石膏饼，使石膏品质满足要求。从脱水机吸来的空气经气液分离器被排入大气中。

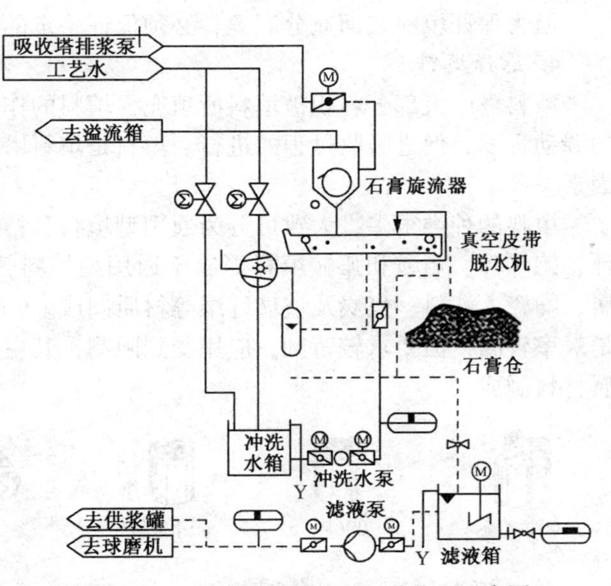

图6-1-26　石膏脱水系统的工艺流程示意图

真空皮带脱水机、石膏旋流器的设计可参考借鉴本书相关章节，这里不再赘述。

四、填料塔的设计与实例

填料塔是气态污染物处理中应用最普遍的设备之一，塔内装有不同形状、不同材质的填料，吸收液沿填料表面流动，基本上带有液膜吸收性质。填料塔主要由塔体、填料、填料支承、液体喷淋、液体再分布、气体进口管等部件组成，其设计程序如下。

1. 收集资料

根据实地调查或任务书给定的气、液物料系统和温度、压力条件，查阅手册或相关资料。若无合适数据可供采用时，则应通过实验找出气、液平衡关系。

2. 确定流程

吸收流程可采用单塔逆流或并流的流程，也可采用单塔吸收、部分吸收剂再循环的流程，或采用多塔串联、部分吸收剂循环(或无部分循环)的流程。部分吸收剂再循环的主要作用是提高喷淋密度，保证完全润湿填料和除去吸收热，其次是可以调节产品的浓度。

当设计计算所得填料层过高时，应将其分段。有时填料层虽不太高，由于系统容易堵塞或其他原因，为了维修方便也可分为数塔串联。

3. 计算吸收剂用量

当吸收过程中平衡线是直线时，吸收剂的最小用量可按下式计算

$$L = (1.2 - 2.0)\ L_{min} \tag{6-1-23}$$

但为保证填料表面充分润湿，必须保证一定的喷淋密度。

4. 选择填料

填料塔中大部分容积被填料所填充，填料的作用是增加气液两相的接触表面和提高气相的湍动程度，促进吸收过程的进行。填料是填料塔的核心部分，是影响填料塔经济性的重要因素。

填料的种类很多，大致可分为通用型填料和精密填料两大类，如图 6-1-27 所示。拉西环、鲍尔环、矩鞍和弧鞍填料等属于通用型填料，其特点是适用性好，但效率低，可由金属、陶瓷、塑料、焦炭及玻璃纤维等材质制成。θ 网环和波纹网填料属于精密填料，其特点是效率较高，但要求较苛刻，应用受到限制，其主要材质为金属材料，部分填料也可用非金属材料制成。

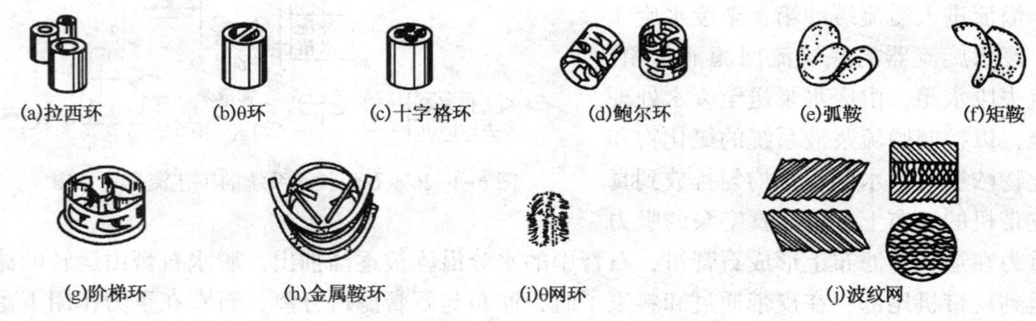

图 6-1-27　填料的种类示意图

填料在填料塔内的装填方式有乱堆(散堆)和整砌(规则排列)两种。乱堆填料装卸方便，压降大，一般直径 50mm 以下的填料多采用乱堆方式装填；整砌装填常用规整填料整齐砌成，压降小，适用于直径 50mm 以上的填料。常见填料的特性数据见表 6-1-1。

表 6-1-1　几种填料的特性数据(摘录)

填料类别及名义尺寸/mm		实际尺寸(外径×高×厚)/mm×mm×mm	比表面积 a_t/(m^2/m^3)	空隙率 ε/(m^3/m^3)	堆积密度 ρ_D/(kg/m^3)	填料因子 φ/(1/m)
陶瓷拉西环(乱堆)	15	15×15×2	330	0.70	690	1020
	25	25×25×2.5	190	0.78	505	450
	40	40×40×4.5	126	0.75	577	350
	50	50×50×4.5	93	0.81	457	205
陶瓷拉西环(整砌)	50	50×50×4.5	124	0.72	673	—
	80	80×80×9.5	102	0.57	962	—
	100	100×100×13	65	0.72	930	—
钢拉西环(乱堆)	25	25×2.5×0.8	220	0.92	640	390
	35	35×35×1	150	0.93	570	260
	50	50×50×1	110	0.95	430	175
陶瓷鲍尔环(乱堆)	25	25×25	220	0.76	505	300
	50	50×50×4.5	110	0.81	457	130
钢鲍尔环(乱堆)	25	25×25×0.6	209	0.94	480	160
	38	38×38×0.8	130	0.95	379	92
	50	50×50×0.9	103	0.95	355	66
塑料鲍尔环(乱堆)	25	—	209	0.90	72.6	170
	38	—	130	0.91	67.7	105
	50	—	103	0.91	67.7	82
塑料阶梯环(乱堆)	25	25×12.5×1.4	223	0.90	97.8	172
	38	38.5×19×1.0	132.5	0.91	57.5	115
陶瓷弧鞍(乱堆)	25	—	252	0.69	725	360
	38	—	146	0.75	612	213
	50	—	106	0.72	645	148

5. 填料塔直径的计算

填料塔的直径应根据生产能力和空塔气速决定。选择小的空塔气速，则压力降小，动力消耗少，操作弹性大，设备投资大，而生产能力低；低气速也不利于气液充分接触，使分离效率降低。若选择较高的空塔气速，则不仅压降大，且操作不稳定，难以控制。

计算填料塔的直径时，先用泛点和压降通用关联图(图 6-1-28 所示)计算泛点气速，该关联图显示了泛点与压降、填料因子、液气比等参数之间的关系。

空塔气速 u 常为泛点气速的 50%~80%，当空塔气速 u 确定后，填料塔的直径 D 由下式计算

$$D = \sqrt{\frac{4V_S}{\pi u}} \quad (\mathrm{m}) \tag{6-1-24}$$

式中　V_S——操作条件下混合气体的体积流量，m^3/s；

u——空塔气速，m/s。

逆流吸收过程中，由于吸收质不断进入液相，故混合气体量由塔底至塔顶逐渐减小。在

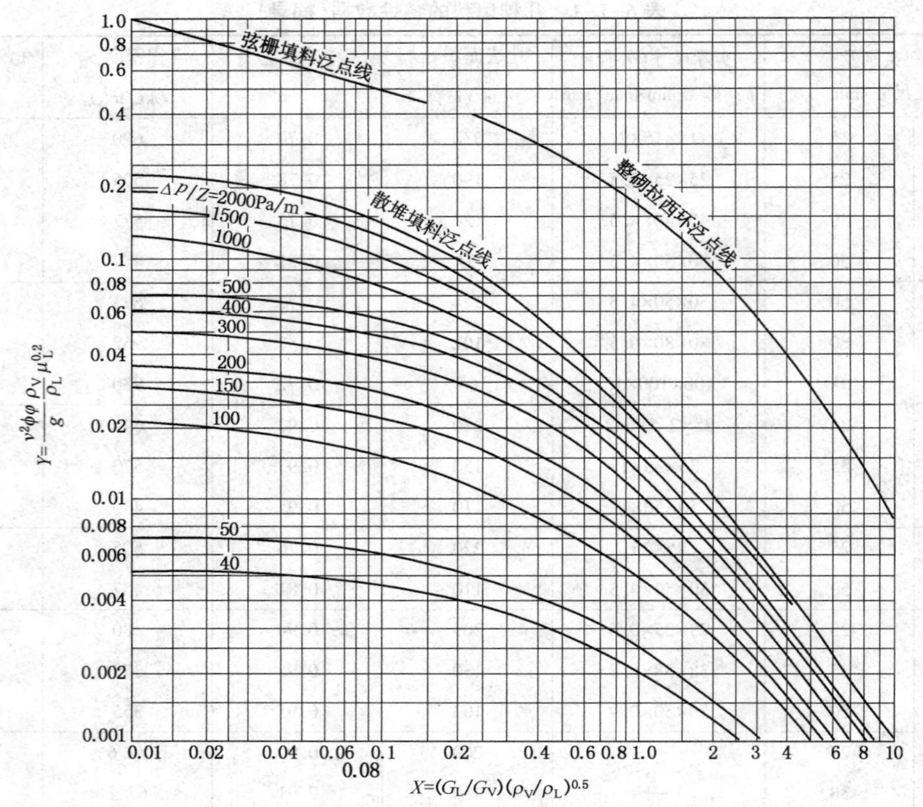

图 6-1-28　填料层的压力降和填料塔泛点之间的通用关联图

v—空塔气速，m/s；g—重力加速度，m/s^2；φ—填料因子，1/m；

ρ_V，ρ_L—气体与液体的密度，kg/m^3；ϕ—液体密度校正系数，等于水与液体的密度之比；

μ_L—液体的黏度，mPa·s；G_L，G_V—气、液相的质量流量，kg/h

计算填料塔的直径时，一般应以塔底的气量为依据。

当计算出的塔径不是整数时，需根据加工要求及设备定型予以圆整。直径在 1m 以下时，间隔为 100mm；直径在 1m 以上时，间隔为 200 mm。塔径确定后，应对填料尺寸进行校核。

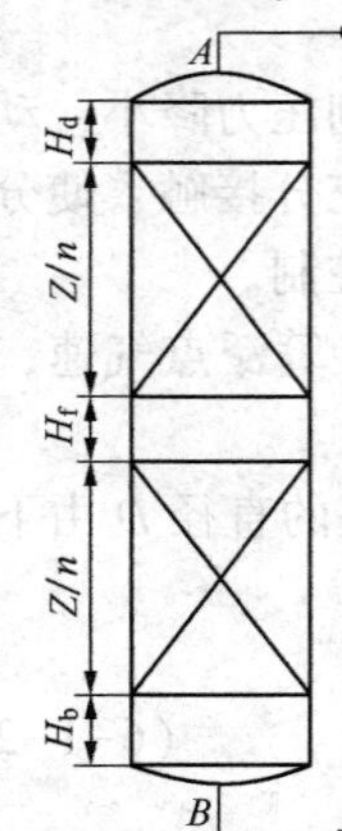

图 6-1-29　填料塔高度计算示意图

6. 填料塔的高度

填料塔的高度主要取决于填料层的高度，另外还要考虑塔顶空间、塔底空间及塔内附件等。如图 6-1-29 所示，填料塔的高度计算如下

$$H = H_d + Z + (n-1)H_f + H_b \tag{6-1-25}$$

式中 H——塔高(从 A 至 B，不包括封头、支座高)，m；

Z——填料层高度，m；

H_f——液体再分布器的空间高，m；

H_d——塔顶空间高(不包括封头部分)，一般取 0.8~1.4m；

H_b——塔底空间高(不包括封头部分)，一般取 1.2~1.5m；

n——填料层分层数。

上式中的填料层高 Z 可通过联解吸收速率方程和物料衡算方程求得。选取填料吸收塔中任意一段高度为 dh 的微元填料层来研究，当高度变化 dh 时，气体的浓度由 $Y \to Y+\mathrm{d}Y$，设塔的内截面为 A，单位体积填料层所提供的有效接触面积为 a。则单位时间由气相传入液相的吸收质的量为

$$G \cdot A \cdot \mathrm{d}Y = N_{\mathrm{A}} \cdot A \cdot h \cdot a = K_{\mathrm{Y}} \cdot (Y - Y_{\mathrm{e}}) \cdot A \cdot h \cdot a \tag{6-1-26}$$

列出变数后，再从塔顶到塔底积分可得到填料层高的计算式如下，

$$h = \int_0^h \mathrm{d}h = \frac{G}{K_{\mathrm{Y}} \cdot a} \int_{Y_2}^{Y_1} \frac{\mathrm{d}Y}{Y - Y_{\mathrm{e}}} \tag{6-1-27}$$

若令

$$H_{\mathrm{OG}} = \frac{G}{K_{\mathrm{Y}} \cdot a} \quad N_{\mathrm{OG}} = \int_{Y_2}^{Y_1} \frac{\mathrm{d}Y}{Y - Y_{\mathrm{e}}} \tag{6-1-28}$$

式中 H_{OG}——气相总传质单元高度，m；

N_{OG}——气相总传质单元数。

求填料层高度 Z 的关键问题在于如何求算总传质单元数，即积分 $\int_{Y_2}^{Y_1} \frac{\mathrm{d}Y}{Y - Y_{\mathrm{e}}}$ 的数值。求解方法可分为解析法、图解积分法和梯级积分法。解析法应用于平衡线能用简单数学式(如直线)表示的情况；图解积分法适用于平衡线不能用数学式表示或数学表达式太复杂的情况；梯级积分法适用于平衡线为直线或弯曲程度不大的曲线的情况。这里主要介绍解析法，解析法主要有对数平均推动力法与吸收因子法两种。

(1) 对数平均推动力法

对于低浓度气体的吸收，操作线接近于直线，若在操作浓度范围内，平衡关系符合亨利定律，则平衡线亦为直线，即

$$Y_{\mathrm{e}} = mX \tag{6-1-29}$$

操作线上任一点与平衡线的差值为

$$\Delta Y = Y - Y_{\mathrm{e}} \tag{6-1-30}$$

由以上分析可以得出 ΔY 与 Y 成直线关系，故

$$\frac{\mathrm{d}(\Delta Y)}{\mathrm{d}Y} = \frac{(\Delta Y)_1 - (\Delta Y)_2}{Y_1 - Y_2} \tag{6-1-31}$$

于是有

$$N_{\mathrm{OG}} = \int_{Y_2}^{Y_1} \frac{\mathrm{d}Y}{Y - Y_{\mathrm{e}}} = \int_{Y_2}^{Y_1} \frac{\mathrm{d}Y}{\Delta Y} = \int_{Y_2}^{Y_1} \frac{\mathrm{d}Y}{\mathrm{d}(\Delta Y)} \cdot \frac{\mathrm{d}(\Delta Y)}{\Delta Y} = \frac{Y_1 - Y_2}{(\Delta Y)_1 - (\Delta Y)_2} \int_{Y_2}^{Y_1} \frac{\mathrm{d}(\Delta Y)}{\Delta Y} \tag{6-1-32}$$

进一步推出

$$N_{\mathrm{OG}} = \frac{Y_1 - Y_2}{(\Delta Y)_1 - (\Delta Y)_2} \ln \frac{(\Delta Y)_1}{(\Delta Y)_2} = \frac{Y_1 - Y_2}{\dfrac{(\Delta Y)_1 - (\Delta Y)_2}{\ln \dfrac{(\Delta Y)_1}{(\Delta Y)_2}}} = \frac{Y_1 - Y_2}{\Delta Y_{\mathrm{m}}} \tag{6-1-33}$$

式中 ΔY_{m}——气相对数平均推动力，其计算式为

$$\Delta Y_{\mathrm{m}} = \frac{(\Delta Y)_1 - (\Delta Y)_2}{\ln \dfrac{(\Delta Y)_1}{(\Delta Y)_2}} \tag{6-1-34}$$

(2) 吸收因子法

对于图 6-1-2，塔内任一截面与塔顶之间作物料衡算，可以得出一般操作线方程为

$$G(Y - Y_2) = L(X - X_2) \tag{6-1-35}$$

当相平衡关系为直线 $Y_e = mX$ 时，可以得出

$$Y_e = m\left[\frac{G}{L}(Y - Y_2) + X_2\right] \tag{6-1-36}$$

则传质单元数为

$$N_{OG} = \int_{Y_2}^{Y_1} \frac{dY}{Y - Y_e} = \int_{Y_2}^{Y_1} \frac{dY}{Y - m\left[\frac{G}{L}(Y - Y_2) + X_2\right]} \tag{6-1-37}$$

积分上式，并整理后可得出

$$N_{OG} = \frac{1}{1 - \frac{1}{A}} \ln\left[\left(1 - \frac{1}{A}\right)\left(\frac{Y_1 - mX_2}{Y_2 - mX_2}\right) + \frac{1}{A}\right] \tag{6-1-38}$$

式中 A——吸收因子，其计算式为

$$A = \frac{L}{mG} \tag{6-1-39}$$

从理论上讲，填料层内的传质过程连续进行，气、液两相组成连续变化，因此用传质单元数法计算填料层高度最为合适。但计算传质单元数时依据的相平衡数据与传质动力学参数有所偏差，因此应该对填料层总高度的理论计算值进行修正，引入 1.3～1.5 的安全系数，即

$$Z_{实际} = (1.3 \sim 1.5) Z_{计算} \tag{6-1-40}$$

填料层如果太高，塔内液流的器壁效应将很严重，这将导致填料表面利用率下降，因此当填料层高度超过一定数值时，塔内填料要分层。层与层间加设液体再分布器，以保证塔截面上液体喷淋均匀。

7. 填料塔附件的设计与选用

填料塔的附件包括填料紧固组件、填料支承组件、液体分布器、液体再分布器、气液进口组件、气液出口组件、除雾器等。

(1) 填料紧固组件

为了保持填料塔的正常稳定操作，在填料床层的上端必须安装填料压紧器或床层定位器，否则在高气速或负荷突然变动时，填料层将发生松动。一般情况下，陶瓷、石墨等脆性材料使用填料压紧器；金属、塑料以及所有规整填料则使用床层定位器。填料压紧器主要有三种，一种是栅条压板，与支撑栅板结构相同(图 6-1-30)；另一种是丝网压板，这种丝网压板由金属丝编织成的大孔金属网与扁钢圈焊接而成；第三种是大塔用填料压紧器，当塔直径大于 1200mm 时，简单的填料压紧网板结构不易达到足够的压强，而且塔直径越大，所需压强越近上限值(1400Pa)。故需用到填料压紧器，在设计时除适当增加钢圈及栅高度外，一般要加金属压块以达到所需压强，为了不减少网板孔隙率，压块的安装方向应与栅条方向一致。

(2) 填料支承组件

支承组件的作用是支承填料及填料上的持液量，因此应有足够的机械强度。填料支

撑组件有孔板型、栅板型、气液分流型和栅梁型，其中由于栅板型结构简单，气液分流型开孔率高，这两种广泛应用于填料塔之中。栅梁型主要用于直径大于 2000mm 以上的大塔中。

填料不同，使用的支承组件也不一样。对于散堆填料而言，最简单的为如图 6-1-30 所示的栅板型支承组件。气液分流型支承组件是高通量低压降的支承装置，其中的孔管式填料支承组件(图 6-1-31)适用于散装填料和用法兰连接的小塔，驼峰式支承组件(如图 6-1-32)是目前最好的散装填料支承组件，适用于直径 1.5m 以上的大塔。

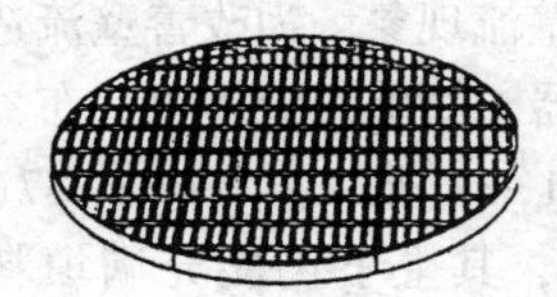

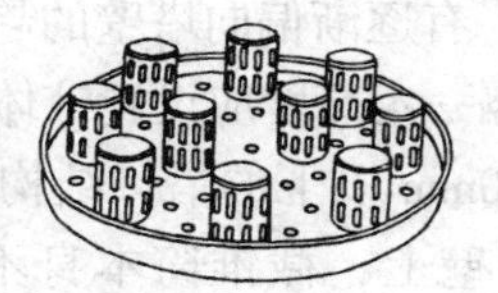

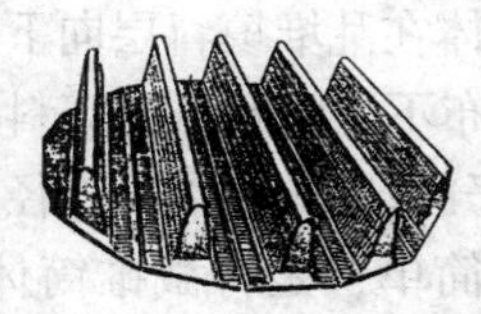

图 6-1-30　栅板型支承组件　　图 6-1-31　孔管式填料支承组件　图 6-1-32　驼峰式支承组件

规整填料使用的支撑组件结构简单，对于筒体用法兰连接的小塔(一般直径小于 1m)可制成整体式结构。在大直径塔中，为了减小阻力，节省材料以及有利于气体分布，需用栅梁型支承组件。

(3) 液体分布器

液体分布器对填料塔的操作影响很大，若液体分布不均匀，则填料层的有效润湿面积会减少，并可能出现偏流和沟流现象，影响传质效果。液体分布器按出液推动力可分为重力型和压力型两种，按结构可分为槽式、排管式、喷射式和盘式。

槽式液体分布器为重力型液体分布器，靠液位分布液体，易于达到液体分布均匀及操作稳定等要求。槽式液体分布器又分为单级槽式液体分布器和二级槽式液体分布器。如图 6-1-33 所示，二级槽式液体分布器由主槽(一级槽)及分槽(二级槽)组成，主槽置于分槽之上，加料液体由置于主槽上方的进料管进入主槽中，再由主槽按比例分配到各分槽中。

排管式液体分布器有重力型和压力型两种形式，重力型排管式液体分布器如图 6-1-34 所示，由进液口、液位管、液体分布管以及布液管组成。

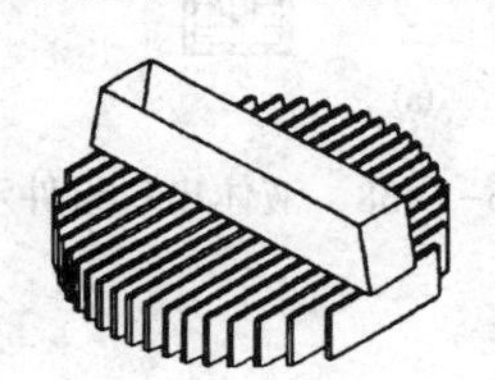

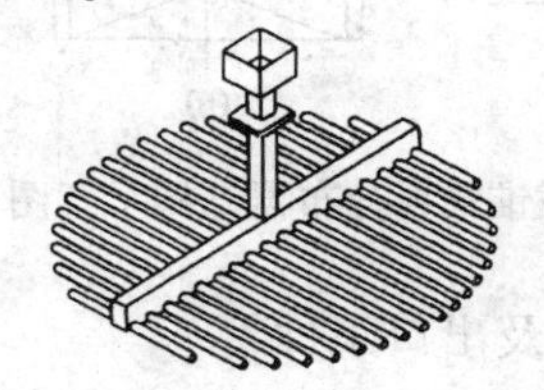

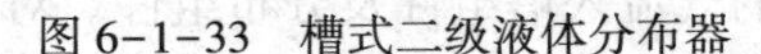

图 6-1-33　槽式二级液体分布器　　　　图 6-1-34　排管式液体分布器

喷射式液体分布器是在压力下通过喷嘴将液体分布在填料上，其结构如图 6-1-35 所示。最早出现的喷射式液体分布器为莲蓬头喷射式液体分布器，由于其分布性能差，故不再推荐使用。利用优化设计的喷嘴代替莲蓬头，取得了良好的分布效果。

盘式液体分布器是常用的液体分布器，分为孔流型和溢流型两种。盘式孔流型液体分布器如图 6-1-36 所示，在底盘上开设布液孔和升气管，气体从升气管上升，而液体从小孔中流下。盘式溢流型液体分布器是将盘式孔流型液体分布器的布液点小孔改成溢流管，也可在底盘上均匀排列升气管，升气管上端开 V 形槽作为溢流孔，这种升气管与溢流管合一的结构易造成雾沫夹带，因而只能用在小气量的塔中。

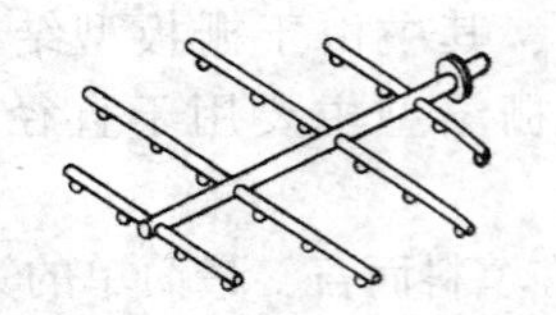

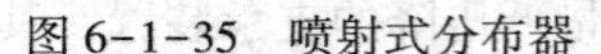

图 6-1-35　喷射式分布器

图 6-1-36　盘式孔流型液体分布器

(4) 液体再分布器

液体在乱堆填料层向下流动时，有逐渐偏向塔壁的趋势，即壁流现象。为改善壁流造成的液体分布不均问题，在填料层中每隔一定高度应设置液体再分布器。简单的液体再分布器为截锥式再分布器，适用于直径 600~800mm 以下的塔，结构如图 6-1-37 所示。图 6-1-37(a)的结构最简单，是将截锥筒体焊在塔壁上，截锥筒本身不占空间，其上下仍能充满填料；图 6-1-37(b)的结构是在截锥筒的上方加设支承板，截锥下面要隔一段距离再放填料。

安排液体再分布器时，应注意其自由截面积不得小于填料层的自由截面积，以免当气速增大时先在此处发生液泛。对于整砌填料，一般不需设液体再分布器，因为在这种填料层中液体沿竖直方向流下，没有趋向塔壁的效应。

(5) 液体进口及出口组件

液体进口管通常与液体分布器相连，其结构由液体分布器的结构确定。液体出口组件既要便于塔内排液，又能将塔内部与外部大气相隔离。常用的液体出口组件可采用如图 6-1-38(a)所示的液封结构，一般用于负压的塔。若塔的内外压差较大时，又可用倒 U 形管密封结构。如图 6-1-38(b)所示，把塔的下部当作缓冲器，使其具有一定的液体，并保持液面恒定。

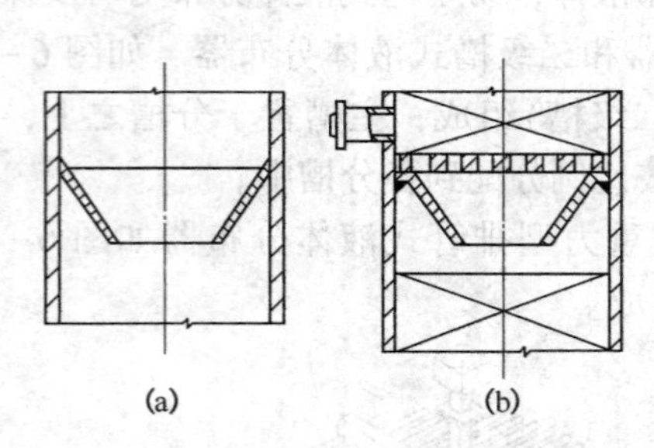

图 6-1-37　截锥式再分布器结构示意图

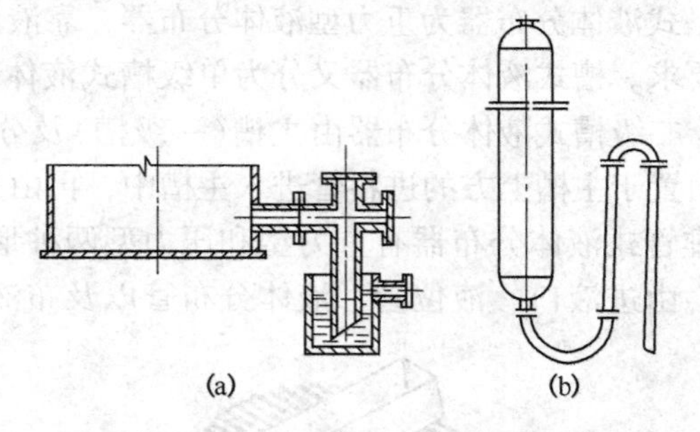

图 6-1-38　液体出口组件示意图

(6)气体进口及出口组件

为了获得填料塔的最佳性能，必须设计合理的气流入塔组件及分布组件。对于塔直径小于 2.5m 的小塔，可以采用简单的进气及分布组件。一般有两种方式，一种是气流直接进塔；一种是基于缓冲挡板的简单进料，当气流进入时，由于缓冲挡板的阻挡作用使气体从两个侧面环流向上，并均匀地分布到填料层中。

当塔的直径大于 2.5m 时，应采用底部敞开式气体进口管(如图 6-1-39 所示)，管端封口作为缓冲挡板。这种形式的进气性能好，对于大直径、高气相负荷时更为适用。底部敞开式气体进口管有各种不同的变体以适应不同需要，其中之一是如图 6-1-40 所示具有中间缓冲挡板的进气管，不仅加大了进口管直径，同时设置中间缓冲挡板分割成两个进口。该挡板仅挡住下一半，进入的气体将被挡住一部分，其余部分则从上方通过进入第二个进口，这样可使气体较均匀地分配入塔。

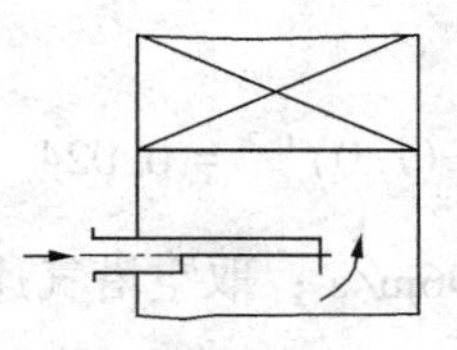

图 6-1-39　底部敞开式气体进口管示意图

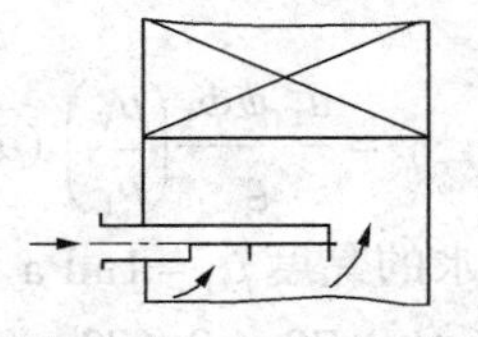

图 6-1-40　具有中间缓冲挡板的进气管示意图

气体出口组件应能保证气流畅通，并能尽量除去被气体夹带的液体雾滴，故应在塔内设除雾器，以分离出气体中所夹带的雾滴。最简单的除雾器是在塔的出口加装挡板，此外还有折流板除雾器、丝网除雾器、填料除雾器以及旋流除雾器。丝网除雾器由于比表面积大、空隙率大、结构简单以及除雾效率高、压力降小而广泛用于填料塔，采用针织金属或塑料丝网，结构形式有多种。

【例 6-1-1】　在填料塔中用水吸收空气中的 SO_2气体，混合气体处理量为 100kmol/h，其中 SO_2的含量为 7%，空气含量 93%，要求净化气中 SO_2的含量达到 0.15%(mol)，操作压力为常压，气体入口温度为 25℃，吸收液中不含 SO_2，水入口温度为 20℃。已知：k_{Ga} = 5.13kmol/(m^3·h·kPa)，$k_l a$ = 97.12h^{-1}，H = 46.9kPa·m^3/kmol。试求：(1)吸收剂的用量；(2)选择填料；(3)填料塔塔径；(4)每米填料层压降；(5)填料塔塔高。

解：

首先计算进气的密度 ρ_V = 1.383kg/m^3，塔底水溶液中 SO_2的浓度很低，其密度接近于水的密度，取 ρ_L = 998.2kg/m^3；然后查出 H_2O-SO_2在常压下的气液平衡数据见表 6-1-2。

表 6-1-2　H_2O-SO_2在常压 20℃下的平衡数

x	0.00281	0.001965	0.001405	0.000845	0.000564	0.000423	0.000281	0.0001405	0.0000564
y	0.0776	0.0513	0.0342	0.0185	0.0112	0.00763	0.0042	0.00158	0.00066

(1) 吸收液用量计算

根据式(6-1-15)可以得出 $L_{min} = \dfrac{y_1 - y_2}{x_e - x_2}G$，按题意 x_2 = 0，由 y_1 = 0.07 查表 6-1-2 线性插值可得 x_e = 2.55×10^{-3}、G = 100kmol/h、y_2 = 0.0015，于是

$$L_{min} = \frac{y_1 - y_2}{x_e - x_2}G = \frac{0.07 - 0.0015}{2.55 \times 10^{-3} - 0} \times 100 = 2686.3 \qquad (\text{kmol/h})$$

取 $L = 1.5L_{min}$ = 1.5×2686.3 = 4029.5kmol/h，则液体的质量流量 G_L = 72531kg/h。

(2) 选择填料

该系统不属于难分离系统，可用散装填料，系统中含有 SO_2有一定的腐蚀性，故考虑选用塑料鲍尔环，由于系统对压降无特殊要求，考虑到不同尺寸鲍尔环的传质性能，选用 DN38 塑料鲍尔环填料。该填料的泛点填料因子 Φ_F = 184m^{-1}，压降填料因子 Φ_p = 114m^{-1}，比表面积 a = 155m^2/m^3。

(3) 塔径计算

混合气体的平均相对分子质量 = 64×7% + 29×93% = 31.45，气体的质量流量 G_V = 31.45×100 = 3145kg/h，则 $x = (G_L/G_V)(\rho_V/\rho_L)^{0.5}$ = (72531/3145)(1.383/998.2)$^{0.5}$ = 0.858。由 x 的数值在图 6-1-28 引垂线与散堆填料泛点线相交可以查出 y 坐标为 0.024，则泛点气速 u_{Gf}

计算如下

$$y=\frac{u_{Gf}^2\psi\phi_F}{g}\left(\frac{\rho_V}{\rho_L}\right)(\mu_L)^{0.2}=\frac{u_{Gf}^2\times 184}{9.81}\left(\frac{1.383}{998.2}\right)(1.0)^{0.2}=0.024$$

20℃时，水的黏度$\mu_L=1\text{mPa}\cdot\text{s}$、$\psi=1$，得出$u_{Gf}=0.96\text{m/s}$；取空塔气速为泛点速度的70%，$u=0.96\times0.70=0.672\text{m/s}$。则塔体直径

$$D_T=\sqrt{\frac{4G_V}{\pi u\rho_V}}=\sqrt{\frac{3145\times 4}{3.14\times 3600\times 0.672\times 1.383}}=1.095(\text{m})$$

圆整塔径，取塔径D为1.2m，实际空速为

$$u_0=\frac{4Q}{\pi D^2\rho_V}=\frac{4\times 3145}{3.14\times 1.2^2\times 3600\times 1.383}=0.56\quad(\text{m/s})$$

实际泛点百分率：$u_0/u_{Gf}=0.56/0.96=58.3\%$

（4）压降计算

因横坐标$x=0.858$、纵坐标$y=\frac{u_{Gf}^2\psi\phi_p}{g}\left(\frac{\rho_V}{\rho_L}\right)(\mu_L)^{0.2}=\frac{u_{Gf}^2\times 144}{9.81}\times\left(\frac{1.383}{998.2}\right)\times(1.0)^{0.2}=0.0638$，由$x$、$y$值可以从图6-1-28查出填料压降$\Delta p=13\text{mmH}_2\text{O/m}=129\text{Pa/m}$。

（5）塔高计算

塔高采用传质单元法计算，传质单元数采用图解积分法求解，如图6-1-41所示，由图可知$N_{OG}=5.8$。

由式$\frac{1}{K_G a}=\frac{1}{k_G a}+\frac{H}{k_L a}$得$\frac{1}{K_G a}=\frac{1}{5.13}+\frac{46.9}{97.12}=0.678$，则$K_G a=1.475\text{kmol/(m}^3\cdot\text{h}\cdot\text{kPa)}$。

$$H_{OG}=\frac{G}{pK_{Ga}\cdot\frac{\pi D^2}{4}}=\frac{100}{101.325\times\frac{3.14}{4}\times 1.2^2\times 1.475}=0.59\quad(\text{m})$$

$$\therefore\quad z=N_{OG}H_{OG}=5.8\times 0.59=3.42$$

取安全系数为1.7，则设计塔高5.9m。

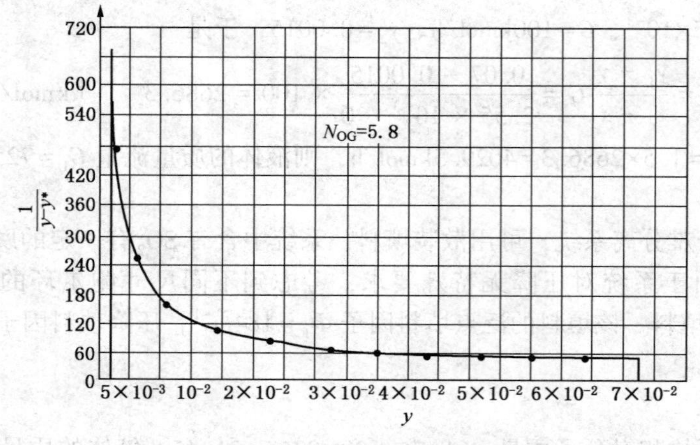

图6-1-41　图解积分法求解用图

应该指出，本例仅用于演示填料塔的设计过程。因为清水吸收SO_2的效率太低，所以一

般工业上多采用化学吸收来脱除废气中的SO_2。在化学吸收中，$CaCO_3$和CaO是比较便宜的吸收剂，因而钙法脱硫在电厂中得到了广泛应用。虽然一般认为填料塔不适用于钙法脱硫，但日本确有采用格栅填料塔的成功业绩。

§6.2 吸附法净化技术与设备

与§2.3中的液体吸附略有不同，气体吸附是利用某些多孔性固体物质表面上未平衡或未饱和的分子力，把气体混合物中的一种或几种有害组分吸留在固体表面上，然后将其从气流中分离并除去的净化操作过程。具体表现在：①气-固吸附时，固体表面既有被吸附分子覆盖的部分，也有尚无吸附分子的"空白"部分；而液-固吸附时，全部固体表面总是被溶液中各组分的分子所覆盖，吸附分子可以是溶质分子，也可以是溶剂分子。液相中分子间距离小，相互作用力比气体分子间作用力大得多，溶质、溶剂在固体表面的竞争吸附就是溶质、溶剂和吸附剂三者之间相互作用的综合结果。②气-固吸附时，气体扩散速度快，气体吸附平衡时间较短；而液-固吸附时，受到分子间作用和相对分子质量的影响，吸附质分子在溶液中的扩散速度比在气体中要慢很多，再加上固体表面总有一层膜，吸附分子必须通过这层膜才能被吸附，因此达到平衡往往需要较长时间。从吸附剂材料而言，除了比表面积大、选择吸附性高、吸附容量大、有足够的机械强度等共性要求外，气体吸附剂还需具有良好的疏水性能。

吸附法属于干法净化工艺，与湿法净化工艺(例如吸收法)相比，具有工艺流程简单、无腐蚀性、净化效率高、一般无二次污染等优点。在大气污染控制领域，吸附法能够有效地分离出废气中浓度很低的气态污染物。例如，低浓度SO_2和NO_x尾气的净化处理，吸附净化后的尾气能够达到排放标准，分离出来的污染物还可以作为资源回收利用。

一、气态污染物吸附净化设备分类

工业气体吸附净化过程所涉及的大多为混合气体而非单组分气体。如果在气体混合物中除A之外所有其他组分的吸附均可忽略，则A的吸附量可按单组分气体的吸附估算，但其中的压力应采用A的分压。多组分气体吸附时，一个组分的存在对于另一组分的吸附有很大影响，十分复杂。一些实验数据表明，混合气体中的某一组分对另外组分吸附的影响可能是增加、减小或没有影响，具体取决于吸附分子间的相互作用。

在气态污染物的吸附净化过程中，根据操作是否连续，可以将吸附工艺分为间歇式流程、半连续式流程或连续式流程；根据吸附净化过程中吸附剂的运动状态，可以将吸附器分为固定床、移动床、流化床(沸腾床)和其他类型。

1. 固定床吸附器

固定床吸附器内的吸附剂颗粒均匀堆放在多孔支撑板上，成为固定吸附剂床层，仅气体流动经过吸附床层。根据气体流动方向分为立式、卧式和环式3种，如图6-2-1所示，其

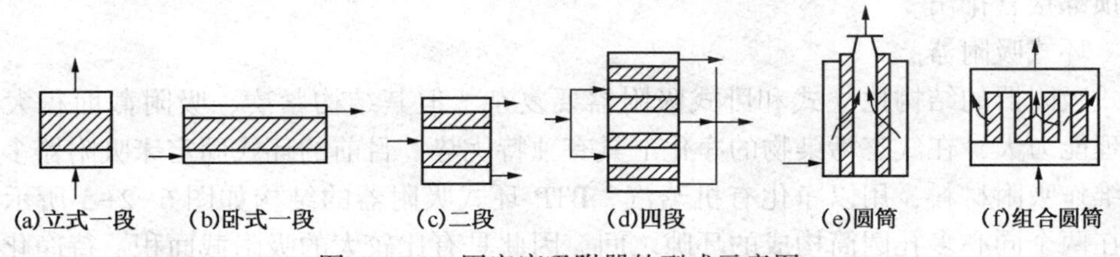

图6-2-1　固定床吸附器的型式示意图

中一段式适用于浓度较高废气的净化，其他形式固定床适用于浓度较低废气的净化。固定床吸附器结构简单、工艺成熟、性能可靠，特别适用于小型、分散、间歇性的污染源治理。

(1) 立式吸附器

固定床立式吸附器主要适用于小气量高浓度的情况，分为圆锥形和椭圆形两种，其中圆锥形立式吸附器如图 6-2-2 所示，椭圆形立式吸附器如图 6-2-3 所示。在图 6-2-2 中，吸附剂装填在可拆卸的栅板上，栅板安装在主梁上。为了防止吸附剂漏到栅板下面，在栅板上面放置两层不锈钢丝网或块状砾石层。为了使吸附剂再生，最常用的方法是从栅板下方将饱和蒸气通往床层，栅板下面设置的有一不定孔径的环形扩散器可直接通入蒸气。为了防止吸附剂颗粒被带出，床层上方用钢质丝网覆盖，网上用铸铁固定。

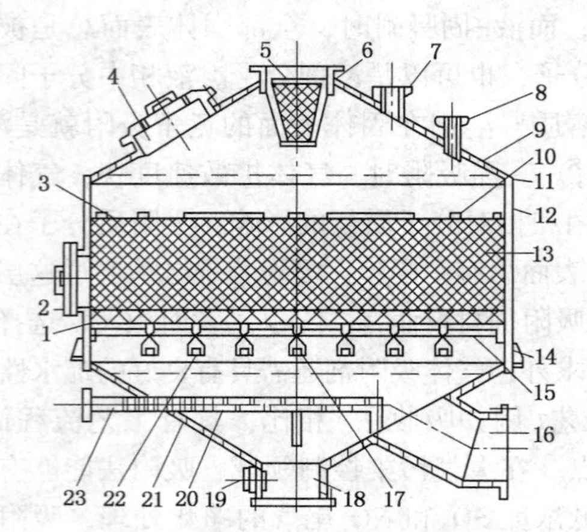

图 6-2-2　圆锥形立式吸附器示意图

1—砾石；2—卸料机；3—丝网；4—装料孔；5—挡板；6—原料混合物及通过分配阀用于干燥和冷却的空气入口接管；7—脱附时蒸气排出管；8—安全阀接管；9—顶盖；10—重物；11—刚性环；12—外壳；13—吸附剂；14—支撑环；15—栅板；16—净化气出口接管；17—梁；18—视孔；19—冷凝液排放及供水接管；20—扩散器；21—底封头；22—梁的支架；23—进入扩散器的水蒸气接管

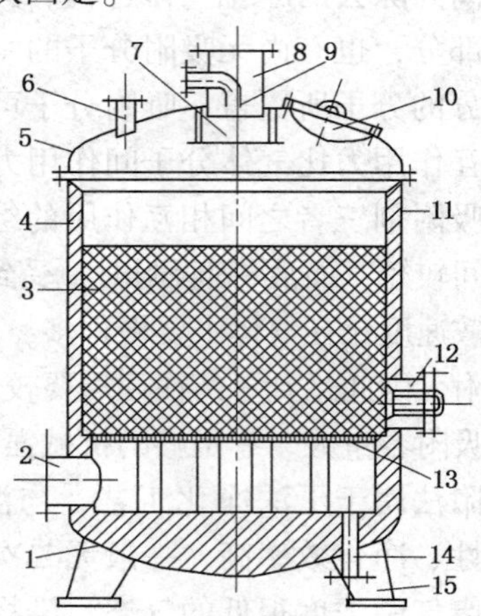

图 6-2-3　具有内衬的椭圆形立式吸附器示意图

1—底部封头；2—原料混合物及用于干燥和冷却的空气入口接管；3—吸附剂；4—筒体；5—顶盖；6—安全阀接管；7—挡板；8—净化气出口接管；9—水蒸气入口接管；10—装料孔；11—内衬；12—卸料孔；13—陶瓷板；14—蒸气和冷凝液出口接管；15—支腿

(2) 卧式吸附器

固定床卧式吸附器主要适用于气量大但浓度低的情况，吸附剂装填高度为 0.5~1.0m，优点是压降小；缺点是床层截面积大，容易造成气流分布不均匀。在如图 6-2-4 所示的 BTP 卧式吸附器中，待净化的气体从入口接管被送入吸附剂床层的上方空间，净化后的气体从吸附剂床层底部接管排出。用于脱附的饱和蒸气经一定孔径的环形扩散器送入，然后从吸附器顶部接管排出。

(3) 环式吸附器

环式吸附器的结构比立式和卧式吸附器要复杂，但其结构紧凑，吸附截面积大，阻力小，处理能力大，在气态污染物的净化上具有独特优势。目前的环式固定床吸附器多使用活性炭纤维作吸附材料，用以净化有机蒸汽。BTP 环式吸附器的结构如图 6-2-5 所示。吸附剂填充在两个同心多孔圆筒构成的环隙之间，因此具有比较大的吸附截面积。待净化的气体从吸附器的底部左侧接管进入，沿径向通过吸附剂床层，然后从底部中心管排出。

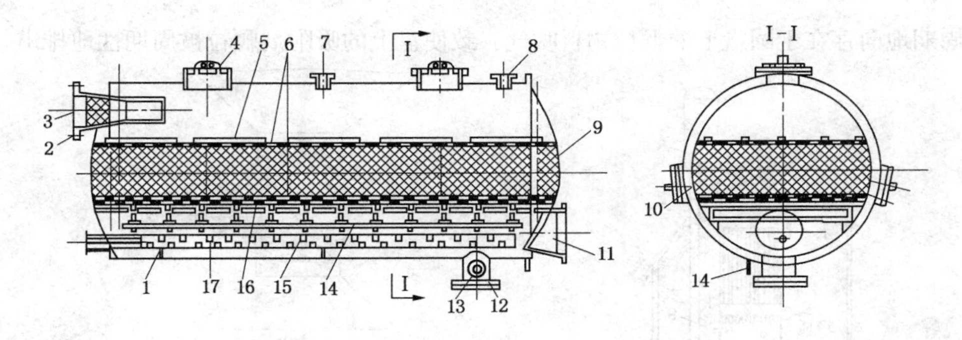

图 6-2-4　BTP 卧式吸附器示意图

1—壳体；2—吸附时送入蒸气-空气混合物及干燥和冷却时送入空气的接管；3—分布网；4—带有防爆板的装料孔；5—重物；6—丝网；7—安全阀接管；8—脱附段蒸气出口接管；9—吸附剂层；10—卸料孔；11—吸附段导出净化气体及干燥和冷却时导出废空气的接管；12—视孔；13—排出冷凝液和供水的接管；14—梁的支架；15—梁；16—可拆卸栅板；17—扩散器；18-脱附时饱和蒸气进口

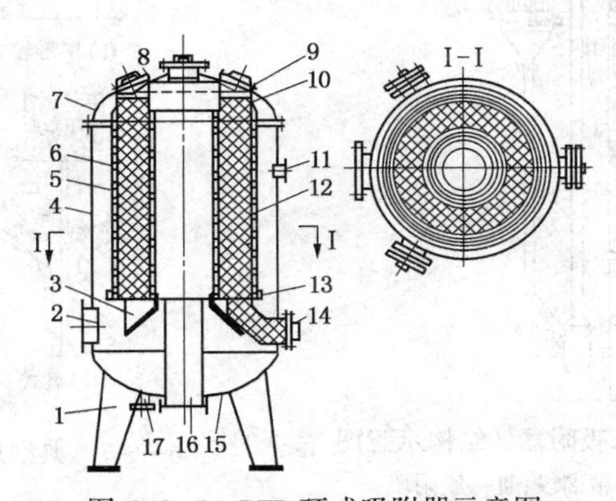

图 6-2-5　BTP 环式吸附器示意图

1—支腿；2—蒸气-空气混合物及用于干燥和冷却的空气入口接管；3—吸附剂筒底支座；4—壳体；5、6—多孔外筒和内筒；7—顶盖；8—视孔；9—装料孔；10—补偿料斗；11—安全阀接管；12—活性炭层；13—吸附剂筒底座；14—卸料孔；15—底部封头；16—净化气和废空气出口及水蒸气入口接管；17—脱附排出蒸气和冷凝液及供水用接管

2. 移动床吸附器

移动床吸附器在固体吸附剂和废气的连续逆流运动中完成吸附过程，一般吸附剂自上而下运动，而气体则由下向上流动，形成逆流操作。

典型的移动床吸附器如图 6-2-6 所示，其流程为待净化气体从吸附器中段引入，与从吸附器顶端下降的吸附剂逆流相遇，吸附剂在下降过程中，经历了冷却、降温、吸附、增浓、汽提、再生等阶段，在同一设备内交错完成吸附、脱附过程。吸附过程实现连续化，克服了固定床间歇操作带来的弊病，对于稳定、连续、量大的废气净化，其优越性比较明显，缺点是动力和热量消耗较大，吸附剂磨损严重。下面对该装置的主要部件作简要介绍。

(1) 吸附剂加料器

加料方法一般分为机械式和气动式。机械式加料器如图 6-2-7 所示，对于图(a)所示的闸板式加料器，吸附剂颗粒的加入速度靠闸板开合度来调节；对于图(b)所示的星形轮式加料器，通过自身的转动将吸附剂颗粒带入进料腔，吸附剂的加入量和速度靠改变星形轮的转数来实现；而图(c)所示的盘式加料器是以改变转动圆盘的转数来调节吸附剂的加入量。脉冲气动式加料器的操作原理为用电磁阀控制的气源周期性地通气与断气，从而使置于圆盘中心上方的气嘴周期地向存在于圆盘上的颗粒物料吹气，致使盘上的吸附剂颗粒被周期性地排出。

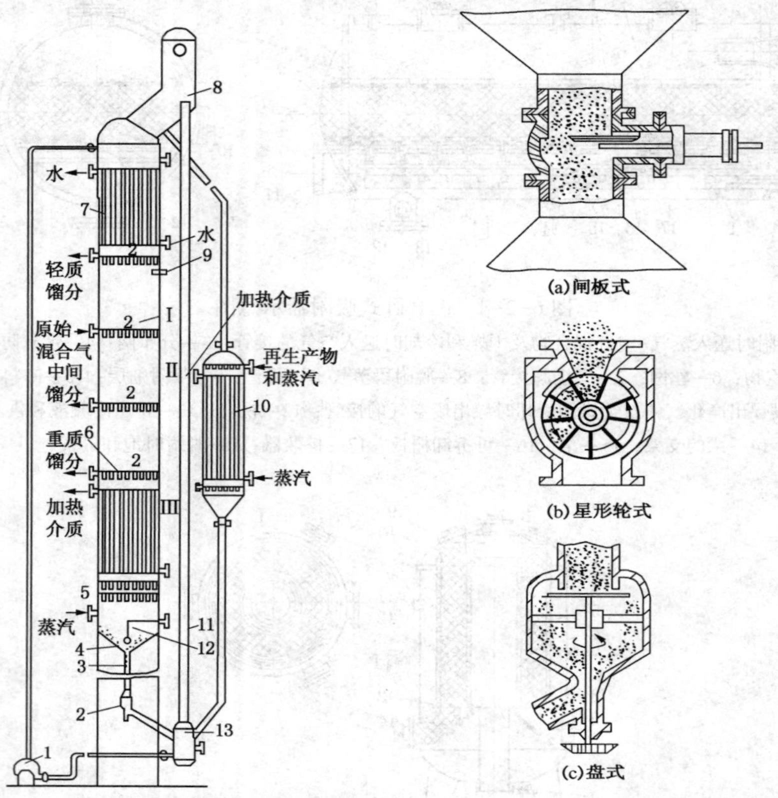

图 6-2-6 移动床吸附器的结构示意图

Ⅰ—吸附段；Ⅱ—精馏段；Ⅲ—脱附段；

1—鼓风机；2—闸门；3—水封管；4—水封；5—卸料板；

6—分配板；7—冷却器；8—料斗；9—热电偶；

10—再生器；11—气流输送管；12—料面指示器；13—收集器

图 6-2-7 典型加料器简图

（2）吸附剂卸料器

移动床吸附剂的移动速度由卸料器控制，最常见结构由两块固定板和一块移动板组成，如图 6-2-8 所示，移动板借助于液压机构来完成在两块固定板之间的往复运动。

（3）吸附剂分配板

吸附剂分配板的作用是使吸附剂颗粒沿设备横截面能够均匀分布。分配板制成带有胀接短管的管板形式，安装时分配板的短接面向下。有时候采用板上均匀排列的孔数逐渐减少的多层孔板式分配器，如图 6-2-9 所示。

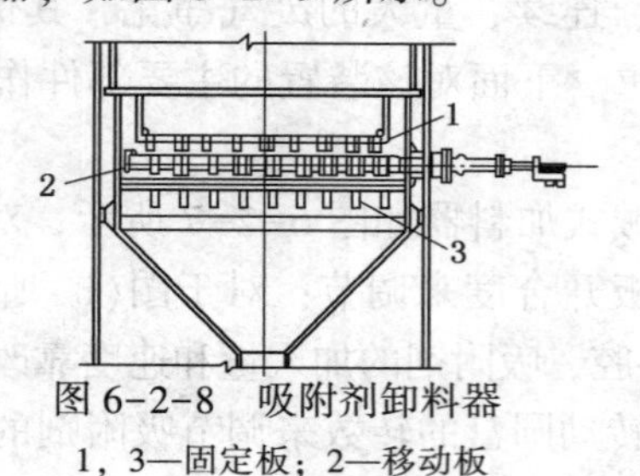

图 6-2-8 吸附剂卸料器

1，3—固定板；2—移动板

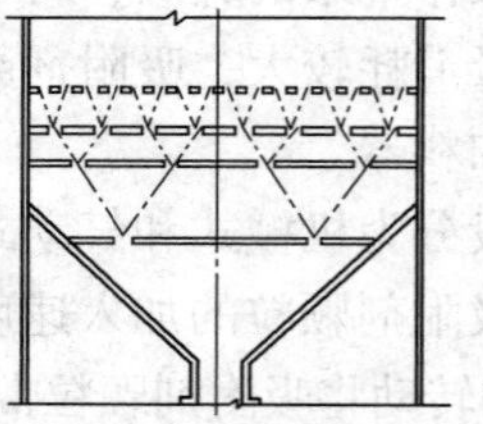

图 6-2-9 多层孔板式分配器

(4) 吸附剂脱附器

吸附剂脱附器为胀接在两块管板中的直立管束。吸附剂和水蒸汽沿管程移动，而在管隙间通入加热介质。

3. 流化床吸附器

在流化床吸附器内，废气以较高的速度通过吸附剂床层，使吸附剂呈悬浮状态。带再生的多层流化床吸附器如图 6-2-10 所示，吸附段和脱附段设在一个塔内，塔上部为吸附段，下部为脱附段。气体混合物从塔中间进行入吸附段，与多孔板上较薄的吸附剂床层逆流接触，吸附剂颗粒通过溢流管从上一块板位移到下一块板。经再生的吸附剂由空气提升到吸附段顶部循环使用，这种流化床的一个严重缺点是由床层流态化造成的吸附剂磨损较大。与固定床相比，流化床所用的吸附剂粒度较小，气流速度要大 3~4 倍以上，气固接触相当充分，吸附速度快，但吸附剂的损耗较多。流化床吸附器适用于连续、稳定的大气量废气治理。

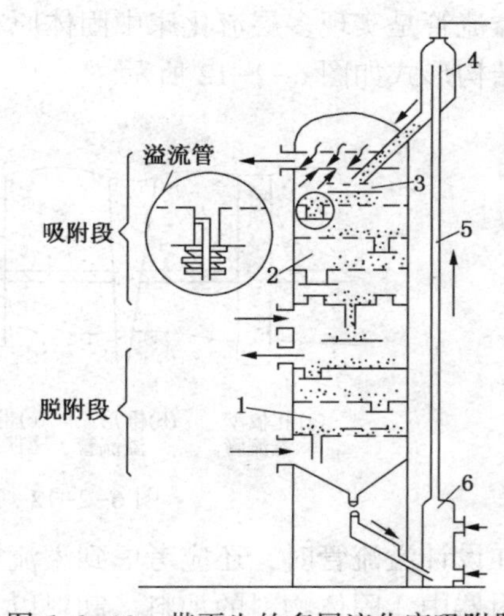

图 6-2-10　带再生的多层流化床吸附器

1—脱附器；2—吸附器；3—分配板；4—料斗；5—空气提升器；6—冷却器

(1) 气体分布板

气体分布板是流化床吸附器的主要部件之一，对于流态化质量的影响极为重要，成功的分布板设计有助于产生均匀而平稳的流态化状态。

气体分布板的结构形式很多，几种常用的气体分布板形式如图 6-2-11 所示。其中图(a)为单层直孔式多孔分布板，因气流方向与床层垂直，易使床层形成沟流，且小孔易堵塞，停车时易漏料。图(b)为双层错叠式多孔分布板，孔错开迭加，改善了气体分布，且能避免漏料。图(c)和图(d)为弓形多孔分布板，能承受固体颗粒的负荷和热应力，适应于大直径流化床，但这两种形式的分布板制作比较困难。图(e)和图(f)为侧流式分布板，在分布板的孔上装有锥形风帽，气流从锥帽底部的侧缝或锥帽四周的侧孔流出。固体颗粒不会在锥帽顶部形成死区，且气体紧贴分布板面吹出，可消除在分布板面形成的死区，改善床层的

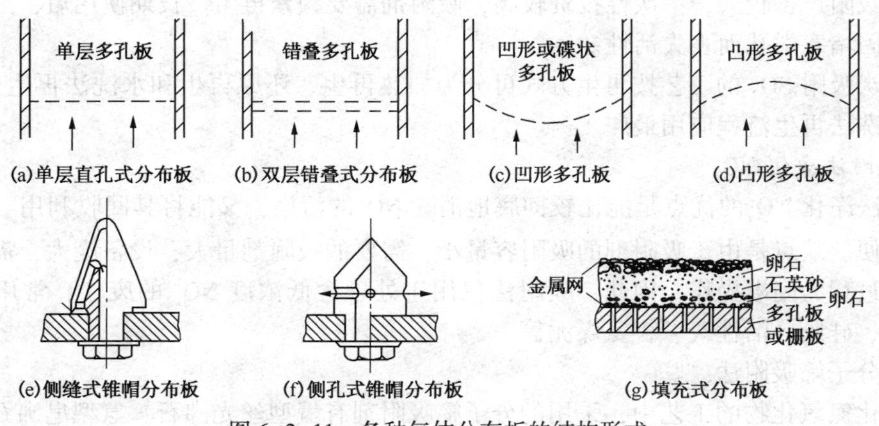

图 6-2-11　各种气体分布板的结构形式

流化质量。图(g)为填充式分布板，它是在直孔筛板或栅板和金属丝网层间铺上卵石-石英砂-卵石，形成固定床层，这种分布板结构简单，布气均匀，还能起到较好的隔热效果。

（2）溢流管

溢流管是实现多层流化床中固体原料从上一床层位移到下一床层的部件。溢流管的几种主要结构形式如图 6-2-12 所示。

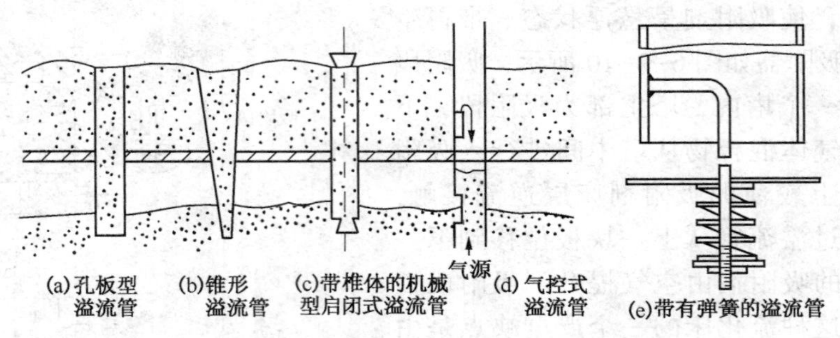

图 6-2-12　流化床内溢流管的结构形式

在设计溢流管时，还应考虑到溢流管太狭窄时可能发生的板状和散状物料悬浮。在流化床吸附器中，固体物料的加料、卸料以及气流输送系统，基本上与移动床吸附器中所采用的相同。

二、吸附法的典型工程应用

吸附法在气态污染物净化处理中的典型工程应用有烟气脱硫、NO_x净化、含氟废气的净化、有机废气的净化回收、恶臭及其他有毒有害物质脱除等，这里略作介绍。

1. 在烟气脱硫中的应用

低浓度的SO_2除了可以用吸收法净化外，还可以用吸附法净化。在吸附法脱硫的工艺中常用的吸附剂主要是活性炭。活性炭对SO_2的吸附包括物理吸附和化学吸附，在烟气干燥无氧条件下主要发生物理吸附。但实际烟气中含有大量的氧和水蒸气，所以在物理吸附的同时还会发生一系列的化学反应，其主要吸附过程发生在活性炭内表面。

用铜、铁、钴、镍和锰等重金属盐浸泡活性炭，由于金属组分能把 SO_2 催化氧化成 SO_3，可提高其对 SO_2 的吸附能力。活性炭对 SO_2 的吸附容量通常为 40~140g/kg。

活性炭吸附 SO_2工艺简单、运转方便、副反应少、可回收稀硫酸。但由于活性炭吸附容量有限，吸附设备较大，一次性投资较高，吸附剂需要频繁再生。长期使用后，活性炭会有磨损，并因堵塞微孔而丧失活性。

活性炭吸附 SO_2 的工艺按再生方式可分为加热再生、还原再生和水洗法再生三种流程，其中以水洗法再生流程应用最广。

2. 吸附法净化 NO_x

吸附法净化 NO_x的优点是能比较彻底地消除 NO_x的污染，又能将其回收利用，设备简单且操作方便。缺点是由于吸附剂的吸附容量小，需要的吸附剂量大，设备庞大，需要再生处理，而且过程为间歇操作。因此，吸附法仅用于处理含低浓度 NO_x 的废气，常用的吸附剂有分子筛、硅胶、活性炭、含氨煤泥等。

（1）分子筛吸附法

在净化氮氧化物的工艺中，采用的分子筛吸附剂有氢型丝光沸石、氢型皂沸石、脱铝丝光沸石、BX 型分子筛等。这里以丝光沸石型分子筛为例介绍分子筛吸附 NO_x 的原理。

丝光沸石型分子筛(MOR)为笼型孔洞骨架的晶体，脱水后微孔空间十分丰富，具有很高的比表面积(一般为500~1000m^2/g)，可容纳相当数量的吸附质分子，同时内晶表面高度极化，微孔分布单一均匀，大小与普通分子相近。

含NO_x的废气通过MOR床层时，由于水分子和NO_2的极性较强，被选择性地吸附在MOR内表面上进而生成硝酸，并释放出NO，反应方程式如下

$$3NO_2+H_2O \longrightarrow 2HNO_3+NO$$

反应产生的NO连同废气中的NO与O_2在MOR的内表面上被催化氧化成NO_2而被吸附。

$$2NO+O_2 \longrightarrow 2NO_2$$

该工艺一般采用两个或三个以上的吸附器交替进行再生。含NO_x的尾气先进行冷却和除雾，经计量后再进入吸附器。当净化气体中的NO_x达到一定的浓度时，再生分子筛将含NO_x的尾气通入另一吸附器，吸附后的气体排空。

(2) 活性炭吸附法

活性炭对低浓度NO_x有很高的吸附能力，其吸附容量比分子筛和硅胶都高。脱附出的NO_x可以回收利用。

用特定品种的活性炭可使NO_x还原成N_2，其反应式为

$$2NO + C \longrightarrow N_2 + CO_2$$

$$2NO_2 + 2C \longrightarrow N_2 + 2CO_2$$

由于活性炭在300℃以上有自燃的可能，给吸附和再生造成了相当大的困难，限制了它的利用。

3. 吸附法净化回收有机废气

自20世纪70年代以来，随着西方发达国家大气污染控制标准的日趋严格，吸收法、冷凝法、吸附法都先后成为特定时期炼油厂或油库等油品大周转量场合的油气回收处理主流技术方案。以美国为例，在《洁净空气法》(CAA)的推动下，炼油厂或油库最早采用贫油吸收系统，但由于吸收法的效率仅为90%左右，因此只安装了不到20套贫油吸收系统。1970~1976年，冷凝法成为可供选择的技术，超过150套冷凝系统在油库中被安装，回收效率可以达到90%。1972~1976年，James C. McGill等人研发了活性炭吸附技术，并于1976年申请了用于回收处理油气的专利，油气回收效率可达98%以上。1978年，美国国家环保署(EPA)要求每装1L汽油，从油气处理单元排出的净化气体中VOCs总含量不大于80mg，从而迫使冷凝法油气回收系统进一步降低冷媒温度。使用冷凝法的用户发现，虽然这类系统的初期投入要低于活性炭吸附设备，但运行操作与维护费用较高。因此，美国在1980年以后大量采用活性炭吸附油气回收处理技术，甚至被EPA认定为最佳示范技术(BDT)和最易实现控制技术(MACT)。1982年，EPA又要求在一般地区，每加1L汽油时允许的总烃泄漏量不超过35mg。法规的严格化进一步促进了活性炭吸附油气回收处理技术的使用，冷凝系统逐渐被冷落，到1990年时已经有1000多套活性炭吸附设备在美国各处油库中使用。

目前美国、欧洲都有吸附/吸收组合工艺油气回收处理设备的生产供应商，其中美国Jordan Technologies(现归属AEREON)、美国Symex Americas、丹麦Cool Sorption等公司处于领先地位，系统都是由两个吸附用活性炭罐、一个吸收高浓度油气用吸收塔、一个吸附剂解吸再生装置以及必要的机电控制元件组成，不同之处在于所采用的活性炭吸附剂类型、吸附剂再生方式、解吸所得高浓度烃类组分在进入吸收塔之前的处理、系统控制及安全设计等

方面。

图 6-2-13 为美国 Jordan Technologies 公司用于汽油等轻质油品在油库装车时所产生油气的回收处理工艺流程。油气混合物首先通过凝液分离罐，把携带的凝液分离出来，从而避免液态汽油进入活性炭罐。然后油气进入处于吸附状态的活性炭罐，其中的烃类组分被吸附在活性炭表面，而净化后的空气则由活性炭罐顶部的出口排向大气。两个活性炭罐按照特定时间在吸附和再生状态之间交替切换，再生方式为液环式真空泵真空脱附和空气吹扫。液环式真空泵对再生活性炭罐抽真空至绝压 10kPa 以下，吸附在活性炭孔隙中的烃类组分被解吸；为了保证活性炭床中的油气尽可能解吸彻底，在后期引入少量空气对炭床进行吹扫。当脱附过程完成后，通过工艺管线上的控制阀门使活性炭罐内的压力逐步恢复至常压，然后系统控制活性炭罐切换至下一个吸附过程。由于吸附油气时活性炭床层温度会升高，因此在活性炭床层设置有上、中、下多个测温点，当床层温度升至一定值时控制系统报警，必要时自动切换至另一活性炭罐工作，或关闭油气进口阀门以确保安全。活性炭脱附油气为吸热过程，床层温度又会下降。液环式真空泵中的乙二醇封液闭路循环，一方面为真空泵提供液封，另一方面还能取走压缩油气产生的热量而冷却真空泵。从液环式真空泵出来的气液混合物进入一个气/液分离罐(或乙二醇分离器)，专利设计的旋风分离与标准的重力分离相结合，可以防止乙二醇中凝结液态汽油的过量积聚。分离罐设置有液位高低报警联锁，当液位超过高限时排液油泵启动，液位过低时补液电磁阀自动打开。在分离罐中封液与富油气分离，封液进入换热器被汽油冷却下来后循环使用，富油气则进入装有填料的吸收塔。进入吸收塔的油气与自罐区泵送而来、并从吸收塔顶部喷淋而下的常温贫油(汽油)逆流接触被吸收，塔顶含有少量油气的尾气返回活性炭罐入口，与新产生的油气混合后进入活性炭罐再次被吸附。吸收了烃类组分后的富汽油和从气/液分离罐中分离的汽油一起循环至换热器起冷却换热作用后再被

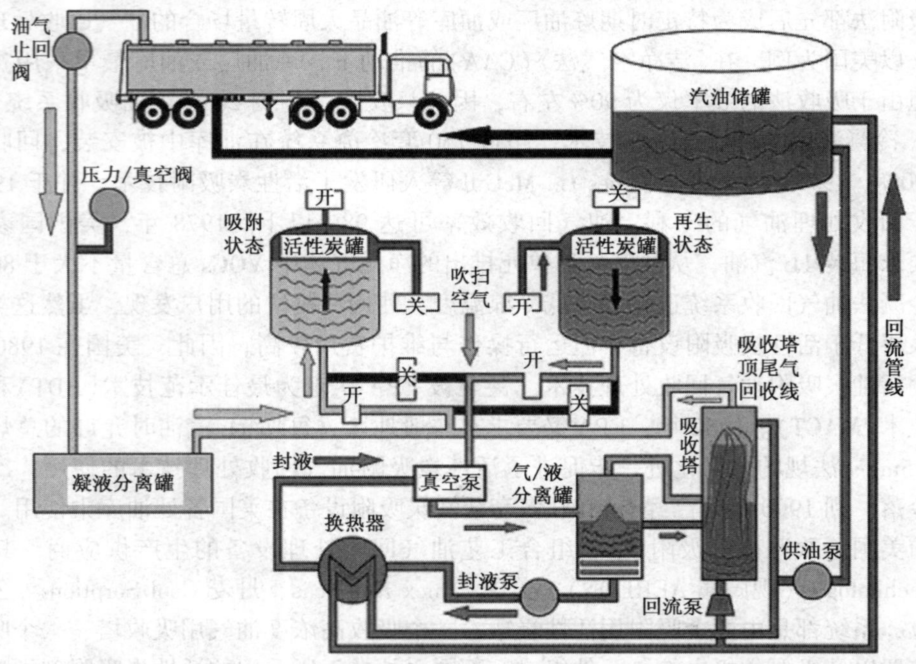

图 6-2-13　美国 Jordan Technologies 公司活性炭吸附/吸收组合工艺流程示意图

泵送回汽油储罐。

美国 Jordan Technologies 公司所选用的活性炭是依据汽油吸附容量、表观密度、磨损数、压降、自燃温度等几个主要指标从不同的供应商中优选出来的。有关测试数据显示，该公司油气活性炭吸附/吸收设备的油气回收率超过99%以上，净化后气体的排放浓度远低于10mg/L。

三、固定床吸附器的设计

1. 收集数据

固定床吸附器操作时影响吸附过程的因素很多。床层内有已饱和区、传质区和未利用区，在传质区内吸附质的浓度随时间而改变；随着传质区的移动，三个区的位置又不断改变。因此，设计吸附器时需收集废气风量、废气成分、浓度、温度、湿度以及排放规律等。此外，应尽可能进行与工业生产条件相似的模拟实验，或参照相似的生产装置，取得饱和吸附量和吸附穿透曲线等必要的数据。

2. 吸附剂的选用

选择吸附剂时最重要的条件是饱和吸附量大和选择性好。除此之外，还应具备解吸容易、机械强度高、稳定性好、气流通过阻力小等条件。

粉状吸附剂床层阻力大，而且容易被气流夹带，所以不宜直接使用，工程实际中通常应采用颗粒状(球形、圆柱形)的吸附剂。

3. 吸附区高度的计算

吸附器主要尺寸和穿透时间的计算常用穿透曲线法和希洛夫近似计算法，本节仅介绍希洛夫近似计算法。希洛夫近似计算法基于如下假设：①吸附速率为无穷大，即吸附质一进入吸附层立即被吸附；②达到穿透时间时，吸附剂床层全部达到饱和，因此饱和吸附量应等于吸附剂静平衡吸附量，饱和度 $S=1$。

根据上述两个假设，穿透时间内气流带入床层的吸附质量应等于该时间内吸附剂床层所吸附的吸附质的量，即

$$G_S\tau'_b AY_0 = ZA\rho_b X_T \qquad (6-2-1)$$

式中 G_S —— 通过床层的惰性气体流率，kg/(m²·s)；

τ'_b ——穿透时间，s；

A——吸附剂床层截面积，m²；

Y_0 —— 气流中吸附质初始浓度，kg 吸附质/kg 载气；

Z——吸附床层高度，m；

ρ_b ——吸附剂堆积密度，kg/m³；

X_T ——与 Y_0 达吸附平衡时吸附剂的平衡吸附量，即静活性(kg 吸附质/kg 吸附剂)。

由上式可得

$$\tau'_b = \frac{X_T\rho_b}{G_S Y_0}Z \qquad (6-2-2)$$

由上式可知，当吸附速率无穷大时，吸附床的穿透时间与吸附床高度关系线是通过原点的直线，如图 6-2-14 中的直线 1 所示。此时有

$$\tau'_b = \frac{X_T\rho_b}{G_S Y_0}Z = KZ \qquad (6-2-3)$$

但实际穿透时间 τ_b 要小于吸附速率无穷大时的穿透时间 τ'_b，其差值为 τ_0。实测的直线是离开原点平行于直线 1 的直线，如图 6-2-14 中直线 2 所示，由图中可知

$$\tau_b = \tau'_b - \tau_0 \qquad (6-2-4)$$

所以在实际操作中，将式(6-2-4)修正为

$$\tau_b = KZ - \tau_0 = K(Z - Z_0) \qquad (6-2-5)$$

式中 τ_0——穿透操作的时间损失，s，可由实验确定；

Z——吸附床层中未被利用的长度，也称为吸附床层的长度损失，m，可由实验确定；

K——常数，通常由实验测得。

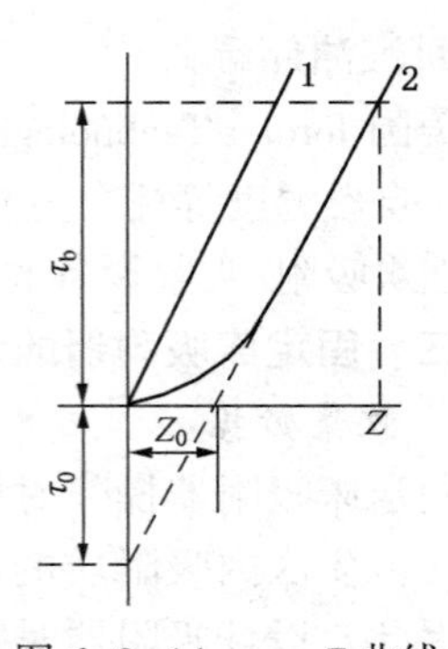

图 6-2-14 $\tau - Z$ 曲线与理想线的比较

1—理想线；2—实际曲线

上式即为著名的希洛夫方程式(Silov Equation)，由此可推导出床层高度 Z 的计算公式

$$Z = \frac{\tau_b + \tau_0}{K} \quad (\mathrm{m}) \qquad (6-2-6)$$

用上式计算所需吸附剂床层高度，若求出 Z 太高，可分为 n 层布置，或分为 n 个串联吸附床布置。为便于制造和操作，通常取各床层高度相等，串联床数 $n \leqslant 3$。

4. 空塔气速与吸附层截面的计算

固定床空塔气速过小则处理能力低，空塔气速太大，不仅阻力增大，而且吸附剂易流动而影响吸附层气流分布。固定床吸附器的空塔气速一般为 0.2～0.5m/s，可参考类似装置选取。

固定床层的高度一般取 0.5～1m，立式直径与床层高度大致相等，卧式长度大约为床层高的 4 倍。空塔气速决定后吸附层截面积 A 由下式计算

$$A = \frac{Q}{3600u} \quad (\mathrm{m}^2) \qquad (6-2-7)$$

式中 Q——处理气体量，m^3/h；

u—— 空塔气速，m/s。

若 A 太大，可分为 n 个并联的小床，则每个小床的截面积

$$A' = \frac{A}{n} \quad (\mathrm{m}^2) \qquad (6-2-8)$$

5. 吸附剂质量计算

每次吸附剂装填总质量 m

$$m = AZ\rho_b = nA'Z\rho_b = nm' \quad (\mathrm{kg}) \qquad (6-2-9)$$

$$m' = A'Z\rho_b \qquad (6-2-10)$$

式中 m'——每个小床或每层吸附剂的质量，kg。

考虑到装填损失，每次新装吸附剂时需用吸附剂量为 1.05～1.2m。

6. 吸附周期的确定

出现穿透的时间即为吸附周期 τ，用下式确定

$$\tau = \frac{W_a}{G_s} \qquad (6-2-11)$$

式中 W_a—— 床层穿透至床层耗竭时通过吸附床的惰性气体量，$\mathrm{kg/m^2}$。

7. 固定床吸附装置的压力降计算

流体通过固定床吸附剂床层的压力降 Δp 可用下式近似计算

$$\frac{\Delta p}{Z} \times \frac{\varepsilon^3 d_P \rho}{(1-\varepsilon) G_S^2} = \frac{150(1-\varepsilon)}{Re} + 1.75 \quad (\text{Pa}) \tag{6-2-12}$$

式中 ε——吸附层孔隙率,%;

d_P——吸附剂颗粒平均直径，m;

ρ——气体密度，kg/m^3;

Re——气体绕吸附剂颗粒流动的雷诺数，$Re = d_P G_S/\mu$;

μ——气体黏度，Pa·s；其余各量的物理意义同前。

8. 其他设计

设计吸附剂的支承与固定组件、气流分布组件、吸附器壳体，各连接管口及进行脱附所需的附件等。

【例 6-2-1】 某厂产生含四氯化碳废气，气量 $Q=1000m^3/h$，浓度为 $4\sim5g/m^3$，一般均为白天操作，每天最多工作 8h。拟采用吸附法净化并回收四氯化碳，试设计需用的立式固定床吸附器。

解:

(1) 四氯化碳为有机溶剂，沸点为 76.8℃，微溶于水，可选用活性炭作吸附剂进行吸附，采用水蒸气置换脱附，脱附气冷凝后沉降分离回收四氯化碳。根据市场供应情况，选用粒状活性炭作吸附剂，其直径为 3mm，堆积密度 300~600g/L，空隙率 0.33~0.43。

(2) 选定在常温常压下进行吸附，维持进入吸附床的气体在 20℃ 以下，压力为 1atm。根据经验选取空床流速为 20m/min。

(3) 将穿透点浓度定为 $50mg/m^3$。

以含四氯化碳 $5g/m^3$ 的气流在上述条件下进行动态吸附实验，测定不同床层高度下的穿透时间，得到如表 6-2-1 所示的实验数据。

表 6-2-1 穿透时间与床层高度的关系

床层高度 Z/m	0.1	0.15	0.2	0.25	0.3	0.35
穿透时间 τ_b /min	109	231	310	462	550	651

(4) 以 Z 为横坐标，τ_b 为纵坐标将实验数据标出，将连接各点的曲线进行拟合，得到如图 6-2-15 所示的一条直线。直线的斜率为 K，在纵轴上的截距为 τ_0，由拟合所得方程可知

$$K = 2182.3(\text{min/m}),\ \tau_0 = 105.51\text{min}$$

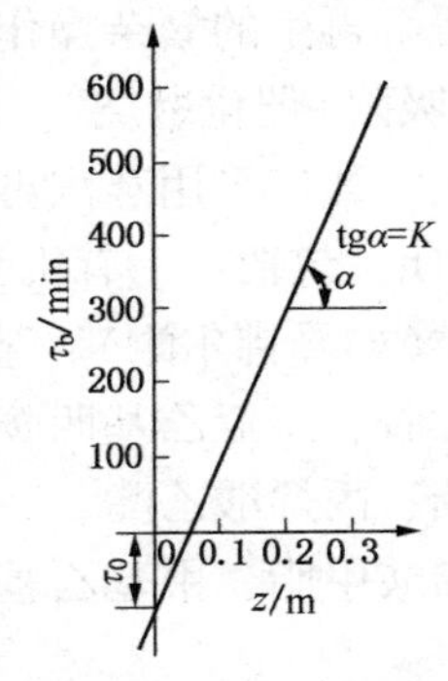

图 6-2-15 例题的希洛夫曲线

(5) 据该厂生产情况，考虑每周脱附一次，床层每周吸附 6 天，每天按 8h 计，累计吸附时间为 48h。由式(6-2-6)得到床层高度

$$Z = \frac{\tau_b + \tau_0}{K} = \frac{48 \times 60 + 105.51}{2182.3} = 1.368 \quad (\text{m})$$

取 $Z=1.4$m。

(6) 采用立式圆柱床进行吸附，其直径为

$$D = \sqrt{\frac{4Q}{\pi u}} = \sqrt{\frac{4 \times 1000}{\pi \times 20 \times 60}} = 1.03(\text{m})$$

取 $D=1.0$m。

(7) 所需吸附剂质量的计算

$$m = AZ\rho_b = \frac{\pi}{4} \times 1.0^2 \times 1.4 \times \frac{300 + 600}{2} = 494.8(\text{kg})$$

$$m_{max} = \frac{\pi}{4} \times 1.0^2 \times 1.4 \times 600 = 659.7(\text{kg})$$

考虑到装填损失，取损失率为10%，则每次新装吸附剂时需准备活性炭545~726kg。

(8) 核算压降

已知 $Z = 1.4\text{m}$；空隙率 ε 取平均值，则为 0.38；$d_p = 3\text{mm} = 0.003\text{m}$；查得 20℃、101.325kPa 下空气的密度 ρ 为 1.29kg/m^3，则

$$G_s = \frac{Q \times \rho}{3600A} = \frac{1000 \times 1.29}{3600 \times \frac{\pi}{4} \times 1^2} = 0.456[\text{kg/(m}^2 \cdot \text{s)}]$$

查得 20℃下空气的黏度 $\mu_G = 1.81 \times 10^{-5}\text{Pa} \cdot \text{s}$，则

$$Re_p = \frac{d_p G_S}{\mu_G} = \frac{0.003 \times 0.456}{1.81 \times 10^{-5}} = 75.66$$

由式(6-2-12)得，

$$\Delta p = \left[\frac{150(1-\varepsilon)}{Re} + 1.75\right] \times \frac{(1-\varepsilon)G_S^2}{\varepsilon^3 d_P \rho} Z$$

$$= \left[\frac{150(1-0.38)}{75.66} + 1.75\right] \times \frac{(1-0.38) \times 0.456^2}{0.38^3 \times 0.003 \times 1.29} \times 1.4 = 2532(\text{Pa})$$

此压降可以接受，不必再对吸附器床厚度作调整，计算完毕。

需要强调指出，对于易燃易爆类气态污染物的吸附，本质上具有不安全的内因，需要靠外部条件来控制。床层的厚度要利于疏导静电以及与吸附组分密切相关的缓慢氧化所产生的热量，而不使之积聚，因此厚床层并不可取。虽然环境污染治理工程上常用的床层厚度为600~800mm/层，但活性炭床层的着火乃至爆炸仍屡见不鲜，这是活性炭吸附因忽视安全或缺乏认识而存在的主要问题。受技术经济制约的床层厚度取决于再生周期，延长再生周期以缓解再生的繁杂操作并不可取，解决该问题的根本出路在于自动化和相关的工艺改进，如“吸附+催化燃烧”。减少装炭量提高安全性与工程本身的经济性相统一，更利于解决安全问题，即使采用蒸汽再生，为了安全多消耗蒸汽也值得。此外，不适合采用活性炭吸附处理的VOCs包括：①有机酸(如丙烯酸、丁酸(丁醛)、丙酸、戊酸)、醛类(如谷芫醛)、某些酮类(如异佛尔酮)、某些聚合物单体；②酚类(如苯酚)；③二醇类、胺类(如丁二胺、二乙酸三胺、三亚乙基四胺)；④高沸点物；⑤可塑剂、数值14以上长链碳氢化合物(如丙烯酸丁酯、丙烯酸乙酯、2-乙基己醇、丙烯酸二乙基脂、丙烯酸异丁酯、丙烯酸异葵脂、甲基苯烯酸甲脂、甲基乙基吡啶、二异氰酸甲苯酯、皮考啉)。

§6.3 冷凝法净化技术与设备

在气液两相共存的体系中，存在着组分的蒸气态物质由于凝结而变为液态物质的过程，同时也存在着该组分液态物质由于蒸发而变为蒸气态物质的过程。当凝结与蒸发的量相等时达到相平衡，此时液面上的蒸气压即为该温度下与该组分相对应的饱和蒸

气压。在不同温度下，一些物质的饱和蒸气压可查相关手册。若气相组分的蒸气压小于其饱和蒸气压时，则液相组分将挥发至气相；若气相组分的蒸气压大于其饱和蒸气压，则蒸气就将凝结为液体。

冷凝净化法是利用同一物质在不同温度下具有不同饱和蒸气压，或不同物质在同样温度下有不同饱和蒸气压这一性质，采用降低系统温度或提高系统压力，使处于蒸气状态的污染物冷凝成液体或在高压下使蒸气凝聚成液体，进而从废气中分离出来。冷凝法适用于回收蒸汽状态的高浓度有害物质，例如高浓度有机蒸气、高浓度 HCl 废气、氯碱工业中的高浓度含汞蒸气等。冷凝法通过降低温度或提高压力，从理论上可以获得很高的净化效率，但高压或低温操作往往使费用增加，操作复杂，因此常用冷却剂进行常压冷凝。冷凝法常作为吸收、吸附、燃烧等净化方法的前处理，以减轻这些方法的负荷，并可在低成本下回收高纯度物质。如炼油厂、油毡厂氧化沥青生产中的尾气就是先冷凝回收馏出油及大量水分，以大大减少气体量，有利于下一步的燃烧净化。

按冷却介质与废气是否直接接触，冷凝法净化设备可分为接触冷凝器和表面冷凝器两类。

一、接触冷凝器及其应用

接触冷凝器又称混合冷凝器，有害气体与冷却剂直接接触，冷却回收难溶于水的物质，一般用水作冷却剂。大部分的吸收设备都能作为直接冷凝器，如喷淋塔、填料塔、文氏洗涤器、板式塔、喷射塔等。使用这类设备冷却效果好，但冷凝物质不易回收，且要对排水要进行适当处理，否则易造成二次污染。

1. 类型简介

(1) 喷射式接触冷凝器

喷射式接触冷凝器如图 6-3-1(a)所示。喷出的水流既冷凝蒸气，又带出废气，不必另加抽气设备。喷射式冷凝器的用水量较大，可根据冷却水用量来选择设备，有关尺寸见表6-3-1。

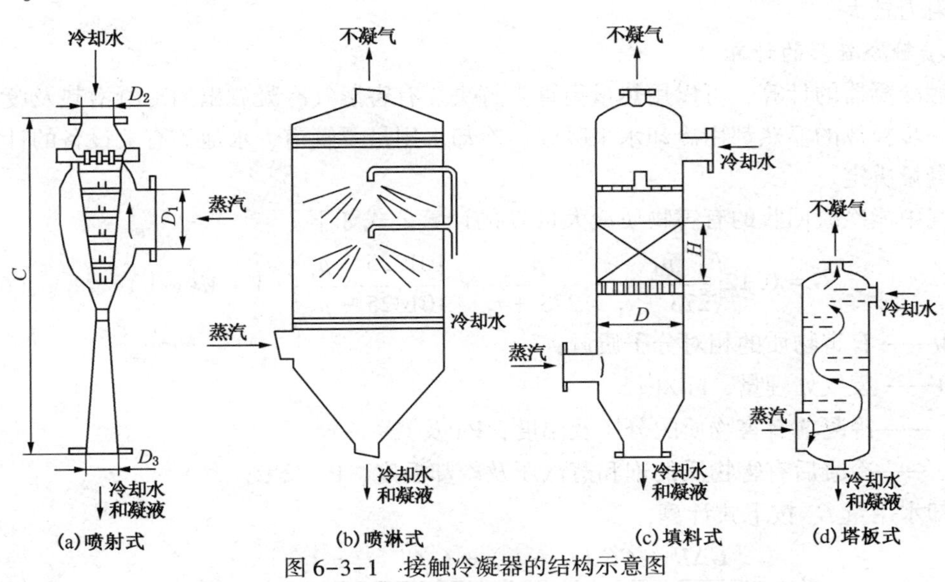

图 6-3-1 接触冷凝器的结构示意图

表 6-3-1　喷射冷凝器的参考尺寸

冷却水量/(m^3/h)	D_1/mm	D_2/mm	D_3/mm	C/mm
1.5	32	25	25	345
3.5	50	38	38	410
7	75	38	50	570
13	100	50	62	750
21	150	62	75	1060
30	200	75	88	1260
54	250	88	100	1410
90	300	100	125	1472
136	350	125	125	2070
194	450	150	150	2500
252	500	175	200	2800
450	600	200	250	3200
650	750	250	300	3800

(2) 喷淋式接触冷凝器

喷淋式接触冷凝器的结构类似于喷洒吸收塔，如图 6-3-1(b)所示。利用塔内喷嘴把冷却水分散在废气中，在液体表面进行热交换。

(3) 填料式接触冷凝器

填料式接触冷凝器的结构类似于填料吸收塔，如图 6-3-1(c)所示。利用填料表面进行热交换。填料的比表面积和孔隙率大，有利于增加接触面积和减少阻力。

(4) 塔板式接触冷凝器

塔板式接触冷凝器的结构类似于板式吸收塔，如图 6-3-1(d)所示。塔板筛孔直径为 3~8mm，开孔率为 10%~15%。塔板式接触冷凝器单位容积的传热量为 41900~105000kJ/(m^3·h)，填料式接触冷凝器单位容积的传热量为 3350~4190 kJ/(m^3·h)，但塔板式接触冷凝器阻力较大。

2. 接触冷凝器的计算

接触冷凝器的计算，可以用热量衡算来解决。有害蒸气冷凝放出的冷凝潜热及废气和冷凝液进一步释放的显热都用冷却水来吸收。冷却水用量及管道、水池等有关设备的计算根据最大冷凝量决定。

废气中能冷凝回收的有害物质最大量 G 的计算公式如下

$$G = 0.12\left(\frac{p_1}{273 + t_1} - \frac{p_2}{273 + t_2} \times \frac{101325 - p_1}{101325 - p_2}\right) \cdot V \cdot M(\text{g/h}) \qquad (6-3-1)$$

式中　M——有害物质的相对分子质量；

V——废气处理量，m^3/h；

p_1、t_1——冷凝前有害物质的分压及温度，Pa 及℃；

p_2、t_2——冷凝后有害物质的饱和蒸汽压及冷却温度，Pa 及℃。

冷却水用量 G_w 按下式计算，

$$G_w = \frac{[G\Delta H + GC_p(t_1 - t_2) + G_g C'_p(t_1 - t_2)]}{C_w(t_2' - t_1')} \quad (\text{kg/h}) \qquad (6-3-2)$$

式中　G——气态有害物质冷凝量，kg/h；

G_g ——废气量，kg/h；

ΔH ——气态有害物质的冷凝潜热，kJ/kg；

C_p、C'_p ——液态有害物质和废气的比热，kJ/(kg · ℃)；

C_w ——冷却水的比热，kJ/(kg · ℃)；

t_1'、t_2' ——冷却水进、出口温度,℃。

二、表面冷凝器

表面冷凝器又称间壁式冷凝器。在表面冷凝器里，有害气体被间壁另一侧的冷却剂冷却，使用这类设备可回收被冷凝组分，无二次污染，但冷却效果较差。表面冷凝器有列管式冷凝器、喷洒式冷凝器、蛇管冷凝器等。

1. 类型简介

(1)翅片管式冷凝器

如图 6-3-2 所示，翅片管式冷凝器的特点是换热管外装有许多金属翅片，以扩展换热面积和促进空气湍流，翅片可用机械轧制、焊接或铸造。工作过程中，空气在翅片管外面流过，以冷却冷凝管内通过的流体，一般当冷热流体的传热膜系数相差 3 倍或更多时采用。优点是传热能力强和节约水，缺点是设备体积庞大，占用空间大，造价高，因流阻大而使得动力消耗大，适用于缺水地区。

(2) 螺旋板式冷凝器

螺旋板式冷凝器的结构如图 6-3-3 所示，其结构紧凑，传热效率高，不易堵塞。缺点是操作压力和温度不能太高。目前国内已有系列标准的螺旋板式换热器，采用的材质为碳钢和不锈钢两种。螺旋板式冷疑器传热性能好，传热系数比列管式冷凝器高 1~3 倍，但不能耐高压。

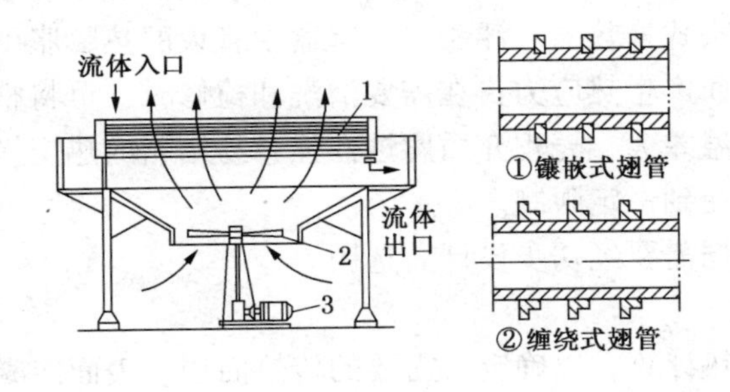

图 6-3-2　翅片管式冷凝器的结构示意图

1—翅片管；2—鼓风机；3—电动机

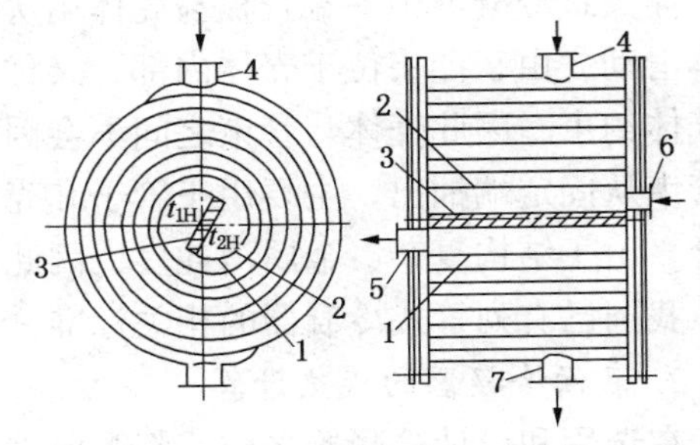

图 6-3-3　螺旋板式冷凝器的结构示意图

1，2—金属片；3—隔板；

4，5—冷流体连接管；6，7—热流体连接管

(3) 淋洒式冷凝器

淋洒式冷凝器的结构如图 6-3-4 所示。被冷却的流体在管内流动，冷却水自上喷淋而下。其优点是结构简单，传热效果好，便于检修和清洗；缺点是占地较大，水滴易溅洒到周围环境，且喷淋不易均匀。

(4) 列管式冷凝器

如图 6-3-5 所示，列管式冷凝器是一种传统的标准设备，其结构简单、坚固，处理能力大，适应性强，操作弹性较大。列管式冷凝器按具体结构的不同一般可分为固定管板式、U 形管式、浮头式和填料函式四种类型。

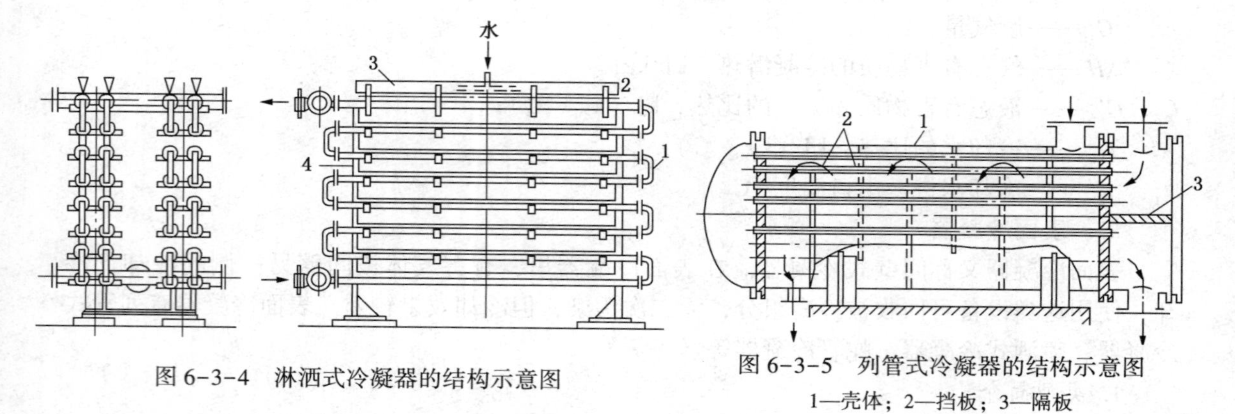

图 6-3-4　淋洒式冷凝器的结构示意图

图 6-3-5　列管式冷凝器的结构示意图

1—壳体；2—挡板；3—隔板

固定管板式将管子两端固定在位于壳体两端的固定管板上，管板与壳体固定在一起。其结构简单、重量轻、成本低，适用于管壳温度差小于 60~70℃、壳程压力较小的情况；但是壳程不能检修和清洗，因此宜于不易结垢和清洁的流体换热。

U 形管式冷凝器中的换热管束由 U 形弯管组成，两端固定在同一块管板上，弯曲端不加固定，每根管子可自由伸缩，不受其他管子及壳体的影响。特别适用于高温、高压情况，在需要清洗时可将整个管束抽出，但要清除管子内壁的污垢时比较困难。

填料函式冷凝器使一端管板固定、而另一端管板可在填料函中滑动，即将浮头露在壳体外面的浮头式换热器，所以又称外浮头式换热器。由于填料密封处容易泄漏，因此不宜用于易挥发、易燃、易爆、有毒和高压流体的热交换场合；此外，由于制造复杂、安装不便，因此不常采用。

浮头式冷凝器中一端管板与壳体用法兰固定联接，另一端管板不与壳体联接而可相对于壳体滑动，由于浮头位于壳体内部，又称内浮头式换热器。浮头式冷凝器中管束的热膨胀不受壳体约束，因此壳体与管束之间不会因差胀而产生热应力；在需要清洗和检修时，可将整个管束从固定端抽出。主要用于管子和壳体间温差大、壳程介质腐蚀性强、易结垢的热交换场合。由于结构复杂、金属消耗多，因此应用受到一定限制。

我国已有列管式冷凝器的相关标准，可根据需要经初步设计后选用。

2. 表面冷凝器的换热计算

在选用和设计冷凝器之前，都需要进行换热计算，以确定所需要的传热面积。表面冷凝器的总换热量值 Q 包括气态有害物质冷凝放出的潜热、冷凝液进一步冷却的显热和废气冷却的显热，可按下式计算

$$Q = G\Delta H + G C_p (t_2 - t_1) + G_g C'_p (t_2 - t_1) \text{(kJ/s)} \tag{6-3-3}$$

式中　G——气态有害物质冷凝量，kg/h；

ΔH——气态有害物质的冷凝潜热，kJ/kg；

G_g——废气量，kg/h；

C_p、C'_p——液态有害物质和废气的比热容，kJ/(kg·℃)；

t_1、t_2——气态有害物质的出口、进口温度，℃。

根据传热理论，总传热方程为

$$Q = KF\Delta t_m \tag{6-3-4}$$

式中　Q——总换热量，kJ/s；

K——总传热系数，kW/(m²·℃)；

F——冷凝器传热面积，m²；

Δt_m——对数平均温度差，℃。

总传热系数K不仅与换热器，而且与进行热交换的两种流体本身的物理性质和流动状态有关。表6-3-2为列管式冷凝器传热系数的参考值。表6-3-3为翅片管式冷凝器传热系数的参考值。

表6-3-2　列管冷凝器传热系数的参考值

管　内	管　间	K/[kW/(m²·℃)]
水	有机物蒸气及水蒸气	0.58~1.16
水	重有机物蒸气(常压)	0.12~0.35
水	重有机物蒸气(负压)	0.06~0.18
水	饱和有机溶剂蒸气(常压)	0.58~1.16
水	饱和水蒸气、氯气(50℃→20℃)	0.38~0.18
水	SO_2(冷凝)	0.81~1.16
水	NH_3(冷凝)	0.70~0.93
水	氟里昂(冷凝)	0.76
水或盐水	饱和有机溶剂蒸气(常压，有不凝气)	0.23~0.46
水或盐水	饱和有机溶剂蒸气(常压，不凝气较多)	0.06~0.23
水或盐水	饱和有机溶剂蒸气(负压，有不凝气)	0.18~0.35
水或盐水	饱和有机溶剂蒸气(负压，不凝气较多)	0.06~0.17

注：水蒸气含量越低，K值越小。

表6-3-3　翅片管式冷凝器传热系数的参考值

介　质	K/[W/(m²·℃)]	介　质	K/[W/(m²·℃)]
水蒸气(0~1.32×10^5Pa绝压)	730~790	氟利昂-22	340~450
氨	570~690	甲醇甲酸(1.01×10^5Pa)	510

根据传热计算求得总传热量后，便可由总传热方程估算所需传热面积F，进而可选用或自行设计冷凝器。

3. 列管式冷凝器设计

在列管式冷凝器中一般冷却水走管程，蒸气走壳程。设计计算内容包括：计算管程流通截面积，确定管子尺寸、数目及流程数；选择管子的排列方式，确定圆筒壳体直径；计算壳程流通截面积；计算进、出口连接管尺寸等。

(1) 管程流通截面积的计算

单程冷凝器的管程流通截面积A_t为

$$A_t=\frac{M_t}{3600\,\rho_t\,v_t}\quad(\mathrm{m}^2)\tag{6-3-5}$$

式中　M_t——管程流体的质量流量，kg/h；

ρ_t——管程流体的密度，kg/m³；

v_t——管程流体的流速，m/s。

为保证流体按选定流量和流速通过冷凝器，则所需换热管的根数n为

$$n = \frac{4A_t}{\pi d_i^2} \tag{6-3-6}$$

式中　d_i——换热管内径，m。

为满足所需的传热面积 F，每根换热管的长度 L 为

$$L = F/n\pi d(\mathrm{m}) \tag{6-3-7}$$

式中　d——换热管的计算直径，m；一般取换热系数小一侧的数值；若两层数值接近，则取内外直径的平均值；

F——热计算所需的传热面积，m^2；

n——管数。

在选定每一流程的换热管长度 L 时应该考虑到，当传热面积 F 为一定时，增大管长 L 可减少换热器的直径，从而使热交换器的成本有所降低。但另一方面，管长 L 过大会给管束的清洗和拆换增加困难，并使检修时抽出管束所需空间增大。

目前所采用的换热管长度与壳体直径之比(L/D)，一般在 4~25 之间，卧式热交换器选用 6~10，立式热交换器选用 4~6。推荐采用的换热管长度系列为：1000、1500、2000、2500、3000、4500、6000、7500、9000、12000mm 等。

因此，如果按式(6-3-7)所得管长 L 过大时则需分程，即设计成多流程的热交换器。当换热管的长度选定为 l 后，所需的管程数 Z_t 就可按下式确定

$$Z_t = L/l \tag{6-3-8}$$

于是总换热管数为

$$n_t = nZ_t \tag{6-3-9}$$

式中　n_t——总换热管数；

n——每程管数。

在确定流程数时，也要考虑到流程数过多会使隔板在管板上占去过多的面积，使管板上能排列的管数减少，流体穿过隔板垫片短路的机会增多。流程数增多，流速加快，传热增强，但流体转弯次数增加，增大了流动阻力。此外，流程数最好选取偶数，这样可使流体的进、出口连接管做在同一个封头管箱上，便于加工制造。

(2) 壳体直径的确定

在确定壳体直径时，首先应确定壳体的内径。确定多流程热交换器内径的大小时，最可靠的方法是根据所选择的换热管管径、管间距、排列方法，以及计算出的实际换热管根数、隔板的大小和尺寸，并考虑壳体内径和最大布管圆直径之间的关系，通过做图法加以确定。

在初步设计中，也可用下述关系估计壳体内径 D_s

$$D_s = (b-1)S + 2b'(\mathrm{mm}) \tag{6-3-10}$$

式中　b——位于管束中心线上的换热管根数；

S——相邻两根换热管的中心距，$S = (1.3 \sim 1.5)d_0$，m；

b'——管束中心线上最外层管的中心至壳体内壁的距离，$b' = (1 \sim 1.5)d_0$，m；

d_0——换热管的外径，mm。

按计算或作图得到的内径应圆整到标准尺寸。至于壳体厚度应通过强度计算加以确定，并应符合 GB/T 150—2011《压力容器》中关于最小壁厚和壁厚附加量要求。GB/T 151—2014《热交换器》中规定，公称直径小于 400mm 的热交换器，采用无缝钢管作为壳体；公称直径≥400mm 的热交换器采用卷制壳体，以 400mm 为基础，以 100mm 为进级档，必要时允许以

50mm 为进级档。

（3）进出口连接管直径 D 的计算

$$D=\sqrt{\frac{4G}{\pi\rho w}}=1.13\sqrt{\frac{M}{3600\rho w}}\quad(\text{mm})\tag{6-3-11}$$

式中 M——流体质量流量，kg/h；

ρ—— 流体密度，kg/m^3；

w——流速，m/s。

其中流速的取值应尽量选择与设备中的相同，按上式算出的管径，还应圆整到最接近的标准管径。

三、冷凝法的典型工程应用

1. 轻质油品油气回收

油库、加油站收油过程中产生的油气浓度一般在 40%左右，属于高浓度有机气体，可以用冷凝法进行回收。图 6-3-6 所示为美国 Edwards Engineering 公司冷凝法油气回收的典型工艺流程，一般按预冷、机械制冷、液氮制冷等步骤来实现。预冷器是一个单级冷却器，其运行(冷凝)温度在油气各成分的凝固温度以上，使进入回收装置的油气温度从环境温度下降到 4℃左右，使油气中的大部分水汽凝结为水，从而使进入低温冷凝器的挥发气状态标准化(一致)，减少回收装置的运行能耗。油气离开预冷器后进入两级机械制冷，一级冷却器的工作温度范围为-35～10℃，二级冷却器(串联一级冷却器和低温制冷系统)的工作温度范围为-73～-40℃。经过一、二级机械制冷可以使大部分油气冷凝成液体回收，油气排放浓度能够达到 35mg/L。如果要求油气排放浓度更低，如 20mg/L 或 10mg/L，则需要在两级机械制冷之后联接三级冷却器，三级冷却器可以采用液氮制冷。由于一级、二级和三级冷却器的工作温度都在 0℃以下，油气中的水分将在冷却器表面凝霜，因而需要定期除霜。一般在以 24h 为一个周期的时间内，需停止运行 1～2h 作为除霜时间。有的油气回收装置采用两套冷凝系统交替工作，则不需专门安排停机时间来给冷却器除霜。除霜所需热量来自制冷压缩机的气体-液体热交换器，通过冷却器中的第二套管道传送热暖流使其上的结霜熔化。

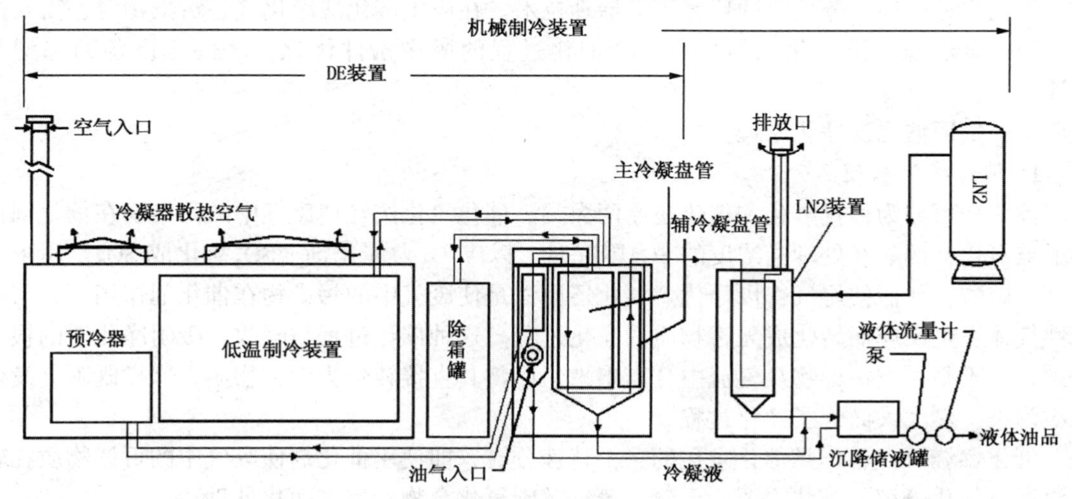

图 6-3-6　直接冷凝法回收油气的工艺流程示意图

根据不同的要求设定温度和进行压缩机的配置，冷凝法工艺可以与吸附法、膜分离法、吸收法等工艺组合使用。

2. 冷凝法处理高浓度 HCl 废气

对于高浓度的 HCl 废气，可采用石墨冷凝器回收利用，废气走管程，冷却介质走壳程。废气温度降低到露点以下时，HCl 组分发生冷凝，同时废气中的水蒸气也被冷凝。冷却介质通常为自来水。

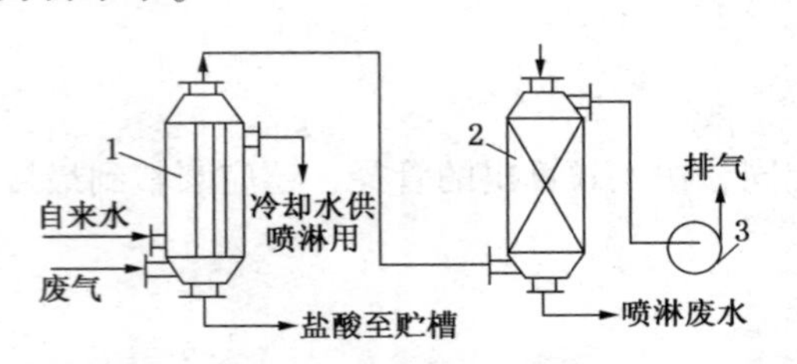

图 6-3-7　冷凝法处理高浓度 HCl 的工艺流程示意图

1—石墨冷凝器；2—填料塔；3—风机

图 6-3-7 所示为冷凝法的工艺流程，HCl 首先在冷凝器中被冷凝，和冷凝水混合，部分 HCl 也可被管壁液所吸收，得到的盐酸浓度可达 10% ~ 20%，供生产中调配使用。从冷凝器中排出的废气在喷淋塔进一步用水喷淋吸收，然后排至大气中，HCl 的总净化效率达 90%以上。

石墨冷凝器中，既有传热过程，又有传质过程，其冷凝吸收效率与操作温度、气速、HCl 浓度等因素有关。

§ 6.4　催化法净化技术与设备

催化法是利用催化剂的催化作用，将废气中的污染物转化成无害物，甚至是有用的副产品，或者转化成更容易从气流中分离去除的物质。前一种催化操作直接完成了对污染物的净化过程；而后者则需要附加吸收或吸附等其他操作工序，才能实现全部的净化过程。利用催化法净化气态污染物，一般是属于前一种过程。催化法净化气态污染物的优点：①提高反应速率，从而减少所需要的设备体积；②能使反应在较低的温度下进行，降低热力与动力的消耗量；③催化剂使用过程中无需投加其它化学药品，既节省了费用，又不会生成无用的副产品。

催化法是一项十分重要的环境污染治理技术。在应用催化法净化气态污染物时，需要把握 3 个关键步骤：①催化剂的选择；②催化过程的操作条件优化；③催化设备的选型与设计。

一、气固催化法净化原理

1. 催化净化机理

催化法可分为催化氧化和催化还原两大类。催化氧化法是使废气中的污染物在催化剂作用下被氧化，例如在处理高浓度的 SO_2尾气时，以 V_2O_5为催化剂，SO_2氧化成SO_3，用水吸收制取硫酸，从而使尾气得以净化。催化还原法是使废气中的污染物在催化剂作用下，与还原性气体发生反应而转化成无害物质的净化过程。这种催化过程与吸收、吸附净化法的根本区别是：不必再把污染物从气流中分离出来，而将其直接转化为无害物质，这样既不会发生二次污染，又大大简化了净化过程。

催化燃烧可以看作是催化净化的一个特殊分支，即使用催化剂使废气中的可燃物质在较低温度下氧化分解，该法主要用于含水蒸气及碳氢化合物的废气净化处理。

2. 催化作用

催化剂在化学反应过程中所起的作用称为催化作用，工业上通常根据催化剂和反应物系的状态将催化作用分为均相和多相两类。

当催化剂和反应物同处在一个由溶液或气体混合物组成的均匀体系中时，其催化作用称为均相催化作用。而当催化剂与反应物处在不同的相时(通常催化剂呈固体，反应物为液体或气体)，其催化作用称为多相催化作用。催化净化气态污染物，就属于多相催化作用。在多相催化作用中，反应物与催化剂表面发生接触进而吸附在催化剂表面上，并使它的化学键松弛，催化反应正是在接触面上发生。催化作用的化学本质是诱发了原反应所没有的中间反应，使化学反应沿着新的途径进行。

3. 催化剂及其组成

凡能够加速化学反应速率，而本身的化学性质在化学反应前后保持不变的物质，称为催化剂。工业催化剂通常是由多种物质组成的复杂体系，也有的只是一种物质。按照其存在的状态又可以分为气态、液态和固态3类。其中固体催化剂最重要，应用也最广泛，它通常由主活性物质、助催化剂和载体组成，有的还加入成型剂和造孔物质，以制成所需要的形状和孔结构。

(1) 主活性物质

主活性物质是决定催化剂有无活性的关键组分，一般以该组分的名称命名催化剂。铂的催化活性高，又具有化学惰性和稳定的耐高温性能，常常单独使用或与其他贵重金属联合使用作活性物质。以非贵重金属作活性物质的主要有钡、铬、锰、铁、钴、镍、铜和锌等，通常在这些金属中选择几种金属合制成一种多活性组分催化剂。

(2) 助催化剂

助催化剂是加到催化剂中的少量物质，这种物质本身没有活性或者活性很小，但是能提高主要催化活性物质的活性、选择性和稳定性。

(3) 载体

载体是催化活性物质的分散剂、胶黏剂和支持物，能够提高催化剂的机械强度和热稳定性。载体结构有片粒状和蜂窝状两种。片粒状载体又包括棒状、片状、球状、圆柱状以及其他挤压成型的形式。蜂窝状结构由于压力损失小，对热冲击适应性强，是一种很有发展前途的结构。

二、催化设备与工艺

1. 催化设备的类型与选择

气态污染物的净化过程用的催化反应器一般是气-固相催化反应器，该反应器与吸附净化装置相类似，分为固定床和流化床两种。目前，气态污染物的净化主要采用中小型固定床反应器，且多为间歇式操作，而大型设备多为连续的流化床反应器。

(1) 固定床催化反应器

固定床催化反应器结构简单，体积小，催化剂用量少，且在反应器内磨损少，气体与催化剂接触紧密，催化效率高，气体在反应器内的停留时间容易控制，操作管理方便。但这类反应器的缺点是催化剂层的温度不均匀，当床层较厚或气体穿过速度较高时，动力消耗大，不能采用细粒催化剂，以免被气流带走，催化剂更换或再生也不方便。

大多数催化反应是吸热或放热的过程，而在生产过程中，需要反应器内保持一定的温度，这就要求反应器能适当地输入或输出热量。根据换热要求和方式的不同，固定床催化反应器可分为绝热式和换热式两种。用于气态污染物净化的反应器通常为绝热式反应器，又可分为单段式[图6-4-1(a)]、多段式[图6-4-1(b)]、列管式[图6-4-1(c)]及径向反应器(图6-4-2)。

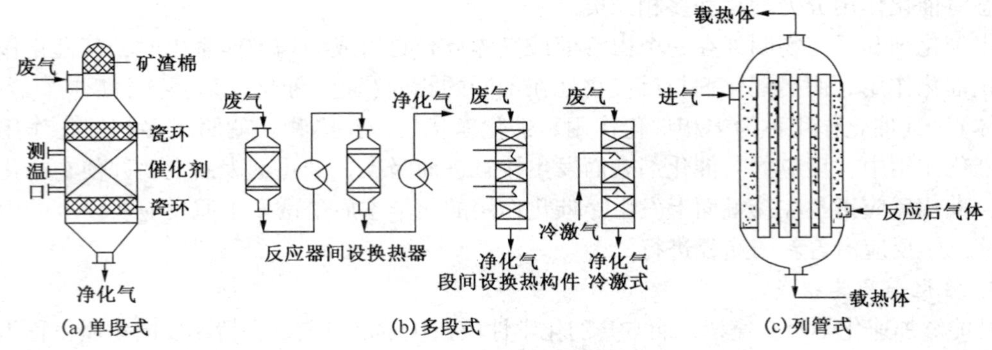

图 6-4-1　绝热式反应器的示意图

① 单段绝热式反应器

单段绝热式反应器的外形一般成圆筒形，在反应器的下部装有栅板，催化剂均匀堆置其上形成床层，物料进口处有保证气流均匀分布的气体分布器。气体由上部进入，自上而下均匀通过催化剂床层并进行反应，整个反应器与外界无热量交换。这种反应器的优点是结构简单、气体分布均匀、反应空间利用率高和造价低等，适用于反应热效应较小，反应过程对温度变化不敏感、副反应较少的反应过程。

② 多段绝热式反应器

多段绝热式反应器实际上可看作是串联起来的单段式绝热反应器，它把催化剂分成数层，热量由二个相邻床层之间引出(或加入)，避免了床层热量的积累，使得每段床层的温度保持在一定范围内，并具有较高的反应速率。多段绝热式反应器又分为反应器间设换热器、各段间设换热构件、冷激式等几种形式。这种反应器适用于中等热效应的反应。

③ 列管式反应器

列管式反应器结构与列管式换热器相似。通常在管内装填催化剂，管间通入热载体(用作高压介质作热载体时，催化剂放在管间，管内通入热载体)，原料气自上而下通过催化床层进行反应，反应热则由床层通过管壁与管外的热载体进行热交换。管式反应器传热效果好，适用于反应热特别大的情况。

④ 径向反应器

径向反应器是一种新型的气-固相固定床催化反应器，可以视为单段绝热反应器的一种特殊形式。其中，废气由反应器顶部进入，在反应器内沿径向穿过催化剂，如图 6-4-2 中箭头所示。与前面介绍的几种轴向流动反应器相比，气流流程短，阻力小，动力消耗小，还可以使用较小粒度的催化剂，提高气固有效接触。

(2) 流化床催化反应器

流化床催化反应器的原理与流化床吸附器相类似，形式有多种，这里仅介绍一种单层床且内部设有换热器的反应器。如图 6-4-3 所示，废气由底部的进气口送入，经过布气板进入流化床的反应区。催化剂在气流的作用下，悬浮起来并呈流态化，反应产生的热量由冷却器吸收并向外输出，使冷却水转化成水蒸气再利用。在反应器上部设有预热器，使被处理的气体通过预热器吸收反应热，同时将反应后的气体冷却。最后，反应后的气体经过多孔陶瓷过滤器排出。为了防止催化剂微粒堵塞过滤器，将压缩空气由顶部吹入，进行反吹清灰。

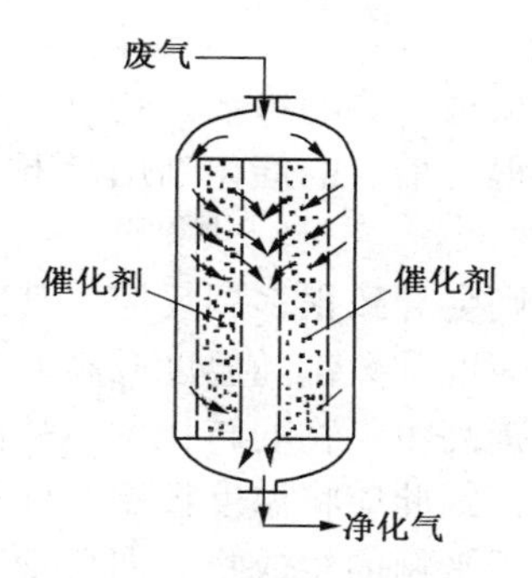

图 6-4-2　径向固定床反应器示意图

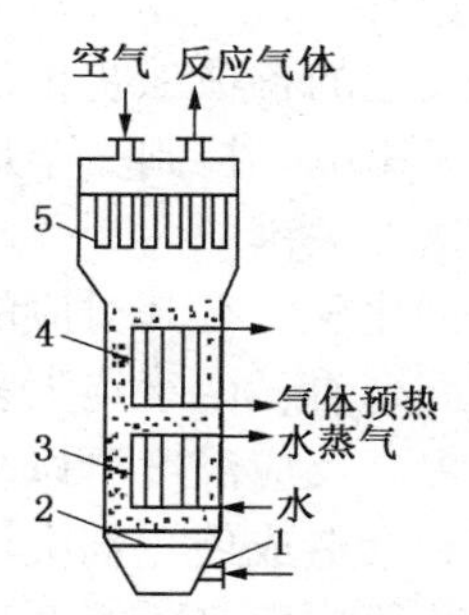

图 6-4-3　单层流化床反应器示意图

1—进气口；2—布气板；3—冷却器；

4—预热器；5—过滤器

流化床反应器的优点是能够采用较细的催化剂，提高了催化剂表面与废气接触的概率，相应地提高了反应转化率。流化床内催化剂床层的温度分布比较均匀。由于操作过程中催化剂在激烈运动中相互碰撞，因此其主要缺点是催化剂易磨损和破碎，但催化剂的再生与更换比较方便。

（3）气-固反应器的选择

在选择气-固反应器的类型时，可按照以下几条原则进行：

① 根据催化反应热的大小，以及催化剂的活性温度范围，选择合适的结构类型，并保证催化剂床层的温度控制在允许的范围内；

② 在净化气态污染物时，要使催化剂床层的阻力尽量减小，降低能耗；

③ 在满足温度条件的前提下，尽量提高催化剂的装填率，以提高反应设备的利用率；

④ 反应器结构简单、操作方便、安全可靠，投资省，运行费用低。

由于废气中的污染物含量低，反应热比较低，而废气量又很大，因此需要反应设备具有很高的催化效果，才能达到排放标准。各种单段绝热反应器在对气态污染物的催化时比较常用。现在对 NO_x 催化、有机废气催化燃烧及汽车尾气净化中，大都采用单段式绝热反应器。

2. 催化法净化废气的一般工艺

催化法净化废气的一般工艺过程包括：废气预处理去除催化剂毒物及固体颗粒物，废气预热到要求的反应温度，催化反应，废热和副产品的回收利用等。

（1）废气预处理

废气中含有的固体颗粒或液滴会覆盖在催化剂活性中心上而降低其活性，废气中的微量致毒物会使催化剂中毒，必须除去。如烟气中 NO_x 的非选择性还原法治理流程，常需在反应器前设置除尘器、水洗塔、碱洗塔等，以除去其中的粉尘及 SO_2 等。

（2）废气预热

废气预热是为了使废气温度在催化剂活性温度范围以内，使催化反应有一定的速度，否则废气温度低，反应速率缓慢，达不到预期的去除效果。例如，选择性催化还原法去除 NO_x，废气的预热温度须达 200~220℃ 以上。

对于有机废气的催化燃烧，如果废气中有机物浓度较高，反应热效应大，则只需较低的预热温度，过高的预热温度会产生大量的中间产物，从而给后面的催化燃烧带来困难。废气预热可利用净化后气体的热焓，但在污染物浓度较低，反应热效应不足以将废气预热到反应温度时，需利用辅助燃料产生高温燃气与废气混合以升温。

(3)催化反应

在调节催化反应的各项工艺参数中，温度是一项很重要的参数。它对脱除污染物的效果及转化率都有很大影响。控制一个最佳的温度，使得在最少的催化剂用量下，达到满意的脱除效果，是催化法的关键。

首先，某个催化反应有其对应的温度范围，否则会导致很多副反应。其次，从动力学与平衡关系两个方面来看，由于绝大多数化学反应的速度常数都随温度升高而增大，因此对不可逆反应而言，提高反应温度可以加快反应速度、提高污染物的转化率，从而有利于污染物去除。但温度过高会造成催化剂失活，增加副反应，因此应将温度控制在催化活性温度范围内。对于可逆吸热反应而言，提高反应温度既有利于平衡向生成物方向移动，又利于提高反应速度，因而与不可逆反应一样，应在尽可能的情况下提高反应温度。但过高的温度会消耗大量能源，故合适的温度应从排放标准要求和经济效益两大方面来综合考虑。

(4) 废热和副产品的回收利用

废热与副产品的回收利用关系到治理方法的经济效益，还关系到治理方法的二次污染，进而关系到治理方法有无生命力，因此必须予以重视。废热常用于废气的预热。

三、催化法的典型工程应用

催化法在气态污染物净化领域的典型工程应用有汽车尾气的催化净化、烟气脱硫、烟气脱硝等。

1. 汽车尾气的催化净化技术

汽油车排气中的主要污染物有 CO、烃类、NO_x 等，其中 CO 和烃类因燃烧不完全而产生，NO_x 则是气缸中的高温条件造成。一方面可以通过改进内燃机的结构，使燃烧在最有利的条件下进行，以减少有害物质的产生；另一方面也可以通过使三效催化剂将排气中的有害物质除去。

三效催化法净化是采用能同时对 CO、NO_x 和烃类有催化作用的三效催化剂 TWC，在催化剂作用下，利用排气中的 CO、烃类将 NO_x 还原为氮，即

$$HC + NO_x \xrightarrow{\text{催化剂}} CO_2 + H_2O + N_2 \quad (6-4-1)$$

$$CO + NO_x \xrightarrow{\text{催化剂}} CO_2 + N_2 \quad (6-4-2)$$

该法可同时使排气中三种有害气体大幅度减少，但进入发动机的空气与燃料配比(即空燃比)必须控制在 14. 7±0. 1 的较狭窄范围内，因为只有在此条件下才会有较高的净化效率。对汽车尾气净化时，需要在催化反应器排出口处安装氧传感器，随时将排气中的氧浓度信号传给发动机前的控制器，以便调整空燃比。当空燃比控制在 14. 7±0. 1 的范围内，烃类、CO 和 NO_x 三者的转化率均可大于 85%；当空燃比小于此值时，反应器处于还原气氛，NO_x 的转化率升高，而 CO 和烃类的转化率则会下降；当空燃比大于此值时，反应器处于氧化气氛，烃类和 CO 的转化率会提高，而 NO_x 的转化率则会下降。

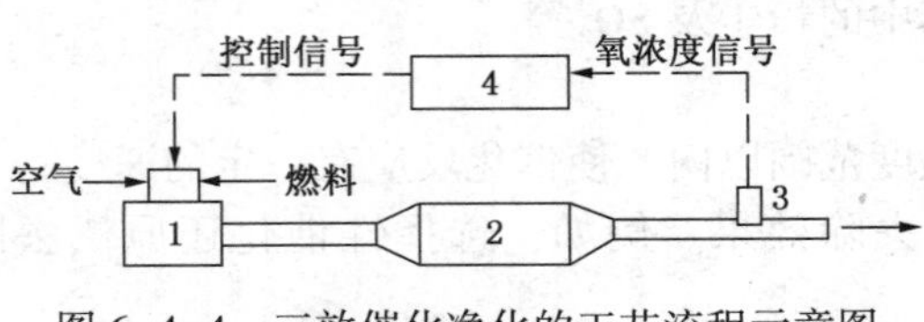

图 6-4-4　三效催化净化的工艺流程示意图

1—发动机；2—催化反应器；3—氧感应器；4—控制器

三效催化净化的工艺流程如图 6-4-4 所示，采用单段绝热式催化反应器。

2. 烟气脱硫

烟气中SO_2的催化净化可分两种方法：催化氧化和催化还原，其中催化氧化还可分为气相催化和液相催化两种。

(1)催化氧化法

①气相催化法

气相催化法是在处理硫酸尾气的基础上发展起来的，通常使用V_2O_5作催化剂，将SO_2氧化成SO_3后再制成硫酸。该法处理硫酸尾气技术成熟，早已成功应用于有色冶炼烟气制酸。

图6-4-5所示为一转一吸工艺流程。必须首先进行除尘等预处理，然后对烟气再热升温至反应温度，才可进入催化转化室。进入吸收塔之前的降温和热量利用视整个系统情况而定，对锅炉(包括电站锅炉)系统，一般作为省煤器和空气预热器的热源。采用一转一吸流程通常可以达到90%左右的净化率。此外，在转化器的设计上，要注意催化剂装卸方便，以便于清灰。吸收塔的顶部或后面，要加装旋风板或其他除雾装置，以保证其脱硫率；而系统其他部分的气体温度应控制在露点以上，以减轻设备与管道的腐蚀。

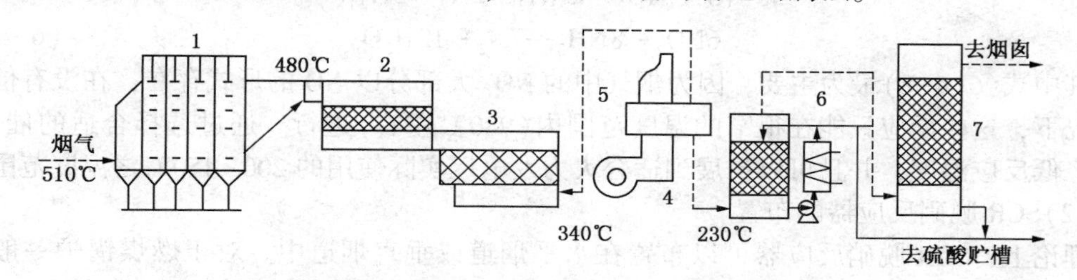

图6-4-5 催化氧化法烟气脱硫的工艺流程示意图

1—除尘器；2—反应器或转化器；3—节能器(或省煤器)；4—风机；5—空气预热器；6—吸收塔；7—除雾器

②液相催化法

液相催化法治理废气中的SO_2是利用溶液中的Fe^{3+}或Mn^{2+}作为催化剂，用水或稀硫酸作为吸收剂，将SO_2吸收后直接氧化为硫酸。其转化过程可分为吸收和氧化两个步骤。

吸收反应

$$Fe_2(SO_4)_3 + SO_2 + 2H_2O \rightarrow 2FeSO_4 + 2H_2SO_4 \quad (6-4-3)$$

氧化反应

$$2FeSO_4 + SO_2 + O_2 \rightarrow Fe_2(SO_4)_3 \quad (6-4-4)$$

总反应式可表示为

$$2SO_2 + O_2 + 2H_2O \xrightarrow{Fe^{3+}} 2H_2SO_4 \quad (6-4-5)$$

该法工艺简单，运行可靠，并可副产石膏，但其气液比大，设备庞大，且稀硫酸腐蚀性强，需要钛、钼等特种钢材，因而设备投资大。

(2)催化还原法

催化还原法脱硫是用H_2S或SO_2将SO_2还原为硫，反应如下

$$SO_2 + 2H_2S \rightarrow 2H_2O + 3S \quad (6-4-6)$$

$$SO_2 + 2CO \rightarrow 2CO_2 + S \quad (6-4-7)$$

由于操作过程中有H_2S和CO的二次污染问题，同时由于催化中毒问题尚未得到妥善解决，因此催化还原法处理SO_2气体还未达到实用阶段。

3. 选择性催化还原烟气脱硝

火力发电厂烟气中含有大量NO_x，排入大气会产生污染，为进一步降低NO_x的排放，

必须对燃烧后的烟气进行脱硝处理。烟气脱硝技术主要有干法和湿法两种，干法烟气脱硝的主要优点是：基本投资低，设备及工艺过程简单，脱除 NO_x 的效率较高，无废水和废弃物处理，不易造成二次污染。干法烟气脱硝包括采用催化剂来促进 NO_x 还原反应的选择性催化还原(Selective Catalytic Reduction，SCR)、选择性非催化还原(SNCR)、电子束照射和同步脱硫脱硝等方法。选择性催化还原在工业上应用最为广泛，理想状态下可使 NO_x 的脱除率达 90%以上，但实际上由于氨量控制误差而造成的二次污染等原因通常仅能达到 65%~80%的净化效果。

(1)SCR 反应机理

SCR 的化学反应机理比较复杂，主要是 NH_3 在一定的温度和催化剂作用下，有选择性地把烟气中 NO 的还原为 N_2，同时生成水。催化的作用是降低分解反应的活化能，使反应温度降低至 150~450℃之间，反应过程可表示如下

$$4NO + 4NH_3 + O_2 \rightarrow 4N_2 + 6H_2O \tag{6-4-8}$$

$$NO + NO_2 + 2NH_3 \rightarrow 2N_2 + 3H_2O \tag{6-4-9}$$

$$6NO_2 + 8NH_3 \rightarrow 7N_2 + 12H_2O \tag{6-4-10}$$

其中式(6-4-8)最为主要，因为烟气中的 NO_x 大部分以 NO 的形式存在，在没有催化剂的情况下，这些反应只能在很窄的温度范围内(980℃左右)进行。通过选择合适的催化剂，可以降低反应温度，并且可以扩展到适合火力发电厂实际使用的 200~450℃之温度范围。

(2)SCR 脱硝反应器的布置

理论上，SCR 脱硝反应器可以布置在水平烟道或垂直烟道中。对于燃煤锅炉一般应布置在垂直烟道中，这是因为烟气中含有大量粉尘，布置在水平烟道中易引起 SCR 脱硝反应器的堵塞。如图 6-4-7 所示，SCR 脱硝反应器在锅炉尾气烟道中有三种可能的布置方案。

①高粉尘布置方式

将反应器置于空气预热器之前，如图 6-4-6(a)所示。该方式应用最为广泛，其优点是进入反应器的烟气温度达到 300~400℃，多数催化剂在该温度范围内具有足够的活性，烟气不需要再热即可获得较好的脱硝效果。但催化剂处于高尘烟气中，使其寿命会受到一些影响，飞灰中的 K、Na、Ca、As 等微量元素会使催化剂污染或中毒；飞灰磨损反应器并使蜂窝状催化剂堵塞；烟气温度过高会使催化剂烧结或失效。

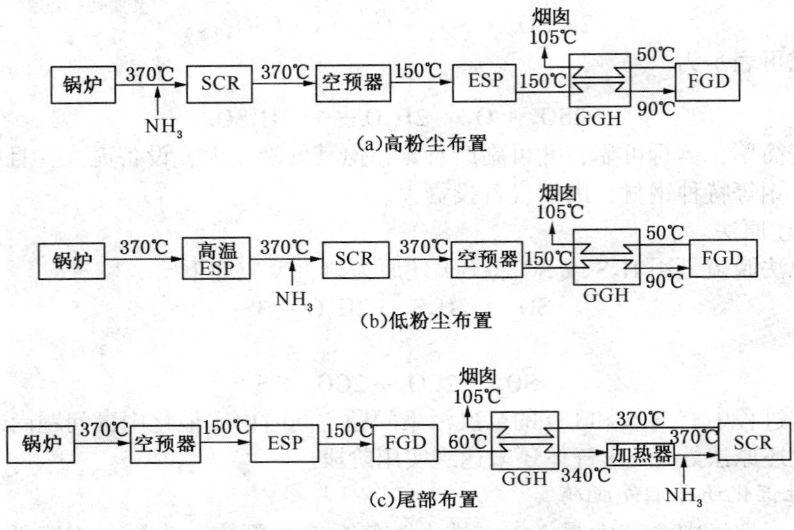

图 6-4-6　SCR 脱硝反应器在锅炉尾部烟道的 3 种布置方式

②低粉尘布置方式

将反应器置于高温电除尘器(ESP)和空气预热器之间，如图6-4-6(b)所示。其优点是催化剂不受飞灰的影响，缺点是电除尘器在高温下运行的技术并不成熟。

③尾部布置方式

将反应器置于电除尘器和烟气脱硫(FGD)系统之后，如图6-4-6(c)所示。进入SCR反应器的烟气中粉尘和SO_2的含量都很小，催化剂可在干净的环境下运行，故使用寿命延长(高粉尘型为5年左右，尾部烟气型为10年左右)，而且便于布置。但是，由于目前成熟的SCR商业催化剂的运行温度一般为300~400℃，大量的烟气需要加热，造成成本增加。

(3)SCR系统流程

SCR系统由供氨和催化反应器两个子系统组成，包括5个基本环节：氨的输送和贮存、氨的蒸发气化、氨-空气混合稀释、氨-空气混合气与烟气混合、烟气在催化剂作用下进行还原反应。如图6-4-7所示，液氨从液氨槽车由卸料压缩机送入液氨储槽，经过氨蒸发槽蒸发为氨气后，通过氨缓冲槽和输送管道进入锅炉区，与空气均匀混合后由分布导阀进入SCR反应器内部。该图中SCR反应器设置于空气预热器前，氨气在SCR反应器的上方，通过一种特殊的喷雾装置与烟气均匀混合，混合后的烟气通过反应器内部的催化剂层进行还原反应。脱硝后的烟气经过空气预热器热回收后进入静电除尘器。

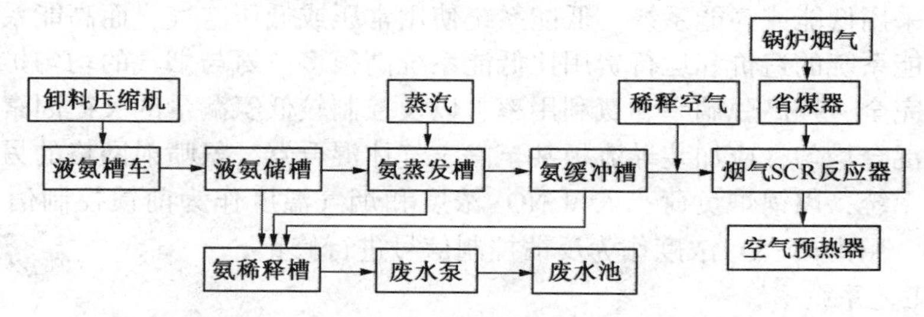

图6-4-7　烟气SCR脱硝系统的工艺流程示意图

(4)氨供应及储存系统

SCR系统使用的氨有氨水和液氨两种。氨水一般是19%~29.4%的水溶液，美国大多采用29.4%的氨水；液氨则是接近100%的纯液态氨。氨水通常用槽车运至现场，再由泵打入卧式储槽。液氨储存和供应系统包括液氨卸料压缩机、液氨储槽、液氨蒸发槽、氨气缓冲槽及氨气稀释槽、废水泵、废水池等。液氨的供应由液氨槽车运送，利用液氨卸料压缩机将液氨由槽车输入液氨储槽内，储槽输出的液氨在液氨蒸发槽内蒸发汽化为氨气，经氨气缓冲槽送达脱硝系统。系统紧急排放的氨气则排放到氨稀释槽中，被水吸收后排入废水池中，再送至废水处理厂处理。

氨水储槽是能承受少许压力的封闭容器；液氨储槽必须能承受至少1.7MPa的压力，其装载量约为总容积的85%，应留有适当的汽化空间。所有储槽都要装设液位计、温度计、人行巷道、爬梯及其他辅助设施。大型锅炉烟气脱硝系统通常使用1~5个40~80m^3的储槽，保证1~3周的氨用量。

(5)氨-空气混合系统

液氨/空气的混合有两种方法：①液氨靠重力自流入蒸发槽，气态氨返回缓冲槽上部，然后送入氨-空气混合设备；②把液氨直接泵入氨-空气混合缓冲槽，边汽化边混合。稀释空气与氨的混合比约为20∶1，高稀释比是为了保证混合均匀，并在氨的燃烧限之外，稀释在稀释罐中进行。

氨-空气混合气通过均流组件送到氨喷射网格，均流组件由流量计和手动阀组成，用来调节氨喷射网格各部分的流量。喷氨混合组件的结构如图 6-4-8 所示。

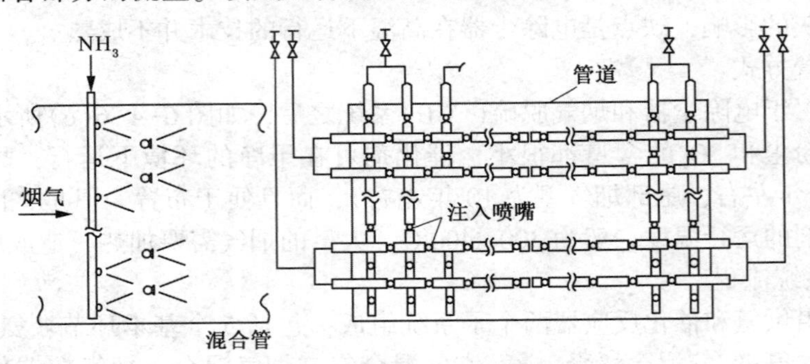

图 6-4-8　喷氨混合组件的结构示意图

氨喷射网格由管道、平行支管以及其上的小孔或喷嘴组成，支管呈网状沿烟道截面的纵向和横向布置，支管和孔的尺寸应保证氨能够均匀喷入烟气中，喷射角和速度则决定氨的喷射轨迹。喷射器应该能够适应高温和烟气冲击引起的磨损、腐蚀以及整体修复和更换，通常用不锈钢制造，并设计成可更换部件。为了把氨均匀喷射到烟气中，通常设计多个氨喷射区域，喷射可以采用低能或高能系统。低能系统使用常压或低压空气，而高能系统使用压缩空气或蒸汽，高能系统的造价和运行费用比低能系统高很多。氨与烟气的均匀扩散混合是保证催化还原反应完全，提高脱硝率和氨利用率，以及控制较低氨漏量的关键因素。假如烟道的长度不能保证混合均匀，应加装导流板甚至静态气体混合器。氨喷射网格的另一个重要部分是氨喷射控制系统，以锅炉负荷、入口 NO_x 浓度和烟气温度作为前馈控制信号建立基本的氨喷射量参数，用出口 NO_x 浓度作为反馈控制信号进行修正。

(6) SCR 工艺系统

SCR 工艺系统主要包括催化反应器、催化剂、附属设备和电气、仪控系统。催化反应器包括反应器和催化剂两个部分，是烟气脱硝系统的核心，目前广泛采用固定床反应器。由于通常催化过程需要有一定的反应温度，所以在催化反应器启动时需要用预热器加热废气和催化剂，预热方式有外加热泵或利用废气自身热量加热等方式。火力发电厂的烟气脱硝装置往往利用烟气在高温段的热量达到催化反应要求的温度。常用 SCR 催化反应器和相关部分供氨系统的布置如图 6-4-9 所示，图中的催化剂床层共 3 层，其中预留 1 层。

SCR 系统的性能主要取决于催化剂的质量和反应器的设计条件。催化剂是 SCR 核心的核心，如图 6-4-10 所示，SCR 催化剂设计要考虑多方面内容。

①SCR 催化剂的类型

SCR 催化剂分为贵金属和非贵金属两大类，贵金属催化剂（如铂）因其价格昂贵，且易与硫作用，工业上常不采用。非贵金属催化剂有铁系、铝系、钛系和钒系等，在相同条件下，铁系和铝系催化剂的脱硝效率很低，对 SO_3 的抗性较差，因而使用寿命短，较少采用。工程实际中应用最广泛的是 V/Ti 系催化剂，其中活性组分 V_2O_5 的含量不宜超过 6.6%，TiO_2 是性能优越的载体材料，兼有钒系和钛系的优势，脱硝效率较高，可达 90% 以上，对 SO_2 的耐受力强，使用寿命能超过 28000h。为了改善催化剂性能还要适量掺和某些添加剂，如钼、钨、锰、铬的氧化物等，以调节和提高催化剂的热稳定性、抗腐蚀中毒的能力以及机械强度。催化剂中的活性氧化物可以用浸渍法附于载体表层，也可以用它的粉末物料与载体材料均匀混合压制而成。

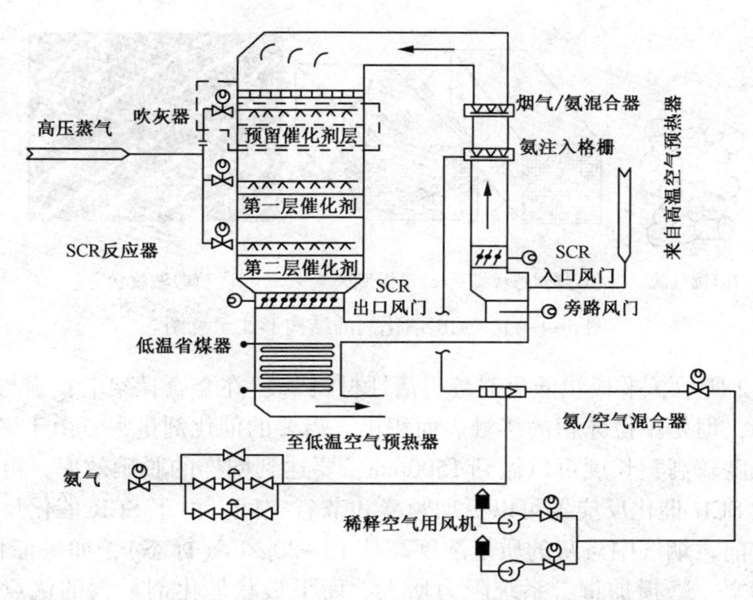

图 6-4-9 SCR 催化反应器及部分供氨系统示意图

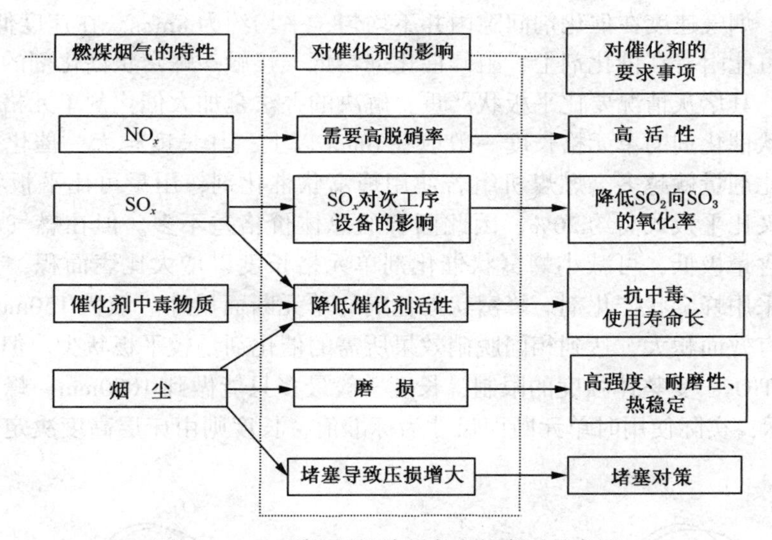

图 6-4-10 催化剂设计须考虑的事项示意图

②SCR 催化剂的结构形式

制备 SCR 催化剂时，首先将 V_2O_5 和 TiO_2 研磨成微细颗粒，然后加入添加剂和黏结剂，经充分混匀后挤压成型，最后在一定温度下焙烧和切割，便制得成品催化剂单元。如图 6-4-11 所示，催化剂的结构型式很多，有颗粒状、圆柱状、平板状、蜂窝状、波纹状等。颗粒状和圆柱状催化剂仅用于小气量处理设备；蜂窝状催化剂适用于烟气自上而下的流向；平板状适用于烟气垂直流动，也可用于水平流动。从机械强度和表面利用率来看，蜂窝状和平板状(包括波纹状)具有优势，而且安装和更换方便，故常用于大型立式 SCR 催化反应器。

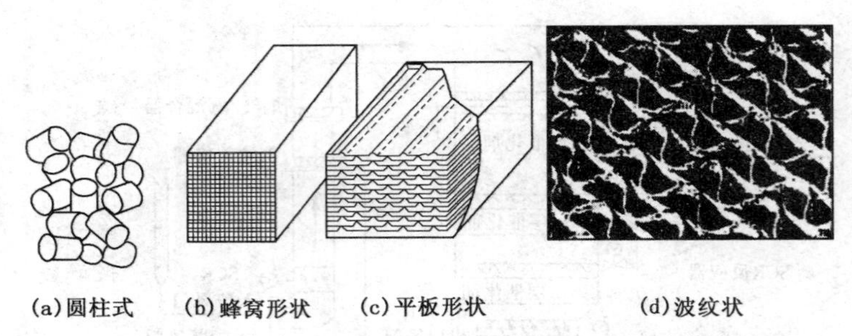

图 6-4-11 SCR 催化剂的结构形式示意图

如图 6-4-12 所示，平板状催化剂是将活性材料“镀”在金属骨架上，板与板之间的孔隙较大，阻力较小，但是单位体积的接触表面积小，需要的催化剂量大。由于平板状催化剂具有金属骨架，强度较高，长度可以做到 1500mm，要达到同样的脱硝效率，可以设置较少层数的催化剂，故 SCR 催化反应器可以更加紧凑和节省空间。由于 SCR 催化反应器一般安装在空气预热器之前，烟气中飞灰的质量浓度高达 15~20g/m^3(标态)，如果催化剂间隙过小，就会造成飞灰堵塞、磨损加重，系统阻力增大。而平板状催化剂最大的优点是不容易发生堵灰。

一般而言，烟气速度在催化剂间隙内并不均匀，平均约为 8m/s。在速度低于 3m/s 的区域，飞灰就有可能附着在催化剂上，阻碍催化剂与烟气接触。蜂窝状催化剂的低流速区比平板状催化剂多，其堵灰情况要比平板状严重，解决的办法是加大催化剂单元格长度。在燃煤机组上，蜂窝状催化剂的单元格长度一般应在 6mm 以上，其长度越大，催化剂比表面积越小，需要的催化剂量就越多。燃煤机组若使用蜂窝状催化剂，用量可比平板状节省 20%左右，但其单价又比平板式高约 20%，因此两者的总体价格差不多。但在燃气、燃油机组烟气中，因飞灰含量极低，可减小蜂窝状催化剂单元格长度以增大比表面积，节省催化剂用量，因此广泛采用蜂窝状催化剂。蜂窝状催化剂的单元断面尺寸一般为 150mm×150mm，由于单位体积的有效面积大，达到相同脱硝效果所需的催化剂量较平板状少。但由于蜂窝状催化剂的载体为 TiO_2，受整体强度的限制，长度一般最多只能做到 1000mm。蜂窝状催化剂如图 6-4-13 所示，实际使用时单元断面尺寸为标准值，长度则由床层高度决定。主要性能如表 6-4-1 所示。

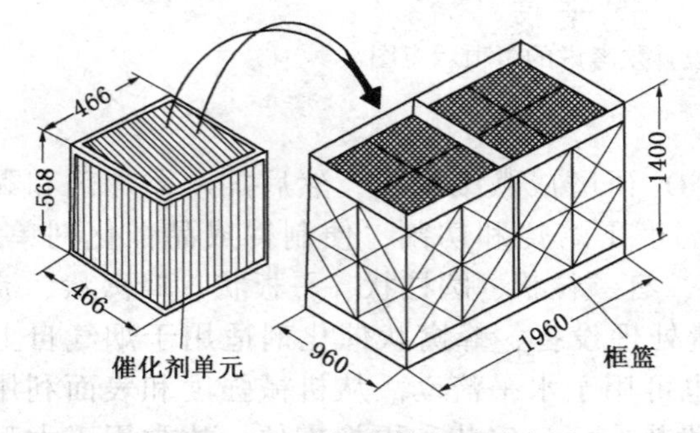

图 6-4-12 平板状催化剂示意图

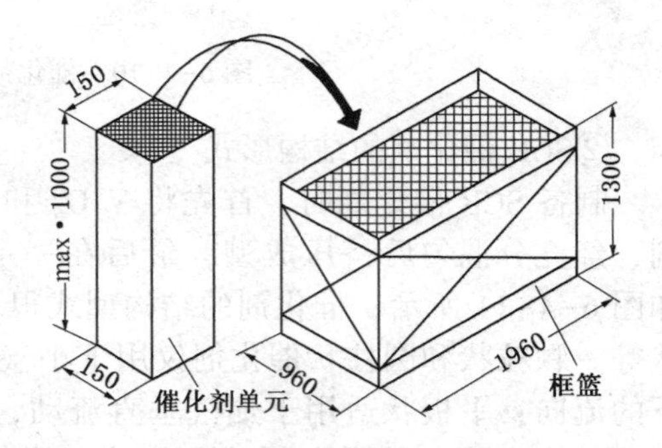

图 6-4-13 蜂窝状催化剂示意图

表 6-4-1　蜂窝状催化剂的主要性能列表

型式	蜂窝式	内壁厚度/mm	1
材料	V-W-Ti	体积/m^3	视单元长度定
单元断面尺寸(a×a)/mm×mm	150×150	密度/(kg/m^3)	380
小室布置/个	22×22	比表面积/(m^2/m^3)	539
小室节距/mm	7	适用温度/℃	300~400(极限 280~410)
小室尺寸/mm×mm	6×6	空间速度/h^{-1}	6890

注：表中数字亦可根据需要设定。

波纹状催化剂通常以加固纤维状的 TiO_2 为载体，将精细的 V_2O_5和 WO_3的混合物均匀分布在催化剂表面。这种特殊生产方式会使催化剂具有较高的活性和较低的钝化速率，机械强度和抗腐蚀能力也较好。如图 6-4-14 所示，该催化剂制品有两种标准模块 A 和 H，能抗振动，易移动。单一模块常用于小型处理设备中，在大型设备中为便于安装，通常用 12~16 个单一模块组成，根据系统的大小和设备的布置决定使用的模块数量。

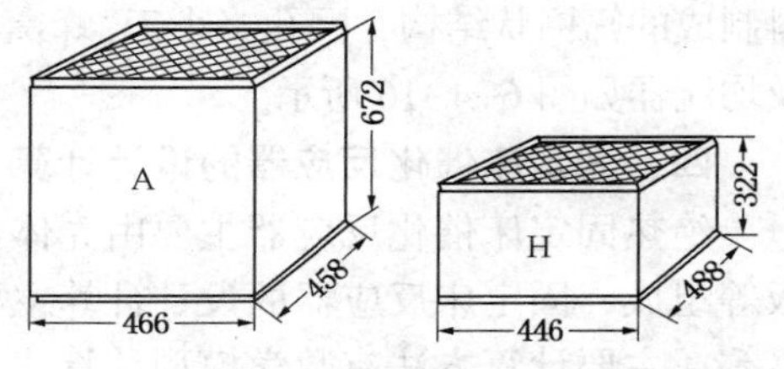

图 6-4-14　波纹状催化剂的两种标准模块示意图

③催化反应器的附属设备

催化反应器的附属设备主要是吹灰器、旁路、均流器等。

a)吹灰器

燃煤烟气中飞灰含量高，通常要在 SCR 催化反应器上安装吹灰器，以吹除遮盖催化剂活性表面及堵塞气流通道的颗粒物，使反应器的压降保持在较低水平。吹灰器还能保持空气预热器畅通，降低系统压降。这对现有锅炉进行 SCR 改造尤为重要，因为空气预热器的板间距较小，容易造成铵盐的沉积和粘附。吹灰器为可伸缩的耙形结构，用蒸汽或空气进行吹扫，每层催化剂的上面都设有吹灰器。各层吹灰器的吹扫时间错开，吹扫频率和吹扫部位可以人为设定。平板状催化剂不必设吹灰器，蜂窝状催化剂常用的吹灰器如图 6-4-15 所示。

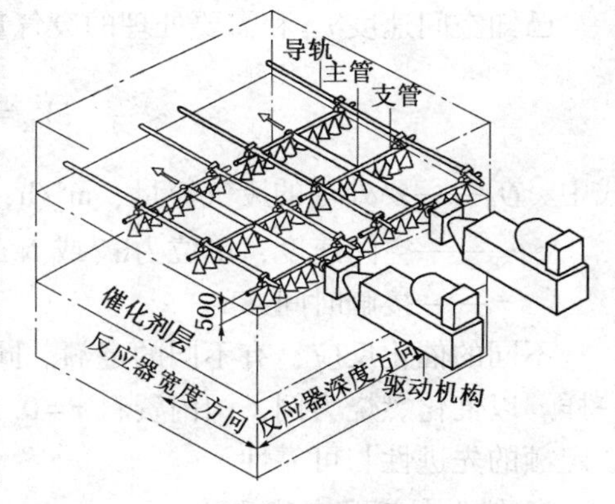

图 6-4-15　吹灰器的结构示意图

b)旁路

锅炉低负荷运行时 SCR 系统入口烟气温度会降低，锅炉启停时烟气温度可能大幅度波动。在美国，大多采取旁路措施使烟气绕过 SCR 催化反应器。系统停运期间，旁路可以避免催化剂中毒和灰垢沉积。旁路采用无泄漏挡板控制，在美国大多采取旁路措施使烟气绕过 SCR 反应器，设置旁路时还考虑 SCR 系统季节性运行的需要，日本一般不采取 SCR 旁路措施。

省煤器旁路烟道常用一个可调挡板来调节经过旁路的热烟气与经过省煤器的冷烟气之比率。省煤器旁路的设计要求主要是保持烟气处于最佳反应温度范围，并保证两股气流在进入

SCR 催化反应器之前均匀混合。用计算流体动力学(CFD)数值模拟手段解决这一问题，已经在 SCR 催化反应器设计中获得了成功应用。

c)均流器

在大多数情况下，烟气与氨-空气混合气体汇合进入 SCR 催化反应器前的管道长度受限，从而大大影响气流在反应器断面上分布的均匀性。为此采取了三个措施：首先用空气高度稀释氨气；然后通过喷氨装置将氨-空气混合气体均匀、均衡地喷入烟道的全断面；最后，为保证它们在气流中进一步充分混合，避免因直管长度受限而产生的偏流，在气流的回转部位安装均流器。均流器有涡轮导流叶片等多种形式，通常都通过流体模拟实验实现优化设计。

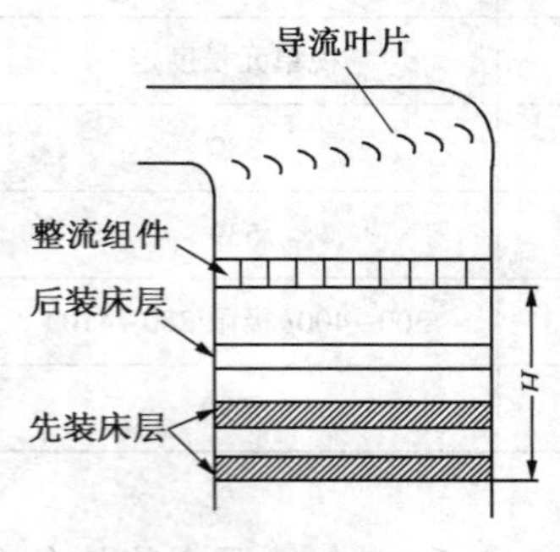

图 6-4-16　催化剂床层及均流器示意图

在床层上方还装有所谓的整流组件，实际上是以不锈钢材料制成的筛网状结构，网孔略小于“蜂窝”尺寸，起着将气流进一步均布的作用。催化剂床层及均流器如图 6-4-16 所示。

四、固定床催化反应器的设计计算

绝热固定床催化反应器主要由壳体、催化剂层、催化剂承载组件、气体进出口管及分布板等组成，固定床反应器的设计计算主要包括催化剂床层体积、床层截面积和高度、床层压降等，主要计算方法有数学模型计算法和经验计算法两种。经验计算法也称定额计算法，是采用实验室、中间试验装置、工厂现有装置中测得的一些最佳条件，如空间速度、接触时间等作为设计依据(或定额)来进行计算的方法。空间速度 v_{SP} 表示一定操作条件下，单位时间内单位体积催化剂所能处理的反应混合气体(即不含反应物)的体积(标准状态)，简称空速；接触时间 τ 是反应物通过催化剂床层的时间，等于空速 v_{SP} 的倒数。

1. 催化剂床层体积 V_R 的计算

已知空间速度 v_{SP} 和需要处理的废气量 Q_0 时，所需催化剂体积 V_R 由下式计算

$$V_R = \frac{Q_0}{v_{SP}} = \tau Q_0 (m^3) \tag{6-4-11}$$

式中　Q_0——要处理的废气流量，m^3/h；

v_{SP}——空间速度，单位为 h^{-1} 或 $N\ m^3/(m^3$ 催化剂 $\cdot h)$；

τ——接触时间，h。

不同的催化反应，有不同的定额。同一催化反应，由于各厂的管理水平不同，定额也不一样。以催化燃烧为例，国内资料 $\tau = 0.13 \sim 0.5$s，国外资料 $\tau = 0.03 \sim 0.12$s。在选用时应注意定额的先进性与可靠性。

2. 催化剂床层空隙率 ε

催化剂床层空隙率是影响流体流动、传热和传质以及床层压力降的主要因素，是床层的重要特性参数之一，可由下式计算

$$\varepsilon = \frac{V_f}{V_R} = 1 - \frac{\rho_B}{\rho_P} \tag{6-4-12}$$

式中　V_f——催化剂床层的空隙体积，m^3；

V_R——催化剂床层的体积，m^3；

ρ_B——催化剂堆放密度，kg/m^3；

ρ_P——催化剂的颗粒密度，kg/m^3。

床层空隙率的大小与催化剂颗粒本身的物理状态及固定床的充填方式有直接的关系，大小均一的光滑球形颗粒，立方格排列时 $\varepsilon=0.476$，菱形格排列时 $\varepsilon=0.2595$。大小均一的非球形颗粒，形状系数 φ（$\varphi=F_m/F_s$，F_s 为粒子表面积，F_m 为与 F_s 等体积的球体表面积）愈大，填充愈紧，ε 愈小。

3. 床层截面积和高度的计算

由催化剂颗粒状况确定空床气流速度 u_0 后，反应器截面积 A_t 计算如下

$$A_t=\frac{Q_0}{3600\,u_0}(m^2) \tag{6-4-13}$$

式中　u_0——气体空床速度，是指在反应条件下，反应气体通过床层空载面积时的平均流速（或流体在空管内的平均流速），m/s；

由床层截面积 A_t 可以计算出反应器内径 D 为

$$D=\sqrt{\frac{4A_t}{\pi}}=\sqrt{\frac{Q_0}{3600\cdot\frac{\pi}{4}v_0}}(m) \tag{6-4-14}$$

反应器直径 D 经圆整确定后，催化剂床层高度 H 由下式计算

$$H=\frac{V_R}{(1-\varepsilon)\frac{\pi}{4}D^2}(m) \tag{6-4-15}$$

式中　V_R——催化剂床层体积，m^3；

ε——催化剂床层空隙率。

4. 床层压降的计算

气体通过催化剂床层时的压力降 Δp 由下式计算

$$\Delta p=\lambda\cdot\frac{\rho_g u_0^2}{d_s}\cdot\frac{1-\varepsilon}{\varepsilon^3}\cdot H(Pa) \tag{6-4-16}$$

式中　λ——摩擦系数；

ρ_g——气相密度，kg/m^3；

d_s——非球形颗粒的比表面当量直径，$d_s=6\frac{V_P}{A_P}=\frac{6(1-\varepsilon)}{S_比}$，$d_s=d$（球形颗粒直径），m；

经实验研究表明，摩擦系数 λ 与雷诺数 Re 之间的关系如下

$$\lambda=\frac{150}{Re}+1.75 \tag{6-4-17}$$

$$Re=\frac{d_s u_0 \rho_g}{\mu(1-\varepsilon)} \tag{6-4-18}$$

式中　μ——气体黏度，Pa·s；

$S_比$——颗粒比表面积，m^{-1}；其余各量的物理意义同前。

最终有

$$\Delta p = 150\mu L u_0 \frac{(1-\varepsilon)^2}{\varepsilon^3 d_s^2} + 1.75 \rho_g L u_0^2 \frac{(1-\varepsilon)}{\varepsilon^3 d_s} (\text{Pa}) \qquad (6-4-19)$$

上式中，当 $Re < 10$ 时，流体处于滞留状态，$150/Re$ 远大于 1.75，则第二项 $1.75 \rho_g L u_0^2 \frac{(1-\varepsilon)}{\varepsilon^3 d_s}$ 可以忽略；当 $Re > 1000$ 时，流体处于完全湍流状态，$150/Re$ 远小于 1.75，则第一项 $150\mu L u_0 \frac{(1-\varepsilon)^2}{\varepsilon^3 d_s^2}$ 可以忽略。由以上各式可知，增大 u_0 或 H、减小 ε 或 d_s 都会使得压力降增大。

由于生产流程中气体的压力有限，因而一般要求固定床中的压降不超过床内压力的15%。如果计算出的压降过大，可重新选用较大直径的催化剂或增大床层截面积，或减小床层高度来调整压强。

§6.5 燃烧法净化技术与设备

燃烧净化法是利用某些工业废气中的污染物质可以燃烧氧化的特性，将其燃烧变成无害物质或易于进一步处理的物质的方法。其主要的化学反应是燃烧氧化，少数是热分解，主要应用于有机蒸气或其他可燃废气的净化处理，不能实现物质回收。由于含 N、S、P 等有机物的燃烧过程会产生新的污染气体，因此有时需要根据具体情况，在燃烧之后，设置净化装置(如吸收装置等)，以脱除燃烧后尾气中的有害物。燃烧过程产生的热量视具体情况考虑是否回收。

一、燃烧理论

1. 燃烧原理

目前较为认可的燃烧原理是火焰传播理论。燃烧反应是一种放热反应，当可燃物质在某一温度被点燃后，会迅速向四周传播引起周围气体的燃烧，目前火焰传播有热传播理论(又称热损失理论)和自由基反应理论两种。前者认为，火焰是燃烧放出的热量，传播到火焰周围混合气体，使之达到着火温度而燃烧并继续传播的；后者认为，在火焰中存在着大量的活性很强的自由基，它们极易与别的分子或自由基发生化学反应，在火焰中引起连锁反应，向四周传播。

以上两种理论都有一定的适用范围。如对于含有少量水蒸气的火焰，自由基的作用要比温度（热量传播的推动力)重要得多；又如热力燃烧就是利用火焰中存在的过量自由基来加速废气中可燃组分的氧化销毁；而丙烷燃烧却与热传播理论相符，与自由基连锁反应理论不符。在实用上，可认为火焰传播是热量与自由基同时向外传播，只是不同反应的主次地位不同。

2. 燃烧的必要条件

燃烧反应速度是燃烧过程的关键，氧化反应速度通常表示为

$$\gamma = k_0 e^{-\frac{E}{RT}} C^n [O_2]^m \qquad (6\text{-}5\text{-}1)$$

式中 γ——单位时间内单位容积中反应物的减少量；

C——可燃气体浓度；

$[O_2]$——氧的浓度，当氧足够时，氧浓度可近似看作常数；

E——可燃物质氧化反应的总活化能；

k_0——频率因子；

n、m——可燃物质和氧气的反应级数。

由此可知，燃烧的必要条件是一定的可燃物浓度、一定的温度、一定的氧浓度及活化能。由此可得出以下结论：

(1)活性强的可燃气体(一般 E 较小)较易于燃烧，具有较低的着火温度，如乙炔比甲烷更易着火；

(2)对同一种可燃混合物，若采用催化剂催化燃烧反应，由于催化剂能降低反应的活化能 E，可降低着火温度，并加快反应速度，因而在处理有害可燃气体时，出现了应用广泛的催化燃烧法；

(3)当废气中可燃气体的浓度太低时不能着火或不易着火。当废气中可燃有害气体浓度过低而不能着火燃烧时，必须借助高浓度辅助燃料的燃烧提供有害气体氧化分解所需热量和温度，这就是热力燃烧法；

(4)降低散热损失，如减少散热面积、采用保温材料、减少散热系数等，有利于可燃物的氧化燃烧；

(5)提高初始温度，容易着火燃烧。

3. 爆炸极限浓度范围

一定浓度范围内的氧和可燃组分混合，在某一点着火后所产生的热量，可以继续引燃周围的可燃混合气体，在有控制的条件下就形成火焰，维持燃烧；若在一个有限的空间内，无控制地迅速发展，则形成气体爆炸。可以看出，可燃组分与空气混合物的燃烧(或爆炸)是在符合某些条件下发生的，这些条件包括混合物中可燃组分与氧气的相对浓度，混合物的浓度极限，点火源的存在以及混合物的流速等。燃烧与爆炸有若干重要区别，但从混合气体的组分相对浓度来讲，可燃的混合气体就是爆炸性的混合气体，燃烧极限浓度范围也就是爆炸极限浓度范围。对空气而言，由于其中的氧含量一定，故只要确定可燃组分浓度即可。

燃烧极限浓度范围是一个变值，它因可燃气与空气混合的温度、压力及进行试验的管子与设备尺寸、混合气的流动速度等试验条件而变。爆炸浓度范围可从有关手册查得。

当几种可燃物质与空气混合时，其爆炸极限浓度范围的近似值为

$$A_{混} = \frac{100\%}{\dfrac{a}{A_1} + \dfrac{b}{A_2} + \dfrac{c}{A_3} + \cdots} \tag{6-5-2}$$

式中 $A_{混}$——几种可燃物与空气混合时的爆炸极限,%

A_1、A_2、A_3——每个组分的爆炸极限,%

a、b、c——各组分在混合物中的体积分数,%。

在燃烧净化中，常把废气中可燃组分的浓度用爆炸下限浓度的百分数来表示，简写为LEL(Lower Explosive Limit)。从实验中发现，某些可燃物质，虽然它们的爆炸浓度下限不同，但它们在爆炸浓度下限时的燃烧热值和燃烧时的升温都相差不多，这样就可以将爆炸浓度与过程效应联合起来。一般来说，每1%LEL浓度碳氢化合物的燃烧值，大约可使废气本身提高温度15.3K。同时，为安全起见，可将废气中可燃物质的浓度控制在20%~25%LEL，以防止爆炸。

二、燃烧类型

按燃烧温度与状态可分为直接燃烧、热力燃烧、常规催化燃烧、蓄热式催化燃烧。

1. 直接燃烧法

直接燃烧法也称为直接火焰燃烧法，是指把废气中可燃的有害组分当做燃料直接烧掉。若可燃组分的浓度高于燃烧上限，则可以混入空气后燃烧，如可燃组分的浓度低于燃烧下限，则需要加入一定数量的辅助燃料如天然气等来维持燃烧。该法可采用如窑、炉等设备，或者是火炬燃烧。

(1)采用窑、炉等设备的直接燃烧

直接燃烧的设备可以采用一般的燃烧炉、窑，或通过一定装置将废气导入锅炉作为燃料气进行燃烧。直接燃烧的温度一般需在1100℃左右，其最终产物为CO_2、H_2O、N_2，该法不适用于处理低浓度的废气。

(2)火炬燃烧

由于火炬燃烧的结果不仅产生了大量的有害气体、烟尘及热辐射而危害环境，并且也造成了有用燃料气的大量损失，故应尽量减少和预防火炬燃烧，具体方法如下：①设置低压石油气回收设施，对系统及装置放空的低压气尽量加以回收利用；②在工程设计上以及实际生产中实现液化石油气和高压石油气管网的产需平衡；③提高装置及系统的平稳操作水平和健全管理制度；④采用燃烧效率高、能耗低的火炬燃烧器，如火炬头。

2. 热力燃烧法

该法适用于可燃有机物质含量较低、本身不能燃烧废气的净化处理。在热力燃烧中，被净化的废气不是作为燃烧所用的燃料，而是在含氧量足够时作为助燃气体，不含氧时则作为燃烧的对象。换言之，通过燃烧如煤气、天然气、油等燃料，来使废气温度达到热力燃烧所需的温度，把其中的气态污染物进行氧化。

(1)燃烧过程

燃烧过程如图6-5-1所示，包括以下几个步骤：①辅助燃料燃烧 —— 提供热量；②废气与高温燃气混合 —— 达到反应温度；③在反应温度下，保持废气有足够的停留时间，使废气中可燃的有害组分氧化分解 —— 达到净化排气的目的。

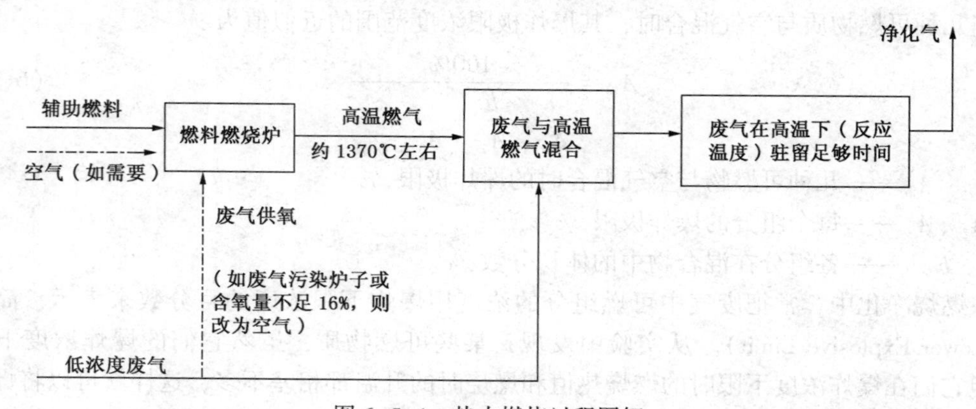

图6-5-1 热力燃烧过程图解

为使废气温度提高到有害组分的分解温度，需用辅助燃料燃烧来供热。但燃料不能直接与全部要净化处理的废气混合，这会导致混合气中可燃物浓度低于燃烧下限，最终不能维持燃烧。若废气以空气为本底而含有足够的氧，用不到一半的废气来使辅助燃料燃烧，用高温燃气与剩余的废气混合以达到热力燃烧的温度。

(2)热力燃烧的条件及影响因素

在燃烧过程中，废气中有害的可燃组分经氧化生成 CO_2 和 H_2O，但不同组分燃烧的条件不同。一般来说，大多数碳氢化合物在590~820℃即可完全氧化。影响热力燃烧的重要因素是温度和时间。不同的气态污染物，在燃烧炉中燃烧时所需的反应温度和停留时间不同。某些含碳氢化合物的废气在燃烧净化时所需的反应条件列于表6-5-1。

表6-5-1　废气燃烧净化所需的反应条件

废气净化范围	燃烧炉停留时间/s	反应温度/℃
碳氢化合物(HC 销毁90%以上)	0.3~0.5	680~820
碳氢化合物+CO(HC+CO 销毁90%以上)	0.3~0.5	680~820

在热力燃烧炉的设计中，考虑到大多数碳氢化合物和CO的燃烧，一般反应温度采用740℃，停留时间为0.5s。

(3)热力燃烧装置

热力燃烧装置一般分为专用热力燃烧装置和普通燃烧炉。

①专用热力燃烧装置

热力燃烧炉是进行热力燃烧的专用装置，其结构要满足热力燃烧时的条件要求：高于740℃的温度和0.5s左右的接触时间，这样才能保证对一般碳氢化合物及有机蒸气的燃烧净化。热力燃烧炉的主体结构包括燃烧器和燃烧室两部分，前者是使辅助燃料燃烧生成高温燃气；后者是使高温燃气与旁通废气湍流混合达到反应温度，并使废气在其中停留时间达到要求。按使用的燃烧器不同，热力燃烧炉又可分为配焰燃烧系统和离焰燃烧系统。

②普通燃烧炉

由于普通锅炉、生活用锅炉以及一般加热炉炉内条件可以满足热力燃烧的要求，因此可以用做热力燃烧炉使用，这样不仅可以节省设备投资，也可以节省辅助燃料。但在使用普通锅炉时应注意以下几点：①废气中所要净化的组分应当几乎全部是可燃，不可燃组分如无机烟尘等在传热面上的沉积将会导致锅炉效率的降低；②所净化废气的流量不能太大，过量低温废气的引入会降低热效率并增加动力消耗；③废气中的含氧量应与锅炉燃烧的需氧量相适应，以保证充分燃烧，否则燃烧不完全所形成的焦油等将污染炉内传热面。

(4)燃烧法的热量回收

由于碳氢化合物组分在燃烧过程中会放出大量热量，因此应该考虑回收利用；此外，热力燃烧所消耗辅助燃料在燃烧过程中产生大量的热量也应该加以回收利用。热量回收的好坏是评价燃烧净化方法是否经济合理的标准之一，常用回收燃烧热量的方法有以下3种。

①热量回用

加热进口废气，如图6-5-2所示，用管式热交换器或循环式的蓄热再生装置，使净化反应的高温气体与进口的低温废气进行热量交换，这样可以提高进入炉中废气的温度，节约辅助燃料。

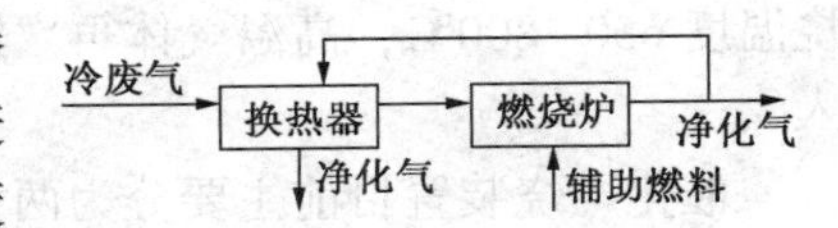

图6-5-2　加热进口废气的回用热量示意图

蓄热式热氧化炉(Regenerative Thermal Oxidizer, RTO)又称回热燃烧器，是利用燃气直接燃烧加热有机废气，在高温（750℃以上）作用下将废气中的有机物（VOCs）氧化分解为CO_2和H_2O，高温烟气通过特制的陶瓷蓄热体，使陶瓷体升温而“蓄热”，此“蓄热”用于预热后续进入的有机废气，从而节省废气升温的燃料消耗。陶瓷蓄热体应分成两个（含两个）以上的区或室，每个蓄热室依次经历“蓄热-放热-清扫”等程序，周而复始，连续工作。蓄热室“放热”后应立即引入部分已处理合格的洁净排气对该蓄热室进行清扫（以保证VOCs去除率在95%以上），只有待清扫完成后才能进入“蓄热”程序。蓄热式热氧化炉的操作温度一般760~820℃（最高1100℃左右），适用于治理浓度低于10g/Nm^{3}的场合，处理风量范围在2.4~240m^3/s之间。当浓度达到约1.5g/Nm^{3}时，RTO可以做到不需要补充燃料。为了避免颗粒物对蓄热床的堵塞，废气进入反应器前需要预先去除颗粒物；为了防止中毒，废气中应该避免存在硅、磷、砷等其他重金属物质。工作燃料可以使用天然气或者轻柴油，原则上不建议采用电加热。

②热净化气部分再循环

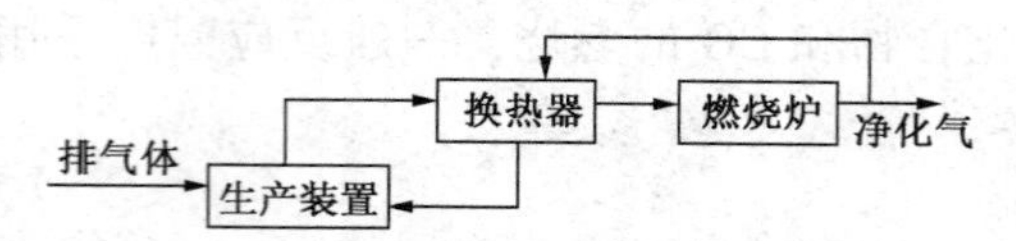

图6-5-3　热净化气部分再循环示意图

如图6-5-3所示，该方法已在需要大量热气体的装置上得到广泛应用。由于这些装置所需热气体的温度较净化气的温度低，所以可使净化气与冷废气换热，再将换热后的气体引入到这些装置中作为工作气体。由于这些生产装置中的工作气体要不断进入燃烧炉中净化，气体中的含氧量由于燃烧的不断消耗而降低，因此只能用部分净化气进行再循环。

③废热利用

若上述方法不能全部利用净化气中的热量时，可采用以下措施将其余的热量应用到生产实际中去：如直接作为加热某些生产装置时的载热体；用其来加热水、油等；通入废热锅炉中生产热水或蒸汽而用于生产或生活中。

3. 催化燃烧法

催化燃烧（Catalytic Oxidization）是典型的气固相催化反应，其实质是活性氧参与的深度氧化作用。在催化燃烧过程中，催化剂的作用是降低活化能，同时催化剂表面具有吸附作用，使反应物分子富集于表面提高了反应速率，加快了反应的进行。借助催化剂可使有机废气在较低的起燃温度条件下，发生无焰燃烧，并氧化分解为CO_2和H_2O，同时放出大量热能，从而达到去除废气中的有害物的方法。其反应过程为

$$C_nH_m+(n+m/4)O_2 \xrightarrow[\text{催化剂}]{250\sim300℃} nCO_2\uparrow+\frac{m}{2}H_2O\uparrow+\text{热量} \tag{6-5-3}$$

如图6-5-4所示，在将废气进行催化燃烧的过程中，废气经管道由风机送入热交换器，将废气加热到催化燃烧所需要的起始温度。经过预热的废气，通过催化剂层使之燃烧。由于催化剂的作用，催化燃烧法废气燃烧的起始温度约为250~300℃，大大低于直接燃烧法的燃烧温度650~800℃，高温气体再次进入热交换器，经换热冷却，最终以较低的温度经风机排入大气。

催化燃烧装置目前主要分为两大类：一类是分建式，即换热器、预热器和反应器均作为独立设备分别设立，其间用相应的管路连接，一般用于气量大的场合。反应器视具体情况可用单段式反应器（浓度较低时）或多段式反应器（浓度较高时）。另一类是合建式（组合式），即将预热器、换热器和反应器等部分组合安装在同一设备中，即所谓催化燃烧炉，如图6-5-5所示，其流程紧凑、占地小，一般用于处理气量较小的场合。

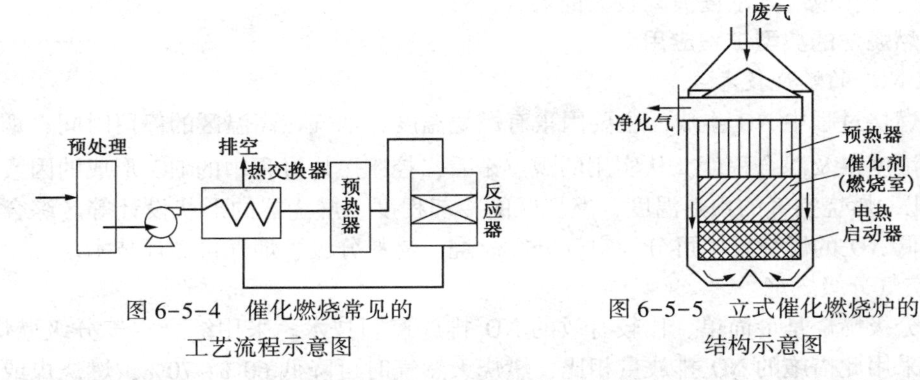

图 6-5-4 催化燃烧常见的工艺流程示意图

图 6-5-5 立式催化燃烧炉的结构示意图

影响催化燃烧法经济效益的主要因素包括：催化剂性能和成本、废气处理中的有机物浓度、热量回收效率、经营管理和操作水平。催化燃烧虽然不能回收有用的产品，但可以回收利用催化燃烧的反应热，节省能源，降低处理成本，在经济上合理可行。工业上的催化剂都是由活性成分、助剂和载体等组成，其中活性组分及其分布、颗粒大小、催化剂载体对催化效果和寿命有很大的影响。催化燃烧过程常用的催化剂一般采用以下几类。

(1)以 Al_2O_3 为载体的催化剂

该载体一般做成蜂窝状或粒状等，然后再将活性组分负载其上。现在使用的有蜂窝陶瓷钯催化剂、蜂窝陶瓷铂催化剂、蜂窝陶瓷非贵金属催化剂等。

(2)以金属作为载体的催化剂

如采用镍镉合金、镍镉镍铝合金、不锈钢等金属作为载体。现在已应用的有镍铬丝蓬体球钯催化剂、不锈钢丝网钯催化剂、金属蜂窝的催化剂等。

4. 蓄热式催化燃烧

蓄热式催化燃烧(Regenerative Catalytic Oxidization，RCO)是近些年发展起来的新技术，净化率高，适应性强，能耗在燃烧法中最低，无二次污染，应用于废气浓度高的场合比较多。RCO 具有 RTO 高效回收能量的特点和催化反应低温工作的优点，将催化剂置于蓄热材料的顶部，来使净化达到最优，其热回收率高达 95%。RCO 系统性能优良的关键是使用贵金属或过渡金属催化剂，使氧化在 250~500℃ 的低温区完成，既降低了燃料消耗，又降低了设备造价。反应后有毒的碳氢化合物转化为无毒的 CO_2 和 H_2O，从而使污染得到治理。目前有的国家已经开始使用 RCO 取代常规催化燃烧进行有机废气的净化处理，很多 RTO 设备也已经开始升级转换成 RCO 设备，如图 6-5-6 所示，可以消减操作费用达 33%~50%。RCO 处理技术特别适用于对热回收率需求高的场合，也适用于同一生产线上因产品不同，废气成

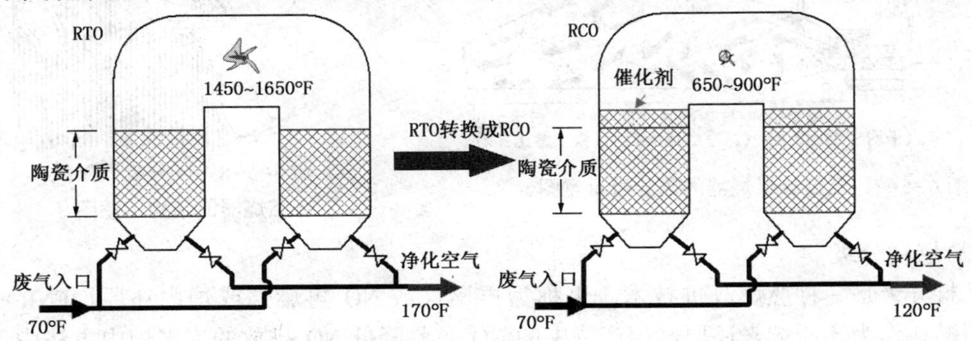

图 6-5-6 RTO 设备升级转换成 RCO 设备的运行情况示意图

分经常发生变化或废气浓度波动较大的场合。

三、燃烧法的典型工程应用

1. 低 NO_x 的燃烧技术

影响燃烧过程中 NO_x 生成的主要因素有燃烧温度、烟气在高温区的停留时间、烟气中各种组分的浓度以及混合程度。从实用的观点来看，控制燃烧过程中的 NO_x 形成的因素包括空气-燃料比、燃烧空气的预热温度、燃烧区的冷却程度、燃烧器的形状设计等。综合考虑以上因素，低 NO_x 的燃烧技术可分为空气分级燃烧、燃料分级、烟气再循环技术。

(1)空气分级燃烧

空气分级燃烧是最简单、比较有效的 NO_x 排放控制技术。采用综合空气分级燃烧技术，与原来未采用此措施的 NO_x 排放量相比，燃烧天然气时可降低 60%～70%，燃烧煤或油时可降低 40%～50%。

根据 NO_x 的形成机理可知，反应区内的空燃比极大地影响 NO_x 的形成。由于反应区在过量空气状态下会使 NO_x 排放增加，采用风分级的办法可有效控制反应区内的氧量。所谓风分级，就是把供燃烧用的空气由原来的一般分为两股或多股，在燃烧开始阶段只加部分空气，造成一次气流燃烧区域的富燃料状态。它是一种形成富燃料区的常用方法，也是二级燃烧过程，因此可描述为富燃料(贫氧)燃烧-贫燃料(富氧)燃烧。采用空气分级燃烧的主要燃烧机理是：由于富燃料缺氧，故在该区域形成部分燃烧，使得有机结合在燃料中的部分氮生成无害的氮分子，故而减少了“热力”NO_x 的形成。作为二次风的供燃烧完全用的空气喷射到一次富燃料区域的下游，形成二次燃烧完全区，在这个区域内完成燃烧。除此之外，由于一次燃烧区域的燃烧产物进入二次区域，同时降低了氧浓度和火焰温度，于是二次区域内 NO_x 的形成受到了限制。低氮氧燃烧器风分级示意见图 6-5-7，其结构如图 6-5-8 所示。从图中可以看出，燃烧过程分为 3 个区：煤和一次风在出口处形成的富燃料区、二次风逐渐掺混的持续富燃料区、三次风掺入最终形成的完全燃烧区。

风分级可以在燃烧器内进行，也可以在炉内进行。

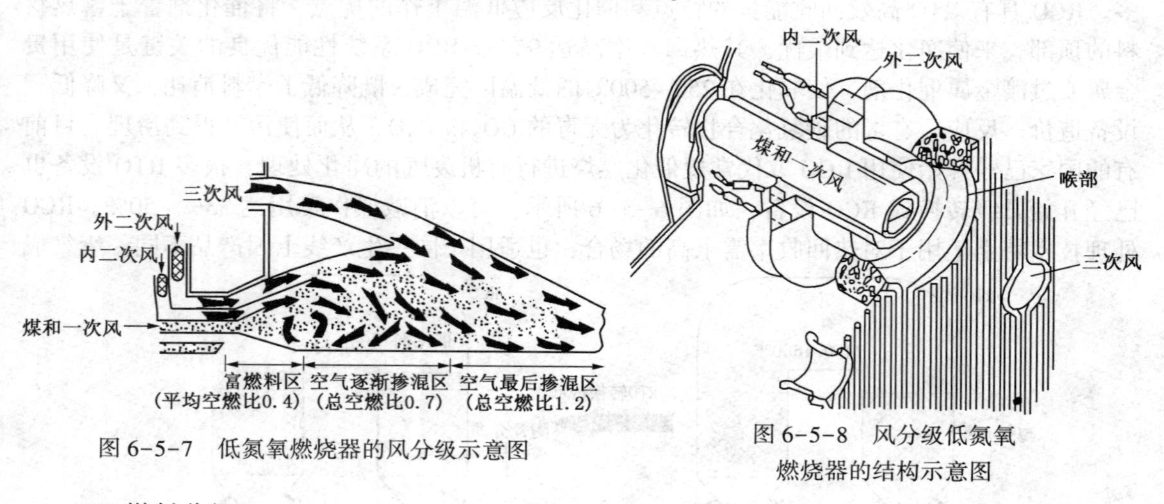

图 6-5-7　低氮氧燃烧器的风分级示意图

图 6-5-8　风分级低氮氧燃烧器的结构示意图

(2)燃料分级

燃料分级是一种燃烧改进技术，也称为再燃烧或 NO_x 再燃烧或炉内还原(IFNR)技术。它是用燃料作为还原剂来还原燃烧产物中的 NO_x，是降低 NO_x 排放的诸多炉内方法中最有效的措施之一。

燃料分级燃烧技术将 80%~85%的燃料送入主燃区，在空气过剩系数 $\alpha>1$ 的条件下燃烧；其余 15%~20%的燃料作为还原剂在主燃烧器上部的某一合适位置喷入，形成再燃区，再燃区空气过剩系数 $\alpha<1$。再燃区不仅使已经生成的 NO_x 得到还原，同时还抑制了新 NO_x 的生成，可进一步降低 NO_x 的排放浓度。再燃区上方布置燃尽风以形成燃尽区，保证再燃区出口的未完全燃烧产物燃尽。与其他低 NO_x 燃烧技术相比，燃料分级燃烧技术可以大幅度降低 NO_x 排放，一般情况下可使 NO_x 排放浓度降低 50%以上。

(3) 烟气再循环技术

烟气再循环燃烧技术是指燃烧产生的部分烟气与氧化剂混合后再次参与燃烧过程，主要应用在工业燃烧器、锅炉、燃气轮机中。烟气再循环的本质是通过将部分冷却后的烟气重新引入燃烧区域，实现对燃烧温度和氧化物浓度的控制，从而实现降低 NO_x 排放的效果，具体的减排机理可以用热力型 NO_x 的生成机理来解释。热力型 NO_x 生成的主要控制因素是温度，其对 NO_x 生成速率的影响呈指数关系；影响热力型 NO_x 生成的另一个主要因素是烟气中的氧浓度，NO_x 的生成速率与氧浓度的 0.5 次方成正比。烟气再循环技术降低了火焰区域的最高温度，进而降低 NO_x 生成；烟气再循环还降低了氧和氮的浓度，同样起到降低 NO_x 生成的作用。此外，烟气再循环技术中高温烟气对氧化剂和燃料起到预热的作用，有明显节能效果。

2. VOCs 的催化燃烧

催化燃烧法处理有机废气的净化率一般都在 95%以上，最终产物为无害的 CO_2 和 H_2O（杂原子有机化合物还有其他燃烧产物），因此无二次污染问题。此外，由于温度低，能大量减少 NO_x 的生成。用于催化燃烧 VOCs 催化剂的活性成分可分为贵金属、非贵金属氧化物。贵金属是低温催化燃烧最常用的催化剂，其优点是具有较高的活性、良好的抗硫性，缺点是活性组分容易挥发和烧结，容易引起氯中毒、价格昂贵，资源短缺。非贵金属氧化物催化剂主要有钙钛矿型、尖晶石型以及复合氧化物催化剂等，价格相对较低，也表现出很好的催化性能，如钙钛矿型催化剂高温热稳定性较好，尖晶石型催化剂具有优良的低温活性，但其不足之处在于催化活性相对较低，起燃温度较高。根据有机废气预热及富集方式，催化燃烧工艺流程可分为预热式、自身热平衡式、蓄热式催化燃烧和吸附-催化燃烧 3 种。

(1) 预热式

预热式是催化燃烧的最基本形式，如图 6-5-9 所示。有机废气温度在 100℃以下，浓度也较低，热量不能自给，因此在进入反应器前需要在预热室加热升温，燃烧净化后气体在换热器内与未处理废气进行热交换，以回收部分热量。通常采用煤气或电加热升温至催化反应所需的起燃温度。

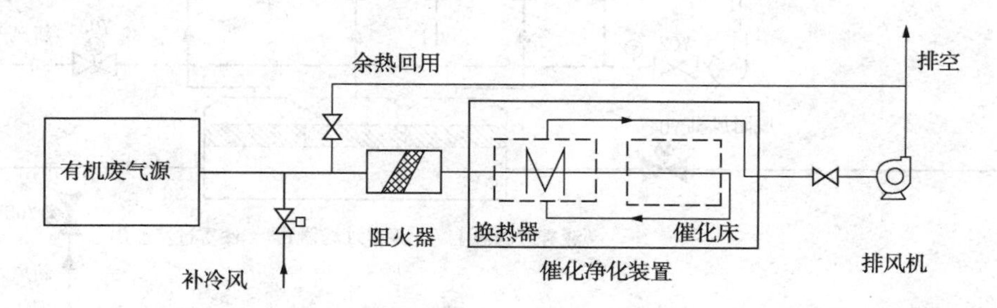

图 6-5-9　预热式催化燃烧有机废气净化的工艺流程示意图

(2) 自身热平衡式

当有机废气排出时的温度较高（在 300℃左右），高于起燃温度，且有机物含量较高，换热器回收部分净化气体所产生的热量，在正常操作下能够维持热平衡，无需补充热量，通常只需要在催化燃烧反应器中设置电加热器供起燃时使用。

(3)吸附浓缩+催化燃烧

当有机废气的流量大、浓度低、温度低，采用催化燃烧需耗大量燃料时，可先采用吸附手段将有机废气进行浓缩，然后通过热空气吹扫，使有机废气脱附出来成为浓缩了的高浓度有机废气(可浓缩10倍以上)，再进行催化燃烧。此时，不需要补充热源，就可维持正常运行。自上世纪60年代起，欧美国家已开始应用“吸附富集-脱附浓缩-蓄热催化氧化”后处理技术，德国Dürr公司、美国Megtec公司、美国Enguil公司和加拿大Biothermica公司等在行业中占有绝大部分市场。作为整体技术的核心材料，吸附剂品质的提升及其利用方式的改进对提升废气治理水平有显著帮助。

图6-5-10为“活性炭吸附浓缩+催化燃烧”的处理工艺流程图，由活性炭吸附系统、催化燃烧系统、电气控制系统及通风管道(阀门)系统等四大系统组成。当然，RCO设备可直

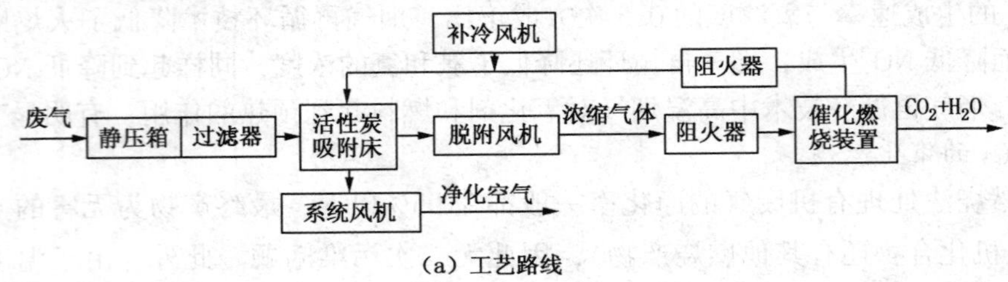

(a) 工艺路线

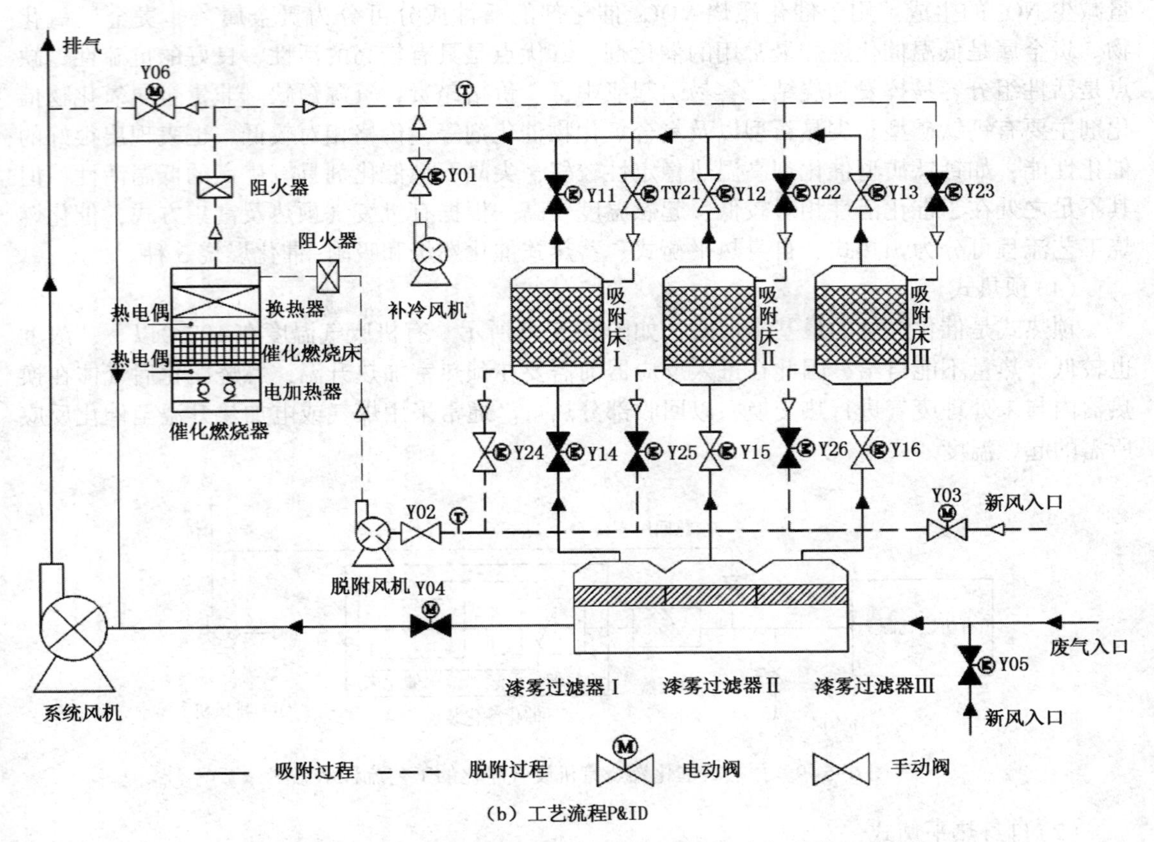

(b) 工艺流程P&ID

图6-5-10 “活性炭吸附浓缩+催化燃烧”的有机废气净化处理技术

接应用于中高浓度（1000~10000mg/m³）有机废气的净化，也可应用于"活性炭吸附浓缩+催化燃烧"系统，用于替代常规催化燃烧和加热器部分。

瑞典人 Carl Munters 创新性地提出将吸附材料做成具有蜂窝状结构的转轮用于分离过程，并于 1974 年申请了专利。1986 年，瑞典 Munters 公司率先将蜂窝状沸石转轮用于 VOCs 废气处理。1988 年，日本株式会社西部技研公司将加工成波纹形和平板形的陶瓷纤维纸用无机黏合剂粘结在一起后卷成具有蜂窝状结构的转轮，然后将疏水性沸石涂覆在蜂窝状通道的表面得到吸附转轮，吸附与脱附气流的流向相反，两个过程同时进行。

目前典型的转轮吸附浓缩+催化燃烧工艺如图 6-5-11 所示。吸附转轮被分隔安装在吸附、再生、冷却三个区的壳体中，在调速马达的驱动下缓慢回转。吸附、再生、冷却三个区分别与处理空气、冷却空气、再生空气风道相连接。为了防止各个区之间窜风以及吸附转轮圆周与壳体之间的空气泄漏，各个区的分隔板与吸附转轮之间、吸附转轮圆周与壳体之间均装有耐高温、耐溶剂的氟橡胶密封材料。含有 VOCs 的污染空气由风机送到吸附转轮的吸附区，污染空气在通过转轮蜂窝状通道时，所含 VOCs 成分被吸附剂所吸附，空气得到净化。随着吸附转轮的回转，接近吸附饱和状态的吸附转轮进入到再生区，在与高温再生空气接触的过程中，VOCs 被脱附下来进入到再生空气中，吸附转轮得到再生。再生后的吸附转轮经过冷却区冷却降温，然后返回到吸附区，完成吸附-脱附-冷却的循环过程。由于再生空气的风量一般仅为处理风量的 1/10，再生过程出口空气中 VOCs 浓度被浓缩为处理空气中浓度的 10 倍，因此该过程又被称为 VOCs 浓缩去除过程。

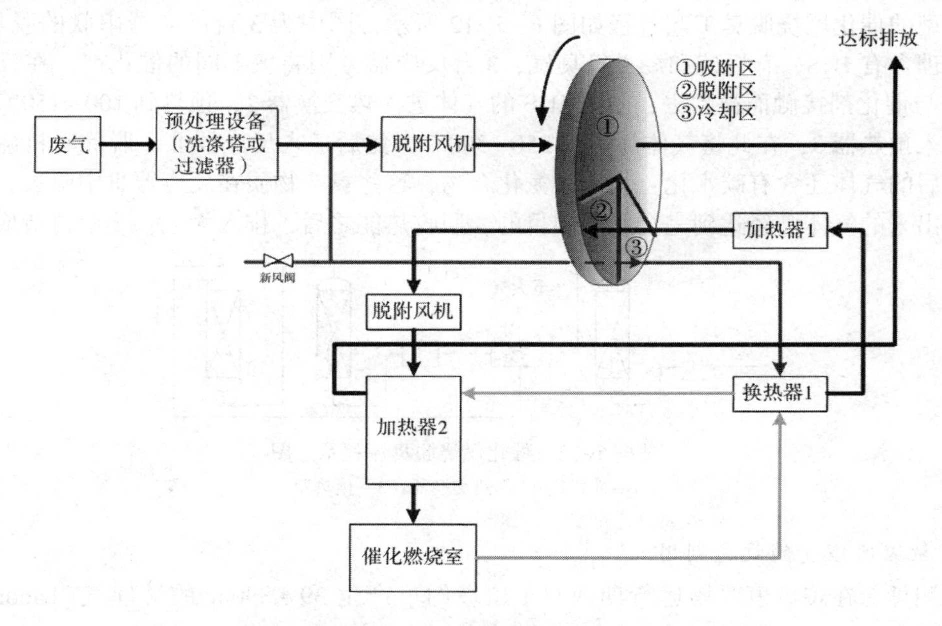

图 6-5-11 "转轮吸附浓缩+催化燃烧"的工艺流程示意图

根据目标污染物的不同，可在转轮中填充沸石、活性炭、硅胶等不同的吸附材料。吸附了 VOCs 的吸附区域随转轮转动来到脱附区域进行脱附，流经加热器 1 的高温气流将吸附于转轮上的 VOCs 脱附下来，并经过加热器达到起燃温度，随后进入催化燃烧室进行催化氧化反应。由于转轮脱附之后又要进行吸附，所以在脱附区域旁边设冷却区域，以空气进行冷却，冷却之后的温空气经换热器 1 变成脱附用热空气。催化燃烧反应之后的热气流将部分热量传递给换热器1、加热器2后排至空气。为了防止催化燃烧室温度过高，设置第三方冷却线路用于催化燃烧室的紧急降温。整个系统由PC1和PC2共2个监控系统组成，其中PC1负责监控催化燃烧室、传热器的温度(其内部设电辅热装置以平衡温度波动)；PC2负责风机控制，根据实际情况调节进气流量。

影响“转轮吸附浓缩+催化燃烧”工艺的关键因素包括浓缩比、转轮转速、再生风温度等。①浓缩比定义为进气流量与再生风流量的比值F，由于转轮通过吸附-脱附以获得低流量的浓缩气体，因此浓缩比是转轮性能的一个重要指标；②转轮转速的大小意味着吸附和脱附时间长短，由于吸附与脱附在转轮运行周期中同步进行，因此两者互相影响并共同决定转轮的去除效率；③吸附剂的解析再生存在一个特征温度(最低清洗温度)，再生风温度高于该温度时，可以获得更快的解析速率并消耗更小的脱附风量。“转轮吸附浓缩+催化燃烧”净化技术被列入《2016年国家先进污染防治技术目录(VOCs防治领域)》，沸石转轮吸附净化效率≥90%，燃烧净化效率≥97%，尤其适用于涂装、包装印刷等行业中低浓度废气净化。

3. 催化燃烧法脱臭

催化燃烧法脱臭的工艺流程与设备和有机物催化燃烧的情况大致相同，但由于臭气种类繁多、组分复杂，含量一般都较低，加之它们的嗅觉阈值很小，对一些主要恶臭污染物的排放要求又日趋严格，如上海市发布了《恶臭(异味)污染物排放标准》(DB31/1025—2016)，因此在设计和工艺的选择上应保证高的净化效率，脱臭工艺视具体情况可采取催化燃烧、吸附-催化燃烧、吸收-吸附-催化燃烧等组合工艺。

典型的催化燃烧脱臭工艺流程如图6-5-12所示，图中为3台反应器串联的脱臭流程，用于处理含有H_2S、有机硫和烃类等臭气，3台反应器分别装填不同的催化剂，在反应器Ⅰ中H_2S与催化剂接触而被除去，脱去H_2S的气体进入热交换器2，预热到100~150℃，再将气体送入预热器3，在此将气体加热到250~300℃，然后送入反应器Ⅱ，脱除有机硫；脱除有机硫后的气体还含有碳水化合物和含氮化合物，这些臭味物质在反应器Ⅲ中除去，从反应器Ⅳ中出来的气体已经达到完全脱臭的目的，回收热能之后，排入大气，不会再造成污染。

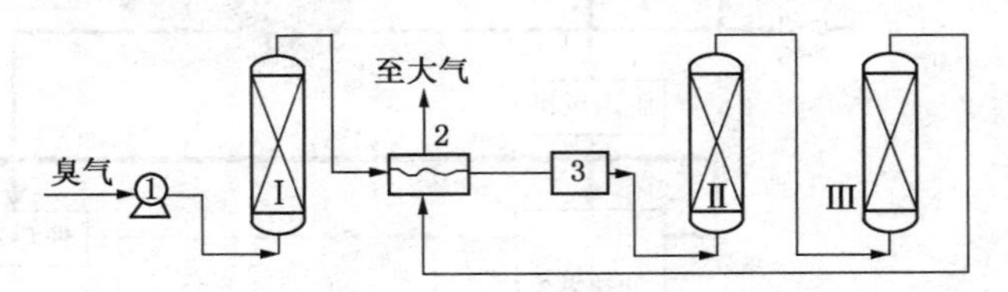

图6-5-12　催化燃烧脱臭流程示意图

1—鼓风机；2—热交换器；3—预热器

4. 垃圾填埋气的收集利用

据测算，在垃圾填埋场运行期内每t垃圾约可产生39~390m^3的填埋气(Landfill Gas，LFG)，若不妥善处理则会造成环境危害，而处理方式受当地经济条件限制。经济欠发达地区或日处理量小于100t的填埋场大多采取自然排放，利用石笼或填埋气导气管将填埋气引出，避免出现安全事故，有些小型填埋场甚至没有填埋气导排设施；正规大中型填埋场在运行初期由于填埋深度不够也采取自然排放。随着能源短缺问题日益严重，垃圾填埋气逐渐从自然排放转向集中收集处理。集中收集处理方式主要包括直接燃烧和变为能源利用：①填埋气集中收集后经净化作为工业燃料或民用；②将CH_4含量提高到80%以上作为清洁燃料，如全球环境基金项目(GEF)支持的鞍山羊耳谷项目；③用作垃圾渗滤液蒸发的燃料，如北京安定填埋场填埋气项目；④用于发电（landfill gas-to-electricity，LFGTE），在杭州、南京、西安、广州均有应用实例；⑤其他利用方式包括制造燃料电池、甲醛及轻柴油等，但均未进入商业化生产阶段。

北京安定填埋场通过实施我国政府批准的第一个清洁发展机制（CDM）项目，安装了一套填埋气收集利用系统。填埋气收集技术采用新西兰的混合道技术，沼气利用则采用美国绍尔集团公司（Shaw Group Inc.）提供的技术设备，该设备将收集到的填埋气作为燃料，在一个渗滤蒸发器中把渗滤液蒸发掉，而蒸发产生的气体在旁边的火炬中进行二次燃烧，火炬中燃烧的温度超过1000℃，在渗滤液注入过程中产生的臭气以及其他有害有毒气体充分燃烧分解，避免了二噁英等有害气体的产生。垃圾填埋气火炬和渗滤液蒸发气系统的尾气排放按照EPA的标准设计，系统运行完全实现全程电脑操作，可以对整个运行过程、气体燃烧量、燃烧温度、蒸发量进行控制和显示，系统可以在各种环境和条件下使用。

§6.6 气态污染物的其他净化技术

一、气体膜分离技术

气体膜分离技术是较新的气体分离技术，应用于环境工程领域始于20世纪60年代。主要特点是无相变、设备规模根据处理量的要求可大可小，而且结构简单、操作方便，运行可靠性高等。

1. 气体膜分离理论

（1）气体膜分离原理

如图6-6-1所示，含有某些低分子组分和少量大分子组分的气体混合物在压差作用下，透过特定薄膜时，因不同种类气体分子在通过膜时具有不同的传递速率，从而使得气体混合物中的各个组分得以分离或富集。通常气体混合物一侧具有较高的压力 p_1，膜的另一侧维持较低的压力 p_2。

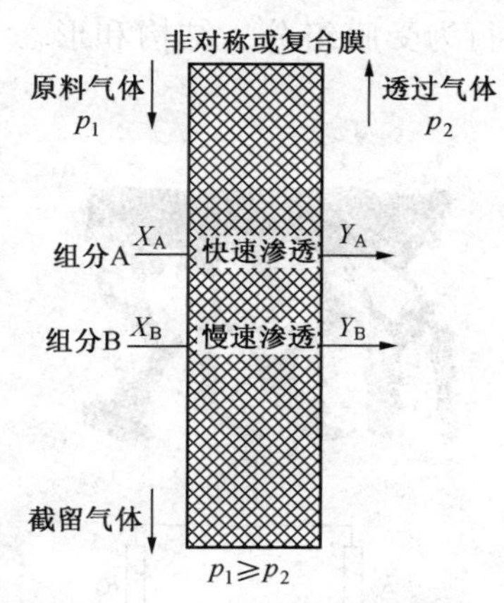

图6-6-1 气体膜分离过程示意图

（2）气体分离膜的分类

理想的气体膜分离材料应该同时具有良好的分离性能、优良的热和化学稳定性、较高的机械强度。气体分离膜的分类方法很多，①按膜孔隙大小差别可分为多孔膜与非多孔膜两种。多孔膜的孔径一般在0.5～3，如烧结玻璃及多孔醋酸纤维膜等；非多孔膜的孔径很小，气体的渗透只能通过薄膜分子结构的间隙进行，如离子导电性固体（氧化锆、β-氧化铝）、均质醋酸纤维、硅氧烷橡胶、聚碳酸醋等；②按膜的结构可分为均质膜与复合膜（非多孔质体与多孔质体组成的多层复合结构）；③按膜的制作材料可分为无机膜（金属膜、合金膜、陶瓷膜和玻璃膜，如金属钯膜、金属银膜以及钯-镍、钯-金、钯-银、氧化钛、氧化锆及玻璃膜等）与聚合物膜（聚砜、聚芳酰胺、四溴聚碳酸酯、硅橡胶、聚苯醚和醋酸纤维素系列等）；④按膜的制作形状分为平板式、管式、中空纤维式等。

（3）膜分离机理

由于膜的结构、组成和特性不同，气体膜分离的机理也不尽相同，主要有微孔扩散机

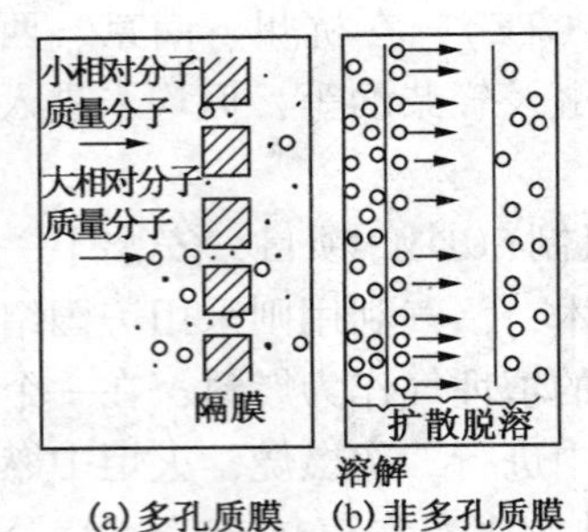

(a)多孔质膜 (b)非多孔质膜

图 6-6-2 多孔质与非多孔质分离机理示意图

理、溶解-扩散机理等，下面予以简单介绍。

①多孔膜的微孔扩散机理

根据 Knudsen 数(Kn)，多孔介质中气体传递机理包括分子扩散、黏性流动、努森扩散及表面扩散等。由于多孔介质孔及内孔表面性质的差异使得气体分子与多孔介质之间的相互作用程度有所不同，从而表现出不同的传递特征。

混合气体通过多孔膜的传递过程应以分子流为主，其分离过程应尽可能满足下述条件：a. 如图 6-6-2 所示，用于气体分离的多孔膜的微孔孔径 d 必须小于混合气体中各组分的平均自由程 λ，一般要求多孔膜的孔径在$(50\sim300)\times10^{-10}$m 之间；b. 混合气体的温度应足够高，压力尽可能低。高温、低压都可提高气体分子的平均自由程，同时还可避免表面流动和吸附现象发生。

②非多孔膜的溶解-扩散机理

气体透过非多孔膜时，其分离过程一般用溶解-扩散机理来描述。该理论假设气体选择性透过非多孔均质膜的过程由下列三步组成：气体在膜的上游侧表面吸附溶解，是吸着过程；吸附溶解在膜上游侧表面的气体在浓度差的推动下扩散透过膜，是扩散过程；膜下游侧表面的气体解吸，是解吸过程。

一般而言，气体在膜表面的溶解与解析过程可以很快达到平衡，但由于气体在膜内的扩散较慢，因此成为气体通过膜的控制步骤。另外，提高迁移时的温度，可以导致扩散作用的加强，进而提高渗透速度。由于气体分子通过非多孔膜的分子结构间隙进行渗透，虽然大多数气体与薄膜间的相互作用很弱，膜中吸着的气体并不妨碍(或影响)膜的结构。但气体的迁移行为受膜组分、结构和形态性质的影响极大，这是与气体通过多孔膜时行为的不同之处。

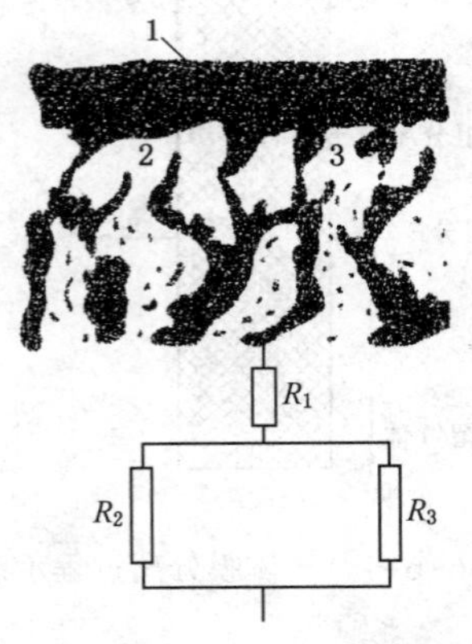

图 6-6-3 多层复合膜的阻力模型示意图

1—表面皮层；2—多孔介质；3—微孔

③非对称膜的阻力模型

一般而言，多孔膜的渗透量大，但分离效果差；非多孔膜分离效果好，但渗透量小。为了克服上述两种膜的缺点，可以将一极薄(0. 1~1μm)非多孔质支撑在多孔质的底材上形成，也称为多层复合膜。这种新型非对称膜既能维持较高的渗透量，又能保证较高的分离效果。混合气体通过非对称膜的移动具有如下几个步骤：a. 气体通过致密层溶解于膜中并在致密层中扩散；b. 通过皮层下部微孔过渡区流动；c. 通过多孔支撑层的粘性流动。这样可将不同情况下的传质阻力看成由串联和并联组成，如图 6-6-3 所示，其中 R_1、R_2、R_3 分别表示气体通过表面皮层 1 多孔介质 2 及被涂层充填一定深度的微孔 3 等部分阻力。

(4)气体分离膜的特性参数

①渗透系数 K

渗透系数 K 表示膜对气体的渗透能力，可通过某些手册查得。在一定温度下，对某种膜—气体体系来说，K 为一常数。要达到好的分离效果，需选择 K 较大的膜。稳态下气体透

过膜时，若气体与膜结构分子间的相互作用可以忽略，则有

$$K=\frac{Q_K L}{tA\Delta p} \tag{6-6-1}$$

式中 Q_K——在时间 t 内，膜透过面积为 $A(cm^2)$、厚度为 $L(cm)$ 时气体的渗透量，cm^3；

Δp——膜两侧的分压差，$\Delta p = p_1 - p_2$，$p_1 > p_2$，p_a；

t——透过时间，s；

L——膜的厚度，cm；

A——膜的总面积，cm^2。

由上式可知，在膜选定的情况下，即 K 一定时，增加膜透过面积、增大膜两侧压差、减少膜厚度均可提高膜的渗透量。

②分离系数 α

分离系数 α 用来评价膜对混合气体的分离能力，该值可通过某些手册查得。在图6-6-1中，分离系数 α_{AB} 可定义为

$$\alpha_{AB}=\frac{\frac{Y_A}{Y_B}}{\frac{X_A}{X_B}}=\frac{Y_A}{X_A}\cdot\frac{X_B}{Y_B} \tag{6-6-2}$$

式中 Y_A、Y_B——A、B 组分在透过气中的浓度；

X_A、X_B——A、B 组分在原料气中的浓度。

当 p_1 远大于 p_2 时，$(\alpha_{AB})_{max}=\frac{K_A}{K_B}$（理想情况不可能实现）。$\alpha$ 愈大，分离效果越好。

③溶解度系数 S

溶解度系数 S 表示膜收集气体的能力。一般气体在膜中的溶解度为压力的线性函数，即

$$C = SP \tag{6-6-3}$$

式中 C——气体在膜中的浓度，mg/m^3；

S——溶解度系数，是温度的函数，某温度下的可查得；

P——与膜相接触的气相分压，Pa。

除了与膜间相互作用较强的气体外，多数气体在膜中的溶解度遵循亨利定律。溶解度系数 S 与气体扩散系数 D 及渗透系数 K 之间有如下关系

$$K = DS \tag{6-6-4}$$

（5）影响分离效率的主要因素

影响膜分离效率（即渗透通量与分离系数）的因素主要包括压力差、膜厚度和温度等参数。

①压力差。气体膜分离的推动力为膜两侧的压力差，压力差增大，气体中各组分的渗透通量也随之升高。但实际操作中，压力差受能耗、膜强度、设备制造费用等条件的限制，需要综合考虑才能确定。

②膜厚度。膜致密活性层的厚度减小，渗透通量增大。减小膜厚度的方法是采用复合膜，此种膜是在非对称膜表面加一层超薄的致密活性层，降低可致密活性层的厚度，使渗透通量提高。

③温度。温度对气体在高分子膜中的溶解度与扩散系数均有影响，一般说来，温度升

高，溶解度减小而扩散系数增大。但比较而言，温度对扩散系数的影响更大，因此渗透通量随温度的升高而增大。

2. 气体膜分离的流程

气体膜分离可以为单级的、多级的。一级配置是指原料气经一次膜分离；同一级中排列方式相同的膜器件组成一个段(可以是并联或串联)。典型的一级配置有一级一段连续式、一级一段循环式、一级多段连续式、一级多段循环式等。当分离系数不高、原料气的浓度低或要求产品较纯时，单级膜分离不能满足工艺要求，因此应采用多级膜分离，即将若干膜器串联使用，组成级联。常用的气体膜分离级联有以下三种类型。

(1)简单级联

简单级联如图 6-6-4 所示，每一级的渗透气作为下一级的进料气，每级分别排出渗余气，物料在级间无循环，进料气量逐级下降，末级的渗透气是级联的产品。

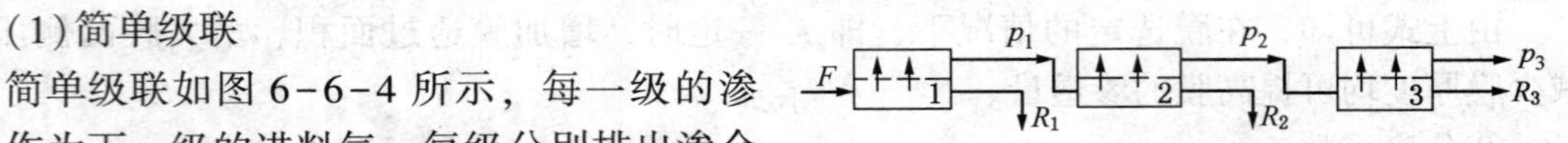

图 6-6-4　简单级联的流程示意图

(2)精馏级联

精馏级联的流程如图 6-6-5 所示，每一级的渗透气作为下一级的进料气，将末级的渗透气作为级联的易渗产品，其余各级的渗余气进入前一级的进料气中，还将部分易渗产品作为回流返回本级的进料气中，整个级联只有两种产品。其优点是易渗产品的产量与纯度比简单级联有所提高。

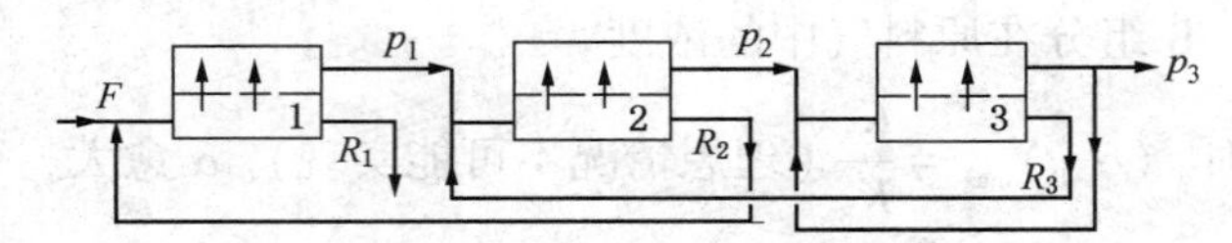

图 6-6-5　精馏级联的流程示意图

(3)提馏级联

提馏级联的流程如图 6-6-6 所示，每一级的渗余气作为下一级的进料气，将末级的渗余气作为级联的产品，第一级的渗透气作为级联的易渗产品，其余各级的渗透气并入前一级的进料气中。整个级联只有两种产品，其优点是难渗产品的产量与纯度比简单级联有所提高。

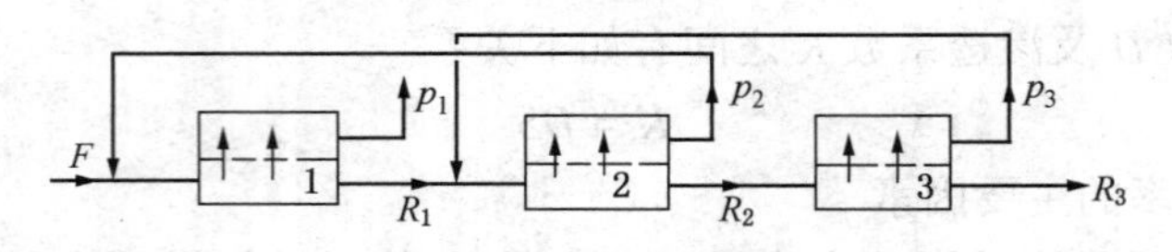

图 6-6-6　提馏级联的流程示意图

新型的级联构型还包括连续膜塔式、双膜渗透器式、内部分级渗透器式等。

3. 气体膜分离器

常用的气体膜分离器有板框式、螺旋卷式、中空纤维式等 3 种，其中前两种都使用平板膜制成。鉴于后两种气体膜分离器与水处理行业中的相应结构较为类似，这里仅介绍板框式气体膜分离器。

板框式膜分离器也称平板式膜器件，是以传统的板框式压滤机为原型而开发出来的。美国 Union Carbide 公司早期的氦气回收装置就属于此类，平板膜制成板框式膜叶后，密封固定在圆柱形钢外壳中，组成外径为 0.25m、长度为 1.5m 的板框式膜分离器，单个膜分离器的有效膜面积约 $18m^2$，膜组件的结构如图 6-6-7 所示。

图 6-6-8 所示为德国 GKSS 研究中心开发的板框式膜分离器，用于从空气中脱除有机蒸气。其结构特点是，在中间开孔的两张椭圆形平板膜之间夹有间隔层，周边经热压密封后组成信封状膜叶。多个膜叶由多孔中心管连接组成膜堆，固定于外壳中即成为分离器。典型的分离器长约 0.5m，直径 0.32m，有效膜面积为 8～$10m^2$。分离器内设有多重挡板以增大气流速度并改变流动方向，使气流与膜表面有效接触。

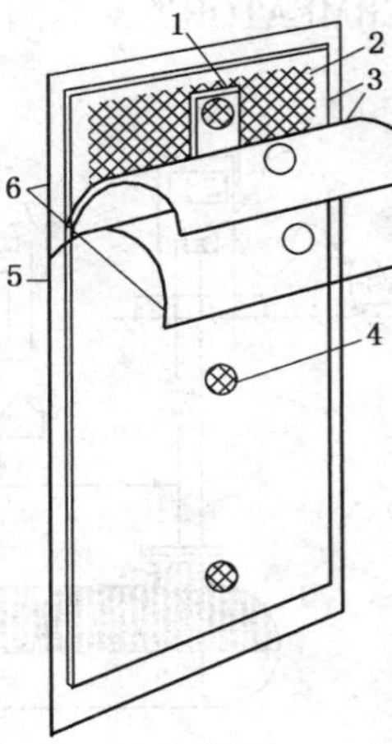

图 6-6-7　美国 Union Carbide 板框式膜分离器示意图

1—金属间隔；2—网；3—纸；4—渗透物出口；5—热密封；6—渗透膜

平板式膜分离器的优点是操作方便，膜片容易更换，无需粘合即可使用；可以简单地增加膜的层数以提高处理量。缺点是膜组件的组装零件太多，对膜机械强度的要求较高，装填密度较低。例如，德国 GKSS 研究中心平板式膜组件的装填密度只有 $200m^2/m^3$，是螺旋卷式的 1/5，是中空纤维式的 1/15，因此这种膜组件在气体分离中使用较少。

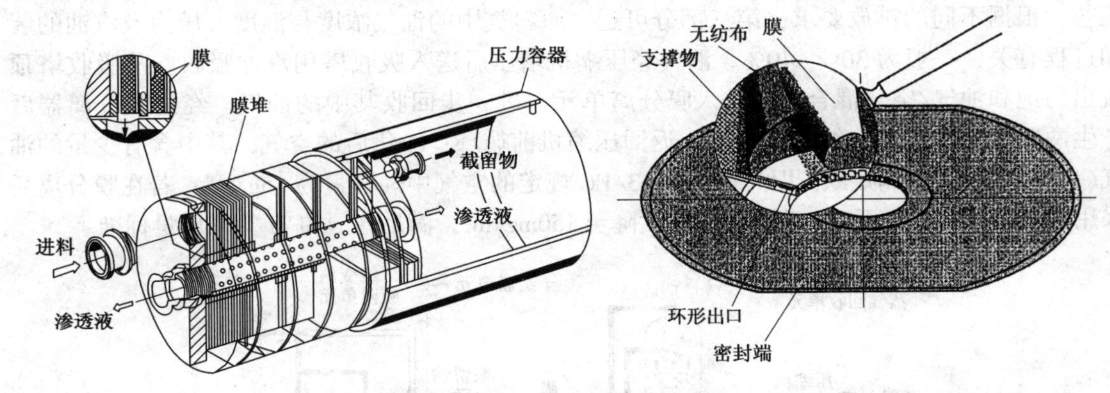

图 6-6-8　德国 GKSS 研究中心开发的平板型膜组件示意图

4. 气体膜分离技术的应用

目前已成功和正在开发的气体膜分离工业应用领域包括：H_2的回收、O_2/N_2与 H_2/O_2的分离，酸性气体和碳氢化合物的分离，气体脱湿、有机气体回收等。气体膜分离技术发展异常迅猛，这里仅介绍有机蒸气的膜分离技术。

在石油化工、制药、油漆涂料、半导体工业中，每天都有大量的有机废气向大气中散发。有机蒸气的膜分离技术相应发展较快，日本日东电工、美国 Membrane Technology and Research Inc.（MTR）、德国 GKSS 研究中心等已经实现了商品化，汽油等轻质油品的油气回收问题在其中最具代表性。由于加油站发油阶段的油气回收问题有其特殊性，如果采用复杂流程很难产生经济效益，德国、美国等发达国家在 20 世纪 90 年代末期相继推出了面向加油站的膜分离油气回收装置，代表性的产品有美国 OPW 公司与美国 MTR（Membrane Technology and Research）公司研发的油气封存冷凝系统（Vaporsaver™）、德国 BORSIG 公司与德国 GKSS 研究中心合作研发的膜法油气回收装置 VACONOVENT、美国 Arid Technologhies 公司与德国 GKSS 研究中心合作研发的 PERMEATOR™、美国 Vapor Systems Technologies 公司与美国 CMS（Compact Membrane Systems）公司合作研发的 ENVIRO-LOC™膜法油气回收处理装置。VACONOVENT 膜法油气回收处理装置的工艺流程如图 6-6-9 所示，该装置通过监测地下储油罐的油气压力来控制系统的间歇式自动操作。当地下储油罐内的油气压力升高到一定值时，膜分离装置自动启动。在真空泵的抽吸作用下，地下储油罐内的油气进入膜分离装置，油气优先透过膜而其渗透侧富集，再经真空泵返回地下储油罐；脱除油气后的净化空气则直接排入大气，地下储油罐油内的压力也随之下降；当地下储油罐内的压力降到设定的正常水平后，装置将自动停止运行。如此往复，完成油气回收过程。

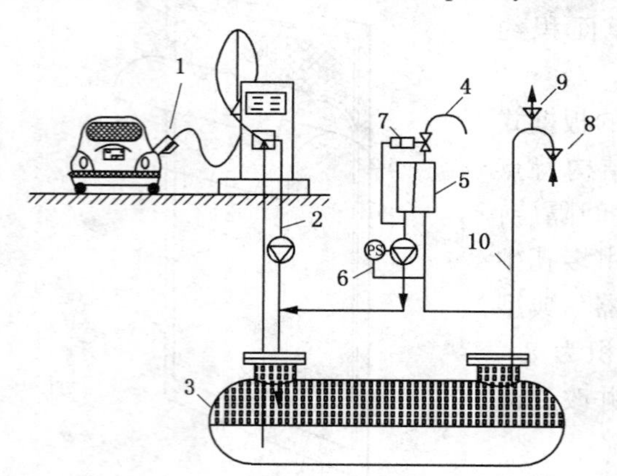

图 6-6-9　德国 GKSS 研究中心研发的 VACONOVENT 膜法油气回收装置流程示意图

1—油气回收型加油枪；2—油气返回管线；3—地下储油罐；4—通风口；5—膜组件；6—真空泵（压力开关控制）；7—尾气阀；8—进气阀；9—排气阀；10—呼吸管

图 6-6-10 所示工艺由三部分组成：压缩机与吸收塔构成传统的压缩/冷凝、吸收工艺；第二部分为膜分离工艺；第三部分是变压吸附工艺。根据不同的排放要求，第三部分可选。原料气中的油气浓度与温度、压力及汽油的装卸过程有关，一般为 30%~40%。油气经压缩机增压后送入吸收塔用汽油吸收。从吸收塔顶流出的饱和油气/空气混合物流进入膜分离单元，进一步回收其中的油气。经过膜分离器后产生两股物流：富集油气的渗透气，返回压缩机前循环；净化后的空气，其中含有少量的油气（$10g/m^3$），可以满足欧洲Ⅱ号标准 94/63/EC 规定的空气中烃含量为 $35g/m^3$；若在膜分离后采用变压吸附工艺，可进一步将油气浓度降至 $150mg/m^3$，满足德国的 TI 空气质量标准。

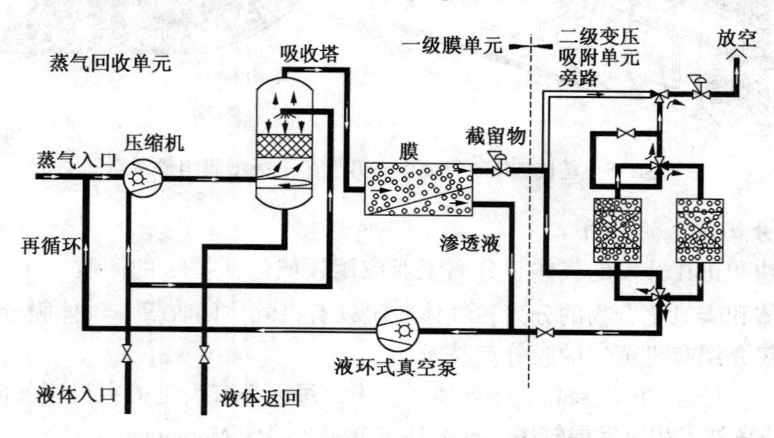

图 6-6-10　膜法有机蒸气回收系统流程示意图

该流程充分发挥了各种工艺的优点。首先，利用压缩/冷凝、吸收工艺将原料气压力升高，这样既可以借助冷凝、吸收工艺回收其中的部分油气，也为吸收和膜分离操作创造了有利条件。因为压力越高，冷凝、吸收的效果越好；同时膜以压差为推动力，膜的进料压力和渗透压力相差越大，越利于膜的分离操作。如果在膜单元后接入变压吸附单元，由于大部分的油气在进入变压吸附前已经被回收，会使变压吸附单元的负荷大大降低，从而降低 PSA

的投资和维护成本，提高其使用寿命，最终使整个油气回收流程得以优化。

目前用于有机蒸气分离的各种膜都是薄层复合膜，典型的膜由三层结构组成：底层为无纺布材料，如聚酯等，起支撑作用；中间层为微孔介质，由聚砜(PSF)、聚醚酰亚胺(PEI)、聚醚胺脂、聚丙烯腈(PAN)树脂或聚偏氟乙烯制成；表皮涂覆一层橡胶高分子无孔材料作为分离层。一种常用的分离涂层材料是聚二甲基硅氧烷(PDMS)，它对很多有机蒸气具有独特的选择性和较高的通量。对于一些特殊的分离任务，可以使用聚辛基甲基硅氧烷(POMS)。POMS 表现出了很高的选择性，但渗透通量较低，势必增加购买膜的投资，该膜可以用于小型真空泵或压缩机废气的处理。除了渗透通量和选择性方面的优点外，这些橡胶膜材料对有机蒸气具有优先渗透性。对可凝结的有机蒸气，优先渗透性可以避免在膜表面的凝结，因此很受欢迎。

二、脱硫除尘一体化工艺技术与设备

随着国家对大气污染物排放要求的进一步严格，对工业排放烟气的除尘和脱硫要求也进一步提高，烟气脱硫除尘一体化技术备受关注，该技术具有节省投资、运行费用低、便于维护、适合于中小型锅炉等特点。目前国内外已开发了多种脱硫除尘一体化技术，主要分为湿法和干法两大类。

1. 湿法脱硫除尘一体化技术

(1)湿式除尘兼脱硫设备

理论上讲，如果在湿式除尘器中采用适当的液体代替清水与烟气中的 SO_2 发生化学反应，便可使除尘和脱硫在一个过程内实现。当然，此时应该理解湿式除尘器与一般气体吸收塔的根本区别，后者要求洗涤液成细微液滴以利气体吸收，而前者无此要求。旋风水膜脱硫除尘器、卧式网膜塔、湿式旋流板塔、喷流塔、动力波洗涤器等都可以在不同程度上达到除尘兼脱硫的目的。

①旋风水膜脱硫除尘器

旋风水膜脱硫除尘器的工作流程如图 6-6-11 所示，含硫含尘烟气与碱性水雾经旋风入口一起进入除尘器，粉尘、吸收了 SO_2 的水雾被旋风分离后流入底部，粗除后的烟气纵向通过由双级环向喷嘴喷出而形成的环向碱性水雾区，含硫含尘烟气在此被进一步吸收净化，脱硫除尘后的洁净气体经引风机排入大气。污水经旋风分离后再进入底部，经回流管道进入沉淀池。澄清后的水溢流入水池，经泵注入除尘器循环使用。由于水分受热蒸发，沉淀池的水不足时由一浮球阀控制水位。烟气在除尘器内旋转，

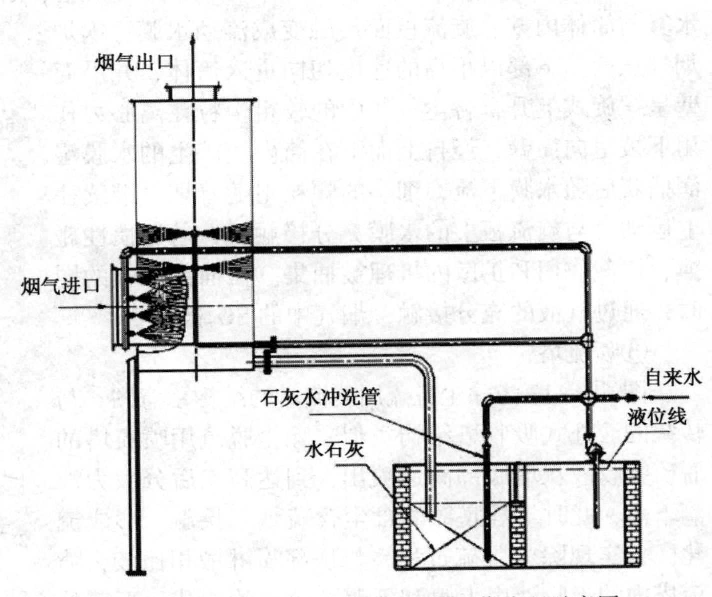

图 6-6-11　旋风水膜脱硫除尘器的工作流程示意图

水分湿气经旋转分离后达到理想效果，排出的烟气看不到白烟，对后部烟道风机不会造成侵

蚀作用。旋风水膜脱硫除尘器作为传统水膜除尘器的突破和改进，除尘效率已经可达 98%，远远大于一般水膜除尘器 90%～95%的除尘率。在烟尘排放浓度<80mg/m³时，脱硫效率>80%，SO_2排放浓度<400mg/m³，烟气含湿量<7%；进口烟气温度 150～250℃，排出的烟气温度 60～70℃，除尘器的运行阻力<1000Pa。

②湿式旋流板塔

湿式旋流板塔具有旋风水膜除尘器和旋流板洗涤器的共同特点。锅炉烟气由切向进入装置筒体后，作螺旋上升运动，大颗粒在离心力作用下被甩向器壁，通过水膜的拦截作用被捕集。含 SO_2烟气在旋流板导向作用下作螺旋上升运动的过程中，与自下而上的吸收液逆向对流接触，将旋流板上的吸收液雾化，形成良好的雾化吸收区，烟气与吸收液在雾化区内充分接触反应，然后烟气通过最上层的旋流板，完成烟气的旋转作用与旋流除雾器的导向作用，除去烟气中的液滴，最后经塔顶的排烟管直接排放。湿式旋流板塔一般需要设置多层旋流板和一层除雾板，图 6-6-12 所示为 4 层旋流板，除最上层具有除雾功能外，其他 3 层具有除尘脱硫的功能。塔体有 2 种供水形式，一种在第 2 层旋流板下面设溢流式外水槽，通过除尘器内外的压差溢流供水，只要保持溢流槽内水位恒定，溢流的水压就为一恒定值，就可以在塔体内壁形成稳定的水膜；另一种为喷射器供水，喷射器采用不易堵塞、耐腐蚀的喷雾喷头，喷射器喷出的水雾与筒体内壁、旋流板面接触变成流动水膜，锅炉烟气从筒体下部以很高的速度切向进入筒体，并沿筒壁呈螺旋式上升，含尘气体中的较粗尘粒在离心力作用下被甩向筒壁，经自上而下在筒内壁产生的水膜湿润捕获后随水膜下流，细小的颗粒则随着烟气继续往上运动，与旋流板上的水膜充分接触后，通过惯性碰撞、拦截作用和扩散的机理被捕集。在捕集粉尘的同时，通过气液的充分接触，烟气中的 SO_2被吸收。

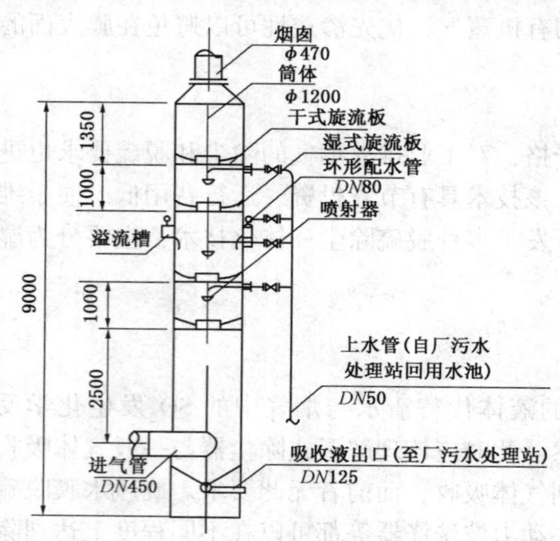

图 6-6-12　湿式旋流脱硫除尘一体化装置的结构简图

③喷流塔

图 6-6-13 为除尘脱硫用喷流塔的结构示意图。与传统的液柱式吸收塔结构类似，除尘脱硫用喷流塔的脱硫吸收液从塔底部高速喷出，到达高点后分散为液滴下落，此时与塔底部的含尘含硫烟气接触，形成流化区，实现除尘脱硫过程。与顶部喷淋塔相比较，喷流塔内的吸收液由上喷和下落两个过程组成，下落的液滴被气体夹带，形成流化区，吸收液与气体接触时间长，有利于传质；流化区内气液剧烈搅动，液体表

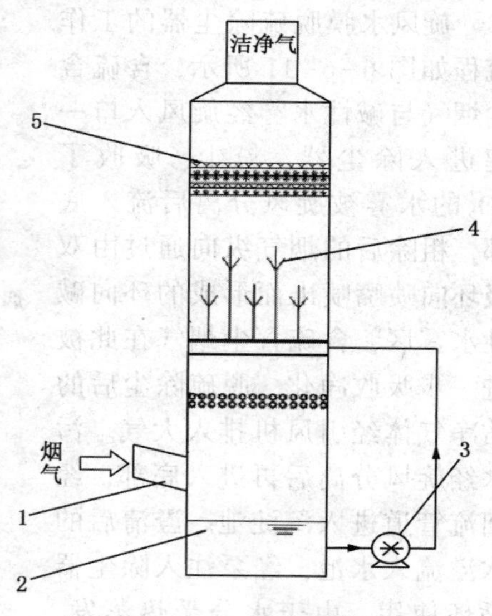

图 6-6-13　除尘脱硫用喷流塔的结构示意图

1—气体入口；2—洗涤液；3—循环泵；4—喷头；5—除雾器

面快速更新，更加强化了传质过程。其可以达到99%的除尘效率和92%的脱硫效率。这一技术结构简单、效率高、处理能力大，适合于大规模的烟气处理。

④动力波洗涤器

美国杜邦公司开发的动力波洗涤器（DynaWave™）是国际，湿法洗涤领域的一项先进技术，能在一个操作单元内同时完成烟气急冷、脱除 SO_2、除尘 3 个功能。如图 6-6-14 所示，动力波洗涤器主要由动力波气液混合系统、气液分离系统和洗涤液循环系统等组成。气体自上而下高速进入动力波洗涤管，洗涤液经循环泵从喷嘴自下向上喷射，形成气液两相逆流对撞，当气液两相动量达平衡时，产生了气液两相密切接触的泡沫“驻波”，气液两相经泡沫区混合后顺流向下流动，经混合元件达到二次混合洗涤的效果，最后洁净气体经除雾器实现气液分离后排出。自 20 世纪 70 年代以来，动力波洗涤器已经在世界范围内建造了 300 余套装置，应用于很多工业过程，如冶金、电力、水泥、废弃物焚烧、炼焦、石油化工等。动力波洗涤器具有结构简单、投资低、净化效率高等特点，除尘效率达到 99% 以上，同时脱硫效率大于 80%。

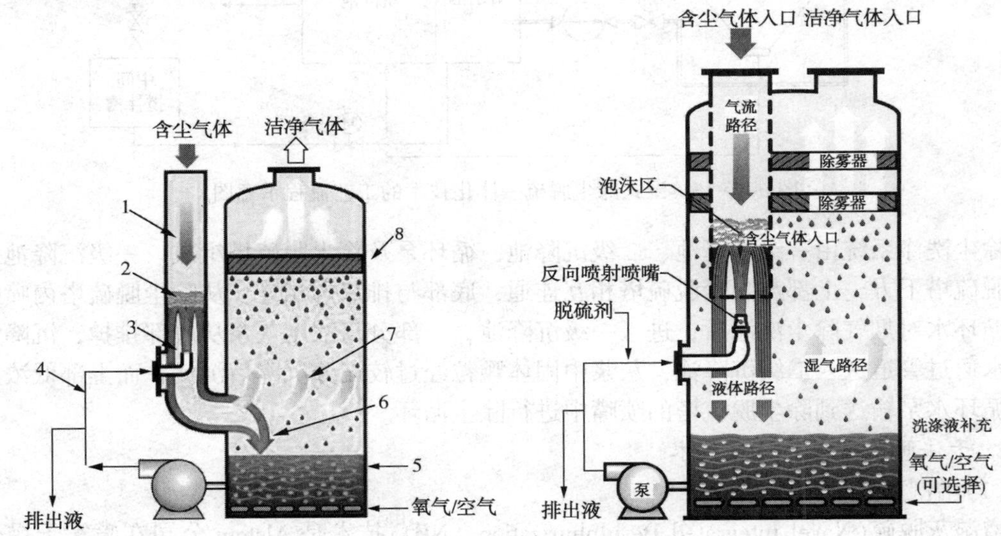

图 6-6-14　动力波洗涤器的工作原理示意图

1—气流路径；2—泡沫区；3—反向喷射喷嘴；4—脱硫剂；
5—补充；6—液体路径；7—湿气路径；8—除雾器

(2) 基于湿法脱硫技术原理开发的简易脱硫除尘技术

该技术主要对投资费用高的湿式石灰石-石膏法脱硫技术进行改进，使其在脱硫的同时具有除尘的功能，工艺流程如图 6-6-15 所示。该技术中的除尘系统采用两级除尘，总除尘效率为 99.6%。一级除尘利用在除尘脱硫塔中的喷嘴形成由上而下的水膜，与向上流动的含尘烟气进行充分碰撞、拦截和凝集等作用，对灰尘进行洗涤除尘。通过水膜与灰尘的充分接触，不仅降低了烟气在除尘脱硫塔内流速，而且浆体中的灰尘经沉降池沉降后，含灰浓度低的灰水可以循环使用，降低了除尘系统的耗水量。二级除尘由文丘里管和捕滴器两部分组成，从除尘脱硫塔流出 60℃ 左右的饱和烟气进入文丘里管，由于文丘里管内压差的变化，饱和烟气中的水分以未被除掉的细小灰尘颗粒为中心，形成细小含灰水滴。通过文丘里管出口小喷嘴喷出的水膜离心作用和绝热膨胀作用，使细小含灰水滴形成大液滴，利用重力作用将其排出。从文丘里管流出的饱和烟气进入现有的捕滴器，捕滴器不仅可除去烟气中的部分水分，而且还可以对烟气中剩余的含灰水滴进行除尘。

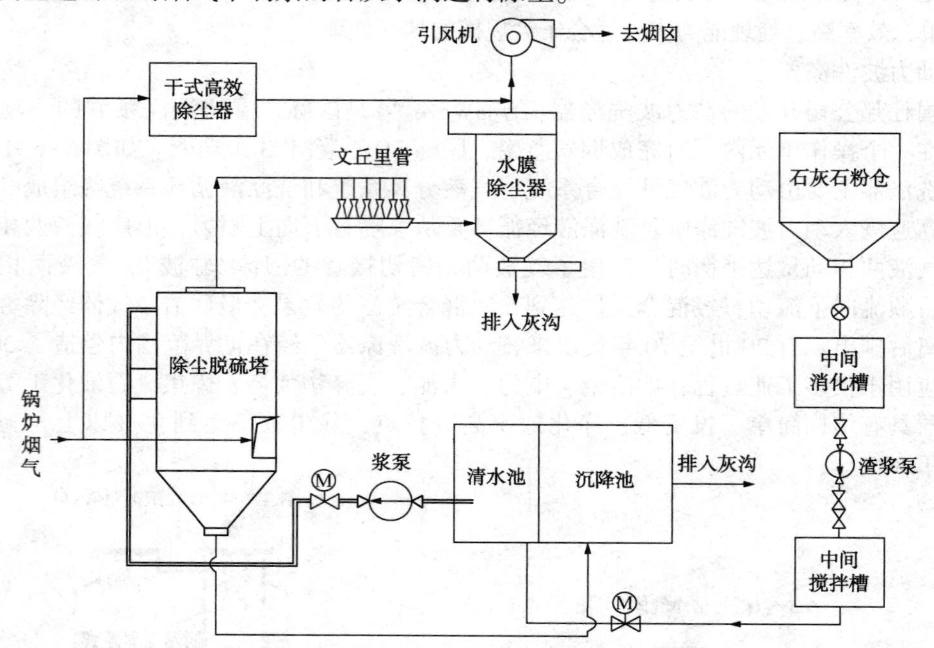

图 6-6-15　湿式除尘脱硫一体化技术的工艺流程示意图

除尘洗涤系统由一级沉降池、二级沉降池、循环泵及除尘脱硫塔组成。一级沉降池位于除尘脱硫塔下方，上部与除尘脱硫塔相互连通，底部与排灰沟相连。从除尘脱硫塔内喷嘴喷出的循环水对烟气除尘洗涤后，进入一级沉降池，一部分高浓度灰浆从底部排掉，沉降池上部灰水通过管道进入二级沉降池，灰浆中固体颗粒经过较充分沉降后沉淀，而上部低浓度灰水经循环水泵输送到除尘脱硫塔的喷嘴中进行除尘循环。

2. 干法脱硫除尘一体化技术

(1)增湿灰脱硫技术

增湿灰脱硫(Novel Integrated Desulphurization，NID)技术是 Alstom 公司在喷雾干燥烟气脱硫技术基础上发展起来的干法烟气脱硫方法，具有投资低、方便可行等特点，用于中小型发电机组，燃烧中低硫煤时的脱硫效率至少可达 80%，且原料消耗和能耗都比喷雾干燥法有大幅度下降。NID 工艺设备紧凑、占地小，能方便安装到原有设备上。该技术的工艺流程如图 6-6-16 所示，适用于 300MW 及以下机组。

NID 工艺是采用石灰(CaO)或熟石灰 $Ca(OH)_2$及含有一定碱性的飞灰作为吸收剂，CaO 在消化器中加水消化成熟石灰 $Ca(OH)_2$，然后与一定量的循环灰相混合进入增湿器，在此加水增湿使混合灰的水分从 2%增加到 5%，然后含钙循环灰以流化风为动力借助烟道负压进入反应器，进行脱硫反应。吸收剂与烟气中的 SO_2发生化学反应生成 $CaSO_3$，烟气中的 SO_2被脱除。消石灰乳由泵打入位于吸收塔内的雾化装置，在被雾化成细小液滴的同时，由于有大量的灰循环，未反应的 $Ca(OH)_2$进一步参与循环脱硫，所以反应器中 $Ca(OH)_2$的浓度很高，可以弥补反应时间的不足，从而使吸收剂的有效利用率达 95%以上，终产品则部分溢流入终产物仓，由气力输送装置外送。

(2)气体悬浮吸收烟气脱硫除尘技术

丹麦 FLS miljo 公司的气体悬浮吸收技术(Gas Suspension Absorber，GSA)是一种简单有

效的脱硫除尘技术，包括圆柱形反应器、用于分离床料循环使用的旋风分离器、石灰浆制备系统(包括喷浆用喷嘴)3部分。如图6-6-17所示，从锅炉出来的烟气进入GSA反应器的底部与雾化的石灰浆混合，反应器内的石灰浆在干燥过程中与烟气中的SO_2及其他酸性气体进行中和反应。反应后的烟气经旋风分离器分离粉尘后，进入电除尘器或布袋除尘器进一步除尘，然后经烟囱排放到大气中。含有脱硫灰和未反应完全石灰的流化床床料在旋风分离器中分离，其中99%的床料经调速螺旋输送机送回反应器中循环，只有大约1%的床料作为脱硫灰渣排出系统。脱硫灰的循环意味着未反应的石灰可以继续进行脱硫反应，并且脱硫灰的循环可以更好地分散雾化石灰浆，促进脱硫反应的进行。

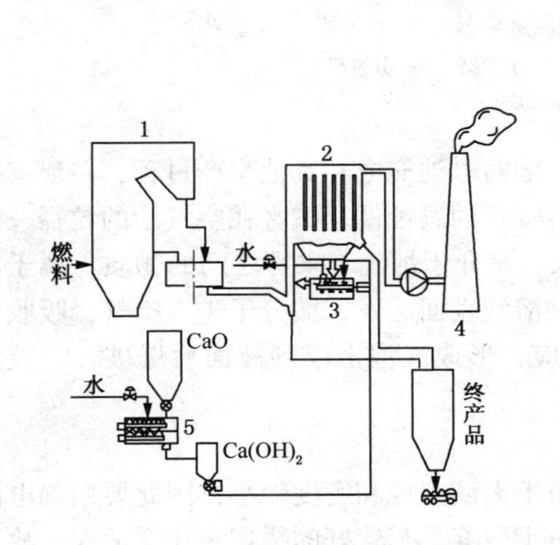

图6-6-16　增湿灰脱硫技术工艺流程示意图

1—锅炉；2—电除尘器或布袋除尘器；
3—增湿消化器；4—烟囱；5—消石灰器

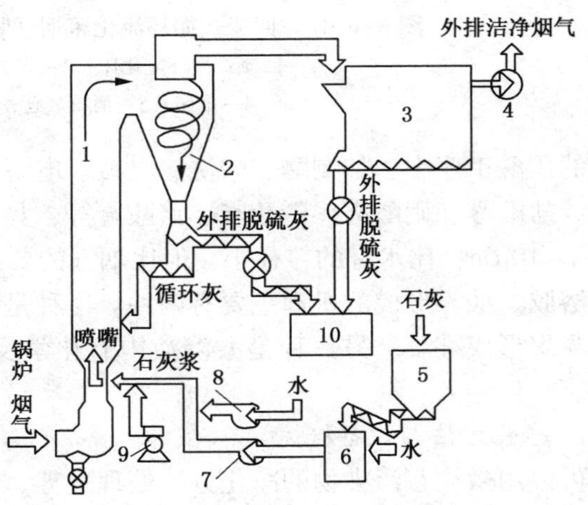

图6-6-17　气体悬浮吸收烟气脱硫除尘技术的工艺流程示意图

1—反应器；2—旋风分离器；3—除尘器；
4—引风机；5—石灰仓；6—石灰浆制备槽；
7—石灰浆泵；8—水泵；9—压缩机；10—脱硫灰仓

(3)回流式循环流化床烟气脱硫除尘技术

回流式循环流化床烟气脱硫除尘技术(Reflux Circulating Fluid Bed，RCFB)是德国WULFF Deutschland公司在Lurgi公司烟气循环流化床(CFB)技术基础上开发出来的一种新技术，具有投资少、占地面积小、流程简单等特点。工艺流程如图6-6-18所示，主要由吸收剂制备、吸收塔、吸收剂再循环系统、除尘器以及控制设备等几部分组成。从炉膛出来的烟气流经空气预热器，经冷风冷却到248~356℃后被引入吸收塔。吸收塔底部为一文丘里装置，烟气流过时被加速，并与很细的吸收剂消石灰相混合，吸收剂与烟气中的SO_2发生反应，生成$CaSO_3$。反应完的烟气带着大量固体颗粒由吸收塔顶部排出，进入除尘器中。除尘后的清洁空气经过烟囱外排，而除尘器捕集下来的大部分颗粒经过一个中间仓(灰斗)，然后返回吸收塔，小部分颗粒排至灰库。RCFB吸收塔中的烟气和吸收剂颗粒在向上运动时，会有一部分烟气产生回流，形成很强的内部湍流，从而增加了烟气与吸收剂的接触时间，使脱硫过程得到了极大改善，提高了吸收剂的利用率和脱硫效率，使得塔出口的含尘浓度大大降低。此外，烟气在进入吸收塔底部时要喷入一定量的水，以降低烟气温度并增加烟气中的水分含量，这是提高烟气脱硫效率的关键。

三、酸雾去除技术与设备

酸雾是指雾状的酸类物质，主要产于化工、冶金、轻工、纺织、机械制造和电子产品等

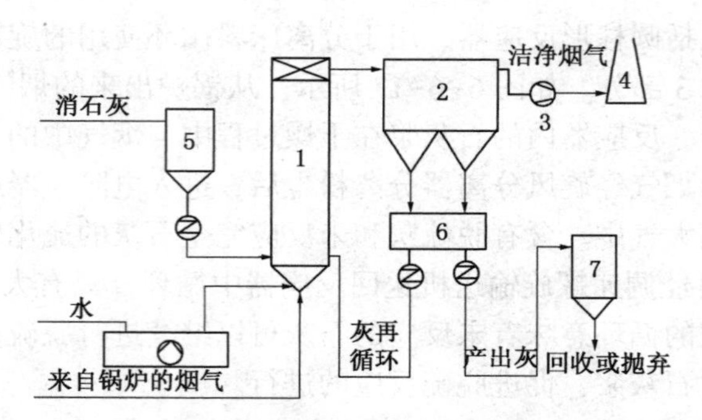

图 6-6-18 回流式循环流化床烟气脱硫除尘技术的工艺流程示意图

1—回流式循环流化床；2—布袋/电涂尘器；3—引风机；

4—烟囱；5—消石灰仓；6—灰斗；7—灰库

行业的用酸工序中，如制酸、酸洗、电镀、电解、酸蓄电池充电和其他生产过程，一般有硫酸雾、盐酸雾、硝酸雾、磷酸雾、铬酸雾等，具有较强的腐蚀性。酸雾在空气中的粒径一般为0.1~10μm，比水雾的粒径小，但比烟气的要大，是介于烟气与水雾之间的物质，属于液体气溶胶。酸雾形成的机理主要有两种：一种是酸溶液表面蒸发，酸分子进入空气，吸收水分并凝聚形成雾滴；另一种是酸溶液内有化学反应，形成气泡上浮到液面后爆破，将液滴带出。

1. 净化方法与设备概述

可以用微粒态污染物的净化方法处理酸雾。由于雾滴直径和密度较小，因此要用静电沉积、过滤等高效分离方法，才能有效地捕集。又由于酸雾具有较好的物理、化学活性，故可用吸收、吸附法处理，并且净化效果很好。净化酸雾一般采用除雾器，常用的设备有丝网除雾器、折流式除雾器、离心式除雾器、文丘里洗涤器、过滤除雾器等。几种主要除雾器性能的比较见表 6-6-1，可依据酸雾的特性、除雾要求及投资费用等条件进行选择。

表 6-6-1 主要除雾器性能的比较

除雾器名称	除雾粒径/μm	除雾器效率/%	除雾器压降/Pa	主要优缺点
文丘里洗涤器	>3	98~99	6000~10000	粒径 3μm 以上净化率高，结构简单，占地少，造价较电除雾器低；对 3μm 以下酸雾净化率低，运行费用高，维修麻烦
电除雾器	<1	>99	较小	效率高，阻力小，运行费用低；设备复杂，特殊材料繁多，施工要求高，建设周期长，投资最高
丝网除沫器	>3	>99	200~350	比表面积大，质量轻，占地少，投资省，使用方便，网垫可清洗复用；对 3μm 以下雾滴净化率低
高效型纤维除雾器	>3 <3	100 94~99	2000~2500	除雾率高，结构简单，加工容易，投资省，操作方便；设备较大，压降较大
旋流板除雾器	>5	98~99	100~200	结构简单，加工容易，投资省，操作方便，压降中等，除雾效率较高
折流式除雾器	>50	>90	50~100	结构简单，加工容易，投资省，操作方便，压降低，除雾效率较低

2. 典型设备介绍

(1)丝网除雾器

丝网除雾器是一种最简单、最有效的雾沫分离设备，主要有纤维除雾器、文丘里丝网除雾器两种类型。丝网除雾器靠细丝编织的网垫起过滤除沫作用，丝网材质为金属或玻璃纤维。丝网层很轻，单位体积的质量为100~200kg/m^3，可制成任意大小、形状和高度，通过丝网的压降也很低。丝网除雾器的主要优点是雾沫分离效率很高，一般在90%以上，并且结构简单。当夹带液沫的蒸气穿行丝网层时，较轻的蒸气容易穿过多孔丝网层的细孔，液沫因不能改变方向和路线而直接冲撞在丝网上。由于存在表面张力，液沫附着在丝网的交织线上，并聚集成较大的液滴，然后在重力作用下下落并收集在分离器的底部。丝网除雾器不适用于处理含固体量较高的废气，以及含有或溶有固体物质的情况，如碱液、碳酸氢铵溶液等，以避免固体杂质堵塞或液相蒸发后固体产生堵塞现象，从而破坏正常操作。

①纤维除雾器

纤维除雾器是根据惯性碰撞、截留、扩散吸附等过滤机制，在纤维上捕集雾粒的高效能气雾分离设备，可分为高速型、捕沫型、高效型3种。高速型和捕沫型以惯性碰撞、截留效应为主，而高效性则以扩散吸附效应为主。高效型纤维雾器对3μm以上雾粒，除雾效率为100%；对3μm以下雾粒，除雾效率为94%~99%。

②文丘里丝网除雾器

文丘里丝网除雾器一般用于处理含酸雾气体流量或酸雾密度大幅度变化的情况。如图6-6-19所示，文丘里丝网除雾器是一个上细下粗的锥体，因此酸雾气体总会在某个部位上达到最佳速度范围，从而使雾沫分离。

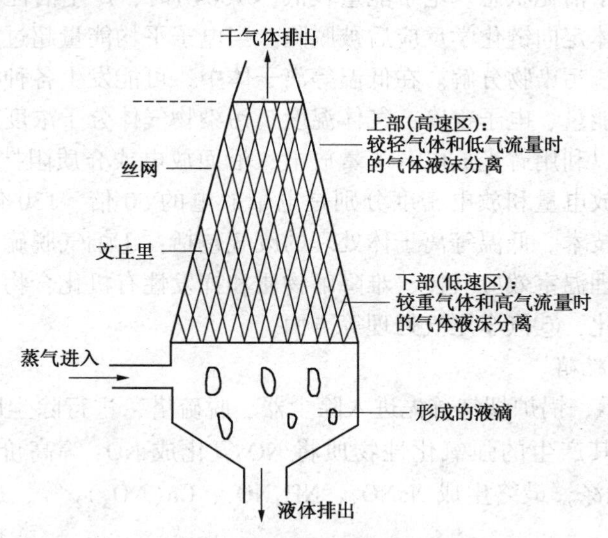

图6-6-19　文丘里丝网除雾器示意图

(2)离心式除雾器

离心式除雾器主要适用于分离直径在0.05~0.4μm范围内的极微细液滴，结构比较简单，防堵性能较好，适用于酸雾中带固体或带盐分的废气除雾。主要工作原理是：含雾废气以一定速度进入螺旋管道，且流向分离器的中心。当气体流向中心时，旋转速度逐渐加大，离心力也逐渐加强。由于离心力场的作用，液滴从气流中分离并被带出，从而实现了气液分离。在设备的中心，向含雾气体中喷射水，有利于液滴分离。喷出的较大水滴会粘着在旋转气流中非常微细的液滴上。聚集后的液滴积聚在壳体壁上，由气流把这些液滴带至排出口。

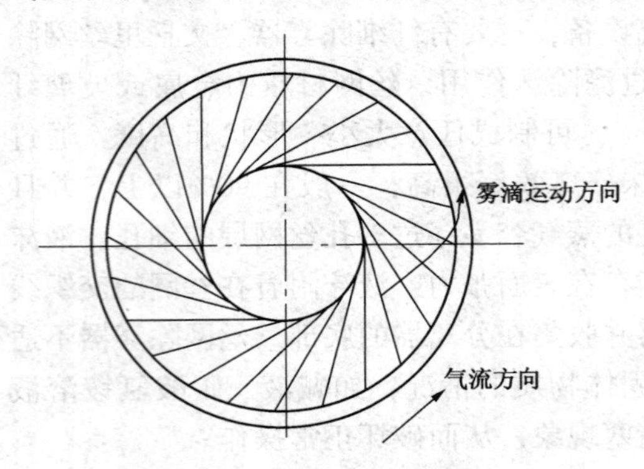

图 6-6-20　旋流除雾板原理示意图

旋流板除雾器的出现进一步解决了吸收塔顶部的雾沫夹带现象，§6.1 中已略有述及。如图 6-6-20 所示，其作用是使气体通过塔板产生旋转运动，利用离心力的作用将雾沫除去，除下的雾滴从塔板的周边流下。除雾效率可达 98%~99%，且结构比较简单，阻力介于折流板与丝网除雾器之间。

石灰石-石膏湿法烟气脱硫工程中，与吸收塔配套使用的除雾器已经在前面进行了介绍，这里不再赘述。

四、低温等离子体技术

1. 净化方法概述

通过放电、放热、辐射等方法使气体电离，当粒子数达到一定值就形成了含电子、离子、原子、分子及自由基等基团的导电性流体，当正、负电荷数在数值上相等时称为等离子体。如果放电过程中虽然电子温度很高，但重粒子温度很低，整个体系呈现低温状态，则称为低温等离子体。在气体净化中使用最广泛的是低温等离子技术，利用高能电子与气体分子(原子)发生非弹性碰撞，将能量转换成基态分子(原子)的内能，发生激发、离解、电离等一系列过程使气体处于活化状态。电子能量较低($<10eV$)时，产生活性自由基，活化后的污染物分子经过等离子体定向链化学反应后被脱除。当电子平均能量超过污染物分子化学键结合能时，分子键断裂，污染物分解。在低温等离子体中，可能发生各种类型的化学反应，主要取决于电子的平均能量、电子密度、气体温度、污染物气体分子浓度及共存的气体成份。

低温等离子体可以利用辉光放电、电晕放电、沿面放电或介质阻挡放电(DBD)等产生，由于介质阻挡放电的放电量和放电密度分别是电晕放电的 50 倍、130 倍，因此是最常用的工业化工艺废气治理技术。低温等离子体处理的废气包括：①烟气脱硫、脱氮以及脱硫、脱氮除尘一体化，②处理温室效应气体、难降解物质和挥发性有机化合物，③工业废气除湿及除臭，④室内空气净化，⑤汽车尾气处理等方面。

2. 低温等离子体脱硝

如图 6-6-21 所示，锅炉烟气首先进入除尘器、脱硫塔，进行除尘脱硫，然后再排入等离子体反应器单元，其产生的强氧化性物质将 NO 氧化成 NO_2 等高价态氮，烟气通过碱、氨、Na_2CO_3 等化学洗涤，最终生成 $NaNO_3$、NH_4NO_3、$Ca(NO_3)_2$ 等，达到去除氮氧化物的

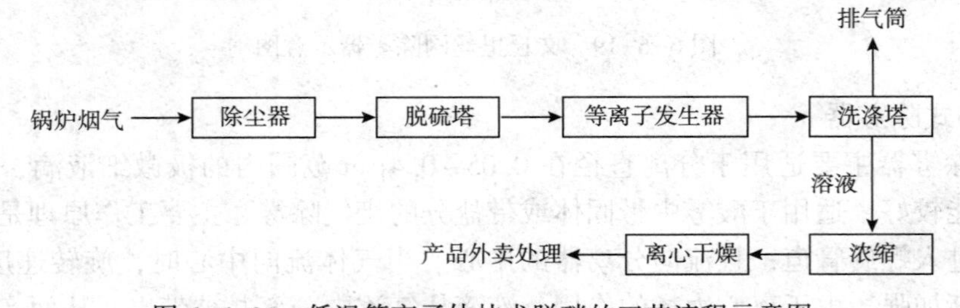

图 6-6-21　低温等离子体技术脱硝的工艺流程示意图

目的，净化后的气体经排气筒高空排放。系统生成的硝酸钠等溶液经过浓缩干燥等工序制备固体，作为化工原料外卖处理。

该方法的优点主要体现在：①常温脱硝，使低于300℃废气脱硝成为可能；②不再需要催化剂；③不再需要液氨这个易燃易爆化学品；④末端处理可以采用多种方式来处理，应用面更广；⑤不需要进行锅炉改造，保证了锅炉的完整性。

3. 低温等离子体技术处理VOCs

低温等离子体法处理有机废气的优点包括：①可在常温常压下操作；②工艺流程简单；③运行费用相对较低；④对有机废气的适应性强；⑤运行管理方便；⑥处理低浓度有机废气比其他方法有显著优势。低温等离子体技术处理VOCs被列入《2016年国家先进污染防治技术目录（VOCs防治领域）》，在恶臭气体脱除、有机废气净化方面得到了大量推广使用。

北京阿苏卫生活垃圾综合处理场80000m³/h废气处理工程采用图6-6-22所示的净化工艺，垃圾渗滤液处理过程中产生的恶臭气体收集后，经降温、除尘、除水等预处理，满足颗粒物含量≤30mg/m³、废气温度≤40℃、相对湿度≤70%、可燃气体浓度≤25%LEL等指标后，在双介质阻挡放电（DDBD）等离子体反应器内与携能电子和氧化性活性基团发生反应，将恶臭物质转化为CO_2、H_2O等物质。恶臭气体在等离子体单元内的停留时间<5s，在入口臭气浓度<10000mg/L时，压降<500Pa，恶臭去除率≥90%，达到《恶臭污染物排放标准》（GB14554—93）中15m排气筒臭气浓度2000的限值。整个工程设备投资150万元，工程基础设施建设费用50万元，每万立方米废气治理运行成本10元。由于该工程采用双介质阻挡放电方式，放电稳定，反应时间短；电极与废气不直接接触，避免了电极腐蚀问题。

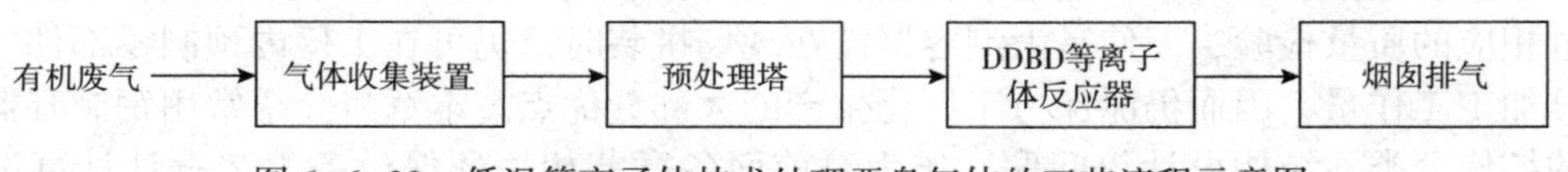

图6-6-22　低温等离子体技术处理恶臭气体的工艺流程示意图

该工艺还可用于生活垃圾处理处置、餐厨垃圾处理、污水处理、污泥处置、动物尸体无害化处理等行业的恶臭异味治理。

4. 低温等离子体联用技术

低温等离子体技术在与其他单元技术联用时可产生协同效应，净化效率远高于单一技术单元。

（1）将催化剂填充等离子体反应器可以增加绝缘体的表面积，对VOCs产生表面催化反应作用和吸附作用；等离子体中产生的高能电子能够活化催化剂，激发催化剂表面多种化学反应，同时催化剂又具有选择性的促进化学反应，提高产物的选择性。

（2）为了改善放电形式，在放电区域填充金属电性颗粒可改变被加速电子的能量分布，进而改变了放电过程反应物的行为。当电压施加在填充床层上时，介电颗粒被极化，颗粒接触点的周围形成很强的电场，局部电场被加强，导致局部放电。气相中的电子在平均自由行程中所获得的能量也就更多。一定的电压下，金属电性颗粒的优势在于能够提高反应器的能量利用率。

（3）在放电等离子体空间填充固体吸附剂，最直接的优势是可以在不增大反应器尺寸的前提下，增加有害气体在反应区的停留时间，从而提高降解率。吸附作用能够造成VOCs的相对富集，放电能量的有效利用率可望大大提高。

第三篇　环境污染控制工程通用及配套设备

第七章　环保过程钢制容器与塔设备的设计

环境污染控制工程主要针对水、气、固和声波等“流程性物质”的处理处置，从某种程度上讲符合过程工业的定义，因此环保设备从某种程度上讲也具有过程装备的属性。具体而言，在水处理及气态污染物治理过程中，不仅会涉及气态、液态或固态物料的收集储存，有时还会涉及到吸收、吸附、萃取、离子交换等热质交换工艺，这些都需要使用容器或塔器(又称塔设备)以提供储存或反应空间。因此，容器和塔器也属于环境污染控制工程领域的常见设备，有时甚至是系统中的关键设备。另一方面，境污染控制工程领域常常采用钢筋混凝土建造的构筑物，虽然具有耐腐蚀、使用寿命长、维护工作量少等优点，但也存在施工周期长、质量难以控制、易渗漏开裂、机动性差等缺点。随着环保设备设计制造水平的不断提高，以及一体化、组合式、移动式环境污染治理工艺的不断提出，采用金属材料制造的容器也越来越多。这类设备可以在制造厂内按统一的规格、型号和技术标准组织生产，出厂前都会经过相应的质量检验；即使是大型容器需在现场拼装时，仍可在工厂内预制零部件，完成大部分加工工作量，因而仍能保持工厂化生产的大部分优点。本章将介绍常用钢制容器及塔设备的结构分类、结构设计等问题，作为对前面各章节相关环保设备工艺设计计算过程的补充。

§ 7.1　容器与塔设备概述

一、压力容器、塔设备的结构与分类

1. 压力容器的结构与分类

从字面上理解，压力容器应该是指能够承受一定介质工作压力的密闭容器。环境污染治理工程中的设备有相当一部分属于压力容器的范畴，如压力溶气气浮装置中的压力溶气罐，其工作压力一般为0.25~0.4MPa，罐内上部介质为空气；离子交换器、压力过滤器、活性炭吸附器、硬水软化器等的工作压力也都大于0.1MPa。此外，诸如湿式氧化法装置、超临界水氧化装置中具有较为先进处理工艺的核心设备也都属于压力容器。

按照TSG 21—2016《固定式压力容器安全技术监察规程》的规定，受监督压力容器划定的条件归纳为以下三条：①工作压力$p_w \geqslant 0.1$MPa；②容器的内直径$d_w \geqslant 0.15$m，且容积$V \geqslant 0.03$m^3；③介质为气体、液化气体或标准沸点≤最高工作温度的液体。

压力容器一般由筒体(又称壳体)、封头(又称端盖)、法兰、支座、接管等组成，图7-1-1所示为典型卧式压力容器的结构。

容器的分类方法很多，可以按照容器形状、承压性质、制造材料、有无填料、管理、容器壁温等进行分类。常见的是按容器形状、承压性质、制造材料分类。

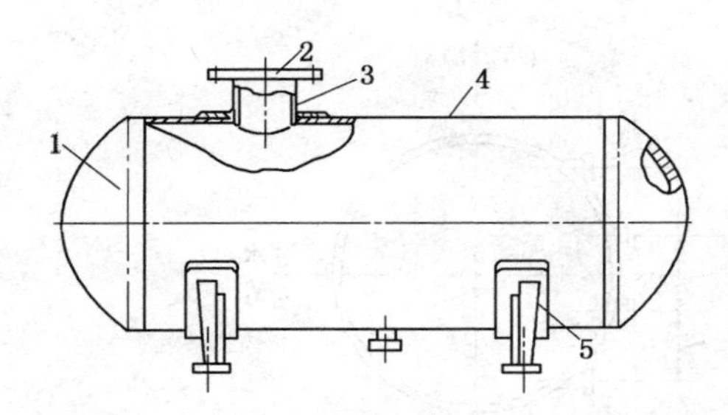

图 7-1-1　卧式压力容器结构示意图
1—封头；2—法兰；3—接管；
4—筒体；5—支座

(1)按容器形状分为方形或矩形容器、球形容器、圆筒形容器三类

方形或矩形容器由平板焊成，制造简单，但承压能力差，只用于小型常压贮槽。球形容器由数块弓形板拼焊而成，承压能力好，但由于内部构件安置不便，制造稍难，一般多用于承压的贮罐。圆筒形容器由圆柱形筒体和各种形状的封头组成，制造较为容易，便于安装各种内部构件，而且承压性能较好，因此这类容器在环境污染治理设备中应用最为广泛。

(2)按容器承压性质分为内压容器和外压容器两类

当容器内部介质压力大于外界压力时称为内压容器，内压容器按其设计压力可分为低压容器($0.1MPa \leqslant p < 1.6MPa$)、中压容器($1.6MPa \leqslant p < 10MPa$)、高压容器($10MPa \leqslant p < 100MPa$)和超高压容器($p \geqslant 100MPa$)。在水污染治理设备中内压容器应用较多，且一般属于低、中压容器的范畴，即使是超临界水氧化技术的压力(22.05MPa)也只属于高压容器的范畴，因此本书不涉及超高压容器的设计问题。

当容器内部介质压力小于外界压力时称为外压容器，与内压容器设计时主要考虑强度问题不同，外压容器设计时主要应考虑稳定问题。

(3)按制造材料分为金属容器和非金属容器两类

常用于制作容器的金属材料有低碳钢和普通低合金钢，当介质腐蚀性较大时可使用不锈钢、不锈复合钢板或铝制钢板。常用于制作容器的非金属材料有聚氯乙烯、玻璃钢、陶瓷、不透性石墨、橡胶等，非金属材料既可制作容器的衬里，又可作为独立的构件。

2. 塔设备的结构与分类

塔设备的总体结构包括塔体(多由筒节、封头组成)、内件(由塔盘或填料支撑等组成)、支座(常用裙式支座)及附件(包括人孔、手孔、各种接管、以及塔外的操作平台、扶梯等)。目前，塔设备的分类方法比较多，常用的分类方法如下：①按操作压力可分为常压塔、加压塔及减压塔等；②按内件结构可分为填料塔和板式塔；③按单元操作可分为精馏塔、吸收塔、萃取塔、反应塔等。例如在水污染控制工程领域，生物接触氧化塔适用于城市生活污水及工业有机废水的处理，由用普通碳钢板焊接成的塔体及塔内装半软性填料组成，如图 7-1-2 所示；活性炭吸附塔可以作为污水深度处理设备，用于去除水中的有机物、微生物、色味等，且对水中活性余氧的吸附效率几乎达 100%，并有较好地去除水中胶体硅及铁的能力。

二、钢制常压容器的范围与分类

1. 常压容器的适用范围

从字面直观理解，常压容器应该是指只承受物料静压并与大气连通的容器，但为了与压力容器的范围相衔接，除了真正只承受物料静压的容器，如储存液体物料的立式圆筒形储罐和矩形容器、储存固体物料的圆筒形料仓之外，《钢制焊接常压容器》(NB/T 47003.1—2009)规定，常压容器还包括设计压力大于-0.02MPa、小于 0.1MPa 的圆筒形容器。表 7-1-1 给出了该标准所规定的常压容器适用范围。

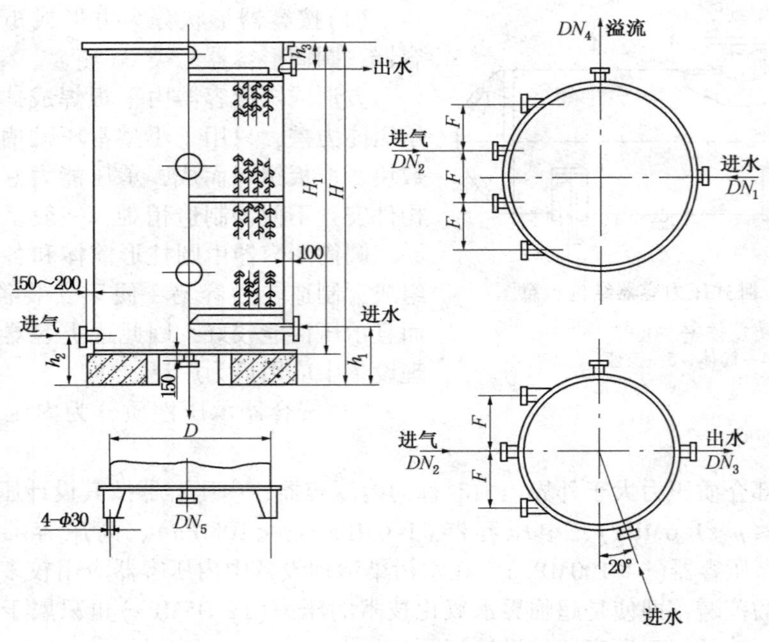

图 7-1-2　生物接触氧化塔的结构示意图

表 7-1-1　常压容器的适用范围列表

容器类别	设计压力p_D/MPa	设计温度T_D/℃
圆筒形容器	$-0.02<p_D<0.1$	按钢材允许使用温度确定
矩形容器	连通大气	按钢材允许使用温度确定

在环境污染治理领域有相当一部分构筑物或容器都属于常压容器。例如，各种物料的储罐，包括污水、废气、固体废弃物以及各种药剂的储罐；各种只承受液体静压的常压反应器的外壳，如接触氧化池等好氧生物处理反应池的池体、一体化净水装置和普通过滤器的壳体。由于城市污水处理的生化反应几乎都是在常压、常温条件下进行，即使有一些厌氧生化反应为了收集反应过程中产生的沼气，而需要将反应器密封起来，反应器内的压力也是非常低的，往往远远低于 0.1MPa 的限值。

2. 常压容器的分类

钢制常压容器一般按照形状进行分类，大致有以下几种。

(1)方形或矩形

一般由钢板、不锈钢板焊成，或者由混凝土浇筑而成，可以有盖或敞口，制造简便，便于布置和分格。通常需要建造两个或多个同型反应器，以便能增加处理系统的适应能力，必要时关闭一个进行维护和修理，而其他单元的反应器继续运行。此时采用矩形构筑物可以利用共壁进行内部分隔，不但运行灵活，而且可以节省材料、降低造价、减少占地面积。

(2)圆柱形

由圆柱形筒体和平底或锥底组成，可以有盖或敞口，大多用于常压环境，制造简便，结构较稳定。同样高度和容积的圆柱形构筑物与矩形构筑物相比，其周长约少 12%，所以其用材和建造费用比具有相同容积的矩形构筑物低。

(3)圆筒形

由圆柱形筒体和各种形状的底和盖（封头）组成密闭容器，多采用金属材料制造，承压性能较好。

(4)球状

这种构筑物多呈圆球状、椭球状，甚至呈卵形，体积较大，可以采用金属材料或混凝土建造。例如污泥厌氧消化中的消化池、沼气储罐等。

三、钢制容器及塔设备设计的基本要求

1. 容器设计的基本要求

(1)工艺要求

容器的总体尺寸、接口管的数目与位置、介质的工作压力、填料的种类、规格、厚度等一般是根据工艺生产的要求通过工艺设计计算及生产经验决定。

(2)机械设计的要求

①强度：容器抵抗外力而不破坏的能力，以保证安全可靠性。

②刚度：容器抵抗外力使其不发生变形的能力，以防止在操作、运输或安装过程中产生不允许的变形。

③稳定性：容器或容器构件在外力作用下维持其原有形状的能力，以防止在外力作用下容器被压瘪或出现折皱。

④严密性：容器必须具有足够的严密性，特别是承压容器和贮存、处理有毒介质的容器应具有良好严密性。

⑤抗腐蚀性和抗冲刷性：容器的材料及其构件和填充的填料要能有效的抵抗介质的腐蚀和水流的冲刷，以保持容器具有较长的使用年限。

2. 塔设备设计的基本要求

(1)工艺及结构的要求

①气、液相充分接触，传质、传热效率高，分离效率高；

②气、液处理量大，即生产能力大；

③适应能力强及操作弹性大，即当负荷波动较大时，仍能在较高效率下进行稳定的操作；

④流体流动阻力小，即压强降小；

⑤结构简单可靠，材料耗用量少，以达到降低设备投资的目的；

⑥易于制造，便于安装、使用和检修。

(2)机械设计的要求

在保证满足工艺条件的前提下，应使设备具有足够的强度、刚度、稳定性和密封性。

3. 零部件的标准化

为了便于设计，利于成批生产，提高劳动生产率、产品质量和互换性，国内外相关部门都对容器和塔设备的零部件（例如封头、法兰、支座、人孔、视镜、液面计等）进行了标准化、系列化工作。容器和塔设备零部件标准的最基本参数是公称直径 *DN* 与公称压力 *PN*。

(1)公称直径

指标准化以后的标准直径，以 *DN* 表示，单位为 mm。例如内径 800mm 的容器的公称直径标记为 *DN*800。

①压力容器的公称直径

用钢板卷焊制成的筒体，其公称直径指内径，现行国标 GB/T 9019—2015《压力容器公

称直径》规定的公称直径系列如表 7-1-2 所示；若容器直径较小，筒体可直接采用无缝钢管制作，则公称直径指钢管外径，有 150mm、200mm、250mm、300mm、350mm、400mm 等系列。设计时，应将工艺计算初步确定的设备直径，圆整为符合以上规定的公称直径。

②容器零部件的公称直径

有些零部件如法兰、支座等，其公称直径指与其相配筒体、封头的公称直径。例如，*DN*1000 法兰是指与 *DN*1000 筒体（容器）或封头相配的法兰，*DN*1000 鞍座是指支承 *DN*1000mm 容器的鞍式支座。还有一些零部件的公称直径用与其相配管子的公称直径表示，例如 *DN* 200 管法兰是指联接 *DN*200mm 管子的管法兰。另有一些容器零部件，其公称直径指结构中的某一重要尺寸，如视镜的视孔、填料箱的轴径等。例如，*DN*80 视镜是指其窥视孔的直径为 80mm。

表 7-1-2　GB/T 9019—2015《压力容器公称直径》规定的公称直径系列（以四径为基准）　mm

公称直径									
300	350	400	450	500	550	600	650	700	750
800	850	900	950	1000	1100	1200	1300	1400	1500
1600	1700	1800	1900	2000	2100	2200	2300	2400	2500
2600	2700	2800	2900	3000	3100	3200	3300	3400	3500
3600	3700	3800	3900	4000	4100	4200	4300	4400	4500
4600	4700	4800	4900	5000	5100	5200	5300	5400	5500
5600	5700	5800	5900	6000	6100	6200	6300	6400	6500
6600	6700	6800	6900	7000	7100	7200	7300	7400	7500
7600	7700	7800	7900	8000	8100	8200	8300	8400	8500
8600	8700	8800	8900	9000	9100	9200	9300	9400	9500
9600	9700	9800	9900	10000	10100	10200	10300	10400	10500
10600	10700	10800	10900	11000	11100	11200	11300	11400	11500
11600	11700	11800	11900	12000	12100	12200	12300	12400	12500
12600	12700	12800	12900	13000	13100	13200			

注：并不限制在本标准直径系列外其他直径圆筒的使用。

（2）公称压力

容器及管道的操作压力经标准化以后的标准压力称为公称压力，以 *PN* 表示，单位为 MPa。由于工作压力不同，相同公称直径的压力容器其筒体和零部件的尺寸也就不同。为了使容器的零部件标准化、通用化、系列化，必须将其承受的压力范围分为若干个标准压力等级，即公称压力。表 7-1-3 列出了压力容器法兰与管法兰的公称压力。

表 7-1-3　压力容器法兰与管法兰的公称压力系列　MPa

压力容器法兰	0.25	0.6	1.0	1.6	2.5	4.0	6.4	—	—	—
管法兰	0.25	0.6	1.0	1.6	2.5	4.0	5.0	10	15	25

设计时如果选用标准零部件，必须将操作温度下的最高操作压力（或设计压力）调整为所规定的某一公称压力等级，然后根据 *DN* 与 *PN* 选定该零部件的尺寸。如果零件不选用标准零部件，而是自行设计，设计压力就不必符合规定的公称压力。

(3)容器的设计标准

容器标准是全面总结容器生产、设计、安全等方面的经验，不断纳入新科技成果而产生的，是容器设计、制造、验收等必须遵循的准则。容器标准涉及设计方法、选材及制造、检验方法。

国内压力容器设计目前依据压力容器标准化技术委员会制定的《压力容器》(GB/T 150—2011)。该标准包括压力容器板壳元件计算、容器结构要素的确定，密封设计、超压泄放装置的设置以及容器的制造与验收的要求等，是压力容器设计、制造、检验与验收的综合性国家标准；是确保压力容器结构强度、结构稳定和结构刚度，以达到安全使用所遵循的基本技术要求。

世界各主要工业化国家都制定有与自身国情和科技水平相对应的压力容器设计标准，如美国机械工程师协会(ASME)制定的美国国家标准《锅炉及压力容器规范》，英国压力容器规范 BS 5500《非直接火熔焊压力容器》，德国压力容器规范(AD)，日本国家标准(JIS)等。其中 ASME 规范技术先进，修订及时，能迅速反映压力容器科技发展的最新成果，是世界上影响最大的一部规范。ASME 规范现有 11 卷，共计 22 册；另外还有两册规范案例，其中与压力容器密切相关的有：第Ⅱ卷材料、第Ⅴ卷无损检验、第Ⅷ卷压力容器及第Ⅸ卷焊接及钎焊评定。

四、钢制容器或塔设备设计的相关参数

1. 压力

(1)工作压力

指在正常工作情况下，容器顶部可能达到的最高压力。

(2)设计压力

指设定的容器顶部的最高压力，与相应的设计温度一起作为设计载荷条件，其值不低于工作压力。容器上装有超压泄放装置时，例如使用安全阀，设计压力不小于安全阀的开启压力，一般取容器工作压力的 1.05~1.10 倍；使用爆破膜作为安全装置时，根据爆破膜片的类型确定，一般取工作压力的 1.15~1.30 倍作为设计压力。

(3)计算压力

指在相应的设计温度下，用以确定容器元件厚度的压力，其中包括液柱静压力。当容器内盛有液体物料时，若元件所承受的液柱静压力小于 5%设计压力时，可忽略不计。对于无液柱静压力的内压容器，计算压力即设计压力。

2. 温度

(1)设计温度

指容器在正常工作情况下，设定的元件的金属温度(沿元件金属截面的温度平均值)。设计温度虽然不作为计算参数出现，但却是确定材料许用应力以选择材料的重要依据，因此设计温度与设计压力一起作为设计载荷条件。

标志在容器铭牌上的设计温度应是壳体设计温度的最高值或最低值(-20℃以下时)，容器的工作温度不得高于或低于这一温度值。

(2)试验温度

指压力试验时金属壳体的温度，以避免在压力试验时金属温度过低而引起脆性断裂。我国压力容器标准中规定了各种材料的最低试验温度。

3. 许用应力$[\sigma]$

许用应力$[\sigma]$是压力容器设计的一个重要参数，是以材料的强度指标 σ^0 为基础，考虑其他不能确切估量的危险因素而确定的材料允许的承载能力，计算公式为

$$[\sigma]=\frac{\sigma^0}{n} \tag{7-1-1}$$

式中　n——材料安全系数(其值可查阅相关资料)。

设计时的最低许用应力值可以从《压力容器》(GB/T 150—2011)或其他材料手册中直接查取。

4. 焊接接头系数 ϕ

焊接接头系数又称焊缝系数，是考虑焊接工艺过程对材料强度影响而引入的系数，其值可按表 7-1-4 的规定选取。

表 7-1-4　焊接接头系数

焊接接头型式	焊接接头系数 ϕ	
双面焊对接接头和相当于双面焊的全焊透对接接头	100%无损检测	局部无损检测
	1.00	0.85
单面焊对接接头(沿焊缝根部全长有紧贴基体金属的垫板)	100%无损检测	局部无损检测
	0.9	0.8

5. 厚度附加量

厚度附加量是指在满足强度要求计算出的厚度之外，考虑其他因素而额外增加的厚度量，包括钢板负偏差(或钢管负偏差)C_1、腐蚀裕量 C_2，即 $C=C_1+C_2$。

C_1按相应钢板(或钢管)的标准选取，单位为 mm，见表 7-1-5。

表 7-1-5　钢板负偏差　mm

钢板厚度	2	2.2	2.5	2.8~3.0	3.2~3.5	3.8~4	4.5~5.5
负偏差	0.18	0.19	0.2	0.22	0.25	0.3	0.5
钢板厚度	6~7	8~25	26~30	32~34	36~40	42~50	52~60
负偏差	0.6	0.8	0.9	1	1.1	1.2	1.3

腐蚀裕量 C_2应根据各种钢材在不同介质中的腐蚀速率和容器设计寿命确定。环保设备用的塔器及反应器类容器一般按 20 年考虑。

当腐蚀速率≤0.05mm/a(包括大气腐蚀)时，碳素钢和低合金钢单面腐蚀取 $C_2=1$mm，双面腐蚀取 $C_2=2$mm，不锈钢取 $C_2=0$；当腐蚀速率大于 0.05mm/a 时，单面腐蚀取 $C_2=$ 2mm，双面腐蚀取 $C_2=4$mm。

§7.2　内压容器的设计

在环境污染控制工程中最常见的压力容器是承受内压的圆筒形容器，结构上主要由圆筒形壳体与各种形状的封头组成，因此内压容器的设计主要包括筒体的强度计算和封头的设计。

一、内压容器筒体的强度计算

内压容器筒体的强度计算是在保证材料许用应力的条件下设计筒体的厚度。

1. 筒体内的应力

内压容器中的应力是按照回转壳体的无力矩理论推导出来的，称为薄膜应力。

容器承受均匀内压力 p 时，器壁中产生两向应力(薄膜应力)，一个是沿壳体经线方向的应力，称为经向应力，用 σ_m 表示；一个是沿壳体纬线方向的应力，称为环向应力，用 σ_θ 表示。应用无力矩理论推导出来的薄膜应力公式为：

$$\sigma_m = \frac{p\rho_2}{2\delta} \tag{7-2-1}$$

$$\frac{\sigma_m}{\rho_1} + \frac{\sigma_\theta}{\rho_2} = \frac{p}{\delta} \tag{7-2-2}$$

式中 δ——壳体的厚度；

ρ_1——壳体的第一曲率半径；

ρ_2——壳体的第二曲率半径。

应用上面两式可以求出任意形状容器的经向应力和环向应力，对圆筒形壳体而言，其 $\rho_1=\infty$，$\rho_2=\frac{D}{2}$，将其代入上面两式可以求出：

$$\sigma_m = \frac{pD}{4\delta} \tag{7-2-3}$$

$$\sigma_\theta = \frac{pD}{2\delta} \tag{7-2-4}$$

式中 D——圆筒形壳体的中面直径；其他符号物理意义同前。

2. 内压圆筒壁厚的确定

(1)理论计算厚度和设计厚度

①计算厚度

计算厚度指容器元件所受载荷按规范公式计算所得的厚度。为了保证筒体壁厚，筒体内较大的环向应力不应高于在设计温度下材料的许用应力$[\sigma]^t$，即

$$\sigma_\theta = \frac{pD}{2\delta} \leqslant [\sigma]^t \tag{7-2-5}$$

由于容器的筒体一般用钢板卷焊而成，焊缝可能存在某些缺陷，而且在焊接过程中会对焊缝周围的钢板产生不利的影响，故往往焊缝周围钢板及焊缝本身的强度低于钢板的正常强度。因此在式(7-2-5)中，许用应力$[\sigma]^t$应乘以一个焊接接头系数 ϕ，$\phi\leqslant1$。于是上式改写为

$$\frac{pD}{2\delta} \leqslant [\sigma]^t\phi \tag{7-2-6}$$

另外，工艺设计中确定的是圆筒内径 D_i，在制造过程中测量的也是圆筒内径，故在上式中代入 $D=D_i+\delta$，得

$$\frac{p(D_i+\delta)}{2\delta} \leqslant [\sigma]^t\phi \tag{7-2-7}$$

解出 δ，得到内压圆筒的计算厚度为

$$\delta = \frac{pD_i}{2[\sigma]^t\phi - p} \tag{7-2-8}$$

式中 δ——圆筒的计算厚度，mm；

p——设计内压，MPa；

D_i——圆筒的内直径，mm；

$[\sigma]^t$——钢板在设计温度下的许用应力，MPa；

ϕ——焊接接头系数。

②设计厚度

设计厚度指计算厚度与腐蚀裕量之和。器壁因腐蚀而减薄的总量称作腐蚀裕量(C_2)，显然腐蚀裕量应包括在容器的壁厚之中。设计厚度(δ_d)的计算公式为

$$\delta_d = \delta + C_2 = \frac{pD_i}{2[\sigma]^t\phi - p} + C_2 \tag{7-2-9}$$

(2)圆筒壁的名义厚度

名义厚度指设计厚度加上钢材厚度负偏差后向上圆整至钢材标准规格的厚度，即标注在图样上的厚度。名义厚度(δ_n)的计算公式为

$$\delta_n = \delta_d + C_1 + \Delta = \delta + C_1 + C_2 + \Delta = \frac{pD_i}{2[\sigma]^t\phi - p} + C_1 + C_2 + \Delta \tag{7-2-10}$$

(3)圆筒的有效厚度

对式(7-2-10)进行分析，可以看出钢板的负偏差 C_1 可能从一开始就根本不存在；钢板的腐蚀裕量 C_2 会随着容器使用时间的延长而逐渐减小，直至为零；只有器壁的计算厚度 δ 和圆整值 Δ 在整个使用过程中一直存在，并起抵抗介质压力的作用。因此把 δ 和 Δ 之和称作容器壁的有效厚度 δ_e，即

$$\delta_e = \delta + \Delta \tag{7-2-11}$$

设计温度下圆筒的计算应力应满足

$$\sigma^t = \frac{p(D_i + \delta_e)}{2\delta_e} \leqslant [\sigma]^t\phi \tag{7-2-12}$$

容器的计算压力 p、钢板在设计温度下的许用应力 $[\sigma]^t$、焊接接头系数 ϕ、钢板或钢管的负偏差 C_1 以及圆整值 Δ 均可按有关设计规范和设计手册选用。

3. 容器壁的最小厚度 δ_{min}

容器壁厚除满足强度要求外，还必须满足制造、安装和运输过程中的刚性要求，因此设计时必须规定筒体的最小厚度。筒体最小厚度按以下方法确定：①对于碳素钢和低合金钢制容器，筒体加工成形后不包括腐蚀裕量的最小厚度 $\delta_{min} \geqslant 3$mm；②对于高合金钢制容器，筒体加工成形后不包括腐蚀裕量的最小厚度 $\delta_{min} \geqslant 2$mm。

二、内压封头设计

封头按其形状可分成三类，第一类为凸形封头，包括半球形封头、椭圆形封头、碟形封头和球冠形封头四种；第二类为锥形封头，包括无折边锥形封头与带折边锥形封头两种；第三类为平板形封头。凸形封头和锥形封头都由回转薄壳构成，其强度计算均以薄膜应力理论为基础，而平板形封头的强度计算则应以平板弯曲理论为依据。

无论何种形状的封头，其与筒体连接处都会产生不同大小的边界应力。如果按薄膜应力

理论为基础确定的封头与筒体壁厚可以同时满足边界应力的强度要求，那么就可以不考虑边界应力；否则，需要按边界应力条件的要求增加封头和筒体连接处的壁厚。下面对内压容器常用几种封头的强度计算进行讨论。

1. 半球形封头

半球形封头(图 7-2-1)是由半个球壳构成，多用于压力较高的场合。直径较小者可以整体热压成形，直径很大者则采用分瓣冲压后在现场焊接组合的制造工艺。

半球形封头各处的二向薄膜应力相等，其值为

$$\sigma_\theta = \sigma_m = \frac{pD}{4\delta} \qquad (7-2-13)$$

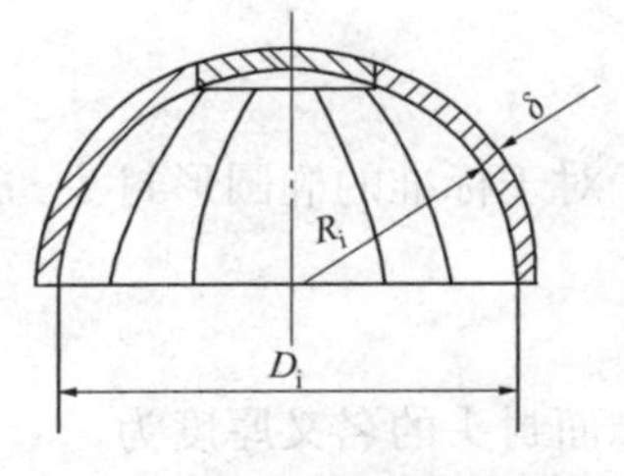

图 7-2-1　半球形封头示意图

尽管半球形封头与圆筒连接处也存在边界应力，因其值相对其他封头而言甚小，故可以忽略不计。根据薄膜应力理论来进行半球形封头的强度计算时，得出的计算厚度公式为

$$\delta = \frac{pD_i}{4[\sigma]^t\phi - p} \qquad (7-2-14)$$

根据 δ 可以求出封头的设计厚度 δ_d、名义厚度 δ_n 和有效厚度 δ_e。

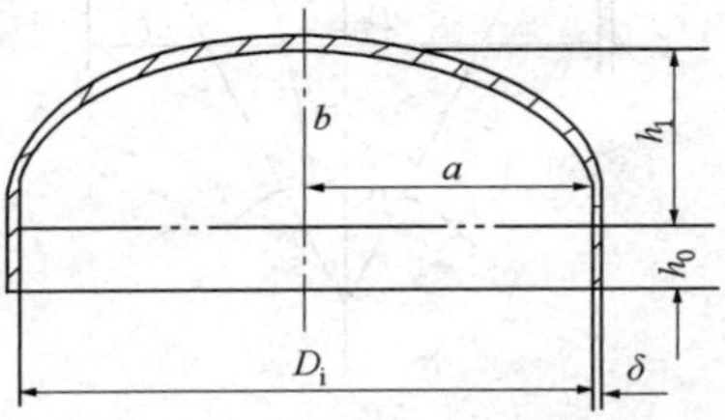

图 7-2-2　椭圆形封头示意图

2. 椭圆形封头

椭圆形封头由半个椭球和一个高度为 h_0 的圆柱筒节(即封头的直边部分)构成(如图 7-2-2)，直边是为了保证封头的制造质量、避免筒体与封头间的环向焊缝受边缘应力作用。椭圆形封头的直边高度 h_0 可以按表 7-2-1 选用。

表 7-2-1　标准椭圆形封头的直边高度 h_0

封头材料	碳素钢、普低钢、复合钢板			不锈钢、耐酸钢		
封头壁厚/mm	4~8	10~18	≥20	3~9	10~18	≥20
直边高度/mm	25	40	50	25	40	50

当椭球壳的长短轴之比小于 2 时，最大薄膜应力产生于半椭球的顶点，其值为

$$\sigma_\theta = \sigma_m = \frac{pa}{2\delta} \times \frac{a}{b} \qquad (7-2-15)$$

令 $\frac{a}{b} = m$，并将 $a = \frac{D}{2}$ 代入得

$$\sigma_\theta = \sigma_m = \frac{mpD}{4\delta} \qquad (7-2-16)$$

若钢板的许用应力为 $[\sigma]^t$，焊接接头系数为 ϕ，并代入 $D = D_i + \delta$，则椭圆形封头的计算厚度 δ 应为

$$\delta = \frac{mpD_i}{4[\sigma]^t\phi - mp} = \frac{pD_i}{2[\sigma]^t\phi - 0.5mp} \times \frac{m}{2} \qquad (7-2-17)$$

因为 $m=\frac{a}{b}\approx\frac{D_i}{2h_1}$（$h_1$ 为封头内壁曲面高度），将 m 值代入上式，同时考虑到 $2[\sigma]^t\phi \gg 0.5mp$，将 $0.5mp$ 写作 $0.5p$，对分母影响很小，故可将上式改作

$$\delta=\frac{pD_i}{2[\sigma]^t\phi-0.5p}\times\frac{D_i}{4h_1} \tag{7-2-18}$$

对于标准的椭圆形封头，$m=2$，则标准椭圆形封头的计算厚度为

$$\delta=\frac{pD_i}{2[\sigma]^t\phi-0.5p} \tag{7-2-19}$$

而封头的名义厚度为

$$\delta_n=\delta+C_1+C_2+\Delta \tag{7-2-20}$$

在设计时，标准椭圆形封头的有效厚度应不小于封头直径的 0.15%，其余椭圆形封头的有效厚度应不小于封头直径的 0.3%。

3. 碟形封头

碟形封头（如图 7-2-3 所示）又称带折边球形封头，由以 R_i 为半径的球面、以高度为 h_0 的直边及以 r 为半径的过渡区等三部分组成。显然，在这三部分的连接处经线曲率半径有突变，因此在 a、b 附近将产生边界应力，为了减小边界应力，碟形封头均有过渡区。碟形封头设计有直边部分，目的是为了避免边界应力作用在封头和筒体连接的焊缝上。

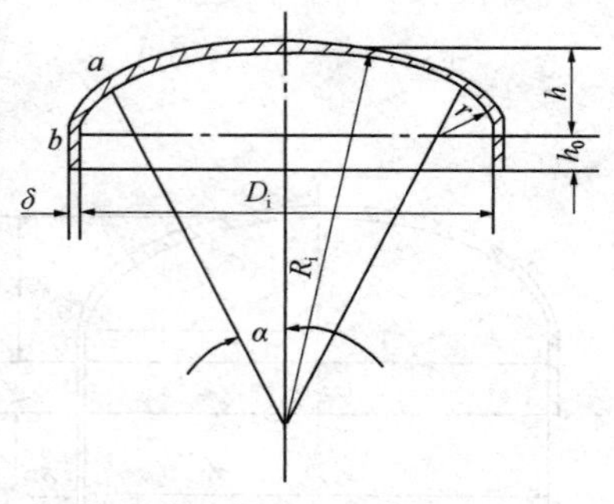

图 7-2-3　碟形封头的结构示意图

碟形封头的最大应力在球面部分的过渡折边部位附近，其值和碟形封头的结构尺寸 R_i/r 有关，可以用形状系数 M 表示，即最大应力值为球面部分应力的 M 倍，M 的值可按表 7-2-2 查取。

表 7-2-2　不同结构尺寸下碟形封头的形状系数

结构尺寸 R_i/r	1.0	1.25	1.50	1.75	2.0	2.25	2.50	2.75
形状系数 M	1.00	1.03	1.06	1.08	1.10	1.13	1.15	1.17
结构尺寸 R_i/r	3.00	3.25	3.50	4.0	4.5	5.0	5.5	6.0
形状系数 M	1.18	1.20	1.22	1.25	1.28	1.31	1.34	1.36
结构尺寸 R_i/r	6.5	7.0	7.5	8.0	8.5	9.0	9.5	10.0
形状系数 M	1.39	1.41	1.44	1.46	1.48	1.50	1.52	1.54

因此，碟形封头的厚度计算式可以用半球形封头的厚度计算式乘以系数 M 而得。

$$\delta=\frac{MpR_i}{2[\sigma]^t\phi-0.5p} \tag{7-2-21}$$

式中　R_i ——球面内半径，mm。

对于标准碟形封头（$R_i=0.9D_i$，$r_i=0.17D_i$），要求其封头有效厚度应不小于封头内径的 0.15%，其余碟形封头的有效厚度应不小于 0.3%。

若将碟形封头和椭圆形封头相比较，在相同直径和高度的情况下，椭圆形封头的应力分布较碟形封头均匀，因此仅在加工椭圆形封头有困难或直径较大、压力较低的情况下才选用

碟形封头。

4. 无折边球形封头

如图 7-2-4 所示，无折边球形封头又称球冠形封头，在多数情况下用作容器中两独立受压室的中间封头，也可用作端封头。封头与筒体连接的角焊缝，应采用全焊透结构。

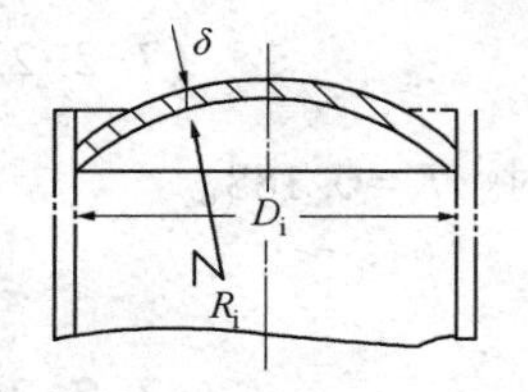

图 7-2-4 无折边球形封头示意图

无折边球形封头与圆柱形筒体的连接处存在着较大的边界应力，按薄膜应力条件确定的封头厚度将不能满足边界应力的要求。解决的办法是在以薄膜应力条件确定的封头厚度上乘以一个大于 1 的系数 Q_0，Q_0 的值可查阅有关规范和手册。因此，封头的计算厚度按下式确定

$$\delta = \frac{Q_0 p D_i}{2[\sigma]^t \phi - p} \tag{7-2-22}$$

5. 锥形封头

锥形封头常用于立式容器的底部以方便卸出物料，具体可分为不带折边的和带折边的两种(如图 7-2-5 所示)。不带折边的锥形封头适用于锥壳半顶角 $\alpha \leqslant 30°$；带折边的锥形封头适用于锥壳半顶角 $\alpha > 30°$，折边半径 r_i 不能小于 $0.1D_i$，直边高度与椭圆形封头的规定相同。

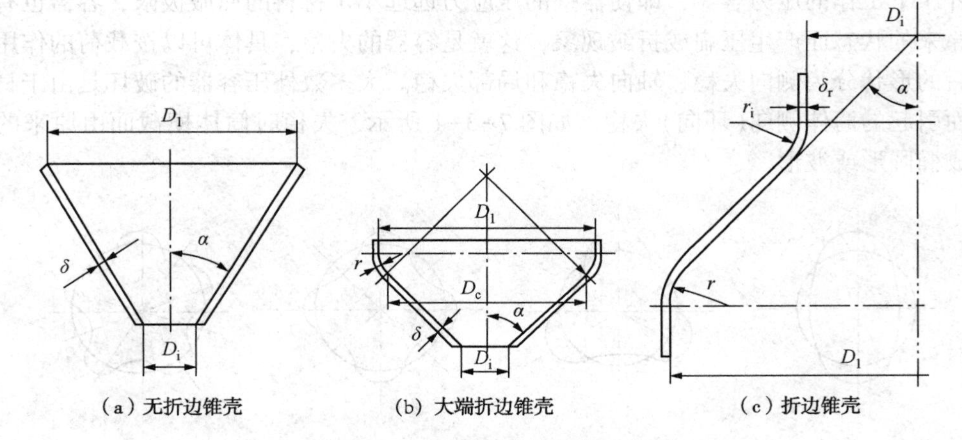

图 7-2-5 锥形封头的结构示意图

锥形封头及其与器壁连接处的应力分布和计算比较复杂，其强度计算和设计可参阅有关设计手册，本节不作详细介绍。

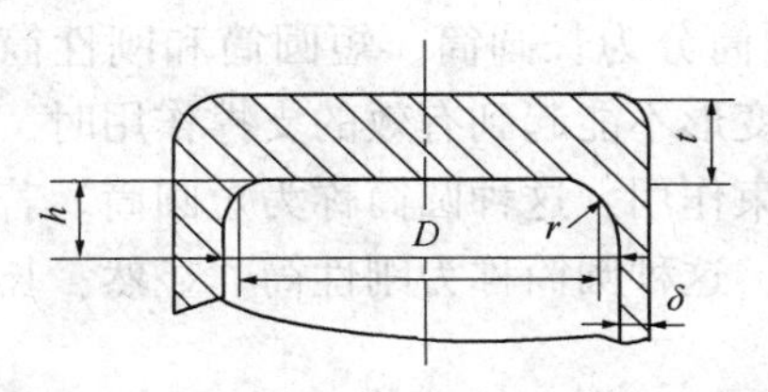

图 7-2-6 圆形平板封头的结构示意图

6. 平板封头

平板封头的几何形状有圆形、椭圆形、长圆形、矩形和方形等，最常用的是圆形平板封头，如图 7-2-6 所示。圆形平板作为容器的封头而承受介质压力时，将处于受弯的不利状态，其壁厚将比筒体壁厚大很多，同时还会对筒体造成较大的边界应力。因此，承压设备一般不采用平板封头，仅在压力容器的人孔、手孔以及在操作时需要用盲板封闭的地方才选用。但在高压容器中平板封头应用较为普遍，这是因为高压容器的

封头很厚，直径又相对较小，凸形封头的制造较为困难。

平板封头的厚度计算以薄板理论为基础。按照薄板理论，应力最大值的大小及其所在位置视压力作用面积的大小及周边固定情况（铰支或固支）而定。最大弯曲应力可用下式表示

$$\sigma_{max}=K\frac{pD^2}{\delta^2}=[\sigma]^t\phi \tag{7-2-23}$$

式中　K——结构特征系数，其值可查阅相关资料。例如周边固定时，$K=0.188$。

圆形平板封头的计算厚度为

$$\delta=D\sqrt{\frac{Kp}{[\sigma]^t\phi}} \tag{7-2-24}$$

§7.3　外压容器的设计

外压容器是指容器承受的外部压力大于内部压力。与内压容器相同，外压容器一般也由圆筒和各种形状的封头构成，封头多采用半球形封头（又称球壳）。外压容器设计时主要考虑稳定性问题。

一、外压容器的稳定性及其临界压力计算

1. 外压容器的稳定性

在外压下工作的压力容器，即使器壁的压应力远远小于材料的屈服极限，容器也有可能失去其原来的状态而产生压扁或折皱现象，这就是容器的失稳，具体可以按载荷的作用方向和失稳后的形状分为侧向失稳、轴向失稳和局部失稳。大多数外压容器的破坏是由于材料刚度不足而引起的筒体侧向（环向）失稳，如图 7-3-1 所示，失稳时筒体横截面由原来的圆形突然变成椭圆形或波形。

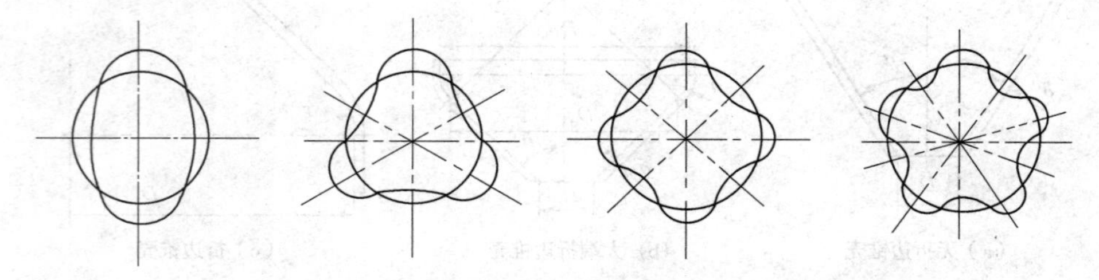

图 7-3-1　外压圆筒侧向失稳后的形状示意图

工程实际中，根据失稳破坏的情况将承受外压的圆筒分为长圆筒、短圆筒和刚性筒三类。当筒体足够长，而两端刚性较高的封头对筒体中部变形不能起到有效的支撑作用时，这种圆筒称为长圆筒。若筒体两端的封头对筒体变形有约束作用，这种圆筒称为短圆筒。若筒体较短且筒壁较厚，容器的刚性好，不会因失稳而破坏，这种圆筒称为刚性筒。显然，长圆筒最容易失稳。

2. 临界压力

(1) 临界压力概念

临界压力是指容器受外压开始失稳时的压力，以 p_{cr} 表示。设有一圆筒受均布外压力 p 作用，当 p 较小时，圆筒将保持原有形状，环向应力是压应力；当 p 逐渐增大，且低于 p_{cr}，圆筒发生弹性变形；当 p 超过 p_{cr}，圆筒将失去原来的形状，产生永久变形。

容器在超过临界压力的载荷作用下产生失稳是其固有性质，与其他因素无关。每一具体的外压圆筒结构，都客观上对应着一个固有的临界压力值。临界压力的大小与筒体几何尺寸、材质及结构等因素有关。

(2)临界压力计算公式

由于在计算外压圆筒的临界压力时，长圆筒和短圆筒的计算公式不一样，因此首先需要判定是长圆筒还是短圆筒，判定的标准是临界长度。下面先探讨临界压力的计算公式，然后根据计算公式推导临界长度。

①外压长圆筒

长圆筒的临界压力计算公式为

$$p_{cr} = \frac{2E^t}{1-\mu^2}\left(\frac{\delta_e}{D_o}\right)^3 \tag{7-3-1}$$

式中 p_{cr}——临界压力，MPa；

δ_e——筒体的有效厚度，mm；

D_o——筒体的外直径，mm；

E^t——操作温度下圆筒材料的弹性模量，MPa；

μ——材料的泊松比。

对于钢制圆筒，$\mu=0.3$，则式(7-3-1)可写为

$$p_{cr} = 2.2E^t\left(\frac{\delta_e}{D_o}\right)^3 \tag{7-3-2}$$

②外压短圆筒

短圆筒的临界压力计算公式为

$$p_{cr} = 2.59E^t\frac{(\delta_e/D_o)^{2.5}}{L/D_o} \tag{7-3-3}$$

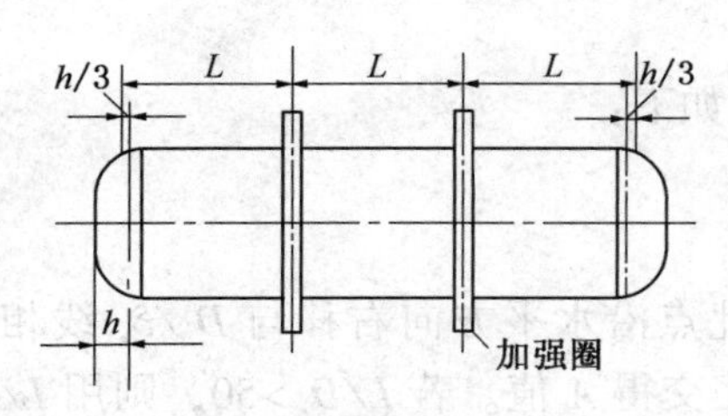

图 7-3-2 外压短圆筒计算长度示意图

式中 L——筒体的计算长度，指圆筒上两相邻加强圈的间距(如图 7-3-2 所示)。对与封头相连接的那段筒体而言，应计入凸形封头中 1/3 的凸面高度。

③外压刚性筒

刚性筒是强度破坏，计算时只要满足强度要求即可，其强度校核公式与内压圆筒相同。

④临界长度

当圆筒处于临界长度 L_{cr} 时，用长圆筒公式和短圆筒公式计算的临界压力 p_{cr} 值相等。由此得到长、短圆筒的临界长度 L_{cr} 值，即

$$2.2E^t\left(\frac{\delta_e}{D_o}\right)^3 = 2.59E^t\frac{(\delta_e/D_o)^{2.5}}{L/D_o} \tag{7-3-4}$$

解得

$$L_{cr} = 1.17D_o\sqrt{\frac{D_o}{\delta_e}} \tag{7-3-5}$$

当圆筒的长度 $L \geqslant L_{cr}$ 时，p_{cr} 按长圆筒公式计算；当圆筒的长度 $L < L_{cr}$ 时，按短圆筒公式计算。

另外，由于以上公式是按圆筒横截面为规则圆形推演而得，实际圆筒总存在一定的不圆度，因此公式的使用范围必须要求限制筒体的不圆度。

二、外压圆筒的设计

由外压圆筒的失稳分析可知，计算圆筒的临界压力首先要确定圆筒包括壁厚在内的几何尺寸，但在设计计算之前壁厚是未知量，所以需要反复试算。若用解析法进行外压容器的计算就比较繁杂，国外有关设计规范推荐采用比较简单的算图法，中国容器标准也借鉴此法。本书介绍基于算图法的外压圆筒设计方法，对于外压封头(半球形封头)也是如此。

1. 算法概述

外压圆筒计算常遇到两类问题，一类是已知圆筒的尺寸，求许用外压 $[p]$；另一类是已给定工作外压，确定所需厚度 δ_e。

(1)许用外压

上述公式中临界压力的计算是在假定圆筒没有初始不圆度条件下推导出来的，而实际上圆筒存在不圆度。工程中必须使许用压力比临界压力小，即

$$[p]=\frac{p_{cr}}{m} \tag{7-3-6}$$

式中　$[p]$——许用外压，MPa；

　　m——稳定系数，一般取 $m=3$。

(2)设计外压容器

设计一台外压容器，应该使该容器的临界压力 p_{cr} 不小于许用外压 $[p]$ 的 m 倍，即稳定条件为

$$p_{cr}\geqslant m[p] \tag{7-3-7}$$

由于 p_{cr} 与 $[p]$ 都与筒体的几何尺寸(δ_e、D_o、L)有关，通常采用试算法，先假定一个 δ_e，求出相应的 $[p]$，然后比较 $[p]$ 是否大于或接近设计压力 p，以判断假设是否合理。

2. 外压圆筒厚度设计方法

工程上常采用算图法来确定外压圆筒厚度，其步骤如下：

(1) $D_o/\delta_e\geqslant 20$ 的外压圆筒及圆管

①假设 δ_n，计算 $\delta_e=\delta_n-C$，定出 L/D_o、D_o/δ_e 值。

②在图 7-3-3 的左方找到 L/D_o 值的所在点，由此点沿水平方向右移与 D_o/δ_e 线相交(遇中间值用内插法)，再由此交点垂直向下与横坐标相交得 A 值。若 $L/D_o>50$，则用 $L/D_o=50$ 查图；若 $L/D_o<0.05$，则用 $L/D_o=0.05$ 查图。

③根据选用的材料，查《压力容器》(GB/T 150—2011)中的相应图(这里仅以屈服强度 $\sigma_s<207$MPa 的碳素钢对应的图 7-3-4 为例进行说明)，找到横坐标上的 A 点。若 A 值落在该设计温度下材料曲线的右方，则由此点向上引垂线与设计温度下的材料线相交(遇中间温度值用内插法)，再通过此交点向右引水平线，即可由右方读出 B 值，并按下式计算许用外压 $[p]$

$$[p]=B\delta_e/D_o \tag{7-3-8}$$

若 A 值落在该设计温度下材料线的左方，则用下式计算许用外压 $[p]$

$$[p]=\frac{2AE}{3(D_o/\delta_e)} \tag{7-3-9}$$

④比较许用外压 $[p]$ 与设计外压 p。

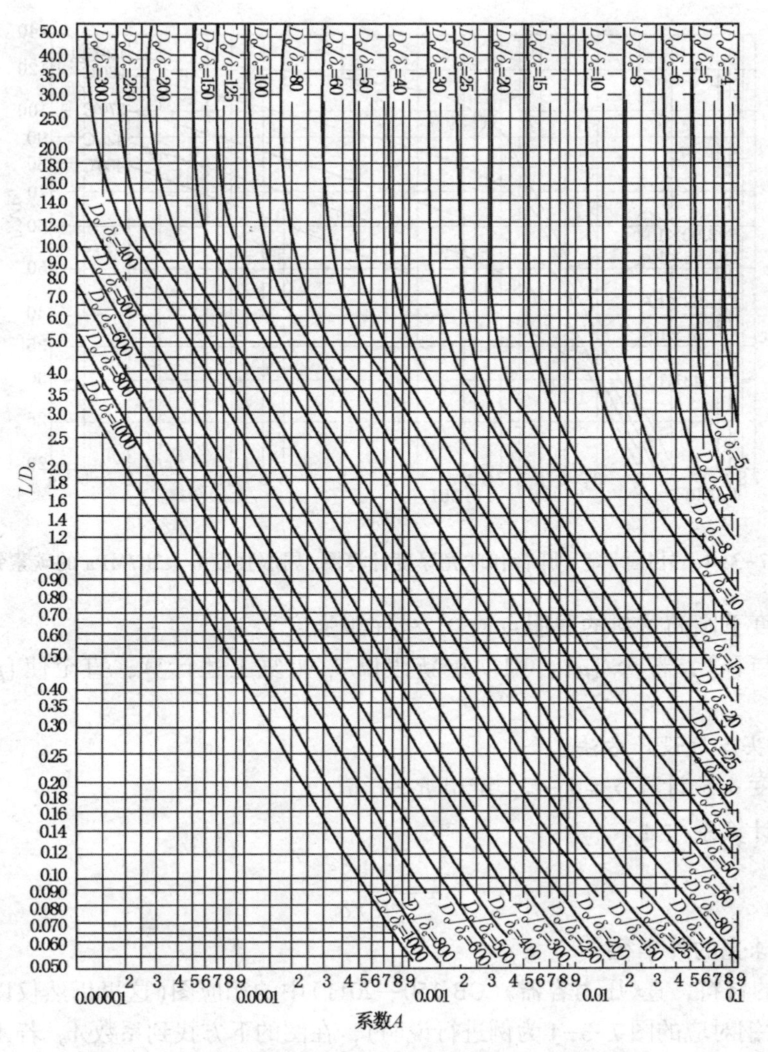

图 7-3-3 外压圆筒和圆管几何参数计算图(用于所有材料)

若 $p \leqslant [p]$，假设的厚度 δ_n 可用，若小得过多，可将 δ_n 适当减小，重复上述计算。若 $p>[p]$，需增大初设的 δ_n，重复上述计算，直至使 $[p]>p$ 且接近 p 为止。

(2) $D_o/\delta_e<20$ 的外压圆筒及外压管

①按 $D_o/\delta_e \geqslant 20$ 相同的方法得到系数 B，若 $D_o/\delta_e<4$，应按下式计算系数 A

$$A=\frac{1.1}{(D_o/\delta_e)^2} \tag{7-3-10}$$

当系数 $A>0.1$ 时，取 $A=0.1$。

②计算 $[p]_1$ 和 $[p]_2$。取 $[p]_1$ 和 $[p]_2$ 中的较小值为许用外压 $[p]$

$$[p]_1=\left(\frac{2.25}{D_o/\delta_e}-0.0625\right)B$$

$$[p]_2=\frac{2\sigma_o}{D_o/\delta_e}\left(1-\frac{1}{D_o/\delta_e}\right)$$

上式中的应力 σ_0 取以下两值中的较小值：$\sigma_o=2\ [\sigma]^t$；$\sigma_o=0.9\sigma_s^t$ 或 $0.9\sigma_{0.2}^t$(σ_s^t、$\sigma_{0.2}^t$

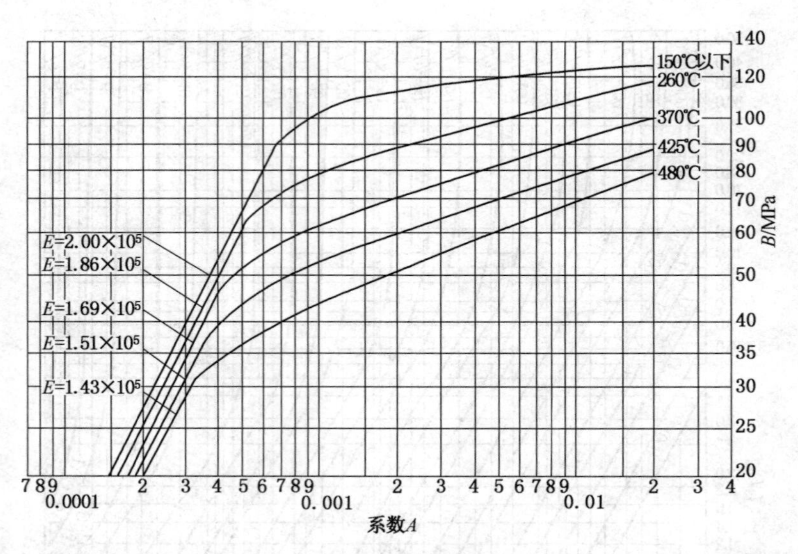

图 7-3-4 外压圆筒、圆管和球壳厚度计算图(屈服强度 σ_s<207MPa 的碳素钢)

分别为设计温度下圆筒材料的屈服点或 0.2%屈服强度)。

③比较 p 与 $[p]$，若 $p>[p]$，则须重新假设 δ_n 重复上述计算，直至使 $[p]>p$ 且接近 p 为止。

3. 外压封头厚度设计方法

①假设厚度 δ_n，计算 $\delta_e=\delta_n-C$，定出 R_o/δ_e 值。

②用下式计算系数 A

$$A=\frac{0.125}{R_o/\delta_e} \tag{7-3-11}$$

式中 R_o——球壳的外半径。

③按选用的材料，查《压力容器》(GB 150—2011)中的相应图(这里仍然仅以屈服强度 σ_s<207MPa 的碳素钢对应的图 7-3-4 为例进行说明)，在图的下方找到系数 A。若 A 值落在该设计温度下材料线的右方，则由此点垂直向上与设计温度下的材料线相交(遇中间温度值用内插法)，再过此交点沿水平方向向右移动，在图的右方得到系数 B，并按下式计算许用外压 $[p]$

$$[p]=B\delta_e/R_o \tag{7-3-12}$$

若 A 值处于该设计温度下材料线的左方，则用下式计算许用外压 $[p]$

$$[p]=\frac{0.0833E}{(R_o/\delta_e)^2} \tag{7-3-13}$$

④比较许用外压 $[p]$ 与设计外压 p

若 $p\leqslant[p]$，假设的厚度 δ_n 可用，若小得过多，可将 δ_n 适当减小，重复上述计算；

若 $p>[p]$，需增大初设的 δ_n，重复上述计算，直至使 $[p]>p$ 且接近 p 为止。

三、加强圈

由式(7-3-3)可知，增加壁厚或减小计算长度能提高筒体的临界压力。增大壁厚往往不经济，适宜的方法是减小圆筒的计算长度。为了减小筒体计算长度，在筒体的外部或内部装上一定数量的加强圈，利用加强圈对筒壁的支撑作用，提高圆筒的临界压力，从而提高其工作外压。

加强圈常用扁钢、角钢、工字钢或其他型钢做成，如图 7-3-5 所示，并间断地焊接在设备壁上。

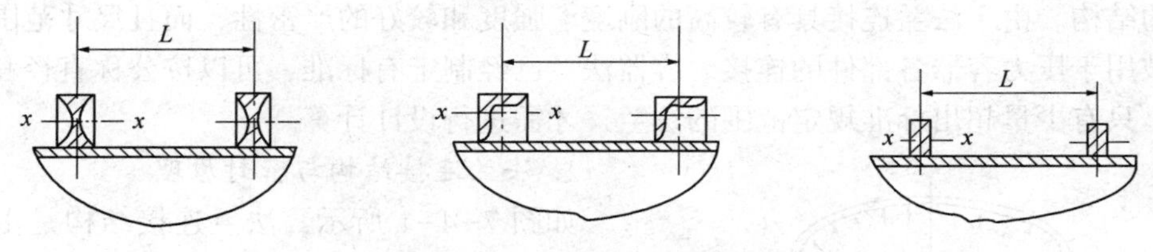

图 7-3-5　加强圈的结构示意图

筒体设置加强圈后，为了使加强圈起到加强作用，两加强圈之间的距离必须要使筒体为短圆筒。据此可以确定加强圈的最大间距为

$$L=\frac{2.59ED_o\left(\dfrac{\delta_e}{D_o}\right)^{2.5}}{mp} \tag{7-3-14}$$

若加强圈的实际间距小于或等于上式算出的间距，表明该圆筒能安全承受设计压力。

加强圈可以设置在容器的内壁或外壁，其与筒体的连接可以用焊接或铆接，使之与筒体紧密贴合。为了保证壳体与加强圈的加强作用，加强圈不能任意削弱或割断。对于设置在筒体外壁的加强圈，这一点比较容易做到；但对设置在筒体内壁的加强圈有时就不能满足该要求，如水平容器中的加强圈，必须开排液小孔。在不得已时，允许割开或削弱而不需补强的最大间断弧长值由图 7-3-6 查出。

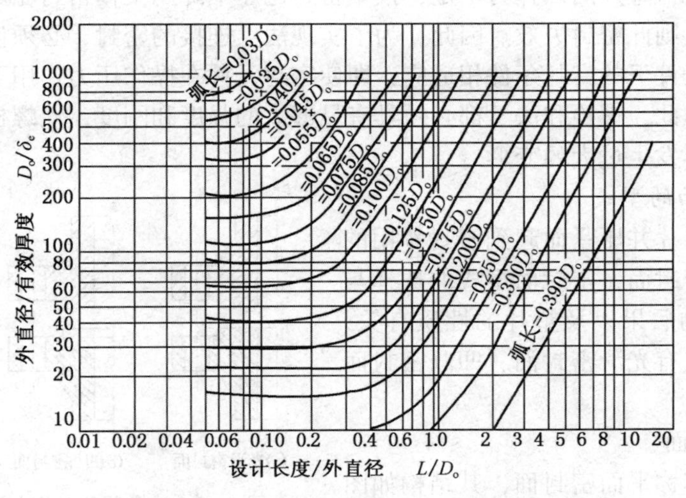

图 7-3-6　圆筒上加强圈允许的间断弧长值

§7.4　容器零部件结构设计

容器的零部件包括法兰、支座、人孔、手孔、视镜、液面计等，为便于设计和成批生产，提高互换性和劳动生产率，这些零部件都制定了相应的标准。本节主要介绍零部件中的法兰、支座、安全装置及相关附件的设计。

一、法兰

为了便于制造、运输、安装和检修，或者出于生产工艺的要求，各种容器常常被设计成可拆卸的结构。由于法兰连接具有较高的刚度、强度和较好的严密性，而且尺寸范围大，所以常常被用于压力容器各部件的连接。容器法兰已经制定有标准，可以按公称直径和公称压力选取，只有少量超出标准规定范围的法兰，才需进行设计计算。

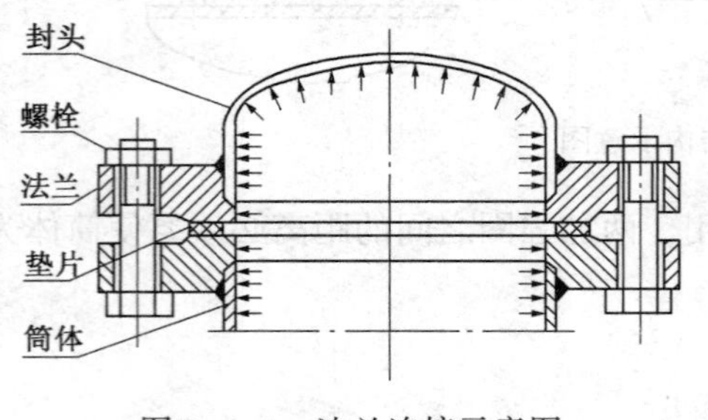

图 7-4-1　法兰连接示意图

1. 法兰连接结构与密封原理

如图 7-4-1 所示，法兰连接结构是由一对法兰、若干螺栓和一个垫片组成。垫片装在两个法兰之间，法兰通过连接螺栓压紧垫片而实现密封。预紧时，螺栓力通过法兰作用到垫片上，使垫片压紧变实而消除其内部的毛细管，同时依靠垫片的弹性和塑性变形来填满法兰密封面上凹凸不平的间隙，阻止介质通过垫片内部毛细管的渗透性泄漏和垫片与密封面间的界面泄漏。

为了形成初始密封条件，将预紧时作用在垫片上的最小比压力称为垫片预紧密封比压值，以 y 表示，单位为 MPa。当设备处于工作状态时，介质内压形成的轴向力使螺栓被拉伸，法兰压紧面沿着彼此分离的方向移动，降低了压紧面与垫片之间的压紧应力。如果垫片具有足够的回弹能力，使压缩变形的回复能补偿螺栓和压紧面的变形，而使预紧密封比压值至少降到不小于某一值(这个比压值称为工作密封比压)，则法兰压紧面之间能够保持良好的密封状态。反之，垫片的回弹力不足，预紧密封比压下降到工作密封比压以下，甚至密封处重新出现缝隙，则此密封失效。因此，为了实现法兰连接的密封，必须使密封组合件各部分的变形与操作条件下的密封条件相适应，即使密封元件在操作压力作用下，仍然保持一定的残余压紧力。为此，螺栓和法兰都必须具有足够大的强度和刚度，使螺栓在容器内压形成的轴向力作用下不发生过大的变形。

2. 法兰密封面的型式

法兰间置入垫片并压紧而起到密封作用的接触面称为法兰密封面，密封面型式的选择与操作条件、泄漏的后果以及垫片的性质有关，最常见的结构型式有光滑密封面、凹凸密封面和榫槽密封面。

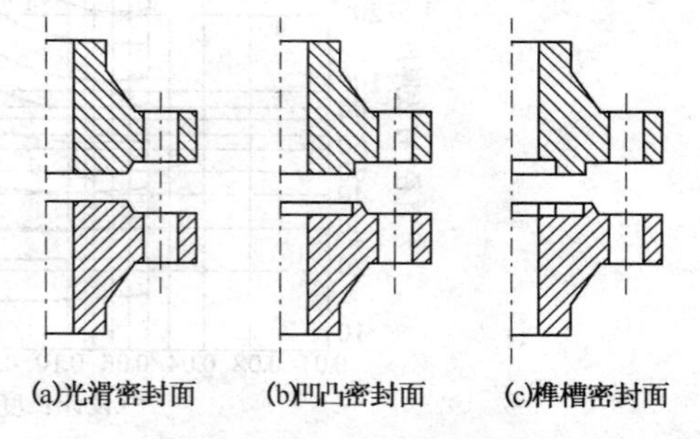

图 7-4-2　容器法兰密封面型式示意图

(1)光滑密封面

光滑密封面亦称平面密封面，其结构如图 7-4-2(a)所示。光滑密封面结构简单，制造方便，且便于进行防腐衬里。但垫片不易对中压紧，压紧时垫片易被挤出，密封性能较差。主要用于压力较低或泄漏所造成的后果不甚严重的场合。

(2)凹凸密封面

这种密封面由一个凸面和一个凹面相配合组成，如图 7-4-2(b)所示，压紧时能防止垫片被挤出，密封效果好，广泛用于压力较高的场合。

(3)榫槽密封面

这种密封面是由一个榫面和一个槽面配对组成，如图 7-4-2(c)所示，这种密封面密封性能良好，常用在高压或压力虽然不高但泄漏危害较大的场合。

3. 法兰的分类与特点

法兰的分类方法很多，可以按照工作介质的压力方向、法兰盘的形状、法兰环的连接情况、法兰接触面宽窄进行划分，通常按整体性程度划分为以下三种类型。

(1)整体法兰

法兰环、法兰颈部及容器(或接管)三者能有效地联接成一个整体结构时称为整体法兰，其密封效果最好，常见的整体法兰有平焊法兰和对焊法兰两种。

图 7-4-3(a)、(b)所示为平焊法兰，法兰盘焊接在设备筒体或管道上，制造容易，但刚性较差，广泛用于压力范围较低(PN<4.0MPa)的场合。

图 7-4-3(c)所示为对焊法兰，法兰带有锥颈，又称为带颈对焊法兰。这种法兰的法兰环、锥颈和壳体能有效地连成一整体，壳体与法兰能同时受力，法兰的强度和刚度较高，适用于压力、温度较高或设备直径较大的场合。

(2)松式法兰

松式法兰亦称活套法兰或自由法兰，是指法兰未能有效地与容器或接管连接成一整体，不具有整体式连接的同等结构强度。其结构如图 7-4-4 所示。

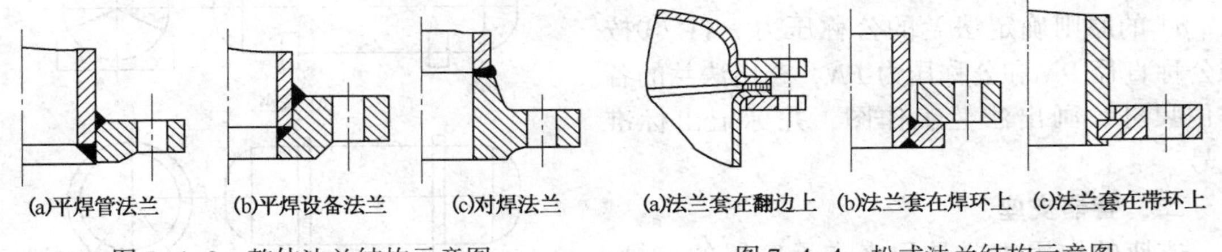

图 7-4-3　整体法兰结构示意图　　图 7-4-4　松式法兰结构示意图

松式法兰的特点是法兰与被连接件之间无固定连接，便于拆装，适宜与被连接件采用不同材料制造，且不会给设备带来附加弯曲应力。但刚性不好，密封效果差。适用于压力较低、直径较小的管路连接。

(3)任意式法兰

这类法兰的结构特点是法兰环与被连接件之间存在一定的连接，但又没能完全融合为一整体。任意式法兰的刚性与密封效果都介于前两者之间，常见结构如图 7-4-5 所示。

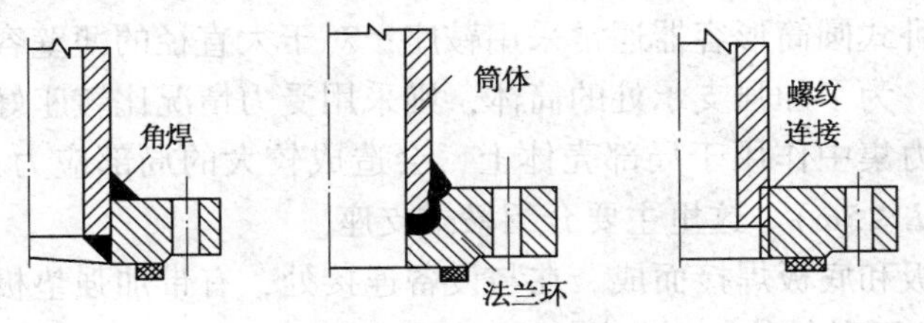

图 7-4-5　任意式法兰结构示意图

4. 法兰密封垫片的选择

在法兰连接密封中，密封效果在很大程度上取决于垫片的密封性能。在采用标准法兰的情况下，选择恰当的垫片可以提高密封效果。垫片按材料分为以下三类。

(1)非金属垫片

常用材料有橡胶、石棉橡胶、聚四氟乙烯、膨胀石墨等，这些材料的优点是柔软和耐腐蚀，但耐温和耐压性能较金属垫片差，适用于常、中温和中、低压设备的法兰密封。

(2)金属垫片

常用材料有铁、钢、合金钢、铜、铝、镍、银等，其中铝质垫片应用比较广泛，主要用于温度大于350℃、压力大于6.4MPa的场合。

(3)金属-非金属组合垫片

常用的组合垫片有金属包垫片和缠绕垫片。金属包垫片是石棉、石棉橡胶作为芯材，外包镀锌铁皮或不锈钢薄板，常用于中低压($p≤6.4$MPa)和较高温度($t≤450$℃)的场合。缠绕垫是由金属薄带和非金属填充物石棉、石墨等相间缠绕而成，常用于温度($t≤450\sim600$℃)和压力($p≤10$MPa)较高的场合。

垫片的几何形状包括厚度和宽度，垫片愈厚，变形量就愈大。所需的密封比压较小、内压较高时，宜选较厚的垫片。但若垫片太厚，其比压力分布就可能不太均匀，垫片就容易被压坏或挤出。垫片愈窄，愈容易压紧，故一般垫片宜取较小的宽度。

5. 压力容器法兰标准及选用

中国压力容器法兰设计遵循《甲型平焊法兰》(JB/T 4701—2000)、《乙型平焊法兰》(JB/T 4702—2000)、《长径对焊法兰》(JB/T 4703—2000)。标准容器法兰适用的公称直径和公称压力范围可参考有关资料。

选用标准法兰的步骤如下：①按照公称直径 DN 和设计压力 p 确定法兰类型；②按照 $p≤[p]$ 的原则确定法兰的公称压力 PN；③按照公称直径 DN 和公称压力 PN，查出法兰的各部位尺寸，画出法兰工作图，并标记出标准代号。

二、容器支座

支座的作用主要是用来支承容器的重量、固定容器的位置并使容器在操作中保持稳定。尽管容器的结构和形状不一样，但其支座型式仅有两大类：卧式容器支座和立式容器支座。

1. 卧式容器的支座

卧式容器的支座主要有鞍式支座(鞍座)、圈式支座(圈座)和腿式支座(支腿)三种，如图7-4-6所示。在卧式容器的三种支座中，鞍座应用最广，大型卧式储槽、换热器等卧式圆筒形容器通常采用鞍座；对于大直径的薄壁容器和真空操作的容器或支座多于两个时，为了加强支承处的筒体，则采用受力情况比鞍座好的圈座；腿式支座结构简单，但支承反力集中作用于局部壳体上，会造成较大的局部应力，仅适用于小型卧式容器($DN≤1600$mm、$L≤5$m)。这里主要介绍鞍式支座。

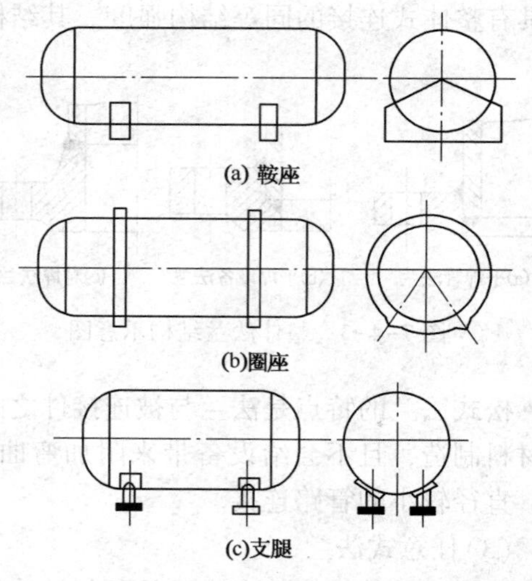

图7-4-6　卧式容器支座形式示意图

鞍式支座由横向筋板、若干轴向筋板和底板焊接而成。在与设备连接处，有带加强垫板和不带加强垫板(适用于 $DN<1$m 的鞍座)两种结构。

《容器支座 第1部分：鞍式支座》(JB/T 4712.1—2007)中，鞍座的包角有120°和150°两种，加大包角，可以降低鞍座平面处的轴向应力，切向剪应力和周向应力，但材料消耗增大，鞍座变得笨重，同时也使鞍座承受的水平推力增加。鞍座高度有200mm、300mm、400mm和500mm四种，但可以根据需要改变，改变后应作强度校核。鞍式支座的宽度 b 即其轴向与容器圆筒壁相接触部分的宽度，可根据容器的公称直径查出。一般规定钢制鞍座的宽度 b 应大于或等于 $8\sqrt{R_m}$（R_m 为圆筒体的平均半径）。

鞍式支座分为轻型（代号 A）、重型（代号 B）两种结构型式，重型鞍座又按包角、制作方式及是否附带垫板情况分为五种型号，如表 7-4-1 所示。A 型和 B 型的区别在于筋板、底板和垫板等尺寸不同或数量不同。鞍座的底板尺寸应保证基础的水泥面不被压坏。

表 7-4-1　鞍式支座的型式

型号	代号	适用公称直径 *DN* /mm	结构特征
轻型	A	1000~4000	焊制，120°包角，带垫板，四至六块筋板
重型	BI	159~4000	焊制，120°包角，带垫板，单至六块筋板
	BII	1500~4000	焊制，150°包角，带垫板，四至六块筋板
	BIII	159~900	焊制，120°包角，不带垫板，单至两块筋板
	BIV	159~900	弯制，120°包角，带垫板，单至两块筋板
	BV	159~900	弯制，120°包角，不带垫板，单至两块筋板

鞍式支座的选用步骤如下：①已知设备总重，算出作用在每个鞍座的实际负荷 Q；②根据设备的公称直径和支座高度，从《容器支座 第 1 部分：鞍式支座》（JB/T 4712.1—2007）中查出轻型（A 型）和重型（B 型）的允许负荷值 $[Q]$；③按照允许负荷等于或大于计算负荷即 $[Q] \geqslant Q$ 的原则，选定轻型或重型。

2. 立式容器的支座

立式容器的支座有腿式支座、耳式支座、支承式支座。

（1）腿式支座

腿式支座又称支腿，是将角钢或钢管直接焊在筒体或筒体的加强板（垫板）上，构造简单、轻巧、便于制造、安装，并在容器下面留有较大空间，便于操作、维修。一般用于直径较小、高度较低、重量较轻的中小型立式容器（DN≤1600mm、$H \leqslant 5$m）。

腿式支座由型钢（或钢管）支柱、底板、盖板等组成，支柱可直接焊接在壳体上，也可在壳体与支柱之间设置垫板，但支座处局部应力过大时或壳体材料为不锈钢或壳体有热处理要求时，则应设置垫板。每座立式容器的支腿一般有 3~4 根，其中 A 型、AN 型分为 1~7 号，B、BN 型分为 1~5 号。支腿号越大承载也越大。支腿形式及其特征列于表 7-4-2 中。腿式支座的设计可按标准《容器支座 第 2 部分：腿式支座》（JB/T 4712.2—2007）选用。

表 7-4-2　支腿形式及其特征

型式	支座号	适用公称直径 DN /mm	结构特征
A	1~7	400~1600	角钢支柱，不带垫板
AN	1~7		角钢支柱，带垫板
B	1~5		角钢支柱，带垫板
BN	1~5		角钢支柱，不带垫板

（2）耳式支座

如图 7-4-7 所示，耳式支座常主要由支脚板、筋板和垫板组成，当容器的 DN≤900mm，且筒体的有效厚度 δ_e>3mm，筒体材料又与支座材料相同或相近时，也可不要垫板，故耳式支座有带垫板和不带垫板之分。耳座的个数一般为2个或4个，大型薄壁容器耳式支座的数目可以多一些，甚至将支座的底板连成一体而组成圈座。

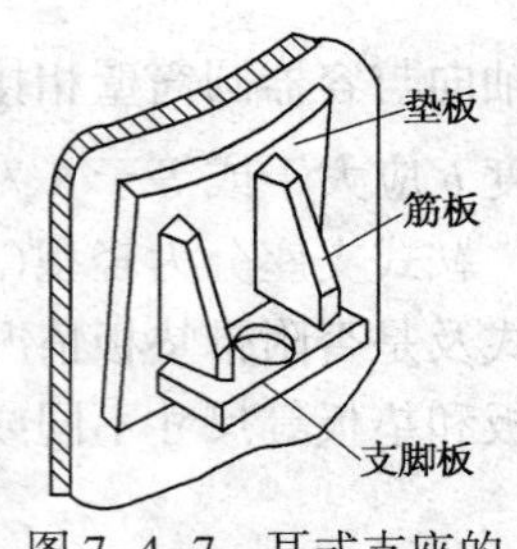

图7-4-7　耳式支座的结构示意图

按筋板宽度的不同，耳式支座分A型(短臂)和B型(长臂)两种，当设备外面设有保温层，或者将设备直接放置在楼板上时，采用B型结构为宜。与A型和B型对应的不带垫板的耳座，称为AN型和BN型耳座。各种耳式支座的适用范围及结构特征列于表7-4-3中。

表7-4-3　耳式支座形式特征

型式	支座号	适用公称直径 *DN*/mm	结构特征
A	1~8	300~4000	短壁，不带垫板
AN	1~3		短壁，带垫板
B	1~8		长壁，带垫板
BN	1~3		长壁，不带垫板

耳式支座的选用步骤如下：

①根据设备重量及作用在容器上的外载荷，算出每个支座需要承担的载荷 Q。在确定载荷 Q 时，须考虑到设备在安装时可能出现的全部支座未能同时受力等情况。

②确定支座型式后，从《容器支座 第3部分：耳式支座》(JB/T 4712.3—2007)中按照允许载荷等于或大于计算载荷(即 $[Q] \geqslant Q$)的原则选出合适的支座。该标准中支座的允许载荷范围为10~250kN。

对于小型设备，耳式支座可以支承在钢管或型钢焊制的立柱上，而大型设备的耳式支座往往紧固于钢梁或混凝土基础上。

(3)支承式支座

支承式支座一般用于高度不大于10m，且离地面又比较低的立式容器，一般有由数块钢板焊接成的A型和由钢管与钢板焊接成的B两种型式，分别如图7-4-8(a)、图7-4-8(b)所示。《容器支座 第3部分：支承式支座》(JB/T 4712.4—2007)中规定：A型支承式支座适用于公称直径为800~3000mm的容器，支座本体允许载荷按不同支座号分别为20~200kN；B型支承式支座适用于公称直径为800~4000mm的容器，支座本体允许载荷按不同支座号分别为100~550kN。在选用标准支座时，应首先确定支座的数量及单个支座所承受的载荷 Q，然后选用相应的支座。

支承式支座结构简单，不需要专门的框架和钢梁来支承容器，且与其他型式的支座比较有较大的安装、操作、维修空间，但对设备壳体会产生较大的局部应力。故在采用这种支座时，一般均增设垫板。

三、安全泄放装置

压力容器的安全泄放装置是为了保证压力容器安全运行而当容器超压时能自动泄放压力的装置。最常使用的安全泄放装置是安全阀和爆破片，本书主要介绍爆破片。

爆破片利用膜片的断裂来泄压，泄压后容器被迫停止运行，具有结构简单、无泄漏、泄放能力强等优点，应用比较广泛。下面仅简单介绍国内外常用的正拱形、反拱形、平板形、石墨等几种爆破片。

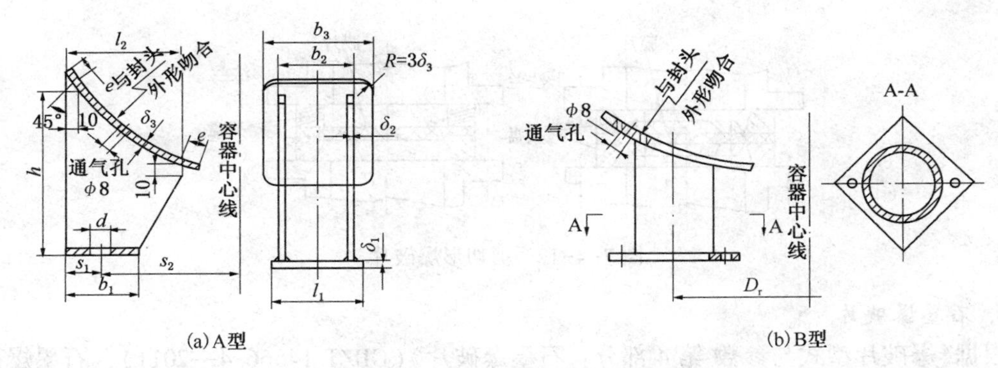

图 7-4-8　支承式支座的结构示意图

1．正拱形爆破片

根据《爆破片型式与参数 第 1 部分：正拱形爆破片》(GB/T 14566.1—2011)，正拱形爆破片属于拉伸应力断裂失效的爆破片，结构为一块圆形薄板，中间部分拱成类似球面的形状，周边为压紧密封面。正拱形爆破片一般适用于气体介质，只有具备特殊考虑的开缝正拱形爆破片方可用于液体介质。

正拱形爆破片依其拱面部分的结构又可分为普通正拱形(图 7-4-9)、开缝正拱形(图 7-4-10)和压槽正拱形。

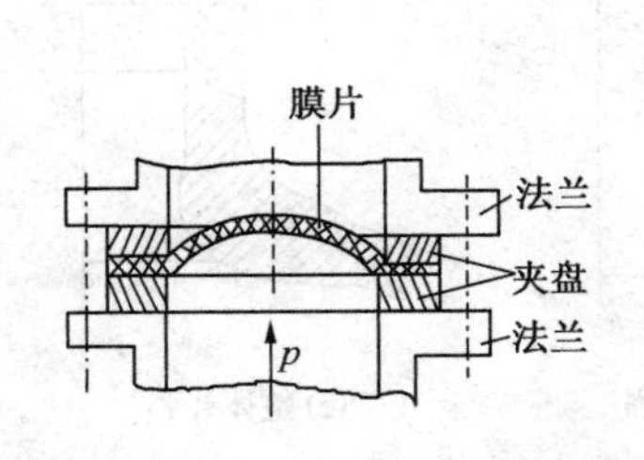

图 7-4-9　普通正拱形爆破片

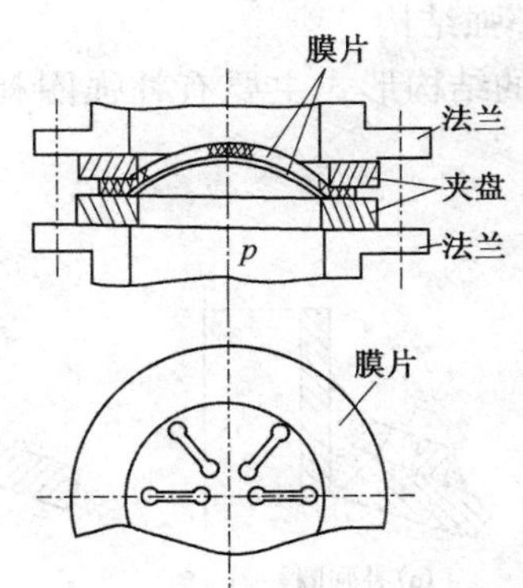

图 7-4-10　开缝正拱形爆破片

2．反拱形爆破片

根据《爆破片型式与参数 第 1 部分：反拱形爆破片》(GB/T 14566.2—2011)，反拱形爆破片是压缩应力失稳失效的爆破片，是把正拱形爆破片反过来安装，即凸面朝向被保护的容器。反拱形爆破片有带刀型(图 7-4-11)、鄂齿型、脱落型、开缝型和刻槽型等种类。反拱形爆破片必须用于受压侧存在一定体积气体的场合，但刻槽型能用于液体介质。

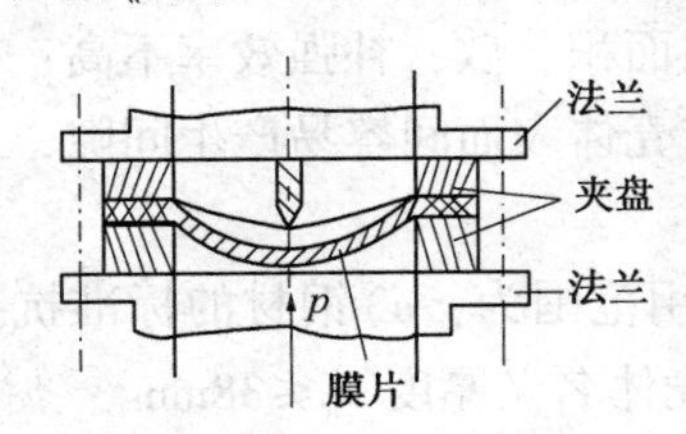

图 7-4-11　带刀反拱形爆破片

3．平板形爆破片

根据《爆破片型式与参数 第 3 部分：平板形爆破片》(GB/T 14566.3—2011)，平板形爆破片的膜片是中间厚周边薄的金属片，其构造如图 7-4-12 所示。过载时，膜片周边受剪切力作用而破坏。

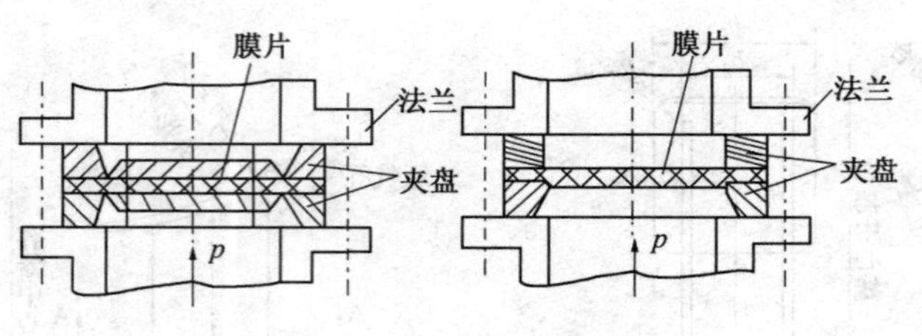

图 7-4-12　剪切形爆破片

4. 石墨爆破片

根据《爆破片型式与参数 第 4 部分：石墨爆破片》(GB/T 14566.4—2011)，石墨爆破片系采用人工晶体石墨制成的平板形爆破片，最适用于较低爆破压力且要求有抗化学腐蚀环境的场合。

四、容器的开孔与附件

1. 容器的开孔与补强

由于生产工艺和结构的要求，需要在容器上开孔并安装接管。开孔不仅削弱了容器的整体强度，而且还因开孔引起应力集中，并在接管和容器壁的连接处形成局部高应力；此外，由于材质和制造缺陷等因素的综合作用，开孔接管附近往往会成为压力容器疲劳破坏和脆性裂口的源头。因此，需要对结构开孔部位进行补强，以保证容器安全运行。

(1)开孔补强结构

开孔补强的结构形式主要有补强圈补强、加强管补强和整体补强 3 种，如图 7-4-13 所示。

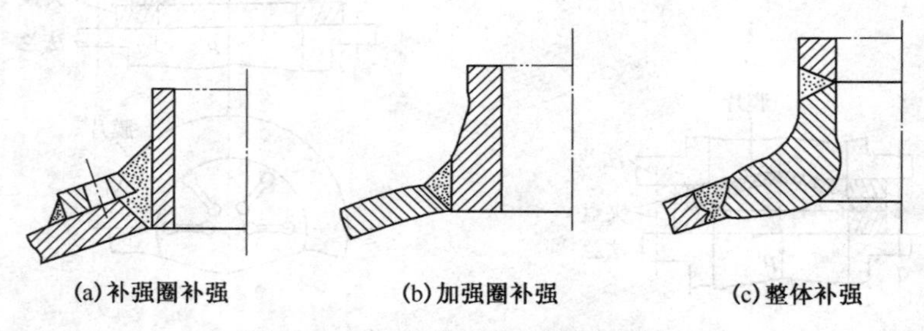

图 7-4-13　补强元件的类型示意图

①补强圈补强

补强圈补强是指在器壁上另外焊接一块补强板来增加开孔边缘处的强度。结构简单，制造方便，应用经验成熟，在中低压容器中使用最多。但补强面积分散，补强效率不高；补强圈与壳体的搭接焊缝易产生裂纹，抗疲劳性能差。补强圈与壳体表面间容易产生间隙，对传热不利而产生温差应力。

《压力容器》(GB/T 150—2011)中规定补强圈补强的使用范围为：a)钢材的标准抗拉强度下限值 $\sigma_b \leqslant 540$MPa；b)补强圈的厚度不超过 $1.5\delta_n$；c)壳体名义厚度 $\delta_n \leqslant 38$mm。

②加强管补强

加强管补强是在开孔处焊接一根特意加厚的短管，用其加厚的部分作为补强金属。这种结构使补强金属全部处于峰值应力区域内，因而能有效地降低开孔周围的应力集中。适用于低合金高强度钢容器的开孔补强。

不论是用补强圈还是加强管补强，所用补强厚度都不宜过大，否则会使补强连接处发生形状突变，补强区和非补强区产生弹性差，从而引起应力集中。这时可考虑同时增大容器壁厚和接管壁厚来达到补强要求。

③整体补强

整体补强是指用增加整个壳体壁厚的办法，或将接管与壳体连接部分连同加强部分做成一个整体锻件，再与接管和壳体焊接在一起，以达到所需的强度要求。

整体补强形式一般用于重要设备及开孔直径大的补强设计上。当筒体上开设排孔或封头上开孔较多时，采用容器壁整体补强结构的经济性也较好。

(2)允许开孔的范围

筒体及封头开孔的最大直径不允许超过以下数值：①当圆筒内径 $D_i \leqslant 1500$mm 时，开孔最大直径 $d \leqslant D_i/2$，且 $d \leqslant 520$mm；当圆筒内径 $D_i > 1500$mm 时，开孔最大直径 $d \leqslant D_i/3$，且 $d \leqslant 1000$mm。②凸形封头或球壳的开孔最大直径 $d \leqslant D_i/2$。③锥壳(或锥形封头)的开孔最大直径 $d \leqslant D_i/3$，D_i 为开孔中心处的锥壳内直径。

(3)不需补强的最大开孔直径

压力容器上的开孔并非都需要补强，这是因为：在计算壁厚时考虑了焊接接头系数而使壁厚有所增加；钢板具有一定规格，致使实际采用的壳体壁厚往往超过实际强度的需要；容器上的开孔总有接管相联接，其接管多于实际需要的壁厚也起补强作用；容器材料具有一定的塑性储备，允许承受不是过大的局部应力。因此，当壳体开孔孔径满足下述全部条件时，可不另行补强：①两相邻开孔中心的间距(对曲面间距以弧长计算)应不小于两孔直径之和的两倍；②设计压力小于或等于 2.5MPa；③接管公称外径小于或等于 89mm；④接管最小壁厚满足表 7-4-4 的要求。

表 7-4-4 接管最小壁厚 mm

接管公称外径/mm	25	32	38	45	48	57	65	89
最小壁厚/mm	3.5			4.0		5.0		6.0

注：①钢材的标准抗拉强度下限值 $\sigma_b > 540$MPa 时，接管与壳体的连接宜采用全焊透的结构形式；②接管的腐蚀裕量为 1mm。

2. 容器的接(口)管与凸缘

设备上的接管与凸缘，既可用于连接容器、设备的输送管道，也可用于装置测量、控制仪表。

(1)接管

焊接设备的接管如图 7-4-14(a)所示。铸造设备的接管可与筒体一并铸出，如图 7-4-14(b)所示。螺纹接管主要用来连接温度计、压力表或液面计等，根据需要可制成内螺纹或外螺纹，如图 7-4-14(c)所示。

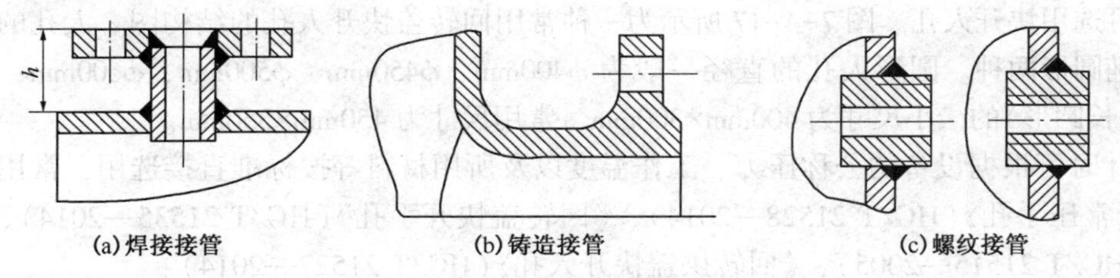

图 7-4-14 容器接管结构示意图

接管伸出设备壳体的长度应按便于上紧螺栓和设置保温层厚度来考虑，一般推荐用接管长度见表 7-4-5。位于靠近设备法兰的接管，应将接管伸到法兰外，使两个法兰不致相互影响安装。若筒体壁厚较厚，接管也应加长，以免焊接困难。

表 7-4-5　接管长度列表

公称直径 DN/mm	不保温设备接管长/mm	保温设备接管长/mm	适用公称压力 PN	
			MPa	kgf/cm^2
≤15	80	130	≤4.0	≤40
20~50	100	150	≤1.6	≤16
70~350	150	200	≤1.6	≤16
70~500	150	200	≤1.0	≤10

(2)凸缘

当接管长度必须很短时，可用凸缘(又称突出接口)来代替接管，图 7-4-15 所示为具有平面密封的凸缘。凸缘本身具有加强开孔的作用，不需再另行补强，缺点是当螺柱折断在螺栓孔中时，取出较困难。由于凸缘与管道法兰配用，因此其连接尺寸应根据所选用的管法兰来确定。

3. 手孔与人孔

在压力容器中，为了便于检查内部附件的安装、修理、防腐以及对设备内部进行检查、清洗，往往开设手孔和人孔。开设手孔和人孔的要求如下：①设备内径在 ϕ450~900mm 时，一般不开设人孔，可开设一个或者两个手孔；②设备内径在 ϕ900mm 以上，应该至少开设一个人孔；③设备内径大于 ϕ2500mm 时，顶盖与筒体上都应设置一个人孔。

如图 7-4-16 所示，手孔的结构形式一般是在接管上安装一块盲板，适用于常压和低压。手孔直径不宜小于 ϕ150mm，标准手孔直径为 DN150mm 和 DN250mm 两种。

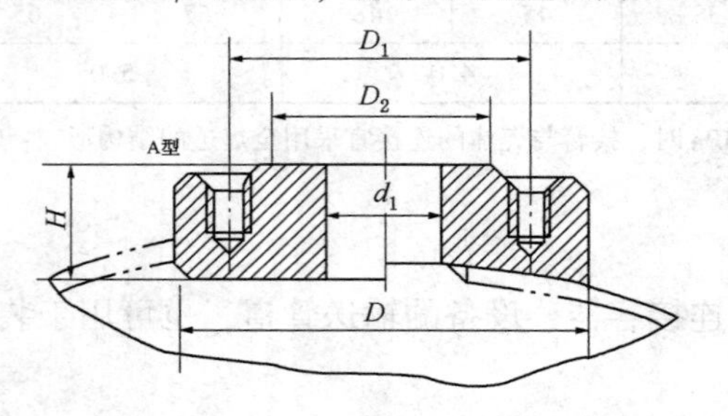

图 7-4-15　具有平面密封的凸缘

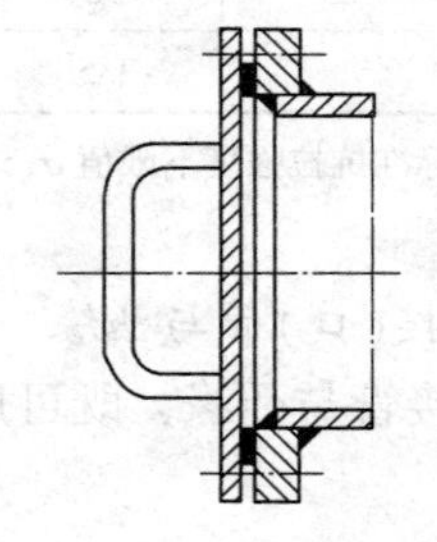

图 7-4-16　手孔结构示意图

人孔主要由筒节、法兰、盖板和手柄组成，一般设两个手柄(手孔设一个手柄)。常用人孔的结构形式有常压平盖人孔、受压人孔、快开人孔等。容器在使用过程中，人孔需要经常打开时，可选用快开人孔。图 7-4-17 所示为一种常用回转盖快开人孔的结构图。人孔的形状有圆形和椭圆形两种。圆形人孔的直径一般为 ϕ400mm、ϕ450mm、ϕ500mm、ϕ600mm；椭圆形人孔(或长圆形)的最小尺寸为 400mm×300mm，常用尺寸为 450mm×350mm。

设计时可根据设备的公称压力、工作温度以及所用材料等按标准直接选用，常用的标准为手孔《常压手孔》(HG/T 21528—2014)、《回转盖快开手孔》(HG/T 21535—2014)、《常压人孔》(HG/T 21515—2005)、《回转拱盖快开人孔》(HG/T 21527—2014)。

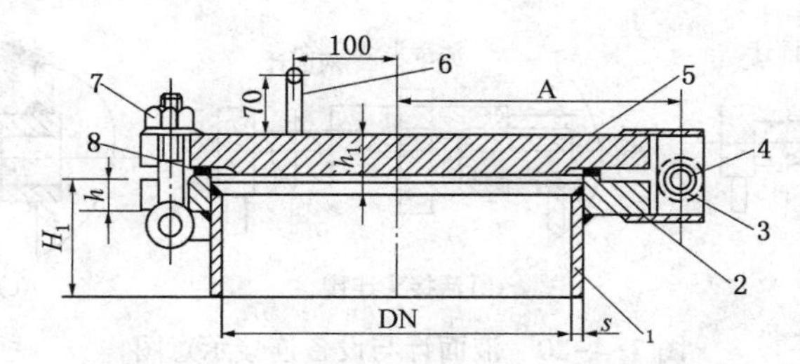

图 7-4-17　回转盖快开人孔的结构示意图

1—人孔接管；2—法兰；3—回转盖联接板；

4—销钉；5—人孔盖；6—手炳；7—可回转的联接螺栓；

8—密封垫片

4. 视镜与液面计

(1)视镜

视镜是用来观察设备内部情况和物料液面指示镜的一种装置。视镜的形式多为圆形或长宽形，以圆形视镜最为普遍。圆形视镜的公称直径一般为 *DN*50、80、100、125、150mm，结构形式有不带颈视镜和带颈视镜。

图 7-4-18 所示为不带颈视镜，其结构简单，不易结料，便于窥视，应优先使用。当视镜需要斜装或设备筒体直径与视镜直径相差较小时，则采用带颈视镜，如图 7-4-19 所示。

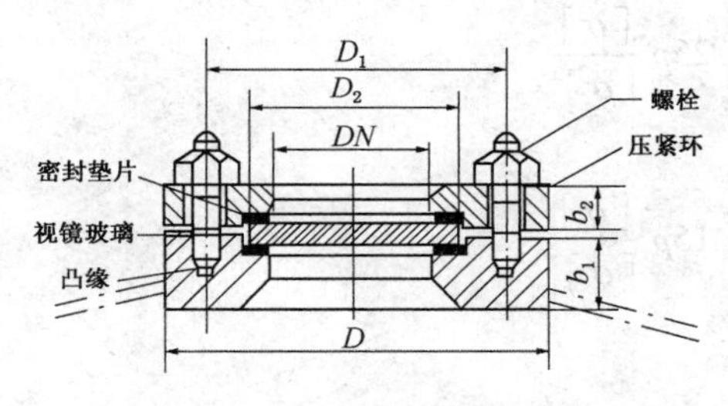

图 7-4-18　不带颈视镜结构示意图

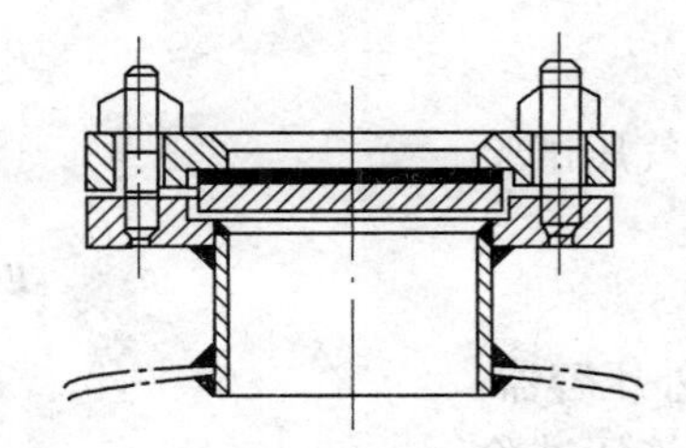
图 7-4-19　带颈视镜结构示意图

(2)液面计

液面计是用来观察设备内部液位变化的一种装置，为设备操作提供部分依据。液面计的结构形式一般分为玻璃管液面计、玻璃板液面计、浮标液面计、浮子液面计、磁性浮子液面计、防霜液面计等。最常用的形式是玻璃管液面计和玻璃板液面计，前者用于常、低压设备，后者用于中、高压设备。

如图 7-4-20 所示，液面计与设备的连接一般都是将其通过法兰、活接头或螺纹接头与设备连接在一起，连接时主要应保证液面的垂直度和避免安装应力，以及安装方便。当设备直径较大时，可以同时采用两组或几组液面计接口管，如图 7-4-21 所示。

五、容器的试压及强度校核

压力容器加工制造完成后必须做压力试验，目的是检验容器的宏观强度和密封性能。压力试验一般采用液压试验，只有不宜做液压试验的容器，才做气压试验。外压容器进行液压试验，内压容器可以进行液压试验或气压试验。

1. 试验压力 p_T

试验压力指在压力试验时，容器顶部的压力。

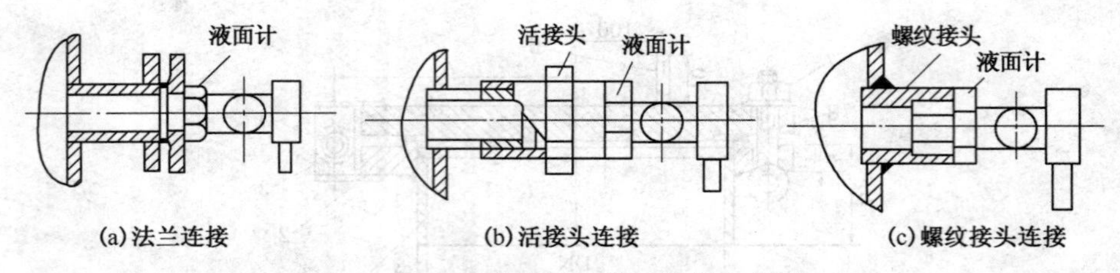

图 7-4-20　液面计与设备连接示意图

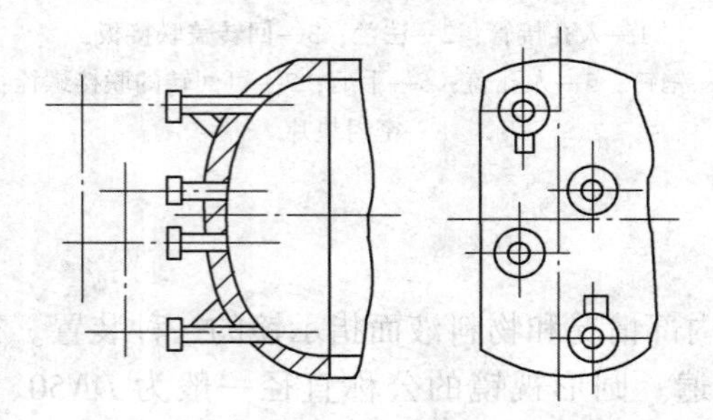

图 7-4-21　两组液面计接口管结构示意图

(1)内压容器

对于液压试验

$$p_{\mathrm{T}} = 1.25p\frac{[\sigma]}{[\sigma]^{t}} \tag{7-4-1}$$

对于气压试验

$$p_{\mathrm{T}} = 1.15p\frac{[\sigma]}{[\sigma]^{t}} \tag{7-4-2}$$

(2)外压容器

对于液压试验

$$p_{\mathrm{T}} = 1.25p \tag{7-4-3}$$

对于气压试验

$$p_{\mathrm{T}} = 1.15p \tag{7-4-4}$$

式中　p_{T}——试验压力，MPa；

p——设计压力，MPa；

$[\sigma]$——容器元件材料在试验温度下的许用应力，MPa；

$[\sigma]^{t}$——容器元件材料在设计温度下的许用应力，MPa。

当容器各元件(筒体、封头、接管、法兰等)所用材料不同时，应该取各元件材料的 $[\sigma]/[\sigma]^{t}$ 比值中最小者。

2. 压力试验前的应力校核

为了保证容器在压力试验时的安全性，内压容器的薄膜应力应按下式计算

$$\sigma_{\mathrm{T}} = \frac{p_{\mathrm{T}}(D_{\mathrm{i}} + \delta_{\mathrm{e}})}{2\delta_{\mathrm{e}}} \tag{7-4-5}$$

液压试验时，σ_{T} 应满足下列条件

$$\sigma_{\mathrm{T}} \leqslant 0.9\phi\sigma_{\mathrm{s}} \tag{7-4-6}$$

气压试验时，σ_T 应满足下列条件

$$\sigma_T \leqslant 0.8\phi\sigma_s \tag{7-4-7}$$

式中　σ_T——试验压力下的筒壁应力，MPa；其他符号同前。

§7.5　钢制常压容器的设计

国家行政部门对常压容器的监督不如压力容器严格，要求设计、制造单位应具备健全的质量管理体系。设计单位应对设计文件(一般包括设计计算书和设计图样)的正确性、完整性负责，制造单位应按照设计图样要求进行容器制造。若需修改原设计，应取得原设计单位的认可。制造单位的检验部门在容器制造的过程中和完工后，应按《钢制焊接常压容器》[NB/T 47003.1—2009(JB/T 4735.1)]的规定和设计图样要求，对容器进行各项具体检验和试验，提出检验报告，并对检验报告的准确性和完整性负责。

设计常压容器时应考虑以下载荷：①设计压力；②液柱静压力；③容器自重(包括内件和填料等)以及在正常工作条件下或试验状态下内装物料(或试压液体)的重力载荷，以及固体粉、粒料导致的摩擦力等；④附属设备及隔热材料、衬里、管道、扶梯、平台等的自重载荷；⑤雪载荷、风载荷及地震载荷。必要时还应考虑以下载荷的影响：⑥来自支承、连接管道及其他部件引起的作用力；⑦由于热膨胀不同引起的作用力；⑧运输、安装、维修时，容器承受的作用力。对受液柱静压力作用的卧式圆筒形钢制常压容器而言，*DN*300～4000mm碳素钢筒体的计算厚度小于其最小厚度 3mm，而不锈钢筒体的计算厚度小于其最小厚度2mm。因此，对于常压卧式圆筒形容器而言，其设计计算按 NB/T 47024—2014(JB/T 4731)《卧式容器》的有关规定。本书主要介绍钢制常压立式圆筒形储罐和矩形容器的设计。

一、钢制立式圆筒形储罐的设计

1. 总体结构描述

如图 7-5-1 所示，钢制立式圆筒形储罐一般由罐壁、罐底和罐顶(敞口储罐则无罐顶)组成，安放在钢筋混凝土基础上。当储放的物料不会产生恶臭、刺激性、有毒有害、易燃易爆气体时，可以采用敞口储罐，如生活污水、一般工业废水的生化反应器大都为敞口；反之则必须采用加盖的密闭储罐。罐顶有自支承锥顶和自支承拱顶等形式，必要时两种顶盖还可加肋以增加其强度。

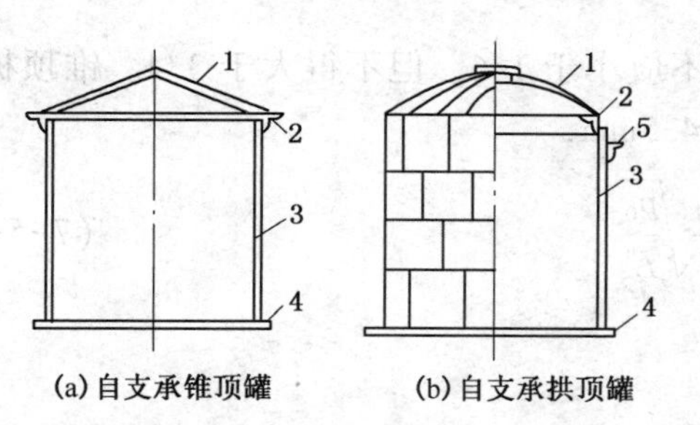

图 7-5-1　立式圆形储罐结构外形示意图
1—罐顶；2—包边角钢；3—罐壁；4—罐底；5—加强圈

NB/T 47003.1—2009(JB/T 4735.1)适用立式圆筒形储罐的设计压力大于-0.02MPa，小于 0.1MPa。当罐顶压力超出此范围时，罐体强度和刚性可能不能满足设计值，甚至可能失稳变形。为此，常在罐顶部设置呼吸阀，当罐顶压力超出预设范围时，呼吸阀自动开启，排放罐内气体或吸入大气。储罐的设计压力一般取呼吸阀开启排放(或吸入)压力的 1.2 倍。对于储存气体的储柜，有时可以采取浮动顶盖的方法，利用顶盖的自重自动平衡罐内的压力变化。有时为了阻挡雨、雪，防止罐中飞沫飘散或保持罐内物料温度，也可给储罐加盖。但此类顶盖无需密封，通常可在罐顶设置通气帽。

无论储罐有无顶盖，一般在罐壁顶端都设置一圈用角钢制成的加强圈，称为包边角钢。

这是因为罐壁底端与罐底焊接成一体，不可能发生变形；但罐壁顶端是自由端，在局部外力作用下可能发生变形，所以需要对顶端加强。此外，包边角钢的作用还有便于连接顶盖或栏杆、平台等附件。

2. 结构设计

(1)罐壁板的设计

罐壁板的计算厚度与内压圆筒的计算方法相同，可按下式进行

$$\delta=\frac{p_c D_i}{2[\sigma]^t\phi} \tag{7-5-1}$$

式中 D_i——储罐内直径，mm；

p_c——计算压力，MPa；

δ——罐壁板的计算厚度，mm；

$[\sigma]^t$——设计温度下材料的许用应力，MPa；

ϕ——焊接接头系数，由于罐壁板的纵向焊接接头应采用全熔透的对接形式，因此取值为 0.9。

表 7-5-1 罐壁板最小厚度

储罐内直径 D_i/mm	罐壁板最小厚度/mm	
	碳素钢	奥氏体不锈钢
$D_i\leqslant16000$	5	4
$16000<D_i\leqslant32000$	6	5

当储液为腐蚀介质时，需要考虑腐蚀的影响，同时罐壁板的名义厚度应不小于表 7-5-1 规定的最小厚度。

(2)罐顶板的设计

①自支承式锥顶

适用于直径小于 5m 的储罐，且锥顶的坡度不应小于 1/6，但不得大于 3/4。锥顶板的计算厚度按下式计算，且顶板的有效厚度不小于 4.5mm，

$$\delta_t=\frac{2.24\,D_i}{\sin\theta}\sqrt{\frac{p_0}{E^t}} \tag{7-5-2}$$

式中 δ_t——罐顶板的计算厚度，mm；

D_i——储罐的内直径，mm；

p_0——罐顶设计外压力，MPa。包括罐顶结构的自重(当罐顶有绝热层时需要计入绝热层的重力)以及单位面积上的附加载荷，取在水平投影面积上不小于 1200Pa；

E^t——设计温度下材料的弹性模量，MPa；

θ——罐顶起始角度(对拱顶，起始角是指罐顶与包边角钢连接处顶板经向切线与其水平投影间的夹角；对锥顶，起始角是指圆锥母线与其水平投影线之间的夹角，如图 7-5-2 所示)。

②自支承式拱顶

拱顶可用于直径较大的储罐，拱顶的球面内半径宜取储罐内直径的 0.8~1.2 倍。拱顶板的有效厚度不得小于 4.5mm。

光面拱顶(指没有加强筋)的许用临界压力按下式计算

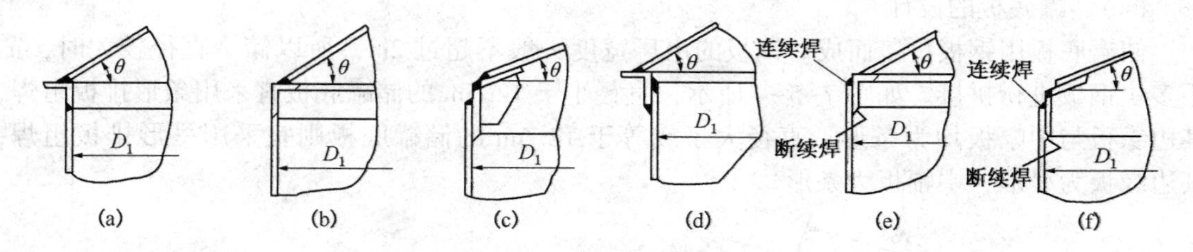

图 7-5-2 包边角钢的结构形式示意图

$$p_{cr}=0.1\,E^{t}\left(\frac{\delta_{te}}{R_i}\right)^2 \tag{7-5-3}$$

式中 p_{cr}——许用临界压力，MPa；

δ_{te}——罐顶板的有效厚度，mm；

R_i——拱顶球面的内半径，mm。

光面拱顶的稳定验算应符合下式的要求，

$$p_0 \leqslant p_{cr} \tag{7-5-4}$$

当不能满足上式的要求时，可采用带肋拱顶，带肋拱顶的计算及连接要求可参见《钢制焊接常压容器》[NB/T 47003.1—2009(JB/T 4735.1)]。

(3)包边角钢的设计

罐顶与罐壁上端的连接处应设置包边角钢，包边角钢与罐壁的连接可以是对接或搭接，也可采用相当截面积的钢板组焊而成如图 7-5-2 所示。

确定包边角钢的截面尺寸时，首先需要确定罐顶与罐壁连接处的有效面积 A，该有效面积包括边角钢截面积加上与其相连接的罐壁和罐顶板上各 16 倍板厚范围内的截面积之和，A 值应该满足以下要求，

$$A \geqslant \frac{p\,D_i^2}{8\,[\sigma]^t\phi\tan\theta} \tag{7-5-5}$$

式中 p——罐顶的设计压力，可取罐顶设计内压及设计外压中的较大值(设计内压取 1.2 倍呼吸阀的排放开启压力减去罐顶单位面积的重力)；

ϕ——焊接接头系数，由于包边角钢自身的对接接头在焊接时应该全熔透，故取值 0.9；

θ——罐顶起始角(如图 7-5-2 所示)，(°)。对拱顶，起始角是指罐顶与包边角钢连接处顶板经向切线与其水平投影间的夹角；对锥顶，起始角是指圆锥母线与其水平投影线之间的夹角。

除了按上式确定罐顶与罐壁连接处的有效面积 A 之外，还应满足表 7-5-2 中包边角钢最小尺寸的要求。当按上式计算不能满足要求时，应加大包边角钢的截面尺寸，当工艺生产允许时，也可在距包边角钢 16 倍罐壁厚度范围内设置环形加强件(如图 7-5-3 所示)。

表 7-5-2 包边角钢最小尺寸列表

储罐内直径D_i/mm	包边角钢最小尺寸/mm	储罐内直径D_i/mm	包边角钢最小尺寸/mm
$D_i \leqslant 5000$	∠50×50×5	$10000<D_i \leqslant 20000$	∠75×75×8
$5000<D_i \leqslant 10000$	∠63×63×6	$20000<D_i \leqslant 32000$	∠90×90×9

（4）储罐底板的设计

储罐底板用钢板拼接而成。钢板的出厂宽度一般不超过 2m，所以储罐直径较大时，需用多块钢板进行拼接。如图 7-5-4 所示，直径小于 12.5m 的储罐底板宜采用条形排板组焊，其边缘板与中幅板均为条形；直径大于或等于 12.5m 的储罐底板则宜采用弓形排板组焊，其边缘板为弓形，中幅板为条形。

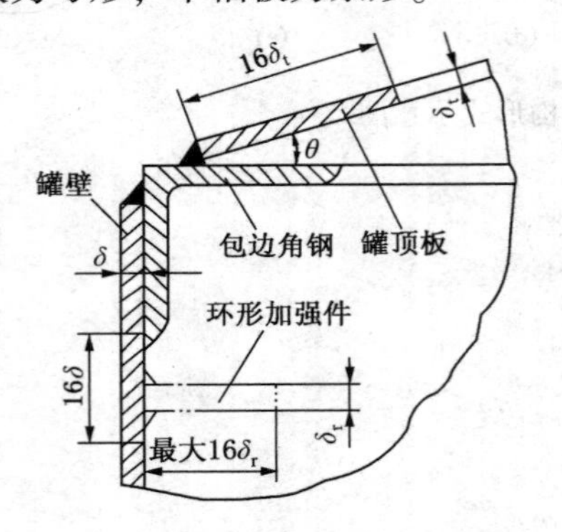

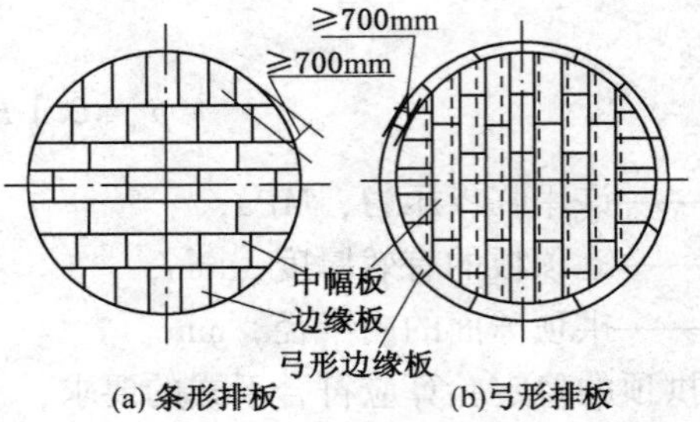

图 7-5-3　罐顶加强的有效面积示意图

≥700mm
≥700mm
中幅板
边缘板
弓形边缘板
(a) 条形排板　(b)弓形排板

图 7-5-4　储罐底板的拼接方式示意图

罐底边缘板沿储罐半径方向的最小尺寸应大于 700mm，对放置在软弱地基上的边缘板尺寸应适当加大。如图 7-5-5 所示，罐底边缘板伸出罐壁外表面的宽度不小于 50mm。罐底边缘板的材质与底层壁板材质相同，罐底边缘板、中幅板的最小厚度不得小于表 7-5-3 中的相关规定。

表 7-5-3　罐底边缘板、中幅板的最小厚度列表

底层壁板的名义厚度/mm	边缘板最小厚度/mm		中幅板最小厚度/mm		储罐内直径D_i/mm
	碳素钢	奥氏体不锈钢	碳素钢	奥氏体不锈钢	
≤6	6	同底层壁板	5	4	$D_i \leqslant 10000$
7~10	6	6	6	4	$10000 < D_i \leqslant 20000$
11~20	8	7	6	4.5	$D_i > 20000$
21~25	10	—	—	—	—

边缘底板与底层壁板焊接连接的部位应做成平滑的支承面（如图 7-5-6 所示），边缘板对接焊接接头下应加厚度不小于 4mm 的垫板，垫板必须与边缘板紧贴，当边缘板名义厚度小于 6mm 时，可不开坡口，但焊接接头间隙应大于 6mm。厚度大于 6mm 的边缘板应采用 V 形坡口。

底层垫板与边缘板之间的连接，应采用两侧连续角焊。在地震设防烈度大于 7 度的地区建罐，底层壁板与边缘板之间的连接应采用如图 7-5-7 所示的焊接型式，且角焊接头应圆滑过渡。而在地震设防烈度小于 7 度的地区可取 $K_2=K_1$（如图 7-5-7 所示）。

罐底板与基础应全面接触，罐底中幅板和边缘板自身的搭接焊接接头及边缘板与中幅板之间的搭接焊接接头应采用单面连续角焊接头，焊脚高度等于较薄板件的厚度。

罐底板相邻两个焊接接头之间的距离及边缘板焊接接头之间距底层罐壁纵向焊接接头的距离均不应小于 300mm。在三层底板重叠处应将上层底板切角（如图 7-5-8 所示）。

（5）风载荷作用下罐壁稳定性校核

风吹在罐体上，在迎风面产生风压。当风压的影响超过罐壁的许用临界压力时，罐壁可能失稳变形。因此，对于大型立式圆筒形储罐需进行罐壁的稳定性校核，当校核后认为其稳定性不能满足要求时，可以在罐壁上设置加强圈。

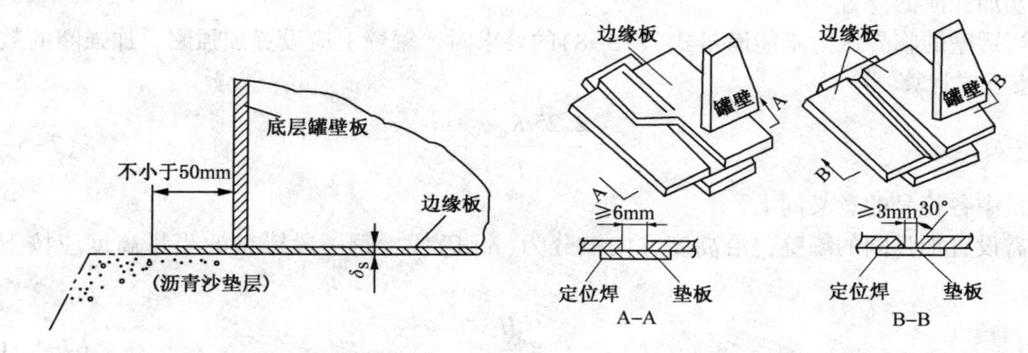

图 7-5-5　边缘板伸出罐壁外表面尺寸示意图　图 7-5-6　边缘板与底层壁板焊接部位示意图

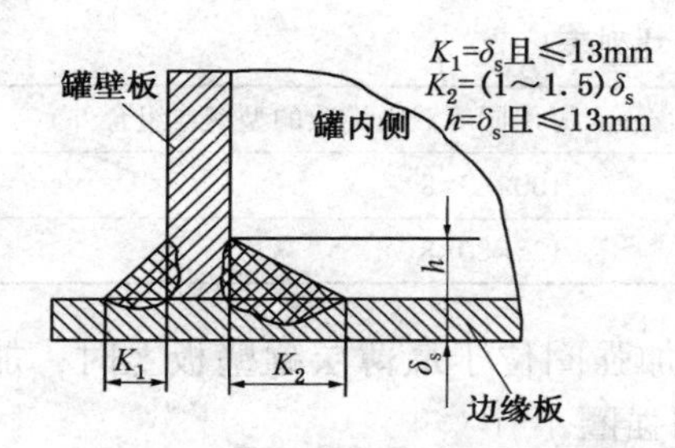

图 7-5-7　边缘板与底层壁板的焊接方式示意图

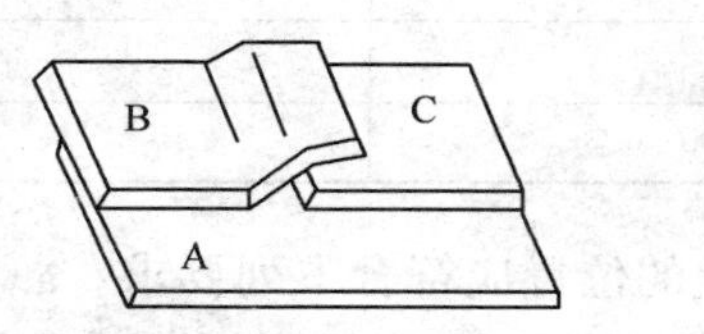

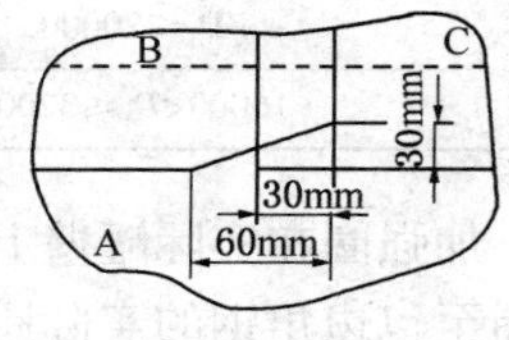

图 7-5-8　三层底板重叠处底板切角示意图

①罐壁的许用临界压力

罐壁的许用临界压力可按下式计算

$$p_{cr}=5.06\times10^5\times\left(\frac{D_i}{H_n}\right)\left(\frac{\delta_1}{D_i}\right)^{2.5} \tag{7-5-6}$$

$$H_n=\sum H_{ci}=\sum h_i\left(\frac{\delta_1}{\delta_{ci}}\right)^{2.5} \tag{7-5-7}$$

式中　p_{cr}——罐壁的许用临界压力，MPa；

H_n——罐壁的当量高度，mm；

H_{ci}——第 i 层罐壁板的当量高度，mm；

h_i——第 i 层罐壁板的实际高度；

δ_1——最薄层罐壁板厚度，mm；

δ_{ci}——第 i 层罐壁板的有效厚度，mm。

②罐壁的稳定性校核

罐壁的稳定性应满足下式的要求

$$p_{cr}\geqslant2.25K_zq_0+p_1 \tag{7-5-8}$$

式中　K_z——风压高度变化系数，建罐地区为近海面、海岛、湖岸及沙漠地区时，取K_z=1.38；建罐地区为田野、乡村、丛林、丘陵及房屋比较稀疏的中、小城镇和大城市郊区时，取K_z=1.0；对有密集建筑群的大城市市区K_z=0.71；

q_0——建罐地区的基本风压值，MPa；

p_1——储罐顶部呼吸阀负压设定压力的1.2倍，MPa。

③加强圈的设置

当罐壁的临界压力不能满足式(7-5-8)的要求时，罐壁上应设置加强圈，加强圈的数量n应按下式计算

$$n=\frac{2.25K_z q_0+p_1}{p_{cr}} \tag{7-5-9}$$

式中各符号的意义同上。

需设置加强圈的罐壁，沿高度方向被分为(n+1)段，每一段罐壁的当量高度应按下式确定

$$L_e=\frac{H_n}{n+1} \tag{7-5-10}$$

表7-5-4　加强圈的最小截面尺寸列表

储罐内直径D_i/mm	加强圈最小截面尺寸/mm(可用同等截面模数的型钢或组合件)
$D_i \leqslant 20000$	∠100×63×8
$16000 < D_i \leqslant 32000$	∠125×80×8

加强圈在实际罐壁上的位置应符合下列要求：a. 当加强圈位于最薄层罐壁板上时，加强圈至包边角钢的实际距离等于上式的计算值；b. 当加强圈不在最薄层罐壁板上时，加强圈至包边角钢的实际距离需进行换算。

加强圈的最小截面积应符合表7-5-4的规定，加强圈距罐壁环向焊接接头的距离不得小于150mm。加强圈与罐壁的连接如图7-5-9所示，自身的焊接接头应该全熔透。

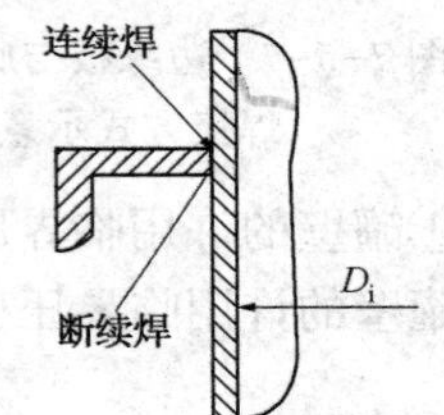

图7-5-9　加强圈与罐壁的连接示意图

(6)附件

储罐的附件应包括罐壁人孔、罐顶人孔、清扫孔、呼吸阀、量油孔、排水槽、梯子平台等，应根据生产工艺要求设置并按有关规定选用。

二、钢制矩形容器的设计

虽然在相同体积时单个矩形容器要比圆筒形容器消耗更多的材料，但当设计确定需要两个或多个反应器时，采用矩形容器可以将其连在一起，利用共用壁进行内部分隔，此时反而比圆筒形容器节省材料，而且便于布置连接管道和配水管渠，运行操作灵活。可见，矩形容器的优点在容器或反应器数量较多时能够得到充分体现，因此其在环境工程领域中的应用也较为广泛。

NB/T 47003.1—2009(JB/T 4735.1)《钢制焊制接常压容器》适用矩形容器的设计压力为零，设计温度范围按钢材允许的使用温度确定。矩形容器的承压能力远逊于圆筒形容器，特别是在容器的转角处应力相对集中，需要加强。另外，当矩形容器承受液体静压时，容器壁板受到弯曲应力而向外凸出变形(俗称凸肚皮)。这种变形不但影响容器外观，而且会严重影响容器上方行走机械如刮泥机的正常运行，此时必须对容器进行加固，以便将变形控制在

操作运行允许的范围之内。

这里主要讨论直接与大气连通(或敞开式)且仅承受液体静压的矩形容器，根据需要可将其分成几个独立的器室。

1. 矩形容器的结构形式

矩形容器可采用不加固型(A型)、顶边加固型(B型)、垂直加固型(C型)、横向加固型(D型)、垂直和横向联合加固型(E型)、拉杆加固型(F型)及带双向水平联杆垂直加固型(G型)等7种结构形式。加固后壁板厚度的计算公式按照最大允许挠度 $\Delta = L/500$ 确定(L 为容器长边的长度)。

图7-5-10所示为矩形容器板边连接形式及加固措施示意图，如采用图(a)的筋板加固时，此筋板应与加固柱对中。对于垂直加固的矩形容器，角板位置应与加固柱对中。容器内部设置有分室隔板时，隔板用按壁板设计。壁板加固件可用连续焊或间断焊，每侧间断焊接接头的总长不少于加固件长的1/2。

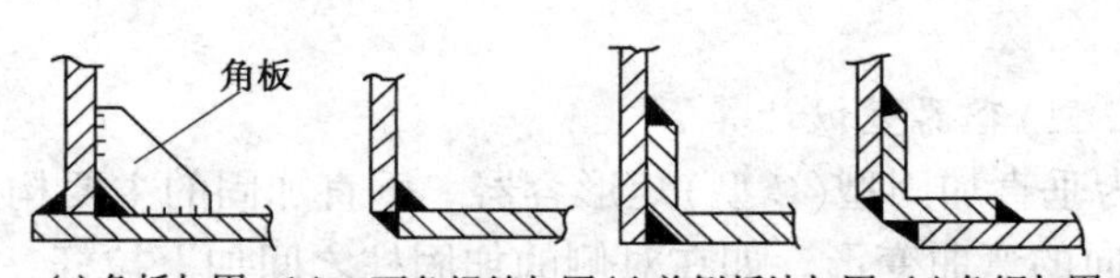

图7-5-10　矩形容器板边连接形式及加固措施示意图

容器内部设置有分室隔板时，隔板应按壁板设计。壁板及顶板加固件可用连续焊或间断焊，每侧间断焊接接头的总长不少于加固件长度的1/2。矩形容器可放置于平面基础上，也可在底板下用型钢支承。矩形容器壁板、顶板需作强度设计以确定壁厚，并作刚度校核；容器底板作强度设计；加固件按相应的强度或刚度要求作截面设计。

2. 顶边加固型(B型)容器壁板计算

如图7-5-11所示，顶边加固可抑制容器顶端水平方向的弯曲变形。矩形容器的顶边加固件与立式圆筒形储罐的包边角钢相似，一般设置于壁板顶边四周，可设于壁板内侧或外侧。

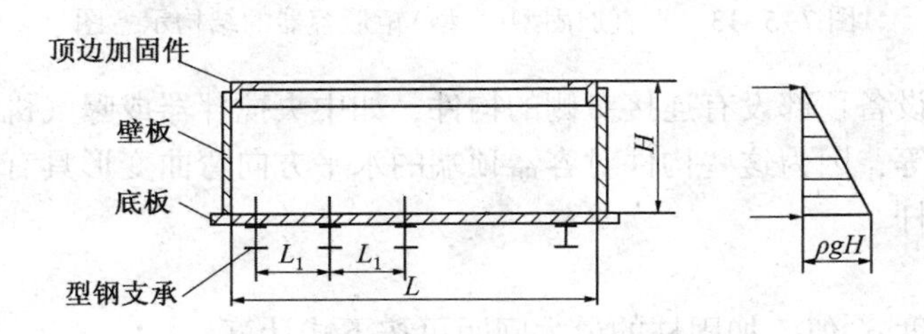

图7-5-11　顶边加固的矩形容器示意图

此时，壁板计算厚度可按下式计算

$$\delta = 2.45L\sqrt{\frac{\alpha \rho g H}{[\sigma]^{t}}} \qquad (7\text{-}5\text{-}11)$$

式中　δ——壁板计算厚度，mm；

α——系数，取决于容器高度与长度之比，可从图7-5-12中查得；

L——容器长度，mm；

g——重力加速度，m/s^2；

H——容器高度，mm；

ρ——储液密度，取不小于水的密度，kg/mm^3；

$[\sigma]^t$——设计温度下材料的许用应力，MPa。

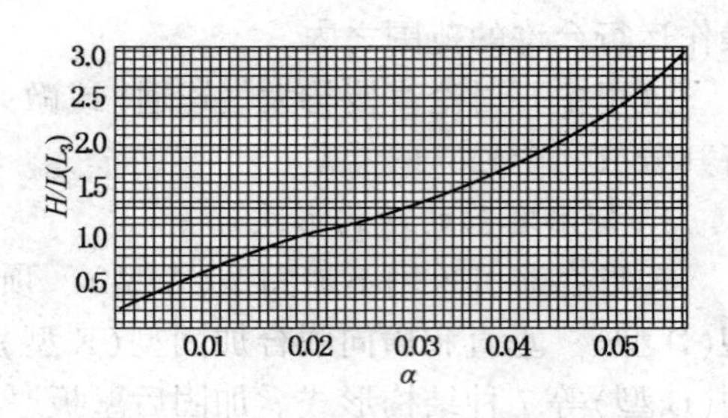

图 7-5-12　系数 α 同容器高度与长度之比的关系曲线

顶边加固件所需的惯性矩按下式计算

$$I=0.217\frac{\rho g H^2 L^3}{E^t} \quad (7-5-12)$$

式中　I——顶边加固件所需的惯性矩，mm^4；

E^t——设计温度下材料的弹性模量，MPa；

L_3——加固柱间距，mm；其余符号同前。

加固件一般采用角钢，根据《热轧型钢》(GB/T 706—2016)等国家标准中各种角钢的规格及截面特性参数，查出能够满足上式惯性矩计算值的角钢规格。角钢的规格一般不应小于∠50×50×5。

3. 垂直加固型(C 型)容器壁板计算

图 7-5-13 所示为垂直加固型(C 型)矩形容器。垂直加固的主要构件是加固柱，主要作用是抑制壁板垂直方向的弯曲变形。如在对侧的加固柱之间加上拉杆，则可增加壁板抵抗水平方向弯曲变形的能力，尤其在容器顶端，其最大允许挠度 Δ 可低于 $L/500$ 的限值。

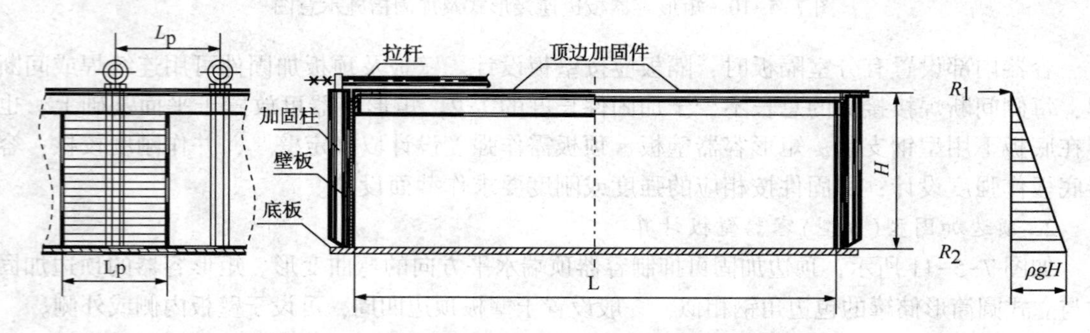

图 7-5-13　垂直加固型(C 型)矩形容器的结构示意图

很多环境工程设备顶部设有连接对侧的构件，如中央搅拌器或曝气机的支架、十字形操作平台、人行走道等，因为这些构件对容器顶端的水平方向弯曲变形具有很强的约束力，故可不设或少设平拉杆。

(1)加固柱

先假设壁板厚度 δ_n 值，加固柱的最大间距可按下式计算

$$L_3=0.408(\delta_n-C)\sqrt{\frac{[\sigma]^t}{\alpha\rho g H}} \quad (7-5-13)$$

式中　δ_n——壁板的名义厚度，mm；

L_3——加固柱间距，mm；

C——厚度附加量，mm；其余符号同前。

加固柱所需的截面系数按下式计算

$$Z=L_3\left(\frac{0.0642\rho g H^3}{[\sigma]^t}-\frac{(\delta_n-C)^2}{6}\right) \quad (7-5-14)$$

式中　Z——加固柱所需截面系数，mm^3；其余符号同前。

加固柱一般采用型钢(角钢、槽钢、工字钢等)，根据《热轧型钢》(GB/T 706—2016)等国家标准中各种型钢的规格及截面特性参数，查出能满足式(7-5-14)截面系数计算值的型钢规格。

当有拉杆时，顶边加固件所需的惯性矩按下式计算

$$I=0.217\frac{\rho gH^2L_3{}^3}{E^t} \tag{7-5-15}$$

当无拉杆时，顶边加固件所需的惯性矩按式(7-5-12)计算。

(2)圆钢拉杆

当拉杆长度 $L_2 \geqslant 363d^{2/3}$，拉杆直径 $d=16\sim24mm$ 时，则拉杆直径按下式计算

$$d=0.553H\sqrt{\frac{\rho gL_3}{[\sigma]_{bt}}}+C_2 \tag{7-5-16}$$

式中　$[\sigma]_{bt}$——常温下拉杆抵抗液体静压对外推力的需用应力，MPa；材料为 Q235A · F 或 Q235A 时，$[\sigma]_{bt}=55MPa$；

C_2——腐蚀裕量，mm；其余符号同前。

当拉杆长度 $L_2<363d^{2/3}$ 时，拉杆中产生的最大应力 σ_{max} 由拉杆自身重力引起的拉应力 σ_{t1}、液体静压作用于拉杆引起的拉应力 σ_{t2}、杆自身重力引起的弯曲应力 σ_n 三部分组成，且应该满足下式的要求

$$\sigma_{max}=\sigma_{t1}+\sigma_n+\sigma_{t2}\leqslant[\sigma]_b \tag{7-5-17}$$

$$\sigma_{t1}=0.864E^t\frac{d^2}{L_2^2} \tag{7-5-18}$$

$$\sigma_{t2}=0.306\frac{\rho gH^2L_3}{d^2} \tag{7-5-19}$$

$$\sigma_n=\gamma g\frac{L_2^2}{d} \tag{7-5-20}$$

式中　L_2——拉杆长度，mm；

γ——拉杆的材料密度，kg/mm^3；

$[\sigma]_b$——常温下结构件材料的许用应力，MPa；其余各应力的量纲都为 MPa。

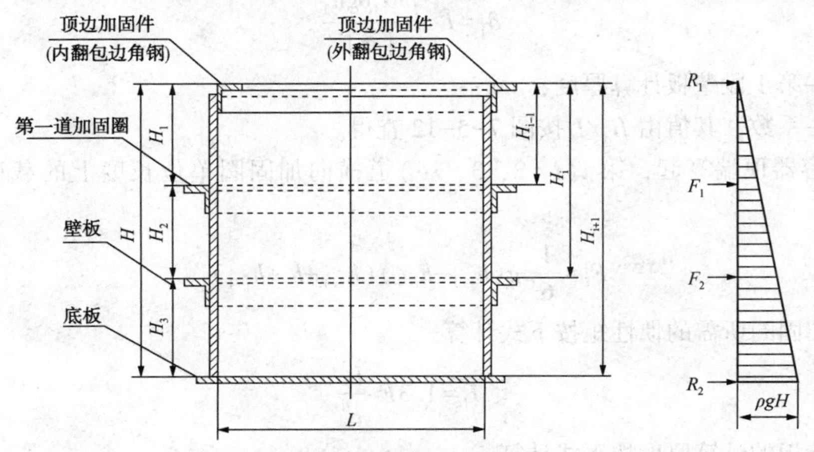

图 7-5-14　横向加固型(D 型)矩形容器的结构示意图

4. 横向加固型(D 型)容器壁板计算

如图 7-5-14 所示，矩形容器的横向加固由顶边加固圈和若干水平方向的加固圈组成，这种加固形式可以抑制壁板水平方向的弯曲变形。采用横向加固的矩形容器，其顶边加固所需的惯性矩按下式计算

$$I=0.217\frac{\rho g\, h_1^2 L^3}{E^t} \tag{7-5-21}$$

式中 h_1——顶边距第一道加固圈的距离，mm。

当容器的高度 H 在 1500~2100mm 之间时，推荐使用 1 个加固圈；当 H>(2100~3000)时，推荐使用 2 个加固圈；当 H>(3000~4000)mm 时，推荐使用 3 个加固圈；当 H>4000mm 时，推荐使用 4 个加固圈。加固圈的段间距如表 7-5-5 所示。

表 7-5-5 加固圈的段间距列表

段距 H_i/mm 数量/个	H_1	H_2	H_3	H_4	H_5
1	0.60H	0.40H	—	—	—
2	0.45H	0.30H	0.25H	—	—
3	0.37H	0.25H	0.21H	0.17H	—
4	0.31H	0.21H	0.18H	0.16H	0.14H

第 1 道横向加固圈单位长度上的载荷按下式计算

$$F_1=\frac{1}{6}\rho g h_2(h_1+h_2) \tag{7-5-22}$$

式中 F_1——第 1 道横向加固圈单位长度上的载荷，N/mm。

第 1 道横向加固圈所需的惯性矩按下式计算

$$I_1=1.3F_1\frac{L^3}{E^t} \tag{7-5-23}$$

式中 I_1——第 1 道横向加固圈所需惯性矩，mm^4。

第 1 段壁板计算厚度按下式计算

$$\delta_1=L\sqrt{\frac{3\alpha_1\rho g h_1}{[\sigma]^t}} \tag{7-5-24}$$

式中 δ_1——第 1 段壁板计算厚度，mm；

α_1——系数，其值由 H_1/L 按图 7-5-12 查得。

由矩形容器顶端算起，第 i(i=2、3、…)道横向加固圈单位长度上的载荷 F_i 按下式计算

$$F_i=\frac{1}{6}\rho g(h_{i+1}-h_{i-1})(h_{i+1}+h_i+h_{i-1}) \tag{7-5-25}$$

第 i 道横向加固圈所需的惯性矩按下式计算

$$I_i=1.3F_i\frac{L^3}{E^t} \tag{7-5-26}$$

第 i 段壁板的计算厚度按下式计算

$$\delta_i = L\sqrt{\frac{6\alpha_i \rho g(h_{i-1}+h_i)}{[\sigma]^t}} \tag{7-5-27}$$

式中　h_i——顶边距第 $i(i=2、3、\cdots)$ 道横向加固圈的距离；

α_i——系数，由 H_1/L 按图 7-5-12 查得。

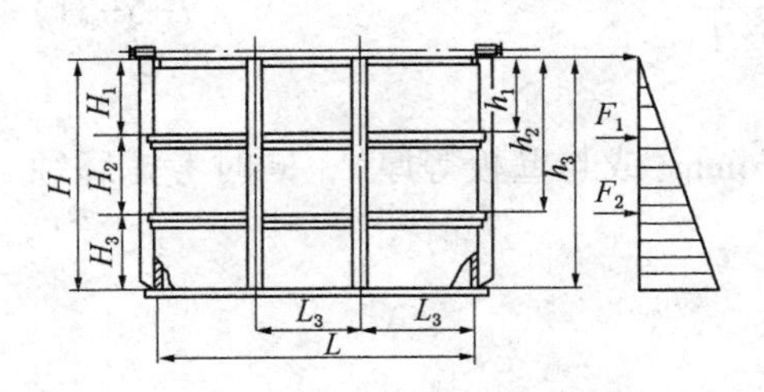

图 7-5-15　垂直和横向联合加固型(E 型)矩形容器的结构示意图

5. 垂直和横向联合加固型(E 型)容器壁板计算

在矩形容器的高度 H 超过 2200mm 时，通常在壁板垂直加固的基础上，再加横向加固圈，以进一步增加壁板的刚度。这种加固方式在矩形容器中最为常用，图 7-5-15 是垂直和横向联合加固型矩形容器的结构示意图。

该种型式的容器按本节"横向加固型(D 型)容器"的计算公式确定加固圈、顶边加固件所需的惯性矩和壁板的厚度，只是公式中的 L 应换成 L_3，并按本节"垂直加固型(C 型)容器"的计算公式确定垂直加固柱和拉杆的规格尺寸。

6. 拉杆加固型(F 型)容器壁板计算

如图 7-5-16 所示，对较大的矩形容器可采用内部拉杆结构，拉杆采用圆钢制成。

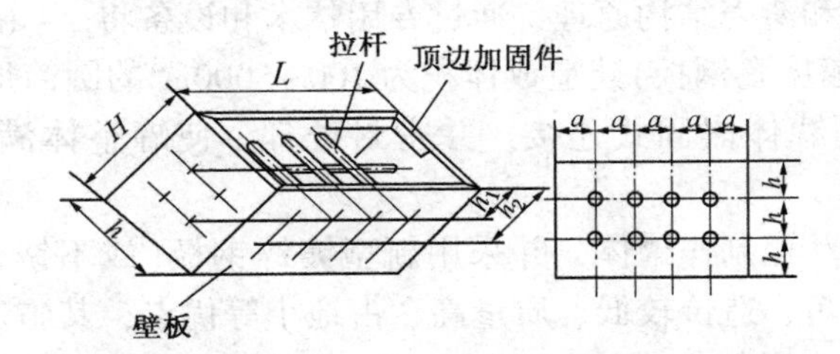

图 7-5-16　拉杆加固型(F 型)矩形容器的结构示意图

壁板的计算厚度按下式计算

$$\delta = h\sqrt{\frac{\rho g h_i}{2[\sigma]^t}}\text{（拉杆间距 } a \approx h\text{）} \tag{7-5-28}$$

拉杆直径按下式计算，且不应小于 6mm

$$d_i = 1.13\sqrt{\frac{\alpha h \rho g h_i}{[\sigma]^t}} + C_2 \tag{7-5-29}$$

顶边加固件所需的惯性矩按式(7-5-21)计算。

容器内部的构件如填料架或支撑杆、集水槽、内部挡板及连接管道等，也具有类似于拉杆的加固作用，在工艺设计中确定矩形容器内部构件的设置时，应该兼顾设备的强度和刚性对其加以考虑。

7. 矩形容器底板

底板可放置在型钢支撑上，也可放置在整个平面上。平面支承的底板，当壁板厚度小于 10mm 时，底板厚度不小于 6mm；当壁板厚度为 10~20mm 时，底板厚度不小于 8mm。

(1) 型钢支承底板

型钢支承底板的计算厚度按下式计算

$$\delta = 0.8L_1\sqrt{\frac{\rho gH}{[\sigma]^t}} \tag{7-5-30}$$

如果已知底板名义厚度δ_n(或先设δ_n)，则支承梁的最大间距按下式计算

$$L_1 = 1.25(\delta_n - C)\sqrt{\frac{[\sigma]^t}{\rho gH}} \tag{7-5-31}$$

(2)在平基础上全平面支承的底板

当底板整个表面被支承时，底板最小厚度常用4~6mm(或与壁板等厚)，同时考虑腐蚀裕量来确定底板的名义厚度。

三、大型罐体设计制造中的新技术

1. 大型罐体的Lipp技术

与西方发达国家相比，国内许多污水处理厂的施工工期、资源消耗、管理水平、技术手段、自动化程度等均不理想。例如传统钢筋混凝土结构和碳钢结构建造的污水处理工程，手工作业强度高，建筑材料消耗大，施工周期长(一般6个月以上)、投资大，施工质量难以控制，诸多弊端已严重影响我国污水处理事业的快速发展。发达国家工业废水处理工程中的大型反应器大多已采用新设备、新材料和新工艺来设计和建造，如德国利浦(Lipp)公司的双折边螺旋咬合技术和Farmetic公司的拼装制罐技术就是其中的代表。这些技术应用金属塑性加工中的加工硬化原理和薄壳结构原理，通过专用技术和设备将2~4mm厚的不锈钢复合板(或高强度镀锌钢板、镀搪瓷钢板)建造成体积为100~5000m^3的圆筒形反应器。罐基础底板为钢筋混凝土结构，同罐体嵌固式连接，并密封处理，使罐整体满足工艺、结构和使用要求。

由于是机械化、自动化制作罐体，并采用新型镀锌钢板(或不锈钢复合板)作为建筑材料，因此具有施工周期短、造价较低、质量高、占地小等优点，其施工周期比传统施工方式缩短60%，罐体自重仅为混凝土罐的10%，比普通钢板罐节省材料达50%以上，而且耐腐蚀，不需保养维修，使用寿命能达20年以上。目前在国内的工业污水处理和市政污水处理工程中，已逐步采用这种先进的制罐技术，用于卷制厌氧罐、SBR池、污泥池(含污泥消化池)、贮气柜等，取得了良好的效果。

(1)Lipp制罐技术

Lipp制罐技术是德国发明家Xaver Lipp的专利技术，主要工艺过程可以概括为“螺旋、双折边、咬口”。Lipp罐制作时，薄钢板通过一台折边机和一台咬合机进行自动化加工。具体而言，在折边机上薄钢板上部被折成h形而下部被折成n形，在咬合机上薄钢板上部与上一层薄钢板的下部被咬合在一起，形成一条截面面积较大的咬合筋(如图7-5-17所示)。在咬合过程中，预先放置于咬合口中间的柔性密封填料被延展和压紧，使上下钢板的咬合口形成可靠的密封。通过围绕筒仓外侧形成一条30~40mm宽、连续环绕、螺旋上升的凸条，从而形成圆筒形罐体。采用该技术制成的容器被称为双折边螺旋咬合容器，通常也被称为Lipp罐。

由于Lipp罐具有连续、螺旋上升、等距咬合筋结构，这些咬合筋起着加强筋的作用，因此Lipp罐虽为薄壁结构，但其咬合筋的厚度相当于壁板厚度的5倍、宽度为壁板厚度的10多倍，截面系数与惯性矩均不亚于较大型号的角钢，等于在罐体上添加了若干条横向加强圈，既增加了壁板的环向抗拉强度，又提高了罐体的稳定性。

罐体的环向拉力计算比较复杂，在环境污染治理工程实际中，通过分析可以近似认为所

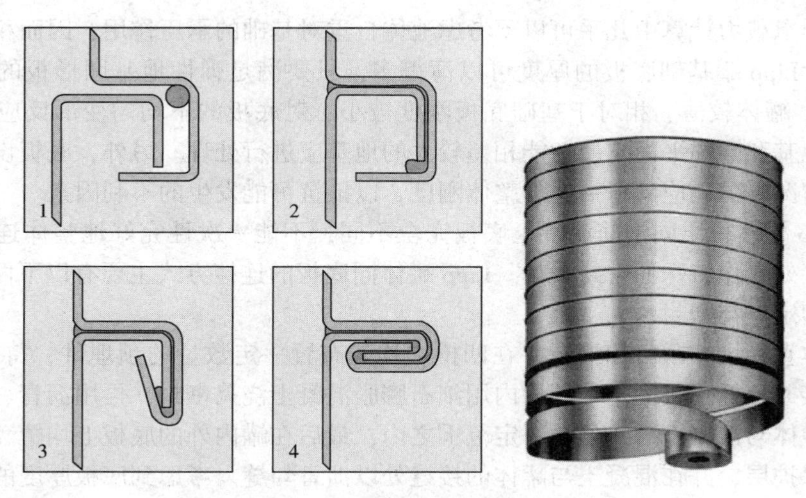

图 7-5-17　Lipp 制罐技术成形过程示意图

选钢板的厚度与罐体直径和相应的水力高度的乘积呈线性关系，即

$$\delta = KDH \tag{7-5-32}$$

式中　δ——为所选钢板材料的厚度，mm；

D——需卷制罐体的直径，m；

H——罐体内的水力高度，m；

K——与介质、材料机械性能等有关的综合系数。

从上式可以看出，在罐体直径 D 和系数 K 不变的情况下，同一罐体在不同的水力高度可以选用不同厚度的钢板。Lipp 制罐技术的另一好处就是欲更换不同厚度的钢板制罐，只需对制罐设备进行简单调整。由于制罐钢板本身较薄，罐体制作完成后无论是在罐体外还是罐体内都不易发现钢板的变化，可以保证罐体美观。

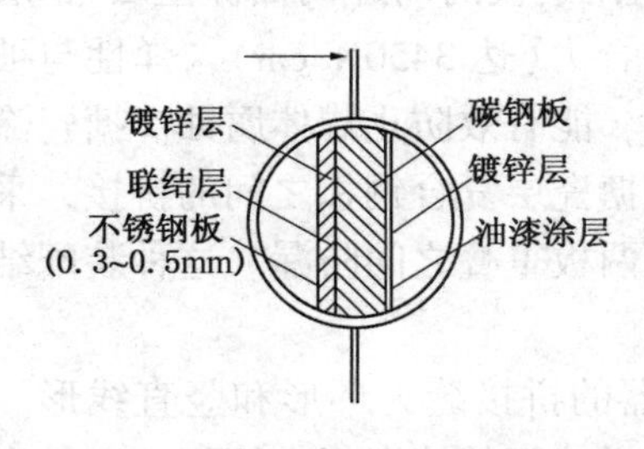

图 7-5-18　复合不锈钢板横截面示意图

对于要求罐体材料必须具有耐腐蚀性能的场合，为降低材料成本，可以选用不锈钢-镀锌钢板复合而成的复合板。通过 Lipp 复合机械，将镀锌钢板与 0. 3～0. 5mm 厚的不锈钢薄膜复合在一起（如图 7-5-18 所示）。复合钢板卷制的罐体内壁将完全被不锈钢薄膜覆盖，以满足罐体的耐腐蚀要求；而镀锌钢板则能够满足罐体对强度的要求。考虑到两种材料的机械性能不同等因素，复合钢板上的不锈钢薄膜等距离地被制作出八字形的伸缩缝，使罐体在制作和使用时不会因制罐材料性能不同而破坏不锈钢薄膜层。

Lipp 罐体的设计厚度取决于最小厚度值，当采用不锈钢板或复合不锈钢板时，无需考虑腐蚀裕度。因此，对于直径较小、高度不高的罐体，设计厚度可取 2mm；直径较大、高度较高时，可取 3～4mm；也可上、下层取不同的厚度。Lipp 罐罐顶的设计和制作与立式圆筒形储罐相同，罐顶与罐体的连接可采用焊接或螺栓连接。

（2）Lipp 罐体同底板的密封设计

Lipp 罐宜建成地上式，基础底板为浅埋式。由于 Lipp 罐体所用材料相对较少，自重较轻，在其基础承载力计算中几乎可以不考虑池体自重对基础的承压作用，因而相对钢筋混凝土池体来讲，Lipp 罐基础底板的厚度可以薄得多，只要满足弹性地基圆形板的设计要求即可。针对 Lipp 罐体较薄、相对于基础底板刚度极小、对底板的不均匀变形反应较敏感这一特点，软弱地基和同一平面土质性能相差较大的地基应进行处理。另外，底板设计在满足承载力要求的情况下，还应具备一定的整体刚度，以抵抗可能发生的不利因素。

由于 Lipp 罐体材质同钢筋混凝土底板完全不同，不能一次性完好地整体连接，因此在其与底板搭接处要作特殊的密封设计。Lipp 罐体同底板的连接方式主要有以下两种：

①预留槽定位与密封

按照罐体直径尺寸预留凹槽，并在凹槽中均匀布置一定数量的预埋件，待 Lipp 罐体落仓后与之焊接或螺栓连接固定，凹槽内用细石膨胀混凝土浇捣密封，再用沥青、SBS 改性油毡分层沾在罐体与混凝土搭接处的一定范围之内，最后在罐内外的底板上均覆盖一定厚度的细石混凝土保护层，并在混凝土与罐体的接缝处以沥青勾缝。考虑到底板厚度的限制以及罐体落仓时可能发生的误差，密封凹槽断面宽度通常设定为 200mm，深度根据 Lipp 罐体的直径和高度来定，通常为 150~300mm 不等。此种方式用于厌氧罐、SBR 池等贮水池。

②直接在平底板上定位与密封

在未设预留槽的钢筋混凝土基础底板上平铺一定厚度的不锈钢板，再在不锈钢板下沿利浦罐周边铺设 500mm 宽的沥青橡胶板，Lipp 罐壁与不锈钢底板内外焊接，然后在罐体外侧以膨胀螺栓将不锈钢底板与钢筋混凝土连接固定，最后仍以细石混凝土在罐内外侧做保护层及沥青勾缝。

此方式仅用于污水介质对罐体材质有特别要求的工程，在一般的污水处理工程中较少采用。

2. 搪瓷复合钢板拼装容器

用涂有特种柔性搪瓷复合钢板制成的拼装罐可用作各类污水处理的反应器。

拼装容器所用搪瓷复合钢板经过特殊的工艺处理，先在钢板的内外两面涂上 2~3 层搪瓷涂层，经过热聚合，使搪瓷层和钢板之间形成很强的结合力（达 3450N/cm），弹性与被涂钢板相同。这层搪瓷涂层在钢板表面形成了牢固的保护层，能有效防止罐体腐蚀。搪瓷涂层具有抗强酸、强碱的功能，并具有极强的抗磨损性。涂有搪瓷层复合钢板之间的拼接，采用钢板相互搭接并用螺栓连接的形式，特制密封材料镶嵌在两板重叠之间防漏。这种装配结构达到了快速低耗的安装要求。

与 Lipp 罐的螺旋形接缝不同，搪瓷复合钢板拼装容器的拼接缝为环形和竖直线形。这种接缝形式便于根据实际情况的需要，在原有罐体上再次拼接新的搪瓷复合钢板，以扩大原有反应器的容量。罐体材料根据不同反应器的要求，既可采用柔性搪瓷复合钢板，也可采用其它形式的预制复合钢板。

§7.6 塔设备的结构强度设计

在各类过程设备的强度计算中，塔设备的设计计算比较复杂，主要针对塔体和支座来进行。塔体设计旨在确定筒体及封头的壁厚并计算塔设备承受的各种载荷，并应用应力理论对筒体壁厚进行校核；而支座的设计则是对目前塔设备最常用的裙式支座的强度进行计算。

一、塔体的强度计算

安装在室外的塔设备除承受操作压力外，还承受质量载荷、地震载荷、风载荷和偏心载荷等载荷的作用，如图7-6-1所示。因此，在进行塔设备设计时必须根据受载情况进行强度计算与校核。

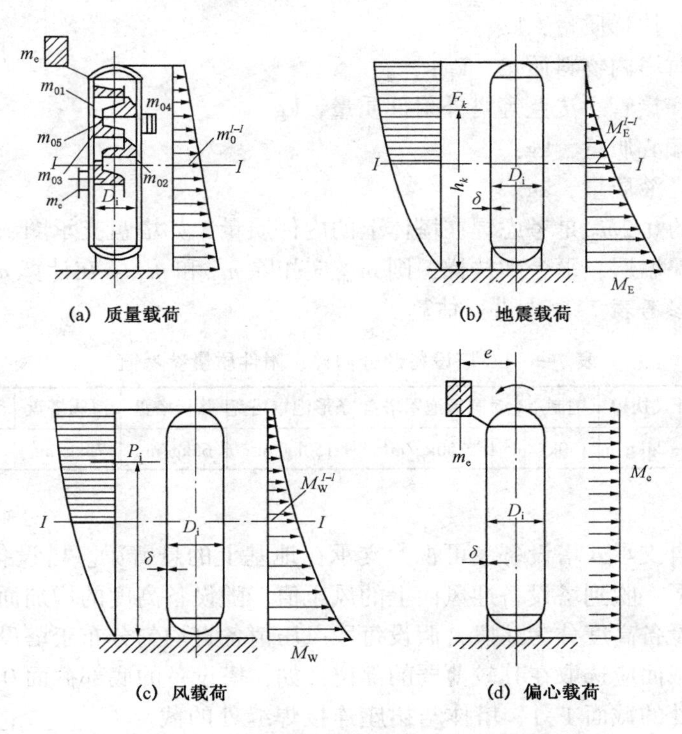

图7-6-1 塔设备所承受的各种载荷示意图

1. 按设计压力计算筒体及封头壁厚

按本章§2、§3中关于内压容器、外压容器的设计方法，计算塔体和封头的有效厚度。

2. 塔设备所承受的各种载荷计算

(1)操作压力

操作压力指在正常工作情况下，塔设备顶部可能达到的最高压力。当塔承受内压时，在塔壁上引起周向及轴向拉应力；当塔承受外压时，在塔壁上引起周向及轴向压应力。操作压力对裙座不起作用。

(2)质量载荷

塔设备的质量包括塔体、裙座体、内构件、保温材料、扶梯和平台及各种附件的质量，还包括在操作、检修或水压试验等不同工况时的物料或充水质量。

进行塔设备的设计计算时，应按塔正常操作、试压及停工检修三种工况计算塔的质量载荷。

塔的操作质量

$$m_0 = m_1 + m_2 + m_3 + m_4 + m_5 + m_a + m_e \quad (7-6-1)$$

塔的最大质量(水压试验时)

$$m_{max} = m_1 + m_2 + m_3 + m_4 + m_w + m_a + m_e \quad (7-6-2)$$

塔的最小质量(停工检修时)

$$m_{min} = m_1 + 0.2m_2 + m_3 + m_4 + m_a + m_e \quad (7-6-3)$$

式中 m_1——塔体和裙座质量，kg；

m_2——塔内件质量，kg；

m_3——保温材料质量，kg；

m_4——平台、扶梯质量，kg；

m_5——操作时塔内物料质量，kg；

m_a——人孔、接管、法兰等塔外附件质量，kg；

m_e——塔的偏心质量，kg；

m_w——塔内充液质量，kg。

式(7-6-3)中的 $0.2m_2$ 是考虑焊在塔体上的内件质量，如塔盘支承圈、降液板等。当空塔吊装时，如未装保温层、平台和扶梯，则 m_{min} 应扣除 m_3 和 m_4。在计算 m_2、m_4 及 m_5 时，若无实际资料，可参考表7-6-1进行估算。

表7-6-1 塔设备部分内件、附件质量参考值

名称	笼式扶梯	开式扶梯	钢制平台	圆形泡罩塔盘	条形泡罩塔盘	筛板塔盘	浮阀塔盘	舌形塔盘	塔盘充液
单位质量	40kg/m	15~24kg/m	150kg/m²	150kg/m²	150kg/m²	65kg/m²	75kg/m²	75kg/m²	70kg/m²

(3)风载荷

安装在室外的自支承式塔设备，可视为支承在地基上的悬臂梁。塔设备受风力作用时，塔体会发生弯曲变形。吹到塔设备迎风面上的风压值，随设备高度的增加而增加。为计算方便，将风压值按塔设备高度分为几段，假设每段风压值各自均匀分布于塔设备的迎风面上。

塔设备的计算截面应选取在其较薄弱的部位，如：塔设备的底部截面0-0、裙座上人孔或较大管线引出孔处的截面1-1、塔体与裙座连接焊缝处的截面2-2等。两相邻计算截面区间为一计算段，任一计算段风载荷的大小，与设备所在地区的基本风压值 q_0 有关，同时也和塔设备的高度、直径、形状以及自振周期有关。

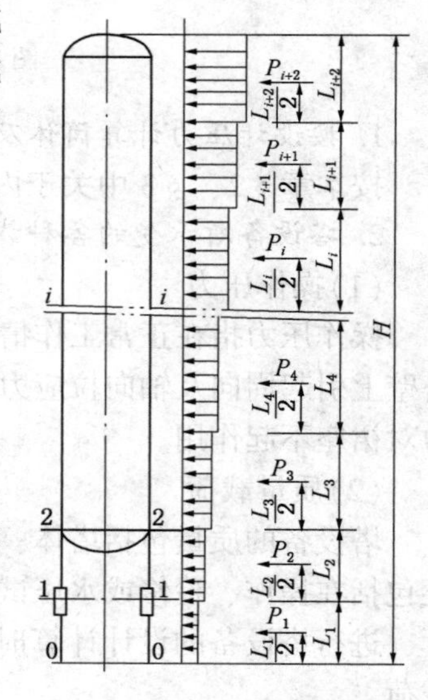

图7-6-2 风弯矩计算简图

①水平风力

两相邻计算截面间的水平风力为

$$P_i = K_1 K_{2i} q_0 f_i L_i D_{ei} \times 10^{-6} \quad (7-6-4)$$

式中 P_i——塔设备各计算段的水平风力，N；

D_{ei}——塔设备各计算段的有效直径，mm；

D_{oi}——塔设备各计算段的外径，mm；

q_0——基本风压值，kN/m²，各地区的基本风压值按《全国基本风压分布图》或按当地气象部门资料确定；

L_i——第 i 段计算长度(图7-6-2)，mm；

f_i——风压高度变化系数，按表7-6-2选取；

K_1——体型系数，圆柱直立设备取0.7；

δ_{si}——塔设备第 i 段绝热层厚度，mm；

δ_{ps}——管线保温层厚度，mm；

d_o——塔顶管线外径，mm；

K_3—— 笼式扶梯当量宽度，当无确切数据时，可取 $K_3=400\text{m}$；

K_4——操作平台当量宽度，mm，可取 $K_4=\dfrac{2\sum A}{l_0}$；

$\sum A$——计算段内平台构件的投影面积(不计空缺投影面积)，mm^2；

l_0——操作平台所在计算段长度，mm；

K_{2i}——塔设备各计算段的风振系数，当塔高 $H\leqslant 20\text{m}$ 时，取 $K_{2i}=1.7$，当 $H>20\text{m}$ 时，计算式为 $K_{2i}=1+\dfrac{\zeta\nu_i\varphi_{zi}}{f_i}$；

ζ——脉动增大系数，按表 7-6-3 查取；

ν_i—— 第 i 段脉动影响系数，按表 7-6-4 查取；

φ_{zi}—— 第 i 段振型系数，根据 h_{it}/H 查表 7-6-5；

h_{it}——塔设备第 i 段顶截面距地面的高度。

当笼式扶梯与塔顶管线布置成 180°时，D_{ei} 可取，

$$D_{ei}=D_{oi}+2\delta_{si}+K_3+K_4+d_o+2\delta_{ps}$$

当笼式扶梯与塔顶管线布置成 90°时，D_{ei} 取下列两式中的较大值，

$$D_{ei}=D_{oi}+2\delta_{si}+K_3+K_4$$

$$D_{ei}=D_{oi}+2\delta_{si}+K_4+d_o+2\delta_{ps}$$

表 7-6-2　风压高度变化系数 f_i

距地面高度 h_{it}	地面粗糙度类别				距地面高度 h_{it}	地面粗糙度类别			
	A	B	C	D		A	B	C	D
5	1.17	1.00	0.74	0.62	60	2.12	1.77	1.35	0.93
10	1.38	1.00	0.74	0.62	70	2.20	1.86	1.45	1.02
15	1.52	1.14	0.74	0.62	80	2.27	1.95	1.54	1.11
20	1.63	1.25	0.84	0.62	90	2.34	2.02	1.62	1.19
30	1.80	1.42	1.00	0.62	100	2.40	2.09	1.70	1.27
40	1.92	1.56	1.13	0.73	150	2.64	2.38	2.03	1.61
50	2.03	1.67	1.25	0.84	—	—	—	—	—

注 1：A 类系指近海海面及海岛、海岸、湖岸及沙漠地区；B 类系指田野、乡村、丛林、丘陵以及房屋比较稀疏的乡镇和城市郊区；C 类系指有密集建筑群的城市市区；D 类系指有密集建筑群且房屋较高的城市市区。

注 2：中间值可采用线性内插法求取。

表 7-6-3　脉动增大系数 ζ

$q_1T_1^2/\text{N}\cdot\text{s}^2\cdot\text{m}^{-2}$	10	20	40	60	80	100	200	400	600
ζ	1.47	1.57	1.69	1.77	1.83	1.88	2.04	2.24	2.35
$q_1T_1^2/\text{N}\cdot\text{s}^2\cdot\text{m}^{-2}$	800	1000	2000	4000	6000	8000	10000	20000	30000
ζ	2.46	2.53	2.80	3.09	3.28	3.42	3.54	3.91	4.14

注 1：计算 $q_1T_1{}^2$ 时，对 B 类可直接代入基本风压，即 $q_1=q_0$；而对 A 类 $q_1=1.38q_0$，C 类 $q_1=0.62q_0$，D 类以 $q_1=0.32q_0$ 代入。

注 2：中间值可采用线性内插法求取。

表 7-6-4　脉动影响系数 ν_i

地面粗糙度类别	高度 h_{it}/m									
	10	20	30	40	50	60	70	80	100	150
A	0.78	0.83	0.86	0.87	0.88	0.89	0.89	0.89	0.89	0.87
B	0.72	0.79	0.83	0.85	0.87	0.88	0.89	0.89	0.90	0.89
C	0.64	0.73	0.78	0.82	0.85	0.87	0.90	0.90	0.91	0.93
D	0.53	0.65	0.72	0.77	0.81	0.84	0.89	0.89	0.92	0.97

注：中间值可采用线性内插法求取。

表 7-6-5　振型系数 ϕ_{zi}

相对高度 h_{it}/H	振型序号		相对高度 h_{it}/H	振型序号	
	1	2		1	2
0.10	0.02	−0.09	0.60	0.46	−0.59
0.20	0.06	−0.30	0.70	0.59	−0.32
0.30	0.14	−0.53	0.80	0.79	0.07
0.40	0.23	−0.68	0.90	0.86	0.52
0.50	0.34	−0.71	1.00	1.00	1.00

注：中间值可采用线性内插法求取。

②风弯矩

塔设备任意计算截面 $i-i$ 处的风弯距为

$$M_{\mathrm{W}}^{i-i}=P_i\frac{L_i}{2}+P_{i+1}\left(L_i+\frac{L_{i+1}}{2}\right)+P_{i+2}\left(L_i+L_{i+1}+\frac{L_{i+2}}{2}\right)+\cdots \tag{7-6-5}$$

塔设备底截面 0-0 处的风弯距为

$$M_{\mathrm{W}}^{0-0}=P_1\frac{L_1}{2}+P_2\left(L_1+\frac{L_2}{2}\right)+P_3\left(L_1+L_2+\frac{L_3}{2}\right)+\cdots \tag{7-6-6}$$

(4)地震载荷

当发生地震时，塔设备作为悬臂梁，在地震载荷作用下产生弯曲变形。安装在地震烈度为 7 度及以上地区的塔设备，设计时必须考虑抗震能力，计算出地震载荷。

①水平地震力

对于任意高度 h_k 处的集中质量 m_k 引起的基本振型水平地震力为

$$F_{1k}=\alpha_1\eta_{1k}km_kg \tag{7-6-7}$$

式中　F_{1k}——集中质量 m_k 引起的基本振型水平地震力，N；

m_k——距地面 h_k 处的集中质量(图 7-6-3)，kg；

η_{1k}——基本振型参与系数，按 $\eta_{k1}=\dfrac{h_k^{1.5}\sum\limits_{i=1}^{n}m_ih_i^{1.5}}{\sum\limits_{i=1}^{n}m_ih_i^3}$ 计算；

α_1——对应于塔设备基本自振周期 T_1 的地震影响系数 α 值，查图 7-6-4，图中曲线下降段的衰减指数 $\gamma=0.9+\dfrac{0.05-\zeta_i}{0.5+\zeta_i}$，直线下降段下降斜率的调整系数 $\eta_1=0.02+$

$(0.05-\zeta_i)/8$，阻尼调整系数 $\eta_2=1+\dfrac{0.05-\zeta_i}{0.06+1.7\zeta_i}$；

ζ_i——阻尼比(应根据实测值确定，无实测数据时，一阶振型可取0.01~0.03，高阶振型可参照第一振型阻尼比选取)；

α_{max}——地震影响系数的最大值，见表7-6-6；

T_g——各类场地土的特征周期，见表7-6-7。

对于等直径、等壁厚的塔设备，其基本自振周期为

$$T_1=90.33H\sqrt{\frac{m_0H}{E\delta_eD_i^3}}\times10^{-3}(s) \tag{7-6-8}$$

等直径、等壁厚的塔设备第二振型、第三振型自振周期可分别近似取 $T_2=T_1/6$，$T_3=T_1/8$。

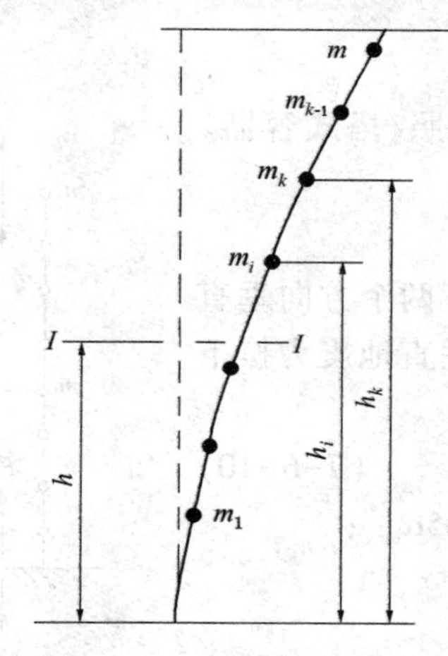

图7-6-3　水平地震力计算简图

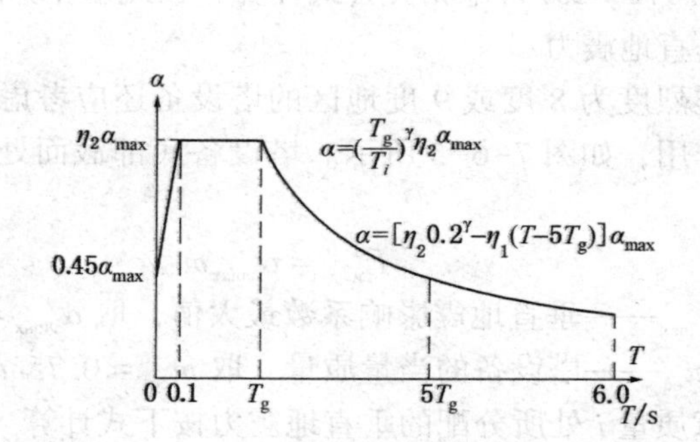

图7-6-4　地震影响系数

表7-6-6　对应于设防烈度 α_{max} 值

设防烈度	7		8		9
设计基本地震加速度	0.1g	0.15g	0.2g	0.3g	0.4g
地震影响系数最大值 α_{max}	0.08	0.12	0.16	0.24	0.32

表7-7-7　各类场地土的特征周期 T_g

设计地震分组	场地类别			
	Ⅰ	Ⅱ	Ⅲ	Ⅳ
第一组	0.25	0.35	0.45	0.65
第二组	0.30	0.40	0.55	0.75
第三组	0.35	0.45	0.65	0.90

对于不等直径或不等壁厚的塔设备，其基本自振周期为

$$T_1=114.8\sqrt{\sum_{i=1}^{n}m_i\left(\frac{h_i}{H}\right)^3\left(\sum_{i=1}^{n}\frac{H_i^3}{E_iI_i}-\sum_{i=2}^{n}\frac{H_i^3}{E_{i-1}I_{i-1}}\right)}\times10^{-3}(s) \tag{7-6-9}$$

式中　H——塔的总高，mm；

H_i——塔设备顶部至第 i 段截面的距离；

E——塔壁材料的弹性模量，MPa；

δ_e——筒体有效壁厚，mm；

D_i——设备内径，mm；

E_i、E_{i-1}——第 i 段、第 $i-1$ 段的材料在设计温度下的弹性模量，MPa；

D_{ei}——锥壳大端内直径，mm；

D_{fi}——锥壳小端内直径，mm；

δ_{ei}——各计算截面设定的圆筒或锥壳有效壁厚，mm；

I_i、I_{i-1}——第 i 段、第 $i-1$ 段的截面惯性矩，mm^4（对圆筒段：$I_i=\frac{\pi}{8}(D_i+\delta_{ei})^3\delta_{ei}$；对圆锥段：$I_i=\frac{\pi D_{ei}^2 D_{fi}^2 \delta_{ei}}{4(D_{ei}+D_{fi})}$）。

不等直径或不等壁厚塔设备的高振型自振周期可参照《塔式容器》（NB/T 47041—2014）中相关公式计算，在此不作介绍。

②垂直地震力

地震烈度为 8 度或 9 度地区的塔设备还应考虑上下两个方向垂直地震力作用，如图 7-6-5 所示。塔设备底部截面处的垂直地震力按下式计算

$$F_{\nu}^{0-0}=\alpha_{\nu\max} m_{eq} g \tag{7-6-10}$$

式中 $\alpha_{\nu\max}$——垂直地震影响系数最大值，取 $\alpha_{\nu\max}=0.65\alpha_{\max}$；

m_{eq}——塔设备的当量质量，取 $m_{eq}=0.75m_0$。

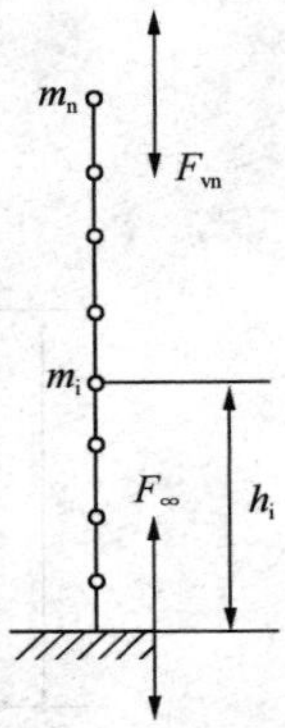

图 7-6-5 垂直地震力的作用示意图

任意质量 i 处所分配的垂直地震力按下式计算

$$F_{vi}=\frac{m_i h_i}{\sum_{k=1}^{n} m_k h_k}F_v^{0-0}\quad (i=1,2,\cdots,n) \tag{7-6-11}$$

任意计算截面 i-i 处的垂直地震力 F_v^{i-i} 按下式计算

$$F_v^{i-i}=\sum_{k=i}^{n} F_{vk}(i=1,2,\cdots,n) \tag{7-6-12}$$

③地震弯矩

塔设备任意计算截面 $i-i$ 的基本振型地震弯矩按下式计算

$$M_{Ei}^{i-i}=\sum_{k=1}^{n} F_{1k}(h_k-h) \tag{7-6-13}$$

式中 M_{Ei}^{i-i}——任意计算截面 $i-i$ 的基本振型地震弯矩，N · mm；

h——计算截面距地面的高度。

对于等直径、等壁厚塔设备的任意截面 $i-i$ 和底截面 0-0 的基本振型地震弯矩，可分别按以下两式计算

$$M_{Ei}^{i-i}=\frac{8\alpha_1 m_0 g}{175H^{2.5}}(10H^{3.5}-14H^{2.5}h+4h^{3.5}) \tag{7-6-14}$$

$$M_{Ei}^{0-0}=\frac{16}{35}\alpha_1 m_0 g H \tag{7-6-15}$$

当塔设备 $H/D > 15$，且 $H \geqslant 20$m 时，还需考虑高振型的影响，在进行稳定和其他验算时，地震弯矩可按下式计算

$$M_{E}^{i-i} = 1.25M_{Ei}^{i-i} \tag{7-6-16}$$

(5)偏心载荷

当塔设备外部悬挂有分离器、再沸器、冷凝器等附属设备时，可将其视为偏心载荷。由于有偏心距 e 的存在，偏心载荷在塔截面上引起偏心弯矩 M_e。此弯矩不沿塔的高度而变化，其值可按下式计算

$$M_e = m_e ge \tag{7-6-17}$$

式中 m_e——偏心质量，kg；

e——偏心矩，即偏心质量的中心距塔设备轴线的距离，mm。

(6)最大弯矩

塔设备任意计算截面 i-i 处的最大弯矩按下式计算

$$M_{max}^{i-i} = \begin{cases} M_W^{i-i} + M_e \\ M_E^{i-i} + 0.25M_W^{i-i} + M_e \end{cases} \text{（取其中较大值）} \tag{7-6-18}$$

在水压实验情况下最大弯距按下式计算

$$M_{max}^{i-i} = 0.3M_W^{i-i} + M_e \tag{7-6-19}$$

塔设备底部截面 0-0 处的最大弯矩按下式计算，

$$M_{max}^{0-0} = \begin{cases} M_W^{0-0} + M_e \\ M_E^{0-0} + 0.25M_W^{0-0} + M_e \end{cases} \text{（取其中较大值）} \tag{7-6-20}$$

3. 塔体的轴向应力校核

(1)塔体任意计算截面 $i-i$ 处的轴向应力

①由计算压力(即内压或外压)引起的轴向应力 σ_1

$$\sigma_1 = \frac{p_c D_i}{4\delta_{ei}} \tag{7-6-21}$$

式中 p_c——计算压力，MPa；

D_i—— 筒体内径. mm；

δ_{ei}—— $i-i$ 截面处筒体有效壁厚，mm。

②操作或非操作时质量及垂直地震力引起的轴向应力 σ_2

$$\sigma_2 = \frac{m_0^{i-i} g \pm F_v^{i-i}}{\pi D_i \delta_{ei}} \tag{7-6-22}$$

式中 m_0^{i-i}—— 任意计算截面 $i-i$ 以上塔体承受的操作或非操作时的质量，kg；

F_v^{i-i}——具体表达式见式(7-6-12)，仅在最大弯矩为地震弯矩参与组合时计入此项。

③最大弯矩引起的轴向应力 σ_3

$$\sigma_3 = \frac{4M_{max}^{i-i}}{\pi D_i^2 \delta_{ei}} \tag{7-6-23}$$

(2)塔体的最大组合轴向应力

①最大组合轴向压应力

内压操作的塔设备，最大组合轴向压应力出现在停工时的背风侧，即

$$\sigma_{max} = \sigma_2 + \sigma_3 \tag{7-6-24}$$

外压操作的塔设备，最大组合轴向压应力出现在正常操作时的背风侧，即

$$\sigma_{max}=\sigma_1+\sigma_2+\sigma_3 \tag{7-6-25}$$

②最大组合轴向拉应力

内压操作的塔设备，最大组合轴向拉应力出现 正常操作时的向风侧，即

$$\sigma_{max}=\sigma_1-\sigma_2+\sigma_3 \tag{7-6-26}$$

外压操作的塔设备，最大组合轴向拉应力出现在停工时的向风侧，即

$$\sigma_{max}=\sigma_3-\sigma_2 \tag{7-6-27}$$

(3)圆筒稳定校核

①圆筒轴向压应力的校核(需校核其强度和稳定性)

强度校核公式

$$\sigma_{max}\leqslant\begin{cases}KB\\K[\sigma]^t\end{cases} \tag{7-6-28}$$

稳定性校核公式

$$\sigma_{max}\leqslant 0.06KE\frac{\delta_{ei}}{R_i} \tag{7-6-29}$$

式中 R_i——筒体内半径；

K——载荷组合系数，取 $K=1.2$；

B——按外压失稳计算得到的许用应力，MPa。

②圆筒轴向拉应力的校核(只需校核其强度)

强度校核公式

$$\sigma_{max}\leqslant K[\sigma]^t\phi \tag{7-6-30}$$

如校核壁厚 δ_{ei} 不能满足上述条件，必须重新假设有效壁厚，重复计算，直至满足条件为止。

4. 水压试验时应力校核

(1)拉应力

环向拉应力的验算公式为

$$\sigma=\frac{p_c(D_i+\delta_e)}{2\delta_e}\leqslant 0.9\sigma_s\phi \tag{7-6-31}$$

最大组合轴向拉应力为

$$\sigma_{max}=\frac{p_TD_i}{4\delta_{ei}}-\frac{gm_{max}^{i-i}}{\pi D_i\delta_{ei}}+\frac{0.3M_W^{i-i}+M_e}{0.785D_i^2\delta_{ei}}\leqslant 0.9K\sigma_s\phi \tag{7-6-32}$$

(2)设备充水(未加压)后最大质量和最大弯矩在壳体中引起的组合轴向压应力

$$\sigma_{max}=\frac{gm_{max}^{i-i}}{\pi D_i\delta_{ei}}+\frac{0.3M_W^{i-i}+M_e}{0.785D_i^2\delta_{ei}}\leqslant\begin{cases}0.9K\sigma_s\\KB\end{cases}\ (\text{取其中较小值}) \tag{7-6-33}$$

式中 σ_s——材料的屈服强度，其他符号同前。

对于塔体而言，最大风弯矩引起的弯曲应力 σ_3^{i-i} 发生在裙座和塔体的联接截面 2-2 上；对于裙座来讲，σ_3^{i-i} 的最大值出现在裙座底截面 0-0 或人孔截面 1-1 上。

二、塔设备的支座及其强度计算

1. 塔设备的支座

裙座是常用的塔设备支承结构。按所支承设备的高度与直径比，裙座分为圆筒形和圆锥形两种，如图 7-6-6 所示。圆筒形裙座制造方便且节省材料，被广泛采用。圆锥形裙座可提高设备的稳定性，降低基础环支承面上的应力，因此常在细高的塔中采用。圆锥形裙座的

半锥顶角 θ 不宜超过 15°，裙座壳的名义厚度不应小于 6mm。

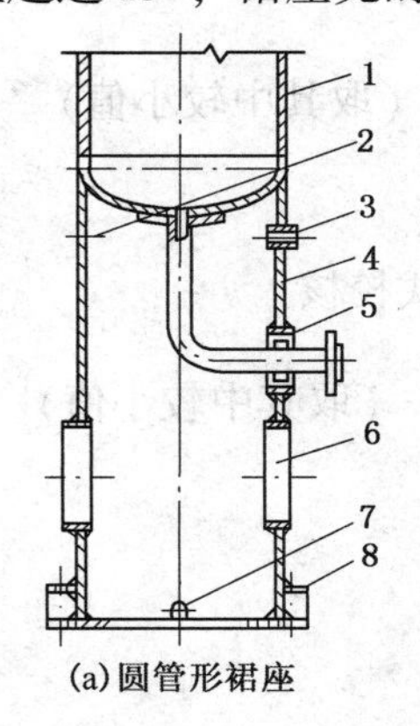

(a)圆管形裙座

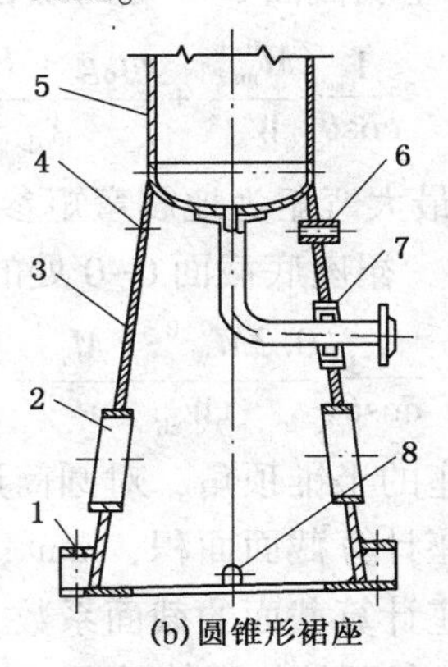

(b)圆锥形裙座

图 7-6-6　裙座的结构示意图

(a)中：1—塔体；2—无保温时的排气孔；3—有保温时的排气孔；4—裙座体；5—引出管通道；6—人孔；7—排液管；8—螺栓座(b)中：1—螺栓座；2—人孔；3—裙座体；4—无保温时的排气孔；5—塔体；6—有保温时的排气孔；7—引出管通道；8—排液孔

裙座由裙座体、基础环、螺栓座及地脚螺栓等结构组成。裙座的上端与塔体的底封头焊接，下端与基础环、筋板焊接，距地面一定高度处开有人孔、出料孔等通道，基础环上筋板之间还组成螺栓座结构。裙座体常用 Q235A 或 16Mn 材料。裙座体直径超过 800mm 时，一般开设人孔。裙座体上方开直径为 50mm 的排气孔、在底部开设排液孔，以便随时排出液体。

裙座体和塔体的联接焊缝应和塔体本身的环焊缝保持一定距离。当塔体下封头由数块钢板拼接制成时，裙座上应开缺口，以免联接焊缝和封头焊缝相互交叉，缺口的形式如图 7-6-7 所示。

基础环通常是一块环形板，基础环上的螺栓孔开成圆缺口而不是圆形孔。螺栓座由筋板和压板构成，如图 7-6-8 所示。地脚螺栓穿过基础环与压板，把裙座固定在地基上。

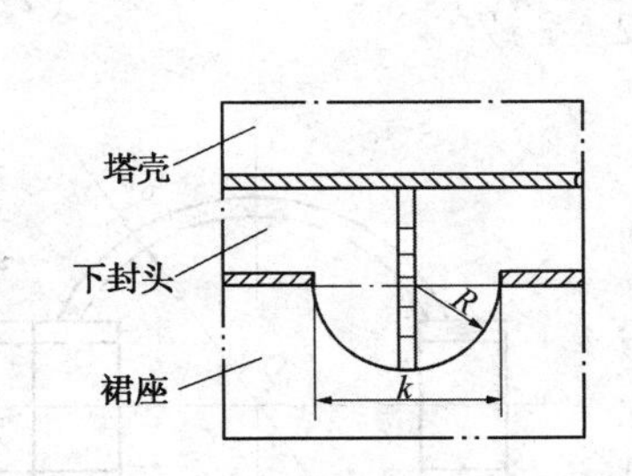

图 7-6-7　裙座的焊缝缺口示意图

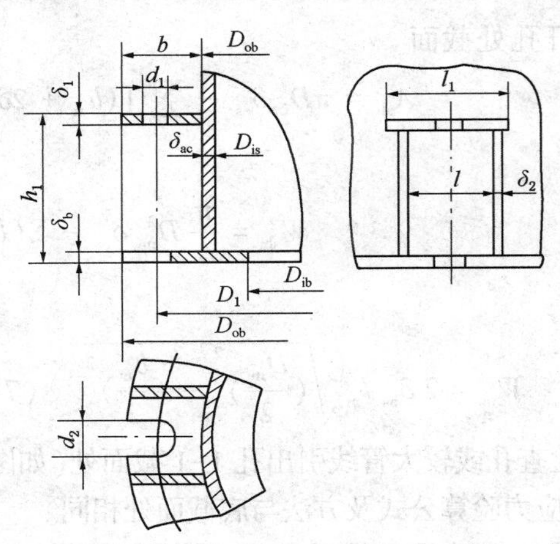

图 7-6-8　螺栓座的结构示意图

2. 裙座的强度计算

裙座计算包括裙座壳体、裙座与塔体连接焊缝、基础环及地脚螺栓等的计算。

(1)裙座轴向应力的校核

进行裙座轴向应力的校核时，首先参照筒体壁厚试取一裙座体壁厚 δ_s，然后验算危险截面的应力。危险截面一般取裙座底截面 0-0 和裙座检查孔或较大管线引出孔 1-1 截面处。

操作时，裙座底截面 0-0 处的组合应力应按下式校核

$$\frac{1}{\cos\theta}\left(\frac{M_{max}^{0-0}}{W_{sb}}+\frac{m_0 g+F_v^{0-0}}{A_{sb}}\right)\leqslant\begin{cases}KB\cos^2\theta\\K[\sigma]_s^t\end{cases}\quad(\text{取其中较小值})\tag{7-6-34}$$

其中，F_v^{0-0} 仅在最大弯矩为地震弯矩参与组合时计入此项。

水压试验时，裙座底截面 0-0 处的组合应力应按下式校核

$$\frac{1}{\cos\theta}\left(\frac{0.3M_W^{0-0}+M_e}{W_{sb}}+\frac{m_{max}g}{A_{sb}}\right)\leqslant\begin{cases}B\cos^2\theta\\0.9\sigma_s\end{cases}\quad(\text{取其中较小值})\tag{7-6-35}$$

式中　θ——裙座的半锥顶角，对圆筒形裙座，$\theta=0$；

A_{sb}——裙座计算截面面积，mm^2；

W_{sb}——裙座计算截面的截面系数，mm^3；

δ_m——1-1 截面处加强管的厚度，mm；

D_{is}——裙座基底截面的内直径，mm；

D_{im}——裙座最大开孔截面的内直径，mm；

b_m——人孔或较大管线引出孔水平方向的最大宽度，mm；

l_m——人孔或较大管线引出孔的长度，mm；

δ_{es}——裙座壳有效壁厚，mm；

$[\sigma]_s^t$——设计温度下裙座材料的许用应力，MPa。

裙座基底截面

$$A_{sb}=\pi D_{is}\delta_{es}\tag{7-6-36}$$

$$W_{sb}=\frac{\pi}{4}D_{is}^2\delta_{es}\tag{7-6-37}$$

最大开孔处截面

$$A_{sb}=\pi D_{im}\delta_{es}-\sum[(b_m+2\delta_m)\delta_{es}-A_m]\ A_m=2l_m\delta_m\tag{7-6-38}$$

$$W_{sb}=\frac{\pi}{4}D_{im}^2\delta_{es}-\Sigma\left(b_m D_{im}\frac{\delta_{es}}{2}-W_m\right)\tag{7-6-39}$$

$$W_m=2\delta_{es}l_m\sqrt{\left(\frac{D_{im}}{2}\right)^2-\left(\frac{b_m}{2}\right)^2}\tag{7-6-40}$$

裙座检查孔或较大管线引出孔 1-1 截面处（如图 7-6-9 所示）组合应力验算公式及方法与底截面处相同。

按上述验算满足条件后，再考虑壁厚附加量，并圆整成钢板标准厚度，即为裙座的最终厚度。

（2）基础环设计

①基础环内、外径应按式（7-6-41）和式（7-6-42）选取

$$D_{ib}=D_{is}-(160\sim400)\tag{7-6-41}$$

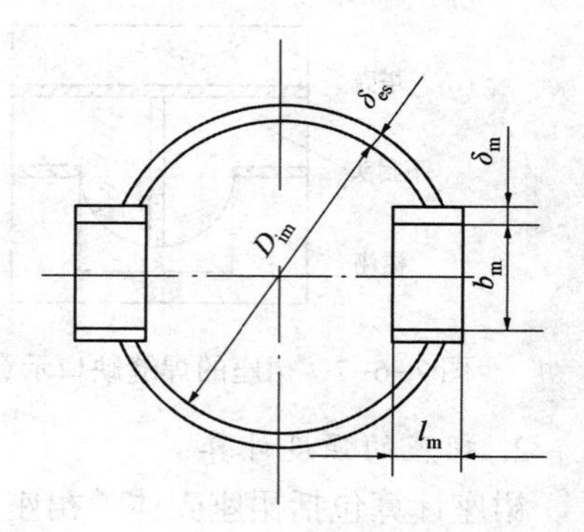

图 7-6-9　裙座检查孔或较大管线引出孔 1-1 截面示意图

$$D_{ob} = D_{is} + (160 \sim 400) \tag{7-6-42}$$

式中　D_{ob}——基础环的外径，mm；

D_{ib}——基础环的内径，mm；

D_{is}——裙座底截面的内径，mm。

②基础环厚度的计算

组合轴向压应力为

$$\sigma_{bmax} = \begin{cases} \dfrac{M_W^{0-0}}{W_b} + \dfrac{m_0 g \pm F_v^{0-0}}{A_b} \\ \dfrac{0.3M_W^{0-0} + M_e}{W_b} + \dfrac{m_{max} g}{A_b} \end{cases} \text{（取其中较大值）} \tag{7-6-43}$$

式中　A_b——基础环面积，$A_b = \frac{\pi}{4}(D_{ob}^2 - D_{ib}^2)$，$mm^2$；

W_b——基础环的截面系数，$W_b = \dfrac{\pi(D_{ob}^4 - D_{ib}^4)}{32D_{ob}}$，$mm^3$；

σ_{bmax}——混凝土基础环上的最大压应力，MPa；F_v^{0-0} 仅在最大弯矩为地震弯矩参与组合时计入此项。

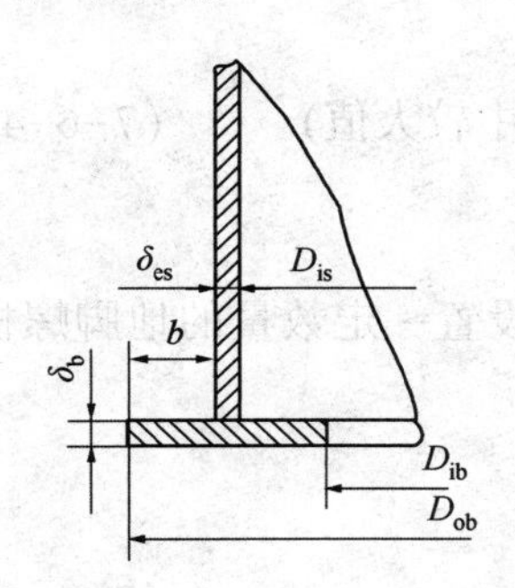

图 7-6-10　无筋板时基础环

无筋板时(图 7-6-10)基础环厚度 δ_b 为

$$\delta_b = 1.73b\sqrt{\frac{\sigma_{bmax}}{[\sigma]_b}} \tag{7-6-44}$$

式中　$[\sigma]_b$——基础环材料的许用应力，MPa；对低碳钢取 $[\sigma]_b = 140MPa$。

有筋板时(图 7-6-11)基础环厚度 δ_b 为

$$\delta_b = \sqrt{\frac{6M_s}{[\sigma]_b}} \tag{7-6-45}$$

式中　M_s——计算力矩，取矩形板 X、Y 轴的弯矩 M_x、M_y 中绝对值较大者，$M_x = C_x\sigma_{bmax}b^2$、$M_y = C_y\sigma_{bmax}l^2$，其中系数 C_x、C_y 按表 7-6-8 选取。

无论是有筋板还是无筋板，基础环厚度均不得小于 16mm。

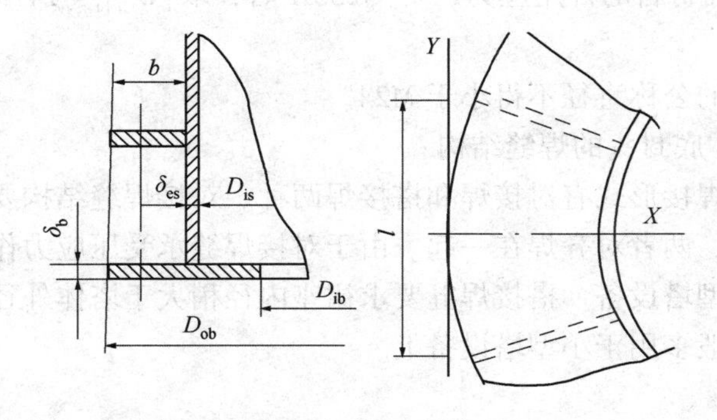

图 7-6-11　有筋板时基础环

表 7-6-8 矩形板力矩 C_x、C_y 系数表

b/l	C_x	C_y	b/l	C_x	C_y	b/l	C_x	C_y	b/l	C_x	C_y
0	−0.5000	0	0.8	−0.1730	0.0751	1.6	−0.0485	0.1260	2.4	−0.0217	0.1320
0.1	−0.5000	0.0000	0.9	−0.1420	0.0872	1.7	−0.0430	0.1270	2.5	−0.0200	0.1330
0.2	−0.4900	0.0006	1.0	−0.1180	0.0972	1.8	−0.0384	0.1290	2.6	−0.0185	0.1330
0.3	−0.4480	0.0051	1.1	−0.0995	0.1050	1.9	−0.0345	0.1300	2.7	−0.0171	0.1330
0.4	−0.3850	0.0151	1.2	−0.0846	0.1120	2.0	−0.0312	0.1300	2.8	−0.0159	0.1330
0.5	−0.3190	0.0293	1.3	−0.0726	1.1160	2.1	−0.0283	0.1310	2.9	−0.0149	0.1330
0.6	−0.2600	0.0453	1.4	−0.0629	0.1200	2.2	−0.0258	0.1320	3.0	−0.0139	0.1330
0.7	−0.2120	0.0610	1.5	−0.0550	0.1230	2.3	−0.0236	0.1320	—	—	—

注：b 为基础环外半径与裙座壳体外半径之差，mm；l 为两相邻筋板最大外侧间距，mm。如图 7-6-11 所示。

(3)地脚螺栓

地脚螺栓的作用是使设备能够牢固地固定在基础底座上，以免其受外力作用时发生倾倒。在风载荷、自重、地震载荷等作用下，塔设备基础底座迎风侧的综合受力可能出现零值甚至拉力作用，因而必须安装足够数量和一定直径的地脚螺栓。

①地脚螺栓承受的最大拉应力 σ_B 按下式计算

$$\sigma_B=\begin{cases}\dfrac{M_W^{0-0}+M_e}{W_b}-\dfrac{m_{\min}g}{A_b}\\[2ex]\dfrac{M_E^{0-0}+0.25M_W^{0-0}+M_e}{W_b}-\dfrac{m_0g-F_v^{0-0}}{A_b}\end{cases}\quad\text{(取其中较大值)}\tag{7-6-46}$$

当 $\sigma_B\leqslant0$ 时，塔设备可自身稳定，但为固定塔设备位置，应设置一定数量的地脚螺栓；当 $\sigma_B>0$ 时，塔设备必须设置地脚螺栓。

②地脚螺栓的螺纹小径按下式计算

$$d_1=\sqrt{\frac{4\sigma_B A_b}{\pi n[\sigma]_{bt}}}+C_2\tag{7-6-47}$$

式中 d_1——地脚螺栓螺纹小径，mm；

C_2——地脚螺栓腐蚀裕量，取 3mm；

n——地脚螺栓的个数，一般取 4 的倍数，对小直径塔设备可取 $n=6$；

$[\sigma]_{bt}$——地脚螺栓材料的许用应力，对 Q235A 时，取 $[\sigma]_{bt}=147$MPa，对 16Mn 时，取 $[\sigma]_{bt}=170$MPa。

圆整后地脚螺栓的公称直径不得小于 M24。

(4)裙座体与塔体底封头的焊缝结构

裙座体与塔体的焊接形式有对接焊和搭接焊两种。对接焊缝结构要求裙座壳的外径与塔体下封头的外径相等，两者对齐焊在一起。由于对接焊缝承受压应力作用，故可承受较高的轴向载荷，适用于大型塔设备。搭接焊缝要求裙座内径稍大于塔体外径，焊缝承受切应力作用，受力条件差，一般多用于小型塔设备上。

①对接焊缝

如图 7-6-12 所示，对接焊缝 J-J 截面处的拉应力按下式校核，其中 F_v^{J-J} 仅在最大弯矩为地震弯矩参与组合时计入。

$$\frac{4M_{max}^{J-J}}{\pi D_{it}^{2}\delta_{es}}-\frac{m_{0}^{J-J}g-F_{v}^{J-J}}{\pi D_{it}\delta_{es}}\leqslant 0.6K[\sigma]_{W}^{t} \tag{7-6-48}$$

式中 D_{it}——裙座顶截面的内直径，mm；

$[\sigma]_{W}^{t}$——设计温度下焊接接头的许用应力，取两侧母材许用应力的小值，MPa。

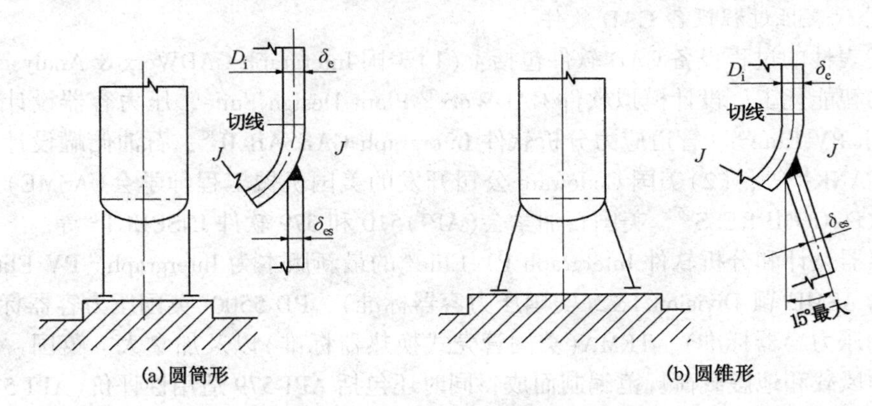

图 7-6-12　对接焊缝的结构示意图

②搭接焊缝

如图 7-6-13 所示，搭接焊缝 $J-J$ 截面处的剪应力按以下两式之一校核，其中 F_{v}^{J-J} 仅在最大弯矩为地震弯矩参与组合时计入此项，

$$\frac{M_{max}^{J-J}}{W_{W}}+\frac{m_{0}^{J-J}g+F_{v}^{J-J}}{A_{W}}\leqslant 0.8K[\sigma]_{W}^{t} \tag{7-6-49}$$

$$\frac{0.3M_{max}^{J-J}+M_{e}}{W_{W}}+\frac{m_{0}^{J-J}g}{A_{W}}\leqslant 0.8\times 0.9K\sigma_{s} \tag{7-6-50}$$

式中 W_{W}——焊缝抗剪截面系数，mm^3，$W_{W}=0.55D_{ot}{}^{2}\delta_{es}$；

A_{W}——焊缝抗剪断面面积，mm^2，$A_{W}=0.7\pi D_{ot}\delta_{es}$；

F_{v}^{J-J}——搭接焊缝处的垂直地震力，N；

D_{ot}——裙座顶截面的外直径，mm；

M_{max}^{J-J}——搭接焊缝 $J-J$ 处的最大弯距，N·mm；

m_{max}^{J-J}——搭接焊缝 $J-J$ 截面以上塔设备液压试验状态时的最大质量，kg；

m_{0}^{J-J}——搭接焊缝 $J-J$ 截面以上塔设备的操作质量，kg。

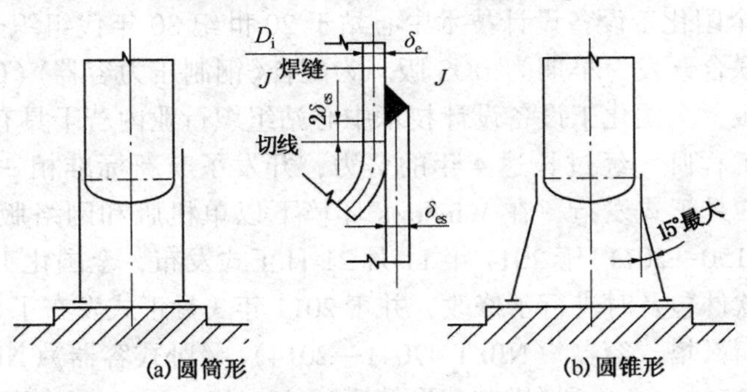

图 7-6-13　搭接焊缝的结构示意图

三、过程设备计算机辅助设计(CAD)软件

随着计算机软硬件技术的快速发展，计算机辅助设计(CAD)在过程设备设计中得到了越来越广泛的应用。由于世界各主要国家对过程设备的设计、制造及检验都有自己的标准和规范要求，因此相应过程设备 CAD 软件的内容也不尽相同。

1. 国外代表性过程设备 CAD 软件

国外代表性的过程设备 CAD 软件包括：(1)美国 Intergraph CADWorx & Analysis Solutions 公司开发的智能化工厂设计模拟软件 CADWorx® Plant Design Suite、压力容器设计和分析软件 Intergraph PV Elite®、管道应力分析软件 Intergraph CAESAR II®、石油储罐设计分析软件 Intergraph TANK™等；(2)美国 Codeware 公司开发的美国机械工程师学会(ASME)压力容器和换热器软件 COMPRESS®、美国石油学会(API)510 和 579 软件 INSPECT®等。

压力容器设计和分析软件 Intergraph PV Elite®的最新版本为 Intergraph® PV Elite® 2016，该软件依据 ASME Ⅷ Division 1&2(美国压力容器标准)、PD 5500(英国压力容器标准)、EN 13445(欧洲压力容器标准)、TEMA(美国管壳式换热器标准)以及加拿大、英国、印度、墨西哥等地的风载和地震载荷规范编制而成，同时还包括 API 579 适用性评价(API 579 Fitness for Service)的相关规定。Intergraph PV Elite®软件包括结构分析模块和容器造型模块，且内置压力容器构件设计和分析模块(CodeCalc)，能进行塔类、容器、换热器以及零部件的设计和结构分析，能够绘制 CAD 工程图以及自动生成材料表和管口信息表，并提供有与其他主流有限元分析、基础设计和绘图软件的接口。COMPRESS®依据 ASME VIII Division 1&2、TEMA(美国管壳式换热器标准)、UHX 规范等编制而成，考虑内外压、风力、地震和其他外部载荷，程序内置所有 ASME 材料、美国钢结构协会(AISC)结构属性、有限元分析模块等多种支撑类型，能进行塔类、容器、换热器、零部件的设计和有限元分析。COMPRESS 具有许多帮助窗口和友好的压力容器设计向导，能够帮助用户通过提供最少量的容器参数快捷创建标准容器，能够绘制 CAD 工程图以及自动生成材料表和管口信息表。

2. 国内代表性过程设备 CAD 软件

国内过程设备 CAD 软件先后出现了过程设备强度计算软件包 SW6、化工设备 CAD 施工图软件包 PVCAD、压力容器设计技术条件专家系统 PVDS、化工设备标准零部件绘图软件包 ComCAD、拱顶罐辅助设计软件包 TANK、压力容器分析设计软件 VAS、石油化工静设备计算机辅助设计桌面系统 PV Desktop、石油化工静设备计算机辅助设计系统 VCAD、压力容器强度计算软件 Lansys 等，其中 SW6 软件包目前使用面最广，已经成为相关人员进行过程设备设计、方案比较、在役设备强度评定等工作的重要工具。

SW6 软件包由全国化工设备设计技术中心站于 20 世纪 80 年代组织全国相关重点高校、设计院和科研院所联合开发，早期为 DOS 版。为配合《钢制压力容器》(GB 150—1998)及其相关设计标准的升版，全国化工设备设计技术中心站组织行业内若干具有较高资质的工程公司和设计院的设计工程师，经过长达 4 年的努力，开发了与新标准相一致的 SW6-98 软件包，并于 1998 年 10 月正式发行，在 Windows 环境下以单机版和网络版的模式运行。随着《压力容器》(GB/T 150—2011)于 2011 年 11 月 21 日正式发布，全国化工设备设计技术中心站再次对 SW6-98 软件包及时进行了修改，并于 2011 年 3 月正式发布了 SW6-2011 v1.0 版。自 2014 年以来，随着《塔式容器》(NB/T 47041—2014)、《卧式容器》(NB/T 47042—2014)、《热交换器》(GB/T 151—2014)和《钢制球形储罐》(GB 12337—2014)等四个标准的相继更新和发布，全国化工设备设计技术中心站对 SW6-2011 软件包的设计计算内容又进行了大幅度

的修改和调整，目前已经发布了 SW6-2011 v3.0 正式版。

SW6-2011 软件包包括十个“设备计算程序”、“零部件计算程序”和“用户材料数据库管理程序”，十个“设备计算程序”分别为卧式容器、塔器、固定管板换热器、浮头式换热器、填函式换热器、U 形管换热器、带夹套立式容器、球形储罐、高压容器及非圆形容器等，几乎能对该类设备各种结构组合的受压元件进行逐个计算或整体计算；“零部件计算程序”可单独计算最为常用的受内、外压的圆筒和各种封头，以及开孔补强、法兰等受压元件，也可对《钢制化工容器强度计算规定》(HG 20582—2011)中一些较为特殊的受压元件进行强度计算。SW6-2011 软件包允许用户分多次输入同一台设备的原始数据、同一台设备中对不同零部件原始数据的输入次序不作限制、输入原始数据时还可借助示意图或帮助按钮给出提示等，极大地方便了用户；一个设备中各个零部件的计算次序既可由用户自行决定，也可由程序来决定；计算结束后可以屏幕显示简要结果，并可以直接采用 WORD 表格形式形成按中、英文编排的《设计计算书》等多种方式给出相应的计算结果，满足用户查阅简要结论或输出正式文件存档的不同需要。该软件包对于有压力容器设计一般性需求、但非过程装备与控制工程类专业科班出身的应用型工程师而言，不仅意味着设计过程的快捷化，而且意味着不需要通过培训即能进行操作。

虽然采用先进的 CAD 软件是目前工程设计的发展趋势，但借助 SW6-2011 之类的软件包进行过程设备常规设计仅仅属于设计过程的“电算化”，不应归属于“解决复杂工程问题”的范畴。总的来看，计算机辅助设计在过程设备设计中的应用已经日趋成熟，正朝着由二维辅助绘图向参数化设计绘图、由单一功能软件向综合设计软件、由过程设备 CAD 向 CAE (计算机辅助工程)拓展等方向发展。

第八章　环境污染控制工程系统配套设备

环境污染控制工程的配套设备主要包括泵、风机、管路、附属设备及控制系统等，属于通用设备。通用设备的选用原则主要包括合理性(满足处理工艺的要求)、先进性(设备各方面的性能达到先进水平)、安全性(安全可靠，无事故隐患)、经济性(具有合理的性价比)等。泵、风机是输送污水、污泥、混凝剂、空气、烟气等液相或气相物料的重要设备，管路和附属设备等是流体收集或流动的要道，控制系统则是整个工程项目正常运行的神经中枢，掌握这些系统配套设备的原理、性能和结构等，对于处理操作和运行管理具有重要的意义。

§8.1　常用泵的选型与应用基础

环境污染控制工程大都涉及到连续流动的各种物料(如污水、污泥等)，通常因处理工艺要求而需要将其由低处输送至高处，由低压设备输送至高压设备，或者由一个构筑物输送至另一个构筑物。为此必须对物料作功以提高其能量，这就需要流体输送机械。

泵是流体输送机械的主要组成部分，尤其在水污染控制工程中，泵是整个工艺流程的“心脏”。为了选用既能符合生产要求且经济合理的泵，不仅要熟知被输送流体的性质、工作条件、输送要求，同时还要了解各种类型输送机械的工作原理、结构和特性。

在环境污染治理工程中使用较为广泛的泵型主要有离心泵、往复泵、螺杆泵、螺旋提升泵、螺旋离心泵、潜水排污泵等，这里重点介绍离心泵、往复泵、潜水排污泵等。

一、离心泵

1. 离心泵的结构及工作原理

如图 8-1-1 所示，离心泵的主要工作部件包括旋转的叶轮和固定的泵壳。叶轮是离心泵直接对液体做功的部件，其上带有叶片，工作时叶轮由电机驱动作高速旋转运动，迫使叶片间的液体也随之作旋转运动。同时因离心力的作用，使液体由叶轮中心向外缘作径向运动。液体在流经叶轮的运动过程中获得能量，并以高速离开叶轮外缘进入蜗形泵壳。在泵壳内，由于流道的逐渐扩大而减速，又将部分动能转化为静压能，达到较高的压力，经扩压管流入压出管道。

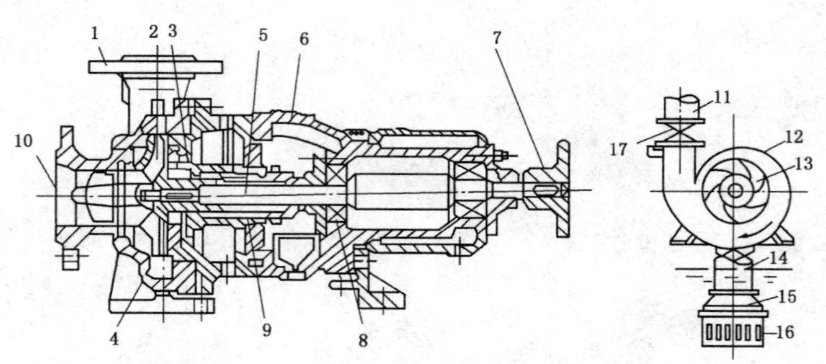

图 8-1-1　离心泵的结构示意图

1—泵体；2—叶轮；3—轴盖；4—泵盖；5—泵轴；6—托架；7—联轴器；8—轴承；9—轴封组件；10—吸入口；11—排出管；12—蜗形泵壳；13—叶片；14—吸入管；15—底阀；16—滤网；17—调节阀

在液体受迫由叶轮中心流向外缘的同时，在叶轮中心处形成真空；泵的吸入管路一端与叶轮中心处相通，另一端则浸没在输送的液体内。在压差作用下，液体经吸入管路进入泵内，只要叶轮的转动不停，离心泵便不断地吸入和排出液体。

(1)叶轮

叶轮是离心泵的核心构件，由在一圆盘上设置4~12个叶片构成。根据叶轮是否覆盖有盖板可以将其分为开式、半开式(或称半闭式)、闭式3种，如图8-1-2所示，三者的效率排序一般为“开式 < 半开式(或称半闭式) < 闭式”。由于闭式叶轮在输送含有固体杂质的液体时，容易发生堵塞，故此时多采用开式或半开式叶轮。对于闭式或半闭式叶轮，在输送液体时，由于叶轮的吸入口一侧是负压，而在另一侧是高压，因此在叶轮的两侧存在着压力差，从而存在对叶轮的轴向推力，使叶轮沿轴向向吸入口窜动，造成叶轮与泵壳的接触磨损，严重时还会造成泵的振动。为了避免这种现象，常常在叶轮的盖板上开若干个小孔，即平衡孔。平衡孔的存在降低了泵的容积效率，其他消除轴向推力的方法有安装平衡管、安装止推轴承等。对于多级式离心泵，各级的轴向推力总和很大，常常在最后一级加设平衡盘或平衡鼓来消除轴向推力。

图8-1-2　离心泵的叶轮结构示意图

根据叶轮的吸液方式可以将叶轮分为两种，即单吸式叶轮与双吸式叶轮，如图8-1-3所示。显然，双吸式叶轮完全消除了轴向推力，而且具有相对较大的吸液能力。

叶轮的叶片是一种转能部件，一般有前弯叶片、径向叶片和后弯叶片3种。由于后弯叶片相对于另外两种叶片的效率更高，更有利于动能向静压能的转变，因此生产中离心泵的叶片主要为后弯叶片。

(2)蜗形泵壳

蜗形泵壳是一种转能部件，其作用是汇集被叶轮甩出的液体，并在将液体导向排出口的过程中实现部分动能向压能的转换。

为了减少液体离开叶轮时直接冲击泵壳而造成能量损失，常在叶轮与泵壳之间安装一个固定不动的导轮，如图8-1-4所示。导轮上带有前弯叶片，叶片间逐渐扩大的通道使进入泵壳的液体流动方向逐渐改变，从而减少了能量损失，使动能向静压能的转变更加有效彻底。多级离心泵通常均安装导轮，除了起扩压作用外，还将上一级叶轮排出的液体引入下一级叶轮的进口。

(3)轴封组件

由于泵壳固定而泵轴转动，因此在泵轴与泵壳之间存在一定的空隙。为了防止泵内液体沿空隙漏出泵外或空气沿相反方向进入泵内，需要采取流体动密封措施。用来实现泵轴与泵壳之间流体动密封的组件称为轴封组件，常用的密封方式有填料密封与机械密封两种，如图8-1-5所示。近年来，随着磁传动技术的日益成熟，出现了能够实现零泄漏的磁力传动离心泵。

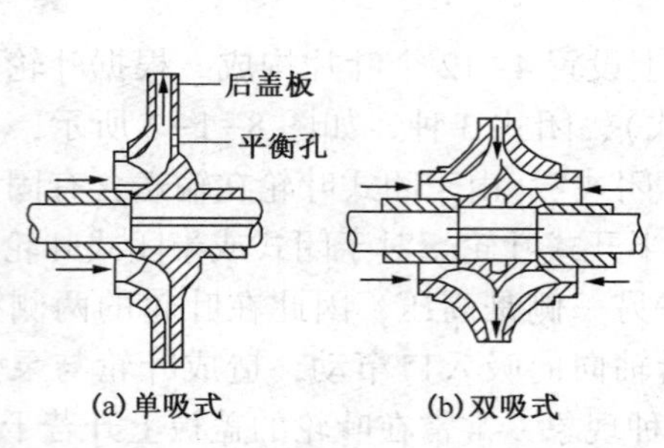

图 8-1-3　离心泵的吸液方式示意图

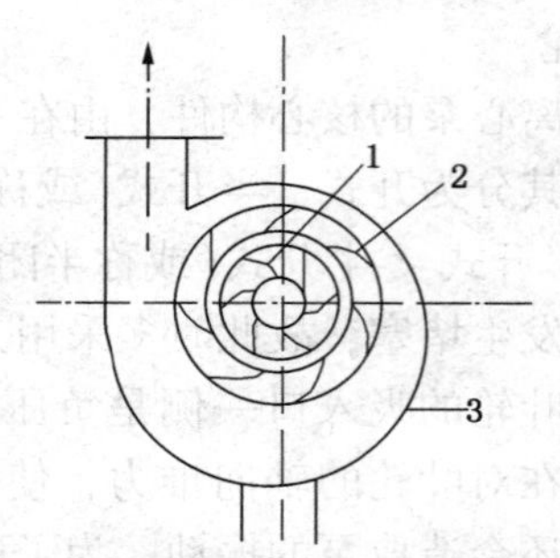

图 8-1-4　泵壳与导轮的结构示意图

1—叶轮；2—导轮；3—蜗形泵壳

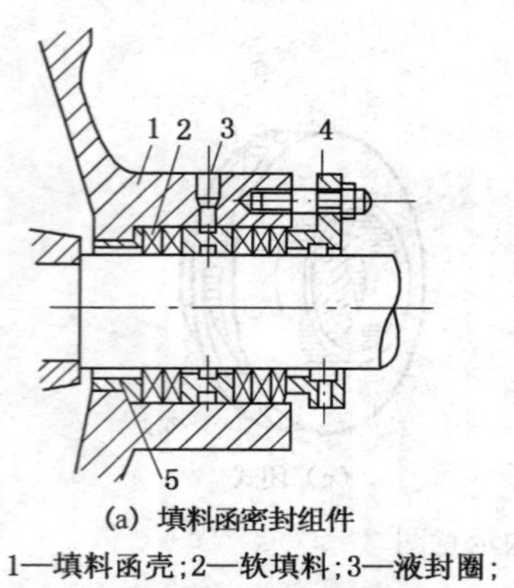

(a) 填料函密封组件

1—填料函壳；2—软填料；3—液封圈；4—填料压盖；5—内衬套

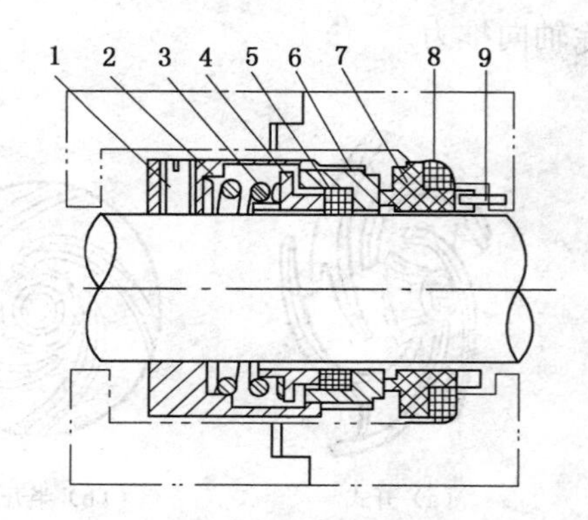

(b) 机械密封组件

1—螺钉；2—传动座；3—弹簧；4—推环；5—动环密封圈；6—动环；7—静环；8—静环密封圈；9—防转销

图 8-1-5　离心泵常用的两种动密封结构示意图

2. 离心泵的工作方程式

从离心泵工作原理知，液体从离心泵叶轮获得能量而提高了压强。单位质量液体从旋转叶轮获得能量的多少以及影响获得能量的因素，都可以从理论上来分析。由于液体在叶轮内的运动比较复杂，故作如下假设：

①叶轮内叶片的数目无限多，叶片的厚度为无限薄，液体完全沿着叶片的弯曲表面流动，无任何倒流现象；

②液体为黏度等于零的理想流体，没有流动阻力。

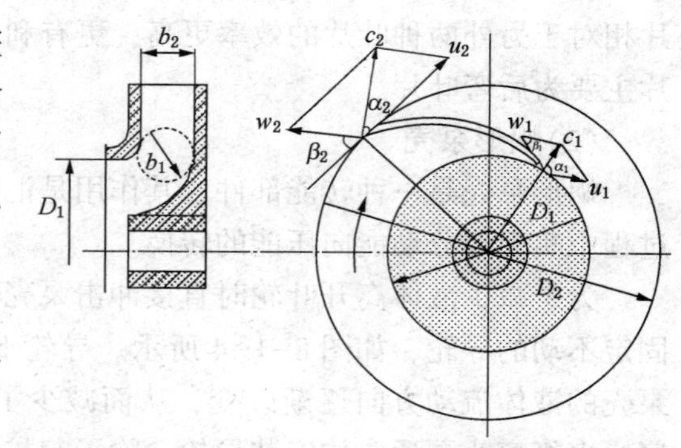

图 8-1-6　离心泵的工作原理示意图

如图 8-1-6 所示，叶轮带动液体一起作旋转运动时，液体具有一个随叶轮旋转的圆周速度 u，其运动方向为所处圆周的切线方向；同时，液体又具有沿叶片间通道流动的相对速度 ω，其运动方向为所在处叶片的切线方向；液体在叶片之间任一点的绝对速度 c 为该点的

圆周速度 u 与相对速度 ω 的矢量和。

由图可导出三者之间的关系：

叶轮进口处

$$w_1^2 = c_1^2 + u_1^2 - 2c_1 u_1 \cos\alpha_1 \tag{8-1-1}$$

叶轮出口处

$$w_2^2 = c_2^2 + u_2^2 - 2c_2 u_2 \cos\alpha_2 \tag{8-1-2}$$

泵的理论压头可从叶轮进出口之间列伯努利方程求得

$$\frac{p_1}{\rho g} + \frac{c_1^2}{2g} + H_\infty = \frac{p_2}{\rho g} + \frac{c_2^2}{2g} \tag{8-1-3}$$

即

$$H_\infty = H_\mathrm{p} + H_\mathrm{c} = \frac{p_2 - p_1}{\rho g} + \frac{c_2^2 - c_1^2}{2g} \tag{8-1-4}$$

式中 H_∞——叶轮提供给体压头，m；

H_p——理想液体经理想叶轮后静压头的增量，m；

H_c——理想液体经理想叶轮后动压头的增量，m；

p_1、p_2——液体在进、出口处的压强，Pa；

上式没有考虑进、出口两点高度不同，因叶轮每转一周，两点高低互换两次，按时均计此高差可视为零。液体从进口运动到出口，静压头增加的原因有如下两个：

①液体在叶轮内受离心力作用，接受了外功。质量为 m 的液体旋转时受到的离心力为：

$$F_\mathrm{c} = mR\omega^2$$

式中 F_c——液体所受的离心力，N；

R——旋转半径，m；

ω——旋转的角速度，rad/s。

质量 m=1kg 时，液体从进口到出口因受离心力作用而接受的外功为，

$$\int_{R_1}^{R_2} \frac{F_\mathrm{c}\mathrm{d}R}{mg} = \int_{R_1}^{R_2} \frac{R\omega^2\mathrm{d}R}{g} = \frac{\omega^2}{2g}(R_2^2 - R_1^2) = \frac{u_2^2 - u_1^2}{2g}$$

②相邻两叶片所构成的通道截面积由内而外逐渐扩大，液体通过时速度逐渐变小，一部分动能转变为静压能。每 1kg 液体静压能增加的量等于其动能减少的量，即$\frac{\omega_1^2-\omega_2^2}{2g}$。

质量为 1kg 的液体通过叶轮后其静压能的增加量应为上述两项之和，即

$$H_\mathrm{p} = \frac{p_2 - p_1}{\rho g} = \frac{u_2^2 - u_1^2}{2g} + \frac{\omega_1^2 - \omega_2^2}{2g} \tag{8-1-5}$$

将式(8-1-5)代入式(8-1-4)，得

$$H_\infty = \frac{c_2^2 - c_1^2}{2g} + \frac{u_2^2 - u_1^2}{2g} + \frac{\omega_1^2 - \omega_2^2}{2g} \tag{8-1-6}$$

将式(8-1-1)、式(8-1-2)代入式(8-1-6)，得

$$H_\infty = \frac{u_2 c_2 \cos\alpha_2 - u_1 c_1 \cos\alpha_1}{g} \tag{8-1-7}$$

由上式看出，当 $\cos\alpha_1 = 0$ 时，得到的压头最大。故离心泵设计时，一般都使$\alpha_1 = 90°$，于是上式成为

$$H_{\infty}=\frac{u_2\ c_2\cos\alpha_2}{g} \tag{8-1-8}$$

此式即为离心泵基本方程式。从上图可知

$$c_2\cos\alpha_2=u_2-c_{r2}\mathrm{ctg}\,\beta_2 \tag{8-1-9}$$

如不计叶片的厚度，离心泵的流量Q_T可表示为

$$Q_T=c_{r2}\pi D_2\ b_2 \tag{8-1-10}$$

式中　c_{r2}—— 叶轮在出口处绝对速度的径向分量，m/s；

b_2 —— 叶轮出口的宽度，m；

D_2 —— 叶轮外径，m。

将式(8-1-9)及式(8-1-10)代入式(8-1-8)，可得泵的理论压头与泵的理论流量之间的关系为

$$H_{\infty}=\frac{u_2^2}{g}-\frac{u_2\mathrm{ctg}\,\beta_2}{g\pi D_2\ b_2}Q_T \tag{8-1-11}$$

上式为离心泵基本方程式的又一表达形式，表示离心泵的理论压头与流量、叶轮的转速和直径、叶片的几何形状之间的关系。

3. 离心泵的性能参数与特性曲线

离心泵在出厂前都会在泵体上钉一块铭牌，上面刻有型号、流量、扬程、转数、轴功率和效率等有关该离心泵性能的指标，以表明其整体性能。

(1)流量

流量又称输液量，是指泵在单位时间内输送液体的体积Q，单位有L/s、m^3/s等。

(2)扬程

扬程又称压头，表示泵能提升液体的高度H，通常用“米水柱”作单位，习惯简称“米”。通常一台泵的扬程是指铭牌上的数值，实际扬程比此值要低，因为沿管路有阻力损失，实际扬程的多少要由管路布置情况来决定。

(3)转速

转速有规定的数值(额定转速)n(r/min)，实际转速和额定转速不一致时会引起泵的性能发生变化。增加转速可加大排量，但造成动力机械超载或带不动。降低转速会使排量和扬程减少，设备利用率降低，所以通常不允许改变泵的转速。

(4)轴功率和有效功率

轴功率P是指泵单位时间内消耗的能量或从原动机处接受的功率。离心泵在单位时间内把一定量的液体输送到某一高度所作的功叫有效功率，有效功率P_e可用下式表示

$$P_e=\rho\cdot Q\cdot g\cdot H\ (W) \tag{8-1-12}$$

式中　ρ—— 液体的密度，kg/m^3；

Q——泵的流量，m^3/s；

g —— 重力加速度，m/s^2；

H ——泵的实际扬程，m。

(5)效率

泵的轴功率一定大于泵的有效功率，有效功率与轴功率的比值就称为效率。有效功率越大，泵的效率越高；反之，泵的效率就越低。目前离心泵的效率一般为60%~85%。

通常每台离心泵都有三条性能曲线(或叫特性曲线)，即流量-扬程(Q-H)、流量-功率

$(Q-N)$和流量-效率$(Q-\eta)$性能曲线。出厂的离心泵都要在厂内通过清水进行性能测定试验，测定开始时先将出口阀关闭，然后逐渐开启阀门改变流量，测得一系列的流量 Q 及相应的压头 H 和轴功率 P，将 $Q\sim H$、$Q\sim P$ 及 $Q\sim\eta$ 曲线绘制在同一张坐标纸上，即为一定型号离心泵在一定转数下的特性曲线，如图 8-1-7 所示。

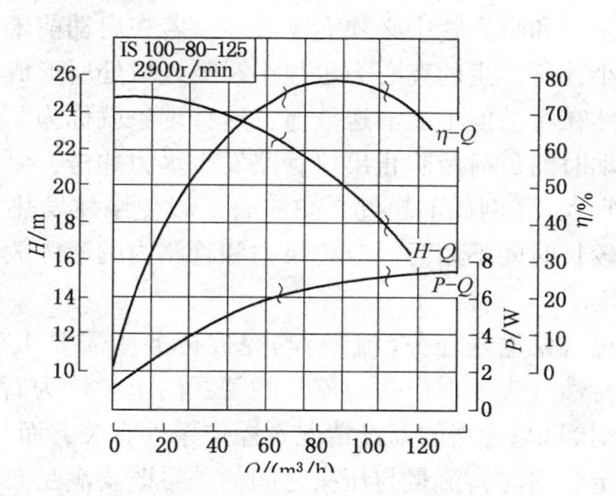

图 8-1-7　IS100-80-125 型离心泵的特性曲线

从图 8-1-7 中可见，对应某一 Q、H 值，η 曲线上有一个最大值，泵在相应流量和扬程下工作时的效率最高；如果使用点与 η 最高点相差太远，则泵的效率太低，使用就不经济。因此并不是整个性能曲线都是泵的工作区域，一般在曲线上两个波折号之间的区域为该泵的推荐工作区域。对于不同型号的离心泵，其 $H-Q$ 曲线的形状不同，有的曲线比较平坦，适用于流量变化较大的场合；有的曲线比较陡峭，适用于管路压头变化大而不允许流量变化太大的场合。

另外，上述特性曲线是指当转数、叶轮直径和输送液体黏度在一定条件下而言，若这些参数改变时，则离心泵的特性曲线就具有不同的形状。

4. 离心泵的安装运行

(1)泵的安装

在离心泵吸入管底部安装带滤网的止逆阀，防止启动前灌入的液体从泵内漏失；滤网防止固体物质进入泵内，工作时吸入管路上的阀门应保持全开。靠近泵出口处的压出管道上装有调节阀，供调节流量时使用。另外，在吸入管路和泵轴填料函处均不应漏气。

离心泵吸入口截面高出贮液槽液面的垂直距离为吸上高度 $H_{吸}$。由于离心泵靠贮液槽液面与吸入口之间的压差来完成吸液，当贮液槽液面压力一定时，吸入管路越高，吸上高度越大，则吸入口处的压力将越小。当吸入口处的压力小于操作条件下被输送液体的饱和蒸气压时，液体将会汽化产生气泡，进而在离心泵中产生汽蚀现象。

为避免汽蚀，必须确保叶轮内各处压力均高于液体的饱和蒸气压，这就使得离心泵的安装位置受允许吸上高度的限制。同时，被输送液体的温度越高，允许吸上高度就越低。表 8-1-1 列出了输送不同温度的水时，一般离心泵的允许吸上高度。

表 8-1-1　离心泵输送水时的允许吸上高度(参考值)

温度/℃	10	20	30	40	50	60	65
吸上高度/m	6	5	4	3	2	1	0

为了不致降低泵的允许吸上高度，在吸入管路中应尽量避免设置不必要的阻尼件而且吸入管路的直径通常较压出管路为大。在调节流量时，也需注意不要关小入口阀，应只调节出口阀。

(2)离心泵启动前的准备

离心泵开动之前，泵内和吸入管中必须充满液体。若在启动前未充满液体，则泵内存在空气。由于空气密度很小，所产生的离心力也很小。吸入口处所形成的真空不足以将液体吸入泵内，因此离心泵虽然在转动但不能输送液体，这种现象就称为“气缚”。

为了减小电机在启动时的负荷及防止出口管路发生水力冲击，泵的出口阀应在启动前关闭，但此时运转时间不宜太长(例如不超过2~3min)，以免泵体发热。停泵时，应先关闭出口阀，以免液体倒流。较长时间不用时，应将泵内和管路内的液体放净。

(3)离心泵的工作点

对于给定的管路，离心泵输送任务(流量)与完成任务所需要压头之间也存在一定的关系，这种关系称为管路特性，表示在压头与流量的关系图上，称为管路的特性曲线。如图8-1-8所示，该曲线的形状只与管路的铺设情况及操作条件有关，而与泵的特性无关。

当离心泵安装在指定管路时，流量与压头之间的关系既要满足泵的特性，也要满足管路的特性。反映在特性曲线上，应为泵的特性曲线与管路特性曲线的交点。这个交点 M 称为离心泵在指定管路上的工作点，如图8-1-8所示，泵安装在特定管路中，只能有一个稳定的工作点 M，如果不在 M 点工作，就会出现泵提供给管路的能量与管路需要的能量之间不平衡的现象；此时系统就会自动调节，直至达到平衡，回到稳定工作点。

(4)离心泵的流量调节

如果离心泵工作时送液能力与生产任务不一致时，就需要对泵进行调节，以满足生产任务的需要。从图8-1-9可以看出，调节管路特性曲线和泵的特性曲线均能达到调节泵工作点的目的，常见的调节方法有节流调节法、改变泵性能曲线的调节法和更换不同叶轮直径和车削叶轮外径的方法。

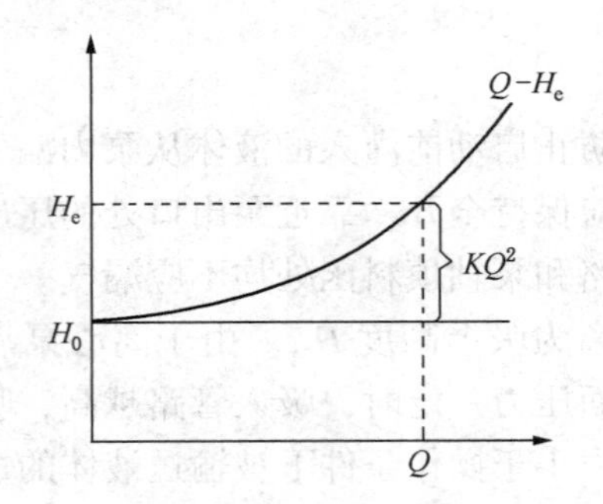

图8-1-8　离心泵的管路特性曲线

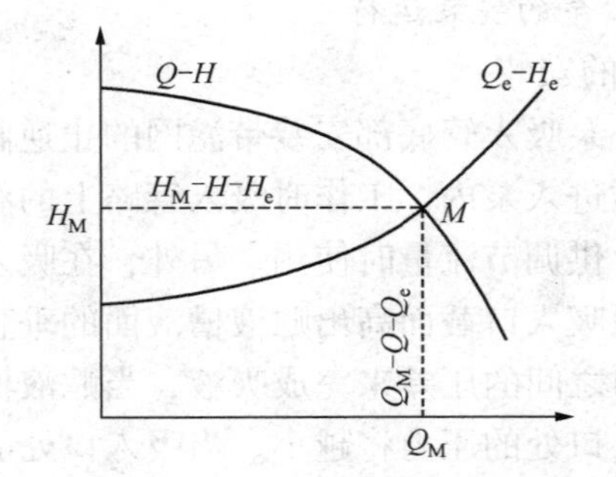

图8-1-9　离心泵的工作点

在生产中，有时需要将多台泵并联或串联在管路中运转，目的在于增加系统中的流量或压头。

5. 离心泵的种类

离心泵种类繁多，相应的分类方法也多种多样。按吸液方式可以分为单吸泵与双吸泵；按叶轮数目可以分为单级泵与多级泵；按特定使用条件可以分为液下泵、管道泵、高温泵、低温泵和高温高压泵等；按照被输送液体的性质可以分为清水泵(或普通泵)、污水泵、油泵、耐腐蚀泵和杂质泵等；按安装方式可以分为卧式泵和立式泵。这些泵均已按其结构特点不同，自成系列并标准化，可在泵的样本手册中查取。这里对污水泵略作介绍。

污水泵是污水处理厂关键设备之一，属于无堵塞泵的一种。主要用于输送城市污水、粪便或液体中含有纤维、纸屑等固体颗粒的介质，通常被输送介质的温度不大于80℃。由于被输送的介质中含有易缠绕或聚束的纤维物，故该种泵的流道易被堵塞。流道一旦被堵塞泵就不能正常工作，甚至烧毁电机，从而造成排污不畅。因此，抗堵性和可靠性是污水泵质量优劣的重要因素。

(1)国产污水泵

国产污水泵主要有WS系列，MF、MN系列污水泵，KWP系列无堵塞污水泵，WL系列立式排污泵等多种形式。

WS系列污水泵最大可以满足$100\times10^4m^3/d$城市污水处理厂的需要，能够输送泥浆、粪便、灰渣及纸浆等介质，还可适用作循环水泵、给水排水及其他用途，具有大流道叶轮、无堵塞、防缠绕性能好等优点，能够顺利通过纤维长度达1500mm的液体。输送流量100~25000m^3/h，扬程3~55m。防护等级为IP68，绝缘等级为F，具有泄漏报警功能。

MF、MN型污水泵是从美国Dresser公司引进的技术产品。整个设计符合运转时无阻塞的要求，保证含颗粒和纤维物质的污水正常通过，主要用于污水泵站和污水处理厂输送城市或工业污水。运行可靠、效率高、能耗少，并有多种型号不同的结构形式可供选用，出口直径75~1150mm，转速290~1470r/min。输送流量51~1170m^3/h，扬程3.1~58m，工作温度T可达80℃。防护等级为IP68，绝缘等级为F，具有泄漏报警功能。

KWP系列无堵塞污水泵是引进德国KSB公司技术制造的新型高效节能污水泵，泵出口直径40~500mm，共计33个规格、13种轴承托架。KWP系列泵专门用于污水处理、化工、钢铁和造纸、制糖和罐头食品等行业，主要特点是高效、无堵塞，效率比老产品平均提高10%左右，节能效果好。有四种叶轮形式可供选择：K型叶轮——闭式无堵塞叶轮，适用于输送污水和含有固体物质的介质及不释放出气体的液体，输送介质中不应含有易粘附、易打褶的固体物，如长纤维、非水解的胶粒等；N型叶轮——闭式多叶片叶轮，适用于输送含有轻度固体悬浮物的介质，如预处理后的污水、分选水、纸浆水、糖汁等；Q型叶轮——开式叶轮，适用范围与N型泵相同，但可输送含有气体的介质；F型叶轮——自由流叶轮，适用于输送含液体及含有粗大固体物或易粘附、易打褶的固体物，如长纤维、非水解的胶粒等。

WL型立式排污泵主要由轴、轴承架、泵盖、叶轮、泵座、电机支架、电机等部件组成，采用进口轴承、机械密封。泵为立式单级单吸涡壳泵，叶轮采用单(双)流道或单双叶片结构，无堵塞水力设计，能有效通过5倍于泵口径的纤维物质及直径为泵口径50%的固体颗粒。应用于城市给排水、工矿企业和商业的污水、泥浆、粪便、灰渣、纸浆等输送及排放，还可用作循环泵、农田灌溉泵。该系列泵流量20~10000m^3/h，扬程6~54m，电机功率4~1800kW，排出口径65~800mm，通过颗粒25~30mm，纤维长度300~1600mm。

(2)国外污水泵

国外污水泵主要有FR系列端吸离心泵、NB系列端吸离心泵以及B系列潜水砂浆泵等。

FR系列端吸离心泵为德国ABS国际泵业集团的产品，由于设计上保证了叶轮和泵壳间有足够间隙，因此属于干式安装的不堵塞泵。较小型泵采用涡轮或带防堵功能的单片叶轮；主轴采用机械密封，也可选用其他密封形式。最适用于市政和工业中污染严重的污水。

NB系列端吸离心泵为德国ABS国际泵业集团的产品，是一种干式安装的专门用于各工业领域的输液泵。该泵设计合理，结构坚固，并有多种材质可供选用，以适用于不同的介质。

B 系列潜水砂浆泵为瑞典 ITT 飞力公司的产品，设有多叶片/开放或半开放式流道的叶轮，有几种不同材质供选用，用于处理黏土、砂石、钻探泥浆等含高磨损物质的介质，在给排水工程中则是曝气沉砂池排砂泵最为理想的选择。有普通型、防爆型和高腐蚀性介质型等三种，防护等级为 IP68，绝缘等级为 F，具有泄漏报警功能等。流量 Q 可达 300L/s，扬程 H 可达 190m。

6. 离心泵的选用

离心泵的选用通常可按下列原则进行：

(1) 根据被输送液体的性质和操作条件，初步确定泵的系列及生产厂家

①根据输送介质决定选用清水泵、油泵、耐腐蚀泵、屏蔽泵等；②根据现场安装条件决定选用卧式泵、立式泵(含液下泵、管道泵)等；③根据流量大小选用单吸泵、双吸泵等；④根据扬程大小选单级泵、多级泵、高度泵等。生产厂家往往将同一系列下各种不同型号泵的特性曲线绘制在一张图中，称为系列型谱图。

(2) 根据具体流量和压头的要求确定泵的可用型号

采用操作中可能出现的最大流量作为所选泵的额定流量，如缺少最大流量值时，常取正常流量的 1.1~1.15 倍作为额定流量；取所需扬程的 1.05~1.1 倍作为所选泵的额定扬程；按额定流量和扬程，利用系列型谱图，初步选择 1 种或几种可用的泵型号。

(3) 校核和最终选型

当流体的密度变化大时，必须对所需扬程进行校核：

$$H = H_0 \frac{\rho_L}{1000} \tag{8-1-13}$$

式中 H——换算成清水的总扬程，m；

H_0——按实际输送流体密度计算出的总扬程，m；

ρ_L——流体的密度，kg/m³。

当初步选定泵后，须校核泵与管路的真正工作点。校核方法是：先根据产品目录上查出所选泵的 $Q-H$ 性能曲线，再在上面做出管路特性曲线，两条曲线的交点为泵在管路中的工作点。当工作点落在泵的有利效率范围内则选择恰当，否则必须加以调整。此外，泵的汽蚀余量必须符合要求。若有几种型号的泵同时可用，则应选择综合指标高者。综合指标主要为：效率(高者为优)、汽蚀余量(小者为优)、重量(轻者为优)、价格(低者为优)。

二、容积式泵

容积式泵也叫正位移泵，即借助物体周期性的位移来增加或减少工作容积，从而进行能量转换的泵。按照容积泵的运动方式，分为往复式和转动式容积泵。转动式容积泵主要是指齿轮泵、单螺杆泵、双螺杆泵等转子泵，由于单螺杆泵等已经在本书 §4.2 进行了介绍，这里仅介绍往复式容积泵。

1. 往复泵的工作原理

往复泵的工作原理如图 8-1-10 所示。往复泵的主要构件有泵缸、活塞(或柱塞)、活塞杆及若干个单向阀，泵缸、活塞及阀门间的空间称为工作室。当活塞在外力作用下移动时，工作室容积增大而压力下降，排出阀在压出管内液体的压力作用下关闭，吸入阀则被泵外液体的压力推开，将液体吸入泵缸内。当活塞移到右端，工作室的容积最大，吸入行程结束。随后，活塞便自右向左移动，泵缸内液体受到挤压，压力增大，使吸入阀关闭而排出阀打

开，并将液体排出。活塞移至左端时，排液结束，完成了一个工作循环。如此周而复始，实现泵的吸液与排液。

活塞在泵内左右移动的端点叫“死点”，两“死点”之间的距离称为冲程。在活塞往复运动的一个周期里，如果泵的吸液、排液各只有一次，则称为单作用往复泵；如果各有两次，称为双作用往复泵；此外还有三缸单作用往复泵。

2. 往复泵的性能曲线

往复泵的理论流量Q_T与管路特性无关，但是由于密封不严造成泄漏、阀启闭不及时等原因，造成实际流量 Q 小于理论流量Q_T。往复泵的工作点仍是泵特性曲线和管路特性曲线的交点，其压头只取决于管路系统的实际需要而与流量无关，可见，对于往复泵只要泵的机械强度及原动机功率允许，管路系统需要多高的压头即可提供多高的压头。

往复泵的功率与效率的计算方法与离心泵相同。但效率比离心泵高，通常在0.72~0.93之间，蒸汽往复泵的效率可达0.83~0.88。

3. 往复泵的流量调节

往复泵的流量调节通常有3种方法：改变冲程调节法、改变往复频率调节法、旁路调节法。一般常采用安装回流支路或称为旁路的办法进行调节，如图8-1-11所示，旁路调节的实质不是改变泵的送液能力，而是改变流量在主管路及旁路的分配，这种调节造成了功率的损耗，在经济上不合理，但在生产上却常用，同时必须注意出口阀和旁路阀不可同时关闭。

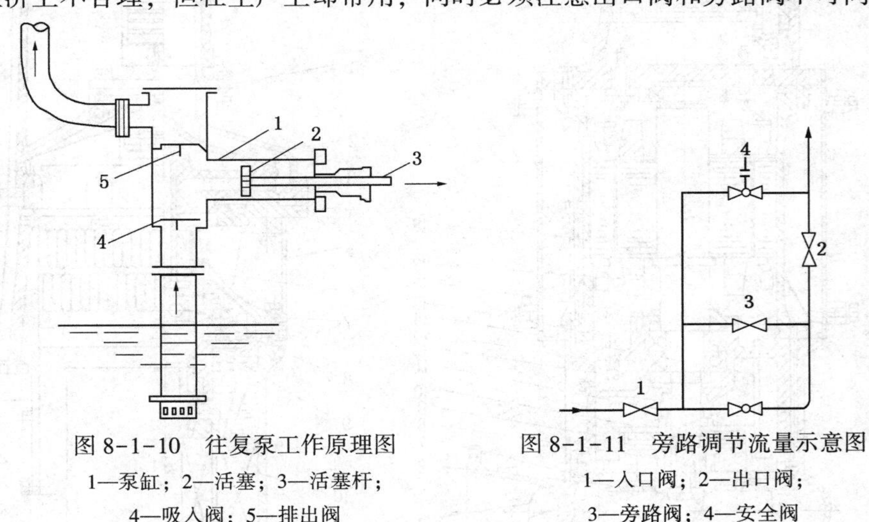

图8-1-10 往复泵工作原理图
1—泵缸；2—活塞；3—活塞杆；
4—吸入阀；5—排出阀

图8-1-11 旁路调节流量示意图
1—入口阀；2—出口阀；
3—旁路阀；4—安全阀

往复泵的吸上真空高度随安装地区的大气压强、输送液体的性质和温度而变，所以其吸上高度也有一定限制。往复泵的低压靠工作室的扩张来造成，因此在启动之前泵内无须充满液体，即往复泵有自吸作用。

三、污水污物潜水泵

污水污物潜水泵仍属离心式水力机械的范畴，但与一般卧式泵或立式污水泵相比，可以直接整体安装在污水池内，无需建造专门的泵房。污水污物潜水泵的使用范围目前越来越广，在市政工程、工业、医院、建筑等行业中起着十分重要的作用。与此同时，其产业化进程也飞速发展，国内产品20世纪80年代末的最大功率仅30kW，90年代中期由电压660V及以下(功率315kW及以下)发展到高压3kV、6kV、10kV，功率达1400kW。目前已经形成了较完整的产品系列，主要产品有潜水排污泵、潜水轴流泵/潜水混流泵、KRT型潜水电泵、潜水渣浆泵、切割式潜水排污泵等。

1. 潜水排污泵

(1)基本结构

潜水排污泵是一种无堵塞泵，主要由底座、泵体、叶轮及潜水电机等组成，潜污泵为立式，泵与电动机同轴且连为一体，水泵位于整个排污泵最下端，从潜污泵吸入口方向看叶轮逆时针方向旋转。潜水排污泵按液体排出方式分为外装式、内装式和半内装式3种。外装式的输送介质不通过电动机部分，直接从泵体部分排出；内装式的输送介质从排出管与电动机外壳之间环形流道排出；半内装式的输送介质从与电动机外壳部分连接的排出管中排出。

图8-1-12(a)所示QW型潜水排污泵，在电机和泵之间设有油隔离室，在油隔离室中安装了双端面机械密封，以防止水进入电机，造成电机线圈短路而烧毁。该型潜水排污泵所采用的电机与普通电机相同，称之为干式潜水电机。还有一部分潜水排污泵采用充油式潜水电机，在这种电机的定子内充满了变压油，在泵与电机之间也安装了机械密封，如图8-1-12(b)所示。

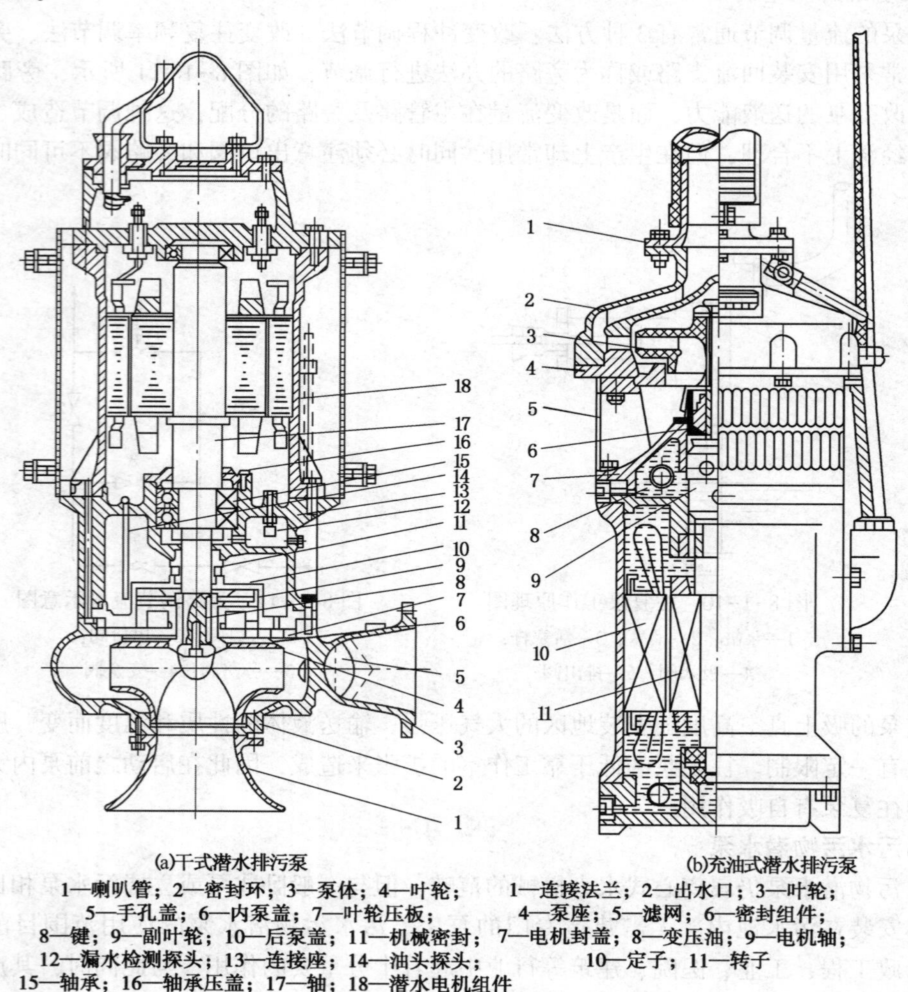

1—喇叭管；2—密封环；3—泵体；4—叶轮；5—手孔盖；6—内泵盖；7—叶轮压板；8—键；9—副叶轮；10—后泵盖；11—机械密封；12—漏水检测探头；13—连接座；14—油头探头；15—轴承；16—轴承压盖；17—轴；18—潜水电机组件

1—连接法兰；2—出水口；3—叶轮；4—泵座；5—滤网；6—密封组件；7—电机封盖；8—变压油；9—电机轴；10—定子；11—转子

图8-1-12 潜水排污泵的结构示意图

叶轮、压水室是潜水排污泵的两大核心部件，泵的抗堵塞性能、效率、汽蚀性能以及抗磨蚀性能主要由它们来保证。常用蜗壳状的压水室，蜗壳有螺旋型、环型和中介型3种，螺旋型蜗壳基本上不用，环型压水室因结构简单、制造方便而在小型泵上采用较多；由于中介型(半螺旋型)压水室兼有螺旋型压水室的高效率性和环型压水室的高通透性，因而自其出现以来，环型压水室的应用范围逐渐变小。在内装式潜水排污泵中多选用径向导叶或流道式导叶，叶轮则分为旋流式、半开叶片式、闭式叶片式、单/双流道式、螺旋离心式5种。

①旋流式叶轮

由于叶轮的部分或全部缩离压水室流道，故泵的无堵塞性能好，通过颗粒能力和长纤维的能力较强。颗粒在压水室内靠叶轮旋转产生涡流推动，悬浮性颗粒本身不产生能量，只是在流道内和液体交换能量。在流动过程中，由于悬浮性颗粒或长纤维不与叶片接触，因此叶片磨损情况较轻，不存在间隙因磨蚀而加大的情况，在长期运行中不会造成效率严重下降，采用该型叶轮的泵适合抽送含有大颗粒和长纤维的介质。

从性能上讲，该叶轮效率较低，仅相当于普通闭式叶轮的70%左右，扬程曲线比较平坦。

②半开叶片式叶轮

半开式叶轮制造方便，当叶轮内造成堵塞时较易清理及维修。但长期运行时，在颗粒的磨蚀下会使叶片与压水室内侧壁的间隙加大，从而使效率降低；并且间隙的加大会破坏叶片上的压差分布，这样不仅产生大量的旋涡损失，而且会使泵的轴向力加大；同时由于间隙加大，流道中液体流态的稳定性受到破坏，使泵产生振动。因此，该种型式的叶轮不宜输送含大颗粒和长纤维的介质，而且从性能上讲该型式叶轮的效率低，最高效率约相当于普通闭式叶轮的92%左右，扬程曲线比较平坦。

③闭式叶片式叶轮

闭式叶轮正常效率较高，在长期运行中情况比较稳定；泵轴向力较小，且可以在前后盖板上设置副叶片。前盖板上的副叶片可以减少叶轮进口的旋涡损失和颗粒对密封环的磨损。后盖板上的副叶片不仅起平衡轴向力的作用，而且可以防止悬浮性颗粒进入机械密封腔对机械密封起保护作用。但该型式叶轮的无堵塞性能差，易于缠绕，不宜于抽送含大颗粒(长纤维)等未经预处理的污水。

④流道式叶轮

属于无叶片的叶轮，叶轮流道是一个从进口到出口的弯曲流道。适宜于抽送含有大颗粒和长纤维的介质，抗堵性好。从性能上讲该型叶轮的效率高，与普通闭式叶轮相差不大，但该型叶轮泵的扬程曲线较为陡降。功率曲线比较平稳，不易产生超功率的问题，但叶轮的汽蚀性能不如普通闭式叶轮，适宜用在有压进口的泵上。

⑤螺旋离心式叶轮

叶轮叶片为扭曲的螺旋叶片，在锥形轮毂体上从吸入口沿轴向延伸。该型叶轮的泵兼具有容积泵和离心泵的作用，悬浮性颗粒在叶片中流过时不撞击泵内任何部位，故对输送物的破坏性小。由于螺旋的推进作用，悬浮颗粒的通过性强，所以采用该型式叶轮的泵适宜于抽送含有大颗粒和长纤维的介质，以及高浓度的介质。在对输送介质破坏性有严格要求的场合下优点明显。

(2)典型产品

WQ系列潜水排污泵在吸收德国KSB公司技术的基础上研究开发，属于单级单吸立式离心潜水污水泵，采用大通道抗堵塞水力部件的设计。使用范围及使用条件如下：pH 值 5~9，泵出口直径 100~500mm，防护等级为 IP68，绝缘等级为 F，具有泄漏报警等功能。流量可达 3900m^3/h，扬程可达 52m；工作温度≤60℃。

国内同类产品还有 QW 系列潜水排污泵、AS/AV 系列潜水排污泵；国外同类产品有德国 ABS 国际泵业集团的 AFP1 系列小型潜污泵、AFP2 系列大型潜污泵、AS 系列潜水污水泵、MF 系列防爆抗堵塞铸铁潜污泵、Z6000 潜水污水泵系列，瑞典 ITT 飞力公司的 C、R 型泵等。

2. 潜水轴流泵、潜水混流泵

潜水轴流泵、潜水混流泵主要由泵体、叶轮、潜水电机等组成。电机与泵头共轴并构成一个整体，电机与泵使用机械密封隔开，电缆进线处用进线密封封好，使整个电机处于良好的密封状态，整机潜没在水中运行。整机内部有泄漏及温升保护装置，运行安全可靠。叶片可调，流量、扬程变化范围大。

轴流泵的液流沿转轴方向流动，设计原理与离心泵基本相同。混流泵内液体的流动介于离心泵与轴流泵之间，液体斜向流出叶轮，即液体的流动方向相对叶轮而言，既有径向速度，也有轴向速度；其特性也介于离心泵与轴流泵之间。

国内潜水轴流泵的同类产品还有 QZ 系列等。国外同类产品有 ABS 国际泵业集团的 UVP 潜水轴流泵，瑞典 ITT 飞力公司的 P 型潜水轴流泵，等等。

国内潜水混流泵的同类产品还有 QHD 系列单级导叶混流式潜水泵、QHL 蜗壳式潜水混流泵、SEZ 型立式混流泵、SNT 型潜水混流泵等；国外同类产品有 ABS 国际泵业集团的 AFL 潜水混流泵系列等。SEZ 型立式混流泵是引进德国 KSB 公司技术生产的大型立式混流泵，采用橡胶或耐磨的陶瓷轴承，可实现外接清水润滑、自输清水润滑或介质自润滑；泵转子为可抽出或不可抽出式；前导叶还可制成可调形式以代替昂贵复杂的变频调速装置；进水部分为吸入喇叭或进水弯管；适用于城市给排水和电场输送循环水及大型排灌泵站。AFL 型潜水混流泵的效率高达 86%，流量可达 10000m^3/h，扬程可达 30m。

3. KRT 型潜水电泵

KRT 型潜水电泵是引进德国 KSB 公司技术生产的新型潜水电泵。四种可供选择的叶轮使得该泵适用于输送各种类型的污水和工业废水，特别是未经预处理的含有长纤维固体颗粒污水。出口直径大于 40mm 且装有 S 型叶轮的泵还带有切割机构，能为各种介质提供无阻塞大通道运行。全部在转子的前部串联安装了两套特殊设计的机械密封，润滑采用对环境无害的石蜡油，并装有防潮电极和热监控器来保证电机安全运行。泵体有多种材料可供选择，有固定式和移动式两种安装方式，流量可达 6200m^3/h，电机功率 0.8~320kW，扬程可达 95m，出口直径 40~60mm，介质温度可达 60℃。

4. 潜水渣浆泵

潜水渣浆泵广泛应用于适用于市政、化工等行业输送污水、污泥、粪便、含废料的浓稠介质及有悬浮固体颗粒的渣浆。

H 型潜水衬胶泵采用开式或闭式流道叶轮，叶轮由高度耐磨材料制造，泵壳易磨损部分有可调节及更换的橡胶衬里。分 3000 和 5500 两个系列，5500 系列采用大负载的三流道叶轮，由高铬钢或聚氨酯制成。

M 型潜水旋涡渣浆泵的特点为带有专门设计的磨碎装置和切断装置，所有固体可碎化为 5mm×15mm 的颗粒。

5. 切割式潜水排污泵

潜水排污泵具有很多优点，最突出的就是可以直接放到污水中使用。但在没有设置或不便设置格栅的场合，小口径潜水排污泵常发生泵和管路被污水中较大杂物堵塞的现象，给用户造成麻烦。为此，相关厂家开发了小口径(50、66、100mm)的切割式潜水排污泵。

国内代表性产品有 WQ/S 切碎式潜污泵、WQG 系列潜水切割泵等，国外同类产品有 ABS 国际泵业集团的 PIRANHA 水虎鱼系列等。WQG 系列潜水切割泵的技术参数如表 8-1-2 所示。

表 8-1-2 WQG 系列潜水切割泵的技术参数

型号	功率		额定电流/A	额定电压/V	频率/Hz	额定转速/(r/min)	口径		配用电柜	自耦装置型号	质量/kg
	P_1/kW	P_2/kW					mm	in			
WQG10-2	1. 5	1. 0	2. 9	380	50	2850	32	1. 25	Qc40-1. 0	32GAK	32
WQG16-2	2. 2	1. 6	3. 7	380	50	2850	32	1. 25	Qc40-1. 5	32GAK	33
WQG22-2	2. 9	2. 2	5. 0	380	50	2850	30	1. 25	Qc40-2. 2	32GAK	52
WQG30-2	3. 7	2. 9	6. 4	380	50	2850	32	1. 25	Qc40-3. 0	32GAK	53
WQG40-2	4. 8	4. 0	8. 2	380	50	2850	2. 0	2. 0	Qc40-4. 0	50GAK	75
WQG55-2	6. 8	5. 5	11. 1	380	50	2850	50	2. 0	Qc40-5. 5	50GAK	150

水虎鱼是一种鱼类，ABS 用其来形象地命名 PIRANHA 潜水泵，采用自 $1^1/_4$ in(DN32)起的较小直径排水管，最大流量 $32m^3/h$，最大扬程 80m。PIRANHA 潜水泵具有以下特点：①具有独特的 ABS 水虎鱼切碎装置，可以将布片和塑料袋切碎，以防堵塞；②目前整个系列均装备有新型模块式电机；③即使地形起伏较大，也不影响安装；④标准和防爆系列均可供货。

§8.2 水处理系统管路设计

管路是管子、管件、阀门等的总称，其作用是连接有关的污染治理设备或构筑物，使各种流体在其间得以流通，以保证水处理过程的正常进行。

一、管子的规格、选择及连接

1. 管子的规格

管子的规格通常用“φ 外径×壁厚”来表示，但也有一些管子采用内径来表示其规格。管子的长度主要有 3m、4m 和 6m，有些可达 9m、12m，其中以 6m 长的管子最为普遍。水处理中常用管子按材质可分为铸铁管、碳钢管和非金属管等。

(1)铸铁管

一般作为埋在地下的给水总管、煤气管及污水管等，也可以用来输送碱液及浓硫酸等。其优点是价格便宜，但铸铁管性脆、强度低。根据 2004 年住建部第 218 号文件规定，灰铸铁管材、管件“不得用于城镇供水、燃气等市政管道系统。口径大于 400mm 的管材及管件不允许在污水处理厂、排水泵站及市政排水管网中的压力管线中使用”。球墨铸铁(QT)的强度与铸钢相当，但耐化学腐蚀能力是后者的 2 倍，主要原因是球墨铸铁的含碳量是铸钢的 10 倍，球墨铸铁中的碳以球状石墨的形式存在，球状石墨比片状石墨化学稳定性强很多。

(2)钢管

按照制造方法可分为有缝钢管(水煤气输送管)和无缝钢管两种；按照钢材种类可分为普通钢管和合金钢管两种。有缝钢管按壁厚分普通钢管、加厚钢管和薄壁钢管，按照焊缝的形式分为直缝钢管和螺旋缝钢管。有缝钢管外表镀锌的叫白铁管，不镀锌的叫黑铁管，用于压力不高(<1.6MPa)、温度较低(<75℃)的操作条件下，常用作废水、低压蒸汽、压缩空气和采暖系统等管路。无缝钢管的材质均匀，强度较有缝钢管高，因而管壁较薄，适合输送操作压力在250MPa以下的各种物料，可耐高温达450℃左右。

给排水工程中常用的无缝钢管有低中压锅炉用无缝钢管、冷轧或冷拔精密无缝钢管、结构用异型无缝钢管、流体输送用不锈钢无缝钢管等。异型钢管是指除了圆环形截面以外其他截面形状的钢管，分为方形钢管、矩形钢管、椭圆形钢管、平椭圆形钢管等，广泛应用于各种结构件和机构零件的生产制造。

(3)非金属管

常用的非金属管有陶瓷管、钢筋混凝土管、塑料管、玻璃钢管、玻璃钢/塑料复合管、橡胶管等。陶瓷管能耐酸碱腐蚀，但性脆、强度低，不耐压，大多数用作埋在地下的水管和输送有腐蚀性的物料。钢筋混凝土管多用作埋于地下的污水管路，大直径的钢筋混凝土管可以用作给水输水管。塑料管的特点是质轻，能抗腐蚀，易于加工，但耐热性和耐压性较差。玻璃管的优点是耐腐蚀，表面光滑，管路阻力小，但不耐高温(<150℃)和高压(<8MPa)。橡胶管的优点是耐腐蚀，有弹性，可任意弯曲以适应现场操作的需要，故适用于临时性的操作；其缺点是不耐高压、高温，含有机物的液体对其有腐蚀性。

2. 管子的选择

管子的选择原则是按照污染治理工艺的要求(如温度、压力、耐腐蚀性等)进行，主要是选择合适的管材、计算管内径、确定管壁厚、选定标准的常用管子规格，从而满足废水处理工艺的要求。

(1)管内径 d 的计算

经过实践经验的总结，人们认为通常流体介质在管道内比较合理的流速范围如表8-2-1所列。因此只要知道管路中流体通过的最大流量，就可算出管内径 d 的大小

$$d = 18.8\left(\frac{W}{v \cdot \rho}\right)^{1/2} \quad 或 \quad d = 18.8\left(\frac{Q}{v}\right)^{1/2} \ (\text{mm}) \qquad (8-2-1)$$

式中 W——流体的质量流量，kg/h；

Q——流体的体积流量，m^3/h；

ρ——流体的密度，kg/m^3；

v——流体的平均流速，m/s。

表8-2-1 各种流体的常用流速范围

流体类别	常用流速范围/(m/s)	流体类别	常用流速范围/(m/s)
水及其他粘度较小的液体(0.1~1.0 MPa)	1.5~3.0	气体(0.1~2.0MPa)	8.0~15.0
水及其他粘度较小的液体(20.0~30.0 MPa)	3.0~4.0	饱和蒸汽	20.0~40.0
工业用水(自来水)	1.5	过热蒸汽	30.0~50.0
粘度较大的液体(如盐类溶液等)	0.5~1.0	低压空气	12.0~15.0
液体自流速度(冷凝液等)	0.5	高压空气	20.0~25.0

根据式(8-2-1)计算得到管子内径值后，就可以选择相近公称直径的管子，通常选取偏大的公称直径。工程实际中进行管道选择时一般按如下方式进行：

①对于满流且有压输送管道，可以根据管内流体在合理的流速、水头损失下，选择合理的管径；同时也要综合考虑投资与运行费用，一般大管径时投资大，但流体阻力小、输送设备的运行费用低，反之亦然。这个过程常常需要几经反复才能确定。为了避免反复计算以节省时间，可以采用查水力计算表的方法来解决。在长距离的管道输送工程中存在经济流速，即在某个管内流速下，综合投资和运行费用最省。

②对于非满流或重力输送管道，特别是污水管道，因为有通风、排气等要求而使得水流不能充满管道流动，不同大小的管道有不同的充满度要求(有规范可查)；同时要综合考虑坡度、流速、流量以及与上下游管段的水平衔接等来确定管径，也可以采用查表来进行。

(2)管壁厚δ的计算

首先应根据流体的工艺条件确定管材，然后根据流体的压力和温度等参数来核算管子的壁厚，最后按照标准规格来选定常用的管子规格。

对于中低压碳钢、合金钢管子，其壁厚δ可按下式核算

$$\delta = \frac{pD}{200[\sigma]\phi + p} + C(\mathrm{mm}) \tag{8-2-2}$$

式中 p——管内流体工作压力，MPa；

D——管子外径，mm；

ϕ——焊接接头系数，无缝钢管$\phi=1$，直缝钢管$\phi=0.8$，螺旋缝焊接钢管$\phi=0.6$；

$[\sigma]$——管子的许用应力，MPa，参照相关手册查取；

C——管子壁厚附加量，mm；应包括管子的负公差、加工时的减薄量以及腐蚀裕量等。

工程实际中，对管道强度的核算在管道规格中有规范规定，有一定的耐压等级，就有一定的管壁厚度。

二、管件

管件是用来连接管子、改变管路方向或直径、接出支路和封闭管路的管路附件的总称，一种管件可以起到上述作用中的一个或多个。工业生产中的管件类型很多，都已经标准化，可以从有关手册中查取，在此仅略作罗列。

1. 铸铁类管件

铸铁管件主要有弯头、三通、四通和异径管等，使用时主要采用承插式连接、法兰连接和混合连接等。在给排水工程领域典型的有柔性接口球墨铸铁管件、排水用灰口铸铁管件、柔性抗震排水铸铁管件、卡箍式离心铸铁管件等四大类。

2. 金属管用特殊接头

主要包括可曲挠橡胶接头和弯头、松套伸缩接头、限位伸缩接头、传力接头、开式伸缩接头、填料函式伸缩接头、球型接头等。其他一些金属管用特殊接头还有管道快速堵漏装置、管道三通快速装置、柔性管接头、柔性补偿器、柔性过墙套管等。

3. 波纹金属软管与波纹补偿器

波纹金属管是一种柔性管路元件，一般由不锈钢波纹管、网丝管和接头件组成，在各种设备中间起软连接作用，以补偿相对位移，并且能够承受较高的工作压力。波纹金属管分为法兰式和接头式两大类，前者包括两端平焊法兰连接、一端平焊一端松套法兰连接、两端翻边松套法兰连接等规格，后者包括两端球头外套螺母连接、一端球头一端内锥接头连接、两

端活接头连接等规格。

在泵或压缩机与阀门、仪器仪表所构成的管路系统中，常因振动损坏仪器仪表、缩短元器件的使用寿命，影响系统的正常工作。故在泵或压缩机等设备的进出口处安装泵用波纹金属软管，以减振降噪，保护系统正常工作。

三、阀门

阀门主要用于控制流体的通断，调节水量、水位和压力。阀门的种类很多，包括截止阀、闸阀、蝶阀、止回阀[蝶形(缓闭)止回阀、旋启式止回阀、导流式速闭止回阀]、底阀、球阀、柱塞阀、速闭阀、水力控制阀、闸门、可调式堰门、水锤消除设备等。按其驱动方式可分为手动、电动、气压传动、液压传动、机械传动等。近年来，世界各先进工业国家的给排水用阀门壳体材料也都采用相当于 QT400-15 或 QT450-10 的材料。

1. 代表性阀门

(1)截止阀

截止阀是利用阀瓣沿着阀座通道的中心移动来控制管路启闭的一种闭路阀，适用于各种压力及各种温度，输送各种液体和气体。分为手动截止阀、液动角式截止阀、气动衬胶角式截止阀等。

(2)闸阀

闸阀是启闭件(闸板)由闸杆带动，沿阀座密封面作升降运动的阀门。闸阀适用于给排水、供热和蒸气管道系统作调流、切断和截流之用，介质为水、蒸汽和油类，按照操作方式可分为手动和电动两种。典型类型有明(暗)杆楔式镶铜铸铁圆闸阀、明杆楔式镶铜铸铁方闸阀、明杆平行式单闸板闸阀、橡胶闸阀、平行双闸板闸阀、蜗轮传动暗杆楔式闸阀等。

Z44-10T 型明杆楔式镶铜铸铁圆闸阀结构与外形尺寸如图 8-2-1 所示。

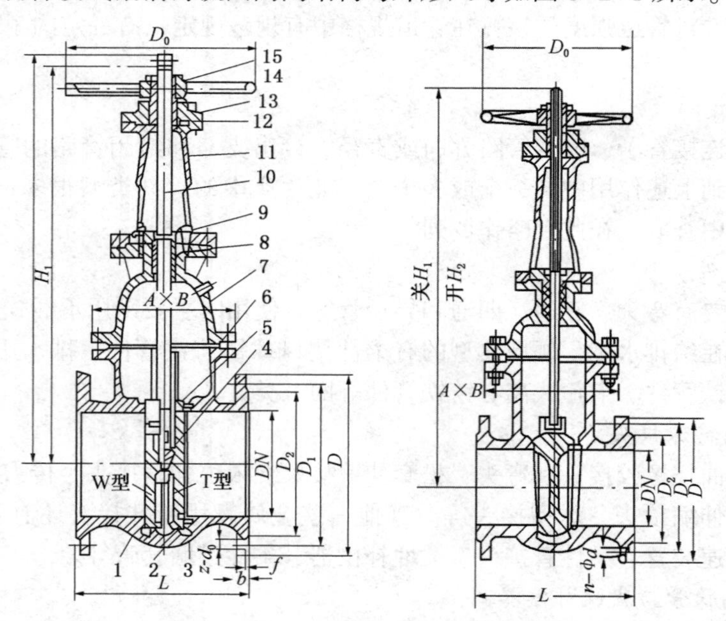

图 8-2-1 Z44-10T 型明杆楔式镶铜铸铁圆闸阀结构与外形尺寸

1—阀体；2—闸板密封圈；3—阀体密封圈；4—顶楔；5—闸板；6—垫片；7—阀盖；8—填料；9—填料压盖；10—阀杆；11—立柱；12—阀杆螺母；13—螺母轴承盖；14—手轮；15—螺母

(3)蝶阀

蝶阀结构简单、质量轻、体积小、开启迅速，在给排水管路上作为调节、截流和缓闭设备使用，可在任意位置安装。使用时仅需改变阀座材质即可，适用于不同流体。蝶阀的主要分类如表 8-2-2 所示，可以按压力、流量、输送介质、温度、安装条件等不同的工况条件选用。

表 8-2-2　蝶阀分类表

<table>
<tr><td rowspan="4">手动</td><td>直接搬动</td><td rowspan="6">结构</td><td rowspan="4">长结构</td><td rowspan="2">对夹式蝶阀</td><td rowspan="6">密封</td><td rowspan="4">软密封</td><td rowspan="2">对中密封型式</td></tr>
<tr><td>丝杠螺母传动</td></tr>
<tr><td>蜗轮蜗杆传动</td><td rowspan="2">法兰式蝶阀</td><td rowspan="2">单偏心密封型式</td></tr>
<tr><td>伞齿轮传动</td></tr>
<tr><td>电动</td><td>齿轮、蜗轮、减速</td><td rowspan="2">短结构</td><td>对夹式蝶阀</td><td rowspan="2">硬密封</td><td>双偏心密封型式</td></tr>
<tr><td>气动</td><td></td><td>法兰式蝶阀</td><td>三偏心密封型式</td></tr>
</table>

除对夹式蝶阀、法兰式蝶阀之外，还有伸缩蝶阀、蓄能器式液控缓闭蝶阀等。伸缩蝶阀是蝶阀与伸缩器集于一体，可轴向自由伸缩，补偿管路轴向伸缩及安装时的误差，替代蝶阀和伸缩节，便于安装、拆卸和维修，适合作为双向启闭及调节设备使用。蓄能器式液控缓闭蝶阀兼有阀门和止回阀双重功能，能按预设定程序分快开和缓闭两个阶段进行关闭，以消除水锤，保护水泵机组和管网。

(4)止回阀、底阀

止回阀适用于在有压管路系统中防止介质逆流，有旋启式、对夹式、微阻缓闭式、蝶式等。底阀垂直安装于泵吸水管的底端，作为防止水介质倒流、保持水位的设备，有旋启式、升降式等。

LH241X-10/16 型调流缓冲止回阀能够一阀多代，即可完成调流、止回、截止 3 种功能，具有结构紧凑合理、安装运输简单方便、占据空间小等优点。该阀门可全流量范围内调节，调节时水流平稳、摩擦小、噪声低、止回时在阀门上设有缓冲缸，利用管路内介质进行缓冲，从而达到消除或减小水锤、保护管路和防止泵倒转的作用。外形尺寸如图 8-2-2 所示。

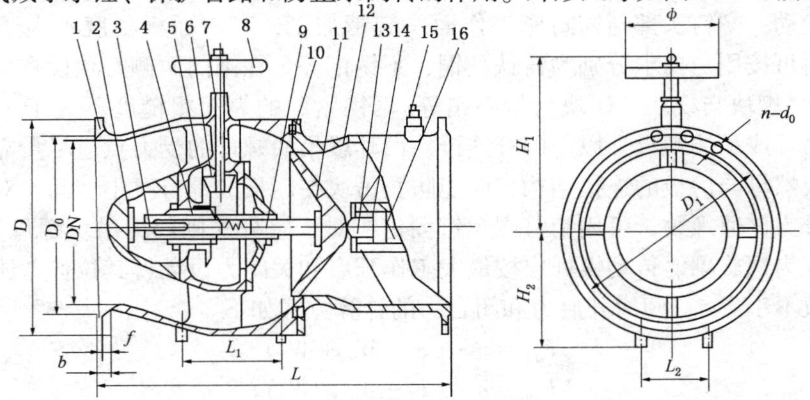

图 8-2-2　LH241X-10/16 型调流缓冲止回阀结构及外形尺寸示意图

1—阀体；2—导向键；3—丝杆套；4—螺母；5—大伞齿轮；6—小伞齿轮；7—手轮轴；8—手轮；9—导向杆；10—密封圈；11—阀瓣；12—缓冲座；13—缓冲缸活塞；14—调节塞；15—缓冲缸；16—缓冲缸弹簧

(5)闸门、可调式堰门与启闭机

①闸门

闸门广泛应用于管道口、交汇窑井、沉砂池、沉淀池、引水渠、泵站进口和潜水井等处，实现流量和液面控制，介质为水(原水、清水和污水)、介质温度≤100℃、最大水头≤10m，主要适用单向受压止水。如图 8-2-3 所示，从外形上看有圆形闸门、方形或矩形闸门两种，基本上都由楔紧机构、门框(含导轨)、传动螺杆、吊耳、密封座、门板、吊块螺母等组成。

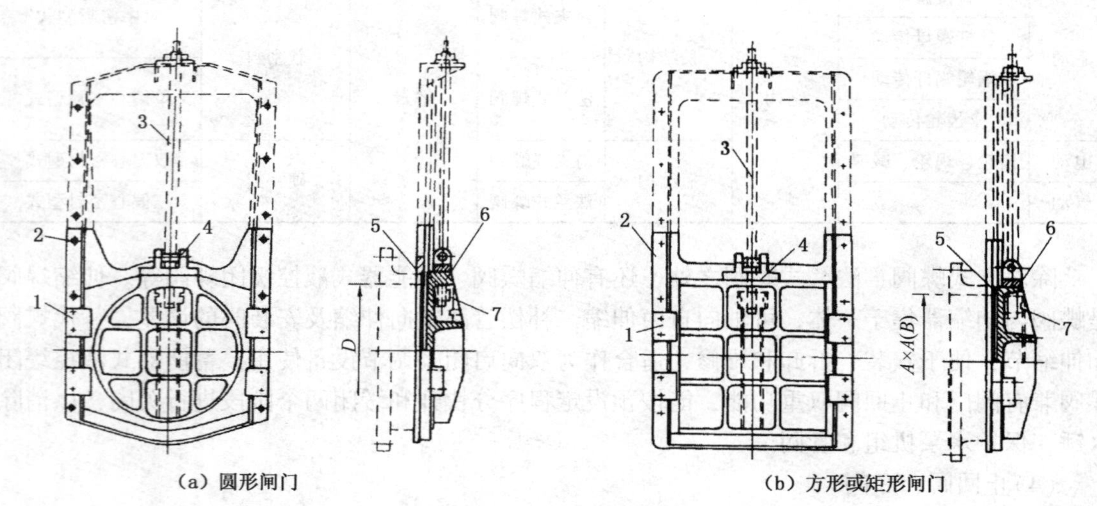

图 8-2-3　闸门的结构示意图

1—楔紧机构；2—门框(含导轨)；3—传动螺杆；4—吊耳；5—密封座；6—门板；7—吊块螺母

门板、门框和导轨应按最大工作水头设计，其拉伸、压缩和剪切强度的安全系数不小于5，门板的挠度应不大于构件长度的 1/1500；门板和门框的实际厚度应该在计算厚度上增加 2mm 的腐蚀裕量。门板和门框都应该整体铸造，闸孔在 400mm 及以上时门板应设置加强筋。导轨可用螺栓(螺钉)与门框相接，或与门框整体铸造。密封座应分别置于经机加工的门框和门板的相应位置上，用与密封座相同材料制作的沉头螺钉紧固，在启闭门板过程中不能有变形和松动，螺钉头部与密封座工作面一起精加工，其表面粗糙度不大于 3.2μm；闸门止水口材料可按用户要求分别为铸铁、铜、不锈钢等。在闸门两侧必须设置可调节的楔紧机构，楔紧副(楔块与楔块、楔块与偏心销等)两楔紧面的表面粗糙度不大于 3.2μm。门板的上端应设吊耳或吊块螺母，以与门杆连接，吊耳或吊块螺母的受力点应尽量靠近门板的重心垂线。吊块螺母与门板的连接结构，应能防止吊块在门板的螺母匣中转动，对于明杆式闸门，吊块螺母为普通螺纹，可用销钉或螺钉固定；对于暗杆式闸门，吊块螺母为梯形螺纹，与传动螺杆互为螺旋副。传动螺杆应按最大工作开启和关闭力设计，其拉伸、压缩和剪切强度的安全系数不小于 5。闸门开启力和闭合力的计算方式如下

$$F_{启} = n \cdot (F + W_1 + W_2) \tag{8-2-3}$$

$$F_{闭} = n \cdot (F - W_1 - W_2) \tag{8-2-4}$$

式中　W_1——门体自重，t；

W_2——丝杆自重，t；

n——系数 1.1~1.3，闸门不经常操作时，取大值，反之取小值；

F——水压产生的阻力，$F=S \cdot h \cdot \mu \cdot \gamma$，kgf；

γ——水的重度，1.0×10^3 kgf/m^3；

S——闸门板面积，m^2；对于方闸门，$S=a\cdot b$，其中 a 为闸门宽，m；b 为闸门高，m；对于圆闸门，$S=\pi\cdot D^2/4$，其中 D 为闸门通径，m；

h——闸孔中心至最高水位高度，m；

μ——密封面的摩擦系数，一般取 0.3。

②可调式堰门

可调式堰门适用于交替运行氧化沟污水处理的配水井和沉淀池等需要水位调节的场合，也可用于气浮池、隔油池及其他水利工程等构筑物中的配水、排水、控制水位，与启闭机配套使用，一般可分为单吊点可调式堰门和双吊点可调式堰门。可调式堰门工作与闸门相反，均为向下开启，门体提至最高处，则孔口关闭，如密封要求高，应采用镶铜面密封。

③启闭机

启闭机主要用来控制各类闸门、堰门、阀类的升降，从而实现闸门或阀门的开启和关闭。一般分为手动和电动控制两种，当阀门或堰门宽高比值较大时，需采用双吊点启闭机。典型产品有手轮式螺杆启闭机、手摇式明杆启闭机、明杆式手电两用启闭机等。

除了闸门之外，与启闭机配套使用的还有排泥阀。排泥阀又名盖阀或套筒阀，广泛应用于给水排水处理工程的各类沉淀池中用于排放池底的沉淀物。

(6)速闭阀

大型污水处理工程常采用速闭阀，一般设置在污水厂进口的渠道和管道上，目的是当污水厂突然停电或污水厂发生事故时，速闭阀即刻关阀，切断污水流量。如果采用大口径电动阀门，则关阀时间较长，大量污水仍会继续进入污水厂，因此采用速闭阀立即关闭，使污水流入旁路溢流排走。典型产品有日本玖保田速闭阀、美国 Waterman 速闭阀等。

美国 Waterman 速闭阀的外形和结构如图 8-2-4 所示，管道内底至操作平台高为 5m，阀座最大正水头为 5m，阀座最大反向水头为 5m。Waterman 速闭阀目前有三种规格，1.524m×1.524m、1.981m×1.981m、2.50m×2.50m，均为方形阀门。

如图 8-2-5 所示，Waterman 速闭阀采用电动和液压传动二者相结合，具有电气动力布置适宜、安装方便和效率极高等优点。主要材质如下：板框和盖板采用铸铁装配件、304 不锈钢，阀座面采用青铜、青铜推力螺母，连杆采用 304 不锈钢，阀杆联轴器采用带青铜套筒的铸铁导轨，整装式采用防漏液压缸带蓄能器系统、不锈钢材质。

Waterman 速闭阀的传动机构采用一个双向或单向电机与容积式齿轮泵相连，由此推动液压传动机构。电机为三相或单相感应电机，持续负载，根据要求也可采用直流电机。备用的手动机构安装在传动机构外壳中，当电动操作不能使用时可继续提供阀门的操作。标准外壳按 NAME6 规范的潜水要求，采用冷轧钢或不锈钢，紧固件采用抗蚀不锈钢并采用不需要维修的传动机构。液压系统为西尔金色耐蚀焊的 316 不锈钢管壳，整个系统完整安装在一个容器里，不需要现场液压连接。紧急操作速度不受正常操作速度约束，可在现场进行调节。断电时传动机构对管道系统提供绝对保护，传动机构对液压压力操作开关在开和关状态下提供正力矩状态的远程指示。为满足各种不同需要，可为传动机构中的继电控制器、反馈线性传感器、指示灯、联锁器以及警报装置进行设计定制。

2. 阀门运行过程中存在的主要问题

(1)阀门的汽蚀问题

根据流体力学伯努利方程，过高流速产生低压力，低到汽化压力时水即汽化而产生汽

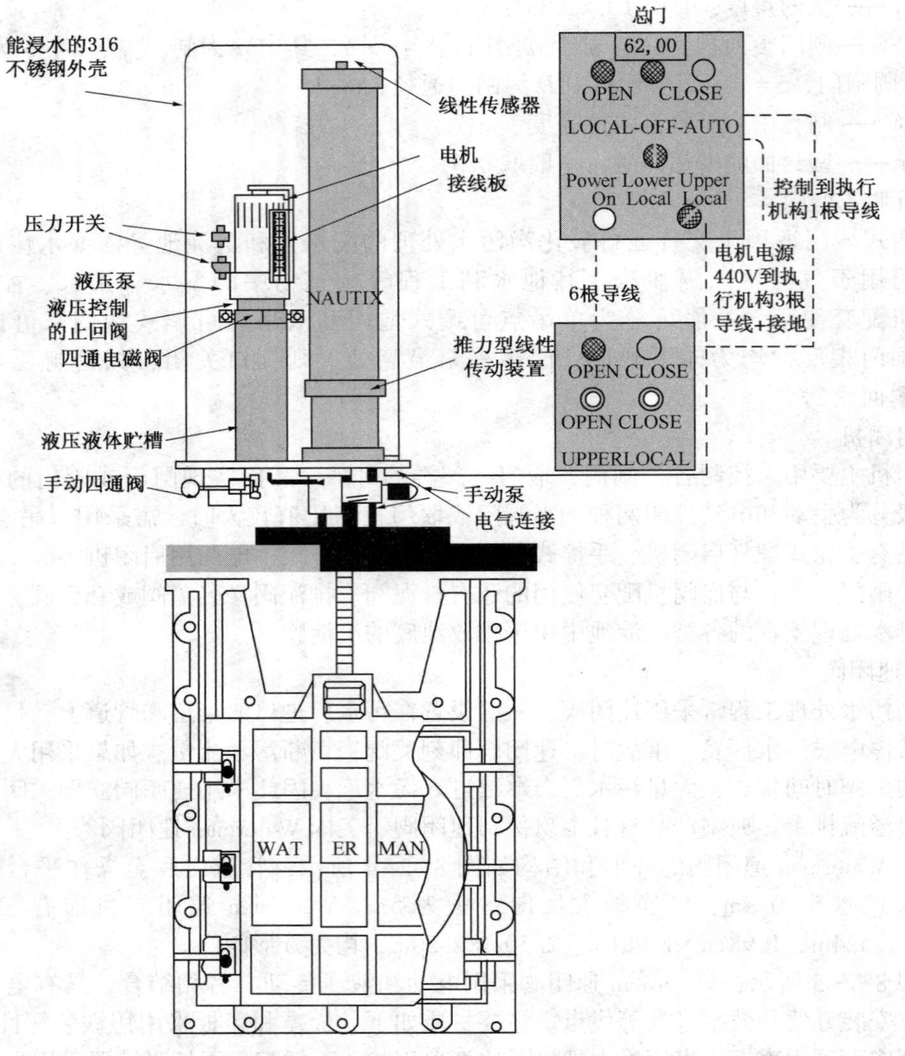

图 8-2-4　美国 Waterman 速闭阀的外形和系统布置示意图

泡；汽泡随水流动到高压区立即液化，液化后体积变小，使四周的水快速补进来，形成内爆而产生严重振动和噪声。如果内爆连续发生在阀腔内，特别是发生在密封副附近的密封面上就会产生疲劳，长期形成点蚀，进一步形成蜂窝，这就是所谓的汽蚀问题。

阀门的结构形式和流道结构不同，流速、流线不同，都会对汽蚀的产生有不同影响。流线不规整、流速变化陡、产生涡流多、材质疏松等场合都易汽蚀，而流线变化平滑、流速变化缓慢、不易产生涡流、阀下游和上游压差小等场合都不易汽蚀，致密、强度高的材料均耐汽蚀。将汽泡导向远离阀体(特别是密封面)爆破，即在中心处爆破，可以避免阀体和密封面汽蚀。

阀门作为压力或流量调节使用时，节流幅度大到一定程度就会产生汽蚀，可用汽蚀系数 δ 进行判断，不同结构的汽蚀系数相差很大。以蝶阀为例，当节流幅度较大时，一侧阀体与蝶板形成喷嘴形开口，另一侧形成类似节流孔开口，蝶板下面产生负压，汽蚀给密封副造成损伤。汽蚀发生时产生强烈振动，伴随连续的类似鞭炮声响。由于温度、进入的空气、杂质、模型误差和目测误差的影响，不同结构阀门的允许汽蚀系数 δ 会不够准确，下列值仅供

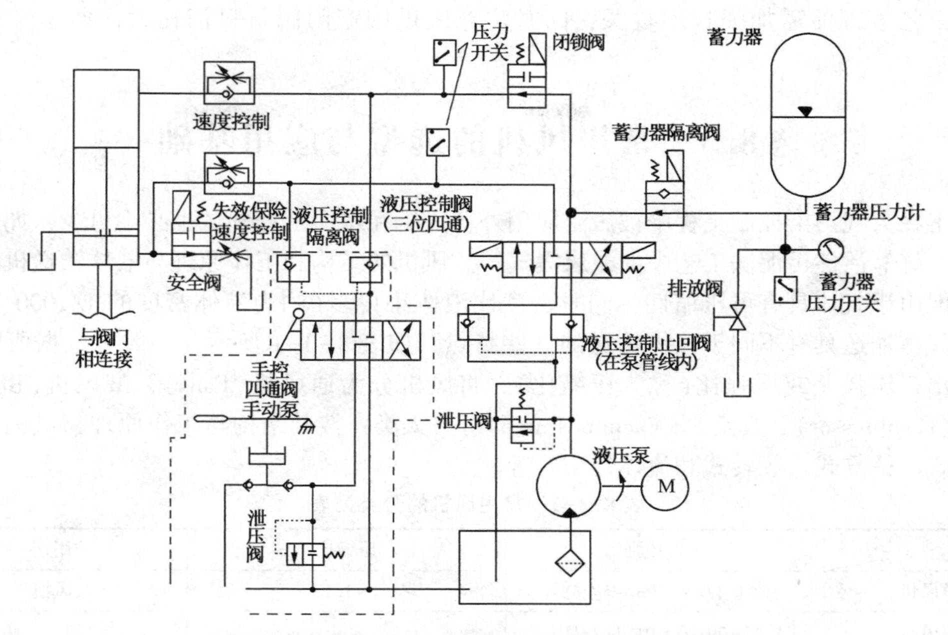

图 8-2-5　典型的带速度控制失效装置的传动机构

参考：闸阀 3.0，软密封蝶阀 2.5，硬密封蝶阀 1.5，多孔套筒阀 0.2，活塞(针型)、固定锥和环喷型阀为 0.2~0.6。产品订货时，生产厂家应给出允许的汽蚀系数。

为防止或减小汽蚀，应不在小开度时使用普通阀门，如蝶阀应在开启角 15°以外调节使用，所选用的阀门类型应是介质流态曲线平滑，流速变化平缓，尽量避免介质产生涡流，将爆破的汽泡导向远离密封副以外，最好是在管道中心爆破。当然也可以选用耐汽蚀材料，不锈钢最好，然后依次是青铜、球墨铸铁。

(2)停泵水锤

停泵水锤是指水泵因突然停电等原因导致非正常停泵，在管道系统中因流速剧烈变化而引起一系列急剧压力交替升降的水力冲击现象。由于水泵、电动机内的旋转组件在停电后有一定的转动惯量，转速不断降低，然后因重力和流动阻力作用使其流速逐渐降低为零；其后在重力水头的作用下，管道中的水柱开始向水泵方向倒流，速度由零逐渐加大。倒流水柱冲击普通止回阀时，止回阀迅速关闭而产生极大的水锤压力，因此必须进行防护，不然会在泵房爆管而造成水淹泵房。

水锤消除设备主要用于消除长距离输送液体管道中因“水锤”而引起的巨大冲击压力，分为压力外泄型、分阶段关闭型等，其中压力外泄型包括下井式水锤消除器、自闭式水锤消除器、爆破膜式消除器，分阶段关闭型包括缓闭止回阀、双速自闭闸阀、液控蝶阀、液控锥形阀。

最后需要指出的是，阀门是水处理系统中使用量较大的一种设备，虽然谈不上十分复杂，但跑、冒、滴、漏的现象在国产阀门中经常出现，多年来一直是自来水厂、污水处理厂运行和管理中的老大难问题。为了改善阀门的技术性能、提高质量，国内从 20 世纪 80 年代开始组织骨干企业先后引进国外同类产品的设计技术、制造工艺和加工设备，取得了较大进展。目前已经能够按照 ISO 国际标准、DIN 德国标准、AWWA 美国标准等设计制造各种阀门，部分厂家的产品达到了国际先进水平。但普遍存在外观质量差距较大的问题，今后在改善铸造工艺等方面需加强技术攻关，同时注意改进国产闸阀材料消耗大、动作欠灵活等缺陷。

§8.3 常用风机的选型与应用基础

除了在大气污染控制工程中被广泛应用外，风机在水质工程领域也必不可少，如加压溶气气浮、好氧活性污泥法工艺中的鼓风曝气等。风机的结构和工作原理与液体输送机械大体相同，但由于气体具有可压缩性，同时密度比液体小得多(约为液体密度的1/1000左右)，从而使气体输送具有不同于液体输送的一些特点。如表8-3-1所示，一般可根据所能产生的进、出口压强差或压强比(称为压缩比)，将风机分为通风机(Fans)、鼓风机(Blower)、压缩机(Compressor)、真空泵(Vacuum Pump)等几大类；按其结构与工作原理，风机又可分为离心式、往复式、旋转式和流体作用式等。

表8-3-1 常用风机的分类列表

	出口压强	压缩比	用途
通风机	$\leq 1.47\times10^4$ Pa（表压）	1~1.15	通风换气
鼓风机	$(1.47\sim29.4)\times10^4$ Pa（表压）	<4	送气(如好氧曝气)
压缩机	$>29.4\times10^4$ Pa（表压）	>4	造成高压
真空泵	1个大气压	压缩比由真空度决定	用于减压(如臭味收集、加氯间安保)

一、通风机

通风机广泛应用于设备及环境的通风、排尘和冷却等，按照气体流动的方向可分为离心式、轴流式、斜流式和横流式等类型。

1. 离心式通风机(Centrifugal fans)

离心式通风机的结构和工作原理与离心泵类似，主要由叶轮和机壳组成。工作时，叶轮在蜗形机壳内旋转，气体经吸气口从叶轮中心处吸入，由于叶轮对气体的动力作用，气体压力和速度得以提高，并在离心力作用下沿着叶道甩向机壳，从排气口排出。因气体在叶轮内的流动主要发生在径向平面内，故又称径流式通风机。小型离心式通风机的叶轮直接装在电动机输出轴上，中、大型离心式通风机通过联轴器或皮带轮与电动机输出轴连接。离心式通风机一般为单侧进气，用单级叶轮；流量大时可双侧进气，用两个背靠背的叶轮，又称为双吸式离心通风机。

叶轮是离心式通风机的主要部件，其几何形状、尺寸、叶片数目和制造精度对性能有很大影响。按叶片出口方向的不同，叶轮分为前向、径向和后向3种。前向叶轮的叶片顶部向叶轮旋转方向倾斜；径向叶轮的叶片顶部沿径向方向，又分直叶片式和曲线型叶片；后向叶轮的叶片顶部向叶轮旋转的反方向倾斜。前向叶轮产生的压力最大，在流量和转数一定时所需的叶轮直径最小，但效率一般较低；后向叶轮产生的压力最小，所需叶轮直径最大，但效率一般较高；径向叶轮介于前向叶轮和后向叶轮之间。叶片的型线以直叶片最简单，机翼型叶片最复杂。为了使叶片表面有合适的速度分布，一般采用曲线型叶片，如等厚度圆弧叶片。叶轮通常都带有盖盘，以增加叶轮的强度，减少叶片与机壳间的气体泄漏。叶片与盖盘之间的连接采用焊接或铆接，焊接叶轮的质量较轻，流道光滑。低、中压小型离心式通风机

的叶轮也可采用铝合金铸造，加工成型的必须经过静平衡或动平衡校正，以保证通风机平稳转动

与轴流式通风机相比，离心式通风机具有流量小、压头大的特点，前者的风压约为9.8 $\times10^{-3}$MPa，后者风压则可达到0.2MPa；在安装上，轴流式通风机的叶轮多为裸露安装，离心式通风机的叶轮多采用封闭安装。

2. 轴流式通风机(Axial fans)

轴流式通风机主要由圆筒型机壳及带螺旋桨式叶片的叶轮构成，主要零件大都采用钢板焊接或铆接而成。工作时，原动机驱动叶轮在圆筒形机壳内旋转，气体从集流器进入，通过叶轮获得能量，提高压力和速度，然后沿轴向排出。由于气体进入和离开叶轮都沿轴线方向，故称为轴流式通风机。轴流式通风机的布置形式有立式、卧式和倾斜式3种，小型的叶轮直径只有100mm左右，大型的叶轮直径可达20m以上。

轴流式通风机具有风压低、风量大等特点，广泛被应用于工厂、仓库、办公室、住宅等地方的通风换气。小型低压轴流式通风机主要由集流器、叶轮和机壳等组成，大型高压轴流式通风机主要由集流器、叶轮、流线体、机壳、扩散筒和传动部件等组成。叶轮均匀布置在轮毂上，数目一般为2~24。叶轮越多，风压越高；叶片安装角一般为10°~45°，安装角越大，风量和风压越大。

3. 通风机的主要性能参数

通风机的主要性能参数有流量(风量)、压头(风压)、功率、效率和转速，噪声和振动大小也是重要的性能衡量指标。

(1)风量

也称流量，是单位时间内从通风机出口所排出的气体体积，并以通风机进口处的气体状态计，以 Q 表示，单位为 m^3/h。

(2)风压

也称压力，是指单位体积气体经过通风机所获得的能量，以 H_T 表示，其单位为 $J/m^3 = N/m^2 = Pa$，与压强单位相同。

以离心式通风机为例，由于气体通过风机的压强变化较小，可视为不可压缩，故可以用离心泵基本方程来分析离心式通风机的性能。如取 $1m^3$ 气体为基准，在风机进、出口的截面1-1及2-2间列伯努利方程，可得离心式通风机的风压为

$$H_T = \rho gh = (Z_2 - Z_1)\rho g + (p_2 - p_1) + \frac{u_2^2 - u_1^2}{2}\rho + \rho \sum h_{f1-2} \qquad (8-3-1)$$

式中，$(Z_2-Z_1)\rho g$ 值比较小，可以忽略；风机进、出口之间的管段很短，故 $\rho \sum h_{f1-2}$ 可以忽略；当空气直接由大气进入风机时，u_1 也可忽略。则上式可简化为

$$H_T = (p_2 - p_1) + \frac{u_2^2}{2}\rho \qquad (8-3-2)$$

从上式可以看出，离心式通风机的风压由两部分组成：(p_2-p_1) 习惯上称静风压；而 $\rho u_2^2/2$ 称为动风压。离心泵中泵进、出口处的动能差很小，可以忽略动风压；但离心式通风机中气体出口的速度很大，动风压不能忽略。因此，离心式通风机的性能参数比离心泵多了一个动风压，其风压为静风压与动风压之和，又称全风压。

通风机性能表上所列的风压是以空气作为介质，在20℃、101.3kPa条件下测得，当实际输送介质或输送条件与上述条件不同时，应按下式校正，即

$$H_T = H_T' \frac{\rho}{\rho'} = H_T' \frac{1.2}{\rho'} \quad (8-3-3)$$

式中 H_T、ρ——分别为实验条件下的风压及空气的密度；

H_T'、ρ'——分别为操作条件下的风压及被输送气体的密度。

(3)功率与效率

通风机的输入功率即轴功率 N，可由下式计算

$$N = \frac{H_T Q}{1000\eta}(\text{kW}) \quad (8-3-4)$$

式中 Q——通风机的风量，m^3/s；

η——通风机的效率，由全风压定出，因此也叫全压效率，其值可达90%。

4. 通风机选型一般应遵循的原则

(1)确定通风机类型。根据被输送气体的性质及所需的风压范围确定通风机类型，例如被输送气体是否清洁、是否高温、是否易燃易爆等。

(2)确定风量。风量变化时应以最大值为准，可以增加一定的裕量(5%~10%)，并以风机的进口状态计。

(3)确定完成输送任务需要的实际风压。根据管路条件及伯努利方程，确定需要的实际风压，并换算为通风机在实验条件下的风压。

(4)根据实际风量与实验风压在相应类型的系列中选取合适型号。选用时要使所选通风机的风量与风压稍大于任务实际需要。如果用系列特性曲线(选择曲线)来选，要使(Q，H_T)点落在风机的 $Q-H_T$ 线以下，并处在高效区。

通风机的发展趋势是进一步提高气动效率和设备使用效率，以降低电能消耗；用动叶可调的轴流式通风机代替大型离心式通风机；降低通风机噪声；提高排烟、排尘通风机叶轮和机壳的耐磨性；实现变转速调节和自动化调节。

二、鼓风机

目前，国内污水处理工程中使用最普及、运行数量最多、最成熟的工艺是好氧活性污泥法，曝气鼓风机是其中的核心设备之一。在市政污水处理中，鼓风机风量与污水处理量(容积)的气水比一般为3~10，在我国通常为6.7~7；在工业污水处理中，由于污水浓度相对较高，气水比可高达35。在市政污水处理过程中，由于季节的变化，每天的污水处理量(负荷)和溶解氧(DO)浓度也相应变化，因此要求鼓风机在恒定压力条件下能够自动调节所需的风量，而且要求调节范围广、调节效率高，以保证系统优化运行，达到高效节能的目的。显然，选择何种形式的鼓风机，直接影响到污水处理厂的建设投资费用、运行管理费用和长期效益。常用的鼓风机主要有容积式鼓风机、离心式鼓风机(centrifugal blower)、轴流式鼓风机等几种。

1. 容积式鼓风机

容积式鼓风机是利用一对或几个特殊形状的回转体(齿轮、螺杆、刮板或其他形状的转子)在壳体内作旋转运动，完成气体输送或提高其压力的一种机械，能与高速原动机相连，具有结构简单、紧凑、安全可靠等优点。目前主要有罗茨鼓风机和叶氏鼓风机两类，特点是排气量不随阻力大小而改变，特别适用于要求流量稳定的场合。

罗茨鼓风机利用一对转子在气缸内转动来压缩和输送气体，转子在机体内通过同步齿轮的作用实现反向等速转动，被抽气体从进气口吸入到转子与机壳之间的空间内，再经排气口

排出。由于吸气后空间是全封闭状态，所以在机壳内气体没有压缩和膨胀；但当转子顶部转过排气口边缘，空间与排气侧相通时，由于排气侧气体压强较高，会有一部分气体返冲到空间中去，使气体压强突然增高；当转子继续转动时，气体排出机壳外，达到鼓风的目的。根据转子形状的不同，罗茨鼓风机分为两叶式和三叶式，两叶式的叶轮旋转一周，进行两次吸、排气。如图 8-3-1 所示，三叶式的叶轮转动一周进行三次吸、排气，机壳采用螺旋线型结构，与两叶式相比，具有气流脉动变少、负荷变化小、噪声低、振动小、故障率低等优点。

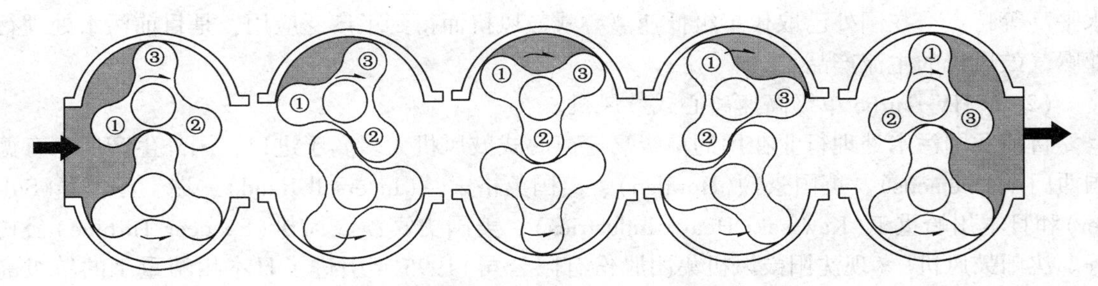

图 8-3-1　三叶式罗茨鼓风机的结构及其工作过程示意图

罗茨鼓风机属于正位移型容积式风机，输出的风量与转速成正比，而与出口压力无关，故应用在流量要求稳定而阻力变动幅度较大的场合。罗茨鼓风机的风量范围为 2～500m^3/min，出口表压力在 80×10^{3}Pa 以内，但在表压力 40×10^3 Pa 附近效率较高；出口压力太高，泄漏量增加，效率降低。罗茨鼓风机的出口应安装气体稳压罐与安全阀；出口阀不能完全关闭。操作温度不超过 85℃，否则会引起转子受热膨胀，发生碰撞。

自 20 世纪 80 年代末开始，我国对罗茨鼓风机进行了重大技术升级改造，1993 年由原机械部组织的系列罗茨鼓风机联合设计圆满完成，基本上达到了国外同类产品水平，基本可以满足当时水处理行业的技术要求。虽然罗茨鼓风机结构简单、制造方便、易于控制和维护、与离心式鼓风机相比价格低，但存在噪声大、润滑油易向气缸渗漏等缺点。此外，罗茨鼓风机运行过程中的风量调节只能采用调节转速法和旁路放风阀法，前者效率较低，后者则造成能量浪费。在国外污水处理工程中，罗茨鼓风机目前基本上处于被淘汰的状况。

2. *传统齿轮增速型离心式鼓风机*

(1) 基本结构与工作原理

离心式鼓风机又称透平鼓风机，其主要结构和工作原理与离心式通风机类似，根据叶轮数量和运行转速可分为多级低速、单级高速等类型。在多级离心式鼓风机中，用回流器使气流进入下一叶轮，产生更高压力。在单级离心式鼓风机中，气体从轴向进入叶轮，并在流经叶轮时改变成径向，然后进入扩压器。在扩压器中，气体改变流动方向造成减速，这种减速作用将动能转换成压力能。由于离心式鼓风机依靠提高空气的流动速度（即空气动能）来压缩空气提高压力，所以要获得同样的压力，单级离心式鼓风机的叶轮必须要比多级离心式鼓风机的转速高数十倍，通常情况下多级离心式鼓风机的转速只有数千转，而单级离心式鼓风机的转速可以高达万转以上。

多级低速离心式鼓风机因具有噪声较低、运行较平稳、供气均匀、效率较高等优点，20 世纪 80 年代以来在国外污水处理工程中取代了罗茨鼓风机，但仍然存在体积大、质量重、流量调节性能差、效率不高、能耗大和维护不方便等缺点，因此 20 世纪 90 年代又推出了单级高速离心式鼓风机。由于单级高速离心式鼓风机在设计上采用“三元流动理论”，转速高达 30000r/min，效率高达 82%以上，远优于多级离心式鼓风机；在结构上采用轴向进气导叶调节机构，使得恒定压力下的流量调节范围为额定流量的 65%~105%，在低负荷条件下也有较高的运行效率；采用组装式整体结构，电动机和鼓风机安装在共用底座上，润滑油系统紧凑安装在机组底座内，与相同流量和压力的多级低速离心式鼓风机比，重量大约减轻 70%，占地面积大约减小 50%。由于采用三元流动叶轮，比普通二元流动叶轮的直径要小 30%~40%，故转子转动惯量小，机组启动和停车时间短，无需高位油箱和蓄能器。由于单级高速离心式鼓风机具有体积小、重量轻、效率高、节约能源、性能调节范围广泛和自动化水平高等特点，在国外已取代多级低速离心式鼓风机而得到了广泛应用，是目前污水处理行业曝气鼓风机的主流产品。

(2)原 HV-Turbo 单级高速离心式鼓风机

目前我国污水处理行业在用的单级高速离心式鼓风机大多属于进口，国外生产厂家有德国西门子(Siemens)、英国豪顿(Howden)、美国英格索兰(Ingersoll Rand)、瑞士苏尔寿(Sulzer)和日本川崎重工(Kawasaki Heavy Industries)、美国史宾沙鼓风机(Spencer Turbine)公司等。沈阳鼓风机厂(现沈阳鼓风机集团股份有限公司)1995 年引进了日本川崎重工的单级高速离心式鼓风机技术，2000 年后杭州制氧机厂(现杭州制氧机集团有限公司)、陕西鼓风机(集团)有限公司、重庆通用机械公司等单位自主研发了单级高速离心式鼓风机，但自主生产及引进技术生产鼓风机的流量调节都仅仅采用进口导叶(Inlet Guide Vane，IGV)控制，高效工况区不如进口设备宽。由于原丹麦 HV-Turbo 公司的单级高速离心式鼓风机在国内进口产品乃至整个世界污水处理行业所占份额最大，这里主要对其进行简单介绍。

从 20 世纪 50 年代初期开始，丹麦 HV-Turbo 公司就致力于研发生产涡轮机械设备。1970 年突破性地研发了各种进口导叶系统，通过调整导叶的方向，实现气体流量在 45%~100%之间随意调节。20 世纪 80 年代初，HV-Turbo 公司又将各种类型的可调进口导叶与可调出口导叶(Diffusor Vane)相结合，使工作效率大幅度提高，甚至能在超出设计范围的工况条件下高效率运转。目前在全球数十个国家至少运行着 7000 多台 HV-Turbo 单级高速离心式鼓风机，国际市场占有率超过 70%。2000 年，德国 Kuehnle，Kopp & Kausch (KK&K)集团兼并了 HV-Turbo 公司；2007 年，KK&K 集团连同 HV-Turbo 公司一起被德国西门子公司兼并，此外西门子公司还先后兼并了 Mannesmann Demag、Demag Delaval、Delaval-Stork、Delaval、Kühnle、PGW Turbo 等公司，并于 2014 年收购了美国压缩机、涡轮机械以及其他转动设备生产商德莱赛兰(Dresser-Rand)公司，从而奠定了涡轮机械设备生产销售的世界霸主地位。目前西门子公司将其旗下的离心式鼓风机整合划分为 STC-GO 和 STC-DO 两大系列，前者与原丹麦 HV-Turbo 公司生产销售的单级高速离心式鼓风机对应，采用电动机通过集成齿轮箱驱动叶轮旋转，适用于污水处理、烟气脱硫、发酵及酶生产、纸浆造纸、高炉和熔炉、硫磺回收等行业，流量范围在 1000~125000m^3/h 之间、压差达 2.5bar(采用双级设计时可达 4.0bar)；后者的叶轮直接安装在电动机输出轴上，采用变频驱动，目前有 STC-DO (1SF-A)、STC-DO(2SF-A)、STC-DO(5SF-A) 3 种型号，电机功率分别高达 75kW、110kW、200kW，流量范围 1000~13000m^3/h 之间、压差达 1.1bar。

STC-GO 系列单级高速离心式鼓风机采用先进的机械结构设计、空气动力学设计以及高效的控制系统，主要由电动机、齿轮箱、鼓风机、就地控制柜(LCP)、线性驱动器、机座、入口消声器、入口过滤器等部件组成，鼓风机和齿轮箱为标准设计、整体集成的垂直剖分结构，高速轴在主动轴上方，这种设计结构紧凑、易于维修，所有齿轮都基于客户对鼓风机的配置要求进行定制。结合图 8-3-2，该系列单级高速离心式鼓风机的主要特点如下：①鼓风机内所有过流部件都经过了空气动力学优化设计，使湍流影响降到最低，使气流在鼓风机内部通畅流动；②在叶轮进口处安装了 13~24 片同心且呈放射状排列的非对称翼型进口导叶，形成进口导叶系统，使进入叶轮入口的空气得到预旋转，以最佳的角度进入叶轮，这样可以调整鼓风机的压力，并且可以根据运行条件变化(如进口温度、出口压力等)来优化效率，降低能耗；③核心部件叶轮采用后倾式叶片设计，由一整块高强度的锻造铝合金(始用于航空工业)加工而成，并且实现了重量强度比的最优化，使用三维流场数值模拟软件对半开式三维叶轮进行定制化设计，从而完全匹配实际运行要求，叶轮的设计还充分参考了由数千台已销售整机工厂全性能测试数据记录和有限元分析结果组成的数据档案库；④可调出口导叶系统通常由 17~20 片导叶组成，呈放射状均匀同心分布于叶轮出口的周围，通过调整这些导叶的角度，可以改变导叶间的过流面积从而达到改变流量的目的，导叶为流线型、非对称翼型设计，在调整气体过流面积的同时还确保鼓风机在整个运行范围内始终保持最佳效率；⑤进口带有消声器，根据用户的需求还可配备标准隔音罩，由于没有压力脉冲，运转噪音低于 75dB(A)；⑥可调出口导叶和进口导叶系统组成了特有的双点控制系统(Dual-Point-Control™)，可确保鼓风机即使在偏离设计工况的条件下也能够高效率运行，能够根据进口温度、出口压力或流量等参数的变化调节优化运行状态。

(a) 进口导叶

(b) 半开式叶轮及其出口周围的可调出口导叶系统

图 8-3-2　STC-GO 系列单级高速离心式鼓风机的核心部件外形图

STC-GO 系列单级高速离心式鼓风机的运行范围如图 8-3-3 所示。为了使设备长时间无故障运行，控制系统包括专门设计的就地控制柜(LCP)和主控制柜(MCP)。就地控制柜(LCP)通常直接安装在鼓风机基座上或隔音罩外边，可以配置多种可编程控制器(PLC)，可以通过某种传输总线协议，接受或发送鼓风机的运行数据和操作指令到 DCS/SCADA。LCP 还具有如下附属设备：①放空阀的驱动器；②润滑油泵的驱动电机；③空冷式油冷却器的风扇电机；④出口导叶的伺服控制电机(如有)；⑤进口导叶的伺服控制电机(如有)。实际工作过程中，就地控制柜(LCP)的 PLC 可根据如下情况停止设备运行：①润滑油压力过低；②润滑油温度过高；③空气入口温度过高；④喘振；⑤电机绕组温度过高。在压缩机调试期间，就地控制柜(LCP)可以用来测试压缩机不同附件的功能。主控制柜(MCP)由微处理器、电子线路、触摸式控制面板、控制柜和多头接线端子等组成，由屏蔽电缆与各个 LCP 相连，可以配置多种 PLC，可以通过某种传输总线协议，接受或发送鼓风机的运行数据和操作指令到 DCS/SCADA。主控制柜(MCP)设计用来自动控制包括 2~15 台 STC-GO 系列鼓风机组成的鼓风机系统，采用高效级联控制原理，通过控制鼓风机开启的台数以及导叶开度连续准确地提供所需的空气量。

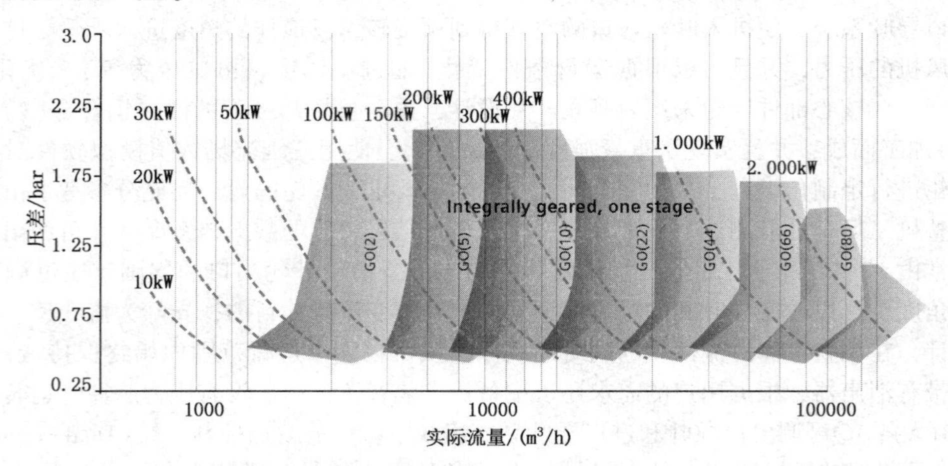

图 8-3-3　STC-GO 系列单级高速离心式鼓风机的选型曲线(1.013bar，20℃，相对湿度 36%)

3. *磁悬浮或空气悬浮单级离心式鼓风机*

单级高速离心式鼓风机的发展方向是采用磁悬浮、空气悬浮等新型传动支撑技术代替原来的机械齿轮箱式传动支撑技术，从而改变常规单级高速离心式鼓风机的齿轮箱、联轴器、冷却系统和润滑油系统等，极大提高产品的技术性能及运行可靠性。

磁悬浮单级高速离心式鼓风机传动支撑技术的核心是磁悬浮轴承和永磁电动机，磁悬浮轴承利用常导磁吸原理，通过电磁吸力来实现转轴悬浮、高速稳定、无摩擦运转。磁悬浮单级高速离心式鼓风机的电动机与叶轮直联，采用变频器调速调节风量，不仅比旁路放风阀法节能，而且风量调节范围广泛，一般为 45%~100%。所有部件(高速电动机、变频器、磁悬浮轴承)都集成安装在普通底座上，无需特殊固定基础，设备体积小、重量轻、安装操作方便，运行时噪声在 80dB(A)以下，无振动。目前，德国 Piller(琵乐)TSC 公司、日本川崎重工(Kawasaki Heavy Industries)株式会社、瑞士苏尔寿(Sulzer)/ABS HST、瑞典 Atlas Copco ZB-VSD、美国 Gardner Denver Nash 公司(拥有 Hoffman Revolution 风机品牌)、美国 Quatima 公司、美国 Spencer Turbine、美国 Verdicorp 等都生产销售磁悬浮单级高速离心式鼓风机，德国西门子公司的 STC-DO 系列单级高速离心式鼓风机可以配套采用磁悬浮轴承或空气轴承。

空气悬浮单级高速离心式鼓风机与磁悬浮单级高速离心式鼓风机的显著区别就是采用空气(气膜)轴承(Air Foil Bearing)代替磁悬浮轴承。韩国 TurboMAX(拓博麦克斯)公司是世界上最主要的空气悬浮鼓风机制造商之一，采用三大突破性核心专利技术 —— 永磁无刷高速同步电动机、空气悬浮轴承及空气冷却技术，大幅度提高了产品的技术性能及运行可靠性，缩小了设备的外形尺寸，节省了土建费用。TurboMAX 空气悬浮单级离心式鼓风机的结构特点包括：①永磁无刷高速同步电动机的转速为 10000~200000r/min，效率达 97%，电动机与叶轮直接相连，动力传输效率可达 100%，且永磁无刷高速同步电机配以高性能实时数字控制器构成调速机构；②空气悬浮轴承主要包括径向轴承及止推轴等部件，启动时回转轴与轴承之间相对运动形成了流体动压润滑效应，气膜具有压力和承载能力，使回转轴在轴承孔内处于悬浮状态，达到回转自如的目的，能量损耗低，效率高；③TurboMAX 公司设计的每一型叶轮都经过计算机三维流场数值模拟，效率高达 88%。叶轮采用 SVS 钛合金材料，抗变形能力强，通过五轴机床加工制造精密高效的叶轮，根据不同需要进行叶轮切割，可以得到特定的工况范围。采用变频调节方式，摒弃了导叶片调节方式，使鼓风机的可调节范围变得更宽；④采用空气自冷却技术，空气流道设计合理而巧妙，并配套设计有电动机散热翼翅，200HP 以上大机型设有冷媒内循环系统，无需另设冷却风扇或补充水，确保在炎热的夏天仍保持可靠的工作性能；⑤实现电动机转速的全智能变频控制，可选择定转数运转、定流量控制运转、溶解氧(DO)控制运转、定负荷运转、定压运转 5 种控制方式，可以就地控制，也可以实施远程控制。TurboMAX 空气悬浮单级高速离心式鼓风机的主要性能特点包括：①高效节能，与罗茨鼓风机相比可节能 25%~35%，与传统多级离心式鼓风机相比可节能约 15%~20%，与机械齿轮箱式单级高速离心式鼓风机相比可节能约 10%~15%；②无振动、低噪声，可使距离鼓风机 1m 处的噪声小于 80dB(A)，同时高速直联电动机避免了复杂的传动齿轮箱、油润滑轴承，有效避免了机械接触和摩擦，达到低噪声及无振动的目的；③采用空气悬浮轴承，不需要润滑油及冷却系统，简化了系统组成且排出的空气里不含有油分，避免了二次污染，是真正的免润滑油鼓风机。TurboMAX 空气悬浮单级离心式鼓风机于 2004 年进入中国市场，目前已经得到了较为广泛的应用。除了韩国 TurboMax、韩国 APG-NEUROS、韩国 K Turbo 公司之外，美国 Houston Service Industries (HSi)(现被瑞典 Atlas Copco 兼并)、德国艾珍(Aerzen)(Aerzen Turbo 原出于韩国 K Turbo 公司)、美国 Roots(GE Energy 下属)等公司也生产销售空气悬浮单级高速离心鼓风机。

4. 轴流式鼓风机

随着污水处理工程建设规模的日益扩大，发达国家也有采用轴流式鼓风机进行鼓风曝气。瑞士苏尔寿(Sulzer)轴流式曝气鼓风机的流量范围为 1800~6000m^3/min，压缩比可达 2，采用 5~15 级叶片适应不同压缩比的需要；美国德莱赛兰(Dresser-Rand)公司(2014 年被德国西门子公司兼并)的轴流式曝气鼓风机也有用于污水处理厂的记录。目前采用轴流式鼓风机的国外大型污水处理厂有：美国芝加哥市西部南区 $454\times10^4 m^3/d$ 特大型污水处理厂、法国巴黎阿谢尔 $210\times10^4 m^3/d$ 污水处理厂、莫斯科新库里杨诺夫 $200\times10^4 m^3/d$ 污水处理厂、日本东京森崎 $128\times10^4 m^3/d$ 污水处理厂等。

陕西鼓风机(集团)有限公司 1979 年全面引进瑞士苏尔寿(Sulzer)轴流式鼓风机的设计、制造技术，现已完全实现国产化，并与苏尔寿具有世界先进水平的轴流式鼓风机处于并跑阶段，节能效果非常显著。为了满足大型污水处理厂的发展需要，陕西鼓风机(集团)有限公司推出了全新的专用曝气风机 —— AV 系列全静叶可调轴流式鼓风机。轴流式鼓风机的流量、压力调节系统先进可靠，又是单台运行，能满足污水处理新工艺的特殊要求，实现风机风量与溶解氧(DO)含量的联锁调节。如根据水中溶解氧浓度的要求随时调节静叶角度，风量调节范围为 50%~100%，且效率无明显下降，风压调节满足升降式曝气的要求。

此外需要指出的是，2012 年以前建设或新建的火力发电厂，都必须配备脱硫、脱硝、除尘装置以满足《火电厂大气污染物排放标准》(GB 13223—2011)的相关要求，合理选择烟气系统“引风机+增压风机”的匹配方案和相应配置参数、合理选择高效氧化风机的性能参数，对于火电厂大安全稳定运行和节能减排非常重要。国内引风机一般采用静叶可调轴流式鼓风机和动叶可调轴流式鼓风机，静叶可调轴流式鼓风机的效率曲线近似呈圆面，运行高效区范围和效率低于动叶可调轴流式鼓风机，而运行费用高于动叶可调轴流式鼓风机。目前石灰石-石膏湿法烟气脱硫工程中常用的氧化风机有罗茨鼓风机(双叶、三叶)和离心式鼓风机(多级离心、单级离心)，鉴于前述原因，因此完全可以采用常规单级高速离心式鼓风机。

三、压缩机

环境污染控制工程领域中所用的压缩机主要有往复式、离心式、回转式等几大类。离心式压缩机又称透平压缩机或涡轮压缩机(Turbocompressor)，其结构和作用原理与离心式鼓风机完全相同。这里着重介绍往复式压缩机。

1. 往复式压缩机的结构与工作原理

往复式压缩机的结构和工作原理与往复泵相似，主要由气缸、活塞、阀门等组成，通过活塞的往复运动对气体作功，但由于气体进出压缩机的过程完全是一个热力学过程，故其工作过程与往复泵不同。另外，由于气体本身没有润滑作用，因此必须使用润滑油以保持良好润滑，为了及时除去压缩过程中产生的热量，缸外必须设冷却水夹套，阀门要灵活、紧凑和严密。

(1)理想(无余隙)工作循环

以图 8-3-4 所示的单缸单作用往复式压缩机为例，假设被压缩气体为理想气体，气流经阀门无阻力、无泄漏、无余隙(排气终了时活塞与气缸端面之间没有空隙)等，则单缸单作用往复式压缩机的理想工作循环包含压缩、恒压排气、恒压吸气 3 个阶段，分别对应图中的曲线 1-2、水平线 2-3 和水平线 4-1。

(2)实际(有余隙)工作循环

为防止活塞与气缸碰撞，实际中的压缩机在轴向往往存在余隙。排气结束时余隙中必然会残存少量高压气体，因此往复式压缩机的实际工作过程分为 4 个阶段(比理想工作循环多了膨胀阶段)。如图 8-3-5 所示，活塞从最右侧向左运动，完成了压缩阶段及排气阶段后，达到气缸最左端，当活塞从左向右运动时，因有余隙存在，进行的不再是吸气阶段，而是膨胀阶段，即余隙内压力为 p_2 的高压气体因体积增加而压力下降，如图中曲线 3-4 所示；直至其压力降至吸入气压 p_1(图中点 4)，吸入阀打开，在恒定的压力下进行吸气过程；当活塞回复到气缸的最右端截面(图中点 1)时，完成一个工作循环。

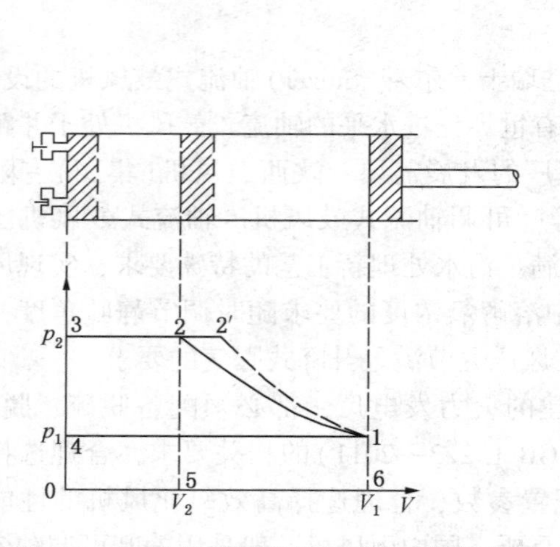

图 8-3-4 往复式压缩机的理想工作循环图

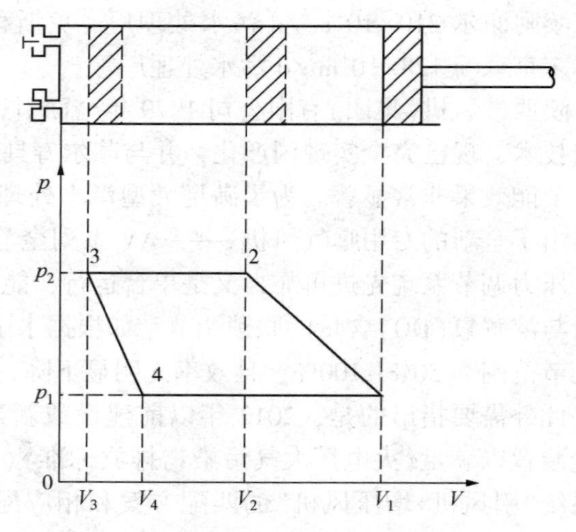

图 8-3-5 往复式压缩机的实际工作循环

在每一循环中，尽管活塞在气缸内扫过的体积为(V_1-V_2)，但一个循环所能吸入的气体体积为(V_1-V_4)。同理想循环相比，余隙内气体的压缩和膨胀循环不但对工作过程无益，而且它还使吸入气量减少。动力消耗增加。所以应尽可能地减少压缩机的余隙。

余隙体积 V_3 占据活塞推进一次所扫过体积($V_1 - V_3$)的分率，称为余隙系数，用符号 ε 表示，即

$$\varepsilon = \frac{V_3}{V_1 - V_3} \tag{8-3-5}$$

一般大、中型往复式压缩机低压气缸的余隙系数值约在 8%以下，高压气缸的余隙系数值可达 12%左右。

压缩机一次循环吸入气体体积($V_1 - V_4$)和活塞一次扫过的体积($V_1 - V_3$)之比，称为容积系数，用符号 λ_0 表示，即

$$\lambda_0 = \frac{V_1 - V_4}{V_1 - V_3} \tag{8-3-6}$$

当气体压缩比一定时，余隙系数加大，容积系数变小，压缩机的吸气量也就减少。对于一定的余隙系数，气体压缩比愈大，余隙内气体膨胀后所占气缸的体积也就愈大，使每一循环的吸气量愈少。当压缩比大到一定程度时，容积系数可能为零，即当活塞向右运动时，残留在余隙中的高压气体膨胀后已可完全充满气缸，以致不能再吸入新的气体。$\lambda_0 = 0$ 时的压缩比称为压缩极限 λ_0，即对于一定的值，往复式压缩机所能达到的最高压力存在上限值。

(3)多级压缩

如果工程实际中所需要的气体压缩比很大，要将压缩过程在一个气缸里一次完成往往不太可能，即使理论上可行也不切实际。这是因为压缩比太高，动力消耗显著增加，气体的温度升高也随之增大。出口温度 T_2 与入口温度 T_1 之间的关系为

$$T_2 = T_1 \left(\frac{p_2}{p_1}\right)^{\frac{m-1}{m}} \tag{8-3-7}$$

气体温度升高致使气缸内润滑油的黏度降低，失去润滑性能，运动部件之间的摩擦磨损加剧，增加功耗；此外，温度过高，润滑油易分解，且油中的低沸点组分挥发，与空气混合后使油燃烧，严重时还会造成爆炸事故。因此，在实际工作中不允许有过高的终温。当余隙系数一定时，压缩比高，容积系数小，气缸容积利用率更低；在机械结构上亦造成不合理现象：为了承受气体很高的终压，气缸要做得很厚，为了吸入初始压强低而体积很大的气体，气缸又要做得很大。

要解决上述问题，当压缩比大于 8 时，尽管离压缩极限尚远，通常也要采用多级压缩流程。所谓多级压缩是指气体连续并依次经过若干个气缸压缩，最终达到需要压缩比的压缩过程。每经过一次压缩就称为一级，级间设置冷却器及油水分离器。当然，增加气缸数目以减少压缩比只能减少余隙的影响，但还没有解决气体温度升高太多的问题，气缸壁上所装的水夹套(或散热翅片)远不能满足气体压缩时所产生热量的需要。设置中间冷却器，可以将从一级气缸中引出的气体冷却到与进入该级气缸时的温度相近，然后再送入下一级气缸，这样就使气体在压缩过程中的温度大为降低，从最后一级气缸送出的气体温度也远低于单级压缩情况下所送出的气体温度。由于多级压缩采用了中间冷却器，达到同样的总压缩比时，各级所需外功之和也比只用单级时少。

2. 往复式压缩机的主要性能参数与选用

(1)主要性能参数

①排气量　排气量又称为压缩机的生产能力，是将压缩机在单位时间内排出的气体体积

换算成吸入状态下的数值，所以又称为压缩机的吸气量。与往复泵相似，其理论排气量只与气缸的结构尺寸、活塞的往复频率及每一工作周期的吸气次数有关，但由于余隙内气体的存在、摩擦阻力、温度升高、泄漏等因素，使得实际排气量要小。为改善往复式压缩机流量的不均匀性，压缩机出口均安装油水分离器，既能起缓冲作用，又能去除油沫、水沫等；同时吸入口处需安装过滤器，以免吸入杂物。

②轴功率　往复式压缩机理论上消耗的功率可以根据气体压缩的基本原理进行计算。实际所需的轴功率往往比理论轴功率大，其原因是：a)实际吸气量比实际排气量大，凡是吸入的气体都得经过压缩，多消耗了能量；b)气体在气缸内脉动及通过阀门等产生的流动阻力，要消耗能量；c)压缩机运动部件之间必然存在的摩擦，也要消耗能量。

(2)分类与选用

往复式压缩机分类的方式很多，如：①按活塞是一侧还是两侧吸、排气区分，有单动与复动压缩机；②按压缩级数分，有单级(压缩比2~8)、两级(压缩比8~50)、多级(压缩比100~1000)压缩机；③按出口压力的大小区分，有低压(10.133×10^5Pa)、中压($10.133 \sim 101.33\times10^5$Pa)、高压($101.33 \sim 1013.3\times10^5$Pa)压缩机；④按生产能力大小区分，有小型($10m^3$/min以下)、中型($10 \sim 30m^3$/min)与大型($30m^3$/min以上)压缩机；⑤按所压缩气体的种类区分，有空气压缩机、氨气压缩机、石油气压缩机等；⑥按气缸在空间的位置区分，有立式(气缸垂直放置)、卧式(气缸水平放置)、角式(气缸互相配置成V形、W形、L形)与对称平衡式压缩机。

选择往复式压缩机时，首先应根据所处理气体的特性选定类型，再根据厂房具体情况选用压缩机的空间结构形式；然后根据所要求的排气量与排气压力，确定压缩机的规格。往复式压缩机的排气口必须连接贮气罐，以缓冲排气脉动，使气体输出均匀稳定。气罐上必须有准确可靠的压力表和安全阀。

往复式压缩机在运行操作过程中应经常注意的问题是润滑与冷却。润滑油用小型油泵注入气缸，再经循环回路返回油泵，但也有一部分被排出气体带走，因此要经常检查、控制注油情况，气缸壁上水夹套及中间冷却器冷却水的出口温度要定时检查。

四、真空泵

真空泵通常指能够从密闭空间内排出气体或使密闭空间内气体分子数目不断减少的设备，也被称为真空获得设备，按工作原理可分为气体传输泵和气体捕集泵两大类。气体传输泵是一种能使气体不断吸入和排出，借以达到抽气目的的真空泵，基本上有变容真空泵和动量传输真空泵两种类型，前者在环境污染控制工程领域应用较多。气体捕集泵是一种使气体分子被吸附或凝结在泵的内表面上，从而减小密闭空间内气体分子数目而达到抽气目的的真空泵，有吸附泵(如分子筛吸附泵)、吸气剂泵、冷凝泵、溅射离子泵、钛升华泵等几种。

1. 变容真空泵的工作原理与分类

变容真空泵利用泵腔容积的周期性变化来完成吸气和排气过程，气体在排出前被压缩，根据运动方式分为往复式及旋转式两种。随着科技的发展以及真空应用领域的扩大，原有机械变容真空泵及其组成的抽气系统出现了两个急需解决的问题：一是泵内的液体工作介质返流污染被抽密闭空间，影响产品质量；其次，某些工艺过程中的反应物质会使泵内的液体工作介质严重变质，影响正常工作。在此背景下，不用油类(或液体)密封的变容真空泵(即干式真空泵)得到了蓬勃发展。

(1)往复式真空泵

利用泵腔内活塞做往复运动，将气体吸入、压缩并排出，又称为活塞式真空泵。多用于真空浸渍、真空蒸馏、真空结晶、真空过滤等场合抽除气体，不适用于抽除腐蚀性或含有颗粒状灰尘的气体。如果被抽气体中含有灰尘，在泵的进口处必须加装过滤器。

(2)旋转式真空泵

①油封式真空泵

油封式真空泵可以分为定片式、旋片式、滑阀式、余摆线式4种。定片式真空泵在泵壳内装有一个与泵内表面靠近的偏心转子，泵壳上装有一个始终与转子表面接触的径向滑片，当转子旋转时，滑片能上、下滑动将泵腔分成两个可变容积；旋片式真空泵的转子以一定偏心距装在泵壳内并与泵壳内壁靠近，在转子槽内装有两个(或两个以上)旋片，旋片随同转子一起旋转，同时能沿其径向槽往复滑动且与泵壳内壁始终保持接触，从而将泵腔分成几个可变容积；滑阀式真空泵在偏心转子外部装有一个滑阀，转子旋转带动滑阀沿泵壳内壁滑动和滚动，滑阀上部的滑阀杆能在可摆动的滑阀导轨中滑动，从而把泵腔分成两个可变容积；余摆线式真空泵在泵腔内偏心装有一个型线为余摆线的转子，其沿泵壳内壁转动并将泵腔分成两个可变容积。油封式真空泵不仅可以作为低真空设备的排气用泵，也可以作为高真空排气时的前级真空泵，目前中小型旋片式真空泵和大中型滑阀式真空泵使用较为广泛。由于油封式真空泵均装有气镇装置，故可用于抽除潮湿气体，但不适用于抽除含氧量过高、有爆炸性、对黑色金属有腐蚀性、对泵密封油起化学作用以及含有颗粒灰尘的气体。

②液环式真空泵

带有多叶片的转子偏心装在泵壳内，转子旋转时把液体(通常为水、甲醇、乙醇、丙酮、四氯乙烯、乙二醇等)抛向泵壳，并形成与泵壳同心的液环，液环与转子叶片之间形成容积周期变化的几个小容积。当工作液体为水时，相应称为水环式真空泵或水环泵，主要用于粗真空、抽气量大的工艺过程中，如真空过滤、真空送料、真空浓缩、真空脱气等。

③罗茨真空泵

罗茨真空泵的结构形式由罗茨鼓风机演变而来，泵内装有两个反向同步旋转的双叶形或多叶形转子，转子之间、转子与泵壳内壁之间均保持一定的间隙，可以实现高转速运行。

(3)干式真空泵

干式真空泵主要分为干式螺杆、无油往复式、爪式和无油涡旋式等类型。干式螺杆真空泵利用一对螺杆，在泵壳中作高速同步反向旋转而产生吸气和排气作用，两螺杆经过精细动平衡校正，由轴承支撑安装在泵壳中，螺杆与螺杆之间都有一定的间隙。由于工作时螺杆相互之间无摩擦，运转平稳，噪音低，工作腔无需润滑油，因此适用于能抽除含有大量水蒸汽及少量粉尘的气体场合，极限真空更高，消耗功率更低，具有节能、免维修等优点，是油封式/液环式/喷射式真空泵的更新换代产品。

在烃类VOCs污染治理工程中(如油气回收)，基于活性炭吸脱附的回收装置普遍采用真空解吸法，使吸附于活性炭孔隙内的烃类VOCs在真空状态下脱附，解吸时所需的真空压力取决于允许的气体排放浓度。真空解吸可以采用乙二醇作封液的液环式真空泵或干式螺杆真空泵，采用干式螺杆真空泵不需要设置分离循环封液和油气的设备，因此占地面积较小、工艺流程更为简单，美国Symex Americas公司的Dry VAC™VRS油库油气回收处理系统是典型代表。

2. 动量传输真空泵的工作原理与分类

动量传输真空泵依靠高速旋转的叶片或高速射流，把动量传输给气体或气体分子，使气体连续不断地从泵的入口传输到出口，主要类型包括分子真空泵、喷射真空泵等。

(1)分子真空泵

利用高速旋转的转子把能量传输给气体分子，使之压缩、排气的一种真空泵，有牵引分子泵、涡轮分子泵、复合分子泵等几种型式。在牵引分子泵中，气体分子与高速运动的转子相碰撞而获得动量，然后被送到出口。涡轮分子泵内装有带槽的圆盘或带叶片的转子，在定子圆盘(或定片)间旋转。转子圆周的线速度很高，通常在分子流状态下工作。复合分子泵是由涡轮式和牵引式两种分子泵串联组合起来的一种复合式分子真空泵。

(2)喷射真空泵

利用文丘里效应压力降产生的高速射流，把气体输送到出口的一种动量传输泵，适于在黏滞流和过渡流状态下工作。高速射流的工作介质可以为液体(通常为水)、非可凝性气体和蒸气(水、油或汞等的蒸气)。

3. 真空泵的性能参数

(1)真空泵的极限压强、最大工作压强　前者是指泵在入口处装有标准试验罩并按规定条件工作，在不引入气体正常工作的情况下，趋向稳定的最低压强；后者是指对应最大抽气量的入口压强，在此压强下泵能连续工作而不恶化或损坏，单位为 Pa。

(2)真空泵的抽气速率(简称泵的抽速)　泵装有标准试验罩并按规定条件工作时，从试验罩流过的气体流量与在试验罩指定位置测得的平衡压强之比，单位为 m^3/s 或 L/s。某些真空泵系列对其抽气速率则以几何级数来分档。

(3)真空泵的抽气量　泵入口的气体流量，单位为 $Pa \cdot m^3/s$ 或 Pa · L/s。

(4)真空泵的启动压强、前级压强、最大前级压强　启动压强是指泵无损坏起动并有抽气作用时的压强，前级压强是指排气压强低于一个大气压的真空泵的出口压强，最大前级压强是指超过了能使泵损坏的前级压强，单位都为 Pa。

(5)压缩比　泵对给定气体的出口压强与入口压强之比。

(6)何氏系数　泵抽气通道面积上的实际抽速与该处按分子泻流计算的理论抽速之比。

(7)抽速系数　泵的实际抽速与泵入口处按分子泻流计算的理论抽速之比。

(8)返流率　按规定条件工作时，通过泵入口单位面积的泵流质量流率，单位为$g/(cm^2 \cdot s)$。

(9)水蒸气允许量　在正常环境条件下，气镇泵在连续工作时能抽除的水蒸气质量流量，单位为 kg/h。

(10)最大允许水蒸气入口压强　在正常环境条件下，气镇泵在连续工作时所能抽除的水蒸气的最高入口压强，单位为 Pa。

§8.4　集气罩及其设计

为了提高空气质量，对于工业生产过程中产生的各种有害气体、蒸气或粉尘，一般采取合理安装通风装置净化系统的方法。对于生产过程中散发到车间空气中的污染物，只要控制住室内二次气流的运动，就能控制污染物的扩散和飞扬，进而达到改善车间内外空气质量的目的，这就是采用局部排气通风方法控制空气污染的依据。

局部排风净化系统就是将污染物在发生源处用捕集装置收集起来，经过净化设备处理后再排放到大气中去。如图 8-4-1 所示，主要由捕集装置、排风管道、净化设备、风机、烟囱等组成。捕集装置按气流流动方式分为吸气式和吹气式两种，按捕集装置的形状可分为集气罩和集气管。对密闭生产设备，若污染物在设备内部产生时，会通过设备的孔和缝隙逸到车间内。如果设备内部允许微负压存在，则可采用集气管捕集污染物；对于密闭设备内部不允许微负压存在或污染物发生在污染源表面时，则可用集气罩进行捕集。本节主要介绍集气罩的结构型式和设计方法。

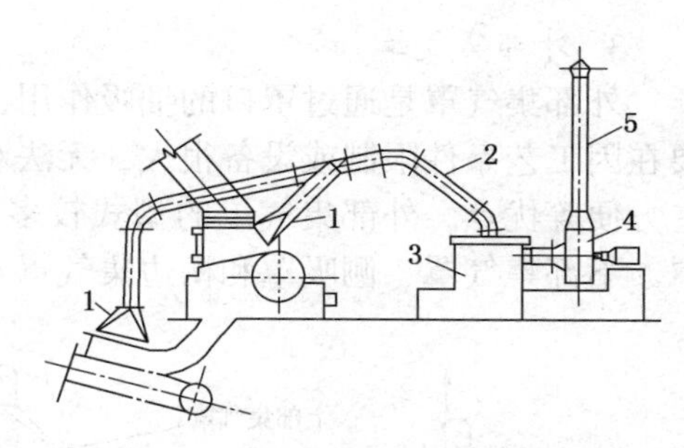

图 8-4-1　局部排风净化系统示意图

1—捕集装置；2—排风管道；3—净化设备；4—风机；5—烟囱

一、集气罩的基本型式

集气罩的型式很多，按照罩口气流流动方向可分为密闭式、半密闭式、外部集气罩、接受式、吸吹式 5 种。

1. 密闭式集气罩

密闭式集气罩是将污染源局部或整体密闭起来，使污染物的扩散限制在一个密闭空间内，并通过排出一定量的空气以保持罩内适当的负压；罩外的空气则经罩上的空隙流入罩内，以达到防止污染物外溢的目的。与其他类型的集气罩相比，密闭式集气罩所需排气量最小，控制效果最好，且不受车间内横向气流的干扰。按密闭式集气罩的结构特点，又可将其分为局部密闭式集气罩、整体密闭式集气罩、大容积密闭等 3 种。

大容积密闭罩是将污染设备或地点全部密闭起来，也称密闭室。特点是罩内容积大，可利用罩内循环气流消除或减少局部正压，设备检修可在罩内进行。适用于产尘量大而设备不宜采用局部密闭或整体密闭的情况，特别是设备需要频繁检修的场合，如多交料点的皮带运输机转运点及振动筛(如图 8-4-2 所示)等。

2. 半密闭式集气罩

半密闭式集气罩是在密闭罩上开有较大的操作孔，通过操作孔吸入大量气流来控制污染物的外逸，同时允许人对设备进行操作。排气柜是属于半密闭集气罩的一种典型排气装置，实验室用通风橱和小零件喷漆箱就是排气柜的典型代表，如图 8-4-3 所示。

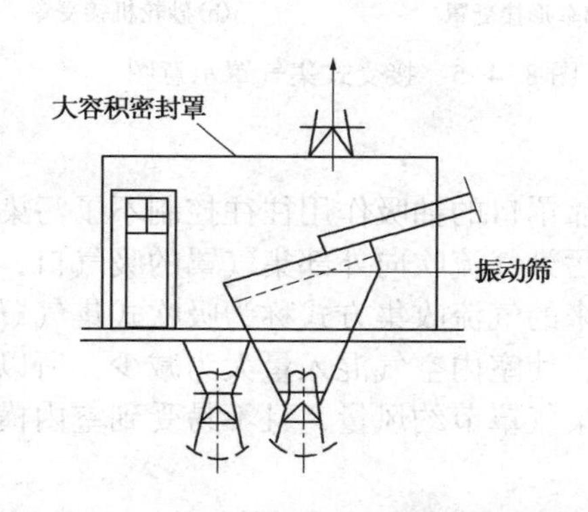

图 8-4-2　振动筛用大容积密闭罩示意图

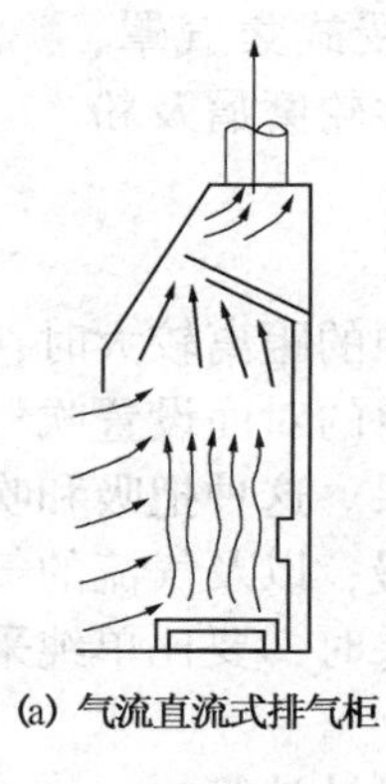

(a) 气流直流式排气柜

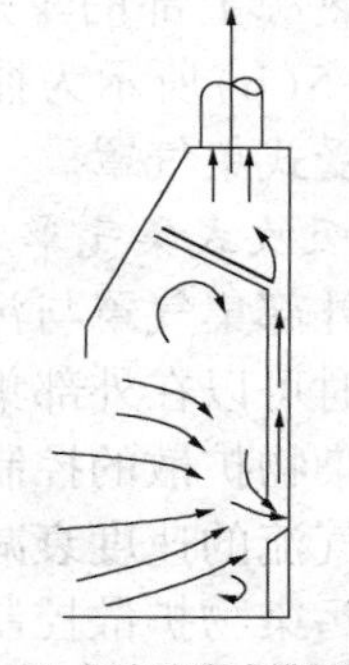

(b) 气流湍流式排气柜

图 8-4-3　排气柜示意图

3. 外部集气罩

外部集气罩是通过罩口的抽吸作用，在污染源附近把污染物全部吸收起来的集气罩。主要在因工艺条件限制或设备很大，无法对污染源进行密闭的情况下使用，具有结构简单、制造方便等优点。外部集气罩的型式较多，按集气罩与污染源的相对位置可以分为上部集气罩、下部集气罩、侧吸罩和槽边集气罩4种，如图8-4-4所示。

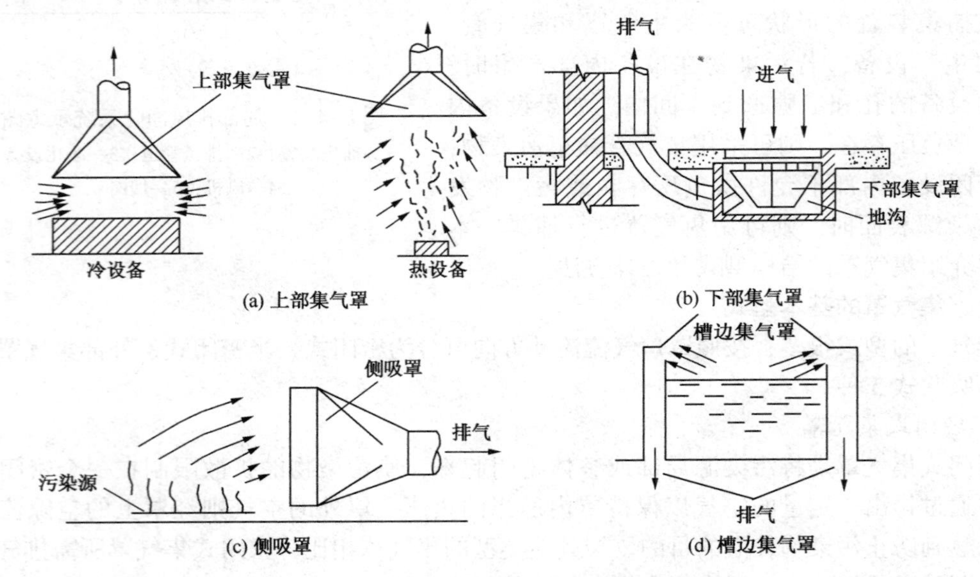

图8-4-4　外部集气罩的示意图

外部集气罩的吸气方向与污染气流方向往往不一致，一般需要较大的排风量才能控制污染源气流的扩散，而且容易受到室内横向气流的干扰，所以捕集效率较低。

4. 接受式集气罩

有些生产过程本身会产生或诱导污染气流，如热过程、机械运动过程等。接受式集气罩是沿污染气流的运动方向设置，污染气流自动流入，罩口外的气流运动不是由于集气罩的抽吸作用，而是由生产过程本身造成。图8-4-5(a)所示为热源上部的伞形接受式集气罩，图8-4-5(b)所示为捕集砂轮磨屑及粉尘的接受式集气罩。

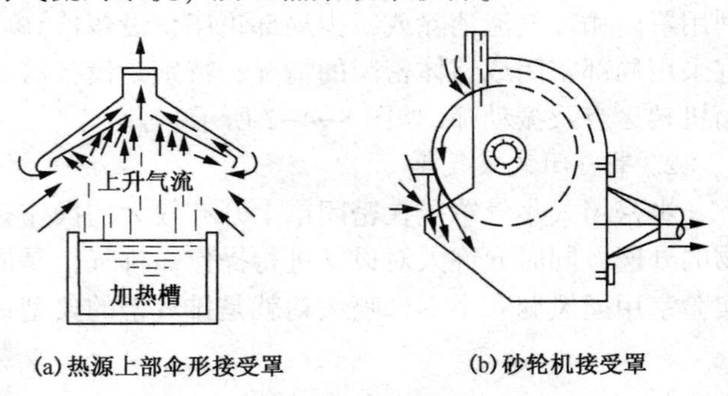

图8-4-5　接受式集气罩示意图

5. 吸吹式集气罩

当外部集气罩与污染源的距离较大时，单纯依靠罩口的抽吸作用往往控制不了污染物扩散，此时可以在外部集气罩的对面设置吹气口，将污染气流吹向外部集气罩的吸气口，以提高对污染物扩散的控制效果。这种把吸和吹结合起来的气流收集方式称为吸吹式集气罩。由于吹出气流的速度衰减较慢，以及气流的气幕作用，使室内空气混入量大为减少，所以达到同样的污染物扩散控制效果时，要比单纯采用外部集气罩节约风量，且不易受到室内横向气流的干扰。

二、集气罩的性能与设计计算

集气罩的主要参数一般指排气量、压力损失、尺寸、材料消耗等，这些参数直接决定了集气罩性能的好坏。对一个固定的污染源，在控制污染物外逸效果相同的条件下，以上参数的值均小时集气罩的性能好。鉴于集气罩的排风量和压力损失是表示集气罩性能的两个主要技术经济指标，下面扼要介绍其确定方法。

1. 集气罩的排风量

排风量的确定分为两种情况：一种是运行中的集气罩是否符合设计要求，可用现场测定的方法来确定；另一种是为了达到预期的工程设计目的，通过计算来确定集气罩的排风量。

(1)排风量 Q 的测定方法

运行中的集气罩排风量 Q 可以通过实测罩口上的平均吸气速度和罩口面积来确定

$$Q = A_0 \cdot v_0 (\mathrm{m^3/s}) \tag{8-4-1}$$

式中 A_0——集气罩的罩口面积，$\mathrm{m^2}$；

v_0——罩口上的平均吸气速度，m/s。

另外，还可以通过实测连接集气罩直管的平均流速 v、气流的动压或静压以及其断面积 A，按下式确定排风量 Q

$$Q = v \cdot A = A\sqrt{\frac{2p_v}{\rho}} = \varphi A\sqrt{\frac{2|p_s|}{\rho}} (\mathrm{m^3/s}) \tag{8-4-2}$$

$$\varphi = \sqrt{\frac{p_v}{|p_s|}} \tag{8-4-3}$$

式中 v——实测连接集气罩直管的平均流速，m/s；

A——管路的截面积，$\mathrm{m^2}$；

ρ——气流密度，$\mathrm{kg/m^3}$；

$|p_s|$——气流静压绝对值，Pa；

p_v——气流动压，Pa；

φ——流量系数，为一个常数，如表 8-4-1 所示，当然也可以根据气流静、动压计算得到。

表 8-4-1　几种集气罩罩口的流量系数和局部阻力系数

罩子名称	喇叭口	圆台或天圆地方	圆台或天圆地方	管道端头	有边管道端头
罩子形状		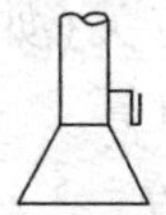		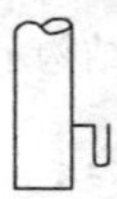	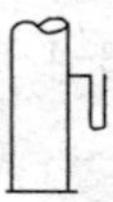
流量系数 ϕ	0.98	0.90	0.82	0.72	0.82
压损系数 ζ	0.04	0.235	0.40	0.93	0.49
罩子名称	有弯头的管道端头	有弯头有边的管道端头	排风罩（例加在化铅炉上面）	有格栅的下吸罩	砂轮罩
罩子形状	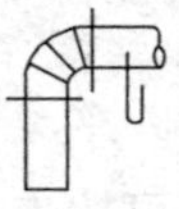			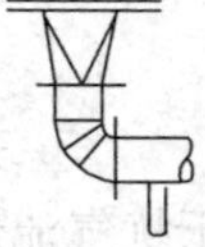	
流量系数 ϕ	0.62	0.74	0.9	0.82	0.80
压损系数 ζ	1.61	0.825	0.235	0.49	0.56

(2)排风量的计算方法

在工程设计中，排风量的计算方法常用控制速度法和流量比法。

①控制速度法

控制速度法是基于污染物从污染源散发出来以后都具有一定的速度，并且随着扩散而逐渐减小，当扩散速度减小到零的位置称为控制点。控制点处的污染物容易被吸走，集气罩能吸走控制点处污染物的最小吸气速度称为控制速度。在工程设计中，当确定了控制速度后，即可根据不同型式集气罩口的气流衰减规律，求得罩口上的气流速度。在已知罩口面积时，便可按式(8-4-1)求得集气罩的排风量。

控制速度值与集气罩结构、安装位置以及室内气流运动情况有关，一般要通过现场测试确定；如果缺乏实测数据，可参考表 8-4-2 中的数值确定。

表 8-4-2　控制速度参考表

污染物的产生状况	举 例	控制速度 v/(m/s)
以轻微速度放散到相当平静的空气中	蒸汽的蒸发，气体从敞开的容器中外溢	0.25~0.5
以轻微速度放散到尚属平静的空气中	喷漆室内喷漆，焊接，断续倾倒干物料	0.5~1.0
以相当大的速度放散或放散到空气运动迅速区域	翻砂，脱模，高速(>1m/s)皮带运输机的转运点混合装袋或装车	1.0~2.5
以高速度放散出来或放散到空气运动迅速区域	磨床，重破碎锤在岩石表面工作	2.5~10

②流量比法

流量比法是把集气罩的排风量 Q 看成是污染气流量 Q_1 和从罩口周围吸入的室内空气量 Q_2 之和，即

$$Q = Q_1 + Q_2 = Q_1(1 + Q_2/Q_1) = Q_1(1 + K) \tag{8-4-4}$$

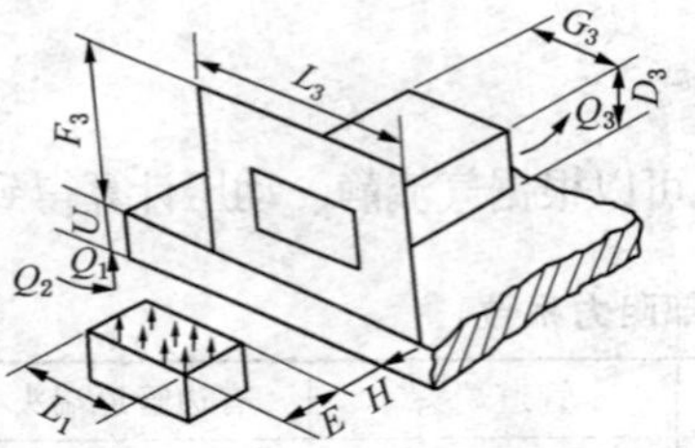

比值 K 称为流量比。从上式中可以看出，K 值越大，吸入的室内空气量 Q_2 越大，集气罩的排风量也越大，污染物的捕集效果越好。但考虑到设计的经济合理性，把能保证污染物不溢出罩外的最小 K 值称为临界流量比，用K_m表示。

图 8-4-6　侧吸罩的结构示意图

研究表明，K_m值与污染物发生量无关，只与污染源和集气罩的相对尺寸有关(如图 8-4-6 所示)。通过实验研究，K_m值可由下式计算

$$K_m = [1.5(\frac{F_3}{E})^{-1.4} + 2.5][(\frac{E}{L_1})^{1.7} + 0.2] \times [(\frac{H}{E})^{1.5} + 0.2] \times [0.3(\frac{U}{E})^{2.0} + 1.0] \tag{8-4-5}$$

式中，E、L_1、H、F_3、U 符号的含义如图 8-4-6 所示，单位为 m。

K_m值确定之后，因考虑到室内横向气流的影响，在计算时应适当增加排风量，可将式(8-4-4)改写为

$$Q = Q_1(1 + mK_m) \tag{8-4-6}$$

式中　m——考虑干扰气流影响的安全系数，其值与干扰气流有关，可按表 8-4-3 确定。

表 8-4-3　流量比法流量安全系数

横向干扰气流流速/(m/s)	安全系数	横向干扰气流流速/(m/s)	安全系数
0~0.15	5	0.30~0.45	10
0.15~0.30	8	0.45~0.60	15

【例 8-4-1】图 8-4-6 中所用振动筛的相关尺寸如下：$E=800\text{mm}$，$L_1=650\text{mm}$，粉状物料用手工投向筛上时，粉尘的散发速度为 $v=0.5\text{m/s}$，周围干扰气流速度为 0.3m/s。现在该处设计侧吸罩，试确定其排风量。

解：

若取侧吸罩罩口尺寸 $G_3\times D_3=650\text{mm}\times400\text{mm}$，罩口法兰边全高 $F_3=800\text{mm}$，罩口下缘贴近振动筛($v=0$)，则 $U=0$、$H=0$。所以，污染气体发生量为

$$Q_1=0.65\times0.8\times0.5=0.26\text{m}^3/\text{s}$$

将已知数据代入式(8-4-5)中，计算临界流量比K_m

$$K_\text{m}=[1.5\times\left(\frac{0.8}{0.8}\right)^{-1.4}+2.5][\left(\frac{0.8}{0.65}\right)^{1.7}+0.2]\times[\left(\frac{0}{0.8}\right)^{1.5}+0.2]\times$$

$$[0.3\times\left(\frac{0}{0.8}\right)^{2.0}+1.0]=4.0\times1.62\times0.2\times1.0=1.30$$

干扰气流速度为 0.3m/s，按表 8-4-3 选取 $m=8$。所以排风量 $Q=Q_1(1+m\,K_m)=0.26\times(1+8\times1.3)=2.96(\text{m}^3/\text{s})$。

应用流量比法计算应注意以下事项：a）临界流量比的计算式是在特定条件下通过实验求得，应用时应注意其适用范围。b)流量比法以污染气体发生量为基础进行计算，应根据实测的发散速度和发散面积计算确定；如果无法确切计算出污染气体发生量，建议仍按照控制速度法计算。c)周围干扰气流对排风量的影响很大，应尽可能减弱周围气流的干扰。

2. 集气罩压力损失的确定

集气罩的压力损失 Δp 一般可以下式计算

$$\Delta p=\xi\,p_\text{v}=\xi\frac{\rho^2v^2}{2}(\text{Pa})\qquad(8\text{-}4\text{-}7)$$

式中 ξ——压力损失系数；

p_v——直管中气流的动压，Pa；

ρ——气流的密度，kg/m³；

v——气流的速度，m/s。

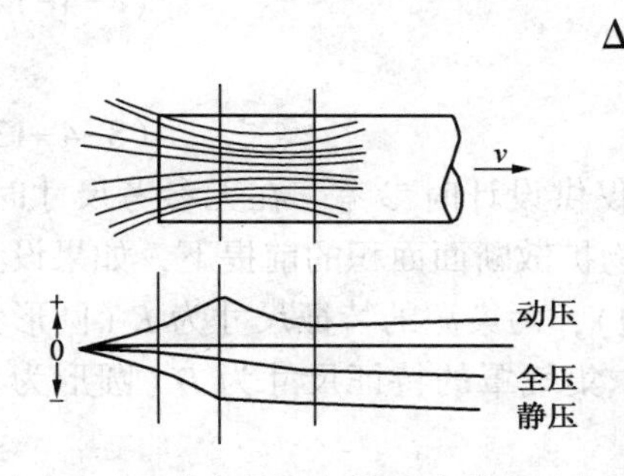

图 8-4-7　集气罩口部的压力分布示意图

由于集气罩口处于大气中，所以罩口的全压等于零(如图 8-4-7 所示)，因此集气罩的压力损失可以表示为

$$\Delta p=0-p=-(p_\text{v}+p_\text{s})=|p_\text{s}|-p_\text{v}\qquad(8\text{-}4\text{-}8)$$

式中 p——集气罩连接直管中的气体全压，Pa；

p_s——集气罩连接直管中的气体静压，Pa。

流量系数 φ 与压力损失系数 ζ 之间的关系为

$$\varphi=\frac{1}{\sqrt{1+\zeta}}\qquad(8\text{-}4\text{-}9)$$

上式的 φ、ζ 只要知道其中一个，便可以求出另一个。对于结构形状一定的集气罩，φ、ζ 值均为常数。

3. 集气罩的结构设计

(1)注意事项

集气罩是废气净化系统中的重要组成部分，其性能对净化系统的技术经济指标有很大影响。设计集气罩时应注意以下事项：

①集气罩应尽可能将污染源包围起来，使污染物的扩散限制在最小范围内，以便防止横向气流的干扰，提高控制效果；

②集气罩的吸气方向尽可能与污染气流运动方向一致，以便充分利用污染气流的初始动能。

③在保证控制污染的条件下，尽量减少集气罩的开口面积，以减少排风量。

④集气罩的吸气气流不允许经过人的呼吸区再进入罩内，气流流程内不应有障碍物，同时侧吸罩或伞形罩应设在污染物散发的轴心线上；

⑤集气罩的结构不应妨碍人工操作和设备检修。

要同时满足以上5条要求有一定难度，因此在设计时应根据生产设备的结构和操作特点具体分析。集气罩的设计程序是，一般先确定集气罩的结构尺寸和安装位置，再确定排气量和压力损失。总的设计原则是经济、合理、方便、美观。

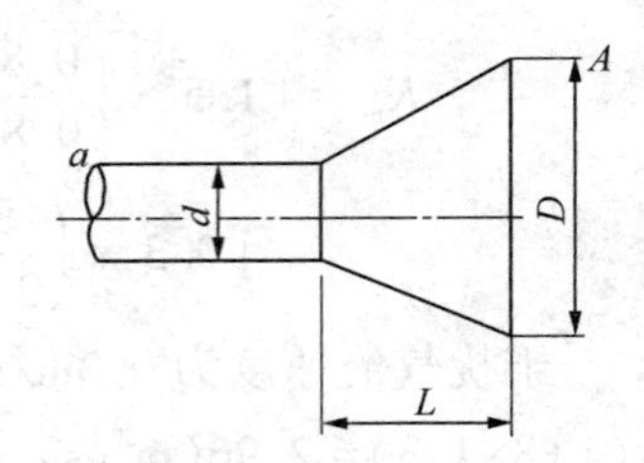

图 8-4-8　集气罩的结构尺寸示意图

(2)结构尺寸设计

集气罩的结构尺寸一般根据经验确定。如图 8-4-8 所示，集气罩的吸风口大多为喇叭形，罩口面积 S 与风管横断面积 F 的关系为

$$S \leqslant 16F \quad (8\text{-}4\text{-}10)$$

或

$$D \leqslant 4d \quad (8\text{-}4\text{-}11)$$

喇叭口的长度 L 与风管直径 d 的关系为

$$L \leqslant 3d \quad (8\text{-}4\text{-}12)$$

如使用矩形风管，矩形风管的边长 B（长边）为

$$B = 1.13\sqrt{F} \quad (8\text{-}4\text{-}13)$$

各种集气罩的结构尺寸可从有关设计手册中查到，仅供设计时参考。在无参考尺寸时，可依据下列条件确定：在罩口尺寸不小于所在位置污染物扩散断面面积的前提下，如果设集气罩连接风口的特征尺寸为 d（圆形为直径，矩形为短边），污染源的特征尺寸为 E（圆形为直径，矩形为短边），集气罩距污染源的垂直距离为 H，集气罩的特征尺寸为 D（圆形为直径，矩形为短边），则应满足（如影响大可以适当增大）

$$\frac{d}{E} > 0.2,\ 1.0 < \frac{D}{E} < 2.0,\ \frac{H}{E} < 0.7 \quad (8\text{-}4\text{-}14)$$

(3)排气量计算

集气罩排气量的计算首先要涉及控制速度 v，其值一般通过实际经验得到，某些污染源的控制速度如表 8-4-2 所示。

在已知控制速度 v 之后，就可以计算集气罩的排风量。例如，通风柜的排气量可按下式进行计算

$$Q = 3600Fv\beta(\text{m}^3/\text{h}) \quad (8\text{-}4\text{-}15)$$

式中　F——操作口实际开启面积，m^2；

v——操作口处空气吸入速度，m/s，按表 8-4-2 参考使用；

β——安全系数，一般取 1.05~1.1。

其他类型集气罩排气量的计算公式见表 8-4-4。

表 8-4-4　各种排气罩排气量计算公式

名称	形式	罩形	罩子尺寸比例	排气量计算公式 $Q/(m^3/s)$	备注
矩形及圆形平口排气罩	无边		$h/B \geq 0.2$ 或圆口	$Q = (10x^2 + F)v_x$	罩口面积 $F = Bh$ 或 $F = \pi d^2/4$，d 为罩口直径，m
	有边		$h/B \geq 0.2$ 或圆口	$Q = 0.75(10x^2 + F)v_x$	罩口面积 $F = Bh$ 或 $F = \pi d^2/4$，d 为罩口直径，m
	台上或落地式		$h/B \geq 0.2$ 或圆口	$Q = 0.75(10x^2 + F)v_x$	罩口面积 $F = Bh$ 或 $F = \pi d^2/4$，d 为罩口直径，m
	台上		$h/B \geq 0.2$ 或圆口	有边 $Q = 0.75(5x^2 + F)v_x$ 无边 $Q = (5x^2 + F)v_x$	罩口面积 $F = Bh$ 或 $F = \pi d^2/4$，d 为罩口直径，m
条缝侧集罩	无边		$h/B \leq 0.2$	$Q = 3.7Bxv_x$	$v_x = 10m/s$；$\zeta = 1.78$；B 为罩宽 m；h 为条缝高度 m；x 为罩口至控制点距离，m
	有边		$h/B \leq 0.2$	$Q = 2.8Bxv_x$	$v_x = 10m/s$；$\zeta = 1.78$；B 为罩宽，m；h 为条缝高度，m；x 为罩口至控制点距离，m
	台上		$h/B \leq 0.2$	无边 $Q = 2.8Bxv_x$ 有边 $Q = 2Bxv_x$	$v_x = 10m/s$；$\zeta = 1.78$；B 为罩宽，m；h 为条缝高度，m；x 为罩口至控制点距离，m

(4)压力损失计算

在计算集气罩的压力损失 Δp 时，压力损失系数 ζ 可从表 8-4-1 中查得，也可以通过流量系数 φ 与压损系数之间的关系式 $\varphi = \frac{1}{\sqrt{1+\zeta}}$ 而得到；动压 p_v 除了用式 $p_v = \frac{\rho v^2}{2}$ 计算以外，还可以从图 8-4-9 中查得。

三、敞开液面逸散 VOCs 的密闭收集

为改善区域环境质量，重点控制 VOCs 排放污染目前已基本达成共识，国内已有相关国家标准和地方标准对设备管线泄漏、有机液体贮存和装载等 VOCs 无组织排放源提出了控制要求。VOCs 无组织排放按源类型的不同，分为设备与管线组件泄漏、有机液体贮罐、有机液体装载操作、废水挥发以及工艺过程无组织排放等 5 类源，其中设备与管线组件泄漏、有机液体贮罐、有机液体装载操作、废水挥发为通用设施无组织排放源，具有行业共性，往往可通过大致相同的策略(如泄漏检测与修复 LDAR 计划、贮罐的高效密封、废水池等敞开液面加盖等)予以控制。

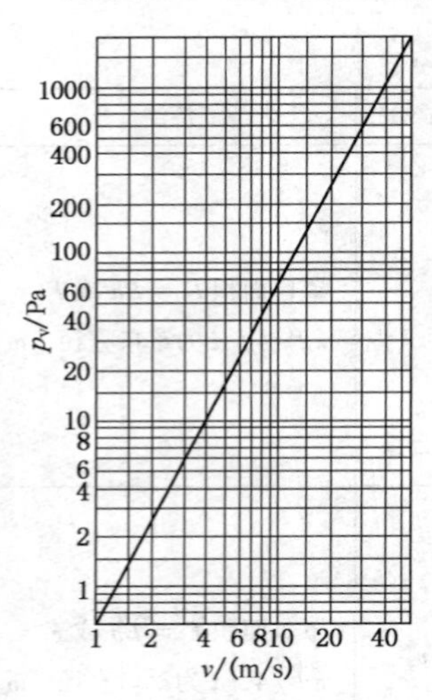

图 8-4-9　流速与动压之间的关系线图

具体到敞开液面的逸散 VOCs 问题而言，在工艺用水的冷却过程中(如冷却塔)，由于热交换器接头存在小隙缝，造成 VOCs 向冷却管外的冷却水中扩散，再挥发排至大气；其他排放源，如厂内废水沟渠、油水分离池、废水处理设施等，因具有较大的大气接触表面，亦会有较多的 VOCs 排放。污水中的有机性物质可能因其水中溶解性及挥发性，反复穿梭于气体与液体之间。例如，在使用洗涤塔污染防治设备时，许多水溶性 VOCs 可能溶于水中。这些洗涤水被送往污水处理厂后，如果以传统曝气方式处理污水，则原先溶入的 VOCs 再度蒸发至大气，造成 VOCs 排放及局部空气污染。污水处理初级设施，如集水池(调节池)、隔油池等，因废水尚未处理，VOCs 逸散浓度高。鼓风曝气池、气浮池这类对污水进行鼓风、气泡浮升操作的污水处理设施，因大量通入空气，原先溶入的 VOCs 再度蒸发至大气，VOCs 逸散浓度虽不高，但因总量很大也应予以控制。总的来看，迄今对敞开液面逸散 VOCs 进行密闭收集的方式大致可归纳为如下 4 种。

1. 混凝土密封

适合采用混凝土密封的主要有调节池、生化池、污泥储池等配套设备全部安装在水下或无配套设备的混凝土构筑物。该类密封的施工是与臭气源构筑物同时绑扎钢筋和浇筑混凝土，集气罩本身属于构筑物结构的一部分，因此结构牢固、密封空间小。但是，混凝土密封的施工要求相对较高，其自身荷载较大，需综合考虑地质情况及构筑物自身的结构特点及要求，一般只在新建污水厂对需除臭的构筑物采用。对扩建或改建项目而言，若原构筑物不具备相应条件，强行上混凝土密封，则可能会产生安全事故；若原构筑物具备采用混凝土密封的条件，仍然存在施工成本相对较高和施工周期相对较长等不足。

2. 防腐板(瓦)加盖结构

采用防腐阳光板或玻璃钢瓦，以自支撑盖板(如拱形盖板)或“防腐骨架+玻璃钢瓦”的方式对构筑物实施加盖密封，后者也被称为防腐骨架外铺玻璃钢瓦密封。自支撑盖板的主体材质采用不饱和树脂和玻璃纤维缠绕而成，结构性能稳定、刚度较好，可先在工厂内通过模具直接加工成品，运到现场进行组合安装，施工简单便捷，投资成本低。但受模具尺寸和加工成本的限制，一般用于跨度不超过 8~20m 的小尺寸构筑物。鉴于池顶加罩后内部腐蚀性水蒸气的浓度成倍增加，在阳光辐射下温度很高，内部结构极易腐蚀，因此对于“骨架+玻璃钢瓦”方式而言，即便骨架采用不锈钢材质，在腐蚀性环境中的耐久性仍然难以得到可靠保证，因此必须高度重视普通碳钢的防腐问题。但由于无法对普通碳钢在现场进行镀锌防腐处

理，因此只能在工厂做好镀锌防腐处理后再运至施工现场加工焊接，在此过程中难免会破坏焊接点的镀锌层，从而影响使用寿命，所以在实际工程中较少采用碳钢防腐骨架外铺防腐板材或瓦块的加盖密封方式。

3. 反（悬）吊膜结构

反吊膜结构包括钢构件、索构件和覆盖膜体，采用钢材作为支撑结构骨架，将氟碳纤维膜反吊在骨架下方，钢材骨架在封闭罩以外，不接触腐蚀性恶臭物质。氟碳纤维膜外层具有防紫外线和自净功能，内层具有防腐蚀功能。现场安装的膜材片之间采用现场热熔焊接的"二次节点密封"，既能保证罩体的密封性，又能保证隔绝内部腐蚀气体对钢结构的腐蚀。为减少钢材用量，同时保证构筑物内的设备便于检修、维护，大部分反吊膜集气罩均采用拱形骨架反吊氟碳纤维膜的结构，考虑到氟碳纤维膜成本较高，若使用于小尺寸构筑物则性价比较低，所以这种集气罩一般用于大尺寸且构筑物内有大型设备的场合，导致需要处理的臭气量相应变大，从而使除臭系统的整体造价增加。

悬吊膜结构以经过防腐处理的不锈钢悬索为骨架，其上固定耐腐蚀膜材，在圆形及方形池上均可使用。与反吊膜相比，该结构可以降低封闭的内部空间，减少通风量，降低工程造价。

4. 无骨架双膜气罩

双膜气罩就是污水污泥处理构筑物上盖的一个气囊，由气密性极强、撕裂强度极大的膜材料焊接而成，通过四边与池壁的锚固而形成一个稳定的受力结构，将池内恶臭气体覆盖在一个相对较小的空间里。双膜气罩由内膜、外膜、机械设备、智能控制系统等组成，是多专业跨界融合的产物，是污水池膜加盖除臭技术发展的新里程碑。

需要指出的是，应该在密闭收集设备上安装通风管道，并在净化设备前安装风机，通过风机将废气吸入净化设备。然后采用生物滴滤、喷淋吸收或催化燃烧等净化技术处理达标后排放，相关内容可以参考本书第六章。

§8.5 气体输送管道系统设计

气体输送管道系统的设计通常在净化系统中各种设备选定之后进行，主要包括两个方面的内容：各种设备的定位及管道布置；管道系统的设计计算。合理的设计、施工和使用气体输送管道系统，不仅能充分发挥污染控制设备的效能，而且直接关系到设计和运行的经济合理性。虽然本节主要结合空气污染治理用气体输送管道系统的设计进行讲述，但相关原则和计算方法也适用于水处理工程用气体输送管道系统。

一、气体输送管道系统的布置

气体输送管道系统的布置关系到工程项目的整体布局，因此应从整体出发对全部管线通盘考虑，统一布置，力求简单紧凑、平整美观，且方便安装、操作和检修。

1. 管道布置的一般原则

在污染控制过程中，管道输送的介质可能各种各样，如含尘气体、各种有害气体、各种蒸气等。因输送不同介质时管道的布置原则不完全相同，需要在设计管道时考虑其特殊要求。但就其共性而言，管道布置的一般原则如下：

(1)不同气体的性质不同，划分净化系统应予以注意　当排气点多时可以集中在一个净化系统中，也可以分为几个净化系统。当遇到以下情况之一时，均不能合为一个净化系统：①污染物混合后有引起燃烧或爆炸危险者；②不同温度和湿度的气体，混合后可能引起管道内结露者；③因粉尘或气体性质不同，共用一个系统会影响回收或净化效率者。

(2)管道布置应减少阻力　采用圆形风道强度大，耗用材料少，但是占用空间大；矩形风道管件占用空间小，较易布置。根据具体情况也可以采用其他形状，以充分利用建筑空间。

(3)管道的敷设原则　管道敷设有明装和暗装两种形式，在实际运用中常采用明装以便于检修，无法采用明装时方考虑暗装。管道应尽量集中成列，并尽量沿墙或柱子平行敷设，管径大者和保温管应设在靠墙侧。当两根管道平行布置时，保温管外表面的间距不小于100~200mm，不保温管道不小于150~200mm，室内管道及各种管线及电器设备的最小净距参见表8-5-1；当受热伸长或冷缩后，上述间距不宜小于25mm。

表8-5-1　室内管道与各种管线及电器设备的最小净距　m

名称	类型	热力管	煤气管	氧气管	乙炔管	压缩气体管	煤气、氧气、乙炔气出口
电线	平行	1.0/0.5	0.25	0.25	0.25	—	—
	交叉	0.3	0.1	0.1	0.25	—	—
电缆	平行	1.0/0.5	0.5	0.5	1.0	0.15	—
	交叉	0.3	0.3	0.3	0.5	0.1	—
绝缘导线	平行	1.0/0.5	1.0	0.5	1.0	0.15	—
	交叉	0.3	0.3	0.3	0.5	0.1	—
裸母线	平行	1.0	1.0/2.0	1.0/2.0	2.0	1.0	50
	交叉	0.5	0.5	0.5	0.5	0.5	50
滑触线	平行	1.0	1.5	1.50	3.0	1.0	50
	交叉	0.5	0.5	0.50	0.5	0.5	50
插接与悬吊式母线	平行	1.0/0.5	2.0	1.50	3.0	0.15	50
	交叉	0.3	0.5	0.50	0.5	0.1	50
热力	平行	0.15	0.25	0.25	0.25	0.15	—
	交叉	0.10	0.15	0.10	0.25	0.10	—
煤气	平行	0.25	0.25	0.25	0.25	0.25	—
	交叉	0.15	0.15	0.10	0.25	0.10	—
上下水	平行	0.15	0.25	0.25	0.25	0.15	—
	交叉	0.10	0.15	0.10	0.25	0.10	—
压缩空气	平行	0.15	0.25	0.25	0.25	—	—
	交叉	0.15	0.1	0.25	—	—	—
开关插座配电	—	0.5	1.5	1.5	3.0	0.1	50

注：表中带有斜线的数字，斜线前面的数字是指电气管线在上面，斜线后面的数字指电气管线在下面。

(4)管道的支撑原则　管道不宜与阀件直接支撑在设备上，应该单独设置支架或吊架；保温管的支架上应设有管托；管道的焊缝位置应布置在施工方便和受力较小的地方；焊缝不得位于支架处；焊缝与支架的距离不应小于管径，至少不得小于200mm。

(5)管道的连接原则　在以焊接为主要连接方式的管道中，应设置足够数量的法兰连接；在以螺纹连接为主的管道中应设置足够数量的活接头，以便于安装、拆卸和检修。

(6)确定排入大气的排气口位置时，要考虑排出气体对周围环境的影响。

(7)风管上应设置必要的调节和测量装置，如阀门、压力表、温度计、风量测量孔及采样孔等，或者预留安装测量装置的接口。

(8)管道设计中既要考虑便于施工，又要保证严密不漏。整个系统要求漏损小，以保证吸风口有足够的风量。

2. 管网的布置形式

为了方便管网的管理和运行调节，管网系统不宜过大。同一系统有多个分支管时，应将这些分支管分组控制。同一系统的吸气点不宜过多。管网布置的一个主要目的是实现各支管间的压力平衡，保证各吸气点达到设计的风量，控制污染物扩散。如图 8-5-1 所示，常用的管网布置方式有干管配管、个别配管、环状配管 3 种。个别配管方式又称为分散式净化系统，适用于吸气点多的系统管网，并能采用大断面的集合管连接各分支管，要求集合管内流速不宜超过 3~6m/s，即水平集合管≤3m/s、垂直集合管≤6m/s，这样才能保证各支管压力平衡。对于除尘系统，集合管还能起到初级净化的作用。

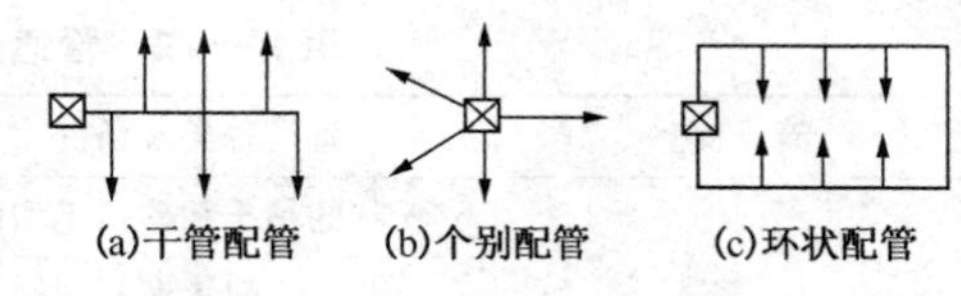

图 8-5-1　管网的布置方式示意图

二、气体输送管道系统的设计

气体输送管道设计的主要任务是：先确定各管道的位置；再确定各管段的管径或断面尺寸；最后计算管路的压力损失；然后才能根据以上各参数来选择适当的风机和电机。主要设计原则是在保证使用效果的前提下使管道系统投资和运行费用最低。

1. 设计步骤

设计计算前必须确定各排风点的位置和排风量、管道系统和净化设备的布置、管道种类等，然后按以下步骤进行。

(1)绘制管道系统轴侧图

如图 8-5-2 所示，对各管段进行编号、标注长度和流量。管道长度一般按两管件中心线之间的长度计算，不扣除管件(如弯头、三通等)本身的长度，编号时一般从距风机最远的一端开始。

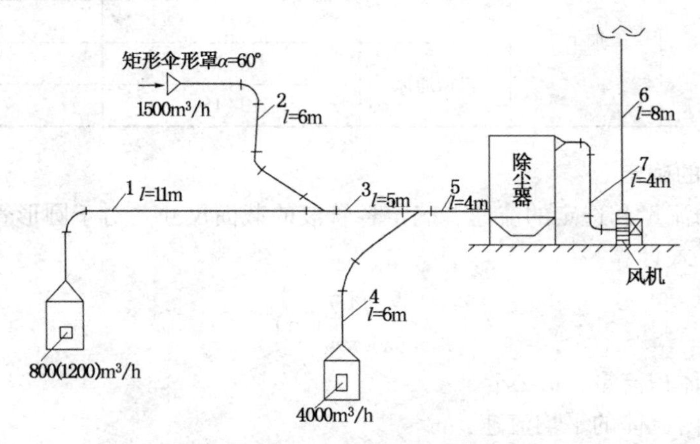

图 8-5-2　通风除尘系统的轴侧图示意

(2)选择管道内的流体流速

管道内流体流速的选择涉及技术和经济两方面的问题。当流量一定时，如果流速较大，则管道截面尺寸与材料消耗减小，但会导致压力损失增大，运行费用增高，同时还会增大设备和管道的磨损，提高噪音；反之，若流速较低，则使管道截面尺寸和投资增大，压力损失和运行费用减少，对除尘管道还可能致使粉尘沉降而堵塞管道。因此，必须选择合适的流速，使投资和运行费用的总和为最小，管道内各种流体常用的流速范围可参考表 8-5-2。

表 8-5-2　管道内各种流体常用的流速范围

流　体	管道种类及条件		流速 v/(m/s)	管　材
含尘气体	粉状的粘土和砂、干型砂		11~13	钢板
	耐火泥		14~17	
	重矿物粉尘		14~16	
	轻矿物粉尘		12~14	
	干型砂		11~13	
	煤灰、谷物粉尘		10~12	
	钢、铁尘末		13~15	
	棉絮、干微尘		8~10	
	水泥粉尘		12~22	
	钢、铁屑		19~23	
	灰土、砂尘		16~18	
	锯屑和刨屑		12~14	
	大块干木屑		14~15	
	干微尘		8~10	
	染料粉尘		14~18	
	大块湿木屑		18~20	
	麻(短纤维尘、杂质)		8~12	
锅炉烟气	烟尘	自然通风	3~5	砖
			8~10	钢板
		机械通风	6~8	砖
			10~15	钢板

(3)管道尺寸的确定

根据各管段的流量和选定的流速，确定各管段的截面尺寸。对于圆形管道而言，管道的截面尺寸 d 可按下式计算

$$d=\sqrt{\frac{4Q}{\pi v}}\,(\mathrm{m}) \tag{8-5-1}$$

式中　Q——流体体积流量，m^3/s；

v——管道内流体的平均流速，m/s。

由公式计算出的管径 d 应按统一规格进行调整，表 8-5-3 列出了圆形通风管道的统一规格，其他形状通风管的规格可参见相关设计手册。

表 8-5-3　圆形通风管道的规格

外径 D/mm	钢板制风管		塑料制风管	
	外径允许偏差/mm	壁厚/mm	外径允许偏差/mm	壁厚/mm
100				
120		0.5		3.0
140				
160				
180				
200			±1	
220				
250				
280				
320		0.75		
360				4.0
400	±1			
450				
500				
560				
630				
700				
800		1.0		5.0
900				
1000				
1120			±1.5	
1250				
1400				6.0
1600		1.2~1.5		
1800				
2000				

外径 D/mm	除尘风管		气密性风管	
	外径允许偏差/mm	壁厚/mm	外径允许偏差/mm	壁厚/mm
80				
90				
100				
110				
120				
(130)140				
(150)160				
(170)180				
(190)200		1.5		2.0
(210)220				
(240)250				
(260)280				
(300)320				
(340)360				
(380)400	±1		±1	
(420)450				
(480)500				
(530)560				
(600)630				
(670)700				
(750)800				
(850)900		2.0		3.0~4.0
(950)1000				
(1060)1120				
(1180)1250				
(1320)1400				
(1500)1600				
(1700)1800		3.0		4.0~6.0
(1900)2000				

注：1. 本通风管道统一规格系经“通风管道定型化”审查会议通过，作为统一规格在全国使用。

2. 除尘、气密性风管规格中分基本系列和辅助系列，应优先采用基本系列(即不包括的数字)。

(4)压力损失的计算

从压力损失最大的管路开始计算，并计算系统总的压力损失。按照产生阻力的原因不同，压力损失可分为沿程阻力损失和局部阻力损失。沿程阻力损失也称为摩擦阻力损失，主要是由于流体黏性和流体质点之间或流体与管壁之间的互相位移产生摩擦而引起；局部阻力损失是流体流经管道中如三通、阀门、管道出入口及流量计等异形管件或设备时，由于流速大小和方向发生变化产生涡流而引起。

①摩擦阻力损失的计算

根据流体力学相关理论，气体流经截面不变的直管时，沿程阻力损失或摩擦阻力损失 Δp 可按下式计算

$$\Delta p = L R_m \quad (\text{Pa}) \tag{8-5-2}$$

$$R_m = \frac{\lambda}{d} \times \frac{\rho v^2}{2} \tag{8-5-3}$$

式中　R_m——单位长度管道的摩擦阻力损失，简称比摩阻或比压损，Pa/m；

L——直管段的长度，m；

λ——摩擦阻力系数，无量纲；

d——圆形管道的直径，m；

ρ——管内气体的密度，kg/m^3；

v——管内气体的平均流速，m/s。

对于边长为 a 和 b 的矩形断面管道，可用速度当量直径d_e 来代替 d。d_e 的含义是：当一根圆形管道与一根矩形管道的气流速度 v、摩擦阻力系数 λ、比摩阻或比压损 R_m均相等时，该圆形管道的直径就称为矩形管道的速度当量直径，其计算公式如下

$$d_e = \frac{2ab}{a + b} \tag{8-5-4}$$

鉴于比摩阻或比压损 R_m 的计算较为繁琐，在工程设计中，均按有关公式绘制成各种形式的计算表或线解图，以供应查阅当实际计算条件与制表作图条件出入较大时，对查出的 R_m 值应加以修正。

a)粗糙度的修正

摩擦阻力损失随管道内壁绝对粗糙度 K 的增大而增大，在净化系统中使用各种材料制作风管，这些材料的 K 值各不相同(表 8-5-4)。不同粗糙度 K 对应的比摩阻 R_m值可直接从图 8-5-3 中查出。

表 8-5-4　各种材料通风管道内壁的粗糙度 K

风道材料	绝对粗糙度 K/mm	风道材料	绝对粗糙度 K/mm
薄钢板或镀锌薄钢板	0. 15~0. 18	胶合板	1. 0
塑料板	0. 01~0. 05	砖砌体	3. 0~6. 0
矿渣石膏板	1. 0	混凝土	1. 0~3. 0
矿渣混凝土板	1. 5	木板	0. 2~1. 0

b)气体温度和大气压力的修正

$$R'_m = K_t K_B R_m \tag{8-5-5}$$

$$K_t = \left(\frac{273 + 20}{273 + t_a}\right)^{0.825} \tag{8-5-6}$$

$$K_B = \left(\frac{p}{101.3}\right)^{0.9} \tag{8-5-7}$$

式中　R'_m——修正后的比摩阻；

K_t——温度修正系数；

K_B——大气压力修正系数；

t_a——管内气体的实际温度，℃。

p——实际的大气压力，kPa。

②局部阻力损失的计算

局部阻力损失可用阻力系数法和当量长度法两种方法进行计算。

a)阻力系数法

$$\Delta p_{m}=\zeta\frac{\rho v^{2}}{2} \tag{8-5-8}$$

式中　ζ——局部阻力损失系数；

ν——异形管件处管道内的平均流速，m/s。

局部阻力损失系数ζ通常根据实验确定，实验时先测出管件前后的全压差(即该管件局部压力损失)，再除以相应的动压$\frac{\rho v^{2}}{2}$，即可求得ζ值。各种管件的局部阻力损失系数在有关设计手册中可以查到。

b)量长度法

摩擦阻力损失等于管件局部压力损失的一段直管的长度l_{d}称为当量长度，一般该法用于热力、煤气管道局部阻力损失的计算，计算公式如下

$$\Delta p_{m}=\zeta\frac{v^{2}\rho}{2}=R_{m}l_{d}=\frac{\lambda}{d}\times\frac{v^{2}\rho}{2}\times l_{d} \tag{8-5-9}$$

因此

$$l_{d}=\zeta\frac{d}{\lambda} \tag{8-5-10}$$

局部阻力损失当量长度l_{d}也可从有关手册中查到。

③并联管道的压力平衡计算

并联使用的分支管段的压力差应符合以下要求：除尘系统两管段的压力差应小于15%，其他通风系统应小于15%。否则，必须进行管径调整或增设调压装置(阀门、阻力圈等)，使其满足上述要求。通过调整管径来平衡压力的计算公式如下

$$d_{2}=d_{1}\left(\frac{\Delta p_{1}}{\Delta p_{2}}\right)^{0.225} \tag{8-5-11}$$

式中　d_{1}、d_{2}——调整前、后的管道直径，mm。

Δp_{1}——调整前的压力损失，Pa；

Δp_{2}——压力平衡基准值(若调整直管管径，即为干管的压力损失)，Pa。

④总压力损失

系统的总压力损失是摩擦阻力损失、局部阻力损失及各设备压力损失等之和，通过计算以上内容，便可以确定。

(5)风机和电动机的选择

①风机的选择

根据用途不同，风机可分为输送一般气体的风机、高温风机、防爆风机、防腐风机、耐磨风机等，在选择时应注意以下问题：a)根据输送气体的性质，如含尘浓度、腐蚀性与爆炸性成分的含量、温度、湿度等来确定风机类型；b)根据所需风量、风压或选定的风机类型，来确定风机型号；c)考虑到管道可能漏风，有些阻力计算不够完善，选用风机的风量和风压应大于系统风量和风压的计算值。

风机的风量Q_{0}可按下式进行计算

$$Q_{0}=(1+K_{1})Q\ (\mathrm{m^{3}/h}) \tag{8-5-12}$$

式中　Q——管道系统的总风量，$\mathrm{m^{3}/h}$；

K_1——考虑系统漏风时的安全系数，一般管道取0~0.1，除尘管道系统取0.1~0.15。

风机的风压 Δp_0 按下式计算

$$\Delta p_0 = (1 + K_2)\Delta p \frac{\rho_0}{\rho} = (1 + K_2)\Delta p \frac{Tp_0}{T_0 p}(\text{Pa}) \quad (8\text{-}5\text{-}13)$$

式中　Δp——管道系统的总阻力损失，Pa；

K_2——安全系数，一般管道取0.1~0.15，除尘管道取0.15~0.20；

ρ_0、p_0、T_0——风机性能表中给出的空气密度、压力、温度，通常 $p_0 = 101.326$ kPa，对于通风机 $T_0 = 293\text{K}$、$\rho_0 = 1.2\text{kg/m}^3$，对于引风机 $T_0 = 293\text{K}$、$\rho_0 = 0.745\text{kg/m}^3$；

ρ、p、T——计算运行工况下管道系统总阻力损失时所采用的气体密度、压力、温度。

②电动机的选择

电动机的功率 N_e 可按下式计算

$$N_e = \frac{Q_0 \Delta p_0 K}{3600 \times 1000 \eta_1 \eta_2}(\text{kW}) \quad (8\text{-}5\text{-}14)$$

式中　K——电动机的备用系数，对功率为2~5kW的通风机取1.2，功率大于5kW的通风机取1.15，对于引风机取1.3；

η_1——风机的全压效率，常取为0.5~0.7；

η_2——机械传动效率，一般直联传动取1，联轴器传动取0.98，V带传动取0.95。

三、气体输送管道系统的保护

1. 净化系统的防爆

处理含有可燃物(如可燃气体、可燃粉尘等)的气体时，极易引起燃烧或爆炸，相应的净化系统必须采用充分可靠的防爆措施。

一般来讲，为了防止爆炸的发生，可使可燃物的浓度处于爆炸极限浓度范围之外或者消除一切导致着火的火源，此外还要考虑其他辅助措施。一般常用的防火防爆措施有：设备密闭与厂房通风、利用惰性气体、消除火源、监控可燃混合物成分、采取阻火与泄爆措施，等等。

2. 净化系统的防腐

由于废气净化系统中的大多数设备和管道采用钢铁等金属材料制成，若金属被腐蚀，就会缩短其使用年限，严重时会造成跑、冒、滴、漏等事故，因此应考虑防腐。应采用不易受腐蚀的材料制作设备或管道，或在金属表面上覆盖一层坚固的保护膜。

(1)在防腐材料的选择上，一般采用各种不同成分和结构的金属材料(如钢、铸铁、高硅铁等)，耐腐无机材料(如陶瓷材料、低钙铝酸盐水泥、高铝水泥等)，耐腐有机材料(如聚氯乙烯、氟塑料、橡胶、玻璃钢等)。

(2)常用的金属表面覆盖保护层措施有涂料保护、金属喷镀、金属电镀、橡胶衬里等。

3. 净化系统的防振防磨

(1)防振

机械不仅会引起噪声，而且当机械系统的固有频率与隔振系统的固有频率接近时，会发生共振，造成设备损失。常用的措施有：

①隔振　隔振是防止机器与其他结构刚性连接，通过弹性材料或减振器降低振动的传递。常采用的风机减振器有JG型剪切减振器、Z型圆锥形减振器、TJ1型弹簧减振器。

②减振　为了减少设备的振动随管道传输，在设备的进出口管道上应设置减振软接头。

减振吊钩可用做通风机、水泵连接的风管、水管的减振元件，以减小设备振动对周围环境的影响。

(2)防磨

一般采取的防磨措施是针对粉尘对金属的磨损而言。影响磨损的因素有粉尘性质、金属性质以及输送条件等几个方面，可以有针对性地采取措施。

§8.6 污染控制工程中的自控技术

大多数环境污染控制项目的工艺流程一般比较庞杂，就其处理过程中的控制特点而言，可以概括为“以物料平衡调度为主的、连续性较强的、慢处理过程”，相应的现场控制设备较多且配置分散。仅以水污染控制工程为例，从系统控制的角度来看，是一个多参量(如液位、水质成分、温度、压力、流量)、多任务(如污水输送、风量控制、反冲水量控制、水泵的启停等)、多设备(如格栅除污机、水泵、鼓风机、阀门等)且具有随机性、时变性和耦合性的复杂系统。另一方面，由于基于好氧工艺的污水处理厂普遍存在曝气能耗高、运行效率低等问题，“精确曝气”等理念越来越引起从业人员的关注，这就要求从污水处理厂的运行模式、控制方式、仪表阀门选型、有效信号处理等多方面采取措施，实现确保污水排放达标、降低污水处理能耗的目的。本节主要结合水污染控制工程来讲述自控技术所涉及的相关内容。

一、自动控制技术

在以物理变化和化学变化将原料转化成产品为特征的环保过程工业中，除了以连续量为主的反馈控制外，还存在：①大量以开关量为主的开环顺序控制，按照逻辑条件进行顺序动作或按照时序动作；②与顺序、时序无关的按照逻辑关系进行连锁保护动作的控制；③以大量开关量、脉冲量、计时器、计数器、模拟量越限报警等状态量为主的离散量的数据采集监视。所使用的控制技术有可编程逻辑控制器(Programmable logic controller，PLC)、集散控制系统(或分布式控制系统，Distributed Control System，简称 DCS)、现场总线控制系统(Fieldbus Control System，FCS)等。

1. PLC 控制技术

(1)早期 PLC 阶段(20 世纪 60 年代末~70 年代中期)

早期 PLC 的主要功能只是执行原先由继电器完成的顺序控制、定时等。它在硬件上以准计算机的形式出现，在 I/O 接口电路上作了改进以适应工业控制现场的要求。装置中的器件主要采用分立元件和中小规模集成电路，存储器采用磁芯存储器，另外还采取了一些措施以提高其抗干扰能力；在软件编程上，采用继电器控制线路的方式 —— 梯形图。

(2)中期 PLC 阶段(20 世纪 70 年代中期~80 年代中后期)

20 世纪 70 年代，微处理器的出现使 PLC 发生了巨大变化，美国、日本、德国等一些厂家先后开始采用微处理器作为 PLC 的中央处理单元，使 PLC 的功能大大增强。在软件方面，除了保持原有的逻辑运算、计时、计数等功能以外，还增加了算术运算、数据处理和传送、通讯、自诊断等功能。在硬件方面，除了保持原有的开关模块以外，还增加了模拟量模块、远程 I/O 模块、各种特殊功能模块；并扩大了存储器的容量，使各种逻辑线圈的数量增加。还提供了一定数量的数据寄存器，使 PLC 的应用范围得以扩大。

(3)近期的 PLC(20 世纪 80 年代中后期至今)

进入 20 世纪 80 年代中后期，由于超大规模集成电路技术的迅速发展，微处理器的市场价格大幅度下跌，使得各种类型 PLC 所用微处理器的档次普遍提高。而且为了进一步提高 PLC 的处理速度，各制造厂商还纷纷研制开发了专用逻辑处理芯片，这样使得 PLC 的软、硬件功能发生了巨大变化。

该时期的 PLC 年增长率一直保持为 30%~40%。由于 PLC 人机联系处理模拟能力和网络方面功能的进步，挤占了一部分 DCS 的市场(过程控制)并逐渐垄断了污水处理等行业。目前，国内污水处理厂自动控制系统采用最多的是由工业计算机(IPC)+PLC+自动化仪表组成的多级分布式计算机测控管理系统。

2. DCS 控制技术

DCS 是一种以微处理器为基础的分散型综合控制系统。它以计算机为中心，将系统的控制功能分散到各个子系统，同时又将系统的操作、监测和管理集中起来，具有分散递阶的分布式结构。DCS 控制技术既吸收了分散式仪表控制系统和集中式计算机控制系统的优点，又采用了标准化、模块化和系列化的设计。

DCS 系统的关键是通信，也可以说数据公路是 DCS 的脊柱。通过数据公路的设计参数，基本上可以了解一个特定 DCS 系统的特点。为保证通信的完整性，大部分 DCS 厂家都能提供冗余数据公路；同时为保证系统的安全性，还使用了复杂的通信规约和检错技术。所谓通信规约就是一组规则，用以保证所传输的数据被接收，并且被理解成与发送的数据一样。目前在 DCS 系统中一般使用同步和异步两类通信手段，同步通信依靠一个时钟信号来调节数据的传输和接收，异步通讯采用没有时钟的报告系统。

DCS 系统实现了连续物理量的监视与调节，与 PLC 相结合的 DCS 控制系统在污水处理厂中的应用目前已经相当成熟。

3. FCS 控制系统

在污水处理厂中，现场控制设备分布范围比较广，如果采用传统的控制方案，势必要敷设大量的控制和信号电缆，浪费大量的人力和物力，同时使系统复杂，可靠性降低。采用目前比较流行的 FCS 可以降低成本，同时提高系统的可靠性，使系统易于扩展和维护。

FCS 自 20 世纪 90 年代开始走向实用化，发展势头迅猛。该系统是把各种控制仪表用双绞线连在一起，按照标准化、公开化的通讯协议，形成一个底层的控制网络，用网络传输代替比较传统的硬件传输。FCS 是继 DCS 后的新一代控制系统，打破了集散系统专用的闭锁框子，在标准化、公开化的通讯协议下，把不同厂家的不同设备连在一起，极大地提高了系统的分散度，简化了系统的结构，提高了系统的安全性，最大限度地降低了故障的影响范围。

在某些行业，FCS 由 PLC 发展而来；而在另一些行业，FCS 又由 DCS 发展而来，所以 FCS 与 PLC、DCS 之间既有着千丝万缕的联系，又存在着本质的差异。FCS 的关键有三个方面：①系统的核心是总线协议，即总线标准；②系统的基础是数字智能现场装置；③系统的本质是信息处理现场化。

FCS 技术中较为知名的是 HART(Highway Addressable Remote Transducer)协议，该协议最初由美国 Rosemount 公司开发，采用 FSK 技术，在模拟信号上叠加数字信号，使用 OSI (Open System Interconnection，开放系统互联)七层协议模型的 1、2、7 三层。除了 HART 之外，还有 PROFIBUS、CAN、FF、InterBus 等几种应用范围较广的现场总线技术。

现代化的污水处理系统需要实现管理与控制一体化、实现办公自动化，要求控制系统不仅与下层控制设备有良好的接口，而且具有与上层管理系统集成的接口，同时具有可扩展性。为了加强系统的可靠性，使整个系统长时间无故障运行，需要采用冗余和容错技术。根据全集成自动化(Totally Integrated Automation)的思想，将污水厂控制系统分为管理级、控制级、现场级。

(1)管理级

管理级是系统的核心部分，完成对污水处理过程各部分的管理和控制，并实现厂级的办公自动化。管理级提供人机接口，是整个控制系统与控制部分信息交换的界面。管理级的各台计算机具有相互通讯功能，实现数据交换和共享。考虑到管理层功能结构的层次性和可分割性，采用客户/服务器的体系结构。服务器选用大型的网络关系数据库，满足开放、分布式数据库管理方法的要求。由服务器、管理部门计算机等组成计算机办公局域网，中央监控计算机及车间级现场控制站组成厂区工业控制网，完成对各车间范围内生产过程、仪表、设备的监控与控制。

(2)控制级

控制级是实现系统功能的关键，也是管理级与现场级之间的枢纽层，其主要功能是接收管理层的参数或命令，对污水处理生产过程进行控制，同时将现场状态送到管理层。

(3)现场级

现场级是实现系统功能的基础，主要由一次仪表、控制设备组成。主要功能是完成其范围内生产过程、仪表、设备的监视与监测，并把监测到的数据上传；接受控制级的指令，对执行机构进行控制。分布式配置意味着控制器、远程I/O模块和现场设备通过现场总线的信号电缆连接。

4. 环境“智”理与大数据

随着全球第四次工业革命 —— 工业4.0时代的到来，对于一个具体的污染控制工程项目而言，完全可以运用现代传感器技术、自动测量技术、无线通信技术、物联网技术构建一个综合性的污染控制工程运营监管系统，实现污染物处理量及相关参数数据的自动实时监测、排放口无线网络视频监控，对在线监测设备非正常运转情况以及对偷排、超标排放、设备闲置等情况实现自动报警，自动生成数据统计报表，实现不同污染控制工程项目的资源整合与信息共享，甚至实现“智慧水厂”或“智慧水务”等环境“智”理。

随着物联网、云计算等大数据前导性技术的逐渐成熟，环境大数据应用的技术障碍也得以逐渐扫除；另一方面，环境管理战略由污染总量控制向以环境质量考核为目标导向转型，也将迫使环境管理者重视大数据的应用，以实现定量决策和精细管理。当前，环境大数据应用的基本内容为：利用物联网技术将感知到的环境监测、环境管理数据通过处理和集成，再运用合适的数据分析方法进行分析整理后，将分析结果展现给环境用户，指导治理方案的制定，并根据监测到的治理效果动态更新方案。以环境大数据在水环境质量精细化监管中的应用为例，可以基于“河长制、河长治”的河流水质保障机制构建，以河段为网格化节点，设置在线监测质量点位，实时在线监测水质，掌握水质变化趋势，识别主要污染事件；可以精细化掌握河段污染通量，对跨界河流断面污染贡献、河道施工等污染情况实施在线记录；可以以管道密闭采样仪、企业排污口(雨水、排水)在线监测为辅助，多源数据交叉分析河流污染来源。总之，可以应用环境大数据，建立污染预警、预报系统，实施污染事件专项巡查、发现、处置、办结全流程控制。

二、自动检测仪表

自动检测仪表是自控系统中关键的子系统之一。一般的自动检测仪表主要由三部分组成：①传感器，利用各种信号检测被测模拟量；②变送器，将传感器所测量的模拟信号转变为4~20mA 的电流信号，并送到控制系统中；③显示器，将测量结果直观地显示出来。这三个部分有机结合在一起，缺一都不能称为完整的自动检测仪表。

水污染控制工程中的自动检测仪表可以分为两大类：一类是热工量的检测，包括流量、水位、温度、压力等；另一类是成分量的检测，包括 pH 值、溶解氧(DO)浓度、混合液浓度、污泥浓度、污泥界面、在线生化需氧量(BOD)、在线化学需氧量(COD)、ORP(氧化还原电位)、在线氨氮、在线总磷、残氯和其他微量物质等。

1. 水位与水量的检测

(1)水位检测

各种水位检测仪表概括如表 8-6-1 所示。差压式应用最普遍，测量精度高，适用面也宽。静压式比差压式管路简单、安装方便，对下部有检修人孔的水池、大型贮槽、敞口水池，特别是水位变化范围大等场合的适用性好，相应的检测元件有压电式、压磁式、隔膜式等品种。吹气式实际上是静压式的一种变形，可用于含杂质或有腐蚀的污水、贮槽，但因需要配合吹气装置以调整吹气量，故显得有些麻烦。超声波式的最大优点是与液体不直接接触，测量范围从 0.5m 到几十 m，因而其在污水处理厂的应用越来越普遍，例如格栅除污机、提升泵的运行控制等。

表 8-6-1 水位检测仪表

使用条件 / 种类	精度	测量范围		杂质含量			液面稳定性	接触及非接触	维护性	价格
		小	大	低	中	高				
差压式	⊙	○	○	○	○	△	无要求	接	△	○
静压沉入式(投入式)	⊙	○	△	○	○	○	无要求	接	○	○
吹气式	△	○	△	○	○	△	无要求	接	○	○
浮子式	○	○	○	○	△	×	要	接	×	○
超声波	△	○	○	○	○	△	要	非接	⊙	△
静电电容式	△	○	×	○	△	×	要	接	△	○
重锤探测式(固体物位)	○	○	○	○	○	△	要	接	△	△

注：⊙—优；○—良；△——一般；×—差。

(2)水量的实时监测

水量是水处理工程运行管理的一个重要参数，对工艺控制及提高污水厂抵抗水力负荷冲击能力有重要作用。在表 8-6-2 所示的各类流量检测仪表中，电磁流量计使用最为普遍，由于非接触式(无电极式)、两周波励磁式、大口径、低电导率等新品种的开发，使得电磁流量计具有更强的适用性；堰式流量计是供水系统中一种传统的流量测量方法，但只能用于常压开式水路，而且要配合水位测量，然后进行换算得出流量；差压式流量计在供水系统中使用效果较好，但因排水系统中含有杂质，往往会堵塞导压管。随着仪表技术的不断发展，用于渠道测量的明渠式超声波流量计、用于管道测量的管道钳夹式超声波流量计等越来越多地被污水处理厂采用。管道钳夹式超声波流量计由管道外部的两个传感器、安装导轨及附件、转换器等组成，可以不用像电磁流量计那样断开管路安装，也不需要安装旁通管路和阀门，测量管路口径可以在几十毫米~几米，维护方便，可以在对流体无任何影响的情况下进行测量。

表 8-6-2　流量检测仪表

种类＼使用条件		精度	流量		杂质含量			压损	直管段	水路形式	维护性	价格
			小	大	低	中	高					
电磁式		⊙	⊙	○	⊙	⊙	⊙	无	不要	闭式	⊙	△
液面式	堰式	△	×	○	○	△	×	大	要	开式	△	⊙
	斜槽式	△	×	○	○	△	△	中	要	开式	○	⊙
差压式	标准孔板	○	○	△	○	×	×	大	要	闭式	△	○
	文丘里	○	△	○	○	△	×	中	要	闭式	△	○
超声波式	单声波	○	○	⊙	○	○	○	无	要	闭式	⊙	△
	多普勒	△	○	⊙	△	○	○	无	要	闭式	⊙	○
透平式		○	○	○	○	×	×	小	要	闭式	○	△
容积式		⊙	○	×	○	△	×	大	不要	闭式	○	○
面积式		△	○	×	○	×	×	大	不要	闭式	○	○
旋涡式		○	○	○	○	×	×	中	要	闭式	○	○

注：⊙—优；○—良；△——一般；×—差。

在污水处理厂采用超声波流量计结合文丘里槽，就能在现场和上位机实时显示瞬时处理流量及累计处理流量。可以在回流污泥管道和剩余污泥管道中安装电磁流量计，帮助值班人员根据显示的流量是否正确，判断回流污泥泵和剩余污泥泵的工作是否正常。还可以在鼓风机与曝气池间的空气管道上直接安装气体流量计，帮助值班人员随时了解鼓风机向曝气池提供的气体量。

2. 水质检测仪表

(1)一般性的水质检测仪表

主要用于 pH 值、ORP 值、导电率、浊度和余氯含量等的检测，如表 8-6-3 所示，这些产品目前已日趋成熟。在线 pH 计已有二线制的产品，针对给排水含杂质的特点，附有多种方式的自清洗装置，如超声波清洗式、机械清洗式等，使用效果均不错。

表 8-6-3　一般性的水质检测仪表

检测仪表名称		检测原理	测量范围	精度	杂质含量			在线性	维护性	用途
					低	中	高			
pH 仪	流通式	玻璃电极	0~14pH	⊙	○	△	×	○	○	pH 值，中和反应的检测
	浸渍式(沉入式)									
ORP 仪（氧化还原电位仪）	流通式	金属电极	-1500~+1500mV	○	○	△	×	○	○	好氧及厌氧反应的检测
	浸渍式(沉入式)									
导电率仪	流通式	电极式	0~10^4μV/cm	○	○	△	×	○	○	总的污染指标
	浸渍式(沉入式)									
浊度仪	透光式	光学式	0~10^3mg/L SS	○	○	×	×	△	△	混浊度（SS）检测
	表面散射光式		0~2×10^3mg/L SS	△	○	△	×	△	○	
	水中散射光式		0~10^4mg/L SS	△	○	○	×	○	○	
	积分球式		0~300°	○	○	×	×	×	×	

注：⊙—优；○—良；△——一般；×—差。

在采用活性污泥法工艺的污水处理厂中，在每个曝气池好氧区与缺氧区的临界面安装测量范围为-500~500 mV 的 ORP 仪，通过测量的 ORP 值控制鼓风机运行，形成好氧曝气阶段和缺氧阶段的交替，进而提高处理工艺的除磷脱氮能力。如果没有安装 ORP 仪，那么鼓风机的运行只能通过时间控制，这样就会明显降低除磷脱氮效果。

(2)给水系统的水质检测仪表

给水系统的水质检测对象主要有酸碱度、凝集度、含氯量及毒性物质含量等，所用的主要检测仪表概括如表 8-6-4 所示。日本等国家开发了几种新的凝聚度检测方法：一种是用水下摄像机监测凝聚度的形成，然后进行图像处理，输出测量及控制信号；另一种是流动式电动凝聚仪，其原理是利用凝聚反应过程中在凝聚物的表面将形成电荷，电荷电位的大小与凝聚度有关，因此可以通过测量电荷电流来确定凝聚度。

表 8-6-4　给水系统水质检测仪表

检测仪表名称		检测原理	测量范围	精度	杂质含量			在线性	维护性	用途
					低	中	高			
碱度检测仪		pH 滴定式	$0 \sim 10^2$mg/L $CaCO_3$ 换算	△	○	×	×	△	△	凝聚前处理用，以保持 pH 一定
凝聚度检测仪	水中 TV 摄像机	图像处理	—	△	○	△	×	△	△	凝聚度直接检测
	流动电流		0~-4.5cm	○	○	△	×	○	○	
	复合检测器	浊度、pH、温度三参数计算	—	△	○	△	×	○	△	
鱼类状态检测器	TV 摄像机	图像处理	—	△	○	△	×	△	△	急性有毒物质检测
氯需求量检测仪		紫外线加速电流滴定	0~50mg/L Cl^-	△	○	△	×	△	△	计算氯的注入量

注：○—良；△—一般；×—差。

至于给水毒性物质的含量检测，除了采用手动分析之外，目前另一种方法是在净水场内饲养鱼类，通过水下电视监视鱼类的行为特征。在有毒物混入后，鱼类的行为特征会发生变化，经由图像处理加以识别，从而发出报警信号。

(3)排水系统水质检测仪表

排水系统中的主要检测对象有溶解氧(DO)含量、混合液悬浮固体(Mixed Liquor Suspended Solids，MLSS)、微生物活性度、有机物浓度(BOD、COD、TOC、TOD)、油分等，相应的水质检测仪表概括如表 8-6-5 所示。溶解氧在线检测仪在排水系统中应用最多，是污水处理厂溶解氧自动调节控制系统的重要组成部分，主要由传感器和变送器两部分组成。若从传感器的结构形式上分，主要有薄膜电极和无膜电极两种，这两种电极都由阴极、阳极和电解液组成。新开发的微生物显微镜电视图像处理设备，将其安装在水中，输出控制信号，在线化程度很高，可直接观察生化反应全过程，并进行相应的图像处理，从而计算出微生物活性度。

表 8-6-5　排水系统水质检测仪表

检测仪表名称		检测原理	测量范围	精度	杂质含量			在线性	维护性	用途
					低	中	高			
DO 检测仪	原电池式	隔膜式	0~15mg/L O_2	⊙	⊙	○	△	○	○	水中溶解氧检测
MLSS 检测仪	水中衍射光式	光式	0~10^4mg/L SS	○	⊙	⊙	△	○	○	水中浮游物检测
微生物活性度检测仪	呼吸率法	DO 式(O_2 耗量)	0~10^2mg/L O_2	△	○	○	△	×	△	好氧性活性污泥的活性度检测
	呼吸率法	CO 式(CO_2 产生量)	0~10^2mg/L O_2	△	○	○	△	×	△	
	生物萤光法	ATP 酸萤光	—	△	○	△	△	△	×	
	显微镜 TV	图像处理	—	△	⊙	○	△	△	○	
有机物浓度检测仪	BOD 仪	DO 式(O_2 耗量)	0~200mg/L BOD	○	○	○	△	×	×	水中有机污浊物检测
	BOD 仪(仿生检测仪)	微生物膜式	0~10^2mg/L BOD	△	○	△	×	○	○	
	COD 仪	过锰酸滴定式	0~10^2mg/L COD	○	○	△	×	×	×	
	TOD 仪	燃烧式	0~200mg/L TOD	○	○	△	×	×	×	
	TOC 仪	燃烧式	0~10^2mg/L TOC	○	○	△	×	×	×	
	UV 仪	紫外线吸光式	0~50mg/L TOC	△	○	△	×	△	△	
油分检测仪	乳化法	浊度式		△	○	×	×	×	△	水中油分含量检测
	己烷提取法	红外吸光式		△	○	×	×	×	×	

注：SS—混浊度；⊙—优；○—良；△——般；×—差。

在工程实际中，对于好氧活性污泥法及其改进工艺，通常的做法是在曝气池的好氧区安装测量浓度范围为 0.05~10mg/L 的溶解氧在线检测仪(简称 DO 仪)，实时监控溶解氧浓度，传输到 PLC 及上位机。当实测浓度小于设定浓度时，自动控制系统启动鼓风机，给曝气池曝气充氧；当氧气充足时，就停止运行鼓风机。但往往由于 DO 仪的精度和取样位置的不同，造成曝气池内过度曝气，带来能源的浪费，为此有人提出采用生化池出水 NH_3-N 指标来控制曝气量。

(4)污泥处理系统的检测仪表

给水水质处理系统中产生的污泥量相对较小，排水水质处理系统中产生的污泥量相对较大。如表 8-6-6 所示，典型的检测仪表有污泥浓度计检测仪、污泥界面及浓度分布检测仪、污泥沉降率检测仪、污泥水分检测仪、甲烷菌浓度仪等。

表 8-6-6　污泥处理系统用检测仪表

检测仪表名称		检测原理	测量范围	精度	杂质含量			在线性	维护性	用途
					低	中	高			
污泥浓度计检测仪	超声波式	超声波衰减法	0.05%~15% SS	△	○	⊙	⊙	○	⊙	污泥浓度检测
	光学式	光衰减法	0.01%~2% SS	△	⊙	△	×	○	△	
	放射线式	γ 射线衰减法	0.5%~15% SS	△	△	△	○	○	×	
污泥界面及浓度分布检测仪	超声波式	超声波衰减法	0.05%~15% SS	△	○	⊙	⊙	○	⊙	污泥沉淀的界面检测及污泥浓度分布情况检测
		电位差	0~15m	○						
	光学式	光衰减法	0.01%~2% SS	△	⊙	△	×	○	△	
		电位差	0~15m	○						

续表

检测仪表名称		检测原理	测量范围	精度	杂质含量			在线性	维护性	用途
					低	中	高			
污泥沉降率检测仪	超声波式	超声波衰减法	10%~90% SV	△	○	△	×	△	△	污泥沉降性检测
	光学式	MLSS 法	0~500mL/g SVI							
污泥水份检测仪	称量式	强制干燥法	30%~99%(质量)	○	—	—	—	△	×	污泥脱水处理用
	光学式	红外线吸收法	10%~90%(质量)	△	—	—	—	○	○	
	电磁式	电磁感应法	30%~90%(质量)	×	—	—	—	○	○	
甲烷菌浓度仪	萤光式	图像处理	—	×	○	○	○	×	×	污泥消化处理用

注：⊙—优；○—良；△——般；×—差；——无。SS—混浊度；SV—沉降率；SVI—沉降容积指数。

在活性污泥法处理工艺中，曝气池内的污泥浓度是一个重要工艺参数，传统方式依靠化验室取样监测，因而在数据提供的及时性和精确性方面存在很大缺陷，难以及时进行回流污泥和剩余污泥量的工艺调整。为此，可在每个曝气池上都安装一个浓度测量范围为0.5~10g/L的在线污泥浓度测量计，以随时根据精确测量的污泥浓度，适时调整曝气池的运行工艺参数，同时减轻化验室工作人员的劳动强度。

三、工程应用案例

1. 高碑店污水处理厂“一期工程”水区综合自动化控制系统

进入20世纪90年代以来，特别是基于Internet的Web应用技术迅猛发展，很多发达国家城市污水处理厂都适时更新或改造了原有控制系统，基于TCP/IP网络协议和Web应用技术的SCADA(Supervisory Control And Data Acquisition，计算机监控和过程数据采集系统)控制模式是当前工业生产综合自动化控制系统的发展趋势。其主要特点表现在如下几个方面：

(1)微电子集成技术的进一步发展促使微机、工作站、服务器等计算机设备以及PLC、智能仪表等控制器设备在硬件上相互兼容，在性能上完全可以满足Web技术应用的条件；

(2)网络技术：基于TCP/IP协议实现现场总线、非标准控制网络和信息网络的透明互连，并最终形成“Infranet + Intranet + Internet”一体化；

(3)操作系统：主要由Unix、Windows-NT及Linux构成相互透明的大系统操作平台；

(4)数据库：企业MIS数据库和生产过程实时数据库无缝互连，并成为SCADA的核心功能之一；

(5)基于Web技术的分布式人-机界面(Human-Machine Interface，HMI)功能：生产工况监控+数据库管理；

(6)编程软件：控制系统的编程软件同样经历了从最初的语句系列，到面向对象的结构化程序，再到工业控制组态软件的发展过程；随着Internet的发展，由Microsoft公司基于Windows操作系统所提出的COM(Component Object Model)、DCOM(Distributed Component Object Model)、ActiveX等概念，事实上引导着世界计算机软件产业界的编程思想和方法，在工控领域的一个重要成果就是OPC(OLE for Process Control，过程控制中的对象嵌入技术)技术规范。基于OPC技术，从传统的“组态软件”概念发展到了已有成熟产品的“组件软件”概念。

国际上一些著名的工控领域软硬件制造商、系统集成商，如Rockwell、Siemens、Fisher-Rosemount、Schneider、Intellution、Wanderware、PC-Soft等，所推出的基于“整体自动化”和

“工厂自动化”概念的各种系列产品基本上都是这种结构的典型范例和事实“标准”，并且在发达国家城市排水体系中得到了广泛应用。

北京城市排水集团高碑店污水处理厂“一期工程”水区于1991年接管运行，污水处理量50万t/d。如图8-6-1(a)所示，其综合自动化系统包括总进水泵房、雨水泵房、水区一级处理、水区二级处理、鼓风机曝气系统、中水深度处理及总变电站等七大功能区域，分别由9套美国A-B公司PLC现场控制站(对应编号：LOP1.1、LOP1.2、LOP1.5、LOP1.3、LOP2.1、LOP2.2、LOP2.3、LOP4.1、LOP5.1)和6台IBM386兼容机现场操作站通过A-B公司DH+工业局域网(令牌式对等网络)组成，主要完成基本数据采集和九大自动逻辑控制任务。2000年、2001年配合“水质改造工程”按照SCADA模式仅对现场操作站进行了升级改造，如图8-6-1(b)所示，改造之后的综合自动化系统进一步扩充了原有系统的功能。如果按传统模式设计，基于DH+对等网络，平均每台操作站将投资9万元(RMB)，共计26台操作站总投资约234万元(RMB)；如果按SCADA模式设计，除SCADA服务器投资约22万元(RMB)外，平均每台操作站仅投资2.3万元(RMB)，共计26台操作站及SCADA服务器总投资约82万元(RMB)，节省投资约152万元(RMB)。值得一提的是，基于DH+对等网络，配置26台操作站在技术上也很难实现。

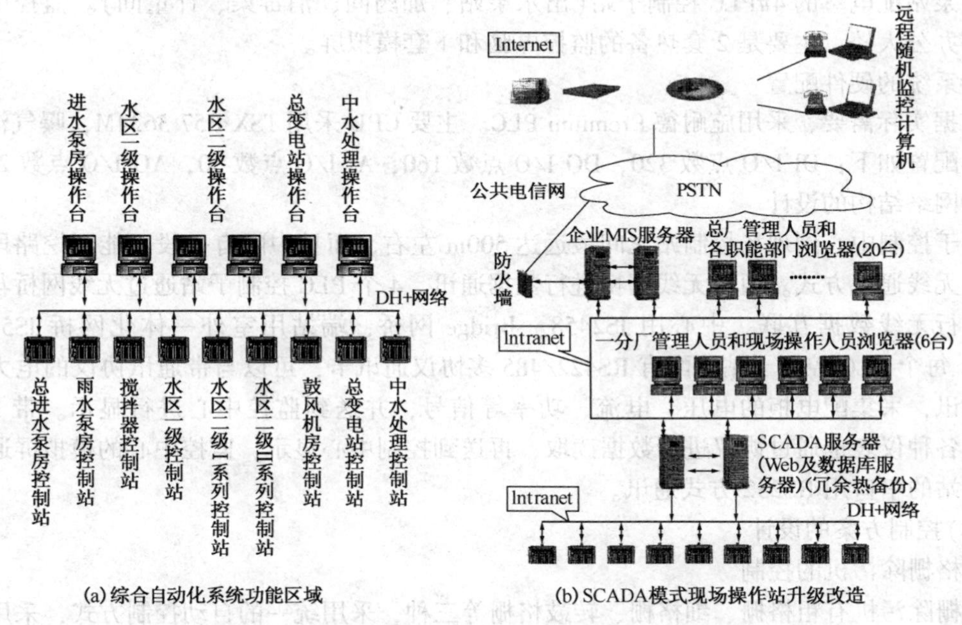

图8-6-1 高碑店污水处理厂SCADA模式现场操作站升级改造前后的示意图

2.“缺氧沉淀+BAF曝气生物滤池”工艺污水处理厂自动控制系统

山西省运城市某污水处理厂一期规模为40000m³/d，主要采用“缺氧沉淀+BAF曝气生物滤池”工艺，处理工艺流程如图8-6-2所示。该工艺主要监控的设备有：粗细格栅机、进水提升泵、旋流除砂设备、缺氧池-沉淀池搅拌机、BAF生物滤池反冲泵、反冲鼓风机及阀门、紫外消毒设备、储水池搅拌机和提升泵；还包括污泥加药间的加药设备和污泥处理设备等。

(1)控制系统的结构

①系统的组成

根据工艺流程和监控设备构筑物的情况，主要分为4个PLC监控站和1个监控中心。4

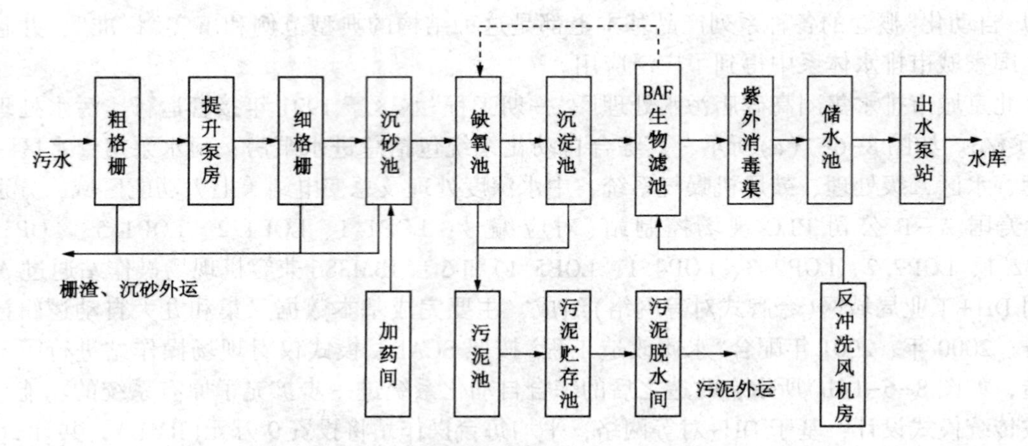

图 8-6-2　山西省运城市某污水处理厂的工艺流程示意图

个现场 PLC 监控站分别是：安装在污泥脱水间配电室内的 1#PLC 控制子站(粗细格栅除污机、提升泵、沉砂池、污泥脱水间、贮泥池)；安装在缺氧-沉淀池配电室内 2#PLC 控制子站(缺氧池、沉淀池)；安装在 BAF 配电室内的 3#PLC 控制子站(BAF 曝气生物滤池)，安装在出水泵站配电室的 4#PLC 控制子站(出水泵站、加药间、消毒渠、计量间)。监控中心在污水厂办公大楼，主要是 2 套热备的监控电脑和 1 套模拟屏。

②系统的硬件配置

根据实际需要，采用施耐德 Premium PLC。主要 CPU 采用 TSX P57 3634M，曝气池 PLC 站硬件配置如下：DI I/O 点数 320，DO I/O 点数 160，AI I/O 点数 80，AO I/O 点数 24。

③网络结构的设计

由于控制中心到现场控制站之间最远达 500m 左右，而且中间有一段不能开挖路段，因此采用无线通讯方式。通过无线网桥进行数据通讯。4 个 PLC 控制子站通过无线网桥与监控中心进行无线数据互联。中心用 JS2458_ Bridge 网桥，端站用室外一体化网桥 JS5800_ 23dBi。每个 PLC 控制子站均配有 RS422/485 多协议通讯卡，可以与带通讯协议的电力仪表进行通讯，采集配电柜的电压、电流、功率等信号，并送到监控中心进行显示。带 RS485 接口的各种仪表也通过协议进行数据读取，再送到控制中心显示，监控中心的模拟屏通过一台操作站的串口用 RS232 方式通讯。

(2)控制方案的设计

①格栅除污机的控制

格栅除污机有粗格栅、细格栅、转鼓格栅等三种，采用统一的自动控制方式，采用液位差控制与时间控制两种方案。a)在上位机设定一个格栅除污机的开机液位和一个格栅除污机的停机液位，当格栅井前、后液位差大于设定的格栅除污机开机液位时，格栅除污机与螺旋输送机同时连续运行；当液位差下降到小于设定的格栅除污机停机液位时，格栅除污机自动停止。b)当格栅除污机停止运转时间达到设定值后，启动格栅除污机和螺旋输送机，这样既可减少格栅除污机的启动负荷，同时不会对其运行造成太大磨损。采用时间控制，应设定运行周期和每次运行的时间长度。

②提升泵的控制

提升泵包括进水变频提升泵和出厂水提升泵。以进水变频提升泵为例，自动控制采用循环变频启动方式。

当变频器频率可以外部控制时，设定一个目标水位、变频器允许的最低频率、切换泵的延时时间等三个参数。a)开泵过程：PLC首先自动启动1#变频泵运行，并根据液位进行PID运算，输出一个频率给变频器，使之保持液位不变。当单台泵满负荷时，且持续时间达到设定的时间后，仍不能控制水位在目标值范围，自动启动2#变频泵，同时1#变频泵以最大频率运行，2#变频泵进行PID控制；2台变频泵运行仍不能满足要求时，则启动第3台，依次类推，最大能够同时运行4台变频泵。b)停泵过程：当变频泵的运行频率低于设定值，且持续时间超过设定的允许时间时，首先停止最先启动的已经达到最大运行频率的变频泵(1#→2#→3#→4#→1#循环)；当停止一台变频泵，经过设定时间后液位仍不能控制在目标值时，停止下一台变频泵；依次类推。在这个过程中一直保持有1台变频泵运行。

当变频器频率不能外部控制时，设定一个目标水位、开2台泵水位、开3台泵水位、开4台泵水位、停泵水位等五个参数。当水位在停泵水位与目标水位之间时，按照"1#→2#→3#→4#→1#"的循环顺序启动一台泵，当水位在目标水位与开2台泵水位之间时，按照"1#→2#→3#→4#→1#"的循环顺序启动下一台泵运行；当水位在开2台泵水位与开3台泵水位之间时，按照"1#→2#→3#→4#→1#"的循环顺序启动下一台泵运行；依次类推直至4台泵全开。停泵过程按照先开先停的顺序依次停止，最低水位时全部停止。

③BAF曝气生物滤池的控制

根据工艺要求，BAF曝气生物滤池设定曝气、反冲洗、停止共三种状态，三种状态之间可以相互转化，停止状态主要用于设备检修。

a)曝气过程

(a)自动控制单个滤池的进水量。每个滤池都根据工艺要求设定一个进水流量，控制系统根据每个滤池流量计返回的瞬时流量值，来调整进水电动调节阀的开度，从而实现进水量稳定。当瞬时流量大于设定值时，关小电动调节阀；当瞬时流量小于设定值时，开大电动调节阀。反冲洗与停止状态不进行调节。

(b)控制曝气鼓风机的压力。每个滤池都根据工艺要求设定一个曝气鼓风机压力，控制系统根据每个滤池测量的鼓风机压力值，进行PID运算后输出一个鼓风机电机频率。当压力大于设定值时降低鼓风机电机频率，当压力小于设定值时增大鼓风机电机频率，从而实现鼓风机压力的稳定。在遥控手动(控制中心手动)时，根据设定的频率运行曝气鼓风机。

b)反冲洗过程

可以根据设定的反冲洗周期自动进行反冲洗，也可以由调度人员根据运行情况在控制中心通过触摸屏远程控制反冲洗。反冲洗时错开每格冲洗时间，通过排队算法进行控制，不会存在两格同时反冲洗的情况。无论是哪种条件触发反冲洗过程，滤池反冲洗流程都相同。

反冲洗流程如下：(a)关闭进水电动调节阀；(b)打开排水闸阀，让滤池中的水排出；(c)停止曝气鼓风机，关闭曝气蝶阀；(d)当液位下降到设定的反冲洗液位时，首先打开1台鼓风机的排气阀，然后启动该台鼓风机，延时2~3s后再打开另一台鼓风机的排气阀，然后再启动该台鼓风机；(e)延时2~3s后打开反冲洗进气阀，进行单气反冲洗过程；(f)气冲设定的时间(1~3min)后，启动1台反冲洗水泵，延时2~3s后打开反冲洗进水碟阀，进行气水混冲；(g)气水混冲设定的时间(2~5min)后，停止鼓风机，关闭鼓风机排气阀，关闭反冲洗进气阀，开启下一台反冲洗水泵进行水冲；(h)水冲设定的时间(3~8min)后停止反冲洗水泵，关闭反冲洗进水阀；(i)关闭排水闸阀，打开进水电动调节阀；(j)打开曝气蝶阀，启动曝气鼓风机进行曝气；(k)流程反冲洗完毕。

c)曝气-停止-反冲洗三种状态的转换

每个曝气池都可以根据实际需要，设定曝气、停止、反冲洗等不同的工作状态，每种状态之间可以相互转换，相关的设备自动进行开、停、关动作。

3. 基于无线网络的CASS工艺污水远程监控系统

某污水处理厂采用循环式活性污泥法(CASS)工艺，尾水达标后排入河中，污泥处理采用机械浓缩脱水工艺，泥饼外运卫生填埋。由于污水提排泵站比较分散，且位置相距较远，很难通过普通的有线网络实现通讯链接，因此整个系统网络结构包括厂区内有线网络、厂区外无线网络两大部分。

厂区内有线网络部分采用3层网络结构，即现场设备层、车间监控层、厂调度监控中心。其中，车间监控层向下与现场设备层通过现场总线(Profibus)与S7-300 PLC控制器相连，向上通过10M/100M程控交换机接入工业以太网(Ethernet)与厂调度中心监控计算机相连。共设有3个PLC现场控制站，分别设置在：①粗格栅及污水提升泵房控制室，实现对所有现场在线仪表的数据采集，负责粗格栅及污水提升泵房、细格栅及沉砂池、配水井、进厂水水质的设备控制及数据采集；②变配电控制室，负责鼓风机房、CASS反应池、接触池、加氯间、出厂水水质的设备控制及数据采集；③污泥脱水机房控制室，负责污泥存储池、污泥脱水机房、反冲洗水池的设备控制及数据采集。厂调度监控中心采用客户机/服务器(Client/Server)体系结构的开放式计算机局域网络，主要硬件包括：数据库服务器、WEB服务器、操作员站、工程师站、打印机以及相关网络设备。

厂区外无线网络部分主要实现提排泵站监测站点的实时数据参数监测，主要包括：远程终端设备RTU(Remote Terminal Unit)、GPRS-Internet通信网络以及监控中心接收终端和防火墙等。GPRS-Internet通信网络作为监控中心与各种终端设备之间信息交换的桥梁和纽带，实现它们之间的无线链接。远程终端设备RTU通过传感器对流量、温度、液位、pH值、COD等现场数据进行实时采集和处理，然后把实时数据通过GPRS模块发送到GPRS网络，再由GPRS网络发送到Internet网上，厂调度监控中心就可以通过联网计算机访问数据，对数据进行加工处理后，控制执行器做出正确动作。

厂调度监控中心设置了2台工控机作为操作员站(其中1台兼作工程师站)，构成并行服务器来实现组态冗余结构，2台服务器通过以太网连接，并与S7-300 PLC连接，同时通过西门子SINAUT MICRO SC软件与远程终端设备RTU S7-200 PLC建立GPRS链接。项目组态时一台定为缺省主机，另1台为冗余伙伴服务器，在缺省主机上创建工程项目，并对该项目进行组态，上位机组态软件采用WinCC V6.0 SP3版本，建立驱动连接以及变量归档和创建过程画面等；利用“项目复制器”将项目从缺省主机复制到冗余伙伴服务器，即可实现所有数据同步。PLC工作站将过程数据和消息同时发送到两台冗余服务器。如果1台服务器发生故障，另1台将继续接收和归档来自PLC工作站的过程值和消息。出现故障的服务器重新工作后，冗余服务器为故障时间的归档执行同步，通过将丢失的数据重新传送到出故障的服务器，消除故障引起的归档差别。

应该指出，虽然本节主要围绕水污染控制工程领域的自控技术进行讲述，但在其他环境污染控制工程领域乃至给水处理工程领域也都越来越多地使用着各种自控技术。例如，气体污染物变压吸附(PSA)净化处理工艺的控制就是采用PLC控制系统有效控制程控阀的开关、调节系统和监控系统，先进的PSA控制软件还具备自动判断故障发生、自动切除和恢复、程控调节、吸附参数优化等功能，因篇幅所限这里不再介绍。

参 考 文 献

[1] 上海市政工程设计研究院(集团)有限公司 主编．给水排水设计手册(第三版)：第9册 专用机械．北京：中国建筑工业出版社，2012.

[2] 张自杰，林荣忱，金儒霖 编．排水工程(上、下册)(第四版)．北京：中国建筑工业出版社，2003.

[3] 潘涛，李安峰，杜兵 主编．环境工程技术手册——废水污染控制技术手册．北京：化学工业出版社，2013.

[4] [美]W. 韦斯利．艾肯费尔德(小)著，陈忠明，李赛君 译．工业水污染控制．北京：化学工业出版社，2004.

[5] 胡洪营，等．环境工程原理(第3版)．北京：高等教育出版社，2015.

[6] [美]威廉 W. 纳扎洛夫，莉萨·阿尔瓦雷斯-科恩 著；漆新华，刘春光 译；庄源益 审校．环境工程原理．北京：化学工业出版社，2006.

[7] 李明俊，孙鸿燕 主编．环保机械与设备．北京：中国环境科学出版社，2005.

[8] 金兆丰 主编，范瑾初 主审．环境工程设备．北京：化学工业出版社，2007.

[9] 张大群 主编．给水排水常用设备手册．北京：机械工业出版社，2009.

[10] 江晶 编著．环保机械设备设计．北京：冶金工业出版社，2009.

[11] 郑国华 著．污水处理厂设备安装与调试技术(第二版)．北京：中国建筑工业出版社，2010.

[12] 周迟骏 主编．环境工程设备设计手册．北京：化学工业出版社，2010.

[13] 蒋克彬，彭松，陈秀珍 等．水处理工程常用设备与工艺．北京：中国石化出版社，2011.

[14] 刘宏 主编，郑铭 主审．环保设备——原理·设计·应用(第三版)．北京：化学工业出版社，2013.

[15] 潘琼，李欢 主编．环保设备设计与应用．北京：化学工业出版社，2014.

[16] 周敬宣，段金明 主编．环保设备及应用(第二版)．北京：化学工业出版社，2014.

[17] 吴向阳，李潜，赵如金 主编．水污染控制工程及设备．北京：中国环境出版社，2015.

[18] 黄廷林 主编，范瑾初 主审．水工艺设备基础(第三版)．北京：中国建筑工业出版社，2015.

[19] 张洪，李永峰，李巧燕主编．环境工程设备．哈尔滨：哈尔滨工业大学出版社，2016.

[20] 高明军 主编．环保设备制造工艺学．北京：中国环境出版社，2016.

[21] H. J. Kiuru. Development of dissolved air flotation technology from the first generation to the newest (third) one (DAF in turbulent flow conditions). Water Science and Technology, 2001, 43(8): 1-7.

[22] Lawrence K. Wang, Nazih K. Shammas, William A. Selke, Donald B. Aulenbach. Flotation Technology. Hankbook of envinomental engineering, Volume12. Humana Press, Springer Science + Business Media, LLC, 2010.

[23] 庞桂芳 主编．分离机械维修手册．北京：化学工业出版社，2014.

[24] 全国化工设备设计技术中心站机泵技术委员会 编．工业离心机和过滤机选用手册．北京：化学工业出版社，2014.

[25] 叶庆国，陶旭梅，徐东彦 主编．分离工程(第二版)．北京：化学工业出版社，2017.

[26] 饶磊．浅谈郭公庄水厂的工艺设计及优化．给水排水，2015，41(4)：9-12.

[27] Philip A. Marrone. Supercritical water oxidation—Current status of full-scale commercial activity for waste destruction. The Journal of Supercritical Fluids, 2013, 79(7): 283-288.

[28] 林红军，陈建荣，陆晓峰 等．正渗透膜技术在水处理中的应用进展．环境科学与技术，2010，33(12F)：411-415.

[29] IWA Conference - Activated Sludge - 100 Years and Counting, June 12 - 14, 2014 in Essen - Germany. http://www.iwa100as.org/history.php

[30] James A. Mueller, William C. Boyle, H. Johannes Pöpel. AERATION: Principles and Practice. WATER QUALITY MANAGEMENT LIBRARY, Volume 11, CRC Press LLC, 2002.

[31] George A Ekama.　Recent developments in biological nutrient removal. Water SA, 2015, 41(4): 515-524.
[32] 邓荣森 编著. 氧化沟污水处理理论与技术(第二版). 北京: 化学工业出版社, 2011.
[33] (美)彼得·维尔德勒, (美) 罗伯特·欧文, (美)默文·戈恩森 编; 孙洪伟, 刘秀红, 彭永臻 译. 序批式活性污泥法污水处理技术. 北京: 化学工业出版社, 2010.
[34] Chettiyappan Visvanathan and Amila Abeynayaka. Developments and future potentials of anaerobic membrane bioreactors (AnMBRs). Membrane Water Treatment, 2012, 3(1): 1-23.
[35] 张巍, 刘晋, 王昊, 等. 净化槽处理污水的机理研究及应用研究进展. 环境保护与循环经济, 2017, (7): 36-40.
[36] 白杨, 王鹤立, 李广, 韩冰. 强化污泥厌氧消化的前处理技术研究进展. 工业水处理, 2011, 31(6): 1-4.
[37] R. T. Haug, D. C. Stuckey, J. M. Gossett, P. L. McCarty. Effect of thermal pretreatment on digestibility and dewaterability of organic sludges. Journal of the Water Pollution Control Federation, 1978, 50(1): 73-85.
[38] W. P. F. Barber. Thermal hydrolysis for sewage treatment: A critical review. Water Research, 2016, 104: 53-71.
[39] 陈珺, 杨琦. 污泥高级厌氧消化的应用现状与发展趋势. 中国给水排水, 2016, 32(6): 19-23.
[40] Lu Cai, Tong-Bin Chen, Ding Gao, Jie Yu. Bacterial communities and their association with the bio-drying of sewage sludge. Water Research, 2016, 90: 44-51.
[41] 王罗春, 李雄, 赵由才 主编. 污泥干化与焚烧技术. 北京: 冶金工业出版社, 2010.
[42] 金正宇, 张国臣, 王凯军. 热解技术资源化处理城市污泥的研究进展. 化工进展, 2012, 31(1): 1-9.
[43] 冯生华. Vertad 自热型高温好氧污泥消化工艺. 中国给水排水, 2013, 19(10): 105-106.
[44] 郝吉明, 马广大, 王书肖 主编. 大气污染控制工程(第三版). 北京: 高等教育出版社, 2010.
[45] [美]诺埃尔·德·内韦尔 著; 胡敏, 谢绍东 等译. 大气污染控制工程. 北京: 化学工业出版社, 2005.
[46] 高峰, 赵曙伟. 高频电源电除尘的节能减排效应. 广东电力, 2015, 28(7): 36-39.
[47] 王鼎顺, 安群香. 运城某污水处理厂自动控制系统的设计. 工业控制计算机, 2015, 28(8): 147-148.
[48] 谢小明. 精确曝气控制在污水处理厂中的应用和探索. 中国给水排水, 2016, 32(6): 24-27.
[49] Gustaf Olsson 等著; 马勇, 彭永臻 译. 污水系统的仪表、控制和自动化. 北京: 中国建筑工业出版社, 2007.
[50] 周明远, 朱学峰, 李秀丽. 环保设备课程设计指南与案例. 北京: 中国环境出版社, 2016.